Biologie für Gymnasien
Band 3

Oberstufe

von
Horst Bickel
Roman Claus
Roland Frank
Harald Gropengießer
Gert Haala
Bernhard Knauer
Inge Kronberg
Hans-Dieter Lichtner
Uschi Loth
Jürgen Schweizer
Ulrich Sommermann
Gerhard Ströhla
Wolfgang Tischer
Günther Wichert

Gestaltung des Bildteils:
Jürgen Wirth

Ernst Klett Verlag
Stuttgart Düsseldorf Leipzig

2. Auflage
A 2 15 14 13 12 | 2009 2008 2007 2006

Alle Drucke dieser Auflage können im Unterricht nebeneinander benutzt werden, sie sind untereinander unverändert. Die letzte Zahl bezeichnet das Jahr dieses Druckes.
© Ernst Klett Verlag GmbH, Stuttgart 1995
Alle Rechte vorbehalten.

Internetadresse:
http://www.klett-verlag.de

Redaktion:
Dr. Werner Vollmer
Ulrike Fehrmann
Wolfgang Wiemers

Repro: Reprographia, Lahr
Druck: Appl, Wemding

ISBN 3-12-042900-7

Autoren
Dr. Horst Bickel; Gymnasium Neuwerk, Mönchengladbach; Studienseminar Mönchengladbach
Roman Claus; Gymnasium Aspel, Rees
Roland Frank; Gottlieb-Daimler-Gymnasium, Stuttgart-Bad Cannstatt; Staatl. Seminar für Schulpädagogik (Gymnasien) Stuttgart I
Prof. Dr. Harald Gropengießer; Universität Hannover, Fachbereich Erziehungswissenschaften
Gert Haala; Konrad-Duden-Gymnasium, Wesel; Studienseminar Oberhausen
Bernhard Knauer; Hainberg-Gymnasium, Göttingen
Dr. Inge Kronberg; Fachautorin und Dozentin, Hohenwestedt
Hans-Dieter Lichtner; Rats-Gymnasium, Stadthagen
Uschi Loth; Gymnasium der Gemeinde Neunkirchen
Dr. Jürgen Schweizer; Hegel-Gymnasium, Stuttgart-Vaihingen
Ulrich Sommermann; Gymnasium Münchberg
Gerhard Ströhla; Gymnasium Münchberg
Dr. Wolfgang Tischer; Gymnasium Sarstedt
Günther Wichert; Theodor-Heuss-Gymnasium, Dinslaken

unter Mitarbeit von
Rolf Brixius; Gymnasium der Benediktiner, Meschede

Wissenschaftliche Fachberatung
Prof. Dr. Ulrich Kattmann; Carl von Ossietzky Universität, Oldenburg

Gestaltung des Bildteils
Prof. Jürgen Wirth; Fachhochschule Darmstadt (Fachbereich Gestaltung)
Mitarbeit: Matthias Balonier

Herstellung
Ingrid Walter

Einbandgestaltung
Hitz und Mahn; unter Verwendung eines Fotos von Focus (CNRI, Science Photo Library), Hamburg

Bildnachweis
Siehe Seite 415

Regionale Fachberatung
Berlin: Hartmut Ulrich; Walter-Gropius-Gesamtschule, Berlin
Brandenburg: Torsten Leidel; Gymnasium, Kleinmachnow
Hamburg: Herbert Jelinek; Goethe-Gymnasium, Hamburg
Hessen: Wolf-Dieter Bojunga; Studienseminar III für das Lehramt am Gymnasium, Frankfurt
Mecklenburg-Vorpommern: Dr. Dietrich Aldefeld; Landesinstitut für Schule und Ausbildung, Schwerin
Niedersachsen: Hans-Werner Dobias; Lutherschule, Hannover
Nordrhein-Westfalen: Dr. Karl Peter Ohly; Oberstufenkolleg NRW an der Universität Bielefeld
Rheinland-Pfalz: Dr. Roland Klinger; Staatl. Gymnasium am kurfürstlichen Schloss, Mainz
Ekkehard Schmale; Konrad-Adenauer-Gymnasium, Westerburg
Saarland: Roman Paul; Landesinstitut für Pädagogik und Medien, Saarbrücken
Sachsen: Prof. Dr. Karl-Heinz Gehlhaar; Universität Leipzig
Sachsen-Anhalt: Josef Donat; Gymnasium Ballenstedt
Schleswig-Holstein: Eckard Fister; Ricarda-Huch-Schule, Kiel
Thüringen: Heidi Becker; Erstes Gymnasium am Anger, Jena

Was steht in Natura 3?

In Ihrem Biologieunterricht haben Sie schon viele Lebewesen in ihrem Bau und ihrer Lebensweise kennen gelernt. Meist stand dabei die einzelne Tier- oder Pflanzenart im Vordergrund, die in ihren Eigenschaften ganzheitlich behandelt und gegen andere Arten abgegrenzt wurde. Aber alle Lebewesen, von der Bakterienzelle bis zum Menschen, haben neben deutlichen Unterschieden auch erstaunliche Gemeinsamkeiten. Um dieser Tatsache gerecht zu werden, steht die „allgemeine Biologie" in den nächsten Jahren im Mittelpunkt des Unterrichts.

Die einzelnen Kapitel dieses Buches stellen Ihnen wesentliche Forschungsrichtungen der allgemeinen Biologie vor. Ausgehend von Gestalt und Struktur eines Lebewesens werden Gestaltwandel und Lebenserscheinungen sowie Beziehungen der Organismen zur Umwelt analysiert. Das geschieht sowohl auf der Ebene der einzelnen Zelle in ihrem Feinbau und ihren biochemischen Eigenschaften (z. B. im Kapitel „Zellbiologie"), als auch auf der Ebene des Gesamtorganismus bis hin zum Zusammenschluss der Organismen in Lebensgemeinschaften (z. B. im Kapitel „Ökologie"). Vor allem aber stehen solche Eigenschaften, die alle Lebewesen besitzen, im Vordergrund einzelner Kapitel, z. B. der Stoffwechsel (in dem gleichnamigen Kapitel „Stoffwechsel"), Fortpflanzung und Entwicklung (in den folgenden Kapiteln „Genetik" bzw. „Entwicklungsbiologie") oder Reizbarkeit und Verhalten (in den Kapiteln „Nerven, Sinne und Hormone" bzw. „Verhaltensbiologie"). Das letzte Kapitel „Evolution" — mit einem Anhang zur Systematik der Lebewesen — analysiert schließlich die Faktoren des Artwandels und begründet die Abstammungstheorie aus naturwissenschaftlicher Sicht.

Biologie ist von ihrem methodischen Vorgehen her eine Naturwissenschaft. Was bedeutet das? Biologisches Forschen beginnt in der Regel mit Beobachten und Beschreiben. Durch den Vergleich vieler Einzelbefunde lassen sich dann Hypothesen ableiten, Regeln vermuten oder Modelle entwickeln. Daraus wiederum werden Schlüsse gezogen und Vorhersagen gemacht, deren Richtigkeit anschließend durch neue Beobachtungen oder Experimente überprüft werden muss. So entsteht schließlich eine abgesicherte naturwissenschaftliche Theorie.

Ein Schwerpunkt des Biologieunterrichts in der gymnasialen Oberstufe liegt im Nachvollziehen und Einüben dieses Vorgehens. Sie werden in diesem Zusammenhang zum Beispiel
— Fachbegriffe kennen lernen und benutzen
— Ordnungskriterien erarbeiten und anwenden
— Probleme formulieren und Lösungsvorschläge angeben
— in Form von Experimenten Fragen an die Natur stellen und die Ergebnisse auswerten.

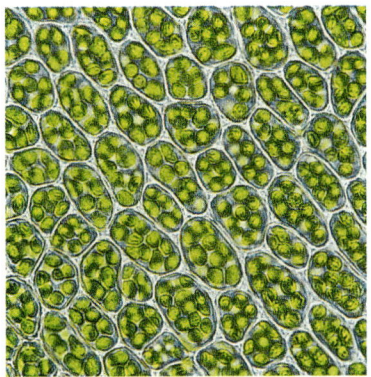

Dieses naturwissenschaftliche Arbeiten soll Ihnen durch die Gestaltung von Natura erleichtert werden:

— **Textseiten** liefern die grundlegende Information. Anhand von kurzen *Aufgaben* können Sie Ihr Wissen und Verständnis überprüfen.
— **Lexikonseiten** stellen das Gelernte in einen größeren Zusammenhang und regen zum Weiterlesen an.
— **Materialseiten** führen Ihnen wichtige Experimente und deren Ergebnisse vor. Hier können Sie die Auswertung und Deutung unter einer Problemfrage selbst vornehmen.
— **Praktikumsseiten** schließlich geben Ihnen Anleitungen zum eigenen Experimentieren.

Experimente im Unterricht

Eine Naturwissenschaft wie Biologie ist ohne Experimente nicht denkbar. Daher finden Sie in **Natura** eine Reihe von Versuchen. Experimentieren mit Chemikalien ist jedoch nie völlig gefahrlos. Deswegen ist es wichtig, vor jedem Versuch mit dem Lehrer die möglichen Gefahrenquellen zu besprechen. Insbesondere müssen immer wieder die im Labor selbstverständlichen Verhaltensregeln beachtet werden, wie sie z. B. in den Gefahrenstoffverordnungen der einzelnen Bundesländer für den Schulbereich festgelegt sind. Die Vorsichtsmaßnahmen richten sich nach der Gefahr durch die jeweils verwendeten Stoffe. Daher sind in jeder Versuchsanleitung die verwendeten Chemikalien mit den Symbolen der Gefahrenbezeichnung gekennzeichnet, die ebenfalls auf den Etiketten der Vorratsflaschen angegeben sind: Dabei bedeuten:

 C = ätzend

 F = leicht entzündlich

 X_i = reizend

 X_n = mindergiftig

Chemikalien mit höherem Gefahrenpotential sollen bei Schülerversuchen nicht zur Verwendung kommen.

Inhaltsverzeichnis

Zellbiologie

1 Untersuchung von Zellen mit dem Lichtmikroskop 10
Das Mikroskop — Vergrößerung und Auflösungsvermögen 10
Praktikum: Herstellung von mikroskopischen Präparaten 12
Das lichtmikroskopische Bild der Pflanzenzelle 14
Gewebe und Organe der Pflanze 15
Bau und Funktion tierischer Zellen 16
Materialien: Tierische Gewebe und Organe 17
Einzellige Lebewesen 18
Vom Einzeller zum Vielzeller — ein Denkmodell 19

2 Feinbau der Zelle und Zellinhaltsstoffe 20
Präparationstechniken bei der Elektronenmikroskopie 20
Das Bild des Zellkerns 21
Bau und Funktion von Zellorganellen 22
Lexikon: Der Feinbau weiterer Zellstrukturen 24
Zellen im Vergleich — Protocyte und Eucyte 25
Lexikon: Chemische Eigenschaften der Zellinhaltsstoffe 26
Proteine 28
Kohlenhydrate 31
Lipide 32
Praktikum: Proteine, Kohlenhydrate und Lipide 33

3 Transportvorgänge in Zellen 34
Plasmolyse und Deplasmolyse 34
Praktikum: Diffusion und Osmose 37
Aufbau von Biomembranen 38
Stofftransport durch Membranen 40

4 Enzyme — Katalysatoren des Lebens 42
Enzyme sind Biokatalysatoren 42
Praktikum: Enzyme 44
Materialien: Aufbau von Enzymen 45
Die Reaktionsbedingungen bestimmen die Enzymaktivität 46
Der Einfluss des Bindungspartners auf die Enzymaktivität 48
Lexikon: Zellforschung heute — Methoden, Anwendungen, Ausblicke 50

Stoffwechsel

1 Energiehaushalt gleichwarmer Tiere 54
Säugetiere haben unterschiedliche Herzschlagfrequenzen 54
Materialien: Körpergröße und Energiehaushalt 55
Energiehaushalt des Körpers 56

2 Äußere Atmung 58
Transportsystem Körperkreislauf 58
Lexikon: Atmungsorgane 59
In der Höhe geht die Puste aus 60
Erythrocyten transportieren den Sauerstoff 61
Regulation der Sauerstoffkonzentration im Blut 62
Materialien: Sauerstoffbindung 63
Praktikum: Atmung 64
Von der äußeren Atmung zur Zellatmung 65

3 Dissimilation — Zellatmung 66
Mitochondrien: Atmungsorganellen 66
Materialien: Befunde zum Ort der Zellatmung 67
Lexikon: Oxidation und Reduktion 68
Lexikon: Leben braucht Energie 69
Der Zucker wird zerlegt: Glykolyse 70
Der Tricarbonsäurezyklus 71
Die Endoxidation 72
Im Konzentrationsgefälle steckt Energie 73
Bilanz der Zellatmung 74
Naturwissenschaftliche Erkenntnisgewinnung 75
Es geht auch ohne Sauerstoff: Die Gärung 76
Praktikum: Versuche zur Gärung 77

4 Muskel und Bewegung 78
Die Muskelkontraktion 78
Materialien: Die Rolle des ATP bei der Muskelkontraktion 79
Was man beim Sport wissen sollte 80

5 Wasserhaushalt der Pflanzen 82
Mineralstoff- und Wasserhaushalt 82
Wassertransport in der Pflanze 84
Praktikum: Transpiration 85
Bau und Funktion des Blattes 86
Pflanzen machen Mittagspause 87

6 Äußere Faktoren der Fotosynthese 88
Lichtenergie spendet Leben: Die Fotosynthese 88
Praktikum: Versuche zur Fotosynthese 89
Äußere Einflüsse auf die Fotosynthese 90
Sonnenblätter — Schattenblätter 91
Pflanzen brauchen blaues oder rotes Licht 92

7 Biochemie der Fotosynthese 94
Zweigeteilte Fotosynthese 94
Materialien: Die Experimente von Trebst, Tsujimoto und Arnon (1958) 95
Die lichtabhängigen Reaktionen 96
Die Gewinnung von ATP 97
Die lichtunabhängige Reaktion 98
Calvinzyklus 99

8 Chemosynthese 100
Es geht auch ohne Licht 100
Chemosynthese in der Tiefsee 101

Genetik

1 Chromosomen — Träger der Erbinformation 104
Genetik — die Sache mit dem Kern 104
Die Chromosomen des Menschen 105
Mitose — Zellkerne teilen sich 106
Praktikum: Untersuchung von Mitosephasen 107
Meiose — Keimzellen entstehen 108

2 Mendel und Morgan: Pioniere der Genetik 110
Mit Erbsen zu den Erbgesetzen 110
Kreuzungsschema und mendelsche Regeln 111
Rückkreuzung und intermediärer Erbgang 112
Dihybrider Erbgang und Neukombination 113
Die Chromosomentheorie der Vererbung 114
Nicht alle Gene sind frei kombinierbar 115
Chromosomenstücke sind austauschbar 116
Ein Lageplan für Gene 117
Größere Vielfalt durch Polygenie 118
Materialien: Farbspiele mit Genen 119

3 Humangenetik 120
Methoden der Humangenetik 120
Der Erbgang der Blutgruppen 121
Lexikon: Genetisch bedingte Krankheiten 122
Genetische Diagnose und Beratung 123
Gonosomen und geschlechtsgebundene Vererbung 124
Numerische Chromosomenveränderungen 126
Zwillingsuntersuchungen 128

4 Grundlagen der Molekulargenetik 130
DNA — Träger der Erbinformation 130
Praktikum: DNA auf dem Prüfstand 131
DNA — der Stoff, aus dem die Gene sind 132

Bakterien und Viren — Versuchsorganismen der Genetik 134
Identische DNA-Replikation — aus eins mach zwei 136
Materialien: DNA-Verdopplung — aber wie? 137

5 Vom Gen zum Merkmal 138
Die Ein-Gen-ein-Polypeptid-Hypothese 138
Transkription — genetische Information wird beweglich 140
Der genetische Code — Wörterbuch des Lebens 141
Materialien: Der genetische Code — ein Triplettcode 142
t-RNA — Vermittler zwischen RNA und Aminosäuren 143
Translation — ein Protein wird „montiert" 144
Genregulation durch Induktion und Repression 146

6 Mutationen 148
Kleine Fehler — große Folgen: Genmutationen 148
Mutationen beim Menschen — Wirkungen, Diagnose, Therapie 150
Krebs — Folge „entgleister" Gene? 152
Mutationen in der Tier- und Pflanzenzucht 153
Lexikon: Mutagene 154

7 Gentechnik — Lebewesen nach Plan? 156
Gentechnik — Zellen werden neu programmiert 156
Tiere und Pflanzen nach Plan? 158
Materialien: Gentechnik — Gen-Ethik 160

8 Immunbiologie 162
Die Immunreaktion 162
Humorale Immunantwort 164
Zelluläre Immunantwort 165
Immunisierung 166
Vielfalt der Antikörper — Immungenetik 167
Lexikon: Medizinische Aspekte 168
AIDS 170

Entwicklungsbiologie

1 Fortpflanzung und Entwicklung bei Tieren 174
Geschlechtliche und ungeschlechtliche Fortpflanzung 174
Besamung und Befruchtung beim Seeigel 176
Praktikum: Seeigel 178
Lexikon: Ei- und Furchungstypen 179
Vom Laich zum Frosch 180
Vom Ei zum Küken 181
Materialien: Historische Experimente 182
Entwicklungsphysiologie — molekulargenetisch betrachtet 184

2 Fortpflanzung und Entwicklung beim Menschen 186
Oogenese und Spermatogenese 186
Der weibliche Zyklus 187
Besamung und Befruchtung 188
Hormonale Empfängnisverhütung 189
Embryonalentwicklung 190
Eingriffe in die Fortpflanzung — Reproduktionstechniken 192
Materialien: Informationen zur Reproduktionstechnologie 193

3 Fortpflanzung und Entwicklung bei Pflanzen 194
Ungeschlechtliche und geschlechtliche Fortpflanzung 194
Materialien: Generations- und Kernphasenwechsel 196
Praktikum: Fortpflanzung bei Pflanzen 197
Der Faktor Licht bei der Entwicklung der Pflanzen 198
Wirkung des Lichtes bei der Blütenbildung — Fotoperiodismus 199
Lexikon: Phytohormone — Wirkstoffe der Pflanze 200
Regeneration 201

Nerven, Sinne und Hormone

1 Bau und Funktion von Nervenzellen 204
Reflexe 204
Das Neuron 206
Praktikum: Nervenzelle 207
Ruhepotential 208
Aktionspotential 210
Fortleitung des Aktionspotentials 211
Fortleitungsgeschwindigkeit der Erregung 212
Materialien: Funktion der Neuronen 213
Synapsen 214
Erregende und hemmende Synapsen 215
Verschaltung von Nervenzellen 216

2 Sinne 218
Sinnesorgan Auge 218
Bau der Netzhaut 219
Lichtsinneszellen 220
Adaptation 221
Auflösungsvermögen 222
Praktikum: Gesichtsfeld 223
Farbensehen 224
Regelkreise 225
Das Ohr leitet, verstärkt und transformiert Schallwellen 226
Lexikon: Sinne 227

3 Bau und Funktion des Nervensystems 228
Zentralnervensystem 228
Sehen 230
Materialien: Gehirn und Wahrnehmung 231
Optische Täuschungen — Täuschungen des Gehirns 232
Praktikum: Optische Täuschungen 233
Lernen, Denken, Erinnern 234
Materialien: Gehirn und Persönlichkeit 235
Psychoaktive Stoffe 236
Vegetatives Nervensystem 238
Lexikon: Nervensysteme 239

4 Hormone 240
Die Hierarchie der Botenstoffe 240
Zelluläre Wirkungsweise 242
Materialien: Metamorphose der Insekten 243
Die Blutzuckerregulation 244
Stress 246

Verhaltensbiologie

1 Genetisch programmiertes Verhalten 250
Fragestellungen und Methoden der Verhaltensforschung 250
Nachweis genetisch fixierter Verhaltenselemente 252
Das Beutefangverhalten der Erdkröte 254
Erklärungsmodelle 256
Lexikon: Instinktverhalten 257
Nervensystem und Verhalten 258
Hormone und Verhalten 259
Zeitliche und hierarchische Ordnung von Instinkthandlungen 260
Materialien: Das Verhalten der Sandwespe 261

2 Lernen 262
Lernen macht flexibel 262
Die Prägung 263
Die Pawlow'sche Reflextheorie des Verhaltens 264
Praktikum: Lernen 266
Operante Konditionierung 268
Materialien: Lern- und Verstärkungsformen 269
Lexikon: Höhere Lernleistungen und weitere Lernformen 270
Gedächtnis 272
Lexikon: Theorien bestimmen Forschungsschwerpunkte 273

3 Sozialverhalten und Soziobiologie 274
Sexualverhalten 274
Kampfstrategien bei Rothirschen 276
Reviere 278
Sozialstrukturen 279
Rangordnung 280
Kommunikation 282
Paarungssysteme und Brutpflege 284

4 Verhaltensbiolgie des Menschen 286
Methoden zur Verhaltensbiologie des Menschen 286
Der Mensch — ein Natur- und Kulturwesen 287
Aggressionsverhalten bei Menschen 288
Materialien: Aggressionsformen 289
Sexualverhalten und Eltern-Kind-Beziehungen beim Menschen 290

Ökologie

1 Lebewesen und Umwelt 294
Vom Flaschengarten zur Biosphäre 294
Licht — abiotischer Faktor für den Sauerklee 296
Licht — abiotischer Faktor für Eintagsflügler 297
Lexikon: Weitere abiotische Faktoren 298
Ökologische Toleranz und ökologische Nische 300

2 Wechselbeziehungen zwischen Lebewesen 302
Konkurrenz und Einnischung 302
Materialien: Einnischung bei Reiher- und Löffelente 303
Das Wachstum von Populationen 304
Wechselbeziehungen zwischen Feind und Beute 305
Populationswachstum bei Ernteschädlingen 306
Alternativen zur chemischen Schädlingsbekämpfung 307
Lexikon: Weitere Wechselbeziehungen 308

3 Ökosystem Wald 310
Abiotische und biotische Faktoren 310
Praktikum: Wald 312
Sukzession und Klimax 314
Der Kreislauf des Kohlenstoffes 315
Gefährdung des Waldes 316

4 Ökosystem Fließgewässer 318
Abiotische und biotische Faktoren 318
Praktikum: Fließgewässer 320
Selbstreinigung und Abwasserbelastung 322
Energiefluss im Nahrungsnetz eines Fließgewässers 324
Renaturierung von Fließgewässern 325

5 **Ökosysteme im Vergleich** 326
Produktion von Land- und Gewässerökosystemen 326
Stoffkreislauf — natürliches Recycling 328
Einbahnstraße der Energie 329
Materialien: Das Leben im Spritzwasserbereich der Felsküsten 330

6 **Mensch und Umwelt** 332
Bevölkerungswachstum der Menschheit 332
Materialien: Bevölkerungsdichte und Energiekonsum 333
Globale Umweltprobleme: Luft 334
Globale Umweltprobleme: Wasser und Boden 336
Artenrückgang und Naturschutz 338

Evolution

1 **Einführung in die Evolutionstheorie** 342
Der Evolutionsgedanke 342
Die Evolutionstheorie 344
Lexikon: Die Entwicklung des Evolutionsgedankens 346
Materialien: Jean Baptiste de Lamarck 347

2 **Evolutionsfaktoren — Motoren der Evolution** 348
Variation und Rekombination 348
Mutationen 349
Selektion 350
Selektionsfaktoren und ihre Wirkung 352
Populationsgenetik 354
Gendrift 356
Materialien: Simulation von Evolutionsprozessen 357
Isolation und Artbildung 358
Lexikon: Weitere Isolationsmechanismen 359
Adaptive Radiation 360
Materialien: Koevolution 362
Lexikon: Tarnung und Warnung 363

3 **Belege für den Ablauf der Evolution** 364
Homologe Organe 364
Analoge Organe 366
Materialien: Befunde aus der Anatomie 367
Lexikon: Weitere Belege für die Evolutionstheorie 368
Moderne Belege aus Biochemie und Molekularbiologie 370
Fossilisation 372
Methoden der Altersbestimmung 373
Lebende Fossilien 374
Brückentiere 375
Stammbäume — Ahnengalerien von Lebewesen 376
Materialien: Stammbaum der Pferde 377
Chemische Evolution und frühe biologische Evolution 378
Übersicht über die Entwicklung der Lebewesen 380
Synthetische Theorie der Evolution 382
Offene Fragen — erweiterte theoretische Ansätze 383

4 **Humanevolution** 384
Primaten — von Menschen und Menschenaffen 384
Der aufrechte Gang — ein entscheidender Fortschritt 386
Klimaschwankungen — Motoren der Evolution des Menschen? 388
Die Australopithecinen 389
Homo — eine Gattung erobert die Erde 390
Materialien: Homo erectus — Verbreitung und Lebensweise 391
Homo sapiens 392
Materialien: Neandertaler — Bruder, Urahn oder Vetter? 393
Lexikon: Verwandtschaft der Menschen 394
Kulturelle Entwicklung 395

5 **Das natürliche System der Lebewesen** 396
Probleme der biologischen Systematik 396
Phylogenetische Systematik 397
Die fünf Reiche der Lebewesen 398
Das Reich der Pflanzen 400
Das Reich der Tiere 401

Register 404
Bildnachweis 415

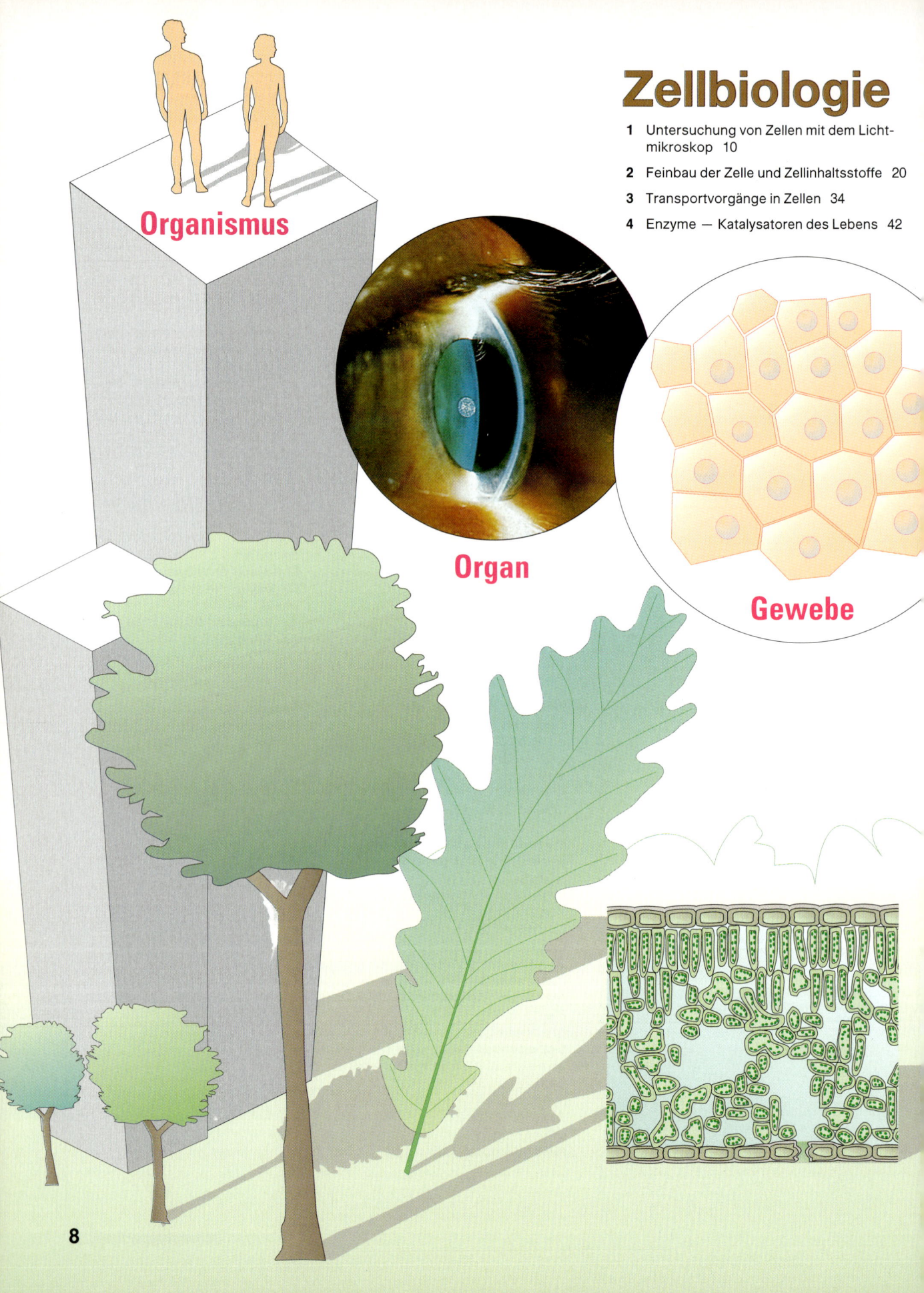

Zellbiologie

1. Untersuchung von Zellen mit dem Lichtmikroskop 10
2. Feinbau der Zelle und Zellinhaltsstoffe 20
3. Transportvorgänge in Zellen 34
4. Enzyme — Katalysatoren des Lebens 42

Organismus

Organ

Gewebe

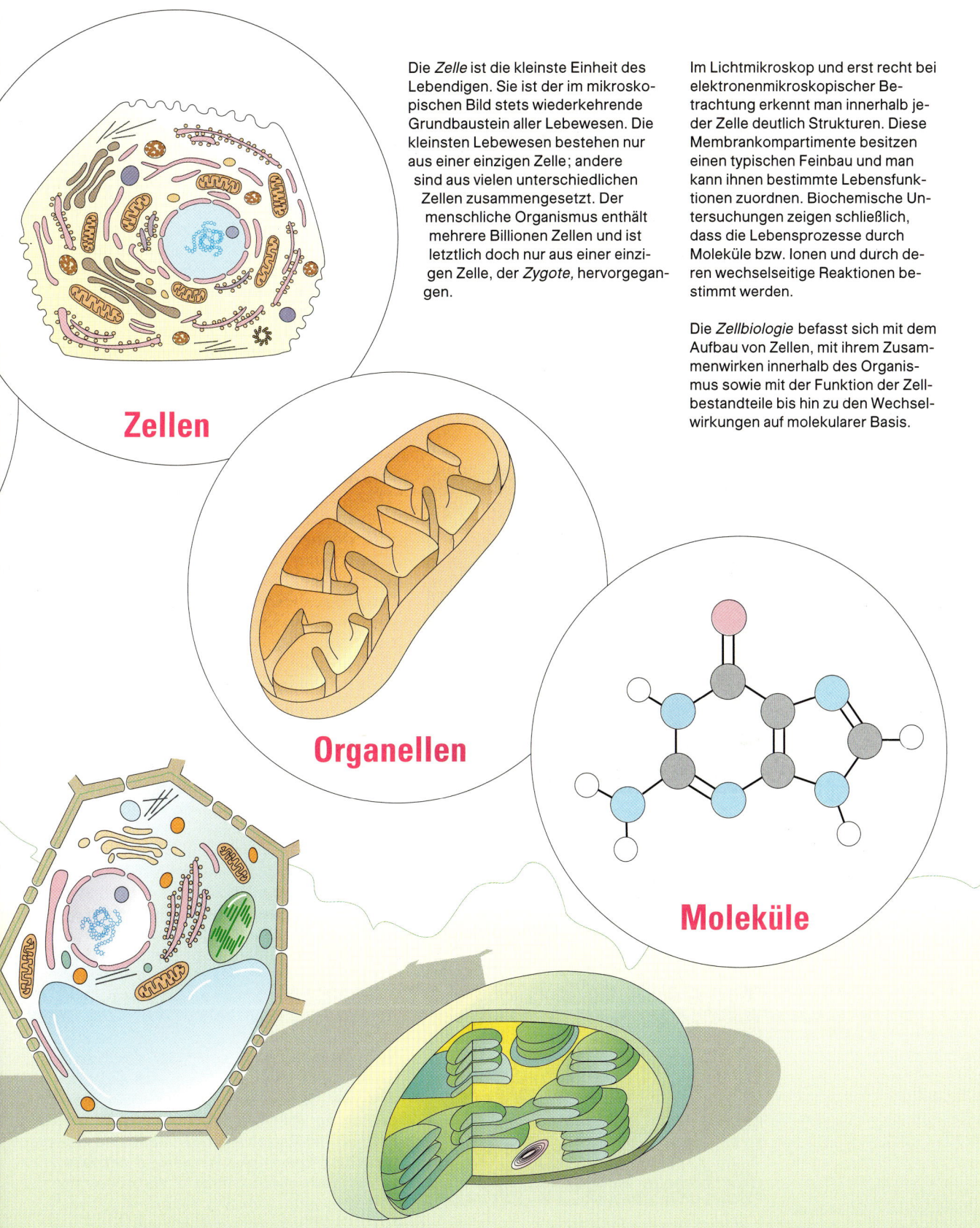

Die *Zelle* ist die kleinste Einheit des Lebendigen. Sie ist der im mikroskopischen Bild stets wiederkehrende Grundbaustein aller Lebewesen. Die kleinsten Lebewesen bestehen nur aus einer einzigen Zelle; andere sind aus vielen unterschiedlichen Zellen zusammengesetzt. Der menschliche Organismus enthält mehrere Billionen Zellen und ist letztlich doch nur aus einer einzigen Zelle, der *Zygote,* hervorgegangen.

Im Lichtmikroskop und erst recht bei elektronenmikroskopischer Betrachtung erkennt man innerhalb jeder Zelle deutlich Strukturen. Diese Membrankompartimente besitzen einen typischen Feinbau und man kann ihnen bestimmte Lebensfunktionen zuordnen. Biochemische Untersuchungen zeigen schließlich, dass die Lebensprozesse durch Moleküle bzw. Ionen und durch deren wechselseitige Reaktionen bestimmt werden.

Die *Zellbiologie* befasst sich mit dem Aufbau von Zellen, mit ihrem Zusammenwirken innerhalb des Organismus sowie mit der Funktion der Zellbestandteile bis hin zu den Wechselwirkungen auf molekularer Basis.

Zellen

Organellen

Moleküle

1 Untersuchung von Zellen mit dem Lichtmikroskop

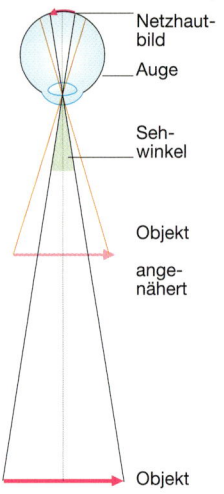

1 Moospolster

Das Mikroskop — Vergrößerung und Auflösungsvermögen

Zellen sind in der Regel kleiner als 0,1 mm. Dass sie mit bloßem Auge nicht zu erkennen sind, ist im Bau unseres Auges und im Abstand der Sehzellen auf der Netzhaut begründet. An einem Beispiel lässt sich die Leistungsgrenze unserer Augen aufzeigen: Ein Moospolster, das mehrere Meter entfernt ist, wird nur im Umriss wahrgenommen. Je näher man kommt, desto mehr Einzelheiten sind zu erkennen. Der Sehwinkel, unter dem die Pflanzen erscheinen, wird dadurch perspektivisch vergrößert und somit entsteht ein entsprechend vergrößertes Bild auf der Netzhaut.

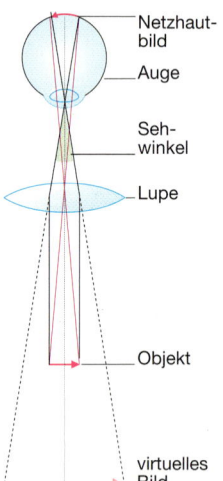

2 Lupenaufnahme eines Moosblättchens

Ist ein Moosblättchen schließlich etwa 25 cm vom Auge entfernt, dann können zwei Strukturen, z. B. zwei Punkte des Moosblättchens, gerade noch getrennt wahrgenommen werden, wenn sie einen Abstand von etwa 0,1 mm haben. Führt man die Pflanze wieder weiter vom Auge weg, so verschmilzt das Bild zu einem einzigen Punkt. Verringert man den Betrachtungsabstand noch mehr, so wird das Bild auf der Netzhaut unscharf. Die Fähigkeit der Augenlinse reicht dann nicht mehr aus, stärker zu *akkommodieren*, d. h. der Nahpunkt des Auges wird unterschritten. Bei 0,1 mm liegt also die *Auflösungsgrenze* des menschlichen Auges.

Erst mithilfe optischer Geräte wird es möglich, weitere Einzelheiten zu erkennen. So unterstützt die Sammellinse einer Lupe die Wirkung der Linse im Auge, indem sie den Sehwinkel vergrößert. Auf der Netzhaut entsteht ein größeres und detailreicheres Bild. Bei einer 10fachen Lupenvergrößerung erhält man ein zehnmal größeres Bild. Ein flächiges Objekt von 1 cm², beispielsweise ein Moosblättchen, erscheint so groß wie 1 dm²; es ergibt sich eine *Flächenvergrößerung* um den Faktor 100.

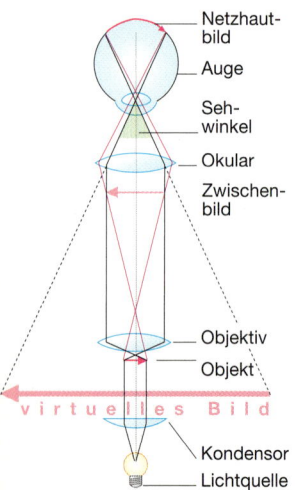

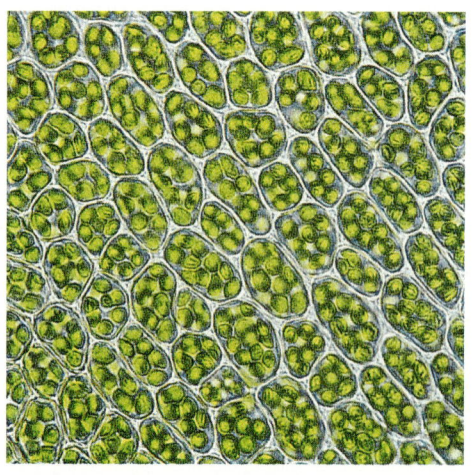

3 Mikroaufnahme von Mooszellen

Beim *Lichtmikroskop* erhält man durch zwei Linsen bzw. Linsensysteme, das *Objektiv* und das *Okular*, eine noch stärkere Vergrößerung. Ihr Wert ergibt sich aus dem Produkt der Einzelvergrößerungen von Objektiv und Okular. Auch hier wird der Sehwinkel vergrößert. Stärkere Vergrößerung bedeutet jedoch nicht zwangsläufig, dass mehr Einzelheiten erkennbar werden.

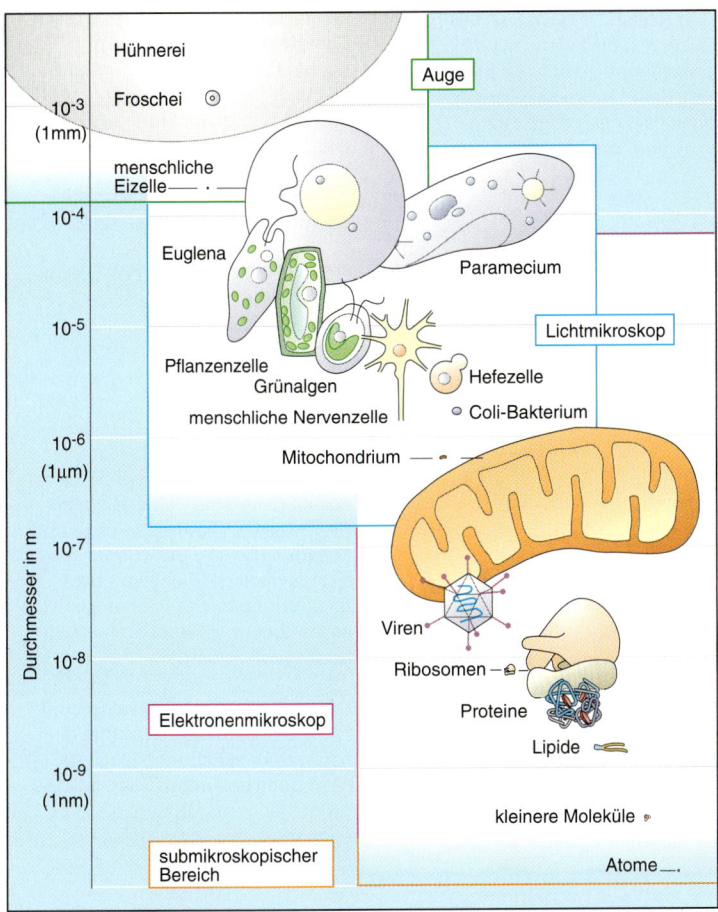

1 Auflösungsvermögen von Auge, Licht- und Elektronenmikroskop

Diesen Zusammenhang kann man sich am Beispiel einer Diaprojektion klarmachen: Selbst wenn das Bild auf einer Leinwand stärker vergrößert wird, so lassen sich ab einer bestimmten Grenze keine neuen Einzelheiten mehr erkennen. Aus einem undeutlichen kleinen Punkt wird dann lediglich ein undeutlicher großer Punkt. Man spricht in diesem Fall von *leerer Vergrößerung*. Umgekehrt nennt man diejenige Vergrößerung, die ein Instrument mindestens liefern muss, damit das Auge die abgebildeten Strukturen alle bequem wahrnimmt, *förderliche Vergrößerung*. Bei Lupe oder Mikroskop sieht der Betrachter vom Objekt — bedingt durch den Strahlengang — ein scheinbares oder *virtuelles Bild* in einer günstigen Entfernung.

Die Menge der Einzelheiten, die an einem Objekt zu erkennen sind, ist also vom *Auflösungsvermögen* des optischen Geräts abhängig. Beim Lichtmikroskop liegt die Auflösungsgrenze, bedingt durch die physikalischen Eigenschaften der Linsen und vor allem des Lichtes, bei etwa 0,2 μm (1 μm = $^1/_{1000}$ mm). Zwei Objektpunkte, die näher zusammenliegen, können nicht mehr getrennt abgebildet werden. Eine wesentlich stärkere Auflösung erhält man z. B. mit einem *Elektronenmikroskop*. Hier liegt die Auflösungsgrenze bei ca. 0,25 nm. Zunächst jedoch sollen Größe und Form von Zellen mit dem Lichtmikroskop untersucht werden.

Mikroskop und Zellbiologie — Namen, Zahlen und Fakten

Theodor Schwann

Jacob M. Schleiden

Um 1600 entwickelten in den Niederlanden die Brüder JOHANN und ZACHARIAS JANSEN die ersten Mikroskope. Die eigentliche Geburtsstunde der Zellbiologie liegt im Jahr 1665, als der englische Gelehrte ROBERT HOOKE in seinem Werk *Micrographia* die regelmäßig angeordneten Wandstrukturen, die er bei der mikroskopischen Untersuchung einer Korkscheibe entdeckt hatte, als „cells" bezeichnete.

Zur gleichen Zeit konstruierte der Holländer ANTONIE VAN LEEUWENHOEK einlinsige Mikroskope, mit denen er bei über 200facher Vergrößerung winzige Lebewesen in einem Wassertropfen, rote Blutzellen, Spermien und sogar Bakterien im Zahnschmelz untersuchte. Die optischen Eigenschaften dieser ersten Mikroskope waren allerdings noch sehr schlecht. 1827 gelang es dem italienischen Physiker GIOVANNI BATTISTA AMICI, durch farbfehlerfreie (achromatische) Linsensysteme die wichtigsten Abbildungsfehler zu korrigieren. So konnte ROBERT BROWN 1831 feststellen, dass der kleine runde Zellkern (Nukleus) Bestandteil aller Pflanzenzellen ist. JACOB MATTHIAS SCHLEIDEN formulierte 1838 die Theorie, dass alle Pflanzen aus Zellen bestehen und THEODOR SCHWANN übertrug diese Aussage im folgenden Jahr auf das Tierreich. RUDOLPH VIRCHOW beobachtete Zellteilungsvorgänge und ergänzte 1855 die *Zelltheorie* durch folgende Formulierung: „Omnis cellula e cellula." Damit wird ausgedrückt, dass jede neue Zelle nur aus einer bereits vorhandenen Zelle entstehen kann.

Im Jahr 1924 entwickelte der französische Physiker LOUIS DE BROGLIE die Vorstellung, dass bewegte Materie Welleneigenschaften besitzt. Auf diesen Grundlagen konstruierte ERNST AUGUST RUSKA 1931 das erste *Elektronenmikroskop*. Nach der Entwicklung geeigneter Fixierungs- und Schneidetechniken für biologische Objekte findet die Elektronenmikroskopie nach 1950 breite Anwendung und führt zu wesentlichen Erkenntnissen über die Feinstruktur der Zelle.

Herstellung von mikroskopischen Präparaten

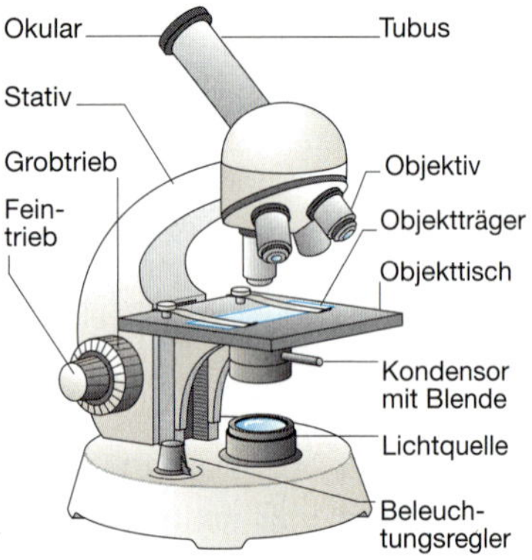

Okular, Tubus, Stativ, Grobtrieb, Feintrieb, Objektiv, Objektträger, Objekttisch, Kondensor mit Blende, Lichtquelle, Beleuchtungsregler

Als Objekt für die mikroskopische Untersuchung soll die innere Zwiebelschuppenepidermis (Zwiebelschuppenhaut) dienen.

Benötigte Materialien und Geräte:
Küchenzwiebel, Messer, Objektträger, Deckgläschen, Pipette mit Gummihütchen, Präpariernadel, Rasierklinge, Pinzette, Glasgefäß mit Wasser.

Herstellen des Präparates

① Aufbringen eines Wassertropfens auf die Mitte des Objektträgers und Heraustrennen einer Zwiebelschuppe.

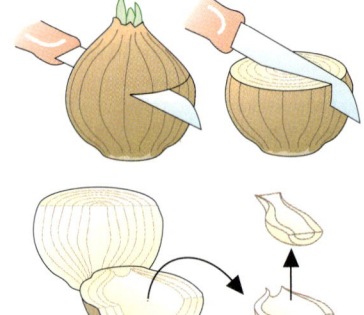

② Mit einer Rasierklinge wird ein kleines Quadrat in die Innenseite der Zwiebelschuppe geritzt, anschließend mit der Pinzette das Zwiebelhäutchen vorsichtig abgezogen und in einen Wassertropfen gelegt.

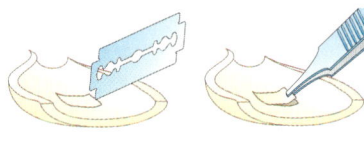

③ Das Deckglas wird nun langsam mithilfe der Präpariernadel auf das Objekt abgesenkt. Dabei sollten keine Luftblasen mit eingeschlossen werden. Ist die Fläche unter dem Deckglas nicht vollständig benetzt, so gibt man mit einer Pipette noch etwas Wasser an der Seite des Deckglases zu. Auf dem Deckglas darf sich auf keinen Fall Wasser befinden!

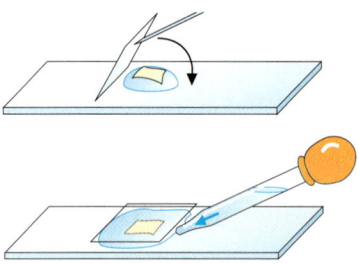

④ Das Zwiebelhäutchenpräparat wird nun auf den Objekttisch gebracht und mit den Klammern über der Kondensormitte fixiert.

Wie kommt man zu einem guten mikroskopischen Bild?

① Zunächst wird das kleinste Objektiv (z. B. 4 x) in den Strahlengang geschwenkt, das Bild des Zwiebelhäutchens mit dem Grobtrieb scharf gestellt und in die Mitte des Gesichtsfeldes gebracht. Der Feintrieb, mit dem von nun an alle weiteren Einstellungen erfolgen, ermöglicht das genaue Scharfstellen einzelner Details.

② Nun wird das nächstgrößere Objektiv (z. B. 10 x) über das Präparat geschwenkt, ohne an der Scharfeinstellung etwas zu ändern. Die Schärfe muss in der Regel nur noch mit dem Feintrieb geringfügig nachgestellt werden. Das Gleiche gilt für weitere Objektive. Bei dieser Vorgehensweise wird es kaum Schwierigkeiten bereiten, die Abbildung des Objektes mit den größeren Objektiven (z. B. 40 x) scharf zu stellen. Durch vorsichtiges Verschieben des Objektträgers wird dabei jeweils die Zellgruppe bzw. die Zelle in die Bildmitte gebracht, die man genauer untersuchen möchte.

③ Überprüfen Sie, welche Auswirkung das Öffnen und Schließen der Kondensorblende bei den einzelnen Objektiven hat und stellen Sie jeweils ein kontrastreiches und scharfes Bild ein. Die Kondensorblende dient der Regelung des Bildkontrastes. Die Bildhelligkeit sollte über den Beleuchtungsregler eingestellt werden.

④ Um das Objekt vertikal zu durchmustern, dreht man den Objekttisch mit dem Feintrieb langsam nach oben und unten. Dies ist aufgrund der geringen Schärfentiefe notwendig. Sie ist umso kleiner, je größer die Objektivvergrößerung ist.

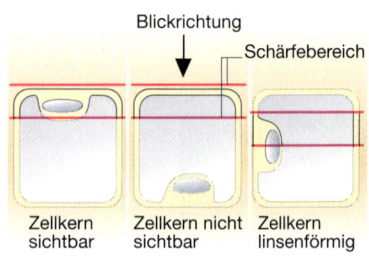

Blickrichtung, Schärfebereich
Zellkern sichtbar | Zellkern nicht sichtbar | Zellkern linsenförmig

Protokollieren der Beobachtungen

① Verschaffen Sie sich mit dem mittleren Objektiv (10 x) einen Überblick über die Zellen des Zwiebelhäutchens. Welche Form haben die Zwiebelzellen und wie sind sie zueinander angeordnet? Fertigen Sie eine Umrissskizze von 4 bis 5 aneinander liegenden Zellen an.

② Bringen Sie eine in Details gut erkennbare Zelle in die Gesichtsfeldmitte und untersuchen Sie diese mit dem nächstgrößeren Objektiv (40 x). Welche Einzelheiten sind zu erkennen? Fertigen Sie von dieser Zelle eine möglichst genaue Skizze an (Größe auf dem Papier mindestens 10 cm).

Weitere Objekte

Blattzellen von Wasserpest und Laubmoos

Aus dem oberen Teil eines Sprosses der Wasserpest bzw. eines Laubmooses wird ein möglichst kleines und dünnes Blättchen mit der Pinzette vorsichtig herausgezupft, auf einen Objektträger gebracht und in gleicher Weise wie die Haut der Zwiebelschuppe mikroskopiert.

Die Bestimmung der Größe von mikroskopischen Objekten

Wenn man den Durchmesser des Gesichtsfeldes bei den möglichen Vergrößerungen kennt, kann die Größe eines mikroskopischen Objekts einigermaßen gut abgeschätzt werden.

Zur Bestimmung des Gesichtsfelddurchmessers benötigt man transparentes Millimeterpapier, dessen Linien innerhalb eines Quadratzentimeters mit einem dünnen Bleistift nachgezogen werden. Dieser Teil wird ausgeschnitten und in einen Wassertropfen auf einen Objektträger gebracht. Man lässt das Papier vollständig durchfeuchten, bevor das Deckgläschen aufgelegt wird. Nun bestimmt man für jede Vergrößerungsstufe den Durchmesser in Millimetern:

$$\frac{\text{Vergr.}}{\text{Objektiv}} \times \frac{\text{Vergr.}}{\text{Okular}} = \frac{\text{Gesamt-}}{\text{vergr.}} \quad \frac{\varnothing}{\text{in mm}}$$

Fehler beim Mikroskopieren

Das Bild ist flau bzw. unklar.
Blende ist zu weit offen, Linse ist verschmutzt (mit Linsenpapier reinigen) oder es befindet sich Wasser auf dem Deckgläschen.

Linien im Objekt erscheinen doppelt bei meist dunklem Bild.
Die Blende ist zu weit geschlossen.

Kreisförmige, schwarze und in der Mitte etwas hellere Flecken verdecken das Objekt.
Das Objekt enthält eingeschlossene Luftblasen.

Anfärben von kontrastarmen Präparaten

Mit einem Holzspatel oder einem Teelöffel schabt man vorsichtig aus der Mundhöhle etwas Schleim ab, der *Mundschleimhautzellen* enthält, und bringt diesen in einen Wassertropfen auf einen Objektträger. Bei der mikroskopischen Untersuchung werden die einzelnen Zellen nur schwer zu erkennen sein. Das liegt an der Kontrastarmut des Objekts, d. h. es ist überall fast gleich hell. In solchen Fällen färbt man das Präparat an, um es besser sichtbar zu machen. Dazu wird entsprechend der Abbildung eine Methylenblaulösung unter dem Deckgläschen hindurchgesaugt.

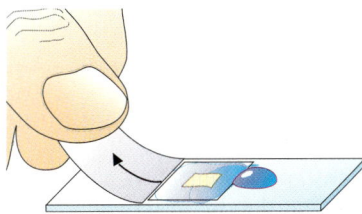

Mikroskopieren Sie das ungefärbte und das gefärbte Präparat und vergleichen Sie. Fertigen Sie anschließend vom gefärbten Präparat eine Skizze an. Welche Details sind besonders gut angefärbt und welche Unterschiede ergeben sich zur Zwiebelzelle?

Weitere Farbstoffe

Neben Methylenblau sind Eosin und Neutralrot in wässriger Lösung einfach zu handhaben. Neutralrot ist dabei mit Leitungswasser anzusetzen. Mit Eosin färben sich das *Cytoplasma* und der Zellkern gut an, während Neutralrot sich vorzugsweise in der Vakuole (Zellsaftraum) ansammelt, falls die Zelle eine solche besitzt. Bis zum Sichtbarwerden der Färbung vergehen einige Minuten.

Das Schneiden von Objekten

Von dicken Objekten müssen Dünnschnitte hergestellt werden. Dazu gehören z. B. Wurzeln, Stängel und Blätter von Pflanzen.

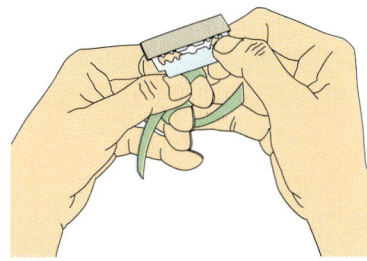

Flächenschnitt

Diese Technik wird häufig angewandt, wenn man einzelne Zellen eines dickeren Blattes, z. B. Zellen von der Sumpfschraube *(Vallisneria)*, einer Wasserpflanze, untersuchen will. Die Abbildung zeigt die Schneidetechnik. (Vorsicht, Klinge ganz flach halten!)

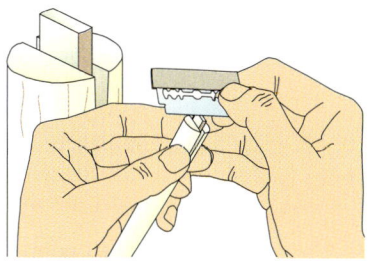

Querschnitt

Häufiger jedoch werden Querschnitte benötigt. Viele Objekte sind relativ weich und lassen sich ohne Hilfsmittel nur schlecht schneiden. Deshalb klemmt man das Objekt wie in der Abbildung zwischen zwei Hälften aus Holundermark oder Styropor und schneidet entsprechend der Abbildung ein dünnes Scheibchen ab, indem man eine scharfe Rasierklinge bei nur leichtem Druck durch das Objekt zieht. Der erste Schnitt wird verworfen, da bei diesem die Zellen meist stark beschädigt sind. Nun versucht man, weitere, möglichst dünne Schnitte anzufertigen, die mikroskopisch untersucht werden.

Der mikroskopische Nachweis von Zellinhaltsstoffen

Der Nachweis von Stärke

Schneiden Sie eine Kartoffel in 2 Hälften, kratzen Sie von der Schnittfläche mit einem Skalpell etwas Gewebe ab und übertragen Sie es in einen Wassertropfen auf einen Objektträger. Untersuchen Sie das Präparat bei stärkerer Vergrößerung. Nun wird Iod-Kaliumiodidlösung *(Lugol'sche Lösung)* durch das Präparat gesaugt. Notieren Sie Ihre Beobachtungen und fertigen Sie die Skizze eines Stärkekorns an. In gleicher Weise kann beispielsweise die Stärke unserer Getreidearten, einer Banane oder auch vom Milchsaft von *Euphorbia splendens* untersucht werden.

Der Nachweis von Zellulose

Als Reagenz dient Chlorzinkiodlösung (Lösung aus Kaliumiodid, Iod und Zinkchlorid [C]), die statt des Wassertropfens auf den Objektträger gebracht wird. Der Pflanzenschnitt wird direkt in diesen Tropfen überführt und nach Abdecken mit einem Deckglas mikroskopisch untersucht. Die Färbung tritt nach 5–30 Minuten ein. Zellulose wird blau gefärbt, Holz, Kork und Cutin gelb.

Zellbiologie

Das lichtmikroskopische Bild der Pflanzenzelle

Es gibt ungefähr eine halbe Million verschiedener Pflanzenarten auf der Erde und alle sind aus Zellen aufgebaut. Entsprechend ihrer vielfältigen Funktionen treten die Zellen in vielgestaltiger Form auf. Dennoch lassen sich bei aller Vielfalt immer wieder ähnliche Strukturen finden, sodass man aus dem Vergleich vieler Zellen ein allgemeingültiges Modell, einen *Grundbauplan der Pflanzenzelle,* entwickeln kann.

Beim Mikroskopieren von Pflanzenzellen fällt eine Struktur besonders auf, die *Zellwand.* Diese besteht im Wesentlichen aus *Zellulose* und bestimmt durch ihre Festigkeit die Form und Größe der Zelle. Die an einigen Stellen auftretenden Aussparungen in der Zellwand bezeichnet man als *Tüpfel;* Hohlräume zwischen den Zellwänden benachbarter Zellen heißen *Interzellularen.* Die Zellwand wird zwar von der Zelle gebildet, liegt aber außerhalb und ist deshalb im eigentlichen Sinn kein Zellbestandteil.

Der eigentliche Träger aller Lebensfunktionen ist der *Zellleib (Protoplast).* Er besteht aus dem *Zellplasma (Cytoplasma)* mit dem darin eingebetteten *Zellkern (Nukleus).* Bei einer ausgewachsenen Pflanzenzelle liegt der Protoplast der Zellwand wie ein dünner Wandbelag auf, denn das Innere ist weitgehend von einem zentralen Zellsaftraum, der *Vakuole,* ausgefüllt. Sie enthält zum größten Teil Wasser. Außerdem lassen sich darin Abscheidungen aus dem Stoffwechsel der Zelle finden, z. B. wasserlösliche Farbstoffe oder Oxalatkristalle. Nur einige *Plasmastränge* durchziehen diese große Zentralvakuole. Der Protoplast ist nach außen durch die äußere Zellmembran *(Plasmalemma)* und nach innen durch die Vakuolenmembran *(Tonoplast)* abgegrenzt.

Im Cytoplasma lassen sich verschiedene Zellstrukturen finden. Sie werden als *Organellen* (gr. organon = Werkzeug) bezeichnet, weil sie innerhalb der Zelle — wie ein Organ in einem Organismus — eine bestimmte Funktion erfüllen.

Der runde bis linsenförmige Zellkern hat einen Durchmesser von 10—20 µm. In seinem Inneren befinden sich ein oder mehrere *Kernkörperchen,* die *Nukleoli.* Das Plasma des Kerns, das *Karyoplasma,* wird durch die Kernhülle gegen das übrige Cytoplasma abgegrenzt. Nach Anfärbung mit besonderen Kernfarbstoffen lässt sich im Karyoplasma ein fein verzweigtes Fadengeflecht, das *Chromatingerüst,* nachweisen. Es enthält vor allem Nukleinsäuren, die *Desoxyribonukleinsäure (DNA).* Der Zellkern steuert die Stoffwechselprozesse innerhalb der Zelle und enthält die Erbinformation.

Plastiden sind eine Gruppe von typisch pflanzlichen Zellorganellen. Die *Chloroplasten* (4—8 µm) enthalten den grünen Blattfarbstoff, das *Chlorophyll,* und sind für die Fotosynthese verantwortlich. Farblose Plastiden, die *Leukoplasten,* können Stärke speichern. Die *Chromoplasten* besitzen überwiegend gelbe oder rote Farbstoffe. Diese bestimmen die Färbung mancher Blütenblätter (z. B. bei Sonnenblumen), vieler Früchte (z. B. bei Tomaten) oder von Speicherorganen (z. B. bei Möhren). Alle Plastiden gehen aus farblosen *Proplastiden* hervor. Dieser gemeinsame Ursprung macht es verständlich, dass sich Chromoplasten (z. B. bei Möhren) bzw. die Leukoplasten (z. B. bei Kartoffeln) in grüne Chloroplasten umwandeln können, wenn sie dem Licht ausgesetzt werden.

Aufgaben

① Beschreiben Sie anhand der Randabbildung den Aufbau einer embryonalen Pflanzenzelle und stellen Sie die Unterschiede zum unten dargestellten Grundbauplan heraus.

② Stellen Sie dar, welche Veränderungen während des Zellwachstums zu erkennen sind.

1 Grundbauplan der Pflanzenzelle

Gewebe und Organe der Pflanze

Ein pflanzlicher Organismus entsteht bei geschlechtlicher Fortpflanzung in der Regel aus einer *Zygote* (befruchtete Eizelle). Durch Zellteilung gehen aus dieser zunächst weitere Zellen mit ähnlichem Aussehen hervor. Während des folgenden Wachstums *differenzieren* sich die Zellen, d. h. einzelne Zellbestandteile, wie beispielsweise die Zellwand oder die Proplastiden, entwickeln sich unterschiedlich, entsprechend der späteren Funktion der Zellen im Organismus. So entstehen Gewebe als Verbände gleichartig differenzierter Zellen. Am Querschnitt durch den Stängel einer zweikeimblättrigen Pflanze lassen sich folgende pflanzliche Gewebetypen erkennen:

Das *Grundgewebe (Parenchym)* ist dünnwandig und reich an Interzellularen. Es stellt sowohl in der außen liegenden Rinde als auch im zentralen Mark den größten Teil der Zellen. Ihr Aussehen entspricht weitgehend dem Grundbauplan einer Pflanzenzelle.

Eine geschlossene Schicht von plattenförmigen Zellen umgibt den gesamten Spross. Dieses *Hautgewebe (Epidermis)* hat verdickte Außenwände. Es schützt die darunter liegenden Zellschichten und verhindert die Verdunstung von Wasser.

Die *Leitbündel* fallen durch ihre kreisförmige Anordnung im Stängel auf. Sie enthalten das *Leitgewebe*. Es besteht aus einem *Holzteil (Xylem)*, dessen Wasserleitungsbahnen aus den Zellwänden lang gestreckter, abgestorbener Zellen aufgebaut sind. Ring-, netz- oder schraubenförmige Verdickungen tragen zur Festigung bei. In diesen Gefäßen wird das Wasser von der Wurzel zu den Blättern transportiert. Der *Siebteil (Phloem)* enthält lebende Zellen, die *Siebröhren*. Sie sind ausnahmsweise kernlos. In ihnen werden vorwiegend energiereiche Stoffe, die durch Fotosynthese in den Blättern entstanden sind, zu den Orten des Verbrauchs oder der Speicherung geleitet.

In unmittelbarer Umgebung der Leitbündel liegen spindelförmige Zellen mit besonders dicken Zellwänden. Dieses *Festigungsgewebe* stützt den Spross und gibt ihm Halt. Zwischen dem Holz- und dem Siebteil befindet sich das *Kambium*. Seine Zellen sind nicht differenziert. Sie sind sehr dünnwandig und besitzen noch die Fähigkeit sich zu teilen. Nur aus diesem *Bildungsgewebe (Meristem)* entstehen neue Zellen.

Aufgaben

① Beschreiben Sie anhand der Abbildung den Querschnitt eines Laubblattes. Ordnen Sie die Zellen aufgrund ihrer Differenzierungen den im Text genannten Gewebetypen zu.

② Wie muss man die Gewebe eines Pflanzensprosses bzw. eines Blattes schneiden, um Kenntnis von der Größe und Form einzelner Zellen zu erhalten?

③ Geben Sie die Definitionen für folgende Begriffe an: Organismus, Organsystem, Organ, Gewebe, Zelle, Organell. Nennen Sie jeweils Beispiele sowohl bei Pflanzen als auch bei Tieren.

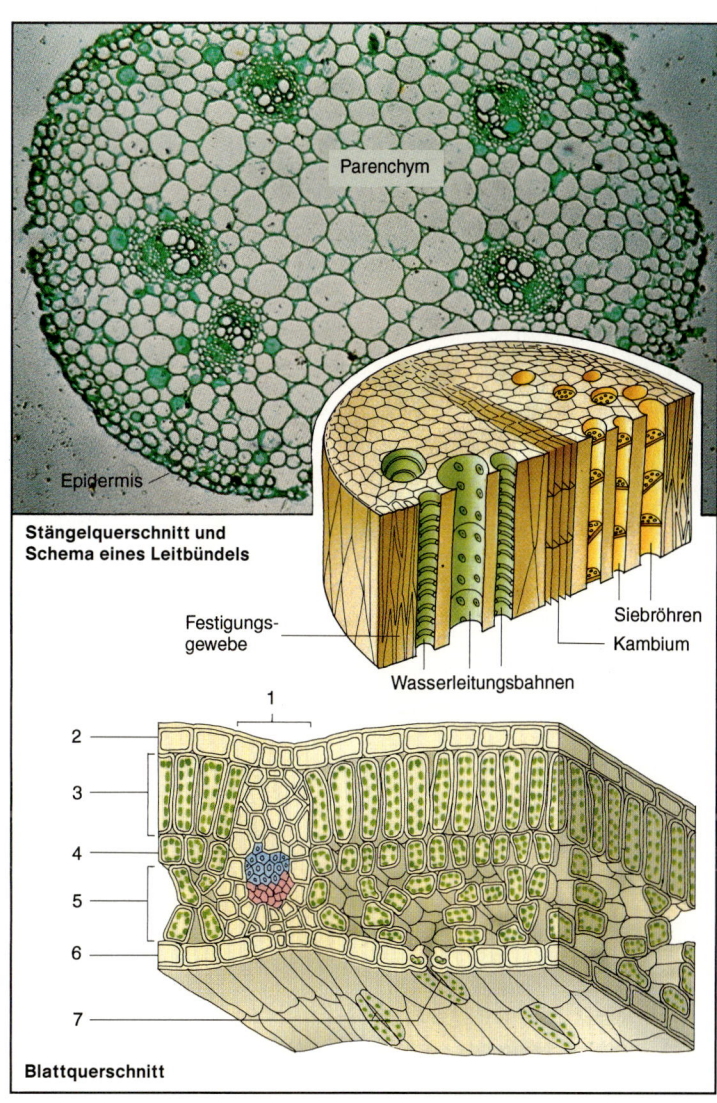

1 Stängel- und Blattquerschnitt einer zweikeimblättrigen Pflanze

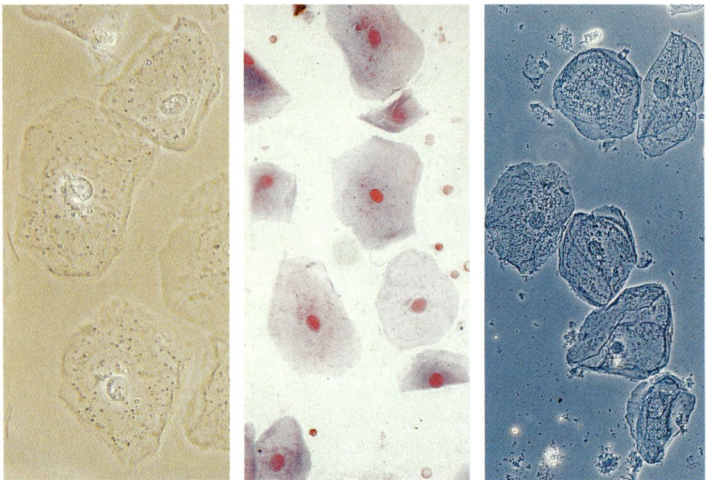

1 Mundschleimhautzellen (a: ungefärbt, b: gefärbt, c: im Phasenkontrast)

Bau und Funktion tierischer Zellen

Im Gegensatz zu pflanzlichen Zellen scheiden tierische Zellen keine Zellwand nach außen ab. In aller Regel ist es nicht so einfach, die Größe und Form einzelner Zellen zu erkennen. Erst nach geeigneter Anfärbung werden die Umrisse und Strukturen deutlicher sichtbar. Die Anwendung spezieller Mikroskopiertechniken, wie beispielsweise *Phasenkontrast-* oder *Interferenzkontrastverfahren,* ermöglichen es, auch von lebenden Zellen kontrastreiche Bilder zu erhalten. Hierbei wird das unterschiedliche Lichtbrechungsvermögen der Zellbestandteile genutzt.

Bei der Untersuchung tierischer Organismen fällt auf, dass sie, entsprechend den vielfältigen Leistungen ihrer Organe, eine größere Zahl unterschiedlich differenzierter Zellen besitzen. Bei ihrem Vergleich lässt sich jedoch ein einheitlicher Grundbauplan erkennen: Die *Zellmembran* umgrenzt das *Cytoplasma,* in dem sich der Zellkern als größtes Zellorganell befindet. Im Gegensatz zur Pflanzenzelle sind weder Plastiden noch eine Zentralvakuole vorhanden.

Auch im menschlichen Körper gibt es mehr als hundert verschiedene Zelltypen. *Nervenzellen* beispielsweise besitzen viele, zum Teil sehr lange Fortsätze, die der Informationsübertragung dienen. *Drüsenzellen* bilden Stoffe, die sie nach außen abgeben (z. B. äußere Sekretion bei Speichel- oder Schweißdrüsen) oder die mit dem Blut abtransportiert werden (Hormondrüsen mit innerer Sekretion). *Knorpel- und Knochenzellen* scheiden Substanzen ab, die dem Stützgewebe die entsprechende Festigkeit verleihen. In der Haut des Menschen liegen die Zellen des *Deckgewebes (Epithel)* mehrschichtig übereinander. Die äußeren Hautzellen sind stark verhornt. Sie dienen so dem Schutz des darunter liegenden Gewebes. Das Epithel der Luftröhre dagegen besitzt Fortsätze in Form von Flimmerhärchen, mit deren Hilfe die Luftwege von Verunreinigungen gesäubert werden. So lassen sich in vielen Fällen die Funktionen der Zellen an ihrem Aussehen erkennen.

Andererseits kann man aus Veränderungen der Zellen auf Störungen in der Funktion schließen. In der Medizin sind Gewebeuntersuchungen bei der Diagnose von Erkrankungen, z. B. beim Verdacht auf Krebs, nicht mehr wegzudenken.

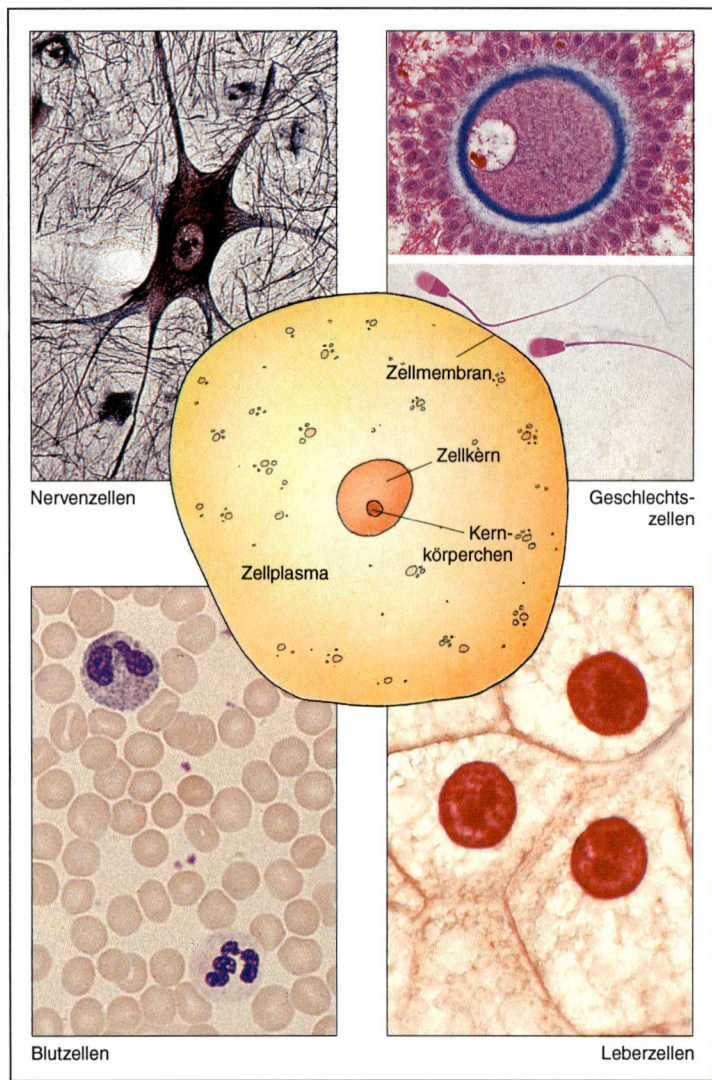

2 Zellen tierischer Gewebe als Ableitung aus einer Grundform

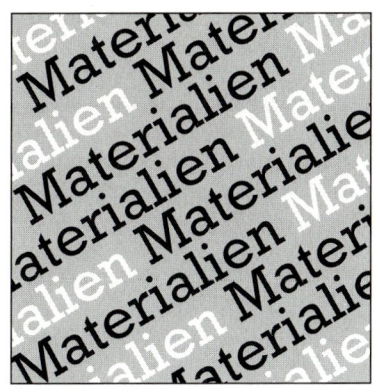

Tierische Gewebe und Organe

Zwölffingerdarm

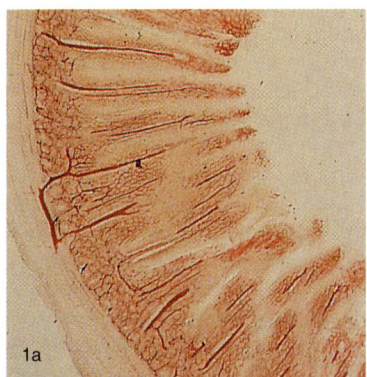

1a

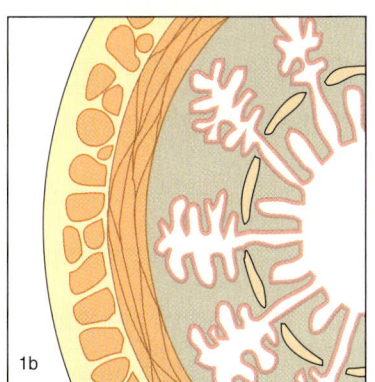

1b

An zwei Beispielen sollen im Folgenden zwei Organe bzw. Organsysteme vorgestellt werden. Bei Säugetieren zeigen die Organe des Verdauungstraktes einen einheitlichen Aufbau. Der gesamte Darmkanal von der Speiseröhre bis zum Mastdarm ist innen mit einer Schleimhaut, der *Mucosa*, ausgekleidet. Dieses Epithel enthält Drüsenzellen, die teilweise auch in das darunter liegende Bindegewebe *(Submucosa)* eingesenkt sein können. Hier befinden sich außerdem Blut- und Lymphgefäße sowie Nervenstränge. Die Darmmuskulatur besteht aus zwei Schichten, den inneren Ring- und den äußeren Längsmuskeln. Den Abschluss bildet das bindegewebige Bauchfell. Abb. 1 zeigt einen Querschnitt durch den Zwölffingerdarm und ein entsprechendes Schema der einzelnen Gewebeschichten.

Aufgabe

① Übertragen Sie das Schema in Ihr Heft. Versuchen Sie, die einzelnen Gewebe auch im Vergleich mit dem Mikrofoto zu identifizieren und beschriften Sie Ihre Zeichnung entsprechend.

Luftröhre

Die Luftröhre ist ein Organ des Atmungssystems. Da sie von Knorpelspangen offen gehalten wird, kann ständig Luft ein- und ausströmen. Das mikroskopische Bild eines Luftröhrenquerschnittes lässt den Aufbau aus verschiedenen Gewebeschichten erkennen.

Aufgaben

① Entwickeln Sie aus Abb. 2 eine Zeichnung, die (wie beim Darm) die Gewebe der Luftröhre schematisch wiedergibt.
② Zeichnen Sie außerdem jeweils drei bis vier Zellen aus dem Epithel und aus dem Knorpelgewebe und beschriften Sie Ihre Zeichnung.

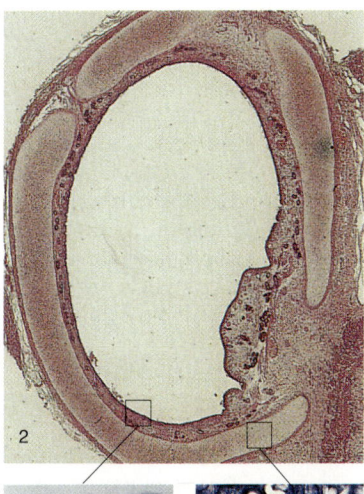

2

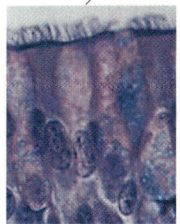 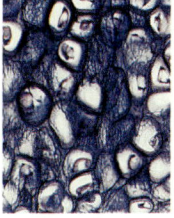

Süßwasserpolypen

Der Süßwasserpolyp *(Hydra)* gehört zu einem sehr ursprünglichen Tierstamm, den Nesseltieren. Deren zellulärer Aufbau weicht deutlich von Gewebetypen anderer tierischer Organismen ab. Der Körper besteht nur aus zwei Zellschichten, dem äußeren *Ektoderm* und dem inneren *Entoderm*. Dazwischen liegt eine Stützschicht, die sich durch einen hohen Wassergehalt auszeichnet. Dadurch ist der Stoffaustausch zwischen den beiden Zellschichten möglich.

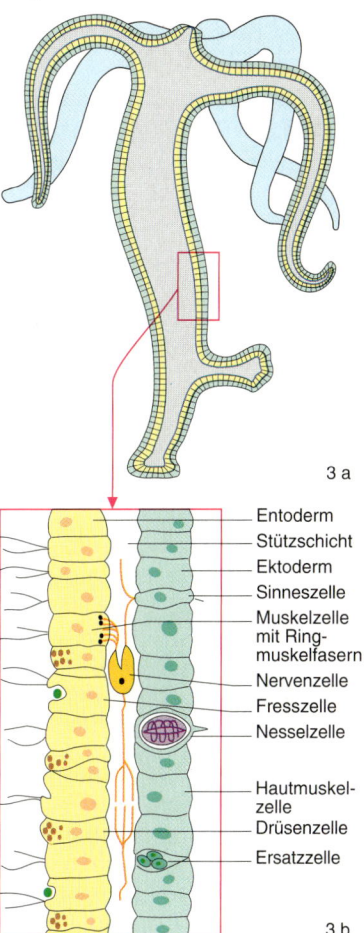

3 a

3 b

Beschriftungen: Entoderm, Stützschicht, Ektoderm, Sinneszelle, Muskelzelle mit Ringmuskelfasern, Nervenzelle, Fresszelle, Nesselzelle, Hautmuskelzelle, Drüsenzelle, Ersatzzelle

Aufgaben

① Beschreiben Sie den äußeren Bau eines Süßwasserpolypen anhand von Abb. 3 a.
② Abb. 3 b zeigt einen Ausschnitt aus der Körperwand von Hydra. Beschreiben Sie die Zellen nach ihrer Lage im Gesamtkörper, nach ihrer Form und ihrer Funktion. Diese lässt sich aus dem Namen der Zellen erschließen.
③ Inwieweit lassen sich die Begriffe Gewebe bzw. Organ beim Süßwasserpolypen anwenden?

Zellbiologie **17**

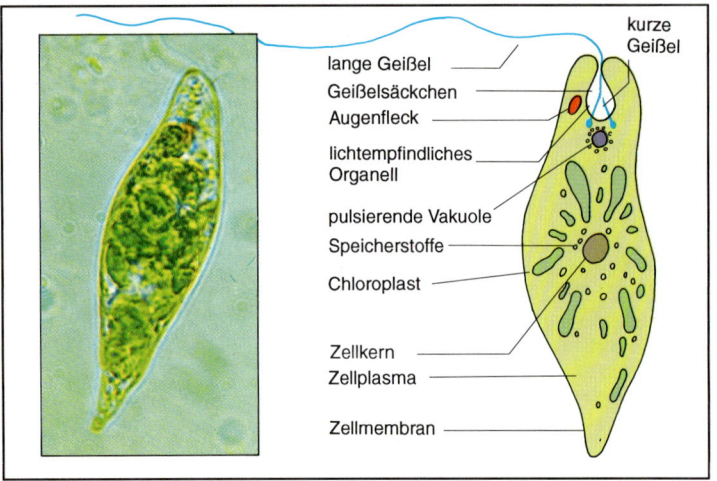

1 Euglena (Mikrofoto ca. 1000 x vergr. und Bauplan)

Einzellige Lebewesen

Was vielzellige Organismen in ihren unterschiedlich spezialisierten Geweben leisten, müssen einzellige Lebewesen mit ihren Organellen in nur einer Zelle bewerkstelligen. An zwei Beispielen soll gezeigt werden, dass sie Stoffwechsel, Fortpflanzung, Wachstum, Reizbarkeit und Bewegung, also alle Kennzeichen eines Lebewesens, besitzen.

Das **Augentierchen** *(Euglena)* ist 0,05 mm lang und gehört zu den *Geißelträgern (Flagellaten)*. Eine lange *Geißel* dient der Fortbewegung. Sie entspringt neben einer zweiten, kurzen Geißel in einem *Geißelsäckchen,* an dessen Grund sich ein lichtempfindliches Organell, ein *Fotorezeptor,* befindet. Zusammen mit dem *roten Augenfleck* ermöglicht er die Orientierung zum Licht hin. Dieser beschattet bei seitlichem Lichteinfall den Fotorezeptor in rhythmischen Abständen, wenn Euglena durch den Schlag der Geißel und bei gleichzeitiger Drehung um die Längsachse vorwärts schwimmt.

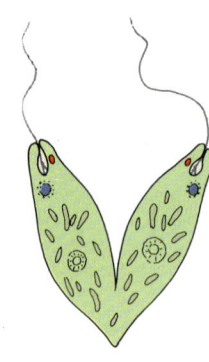
Zellteilung

Euglena vermehrt sich ungeschlechtlich durch *Längsteilung.* Zunächst teilt sich der *Zellkern* und nach der Verdoppelung der Zellorganellen schnürt sich die Zelle längs durch. Der Besitz von *Chloroplasten* ermöglicht es Euglena, bei Belichtung Nährstoffe wie eine grüne Pflanze durch Fotosynthese herzustellen. Erstaunlicherweise verschwinden bei andauernder Dunkelheit die Chloroplasten. Euglena nimmt dann verstärkt organische Nährstoffe durch die Zellhaut auf und ernährt sich wie ein Tier.

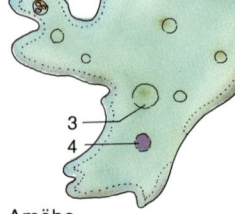
Amöbe

Im Tümpelwasser fällt das ebenfalls einzellige **Pantoffeltierchen** *(Paramecium)* wegen seiner Größe von 0,3 mm schon mit bloßem Auge auf. Es ist rundum mit *Wimpern (Cilien)* besetzt, die vor allem der Fortbewegung dienen. Im Bereich des *Mundfeldes* strudeln die Wimpern Nahrungspartikel zum *Zellmund*. Sie werden in *Nahrungsvakuolen* aufgenommen, die dann auf einer festliegenden Bahn durch das *Zellplasma* wandern. Dabei wird die Nahrung innerhalb der Zelle verdaut und Unverdauliches durch den *Zellafter* ausgeschieden. Ebenfalls der Ausscheidung dienen die *pulsierenden Vakuolen,* die durch sternförmig angeordnete Kanäle Wasser mit darin gelösten Abfallstoffen aufnehmen und sich in rhythmischem Wechsel nach außen entleeren.

Wie alle *Wimpertiere* besitzt Paramecium neben einem *Großkern,* der die Zellfunktionen steuert, noch einen *Kleinkern,* der bei geschlechtlichen Vorgängen eine entscheidende Rolle spielt. Bei der *ungeschlechtlichen Vermehrung,* einer Querteilung, werden beide Kerne ebenfalls geteilt. Paramecium ist in der Lage, Temperaturunterschiede, chemische Reize und mechanische Hindernisse wahrzunehmen. Es reagiert auf Umweltveränderungen durch Schwimmbewegungen oder bei Gefahr durch Ausstoßen von starren Plasmafäden, den *Trichocysten*.

Aufgabe

① Die Randabbildung zeigt einen weiteren Einzeller, die *Amöbe*. Benennen Sie die markierten Strukturen und deren Funktionen.

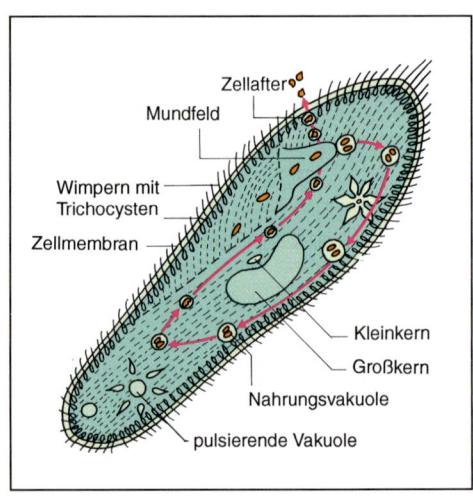

2 Paramecium (Schema)

Vom Einzeller zum Vielzeller — ein Denkmodell

Einzeller besitzen alle zum Leben notwendigen Fähigkeiten. Dagegen kommt es bei *vielzelligen Organismen* im Laufe ihrer Individualentwicklung zu einer Differenzierung der Zellen und zur *Arbeitsteilung*. Die einzelne Zelle hat in diesem Fall die Fähigkeit verloren, allein zu existieren. Da Einzeller erdgeschichtlich älter sind, geht man davon aus, dass eine Entwicklung vom Einzeller zum Vielzeller hin stattgefunden hat. Die Betrachtung heute lebender Organismen kann Hinweise darauf geben, wie man sich diesen Vorgang modellhaft vorstellen kann.

Bei der Zellkolonie *Eudorina* ist die Gallerthülle kugelförmig und enthält 32 Zellen. Geringfügige Unterschiede in der Größe

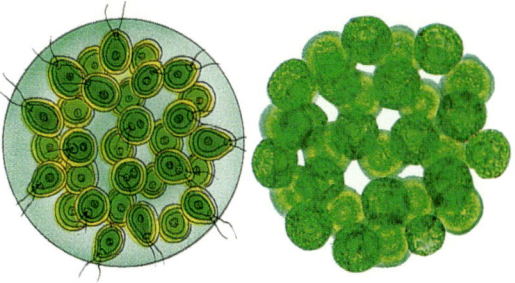

des Augenflecks und der Einzelzellen deuten auf eine erste Spezialisierung der Zellen in der Zellkolonie hin.

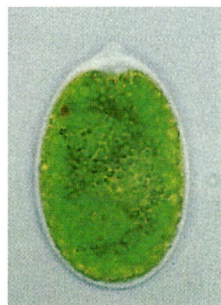

Die Grünalge *Chlamydomonas* besitzt ähnliche Organellen wie das Augentierchen. Zusätzlich ist ihre Zellwand von einer Gallertschicht umgeben.
Bei der ungeschlechtlichen Vermehrung entstehen durch zwei Teilungsschritte vier Tochterzellen, die noch kurzfristig beieinander bleiben, bevor die Gallerte sie freigibt und sie sich trennen.

— Geißel
— Vakuole
— Zellkern
— Chloroplast

Eine weitere Stufe der Entwicklung stellt die Kugelalge *Volvox* dar. Mehre tausend chlamydomonasähnliche Zellen bilden eine Hohlkugel, bei der die Einzelzellen durch Plasmabrücken miteinander verbunden sind. Zwischen den Zellen kommt es zu einer echten Arbeitsteilung. Die meisten Zellen dienen der Fortbewegung und der Ernährung; sie sind nicht teilungsfähig. Eine zweite Zellsorte ist deutlich größer und zu *Fortpflanzungszellen* spezialisiert. Sie allein können sich teilen und auf *ungeschlechtlichem* Weg im Inneren der Mutterkugel kleinere Tochterkugeln bilden. Diese wachsen heran und gelangen erst dann ins freie Wasser, wenn die Mutterkugel aufplatzt. Letztere geht dabei zugrunde. Der Tod der Mutterkugel ist die konsequente Folge dieser Arbeitsteilung.

Die *Mosaikgrünalge (Gonium)* besteht aus 16 Zellen, von denen jede wie eine Chlamydomonaszelle aussieht. Die Zellen liegen in

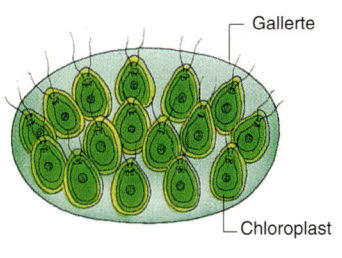

— Gallerte
— Chloroplast

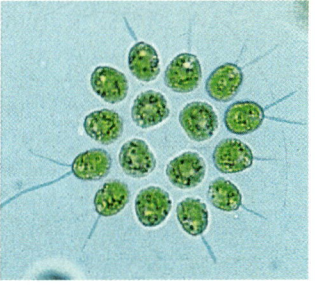

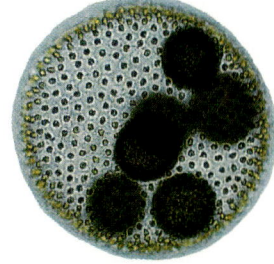

einer Gallertplatte zusammen, ein Stoffaustausch zwischen den Zellen ist dadurch möglich. Die einzelne Zellen zeigen keine Differenzierung, sie sind jedoch zu gemeinsamen Leistungen fähig, z. B. Schwimmen in eine Richtung. Einen derartigen Zusammenschluss gleich gestalteter Zellen bezeichnet man als *Zellkolonie*. Werden diese Zellen voneinander getrennt, so ist jede Einzelzelle für sich lebensfähig. Sie kann sich teilen und wieder eine neue Kolonie bilden.

Volvox ist auch zur geschlechtlichen Fortpflanzung fähig, da sich aus den Fortpflanzungszellen auch *Eizellen* und *Spermien* entwickeln können. Aus der befruchteten Eizelle, der Zygote, entsteht eine neue Volvoxkugel.

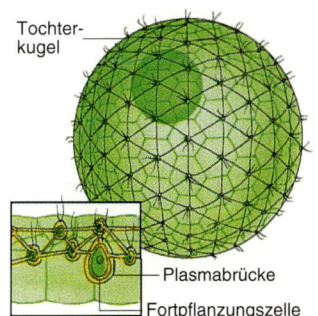

— Tochterkugel
— Plasmabrücke
— Fortpflanzungszelle

Zellbiologie

2 Das Bild der Zelle im Elektronenmikroskop

Präparationstechniken bei der Elektronenmikroskopie

Im *Elektronenmikroskop* (EM) wird zur optischen Abbildung ein Elektronenstrahl benutzt, wodurch das Auflösungsvermögen im Vergleich zum Lichtmikroskop etwa um den Faktor 100 verbessert ist. Da Elektronen von Luftteilchen abgebremst werden und auch Glas nicht durchdringen können, muss das Elektronenmikroskop luftleer gepumpt werden. In diesem Vakuum lassen sich die Elektronenstrahlen mithilfe elektromagnetischer Felder, deren Wirkung den Linsen im Lichtmikroskop entsprechen, ablenken und bündeln. Das Bild wird auf einem Leuchtschirm betrachtet.

Vor der Untersuchung im Elektronenmikroskop werden die Zellen zunächst in bestimmte Substanzen *(Osmiumtetroxid, Formaldehyd)* überführt. Dabei sterben sie ab, die natürlichen Zellstrukturen bleiben jedoch weitgehend unverändert erhalten. Nach dieser *chemischen Fixierung* wird das Präparat entwässert, in Kunstharz eingebettet und mit einem *Ultramikrotom* geschnitten. Dieses Gerät ermöglicht es, Schichten in einer Dicke von 50 nm abzuschaben; d. h., eine Zelle von 0,1 mm Durchmesser wird in 2000 Scheiben geschnitten. Eine Seite dieses Buches ist 1000-mal dicker als ein solches Präparat. Das Messer eines Ultramikrotoms besteht aus einem Diamantsplitter oder der Kante von frisch gebrochenem Glas. Beim Schneiden wird das Präparat auf einem Wassertropfen aufgefangen und von dort mit einem feinen Metallnetz abgefischt. Auf diesem *Trägernetz* kann das Objekt in den Strahlengang des Elektronenmikroskops eingeführt werden. Zum Teil sind biologische Strukturen schon im Lichtmikroskop sehr kontrastarm. Dies gilt noch in viel stärkerem Maße für das Elektronenmikroskop. Deshalb muss das Präparat *kontrastiert* werden. Das geschieht z. B. durch Osmiumtetroxid oder Schwermetallionen. Auf dem Bildschirm des Elektronenmikroskops sieht man vor allem dieses Kontrastmittel, das sich selektiv an die biologischen Strukturen anlagert.

Eine andere Methode, Präparate für das Elektronenmikroskop herzustellen, ist die *Gefrierätztechnik.* Bei diesem Verfahren fixiert man die Zellen *physikalisch,* indem sie auf −150 °C abgekühlt und dadurch eingefroren werden. Bei dieser *Kryofixierung* bleiben die Zellstrukturen weitgehend erhalten. Werden die tiefgefrorenen Zellen im Vakuum geschnitten, so enstehen keine glatten Bruchflächen, sondern es kommt — besonders entlang der Grenzstrukturen von Organellen — zu Bruchflächen. Lässt man nun die dünne Eisschicht abdampfen, so erhält man eine reliefartige Oberfläche. Durch *Schrägbedampfung* wird dieses Relief mit einer *Kohle-Platin-Schicht* überzogen, wodurch man, der Oberflächenstruktur entsprechend, eine unterschiedliche Beschattung erreicht. Diese aufgedampfte Schicht löst sich nach dem Auftauen ab, sie wird gereinigt und kann als Abdruck im Elektronenmikroskop betrachtet werden.

Bei einem *Rasterelektronenmikroskop* (REM) trifft ein eng gebündelter Elektronenstrahl *(Primärelektronen)* auf die zu untersuchende Oberfläche. Die reflektierten oder aus der Oberfläche herausgeschleuderten Elektronen *(Sekundärelektronen)* werden gemessen und von einem Rechner in Helligkeitswerte umgesetzt. Rastert dieser Elektronenstrahl das Objekt zeilenweise ab, so erhält man ein Bild, das einen guten räumlichen Eindruck vermittelt.

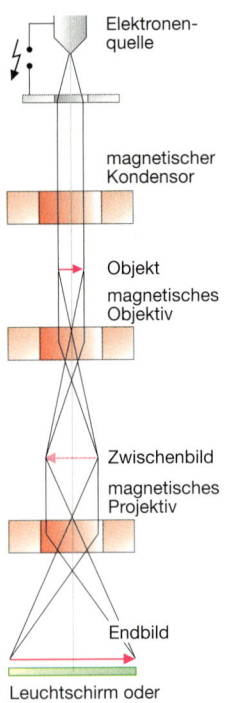

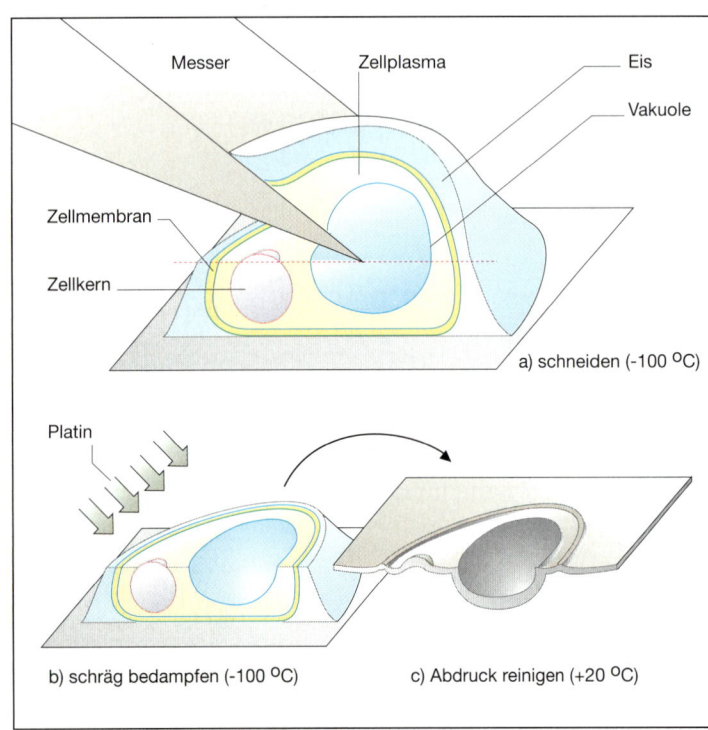

1 Schema der Gefrierätztechnik

Das Bild des Zellkerns

Das elektronenmikroskopische Bild eines Zellkerns, das durch Schneiden von kontrastierten Zellen gewonnen wurde (Abb. 1 oben), lässt die zweischichtige Kernhülle erkennen. Zwei *Membranen* verlaufen dicht nebeneinander und schließen einen *Membranzwischenraum* ein. Diese Hülle ist an einigen Stellen unterbrochen; hier stehen Cytoplasma und Kernplasma miteinander in Verbindung. Ob es sich dabei um Poren, Schlitze oder *Artefakte*, d. h. künstliche Veränderungen aufgrund der Fixierung und Kontrastierung handelt, lässt sich anhand eines solchen Bildes nicht entscheiden. Erst wenn sich bei anderen Präparationstechniken des gleichen Objektes immer wieder ähnliche Strukturen erkennen lassen, kann man davon ausgehen, dass diese auch in der lebenden Zelle entsprechend vorhanden sind.

Abb. 1 unten zeigt das Bild eines Zellkerns, das durch Gefrierätztechnik gewonnen wurde. Dieses Bild zeigt die räumlichen Strukturen wie in schräg einfallendem, Schatten werfenden Licht. Es wird auch hier deutlich, dass der Kern durch eine zweischichtige Hülle begrenzt wird. Außerdem sind kreisförmige *Kernporen* erkennbar.

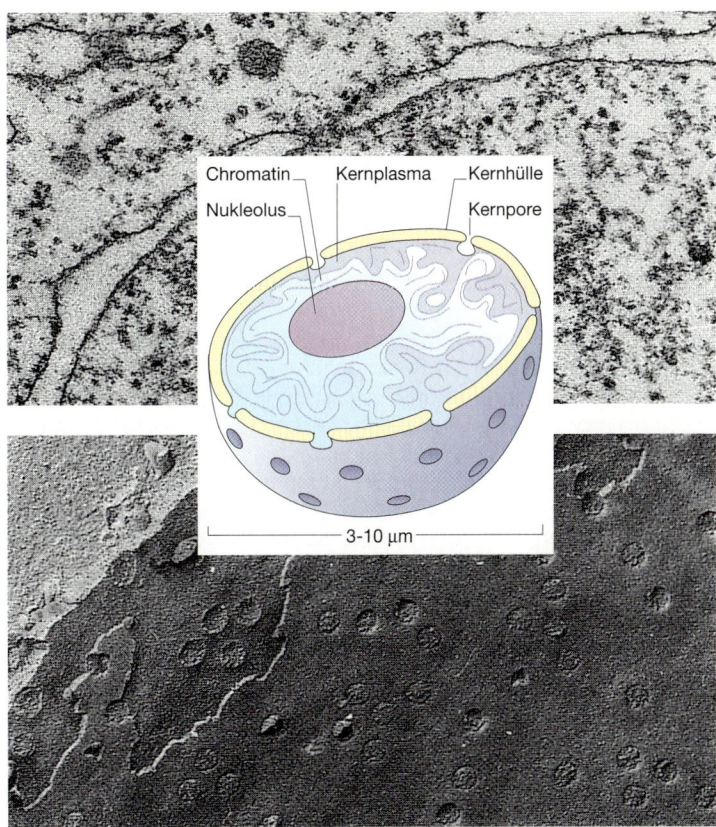

1 Darstellung des Zellkerns mit elektronenmikroskopischen Verfahren

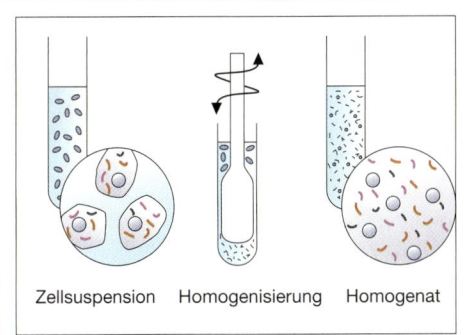

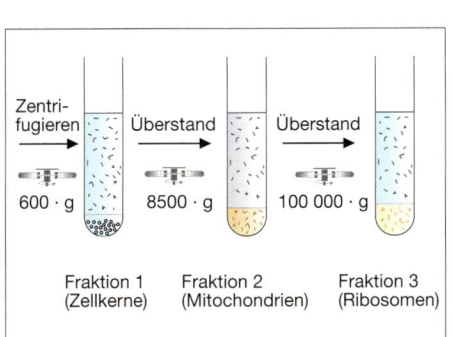

Die Trennung von Zellbestandteilen

Für die Untersuchung von Zellorganellen kann es von Vorteil sein, sie in großer Zahl anzureichern und von anderen Organellen abzutrennen. Solche *Fraktionen* von Kernen oder Chloroplasten lassen sich mithilfe der *Zentrifugation* gewinnen. Dazu werden die Zellen zunächst mechanisch „aufgebrochen", zum Beispiel mit einem *Homogenisator* oder durch Zerreiben mit feinem Quarzsand. Das auf diese Weise entstandene *Zellhomogenat* wird zentrifugiert. Die schweren Zellkerne setzen sich schneller als *Sediment* am Grund des Zentrifugenröhrchens ab als leichtere Organellen. Gießt man den Überstand ab *(Dekantieren),* so bleibt eine fast reine Zellkernfraktion zurück.

Bei der *Differentialzentrifugation* wird der dekantierte Rest des Homogenats nacheinander bei verschiedenen Umdrehungen zentrifugiert und weiter fraktioniert. Das geschieht in einer Ultrazentrifuge, die mehr als 1000 Umdrehungen pro Sekunde erreicht. Die dabei auftretenden Kräfte sind größer als das Hunderttausendfache der Erdbeschleunigung (g = 9,81 m/s^2).

Mithilfe der Ultrazentrifugation lässt sich der *Sedimentationskoeffizient* von Zellorganellen bestimmen. Dieser „S-Wert" ist abhängig von der Größe und der Dichte der Partikel. So hat man beispielsweise zwei verschiedene Ribosomentypen mit Werten von 70 S bzw. 80 S entdeckt. Alle Ribosomen bestehen aus zwei Untereinheiten. Für die 80 S-Ribosomen betragen die S-Werte der Teile 40 S bzw. 60 S. Für die 70 S-Ribosomen sind es 30 S und 50 S, d. h., die S-Werte lassen sich nicht durch Addition der Teilwerte errechnen.

Bau und Funktion von Zellorganellen

Der Feinbau der Zelle erscheint im elektronenmikroskopischen Bild zunächst verwirrend. Bei näherer Betrachtung zeigt sich, dass als durchgängiges, stets wiederkehrendes Bauelement **Membranen** auftreten. Sie unterteilen das gesamte Zellinnere in eine Vielzahl gegeneinander abgegrenzte Räume, die als *Kompartimente* bezeichnet werden. Diese Kompartimentierung führt zur Ausbildung getrennter Reaktionsräume dicht nebeneinander und oft auch zu einer starken *Vergrößerung innerer Oberflächen*, an denen eine Vielzahl membrangebundener Prozesse ablaufen können. Membranen erscheinen im Elektronenmikroskop dreischichtig und sollen wegen ihrer grundlegenden Bedeutung für die Zelle später genauer analysiert werden.

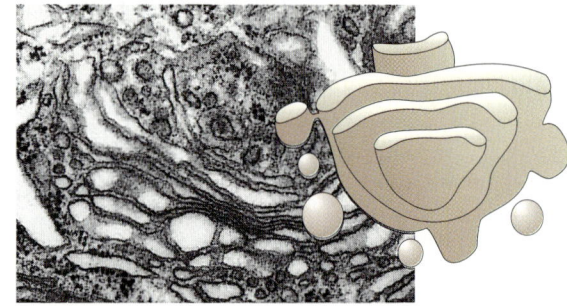

Dictyosomen (Golgi-Apparat), Vergr. 32 000 x

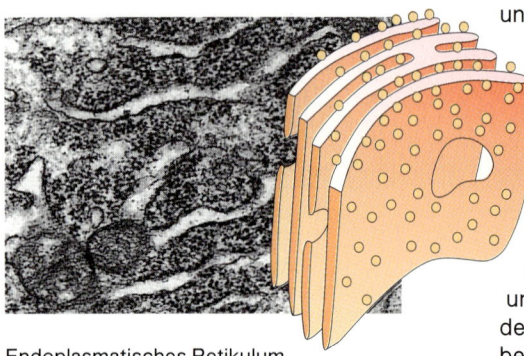

Endoplasmatisches Retikulum, Vergr. 20 000 x

Als **endoplasmatisches Retikulum** (ER) wird ein Membransystem bezeichnet, das in Form eines flächigen Netzwerkes das gesamte Cytoplasma durchzieht. Die Membranen umschließen lamellen- oder röhrenförmige Innenräume, die *Zisternen.* Das ER kann mit anderen Membranen in Verbindung stehen, z. B. mit der Kernhülle. An den Membranflächen befinden sich zum Teil dicht nebeneinander *Ribosomen*, wodurch das ER ein raues Aussehen erhält. Andere Bereiche sind frei von Ribosomen. Deshalb unterscheidet man zwischen *rauem* und *glattem* ER. Drüsenzellen sind besonders stark vom ER durchzogen. In seinen Zisternen werden viele Stoffe gebildet, umgewandelt oder gespeichert. Eine der wichtigsten Aufgaben dieses Kompartiments ist die Synthese von Proteinen. Außerdem dient das ER dem Stofftransport innerhalb der Zelle. Manchmal schnüren sich von den Membranen auch Bläschen *(Vesikel)* ab, in denen Stoffe transportiert werden.

Dictyosomen sind flache Membranzisternen, die ebenfalls in Drüsenzellen in großer Zahl vorkommen. Nach ihrem Entdecker wird die Gesamtheit der Dictyosomen in einer Zelle auch *Golgi-Apparat* genannt. Im Inneren der Membranzisternen befinden sich vor allem Eiweiße, bei pflanzlichen Zellen auch Baustoffe für die Zellwand. Sie werden dort nicht gebildet, sondern nur konzentriert und gelagert. Am Rande der Membranstapel können sich — ähnlich wie beim ER — Bläschen *(Golgi-Vesikel)* abschnüren und zu den Orten wandern, an denen die Stoffe benötigt werden.

Ribosomen sind nicht von einer Membran umschlossen. Diese Partikel haben nur einen Durchmesser von 15 bis 30 nm und werden aus zwei Untereinheiten gebildet. Die Ribosomen bestehen zu 40 % aus besonderen Nukleinsäuren *(Ribonukleinsäuren,* RNA) und zu 60 % aus Eiweiß. Diese Organellen entstehen durch Selbstaufbau *(self-assembly),* d. h. dass sie sich in der Zelle und im Reagenzglas selbstständig durch Zusammenlagern entsprechender Moleküle bilden. Ribosomen sind die Bildungsstätten von Eiweiß. Sie können zu mehreren perlschnurartig im Cytoplasma liegen *(Polysomen)* oder auch an Membranen angelagert sein. Diese Ribosomen haben alle einen Sedimentationswert von 80 S.

Ribosomen, Vergr. 175 000 x

Feinbau der Zelle im Elektronenmikroskop

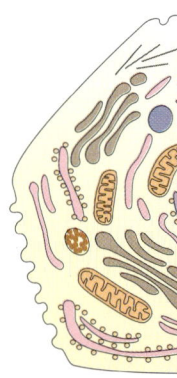

Zellbiologie

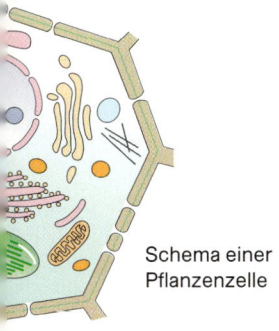

Schema einer Pflanzenzelle

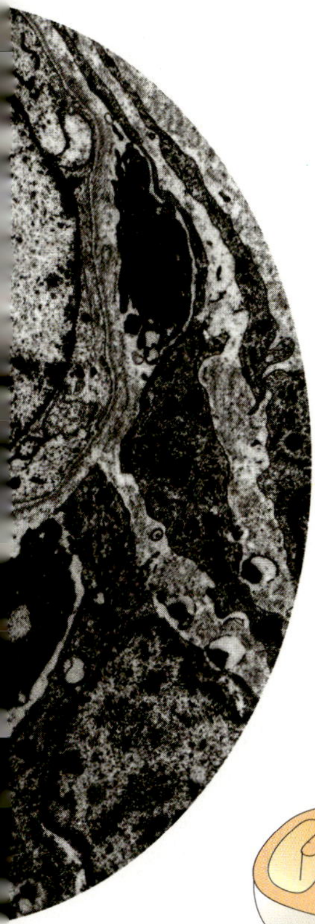

Chloroplasten befinden sich nur in Pflanzenzellen. Sie sind ebenfalls von einer zweischichtigen Hülle umgeben, wodurch zwei Kompartimente entstehen. Die innere Membran umschließt, wie bei den Mitochondrien, einen Matrixraum, das *Stroma*. In seinem Inneren befinden sich flächige, lamellenförmige Membransysteme, die *Thylakoide*. Diese sind zum Teil wie Geldrollen sehr dicht gestapelt; ein solcher Bereich heißt *Granum* (Mehrzahl: *Grana*). Wie die Mitochondrien, besitzen die Chloroplasten eine eigene DNA sowie 70 S-Ribosomen. Die Thylakoidmembran enthält u. a.: *Chlorophylle* und *Carotinoide*. Mithilfe dieser Farbstoffe wird Licht absorbiert. Die Chloroplasten sind die Organellen der Fotosynthese.

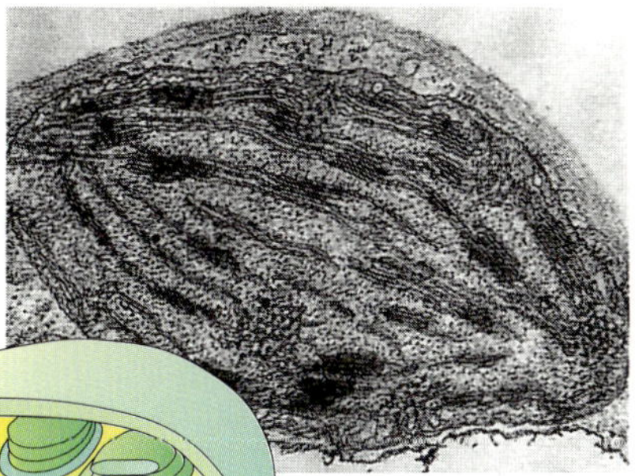

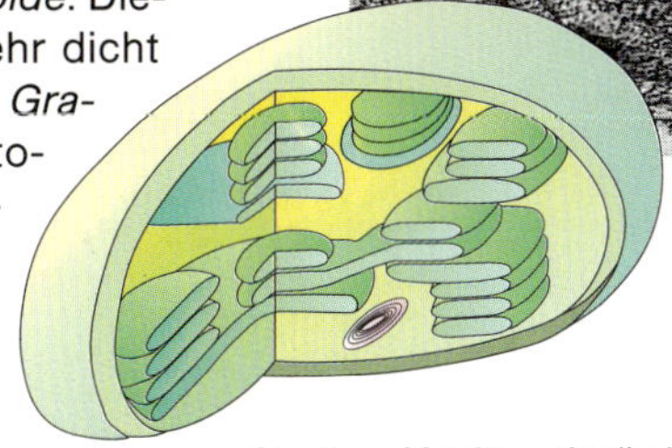

Chloroplast, Vergr. 20 000 x

Mitochondrien sind von einer Hülle aus zwei Membranen umgeben. Dadurch entstehen zwei verschiedene Kompartimente: Das eine liegt zwischen der äußeren und der inneren *Hüllmembran,* das andere, die plasmatische *Matrix,* wird nur von der inneren Membran umgeben. Diese ist stark gefaltet. Durch die lamellenförmigen Einstülpungen, die Cristae, entstehen innerhalb der Mitochondrien große Oberflächen. In der Matrix befinden sich u. a.: eine eigene *Desoxyribonukleinsäure (DNA)* sowie 70 S-Ribosomen.

Mitochondrien kommen gehäuft in solchen Zellen vor, die einen hohen Energiebedarf haben, z. B. Muskelzellen. Untersuchungen mit isolierten Mitochondrien haben gezeigt, dass sie für die *Zellatmung* verantwortlich sind. Das heißt, dass hier die in den Nährstoffen enthaltene Energie in eine für die Zellen unmittelbar verwertbare Form umgewandelt wird. Mitochondrien kann man deshalb als die „Kraftwerke" der Zelle bezeichnen. Neue Mitochondrien entstehen durch Teilung aus vorhandenen Mitochondrien.

Bei der Interpretation von EM-Bildern ergibt sich häufig die Schwierigkeit, eine räumliche Vorstellung von den Strukturen zu erhalten, die man nur in einem extrem dünnen Schnittbild betrachten kann.

Aufgaben

① Nennen Sie Möglichkeiten, wie man ein räumliches Modell eines Zellorganells aus EM-Bildern erhalten kann.

② Die unten stehende Abbildung zeigt den Schnitt durch ein Mitochondrium, das einen anderen inneren Bau zeigt als beim Cristae-Typ.
Rekonstruieren Sie begründet ein räumliches Modell unter der Voraussetzung, dass sich bei jeder Schnittrichtung vergleichbare Bilder ergeben.

③ Übertragen Sie die schematischen Abbildungen von ER, Dictyosom, Mitochondrium und Chloroplasten in Ihr Heft und beschriften Sie ihre Zeichnung mit den im Text genannten Begriffen.

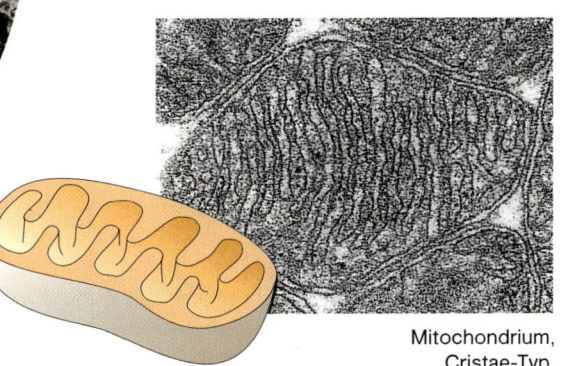

Mitochondrium, Cristae-Typ, Vergr. 50 000 x

Mitochondrium (Tubuli-Typ), Vergr. 28 000 x

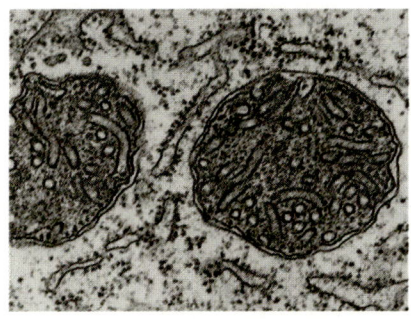

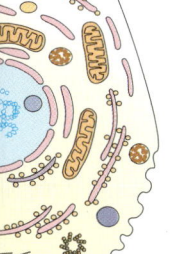

Schema einer Tierzelle

Zellbiologie

```
Lexikon
Lexikon
exikon
xikon
ikon
kon
on
```

Der Feinbau weiterer Zellstrukturen

Lysosomen haben, wie der Golgi-Apparat und das ER, eine einfache Membran. Die bläschenförmigen Lysosomen haben unterschiedliche Größe, häufig werden sie mitochondriengroß. Sie enthalten vor allem Verdauungsenzyme — über 50 verschiedene wurden inzwischen nachgewiesen. Der Innenraum ist ungegliedert, zeigt aber äußerst vielgestaltige Einschlüsse, je nachdem, welche „Nahrung" verdaut wird. In den Lysosomen werden beispielsweise auch gealterte Organellen abgebaut.

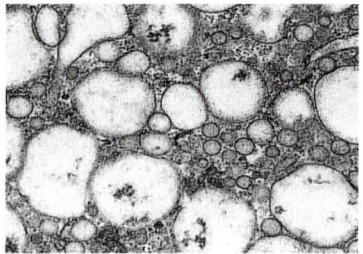

Lysosomen entstehen wahrscheinlich durch Abknospung vom Golgi-Apparat. Ihre Verdauungsenzyme werden am ER gebildet und gelangen auf dem Umweg über die Dictyosomen in Vesikeln zu den Lysosomen.

Mikrobodies haben ebenfalls nur eine Membran. Die in ihrem Inneren eingeschlossenen Enzyme spielen im Sauerstoffhaushalt der Zelle eine Rolle. Mikrobodies entstehen wahrscheinlich als Abschnürungen aus dem glatten ER.

Mikrotubuli sind röhrenförmige Strukturen mit einem Durchmesser von 25 nm. Ihre Länge ist sehr unterschiedlich und kann zum Teil über einen Millimeter hinausgehen. Sie sind aus einem einzigen, kugeligen Proteinelement, dem *Tubulin*, zusammengesetzt. Wie die Ribosomen besitzen sie keine Membran und entstehen durch Selbstaufbau.

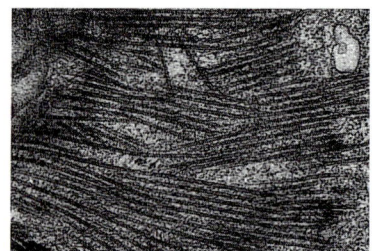

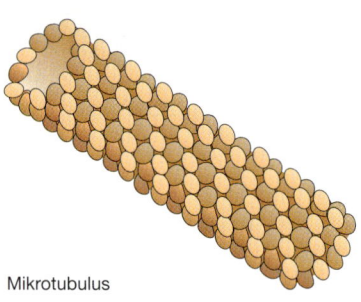

Mikrotubulus

Den Mikrotubuli werden verschiedene Aufgaben zugeschrieben. So sind sie zum Beispiel Bestandteil des intrazellulären Stützsystems, des *Cytoskeletts*. Das lässt sich zeigen, wenn man zum Beispiel durch Kälte oder das Gift der Herbstzeitlosen *(Colchizin)* bei einer Amöbe die Mikrotubuli zerstört. Dann nimmt sie Kugelform an und ist nicht mehr in der Lage, ihre Form zu verändern.

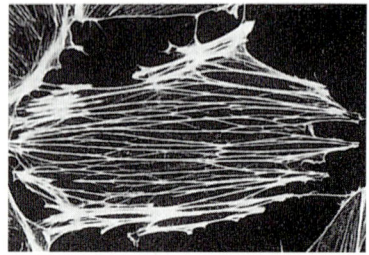

Mikrotubuli treten in großer Zahl bei der Zellteilung auf. Offenbar sind sie an Bewegungsmechanismen im Zusammenhang mit der Kernteilung beteiligt, denn auch dabei kann der normale Ablauf durch Colchizin gestört werden.

Das **Centriol** oder *Zentrosom* kommt fast nur in tierischen Zellen vor. Sein wichtigstes Bauelement sind Mikrotubuli. In jeder Zelle ist nur ein Paar von Centriolen zu finden, und zwar in der Nähe des Zellkerns. Diese zwei Centriolen spielen eine Rolle bei der Zellteilung.

Cilien *(Wimpern)* enthalten, ebenso wie die etwas längeren *Geißeln*, Mikrotubuli als wesentliches Bauelement. Letztere sind stets in der gleichen Weise angeordnet: Zwei miteinander verbundene Mikrotubuli umgeben in einem Ring von jeweils neun Paaren zwei einzelne Tubuli im Zentrum der Cilie. Bei Flagellaten, z. B. Euglena, bei vielen Algen und auch bei den Spermien der Tiere gibt es Geißeln. Alle zeigen interessanterweise den gleichen 9 + 2-Aufbau.

Die **Zellwand** ist eine typische Struktur der Pflanzenzelle. Ihr Aussehen ändert sich mit dem Differenzierungsgrad der Zelle. Nach einer Zellteilung entsteht zunächst eine *Mittellamelle* aus vorwiegend pektinhaltigem Material. *Pektin* ist eine gelartige Substanz von kohlenhydratähnlichem Bau. Darauf bildet sich beim Wachstum eine *Primärwand*, die zusätzlich etwa 10 % Zellulosemikrofibrillen enthält. Diese sind unregelmäßig angeordnet *(Streutextur)*.

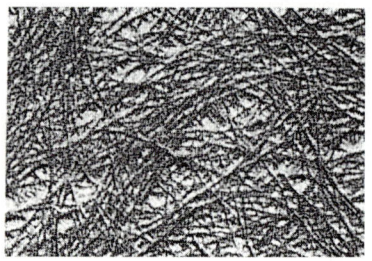

Stellt die Zelle ihr Wachstum ein, so wird eine *Sekundärwand* aufgelagert, die zu mehr als 90 % aus Zellulose besteht. Die Mikrofibrillen liegen dabei parallel in mehreren Schichten übereinander *(Paralleltextur)*

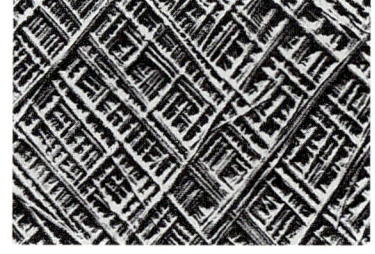

Zellen im Vergleich — Protocyte und Eucyte

Alle bisher betrachteten Zellen lassen weitgehend übereinstimmende Grundstrukturen erkennen. Die kleinsten einzelligen Lebewesen, die *Bakterien* und *Cyanobakterien* (Blaualgen), besitzen allerdings einen davon abweichenden Aufbau. Kennzeichnend ist, dass ihre Zellen anstelle des Zellkerns eine ringförmige DNA-Struktur enthalten, die als *Kernäquivalent* bezeichnet wird. Außerdem können kleinere DNA-Ringe, die *Plasmide*, vorhanden sein. Die Zellen besitzen Ribosomen, die ausschließlich zum 70 S-Typ gehören. Mitochondrien und Dictyosomen sind nicht vorhanden. Fotosynthese betreibende Formen haben *Thylakoide* mit grünem Farbstoff, aber diese sind nicht von einer Hülle umgeben, wie das bei den Chloroplasten der Fall ist. In der Regel ist eine Zellwand vorhanden, die oft noch von einer Schleimhülle umgeben ist.

Die kernlosen Zellen der Bakterien und Blaualgen zeigen untereinander einen einheitlichen Grundbauplan. So gebaute Zellen werden *Protocyten* genannt. Organismen aus Protocyten heißen entsprechend *Prokaryoten*. Ihnen stehen die *Eukaryoten* (Einzeller, Pilze, grüne Pflanzen und Tiere) gegenüber, die aus kernhaltigen Zellen, den *Eucyten*, bestehen.

Die Zelle — als Protocyte oder als Eucyte — ist der gemeinsame Grundbaustein aller Lebewesen. Das fasst die Zelltheorie in ihren grundlegenden Aussagen zusammen:
— Die Zelle ist die kleinste Einheit eines Lebewesens.
— Alle Lebewesen bestehen aus einer oder mehreren Zellen sowie aus deren Produkten.
— Neue Zellen können nur aus schon vorhandenen Zellen entstehen.
— Alle Zellen haben vergleichbare Grundstrukturen.

Aufgaben

① Stellen Sie in einer Tabelle alle Zellorganellen unter dem Gesichtspunkt zusammen, ob sie von keiner, einer oder von zwei Membranen umgeben sind.

② In einem Lexikon steht folgende Zelldefinition: „Die Zelle ist ein Bezirk kernhaltigen Cytoplasmas, der von einer Zellmembran umschlossen wird". Wie beurteilen Sie diese Definition?

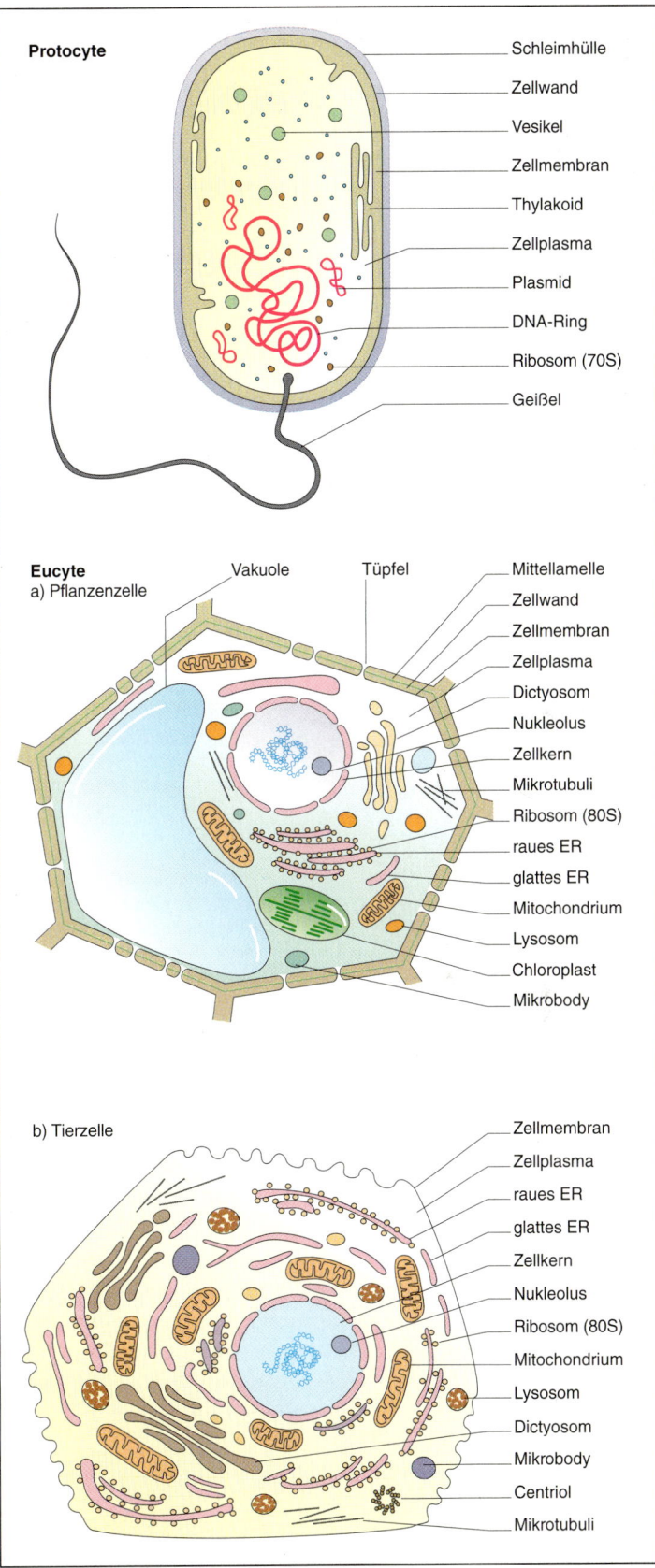

1 Protocyte und Eucyte im Vergleich

Chemische Eigenschaften der Zellinhaltsstoffe

Untersucht man Zellen eines Organismus auf ihre chemische Zusammensetzung, so findet man als Bestandteile immer Wasser, bestimmte organische Verbindungen und Salze.

Zu den organischen Substanzen gehören **Eiweiße** *(Proteine)*, verschiedene **Kohlenhydrate** *(Saccharide)*, **Fette** und **fettähnliche Substanzen** *(Lipide)* sowie die **Kernsäuren** *(Nukleinsäuren)*. Sie alle sind Bestandteile des Stoffwechsels. Der Wassergehalt von Zellen kann sehr schwanken, und zwar von 10 % in einem trockenen Bohnensamen bis ca. 98 % Wassergehalt bei einer Qualle. Wasser ist ein wichtiges Transportmedium und Lösungsmittel für Salze und andere für den Stoffwechsel lebensnotwendige organische Verbindungen.

Die Kenntnis der chemischen Eigenschaften eines Wassermoleküls ist eine Voraussetzung für das Verständnis vieler Stoffwechselvorgänge. Die Reaktionen des Wassermoleküls beruhen auf seinem räumlichen Aufbau und der Ladungsverteilung. H_2O entsteht dadurch, dass zwei H-Atome mit einem Sauerstoffatom Elektronenpaarbindungen (Atombindungen) eingehen. Insgesamt besitzt das H_2O-Molekül 4 Elektronenpaare, 2 bindende und 2 freie.

Die Elektronenpaare bilden jeweils Elektronenwolken, die sich aufgrund gleicher Ladung abstoßen und den größtmöglichen Abstand voneinander einnehmen. Deshalb bilden die beiden Wasserstoffatome und der Sauerstoff einen Winkel, während die freien Elektronenpaare zur anderen Seite des Moleküls orientiert sind. Da der Sauerstoff außerdem infolge seiner größeren Elektronegativität die bindenden Elektronenpaare etwas stärker anzieht, als es die beiden Wasserstoffatome vermögen, ergibt sich eine ungleiche Ladungsverteilung und damit ein polares Molekül: Der Sauerstoff ist stärker negativ als die beiden H-Atome. Man sagt auch: Der Sauerstoff trägt eine negative Teilladung (δ^-) und der Wasserstoff eine positive Teilladung (δ^+). Das H_2O-Molekül hat also zwei Pole, es ist ein *Dipol*.

Die Dipoleigenschaft macht das H_2O-Molekül zu einem sehr guten Lösungsmittel polarer Verbindungen sowie von Salzen. **Salze** bestehen aus positiv geladenen Kationen und negativ geladenen Anionen. H_2O geht aufgrund elektrostatischer Kräfte Wechselwirkungen mit Ionen ein, sodass sie von Wasser gelöst und von einer Hydrathülle *(Wasserhülle)* umgeben werden.

Aber auch zwischen Wassermolekülen gibt es elektrostatische Wechselwirkungen. Der Sauerstoff (δ^-) des einen Moleküls übt eine anziehende Wirkung auf ein H-Atom (δ^+) eines H_2O-Moleküls in seiner Nachbarschaft aus. Diese im Vergleich zur Atombindung sehr viel schwächere Bindung nennt man eine *Wasserstoffbrückenbindung*. Dadurch können größere H_2O-Molekülverbände entstehen.

Die Polarität des Wassermoleküls bedingt eine weitere wichtige Eigenschaft. H_2O kann je nach seinem Bindungspartner ein H^+-Ion abspalten und damit als Säure reagieren. Es entsteht dann ein OH^--Ion *(Hydroxidion)*. Säuren sind H^+-Spender oder H^+-Donatoren. Ein H_3O^+-Ion *(Hydroxoniumion)* entsteht, wenn H_2O ein H^+-Ion aufnimmt und damit als Base reagiert. Basen sind H^+-Empfänger oder H^+-Akzeptoren. Wasser ist also ein wichtiger Reaktionspartner für andere Säuren und Basen.

Organische Verbindungen

Sie enthalten immer Kohlenstoff und Wasserstoff in gebundener Form und häufig weitere Atome, wie Sauerstoff, Stickstoff, Schwefel und Phosphor. Die einfachste Kohlenwasserstoffverbindung ist das *Methan* (s. Abb. Seite 27).

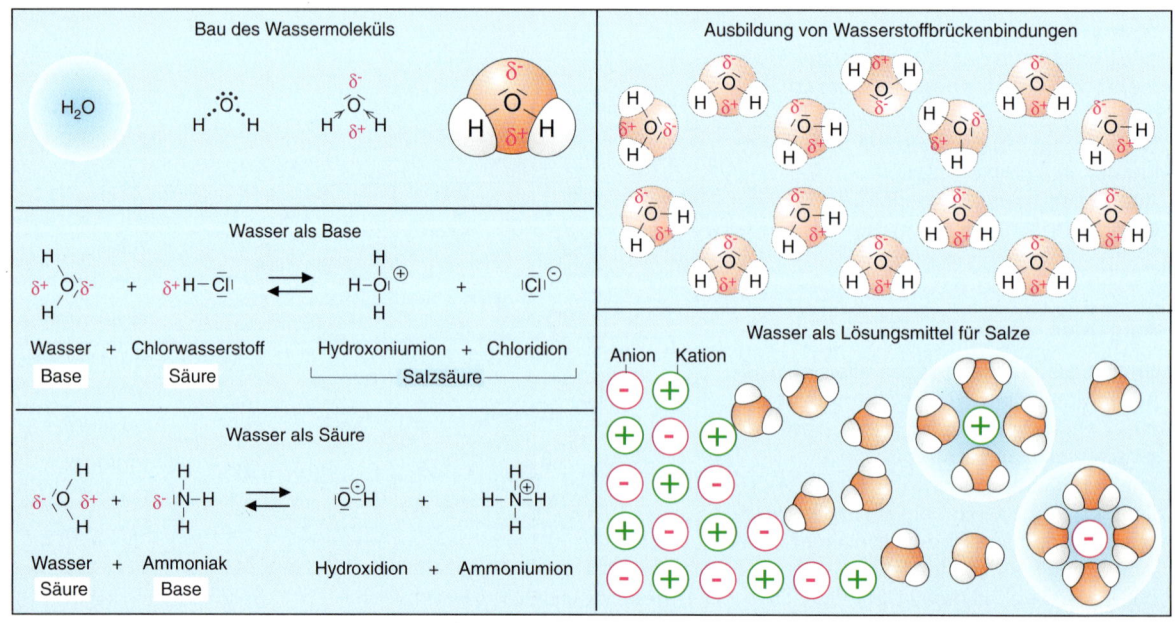

Längerkettige und verzweigte Kohlenwasserstoffe entstehen durch Verknüpfung mehrerer C-Atome. Kohlenstoff geht dabei jeweils 4 Bindungen ein. Da er nicht mehr als 4 Atome binden kann, nennt man ihn dann *gesättigt*. In *ungesättigten Kohlenwasserstoffen* sind C-Atome über *Doppel-* und *Dreifachbindungen* miteinander verknüpft, sodass die jeweiligen C-Atome nur zwei oder einen weiteren Bindungspartner besitzen. Solche ungesättigten Kohlenwasserstoffe sind meist ziemlich reaktionsfreudig und bilden leicht Bindungen zu anderen Atomen, sodass aus ihnen gesättigte Kohlenwasserstoffverbindungen entstehen können.

Reine Kohlenwasserstoffe sind im Gegensatz zum Wasser unpolar, da die Ladungsverteilung im Molekül ausgeglichen ist. In ihnen lösen sich unpolare Substanzen in der Regel gut. Mit dem polaren Wasser dagegen können praktisch keine Wechselwirkungen eingegangen werden, sodass Kohlenwasserstoffe in Wasser nicht löslich sind. Allgemein gilt also: Polares löst sich in Polarem, Unpolares in Unpolarem. Auch zwischen unpolaren Molekülen gibt es geringe Anziehungskräfte, die mit größer werdender Molekülmasse zunehmen. Unter anderem deshalb haben langkettige Kohlenwasserstoffe einen höheren Siedepunkt als kurzkettige.

Die für den Stoffwechsel wichtigen organischen Verbindungen enthalten weitere Atome *(Heteroatome)*. Sie sind in bestimmten Atomgruppen zu finden, welche die Eigenschaft oder die Funktion des Moleküls bestimmen und deshalb als *funktionelle Gruppen* bezeichnet werden.

Alkanole (Alkohole)

Die funktionelle Gruppe ist die OH- oder *Hydroxylgruppe*. Methanol und *Ethanol* mit jeweils einer OH-Gruppe sind Vertreter dieser Gruppe. Die OH-Gruppe ist polar und kann mit Wasser H-Brücken bilden. Man sagt auch, die OH-Gruppe ist *hydrophil* („wasserliebend"). Der Kohlenwasserstoffrest dagegen ist unpolar und geht keine Wechselwirkungen mit dem Wasser ein, er ist *hydrophob* („wasserfeindlich"). Kurzkettige Alkohole mit einem kleinen Kohlenwasserstoffrest sind wasserlöslich, während längerkettige Alkohole, wie sie zum Beispiel im Bienenwachs vorkommen, wasserunlöslich sind. Daneben gibt es Alkohole mit mehreren OH-Gruppen (mehrwertige Alkohole). Ein wichtiger Vertreter ist der dreiwertige Alkohol *Glycerin,* der in tierischen und pflanzlichen Fetten häufig vorkommt. Durch die Wirkung der 3 OH-Gruppen ist das ganze Glycerinmolekül polar.

Carbonylverbindungen

Zu ihnen zählen die *Alkanale (Aldehyde)* und *Alkanone (Ketone)*. Sie entstehen durch Oxidation von Alkoholen. *Methanal* (Formaldehyd), *Ethanal* (Acetaldehyd) und *Propanon* (Aceton) sind einige Vertreter. Ihre funktionelle Gruppe ist die polare und reaktive *Carbonylgruppe,* die auch ein wichtiger Bestandteil von Zucker ist.

Carbonsäuren

Die funktionelle Gruppe der in der Natur weit verbreiteten Carbonsäuren ist die hydrophile Carboxylgruppe. Ein wichtiger Vertreter ist die Essigsäure (Ethansäure), die durch Oxidation von Ethanal entstehen kann. Die Säureeigenschaft beruht auf der Abspaltbarkeit des Protons aus der Carboxylgruppe infolge der Polarität der OH-Bindung. Dabei entsteht ein Säureanion, das relativ stabile Carboxylation. H_2O nimmt das Proton auf und reagiert zu einem H_3O^+-Ion. Eine solche Reaktion, bei der ein Proton seinen Besitzer wechselt, nennt man allgemein *Protolyse*. Da die Protolyse bei Carbonsäuren nur sehr unvollständig erfolgt, sind sie schwache Säuren. Die Wasserlöslichkeit von Carbonsäuren hängt, wie bei den Alkoholen, von der Länge des Kohlenwasserstoffrestes ab.

Amine

Sie zeichnen sich durch die polare NH_2- oder *Aminogruppe* aus. Diese kann als Base reagieren, indem sie ein Proton aufnimmt. Dadurch entsteht ein Kation. In dieser Form ist die Wasserlöslichkeit einer Aminosäure stark erhöht. Das H^+-Ion liefernde H_2O-Molekül reagiert dabei zum OH^--Ion. Auch hier ist die Protolyse unvollständig. Amine sind deshalb schwache Basen.

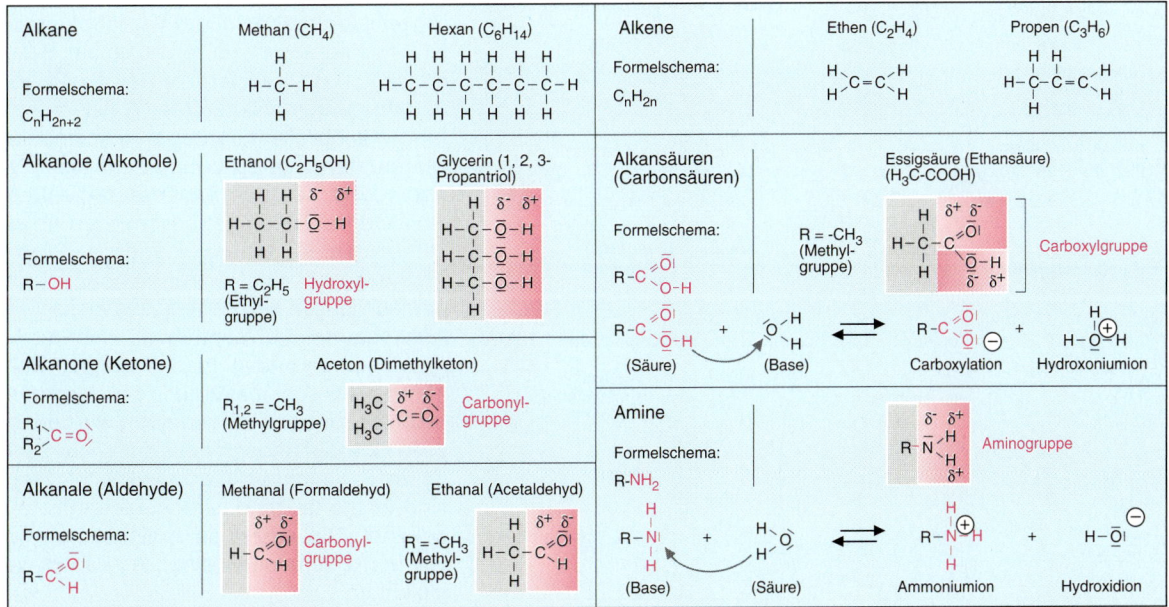

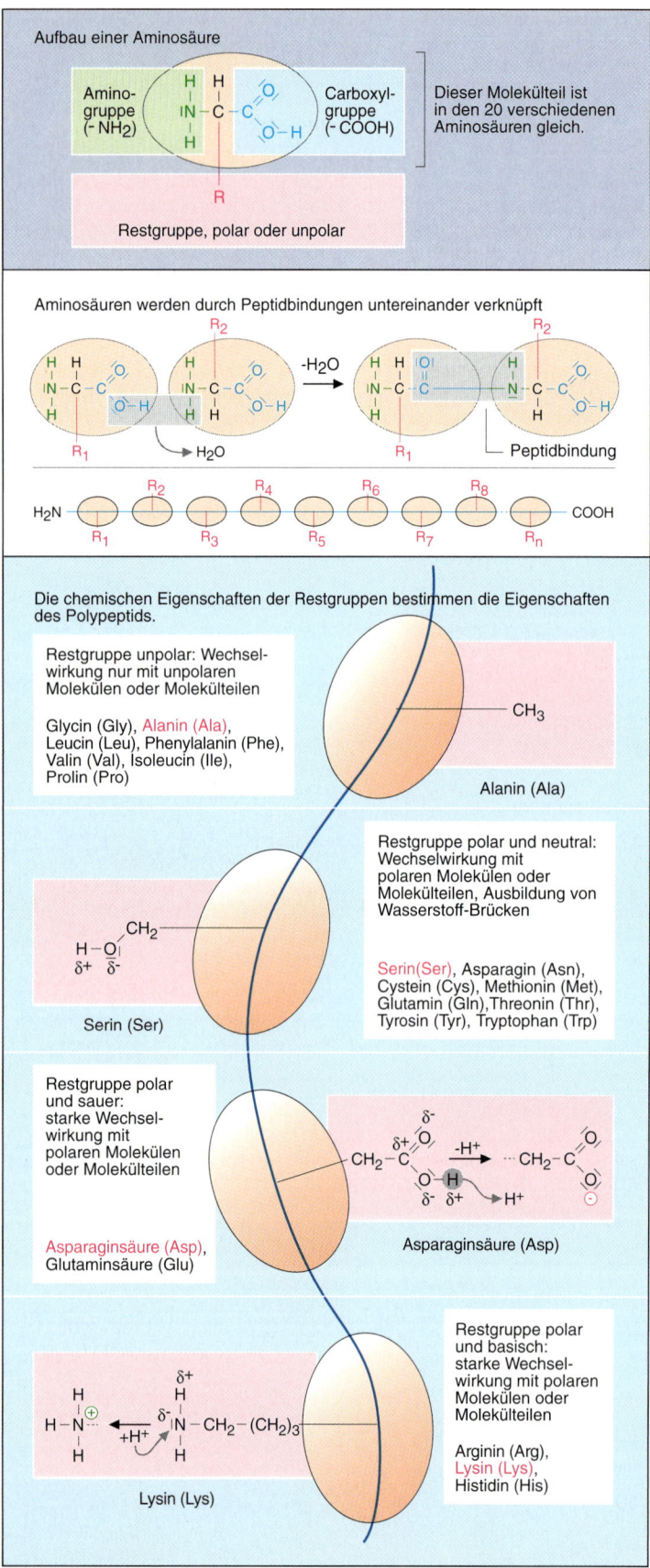

Proteine

Die *Proteine* oder *Eiweiße* sind an vielen Strukturen und Funktionen eines Organismus beteiligt. So bestehen die Muskeln zu einem großen Teil aus Protein und unsere Haut enthält elastische Proteinfasern. Die Zellen werden stabilisiert durch ein Zellskelett, das von Proteinen aufgebaut wird. Im Unterschied zu diesen unlöslichen *Gerüstproteinen* übernehmen die in Wasser löslichen Proteine wichtige Aufgaben im Stoffwechsel. Die Antikörper im Blut und das für den Sauerstofftransport wichtige Hämoglobin sowie die Enzyme gehören zu dieser Stoffgruppe.

Aminosäuren — Bausteine der Proteine

Analysiert man Proteine, findet man 20 verschiedene *Aminosäuren,* welche die Bausteine bilden. Kennzeichnende Merkmale sind die saure Carboxylgruppe und die basische Aminogruppe als funktionelle Gruppen. Die Aminogruppe ist immer am zweiten C-Atom des Aminosäuremoleküls, dem α-C-Atom, gebunden. Dieses ist außerdem noch mit einem H-Atom und einem organischen Rest verknüpft. In diesem Rest unterscheiden sich die einzelnen Aminosäuren. Er kann unpolar, polar, sauer oder basisch sein. Der menschliche Organismus ist nicht in der Lage, alle Aminosäuren selbst zu synthetisieren. Die sogenannten *essenziellen Aminosäuren* müssen mit der Nahrung aufgenommen werden.

Der Aufbau von Proteinen

Proteine entstehen durch Verknüpfung vieler einzelner Aminosäuren zu einem Makromolekül. Dabei reagiert die Carboxylgruppe der einen Aminosäure unter Wasserabspaltung mit der Aminogruppe einer anderen. Die entstehende Bindung nennt man *Peptidbindung*. Aus zwei Aminosäuren entsteht ein *Dipeptid*. Durch Kettenverlängerung entstehen dann *Oligopeptide,* in denen 2 bis 10 Aminosäuren miteinander verknüpft sind, und schließlich *Polypeptide* aus mehr als 10 Aminosäuren. Polypeptide mit mehr als 100 Aminosäuren nennt man Proteine. Dabei können alle Aminosäuren in beliebiger Reihenfolge miteinander verknüpft werden, sodass eine fast unbegrenzte Anzahl verschiedener Proteinmoleküle möglich ist. Heute sind einige tausend verschiedene Proteine bekannt. Die einzelnen Aminosäuren sind mit den Buchstaben eines Alphabets vergleichbar.

Wie in einem sinnvollen Wort müssen sie in jedem Protein eine bestimmte Reihenfolge haben. Die Abfolge oder Sequenz der einzelnen Aminosäuren wird *Primärstruktur* genannt und bestimmt die Eigenschaften des Proteinmoleküls. Die hintereinander folgenden Peptidbindungen bilden das Rückgrat des Moleküls; die einzelnen Reste ragen seitlich aus der Achse heraus. Das eine Ende der Kette trägt eine freie NH_2-Gruppe, das andere eine freie COOH-Gruppe.

Ein Protein kann aber erst dann eine bestimmte Aufgabe erfüllen, wenn auf der Basis der Primärstruktur übergeordnete Strukturen gebildet werden, die *Sekundärstruktur* und in vielen Fällen die *Tertiärstruktur*.

Eine mögliche Sekundärstruktur ergibt sich dadurch, dass die Molekülachse eine Rechtsschraube bildet, die man als α-*Helix* bezeichnet. Eine andere Art der Sekundärstruktur bildet sich, wenn sich mehrere Polypeptidstränge nebeneinander legen und sich falten. Dann spricht man von einer β-*Faltblattstruktur*.

Oft wird eine Tertiärstruktur gebildet, indem sich das ganze Molekül in einer ganz bestimmten Art und Weise faltet. Für die Stabilität der Tertiärstruktur sind die Anziehungskräfte zwischen den Resten der einzelnen Aminosäuren verantwortlich. Wenn sich bei der Faltung die unpolaren Reste in der Mehrzahl zum Molekülinneren orientieren und die polaren Reste nach außen zeigen, ist das Proteinmolekül meist wasserlöslich. Durch die Faltung liegen einzelne Abschnitte innerhalb des Moleküls nebeneinander, deren Lage durch Wechselwirkungen zwischen verschiedenen Resten stabilisiert wird. H-Brücken, ionische Wechselbeziehungen infolge unterschiedlicher Ladungen und Disulfidbrücken — das sind Verbindungen über zwei Schwefelatome — halten die Nachbarabschnitte im Molekül zusammen. Parallel liegende Abschnitte besitzen häufig die β-Faltblattstruktur, die durch die α-Helix-Abschnitte verbunden sind. Auf diese Weise ergibt sich das ganz bestimmte Aussehen des Moleküls, die Tertiärstruktur. Von der Tertiärstruktur hängt die Funktion eines Proteins entscheidend ab. Man kann sich das so vorstellen, dass ein Protein z. B. taschenförmige Vertiefungen besitzt, in die ganz genau die Reaktionspartner hineinpassen und umgesetzt werden können. Diese Eigenschaft geht verloren, wenn die Tertiärstruktur zerstört wird. Den Vorgang der Zerstörung der Tertiärstruktur nennt man *Denaturierung*.

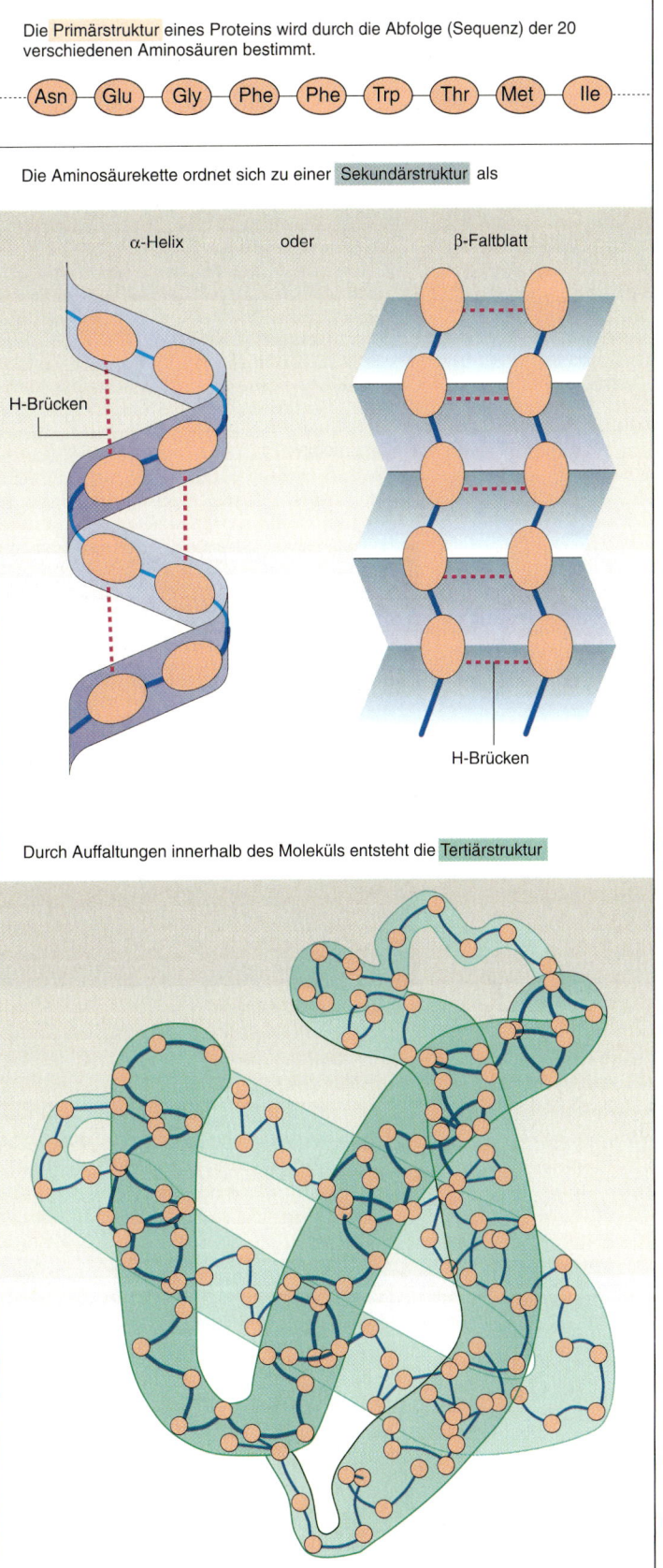

Zellbiologie

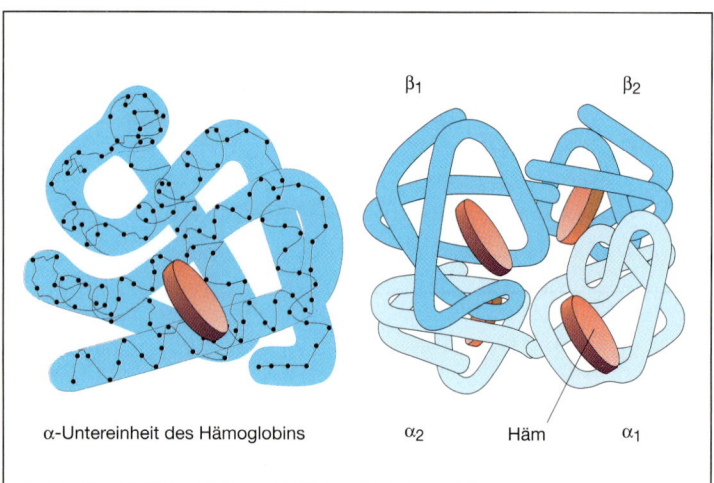

1 Hämoglobin

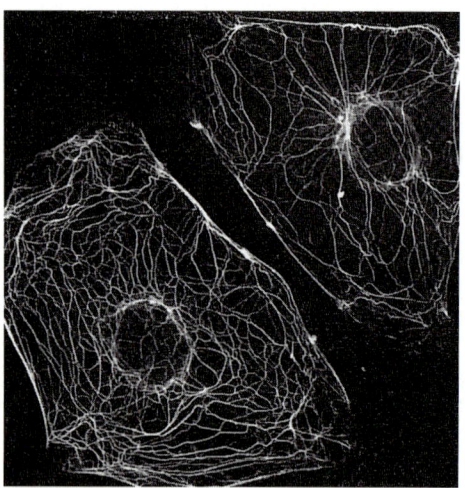

2 Zellskelett (Keratin)

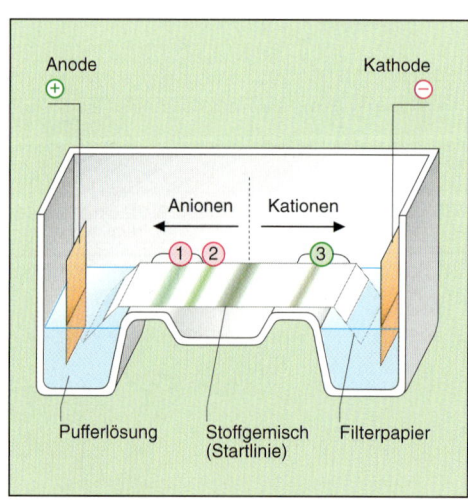

3 Elektrophorese

Struktur und Funktion bilden eine Einheit

Die spezifische Struktur eines Proteins gibt uns schon erste Hinweise auf dessen Funktion. *Globuläre Proteine* haben eine mehr oder weniger kugelige Tertiärstruktur und sind meist wasserlöslich aufgrund ihrer nach außen zeigenden polaren Gruppen. Enzyme können deshalb im wässrigen Verdauungssaft wirksam werden. In einigen Fällen aber bilden erst mehrere Proteinmoleküle eine funktionsfähige Einheit. Diese der Tertiärstruktur übergeordnete Struktur nennt man *Quartärstruktur*. Ein Beispiel dafür ist das *Hämoglobin,* der rote Blutfarbstoff. Es besteht aus 4 Untereinheiten, an die zusätzlich je eine nicht aus Eiweiß bestehende Hämgruppe gebunden ist. Nur in dieser zusammengesetzten Struktur kann Hämoglobin Sauerstoff binden.

Andere Proteine bilden lebenswichtige Zellstrukturen, wie z. B. das *Zellskelett*. Es ist für die Zelle einerseits Stütze, andererseits verleiht es ihr Beweglichkeit. Beispielsweise beruht die Cytoplasmaströmung, die bei einer Amöbe die Fortbewegung ermöglicht, auf der Wechselwirkung spezieller Proteinkomponenten. *Mikrotubuli* sind wichtig für die Ausbildung und Funktion des Spindelapparates bei der Zellteilung. *Keratine,* die zu den Faserproteinen gehören, durchziehen die Zelle wie ein Netzwerk und dienen der Abstützung von Zellorganellen und Membranen. In den Epidermiszellen unserer Haut wird Keratin besonders stark gebildet, sodass die Haut verhornt. Fingernägel und Haare bestehen fast nur aus Keratin.

Trennen und Identifizieren von Proteinen

Um in einem Proteingemisch die darin enthaltenen Proteine zu bestimmen, müssen sie zunächst getrennt werden. Bei der *Elektrophorese* wird das Proteingemisch auf einen elektrisch leitenden Träger gebracht. Träger und Protein werden einem elektrischen Feld ausgesetzt, in dem eine Gleichspannung von ca. 120 V angelegt wird. Die einzelnen Proteine wandern nun mehr oder weniger schnell zum Plus- oder Minuspol: Proteine mit positivem Ladungsüberschuss zum Minuspol, Proteine mit negativem Ladungsüberschuss umgekehrt zum Pluspol. Da die einzelnen Proteine je nach Ladungsstärke unterschiedlich weit wandern, werden sie voneinander getrennt. Zur Identifizierung schneidet man die einzelnen Proteinbanden auf dem Träger aus und kann das darauf enthaltene Protein weiter untersuchen und identifizieren.

Kohlenhydrate

Kohlenhydrate *(Saccharide)* kennen wir vor allem als Bestandteile der Nahrung, z. B. Stärke, Rohrzucker und Traubenzucker. Es sind wichtige Energielieferanten für den Organismus. Am Beispiel des Traubenzuckers *(Glukose)* soll der Aufbau eines Kohlenhydrates verdeutlicht werden. Seine chemische Zusammensetzung wird durch die *Summenformel* $C_6H_{12}O_6$ angegeben. Die *Strukturformel* gibt die Verknüpfung der einzelnen Atome an. Mithilfe solcher Strukturformeln *(Konfigurationsformeln)* kann man darstellen, dass Glukose in zwei Formen existiert. Man unterscheidet α-Glukose und β-Glukose. Von anderen Zuckern unterscheidet sich Glukose vor allem durch die unterschiedliche Anordnung der übrigen OH-Gruppen.

Glukose ist ein Einfachzucker oder *Monosaccharid*, sie besteht aus einem einzigen Zuckerbaustein. Durch Verknüpfung einzelner Monosaccharide entstehen *Disaccharide (Zweifachzucker)*. Dabei reagiert eine Hydroxylgruppe des einen Zuckers mit einer Hydroxylgruppe des anderen, wobei ein Molekül Wasser abgespalten wird. Die beiden Zuckermoleküle sind dann über ein Sauerstoffatom miteinander verbunden. Durch Wasseraufnahme kann umgekehrt ein Zucker gespalten werden. Wichtige Disaccharide sind *Maltose* (Malzzucker), *Saccharose* (Rohrzucker) und *Laktose* (Milchzucker). Durch den Besitz mehrerer OH-Gruppen und die geringe Molekülgröße sind Mono- und Disaccharide in Wasser gut löslich.

Stärke, Zellulose und Glykogen sind wichtige *Polysaccharide* oder *Vielfachzucker*. In diesen drei Polysacchariden sind jeweils viele Glukosemoleküle zu einem Makromolekül miteinander verknüpft. Bei dem pflanzlichen Reservestoff Stärke sind es α-Glukosemoleküle, die zwei Formen der Stärke bilden, die wasserlösliche *Amylose* und das wasserunlösliche *Amylopektin*.

Glykogen wird manchmal als „tierische Stärke" bezeichnet, da sie bei tierischen Organismen als Kohlenhydratspeicher dient. Unser Körper kann ca. 500 Gramm davon in Leber und Muskulatur speichern.

Der pflanzliche Gerüststoff *Zellulose* hingegen besteht aus β-Glukosebausteinen. Das Makromolekül ist gestreckt wie ein Faden. Durch parallele Anordnung vieler Zellulosemoleküle entsteht eine Faser.

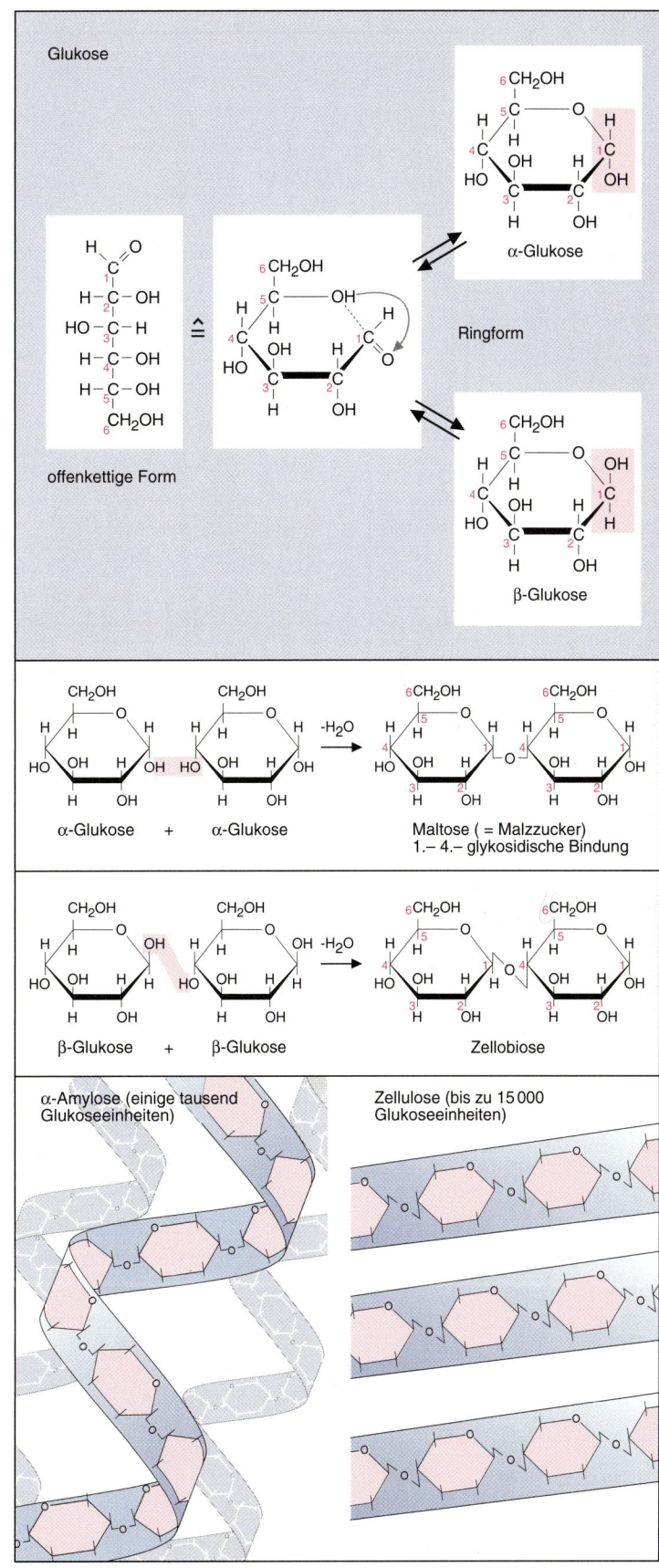

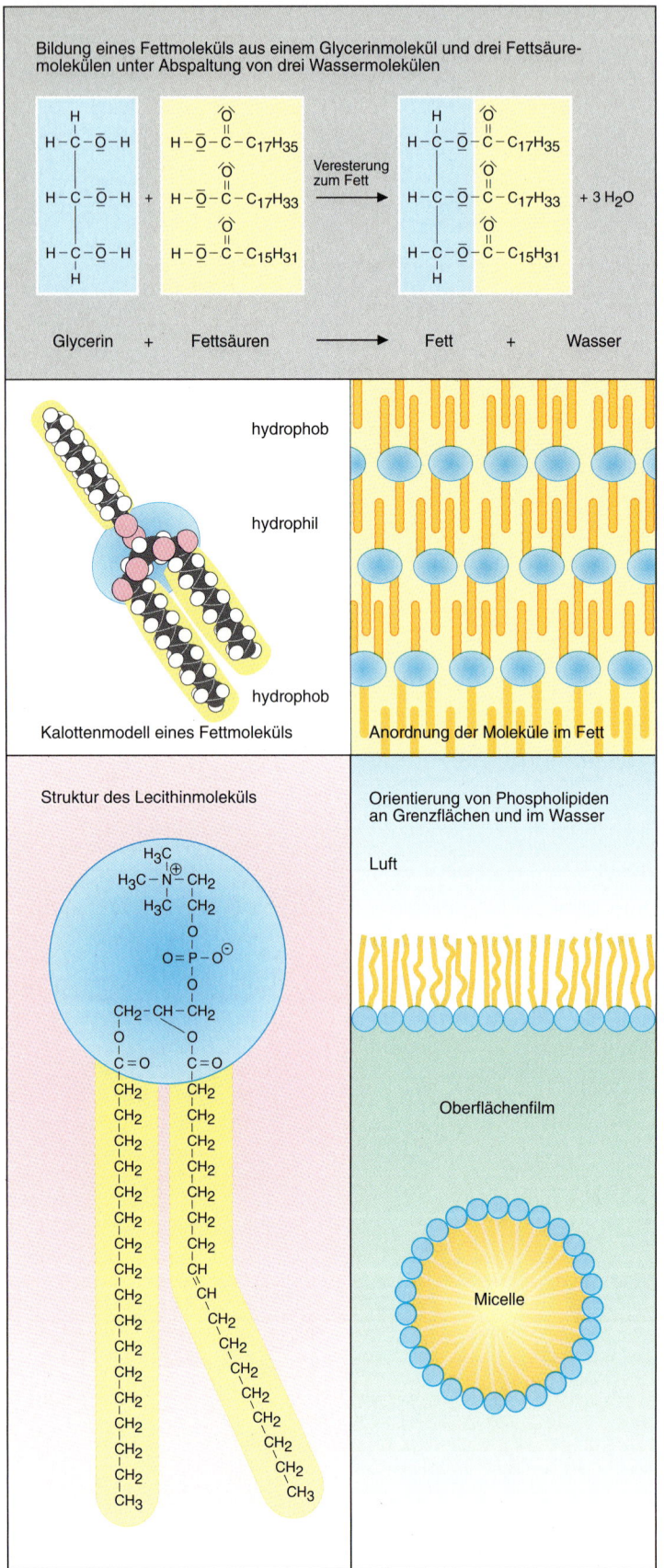

Lipide

Lipide gehören zu einer Stoffgruppe unterschiedlicher Substanzen, die in unpolaren Lösungsmitteln löslich sind. Sie sind z. B. in unserem Körper die Hauptenergiereserve. Ein Baustein ist der dreiwertige Alkohol *Glycerin*. Dazu kommen bestimmte, langkettige Carbonsäuren, die man wegen ihres Vorkommens in Fetten auch *Fettsäuren* nennt. Mit ihrer Carboxylgruppe können sie unter Abspaltung von Wasser jeweils mit einer OH-Gruppe des Glycerins eine Esterbindung bilden. Dabei können drei verschiedene Fettsäuren an der Bildung eines Fettes beteiligt sein. Unter Wasseraufnahme sind die Esterbindungen des Fettes wieder spaltbar.

Häufig vorkommende Fettsäuren sind z. B. Stearin- und Palmitinsäure. Sie besitzen, wie andere in Organismen vorkommende Fettsäuren auch, eine gerade Anzahl von Kohlenstoffatomen. Stearin- und Palmitinsäure gehören zu den *gesättigten Fettsäuren,* da sie keine C-C-Doppelbindungen besitzen. *Ungesättigte Fettsäuren,* z. B. Ölsäure und Linolsäure, zeichnen sich durch das Vorhandensein einer oder auch mehrerer Doppelbindungen in der Kohlenwasserstoffkette aus. Ungesättigte Fettsäuren sind für den Menschen meist *essenziell,* da er sie selbst nicht herstellen kann und mit der Nahrung aufnehmen muss. Gesättigte und ungesättigte Fettsäuren unterscheiden sich in ihrem Schmelzpunkt. Fette mit einem hohen Anteil an mehrfach ungesättigten Fettsäuren sind flüssig, wie z. B. Sonnenblumenöl. Fette, die fast nur aus gesättigten Fettsäuren bestehen, sind dagegen fest, wie z. B. Butter.

Fette sind unpolare Moleküle. Im Bereich der Esterbindungen sind sie hydrophil, während sich die langen Kohlenwasserstoffreste der Fettsäuren hydrophob verhalten. Diese Eigenschaft ist bei den in den Zellmembranen enthaltenen *Phospholipiden* noch wesentlich deutlicher ausgeprägt. Eine der drei Fettsäuren ist in diesen fettähnlichen Lipiden, wie z. B. dem *Lecithin,* durch eine polare Molekülgruppe ersetzt. Die hydrophilen Eigenschaften werden dadurch verstärkt. Solche Moleküle richten sich gegenüber Wassermolekülen aus. Ihr polarer Teil orientiert sich zum Wasser hin, sodass sich die unpolaren, langen Kohlenwasserstoffketten nebeneinander anordnen. Deshalb kann sich auf einer Wasseroberfläche ein dünner Lipidfilm ausbilden. In Wasser fein verteilte Lipidtröpfchen entstehen durch Schütteln nach dem gleichen Prinzip. Es bildet sich eine *Emulsion.*

Proteine, Kohlenhydrate und Lipide

Proteine, Kohlenhydrate und Lipide lassen sich aufgrund ihrer unterschiedlichen chemischen Eigenschaften durch spezifische Nachweisreaktionen identifizieren und voneinander unterscheiden.

Nachweis und Eigenschaften von Proteinen

Die folgenden Versuche werden mit einer Eiweißlösung aus Hühnerei durchgeführt.

Benötigte Chemikalien und Geräte:
Eiklar vom Hühnerei, Kupfersulfatlösung [Xn], Ammoniumsulfat, verdünnte Salzsäure [C] und Natronlauge [C], destilliertes Wasser, Bechergläser, Bunsenbrenner oder heißes Wasserbad, Trichter, Filtriergestell und Watte, Glasstab, Spatel.

Herstellung der Eiweißlösung:
Das Eiklar eines Hühnereis wird in ein Becherglas gebracht und mit etwa der vierfachen Menge Wasser versetzt. Danach wird umgerührt und der Inhalt durch Watte filtriert. Die aufgefangene Eiweißlösung wird für die weiteren Experimente verwendet. Dazu werden in 5 Reagenzgläser jeweils ca. 2 ml Eiweißlösung gegeben.

Versuch 1
In das erste Reagenzglas gibt man ca. 1 ml Natronlauge, schüttelt und tropft Kupfersulfatlösung zu. Dann erwärmt man kurz. In ein weiteres Reagenzglas gibt man statt der Eiweißlösung Wasser und führt damit den gleichen Versuch durch (Blindprobe).

Versuch 2
Das zweite Reagenzglas wird vorsichtig über kleiner Flamme erwärmt.

Versuch 3
Das dritte Reagenzglas wird mit etwa 2 ml Salzsäure, das vierte mit ca. 2 ml Natronlauge versetzt und kurz umgeschüttelt.

Versuch 4
In das letzte Reagenzglas werden 2 – 3 ml konzentrierte Ammoniumsulfatlösung (1 g auf 2 ml Wasser) zugegeben. Anschließend wird kurz umgeschüttelt.

Versuch 5
Der Inhalt der Reagenzgläser aus Versuch 3 und 4 wird nach ca. 5 Minuten mit der doppelten Menge Wasser verdünnt.

Aufgaben
1. Notieren Sie die Versuchsergebnisse.
2. Erläutern Sie die Funktion der Blindprobe in Versuch 1.
3. Wie ist das Verhalten von Eiweißen gegenüber Hitze, pH-Wert-Veränderung und Zugabe von Salz zu erklären?
4. Erläutern Sie mithilfe des Ergebnisses aus Versuch 5 die unterschiedliche Wirkung bei Zugabe von starker Säure bzw. Base und einer Salzlösung.

Falls notwendig, machen Sie sich noch einmal mit dem chemischen Aufbau von Proteinen vertraut.

Nachweis von Kohlenhydraten

Versuch 1
Folgende Kohlenhydrate sollen mit fehlingscher Lösung untersucht werden: Glukose, Maltose, Saccharose, Amylose.

Benötigte Materialien und Geräte:
Destilliertes Wasser, Fehling I-Lösung (verdünnte Kupfersulfatlösung [Xn]), Fehling II-Lösung (Kalium-Natrium-Weinsäuresalzlösung in Natronlauge) [C], Spatel, Bunsenbrenner oder heißes Wasserbad, Reagenzgläser und Ständer, Schutzbrille.

Durchführung:
Lösen Sie im Reagenzglas jeweils eine Spatelspitze der oben genannten Kohlenhydrate in 1 – 2 ml Wasser. Um das Lösen der Amylose zu beschleunigen, muss die Lösung leicht erwärmt werden. In jedes Reagenzglas werden nun ca. 2 ml Fehling I-Lösung gegeben. Danach wird so viel Fehling II-Lösung zugesetzt, dass sich ein eventuell entstehender hellblauer Niederschlag wieder auflöst und nach Umschütteln eine intensiv dunkelblaue Lösung entsteht. Erhitzen Sie die Lösungen nun nacheinander 1 – 2 Minuten lang unter leichtem Schütteln über der kleinen Bunsenbrennerflamme. Führen Sie auch hier eine Blindprobe mit Wasser durch.

Aufgaben
1. Protokollieren Sie Ihre Beobachtungen und fassen Sie diese übersichtlich zusammen.
2. Informieren Sie sich über den Nachweis von Stärke auf Seite 13 und ordnen Sie die Ergebnisse in Ihre Zusammenfassung ein.

Versuch 2
Zusätzlich benötigte Chemikalien:
Verdünnte Salzsäure [C] und Natronlauge [C].

Durchführung:
Geben Sie zu frisch bereiteter Saccharose- und Stärkelösung jeweils 1 – 2 ml Salzsäure und erhitzen Sie sie einige Minuten vorsichtig über der kleinen Bunsenbrennerflamme. Nach dem Abkühlen wird mit der der Salzsäure entsprechenden Menge Natronlauge gleicher Konzentration neutralisiert und jeweils die Fehlingprobe wie bei Versuch 1 durchgeführt.

Aufgabe
1. Notieren und deuten Sie die erhaltenen Befunde.

Eigenschaften von Fetten

Benötigte Chemikalien und Geräte:
Destilliertes Wasser, Olivenöl, Ethanol (Spiritus), Petroleumbenzin [F], Reagenzgläser, Sudan III-Lösung.

Durchführung:
In drei Reagenzgläser gibt man jeweils 1 – 2 ml Olivenöl, setzt dann dem ersten Reagenzglas die gleiche Menge Wasser, dem zweiten entsprechend Ethanol und dem dritten Petroleumbenzin zu und schüttelt kurz um. In einer zweiten Versuchsreihe werden in gleicher Weise folgende Gemische untersucht: Wasser – Benzin, Wasser – Ethanol, Ethanol – Benzin.

Aufgaben
1. Stellen Sie die Versuchsergebnisse tabellarisch dar.
2. Erläutern Sie die unterschiedliche Mischbarkeit der einzelnen Substanzen.

3 Transportvorgänge in Zellen

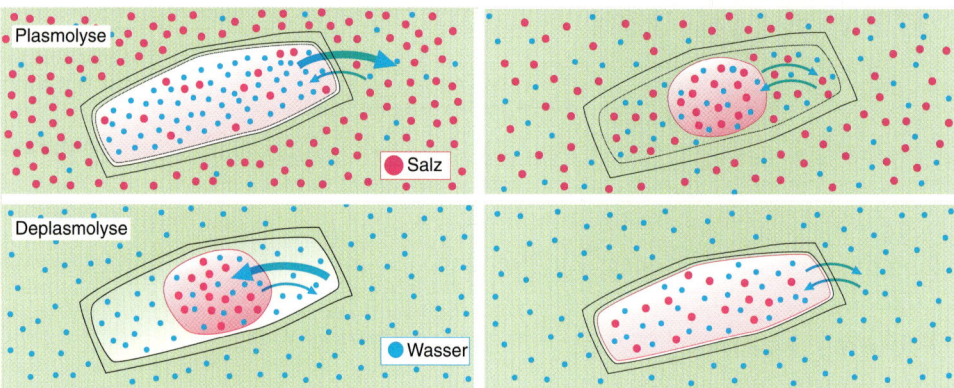

1 Plasmolyse und Deplasmolyse (Schema)

Plasmolyse und Deplasmolyse

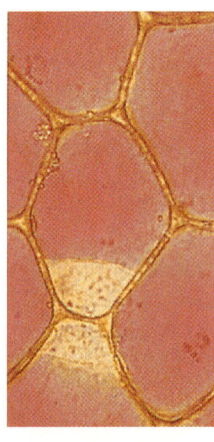

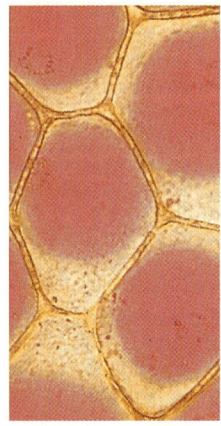

Fast jeder kennt das Phänomen: Frisch angemachter Salat verliert in wenigen Stunden sein appetitliches Aussehen. Er ist dann welk und zusammengefallen, obwohl die Salatsoße den Salat genügend feucht hält. Trotzdem haben die Zellen der Salatblätter offenbar das in ihnen enthaltene Wasser nach außen abgegeben. Die Ursache muss folglich in den Inhaltsstoffen der Salatsoße liegen, denn nicht angemachter Salat verändert sich in so kurzer Zeit nicht in dieser Weise.

Klarer wird das Phänomen durch eine mikroskopische Untersuchung. Aufgrund der besseren Sichtbarkeit der Vakuole eignen sich zur Beobachtung z. B. die Zellen des Schuppenhäutchens einer Roten Küchenzwiebel. Wird das umgebende Wasser gegen eine Zucker- oder Salzlösung ausgetauscht, so löst sich bereits nach kurzer Zeit der Protoplast von der Zellwand. Die Vakuole wird kleiner, bis sich der Protoplast vollständig von der Zellwand löst und abkugelt. Nun ist meist gut erkennbar, dass die Vakuole von einem dünnen Cytoplasmaschlauch umgeben ist, der von zwei Membranen begrenzt wird, der *Vakuolen-* und der *Zellmembran*. Wasser hat offensichtlich die Vakuole durch Vakuolenmembran, Cytoplasma und Zellmembran hindurch verlassen. Erkennbar ist der Wasserverlust an der deutlich intensiveren Rotfärbung des Zellsaftes in der Vakuole. Der rote Zellfarbstoff liegt nun konzentrierter vor. Diesen Vorgang des Wasseraustritts aus dem Protoplasten, wobei sich der Protoplast von der Zellwand abhebt, nennt man **Plasmolyse.** Man kann die Plasmolyse rückgängig machen, indem die Zucker- oder Salzlösung durch destilliertes Wasser ersetzt wird. Vakuole und Cytoplasmaschlauch vergrößern sich langsam, der Protoplast legt sich wieder an die Zellwand an. Dabei muss der umgekehrte Vorgang ablaufen: Wasser strömt offensichtlich von außen in die Vakuole ein, erkennbar an dem Hellerwerden des roten Zellsaftes. Den Vorgang des Wassereinstroms in den Protoplasten nennt man **Deplasmolyse.**

Welche Mechanismen verursachen die Plasmolyse und Deplasmolyse? Was bewirkt, dass Wassermoleküle von innen nach außen bzw. umgekehrt wandern? Die Energie für deren Bewegung stammt letztlich aus der Umgebung. Aufgrund der Umgebungswärme bewegen sich Wassermoleküle und auch darin gelöste Bestandteile ständig. Dabei prallen sie aufeinander und stoßen sich wieder ab. So können sich Wassermoleküle und die darin gelösten Teilchen gleichmäßig verteilen.

Wie die Verteilung erfolgt, zeigt ein weiteres Experiment. Lässt man in ruhendes Wasser einen kleinen Kristall Kaliumpermanganat hineinfallen, löst er sich am Grunde des Gefäßes langsam auf. Dabei wandern die farbigen Ionen dieses Salzes vom Zentrum aus langsam in alle Richtungen, wobei die Farbintensität von innen nach außen abnimmt. Außerdem stellt man fest, dass die Ausbreitungsgeschwindigkeit mit zunehmender Entfernung vom Ursprung immer geringer wird.

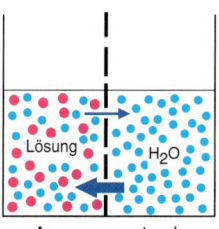

Die Wärmebewegung der Wassermoleküle sorgt dafür, dass die gelösten Ionen durch zufälliges Aufeinandertreffen und Abstoßung der Teilchen allmählich von hoher in Richtung niedriger Konzentration verteilt werden. Man sagt auch, die Teilchen wandern entlang eines *Konzentrationsgradienten*.

Irgendwann sind alle Teilchen in der Lösung gleichmäßig verteilt. Die Konzentration ist dann überall gleich groß. Diesen Vorgang der Ausbreitung von Teilchen entlang eines Konzentrationsgradienten mit der Folge des Konzentrationsausgleichs nennt man **Diffusion**. Hohe Temperaturen fördern die Diffusionsgeschwindigkeit, weil dadurch die Geschwindigkeit der Teilchen erhöht wird. Außerdem ist die Diffusionsgeschwindigkeit umso größer, je größer der Konzentrationsunterschied ist.

Diffusion durch Membranen

Diffusion liegt auch der Plasmolyse und Deplasmolyse zugrunde. Allerdings erfolgt die Diffusion hier durch Membranen hindurch. Dabei wandern H_2O-Moleküle entlang eines Konzentrationsgradienten. Das ist aber nur möglich, weil Vakuolen- und Zellmembran für Wasser, aber nicht für die meisten der im Zellsaft gelösten Teilchen durchlässig sind. Membranen, die nur für bestimmte Teilchen durchlässig sind, nennt man *semipermeable Membranen*. Die Diffusion von Wasser durch eine solche semipermeable Membran bezeichnet man als **Osmose**.

Wären Vakuolen- und Zellmembran kein Hindernis für die in Wasser gelösten Teilchen, würden sich alle Teilchen innerhalb und außerhalb des Protoplasten verteilen, sodass keine Plasmolyse und Deplasmolyse beobachtbar wären. Man spricht im Falle der ungehinderten Verteilung durch Membranen hindurch von *Permeation*.

Die unterschiedliche Permeabilität von Vakuolen- und Zellmembran für verschiedene Stoffe ist also Voraussetzung für Plasmolyse und Deplasmolyse. Bei der Plasmolyse ist die Ausgangssituation dadurch gekennzeichnet, dass in der Vakuole die Konzentration der in Wasser gelösten Teilchen kleiner ist als die in der umgebenden Zucker- oder Salzlösung. Umgekehrt könnte man sagen, die Konzentration an Wasser ist in der Vakuole größer als in der Umgebung. Da nun Zellmembran und Vakuolenmembran nur für Wassermoleküle gut durchlässig sind, diffundiert so lange Wasser aus der Zelle in die Umgebung, bis die Konzentration in der Vakuole gleich groß ist wie die der Umgebung. Das dann erreichte Gleichgewicht ist dadurch gekennzeichnet, dass der Wasserausstrom gleich dem Wassereinstrom ist.

Der Ersatz der Zuckerlösung durch destilliertes Wasser bewirkt, dass die Konzentration der in der Vakuole gelösten Teilchen größer ist als die in der Umgebung. Man kann auch sagen, die Wasserkonzentration ist außen größer als innen. In der Bilanz diffundiert nun Wasser in die Vakuole, bis wiederum ein Gleichgewicht erreicht ist, d. h. der Wassereinstrom gleich dem Wasserausstrom ist. Das nun erreichte Gleichgewicht ist aber nicht durch gleiche Konzentrationen auf beiden Seiten der Membran gekennzeichnet, da das Wasser in der Umgebung im Gegensatz zur Vakuole keine gelösten Teilchen enthält und es somit nicht zum vollständigen Konzentrationsausgleich kommt. Zudem setzt die stabile und gleichzeitig elastische Zellwand dem einströmenden Wasser Widerstand entgegen, sodass ein Druck entsteht. Dieser Druck wird als *Zellwanddruck* oder *Turgor* bezeichnet und ist dem durch den Wassereinstrom bedingten *osmotischen Druck* entgegengerichtet. Sind beide Werte gleich groß, ist das Gleichgewicht zwischen Wassereinstrom und Wasserausstrom erreicht.

Aufgaben

① Erläutern Sie, weshalb Diffusion und Osmose nur für den Transport von Stoffen über kurze Distanzen als Transportmechanismen geeignet sind, nicht aber für den Ferntransport.

② In Meerwasser lebende Wimpertierchen besitzen meist keine pulsierende Vakuole. Deuten Sie den Befund.

③ In direkter Nähe von Meeresküsten können die meisten Pflanzen nicht existieren. Nennen Sie Ursachen dafür.

④ Ein Gartenbesitzer meint es mit seinem Rasen besonders gut und düngt ihn mit der doppelten Menge Mineralsalzdünger. Er muss sich in den nächsten Tagen allerdings darüber wundern, dass der Rasen an mehreren Stellen braune Flecken bekommen hat. Erklären Sie dies.

⑤ Länger anhaltender Regen bringt reife Kirschen zum Platzen. Nennen Sie die Gründe dafür.

⑥ Gewichtsschwankungen beim Menschen werden auch vom Salzgehalt der aufgenommenen Nahrung beeinflusst. Erläutern Sie mögliche Zusammenhänge.

Ausgangszustand

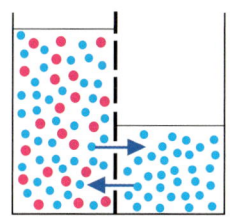

Endzustand

Diffusion von $KMnO_4$ in Wasser

Zellbiologie

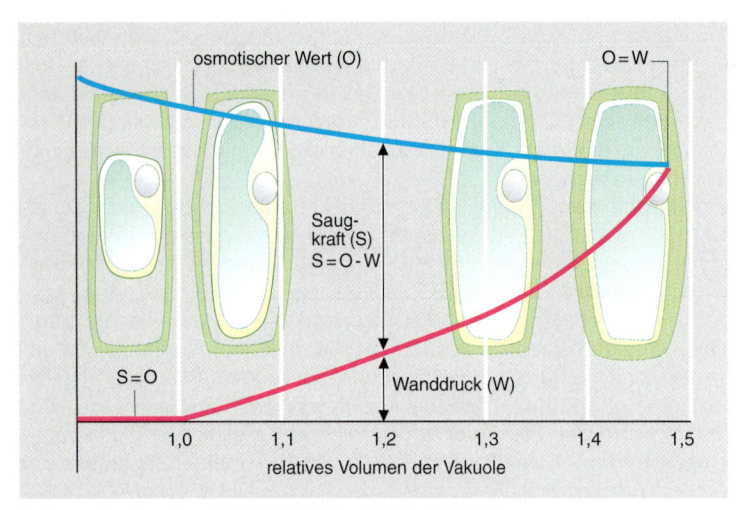

1 Osmotisches Zustandsdiagramm der Pflanzenzelle

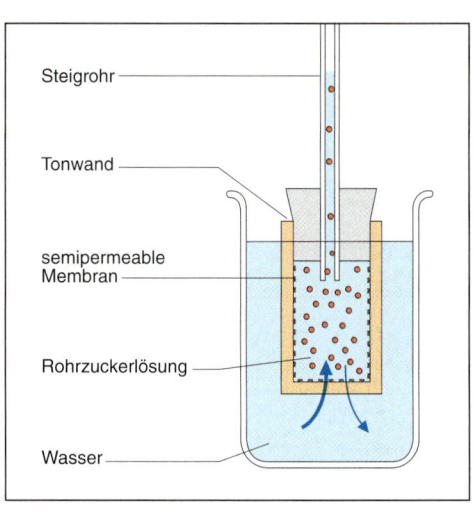

2 Osmoseapparat

Die osmotische Zustandsgleichung

Den durch Osmose erzeugten Druck kann man messen. Das in der Abbildung dargestellte Modellexperiment veranschaulicht dieses. Hier ist der durch das Gewicht der Flüssigkeitssäule in dem Glasrohr entstehende hydrostatische Druck dem durch die hohe Teilchenkonzentration in der Lösung auf der anderen Seite der Membran bewirkten osmotischen Druck entgegengerichtet. Der hydrostatische Druck entspricht dabei dem Zellwanddruck der voll turgeszenten Zelle. Die osmotische Wasseraufnahmefähigkeit durch eine Pflanzenzelle bezeichnet man auch als *Saugkraft* (S). Sie ergibt sich aus der Differenz von *osmotischem Wert* (O) und *Zellwanddruck* (W): $S = O - W$. Dieser Ausdruck wird als *osmotische Zustandsgleichung* bezeichnet. Der osmotische Wert entspricht dabei dem osmotischen Druck, der aufgrund der im Zellsaft gelösten Teilchen maximal möglich ist. Er ist zur Konzentration der gelösten Teilchen proportional.

Osmotische Vorgänge spielen für den Transport von Wasser in allen Organismen eine lebenswichtige Rolle. Bei Pflanzen wird das besonders deutlich. So sind beispielsweise für die Wasseraufnahme über die Wurzel osmotische Vorgänge verantwortlich. Andererseits ist der Turgor für die Stabilität krautiger Pflanzen verantwortlich, die kaum verholzt sind. Der Turgordruck strafft die Zellen der Gewebe. Deshalb führt ein Absinken des Turgors zum Welken der Pflanze.

Die Umkehrosmose — ein Verfahren zur Beseitigung unerwünschter Bestandteile in Wasser

Bei der Herstellung von Trinkwasser aus Meerwasser müssen die darin enthaltenen Salze entfernt werden. Dazu wird Meerwasser unter hohem Druck durch Membranen gepresst, die im Idealfall nur für Wassermoleküle durchlässig sind. Wie bei der Osmose sind auch hier zwei mit Wasser gefüllte Räume von einer semipermeablen Membran getrennt. Auf der einen Seite der Membran befindet sich also Meerwasser, auf der anderen Seite das abfließende, reine Wasser. Im Unterschied zur Osmose nimmt hier das Wasser den umgekehrten Weg, da der von außen auf das Meerwasser ausgeübte Druck größer ist als der vom Meerwasser bedingte osmotische Druck.

Außer bei der Meerwasserentsalzung findet die Umkehrosmose z. B. Anwendung bei der Entgiftung von Abwässern aus Galvanisierbetrieben, die giftige Metalle enthalten. In Großaquarien wird hartes Leitungswasser, das viel gelösten Kalk enthält, von den gelösten Bestandteilen weitgehend befreit. Bestimmte Fischarten sind auf weiches Wasser angewiesen.

Zellbiologie

Diffusion und Osmose

Brown'sche Molekularbewegung

Benötigte Materialien und Geräte:
Objektträger, Deckgläser, Milch oder Tusche, dest. Wasser, Tropfpipette, Mikroskop.

Geben Sie auf einen Objektträger einen Tropfen mit Wasser verdünnter Milch oder schwarzer Tusche (50 Teile Wasser und 1 Teil Milch oder Tusche), legen Sie ein Deckglas auf und beobachten Sie mit mindestens 400facher Vergrößerung. Erläutern Sie Ihre Beobachtung.

Diffusion

Benötigte Materialien und Geräte:
Petrischale, Kaliumpermanganat [Xn], dest. Wasser, weißes Papier.

Eine Petrischale wird auf weißes Papier gestellt, zur Hälfte mit Wasser gefüllt und so lange ruhig stehen gelassen, bis es keine Wasserbewegung mehr gibt. Dann lässt man einen kleinen Kristall Kaliumpermanganat über der Mitte der Petrischale fallen und wartet ca. 5 Minuten. Dieser Versuch wird einmal mit kaltem und heißem Wasser durchgeführt. Beschreiben und erläutern Sie Ihre Beobachtungen.

Plasmolyse und Deplasmolyse

Benötigte Materialien und Geräte:
Rote Küchenzwiebel (auch geeignet sind: Spirogyra, Fruchtfleisch von Ligusterbeeren), Objektträger, Deckgläser, Tropfpipetten, dest. Wasser, konz. Kaliumnitratlösung (oder Rohrzuckerlösung), Fließpapier, evtl. Pinzette und Skalpell, Mikroskop.

Stellen Sie ein Zwiebelschuppenpräparat von der rot gefärbten, äußeren Zwiebelschuppenepidermis her. Bei mittlerer Vergrößerung werden gut überschaubare Zellen in die Bildmitte gebracht. Ein Tropfen konzentrierte Salzlösung wird nun an die eine Deckglaskante gebracht und auf der anderen Seite mit Fließpapier das Wasser abgesaugt, sodass dieses durch die Salzlösung ersetzt wird. Dieser Vorgang sollte bei ebenfalls mittlerer Vergrößerung optisch kontrolliert werden. Werden noch keine Veränderungen sichtbar, ist das Durchsaugen von Salzlösung zu wiederholen.

Anschließend wird eine Zelle, in der Veränderungen gut sichtbar wurden, in die Gesichtsfeldmitte gebracht und im Detail genau beobachtet. Vergleichen Sie diese mit weiteren Zellen. Skizzieren Sie anschließend eine Zelle im Ausgangszustand und in verschiedenen Phasen der Veränderung. Dazu fertigen Sie sich mehrere schematisierte Zwiebelzellumrisse an, in die Sie die Einzelheiten jeweils einzeichnen und beschriften.

Nach Anfertigung der Skizzen wird die Salzlösung durch destilliertes Wasser ersetzt. Beobachtung?
Erläutern Sie die Vorgänge der Plasmolyse und Deplasmolyse anhand Ihrer genauen Beobachtungen und mithilfe Ihrer theoretischen Kenntnisse.

Plasmolysetypen (Konvex-, Konkav- und Kappenplasmolyse)

Benötigte Materialien und Geräte:
Rote Küchenzwiebel (auch geeignet sind: Spirogyra, Fruchtfleisch von Ligusterbeeren), Objektträger, Deckgläser, Tropfpipetten, dest. Wasser, konz. Kaliumnitratlösung, Calciumnitratlösung [Xi], Kaliumthiocyanatlösung [Xn], Fließpapier, evtl. Pinzette und Skalpell, Mikroskop.

Für das Hervorrufen der Plasmolyse werden verschiedene Lösungen (Plasmolytika) verwendet und zwar Kaliumnitratlösung, Calciumnitratlösung und Kaliumthiocyanatlösung.

Fertigen Sie drei Präparate an und plasmolysieren Sie die Zellen jeweils mit einem der drei angegebenen Plasmolytika. Vergleichen Sie den Ablauf der Plasmolyse und vor allem die Endzustände. Fertigen Sie jeweils eine Skizze an.

Die Vakuole als Ionenfalle

Benötigte Materialien und Geräte:
Küchenzwiebel, Neutralrotstammlösung: 0,1 g in 100 ml Wasser lösen (vor Gebrauch wird mit Leitungswasser auf $1/10$ verdünnt; wichtig, da Leitungswasser leicht alkalisch), Objektträger, Deckgläser, Pinzette, Skalpell, Tropfpipette, Mikroskop.

Ein Präparat der inneren Zwiebelschuppenepidermis wird unter das Mikroskop gebracht und bei mittlerer Vergrößerung scharf gestellt. Dann wird zwei- bis dreimal Neutralrotlösung durch das Präparat gesaugt und ca. 10 Minuten gewartet. Erläutern Sie Ihre Beobachtungen.

Hilfestellung: Neutralrot ist ein Farbstoff, dessen Ladungszustand vom pH-Wert abhängt. In leicht saurem Milieu kann das Neutralrotmolekül H^+-Ionen aufnehmen, wodurch es eine positive Ladung erhält. In neutralem und leicht alkalischem Milieu ist das Neutralrotmolekül ungeladen. Der Zellsaft in der Vakuole ist leicht sauer (pH 4–5).

Welche Stoffe sind osmotisch wirksam?

Benötigte Materialien und Geräte:
Rohrzucker, Kochsalz, Stärke, Kartoffel, Messer, Spatel.

Schneiden Sie von der Kartoffel drei ca. 1 cm dicke Scheiben ab und kratzen Sie in der Mitte der Scheibe jeweils eine Vertiefung aus. In diese Vertiefung wird jeweils etwas Kochsalz, Rohrzucker oder Stärke gegeben. Notieren Sie nach etwa 10 Minuten Ihre Beobachtung und erläutern Sie diese.

Grenzplasmolyse

Geeignete Materialien:
Rote Küchenzwiebel, Spirogyra, Fruchtfleisch von Ligusterbeeren.

Zur Ermittlung des osmotischen Wertes des Zellsaftes in der Vakuole plasmolysiert man ca. 30 min lang eine Reihe gleicher Präparate mit unterschiedlich konzentrierten Plasmolytika. Die Konzentration des Plasmolytikums, die gerade ein Ablösen des Protoplasten von der Zellwand bewirkt, entspricht annähernd der Zellsaftkonzentration. Anschließend werden die Präparate auf eingetretene Plasmolyse hin untersucht. Dazu wählt man jeweils mehrere Zellen aus und gibt den Anteil der plasmolysierten Zellen an. Sind 50 % der Zellen plasmolysiert, ist der Zustand der Grenzplasmolyse erreicht. Führen Sie die Bestimmung der Zellsaftkonzentration mit Zuckerlösungen folgender Konzentrationen durch: 0,1; 0,2; 0,3; 0,4; 0,5 und 0,6 mol/l.

[Kernhülle] [Raues endoplasmatisches Retikulum] [Dictyosom] [Mitochondrien]

[Lipiddoppelschicht]

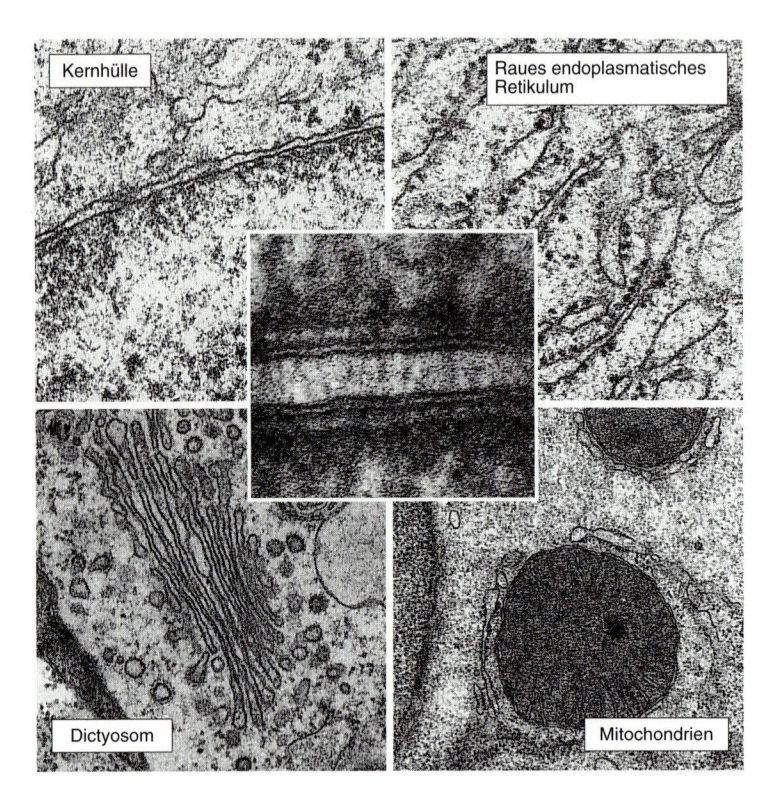

Aufbau von Biomembranen

Das Phänomen der Osmose lässt erste Rückschlüsse auf Aufbau und Funktion von Zellmembranen zu. Einerseits stellt die Membran eine Barriere dar, andererseits ermöglicht sie jedoch auch einen Austausch von Wasser, das die Membran von beiden Seiten umgibt. Das lässt die Annahme zu, dass zumindest die Oberflächen von Membranen polare Eigenschaften haben müssen. Offen bleibt zunächst die Frage, weshalb und wie Wasser durch Membranen hindurch gelangt.

Schon in den Zwanzigerjahren gelang es, mit einem einfachen Experiment zu zeigen, dass Lipidmoleküle wahrscheinlich Bestandteile von Membranen sind, was sich auch später nachweisen ließ. Dazu behandelte man rote Blutzellen mit Aceton, einem organischen Lösungsmittel, und brachte den Extrakt auf eine Wasseroberfläche. Dabei verdampfte das Lösungsmittel. Die extrahierten Moleküle bildeten auf der Wasseroberfläche eine Schicht von einer Moleküldicke (monomolekulare Schicht), deren Fläche doppelt so groß war wie die Oberfläche der roten Blutzellen. Dabei richten sich die Lipide mit ihrem hydrophilen Teil zum Wasser hin aus, während die hydrophoben Teile in die Luft ragen. In der Membran einer roten Blutzelle grenzen Lipide aber zwei wässrige Phasen voneinander ab, das Blutplasma vom wässrigen Zellinhalt. Unter diesen Bedingungen bildet sich eine Lipiddoppelschicht. Die hydrophoben Anteile zeigen zum Membraninneren, während die hydrophilen Anteile jeweils zur wässrigen Phase hin orientiert sind. Bei den Membranlipiden handelt es sich zum großen Teil um Phospholipide, wie z. B. das Lecithin, ein häufiges und essenzielles Membranlipid. Weitere wichtige Bestandteile der Zellmembran sind Glykolipide, in denen statt der dritten Fettsäure Zuckermoleküle gebunden sind, und das Cholesterol.

Elektronenmikroskopische Bilder von Zellmembranen bestätigen die Lipiddoppelschicht als Grundstruktur. Bei starker Vergrößerung der jeweiligen Membran erkennt man den gleichartigen, dreischichtigen Aufbau: Eine mittlere helle Schicht (ca. 3 nm) wird immer von zwei dunkleren Schichten (ca. 2,5 nm) umgeben. Die mittlere helle Schicht kann man dem hydrophoben Teil der Membran zurechnen, die dunklen, äußeren Schichten dem hydrophilen Teil der Membran. Die elektronenoptische Untersuchung der Zellorganellen zeigte auch, dass ihre Membranen das gleiche Aussehen wie die Zellmembran haben. Alle Biomembranen besitzen also die gleiche Grundstruktur. Wegen dieses gleichartigen Aufbaus prägte man den Begriff Elementarmembran. Trotzdem müssen sich Biomembranen in ihren Eigenschaften unterscheiden, denn die Zellmembran und die Membranen der Zellorganellen haben ganz spezifische Aufgaben zu erfüllen. Dies ist nur möglich, da Membranen die Zelle in verschiedene Reaktionsräume (Kompartimente) aufteilen, in denen jeweils unterschiedliche Bedingungen herrschen. Dadurch erst ist ein gesteuerter und gezielter Ablauf einer großen Zahl unterschiedlicher Stoffwechselvorgänge zur gleichen Zeit in einer Zelle möglich. So laufen beispielsweise in den Mitochondrien grüner Pflanzenzellen die Reaktionen der Zellatmung ungehindert von den Reaktionen der Fotosynthese ab, die in den Chloroplasten stattfinden.

Worin sind aber die Unterschiede bei den einzelnen Membrantypen begründet? Neben Lipiden sind Proteine wesentlich am Aufbau von Biomembranen beteiligt. Es sind globuläre Proteinmoleküle, deren unpolare und hydrophobe Anteile ins Innere der Membran zeigen, während die polaren und hydrophilen Anteile nach außen weisen. Die nach außen polaren Membranproteine können sich an die polaren Lipidanteile anlagern. Diese Überlegungen wurden schon angestellt, bevor es überhaupt Elektronenmikroskope gab, die später schließlich die Bestätigung lieferten. Sehr starke Vergrößerungen zeigen, dass viele Proteine nicht einfach der Lipidschicht aufliegen, sondern diese teilweise oder auch ganz durchdringen. Zudem bilden die Proteine keine kompakte, sondern eine eher unregelmäßig strukturierte Schicht. Der Anteil und die Zusammensetzung der Membranproteine unterscheidet sich bei den einzelnen Membrantypen ganz erheblich; ein deutliches Indiz dafür, dass die Proteine die Membraneigenschaften im Wesentlichen bestimmen.

Membranen sind als Ganzes nichts Festes, sie befinden sich in der lebenden Zelle in ständigem Auf- und Abbau, sodass Wachstum mit Vergrößerung der Membranoberfläche und Veränderung innerhalb der Zelle ermöglicht wird. Untersuchungen der Lipiddoppelschicht haben gezeigt, dass die Lipidmoleküle keine feste Position einnehmen, sondern ständig aufgrund von Diffusion ihre Plätze mit den Nachbarmolekülen tauschen. Mit den in der Doppelschicht gegenüberliegenden Lipidmolekülen findet vergleichsweise selten ein Austausch statt. Das deckt sich mit der Feststellung, dass die Lipidschichten der Außen- und Innenseite von Membranen unterschiedlich zusammengesetzt sind. Die Proteine verhalten sich dabei wie schwimmende Inseln, die mehr oder weniger tief in die Lipiddoppelschicht eintauchen oder die Membran durchdringen. Da Membranen also keine statischen Gebilde sind, sondern fließende Strukturen haben, prägte man den Begriff „fluid mosaic model". Die Veränderlichkeit der Membranen und die unterschiedliche Struktur der Membranproteine ermöglichten schließlich ein besseres Verständnis vom Stofftransport durch Membranen.

Eine besondere Rolle spielen schließlich die Kohlenhydrate, die in wesentlich geringerer Menge an der Membranoberfläche an Proteine oder Lipide gebunden sind. In der Zusammensetzung der Kohlenhydrate unterscheiden sich die einzelnen Zelltypen sehr stark. Deshalb kann jeder Zelltyp bestimmte Oberflächenstrukturen, die *Antigene,* bilden, an denen er erkannt werden kann. Das ist z. B. wichtig für die Kommunikation von Zellen oder auch dafür, dass Antikörper an der Zelloberfläche andocken können. Diese Eigenschaft kann man für den Blutgruppentest ausnutzen.

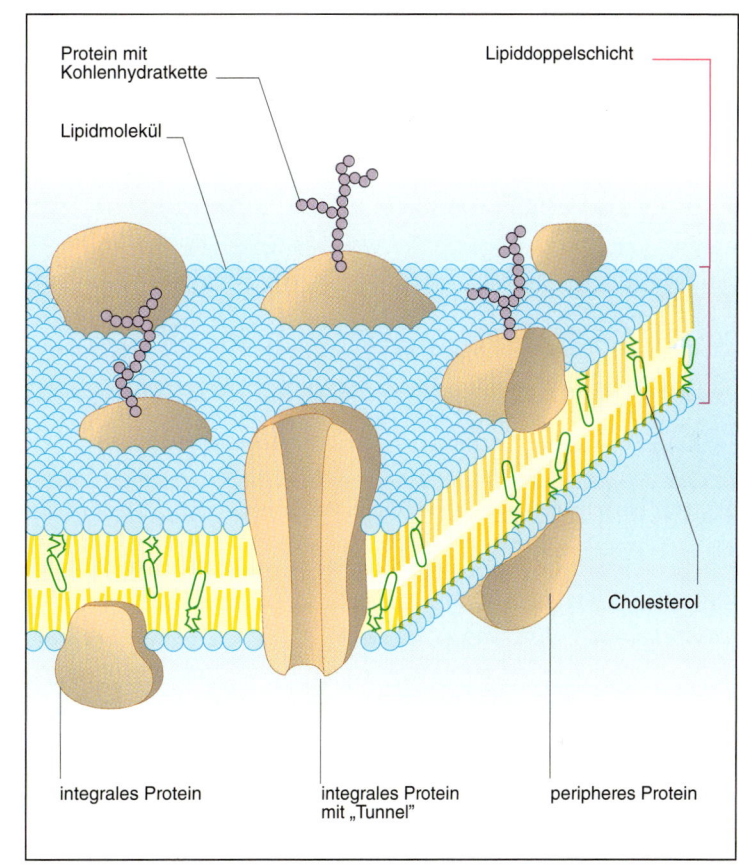

1 Schema zum Membranaufbau

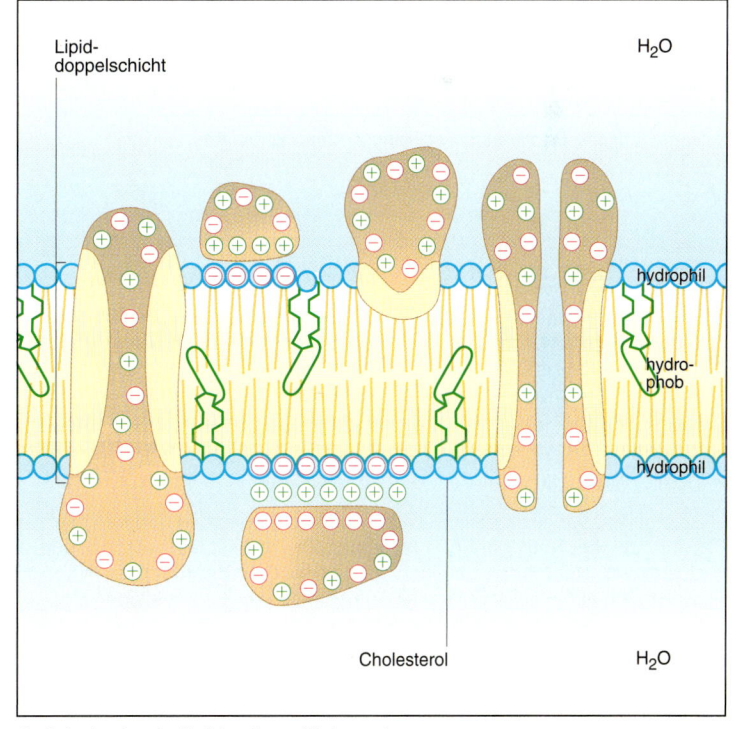

2 Schnitt durch die Membran (Schema)

Zellbiologie **39**

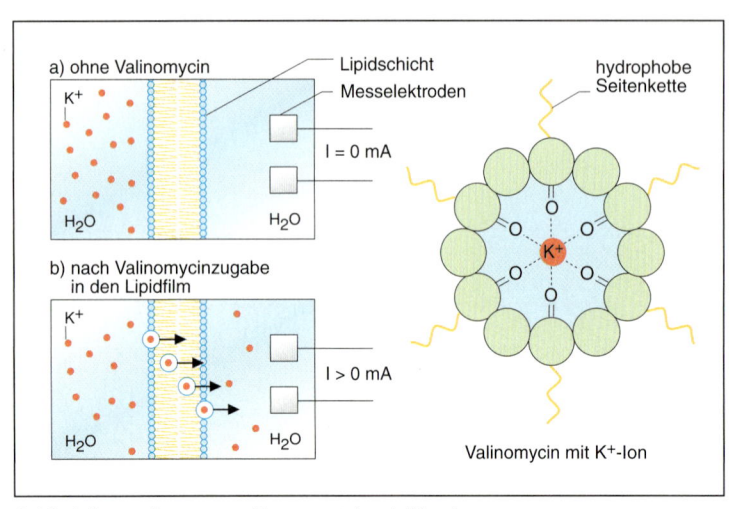

1 Modellexperiment zum Transport durch Membranen

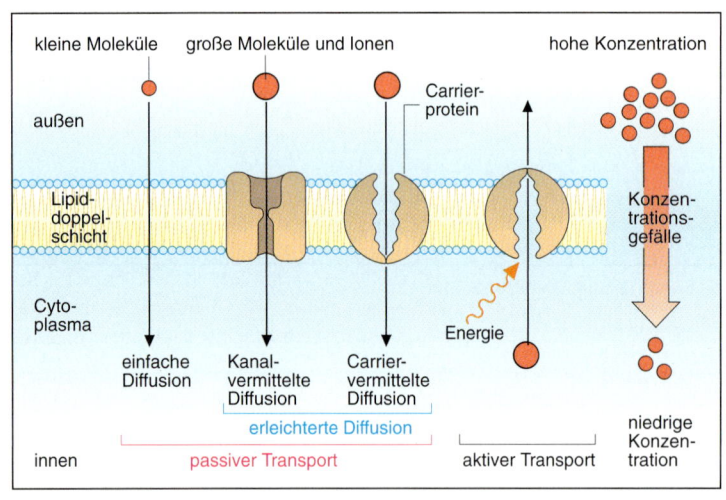

2 Schematische Darstellung der Transportmechanismen

Benzol, eine für Zellen hochgiftige Substanz

Erst in den letzten 10 bis 15 Jahren wurde Benzol als sehr gefährlicher, Krebs erregender Arbeitsstoff erkannt. Seitdem wurde die Verwendung dieses Zellgiftes stark eingeschränkt. Im Ottokraftstoff ist es zu etwa 5 % enthalten. Außerdem ist es Bestandteil einiger Lösungsmittel. Seine Giftigkeit beruht darauf, dass die Zellen des menschlichen Körpers Benzol sehr leicht aufnehmen können und es über sehr giftige Zwischenstufen abbauen.

Benzol wird vor allem über die Atemwege aufgenommen und kann aufgrund seiner relativ geringen Molekülgröße und seines hydrophoben Charakters leicht durch die Lipiddoppelschicht der Zellmembran diffundieren. Am gefährlichsten ist eine Aufnahme von Benzol in kleinen Mengen über einen längeren Zeitraum, was zu chronischer Vergiftung führen kann. Jahrzehnte später können Knochenmarksschäden und Leukämie auftreten. Heute verwendet man in Lösungsmitteln für das Benzol weitestgehend Ersatzstoffe, deren Abbauprodukte nicht so giftig sind.

Stofftransport durch Membranen

Die Bildung von *Reaktionsräumen* oder *Kompartimenten* durch Membranen ist Voraussetzung für einen kontrollierten Ablauf der Stoffwechselreaktionen einer Zelle. Außerdem müssen ständig Stoffe mit der Umgebung oder anderen Reaktionsräumen durch die Membranen hindurch ausgetauscht werden. Membranen müssen also für bestimmte Stoffe besonders gut durchlässig sein.

Lipidähnliche, unpolare Moleküle können Membranen relativ leicht aufgrund ihrer Ähnlichkeit mit den Membranlipiden durchdringen, indem sie zwischen den sich ständig in Bewegung befindlichen Membranlipiden hindurch diffundieren. Die Membran ist also für solche Stoffe keine Barriere. Gleiches gilt für kleine polare und nicht geladene Moleküle. Deshalb kann Wasser, wie bei der Osmose, relativ schnell die Zelle verlassen bzw. in sie eindringen. Der osmotische Wassertransport ist ein wichtiger Mechanismus für die Aufrechterhaltung des Wasserhaushaltes von Organismen. Dies ist ein passiver Transport, da vonseiten der Zelle dafür keine Energie bereitgestellt werden muss.

Für Ionen und große polare Moleküle stellt die Lipiddoppelschicht aufgrund ihres hydrophoben Charakters eine Barriere dar, die von ihnen nicht ohne weiteres überwunden werden kann. Zellen benötigen aber für ihre Funktion z. B. Natrium- und Kaliumionen und auch Glukose. Das Experiment in Abb. 1 soll verdeutlichen, wie der Transport solcher Substanzen durch die Membran dennoch funktioniert. Ein dünner Lipidfilm trennt zwei wässrige Phasen voneinander. Die eine enthält im Gegensatz zur anderen gelöste Kaliumionen. Durch Messung der elektrischen Leitfähigkeit in den beiden Hälften der Versuchsapparatur wird das Vorhandensein von Ionen angezeigt. Injiziert man in den Lipidfilm *Valinomycin,* so steigt nach einiger Zeit die elektrische Leitfähigkeit auf der Seite an, auf der vor Versuchsbeginn keine Kaliumionen vorhanden waren. Valinomycin muss also den Transport durch den Lipidfilm ermöglicht haben. Genauere Untersuchungen ergaben, dass Valinomycin aufgrund seines käfigartigen Molekülbaus in seinem Inneren Kaliumionen anlagern kann, die aber auch wieder abdiffundieren können. Valinomycin nimmt also auf der einen Seite ein Kaliumion auf, diffundiert damit durch den Lipidfilm und gibt dort das Ion wieder frei.

Zellbiologie

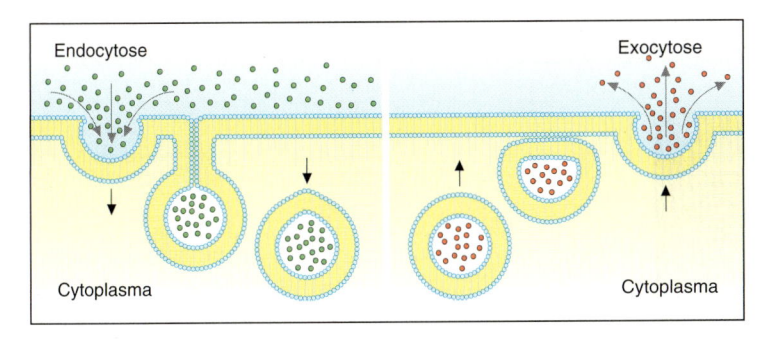

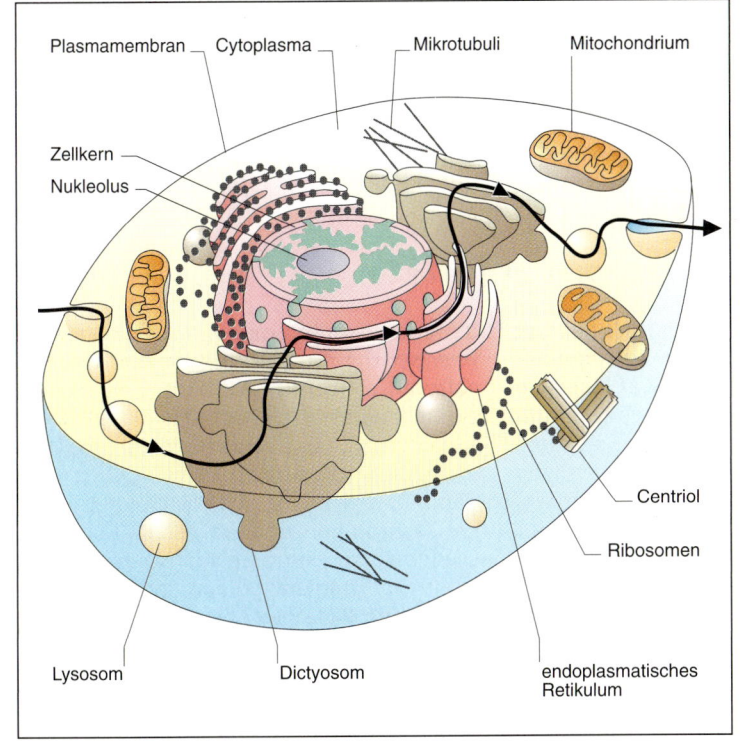

1 Übersicht über die Transportvorgänge in der Zelle

tionsgefälle und benötigt deshalb vonseiten der Zelle keine Energie. Der Transport durch Carrier kann sowohl ein passiver als auch ein *aktiver Transport* sein. Aktive Transportvorgänge erfolgen gegen ein Konzentrationsgefälle und erfordern deshalb vonseiten der Zelle die Bereitstellung von Energie in Form energiereicher ATP-Moleküle, die bei der Zellatmung gebildet werden (Abb. 40.2).

Ein Beispiel für einen passiven Carriertransport ist die Glukoseaufnahme aus dem Blut in die roten Blutzellen, in denen die Glukosekonzentration kleiner ist. Glukosemoleküle werden an den Carrier gebunden und mit dem Konzentrationsgradienten ins Zellinnere gebracht. Man spricht deshalb auch von *erleichterter Diffusion*. Der Glukoseeinstrom kann nur so lange erfolgen, bis ein Konzentrationsausgleich für Glukose erreicht ist. Ein Beispiel für aktiven Carriertransport ist die Kalium-Natrium-Pumpe. Unter Verbrauch von ATP werden Natriumionen aus der Zelle in die Umgebung abgegeben, während gleichzeitig Kaliumionen ins Zellinnere gelangen. Durch diesen Mechanismus wird eine ungleiche Verteilung von Ionen aufrecht erhalten. Eine solche ungleiche Verteilung von Ionen zwischen Zellinnerem und der Umgebung ist z. B. für die Funktion von Nervenzellen unerlässlich, sodass sie (auf einen Reiz hin) Informationen in Form elektrischer Signale weiterleiten können.

Auch größere Bestandteile (ob flüssig oder fest), die nicht durch die Zellmembran transportiert werden können, werden von der Zelle aufgenommen oder abgegeben. Bei der Aufnahme in die Zelle umfließt die Zellmembran ein Flüssigkeitströpfchen oder einen festen Partikel, z. B. ein Bakterium, sodass schließlich membranumschlossene Vesikel mit den aufgenommenen Substanzen nach innen ins Cytoplasma abgeschnürt werden. Man spricht dann von einer *Endocytose*. Die Aufnahme von Flüssigkeiten nennt man *Pinocytose* (Trinken), die von festen Partikeln *Phagocytose* (Fressen). Phago- und Pinocytose sind z. B. bei der Amöbe die Mechanismen der Nahrungsaufnahme. Bei der *Exocytose* werden Flüssigkeitströpfchen oder feste Partikel umgekehrt aus dem Cytoplasma nach außen geschleust. Bestimmte Drüsenzellen erfüllen ihre Funktion auf diese Weise. Die Hauptzellen der Magenschleimhaut beispielsweise sondern über Exocytose Pepsinogen ab, eine Vorstufe des Enzyms Pepsin für die Eiweißverdauung.

In Biomembranen übernehmen bestimmte Membranproteine die Transportfunktion. Sie durchdringen die Membran als Ganzes, sodass die Lipiddoppelschicht abgeschirmt wird. Grundsätzlich wirken solche *Transportproteine* auf zweierlei Art. Sie können einmal als *Carrier* wirken, die meist nur ganz bestimmte Teilchen durch die Membran transportieren, indem die Transportmoleküle dabei ihre Form *(Konformation)* verändern. Daneben können Transportproteine als *Kanalproteine* wirken, deren Poren bei Bedarf geöffnet bzw. geschlossen werden. *Kanalproteine* bilden wassergefüllte Poren, die als *Ionenkanäle* arbeiten. Weit verbreitet sind z. B. K^+-Ionenkanäle. Der Transport durch Kanalproteine ist immer ein *passiver Transport*, er erfolgt mit dem Konzentra-

4 Enzyme — Katalysatoren des Lebens

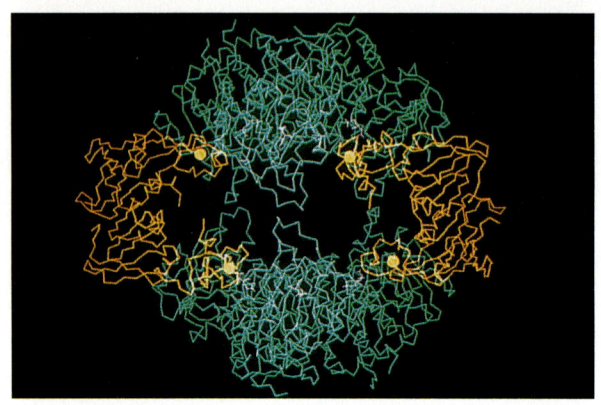

1 Computermodell eines Enzymmoleküls

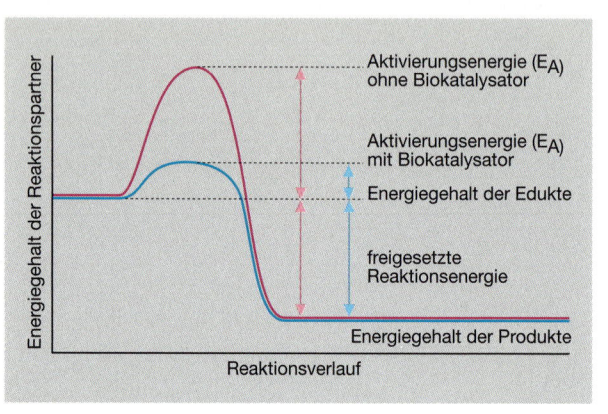

2 Ablauf einer enzymkatalysierten Reaktion

a) Stärkelösung + Iod-Kaliumiodid-Lösung

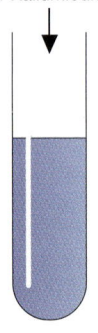

b) Speichel

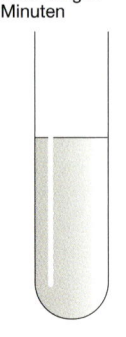

c) nach einigen Minuten

Enzyme sind Biokatalysatoren in der Zelle

Stärke ist wichtiger Bestandteil unserer Nahrung. Sie ist zum Beispiel in Getreideprodukten enthalten. Die schwer löslichen Makromoleküle der Stärke können von unserem Körper nur dann genutzt werden, wenn sie durch Spaltung in leicht lösliche Di- und Monosaccharide zerlegt werden. Denn der Dünndarm kann in der Regel nur gelöste Stoffe in die Blutbahn abgeben.

Obwohl Stärke eine energiereiche Verbindung ist, zerfällt sie von alleine nur sehr langsam in ihre Bausteine. Stärke wäre deshalb also nicht verwertbar, wenn in den Verdauungssäften nicht Substanzen enthalten wären, welche die Spaltung von energiereichen Verbindungen unterstützen. Gibt man zu einer mit Iod-Kaliumiodid blau angefärbten Stärkeaufschwemmung etwas Speichel, so verschwindet die blaue Farbe schon nach kurzer Zeit. Das lässt die Schlussfolgerung zu, dass der Speichel einen Stoff enthält, der die Stärkespaltung fördert.

Die Wirkung von Biokatalysatoren

Durch Analyse, z. B. *Elektrophorese,* kann man ein Protein identifizieren, das für die enorme Reaktionsbeschleunigung verantwortlich ist: die *Amylase.* Substanzen im Organismus, die entsprechend der Amylase als Reaktionsbeschleuniger fungieren, nennt man allgemein *Enzyme.* Sie wirken als *Biokatalysatoren* (Reaktionsbeschleuniger). Die Grafik in Abb. 2 zeigt, dass zur Aktivierung der Stärkespaltung — ohne Katalysator — zunächst ein bestimmter Energiebetrag aufgewendet werden muss, die *Aktivierungsenergie* (E_A). Erst dann kann die Reaktion ablaufen, die bei der Stärkespaltung die Reaktionsenergie freisetzt. Das hängt damit zusammen, dass zunächst einmal unter Energiezufuhr Bindungen aufgebrochen werden müssen, bevor neue Bindungen unter Freisetzung von Energie gebildet werden. Die Freisetzung von Reaktionsenergie wird in einem Energiediagramm dadurch veranschaulicht, dass der Ausgangsstoff Stärke einen größeren Energiegehalt zugeordnet bekommt als die Spaltprodukte *(Ordinate).* Die Verbindung zwischen dem Energiegehalt von *Edukten* (Ausgangsstoffen) und *Produkten* (Endstoffen) stellt den Reaktionsverlauf dar *(Abszisse).*

Enzyme wie die Amylase sind in der Lage, die Aktivierungsenergie so weit zu senken, dass oft schon die Körperwärme genügend Aktivierungsenergie liefert und dann die Reaktion sehr schnell abläuft. Die Herabsetzung der notwendigen Aktivierungsenergie ist auf eine Wechselwirkung zwischen Katalysator und dem umzusetzenden Stoff *(Substrat)* zurückzuführen. Dadurch kommt es zu einer Lockerung der zu spaltenden Bindungen.

Substrat- und Wirkungsspezifität

Der Bau des Enzymmoleküls ist Voraussetzung für die Wechselwirkung zwischen Enzym und Substrat. Am Beispiel des *Chymotrypsins,* eines proteinspaltenden Enzyms des Bauchspeichelsaftes, soll dies erläutert werden. Chymotrypsin besteht, wie alle Enzyme, aus einem Proteinmolekül und besitzt aufgrund seiner Eiweißnatur eine ganz bestimmte räumliche Gestalt *(Tertiärstruktur)*. Man kann sich dieses so vorstellen, dass die Moleküloberfläche eine Vertiefung besitzt, in die das Substrat ganz genau wie ein Schlüssel ins Schloss hineinpasst *(Schlüssel-Schloss-Prinzip)*. Enzymmoleküle sind in der Regel wesentlich größer als ihre Substratmoleküle. Das Substrat besteht in diesem Fall aus einem Eiweißbruchstück. Die wie eine Passform konstruierte Bindungsstelle im Enzymmolekül *(Bindungszentrum)* enthält das aktive oder *katalytische Zentrum*. Das ist der eigentliche Ort für die katalysierte Reaktion. Sie besteht in der Spaltung bestimmter Peptidbindungen. Andere Substrate können in der Regel nicht gebunden und in der entsprechenden Weise umgesetzt werden. Nach der Umsetzung wird das Enzym wieder freigesetzt und steht erneut für eine Reaktion zur Verfügung.

Enzyme für die Umsetzung anderer Stoffe reagieren in gleicher Weise wie das Chymotrypsin. Enzyme sind also spezifisch für ein ganz bestimmtes Substrat *(Substratspezifität)*. Aufgrund der Eigenschaften des aktiven Zentrums katalysiert ein Enzym nur eine von mehreren möglichen Reaktionen des Substrats, d. h. es entsteht nur ein ganz bestimmtes Produkt. Enzyme besitzen also außerdem die Eigenschaft der *Wirkungsspezifität*. Enzyme reagieren somit nach folgendem Schema:

$$E + S \rightarrow [ES] \rightarrow E + P$$

E = Enzym, S = Substrat
[ES] = Enzym-Substrat-Komplex
P = Produkt(e)

Von der Art der chemischen Reaktion hängt es unter anderem ab, mit welcher Geschwindigkeit Enzyme ihre Substrate umsetzen. Die *Wechselzahl* ist ein Maß für die Geschwindigkeit. Mit der Wechselzahl gibt man die Anzahl an Substratmolekülen an, die pro Sekunde von einem Enzymmolekül umgesetzt werden. Sie liegt zwischen ungefähr 1000 und 1 000 000 pro Sekunde. Ein besonders schnell arbeitendes Enzym ist z. B. die *Peroxidase* (Wechselzahl $\approx 10^6/s$), welche die Spaltung von Wasserstoffperoxid in Sauerstoff und Wasser katalysiert. Das bei bestimmten Stoffwechselprozessen entstehende, für die Zelle aber giftige Wasserstoffperoxid wird auf diese Weise unschädlich gemacht.

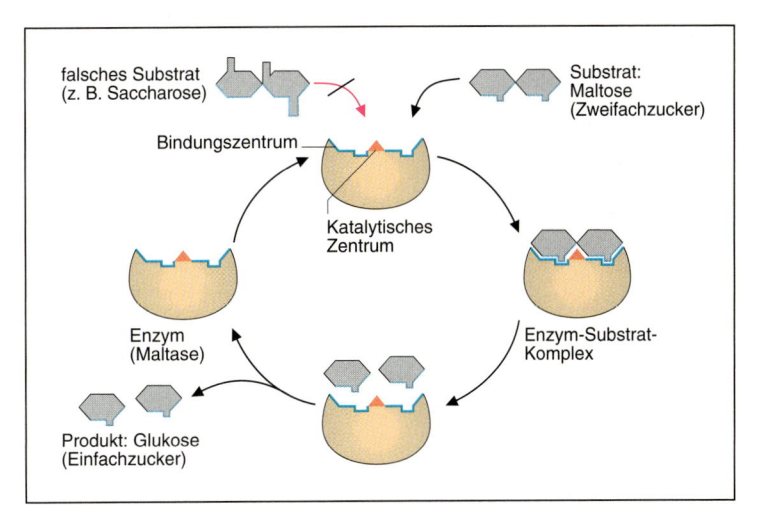

1 Schema zur Substrat- und Wirkungsspezifität

Systematik von Enzymen

Die meisten Enzyme sind reine Proteine. Ein Teil der Enzyme besteht aus einem Komplex aus einem Protein und einer besonderen Wirkgruppe. Das Protein wird dann als *Apoenzym* bezeichnet. Zusammen bilden Apoenzym und Wirkgruppe das *Holoenzym*. Man unterscheidet zwei Typen von Holoenzymen. Ist die Wirkgruppe fest mit dem Apoenzym verbunden, so wird die Wirkgruppe als *prosthetische Gruppe* bezeichnet. Kann die Wirkgruppe vom Apoenzym abdissoziieren und in einer weiteren Reaktion mit einem anderen Apoenzym binden, nennt man die Wirkgruppe *Coenzym*.

Die Benennung von Enzymen erfolgt in der Regel so, dass der erste Teil des Namens aus dem jeweils umgesetzten Substrat besteht. Der zweite Teil des Namens gibt über die Wirkung des Enzyms Auskunft. Die Bezeichnung kann sich auf eine Enzymgruppe oder auch ein bestimmtes Enzym beziehen. Vielfach sind auch noch Trivialnamen in Gebrauch. So bezeichnet *Ptyalin* die Mundspeichelamylase und *Chymotrypsin* eine Proteinhydrolase des Bauchspeichelsaftes. Der Name Proteinhydrolase bedeutet, dass erstens ein Protein umgesetzt wird, zweitens das Protein unter Wasseranlagerung gespalten wird *(Hydrolyse)*. Kurz nennt man die Proteinhydrolase auch *Protease*. Die Einteilung der Enzyme erfolgt aufgrund ihrer Wirkungsweise. Außer den Hydrolasen gibt es u. a. *Oxidoreduktasen,* die Redoxreaktionen katalysieren. Die Katalyse der Spaltung von Wasserstoffperoxid durch Katalase (H_2O_2-Oxidoreduktase) ist eine solche Reaktion.

Zellbiologie

Praktikum

Enzyme

Die Eigenschaften von Katalase

Benötigte Materialien und Geräte:

3 %ige Wasserstoffperoxidlösung [C], Seesand, Reagenzgläser und Ständer, dest. Wasser, Eiswürfel, Holzspan, Brenner, Kartoffel, Braunstein, Messer, Reibschale mit Pistill, Wasserbad, verd. Natronlauge [C], verd. Salzsäure [C], Messzylinder, konzentrierte Bleinitratlösung [Xn], Schutzbrille!

Versuch 1
Je 2 ml H_2O_2 werden in 2 Reagenzgläser gegeben. In das eine wird etwas Sand zugefügt, in das andere etwas Braunstein. Führen Sie einen glimmenden Holzspan in die Reagenzgläser.

Versuch 2
In ein Reagenzglas mit 4 ml H_2O_2 wird ein erbsengroßes Stück Kartoffel gegeben. Führen Sie ebenfalls die Glimmspanprobe durch.

Versuch 3
Der Inhalt des Reagenzglases aus Versuch 2 wird nach Beendigung dieses Versuches auf 2 weitere Reagenzgläser verteilt, das dazu verwendete Stück Kartoffel wird in zwei Teile geschnitten. Zu einem Reagenzglas werden 2 ml frische H_2O_2-Lösung gegeben, zum anderen zusätzlich zu dem alten Stück Kartoffel ein neues Stück.

Versuch 4
Ein erbsengroßes Stück Kartoffel wird in der Reibschale mit wenig Sand zerquetscht und 4 ml H_2O_2-Lösung hinzugegeben. Vergleichen Sie das Ergebnis mit dem aus Versuch 2.

Versuch 5
Etwas zerquetschte Kartoffel wird in ein Reagenzglas gegeben und dieses ca. 5 min in ein kochendes Wasserbad gestellt. Anschließend wird nach Abkühlung etwas H_2O_2-Lösung hinzugegeben. Geben Sie in 2 Reagenzgläser jeweils 4 ml H_2O_2-Lösung. Das eine wird 5 min lang in ein Wasserbad von ca. 37 °C, das andere in ein Eiswasserbad gestellt. Anschließend wird jeweils ein Stück Kartoffel zugegeben.

Versuch 6
In drei Reagenzgläser wird jeweils ein Stück zerquetschte Kartoffel gegeben. In das erste werden 2 ml destilliertes Wasser, in das zweite 2 ml verdünnte Natronlauge und in das dritte 2 ml verdünnte Salzsäure zugegeben. Dann werden jedem Reagenzglas 2 ml H_2O_2-Lösung hinzugefügt.

Versuch 7
2 ml konzentrierte Bleinitratlösung werden zusammen mit einem Stück Kartoffel in ein Reagenzglas gegeben. Nach ca. 5 min werden 2 ml Wasserstoffperoxidlösung zugefügt. Interpretieren Sie die Versuchsergebnisse.

Untersuchung der Aktivität in Abhängigkeit vom pH-Wert

Reagenzglas-Nr.	1	2	3	4	5	6	7	8	
Stärkelösung	5	5	5	5	5	5	5	5	ml
Pufferlösung je 5 ml	4,6	5,0	5,4	5,8	6,2	6,8	7,4	8,0	pH
Iod-Kaliumiodidlsg.	jeweils 2 bis 10 Tropfen, ist abhängig von der Konzentration								

Benötigte Materialien und Geräte:
Stärkelösung, Pufferlösung, Iod-Kaliumiodidlösung [Xn], Amylaselösung (Spatelspitze Pankreatin in 100 ml Wasser), Reagenzgläser mit Ständer, Uhr mit Sekundenanzeige.

Anleitung für die Herstellung der Stärke- und der Pufferlösungen:

1 g Amylose wird in 50 ml Wasser aufgekocht und anschließend auf 100 ml aufgefüllt. Anschließend auf Zimmertemperatur abkühlen lassen.
Für die Herstellung der Pufferlösungen benötigt man Na_2HPO_4-Lösung der Konzentration c = 0,2 mol/l und Citronensäure der Konzentration c = 0,1 mol/l. Beide werden nach den Angaben in der Tabelle gemischt.

Versuchsdurchführung:

In 8 Reagenzgläser füllt man die Versuchsansätze der oberen Tabelle.

pH-Wert	Na_2HPO_4-Lsg. ml	Citronensäure ml
4,6	9,35	10,63
5,0	10,3	9,7
5,4	11,15	8,85
5,8	12,09	7,91
6,2	13,45	6,78
6,8	15,45	4,55
7,4	18,17	1,83
8,0	19,45	0,55

Die richtige Tropfenzahl für die Zugabe der Iod-Kaliumiodidlösung wird dadurch ermittelt, dass Sie in das erste Reagenzglas einen Tropfen von dieser Lösung zugeben, umschütteln und die auftretende Blaufärbung betrachten. Ist die Farbe nur schwach blau, wird ein weiterer Tropfen hinzugefügt. Weitere Tropfen werden so lange zugegeben, bis die Blaufärbung einerseits gut sichtbar, aber die blaue Lösung andererseits noch durchsichtig ist. Die auf diese Weise ermittelte Tropfenzahl gilt dann auch für die übrigen Reagenzgläser. Zum ersten Reagenzglas wird nun 1 ml Amylaselösung gegeben, das Reagenzglas kurz geschüttelt und in den Ständer zurückgestellt. Die Zeit von der Zugabe der Amylaselösung bis zur Entfärbung wird gemessen und notiert. Mit den restlichen Versuchsansätzen wird in gleicher Weise verfahren. Bei allen Versuchen wird bei Zimmertemperatur gearbeitet.

Auswertung:

Vor Versuchsbeginn wird eine Tabelle angelegt, in welche die Messwerte eingetragen werden. Nach Beendigung der Experimente werden die Ergebnisse in einer Grafik so dargestellt, dass 1/t gegen den pH-Wert aufgetragen wird. 1/t ist vereinfacht ein Maß für die Reaktionsgeschwindigkeit, da die eingesetzten Stärke- und Amylasemengen bei jedem Versuch gleich groß sind. Je kürzer die Zeit bis zur Entfärbung der Lösung, desto schneller wurde also dieselbe Substratmenge umgesetzt, desto größer war also die Reaktionsgeschwindigkeit.

Zellbiologie

Aufbau von Enzymen

Enzyme sind unabhängig von der Zelle funktionsfähig: Bereits 1892 hatten Experimente ergeben, dass Hefeextrakte Glukoselösung zu Kohlenstoffdioxid und Ethanol umwandeln. Auf dieser Grundlage führten HARDEN und YOUNG im Jahre 1905 folgende Experimente durch:

a) Hefezellen wurden zermörsert und
b) die größeren Zellbestandteile vom Zellsaft durch Filtration getrennt (Filtrat 0).
c) Ein Teil des Filtrates wurde 24 Stunden dialysiert, d. h. es wurde an einer Membran vorbeigeführt, die für kleinere Moleküle durchlässig ist, für größere aber nicht.
d) Danach wurden aus dem Außenmedium (1) und dem Dialyseschlauch (2) Proben entnommen. Diese wurden wie das Filtrat 0 nach Zugabe von Glukoselösung auf Kohlenstoffdioxidentwicklung untersucht (Versuchsreihe 1) oder wie in Versuchsreihe 2 weiterbehandelt.

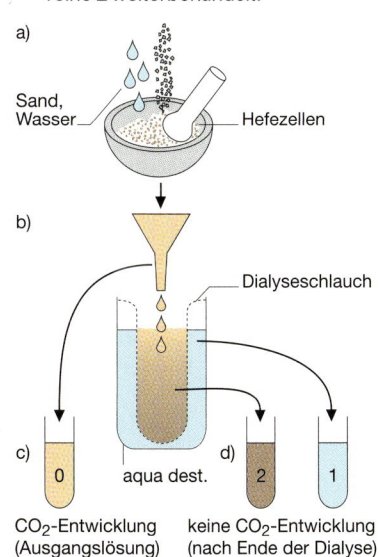

Versuchsreihe 1

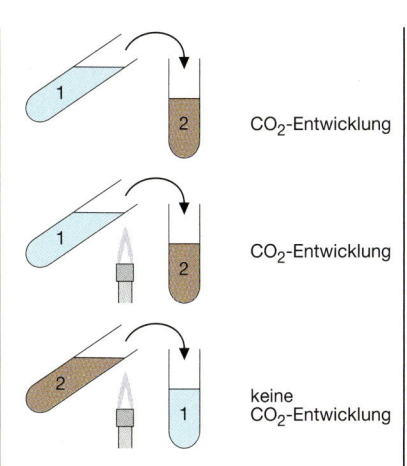

Aufgabe

① Welche Rückschlüsse sind auf den Aufbau des hier eine Rolle spielenden Enzyms möglich? Begründen Sie Ihre Schlussfolgerungen konkret anhand der einzelnen Experimente.

Die Wirkung der Katalase in Abhängigkeit von der H_2O_2-Konzentration

Katalase ist ein Enzym, welches Wasserstoffperoxid (H_2O_2) zu O_2 und H_2O zersetzt. Man hat die Aktivität der Katalase in Abhängigkeit von der H_2O_2-Konzentration untersucht und dabei die nachfolgenden Ergebnisse erhalten:

g H_2O_2 pro 100 ml Reaktionslsg.	ml O_2-Entwicklung in 5 min
1	3,1
2	4,9
3	6,0
4	6,8
5	7,3
6	7,8
7	8,1
8	8,2
9	8,2

Aufgaben

① Setzen Sie die Werte der Tabelle in eine Grafik um. Achten Sie bei der Umsetzung auf eine sinnvolle Achsenwahl und die Beschriftung.
② Erläutern Sie den Kurvenverlauf. Welche allgemeinen Rückschlüsse sind auf die Wirkungsweise von Enzymen möglich? Gehen Sie dabei auch auf die einzuhaltenden Versuchsbedingungen ein.

Die Temperaturabhängigkeit der Ureasewirkung

Urease zersetzt Harnstoff in Kohlenstoffdioxid und Ammoniak. CO_2 und NH_3 reagieren mit Wasser in einer Säure-Base-Reaktion, bei der Ionen entstehen. In einer wässrigen Lösung leiten sie im Gegensatz zum ungeladenen Harnstoff den elektrischen Strom. Setzt man Harnstofflösung mit Urease um, so kann man die Änderung der Leitfähigkeit pro Zeiteinheit als relatives Maß für die Aktivität der Urease benutzen. Für eine solche Messung benutzt man die in der Abbildung dargestellte Apparatur. Nacheinander werden bei verschiedenen Temperaturen (5°, 15°, 35°, 50° und 75 °C) jeweils 40 ml Harnstofflösung und 10 ml Enzymlösung zusammengegeben und die Änderung der Leitfähigkeit über einen Zeitraum von 10 Minuten gemessen. Dabei werden in Abständen von 20 Sekunden die Leitfähigkeitswerte abgelesen. Das Ergebnis dieses Versuchs zeigt die folgende Grafik.

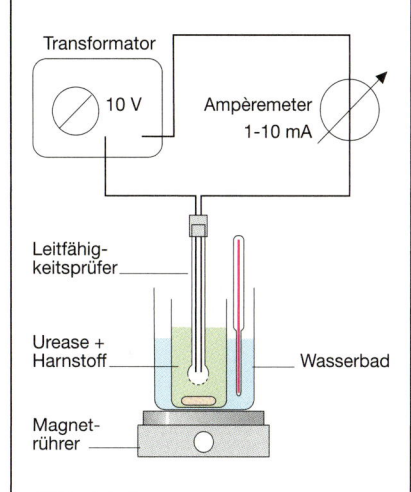

Abhängigkeit der Enzymaktivität von der Temperatur

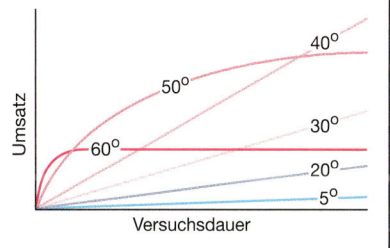

Aufgaben

① Begründen Sie, weshalb bei allen Versuchen mit jeweils derselben Menge Harnstoff- und Ureaselösung gearbeitet wird.
② Erläutern Sie anhand der Grafik die Ergebnisse der Versuche einzeln und im Vergleich.

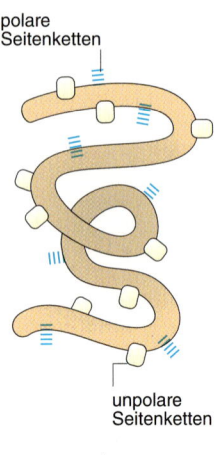

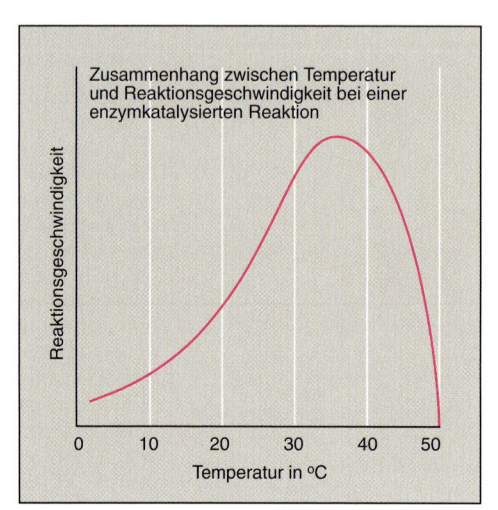

polare
Seitenketten

unpolare
Seitenketten

↕ reversible Denaturierung

polare
Seitenketten

hydrophober
Innenbereich
mit unpolaren
Seitenketten

↓ irreversible Denaturierung

1 Temperaturabhängige Enzymaktivität

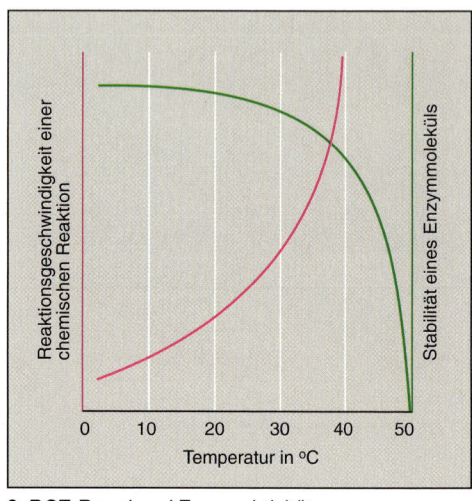

2 RGT-Regel und Enzymaktivität

Die Reaktionsbedingungen bestimmen die Enzymaktivität

Der Einfluss der Temperatur

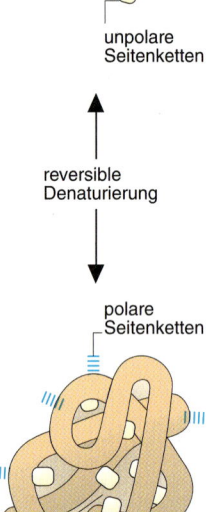

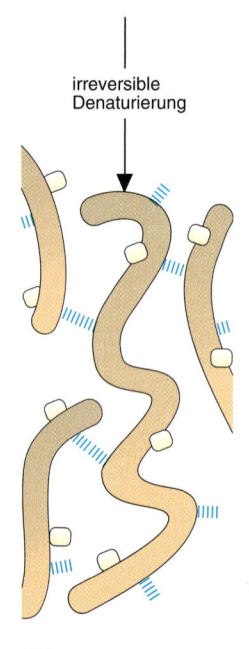

Milch wird nach einiger Zeit sauer, besonders leicht im Sommer. Verantwortlich dafür sind in der Milch vorhandene Milchsäurebakterien, die aus Zucker Milchsäure herstellen. Die Aufbewahrung im Kühlschrank kann den Vorgang der Milchsäureentstehung deutlich hinauszögern. Da man weiß, dass die einzelnen Reaktionsschritte zur Bildung der Milchsäure durch Enzyme katalysiert werden, hängt deren Aktivität offenbar von der Temperatur ab.

Untersucht man die Aktivität eines Enzyms experimentell, stellt man zunächst bei steigenden Temperaturen eine starke Beschleunigung der Reaktionsgeschwindigkeit fest (Abb. 1). Bei einer bestimmten Temperatur wird schließlich ein Aktivitätsmaximum erreicht. Dieses liegt bei vielen Enzymen zwischen 30 °C und 45 °C. Danach nimmt die Aktivität sehr schnell ab, bis überhaupt keine Funktion mehr nachzuweisen ist.

Höhere Temperaturen bewirken eine stärkere Teilchenbewegung, sodass Enzym und Substrat mit einer größeren Wahrscheinlichkeit aufeinander treffen. Zudem werden die Bindungen zwischen Atomen reaktiver. Die Folge ist ein höherer Stoffumsatz. Bei enzymatisch katalysierten Reaktionen erhöht sich die Reaktionsgeschwindigkeit bei einer Temperaturerhöhung um 10 °C exponenziell um das 2- bis 4fache. Dieser Zusammenhang wird als *Reaktions-Geschwindigkeits-Temperatur-Regel,* kurz *RGT-Regel,* bezeichnet.

Bei Eiweißen, und damit auch bei Enzymen, haben hohe Temperaturen noch eine andere Wirkung: Sie verändern und zerstören schließlich die *Tertiärstruktur,* d. h. die räumliche Anordnung der Aminosäurekette wird irreversibel verändert (s. Randspalte). Diesen Vorgang bezeichnet man als *Denaturierung.* Da die Funktion des Enzyms von der Tertiärstruktur abhängt — sie ist verantwortlich für die Passform —, wird die Abnahme der Enzymaktivität ab einer bestimmten Temperatur verständlich. Enzyme sind meist nur bis zu Temperaturen zwischen 50 °C und 60 °C stabil (Abb. 2). Höhere Temperaturen liefern so viel Energie, dass die meist geringen Bindungskräfte, welche die räumliche Faltung des Proteinmoleküls aufrechterhalten, überwunden werden. Die Passform des Enzymmoleküls für das Substrat geht verloren, das Enzym ist inaktiv. Nur wenige Enzyme werden erst bei höheren Temperaturen denaturiert. Zu diesen gehören die Enzyme von Bakterien, welche in heißen Quellen mit Temperaturen um 90 °C leben. Deren Enzymausstattung ist an diese extremen Lebensbedingungen angepasst, indem bei ihnen die Passform im Wesentlichen durch Disulfidbrücken aufrecht erhalten wird, die stabiler sind als Wasserstoffbrückenbindungen und ionische Anziehungskräfte.

Der Einfluss des pH-Wertes

Am Beispiel der Verdauungsenzyme des Menschen wird der Einfluss einer weiteren Größe, des *pH-Wertes,* auf die Enzymaktivität sichtbar. Der Mundspeichel hat einen

46 Zellbiologie

fast neutralen pH-Wert. Die in ihm enthaltene Speichelamylase spaltet Stärke und entfaltet unter diesen Bedingungen ihre größte Aktivität. Gelangt der eingespeichelte Nahrungsbrocken mit dem Schluckvorgang in den Magen, wird die Stärkespaltung infolge Inaktivierung der Speichelamylase eingestellt. Ursache hierfür ist der saure Magensaft, dessen pH-Wert aufgrund der Salzsäure zwischen 1,5 und 2,5 liegt. In diesem sauren Milieu wird statt dessen ein anderes Enzym, das *Pepsin*, aktiv. Es katalysiert die Spaltung von Proteinen in größere Peptidabschnitte. Gelangt der Speisebrei weiter in den Zwölffinger- und dann in den Dünndarm, dessen Verdauungssaft leicht alkalisch ist, stellt Pepsin seine Funktion ein und andere Enzyme sorgen dann für die weitere und vollständige Verdauung (Abb. 2).

Untersucht man die Enzymaktivität in Abhängigkeit vom pH-Wert experimentell, so ergibt sich eine Optimumskurve (Abb. 1). Jedes Enzym hat sein spezifisches pH-Optimum. Bei vielen Enzymen liegt dieses im mittleren pH-Bereich. Weichen die pH-Werte deutlich nach oben oder unten ab, dann sinkt die Aktivität stark ab, bis schließlich der Nullwert erreicht wird. Ursache ist auch hier, wie bei hohen Temperaturen, eine Denaturierung des Enzyms, da durch Säuren bzw. Basen an bestimmte Reste der einzelnen Aminosäurebausteine H^+-Ionen angelagert oder von ihnen abgespalten werden können. Auf diese Weise wird das für die Passform wichtige Verhältnis zwischen positiven und negativen Ladungen innerhalb des Enzymmoleküls verändert, sodass die spezifische Molekülfaltung verloren geht.

Aufgaben

1. Bei den wechselwarmen Eidechsen kann man beobachten, dass sie sich nach einer kühlen Nacht zunächst längere Zeit an sonnigen Stellen aufhalten, bevor ihre eigentliche Aktivitätsphase beginnt. Erklären Sie diese Beobachtung.
2. Nähert sich die Körpertemperatur bei hohem Fieber dem Wert von 42 °C, ist dieses für den Menschen lebensbedrohend. Erläutern Sie die Gründe dafür.
3. Um Milch für längere Zeit haltbar zu machen, erhitzt man sie kurzzeitig unter Druck auf etwa 115 °C und füllt sie dann keimfrei ab. Weshalb wird dadurch das Sauerwerden der Milch unterbunden?
4. Setzt man Tee mit Milch noch Zitrone zu, flockt die Milch aus. Erläutern Sie das Phänomen.

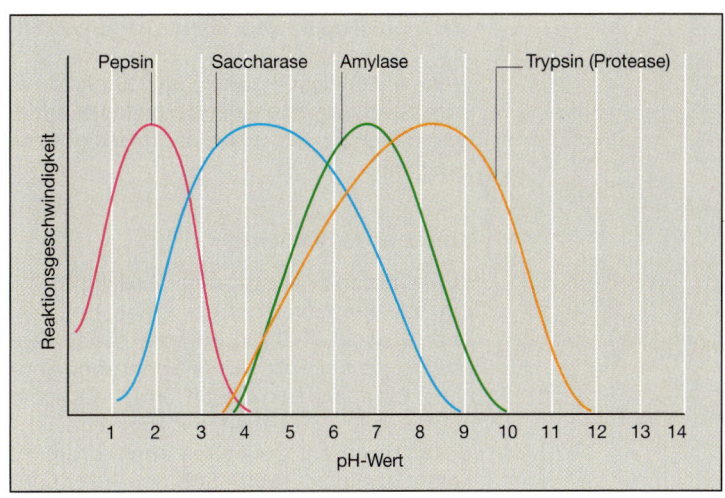

1 Abhängigkeit der Enzymaktivität vom pH-Wert

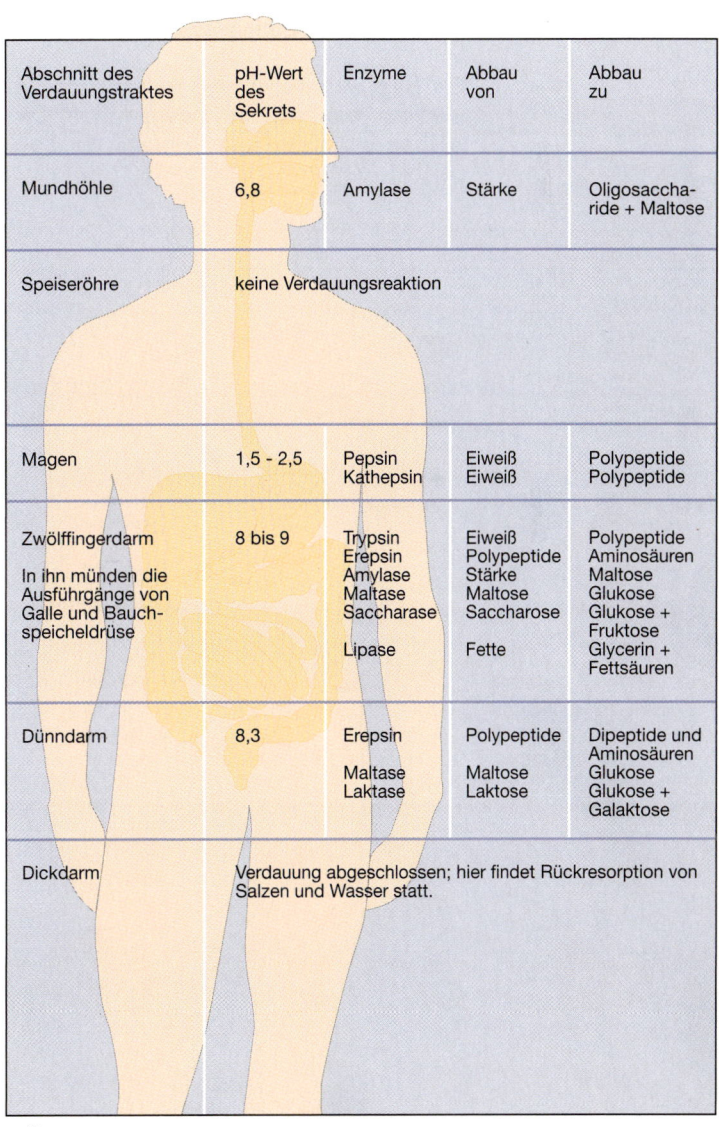

Abschnitt des Verdauungstraktes	pH-Wert des Sekrets	Enzyme	Abbau von	Abbau zu
Mundhöhle	6,8	Amylase	Stärke	Oligosaccharide + Maltose
Speiseröhre		keine Verdauungsreaktion		
Magen	1,5 - 2,5	Pepsin Kathepsin	Eiweiß Eiweiß	Polypeptide Polypeptide
Zwölffingerdarm In ihn münden die Ausführgänge von Galle und Bauchspeicheldrüse	8 bis 9	Trypsin Erepsin Amylase Maltase Saccharase Lipase	Eiweiß Polypeptide Stärke Maltose Saccharose Fette	Polypeptide Aminosäuren Maltose Glukose Glukose + Fruktose Glycerin + Fettsäuren
Dünndarm	8,3	Erepsin Maltase Laktase	Polypeptide Maltose Laktose	Dipeptide und Aminosäuren Glukose Glukose + Galaktose
Dickdarm		Verdauung abgeschlossen; hier findet Rückresorption von Salzen und Wasser statt.		

2 Übersicht über die Verdauungsenzyme

Der Einfluss des Bindungspartners auf die Enzymaktivität

Wenn außer dem eigentlichen Substrat andere Stoffe an das Enzymmolekül binden, wird die Enzymaktivität beeinträchtigt bzw. gehemmt.

Kompetitive Hemmung

Konkurrieren zwei chemisch ähnliche Stoffe um das Bindungszentrum eines Enzyms, beeinflusst dieses die Enzymaktivität. Das ist deshalb der Fall, weil der chemisch ähnliche Stoff als Hemmstoff wirkt. Er kann zwar vom Enzym gebunden, aber nicht umgesetzt werden. Der Hemmstoff verdrängt somit das eigentliche Substrat *(Verdrängungshemmung* oder *kompetitive Hemmung)*. Die Wirkung solcher Hemmstoffe ist umso größer, je größer die Konzentration im Vergleich zum eigentlichen Substrat ist.

Ein Beispiel dafür ist die Anwendung des Medikaments *Allopurinol* gegen *Gicht*. Diese Krankheit äußert sich — infolge der Einlagerung von Harnsäurekristallen — in einer schmerzhaften Veränderung der Gelenke, die unbehandelt bis zu deren Zerstörung fortschreiten kann. Harnsäure entsteht im Organismus z. B. beim Abbau von Nukleinsäuren, wobei die Verbindung *Hypoxanthin* als Zwischenprodukt entsteht. Hypoxanthin wird dann mithilfe des Enzyms *Xanthinoxidase* zu Harnsäure abgebaut, die normalerweise über die Nieren ausgeschieden wird. Entsteht aber infolge einer Stoffwechselschwäche oder infolge von Fehlernährung zu viel Harnsäure, so kann sie nicht mehr vollständig über die Nieren ausgeschieden werden, sondern lagert sich bevorzugt in Gelenken in kristalliner Form ab. Eine mögliche medikamentöse Behandlung ist die Verabreichung von Allopurinol, welches dem Hypoxanthin chemisch sehr ähnlich ist, aber von der Xanthinoxidase nicht umgesetzt werden kann. Die dadurch bedingte Hemmung des Enzyms ist abhängig von der Menge des eingenommenen Medikaments. Diese Hemmung wird beim Absetzen des Medikaments langsam dadurch rückgängig gemacht, dass Allopurinol allmählich aus dem Körper wieder ausgeschwemmt wird.

Allosterische Hemmung

Bestimmte Enzyme haben nicht nur eine Bindungsstelle für das umzusetzende Substrat, sondern eine weitere Bindungsstelle, an der ein ganz anders aufgebautes Molekül, das als Hemmstoff wirkt, binden kann. Die Passform eines solchen Enzyms hängt davon ab, ob an dieser Stelle der Hemmstoff gebunden ist oder nicht. Dadurch kann das Enzym zwei verschiedene räumliche Strukturen annehmen. In der einen Form kann es das Substrat binden und umsetzen. In der anderen Form, wenn der Hemmstoff gebunden ist, ist das Bindungszentrum für das Substrat so verändert, dass es nicht mehr gebunden werden kann. Diese durch die Veränderung der räumlichen Struktur bedingte Hemmung nennt man *allosterische Hemmung*. Diese Form der Hemmung spielt bei der Regulation vieler Stoffwechselprozesse eine wichtige Rolle.

Irreversible Hemmung durch Schwermetalle

Die Giftigkeit bestimmter Metalle beruht darauf, dass sie bei Enzymen Veränderungen ihrer Passform bewirken, die nicht rückgängig zu machen sind, d. h. die Hemmung ist irreversibel. Besonders giftig für den Men-

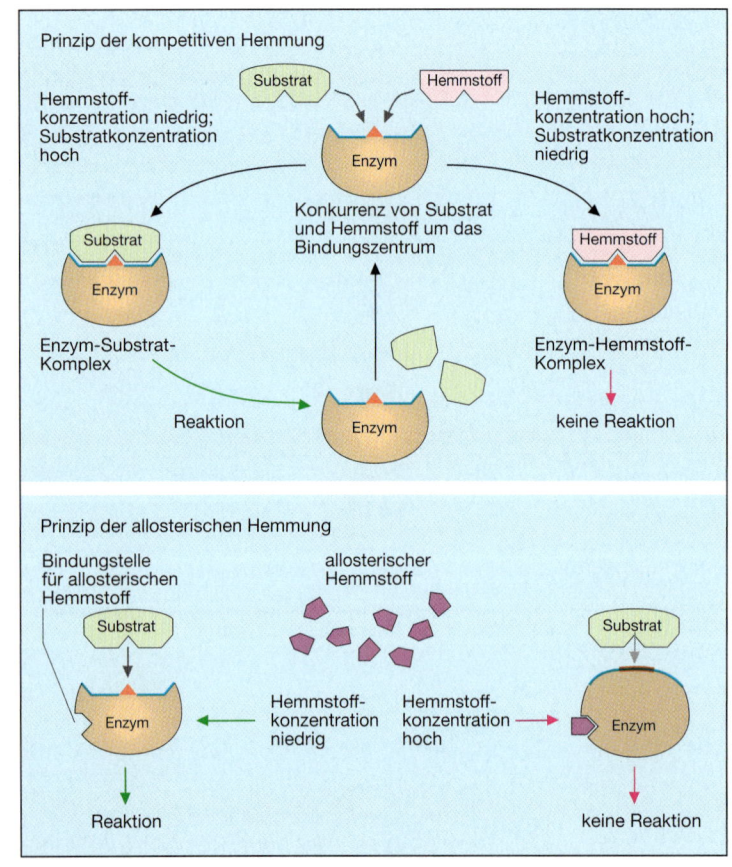

1 Kompetitive und allosterische Hemmung

schen sind die Schwermetalle Quecksilber und Blei. Krebstiere, wie z. B. Wasserflöhe, reagieren auf Kupfer sehr empfindlich. Die Schwermetalle zerstören die Disulfidbrücken von Enzymen, da sie mit Schwefel eine äußerst stabile Verbindung bilden.

Einige Organismen lassen sich als Bioindikatoren einsetzen, da sie Enzyme besitzen, die auf Schwermetalle sehr empfindlich reagieren. So wird die Gäraktivität von Hefezellen bereits von geringen Schwermetallmengen deutlich gehemmt. Hefezellen vergären Zucker u. a. zu Kohlenstoffdioxid. Bringt man in eine geeignete Versuchsapparatur eine bestimmte Menge schwermetallhaltiger Probe, z. B. belasteten Boden, Zucker und Hefeaufschwemmung, so kann die Kohlenstoffdioxidentwicklung im Vergleich zu einer Blindprobe ohne Schwermetalle bestimmt werden. Je geringer die Gasentwicklung, desto belasteter sollte die Probe sein. Da ein solcher Test allerdings nur orientierenden Charakter hat, muss die anschließende chemische Analyse genauen Aufschluss über Art und Menge der Schwermetalle geben.

Der Einfluss des Substrats auf die Enzymaktivität

Enzyme können nur dann arbeiten, wenn sie auf das ihrer Passform entsprechende Substrat treffen. Je mehr Substratmoleküle vorhanden sind, um so wahrscheinlicher wird das Zusammentreffen mit einem Enzymmolekül. Die Enzymaktivität ist also von der Substratkonzentration abhängig. Die genaue Untersuchung liefert als Ergebnis eine *Sättigungskurve* für die Aktivität eines Enzyms (Abb. 1). Sie zeigt bei niedrigen Werten einen fast linearen Anstieg der Enzymaktivität bei steigender Substratkonzentration. Zu höheren Werten hin flacht der Anstieg immer mehr ab, bis schließlich eine konstant bleibende Enzymaktivität gemessen wird.

Zu erklären ist dieses Versuchsergebnis durch die unterschiedliche Auslastung der Enzymmoleküle bei steigender Substratkonzentration. Bei sehr niedrigen Konzentrationen können die Substratmoleküle sofort umgesetzt werden, da genügend Enzymmoleküle zur Verfügung stehen. Nimmt die Zahl der Substrate zu, sind immer mehr Enzymmoleküle „besetzt". Sie müssen erst das gebundene Substrat umsetzen, bevor sie erneut in eine Reaktion eintreten können. Dadurch befinden sich bei steigender Konzentration immer mehr Substratmoleküle in „Wartestellung", was zu einer Verminderung des Anstiegs der Enzymaktivität führt. Schließlich sind alle Enzymmoleküle an einer Reaktion beteiligt, d. h. ihre Kapazität ist voll ausgelastet. Eine weitere Zunahme der Zahl der Substratmoleküle kann also die Enzymaktivität nicht mehr erhöhen. Bei sehr hohen Substratkonzentrationen ist es möglich, dass sich die Substratmoleküle gegenseitig behindern, sodass die Enzymaktivität sogar wieder leicht abnimmt. Man spricht dann von *Substrathemmung*.

Die einzelnen Enzyme unterscheiden sich jeweils im Anstieg der Sättigungskurve. Ein schneller Anstieg bedeutet, dass die Wechselwirkung zwischen Substrat und Enzym gut funktioniert, die Affinität des Enzyms zum Substrat ist hoch. Entsprechend schnell wird die maximale Reaktionsgeschwindigkeit erreicht. Auf diese Weise kann man Enzyme über die Reaktionsgeschwindigkeit charakterisieren und unterscheiden.

Aufgabe

① Welchen Einfluss hat eine Erhöhung der Enzymkonzentration auf die Substratsättigungskurve?

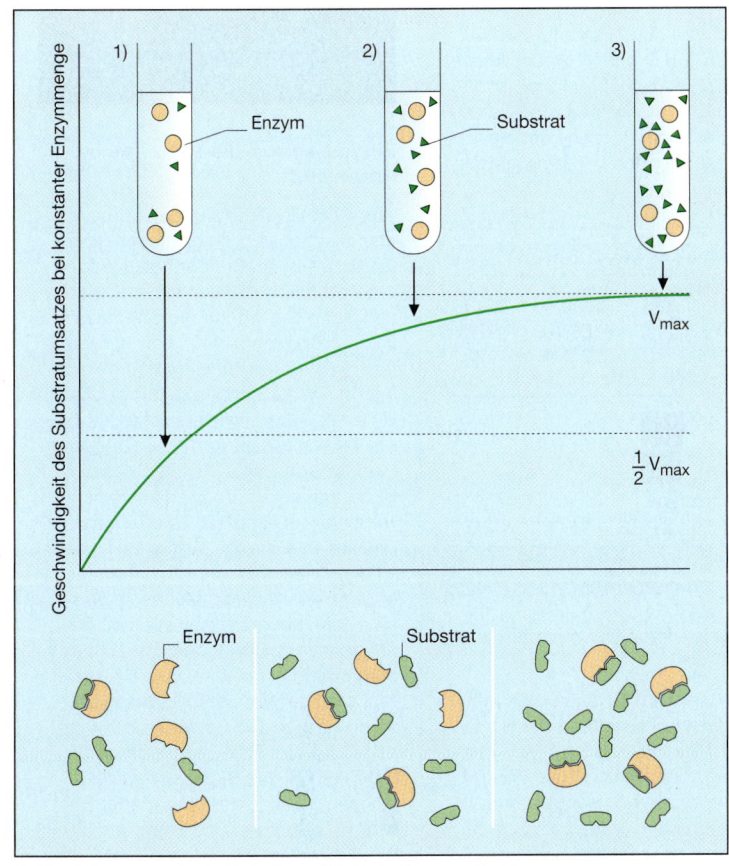

1 Reaktionsgeschwindigkeit und Substratkonzentration

Zellbiologie

Lexikon

Zellforschung heute — Methoden, Anwendungen, Ausblicke

Zellkulturen — Ersatz für Tierversuche?

Immer mehr chemische Substanzen kommen auf den Markt, mit denen der Mensch in Berührung kommen kann. Das können z. B. Lösungsmittel, Kosmetika und Medikamente sein. Die Überprüfung solcher Substanzen auf mögliche schädliche Auswirkungen erfolgt oft durch Tierversuche an Kaninchen, Ratten usw. Unter anderem wird die Dosis ermittelt, bei der 50 % der Versuchstiere sterben (Letaldosis, LD_{50}-Test). Diese Praxis und die zum Teil sicher auftretenden Qualen bei den Versuchstieren ließen Tierversuche immer mehr in die Kritik geraten.

Ein Ausweg könnte sich durch die *in-vitro-Toxizitätsprüfung* ergeben: An Zellkulturen in geeigneten Versuchsgefäßen wird die Giftigkeit überprüft. Erfahrungen hat man bereits mit Kulturen von Bakterien und tierischen Zellen. Zwei Tests, der *Neutralrottest* und der *Gesamtproteintest,* werden heute bereits durchgeführt. Der Neutralrottest beruht darauf, dass nur lebende Zellen diesen Farbstoff aufnehmen können.

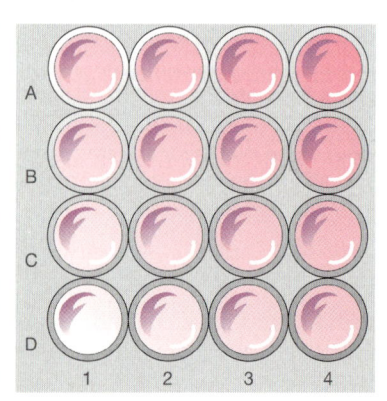

Dazu setzt man gleichartige Zellkulturen über einen bestimmten Zeitraum unterschiedlichen Konzentrationen der zu überprüfenden Substanz aus. Anschließend gibt man Neutralrot hinzu, das von den Zellen aufgenommen wird. Überschüssiger Farbstoff in der Umgebung wird wieder ausgewaschen. Intakte Zellen nehmen den Farbstoff besser auf als geschädigte, sodass eine geringe oder gar keine Färbung eine Schädigung anzeigt (s. Abb.). Der Gesamtproteintest funktioniert ähnlich. Bei diesem Test werden direkt die Zellproteine angefärbt, sodass Aussagen über die Schädigung von Proteinen möglich sind. Das Problem bei beiden Tests ist die Aussagekraft über die Wirksamkeit der chemischen Substanzen im menschlichen Organismus, da in der Regel Kulturen von tierischen Zellen solchen Tests zugrunde liegen. Inzwischen ist es jedoch gelungen, menschliche Leberzellen zu kultivieren und es ist wahrscheinlich, dass dieses auch für weitere Zelltypen gelingt. Damit würde die Aussagekraft solcher Experimente zwar verbessert, das Problem der Übertragbarkeit aber noch nicht gelöst. Denn nach Aufnahme von Substanzen reagiert nicht nur die einzelne Zelle, sondern der Organismus als Ganzes durch das Zusammenwirken von Zellen und Organen. Außerdem ist die Wirkung einer Substanz meist davon abhängig, auf welchem Weg sie in den Körper gelangt, etwa über die Atemwege oder den Verdauungstrakt.

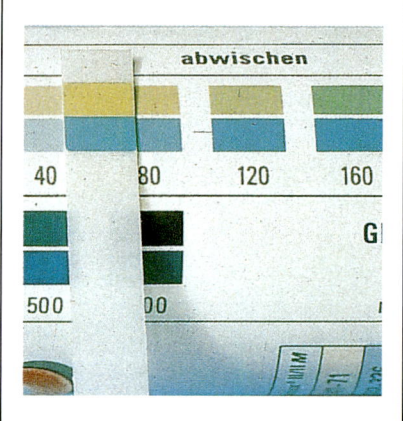

Enzyme als Hilfsmittel beim Zuckertest

Wurde früher mithilfe der relativ unspezifischen Fehlingprobe der Harn auf Glukosegehalt überprüft, so wird heute eine schnelle und zuverlässige Teststäbchenmethode angewandt. Das Teststäbchen enthält ein Enzym, die *Glukoseoxidase,* das Glukose zu Glukonolakton oxidiert. Der große Vorteil liegt in der Substratspezifität des Enzyms, es wird also im Gegensatz zur Fehlingprobe kein anderer Zucker umgesetzt. Als weiteres Produkt entsteht *Wasserstoffperoxid* (H_2O_2), welches durch die ebenfalls auf den Teststreifen aufgebrachte Peroxidase zu Wasser und Sauerstoff umgesetzt wird. Der Sauerstoff wiederum oxidiert einen Farbstoff, der dadurch blau wird. Die angezeigte Farbintensität ist somit ein Maß für den Glukosegehalt des Harns. Enthält der Streifen unterschiedlich empfindliche Testflächen, ergibt sich je nach Glukosegehalt eine Farbabstufung. Durch Vergleich mit einer Testskala auf der Verpackung kann der Gehalt bestimmt werden. Wird Glukosegehalt angezeigt, liegt der Verdacht auf Zuckerkrankheit nahe.

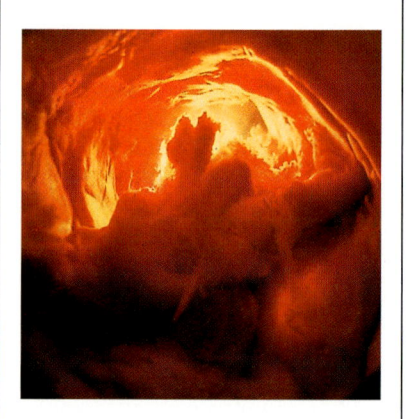

Enzyme senken die Todesrate bei Herzinfarkt

Wenn Blut in einer Wunde gerinnt und diese verschließt, ist das lebenswichtig. Entsteht ein Blutgerinnsel jedoch in einem Blutgefäß und verschließt dieses, kann das lebensbedrohend sein. Ist ein Herzkranzgefäß *(Koronargefäß)* davon betroffen, führt dies zum Herzinfarkt. Da die Herzkranzgefäße das Herz mit Sauerstoff versorgen, stirbt bei Verschluss eines dieser Gefäße ein mehr oder weniger großer Teil des Herzmuskels ab. Vom Ausmaß dieses Herzinfarkts hängt die Überlebenschance ab. Vorangegangen ist immer eine sich langsam entwickelnde Verengung eines Kranzgefäßes, in dem sich dann bevorzugt ein solches Gerinnsel bildet. Durch den Einsatz bestimmter Enzyme kann man heute bei rechtzeitiger Behandlung das Infarktrisiko senken. Die Enzyme sind in der Lage, das aus Eiweißen bestehende Fibringerüst des Blutgerinnsels aufzulösen, sodass der Weg wieder frei wird (s. Abb.). Bei den Enzymen, die dabei eingesetzt werden, handelt es sich um *Streptokinase* und *Plasmin.*

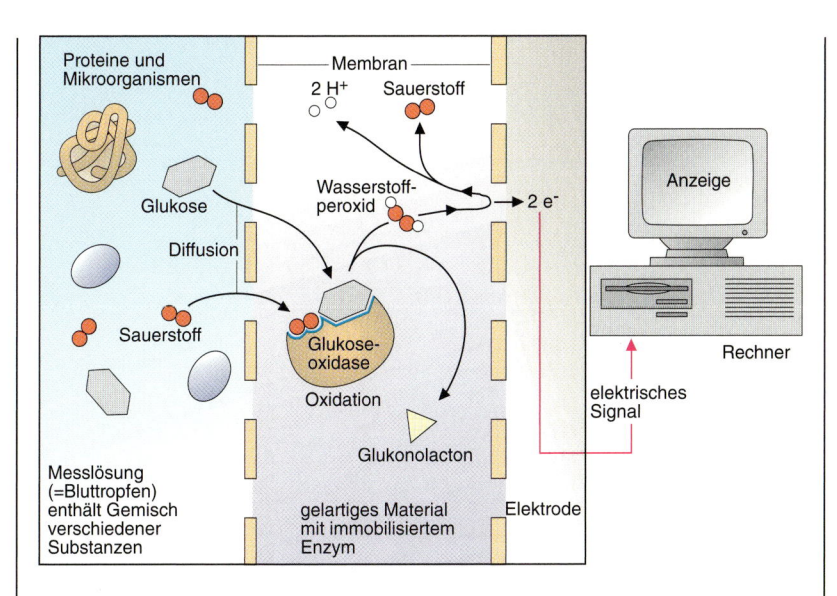

Biosensoren in der medizinischen Diagnostik

Ebenfalls auf dem Prinzip der Oxidation von Glukose durch das Enzym Glukoseoxidase beruht die mehrmalige tägliche Kontrolle des Blutzuckers durch die Zuckerkranken selbst. Der dem Körper entnommene Tropfen Blut wird mit einem kleinen Messgerät, das der Zuckerkranke ständig bei sich führen kann, auf den Glukosegehalt hin genau analysiert. In dem Messgerät ist Glukoseoxidase zwischen zwei Membranen in einem gelartigen Material eingeschlossen. Aus dem Bluttropfen können Sauerstoff und Glukose von der einen Seite in den Zwischenraum hineindiffundieren. Dort wird Glukose oxidiert. Das dabei entstehende H_2O_2 gibt auf der anderen Seite Elektronen an eine Elektrode ab, sodass ein elektrisches Signal gemessen werden kann. Dieses wird in eine direkte Anzeige des Glukosegehaltes umgesetzt. Der Zuckerkranke kann anhand der selbst ermittelten Daten die Insulinmenge bestimmen, die er sich spritzen muss. Inzwischen kann man eine Reihe weiterer Substanzen, z. B. Ethanol, mit einer Messsonde in ähnlicher Weise mengenmäßig genau bestimmen. Messsonden, deren Funktion auf Biomolekülen beruht, werden heute als *Biosensoren* bezeichnet.

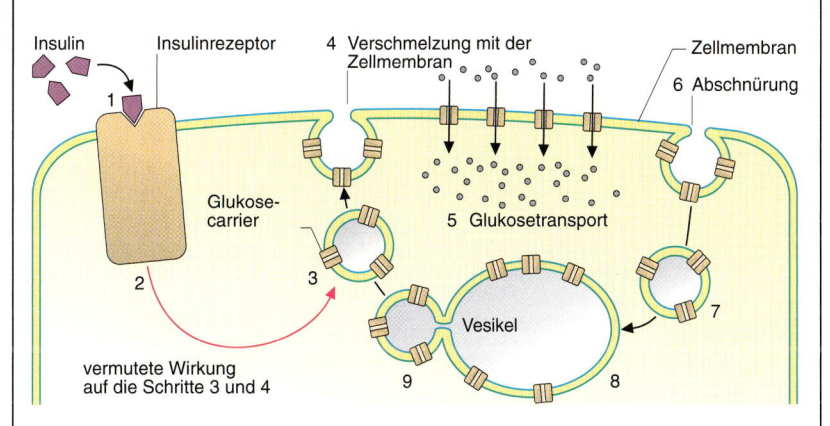

Glukose-Carrier und Zuckerkrankheit

Bei Zuckerkranken *(Diabetikern)* ist die Regulation der Blutzuckerkonzentration gestört. Das in der Bauchspeicheldrüse gebildete Hormon Insulin spielt dabei eine wichtige Rolle. Ein zu hoher Blutzuckerspiegel infolge zu geringer Insulinausschüttung führt zu osmotisch bedingtem Wasserverlust der Gewebe. Das Wasser wird dann mit übermäßig viel Salzen über die Niere ausgeschieden. Ein zu hoher Insulinspiegel senkt den Blutzuckergehalt. Eine länger andauernde Unterzuckerung kann z. B. zu einer Schädigung von Gehirnzellen führen, da sie einen überdurchschnittlich hohen Energiebedarf haben und auf eine ständige Zufuhr von Glukose angewiesen sind. Insulinmoleküle entfalten ihre Wirkung dadurch, dass sie von speziellen Insulinrezeptoren der Zellmembran gebunden werden. Die Zelle reagiert einer neueren Hypothese zufolge darauf mit dem Einbau von *Glukose-Carriern* in die Zellmembran, sodass in der Folge vermehrt Glukose aus der Blutbahn in die Zelle einströmen kann. Einen solchen Carriertransport von Glukose hat man bei roten Blutzellen und auch bei Gehirnzellen nachgewiesen. Beim Absinken des Insulinspiegels sollen die Glukose-Carrier wieder ins Zellinnere geschleust werden, sodass die Fähigkeit zur Glukoseaufnahme vermindert wird.

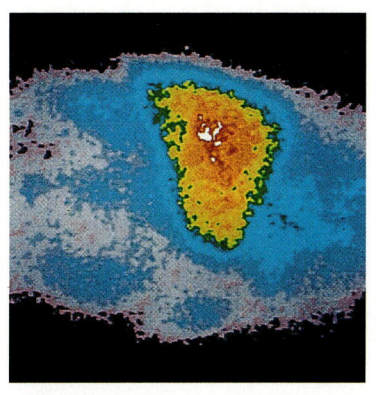

Tumormarker erleichtern das Finden von Krebstumoren

Bei Verdacht auf Krebs ist in vielen Fällen die genaue Diagnose schwierig. Die Entdeckung, dass Krebszellen *(Tumorzellen)* bestimmte Antigene wesentlich häufiger bilden als normale Zellen, zeigte einen neuen Weg. Diese Antigene reichern sich auf der Zelloberfläche an und werden auch ins Blut abgegeben. Sie können mit bestimmten Antikörpern reagieren, die man heute künstlich herstellen kann. Markiert man die eingesetzten Antikörper mit einem radioaktiven Atom, zum Beispiel *Technetium*, so kann man später nach Injektion der Antikörper diese im Körper wiederfinden, indem man die Verteilung der radioaktiven Strahlung mit einem Messgerät erfasst. Tumorgewebe strahlt besonders stark, da die Antikörper dort infolge der zahlreichen Antigene auf den Tumorzellen „hängen bleiben". Da die Antigene auf diese Weise den Tumor markieren, bezeichnet man sie als *Tumormarker*. Durch Umsetzung der vom Messgerät erfassten Strahlungsverteilung in ein Bild kann der Tumor schließlich lokalisiert werden.

Zellbiologie **51**

ADP +P H⁺

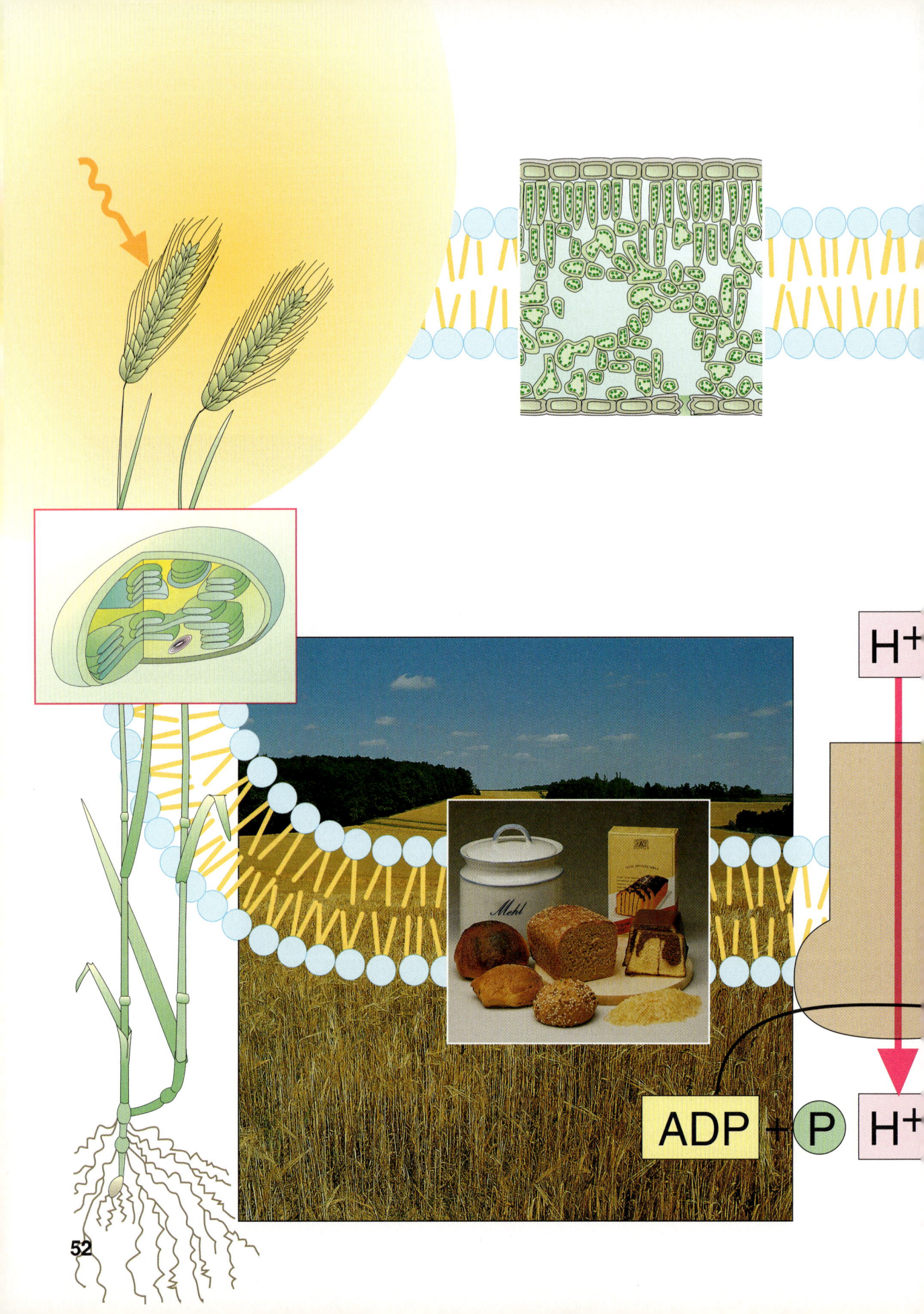

$ADP + P$ H^+

Alle lebenden Organismen, wie Pflanzen, Tiere und der Mensch, benötigen Energie. Diese gewinnen sie durch verschiedene Stoffwechselprozesse in den Zellen ihres Organismus.

Pflanzen nutzen die Sonnenenergie, die in Form der Glukose gespeichert wird. Die Energie, die von den Tieren aufgenommen wird, stammt direkt oder indirekt aus den von Pflanzen gebildeten Nährstoffen. Mithilfe des Sauerstoffes werden die Nährstoffe in den Körperzellen verarbeitet.

Die Verteilung der Nährstoffe und des Sauerstoffes im ganzen Organismus sind daher wichtige Grundvoraussetzungen für einen funktionierenden Energiehaushalt.

ATP

Stoffwechsel

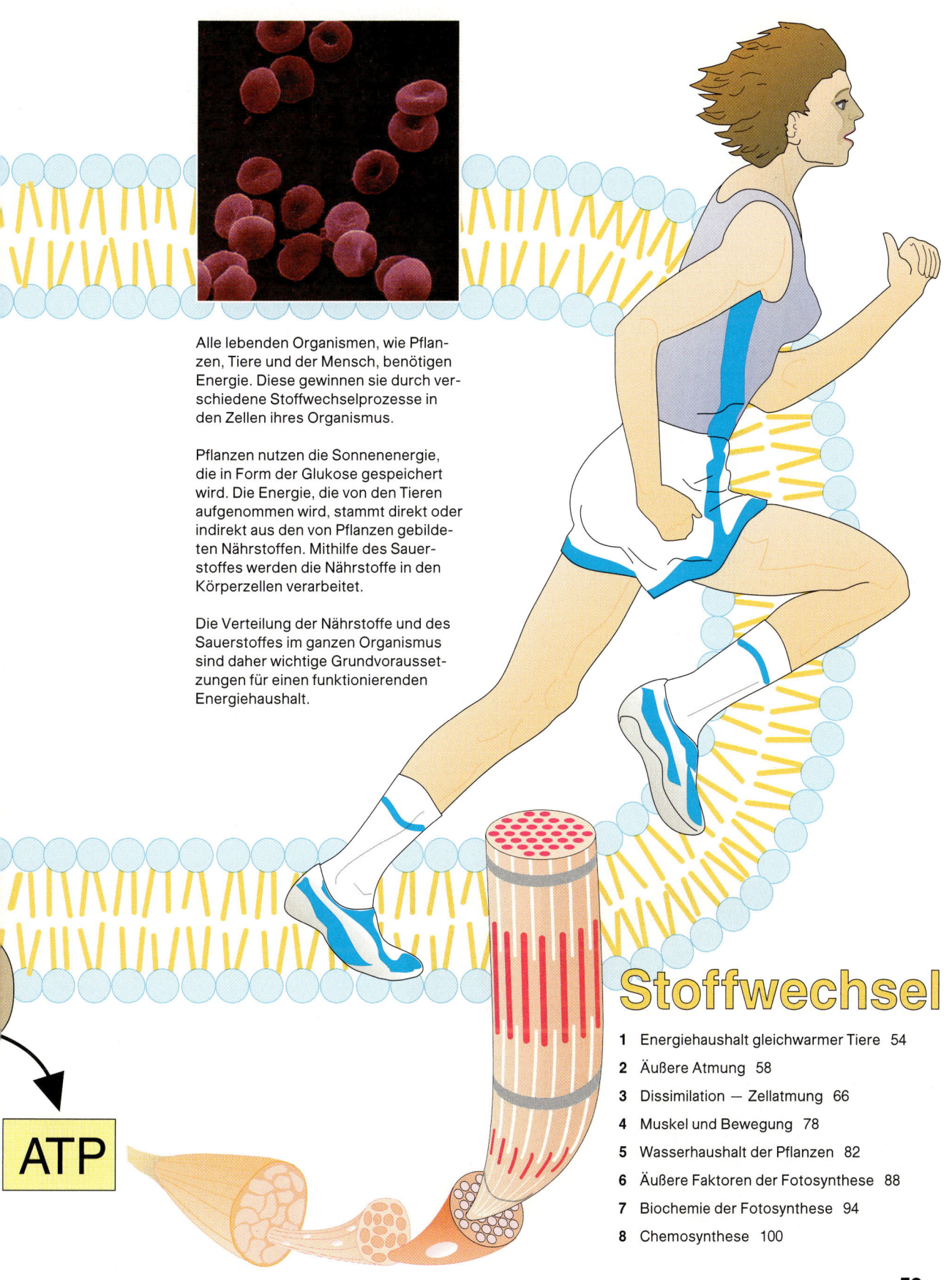

1 Energiehaushalt gleichwarmer Tiere 54
2 Äußere Atmung 58
3 Dissimilation — Zellatmung 66
4 Muskel und Bewegung 78
5 Wasserhaushalt der Pflanzen 82
6 Äußere Faktoren der Fotosynthese 88
7 Biochemie der Fotosynthese 94
8 Chemosynthese 100

1 Energiehaushalt gleichwarmer Tiere

Säugetiere haben unterschiedliche Herzschlagfrequenzen

Kein Tier kommt ohne Nahrung aus, denn alle Lebensvorgänge, wie z. B. das Wachstum, die Funktion der Organe, die Zellteilungen, der Stofftransport im Körper oder der Wärmehaushalt, brauchen Energie.

Man unterscheidet den *Ruhestoffwechsel*, bei dem das Tier keine Muskelarbeit verrichtet, und den *Leistungsstoffwechsel* bei körperlichen Aktivitäten. Auch beim Ruhestoffwechsel wird Energie umgesetzt, deren Menge man als *Grundumsatz* bezeichnet. Vergleicht man den Ruhestoffwechsel von Maus und Elefant, so ist dieser beim Elefanten mehr als 10 000-mal so groß wie bei der Maus. Dies ist angesichts des extremen Größenunterschieds nicht erstaunlich. Nimmt man als Maß für die Stoffwechselintensität der Tiere jedoch die Herzschlagfrequenzen, so schlägt das Herz des Elefanten überraschenderweise nur 22-, das der Maus aber 690-mal pro Minute.

Das Modellexperiment in Abbildung 2 kann bei der Klärung der Frage helfen, wodurch diese Unterschiede zustande kommen. Die beiden Glaskolben mit ihren unterschiedlichen Oberflächen und Volumina veranschaulichen den Körper des Elefanten und der Maus und zeigen modellhaft die unterschiedliche Wärmeabgabe verschieden großer Tiere. Säugetiere, wie beispielsweise Maus und Elefant, sind gleichwarme *(homoiotherme)* Tiere.

Bei unterschiedlichen Umgebungstemperaturen halten sie ihre *Körperkerntemperatur* konstant. Somit ist gewährleistet, dass die Lebensfunktionen unabhängig von Klima und Jahreszeit auf unverändert hohem Niveau ablaufen können. Da die Körperkerntemperatur meist oberhalb der Temperatur der Umgebung liegt, geben die Homoiothermen ständig Energie ab (Abb. 1). Die an die Umgebung abgegebene Energie wird durch den Abbau energiereicher Stoffe *(Dissimilation)* in den Zellen ersetzt. Hierzu benötigen die Zellen Sauerstoff und Nährstoffe: Proteine, Fette und Kohlenhydrate. Die Kohlenhydrate z. B. werden bei der Verdauung in Glukose zerlegt, die über den Dünndarm ins Blut gelangt.

Den unterschiedlichen Herzschlagfrequenzen entsprechend, werden die Nährstoffbausteine und der Sauerstoff über den Blutkreislauf zu den Zellen transportiert. Gleichzeitig wird bei der Maus viel warmes Blut aus dem Kernbereich zur Körperoberfläche transportiert. So werden die Wärmeverluste ausgeglichen.

Im Vergleich zu den homoiothermen haben die wechselwarmen *(poikilothermen)* Tiere, wie z. B. Frösche und Eidechsen, eine niedrigere Stoffwechselintensität und somit eine geringere Energieabgabe. Ihre Körpertemperatur entspricht weitgehend der Umgebungstemperatur.

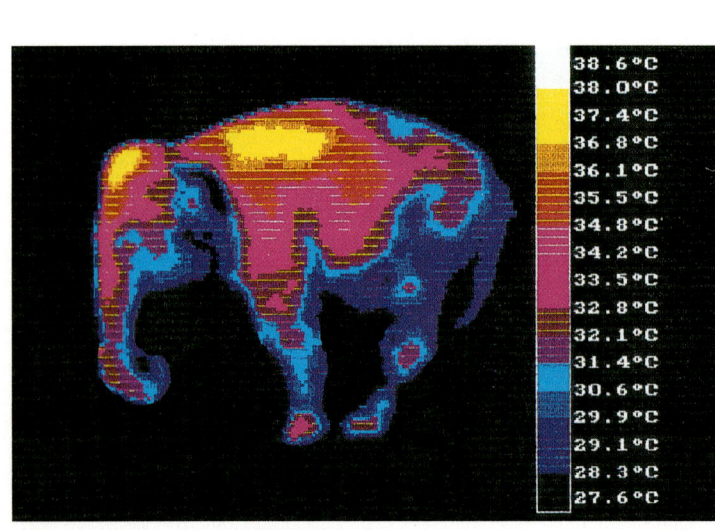

Dissimilation
Abbau energiereicher Stoffe

homoiotherm
gleichwarm

poikilotherm
wechselwarm

1 Thermofotografie eines Elefanten

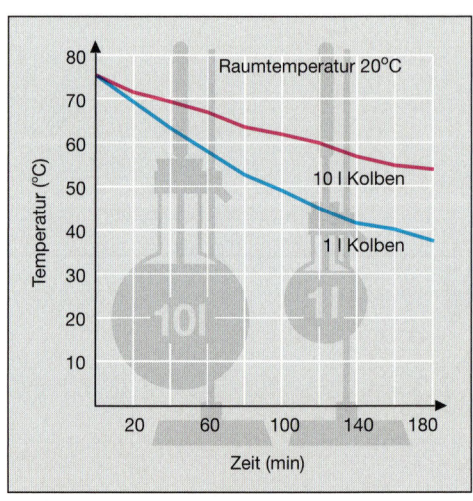

2 Modellversuch zur Körpertemperatur

Stoffwechsel

Körpergröße und Energiehaushalt

Kleine homoiotherme Tiere haben, bezogen auf ihr Körpergewicht, eine größere Energieumwandlung und damit eine höhere Stoffwechselrate als große Tiere. Diese Vermutung *(Hypothese)* lässt sich jedoch erst bestätigen, wenn sie für verschiedene Säugetiere und nicht nur für den Elefanten oder die Maus gilt.

Aufgaben

① Bestimmen Sie zu den Daten aus Abb. 1 (oben) die jeweiligen 10er Logarithmen (Taschenrechner). Stellen Sie die Zusammenhänge Körpergewicht — Sauerstoffverbrauch — Herzfrequenz grafisch dar. Formulieren Sie die Aussagen der beiden Grafiken.

② Beschreiben und interpretieren Sie die Abb. 1 (unten). Setzen Sie Ihre Deutung mit den Daten von Aufgabe 1 in Bezug.

③ Berechnen Sie anhand von Abb. 2 die Oberfläche, das Volumen sowie den Quotienten aus Oberfläche und Volumen (relative Oberfläche) des Würfels. Teilen Sie nun den Würfel in 8 kleinere Würfel mit halber Kantenlänge und ermitteln Sie die Werte für den neu entstandenen Würfel. Fahren Sie so fort bis zu einer Kantenlänge von 2,5 cm. Stellen Sie alle Ergebnisse in einer Tabelle zusammen und beschreiben Sie das Resultat Ihrer Berechnungen.

④ Erklären Sie die Bedeutung des Modellversuches in Abb. 2 für die Interpretation der unterschiedlichen Herzfrequenzen verschieden großer Tiere.

⑤ Beschreiben Sie die Gestalt der Tiere anhand der Versuchsdaten in der Abb. 2. Deuten Sie das Ergebnis.

Säugetierarten	Masse (g)	Sauerstoffverbrauch ml O_2/h	Herzfrequenz (1/min)
Maus	22	36	600
Meerschweinchen	900	605	280
Zwergziege	7 000	2 710	158
Orang-Utan	54 000	12 105	106
Mensch	76 000	15 980	72
Löwe	155 000	26 490	50
Pferd	500 000	65 100	44
Elefant	3 833 000	268 000	26

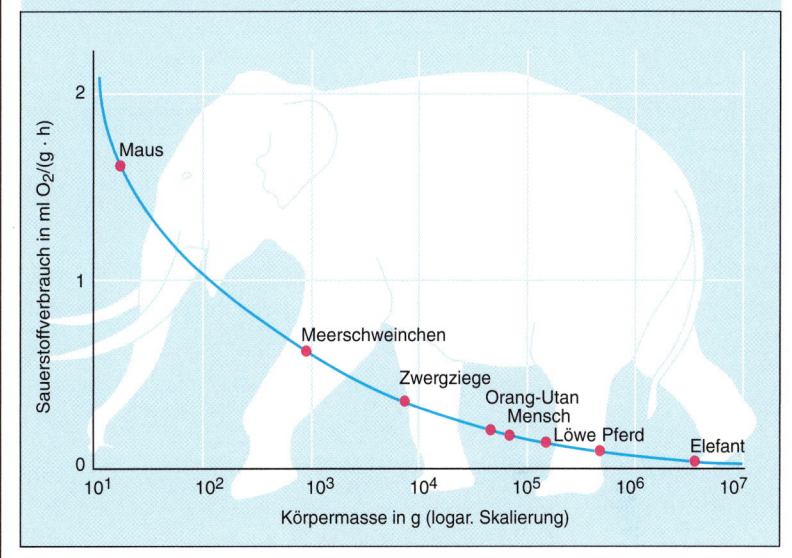

1 Daten zum Stoffwechsel verschiedener Säugetiere

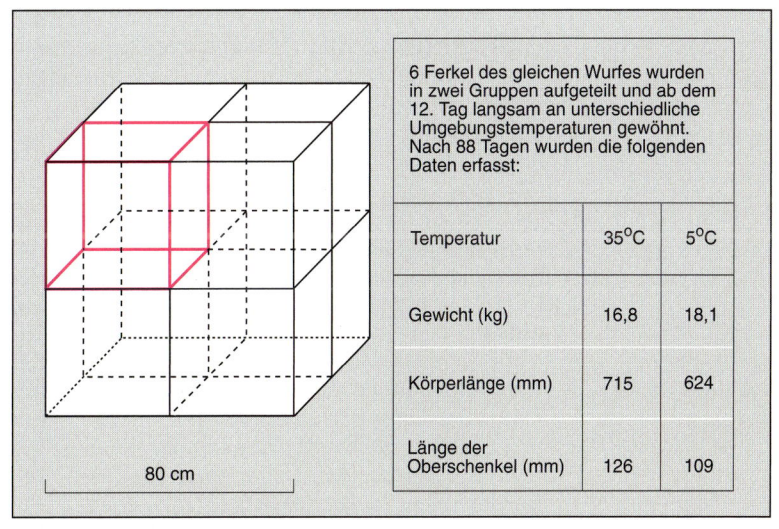

Temperatur	35°C	5°C
Gewicht (kg)	16,8	18,1
Körperlänge (mm)	715	624
Länge der Oberschenkel (mm)	126	109

6 Ferkel des gleichen Wurfes wurden in zwei Gruppen aufgeteilt und ab dem 12. Tag langsam an unterschiedliche Umgebungstemperaturen gewöhnt. Nach 88 Tagen wurden die folgenden Daten erfasst:

2 Modell zur relativen Oberfläche

Beispiel einer Messung:

Eingeatmetes Atemvolumen: 12 l/min

eingeatmete Sauerstoffkonzentration: 21%

ausgeatmete Sauerstoffkonzentration: 17%

Die Differenz von 4% ergibt einen Sauerstoffverbrauch von: 12 x 4 : 100 = 0,48 l/min

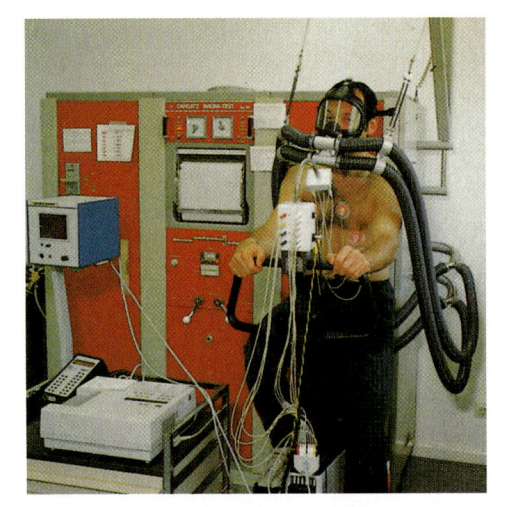

1 Messung des Sauerstoffverbrauches

Energieumsatz		
Alter (J)	Mann	Frau
5	4950	4870
20	3910	3570
70	3400	3190

Grundumsatz in kJ pro m² Körperoberfläche und 24 h im Vergleich

Liegen	1,0
Gehen	5,1
Schwimmen	8,1
Bäume fällen	14,5

Leistungsstoffwechsel angegeben als das x-fache gegenüber dem Grundumsatz.

2 Aufbau eines Kalorimeters

Energiehaushalt des Körpers

In den Industrieländern ist das Übergewicht ein Phänomen, an dem viele Menschen leiden. Die Ursachen liegen meist an mangelnder Bewegung und einer Fehlernährung. Deshalb ist es von gesundheitlichem Interesse zu wissen, wie viel Energie ein Mensch über die Nahrung aufnimmt und wie viel Energie er bei körperlichen Leistungen benötigt.

Die aufgenommene Nahrung setzt sich hauptsächlich aus Kohlenhydraten, Fetten und Eiweißen zusammen. Diese energiereichen Substanzen werden veratmet, d. h. sie werden unter Sauerstoffverbrauch zu energiearmem Kohlenstoffdioxid und Wasser abgebaut. Selbst der Harnstoff, der beim Abbau der Aminosäuren als Endprodukt entsteht, ist im Vergleich zu der Ausgangssubstanz energiearm. Bei diesen Prozessen wird Energie frei. Sie ist für den Organismus verfügbar und wird zu einem kleinen Teil für den Aufbau körpereigener Substanzen *(Baustoffwechsel)* verwendet. Der Hauptanteil dient dazu, den Energiebedarf des Körpers *(Betriebsstoffwechsel)* zu decken. Wird mehr Nahrung aufgenommen, als der Körper an Energie benötigt, wird diese in Form von Reservefetten gespeichert.

Bei der Messung des Energieumsatzes muss man unterscheiden, ob sich der Organismus in Ruhe befindet oder ob er aktiv ist. Jede körperliche Tätigkeit steigert den Energiebedarf. Selbst die Verdauung und die Konstanthaltung der Körpertemperatur benötigen Energie. Deshalb muss eine Person zur Bestimmung des Grundumsatzes nüchtern sein, völlig entspannt und bekleidet bei 20 °C auf einer Liege ruhen. Da unter diesen Bedingungen die Energie nahezu vollständig in Wärme übergeht, kann man den Grundumsatz durch die abgegebene Wärmemenge direkt bestimmen. Für dieses Verfahren der *direkten Kalorimetrie* ist eine vollständige Wärmeisolation notwendig. Der apparative Aufwand ist erheblich, deshalb hat diese Methode in der Medizin nur noch historische Bedeutung.

In der chemischen Forschung wird diese Methode dagegen sehr häufig angewandt. In einem Gefäß, das die gesamte Wärme eines Verbrennungsvorganges aufnimmt, ohne etwas davon an die Umgebung abzugeben (Kalorimeter, Abb. 2), bestimmt man die Reaktionsenergie verschiedener Substanzen. Als *Brennwert* bezeichnet man die Verbrennungswärme bezogen auf ein Gramm der Substanz.

Das Verfahren der *indirekten Kalorimetrie* ist nicht nur einfacher durchführbar, sondern ermöglicht auch bei körperlicher Aktivität, die Höhe des Leistungsstoffwechsels *(Leistungsumsatz)* zu bestimmen. Bei diesem Verfahren wird der Sauerstoffverbrauch als Maß für den Energieumsatz herangezogen. Technisch wird die Differenz zwischen dem Sauerstoffgehalt der eingeatmeten und ausgeatmeten Luft gemessen. Bei der anschließenden Auswertung macht man sich zunutze, dass pro mol Glukose 6 mol Sauerstoff verbraucht werden. Da 1 mol Sauerstoff bei Raumtemperatur ein Volumen von 24 Litern einnimmt, ergibt sich als Produkt der

Beziehung zwischen RQ und kalorischem Äquivalent bei Mischkost

RQ	kalorisches Äquivalent kJ pro Liter O_2
0,71	19,62
0,80	20,10
0,84	20,30
0,90	20,61
1,00	21,13

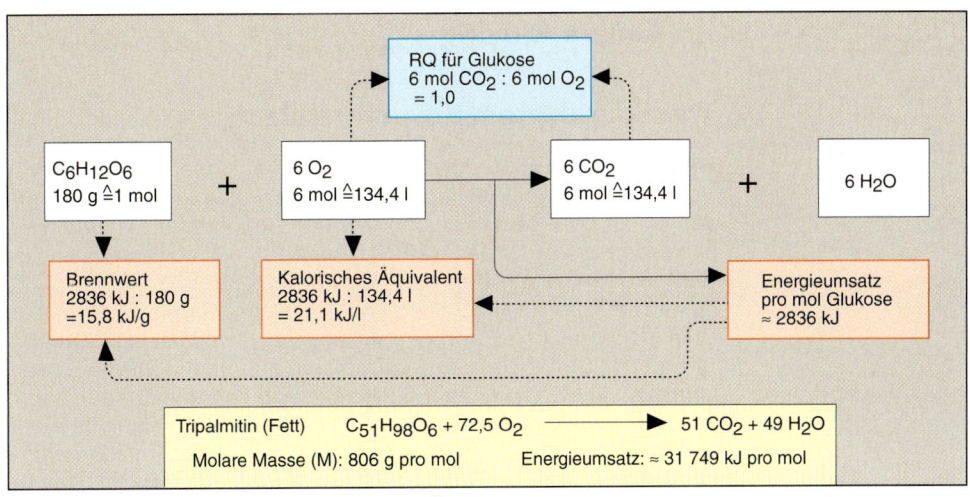

RQ für Glukose
6 mol CO_2 : 6 mol O_2 = 1,0

$C_6H_{12}O_6$ 180 g ≙ 1 mol + 6 O_2 6 mol ≙ 134,4 l → 6 CO_2 6 mol ≙ 134,4 l + 6 H_2O

Brennwert 2836 kJ : 180 g = 15,8 kJ/g

Kalorisches Äquivalent 2836 kJ : 134,4 l = 21,1 kJ/l

Energieumsatz pro mol Glukose ≈ 2836 kJ

Tripalmitin (Fett) $C_{51}H_{98}O_6$ + 72,5 O_2 ⟶ 51 CO_2 + 49 H_2O
Molare Masse (M): 806 g pro mol   Energieumsatz: ≈ 31 749 kJ pro mol

1 Respiratorischer Quotient und kalorisches Äquivalent

Gurken	42
Tomaten	80
Spinat	110
Bier	200
Kabeljau	325
Kartoffeln	365
Fruchteis	530
Brathuhn	605
Pommes Frites	940
Vollkornbrot	1000
Schlagsahne	1250
Fruchtbonbon	1500
Zwieback	1640
Leberwurst	1885
Marzipan	1915
Salami	2240
Schokolade	2350
Erdnüsse	2720

Energiegehalt verschiedener Nahrungsmittel in kJ/100g

Sauerstoffverbrauch in Litern pro mol Glukose. Mithilfe des Brennwertes kann man ermitteln, wie viel Energie pro mol Glukose freigesetzt wird: 2836 kJ. Der auf einen Liter Sauerstoff bezogene Energieumsatz wird als *kalorisches Äquivalent* bezeichnet. Multipliziert man diese Größe mit der Menge an aufgenommenem Sauerstoff, so ergibt sich die im Körper umgesetzte Energie bei reiner Kohlenhydraternährung. Da der Mensch jedoch Mischkost zu sich nimmt, werden laufend Substanzen aus allen drei Nahrungsgruppen abgebaut. Ihr jeweiliges Verhältnis muss in der Berechnung berücksichtigt werden.

Oben stehende Tabelle demonstriert, dass zu jeder Mischung zwischen Kohlenhydraten und Fetten ein bestimmter *respiratorischer Quotient* (RQ) gehört. Bei Eiweißen sind die Verhältnisse etwas komplexer. Der RQ ist das Verhältnis aus abgegebener CO_2- zur aufgenommenen O_2-Menge.

$$RQ = \frac{V \text{ abgegebenes } CO_2}{V \text{ aufgenommenes } O_2}$$

Grasfresser haben RQ-Werte von etwa 1, Fleischfresser weisen RQ-Werte um ca. 0,75 auf. Bei einem normal ernährten Menschen liegt der Wert bei ca. 0,9. In Hungerphasen geht der RQ-Wert auf 0,71 zurück, es werden nur noch Fette aus den Reservespeichern verarbeitet. Zu jedem RQ-Wert zwischen 0,71 und 1,0 gehört ein kalorisches Äquivalent. Dieser Zusammenhang ermöglicht eine Bestimmung des Energieumsatzes auch bei Mischkost.

	Brennwert: kJ pro Gramm	kalorisches Äquivalent: kJ pro Liter O_2
Kohlenhydrate	17,2	21,15
Fette	38,9	19,60
Eiweiße	17,2	18,75

Aufgabe

① Bestimmen Sie den Energieumsatz des Sportlers in Abb. 56.1 anhand der gegebenen Daten bei normaler Ernährung und in der Hungerphase.

Hormone verändern den Grundumsatz

Das Gelbkörperhormon *Progesteron* beeinflusst den Grundumsatz im weiblichen Körper. Progesteron wird in den zu Gelbkörpern umgebildeten Follikeln des Eierstockes gebildet. Die Konzentration steigt während des Menstruationszyklus kurz nach dem Eisprung an und bewirkt in der Gebärmutterschleimhaut eine Veränderung der Zellen sowie eine Nährstoffanreicherung. Durch die Veränderung des Grundumsatzes steigt die Körpertemperatur um 0,5 °C. Durch regelmäßiges Messen der Körpertemperatur nach dem Aufwachen *(Basaltemperatur)* kann eine Frau ihre fruchtbaren Tage ermitteln.

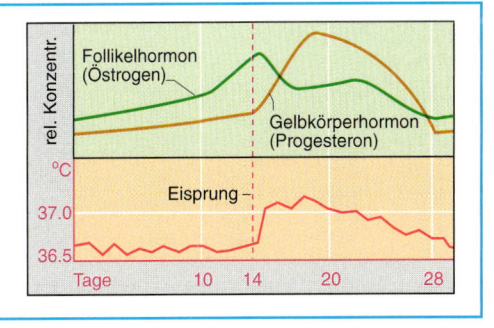

Stoffwechsel

2 Äußere Atmung

Transportsystem Körperkreislauf

Mit den 6 Litern Blut, die das menschliche Herz jede Minute in die Aorta pumpt, werden ca. 1,4 Liter Sauerstoff und 4 g Glukose im Körper verteilt. Diese Leistung garantiert, dass die einzelnen Gewebe und Organe ausreichend versorgt werden (Abb. 1a). Bei allen größeren Organismen würde eine Verteilung der Stoffe allein durch Diffusion zu langsam vonstatten gehen. Deshalb besitzen diese Lebewesen ein mit dem Blutkreislauf der Wirbeltiere vergleichbares Transportsystem.

Vergleicht man die Kreislaufsysteme der Wirbeltiere untereinander (Abb. 1b), so erkennt man, dass die Fische einen ungeteilten Kreislauf besitzen. Ihr Herz besteht lediglich aus einem Vorhof und einer Kammer. Hier sammelt sich das sauerstoffarme und kohlenstoffdioxidreiche Blut aus dem Körper. Es wird zu den Kiemenarterien gepumpt. In den feinen Kiemenkapillaren erfolgt der Gasaustausch. Das sauerstoffreiche Blut gelangt von dort zu den Muskeln und Organen. Danach wird es zum Herzen zurücktransportiert. Bei den übrigen Wirbeltierklassen ist der Kreislauf in zwei Teilkreisläufe für die Lunge und den Körper aufgeteilt.

Die Herzen besitzen zwei Vorhöfe: Der linke nimmt das sauerstoffreiche Blut aus den Lungenvenen, der rechte das sauerstoffarme Blut aus den Körpervenen auf. Bei den Amphibien ist die Herzkammer noch ungeteilt. Trotzdem wird durch eine zeitlich unterschiedliche Kontraktion der Vorhöfe und durch Muskelleisten in der Kammer eine völlige Durchmischung verhindert. So wird überwiegend sauerstoffreiches Blut in die Aorta gepumpt. Bei den Reptilienherzen wird dieser Effekt durch eine noch unvollständige Scheidewand in der Kammer verstärkt. Vögel und Säuger haben zwei getrennte Pumpsysteme, da die Scheidewand völlig ausgebildet ist. Dies verbessert die Sauerstoffversorgung der Organe und damit den Energieumsatz, welcher eine Voraussetzung für den homoiothermen Wärmehaushalt ist.

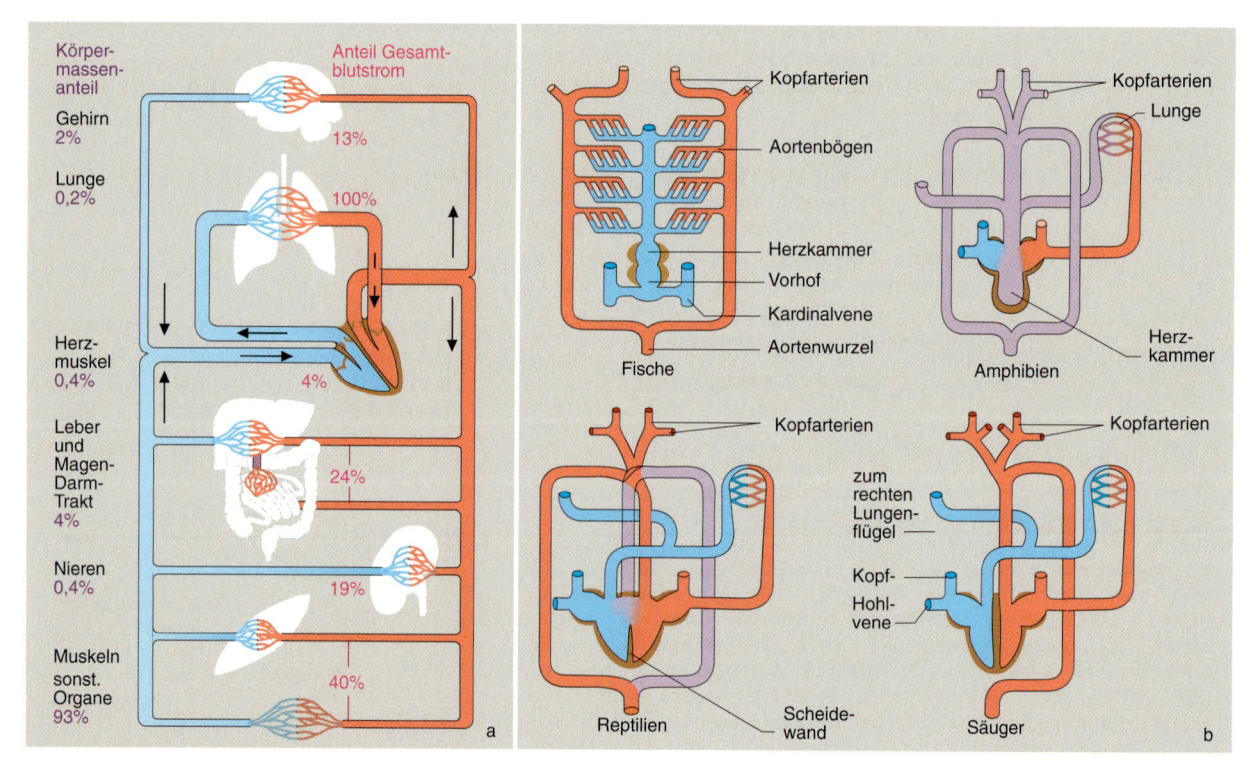

1 a Verteilung des Blutstroms auf die Organsysteme des Menschen
b Schematische Darstellung des Blutkreislaufs und des Herzens verschiedener Wirbeltiere

Stoffwechsel

Lexikon

Atmungsorgane

Unter äußerer Atmung versteht man die Sauerstoffaufnahme und Kohlenstoffdioxidabgabe des Organismus. Der Gasaustausch erfolgt über eine dünnwandige Oberfläche. Eine Verbesserung des Gasaustausches wird durch eine Oberflächenvergrößerung, durch eine geringe Dicke der Austauschschicht und die Bewegung der Transportflüssigkeit im Körperinneren erreicht.

Lungen bei Wirbeltieren

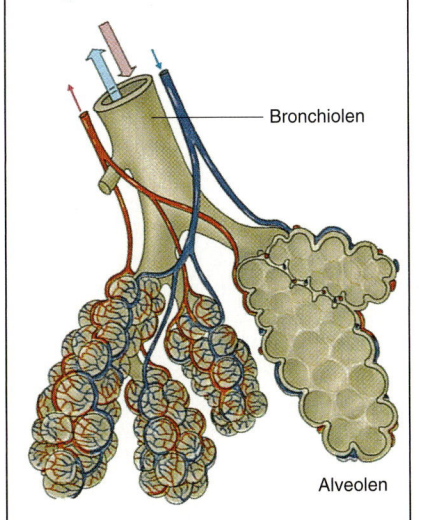

Die Bronchien teilen sich in die Bronchiolen auf, die in dünnhäutigen Endbläschen, den *Alveolen*, enden. Die Alveolen sind fein umsponnen von Kapillaren, in denen der Gasaustausch stattfindet. Ein erwachsener Mensch hat etwa 300 Millionen Alveolen. Die in die Lunge einströmende Luft wurde vorher in der Nase und in der Mundhöhle angefeuchtet. Das Lungengewebe besitzt keine Muskeln und ist weich wie ein Schwamm. Durch das Heben der Rippen und das Senken des Zwerchfells erweitert sich der Brustkorb und zieht das Lungengewebe auseinander; hierbei strömt die Atemluft in die erweiterten Lungenflügel. Säugetiere sind die einzigen Tiere, die ein Zwerchfell besitzen. Das Zwerchfell ist ein kuppelförmiger Muskel. Er erhöht das Austauschvolumen für die Atemgase.

Bei den Vögeln ist das Lungengewebe von einem fein verästelten Röhrensystem, den *Lungenpfeifen*, durchzogen, in denen der Gasaustausch stattfindet. Sie enden nicht blind wie die Alveolen, sondern münden in *Luftsäcken*, die im ganzen Körper des Vogels, sogar in manchen Knochen, vorhanden sind. Die Luftsäcke dienen nicht dem Gasaustausch, sondern wirken wie Blasebälge, welche die Luft durch die Lunge pressen. So nutzt der Vogel die Atemluft zweimal, beim Einatmen und beim Ausatmen durch die Lungenpfeifen.

Kiemen bei Fischen

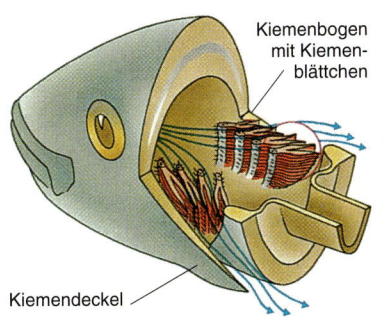

Die Atmungsorgane der Fische sind die Kiemen. Es sind dünnwandige Ausstülpungen der Körperoberfläche, die stark durchblutet werden. Durch Verästelungen und Verzweigungen ist die Oberfläche der Kiemen vergrößert. Ihre zarte Struktur macht die Kiemen leicht verletzbar. Sie werden von Kiemendeckeln geschützt. Das Wasser wird durch das Maul aufgenommen, an den Kiemen vorbeigeführt und fließt unter den Kiemendeckeln wieder ab. Hierbei wird der im Wasser gelöste Sauerstoff ins Blut aufgenommen und Kohlenstoffdioxid ins Wasser abgegeben. Im Wasser ist der Sauerstoffgehalt 20-mal geringer als in der Luft. Um trotzdem eine ausreichende Sauerstoffversorgung zu gewährleisten, wird durch kontinuierliche Atembewegungen das Wasser zwischen den Kiemen ständig ausgetauscht. Der Wasserstrom ist hierbei dem Blutstrom entgegengerichtet; dies ermöglicht eine effektivere Nutzung des Sauerstoffes. Dass Fische an der Luft ersticken, liegt daran, dass die Kiemenblättchen verkleben und ihre Haut austrocknet. Ein Gasaustausch wird so unmöglich.

Tracheen bei Insekten

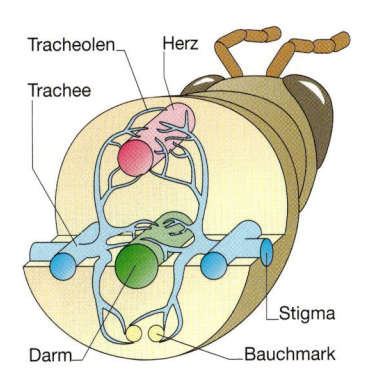

Bei Insekten gelangt der Sauerstoff über kleine Öffnungen im Chitinpanzer *(Stigmen)* in als *Tracheen* bezeichnete Röhren. Die Tracheen sind Einstülpungen der Körperoberfläche, die sich im ganzen Körper zu einem Geflecht feiner Kanälchen, den *Tracheolen*, verzweigen. Diese umspannen alle Organe und Muskeln, sodass die Diffusionswege für die Gase nur noch kurz sind. Durch ein Zusammenpressen der Hinterleibssegmente werden die Tracheen verengt und anschließend wieder erweitert. Dies führt zu einer stärkeren Durchlüftung.

Hautatmung

Manche Wirbellose besitzen keine Atmungsorgane. Bei ihnen dringt der Sauerstoff ausschließlich über die Körperoberfläche ein. Tiere mit reiner *Hautatmung* sind mit wenigen Ausnahmen Wasserbewohner, weil feuchte Haut eine kleinere Diffusionsbarriere ist als trockene. Bei kleinen Tieren kann der Sauerstoff sogar direkt zu den Orten des Verbrauchs diffundieren. Mit zunehmender Körpergröße werden die Diffusionswege jedoch länger und der Sauerstoffbedarf kann nicht mehr auf diese Weise gedeckt werden. Bei den Schwämmen beispielsweise wird das Atemwasser durch ein stark verzweigtes Kanalsystem zu den Zellen transportiert.

Darüber hinaus ist die Hautatmung auch bei Wirbeltieren mit Kiemen oder Lungen zu finden. Ihr Anteil kann bei wasserlebenden Tieren zwischen 20 und 60 % variieren. Beim Frosch reicht während der Winterstarre die Hautatmung aus. Im Sommer wird der gesteigerte Sauerstoffbedarf zusätzlich über die Lunge gedeckt. Bei Säugetieren spielt die Hautatmung nur eine untergeordnete Rolle.

Stoffwechsel

1 Bergsteiger mit Atemgerät in extremer Höhe

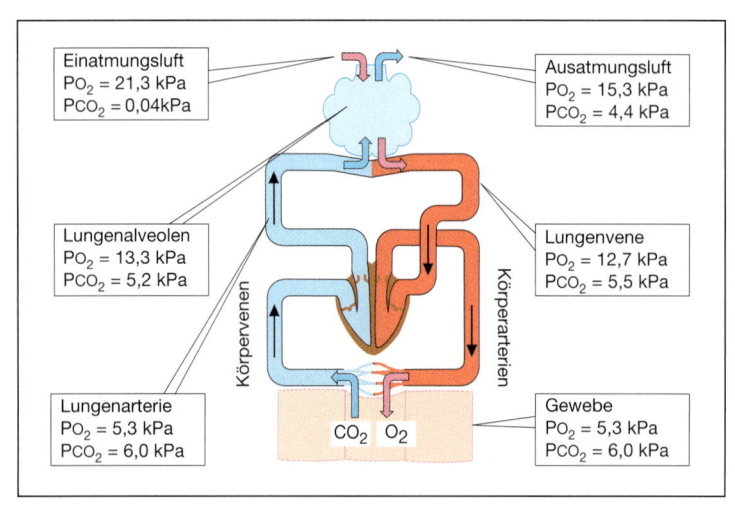

Einatmungsluft
P_{O_2} = 21,3 kPa
P_{CO_2} = 0,04 kPa

Ausatmungsluft
P_{O_2} = 15,3 kPa
P_{CO_2} = 4,4 kPa

Lungenalveolen
P_{O_2} = 13,3 kPa
P_{CO_2} = 5,2 kPa

Lungenvene
P_{O_2} = 12,7 kPa
P_{CO_2} = 5,5 kPa

Körpervenen

Körperarterien

Lungenarterie
P_{O_2} = 5,3 kPa
P_{CO_2} = 6,0 kPa

CO_2 O_2

Gewebe
P_{O_2} = 5,3 kPa
P_{CO_2} = 6,0 kPa

2 Partialdruckwerte von O_2 und CO_2 im menschlichen Körper

Taucherkrankheit

Auf den Körper eines Tauchers, der nur mit einer Pressluftflasche, aber ohne druckfesten Anzug ausgerüstet ist, lastet bei 30 m Tauchtiefe ein Druck von 400 kPa. Dieser Druck bewirkt, dass im Blut mehr Gas gelöst ist als bei normalem Luftdruck. Ein wesentlicher Effekt bei einem schnellen Auftauchvorgang ist, dass sich Gasblasen im Blut bilden, wie beim schnellen Öffnen einer Sprudelflasche. Diese Bläschen führen zu einer Verstopfung der Kapillargefäße, auch im Gehirn, was zu einer Ohnmacht führen kann. Taucher, die aus größeren Tiefen auftauchen, dürfen daher nur mit einer geringen Aufstiegsgeschwindigkeit oder mit Pausen zur Wasseroberfläche aufsteigen.

In der Höhe geht die Puste aus

Bergsteiger brauchen normalerweise ein Atemgerät mit Druckluft, wenn sie hohe Berge, wie beispielsweise den Mount Everest, erklimmen wollen, sonst geht ihnen in der „dünnen" Luft die Puste aus.

An der prozentualen Zusammensetzung der Luft kann es nicht liegen, denn diese ist in Meereshöhe wie auf dem Mount Everest gleich: Stickstoff 78%, Sauerstoff 21%, Kohlenstoffdioxid 0,04% und Edelgase. Mit der Höhe ändert sich aber die Dichte der Gase und damit der Luftdruck. Alle Gasbestandteile der Luft ergeben in 50 m Höhe einen Gesamtluftdruck von 101 kPa. Jeder Gasbestandteil der Luft trägt entsprechend seinem prozentualen Anteil zum Gesamtluftdruck bei. So beträgt beispielsweise der Teildruck *(Partialdruck)* des Sauerstoffes am Gesamtluftdruck 21,3 kPa.

Vergleicht man die in Abb. 2 dargestellten *Sauerstoffpartialdruckwerte* im menschlichen Körper, erkennt man, dass ein Druckgefälle von der Lunge bis zur Muskelzelle vorliegt. Die treibende Kraft der *Diffusion* ist die Bewegung der Sauerstoffmoleküle. Dem Gefälle entsprechend diffundiert der Sauerstoff durch die Membran der Lungenbläschen, den *Alveolen*, in das Blut, von dem er im Blutkreislauf zum Gewebe transportiert wird. Hier diffundiert er auf die gleiche Weise durch die Kapillar- und Zellmembran in die einzelnen Gewebezellen. Als Gesetzmäßigkeit der Diffusion ist bekannt: Je größer die Konzentrationsdifferenz ist, desto höher ist die Diffusionsgeschwindigkeit. Die Diffusionsvorgänge in der Lunge und im Gewebe werden daher besonders effektiv, wenn eine möglichst große Partialdruckdifferenz aufrecht erhalten wird. Dieses ermöglicht die ständige Zirkulation des Blutes, durch die kontinuierlich sauerstoffarmes Blut zu den Alveolen und sauerstoffreiches Blut in das Gewebe transportiert wird, wo der Sauerstoff durch die Dissimilationsprozesse verbraucht wird.

Am Mount Everest beträgt der Luftdruck 30,5 kPa. Dementsprechend vermindert sich der Sauerstoffpartialdruck auf nur 6,4 kPa. Dies führt in den *Alveolen* zu einer langsameren Diffusion. Aus diesem Grunde steht für den Zellstoffwechsel nicht mehr in ausreichendem Maße Sauerstoff zur Verfügung. Höhenbewohner sind durch eine erhöhte Erythrocytenzahl an den geringeren Sauerstoffpartialdruck akklimatisiert.

Stoffwechsel

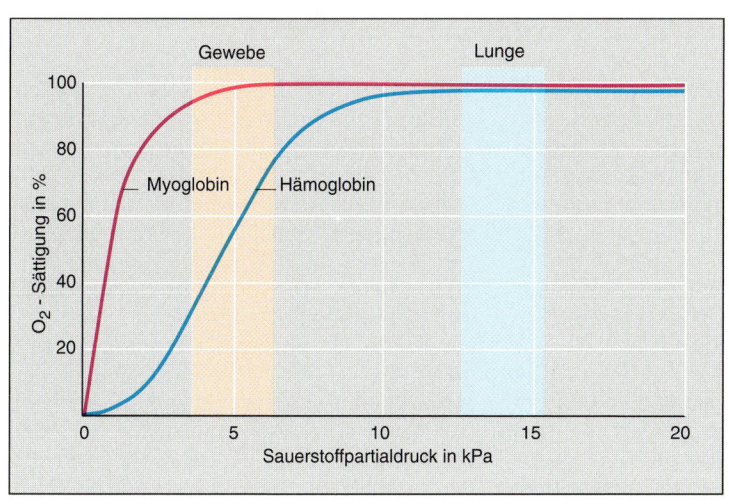

1 Sauerstoffbindungskurve des Hämoglobins und des Myoglobins

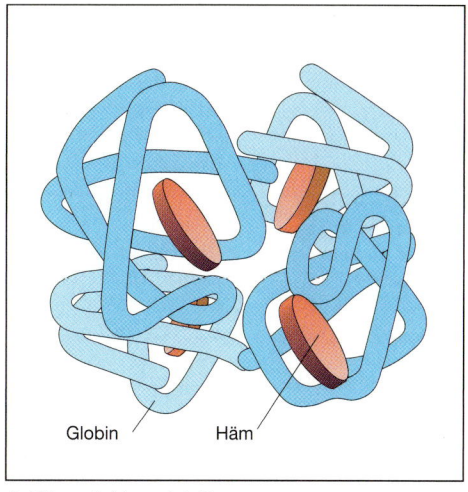

2 Hämoglobinmolekül

Erythrocyten transportieren den Sauerstoff

Die *Erythrocyten* enthalten den roten Blutfarbstoff *Hämoglobin*. Sie sind kreisrunde Zellen mit einem charakteristischen Querschnitt von 7,5 μm Durchmesser. Obwohl sie keinen Zellkern haben, leben sie etwa drei bis vier Monate. Danach werden sie in der Leber und der Milz abgebaut. Die Neubildung der Erythrocyten erfolgt aus kernhaltigen Zellen im roten Knochenmark. Pro Sekunde werden von den ca. 25 Billionen Erythrocyten in unserem Körper 2,4 Millionen erneuert.

In einem Liter Blut werden etwa 300 ml Sauerstoff transportiert. Entfernt man die Erythrocyten aus dem Blut, können von dem gleichen Volumen nur noch 3 ml Sauerstoff aufgenommen werden. Dieser Befund veranschaulicht die Bedeutung der Erythrocyten und des Hämoglobins. Das Hämoglobin ist das Trägermolekül beim Sauerstofftransport. Hämoglobin besteht aus Eiweiß *(Globin)* und Farbstoffkomponenten *(Häm)*. Das Häm enthält ein Eisen-(II)-Ion, welches von einem *Porphyrinringsystem* eingeschlossen wird (Abb. 2). Vier Sauerstoffmoleküle können nacheinander an die vier Eisenionen des Hämoglobins locker gebunden werden und die Eisenionen werden dabei nicht oxidiert. Hierbei entsteht aus dem dunkelroten Hämoglobin das hellrote *Oxihämoglobin*. Anstelle des Sauerstoffes kann auch Kohlenstoffmonooxid, z. B. aus Autoabgasen oder Zigarettenrauch, an das Hämoglobin gebunden werden. Diese Bindung ist 200-mal stärker und führt dadurch zu einer Blockierung des Sauerstofftransportes.

Bei einem hohen Sauerstoffpartialdruck in der Lunge wird Sauerstoff von den Erythrocyten aufgenommen und an das Hämoglobin angelagert; bei einem niedrigen Sauerstoffpartialdruck des Gewebes in den Kapillaren wird er abgegeben und diffundiert in die Zellen. Dieser reversible Vorgang am Hämoglobin lässt sich mithilfe der Sauerstoffbindungskurve in Abbildung 1 erklären. Die Kurve gibt für jeden Sauerstoffpartialdruck den Sättigungsgrad des Hämoglobins mit Sauerstoff an; dieser sagt aus, wie viel Prozent des Hämoglobins mit Sauerstoff beladen vorliegen. Im sauerstoffreichen Blut sind bei einem Partialdruck von 12,6 kPa etwa 97 % des Hämoglobins mit Sauerstoff beladen. Im Muskelgewebe beträgt der Partialdruck dagegen nur noch 5,3 kPa. Lediglich 59 % des Hämoglobins sind hier oxigeniert, 38 % des ehemals gebundenen Sauerstoffs sind frei geworden und diffundieren in das Gewebe.

In den Muskelzellen ist der Sauerstoff an *Myoglobin* gebunden. Dieser Farbstoff ähnelt in seiner Struktur dem Hämoglobin. Ein Vergleich der Sauerstoffbindungskurven von Myoglobin und Hämoglobin in Abb. 1 zeigt eine größere Bindungsfähigkeit des Sauerstoffes zum Myoglobin als zum Hämoglobin. Infolgedessen ist das Myoglobin eine Sauerstoffreserve im Falle eines hohen Sauerstoffverbrauchs. Muskeln, die eine lang andauernde Leistung vollbringen (z. B. Herzmuskeln) oder viel Sauerstoff speichern können, wie die Muskeln lange tauchender Säugetiere, besitzen viel Myoglobin.

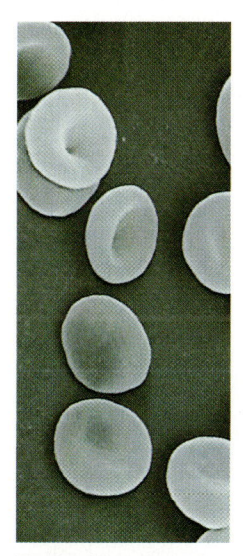

Rasterelektronenmikroskopische Aufnahme von Erythrocyten

Regulation der Sauerstoffkonzentration im Blut

Experiment

1. Messen Sie den Puls und die Atemfrequenz.
2. Machen Sie 30 schnelle Kniebeugen.
3. Bestimmen Sie erneut Puls- und Atemfrequenz.

$$H_2O + CO_2$$
$$\downarrow\uparrow$$
$$H^+ + HCO_3^-$$
$$\downarrow\uparrow$$
$$2H^+ + CO_3^{2-}$$

Wasser und Kohlenstoffdioxid bilden dissoziierte Kohlensäure

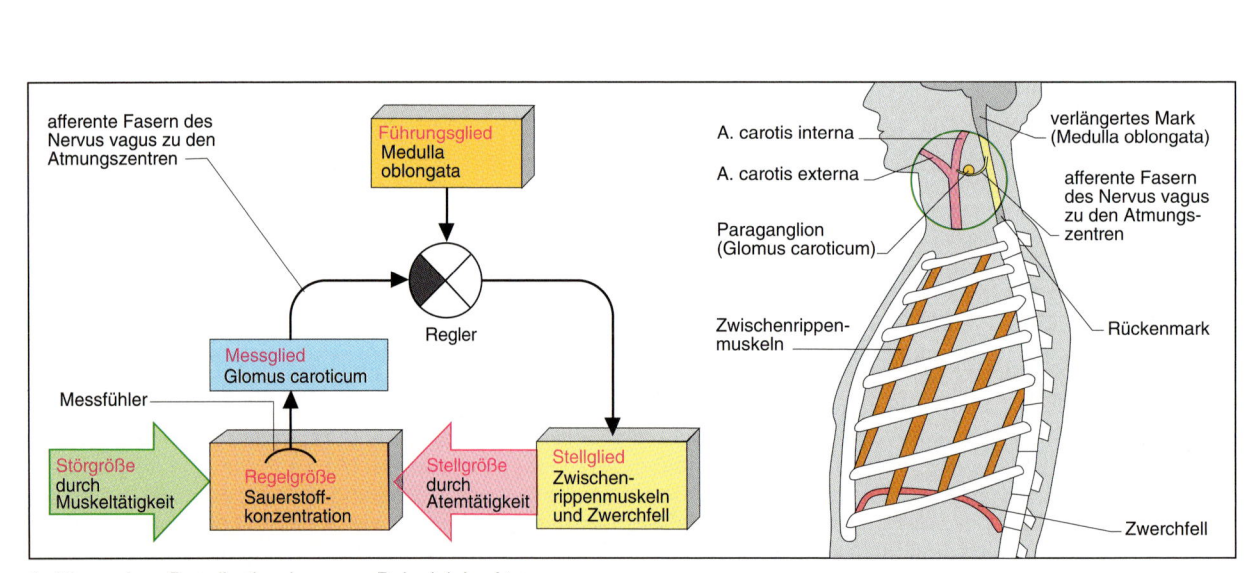

Körperliche Belastung führt zu einer Erhöhung der Atem- und Herzschlagfrequenz. Durch die verstärkte Muskeltätigkeit sinkt die Sauerstoffkonzentration bzw. steigt die Kohlenstoffdioxidkonzentration im Blut.

Der Mensch kann willentlich seine Atemfrequenz und Atemtiefe variieren. Normalerweise verändern sich jedoch Herzschlag- und Atemfrequenz sowie die Atemtiefe „automatisch", d. h. unbewusst. Auf diese Weise werden die Gaskonzentrationen im Blut der Arterien nahezu konstant gehalten. Werden Größen in einem System so gesteuert, dass sie ungefähr auf dem gleichen Wert bleiben, spricht man von *Regelung*, die geregelte Größe ist die *Regelgröße*. Vergleichbare Vorgänge sind aus der Technik bekannt, wie z. B. die Regelung der Kühlschrank- oder Raumtemperatur mittels eines Thermostaten. Deshalb benutzt man in der Biologie auch die Fachbegriffe aus der Regeltechnik.

Bei der Atmung ist die Sauerstoffkonzentration im Blut die Regelgröße. Die Änderung der Kohlenstoffdioxidkonzentration durch die oben beschriebene verstärkte Muskeltätigkeit bezeichnet man als *Störgröße*. Im Körper befinden sich mehrere Messstellen, die sog. *Fühler*, die zusammen eine exakte Kontrolle der Gaskonzentrationen im Blut ermöglichen. Die wichtigste *Messgröße* ist die Kohlenstoffdioxidkonzentration und damit verbunden die Säurekonzentration im Blut. Aus Kohlenstoffdioxid und Wasser entsteht die dissoziierte Kohlensäure. Je nach Kohlenstoffdioxidkonzentration kommt es zu einer unterschiedlichen Säurekonzentration im Blut. Sinneszellen *(Chemorezeptoren)* in der Halsschlagader und im Hirnstamm registrieren diese Veränderungen. Von diesen Chemorezeptoren ausgehend wird die entsprechende Information über Nervenzellen zum *Atemzentrum* im verlängerten Rückenmark geleitet. Hier wird der aktuelle Messwert *(Istwert)* mit dem Normalwert *(Sollwert)* verglichen. Der Sollwert ist genetisch festgelegt. Das Atemzentrum ist der *Regler*, der jede Differenz von Sollwert und Istwert in einen Befehl an die Atemmuskulatur umsetzt. Diese Muskeln — das Zwerchfell und die Rippenmuskulatur — sind demnach die *Stellglieder*, die eine Veränderung der Atemtätigkeit bewirken und so dafür sorgen, dass sich die Konzentration der beiden Blutgase trotz des verstärkten Sauerstoffverbrauchs wieder auf die Sollwerte einpendeln.

Die indirekte Regulation der Sauerstoffkonzentration über die Kohlenstoffdioxidkonzentration birgt jedoch auch Gefahren. Ein schnelles, intensives Atmen *(Hyperventilation)* vor dem Tauchen führt zu einer starken Verringerung der Kohlenstoffdioxidkonzentration im Blut. Dadurch wird erst nach einer längeren Tauchzeit das Atemzentrum durch das Kohlenstoffdioxid aktiviert, obwohl die Sauerstoffkonzentration im Blut bereits zu gering geworden ist. Als Folge kommt es bisweilen durch die Unterversorgung des Gehirns mit Sauerstoff zum „Schwimmbad-Black-out". Der Tauchende kann dabei bewusstlos werden und schlimmstenfalls ertrinken.

1 Allgemeines Regelkreisschema am Beispiel der Atmung

Stoffwechsel

Sauerstoffbindung

CO₂ verändert das Blut

Das Sauerstoffdefizit nach einem anstrengenden Sporttraining wird durch eine erhöhte Atem- und Herzschlagfrequenz ausgeglichen. Auch auf der molekularen Ebene wird die Sauerstoffabgabe vom Hämoglobin in das Muskelgewebe verstärkt.

Die Sauerstoffabgabe vom Hämoglobin ins Gewebe ist erstens abhängig von der Partialdruckdifferenz des Sauerstoffes. Zweitens wird die Bindungsfähigkigkeit des Sauerstoffes an das Hämoglobin durch die Kohlenstoffdioxidkonzentration und damit die Säurekonzentration des Blutes beeinflusst *(Bohr-Effekt)*. Der unterschiedliche Säuregrad des Blutes kommt durch die Bildung der dissoziierten Kohlensäure im Blut zustande (s. Randspalte S. 62). Die Ansäuerung ist daher von der Kohlenstoffdioxidkonzentration abhängig. Der Sättigungsgrad des Hämoglobins mit Sauerstoff kann deswegen trotz gleichem Partialdruck unterschiedlich hoch sein.

Die normale Kohlenstoffdioxidkonzentration mit Blut (Abb. 1) entspricht der eines ruhenden Menschen, die erhöhte Konzentration der eines Menschen nach körperlicher Arbeit. Durch Hyperventilation kommt die erniedrigte Kohlenstoffdioxidkonzentration zustande.

Aufgabe

① Bei einem erhöhten Kohlenstoffdioxidgehalt im Muskelgewebe wird mehr Sauerstoff in den Muskel abgegeben. Erklären Sie dies anhand der Abbildung 1.

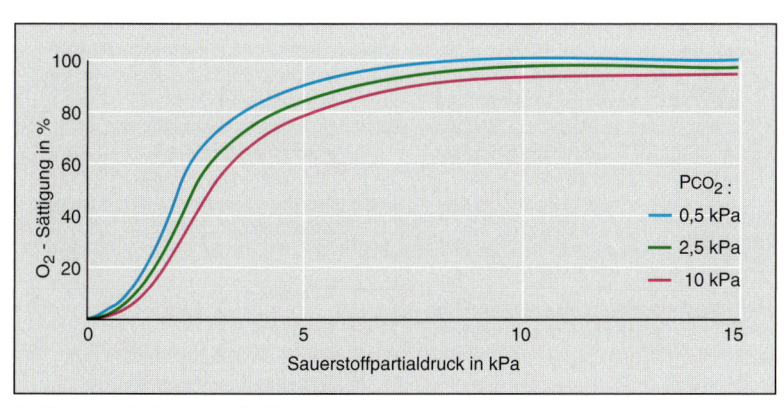

1 Hämoglobin-Sauerstoff-Bindungskurve

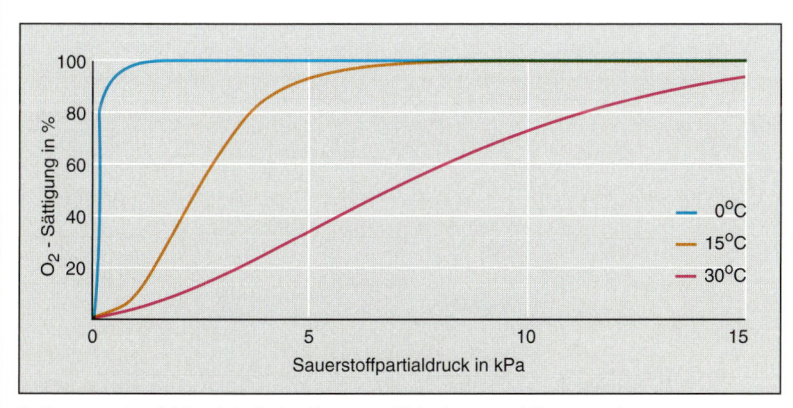

2 Temperaturabhängigkeit der Sauerstoffbindung am Hämocyanin

3 Octopus

Kälte verändert das Blut

Tintenfische sind wechselwarme, marine *Mollusken* (Weichtiere). Sie leben teils frei schwimmend im offenen Meer, teils in der Uferzone am Boden. Tintenfische atmen über Kiemen, die in einer Mantelhöhle liegen. In diese mündet auch die Öffnung des Tintenbeutels. Die Mantelhöhle kann zur Flucht schnell zusammengepresst werden, sodass sich das Tier durch den Wasserausstoß ruckartig nach vorne bewegt. Hierbei kann auch der tintenartige Farbstoff abgegeben werden. Tintenfische besitzen ein Herz, das Blutgefäßsystem ist größtenteils geschlossen, lediglich das Gehirn und bei manchen Arten auch der Magen werden vom Blut frei umspült.

Tintenfische haben keine Erythrocyten, sondern einen im Blut gelösten Farbstoff *(Hämocyanin)*, der dem Sauerstofftransport dient. Das Hämocyanin unterscheidet sich vom Hämoglobin hauptsächlich dadurch, dass anstelle von Eisenionen Kupferionen vorliegen. Im Vergleich zum Hämoglobin hat das Hämocyanin eine wesentlich geringere Sauerstoffbindungskapazität.

Bei niedrigen Wassertemperaturen findet man viele tote Tintenfische im Wasser, obwohl Untersuchungen ergaben, dass die inneren Organe nicht verändert waren. Die Untersuchungen am Blut der Tiere zeigten, dass die Tiere erstickt waren.

Aufgabe

① Tintenfische tropischer Regionen werden in kalten Gewässern oftmals tot aufgefunden. Beschreiben Sie die Grafik in Abbildung 2 und erklären Sie dies anhand der gegebenen Daten.

Stoffwechsel

Praktikum

Atmung

Versuch 1: Weizenkörner produzieren Wärme

Material: ungekeimte und zwei Tage vorgekeimte Weizenkörner
Geräte: 2 Thermosflaschen, 2 Thermometer mit $1/10$-Grad-Einteilung, Styroporstopfen, Wärmeschrank

a) Temperieren Sie die Thermosflaschen und 30 g gekeimte und ungekeimte Weizenkörner im Wärmeschrank auf ca. 35 °C vor.
b) Füllen Sie die gekeimten und ungekeimten Weizenkörner jeweils in eine der Thermosflaschen.
c) Führen Sie je ein Thermometer in die beiden Thermosflaschen ein und verschließen Sie diese mit Styroporstopfen.

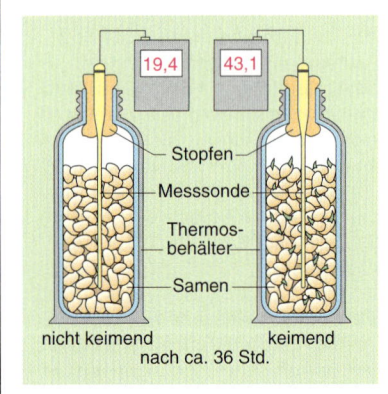

Aufgabe

① Lesen Sie zunächst in kurzen (15 min), später in längeren Intervallen die Temperaturen ab (bis zu 2 Tagen).

Versuch 2: Kohlenstoffdioxid

Material: zwei Tage vorgekeimte Weizenkörner, Kalkwasser, Kalilauge [C], Wasser
Geräte: 4 Waschflaschen, Wasserstrahlpumpe, 4 kurze Schläuche

a) Je zur Hälfte werden zwei Waschflaschen mit Kalkwasser und eine dritte mit Kalilauge gefüllt.
b) Die vierte Waschflasche wird mit ca. 50 g Weizenkörnern bestückt.
c) Entsprechend der Abbildung werden die Waschflaschen untereinander und mit der Wasserstrahlpumpe verbunden.
d) Abschließend wird langsam Luft durchgesaugt.

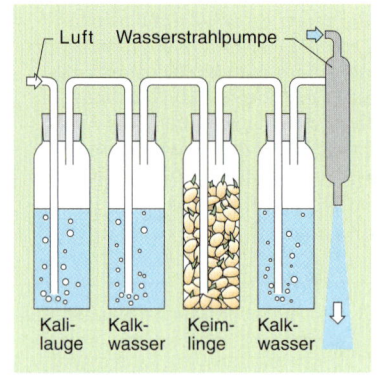

Aufgaben

① Beschreiben Sie das Versuchsergebnis.
② Formulieren Sie die Reaktionsgleichung für die in den Waschflaschen 1 und 4 ablaufende Reaktion und deuten Sie das Gesamtergebnis.

Versuch 3: „Wechselspiel" der Atemgase

Material: zwei Tage vorgekeimte Weizenkörner, 20%ige Kalilauge [C], Wasser
Geräte: 4 Erlenmeyerkolben 200 ml, in zwei der Erlenmeyerkolben wird ein kleines Gefäß, z. B. ein Prozellantiegel eingeklebt, 4 doppelt durchbohrte Stopfen, 4 Manometer, 4 Sperrhähne, 2 Faltenfilter, 4 Stative mit Klemmen, Wasserbad, 1 Thermometer.

Die Erlenmeyerkolben werden entsprechend der folgenden Tabelle bestückt:

Erlenmeyer-kolben	1	2	3	4
mit Einsatz	+	–	+	–
Weizen-körner	30 g	30 g		
Kalilauge	10 ml		10 ml	
Faltenfilter	+		+	

a) Zuerst werden die Weizenkörner in die Kolben 1 und 2 gefüllt.
b) Die Kolben werden mithilfe der Klemmen an den Stativen befestigt und zum Vortemperieren in das Wasserbad gehängt.
c) Vorsichtig werden je 10 ml Kalilauge in die kleinen Gefäße pipettiert und die Faltenfilter so in die kleinen Gefäße gestellt, dass sie sich vollsaugen können und mit einer möglichst großen Oberfläche in den Raum ragen (Abb. unten).
d) Die Gefäße werden mit den Stopfen sorgfältig verschlossen. Die Absperrhähne bleiben jedoch noch ca. 10 Minuten geöffnet. In dieser Zeit wird Wasser in die Manometer pipettiert.
e) Die Absperrhähne werden verschlossen und die Veränderung der Wasserspiegel in den Manometern nach einer halben Stunde registriert.

Aufgaben

① Deuten Sie die Vorgänge in den einzelnen Versuchsansätzen.
② Bestimmen Sie den respiratorischen Quotienten und überlegen Sie mithilfe der Daten von S. 57, welche Reservestoffe in den Weizenkörnern veratmet werden.

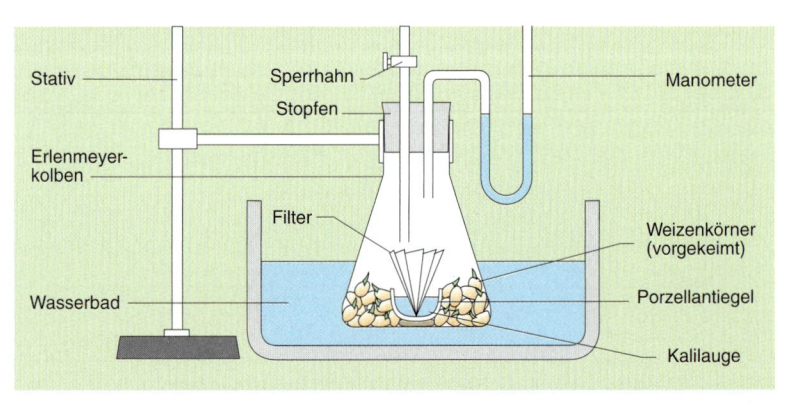

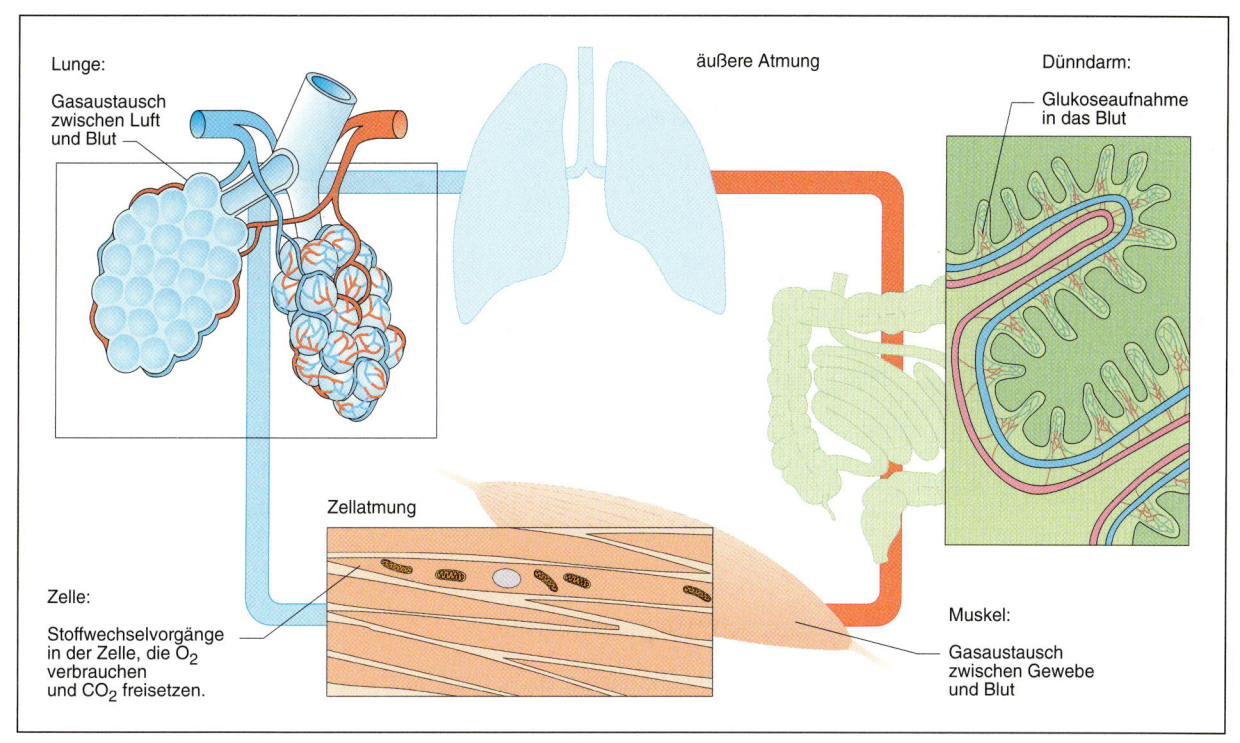

1 Der Weg der Atemgase

Von der äußeren Atmung zur Zellatmung

Resorption
Transport von Substanzen durch eine Zellschicht

1872 konnte erstmals nachgewiesen werden, dass der Sauerstoff nicht in der Lunge und im Blut, sondern im Gewebe verbraucht wird. Erst in diesem Jahrhundert wurde aufgeklärt, dass der eingeatmete Sauerstoff in den einzelnen Zellen mit Glukose reagiert. Diesen Stoffwechselprozess bezeichnet man als *Zellatmung*. Bei der Reaktion zwischen Glukose und Sauerstoff werden in den Zellen Wasser und Kohlenstoffdioxid gebildet und pro mol Glukose 2872 kJ Energie frei. Diese tritt zu 60 % in Form von Wärme auf. Die zentrale Bedeutung dieses Stoffwechselprozesses kann man daran erkennen, dass er in den Zellen aller höheren Organismen, wie den Pilzen, grünen Pflanzen, Tieren und dem Menschen, in gleicher Weise abläuft. Zur Energiegewinnung können neben der Glukose auch Fette und Eiweiße dienen.

Die Atmung kann man somit in zwei Teilprozesse unterteilen: Äußere Atmung und Zellatmung. Als *äußere Atmung* bezeichnet man den Gasaustausch in der Lunge sowie zwischen dem Blut und den Körperzellen. Zur Zellatmung wird neben Sauerstoff die Glukose benötigt. Diese stammt aus der Nahrung und wird über das Verdauungssystem aufgenommen. Eine Aufgabe der Verdauung ist es, die aufgenommenen Nährstoffe in eine Form zu überführen, welche durch die Dünndarmwand in das Blutgefäßsystem aufgenommen *(resorbiert)* werden können. Dies erfolgt durch chemische Vorgänge im Verdauungssystem. Verdauungsenzyme spalten die großen, komplexen Moleküle der Nährstoffe in kleine, wasserlösliche Moleküle: Stärke z. B. wird in Glukose zerlegt. In den zahlreichen Gefäßen der Dünndarmzotten werden die wasserlöslichen Moleküle durch Diffusion und *aktiven Transport* ins Blut resorbiert.

Der Blutdruck bewirkt, dass ein Teil der Blutflüssigkeit mit den darin gelösten, energiereichen Nährstoffen in den Kapillaren der Gewebe austritt. Sie vermischt sich mit der interzellulären Flüssigkeit, der *Lymphe*, welche die einzelnen Zellen umspült. Wasser und Gasmoleküle aus der Lymphe können über die Zellmembran ungehindert in die Zelle aufgenommen werden. Moleküle wie die Glukose werden in der Zellmembran an einen Träger gekoppelt und mit seiner Hilfe in das Zellinnere transportiert.

Stoffwechsel

3 Dissimilation — Zellatmung

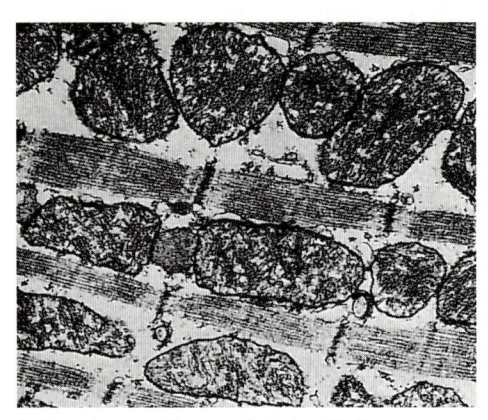

1 Gewebe vom Herzmuskel einer Ratte

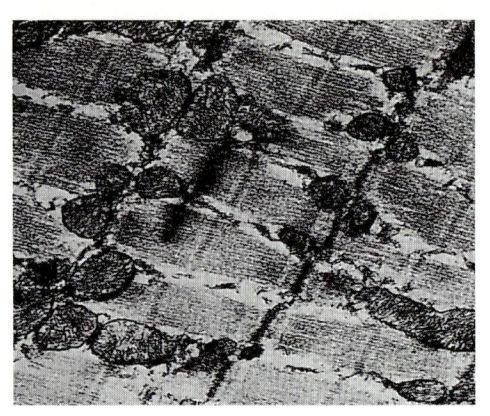

2 Gewebe vom Zwerchfellmuskel einer Ratte

Mitochondrien: Atmungsorganellen

Betrachtet man Zellen verschiedener Gewebe mit dem Elektronenmikroskop, findet man unterschiedlich viele *Mitochondrien* (s. Tabelle). Zum Beispiel enthalten die Herzmuskelzellen einer Ratte sehr viele Mitochondrien, während in den Muskelzellen des Zwerchfells wesentlich weniger zu finden sind (Abb. 1 u. 2). Da der Energiebedarf dieser Muskeln sehr unterschiedlich ist, kann man vermuten, dass die Mitochondrienanzahl mit dem Energiehaushalt in Verbindung steht.

Die Untersuchung der Stoffwechselvorgänge in den Mitochondrien oder anderen Teilen der Zelle setzt Messmethoden voraus, mit denen die Wissenschaftler die Glukose oder deren Abbauweg im Stoffwechsel verfolgen können. Die Schwierigkeit besteht darin, geringste Mengen dieser Substanzen in der Zelle oder ihren Organellen wiederzufinden. Die am häufigsten angewandte Methode ist die Markierung der zu untersuchenden Substanzen mithilfe *radioaktiver Atome*. Auf diese Weise fand man zwei wesentliche Ergebnisse:

1. Glukose wird nicht in einem Reaktionsschritt abgebaut, sondern in kleineren Zwischenreaktionen, welche man in die Abschnitte *Glykolyse*, *Tricarbonsäurezyklus* und *Endoxidation* unterteilt.
2. Nicht alle Zwischenreaktionen laufen in den Mitochondrien ab.

Angegeben ist das Mitochondrienvolumen in % am Zellvolumen bei verschiedenen Zellen einer Maus

Leber	16,9
Hypophyse	7,5
Herzmuskel (Kammer)	47,7
Herzmuskel (Vorhof)	34,9
Blutzellen (weiß)	3,6

Forscher verfolgen die Glukose: Radioisotopenmethode

Beim Element Kohlenstoff kommen Atome mit einer unterschiedlichen Neutronenzahl im Atomkern vor, die man *Kohlenstoffisotope* nennt. Sie unterscheiden sich nicht in der Protonen- und Elektronenzahl und haben daher gleiche chemische Eigenschaften. Das Isotop mit der Atommasse 14 u (^{14}C) hat einen instabilen Atomkern, der beim Zerfall radioaktive Strahlung aussendet. Radioisotope dieser Art strahlen Elektronen ab. Sie können anstelle der stabilen ^{12}C-Atome in größere Moleküle, z. B. Glukose, eingebaut werden. Gibt man zu isolierten Zellen oder Zellorganellen diese ^{14}C markierte Glukose, so können auch geringste Mengen der Abbaustufen, die ja ebenfalls die ^{14}C Atome enthalten, nachgewiesen und quantitativ bestimmt werden. Auch von anderen Elementen gibt es Radioisotope (z. B. Wasserstoff). Der Nachweis dieser Stoffe erfolgt in den meisten Fällen mithilfe der *Flüssig-Szintillationsmessung*.

Die mit dem radioaktiven Kohlenstoff oder Wasserstoff markierten Substanzen werden hierzu mit einem flüssigen Leuchtstoff (*Szintillator*) vermischt, welcher aufleuchtet, wenn er von einem Elektron aus einem radioaktiven Zerfall getroffen wird. Das Leuchten wird von einer Fotozelle in einer völlig verdunkelten Messkammer gemessen und die Impulse werden elektronisch verstärkt. Aus der Anzahl der Impulse kann man die Konzentration der Stoffe errechnen.

Befunde zum Ort der Zellatmung

Mitochondrien spielen bei der Zellatmung eine wichtige Rolle. Sind aber allein diese Organellen an der Zellatmung beteiligt oder spielen andere Zellbestandteile auch eine Rolle?

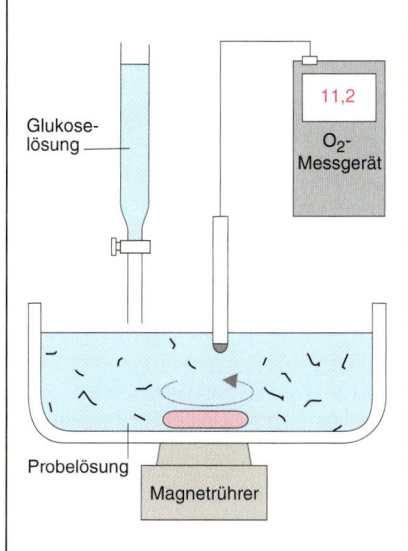

Experiment 1:

Zerkleinert man Leberzellen in der Art, dass die Organellen intakt bleiben, erhält man eine homogene Suspension. Aus dieser können die verschiedenen Zellbestandteile isoliert werden. Sie dienen als Grundlage für verschiedene Probelösungen.
Die Probelösungen werden in ein offenes Becherglas gegeben. Dazu wird Glukoselösung gegeben. Der Sauerstoffgehalt der Lösung wird gemessen.

Aufgabe
① Deuten Sie die Ergebnisse und formulieren Sie möglichst verschiedene Hypothesen zum Ablauf der Zellatmung.

Versuch a:
Die Probelösung enthält isolierte und gereinigte Mitochondrien

Versuch b:
Die Probelösung enthält Mitochondrien und Cytoplasma

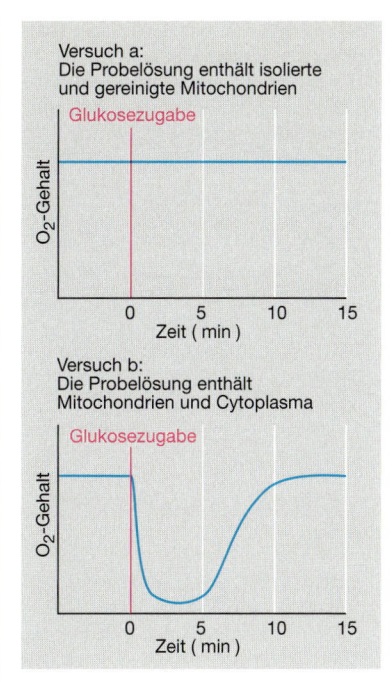

Experiment 2:
(BEEVERS und Mitarbeiter)

a) Eine wässrige Probelösung enthält mit ^{14}C markierte Glukose sowie isolierte, gereinigte Mitochondrien. Nach 10 min Inkubationszeit wird diese Lösung in ein Zentrifugenröhrchen pipettiert, das eine konzentrierte Salzlösung und darüber in einer gesonderten Phase Siliconöl enthält (Siliconöl mischt sich nicht mit wässrigen Lösungen und löst auch keine Glukose). Dieses Röhrchen mit den drei Phasen wird nun so lange zentrifugiert, bis sich die Mitochondrien in der unteren Salzlösung befinden. Anschließend wird die Radioaktivität der drei Phasen gemessen.

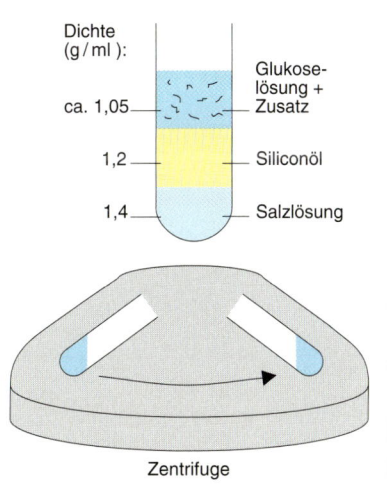

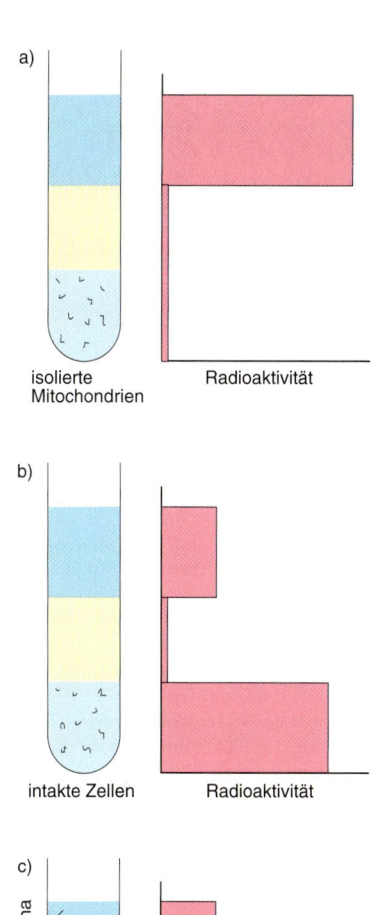

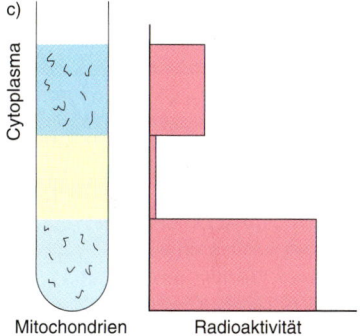

Dichte (g/ml):
- ca. 1,05 — Glukoselösung + Zusatz
- 1,2 — Siliconöl
- 1,4 — Salzlösung

b) Statt der Mitochondrien werden nun ganze, intakte Zellen verwendet.

c) Der Versuchsaufbau entspricht dem von Experiment 2 a. Die Probelösung enthält hier jedoch Cytoplasma, Mitochondrien sowie mit ^{14}C markierte Glukose. Zwei Minuten nach Ansatz dieser Suspension (Inkubationszeit) wird sie auf das Siliconöl pipettiert und anschließend so zentrifugiert, dass nur die Mitochondrien in die untere Salzlösung gelangen.

Aufgaben
① Deuten Sie die Ergebnisse!
② Welche Hypothese zum Ablauf der Zellatmung scheidet durch diese Experimente aus?

Lexikon

Oxidation und Reduktion

Bei einigen chemischen Reaktionen gibt ein Molekül Elektronen ab. Eine solche *Elektronenabgabe* wird *Oxidation* genannt. Oxidationen sind demnach auch ohne Sauerstoffaufnahme möglich. Die hier verwendete Definition erweitert daher die ältere Fassung, nach der die Oxidation lediglich als Sauerstoffaufnahme definiert war. Der Vorgang der *Elektronenaufnahme* wird *Reduktion* genannt. Auch die Reduktion ist demnach ohne Bezug zum Sauerstoff definiert.

Die von einem Molekül abgegebenen Elektronen werden bei einer chemischen Reaktion von einem anderen aufgenommen. Die Oxidation eines Moleküls ist daher stets an die Reduktion eines anderen Moleküls gekoppelt: Die Elektronen werden übertragen. Auch wenn eine Teilreaktion (Oxidation oder Reduktion) einzeln dargestellt wird, muss ein entsprechender Partner vorhanden sein. Man spricht daher von *Redoxreaktionen*.

Bei der Oxidation organischer Moleküle werden meist *2 Elektronen* zusammen mit *2 Protonen* abgegeben.

Beispiel:

$2\,Mg \longrightarrow 2\,Mg^{2+} + 4\,e^-$ Oxidation

$O_2 + 4\,e^- \longrightarrow 2\,O^{2-}$ Reduktion

$2\,Mg + O_2 \longrightarrow 2\,MgO$ Redoxreaktion

andere Darstellungsmöglichkeit:

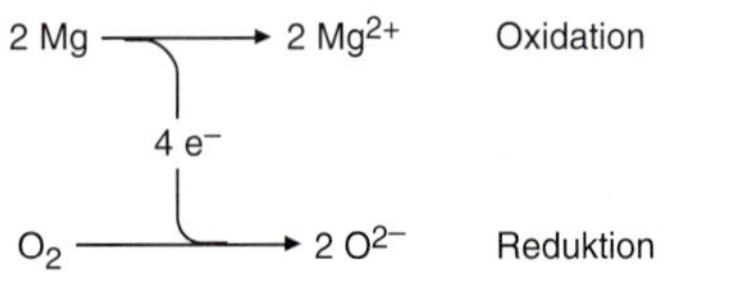

$2\,Mg \longrightarrow 2\,Mg^{2+}$ Oxidation
$O_2 \longrightarrow 2\,O^{2-}$ Reduktion (4 e⁻)

$2\,Mg + O_2 \longrightarrow 2\,MgO$ Redoxreaktion

Rein formal ergeben diese zusammen 2 Wasserstoffatome. Aus diesem Grund ist die *Wasserstoffabgabe* eine *Oxidation*. Entsprechend bezeichnet man die *Wasserstoffaufnahme* als Reduktion.

Oxidation: Glycerinaldehyd → Glycerinsäure ($2\,e^- + 2\,H^+$, H_2O)

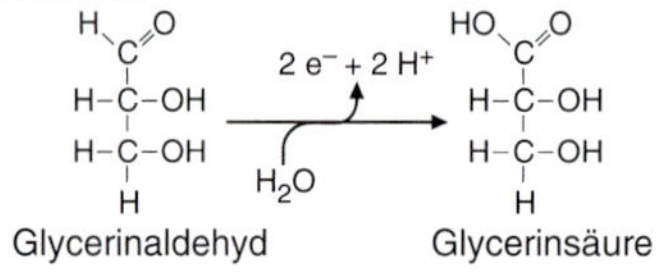

Reduktion: Chinon → Hydrochinon ($2\,e^- + 2\,H^+$)

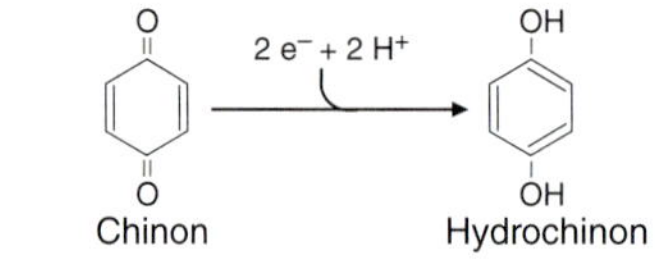

Oxidation: Ethanol → Ethanal ($2\,e^- + 2\,H^+$)

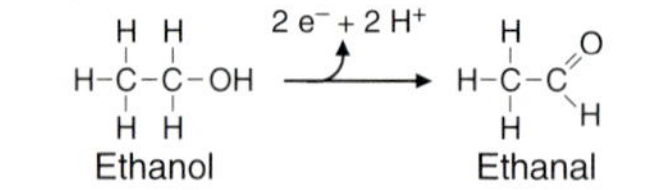

(In den Beispielen wurde der Redoxpartner weggelassen)

Das Redoxpotential

Die Moleküle können ihre Elektronen unterschiedlich leicht abgeben; andererseits nehmen sie fremde Elektronen von anderen Molekülen auch unterschiedlich leicht auf. Abgabemöglichkeit und Bereitschaft zur Aufnahme sind dabei entgegengesetzt: Moleküle, die ihre Elektronen leicht abgeben können, nehmen auch nur schwer Elektronen auf (und umgekehrt). Als Maß für die Leichtigkeit der Abgabe bzw. Aufnahme dient das Redoxpotential (gemessen in Volt). Je negativer ein Redoxpotential ist, desto leichter werden Elektronen abgegeben und desto schwerer wieder aufgenommen. Bei einer Redoxreaktion erfolgt die Elektronenübertragung daher stets vom Partner mit dem negativeren Redoxpotential zum Partner mit dem positiveren Redoxpotential, nie umgekehrt.

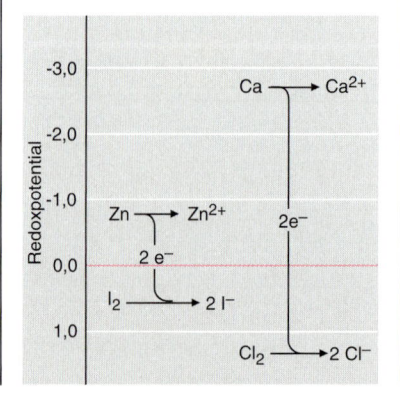

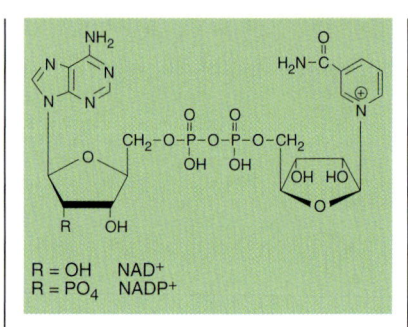

$R = OH$ NAD^+
$R = PO_4$ $NADP^+$

NAD^+ und $NADP^+$: Elektronenspeichermoleküle

An biochemischen Redoxreaktionen ist als Partner meist NAD^+ bzw. $NADP^+$ beteiligt. Dieses Molekül übernimmt bei der Oxidation die beiden Elektronen und die beiden Protonen und wird dabei reduziert:

$NAD^+ + 2\,e^- + 2\,H^+ \rightarrow NADH + H^+$
$NADP^+ + 2\,e^- + 2\,H^+ \rightarrow NADPH + H^+$

An anderer Stelle können die Elektronen und Protonen wieder abgegeben werden. $NADH + H^+$ (bzw. $NADPH + H^+$) wird dabei oxidiert:

$NADH + H^+ \rightarrow NAD^+ + 2\,e^- + 2\,H^+$
$NADPH + H^+ \rightarrow NADP^+ + 2\,e^- + 2\,H^+$

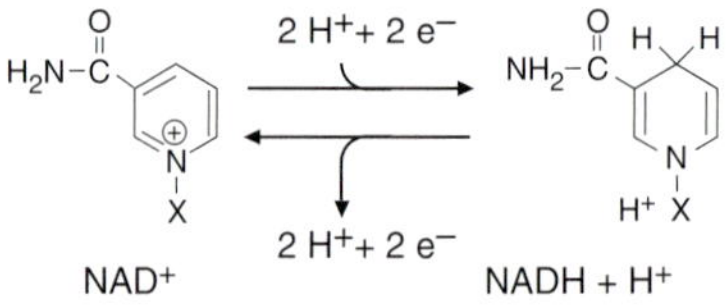

Da NAD^+ und $NADP^+$ (bzw. $NADH + H^+$ und $NADPH + H^+$) nur in einem Komplex mit einem Enzym wirksam sind, werden sie häufig als *Coenzyme* bezeichnet. Um deutlich zu machen, dass sie — anders als Enzyme — in der Reaktion verändert werden, nennt man sie heute besser *Cosubstrate*.

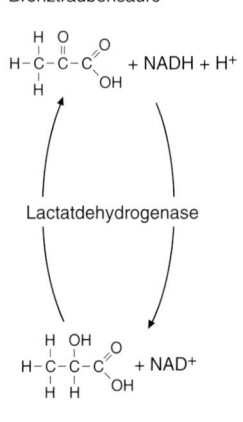

Brenztraubensäure → Milchsäure (Lactatdehydrogenase, + NADH + H⁺ / + NAD⁺)

Leben braucht Energie

Nach dem Tod eines Lebewesens zerfällt sein Körper mit allen komplexen Strukturen und vielen der körpereigenen Stoffe. Dabei wird Energie frei. Die instabilen Substanzen des Körpers enthielten demnach Energie in chemisch gebundener Form.

Freiwillig ablaufende Prozesse, bei denen Energie freigesetzt wird, nennt man *exergonisch*. Sie führen zu einem Zustand mit geringerer Energie. Lebewesen müssen deswegen dem spontanen Zerfall der körpereigenen Substanzen und Strukturen während ihres gesamten Lebens ständig entgegenarbeiten, indem sie diese immer wieder neu aufbauen.

Der Aufbau besteht meist aus Reaktionen, bei denen die beim Zerfall verloren gegangene Energie wieder zugeführt werden muss. Diese *endergonisch* genannten Prozesse laufen daher nicht freiwillig ab. Auch kann die zugeführte Energie nie verlustfrei verwertet werden, da ein Teil stets als Wärme abgegeben wird. Der exergonische Prozess, der die Energie liefert, muss also mehr Energie bereitstellen, als vom endergonischen Prozess gespeichert werden kann: *Die Kopplung beider Prozesse zu einem Gesamtprozess ist immer exergonisch!*

Für die aufbauenden, Energie verbrauchenden Prozesse werden also diejenigen energiereichen Substanzen aufgenommen, die ein Organismus zur Wiederherstellung bzw. Aufrechterhaltung seiner Struktur benötigt. Auf diese Weise gleicht er einen ständigen Verlust wieder aus. Es herrscht daher ein dauerndes Fließgleichgewicht zwischen aufbauenden und abbauenden Prozessen.

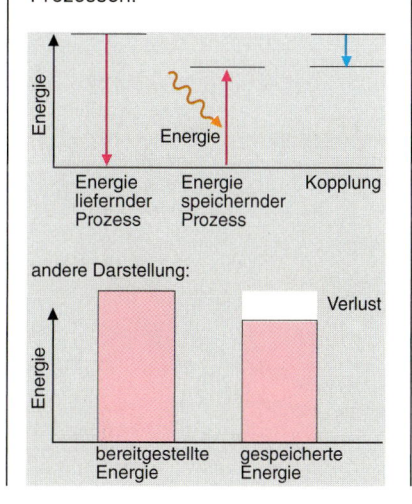

Tiere z. B. erhalten ihre Energie aus der Nahrung. Diese besteht aus anderen Lebewesen oder Teilen davon und die darin enthaltene Energie kann vom Tier für sich nutzbar gemacht werden. Pflanzen dagegen nutzen vor allem die im Sonnenlicht enthaltene Energie.

Die Energie ist im Organismus zum einen in vielen chemischen Verbindungen, wie z. B. in Fetten und Kohlenhydraten, enthalten. Dies lässt sich leicht daran sehen, dass die Energie z. B. beim Abbau dieser Stoffe freigesetzt werden kann.

Ein weiterer Teil der Energie steckt in den verschiedensten Konzentrationsunterschieden, die von einer Seite einer Membran zur anderen gegeben sind. Dass darin tatsächlich Energie gespeichert ist, kann man sich folgendermaßen einsichtig machen: Könnte man die trennende Membran entfernen, so würden sich die Unterschiede durch Diffusion ausgleichen. Dieser Vorgang läuft spontan und freiwillig ab. Wollte man dagegen ein Konzentrationsgefälle neu schaffen, so ist dies nur unter Energieaufwand zu erreichen. Konzentrationsunterschiede enthalten daher Energie. Diese ist sichtbar in dem Ausmaß der Zerstreuung oder Unordnung der Teilchen *(Entropie)* und stellt eine zweite Energieform neben der Wärmeenergie *(Enthalpie)* dar. Sind die Teilchen stärker geordnet (z. B. sortiert oder auf einer Seite konzentriert), so ist dieser Zustand energiereicher als bei gleichmäßiger Verteilung.

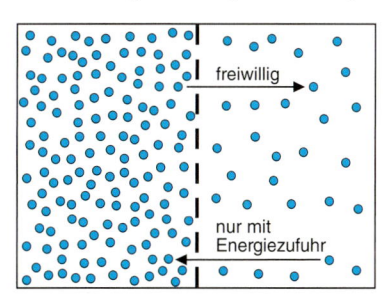

Lebewesen sind daher in der Lage, Stoffe mit dem Konzentrationsgefälle passiv durch Diffusion aufzunehmen, entgegen dem Konzentrationsgefälle kann dies aber nur mithilfe des aktiven Transports erfolgen, der Energie benötigt.

ATP — ein Energiespeicher

An den meisten biochemischen Reaktionen, die Zufuhr von Energie benötigen, ist *Adenosintriphosphat (ATP)* beteiligt:

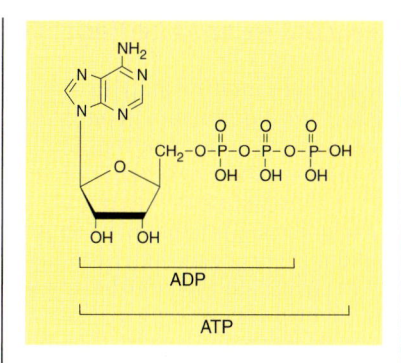

Bei der Abspaltung einer Phosphatgruppe Ⓟ entsteht *Adenosindiphosphat (ADP)* und es wird Energie (30,5 kJ/mol) frei; diese Reaktion ist also exergonisch:

$ATP + H_2O \rightarrow ADP + Ⓟ$

Zum Aufbau von ATP aus ADP und Phosphat ist die Zufuhr eines entsprechenden Energiebetrages erforderlich.

ATP ist im Körper universell einsetzbar und seine Energie steht sofort zur Verfügung. Es wird daher im Körper andauernd in großen Mengen produziert und verbraucht: Bei einem erwachsenen Menschen sind dies täglich etwa 80 kg!

Die im ATP gespeicherte Energie wird meistens mit der Phosphatgruppe auf andere Moleküle übertragen. Diese Moleküle werden also phosphoryliert und dadurch energetisch aufgeladen. Man sagt, sie werden *aktiviert*. Die exergonische Energieabgabe durch ATP ist wegen des erwähnten Energieverlustes stets größer als die endergonische Aktivierung; die Gesamtreaktion ist also wieder exergonisch.

Andererseits können Energie liefernde Prozesse zur Gewinnung von ATP genutzt werden. Auch hier ist aber der Gesamtprozess wieder exergonisch.

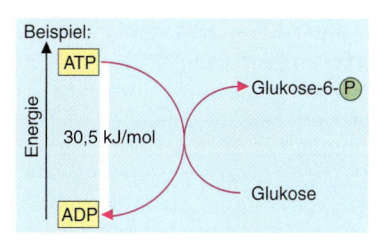

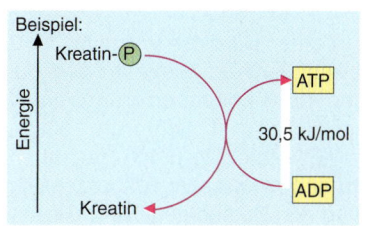

Stoffwechsel **69**

Der Zucker wird zerlegt: Glykolyse

Jeder Organismus benötigt Energie zur Aufrechterhaltung seiner Lebensfunktionen. Glukose ist ein energiereicher Stoff. Die Zellen machen chemisch gebundene Energie für den Organismus verfügbar. Das geschieht durch den stufenweisen Abbau der Glukose zu energiearmen Stoffen wie Kohlenstoffdioxid und Wasser unter gleichzeitiger Bildung des energiereichen ATPs. An diesen Vorgängen sind das Cytoplasma und die Mitochondrien beteiligt.

Die ersten Abbauvorgänge finden im Cytoplasma statt. EMBDEN und MEYERHOF gelang es 1940, diese Reaktionsfolge zu entschlüsseln: Im ersten Reaktionsschritt überträgt ATP eine Phosphatgruppe auf Glukose (Phosphorylierung); im Gegenzug überträgt Glukose ein Wasserstoffatom auf das entstehende ADP. Die biologische Bedeutung dieser Reaktion ist die Aktivierung der Glukose für die weiteren Reaktionsschritte. Das neu gebildete Glukose-6-phosphat wird nach einer Umlagerung ein zweites Mal phosphoryliert. Daraus entstehen zwei C_3-Moleküle des Stoffes Glycerinaldehyd-3-phosphat (GAP), die beide phosphoryliert und damit aktiviert sind. Gehen wir von einem Glukosemolekül (C_6) aus, so läuft jeder weitere Reaktionsschritt der Zellatmung doppelt ab.

Jedes GAP-Molekül überträgt zwei Wasserstoffatome auf den Wasserstoffträger NAD^+. GAP wird also dabei oxidiert, während NAD^+ reduziert wird. Über Zwischenstufen entsteht bei dieser Redoxreaktion *Phosphoenolbrenztraubensäure* (in der internationalen Nomenklatur auch PEP genannt: Phosphoenolpyruvat). Diese Reaktionsschritte sind so stark exergonisch, dass die frei werdende Energie zum Aufbau von energiereichem ATP aus energieärmerem ADP und Phosphat genutzt werden kann. PEP überträgt seine Phosphatgruppe über mehrere Zwischenstufen auf ADP; es entstehen ATP und Brenztraubensäure (BTS). Durch diese Dephosphorylierung wird bilanzmäßig die Energie zurückgewonnen, die in die ersten beiden Phosphorylierungen investiert wurde.

Betrachten wir diese Vorgänge im Cytoplasma als Ganzes: Glukose wird durch eine doppelte Phosphorylierung aktiviert und anschließend in mehreren Teilschritten in zwei C_3-Moleküle (BTS) gespalten. Dieser Vorgang hat diesem Teilprozess der Zellatmung den Namen gegeben: *Glykolyse* kann man mit *Glukosezerlegung* übersetzen. Es entstehen weiterhin pro Glukosemolekül zwei Moleküle ATP sowie insgesamt vier an NAD^+ gebundene Wasserstoffatome.

Aufgaben

1. Führt man intakten Zellen Glukose-6-phosphat zu, verbrauchen diese keinen Sauerstoff. Eine konzentrierte Suspension aufgebrochener Zellen dagegen zeigt Sauerstoffverbrauch. Deuten Sie diesen Befund.
2. Stellen Sie eine Bilanz der Glykolyse in Form eines Reaktionsschemas auf. Geben Sie dabei verbrauchte und neu entstandene Stoffe an.

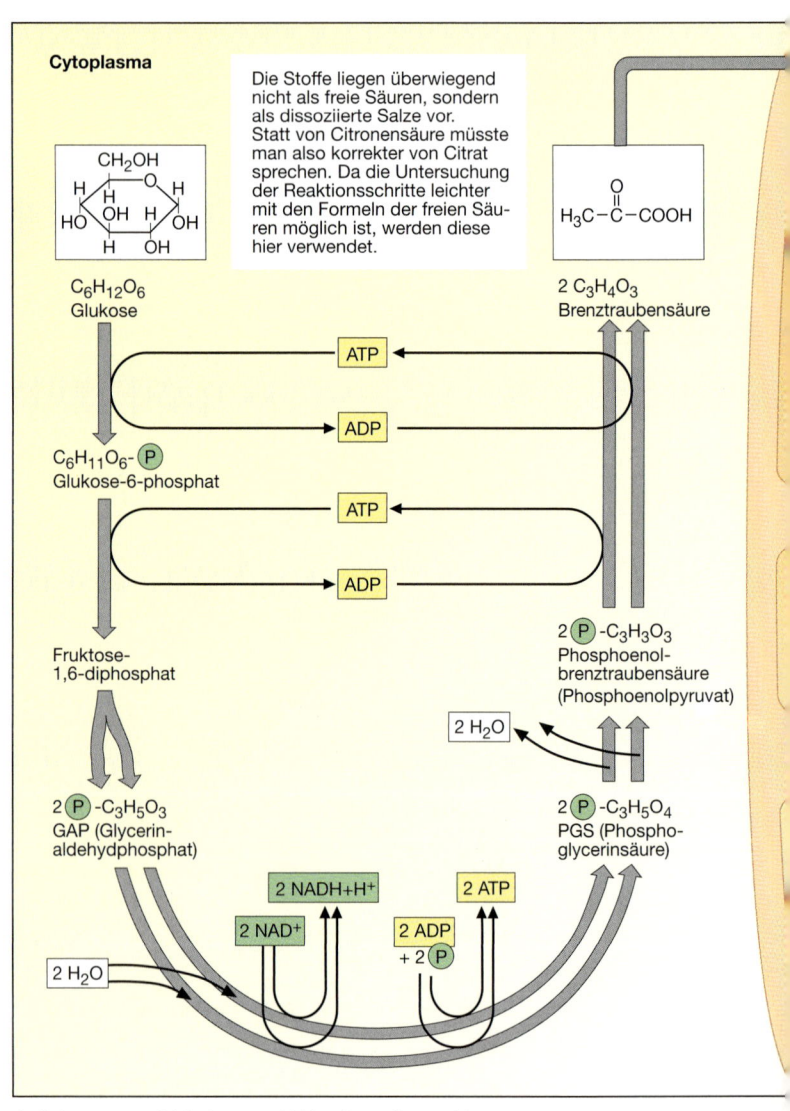

1 Schema von Glykolyse und Tricarbonsäurezyklus

Der Tricarbonsäurezyklus

Der Abbau von Glukose zu Brenztraubensäure (BTS) setzt nur einen Energiebetrag von 197 kJ/mol Glukose frei, die vollständige Oxidation von Glukose dagegen 2872 kJ/mol. BTS enthält also noch eine beträchtliche Energiemenge, die zum Teil von den Zellen genutzt werden kann.

BTS wird in die Mitochondrienmatrix transportiert. Hier ist der erste Reaktionsschritt die Übertragung von 2 Wasserstoffatomen auf NAD$^+$ und die Abspaltung von Kohlenstoffdioxid, die *oxidative Decarboxylierung*. An diesem Reaktionsschritt ist ein Cosubstrat, das Coenzym A, beteiligt; dieses bildet mit der entstehenden Ethansäure (Essigsäure) die sogenannte *„aktivierte Essigsäure"*. Dieser Stoff ist reaktionsfreudiger als reine Ethansäure. Die weitere Umsetzung der aktivierten Essigsäure wurde vor allem durch radioaktive Markierung untersucht. Dabei zeigte sich erstaunlicherweise, dass nicht nur der C_1-Körper Kohlenstoffdioxid, sondern auch Moleküle mit 4, 5 und 6 C-Atomen gebildet werden!

Der von H. A. KREBS im Jahre 1937 aufgeklärte Reaktionsweg ist ein zyklischer Prozess. Zuerst wird dabei die aktivierte Essigsäure an Oxalessigsäure, eine C_4-Verbindung, angelagert. Dabei entstehen C_6-Moleküle der Citronensäure. Sie enthalten drei Carboxylgruppen. Die Citronensäure gehört deshalb zu den Tricarbonsäuren. Der zyklische Prozess wird daher heute allgemein als *Tricarbonsäurezyklus* bezeichnet.

Die in den Zyklus eingeschleusten C_2-Moleküle werden in zwei Stufen zu Kohlenstoffdioxid abgebaut. An drei Stellen wird Wasser angelagert. Der Wasserstoff dieser Moleküle sowie der aktivierten Essigsäure wird in drei Reaktionsschritten auf NAD$^+$, in einem weiteren auf einen anderen Wasserstoffträger, *FAD (Flavin-Adenin-Dinucleotid)* übertragen. In einem Reaktionsschritt wird aus ADP und Phosphat ATP aufgebaut. Die Abbildung zeigt, dass der Reaktionspartner *(Akzeptor)* von aktivierter Essigsäure, die Oxalessigsäure, wieder regeneriert wird und erneut aktivierte Essigsäure aufnehmen kann. Die Regeneration dieses Akzeptors ist Voraussetzung für den zyklischen Prozess. An vier Stellen des Zyklus finden auch hier, wie bei der Glykolyse, Redoxreaktionen durch Wasserstoffübertragungen statt. Die C_6-Moleküle der Glukose sind nun vollständig abgebaut.

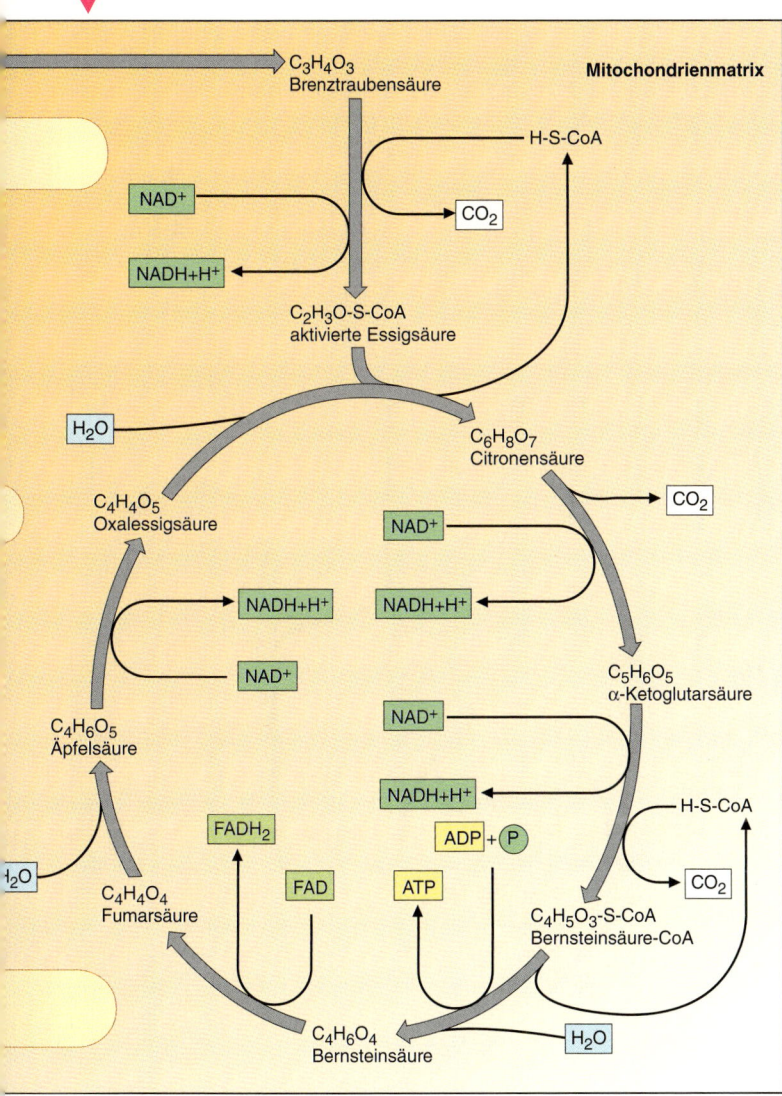

Aufgaben

① Stellen Sie die Bilanzgleichungen auf:
 a) des Tricarbonsäurezyklus
 b) der Glykolyse und des Tricarbonsäurezyklus zusammen.
 Beachten Sie dabei, dass aus einem Glukosemolekül zwei BTS-Moleküle gebildet werden!

② 1 mol ATP enthält eine biologisch verfügbare Energie von 30,5 kJ. Bestimmen Sie das Verhältnis von dem in Form von ATP gebundenen Energieanteil und der gesamten, in Glykolyse und Tricarbonsäurezyklus freigesetzten Energie! Dieser Quotient heißt *Wirkungsgrad*.

Stoffwechsel

Die Endoxidation

Standard-Redoxpotentiale (V)

NADH + H$^+$ / NAD$^+$
　　　　　−0,32

FAD
　　　　　−0,22

FMNH$_2$ / FMN
　　　　　−0,30

Fe-Ionen (Fe^{2+} / Fe^{3+})
(Komp. I)　−0,30

UQH$_2$ / UQ
　　　　　+0,05

Cyt b (Fe^{2+} / Fe^{3+})
　　　　　+0,08

Cyt c (Fe^{2+} / Fe^{3+})
　　　　　+0,22

Cyt a (Fe^{2+} / Fe^{3+})
　　　　　+0,55

O$_2$ / H$_2$O
　　　　　+0,82

Intermembranraum
Raum zwischen der Innen- und Außenmembran des Mitochondriums

In der Glykolyse und im Tricarbonsäurezyklus wurde das Kohlenstoffgerüst der Glukose vollständig abgebaut. Die bisherige Energieausbeute ist allerdings gering: Pro mol Glukose wurden nur 4 mol ATP gewonnen. Die Wasserstoffatome der Glukosemoleküle und der 6 aufgenommenen Wassermoleküle wurden auf die Cosubstrate NAD$^+$ sowie FAD übertragen. Elementarer Wasserstoff könnte unter großer Energiefreisetzung mit Sauerstoff zu Wasser reagieren (vgl. Knallgasreaktion). Eine vergleichbare direkte Reaktion des an die Cosubstrate gebundenen Wasserstoffs mit Luftsauerstoff wäre allerdings für den Organismus nicht verwertbar, denn die Energie würde zum größten Teil in Form von Wärme freigesetzt, nicht aber in Form von biologisch verwertbarem ATP.

Der Reaktionsort der ATP-Produktion unter Verbrauch von Luftsauerstoff *(oxidative Phosphorylierung)* ist die innere Mitochondrienmembran, welche das Plasma der Mitochondrien, die *Matrix*, vom Intermembranraum trennt. Abb. 1 zeigt die dort stattfindenden Prozesse in stark vereinfachter Form. In dieser inneren Membran sind eine Vielzahl von Redox-Cosubstraten eingelagert. Diese übertragen in einer Kettenreaktion die über die aufgenommenen Wasserstoffatome mitgelieferten Elektronen des NADH + H$^+$ und des FADH$_2$ auf elementaren Sauerstoff *(Atmungskette)*. Die dabei entstehenden O^{2-}-Ionen reagieren mit Wasserstoffionen zu Wasser. In dieser Kette zeigen die beteiligten Stoffe unterschiedliche Redoxpotentiale: Das FMN-System beispielsweise bindet Elektronen etwas fester als NADH + H$^+$ und kann deshalb von diesem die Elektronen übernehmen. Als Elektronenübertragungssysteme dienen zum großen Teil *Cytochrome*, die einen Hämanteil mit zentralem Eisenion (im Komplex IV) besitzen. Andere Cosubstrate wie das *Ubichinon* lagern Elektronen zusammen mit Protonen aus der Matrix an. Ubichinon übernimmt Wasserstoffatome nicht nur vom Flavinkomplex, sondern auch von FADH$_2$. Der Elektronentransport innerhalb der Membran ist also mit einem Protonentransport aus der Matrix in den Intermembranraum gekoppelt. Da er mit dem Redoxpotentialgefälle der beteiligten Redoxsysteme stattfindet, handelt es sich um freiwillig ablaufende Prozesse, also exergonische Reaktionen. Das Produkt dieses Prozesses ist u. a. ein Wassermolekül aus NADH + H$^+$ und $^1/_2$ Sauerstoffmolekül.

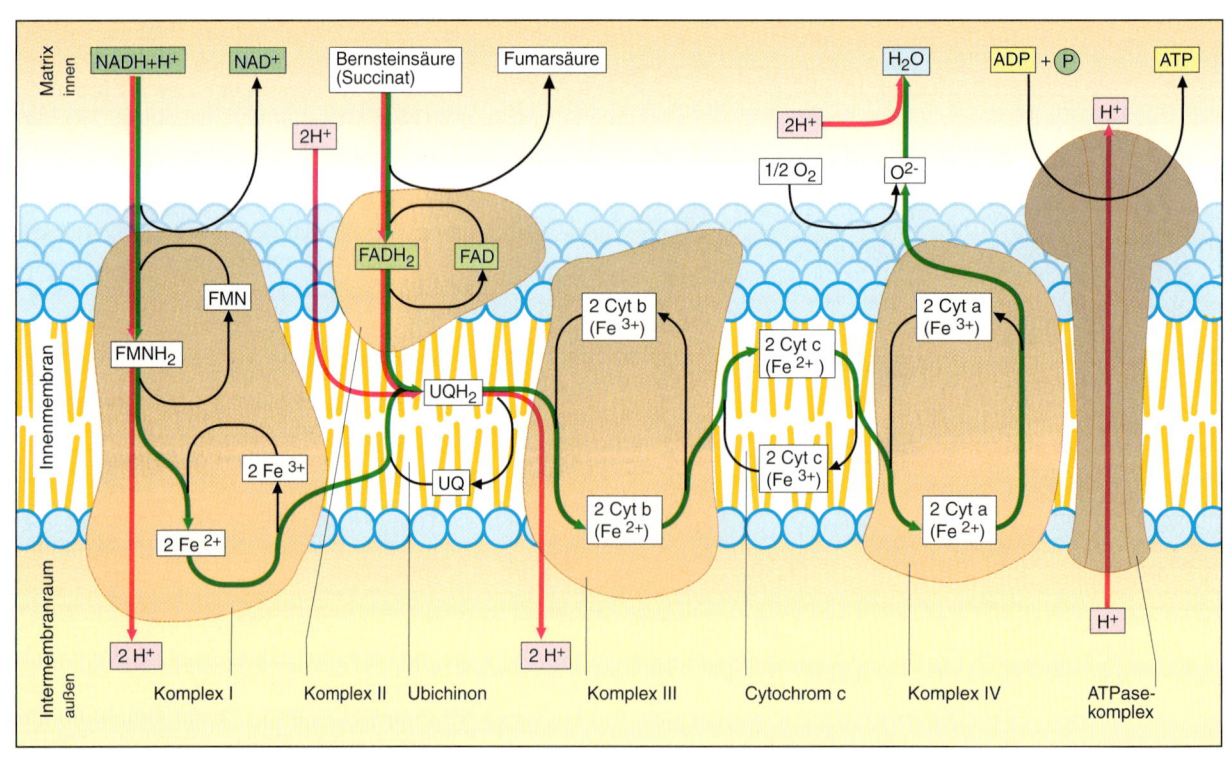

1 Vereinfachtes Schema der Endoxidation

Im Konzentrationsgefälle steckt Energie

FMN
Flavinmononucleotid, überträgt als Transportsystem (FMN-System) Elektronen vom NADH + H$^+$ zum Fe^{3+}

Messungen ergeben, dass der Abbau eines Glukosemoleküls die Produktion von ca. 38 ATP-Molekülen bewirkt. Glykolyse und Tricarbonsäurezyklus liefern davon aber nur 4 Moleküle. Die restlichen 34 ATP-Moleküle müssen also im Verlauf der Endoxidation entstehen.

Aus einer Reihe von Befunden kann eine mögliche Erklärung für die ATP-Produktion abgeleitet werden:
1. Die Außenmembran der Mitochondrien ist für eine Vielzahl von Molekülen und Ionen durchlässig. Die Innenmembran lässt dagegen viele Stoffe nicht unkontrolliert passieren: das gilt z. B. auch für Protonen und OH$^-$-Ionen.
2. Die Matrix zeigt einen höheren pH-Wert (geringere H$^+$-Konzentration) als der Intermembranraum.
3. Erhöht man den pH-Wert in der Mitochondrienmatrix, so findet in der Folge eine ATP-Synthese auch ohne Sauerstoff bzw. Elektronenfluss statt.
4. Führt man einer Zellkultur Stoffe zu, welche die innere Mitochondrienmembran für Protonen frei durchlässig machen, dann wird zwar Sauerstoff verbraucht, aber kein ATP mehr gebildet.

Ganz offensichtlich kann ATP an der Membran nur produziert werden, so lange ein Gradient der Protonenkonzentration (ein pH-Gradient) existiert, während Sauerstoff nicht unmittelbar notwendig ist (vergleiche Befund 3). Diese Vorstellung wurde 1961 von MITCHELL zuerst als *chemiosmotische Hypothese* formuliert und gilt heute als schlüssigste Erklärung der ATP-Bildung an der Mitochondrien-Innenmembran.

Im Rahmen der Endoxidation werden nicht nur Elektronen transportiert, sondern auch Protonen von der Matrix durch die Membran in den Intermembranraum befördert. Die Protonen müssen gegen das Konzentrationsgefälle transportiert werden. Die dazu notwendige Energie stammt aus dem exergonischen Elektronentransport. Protonen sind durch die Dissoziation des Wassers ($H_2O \rightleftharpoons H^+ + OH^-$) immer vorhanden. Der Transport der Ionen durch die Membran führt auch zum Aufbau eines elektrischen Feldes (das Innere der Membran ist negativ, das Äußere positiv geladen).

So wie in einem Stausee das unterschiedliche Wasserniveau potenzielle Energie bedeutet, die mithilfe von Turbinen in elektrische Energie umgewandelt werden kann, bildet der Gradient der Protonenkonzentration eine Form gespeicherter Energie. Aufgrund des Konzentrationsgefälles und mit zusätzlichem Antrieb durch das elektrische Feld wandern Protonen am ATPasekomplex durch die Membran. Der Enzymkomplex nutzt die dabei frei werdende Energie zum Aufbau von energiereichem ATP. Der durch die Oxidation von 1 NADH + H$^+$ entstandene pH-Gradient reicht zur Synthese von 3 Molekülen ATP aus.

Aufgaben

① Die Oxidation von FADH$_2$ bewirkt im Gegensatz zur Oxidation von NADH + H$^+$ nicht die Bildung von drei, sondern nur von zwei ATP-Molekülen. Erklären Sie diesen Unterschied! Beachten Sie dabei das Schema auf der linken Seite (Abb. 72.1).

② Die ATP-Bildung nach dem beschriebenen Muster bedarf einer Membran, während der Tricarbonsäurezyklus und die Glykolyse ohne eine solche Struktur auskommen. Erklären Sie diesen Unterschied.

1 ATP-Synthese mithilfe des Protonengradienten

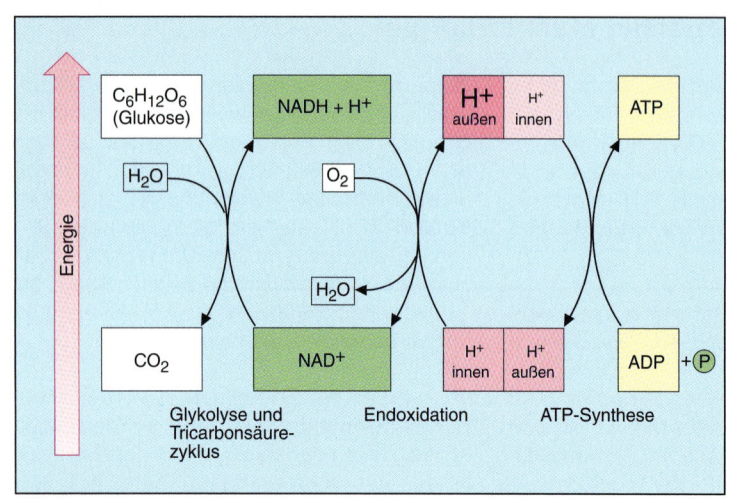

1 Energiefluss in der Zellatmung

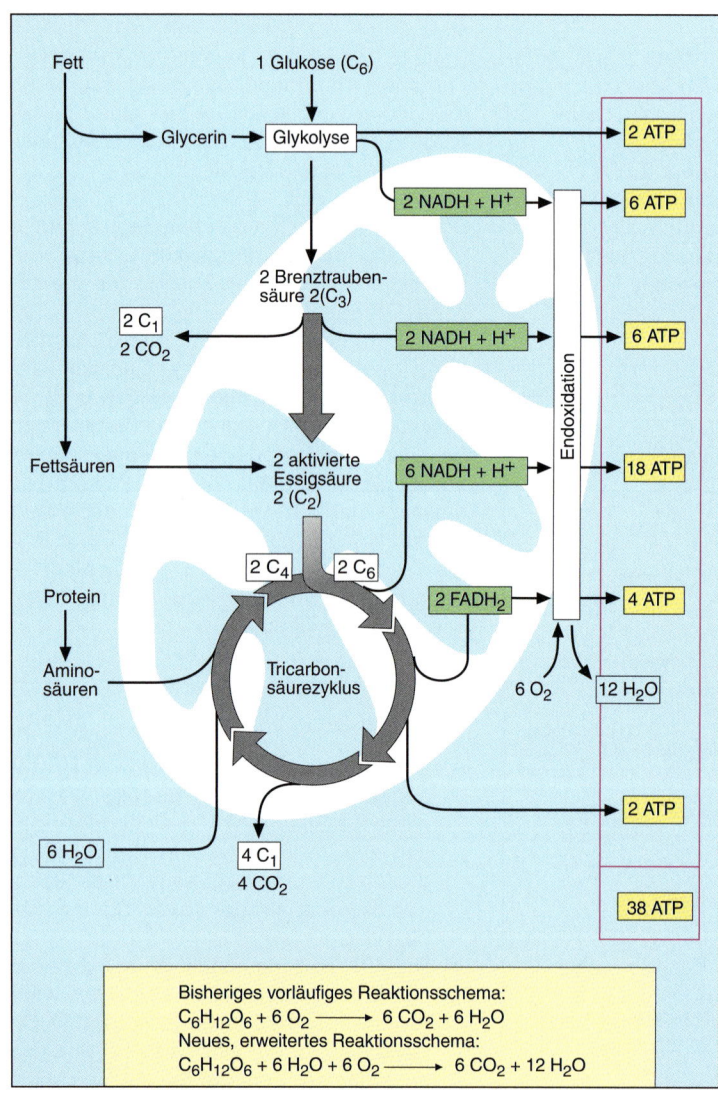

2 Schema zur Zellatmung

Bisheriges vorläufiges Reaktionsschema:
$C_6H_{12}O_6 + 6\,O_2 \longrightarrow 6\,CO_2 + 6\,H_2O$
Neues, erweitertes Reaktionsschema:
$C_6H_{12}O_6 + 6\,H_2O + 6\,O_2 \longrightarrow 6\,CO_2 + 12\,H_2O$

Bilanz der Zellatmung

Im Verlauf der Zellatmung werden pro Glukosemolekül ca. 38 Moleküle ATP gebildet. Der größte Teil davon (34 Moleküle) entsteht durch die Oxidation von Wasserstoff in der Endoxidation. Während die *Glykolyse* nur 4 Wasserstoffatome pro eingesetztem Glukosemolekül liefert, werden in der *oxidativen Decarboxylierung* und vor allem im Tricarbonsäurezyklus insgesamt 20 Wasserstoffatome an Cosubstrate gebunden. Zwölf davon stammen aus dem Wasser, der Rest aus der Glukose. Insgesamt werden also in der Zellatmung 24 Wasserstoffatome an Cosubstrate gebunden. Deren Oxidation liefert 12 Moleküle Wasser. Insgesamt ergibt sich also das erweiterte Reaktionsschema:
$C_6H_{12}O_6 + 6\,H_2O + 6\,O_2 \rightarrow 6\,CO_2 + 12\,H_2O$

Die *Endoxidation* an der Mitochondrienmembran baut einen Gradienten der Protonenkonzentration auf. Wenn diese Protonen durch den Kanal der ATPase fließen, wird Energie frei, die zur ATP-Synthese genutzt wird. Pro $NADH + H^+$ reicht dieser zum Aufbau von 3 ATP-Molekülen, pro $FADH_2$ nur von 2 ATP-Molekülen. Insgesamt entstehen bei der Endoxidation also 34 Moleküle ATP pro Glukosemolekül. Pro mol ATP sind ca. 30,5 kJ verwertbare Energie gebunden. Die aus 1 mol Glukose gewonnenen 38 mol ATP speichern also eine Energie von 1159 kJ. Die Oxidation der Glukose liefert pro mol 2872 kJ Gesamtenergie. Der Wirkungsgrad der Zellatmung beträgt damit ca. 40 %. Der Rest der Energie wird in Form von Wärme frei.

Tricarbonsäurezyklus — Drehscheibe des Stoffwechsels

Nicht nur Kohlenhydrate, sondern auch Fette und Proteine können zur Energiegewinnung abgebaut werden. Fette werden dabei in Fettsäuren und Glycerin gespalten und die Fettsäuren wiederum in aktivierte Essigsäure umgebaut, die in den Tricarbonsäurezyklus mündet.

Proteine werden z. B. im Darm des Menschen in die einzelnen Aminosäuren gespalten und, eventuell nach Umbaureaktionen, in den Zyklus eingeschleust. Die Synthese von Fetten und Aminosäuren läuft prinzipiell umgekehrt. So münden also die meisten der bedeutsamen Umbau- und Abbauprozesse des Organismus in den Tricarbonsäurezyklus. Er ist deshalb eine Drehscheibe des Stoffwechsels.

Stoffwechsel

Naturwissenschaftliche Erkenntnisgewinnung

Die Zellatmung ist heute ein bis in viele Details bekannter Prozess. Dabei war der Weg von den ersten Beobachtungen bis zum heutigen Wissenstand von vielen Irrtümern gekennzeichnet.

Ausgangspunkt neuer Erkenntnisse sind stets eine oder mehrere Beobachtungen. Am Beispiel der Atmung könnten sie so gelautet haben: Alle bisher betrachteten tierischen Organismen nehmen Sauerstoff auf und transportieren ihn meist über ein Blutkreislaufsystem zu den einzelnen Geweben. Auf umgekehrtem Wege gelangt Kohlenstoffdioxid zur Lunge oder den Kiemen und wird dort abgegeben.

Aufgrund dieser Beobachtungen konnte man vermuten oder, wie die Naturwissenschaftler es formulieren, die *Hypothese* aufstellen: Jede Zelle atmet, d. h. sie nimmt den Sauerstoff auf und gibt ihn in Form des Kohlenstoffdioxids ab. Die Zellen sind der eigentliche Ort des Gaswechsels. Ist diese Hypothese allgemeingültig, müsste sich die *Zellatmung* auch an einzelnen Zellen messen lassen. Am Beispiel der einzelligen Hefepilze konnte WARBURG dies belegen.

Die Abfolge: Sammlung von Einzelbeobachtungen — Verallgemeinerung in Form einer Hypothese (Induktion) — Schlussfolgerung aus einem Einzelaspekt (Deduktion) — Überprüfung der Hypothese durch ein Experiment, ist charakteristisch für das Vorgehen in den Naturwissenschaften.

WARBURG machte in seinen Versuchen eine weitere Beobachtung: Die Prozesse der Zellatmung laufen nur ab, wenn genügend Glukose vorhanden ist. Diese Zusatzbeobachtung machte es möglich, die Ausgangshypothese zu verfeinern. Glukose und Sauerstoff werden zu CO_2 und H_2O umgewandelt. Der Sauerstoff findet sich im CO_2 wieder:
$C_6H_{12}O_6 + 6\,O_2 \rightarrow 6\,CO_2 + 6\,H_2O$

Im Überprüfungsexperiment lässt sich eine Hefesuspension mit schwerem Sauerstoff (^{18}O) begasen. Es zeigt sich, dass der Sauerstoff überraschenderweise nicht in den Kohlenstoffdioxid- sondern in den Wassermolekülen enthalten ist. Die Hypothese ist also falsch. Ein einziges Experiment reicht, um sie zu widerlegen.

Häufig sind Hypothesen nur teilweise unzutreffend oder die Versuchsergebnisse bieten, wie in diesem Fall, einen Ansatz zu einer Modifizierung der erweiterten Atmungsgleichung:
$C_6H_{12}O_6 + 6\,H_2O + 6\,O_2 \rightarrow 6\,CO_2 + 12\,H_2O$

Bisher gibt es keine Befunde, die zu ihr im Widerspruch stehen. Im Gegenteil, selbst durch Ergebnisse aus Nachbardisziplinen wird sie gestützt. Eine solch vielseitig bewährte Hypothese, die durch unterschiedliche Befunde gestüzt wird, zu der es im Augenblick keine Alternative gibt, bezeichnet man als *Theorie*. Theorien haben keinen absoluten Wahrheitsgehalt, sondern sind lediglich vorläufig und daher nur so lange gültig, wie sie nicht durch neue Befunde widerlegt werden.

1 Naturwissenschaftliche Erkenntnisgewinnung

Es geht auch ohne Sauerstoff: Die Gärung

Sieht sich ein Säugetier einer plötzlichen Gefahr gegenüber, so flieht es unter Einsatz aller verfügbarer Körperreserven. Die intensive Muskelarbeit führt jedoch schnell zu Sauerstoffmangel. Eine weitere Flucht wäre unmöglich, wenn der Organismus nicht andere Möglichkeiten der ATP-Produktion hätte. Alle Wirbeltiere sind in der Lage, ATP zu bilden, ohne dass Sauerstoff zur Verfügung steht. Diese Form der Dissimilation nennt man Gärung.

Der Sauerstoffmangel führt in der Endoxidation primär zu einem Elektronenstau in der Mitochondrienmembran. Die Cosubstrate liegen in reduzierter Form vor und werden nicht mehr oxidiert, da Sauerstoff als Elektronenakzeptor fehlt. Dies gilt besonders für $NADH + H^+$. Ohne NAD^+ kann aber weder die Glykolyse noch der Tricarbonsäurezyklus ablaufen.

Eine große Zahl von Organismen besitzen im Cytoplasma ein Enzym, das die Übertragung von zwei Wasserstoffatomen des $NADH + H^+$ auf Brenztraubensäure ermöglicht. Dabei entsteht Milchsäure und NAD^+ ist so weit regeneriert, dass die Glykolyse ablaufen kann. Der ATP-Gewinn ist allerdings sehr gering; er beträgt nur ca. $1/20$ des ATP-Gewinns der Atmung.

Die *Milchsäuregärung* findet sich als Möglichkeit der Energiebereitstellung bei allen Wirbeltieren und vor allem bei Milchsäurebakterien. Mit deren Hilfe wird Jogurt und Käse (aus Milch), Sauerkraut und Sauerteigbrot produziert.

Die bekannteste Gärungsform ist die *alkoholische Gärung* bei Hefen der Gattung *Saccharomyces*. Das Enzym *Decarboxylase* spaltet von Brenztraubensäure Kohlenstoffdioxid ab. Das dabei entstehende Ethanal lagert den Wasserstoff des $NADH + H^+$ an und wird reduziert. Es entsteht Ethanol und das zur Aufrechterhaltung der ATP-Produktion notwendige NAD^+ wird regeneriert. Ethanol ist auch für die Hefepilze ein giftiger Stoff; bei ca. 15 % Ethanolgehalt im Medium sterben sie an ihrem eigenen Stoffwechselprodukt.

Hefen können bei Anwesenheit von Sauerstoff auch atmen, d. h. die sind *fakultative Anaerobier*. *Obligate Anaerobier* (wie z. B. der Tetanusbazillus oder Schwefelbakterien) können nur unter sauerstofffreien Bedingungen aktiv leben.

Andere Mikroorganismen und Wirbellose weisen eine Vielzahl verschiedener Gärungstypen auf. Vor allem Schlammbewohner, wie z. B. Wattwürmer und Tubifex, stellen über andere Gärungsformen Energie bereit. Dies ist eine Angepasstheit an den Lebensraum mit sauerstoffarmen Bedingungen.

Aufgabe

① Entwickeln Sie wie in Abb. 1 mithilfe der Textinformation ein Reaktionsschema zur alkoholischen Gärung unter Berücksichtigung aller Zwischenprodukte.

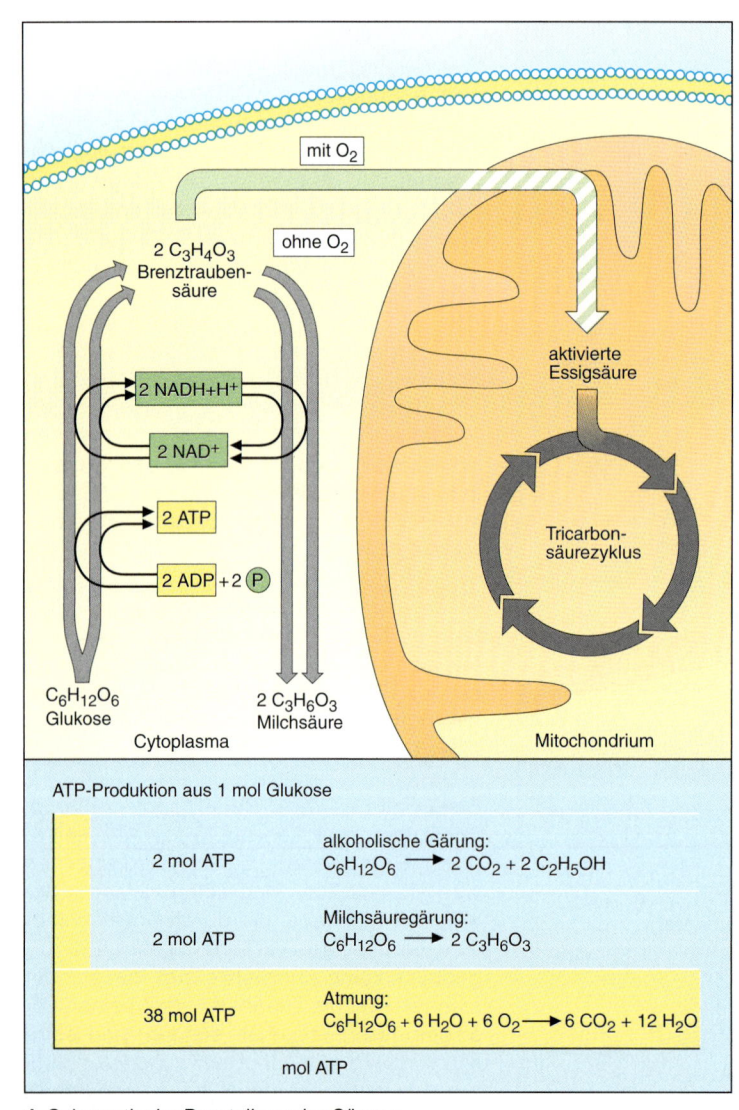

1 Schematische Darstellung der Gärung

ATP-Produktion aus 1 mol Glukose		
2 mol ATP	alkoholische Gärung:	$C_6H_{12}O_6 \rightarrow 2\ CO_2 + 2\ C_2H_5OH$
2 mol ATP	Milchsäuregärung:	$C_6H_{12}O_6 \rightarrow 2\ C_3H_6O_3$
38 mol ATP	Atmung:	$C_6H_{12}O_6 + 6\ H_2O + 6\ O_2 \rightarrow 6\ CO_2 + 12\ H_2O$

Praktikum

Versuche zur Gärung

1 a) Untersuchung von Sauerteig

Material: 300 g Roggenmehl
destilliertes Wasser
pH-Teststreifen
Glaswolle

Geräte: 1 Backschüssel
1 Ein-Liter-Becherglas
1 kl. Teller zum Abdecken
1 kl. Löffel oder Spatel
3 kl. Reagenzgläser
1 gr. Reagenzglas
500 ml Becherglas, hohe Form
Tonnetz und Dreifuß
Brenner

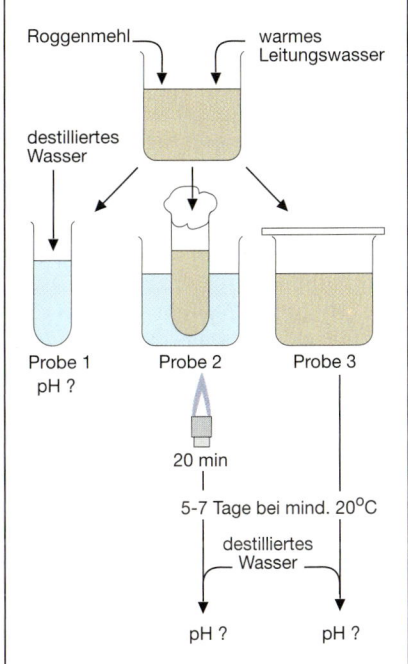

a) 300 g Roggenmehl (möglichst frisch und nicht zu fein gemahlen) werden in einer Backschüssel mit ca. 300 ml warmem Leitungswasser (ca. 30 °C) gründlich vermischt. Es muss so viel Wasser zugesetzt werden, dass der Teig gerade noch etwas fließfähig ist.

b) Zwei kleine Proben (1 und 2) von je ca. 10 g werden abgenommen. Geben Sie zur Probe 1 ca. 10 ml destilliertes Wasser dazu, vermengen Sie beides und gießen Sie etwas der sich absetzenden Flüssigkeit in ein Reagenzglas. Messen Sie mit einem Teststreifen den pH-Wert.

c) Die Probe 2 wird in ein großes Reagenzglas gefüllt, mit Glaswolle möglichst dicht verschlossen und ca. 20 Minuten in kochendem Wasserbad erhitzt.

d) Das Roggenmehl-Wasser-Gemisch wird in ein hohes Gefäß (1-l-Becherglas oder Keramiktopf) gefüllt, mit einem Teller o. ä. abgedeckt und an einem dunklen, warmen Ort (mind. 20 °C) 5–7 Tage aufbewahrt. Am selben Ort wird die Probe 2 im großen Reagenzglas mit Glaswollestopfen aufbewahrt.

e) Nach 5–7 Tagen wird aus dem Roggenmehl-Wasser-Gemisch eine Probe (Probe 3) von ca. 10 g entnommen. Probe 2 und 3 werden wie oben beschrieben mit destilliertem Wasser aufgeschwemmt. Messen Sie nun in der oben beschriebenen Weise den pH-Wert der Proben 2 und 3. Deuten Sie das Ergebnis.

1 b) Backen eines Sauerteigbrotes

Material: Sauerteigansatz aus Versuch 1 a
300 g Roggenmehl
12 g Speisesalz
warmes Leitungswasser

Geräte: 1 Backschüssel
1 Rührlöffel
1 Kastenbackform
1 sauberes Handtuch
1 Backofen oder Trockenschrank

a) Dem 5–7 Tage alten Roggenmehlwassergemisch werden ca. 300 g Roggenmehl, 12 g Salz und ca. $1/4$ l warmes Wasser zugegeben. Durch Rühren wird aus dem Gemisch ein Teig hergestellt. Man gibt nur so viel warmes Wasser zu (ca. $1/4$ l), dass der Teig klebrig, aber nicht fließfähig wird.

b) Dieser Teig wird in einem abgedeckten Gefäß ca. $1/2$ Tag an einem warmen Ort (mind. 20 °C) aufbewahrt.

c) Danach wird der Teig in eine Kastenbackform gefüllt und, mit einem Handtuch abgedeckt, ca. 1 Std. warm stehen gelassen.

d) Anschließend wird der Teig im Trockenschrank oder Backofen bei ca. 180 °C 1 Std. gebacken.

2. Dissimilation mit und ohne Sauerstoff

Material: Bäckerhefe
Glukose
Calciumhydroxidlösung [C]
Stickstoff (Flasche)

Geräte: 2 Wärmewasserbäder (40 °C)
2 große Reagenzgläser
2 Sprudelsteine
Gummischläuche
3 Gaswaschflaschen
1 Aquariumpumpe

— Ein Hefeansatz (20 g Bäckerhefe oder 1 Beutel Trockenhefe in 150 ml Wasser mit 15 g Glukose) werden auf ca. 40 °C im Wasserbad erwärmt, geschüttelt und gleichmäßig auf zwei große Reagenzgläser verteilt.

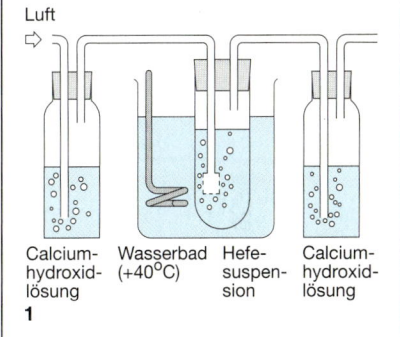

1 Luft → Calciumhydroxidlösung | Wasserbad (+40 °C) | Hefesuspension | Calciumhydroxidlösung

— Der weitere Versuchsaufbau ist aus der Abb. unten zu ersehen. In der der Hefesuspension nachgeschalteten Waschflasche ist Calciumhydroxidlösung.

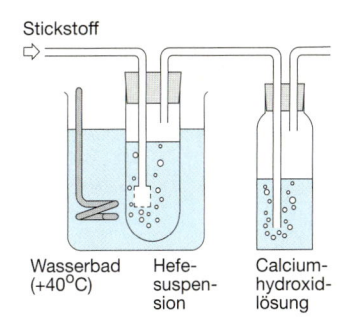

2 Stickstoff → Wasserbad (+40 °C) | Hefesuspension | Calciumhydroxidlösung

— In Versuch 1 leitet eine Aquarienpumpe über eine weitere Waschflasche mit Calciumhydroxidlösung Luft in die Hefesuspension. In Versuch 2 wird stattdessen Stickstoff aus der Gasdruckflasche in die Hefesuspension geleitet. Beobachten Sie die Lösungen in den nachgeschalteten Waschflaschen und deuten Sie Ihre Beobachtungen. Welche Bedeutung hat die zwischen Pumpe und Hefesuspension geschaltete Waschflasche in Versuch 1?

Stoffwechsel

4 Muskel und Bewegung

Die Muskelkontraktion

Die biologische Bedeutung von Zellatmung und Gärung liegt in der Bereitstellung von verwertbarer Energie für den Organismus in Form von ATP. Diese Energie wird für die verschiedensten Lebensprozesse benötigt, so z. B. für die Bewegung: Vom Geißelschlag bei Algen und Wimpertierchen über das Rudern der Flimmerhärchen in den menschlichen Atemwegen, bis hin zur Muskelkontraktion bei Wirbeltieren. Bei all diesen Prozessen ist die Umwandlung von chemischer Energie in mechanische Arbeit auf die gleiche Weise zu beobachten.

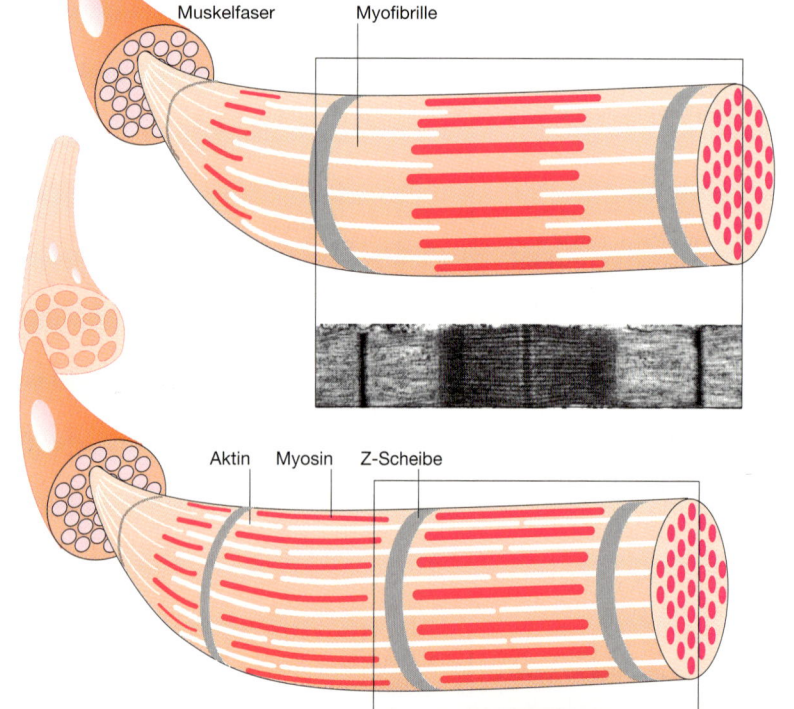

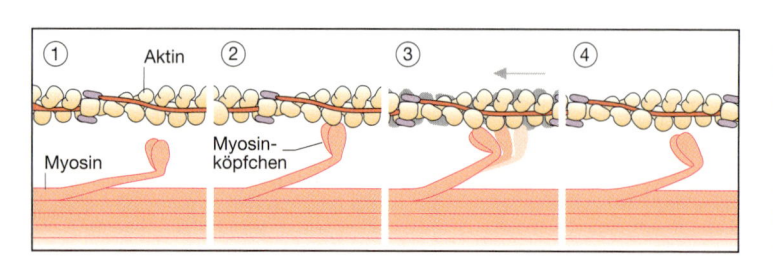

Bau des Muskels

Am isolierten Muskel lassen sich schon mit bloßem Auge *Muskelbündel* erkennen. Diese zeigen eine Gliederung in Faserbündel, die eine größere Anzahl von ca. 50 µm dicken Muskelfasern sowie Nervenfasern und Blutgefäßen zusammenfassen. Jede Muskelfaser ist eine einzige, von einer Membran umgebene, ungewöhnlich große Zelle, die durch Verschmelzung vieler getrennter Zellen gebildet wurde. Ihr Plasma ist reich an Mitochondrien. Die in den Zellen in Längsrichtung laufenden 1 bis 2 µm dicken *Myofibrillen* zeigen eine typische Querstreifung (deshalb quergestreifte Muskulatur), die sich aus dem Feinbau einer Myofibrille ergibt. Hauptsächlich zwei Proteinkomponenten bestimmen ihre Struktur. Die dünneren *Aktinfilamente* sind an quer gelagerten *Z-Scheiben* fest verankert; zwischen die Aktinfilamente sind die dickeren *Myosinfilamente* (ca. 0,01 µm) eingelagert.

Ablauf der Muskelkontraktion

Der Vergleich mikroskopischer Bilder gedehnter und kontrahierter Myofibrillen zeigt die näher aneinander gerückten Z-Scheiben. Myosin- und Aktinfilamente werden also bei der Kontraktion ineinander verschoben.

Wie ist dieses Ineinanderschieben zu erklären? Die Myosinfilamente zeigen im elektronenmikroskopischen Bild seitliche Fortsätze, die *Myosinköpfe*. Diese Köpfe können sich kurzzeitig mit dem Aktin verbinden und durch eine Kippbewegung Aktin und Myosin ca. 10 nm ineinander verschieben. Die Bindung von Aktin und Myosin wird nach dieser Kippbewegung wieder gelöst, die Köpfe gehen in ihre Ausgangsposition zurück. Dieser Vorgang wiederholt sich in großer Schnelligkeit und führt mit dem Ineinanderschieben der Filamente zur Muskelkontraktion. Jedes Myosinfilament trägt ungefähr 500 Myosinköpfchen und jedes von ihnen durchläuft während einer schnellen Kontraktion den Zyklus (Vorgang) ungefähr fünfmal in der Sekunde. Die Myosinköpfe sind in der Lage, ATP zu binden. Die beschriebene Kippbewegung geht mit der Spaltung von ATP einher; ATP-Spaltung und Bewegung sind also räumlich und zeitlich eng miteinander verknüpft.

Stoffwechsel

Die Rolle des ATP bei der Muskelkontraktion

Eine Vielzahl von Einzelbefunden ermöglichte es, eine Theorie zu den Vorgängen bei der Muskelkontraktion aufzustellen. Die wichtigen Befunde sind folgende:

1) In der Membran findet man eine besondere Form des endoplasmatischen Retikulums (ER), die als Ca^{2+}-Speicher dient. In der Membran dieses ER befinden sich spezielle Ionenpumpen, die Ca^{2+} in das ER transportieren.

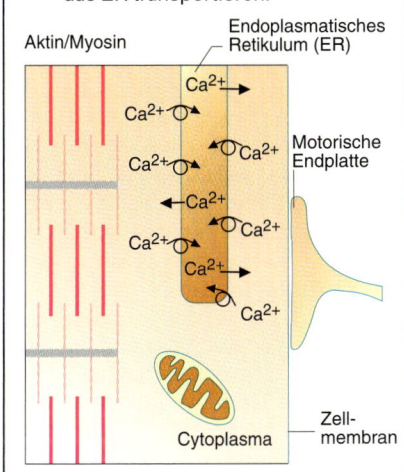

2) Gelangen Nervenimpulse an die Motorische Endplatte (die Nervenendigung an der Membran), erhöht sich schlagartig die Ca^{2+}-Permeabilität der Membran des Muskelzellen-ERs. Darauf erhöht sich die Ca^{2+}-Konzentration im Cytoplasma der Muskelzelle um ca. das 1000fache.

3) Das Myosinmolekül weist flexible Teile auf, die Änderungen seiner räumlichen Struktur ermöglichen. Nur in einer dieser räumlichen Strukturen hat der Myosinkopf Kontakt mit Aktin.

4) ENGELHARDT und seine Mitarbeiter stellten schon 1939 fest, dass der Myosinkopf ATP-Bindungsstellen aufweist. ADP und Phosphat dagegen werden vom Myosinkopf nicht gebunden.

5) Der Myosinkopf kann bei Anwesenheit von Aktin ATP schnell zu ADP und Phosphat spalten. Myosin wirkt also wie eine ATPase.

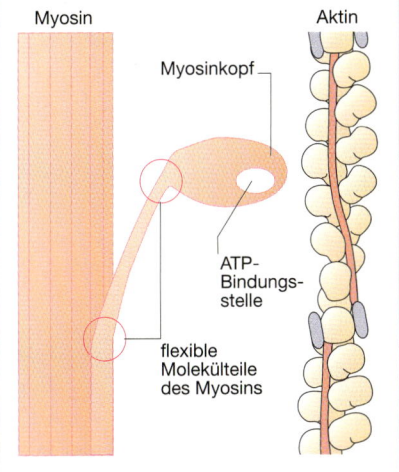

6) Eine Änderung der räumlichen Struktur von Myosin erfolgt unter verschiedenen Bedingungen:

   a) Hohe Ca^{2+}-Konzentrationen verändern die Struktur von Myosin und Aktin so, dass das Myosin in Kontakt mit Aktin tritt.

   b) Die Anlagerung von ATP an die ATP-Bindungsstelle des Myosinkopfes führt zu einer 90°-Einstellung des Myosinkopfes zum Myosinmolekül. Diese räumliche Struktur des Myosins bleibt nur bestehen, so lange ATP gebunden ist.

   c) Bei niedriger Ca^{2+}-Konzentration binden zwei weitere Proteine so an Aktin, dass sie den Zugang für das Myosinköpfchen blockieren. Bei höheren Ca^{2+}-Konzentrationen verändern diese beiden Proteine ihre Lage geringfügig, sodass Myosin an Aktin binden kann und die Kontraktion erfolgt.

Aufgaben

① Entwickeln Sie mithilfe der obigen Versuchsergebnisse die richtige Reihenfolge der Schemata in der folgenden Abbildung.

② Stirbt ein Wirbeltier, so tritt nach einigen Stunden Totenstarre ein: Alle Muskeln werden starr und hart. Gehetztes Wild zeigt nach dem Tode eine extrem kurze Zeit bis zum Einsetzen der Totenstarre. Erklären Sie diese Phänomene; überlegen Sie, in welcher Phase von der unten stehenden Abbildung sich ein Muskel in Totenstarre befindet.

③ Die Zugabe von ATP auf einen frisch isolierten Muskel führt nicht, wie man zuerst vermuten könnte, zu einer Kontraktion. Überlegen Sie, wie man tatsächlich eine Kontraktion auslösen könnte.

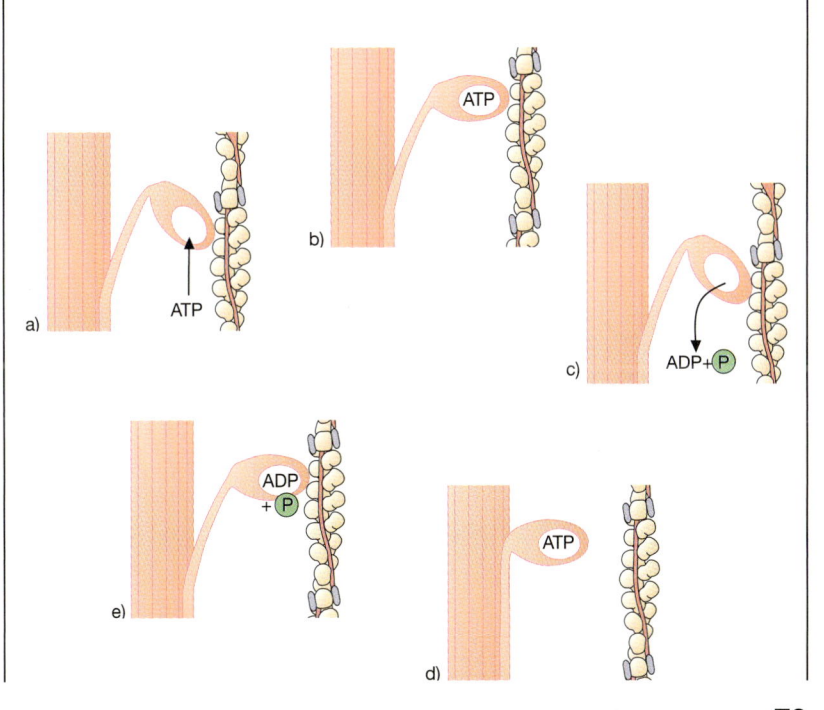

Stoffwechsel **79**

Was man beim Sport wissen sollte

Die individuelle sportliche Leistungsfähigkeit eines Menschen beruht hauptsächlich auf der Koordination der Bewegungsabläufe und dem Umsatz von Energie in den Muskeln. Die Bewegungskoordination ist an nervöse Vorgänge in vielen Teilen unseres Nervensystems gebunden. Durch gezieltes Training einer Technik wird die Ökonomie eines Bewegungsablaufes verbessert und dadurch die Leistung gesteigert. Der Energieumsatz ist an physiologische Prozesse gekoppelt.

Der Muskel bezieht seine Energie ausschließlich aus dem ATP. Allerdings ist dessen Konzentration im Muskel so gering, dass sie bei schwerer körperlicher Arbeit, z. B. einem 800-Meter-Lauf, nur 2 Sekunden reicht, um den Bedarf zu decken.

ATP muss erneut bereitgestellt werden. Messungen haben ergeben, dass drei Prozesse nacheinander für eine ausreichende ATP-Versorgung im Muskel sorgen. In den ersten 25 Sekunden wird das verbrauchte ATP sofort mithilfe von *Kreatinphosphat* regeneriert. Dies ist eine energiereiche Substanz, die in den Muskelzellen vorliegt. Sie reagiert mit dem bei den Muskelkontraktionen frei werdenden ADP zu ATP und *Kreatin*. Die biologische Bedeutung des Kreatinphosphats liegt also in seiner sofortigen Verfügbarkeit.

Demgegenüber wird Glukose, der eigentliche Energieträger und die Ausgangssubstanz für die *anaeroben* und *aeroben* Prozesse, als *Glykogen* im Muskel und in der Leber gespeichert. Glykogen ist, ähnlich wie die Stärke, eine aus vielen Glukosemolekülen zusammengesetzte *Polyglukose*. Die bei der Muskelkontraktion ausgelöste Ausschüttung von Calciumionen aktiviert die Enzyme des Glykogenabbaus. Mehrere Stoffwechsel- und Transportschritte müssen durchlaufen werden, bis die Glukose im Muskel eine ausreichende Konzentration erreicht. Erst danach gewährleisten die Gärungs- und Atmungsvorgänge die ATP-Versorgung.

Parallel zur Energiebereitstellung kann man beobachten, dass sich die Atemtiefe und der Puls eines Läufers während des Laufens steigern. Während dieser Zeit steht dem Körper also nur wenig Sauerstoff zur Verfügung, demnach kann auch nur wenig Glukose veratmet werden. Statt dessen wird Glukose in dieser Anfangsphase des Laufes hauptsächlich über BTS zu Milchsäure abgebaut. Bei dieser *Milchsäuregärung* wird im Vergleich zur Atmung nur wenig ATP gebildet. Trotzdem liefert der anaerobe Abbau der Glukose in den ersten Minuten eines Laufes den entscheidenden Beitrag zur ATP-Versorgung des Muskels. Milchsäure häuft sich im Muskel an. Bei Sprints oder Zwischenspurts ist diese Energiegewinnung ausreichend, bei längerer Belastung, wie Langlauf oder Skilaufen, genügt sie jedoch nicht.

Innerhalb von 60 – 90 Sekunden hat sich der Puls von 70 auf 170 bis 180 Schläge pro Minute und die Sauerstoffaufnahme auf das 8- bis 10fache erhöht. Damit steht den Muskelzellen in ausreichendem Maße Sauerstoff zur Verfügung. ATP kann

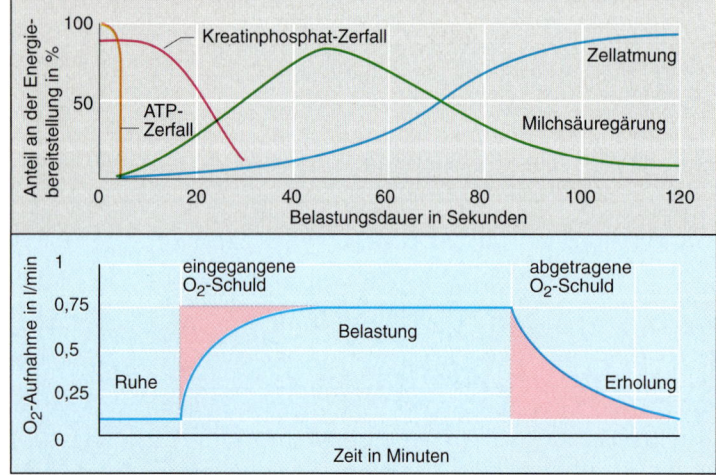

ATP-Bildung:
- durch Kreatinphosphat-Zerfall
- durch Milchsäuregärung
- durch Zellatmung

Stoffwechsel

Trainingsplan für „Nichtprofis":

Ziel dieses Trainings ist es, die körperliche Ausdauer zu steigern. Dreimal pro Woche 30 min Laufen sind für einen anhaltenden positiven Effekt ausreichend. Man sollte sanft mit einer Laufzeit von 15 min und einigen Pausen anfangen. An den folgenden Trainingstagen wird die Laufzeit anhand des Trainingsplans bis zu einer kontinuierlichen Laufzeit von 30 min erhöht. Der Puls sollte während des Laufens einen Maximalwert von 135 Schlägen pro Minute nicht überschreiten.

Lauftrainingsplan:

Dauerhaftes Endziel ist die letzte Phase. Die vorausgehenden einzelnen Phasen können je nach Bedarf wiederholt werden.

Lauf: 1 1 2 2 3 3	Pause: 1 1 2 2 2 3
Lauf: 2 2 3 3 5	Pause: 1 1 2 2 2
Lauf: 2 2 3 3 5 5	Pause: 1 1 2 2 3
Lauf: 2 2 5 5 7	Pause: 1 1 3 3
Lauf: 5 5 15	Pause: 3 3
Lauf: 3 5 17	Pause: 2 3
Lauf: 6 20	Pause: 3
Lauf: 5 25	Pause: 3
Lauf: 30 min	Pause:

bis zum Ende des Laufes durch den oxidativen Abbau der Glukose bereitgestellt werden. Überfordert sich ein Läufer in dieser Phase, so tritt trotz intensiver Atmung Sauerstoffmangel ein. Weitere Milchsäure wird gebildet. Überschreitet diese eine Konzentration von 1,5 g pro Liter Blut, dann wird das Blut übersäuert. Die Bindefähigkeit des Sauerstoffes an das Hämoglobin sinkt *(Bohr-Effekt)*. Der Läufer verspürt Atemnot und muss seine Geschwindigkeit herabsetzen, andernfalls bricht er zusammen.

Am Ende des Laufes muss der Sportler noch längere Zeit intensiv atmen. So wird die *Sauerstoffschuld* abgetragen, die er zu Beginn des Laufes eingegangen ist, als die Glukose zur Milchsäure abgebaut wurde. Die Milchsäure wird in der Leber zu Glukose umgebaut und zu den Muskeln zurücktransportiert. Kreatinphosphat wird regeneriert.

Bei der Skelettmuskulatur werden zwei Faserarten unterschieden: *langsame* und *schnelle Muskelfasern*. Die langsamen, dunkelroten Fasern haben einen hohen Myoglobingehalt und sind reich an Mitochondrien. Diese Fasern sind vorteilhaft bei Dauerleistungen und relativ langsamen Bewegungen. Die Energie wird aerob bereitgestellt. Die schnellen, hellroten Fasern haben einen geringen Myoglobingehalt und sind reich an Enzymen der Glykolyse. Diese anaerobe Energiebereitstellung ist bei den Bewegungsmuskeln sinnvoll. Das Mengenverhältnis der beiden Faserarten zueinander kann durch Training nicht verändert werden, es ist genetisch festgelegt.

Bei Untersuchungen an Sportlern fand man, dass bei regelmäßigem Training das Herzvolumen und die Anzahl der Kapillaren in den Muskeln zunehmen. Ein großes Herzvolumen bedeutet ein großes Schlagvolumen.

So kann ein Sportlerherz bis zu 200 ml, das Herz eines Untrainierten nur 100 bis 120 ml Blut pro Herzschlag in die Aorta pumpen. Die stärkere Kapillarisierung vergrößert die Austauschfläche für die Atemgase. Körperliches Training fördert also die Sauerstoffversorgung im Muskel. Es steigert die aerobe Glukoseverarbeitung und sorgt für eine bessere Energieausbeute. Neben der Sauerstoffversorgung ist der Glykogengehalt des Muskels von besonderer Bedeutung.

Der normale Glykogengehalt der Muskulatur stellt bei intensiver Arbeit für ca. 2 Stunden die Energie bereit. Dies macht sich bei Mannschaftssportarten bemerkbar. Wird den Spielern am Tage vor dem Spiel keine kohlenhydratreiche Nahrung gegeben, so stellen sich durch die geringere Glykogenmenge im Muskel besonders in der zweiten Spielhälfte Konditionsmängel ein. In Erholungsphasen, die mehrere Stunden bis Tage dauern können, werden die Glykogenreserven wieder aufgefüllt. Daher sollte am Tage vor dem Spiel auch kein Training mehr erfolgen. Ein effektives Training erfordert das Einhalten bestimmter Trainingsdurchgänge, die sowohl aus Muskelbelastung als auch aus Ruhepausen bestehen. Der Muskel baut bei Belastung die benötigten Materialien ab und baut diese durch neues Material wieder auf. Dieses übersteigt mengenmäßig etwas das abgebaute. Zu hartes Training oder zu kurz hintereinander folgende Trainingseinheiten bewirken daher, dass mehr Material abgebaut wird. Dieses Übertraining führt zu einem Muskelabbau. Sportphysiologen haben die folgenden Werte ermittelt: 24 bis 28 Stunden benötigt der Körper, um sich zu erholen; bis zu 72 Stunden nach einem extrem harten Training.

Stoffwechsel

5 Wasserhaushalt der Pflanzen

Mineralstoff- und Wasserhaushalt

Grüne Pflanzen sind *autotroph*. Im Unterschied zu den Tieren und dem Menschen nehmen sie keine energiereichen Nährstoffe auf. Ihre organischen Verbindungen bauen sie aus anorganischen Grundbausteinen auf, die in ihrer Umgebung vorkommen. Die Erkenntnis, dass grüne Pflanzen zur Ernährung nur einfache anorganische Verbindungen benötigen, geht auf JUSTUS VON LIEBIG (1803 — 1873) zurück.

Kohlenstoffdioxid wird aus der Luft aufgenommen. Aus dem Boden gelangen über die Wurzeln Wasser und die darin gelösten Mineralien, wie z. B. Nitrate, Phosphate, Eisen- oder Manganionen, in die Pflanze. Den größten Teil des *Frischgewichtes* lebender Pflanzen macht das Wasser aus. Daher ist der Wasserhaushalt ein zentrales Problem der Stoffwechselvorgänge in der Pflanze. Den Wassergehalt ermittelt man, indem die Pflanzen oder Pflanzenteile so lange bei 100 °C getrocknet werden, bis das Gewicht konstant bleibt. Erhitzt man diese Trockensubstanz unter Luftzufuhr auf hohe Temperaturen, so entweicht ein Teil der Elemente als Verbrennungsgas (CO_2 oder SO_2), während zahlreiche andere Elemente in der Asche zurückbleiben. Aus den *Aschenanalysen* kann jedoch nicht geklärt werden, ob diese Elemente für die Pflanze lebensnotwendig, d. h. *essenziell* sind, oder ob sie aus dem Boden nur zufällig aufgenommen und in der Pflanze abgelagert werden.

1 Magnesiummangel bei Getreide

Wassergehalt verschiedener Pflanzenteile

Tomate	94,1
Wassermelone	92,1
Apfel	84,1
Kartoffel	77,8
Kopfsalat	94,8
Holz (frisch)	49,0

Wassergehalt in % des Frischgewichtes

Genaue Aufschlüsse darüber, welche Elemente essenziell sind, erhält man durch Wasserkulturen. Hierbei kultiviert man Pflanzen in Nährlösungen mit genau festgelegten Konzentrationen der einzelnen Elemente und deren Verbindungen. Fehlt ein Element, kann man mehr oder weniger starke *Mangelerscheinungen* beobachten. Diese zeigen sich im Vergilben von Blättern, am kümmerlichen Wachstum oder Absterben von Pflanzenteilen (Abb. 1).

Element		Funktion im Stoffwechsel	aufgenommen als
C	Kohlenstoff	⎱	CO_2
O	Sauerstoff	Hauptbestandteil organischer Moleküle	CO_2, H_2O
H	Wasserstoff	⎰	H_2O
N	Stickstoff	Bestandteil von Aminosäuren, Proteinen	Nitrat, Ammonium
S	Schwefel	Proteine, Coenzym A	Sulfat
P	Phosphor	ATP, Nukleinsäuren	Phosphat
K	Kalium	Voraussetzung für Enzymfunktionen	⎱
Mg	Magnesium	Bestandteil von Chlorophyll	
Mn	Mangan	Enzymfunktion bei der Fotosynthese	Metallionen
Fe	Eisen	Bestandteil einiger Enzyme (Cytochrom)	
Cu	Kupfer	in Enzymen, Blattwachstum	
Zn	Zink	Bausteine von Enzymen, Streckungswachstum	⎰

2 Essenzielle Elemente und ihre Bedeutung

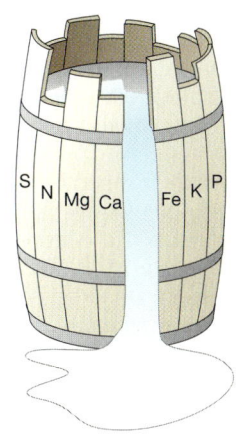

Gesetz von LIEBIG

Aus solchen Experimenten konnte man eine Liste der essenziellen Elemente ermitteln. Die *Makroelemente* sind Elemente, die in größeren Mengen gebraucht werden. Hierzu gehören C, H, O, N, S, P, K, Ca, Mg, Fe. Die *Mikro-* oder *Spurenelemente* sind nur in kleinsten Mengen erforderlich, aber unentbehrlich: Mn, Cu, Zn, Mo, Cl, Na. Von den meisten der genannten Elemente kennt man auch ihre molekulare Funktion im Bau- und Betriebsstoffwechsel (Abb. 82. 2).

Die Aufnahme der meisten Elemente erfolgt in Form von in Wasser gelösten Ionen über die Wurzel. Ionen, die in höherer Konzentration im Boden vorliegen als in der Wurzel, werden passiv durch Diffusion in das Wurzelgewebe aufgenommen. Da die aufgenommenen Ionen in der Wurzel abtransportiert werden, bleibt ständig ein *Konzentrationsgradient* erhalten. Bestimmte Ionen jedoch können, falls sie in geringer Konzentration vorliegen, auch aktiv über die Wurzeln aufgenommen werden. Dieser Vorgang ist energieabhängig, die in Form von ATP in der Wurzel zur Verfügung steht.

Beeinflusst der Mensch die Natur nicht, kehren die von der Pflanze aufgenommenen Elemente nach dem Absterben der Pflanze wieder in den Boden zurück. Durch das Ernten der Pflanzen wird dem Stoffkreislauf eine große Menge der Elemente entzogen. In der modernen Landwirtschaft nutzt man den Boden über viele Jahre intensiv, dadurch verarmt er an bestimmten Ionen. Diese werden zum begrenzenden Faktor. Das von LIEBIG aufgestellte „Gesetz des Minimums" sagt dazu aus: Der in der relativ geringsten Menge vorliegende Faktor begrenzt das Wachstum (siehe Randspalte). Mangel entsteht häufig an Stickstoff, Phosphor und Kalium. Der Landwirt muss durch entsprechende Düngung dem Boden die fehlenden Elemente wieder zuführen. Nur so kann er über Jahre einen ergiebigen Ertrag aufrecht erhalten. Ein wesentlicher Faktor bleibt jedoch immer die Versorgung mit genügend Wasser, um die Ionen für die Pflanze nutz- und transportierbar zu machen.

Der *biologisch-ökologische Landbau* versucht, einen möglichst geschlossenen Stoffkreislauf zwischen Boden, Pflanze, Tier und Mensch zu erhalten. Kennzeichnend hierfür ist die Pflege der im Boden lebenden Organismen durch eine umsichtige Bearbeitung und Düngung. Als Dünger werden hauptsächlich organische Materialien, wie aufgearbeiteter Mist oder Kompost, verwendet. Sie werden zusammen mit Gesteinsmehl und Algenprodukten angewandt. Die Pflanze wird so nicht durch leicht wasserlösliche Mineralsalze ernährt, sondern durch Abbaustoffe. Diese Stoffe entstehen durch Humus abbauende Bakterien und Pilze im Boden. Bakterien bilden z. B. aus Eiweißen anorganische Stickstoffverbindungen, wie *Nitrate*. Durch diese langsame Aufarbeitung der organischen Materialien können z. B. bei starken Regenfällen nicht so hohe Konzentrationen an leicht löslichen Stickstoffverbindungen aus dem Boden gewaschen werden und ins Grund- und Trinkwasser gelangen. Auf leicht lösliche, ätzende und chemisch aufgearbeitete Dünger sowie Wuchsstoffe und Hormone wird beim biologisch-ökologischen Landbau ganz verzichtet.

Es geht auch ohne Boden

In dichten Baumbeständen, wie z. B. im tropischen Regenwald, ist es für das Überleben kleinerer Pflanzen notwendig, einen guten Sonnenplatz hoch oben in den Bäumen zu haben. Lianen erreichen dies beispielsweise durch extrem lange, kletternde Triebe, die im Erdboden wurzeln. Andere Pflanzen siedeln sich von vornherein in den Baumkronen. Diese mit der Ananas verwandten Pflanzen nehmen das Wasser und die Mineralstoffe nicht aus dem Boden über die Wurzeln auf, sondern über trichterförmige Brunnen. Sie entstehen durch das dichte Zusammenschließen ihrer Blätter, in denen sich das Regenwasser sammeln kann. Bei einigen Formen können bis zu 300 ml gespeichert werden. Die Wurzeln haben nur die Aufgabe, die Pflanze in der Baumkrone zu verankern. Mineralstoffe gelangen zusätzlich durch Insektenlarven, absterbende Schnecken oder durch abfallende Blätter in die Brunnen. Durch Schuppenhaare werden das Wasser und die darin gelösten Mineralstoffe aus dem Trichter aufgenommen. Eine solche Überlebensstrategie ist nur in Gebieten mit häufigen Regenfällen und einer hohen Luftfeuchtigkeit möglich.

Stoffwechsel

Wassertransport in der Pflanze

Mammutbäume haben Stammhöhen von 100 m oder mehr. Das Wasser muss aus dem Boden in die Blätter in 100 m Höhe gelangen. Zwei Faktoren spielen eine Rolle, der *Wurzeldruck* und der *Transpirationssog*.

Hauptursache der enormen Transportleistung ist das Verdunstung der Wassermoleküle auf der Blattoberfläche. Die Wärmestrahlung der Sonne vergrößert das Konzentrationsgefälle des Wassers zwischen der Luft und dem Blattinnern, die *Transpiration* nimmt zu. In den Blättern entsteht ein Wasserdefizit, das durch Wasser aus den Blattzellen und den feinen Blattadern ausgeglichen wird. Aufgrund der *Oberflächenspannung* entstehen Wasserfäden von den Blattadern über die Blattstiele und die *Leitungsbahnen* bis in die Wurzelspitzen. In den Leitungsbahnen der Laubbäume strömt das Wasser mit Geschwindigkeiten von 4 bis 44 m/h, in Lianen sogar mit 150 m/h. Misst man bei großen Bäumen die Wasserbewegung, so ist sie nachts nicht nachweisbar. Am Morgen beginnt die Wasserbewegung in der Krone und setzt sich über den Stamm bis zur Wurzel fort. In der Mittagszeit kann der Transpirationssog so groß werden, dass nicht genügend Wasser nachgeliefert werden kann und im Baumstamm ein Unterdruck entsteht. Daher sind einige Baumstämme zur Mittagszeit messbar schlanker als nachts. Durch spiralige Leisten sind die Zellwände der Leitungsbahnen ähnlich wie bei einem Staubsaugerschlauch versteift, sodass diese nicht durch den Unterdruck kollabieren könen.

An frisch gefällten Wurzelstümpfen oder verletzten Baumstämmen tritt Wasser aus. Dies ist eine Folge des Wurzeldruckes. Er ist mit 500 kPa im Vergleich zum Transpirationssog von 93 000 kPa minimal und würde nur bis zu einer Baumhöhe von 10 m reichen. Er kommt dadurch zustande, dass mithilfe eines energieabhängigen Transportes Salze und andere Ionen aus den lebenden Zellen der Wurzeln in die abgestorbenen Zellen der Leitelemente transportiert werden. Die so erhöhten Ionenkonzentrationen bewirken, dass Wasser aus dem inneren Epidermisbereich in die Leitelemente diffundiert und den Wurzeldruck erzeugt. Seine biologische Bedeutung liegt darin, dass er selbst bei einer Luftfeuchtigkeit von fast 100 % einen Wassertransport gewähren kann. Im tropischen Regenwald ist daher der Wurzeldruck besonders entscheidend.

Im Gewebe des Blattes verlaufen Leitbündel. Äußerlich sind sie als Blattadern erkennbar. Sie dienen der Festigkeit und Stabilität der Blätter und ihrer Versorgung mit Wasser und Mineralien. Die Wassermoleküle haben nur noch eine geringe Diffusionsstrecke zu den fotosyntheseaktiven Zellen zurückzulegen. Folglich gelangt der Wasserdampf auch leicht zu den Spaltöffnungen und kann dort verdunsten.

1 Blatt mit Leitbündeln

Im Spross der Pflanze befinden sich die Leitgefäße. Sie bestehen aus zwei Teilen. Im *Xylem* strömt das Wasser von der Wurzel in den Spross und die Blätter. Das *Phloem* transportiert die Fotosyntheseprodukte aus den Blättern und verteilt sie in der Pflanze. Die Röhrensysteme des Xylems sind aus zusammengewachsenen Zellen entstanden, die abgestorben sind. Durch das Auflösen der Zellquerwände erreichen die Röhren eine Länge bis zu 10 mm.

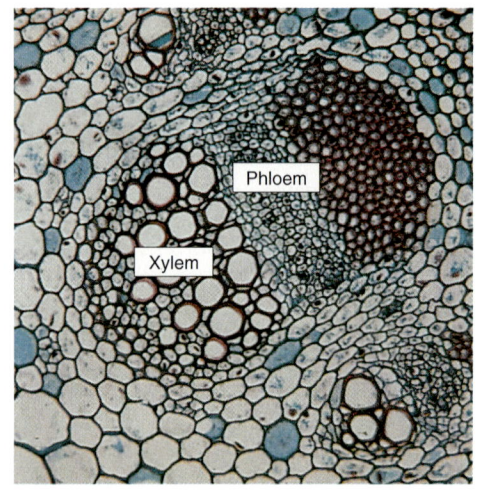

2 Leitgewebe

Die Wurzeln dringen mit ihren Wurzelhaaren in die mit Wasser gefüllten Hohlräume des Bodens. Wasser wird auf osmotischem Wege direkt in das Cytoplasma der Zellen aufgenommen oder es diffundiert in die Zellwände der Wurzelhaare. Auf dem Weg des Wassers von der Rinde in den Zentralzylinder liegt der *Caspari'sche Streifen*, eine wasserundurchlässige Einlagerung in den Zellwänden. Hier gelangt auch das Wasser aus den Zellwänden ins Cytoplasma.

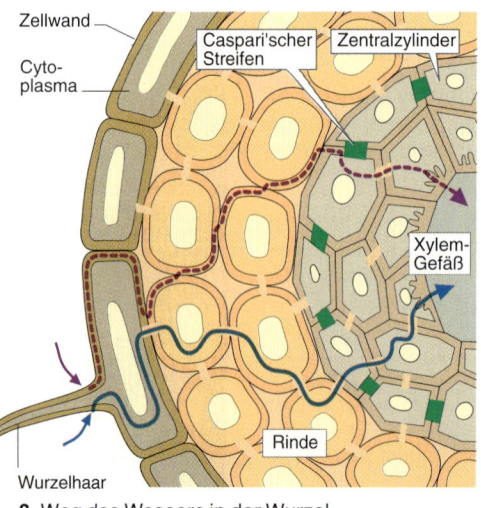

3 Weg des Wassers in der Wurzel

Stoffwechsel

Praktikum

Transpiration

1. Blätter verdunsten Wasser

Material: Beblätterte Zweige vom Flieder, Bohnenpflanzen o. ä., 6 Messzylinder (100 ml), Vaseline und Paraffinöl

Durchführung: Schneiden Sie 5 gleich große Zweige mit jeweils derselben Anzahl von etwa gleich großen Blättern ab. Stellen Sie die Zweige, entsprechend der folgenden Tabelle, in die mit Wasser gleich voll gefüllten Gefäße.

Gefäß-Nr.
1 Kontrollprobe ohne Zweig
2 Zweig, von dem die Blätter abgetrennt wurden
3 Zweig mit Blättern (unbehandelt)
4 Zweig mit Blättern, deren Unterseiten dünn mit Vaseline bestrichen wurden
5 Zweig mit Blättern, deren Oberseiten mit Vaseline dünn bestrichen wurden
6 Zweig mit Blättern, deren Ober- und Unterseiten dünn mit Vaseline bestrichen wurden.

Gießen Sie zum Schluss auf die Wasseroberfläche eine dünne Schicht Paraffinöl (Abb. unten).

Auswertung: Messen Sie alle 24 Stunden die Wasserspiegel in den Gefäßen. Bilden Sie die Differenzen zum jeweiligen Ausgangspunkt und stellen Sie diese grafisch dar.

2. Blattoberseite und -unterseite sind unterschiedlich

Material: Blätter einer Tulpe oder Tradescantia, Mikroskop, Objektträger, Deckgläschen, Wasser, Pipette, Pinzette, Rasierklinge, 10 %ige Natriumchloridlösung

Durchführung: Legen Sie ein Blatt mit der Blattunterseite bzw. -oberseite nach oben über einen Bleistift und ritzen Sie es mit der Rasierklinge etwas ein (s. Abb.).
Erfassen Sie mit der Pinzette die Schnittkante und ziehen Sie die äußere Gewebeschicht vorsichtig ab. Bitte beachten Sie, dass diese Schicht nicht mehr grün sein sollte.

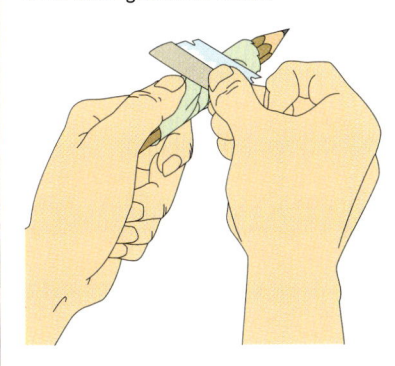

Arbeitsauftrag: Mikroskopieren Sie je ein kleines Gewebestück der Ober- und Unterseite des Blattes und fertigen Sie Ausschnittskizzen an. Zeichnen Sie insbesondere die Strukturen genau, über die eine Wasserabgabe erfolgen könnte. Geben Sie anschließend zu dem Gewebestück der Blattunterseite einige Tropfen Natriumchloridlösung und beobachten Sie die Reaktion unter dem Mikroskop.

3. Verhältnis der Porusgröße zur Gesamtblattfläche

Material: Blätter einer Tulpe, Iris oder Tradescantia, Mikroskop, Objektträger, Deckgläschen, Wasser, Pipette, Pinzette, Rasierklinge, Okularmikrometer und Objektmikrometer.

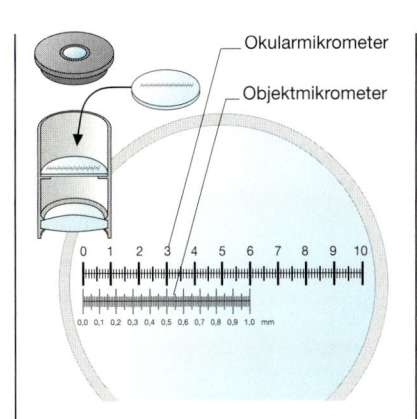

Durchführung: Präparieren Sie wie im Versuch 2 ein kleines Gewebestück der Blattunterseite. Eichen Sie mithilfe des Objektmikrometers das Okularmikrometer (s. Abb.).

Arbeitsauftrag: Zählen Sie die Anzahl der Spaltöffnungen, die sich auf einer Fläche von 1 mm² befinden. Messen Sie mithilfe des Okularmikrometers die Länge und Breite von 10 Spaltöffnungen und bestimmen Sie die Mittelwerte. Nehmen Sie stark vereinfacht an, dass Spaltöffnungen die Form eines Rechtecks haben. Berechnen Sie unter dieser Annahme die Fläche eines Porus, die Fläche aller Pori pro mm² und ihren prozentualen Anteil pro mm² Blattfläche.

4. Der Randeffekt

Material: 5 Petrischalen, Filterpapier, Korkbohrer (Durchmesser in mm), Stecknadel, Wasser, Pipette, Waage mit $1/100$ g Einteilung.

Durchführung: Legen Sie die Böden der Petrischalen mit zwei Lagen Filterpapier aus. Pipettieren Sie 6 ml Wasser auf die Filterpapiere. Stanzen Sie, den Angaben in der Tabelle entsprechend, Löcher in die Alufolie, mit der Sie die Petrischalen abdecken.

Petrischale	Durchmesser	Anzahl
1	ganz geschlossen	
2	14	1
3	7	4
4	5	8
5	0,5	784

Wiegen Sie die Petrischalen unmittelbar nach der Fertigstellung des Versuchs und nach jeweils 30 min.

Arbeitsauftrag: Berechnen Sie die Gesamtfläche und den Gesamtumfang der Löcher für den jeweiligen Versuch. Bestimmen Sie die Gewichtsdifferenzen und erläutern Sie das Ergebnis. Übertragen Sie es auf das Phänomen der Transpiration.

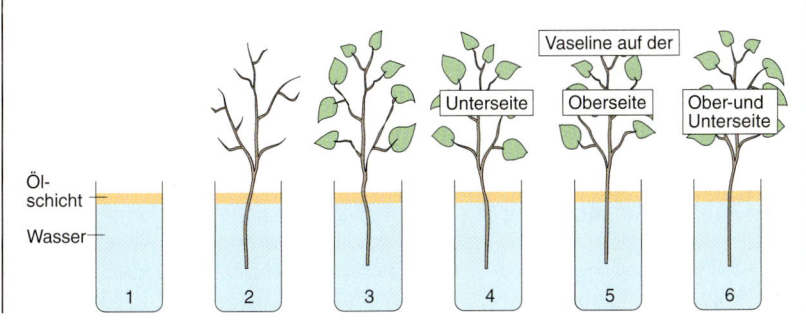

Stoffwechsel

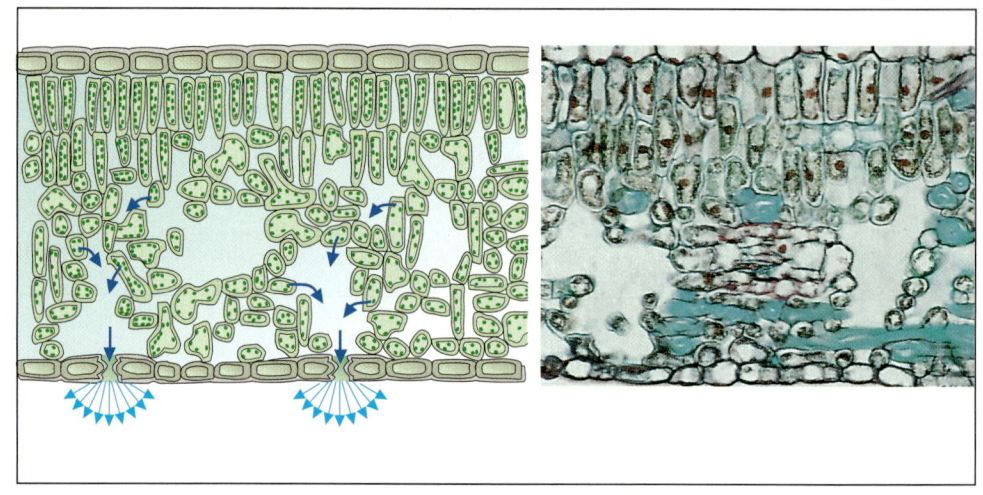

1 Zeichnung und mikroskopische Aufnahme eines Blattquerschnittes

Bau und Funktion des Blattes

Fast alle Pflanzen besitzen Blätter. Die Form der Blätter kann von kleinen Schuppen bis zu meterlangen Wedeln, vom Laubblatt bis zur Nadel variieren. Meist sind die Blätter grün, haben eine große Oberfläche, ihre Lage ist exponiert und sie stehen senkrecht zum Lichteinfall. Sie haben zwei Funktionen: *Transpiration* und *Fotosynthese*. Für den Vorgang der *Fotosynthese* sind Kohlenstoffdioxid, Wasser und Licht notwendig.

Die Blätter werden von einer einschichtigen Zellreihe, der *Epidermis*, nach außen abgegrenzt. Sie ist frei von *Chloroplasten* und enthält demnach auch nicht den grünen Blattfarbstoff, das *Chlorophyll*, welches ausschließlich in diesen Organellen vorkommt. Die äußeren Zellwände der Epidermis sind verdickt und schließen lückenlos aneinander. Auf die Zellen aufgelagert ist die *Kutikula*, eine für Wasser und Gase schwer durchlässige Wachsschicht. An mehreren Stellen der Blattunterseite erkennt man kleine Poren, die *Spaltöffnungen*. Sind sie geöffnet, so können Gase wie Sauerstoff, Kohlenstoffdioxid und Wasserdampf besonders effektiv *(Randeffekt)* durch sie diffundieren.

Im mikroskopischen Bild fallen besonders die großen, senkrecht zur Blattoberseite stehenden, zylindrischen Zellen auf. Sie stehen dicht gedrängt. Lediglich feine Spalten durchziehen dieses Gewebe. Die Anordnung der Zellen gewährleistet, möglichst viel des eingestrahlten Lichtes aufzufangen. Diese Zellschicht wird als *Palisadengewebe* bezeichnet, da die Zellen wie Pfähle einer *Palisadenwand* aufgereiht sind. Das Palisadengewebe enthält etwa 80 % der Chloroplasten eines Blattes und ist somit der Hauptort der Fotosynthese.

Darunter liegt ein lockerer Gewebebereich, dessen Zellen sehr unterschiedliche und unregelmäßige Formen besitzen. Man erkennt zahlreiche Zwischenräume *(Interzellularen)*, die untereinander in Verbindung stehen und mit den in der unteren Epidermis liegenden Spaltöffnungen und den feinen Spalten zwischen manchen Palisadenzellen Kontakt haben. Die Zellen dieser Gewebeschicht, die man als *Schwammgewebe* bezeichnet, besitzen deutlich weniger Chloroplasten als die Zellen des Palisadengewebes.

Eingebettet in Palisaden- und Schwammgewebe liegen die Blattleitbündel, die wie Adern das Blatt durchziehen. Über sie wird das Blatt mit Wasser versorgt. Fotosyntheseprodukte, die nicht im Blatt gespeichert werden, nehmen die Blattleitbündel auf und leiten sie in umgekehrter Richtung in den Stamm und die Wurzel.

Aufgrund des weit verzweigten Interzellularsystems ist die Zelloberfläche 100-mal so groß wie eine Blattfläche. Hierdurch wird ein intensiver Stoffaustausch zwischen den Fotosynthese treibenden Zellen, den Leitbündeln und den Spaltöffnungen ermöglicht. Kohlenstoffdioxid kann ungehindert zu den Zellen sowie Sauerstoff und Wasserdampf in umgekehrter Richtung zu den Spaltöffnungen diffundieren.

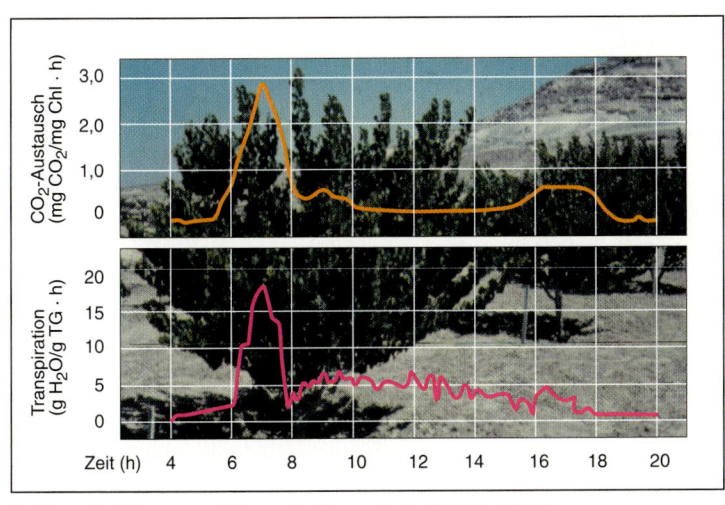

1 Stomataöffnung und Transpirationsrate im Tagesverlauf

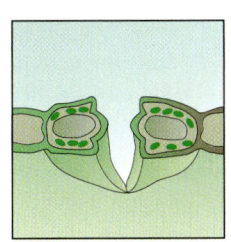

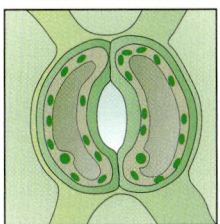

Stomata geöffnet

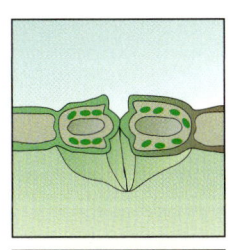

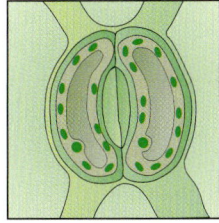

Stomata geschlossen

Pflanzen machen Mittagspause

Pflanzen können die Öffnungsweite ihrer Spaltöffnungen *(Stomata)* verändern. Mit zunehmender Lichtintensität im Laufe des Vormittags vergrößert sie sich, dagegen schließen sich in trockenen Lebensräumen die Spaltöffnungen zur Mittagszeit. Erst am späten Nachmittag öffnen sie sich erneut.

Parallel zu diesen Bewegungsvorgängen verändert sich die *Transpirationsrate*, was vermuten lässt, dass der Wasserdampf fast ausschließlich über die Spaltöffnungen *(stomatäre Transpiration)* entweicht. Messungen bei geschlossenen Stomata belegen, dass die Transpiration durch die Kutikula *(kutikuläre Transpiration)* unbedeutend ist.

Die meisten Blätter besitzen zahlreiche Stomata. Die Summe aller Öffnungen beträgt jedoch nur 0,5 bis 2 % der Blattfläche. Trotzdem verdunstet ein Blatt mittels Transpiration bis zu 60 % der Wasserdampfmenge, die von einer gleich großen, unbedeckten Wasseroberfläche abgegeben wird.

Die von der offenen Fläche verdunstenden Moleküle diffundieren in die gleiche Richtung und behindern sich gegenseitig. Demgegenüber können über eine Vielzahl kleiner Poren, die zusammen die gleiche Fläche ergeben, in der gleichen Zeit wesentlich mehr Wassermoleküle austreten. Dies liegt daran, dass sich über jeder Pore eine halbkugelförmige Wasserdampfkuppe bildet und die Moleküle ohne gegenseitige Störungen auch nach den Seiten diffundieren können *(Randeffekt)*.

Alle Poren sind umgeben von zwei bohnenförmigen *Schließzellen*, die in ihrer Mitte einen Spalt frei lassen und sich an ihren Enden berühren. Ihre unmittelbaren Nachbarzellen werden als *Nebenzellen* bezeichnet. Sie gehören ebenfalls zum Spaltöffnungsapparat. Die Schließzellen enthalten als einzige Zellen der Epidermis Chloroplasten. Eine weitere Besonderheit ist die unterschiedliche Verdickung der Zellwände. Die Außen- und Innenwände sind besonders massiv aufgebaut. Damit sind sie relativ starr und in ihrer Form unveränderbar. Demgegenüber sind die an die Nebenzellen grenzenden Zellwände unverdickt und folglich elastisch. Auch die dem Spalt zugewandte Bauchseite der Schließzellen besitzt einen dünnen, elastischen Bereich. Erhöht sich der Innendruck *(Turgor)* der Schließzellen, so dehnen sich die elastischen Rückenwände. Die Zellen wölben sich in die Nebenzellen hinein. Da die Außen- und Innenwände relativ starr sind, wird die etwas elastische Bauchseite durch die Bewegung der Rückenseite nachgezogen. Die Gestalt der Schließzellen wird stärker bohnenförmig, der Spalt öffnet sich (siehe Randspalte).

Die Öffnung des Spaltes hängt ausschließlich vom Turgor der Schließzellen ab. Da bei Wassermangel auch in diesen Zellen der Turgor abnimmt, wird verständlich, dass sich die Stomata unter diesen Bedingungen schließen. Dieser Regulationsmechanismus ist bei Trockenheit sozusagen ein Sicherheitsventil.

Abb. 1 zeigt, dass die Öffnungsweite der Schließzellen von der Lichtintensität abhängig ist. Begast man jedoch das Interzellularsystem mit kohlenstoffdioxidfreier Luft, so öffnen sich die Spaltöffnungen auch im Dunkeln. Folglich steuert die Lichtintensität die Öffnungsweite der Stomata nur indirekt über die Konzentration des Fotosynthesesubstrates CO_2.

Neue Untersuchungen lassen vermuten, dass ein Absinken des Kohlenstoffdioxidgehaltes im Gewebe eine Erhöhung des pH-Wertes zur Folge hat und so bestimmte Ionenpumpen in der Membran aktiviert. Diese transportieren hauptsächlich Kaliumionen in das Innere der Schließzellen. Die Saugkraft dieser Zellen erhöht sich und Wasser strömt aus den Nebenzellen nach. Der Turgor nimmt zu, dadurch vergrößern die Schließzellen ihren Porus. In der Dunkelheit reichert sich Kohlenstoffdioxid aus der Atmung an. Die Prozesse laufen in gegenläufiger Richtung ab, die Poren schließen sich.

Stoffwechsel

6 Äußere Faktoren der Fotosynthese

1 Lichtdurchflutete Blätter

2 Solarmobil

Lichtenergie spendet Leben: Die Fotosynthese

Aus einem kleinen Samen kann eine stattliche Pflanze entstehen. Der Zuwachs an Biomasse ist dabei enorm. Woher bezieht die Pflanze Energie und Baustoffe zum Wachsen? Tiere, Pilze und die meisten Bakterien benötigen energiereiche Substanzen, aus denen in Abbauprozessen energiereiches ATP gewonnen wird. Auch die im *Baustoffwechsel* entstehenden körpereigenen Substanzen sind energiereich.

Nicht so die grüne Pflanze. Sie nimmt in der Regel keinerlei organische oder andere energiereiche Substanzen auf. Und doch zeigt sie ebenfalls die meisten der für Tiere typischen, Energie verbrauchenden Lebensprozesse: Sie wächst, zeigt Reizbarkeit, Bewegung und Fortpflanzung.

Die grüne Pflanze nutzt das riesige Energiereservoir der Sonne aus. Mithilfe der Lichtenergie werden im Prozess der *Fotosynthese* die anorganischen Stoffe Kohlenstoffdioxid und Wasser zu energiereicher Glukose und zu Sauerstoff umgebaut. Die Glukose bildet den Ausgangsstoff für den Baustoffwechsel der Pflanze und auch für die Atmung zur Energiegewinnung. Die meisten Pflanzen bauern allerdings Glukose sofort in Stärke um, da diese nur schwer löslich und osmotisch wenig wirksam ist. Dadurch kann kein zu hoher osmotischer Druck entstehen, der die Zelle zerstören und die Pflanze schädigen könnte. Vor allem nachts, wenn die Energie des Sonnenlichts fehlt, wird ein Teil der Stärke über Glykolyse, Citratzyklus und die Atmungskette wieder abgebaut.

Das Bruttoschema der Fotosynthese entspricht formal der Umkehrung des Bruttoschemas der Zellatmung:

$$6\,CO_2 + 6\,H_2O \rightarrow C_6H_{12}O_6 + 6\,O_2$$

Daher wird auch genau dieselbe Energiemenge gespeichert (2 872 kJ/mol), die bei der Zellatmung frei wird.

Der Abbau energiereicher organischer Substanz wie bei der Zellatmung oder der Gärung stellt einen *Dissimilationsprozess* dar. Die Fotosynthese dagegen, bei der mithilfe der Lichtenergie Glukose entsteht, ist ein *Assimilationsprozess:* Unter Energiezufuhr wird aus energiearmen anorganischen Stoffen energiereiche organische Substanz aufgebaut.

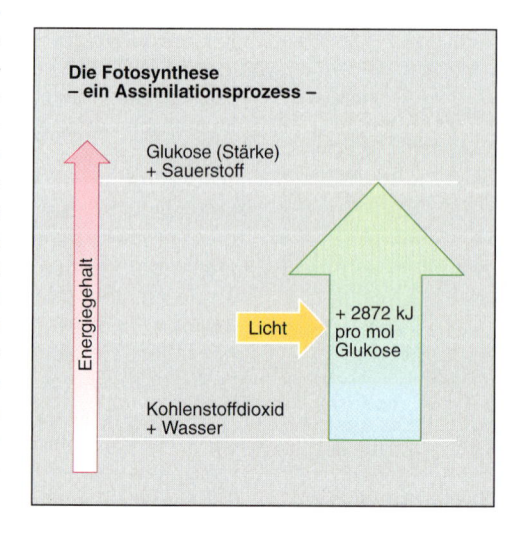

Die Fotosynthese
– ein Assimilationsprozess –

Energiegehalt

Glukose (Stärke) + Sauerstoff

Licht → + 2872 kJ pro mol Glukose

Kohlenstoffdioxid + Wasser

Stoffwechsel

Praktikum

Versuche zur Fotosynthese

1. Bedeutung der Außenfaktoren

Geräte: großes Becherglas, Diaprojektor, verschiedene Farbfilter: violett, blau, grün, rot
Material: frische Sprosse der Wasserpest (Elodea)

a) Füllen Sie das Becherglas zur Hälfte mit abgekochtem, abgekühltem Leitungswasser. Geben Sie einen Spross der Wasserpest hinein. Schneiden Sie den Spross unter Wasser am unteren Ende durch. Belichten Sie mit dem Projektor aus ca. 20 cm Abstand und bestimmen Sie über 5 Minuten die Anzahl der Gasblasen, die pro Minute an der Schnittstelle austreten.
b) Füllen Sie das Becherglas mit CO_2-haltigem Mineralwasser auf (ungefähr gleiche Temperatur wie das Leitungswasser). Bestimmen Sie erneut über 5 Minuten die Zahl der Gasblasen pro Minute.
c) Schalten Sie den Diaprojektor ab und ermitteln Sie wieder über 5 Minuten die Zahl der Gasblasen pro Minute.
d) Schalten Sie den Diaprojektor wieder an und bestimmen Sie erneut über 5 Minuten die Anzahl der Gasblasen pro Minute. Schieben Sie anschließend einen Farbfilter in den Diaprojektor. Messen Sie nun über 10 Minuten die Zahl der Gasblasen pro Minute. Verwenden Sie gruppenteilig verschiedene Farbfilter.

Aufgabe

① Stellen Sie zur Auswertung die Ergebnisse grafisch dar (Blasenanzahl pro Minute gegen die Wellenlänge des Farbfilters). Welche Schlüsse lassen sich aus den Versuchen ziehen?

Dünnschichtchromatographie

Die Chromatographie ist eine Methode zur Trennung von gelösten Stoffgemischen. Sie wird heutzutage in fast allen Bereichen der biologischen Forschung eingesetzt. Hierzu trägt man das Gemisch auf einem Trägermaterial (z. B. Papier oder Kieselgel) auf. Anschließend lässt man ein Laufmittel durch das Trägermaterial fließen. Die einzelnen Bestandteile des Gemisches haften wegen ihrer verschiedenen Eigenschaften einerseits unterschiedlich fest am Trägermaterial, werden aber andererseits unterschiedlich gut mit dem Laufmittel transportiert. Dadurch legen sie unterschiedliche Strecken zurück (Laufstrecken), anhand derer sie identifiziert werden können. Als Maßzahl dient dabei der sogenannte r_f-Wert. Darunter versteht man den Quotienten aus der Laufstrecke und der Frontstrecke (Startlinie bis zur Lösungsmittelfront).

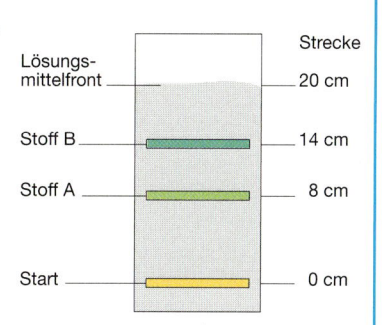

Berechnungsbeispiel:
Laufstrecke A = 8 cm
Frontstrecke = 20 cm
r_f-Wert A = 8/20 = 0,4

2. Isolierung der Blattfarbstoffe durch Dünnschichtchromatographie

Geräte: Schere, Mörser mit Pistill, Petrischale, Chromatographiekammer, DC-Platten (am besten mit Kieselgel beschichtet), Kapillare
Material: Petersilie, Schnittlauch, Brennnessel o. ä., Quarzsand, $CaCO_3$, Propanon (Aceton) [F]
Laufmittel: 100 ml Petrolbenzin (Siedebereich 100 °C – 140 °C), 10 ml 2-Propanol (Isopropanol) [F], 0,25 ml dest. Wasser

a) Das Pflanzenmaterial mit der Schere zerkleinern.
b) Im Mörser mit Quarzsand, einer Spatelspitze $CaCO_3$ und ca. 10 ml Propanon zerreiben (Abzug oder offenes Fenster!).
c) Die tiefgrüne Lösung in die Petrischale abgießen.
d) Mit der Kapillare in ca. 2 cm Höhe auf die DC-Platte auftragen (Punktlinie bilden, trocknen lassen, neue Punkte auf dieselbe Linie).
e) Die DC-Platte nun in die Chromatographiekammer stellen, in der sich ca. 1 cm hoch Laufmittel befindet. Die Kammer abdecken und erschütterungsfrei stehen lassen, bis das Laufmittel fast den oberen Rand erreicht hat.

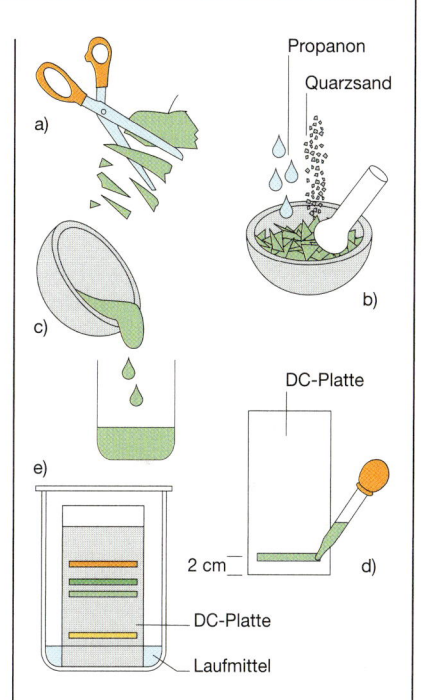

Aufgaben

① Markieren Sie die Laufmittelfront auf der Platte und messen Sie in der Mitte der Platte ihre Entfernung von der Startlinie. Verfahren Sie auf gleiche Weise mit den einzelnen Farbstoffbanden und ermitteln Sie deren r_f-Werte. Bestimmen sie nach der nebenstehenden Tabelle, um welche Farbstoffe es sich handelt.
② Bestrahlen Sie die DC-Platte mit UV-Licht (360 nm).

r_f-Werte für Kieselgelplatten und das angegebene Laufmittel:

Stoff	r_f-Wert
β-Carotin	0,95
Chlorophyll a	0,74
Chlorophyll b	0,64
Lutein	0,48
Violaxanthin	0,35
Neoxanthin	0,20

Die Werte können bei Schulversuchen variieren, die Reihenfolge bleibt erhalten.

Äußere Einflüsse auf die Fotosynthese

Gemüse und andere Pflanzen werden heute vielfach in Gewächshäusern angebaut. Es ist hier wichtig, den Pflanzen Bedingungen zu bieten, unter denen sie optimal wachsen und Fotosynthese treiben können. Hierzu misst man unter anderem die *Fotosyntheserate* einer Pflanze, indem man die Sauerstoffabgabe oder -aufnahme pro Zeit ermittelt (als Messgrößen sind auch die Abgabe und Aufnahme von Kohlenstoffdioxid möglich). Man unterscheidet dabei die durch die Fotosynthese verursachte Sauerstoffproduktion *(reelle Fotosynthese)* und die nach außen hin messbare Sauerstoffbilanz *(apparente Fotosynthese)*, die von anderen Prozessen wie der Zellatmung mitbestimmt wird.

brauch durch die Atmung größer als die Produktion durch die Fotosynthese, die Pflanze nimmt daher Sauerstoff auf. Bei höherer Beleuchtungsstärke, am *Kompensationspunkt*, gleichen sich diese beiden Prozesse genau aus. Bei noch höherer Beleuchtungsstärke gibt die Pflanze Sauerstoff ab, da die Produktion durch die Fotosynthese den Verbrauch durch die Atmung übersteigt. Im zweiten Bereich erreicht die Sauerstoffabgabe bei einer bestimmten Beleuchtungsstärke einen Höchstwert. Dieser wird auch bei höheren Beleuchtungsstärken beibehalten. Der Fotosyntheseapparat ist mit Licht gesättigt, andere Faktoren begrenzen die Geschwindigkeit. Einer dieser Faktoren ist

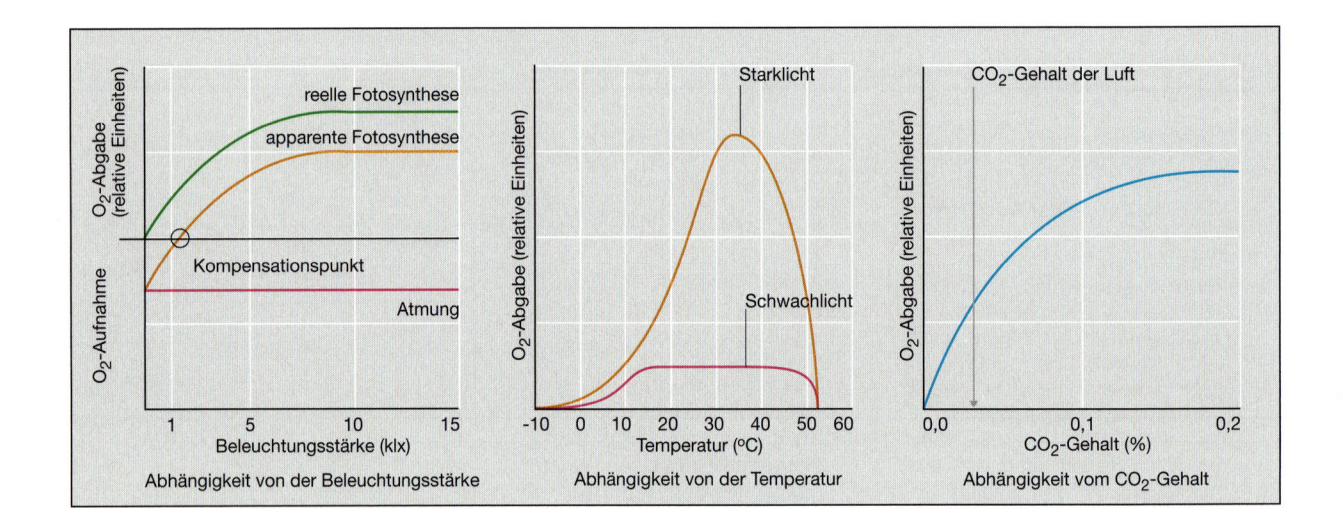

Einer der Faktoren, die die *Fotosyntheserate* beeinflussen, ist die Beleuchtungsstärke. Bei der erhaltenen Kurve lassen sich zwei Bereiche unterscheiden: Im Bereich niedriger Beleuchtungsstärken nimmt die Fotosyntheserate mit der Stärke der Beleuchtung zu. Diese bestimmt hier die Intensität der Fotosynthese. Bei sehr geringen Beleuchtungsstärken ist der Sauerstoffver-

die *Temperatur*. Bei Lichtsättigung zeigt sich eine Temperaturabhängigkeit, die für enzymatische Reaktionen typisch ist. Die Geschwindigkeit der Synthesereaktionen bestimmt dann die Geschwindigkeit der Fotosynthese. Dagegen wirkt bei Schwachlicht die Beleuchtungsstärke begrenzend. Einen weiteren Faktor stellt die Menge des vorhandenen Kohlenstoffdioxids dar.

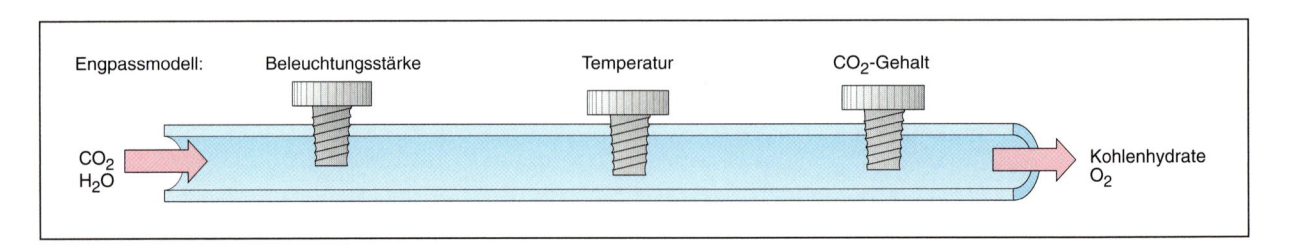

Sonnenblätter — Schattenblätter

Die Rotbuche besitzt die zwei Blatttypen *Sonnenblatt* und *Schattenblatt*. Diese unterscheiden sich in Fläche, Dicke und Fotosyntheserate sowie in ihrem Standort in der Baumkrone. Der Kompensationspunkt der Schattenblätter liegt bei sehr geringen Beleuchtungsstärken; deshalb erbringen sie auch bei geringem Licht eine positive Stoffbilanz für die Pflanze. Sonnenblätter dagegen können höhere Beleuchtungsstärken besser ausnutzen und sind in diesem Bereich leistungsstärker.

Die unterschiedliche Anzahl Zellschichten im Palisadenparenchym lässt sich anhand eines einfachen Prinzips deutlich machen:

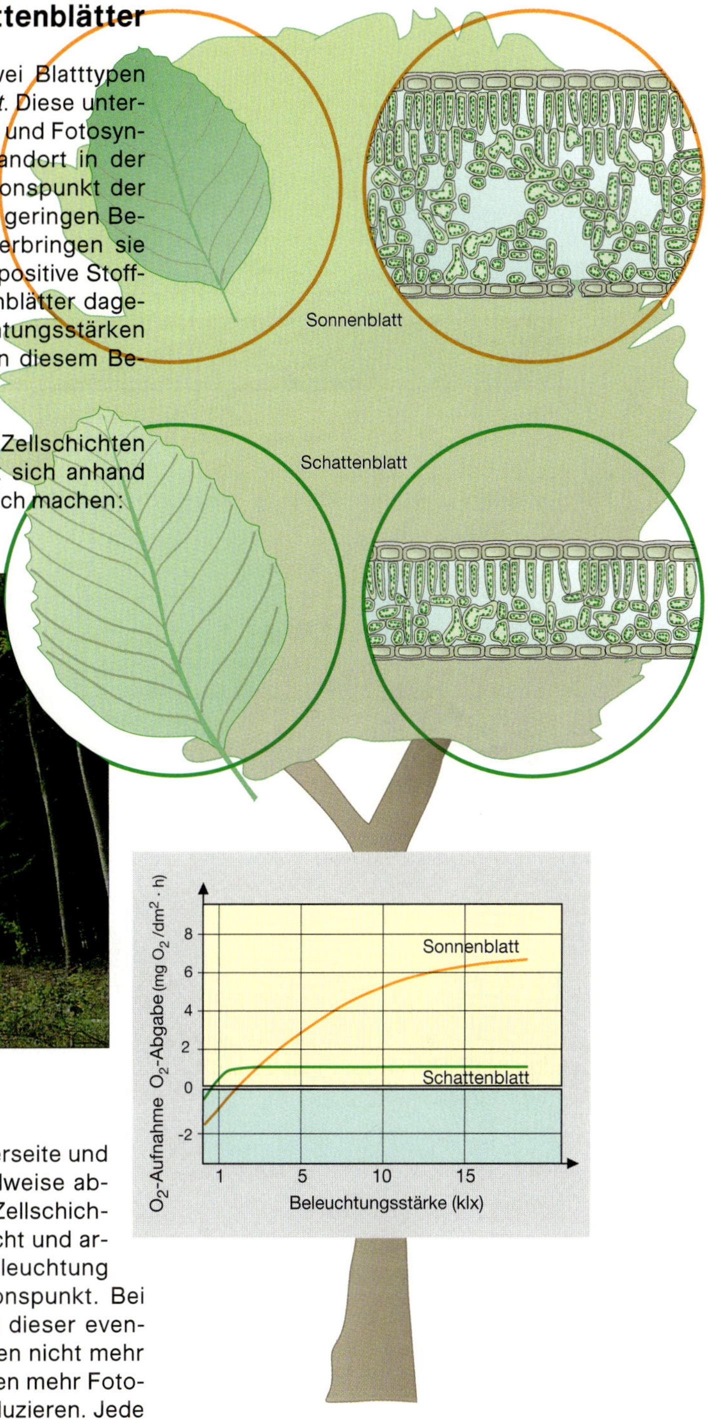

Das Licht trifft auf die Blattoberseite und wird von jeder Zellschicht teilweise absorbiert. Die tiefer liegenden Zellschichten erhalten daher weniger Licht und arbeiten auch bei starker Beleuchtung näher an ihrem Kompensationspunkt. Bei schwacher Beleuchtung wird dieser eventuell von den tiefsten Schichten nicht mehr erreicht. Die Zellen verbrauchen mehr Fotosyntheseprodukte als sie produzieren. Jede Zellschicht des Blattes ist aber für die gesamte Pflanze nur dann vorteilhaft, wenn sie im Durchschnitt eine positive Stoffbilanz erzielt. Es zeigt sich also, dass beide Blatttypen hinsichtlich der Anzahl der Zellschichten optimal an ihren Kronenstandort angepasst sind. Die weiteren Konsequenzen hieraus zeigen sich deutlich in einem Wald. Die untersten Äste geraten durch das Wachstum des Baumes in immer dunklere Kronenbereiche. Daher können Blätter in dieser Zone keine positive Bilanz mehr erzielen. Es werden keine neuen Blätter mehr gebildet, und die unteren Kronenbereiche werden kahl. Falls diese Bereiche später wieder genug Licht erreicht (z. B. am Rande eines Kahlschlages), können neue Zweige und Blätter gebildet werden.

Stoffwechsel

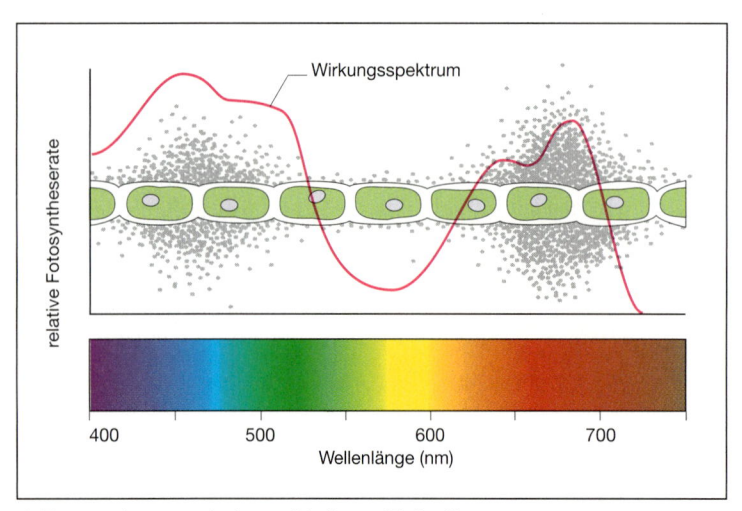

1 Fotosyntheserate bei verschiedenen Wellenlängen

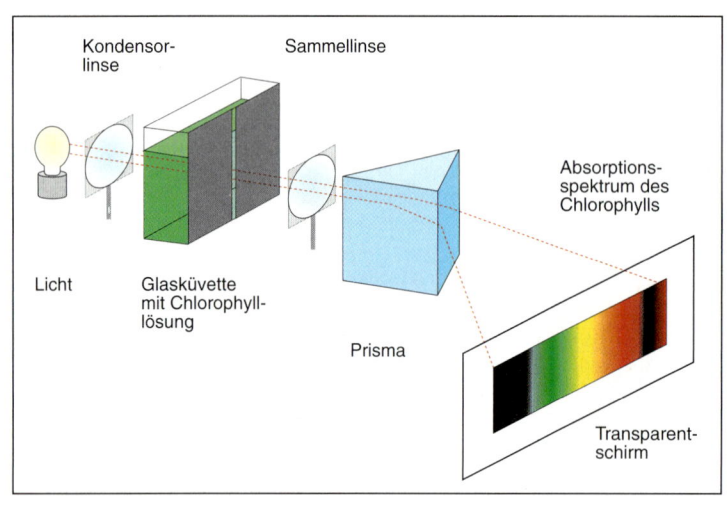

2 Absorption durch Chlorophyll

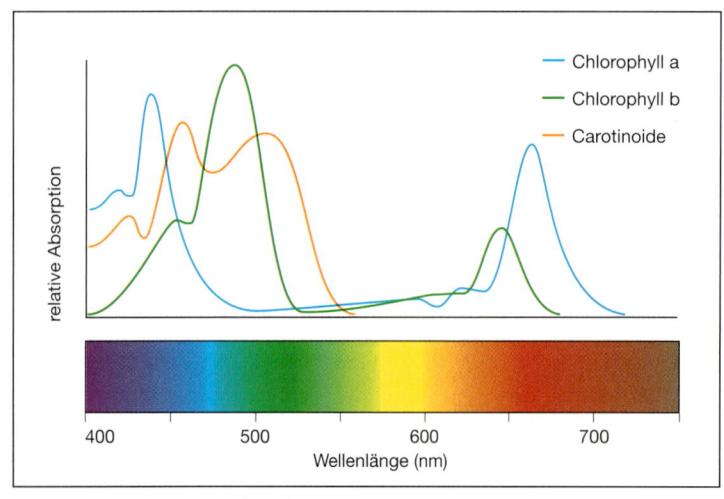

3 Absorptionsspektren der Blattfarbstoffe

Pflanzen brauchen blaues oder rotes Licht

ENGELMANN konnte 1882 die für die Fotosynthese notwendigen *Wellenlängen* des Lichtes identifizieren. Er verwendete Sauerstoff liebende Bakterien und einen Algenfaden. Als Beleuchtung benutzte er ein *Spektrum* des sichtbaren Lichts.

ENGELMANN stellte fest, dass sich die Bakterien vorwiegend an den Stellen des Algenfadens sammelten, die mit rotem oder blauem Licht bestrahlt wurden. Hier war offenbar besonders viel Sauerstoff entstanden. Die Alge konnte demnach mit rotem oder blauem Licht besonders gut Fotosynthese treiben, während sich die anderen Spektralfarben weniger gut dafür eigneten (Abb. 1).

Mit modernen Methoden lässt sich genauer untersuchen, welche Fotosyntheserate die einzelnen Farben des Lichts aus dem Spektrum erzielen, wie wirksam also die einzelnen Farben sind. Die so erhaltenen Werte ergeben das *Wirkungsspektrum der Fotosynthese*. Rotes und blaues Licht erweisen sich als besonders wirksam, während grünes Licht wenig wirksam ist, was ENGELMANNS Ergebnisse bestätigt.

Aus dem gesamten Spektrum des Lichts werden nur das rote und blaue Licht von den Pflanzen aufgenommen und die Energie für die Fotosynthese ausgenutzt. Diesen Vorgang nennt man *Absorption*. Andere Farben, wie vor allem das grüne Licht, werden nicht absorbiert und ergeben zusammen die sichtbare Färbung der Pflanzen (Abb. 2).

Lichtabsorptionen werden mit einem *Fotometer* gemessen. Ein Fotometer enthält dazu eine Lichtquelle, deren weißes Licht durch ein Prisma oder ein optisches Gitter in die einzelnen Spektralfarben zerlegt wird. Mithilfe eines Spaltes wird eine Farbe ausgewählt, durch eine Probe des gelösten Stoffes geschickt und die hinter der Probe verbliebene Lichtstärke wird dann wie in einem Belichtungsmesser erfasst. Für ein Absorptionsspektrum (Abb. 3) wird auf diese Weise die Absorption über den gesamten Spektralbereich bestimmt.

Welche Stoffe bestimmen die Absorptionseigenschaften eines Blattes? Zur Klärung dieser Frage trennt man die Bestandteile eines Blattextraktes durch *Chromatographie* (siehe Praktikum Fotosynthese) auf. Es zeigen sich die beiden grünen *Chlorophylle a* und *b* sowie einige gelbe *Carotinoide*.

Porphyrinring

Das Chlorophyllmolekül besteht aus zwei Bauteilen: Einem *Porphyrinring*, der ein Magnesiumion enthält, und einer *Phytolkette*. Der Porphyrinring ist dabei für die Lichtabsorption verantwortlich. Die Chlorophylle a und b unterscheiden sich hinsichtlich einer am Porphyrinring angebundenen chemischen Gruppe und einer leicht unterschiedlichen Absorption. Alle Chlorophylle absorbieren jedoch im Wesentlichen rotes und blaues Licht.

Die Energie des absorbierten Lichts wird von den Pflanzen bei der Fotosynthese verwertet. Die verschiedenen Spektralfarben ergeben dabei unterschiedliche Fotosyntheseraten, sie sind unterschiedlich gut wirksam (Wirkungsspektrum). Dies liegt vorwiegend daran, dass einige Spektralfarben stärker absorbiert werden, andere dagegen (v. a. im grünen Bereich) fast gar nicht. Der Pflanze steht aber nur die Energie der tatsächlich absorbierten Wellenlängen zur Verfügung.

Welche Farbstoffe aus dem Blattextrakt für die Wirksamkeit verantworlich sind, ergibt sich daher aus dem Vergleich ihrer Absorption mit dem Wirkungsspektrum. Es zeigt sich, dass es vor allem die beiden Chlorophylle (besonders Chlorophyll a) sind. Daneben sind auch die Carotinoide für die Fotosynthese von Bedeutung. Sie dienen als akzessorische Pigmente *(Hilfspigmente)* und geben die aufgefangene Lichtenergie nahezu verlustfrei an die Chlorophyllmoleküle weiter.

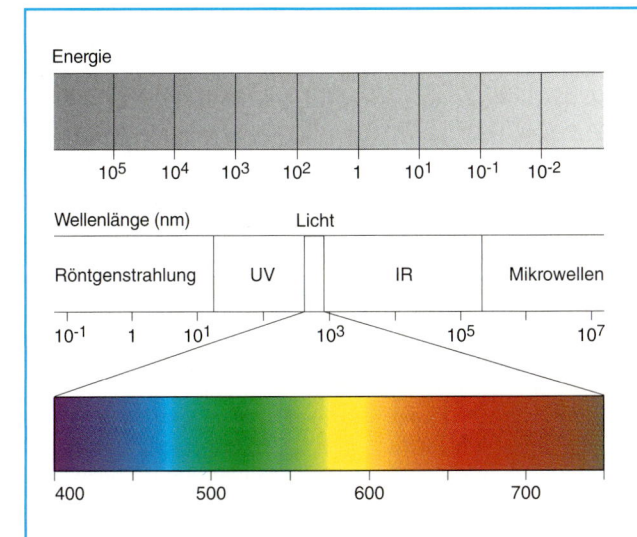

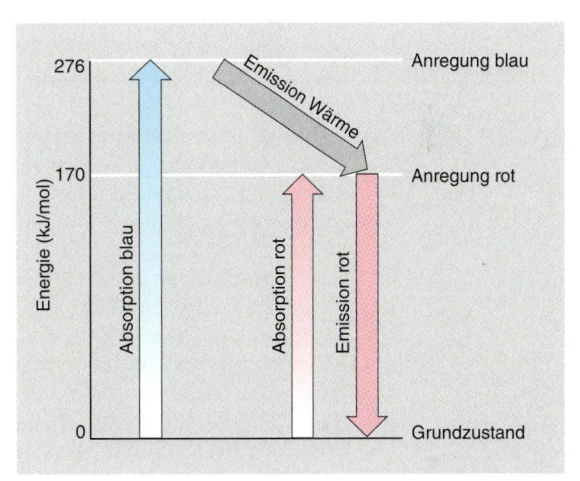

R = CH₃: Chlorophyll a
R = CHO: Chlorophyll b
Phytolkette

Licht, Energie und Chlorophyll

Licht besteht aus einzelnen Quanten, deren Energie von der Wellenlänge abhängig ist: Blaues Licht ist energiereicher als rotes Licht.
Nach der Planck'schen Formel
$E = h \cdot \nu = 1/\lambda \cdot h \cdot c$
erhält man als Energieformel für 1 Mol Lichtquanten:
$E = 1/\lambda \cdot 1{,}188 \cdot 10^5$ (kJ/mol · nm) (λ in nm angegeben)

Aufgabe

① Berechnen Sie den Energiegehalt von Licht bei $\lambda = 430$ nm und $\lambda = 700$ nm.

In Molekülen befinden sich die Elektronen wie in Atomen auf verschiedenen Energieniveaus. Durch Absorption eines Lichtquants gelangt ein Elektron vom Grundzustand auf ein höheres Energieniveau (angeregter Zustand). Die Energie des absorbierten Lichts entspricht genau der Differenz der beiden Energieniveaus (Grundzustand und angeregter Zustand). Daher können nur bestimmte Wellenlängen absorbiert werden. Bei der Rückkehr in den Grundzustand strahlt das Elektron die absorbierte Energie wieder ab *(Fluoreszenz)*.

Die Chlorophylle absorbieren rotes und blaues Licht. Es existieren also zwei angeregte Zustände. Blaues Licht ist energiereicher als rotes. Der durch diese Lichtabsorption erreichte angeregte Zustand befindet sich daher auf einem höheren Energieniveau. Bei der Rückkehr in den Grundzustand gelangt das Elektron jedoch erst auf das Niveau der roten Absorption und kehrt von dort in den Grundzustand zurück. Eine Chlorophylllösung zeigt daher bei Belichtung mit blauem Licht eine rote Fluoreszenz.

Die Energiedifferenz zwischen blauem und rotem angeregten Zustand ist nur gering und entspricht unsichtbarem Infrarotlicht bzw. Wärmestrahlung.

Stoffwechsel

7 Biochemie der Fotosynthese

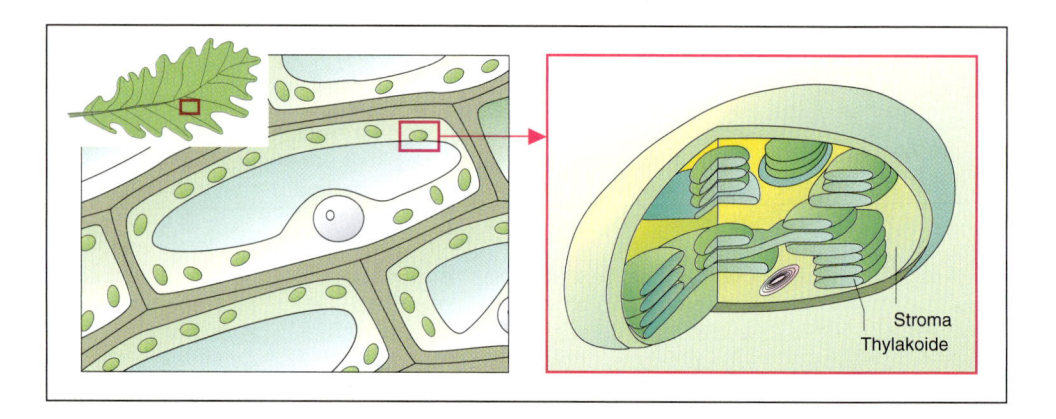

Zweigeteilte Fotosynthese

Das Palisadenparenchym ist der Hauptort der Fotosynthese. Seine Zellen enthalten die meisten Chloroplasten mit dem für die Fotosynthese notwendigen Chlorophyll. Erst vor wenigen Jahrzehnten konnte ARNON völlig intakte Chloroplasten isolieren und zeigen, dass sämtliche Reaktionen der Fotosynthese im Chloroplasten ablaufen: *Der Chloroplast ist der alleinige Ort der Fotosynthese.* Chloroplasten besitzen zwei Außenmembranen. Im Inneren befindet sich das Plasma der Chloroplasten, das *Stroma*, in das die *Thylakoide* als inneres Membransystem eingebettet sind. In den Thylakoidmembranen befinden sich auch die Chlorophylle. An einigen Stellen bilden sie Stapel, die *Granastapel*.

ROBERT HILL entdeckte 1939 bei seinen Versuchen mit isolierten Thylakoidsystemen, dass diese bei Belichtung Sauerstoff entwickeln und dabei *Ferricyanid* reduzierten (bzw. Fe^{3+} zu Fe^{2+}). Diese Reaktion, auch *Hill-Reaktion* genannt, benötigt aber kein CO_2 und es wird kein Kohlenhydrat gebildet. Ferricyanid stellt hier einen künstlichen Elektronenakzeptor dar, normalerweise ist dies $NADP^+$. Die Hill-Reaktion zeigte folgenden, für die Fotosynthesevorgänge wichtigen Aspekt: Das entstehende O_2 stammt aus dem Wasser und nicht aus dem CO_2. Dies wurde später mithilfe von schwerem Sauerstoff (^{18}O) belegt. Verwendet man zur Fotosynthese Wasser, das ^{18}O gebunden enthält, so besteht das entstehende O_2 ausschließlich aus ^{18}O-Atomen. Das vorläufige Reaktionsschema der Fotosynthese muss daher korrigiert werden:
$12 H_2^{18}O + 6 CO_2 \rightarrow C_6H_{12}O_6 + 6\ ^{18}O_2 + 6 H_2O$
Die Bildung von Sauerstoff stellt damit eine *lichtabhängige Reaktion* dar.

Ein zweiter Prozess ist die Synthese von Kohlenhydraten aus CO_2. ARNON konnte nachweisen, dass sie kein Licht benötigt; sie wird daher *lichtunabhängige Reaktion* genannt. Er konnte auch die beiden Teilreaktionen räumlich zuordnen: Die lichtabhängige Reaktion ist an die Thylakoidmembran gebunden, während die lichtunabhängige Reaktion im Stroma stattfindet. Beide Prozesse sind im Gesamtablauf der Fotosynthese miteinander verbunden: Die lichtabhängige Reaktion produziert ATP und $NADPH + H^+$, die in der lichtunabhängigen Reaktion verwertet werden.

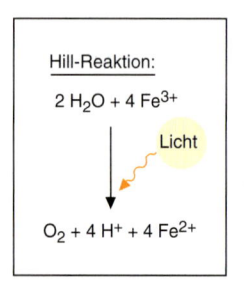

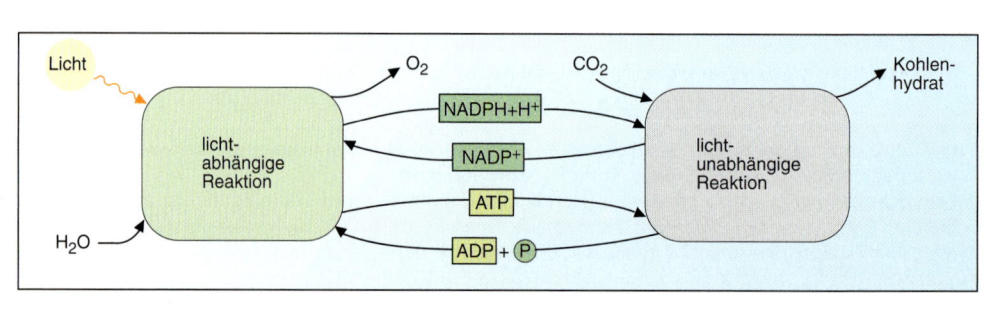

Hill-Reaktion:
$$2 H_2O + 4 Fe^{3+} \xrightarrow{Licht} O_2 + 4 H^+ + 4 Fe^{2+}$$

Die Experimente von Trebst, Tsujimoto und Arnon

Die Wissenschaftler der Arbeitsgruppe um Daniel Arnon wollten herausfinden, welche Substanzen in Chloroplasten mithilfe der Energie des Sonnenlichts gebildet werden und damit die lichtunabhängige Reaktion ermöglichen. Weiterhin wollten sie klären, inwieweit der komplizierte Aufbau der Chloroplasten mit den zwei Membranhüllen, den Thylakoiden und dem Stroma, für die ablaufende Reaktion notwendig ist.
Um zu untersuchen, in welchen Teilen der Chloroplasten die beiden Teile der Fotosynthese, die lichtabhängige und die lichtunabhängige Reaktion, stattfinden, isolierten sie Thylakoide und Stroma aus den Organellen. In zwei Versuchsansätzen variierten sie die Beleuchtung der Proben bei gleicher CO_2-Zugabe. In zwei weiteren Ansätzen trennten sie nach der Licht bzw. Dunkelphase die Thylakoide durch Zentrifugation vom Stroma ab und gaben anschließend CO_2 zum Stroma hinzu.

Als CO_2-Quelle wurde eine Lösung von Natriumhydrogencarbonat ($NaHCO_3$) mit dem Isotop ^{14}C verwendet, dessen radioaktive Strahlung eine direkte Möglichkeit zur Messung bot. Das radioaktive Kohlenstoffatom wurde während des Versuchs in die Fotosyntheseprodukte, wie z. B. Glukose, eingebaut. Nach chemischer Abtrennung der Produkte konnte die eingebaute Menge an radioaktivem Kohlenstoff gemessen werden.

Im einzelnen wurden die Versuche 1 – 4 mit Stroma und Thylakoiden durchgeführt.

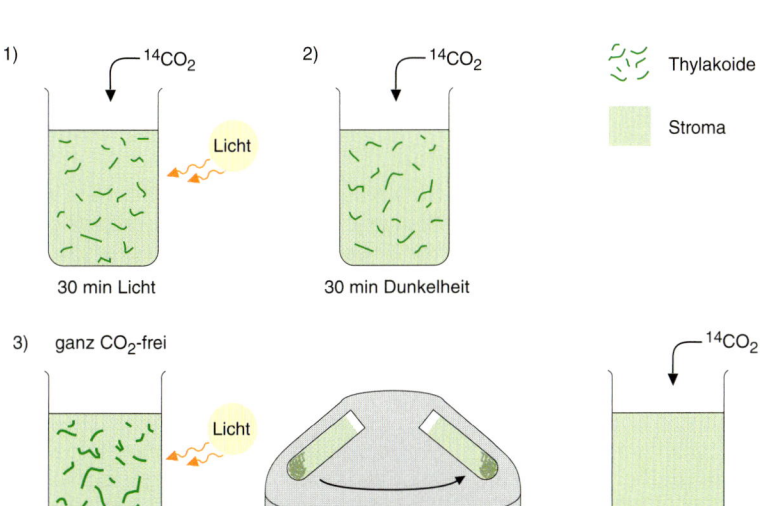

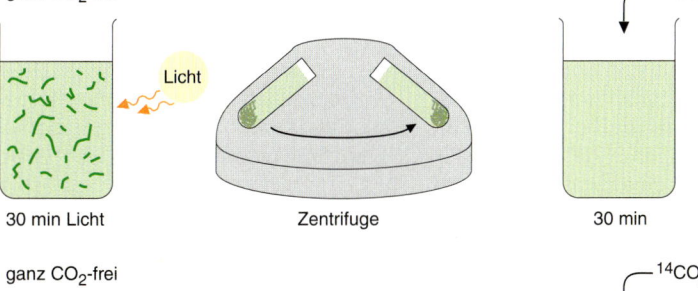

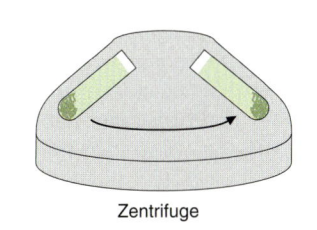

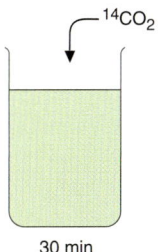

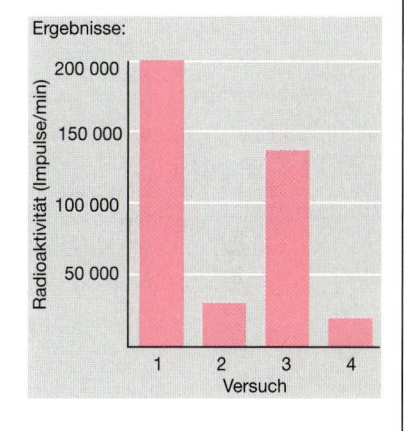

Um den Bedarf an energiereichen Verbindungen zu untersuchen, wurden drei weitere Versuche (A, B und C) mit isoliertem Stroma durchgeführt: (Die Versuchsergebnisse von A, B und C sind lichtunabhängig.)

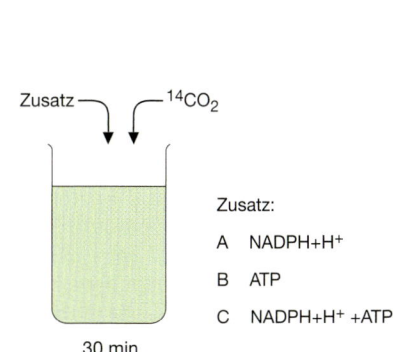

Zusatz:
A NADPH+H$^+$
B ATP
C NADPH+H$^+$ +ATP

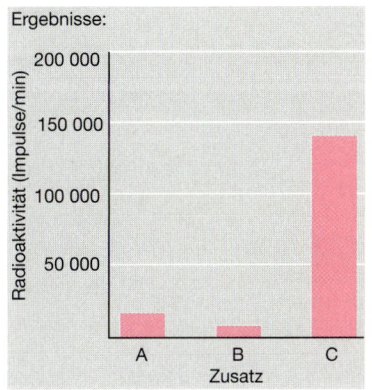

Aufgaben

1. Erklären Sie die Ergebnisse der Experimente.
2. Belegen Sie mithilfe der Ergebnisse, wo im Chloroplasten die lichtabhängige und die lichtunabhängige Reaktion ablaufen.

Die lichtabhängigen Reaktionen

Belichtet man ein intaktes Blatt, so zeigt es im Gegensatz zu einer Chlorophylllösung fast keine Fluoreszenz. Die im Licht enthaltene Energie wird also nicht wieder abgestrahlt, sondern in der lichtabhängigen Reaktion für die Fotosynthese verwertet.

Zwei Fotosysteme

Bei seinen Untersuchungen der lichtabhängigen Reaktion bei verschiedenen Wellenlängen bemerkte EMERSON ein Phänomen, das später nach ihm „Emerson-Effekt" genannt wurde: Belichtet man einzellige Algen mit Rotlicht bei 680 nm, so erhält man eine bestimmte O_2-Produktion. Ein vergleichbarer Effekt zeigt sich bei der Wellenlänge 700 nm. Als EMERSON seine Algen jedoch mit Licht beider Wellenlängen gleichzeitig belichtete, erhielt er eine deutlich höhere O_2-Produktion, als die Summe der Einzelbelichtungen ergab.

Aus EMERSONS Beobachtungen folgerten andere Forscher, dass an der lichtabhängigen Reaktion *zwei Fotosysteme* beteiligt sein müssen, die gekoppelt sind und einzeln weniger leisten als in Kombination. Das *Fotosystem I* besitzt seine größte Wirksamkeit bei 700 nm und wird auch *P 700* genannt, für das *Fotosystem II* ist dies bei 680 nm gegeben *(P 680)*. Beide Fotosysteme enthalten Chlorophyll und sind in der Thylakoidmembran verankert. Sie geben jedoch unterschiedlich leicht Elektronen ab, besitzen also verschiedene *Redoxpotentiale*.

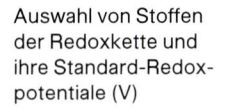

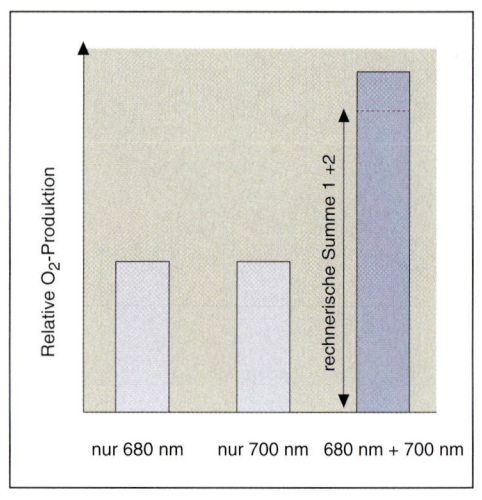

1 Emmerson-Effekt

Auswahl von Stoffen der Redoxkette und ihre Standard-Redoxpotentiale (V)

Elektronenakzeptor (A)	
H_2O/O_2	+0,82 V
Plastochinon (Q)	+0,06 V
Plastocyanin (PC)	+0,35 – 0,39 V
Cytochrom-bf-Komplex	+0,37 V
Ferredoxin (Fd)	–0,42 V
$NADP^+$	–0,32 V

Fotolyse des Wassers
Zerlegung des Wassers durch Elektronenentzug:

$H_2O \rightarrow 2H^+ + 2e^- + \frac{1}{2}O_2$

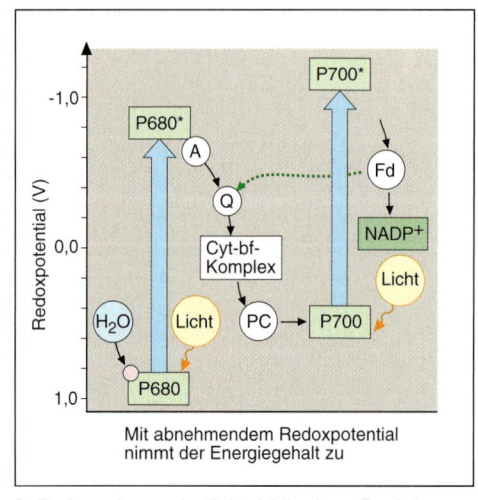

Neben den Chlorophyllen sind noch weitere Redoxsysteme beteiligt, die überwiegend in der Thylakoidmembran verankert sind. Die Reaktionsschritte ergeben insgesamt eine Elektronenübertragung vom Sauerstoffatom eines Wassermoleküls auf ein $NADP^+$-Ion:

$H_2O + NADP^+ \rightarrow \frac{1}{2}O_2 + NADPH + H^+$

Freiwillig verläuft diese Reaktion in der entgegengesetzten Richtung und setzt Energie frei: Die Reaktion ist endergonisch und benötigt Energie, die aus dem Licht stammt.

Im ersten Schritt absorbiert das Chlorophyll im Fotosystem II (P 680) Licht (680 nm) und gibt ein Elektron ab, das über mehrere Zwischenstufen zum Plastocyanin (PC) gelangt. Das entstandene P 680$^+$-Ion erhält ein Elektron aus einem Wassermolekül zurück *(Fotolyse)*. Auch das Chlorophyll im Fotosystem I (P 700) gibt nach der Absorption (700 nm) ein Elektron ab, das über Ferredoxin zum $NADP^+$ gelangt. Dieses wird zu NADPH + H^+ reduziert. Das entstandene P 700$^+$-Ion erhält ein Elektron vom Plastocyanin zurück. Im Bereich des Fotosystems I gibt es noch einen zweiten Weg für die Elektronen: Nach der Absorption wird ein Elektron an Ferredoxin (Fd) gegeben. Das Elektron gelangt dann über Zwischenstufen zum P 700 zurück. Dieser Weg ergibt einen zyklischen Elektronentransport, bei dem kein NADPH + H^+ gebildet wird. Für die Bildung eines NADPH + H^+ sind (neben 2 Protonen) 2 Elektronen erforderlich. Jedes der Elektronen benötigt ein Lichtquant am P 680 und ein weiteres am P 700. Insgesamt werden also 4 Lichtquanten für 1 NADPH + H^+ benötigt.

2 Redoxschema der lichtabhängigen Reaktion

Stoffwechsel

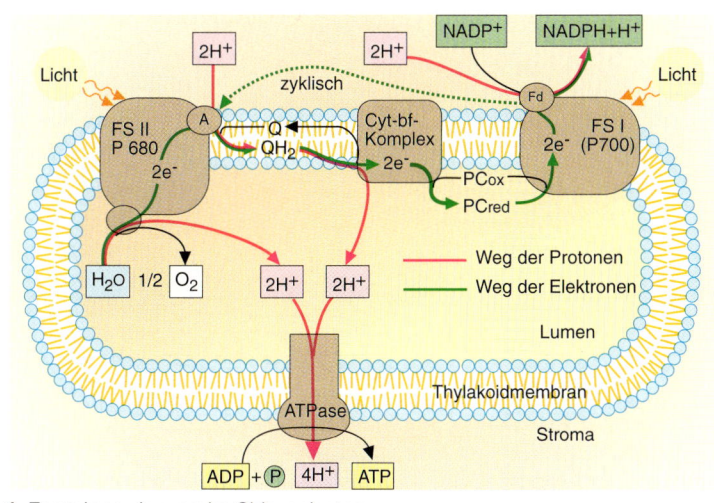

1 Energiegewinnung im Chloroplasten

Die Gewinnung von ATP

Für die lichtunabhängige Reaktion der Fotosynthese ist auch ATP erforderlich, das ebenfalls in der lichtabhängigen Reaktion gebildet wird. Die hierfür erforderliche Energie stammt jedoch nur indirekt aus dem Licht. Sie ist vielmehr in einer Differenz der Protonenkonzentration enthalten, die zwischen beiden Seiten der Thylakoidmembran mithilfe des Elektronentransportes aufgebaut wird. Der Weg der Elektronen durch die räumliche Struktur der Thylakoide (s. Abb. 1) ist dabei von großer Bedeutung.

Am *Cytochrom-bf-Komplex* werden Elektronen vom Plastochinon (Q) übernommen und weiter auf Plastocyanin (PC) übertragen. Plastochinon ist ein Redoxsystem, das unter zusätzlicher Aufnahme von Protonen reduziert wird; bei der Oxidation werden die Protonen wieder abgegeben. Plastocyanin dagegen besitzt als Redoxkomponente ein Kupferion, das seine Ionenladung wechseln kann. Die Reaktion erfolgt in diesem Fall ohne Protonen. Am Cytochrom-bf-Komplex werden deswegen in der Summe die 2 Protonen des Plastochinons freigesetzt.

Wegen der räumlichen Anordnung der Enzyme und Moleküle in der Thylakoidmembran erfolgt die Protonenaufnahme aus dem Stroma (Reduktion des Plastochinons). Die anschließende Protonenabgabe am Cytochrom-bf-Komplex erfolgt jedoch in den Innenraum der Thylakoide. Dieses System bildet daher eine Pumpe, die Protonen mithilfe des Elektronentransports aus dem Stroma in die Thylakoide transportiert.

Im Stroma sinkt deshalb die Protonenkonzentration, der pH-Wert steigt. In den Thylakoiden steigt dagegen die Protonenkonzentration, der pH-Wert sinkt.

Zusätzlich findet die Oxidation des Sauerstoffs im Wasser im Inneren der Thylakoide statt und setzt dort ebenfalls Protonen frei, während die Protonen verbrauchende Reduktion von $NADP^+$ an der Thylakoidaußenseite stattfindet. Daneben werden ebenfalls durch den zyklischen Elektronentransport Protonen in die Thylakoide gepumpt und verstärken die pH-Differenz. Diese gleicht sich durch Diffusion der Protonen wieder aus. Der Weg auf die andere Seite der Thylakoidmembran führt dabei durch den Enzymkomplex ATPase. Dieser katalysiert mithilfe der Protonen die Synthese von ATP aus ADP und Phosphat. So entstehen mit jedem $NADPH + H^+$ daher auch 1 bis 2 ATP.

Die lichtabhängige Reaktion besteht im Wesentlichen aus zwei Teilprozessen: Einmal entsteht $NADPH + H^+$ (und Sauerstoff). Dabei werden Elektronen bzw. Wasserstoffatome gespeichert. Außerdem ist diese Reaktion *endergonisch* und das Produkt ist energiereich. Zum anderen wird ATP gebildet. Auch dieser Prozess ist endergonisch und es entsteht ebenfalls ein energiereicher Stoff. Die Energie für die Bildung von $NADPH + H^+$ und die indirekt daran angekoppelte ATP-Bildung stammt aus dem eingestrahlten Licht (Abb. 2). In der Bilanz ergibt sich daher eine zweifache Energiespeicherung in $NADPH + H^+$ und ATP.

$$QH_2 \xrightarrow{ox} Q + 2e^- + 2H^+$$

$$2\,PC(Cu^{2+})_{ox} + 2e^- \xrightarrow{red} 2\,PC(Cu^+)_{red}$$

Summe beider Reaktionen

$$QH_2 + 2\,PC_{ox} \xrightarrow{Redox} Q + 2\,PC_{red} + 2H^+$$

2 Bilanz der lichtabhängigen Reaktion

Stoffwechsel

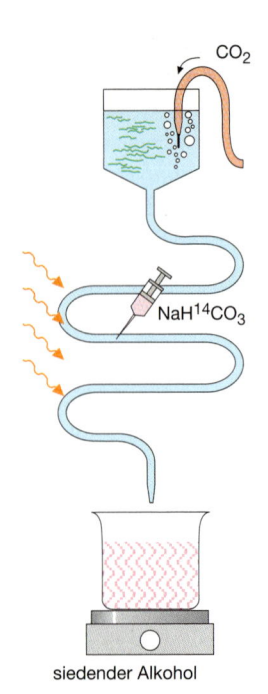

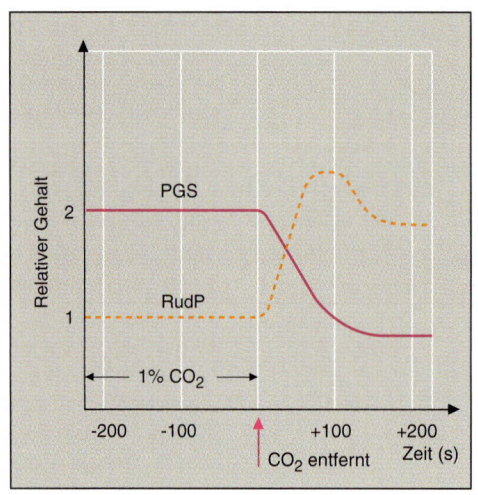

1 Ermittlung des CO$_2$-Akzeptors

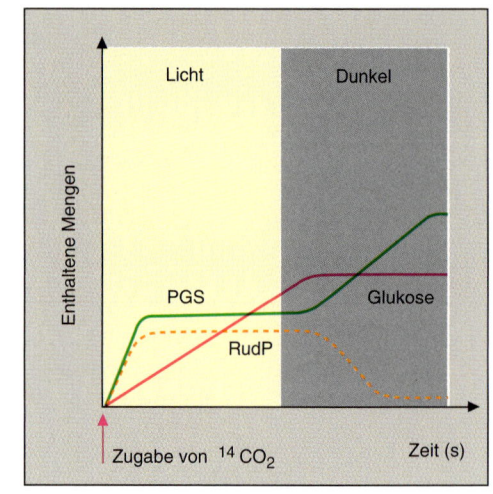

2 Abbruch der PGS-Reduktion

siedender Alkohol

5 Sekunden

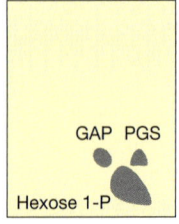

90 Sekunden

Autoradiogramme

Autoradiographie
Radioaktive Strahlung schwärzt u. a. Filmmaterial. Radioaktive Substanzen kann man daher damit sichtbar machen. Man trennt z. B. ein Gemisch aus ^{14}C-markierten Stoffen mit der Chromatographie auf und legt Filmmaterial auf das fertige Chromatogramm. Nach der Entwicklung zeigen sich die radioaktiven Substanzen durch geschwärzte Stellen.

Die lichtunabhängige Reaktion

Der CO$_2$-Akzeptor

In der lichtunabhängigen Reaktion wird Glukose aus CO$_2$ aufgebaut. Die Aufklärung der daran beteiligten Schritte leisteten vor allem CALVIN und seine Mitarbeiter. Sie verwendeten das radioaktive Isotop des Kohlenstoffs ^{14}C und boten ihren Algen daraus hergestelltes Natriumhydrogencarbonat (NaH^{14}CO$_3$) an. Dieser Stoff kann CO$_2$ abspalten. Die daraus gebildeten Fotosyntheseprodukte konnten dann durch *Chromatographie* und *Autoradiographie* identifiziert werden.

Durch eine geschickte Anordnung war es möglich, die Algenzellen nach kurzer Versuchszeit abzutöten. Eine Versuchszeit von nur 5 Sekunden Dauer nach Zugabe des CO$_2$ ergab im Autoradiogramm nur ein radioaktiv markiertes Produkt: *3-Phosphoglycerinsäure* (PGS).

Zur Klärung der Frage, auf welche Weise PGS entstanden war, wurde Algenzellen laufend CO$_2$ angeboten. Dann wurde das CO$_2$ entfernt. *Ribulosebisphosphat* (RudP), ein Zuckerphosphat mit C$_5$-Molekülen, nahm zu, während PGS weniger wurde (Abb. 1). Daraus kann man schließen, dass RudP nicht mehr so stark verbraucht wurde und nur wenig PGS entstehen konnte. Offenbar hatte RudP mit CO$_2$ reagiert, wobei PGS entstand. Nach Entfernung des CO$_2$ konnte diese Reaktion nicht mehr ablaufen:

RudP (C$_5$) + CO$_2$ (C$_1$) → 2 PGS (C$_3$)

Das wichtigste Enzym dieses Gesamtprozesses, die *RudP-Carboxylase*, die für die Reaktion von RudP und CO$_2$ verantwortlich ist, arbeitet sehr langsam. Daher werden in jedem Chloroplasten viele solcher Enzymmoleküle (ca. 50 % des gesamten Chloroplastenproteins) benötigt. Das Molekül kann als das häufigste Enzym in der Natur angesehen werden.

Reduktion einer Phosphoglycerinsäure

Während eines weiteren Versuches mit den Algen wurde die Belichtung abgestellt. PGS reicherte sich nun an (Abb. 2). Es wurde aus RudP und CO$_2$ weiterhin gebildet, konnte aber nicht weiter umgesetzt werden. Es zeigte sich, dass an dieser Stelle des Reaktionsweges NADPH + H$^+$ und ATP aus der lichtabhängigen Reaktion fehlten und der Reaktionsweg unterbrochen war. Ein Beleg hierfür war auch, dass Glukose nicht weiter gebildet wurde und dass der CO$_2$-Akzeptor RudP verbraucht und nicht regeniert wurde. Normalerweise wird PGS in diesem Schritt der lichtunabhängigen Reaktion durch ATP aktiviert und durch NADPH + H$^+$ reduziert. Auf diese Weise entsteht erstmal ein Kohlenhydrat, Glycerinaldehydphosphat (GAP):

$$PGS + NADPH + H^+ \rightleftarrows GAP + NADP^+$$
$$ATP \qquad ADP + \text{\textcircled{P}}$$

Aus dem anfänglich vorhandenen RudP und CO$_2$ sind damit insgesamt zwei Kohlenhydrate entstanden.

Diesen Ablauf bestätigt auch das Autoradiogramm: Nach einer Versuchsdauer von 90 Sekunden zeigten sich GAP und auch schon ein C$_6$-Zucker mit Phosphatgruppe.

Calvinzyklus

Die durch CO_2-Fixierung und Reduktion gebildeten Moleküle des Glycerinaldehydphosphats (GAP) werden auf unterschiedliche Weise weiter verwertet:

Einerseits werden zwei Moleküle GAP über verschiedene Zwischenstufen, wie z. B. Fruktosephosphatmoleküle, zu einem Molekül Glukose verbunden; aus zwei Molekülen C_3-Zucker wird damit ein Molekül C_6-Zucker gebildet. Auf diese Weise entsteht das bekannte Endprodukt der Fotosynthese.

Andererseits werden RudP-Moleküle aus anderen GAP-Molekülen regeneriert. Sie stehen dann für die weitere CO_2-Fixierung zur Verfügung. Die hierbei ablaufenden Stoffwechselschritte sind inzwischen aufgeklärt. In der Bilanz ergibt sich folgender Ablauf:

Zur Neusynthese eines Glukosemoleküls sind 6 CO_2-Moleküle erforderlich. Aus 6 RudP-Molekülen und 6 CO_2-Molekülen entstehen durch Fixierung und Reduktion 12 GAP-Moleküle, von denen zwei zur Bildung einer Glukose dienen. Die verbleibenden 10 GAP-Moleküle enthalten als C_3-Körper insgesamt 30 C-Atome, ebenso wie 6 RudP-Moleküle. Diese werden daraus in mehreren Schritten zurückgebildet. Bei diesen Regenerationsreaktionen werden weitere 6 ATP-Moleküle verbraucht.

Alle lichtunabhängigen Reaktionen ergeben damit einen Kreislauf, der nach seinem Entdecker *Calvinzyklus* (oder auch Calvin-Benson-Zyklus) genannt wird. Für die entscheidenden Arbeiten anfang der 50er Jahre erhielt MELVIN CALVIN im Jahre 1961 den Nobelpreis für Chemie.

Aufgabe

① Die Rückgewinnung der 6 RudP-Moleküle erfolgt im Wesentlichen mithilfe von zwei Enzymen: Die *Aldolase* verbindet zwei kleine Zuckermoleküle zu einem größeren. Die *Transketolase* überträgt ein C_2-Stück eines Zuckermoleküls auf ein anderes. Die dabei entstehenden Zwischenprodukte sind aber nicht kürzer als C_3 und nicht länger als C_7. Ermitteln Sie die notwendigen Schritte zur Rückgewinnung der 6 RudP-Moleküle. Verwenden Sie dabei vereinfachend nur C-Körper und vernachlässigen Sie die angebundenen Phosphatgruppen.

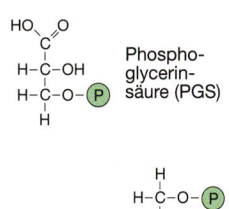

Phosphoglycerinsäure (PGS)

Ribulosebisphosphat (RudP)

Glycerinaldehydphosphat (GAP)

1 MELVIN CALVIN

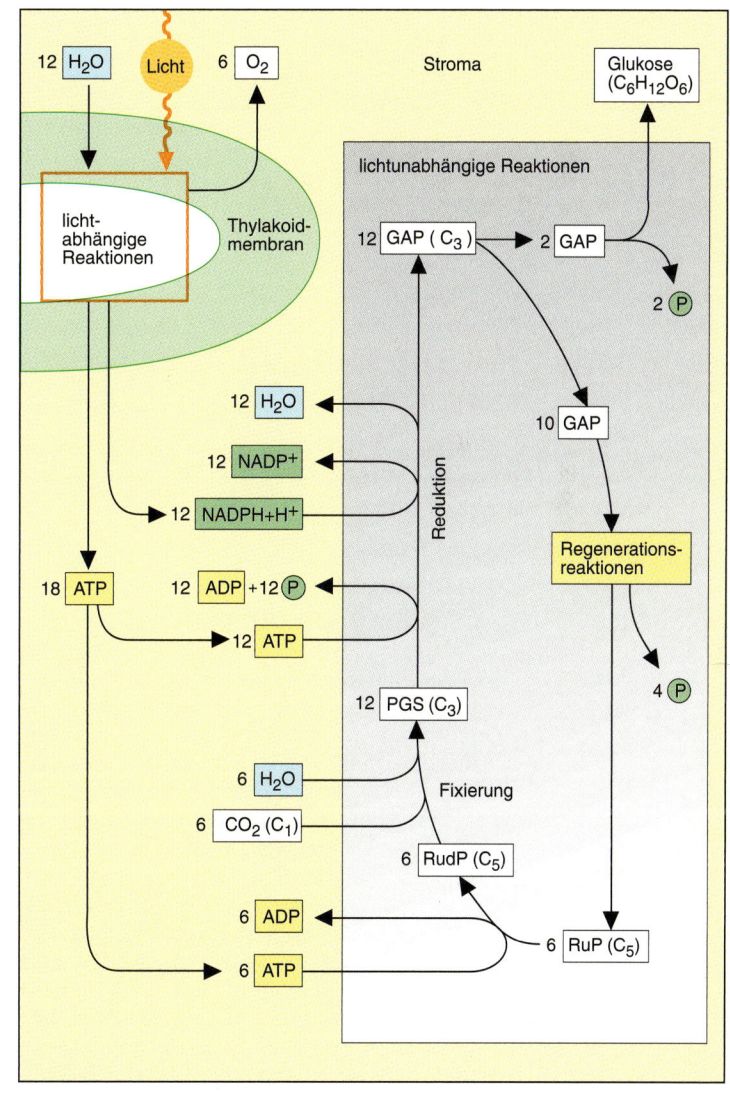

2 Calvinzyklus

8 Chemosynthese

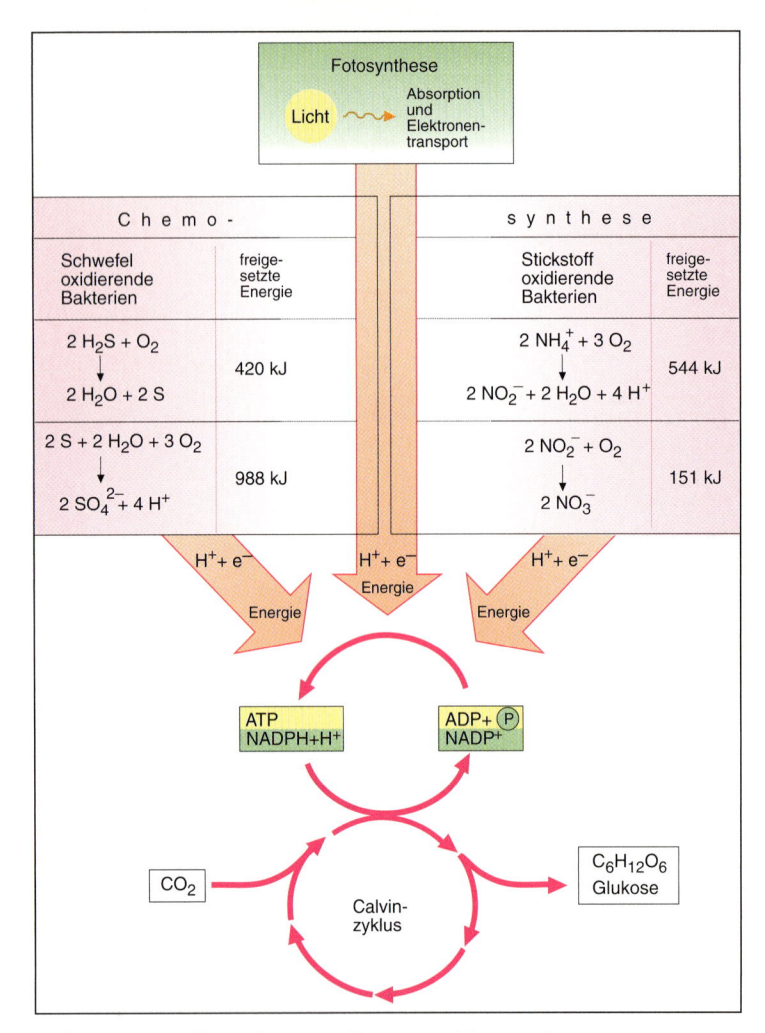

Schematische Darstellung von Chemo- und Fotosynthese

Chemo-		synthese	
Schwefel oxidierende Bakterien	freigesetzte Energie	Stickstoff oxidierende Bakterien	freigesetzte Energie
$2 H_2S + O_2 \rightarrow 2 H_2O + 2 S$	420 kJ	$2 NH_4^+ + 3 O_2 \rightarrow 2 NO_2^- + 2 H_2O + 4 H^+$	544 kJ
$2 S + 2 H_2O + 3 O_2 \rightarrow 2 SO_4^{2-} + 4 H^+$	988 kJ	$2 NO_2^- + O_2 \rightarrow 2 NO_3^-$	151 kJ

1 Schematische Darstellung von Chemo- und Fotosynthese

Es geht auch ohne Licht

Die grünen Pflanzen und einige farbstoffhaltige Bakterien nutzen die Energie des Sonnenlichtes. So sind sie in der Lage, aus den energiearmen anorganischen Substanzen CO_2 und H_2O energiereiche organische Stoffe wie Glukose herzustellen. Ihre Lebensweise bezeichnet man als *photoautotroph*. Daneben gibt es eine Reihe von farblosen Bakterien. Bei ihnen dient nicht das Licht als Energiequelle, sondern energiereiche anorganische Substanzen, wie Schwefel- und Stickstoffverbindungen. Die Substanzen werden aus der Umgebung in die Zelle aufgenommen, oxidiert und die Oxidationsprodukte werden ausgeschieden. Die hierbei frei werdende Energie wird in Form von ATP und $NADPH + H^+$ gespeichert. Die weiteren Prozesse der Glukosesynthese laufen wie bei grünen Pflanzen im *Calvinzyklus* ab. Da chemische Substanzen Ausgangsstoffe der Energiequellen sind, bezeichnet man diese Stoffwechselprozesse als *Chemosynthese* und die Organismen als *chemoautotroph*. Die Chemosynthese ist, wie die Fotosynthese, ein Assimilationsprozess.

Einzellige, farblose Bakterien, wie z. B. der *Thiobacillus* oder die fädigen *Thiotrix*, oxidieren Schwefelwasserstoff oder Schwefel zu Sulfat (Abb.1). Die Energieausbeute bei diesen Reaktionen ist beachtlich. Diese Bakterien leben nicht nur in Schwefelquellen, sondern auch in nährstoffreichen Tümpeln. Sie tragen zur Selbstreinigung der Flüsse bei und kommen in Rieselfeldern der Abwasserreinigung und Faulschlammbecken vor, also überall dort, wo durch Fäulnisprozesse H_2S frei wird.

Organisches Material von abgestorbenen Pflanzen und Tieren wird von Fäulnisbakterien im Boden zersetzt. Bei der Zersetzung der Eiweiße wird Ammoniak frei. Die im Boden lebenden nitrifizierenden Bakterien wandeln Ammoniak in zwei Schritten über Nitrit zu Nitrat um (Abb. 1). Bei dieser Oxidation sind immer zwei Bakteriengattungen notwendig. *Nitrosomonas* oxidiert Ammoniak zu Nitrit. Dieses ist für Nitrosomonas jedoch ein Giftstoff. Ein Zusammenleben mit *Nitrobakter* ist notwendig, da Nitrobakter das Nitrit in das ungiftige Nitrat oxidiert. Nitrosomonas setzt bei dieser Reaktion pro mol Ammoniak 272 kJ frei. Nitrobakter muss für den gleichen Energiegewinn fast die vierfache Menge an Substrat umsetzen. Dies gewährleistet, dass giftiges Nitrit sich nicht im Boden anreichert. Die Nitrifikation ist für die Bereitstellung von Nitrat im Boden ein wichtiger Prozess, da das Nitrat die Hauptstickstoffquelle für die Pflanzen ist.

Aufgaben

① Erklären Sie, weshalb die Chemosynthese im Gegensatz zur Fotosynthese keinen Energiegewinn im Energiehaushalt unserer Erde, sondern nur eine Energieumverteilung darstellt.

② Berechnen Sie mithilfe der Daten aus der Fotosynthese, wieviel mol Ammoniak Nitrosomonas für ein mol Glukose umsetzen muss.

Chemosynthese in der Tiefsee

Proben aus dem völlig dunklen Meeresboden zeigen normalerweise nur wenig lebende Organismen. Daher überraschten die Funde, die Geologen 1977 auf einer Exkursion mit einem Forschungs-U-Boot in 2600 m Tiefe machten. Sie fanden eine Oase überquellenden Lebens. Röhrenwürmer mit mehr als 1 m Länge, 30 cm große Muscheln, Trauben von Miesmuscheln, Garnelen, Krabben und Fischen. Die Organismen dieses Lebensraumes konnten in der völligen Dunkelheit nicht auf fotosynthetische Nährstoffe angewiesen sein. In der Umgebung der großen Muscheln oder der Röhrenwürmer konnten auch keine Nahrungspartikel entdeckt werden.

Das Besondere dieser Tiefseestandorte sind Lavaspalten mit heißen Tiefseequellen oder „Black Smokern" (Abb.1). Durch diese Spalten dringt Wasser in den Meeresboden ein und wird in der Erdkruste stark erhitzt. Das kochend heiße, von Schwefelverbindungen pechschwarze Wasser wird mit Druck herausgepresst. Diese Thermalquellen enthalten viel Schwefelwasserstoff aus der Erdkruste.

Die hier lebenden Röhrenwürmer sind Tiere, die weder einen Mund noch andere Teile eines Verdauungssystems besitzen (Abb. 2). Der größte Teil der Körperhöhle ist ein Organ, in dem die Zellen mit schwefeloxidierenden Bakterien vollgepackt sind *(Trophosom)*. Diese Bakterienkultur wird von einem effektiven Blutsystem mit Sauerstoff und Schwefelwasserstoff aus dem Seewasser versorgt. Die Bakterien gewinnen durch die Oxidation von Schwefelwasserstoff Energie. Mithilfe dieser Energie wird aus dem aus dem Wasser aufgenommenen Kohlenstoffdioxid über den Calvinzyklus Glukose gewonnen (Abb. 3). Diese energiereichen Verbindungen gelangen in den Blutkreislauf der Röhrenwürmer und dienen als Energiequelle.

Auffallend sind die leuchtend roten Kiemenbüschel, über die Röhrenwürmer nicht nur Sauerstoff und Kohlenstoffdioxid austauschen, sondern auch Schwefelwasserstoff aufnehmen. Transportiert werden Sauerstoff und Schwefelwasserstoff durch dieselben Hämoglobinmoleküle.

Schwefelwasserstoff ist zwar energiereich, aber für die meisten Lebewesen auch äußerst giftig. Bei uns Menschen verdrängt er z. B. den Sauerstoff vom Hämoglobin. Das Hämoglobinmolekül der Röhrenwürmer ist nicht nur größer als das des menschlichen Blutfarbstoffs, sondern besitzt auch eine andere Struktur. So befinden sich an diesem Hämoglobin eine Bindungsstelle für den Sauerstoff und eine zweite für den Schwefelwasserstoff, die räumlich voneinander getrennt liegen. Die Sauerstoffversorgung des Gewebes wird somit durch den Schwefelwasserstoff nicht beeinträchtigt.

Aufgabe

① Beschreiben Sie die gegenseitige Abhängigkeit von Röhrenwürmern und schwefeloxidierenden Bakterien.

1 Black Smoker   **2** Röhrenwürmer   **3** Röhrenwurm mit symbiontischen Bakterien

Stoffwechsel

Genetik

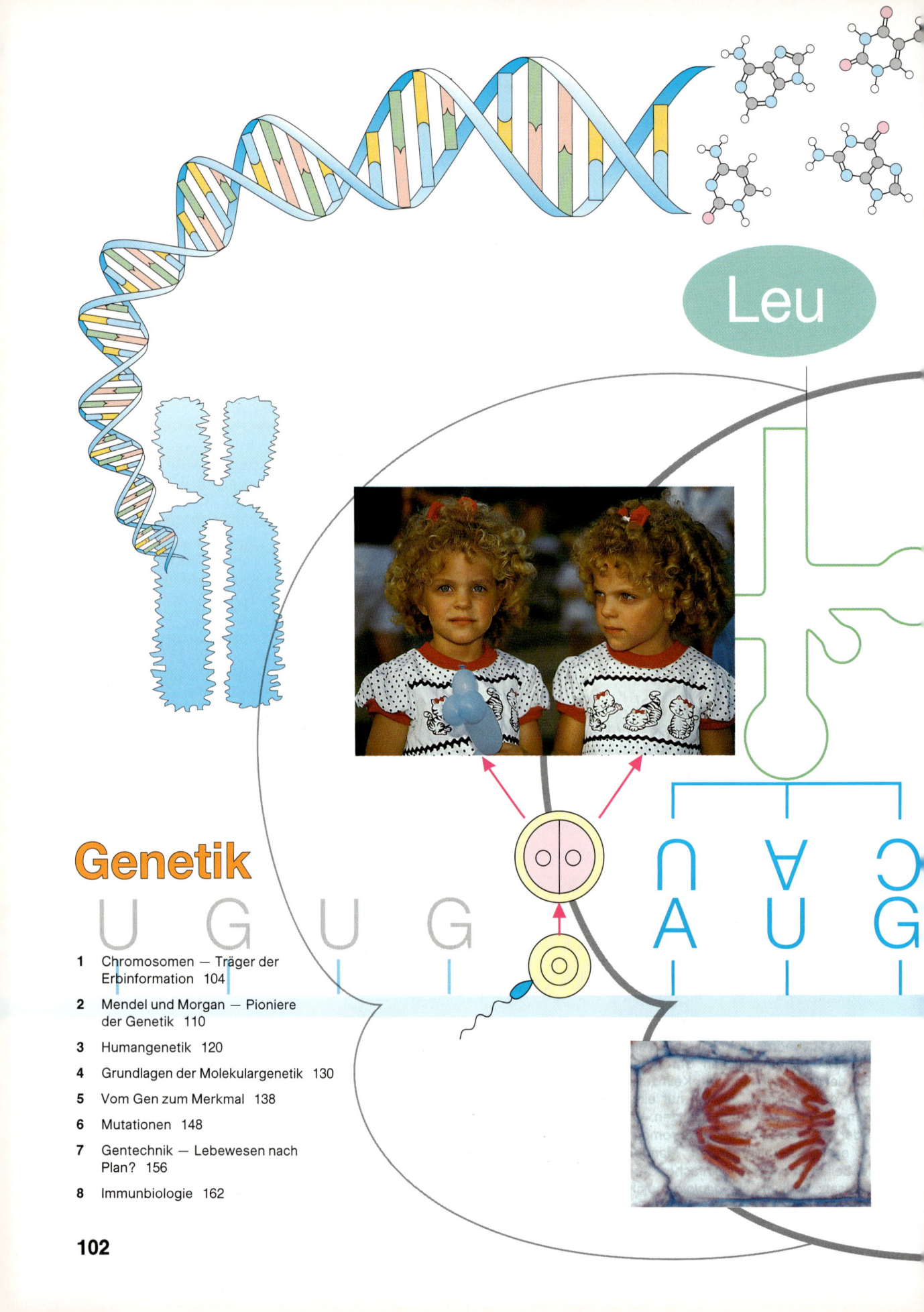

1. Chromosomen — Träger der Erbinformation 104
2. Mendel und Morgan — Pioniere der Genetik 110
3. Humangenetik 120
4. Grundlagen der Molekulargenetik 130
5. Vom Gen zum Merkmal 138
6. Mutationen 148
7. Gentechnik — Lebewesen nach Plan? 156
8. Immunbiologie 162

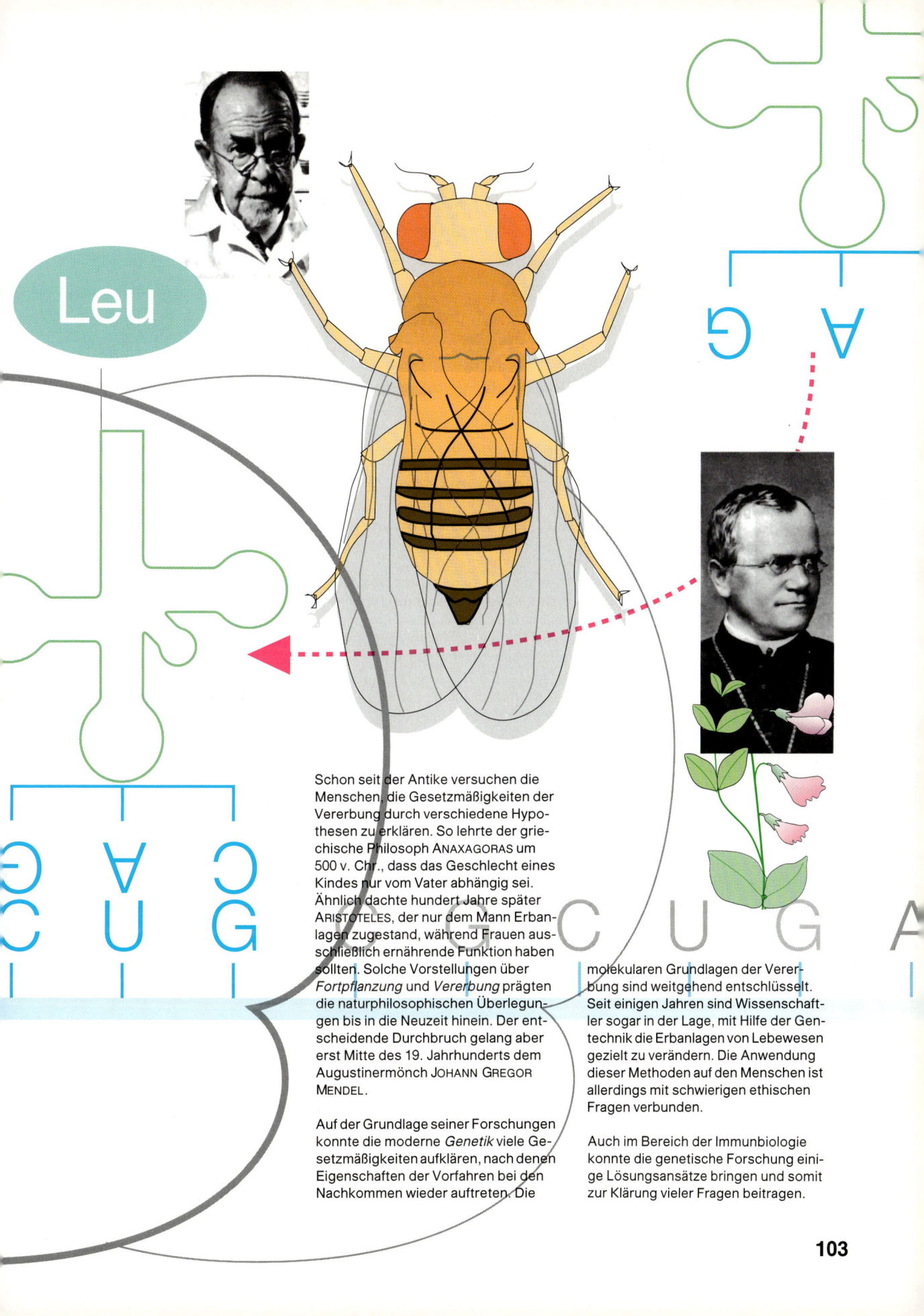

Schon seit der Antike versuchen die Menschen, die Gesetzmäßigkeiten der Vererbung durch verschiedene Hypothesen zu erklären. So lehrte der griechische Philosoph ANAXAGORAS um 500 v. Chr., dass das Geschlecht eines Kindes nur vom Vater abhängig sei. Ähnlich dachte hundert Jahre später ARISTOTELES, der nur dem Mann Erbanlagen zugestand, während Frauen ausschließlich ernährende Funktion haben sollten. Solche Vorstellungen über *Fortpflanzung* und *Vererbung* prägten die naturphilosophischen Überlegungen bis in die Neuzeit hinein. Der entscheidende Durchbruch gelang aber erst Mitte des 19. Jahrhunderts dem Augustinermönch JOHANN GREGOR MENDEL.

Auf der Grundlage seiner Forschungen konnte die moderne *Genetik* viele Gesetzmäßigkeiten aufklären, nach denen Eigenschaften der Vorfahren bei den Nachkommen wieder auftreten. Die molekularen Grundlagen der Vererbung sind weitgehend entschlüsselt. Seit einigen Jahren sind Wissenschaftler sogar in der Lage, mit Hilfe der Gentechnik die Erbanlagen von Lebewesen gezielt zu verändern. Die Anwendung dieser Methoden auf den Menschen ist allerdings mit schwierigen ethischen Fragen verbunden.

Auch im Bereich der Immunbiologie konnte die genetische Forschung einige Lösungsansätze bringen und somit zur Klärung vieler Fragen beitragen.

103

1 Chromosomen — Träger der Erbinformation

REM
Abkürzung für Rasterelektronenmikroskop.

REM = mit Elektronenstrahlen arbeitendes Rastermikroskop

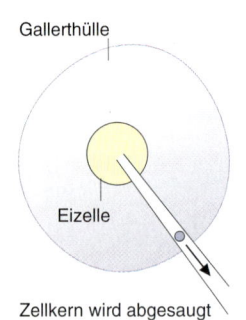

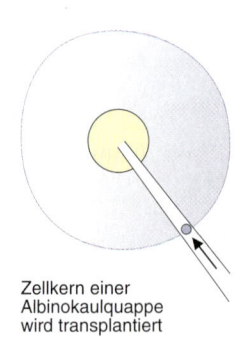

1 Krallenfrösche (Albinos)

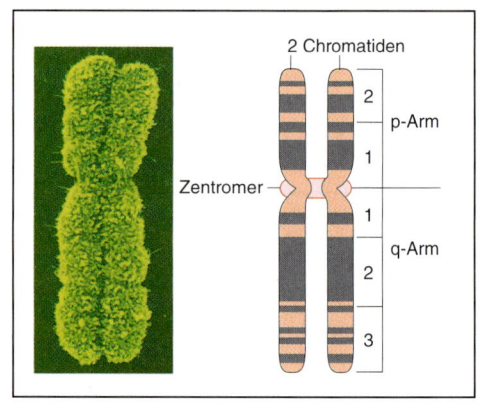

2 Chromosom (REM-Aufnahme/schematisch)

Zellkern wird abgesaugt

Zellkern einer Albinokaulquappe wird transplantiert

Chromosom
gr. *chromatos* = Farbe,
gr. *soma* = Körper

diploid
diplo, gr. *diploos* = doppelt
... *id*, gr. *eidos* = Aussehen, Ähnlichkeit

Genetik — die Sache mit dem Kern

Im Jahr 1961 gelang dem britischen Biologen JOHN GURDON ein Aufsehen erregendes Experiment mit dem afrikanischen *Krallenfrosch*. Er saugte mit einer feinen Glaspipette den Zellkern aus einer unbefruchteten Eizelle eines normal gefärbten Frosches. In die kernlose Eizelle brachte er anschließend einen Zellkern aus der Darmzelle einer *Albinokaulquappe*. Die manipulierte Eizelle entwickelte sich zu einem *Albinofrosch*. Dieser Versuch zeigt, dass die *Erbinformationen* des Frosches im Zellkern der Zelle enthalten sind und bestätigt Beobachtungen, die seit Beginn des 20. Jahrhunderts bei anderen Lebewesen gemacht wurden.

Schon in der Mitte des 19. Jahrhunderts wurden in den Zellkernen von Zellen, die sich teilen, fädige Strukturen entdeckt. Sie sind mit bestimmten Farbstoffen anfärbbar. Der deutsche Anatomieprofessor WILHELM VON WALDEYER gab ihnen 1888 den Namen *Chromosomen*. Mit modernen Färbetechniken entsteht auf den Chromosomen ein bestimmtes *Muster von Querbanden*, weil sich nicht alle Bereiche gleich stark anfärben lassen.

Vor jeder Zellteilung muss die Erbinformation der Zelle verdoppelt werden, damit sie an jede Tochterzelle vollständig weitergegeben werden kann. Chromosomen bestehen deshalb vor der Zellteilung aus *zwei* parallel liegenden Fäden, die am *Zentromer* zusammenhängen und als *Chromatiden* bezeichnet werden. Die Chromatiden eines Chromosoms haben das gleiche Bandenmuster und sind *genetisch identisch*. Bei der Zellteilung bekommt jede Tochterzelle von jedem Chromosom *ein* Chromatid. Man bezeichnet es in der Tochterzelle wieder als Chromosom. Seine Erbinformation muss vor einer erneuten Teilung wieder verdoppelt werden.

Vom Zentromer aus gesehen hat jedes Chromatid zwei Arme. Man bezeichnet den kürzeren als *p-Arm*, den längeren als *q-Arm*. Nach dem Bandenmuster werden die Arme in verschiedene Regionen (1, 2, 3, ...) eingeteilt.

Vergleicht man Gestalt und Bandenmuster aller Chromosomen einer Körperzelle miteinander, so stellt man bei den meisten Lebewesen fest, dass jedes Chromosom zweimal vorhanden ist und sich diese beiden jeweils zu *homologen Paaren* zusammenstellen lassen. Diese homologen Chromosomen stimmen im Aussehen zwar überein, sind aber genetisch *nicht* identisch. Es liegen also zwei Chromosomensätze mit jeweils n Chromosomen vor. Zellen mit zwei Chromosomensätzen bezeichnet man als *diploid*. Die Anzahl der Chromosomen in diploiden Zellen (2n) ist ein *arttypisches Kennzeichen*.

Taufliege	2n = 8	Hausmaus	2n = 40
Saaterbse	2n = 14	Tabakpflanze	2n = 48
Zwiebel	2n = 16	Schimpanse	2n = 48
Krallenfrosch	2n = 26	Salzkrebschen	2n = 168

3 Beispiele von Chromosomenanzahlen

Die Chromosomen des Menschen

Über die Anzahl der menschlichen Chromosomen herrschte lange Unklarheit, da sie bei der Zellteilung sehr dicht beieinander liegen und deshalb einzeln nur schwer zu erkennen sind. Erst im Jahr 1956 wurde eine Methode entwickelt, mit der die Chromosomen nebeneinander zu liegen kommen und so identifiziert und gezählt werden können. Es zeigte sich, dass diploide Körperzellen des Menschen *46 Chromosomen* (2n = 46) enthalten.

44 dieser Chromosomen sind sowohl in männlichen als auch in weiblichen Zellen vorhanden. Sie werden als *Autosomen* bezeichnet und können zu 22 Paaren aus je zwei homologen Chromosomen zusammengestellt werden. Im verbleibenden Chromosomenpaar, den beiden *Geschlechtschromosomen* oder *Gonosomen*, unterscheiden sich die Zellen von Männern und Frauen. Frauen besitzen zwei relativ große *X-Chromosomen* als homologes Chromosomenpaar (XX), Männer nur ein X-Chromosom und ein sehr kleines *Y-Chromsosom* (XY).

Nach einer 1971 in Paris beschlossenen internationalen Vereinbarung werden die Chromosomenpaare nach Größe und Gestalt zum *Karyogramm* geordnet. Die Autosomen werden dabei nach abfallender Größe mit den Ziffern 1 bis 22 belegt (Abb. 2). Jedes Karyogramm kann in einer Kurzformel, dem *Karyotyp*, beschrieben werden. Dabei wird zunächst die Anzahl aller Chromosomen genannt und anschließend folgt die Angabe der Gonosomen.

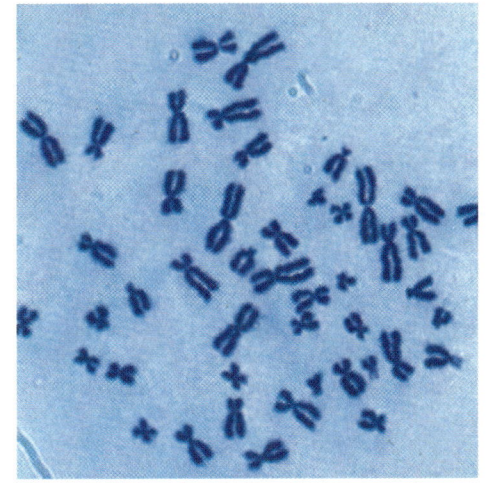

Karyogramm
gr. *karyon* = Kern

Menschliche Karyotypen
Frau: 46, XX
Mann: 46, XY

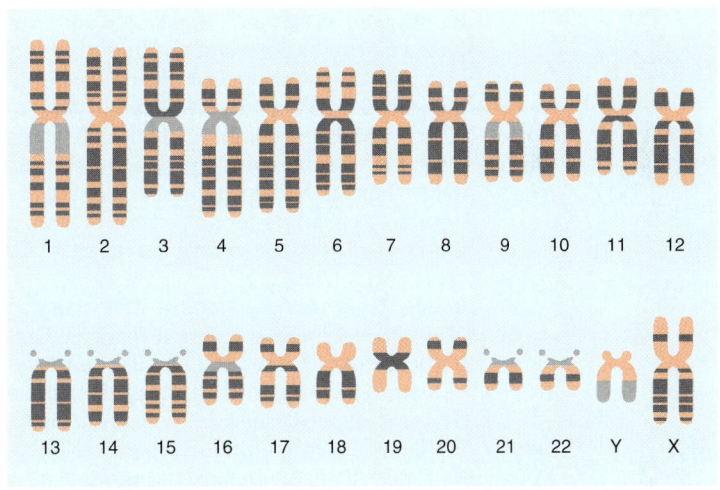

1 Die Chromosomen des Menschen

2 Karyogramm eines Mannes (46, XY); schematisch, nur je 1 Autosom

Erstellung eines Karyogrammes

Man bringt Blut bei 37 °C in eine Nährlösung, die die *Lymphocyten* unter den weißen Blutzellen zur Teilung anregt. Nach 3 Tagen werden die Teilungen durch *Colchizin* (Gift der Herbstzeitlose) in dem Stadium der Zellteilung unterbrochen, in dem sie am besten zu erkennen sind (Metaphasestadium). Durch Zugabe von destilliertem Wasser kommt es zur Aufquellung der Lymphocyten. Die empfindlichen Chromosomen werden nun mit Methanol-Eisessig-Gemisch fixiert. Die abzentrifugierten Lymphocyten tropft man aus einer Pipette auf einen Objektträger. Beim Aufprall platzen die Membranen und die Chromosomen werden ausgebreitet *(Spreiten)*. Nach Anfärbung werden sie unter dem Mikroskop fotografiert, aus dem Foto ausgeschnitten und paarweise zum Karyogramm geordnet.

Genetik

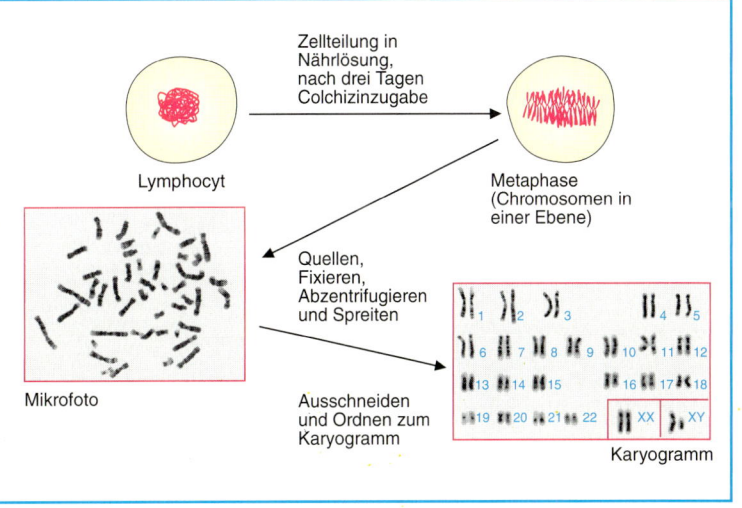

Mitose — Zellkerne teilen sich

In wachsenden Geweben finden ständig Zellteilungen statt. Vor jeder Teilung wird im Zellkern die Erbinformation verdoppelt und kann deshalb anschließend an jede Tochterzelle vollständig weitergegeben werden. Diese *Verdopplung der Erbinformation* geschieht typischerweise in der *Interphase*, in der die Chromosomen sehr lang gestreckt sind und nicht einzeln erkannt werden können. Die Chromosomen bestehen anschließend aus zwei identischen Chromatiden. Im Zellkern fallen ein oder mehrere Kernkörperchen *(Nukleoli)* auf. Die Zellteilung beginnt mit der Teilung des Zellkerns, der *Mitose*.

Im ersten Teilungsschritt, der *Prophase*, verkürzen sich die Chromosomen, werden dicker und sind mit ihren beiden Chromatiden deutlich zu erkennen. Am Ende der Prophase werden Kernmembran und Kernkörperchen aufgelöst und der *Spindelapparat*, der aus tausenden von Eiweißfäden *(Mikrotubuli)* besteht, beginnt sich zu bilden. Die Mikrotubuli gehen von speziellen Zellorganellen aus, den *Zentrosomen*. Diese wandern zu zwei entgegengesetzten Stellen in der Zelle, die man dann *Zellpole* nennt.

In der *Metaphase* nehmen die Zentrosomen über die Mikrotubuli Kontakt mit den Zentromeren der Chromosomen auf und bewegen sie in die Äquatorialebene zwischen die beiden Zellpole. Diesen Zeitpunkt nutzt man, um das Karyogramm der Zelle zu erstellen, da die Chromosomen maximal verkürzt sind und eine deutlich sichtbare Gestalt haben.

In der *Anaphase* werden die Chromatiden getrennt. Sie werden mit ihrem Zentromer voran als eigenständige Chromosomen vom Spindelapparat zu den entgegengesetzten Zellpolen transportiert. Die Anzahl der Chromosomen pro Zelle ändert sich dabei nicht.

Wenn die Chromosomen die Zellpole erreicht haben, wird mit der *Telophase* die Mitose beendet. Der Spindelapparat löst sich auf. Kernkörperchen und Kernmembran bilden sich neu und die Chromosomen gehen in die lang gestreckte Form über.

Es folgt die *Teilung der Zelle*. Zwischen den neu entstandenen Zellkernen bildet sich eine Zellmembran und bei Pflanzenzellen zusätzlich die Zellwand. Cytoplasma und Zellorganellen werden dabei nahezu gleichmäßig auf beide Tochterzellen verteilt. Mitose und Zellteilung dauern bei unterschiedlichen Geweben zwischen 30 Minuten und 3 Stunden.

Die Zelle tritt nun in die nächste *Interphase* ein, die 10 bis 20 Stunden, in Ausnahmefällen etliche Tage dauern kann. Es findet das Zellwachstum und die *Verdopplung der Erbinformation* statt. Dabei ist die genetische Information im Zellkern aktiv und regelt die notwendigen Stoffwechselreaktionen der Zelle. Man spricht in dieser Phase vom „Arbeitskern".

In wachsenden Geweben durchlaufen die Zellen bis zu ihrer endgültigen Differenzierung im *Zellzyklus* abwechselnd Mitose und Interphase. Differenzierte Zellen verbleiben in der Interphase.

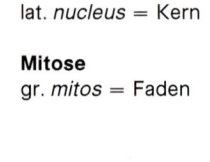

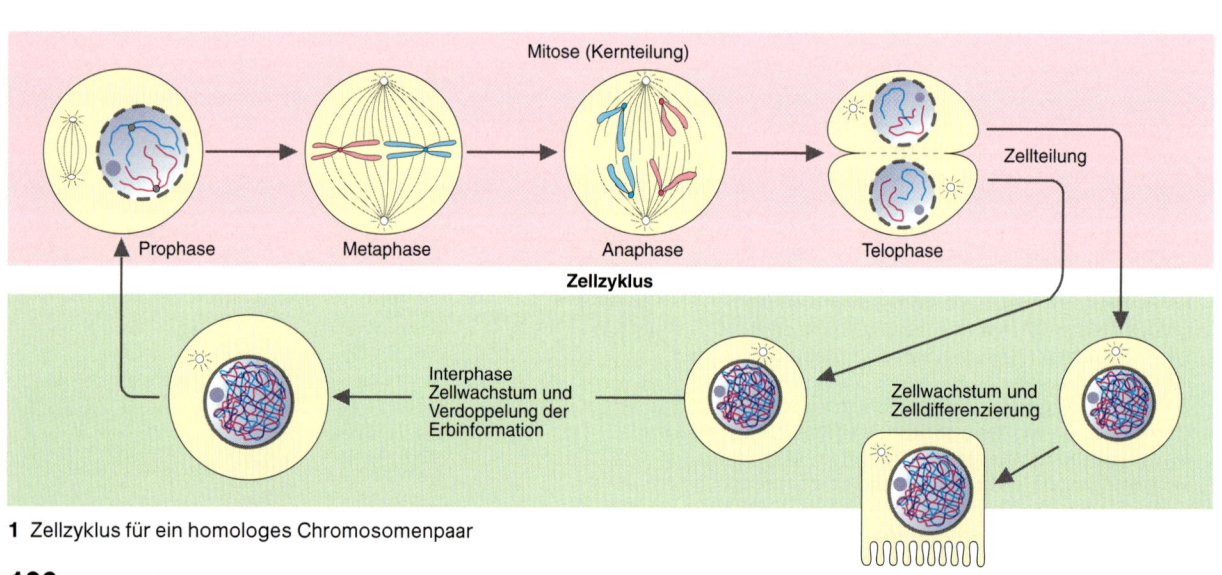

Nukleolus
lat. *nucleus* = Kern

Mitose
gr. *mitos* = Faden

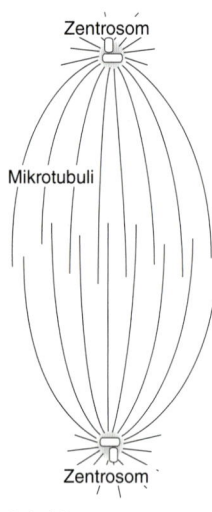

1 Zellzyklus für ein homologes Chromosomenpaar

Genetik

Praktikum

Untersuchung von Mitosephasen

Materialien:
— Küchenzwiebel (*Allium cepa*; 2n = 16) unbehandelt

Chemikalien:
— Färbelösung aus Orcein- oder Karmin-Essigsäure (Vorsicht ätzend, Dämpfe nicht einatmen! Ältere Lösungen vor Gebrauch abfiltrieren),
— Essigsäure (50%ig, Vorsicht ätzend!).

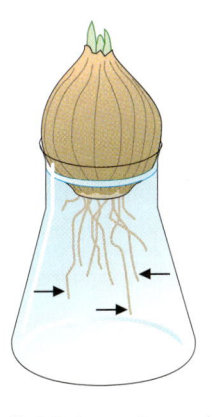

1. Die Zwiebeln werden nach Entfernung der äußeren trockenen Hüllblätter auf einen wassergefüllten Weithals-Erlenmeyerkolben gesetzt. Die Wurzelscheibe soll bis an die Wasseroberfläche heranreichen. Man lässt die Zwiebeln 2 bis 4 Tage bei Zimmertemperatur stehen, bis sich Wurzeln gebildet haben, die einige Zentimeter lang sind. In den ersten Millimetern der Wurzelspitzen finden vermehrt Zellteilungen statt, sodass man dort alle Teilungsstadien nebeneinander finden kann.

2. Von den Wurzelspitzen werden am frühen Morgen (höchste Mitoseaktivität) die äußersten 1 bis 2 mm mit einer Rasierklinge abgeschnitten und in ein Reagenzglas gebracht. Man gibt etwa 0,5 bis 1 ml Färbelösung zu und verschließt das Reagenzglas.

3. Nach ca. 24 Stunden wird ein Siedesteinchen in das Reagenzglas gegeben und die Wurzelspitzen werden in der Färbelösung einmal kurz (!) aufgekocht.
   Vorsicht: Siedeverzug und Herausspritzen der ätzenden Färbelösung möglich! Reagenzglashalter verwenden und die Öffnung des Reagenzglases in den freien Raum richten. Schutzbrille verwenden und Dämpfe nicht einatmen!

4. Die Wurzelspitzen sind nun intensiv gefärbt und durch das Kochen weich geworden. Sie werden mit einer Pipette aus dem Reagenzglas entnommen und einzeln auf Objektträger gebracht **(nicht mit dem Mund pipettieren!)**. Die Färbelösung wird möglichst vollständig vom Objektträger abgesaugt und durch einen kleinen Tropfen Essigsäure (50%ig) ersetzt.

5. Nun wird ein Deckglas auf die Wurzelspitzen gelegt und das Präparat wird mit einigen Lagen Filterpapier abgedeckt. Durch einen kräftigen Druck mit dem Daumen werden die Wurzelspitzen zerquetscht. Das Deckgläschen darf dabei aber nicht gegen den Objektträger verschoben werden. Nach dem Zerquetschen liegen die Zellen in Flecken von 5 bis 10 mm Durchmesser nebeneinander auf dem Objektträger.

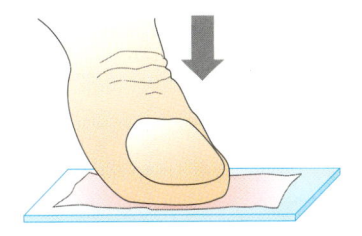

6. Die herausgedrückte und vom Filterpapier aufgenommene Essigsäure wird vorsichtig aus einer Pipette, die an den Rand des Deckgläschens gehalten wird, ersetzt.

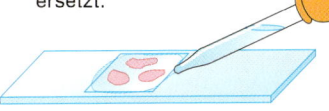

7. Die rot gefärbten Zellkerne und Chromosomen können nun untersucht werden.

Aufgaben

① Suchen Sie im Mikroskop bei etwa 400facher Vergrößerung charakteristische Mitosestadien. Identifizieren und zeichnen Sie diese Stadien.

② In einigen Planquadraten der unten stehenden Abbildung sind typische Mitosestadien zu erkennen. Benennen Sie diese Stadien, und geben Sie außerdem jeweils die Lage des betreffenden Planquadrates an.

③ Ermitteln Sie in der unten stehenden Abbildung den Prozentsatz der Zellen, die sich gerade in der Mitose befinden.

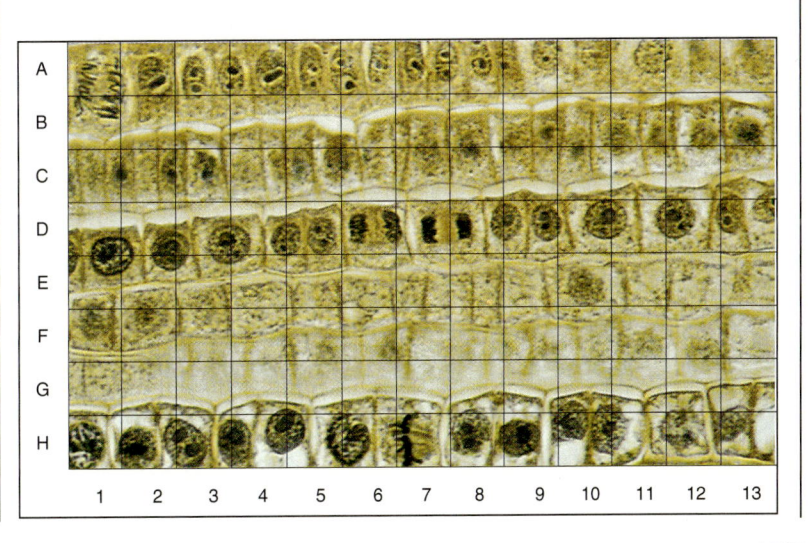

Genetik

Meiose — Keimzellen entstehen

Bei der Befruchtung verschmelzen die Zellkerne von Eizelle und Spermium zur *Zygote*. Trotzdem verdoppelt sich die Chromosomenanzahl bei der sexuellen Fortpflanzung nicht. Mikroskopische Untersuchungen zeigen, dass bei *diploiden* Lebewesen (2n) die männlichen bzw. weiblichen Keimzellen nur *einen* Chromosomensatz enthalten. Sie sind *haploid* (1n). Ein Chromosomensatz der diploiden Zygote entstammt also der Eizelle, der andere dem Spermium. Die Chromosomen eines homologen Paares sind aus diesem Grund genetisch nicht identisch und können in schematischen Abbildungen durch unterschiedliche Farbgebung gekennzeichnet werden.

Die Trennung der homologen Chromosomenpaare und damit die Reduktion auf einen Chromosomensatz findet bei vielen Lebewesen erst bei der Bildung der Eizellen bzw. Spermien statt. Aus *diploiden Urkeimzellen* entstehen dann durch besondere Kernteilungsvorgänge die *haploiden Keimzellen*. Man nennt diese Form der Kernteilung *Reifeteilung* oder *Meiose*.

Die Meiose dauert einige Tage bis Wochen, in Einzelfällen noch länger, und verläuft in zwei Teilungsschritten. In der *ersten Reifeteilung* bzw. *Reduktionsteilung* werden die homologen Chromosomen im Zellkern zunächst paarweise angeordnet. Die vier Chromatiden liegen in einer sogenannten *Tetrade* beieinander. Überkreuzungen der Chromatiden, die man *Chiasmata* nennt, werden erkennbar. Der Spindelapparat trennt anschließend jedes Paar und transportiert jeweils eines der homologen Chromosomen zu einem der Zellpole. Dabei entscheidet bei jedem Paar der Zufall, wie die genetisch nicht identischen, homologen Chromosomen verteilt werden. Abhängig von der Anzahl der homologen Paare (n) bestehen 2^n verschiedene Kombinationsmöglichkeiten für den neu entstehenden haploiden Chromosomensatz (Abb. 1). Nach der ersten Reifeteilung der Urkeimzelle liegen zwei genetisch unterschiedliche Zellen vor, deren Chromosomen noch aus zwei Chromatiden bestehen.

In der *zweiten Reifeteilung*, die auch *Äquationsteilung* genannt wird, werden alle Chromosomen am Zentromer getrennt und die Chromatiden werden durch die Spindelfasern in die Zellen transportiert, die dann zu *Keimzellen* werden. Durch die zufällige Verteilung der homologen Chromosomen in der Reduktionsteilung kann ein Individuum sehr viele genetisch unterschiedliche Keimzellen produzieren. Sie sind beispielsweise bei einem Menschen mit fast 100%iger Wahrscheinlichkeit *nicht* mit einer der beiden Keimzellen identisch, aus denen das Individuum entstanden ist.

Im weiblichen Organismus entsteht aus einer Ureizelle jeweils nur eine große *Eizelle*. Die übrigen Chromosomensätze gelangen in kleine *Polkörperchen* und werden abgebaut. Das Volumen der Eizelle ist ca. 200 000fach größer als das des Spermiums und bietet durch den Plasmavorrat dem neuen Leben günstige Startbedingungen. Beim Mann entstehen aus einer Urspermienzelle im Hoden vier gleich große haploide Zellen. Sie werden in bewegliche Spermien umgewandelt. Dabei verlieren sie einen Großteil ihres Zellplasmas und bestehen schließlich nur noch aus dem *Kopf* (Zellkern und eizellmembranlösende Enzyme), dem *Mittelstück* (Mitochondrien zur Energieversorgung) und dem *Schwanzfaden* (Geißel zur Fortbewegung).

haploid
haplo, gr. *haploos* = einfach
...id, gr. *eidos* = Aussehen, Ähnlichkeit

Urkeimzellen
diploide Zellen in den Geschlechtsorganen, aus denen haploide Keimzellen entstehen

Meiose
gr. *meiosis* = Verminderung

Chiasmata
gr. *chiasma* = Kreuzung

1 Kombinationsmöglichkeiten homologer Chromosomen bei 2n = 4

Aufgaben

① Vergleichen Sie den Ablauf und das Ergebnis von Mitose und Meiose. Stellen Sie die Unterschiede und Gemeinsamkeiten gegenüber.

② Berechnen Sie die Anzahl der Kombinationsmöglichkeiten homologer Chromosomen bei der Entstehung menschlicher Keimzellen.

Die Bildung von Spermien und Eizellen durch Meiose

Reduktionsteilung
Prophase I: In den Keimdrüsen befinden sich die *diploiden Urkeimzellen*. Am Beginn der Prophase, die oft wochenlang dauern kann, verkürzen sich die Chromosomen. Es findet nun die *Paarung der homologen Chromosomen* statt. Am Bandenmuster erkennt man, dass sich dabei die Zentromere und die vier Chromatiden exakt nebeneinander legen. Nach einer weiteren Verkürzung werden sie als sogenannte *Tetrade* deutlich erkennbar. Jetzt können *Chiasmata* sichtbar werden. Am Ende der Prophase I werden Kernmembran und Kernkörperchen aufgelöst, der Spindelapparat beginnt sich zu bilden.

Metaphase I: Die homologen Chromosomen werden als Tetraden von den Spindelfasern in die Äquatorialebene gebracht.

Anaphase I: Jedes Paar homologer Chromosomen wird nun getrennt und der Spindelapparat transportiert die homologen Chromosomen zu den entgegengesetzten Zellpolen. Die Reduktion vom zweifachen zum einfachen Chromosomensatz ist damit erreicht.

Telophase I: Es kommt zu einer leichten Verlängerung der Chromosomen. Die Kernmembran und die Kernkörperchen bilden sich wieder und die Zelle teilt sich. Im männlichen Geschlecht entstehen zwei gleich große Zellen, im weiblichen Geschlecht schnürt sich ein kleines Polkörperchen ab, das mit seinem haploiden Chromosomensatz abgebaut wird. Ohne längeres Zwischenstadium erfolgt dann die *Äquationsteilung*. Diese 2. Reifeteilung verläuft ähnlich wie eine Mitose.

Äquationsteilung
In der **Prophase II** verkürzen sich die Chromosomen erneut, die Kernmembran und Kernhülle zerfallen. Die Chromosomen werden in die Äquatorialebene der Zelle gebracht (**Metaphase II**), am Zentromer getrennt und vom Spindelapparat mit einfacher Erbinformation zu den Zellpolen transportiert (**Anaphase II**). In der abschließenden **Telophase II** entstehen nun in den Hoden vier haploide Zellen, die die Reifung zu den *Spermien* durchmachen. Im Eierstock wird wieder ein Polkörperchen abgeschnürt und eine große *Eizelle* entsteht.

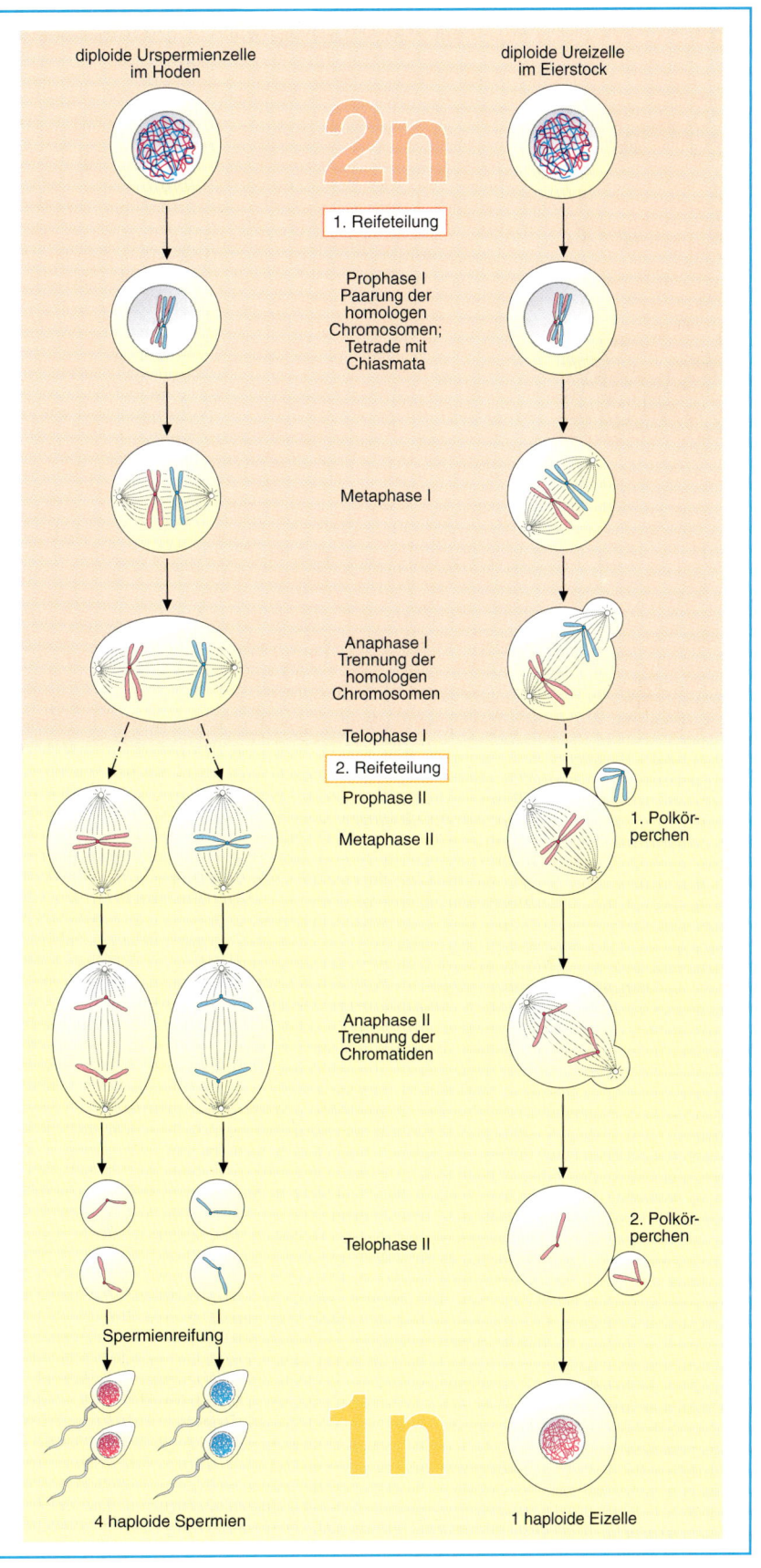

Genetik **109**

2 Mendel und Morgan: Pioniere der Genetik

22.7.1822: Johann Mendel wird in Heinzendorf, Nordmähren geboren.
1834—1843: Schüler am Gymnasium in Troppau.
1843: Eintritt als Novize in das Augustinerkloster St. Thomas in Altbrünn; Ordensname: Gregor
1843—1848: Theologiestudium
1848: Priesterweihe
1849—1851: Gymnasiallehrer im südmährischen Znaim.
1851—1853: Studium der Naturwissenschaften (Chemie, Physik, Zoologie und Botanik) in Wien.
1853: Mendel wird Mitglied im königl. zool.-bot. Verein.
1854—1868: Lehrer der Experimentalphysik an der Oberrealschule in Brünn.
1858—1864: Kreuzungsversuche mit Erbsen.
1865: Vorträge über seine Experimente vor dem Naturforschenden Verein in Brünn.
1866: Veröffentlichung der „Versuche über Pflanzenhybriden" im Band IV der Verhandlungen des Naturforschenden Vereins.
1867—1873: Reger Briefwechsel mit dem Münchner Botaniker Karl von Nägeli, der Mendels Theorien jedoch ablehnt.
1868: Berufung zum Abt und Prälaten des Klosters.
6.1.1884: Tod nach langem Herzleiden in Brünn.

1 Lebenslauf von Johann Gregor Mendel (1822—1884)

Mit Erbsen zu den Erbgesetzen

mit Zitaten aus:
„Versuche über Pflanzenhybriden"
(Brünn, 1866)

Mendels Methode der Fremdbestäubung

Das Interesse des Augustinermönchs Johann Gregor Mendel galt verschiedenen Varianten von Zierpflanzen. Er schreibt dazu: „Künstliche Befruchtungen, welche an Zierpflanzen deshalb vorgenommen wurden, um neue Farbvarianten zu erzielen, waren die Veranlassung zu den Versuchen." Am Beginn seiner Arbeit beschaffte er sich Saatgut von 34 verschiedenen Sorten der *Saaterbse* (Pisum sativum). Diese Sorten hatten „leicht und sicher zu unterscheidende Merkmale", beispielsweise unterschiedliche Form oder Färbung der reifen Samen. Die Saaterbse ist im Mittelmeerraum beheimatet und wird dort von relativ schweren Insekten bestäubt, die in Mitteleuropa fehlen. Hier pflanzen sich die Saaterbsen durch *Selbstbestäubung* fort.

Mendel stellte in einer zweijährigen Probephase fest, dass 22 seiner Erbsensorten bei Selbstbestäubung „durchaus gleiche und constante Nachkommen" hatten. Nur diese *reinerbigen Sorten*, die bestimmte gleich bleibende Merkmale zeigten, verwendete er für die folgenden *Kreuzungsversuche*, bei denen er eine gezielte *Fremdbestäubung* durchführte. Er schreibt: „Zu diesem Zwecke wird die noch nicht vollkommen entwickelte Knospe geöffnet, das Schiffchen entfernt und jeder Staubfaden mittelst einer Pincette behutsam herausgenommen, worauf dann die Narbe sogleich mit dem fremden Pollen belegt werden kann."

Die bei den *Kreuzungsexperimenten* entstandenen Mischlinge *(Hybriden)* untersuchte er nur im Blick auf die Merkmale, die bei den Eltern reinerbig vorlagen. Für seine ersten Experimente wählte er dazu Pflanzen, „welche nur in einem wesentlichen Merkmale verschieden waren." Er bestäubte eine grünsamige Erbsensorte mit dem Pollen einer gelbsamigen, denn „Versuche mit Samenmerkmalen führten am einfachsten und sichersten zum Ziele". Er stellte dabei fest, dass als Hybriden ausschließlich gelbsamige Erbsen in den Hülsen entstanden. Um sicher zu gehen, dass nicht der Pollen den Ausschlag für die Samenfarbe gab, führte Mendel auch die *reziproke Kreuzung* durch. Dabei wird die Narbe einer gelbsamigen Pflanze mit dem Pollen einer grünsamigen bestäubt. Doch auch bei diesem Versuch waren die Hybriden stets gelbsamig. Im folgenden Jahr säte er diese gelben Samen aus und kreuzte die entstehenden Pflanzen durch künstliche Bestäubung wieder miteinander. Als Ergebnis protokollierte er: „258 Pflanzen gaben 8 023 Samen, 6 022 gelbe und 2 001 grüne." Die grüne Samenfarbe war also in den gelbsamigen Hybridpflanzen nicht verloren gegangen, sondern nur „zurückgetreten".

„Die auffallende Regelmässigkeit, mit welcher dieselben Hybridformen immer wiederkehrten, so oft die Befruchtung zwischen gleichen Arten geschah", ermöglichte es ihm, „ein allgemein gültiges Gesetz für die Bildung und Entwicklung der Hybriden aufzustellen". Im Laufe von 8 Jahren wertete er dazu die Ergebnisse von über 13 000 Kreuzungsversuchen aus.

Genetik

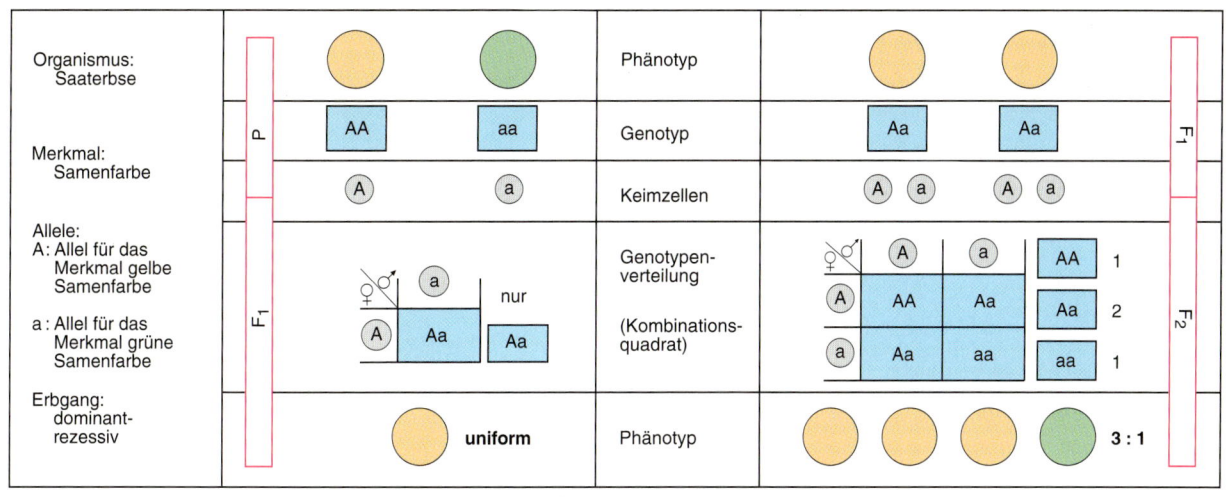

1 Kreuzungsschema zur 1. und 2. mendelschen Regel

Kreuzungsschema und mendelsche Regeln

MENDEL entwickelte eine Theorie, die seine Versuchsergebnisse schlüssig erklärt und heute noch in abgewandelter Form Gültigkeit besitzt. Er ging davon aus, dass die äußerlich erkennbaren Merkmale „in der materiellen Beschaffenheit und Anordnung der Elemente" in der Zelle begründet sind. Heute werden diese Elemente *Erbanlagen* oder *Gene* genannt. Saaterbsen besitzen für das Merkmal Samenfarbe ein solches Gen. Dieses Gen existiert jedoch in unterschiedlichen Informationsformen (*Allelen*), die in der Elterngeneration (P) die Samenfarben Gelb oder Grün bewirken. In den Hybriden der 1. Tochtergeneraton (F_1) dominiert das Allel für die gelbe Samenfärbung, während das Allel für die grüne Färbung zurücktritt. Man unterscheidet deshalb *dominante* und *rezessive Allele*. MENDEL führte eine Symbolik ein, nach der heute noch die dominanten Allele durch Großbuchstaben, die rezessiven durch Kleinbuchstaben gekennzeichnet werden.

MENDEL erkannte, dass die Keimzellen *rein* waren, d. h. sie enthalten für ein Merkmal immer nur ein Allel. Bei der Befruchtung entstehen durch die Verschmelzung der Keimzellen *Körperzellen*, die zwei Allele pro Merkmal besitzen. Die Allele können dann in drei verschiedenen Kombinationen (*Genotypen*) auftreten: AA, Aa und aa. Genotypen mit gleichem Allelenpaar (AA bzw. aa) nennt man *reinerbig* oder *homozygot*, wie es in Abb. 1 die *Elterngeneration* (P) zeigt. Der Genotyp Aa ist *mischerbig (heterozygot)*. Für die drei möglichen Genotypen gibt es im **dominant-rezessiven Erbgang** aber nur zwei verschiedene Merkmalsausprägungen (*Phänotypen*): Gelbsamige Erbsen (AA/Aa) und grünsamige (aa). In den Hybriden der 1. Tochtergeneration (F_1) dominiert phänotypisch das Allel für Gelb. MENDEL zeigte, dass sich das Zahlenverhältnis, mit dem diese Phänotypen auftreten, durch einfache Regeln erklären lässt. Enthält die Keimzelle entweder das Allel A oder a, „wird es nach den Regeln der Wahrscheinlichkeit im Durchschnitte vieler Fälle immer geschehen, dass sich jede Pollenform A und a gleich oft mit jeder Keimzellform A und a vereinigt." Dies führt bei den Genotypen der F_2-Generation zu dem Zahlenverhältnis 1 : 2 : 1 (AA : Aa : aa), dem ein Phänotypenverhältnis von 3 : 1 (gelb : grün) entspricht. Das experimentelle Ergebnis 6022 : 2001 (3,0095 : 1) stimmt sehr gut mit dieser theoretischen Aussage überein. In einem *Kreuzungsschema* lässt sich dieses Zahlenverhältnis leicht herleiten.

Die von MENDEL begründete Vererbungstheorie wird in Regeln zusammengefasst:
1. mendelsche Regel (*Uniformitäts- bzw. Reziprozitätsregel*): Kreuzt man zwei Individuen einer Art, die sich in einem Merkmal reinerbig unterscheiden, so sind die Individuen der F_1-Generation in diesem Merkmal untereinander gleich (*uniform*). Dies gilt auch für die reziproke Kreuzung.
2. mendelsche Regel (*Spaltungsregel*): Kreuzt man die Hybriden der F_1-Generation untereinander, so treten in der F_2-Generation die Merkmale beider Eltern in einem bestimmten Zahlenverhältnis wieder auf (die F_2-Generation spaltet auf).

Gen
Erbanlage

Genom
Gesamtheit aller Gene eines Organismus

Allel
Informationsform eines Gens

A: dominantes Allel
hier für das Merkmal „gelbe Samenfarbe"

a: rezessives Allel
hier für das Merkmal „grüne Samenfarbe"

Elterngeneration:
Parentalgeneration
(P)

Tochtergeneration:
Filialgeneration
(F_1, F_2, usw.)

Genotyp
Allelkombination

Phänotyp
Merkmalsausprägung

Genetik **111**

Mendels Erbsen im Computer

Die 2. mendelsche Regel ist eine statistische Aussage, die für eine große Anzahl von Nachkommen gilt. Im Einzelfall können bei wenigen Nachkommen große Abweichungen vom theoretischen Zahlenverhältnis 3:1 auftreten. Mit einem Computer kann man dies zeigen, indem man Kreuzungen mit unterschiedlich vielen Nachkommen (N) simuliert. Man erhält dann das erwartete Zahlenverhältnis ziemlich genau, da der Zufallsgenerator alle möglichen Allelkombinationen mit der gleichen Wahrscheinlichkeit zulässt.

Die Voraussetzung ist allerdings in der Natur nicht immer gegeben, weil die Zygoten nach der Befruchtung oft unterschiedliche Entwicklungschancen haben. Es gibt auch Fälle, in denen Pollenschläuche mit dominantem Allel schneller wachsen oder Spermien mit dem rezessiven Allel weniger vital sind. Dann treten unter den Nachkommen weniger Rezessive als erwartet auf.

Gesamtzahl	Anzahl der berechneten Genotypen			Zahlenverhältnis der Phänotypen
N	AA	Aa	aa	(AA + Aa) : aa
4	0	2	2	1,000000 : 1
12	3	6	3	3,000000 : 1
50	11	27	12	3,166666 : 1
100	31	51	18	4,555555 : 1
500	128	246	126	2,968254 : 1
1000	263	498	239	3,184100 : 1
5000	1258	2476	1266	2,949447 : 1
10000	2398	5015	2587	2,865481 : 1
50000	12479	25032	12489	3,003523 : 1
100000	24908	50130	24962	3,006089 : 1
Summe aller Simulationen:				
166666	41479	83483	41704	2,996403 : 1

Rückkreuzung und intermediärer Erbgang

Nach MENDELS Theorie sind gelbsamige Erbsen der F_1-Generation entweder *homozygot* oder *heterozygot*. Um im Einzelfall den tatsächlichen Genotyp feststellen zu können, kreuzt man die gelbsamige Erbse mit einer grünsamigen (aa). War die gelbsamige homozygot (AA), sind alle Nachkommen gemäß der Uniformitätsregel gelbsamig (Aa). Im heterozygoten Fall (Aa) führt diese *Test-* oder *Rückkreuzung* zu 50% gelbsamigen (Aa) und 50% grünsamigen (aa) Erbsen (s. Randspalte). Rückkreuzungen beweisen, dass unter den gelbsamigen Erbsen einer F_2-Generation die Genotypen Aa und AA im Verhältnis 2:1 auftreten. Als 1900 der Tübinger Botaniker CARL CORRENS Kreuzungsversuche mit Wunderblumen *(Mirabilis jalapa)* durchführte, zeigte es sich, dass MENDELS Dominanzregel in Ausnahmefällen nicht gültig ist. Die Kreuzung homozygoter Sorten, die rot bzw. weiß blühend waren, ergab in der F_1-Generation ausschließlich rosa blühende *Hybriden*. Der Phänotyp liegt hier zwischen den beiden elterlichen Merkmalen. Bei einem solchen *intermediären Erbgang* ist der Genotyp bereits eindeutig am Phänotyp zu erkennen. In der F_2-Generation sind nach den mendelschen Regeln die Phänotypen rot, rosa und weiß im Verhältnis 1:2:1 zu erwarten. Um zu zeigen, dass kein Allel dominiert, benutzt man im Kreuzungsschema zwei kleine Buchstaben (r/w).

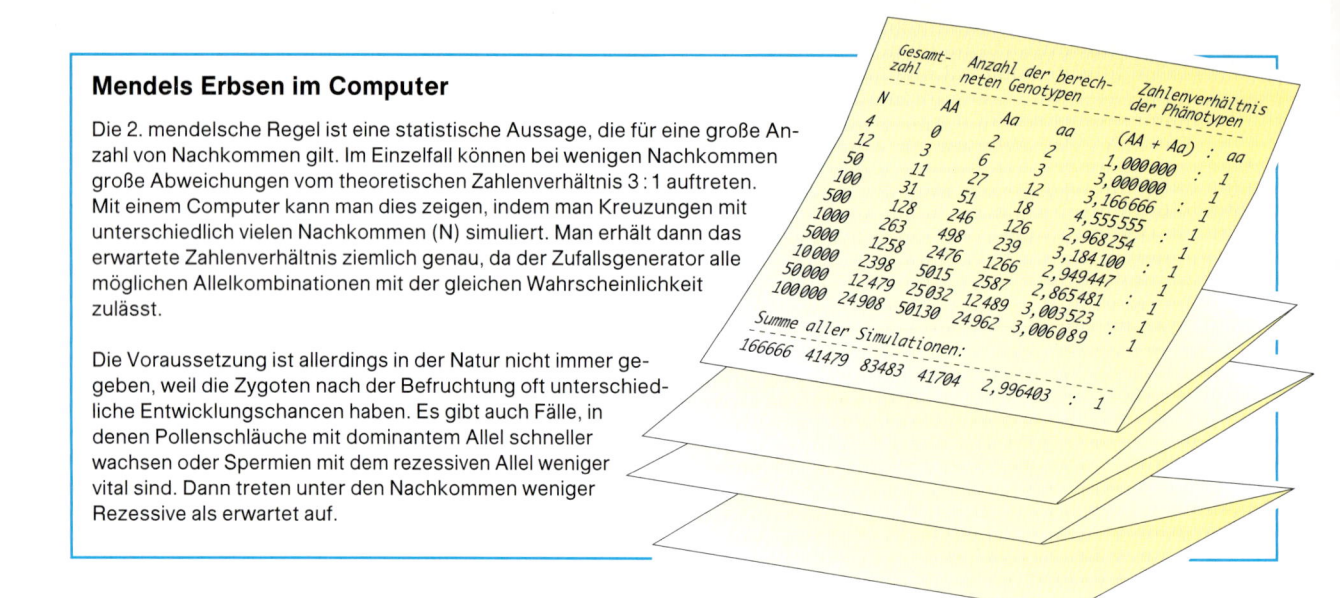

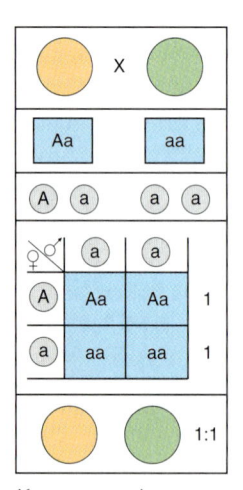

Kreuzungsschema zur Rückkreuzung

Rückkreuzung
Ein heterozygotes Individuum wird mit einem homozygot-rezessiven Individuum gekreuzt.

Intermediärer Erbgang
Der Phänotyp des heterozygoten Individuums liegt zwischen den Merkmalen der beiden homozygoten Eltern.

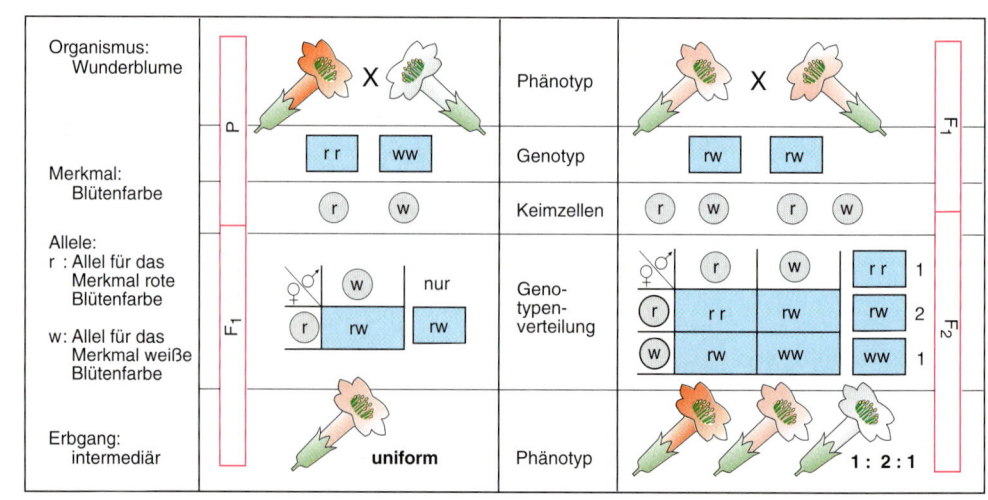

1 Kreuzungsschema zum intermediären Erbgang

Dihybrider Erbgang und Neukombination

Für seine ersten Versuche hatte MENDEL Pflanzen verwendet, „welche nur in einem wesentlichen Merkmale verschieden waren". Er schreibt weiter: „Die nächste Aufgabe bestand darin, zu untersuchen, ob das gefundene Entwicklungsgesetz auch dann für je zwei differirende Merkmale gelte." Eine Kreuzung mit zwei unterschiedlichen Merkmalen nennt man *dihybrid*, im Gegensatz zur *monohybriden* Kreuzung mit nur einem Merkmal. Ausgangssorten für solche Versuche waren homozygote Saaterbsen, die sich in Samenfarbe und -form unterschieden (gelb-rund bzw. grün-kantig). Die F_1-Hybriden waren erwartungsgemäß uniform (gelb-rund), weil die Allele für diese Merkmale dominant sind.

Interessant wurde der Versuch, als MENDEL die F_1-Hybriden miteinander kreuzte. „Im Ganzen wurden von 15 Pflanzen 556 Samen erhalten, von diesen waren: 315 rund und gelb, 101 kantig und gelb, 108 rund und grün, 32 kantig und grün." Es traten also in der F_2-Generation neue Merkmalskombinationen auf, die vorher nicht beobachtet wurden. Dies ist nur zu erklären, wenn „Merkmale ... in alle Verbindungen treten können, welche nach den Regeln der Combination möglich sind, und das Verhalten je zweier differirender Merkmale in hybrider Verbindung unabhängig ist".

Wir wissen heute, dass die Anlagen für Samenfarbe und -form in den *Keimzellen* frei kombiniert werden und die vier möglichen Kombinationen gleich wahrscheinlich sind. Das Kombinationsquadrat zeigt, dass bei Befruchtung aus diesen Keimzellen vier Phänotypen im Zahlenverhältnis 9 : 3 : 3 : 1 entstehen, was recht genau dem experimentellen Befund MENDELS entspricht.

3. mendelsche Regel (*Unabhängigkeits- bzw. Neukombinationsregel*): Jedes einzelne Allelenpaar wird nach der 2. mendelschen Regel vererbt. Die Allele verschiedener Gene können dabei frei miteinander kombiniert werden.

Aufgaben

① Stellen Sie ein Kreuzungsschema für die Rückkreuzung der doppelt heterozygoten Saaterbsen (F_1 in Abb. 1) auf.
② Welcher Vorgang in der Meiose begründet die Neukombinationsregel?

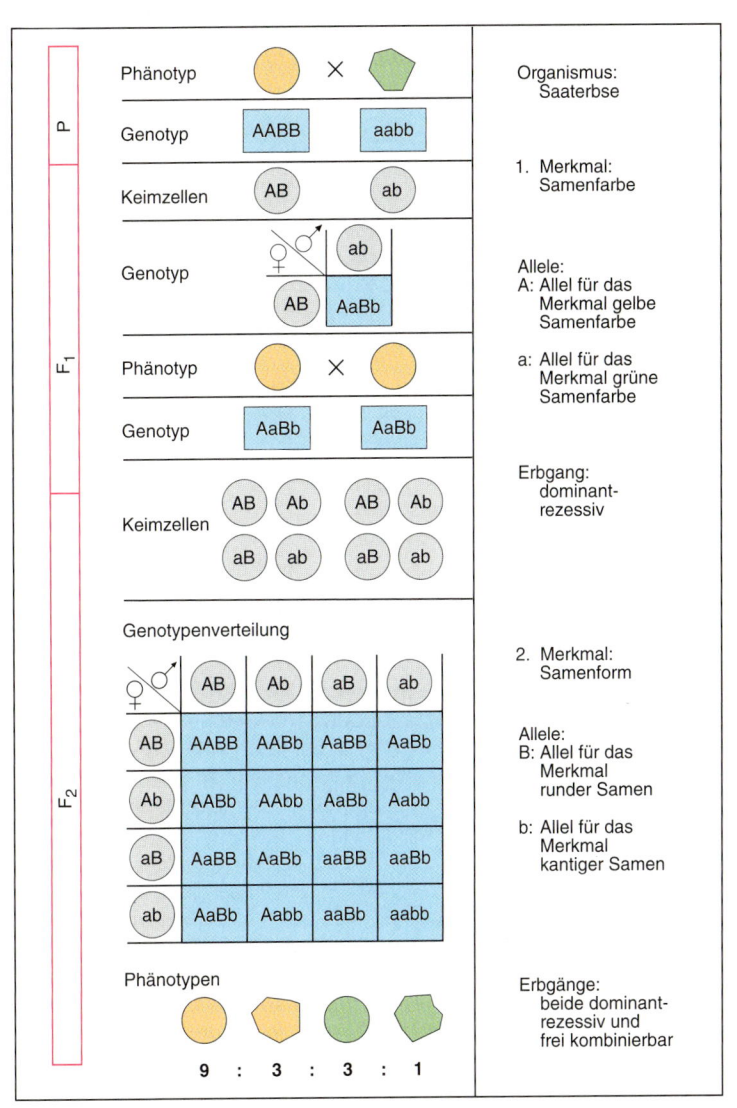

1 Kreuzungsschema zum dihybriden Erbgang

Organismus: Saaterbse

1. Merkmal: Samenfarbe

Allele:
A: Allel für das Merkmal gelbe Samenfarbe
a: Allel für das Merkmal grüne Samenfarbe

Erbgang: dominant-rezessiv

2. Merkmal: Samenform

Allele:
B: Allel für das Merkmal runder Samen
b: Allel für das Merkmal kantiger Samen

Erbgänge: beide dominant-rezessiv und frei kombinierbar

♀\♂	AB	Ab	aB	ab
AB	AABB	AABb	AaBB	AaBb
Ab	AABb	AAbb	AaBb	Aabb
aB	AaBB	AaBb	aaBB	aaBb
ab	AaBb	Aabb	aaBb	aabb

Phänotypen 9 : 3 : 3 : 1

Die Biochemie erklärt Mendels Erbsenformen

Die von MENDEL beschriebenen Erbsenformen (glatt bzw. kantig) unterscheiden sich in ihrem Kohlenhydratstoffwechsel. Runde Erbsen (Genotyp BB oder Bb) haben einen hohen Stärkegehalt, kantige Erbsen (bb) enthalten mehr freien Zucker. 1988 wurde von A. SMITH herausgefunden, dass Erbsen mit kantigen Samen durch einen Enzymmangel freie Zuckermoleküle nicht so gut in Stärke umwandeln können. Dies führt bei den wachsenden Erbsenpflanzen zu einer erhöhten osmotischen Wasseraufnahme in die Zellen. Bei der Reifung trocknen die Zellen aus und die stark wasserhaltigen Samen werden durch den höheren Wasserverlust kantig.

Genetik

Eine Jahrhundertentdeckung wird nicht wahrgenommen

MENDELS Arbeit ist ein klassisches Vorbild für die experimentelle Lösung eines wissenschaftlichen Problems. Noch 1859 bedauerte MENDELS Zeitgenosse CHARLES DARWIN: „Die Gesetze, welche die Vererbung beherrschen, sind völlig unbekannt." 1861 schrieb die französische Akademie der Wissenschaft dieses Problem zur öffentlichen Behandlung aus. Trotzdem blieb MENDEL Zeit seines Lebens der einzige, der sich der Bedeutung seiner Entdeckung zu diesem damals aktuellen Problem bewusst war. „Mir haben meine wissenschaftlichen Arbeiten viel Befriedigung gebracht, und ich bin überzeugt, dass es nicht lange dauern wird, da die ganze Welt die Ergebnisse dieser Arbeiten anerkennen wird".

Das Unverständnis seiner Zeitgenossen lag nicht daran, dass MENDELS Arbeiten unbekannt waren. 115 Bände gingen im Schriftenaustausch an Wissenschaftler ins Ausland und sogar in der Encyclopaedia Britannica wurden seine Versuche zitiert.

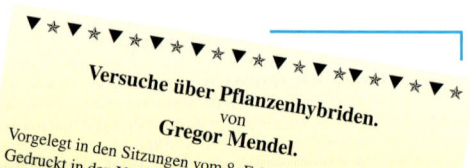

Versuche über Pflanzenhybriden.
von
Gregor Mendel.

Vorgelegt in den Sitzungen vom 8. Februar und 8. März 1865. Gedruckt in den Verhandlungen des naturforschenden Vereines in Brünn. IV. Band. Abhandlungen [3]* 1865. Brünn, 1866. Im Verlage des Vereines S. 3 – 47.

Einleitende Bemerkungen.

Künstliche Befruchtungen, welche an Zierpflanzen deshalb vorgenommen wurden, um neue Farbenvarianten zu erzielen, waren die Veranlassung zu den Versuchen, die hier besprochen werden sollen. Die auffallende Regelmässigkeit, mit welcher dieselben Hybridformen immer wiederkehrten, so oft die Befruchtung zwischen gleichen Arten geschah, gab die Anregung zu weiteren Experimenten, deren Aufgabe es war, die Entwicklung der Hybriden in ihren Nachkommen zu verfolgen.

Die Chromosomentheorie der Vererbung

Die Vererbungstheorie MENDELS blieb zunächst unbeachtet, weil er das Problem nicht mit der üblichen Arbeits- und Denkweise der Forscher seiner Zeit anging. Den Vorstellungen von der „Erblichkeit des Gesamtorganismus" oder der „Verdünnung der Erbsubstanz" stellte er die *freie Kombinierbarkeit stabiler Merkmale* gegenüber. Er beschränkte sich auf einzelne, deutlich unterscheidbare Merkmale und erkannte, dass die erhaltenen Zahlenverhältnisse „Durchschnittsverhältnisse" sind, die sich durch einfache „Regeln der Combination" erklären lassen. Ein anderer Grund der Nichtbeachtung ist in der Entwicklung der Zellforschung zu suchen. Erst mit der Vervollkommnung der mikroskopischen Technik am Ende des 19. Jahrhunderts stellte man fest, dass die Vererbungstheorie durch die Beobachtungen bei Mitose und Meiose bestätigt wird (Abb. 1). So wurden am Beginn des 20. Jahrhunderts in kurzer Folge MENDELS Erbgesetze durch den Niederländer HUGO DE VRIES, den Deutschen CARL CORRENS und den Österreicher ERICH VON TSCHERMAK unabhängig voneinander wieder entdeckt. 1901 erschien bereits der erste Nachdruck der „Versuche über Pflanzenhybriden". 1903 veröffentlichten SUTTON und BOVERI die *Chromosomentheorie der Vererbung*, die zur Grundlage der modernen Genetik wurde: Die Chromosomen sind Träger der Erbanlagen.

Annahmen der Vererbungstheorie			Beobachtungen der Zellforschung
Die Gene werden als selbstständige, stabile Einheiten an die Tochtergeneration weitergegeben.	A	A	Chromosomen sind selbstständige Einheiten, die unverändert an die Tochterzellen weitergegeben werden.
Die Allele eines Gens treten in den Körperzellen paarweise auf (AA, Aa oder aa).	AaBb	A a B b	Die diploiden Körperzellen enthalten homologe Chromosomenpaare.
Die Keimzellen enthalten pro Gen nur ein Allel (A oder a).	AB	AB	Durch Meiose entstehen haploide Keimzellen mit nur einem Chromosomensatz.
Die Allele verschiedener Gene werden bei Keimzellenbildung neu kombiniert.	AB Ab aB ab	AB Ab aB ab	Die Chromosomen der homologen Paare werden in der Meiose getrennt und neu miteinander kombiniert.

1 Vergleich der Vererbungstheorie mit den Beobachtungen der Zellforschung

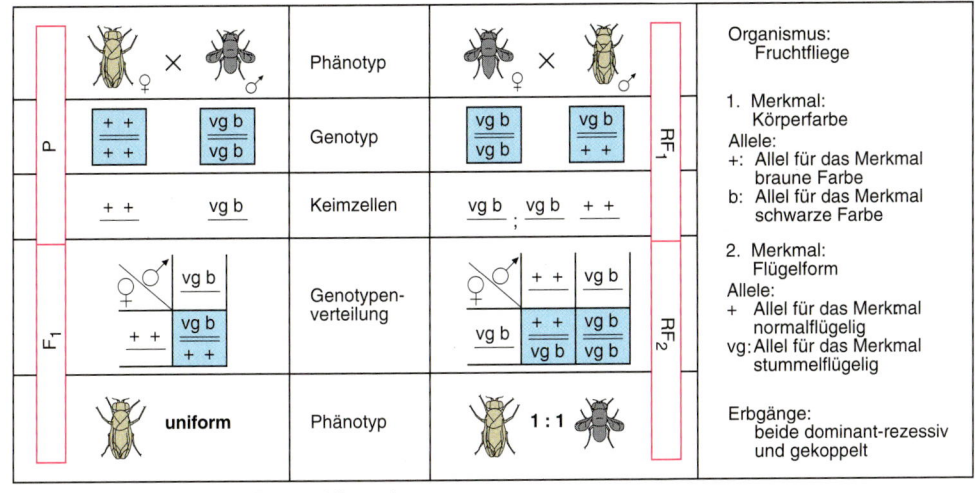

1 Kopplung der Gene bei Drosophila melanogaster

Drosophila (Wildtyp)

Nicht alle Gene sind frei kombinierbar

Im Jahr 1906 wurde erstmals eine Abweichung von der 3. mendelschen Regel beobachtet. Bei der Kreuzung hochwüchsiger Tomaten mit runder Frucht (AABB) und kleinwüchsiger mit länglicher Frucht (aabb) traten in der F_2-Generation immer nur die Phänotypen der P-Generation im Verhältnis 3 : 1 auf. Die anderen Merkmalskombinationen (Hochwuchs/ längliche Frucht bzw. Kleinwuchs/ runde Frucht), die bei einem dihybriden Erbgang zu erwarten wären, traten nicht auf.

Was durch MENDELS Theorie nicht erklärt werden konnte, wurde durch die *Chromosomentheorie der Vererbung* verständlich: Die Gene für Wuchshöhe und Fruchtform der Tomaten (A/a bzw. B/b) liegen auf dem gleichen Chromosom und werden deshalb *gekoppelt* an die Keimzellen weitergegeben. Die Keimzellen können dann nur die Kombination AB oder ab enthalten, nicht aber Ab oder aB. Die 3. mendelsche Regel muss deshalb eingeschränkt werden: Allele sind frei kombinierbar, wenn die Gene auf verschiedenen Chromosomen liegen.

Der amerikanische Biologe THOMAS HUNT MORGAN untersuchte das Phänomen der *Genkopplung* in tausenden von Kreuzungsexperimenten an der Fruchtfliege *Drosophila melanogaster*. Diese nur wenige Millimeter großen Fliegen finden sich auf reifem Obst ein und können leicht gezüchtet werden. Die Anzahl der Nachkommen ist groß (500 Eier pro Weibchen) und die Generationsdauer beträgt nur 12 Tage. Außerdem gibt es viele gut unterscheidbare *Mutanten*. Das sind Tiere, die durch *Mutationen* veränderte Merkmale haben. MORGAN führte in die Drosophilagenetik eine besondere Allelschreibweise ein. Allele, die den Phänotyp der wild lebenden Fruchtfliegen bestimmen (normale Flügelform, brauner Körper, rote Augen), werden *Wildtypallele* genannt und mit „+" bezeichnet. Für mutierte Allele werden Abkürzungen englischer Bezeichnungen benutzt. Die Allele für ein Merkmal schreibt man im Genotyp übereinander und trennt sie durch zwei waagrechte Striche, die bei gekoppelten Allelen durchgezogen werden.

Als MORGAN reinerbige Wildtypweibchen mit schwarzen, stummelflügeligen Männchen ($\frac{b\quad vg}{b\quad vg}$) kreuzte, erhielt er in der F_1-Generation nur Wildtypfliegen. Die Rückkreuzung zwischen einem Männchen der F_1 und einer weiblichen Doppelmutante führte zu Wildtypfliegen und Doppelmutanten im Zahlenverhältnis 1 : 1, ein Ergebnis, das durch Genkopplung schlüssig erklärt wird (Abb.1).

Mit weiteren Kreuzungsexperimenten stellte MORGAN fest, dass Drosophila vier Gruppen gekoppelter Gene besitzt. Dies stimmt mit der Anzahl der Chromosomen im einfachen Chromosomensatz überein und bestätigt die Chromosomentheorie der Vererbung.

Aufgabe

① Ebenholzfarbene Fruchtfliegen ($\frac{e}{e};\frac{+}{+}$) werden mit stummelflügeligen ($\frac{+}{+};\frac{vg}{vg}$) gekreuzt. Stellen Sie das Kreuzungsschema bis zur F_2-Generation auf.

Mutation
Veränderung der Erbanlagen

Mutationen bei Drosophila:
vg: vestigial (Stummelflügel)
Cy: Curly (gebogene Flügel)
b: black (schwarzer Körper)
e: ebony (ebenholzfarbener Körper)
cn: cinnabar (hellrote Augen)

Schreibweise
klein: rezessive Allele
groß: dominante Allele

gekoppelte Allele
$\frac{b\quad vg}{b\quad vg}$

nicht gekoppelte Allele
$\frac{e}{e};\frac{vg}{vg}$

Genetik

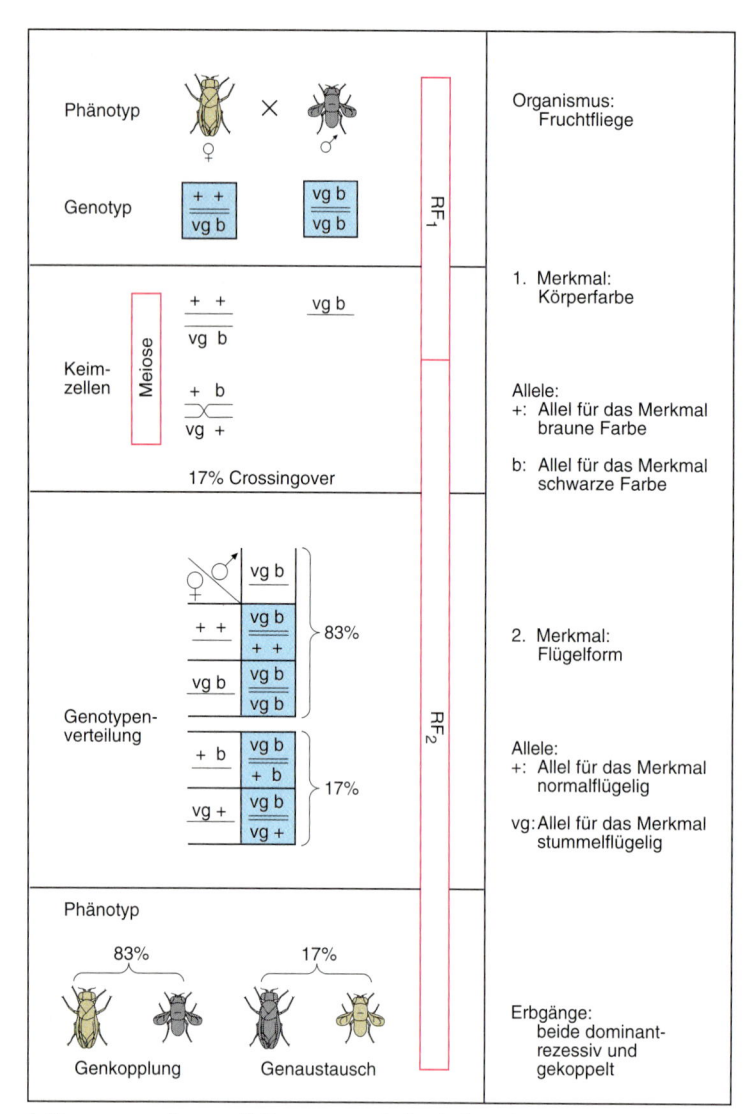

1 Kreuzungsschema mit Genaustausch durch Crossingover

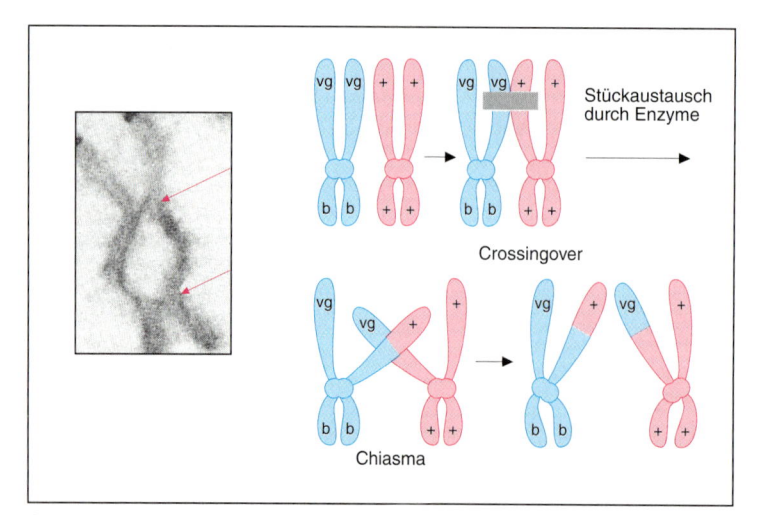

2 Chiasma (Mikrofoto ca. 3500fach) und Schema des Crossingover

Chromosomenstücke sind austauschbar

Weitere Kreuzungsversuche MORGANS mit schwarzen, stummelflügeligen Mutanten von Drosophila erbrachten ein überraschendes Ergebnis. Bei der reziproken Rückkreuzung eines heterozygoten Weibchens mit einer männlichen Doppelmutante traten plötzlich doch alle vier möglichen Merkmalskombinationen auf. Das Zahlenverhältnis war jedoch nicht der Theorie MENDELS entsprechend 1 : 1 : 1 : 1, sondern die überwiegende Zahl entsprach phänotypisch den Eltern. Nur 17 % der Nachkommen waren Einfachmutanten (Abb. 1). MORGAN glaubte zunächst an einen Fehler in der Versuchsdurchführung. Er wiederholte die Kreuzung, erhielt aber immer das gleiche Ergebnis. Es musste demnach einen Vorgang geben, der zum Austausch gekoppelter Gene führt und sie neu kombiniert *(Kopplungsbruch)*. MORGAN nannte ein solches Ereignis *Crossingover*.

Eine mögliche Erklärung für den Genaustausch fand MORGAN in einer Beobachtung von RÜCKERT, der 1892 in der Prophase der Meiose eine „Verklebung vorher getrennter Chromosomen" beobachtet hatte. JANSSENS bezeichnete 1909 dieses Phänomen als Überkreuzung oder *Chiasma*. MORGAN sah im Chiasma die Folge eines *Stückaustauschs zwischen den Chromosomen*. Dies geschieht in einem hoch geordneten Prozess, bei dem verschiedene Enzyme dafür sorgen, dass exakt homologe Bereiche der Chromosomenarme durch Trennen und Neuverknüpfung ausgetauscht werden. Wenn am Crossingover die nicht identischen Chromatiden eines homologen Paares beteiligt sind, kommt es zu einer *Neu- bzw. Rekombination der gekoppelten Allele* (Abb. 2).

Die Richtigkeit dieser Überlegung wurde bestätigt, als man bei den Zweiflüglern, zu denen Drosophila gehört, eine Besonderheit in der Meiose feststellte: Chiasmata sind nur bei der Eizellbildung, nicht aber bei der Spermienbildung zu beobachten. Dies deckt sich exakt mit den Ergebnissen der Kreuzungsversuche, die immer nur eine Entkopplung ergeben, wenn bei der Rückkreuzung heterozygote Weibchen verwendet werden.

Aufgabe

① Stellen Sie die Vorgänge zusammen, die bei sexueller Fortpflanzung neue Allelkombinationen bei den Nachkommen ermöglichen.

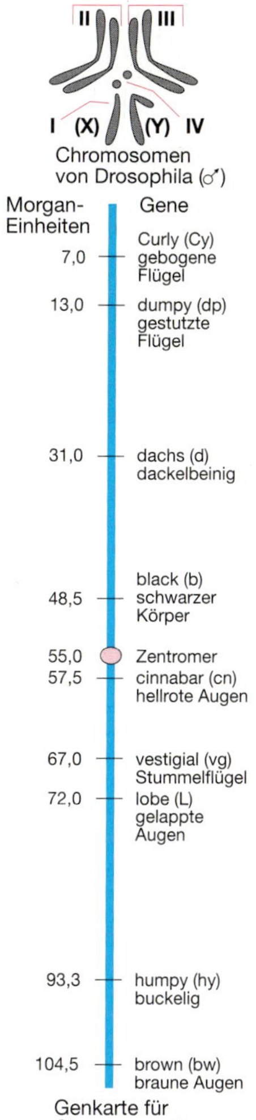

Ein Lageplan für Gene

MORGAN fand für jedes gekoppelte Genpaar einen charakteristischen Prozentsatz von Phänotypen, die durch Kopplungsbruch entstanden waren und nannte ihn *Austauschwert*. Für die Gene b und cn beträgt er 9%. Bei cn und vg führt das Experiment zu einem Austauschwert von 9,5%. Zur Erklärung der unterschiedlichen Werte entwickelte MORGAN eine Theorie, nach der die Gene *linear nebeneinander* auf dem Chromosom liegen. Setzt man voraus, dass ein Crossingover an allen Stellen des Chromosoms gleich wahrscheinlich ist, dann steigt mit dem Abstand der Genorte auch der Austauschwert. Er kann also als relatives Maß für die Entfernung zweier Gene auf dem Chromosom angesehen werden.

Mit zwei Austauschwerten lässt sich die Reihenfolge von drei Genen allerdings noch nicht festlegen. Erst ein drittes Kreuzungsexperiment, bei dem im genannten Beispiel der Austauschwert von vg und b ermittelt wird, bringt Klärung *(Dreipunktanalyse)*. Das Ergebnis von 17% ist mit der Reihenfolge vg-b-cn nicht vereinbar, passt aber recht gut zur Anordnung b-cn-vg (Abb. 1).

MORGAN nahm an, dass gleichzeitig mehrere Crossingover am Chromosom möglich sind, was durch die mikroskopische Beobachtung der Chiasmata bestätigt wird. Wenn sowohl zwischen b und cn als auch zwischen cn und vg Crossingover stattfinden *(Doppelcrossingover)*, werden die Gene b und cn bzw. cn und vg entkoppelt. Die Gene b und vg bleiben allerdings weiterhin in Kopplung.

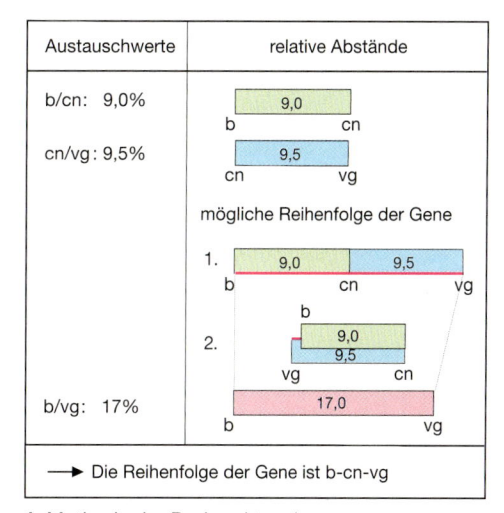

Genkarte für Chromosom II (Drosophila ♂)

Morgan-Einheiten	Gene
7,0	Curly (Cy) gebogene Flügel
13,0	dumpy (dp) gestutzte Flügel
31,0	dachs (d) dackelbeinig
48,5	black (b) schwarzer Körper
55,0	Zentromer
57,5	cinnabar (cn) hellrote Augen
67,0	vestigial (vg) Stummelflügel
72,0	lobe (L) gelappte Augen
93,3	humpy (hy) buckelig
104,5	brown (bw) braune Augen

Austauschwerte	relative Abstände
b/cn: 9,0%	9,0 (b — cn)
cn/vg: 9,5%	9,5 (cn — vg)
	mögliche Reihenfolge der Gene
	1. 9,0 / 9,5 (b — cn — vg)
	2. 9,0 / 9,5 (vg — cn, b oben)
b/vg: 17%	17,0 (b — vg)

→ Die Reihenfolge der Gene ist b-cn-vg

1 Methode der Dreipunktanalyse

Deshalb ist der Austauschwert b/vg (17%) kleiner als die Summe der Austauschwerte b/cn und cn/vg (18,5%). Dieser Wert ergibt sich auch bei Addition der relativen Abstände in Morgan-Einheiten.

MORGAN und sein Team bestimmten durch Dreipunktanalysen die relativen Abstände vieler Genorte und erhielten so *Genkarten* für die verschiedenen Chromosomen von Drosophila. In den Karten wird der prozentuale Austauschwert benachbarter Gene als dimensionslose Morgan-Einheit angegeben.

Aufgabe

① Stellen Sie das Doppelcrossingover und seine Folgen für die Gene vg, cn und b zeichnerisch dar.

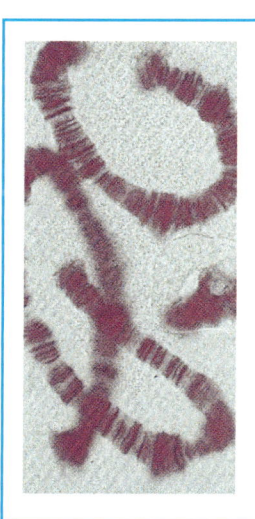

Riesenchromosomen bestätigen Morgans Theorie

Schon 1881 hatte BALBIANI in den Zellkernen der Speicheldrüsen von Zweiflüglern, zu denen Drosophila gehört, Riesenchromosomen mit einem Durchmesser von 2 bis 8 µm und einer Länge von 2 bis 4 mm entdeckt. Sie entstehen, wenn sich die homologen Chromosomen in der Interphase paaren und mehrfach verdoppeln, ohne sich voneinander zu trennen. Es liegen dann schließlich über tausend Chromosomenarme mit einem typischen *Querbandenmuster* exakt parallel nebeneinander.

Seit den Arbeiten von BRIDGES (1934 – 1938) werden die Riesenchromosomen zur Überprüfung der Genkartierung eingesetzt, da sich an ihrem Querbandenmuster Veränderungen der Gene direkt beobachten lassen.

So ist beispielsweise der mikroskopisch erkennbare Verlust einer Bande *(Deletion)* stets mit dem Verlust eines bestimmten Gens verknüpft. Es gelang BRIDGES auf diese Weise, den verschiedenen Genen bestimmte Chromosomenstellen zuzuordnen. Die dabei gefundene Reihenfolge von Genen stimmte immer mit der bei Kreuzungsexperimenten gefundenen überein. Dies bestätigt eindeutig die Theorie der linearen Anordnung der Gene auf dem Chromosom. Die tatsächlichen Entfernungen sind jedoch häufig größer oder kleiner als die relativen Abstände, die sich aus den Austauschwerten ergeben, da die Wahrscheinlichkeit für ein Crossingover anscheinend nicht an allen Stellen des Chromosoms gleich groß ist.

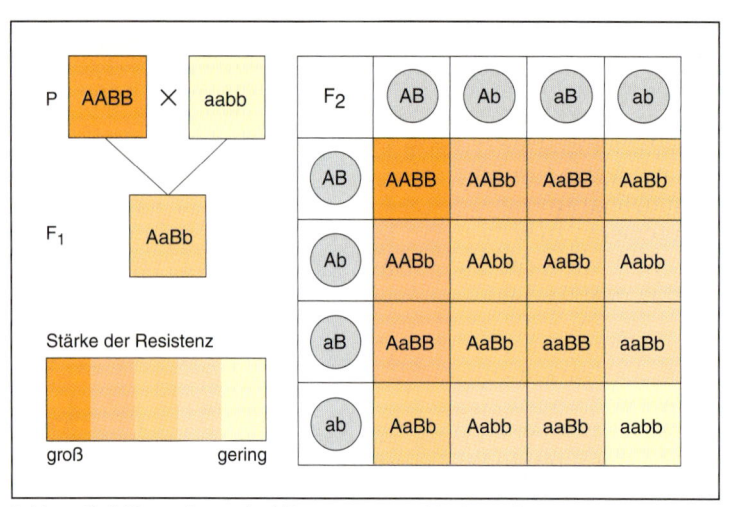

1 Kartoffelkäferresistenz bei Kreuzung verschiedener Sorten

2 Verschiedenfarbige Mäuse aus einem Wurf

Größere Vielfalt durch Polygenie

Kartoffelkäfer und deren Larven

Polygenie
Ein Merkmal wird von mehreren Genen bestimmt.

Die Wildform der Kartoffel stammt aus Südamerika und ist gegen den Befall von Kartoffelkäfern recht widerstandsfähig. Man schätzt, dass an dieser erblichen Resistenz etwa 10 verschiedene Gene beteiligt sind *(Polygenie)*. Die Resistenz ist dann am besten, wenn alle 20 Allele der Resistenzgene in der Form vorliegen, die Resistenz bewirkt. Mit jedem rezessiven Allel wird die Resistenz abgeschwächt. Weil sich die Wirkungen der Allele summieren, spricht man hier von *additiver Polygenie*.

Ein typisches Kennzeichen für additive Polygenie sind abgestufte Unterschiede in den *Phänotypen*. Bei nur zwei Resistenzgenen, deren Allele gleich stark wirken, ergeben sich bereits 5 Phänotypen, die in der F_2-Generation im Zahlenverhältnis 1 : 4 : 6 : 4 : 1 auftreten (Abb. 1). Bei 3 Genen sind 7 verschiedene Phänotypen in dem Zahlenverhältnis 1 : 6 : 15 : 20 : 15 : 6 : 1 zu erwarten. Solche Abweichungen von den mendelschen Zahlenverhältnissen sind ein typisches Anzeichen für einen polygenen Erbgang.

Bei der Züchtung von Nutzpflanzen stand in der Vergangenheit oft das Zuchtziel „Ertragssteigerung" im Vordergrund, während die Schädlingsresistenz weniger beachtet wurde. Heute versucht man in der Pflanzenzucht, die Resistenzallele durch gezielte Kreuzungen mit resistenten Wildformen wieder in den Genotyp der Nutzpflanzen „einzubauen". Dies ist im integrierten Pflanzenschutz eine der Möglichkeiten, den Einsatz von schädlichen Pestiziden zu verringern.

Schwarze Mäuse können verschiedenfarbige Nachkommen haben. Lucien Cuénot entdeckte, dass die Fellfarbe polygen vererbt wird. Das B-Gen sorgt mit dem dominanten Allel B für die Bildung eines schwarzen Farbstoffes, mit dem Allel b für ein braunes Pigment. Das C-Gen ermöglicht mit dem Allel C die Farbstoffproduktion, das rezessive Allel c verhindert sie. Schwarze Mäuse besitzen beide dominanten Allele (B und C). Die Genotypen bbCC oder bbCc führen zu einer Braunfärbung. Wenn das Allel c *homozygot* vorliegt, treten Albinos auf, weil dann das B-Gen nicht aktiv werden kann.

In diesem Fall spricht man von *komplementärer Polygenie*, da sich zwei Gene in ihrer Wirkung ergänzen bzw. die Wirksamkeit eines Gens von einem anderen Gen abhängt.

Weitere Gene (A, D und S) ermöglichen eine Vielzahl anderer Farbvarianten: grau meliertes Wildtyphaar (AA/Aa), verstärkte (DD/Dd) oder abgeschwächte (dd) Pigmentierung und scheckiges Fell (ss).

Aufgaben

① Ermitteln Sie in einem Kreuzungsschema das Zahlenverhältnis, mit dem schwarze, braune und weiße Mäuse aus der Kreuzung schwarzer Mäuse mit dem Genotyp BbCc hervorgehen sollten.

② Begründen Sie durch Angabe von Genotypen, dass es möglich ist, aus einfarbig schwarzen Mäusen auch braun geschecktе zu züchten.

Farbspiele durch Gene

Allele können tödlich sein

Die Wildform der Maus ist grau meliert. Dieser Farbeffekt wird durch ein Ringelmuster auf den Deckhaaren hervorgerufen. Die Haarspitze ist schwarz. Es folgen ein oder mehrere gelbliche Bereiche in der Haarmitte. Für diesen „Agouti-Effekt" ist das Allel A zuständig. 1904 untersuchte CUÉNOT Mäuse mit gelblichen, ungeringelten Haaren und nannte das verantwortliche Allel Ay (y steht für *yellow*).

Er kreuzte gelbliche Mäuse mit reinerbigen Wildformen und erhielt in der Nachkommenschaft gelbe und grau melierte Mäuse im Verhältnis 1 : 1.

Aufgabe

① Welche Genotypen haben gelb gefärbte Mäuse? Welches der beiden Allele ist das dominante?

Als CUÉNOT gelbe Mäuse untereinander kreuzte, entstanden gelbe und grau melierte Mäuse im Verhältnis 2 : 1. Die Untersuchung der Gebärmutter trächtiger Weibchen ergab, dass $1/4$ der Embryonen abgestorben war.

Aufgabe

① Stellen Sie diese Ergebnisse in einem Kreuzungsschema dar. Erklären Sie an diesem Schema den Begriff „rezessiver Letalfaktor" (*letal* = tödlich).

Die Färbung der Wellensittiche

Die Wildform der Wellensittiche lebt in Australien und hat eine grüne Grundfärbung. Dies ist auf zwei Pigmente im Gefieder zurückzuführen. Im Innern der Federn befindet sich ein blauer Farbstoff, im äußeren Bereich ein gelber. Die Federn der Wildform erscheinen so für den Betrachter grün.

Seit 1840 wurden vom Wellensittich verschiedene Farbvarianten gezüchtet. Am bekanntesten sind die hellblauen, gelben und weißen Sittiche.

Wenn man die Federn dieser Farbvarianten untersucht, stellt man fest, dass beim blauen Sittich das gelbe Pigment fehlt. Gelbe Wellensittiche besitzen kein blaues Pigment und weiße haben ein pigmentfreies Gefieder.
Die Vererbung der Gefiederfarbe lässt sich erklären, wenn man annimmt, dass für jedes der beiden Pigmente ein eigenes Gen zuständig ist, wobei jeweils das dominante Allel die Bildung des Farbstoffes bewirkt: A = Allel für die Bildung des blauen Pigments; B = Allel für die Bildung des gelben Pigments. Die beiden Allele a und b führen zu keiner Pigmentbildung.

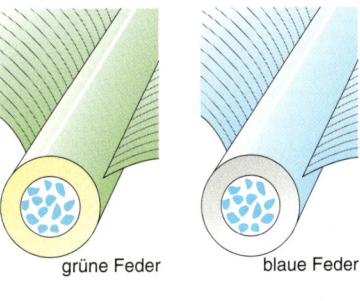

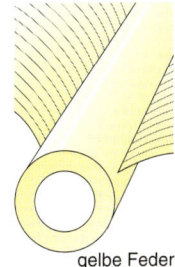

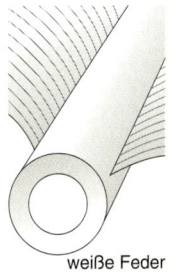

Aufgaben

① Wellensittiche, die für beide Gene heterozygot sind, werden miteinander gekreuzt. Stellen Sie das Kreuzungsergebnis in einem Kombinationsquadrat dar.
② Formulieren Sie das Kreuzungsschema für die Rückkreuzung der doppelt heterozygoten Wellensittiche.

Die Blütenfarbe von Erbsen

Die rote Blütenfarbe mancher Erbsen ist auf einen Farbstoff zurückzuführen, der in zwei Reaktionsschritten hergestellt wird. Jeder Syntheseschritt wird durch ein zuständiges Gen ermöglicht. Fällt nur ein Gen aus, wird der Farbstoff nicht gebildet.

Aufgaben

① Welche Form der Polygenie liegt hier vor?
② In einem zweiten Versuch werden zwei weiß blühende Pflanzen miteinander gekreuzt. Alle Nachkommen aus dieser Kreuzung sind rot blühend. Suchen Sie dafür eine Erklärung.
③ Welche Nachkommen erwarten Sie, wenn die rot blühenden Pflanzen aus Versuch 2 einer Selbstbestäubung unterzogen werden? Geben Sie das Kombinationsquadrat an und ermitteln Sie das voraussichtliche Zahlenverhältnis der verschiedenen Phänotypen.
④ Bei der Kreuzung zweier rot blühender Erbsen treten 342 rot und 117 weiß blühende Nachkommen auf. Erklären Sie dieses Ergebnis mit einem Kreuzungsschema unter Angabe der Genotypen.

3 Humangenetik

Methoden der Humangenetik

JOHANN WOLFGANG VON GOETHE fasste die weit verbreitete Meinung, dass Kinder körperliche und geistige Merkmale von ihren Eltern erben, in Verse:

„Vom Vater hab ich die Statur,
Des Lebens ernstes Führen.
Vom Mütterchen die Frohnatur,
Und Lust zu fabulieren ..."

„Wenn du an den Olympischen Spielen teilnehmen willst, suche dir deine Eltern gut aus!"

PER-OLAF ÅSTRAND, Sportphysiologe

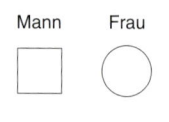

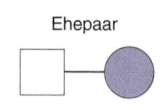

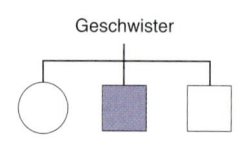

Die *Humangenetik* setzt sich mit dieser Annahme auseinander und versucht, die Gesetzmäßigkeiten der Vererbung beim Menschen aufzuklären. Die wissenschaftliche Methodik, die dabei angewendet wird, ist allerdings grundsätzlich anders als in der Pflanzen- und Tiergenetik, weil sich gezielte Kreuzungen aus ethischen Gründen verbieten. Außerdem würde die lange Generationszeit und die geringe Zahl der Nachkommen eine Auswertung solcher Versuche sehr erschweren. In der Humangenetik arbeitet man deshalb mit der *Analyse von Familienstammbäumen, massenstatistischen Verfahren* und der *Zwillingsforschung*, um sichere Aussagen über den Erbgang eines bestimmten Merkmals machen zu können.

Viele Merkmale, wie z. B. die Statur, besondere Begabungen, aber auch Haar-, Augen- oder Hautfarbe werden allerdings *polygen* vererbt und durch Umweltfaktoren beeinflusst. In diesen Fällen ist es kaum möglich, schlüssige Erbgänge nach den mendelschen Regeln aufzustellen. Dass diese Regeln jedoch auch für die Vererbung beim Menschen gelten, lässt sich an *monogen* bedingten Merkmalen zeigen. So ist die Fähigkeit zum Zungenrollen, die zwar von einigen Personen durch Übung verbessert oder teilweise sogar erlernt werden kann, auch bis zu einem gewissen Grad von *einer* Erbanlage abhängig. Die Weitergabe dieses Merkmals kann deshalb in einigen Familien durch die mendelschen Regeln interpretiert werden.

Der Familienstammbaum (Abb. 1) zeigt, dass Kinder das Merkmal nicht unbedingt besitzen müssen, obwohl beide Eltern die Zunge rollen können. Dies ist nach den mendelschen Regeln bei einem dominant-rezessiven Erbgang auch zu erwarten. Das Merkmal „Rollen" verhält sich dominant über das Merkmal „Nichtrollen". Die entsprechenden Eltern wären dann heterozygot. Mit dieser Annahme lassen sich fast allen Personen im Stammbaum Genotypen zuordnen, die die jeweiligen Phänotypen schlüssig erklären.

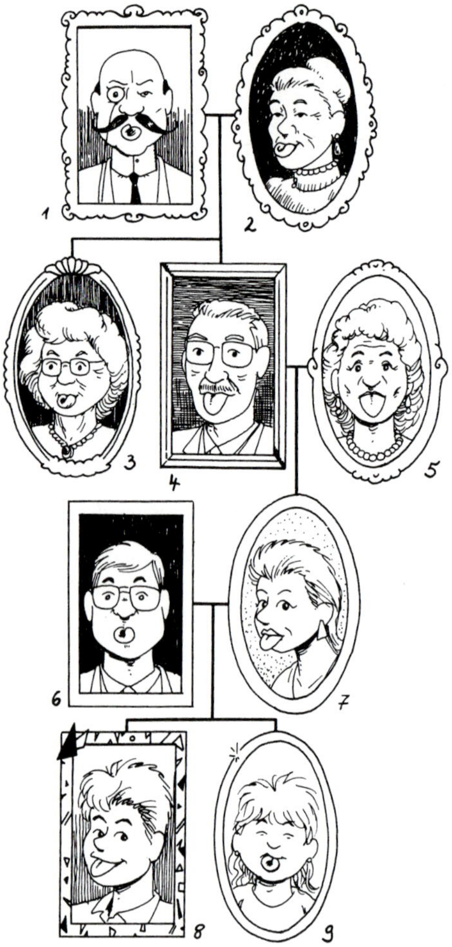

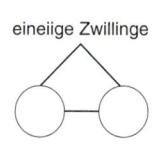

Stammbaumsymbole: Mann, Frau, Merkmalsträger, Ehepaar, Geschwister, zweieiige Zwillinge, eineiige Zwillinge

1 Erbgang der Fähigkeit zum Zungenrollen

Aufgaben

① Geben Sie für alle Personen im Stammbaum (Abb. 1) die Genotypen an. Bei welcher Person kann der Genotyp nicht exakt festgelegt werden?

② Die Singstimme hat vermutlich einen intermediären Erbgang. Sopran und Alt bzw. Tenor und Bass werden als homozygot aufgefasst, Mezzosopran und Bariton gelten als heterozygot. Geben Sie den Stammbaum einer Familie an, in der die Kinder im Chor alle möglichen Singstimmen besetzen können. Welche Genotypen haben die beteiligten Personen?

Der Erbgang der Blutgruppen

Viele Merkmale, wie z. B. das Zungenrollen, variieren sehr stark, auch wenn der gleiche Genotyp vorliegt, man spricht von unterschiedlicher *Expressivität*. Ein Erbgang kann in diesen Fällen deshalb oft nicht eindeutig interpretiert werden. Absolut sichere Erbmerkmale sind dagegen die *Blutgruppen*. Sie stimmen bei eineiigen Zwillingen immer überein und gelten bei Vaterschaftsgutachten vor Gericht als Beweismittel.

Beim Menschen sind mehr als 20 verschiedene Blutgruppensysteme bekannt. Im *ABO-System*, das 1901 von Karl Landsteiner entdeckt wurde, kommen vier verschiedene Phänotypen vor: A, B, AB und 0. Die Vererbung dieser Blutgruppen wurde zunächst mit einem dihybriden Erbgang erklärt, bei dem die Blutgruppe 0 den Genotyp aabb haben sollte. Der Mathematiker Bernstein schlug 1925 dann einen monohybriden Erbgang mit drei verschiedenen Allelen (A, B und 0) vor, von denen jeder Mensch nur zwei in seinem Genotyp besitzt *(Ein-Gen-Drei-Allel-Hypothese)*. Die Allele A und B sind jeweils dominant über das Allel 0. Wenn A und B miteinander vorkommen, wirken sich beide im Phänotyp (AB) aus *(kodominante Allele)*. Wenn für ein Gen mehr als zwei verschiedene Allele existieren, spricht man von *multipler Allelie*.

Die Hypothese der multiplen Allelie bestätigte Bernstein durch statistische Auswertung von Familienstammbäumen. Er untersuchte ca. 3000 Kinder, bei denen mindestens ein Elternteil die Blutgruppe AB hatte. Dabei fand er nur 13 Kinder mit der Blutgruppe 0. Diese Anzahl war für einen dihybriden Erbgang viel zu gering, weil Eltern mit der Blutgruppe AB und dem Genotyp AaBb wesentlich häufiger Kinder mit der Blutgruppe 0 (aabb) haben sollten. Setzt man dagegen multiple Allelie voraus, dürften Eltern mit der Blutgruppe AB nie Kinder der Blutgruppe 0 haben. Alle 13 Ausnahmen konnte Bernstein auf eine unklare Vaterschaft zurückführen.

1940 entdeckte Landsteiner mit dem Rhesusfaktor ein Blutgruppensystem, das einen dominant-rezessiven Erbgang hat. Für rhesuspositive Personen (Rh$^+$) gibt es zwei mögliche Genotypen (DD oder Dd), rhesusnegative Menschen (rh$^-$) sind immer homozygot (dd). Im *MN-System* gibt es drei Phänotypen, die durch zwei kodominant wirkende Allele bedingt sind (siehe Randspalte).

Blutgruppen	mögliche Genotypen Häufigkeit in Mitteleuropa		mögliche Keimzellen
A	AA	31%	nur A
	A0	11%	A oder 0
B	BB	1%	nur B
	B0	14%	B oder 0
AB	AB	6%	A oder B
0	00	37%	nur 0

mögliche Kombinationen elterlicher Allele

	A	B	0
A	AA	AB	A0
B	AB	BB	B0
0	A0	B0	00

Genotypen der Nachkommen

1 Die Blutgruppen des AB0-Systems und deren Erbgänge

Für genetische Abstammungsnachweise werden die Blutgruppen der beteiligten Personen bestimmt. Es ist dann bei Vaterschaftsklagen in vielen Fällen ein Vaterschaftsausschluss mit absoluter Sicherheit möglich. Haben Kind und Vater sehr seltene Blutgruppenmerkmale, kann auch ein positiver Vaterschaftsnachweis mit großer Wahrscheinlichkeit, jedoch nicht mit letzter Sicherheit, durchgeführt werden.

Aufgaben

1. In einem bestimmten Fall können Eltern beim ursprünglich vermuteten dihybriden Erbgang ein Kind mit der Blutgruppe AB haben, im Fall multipler Allelie dagegen nicht. Geben Sie die entsprechenden Blutgruppen der Eltern an.
2. Bei einer Vaterschaftsklage haben die beteiligten Personen folgende Blutgruppen: Mutter: A, rh$^-$, M; Kind: 0, rh$^-$, M; Mann: B, Rh$^+$, N.
   Kann der Mann Vater des Kindes sein? Begründen Sie Ihre Antwort.
3. Von der Blutgruppe A sind verschiedene Untergruppen bekannt (A_1, A_2, ...). Das Allel A_1 ist immer dominant über A_2.
   Geben Sie für folgende Fälle die Blutgruppen der möglichen Väter bzw. die Blutgruppen der Männer an, die als Vater des Kindes auszuschließen sind:

	Blutgruppe Mutter	Blutgruppe Kind
a)	A_2	B
b)	A_1B	A_1B
c)	0	B

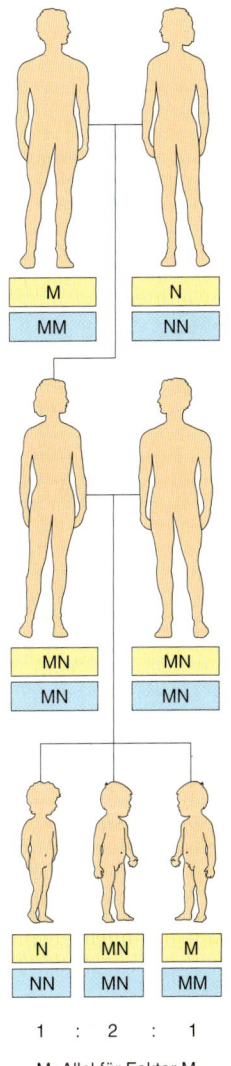

Stammbaum MN-System:

Eltern: M (MM) × N (NN)

Kinder: MN (MN) × MN (MN)

Enkel: N (NN) : MN (MN) : M (MM)
1 : 2 : 1

M: Allel für Faktor M
N: Allel für Faktor N

Genetisch bedingte Krankheiten

Schon seit Jahrhunderten ist bekannt, dass einige Erkrankungen anscheinend genetisch bedingt sind, weil sie gehäuft in bestimmten Familien auftreten. Hier werden einige dieser Krankheiten vorgestellt, die durch veränderte Gene auf den Autosomen bedingt werden.

Mit der **Kurzfingrigkeit** konnte 1903 am Stammbaum einer amerikanischen Familie die Gültigkeit der mendelschen Regeln auch für den Menschen erstmals bewiesen werden. In dieser Familie waren die mittleren Finger- und Zehenknochen verkürzt. Diese Anomalie ist im Erbgang *dominant*.

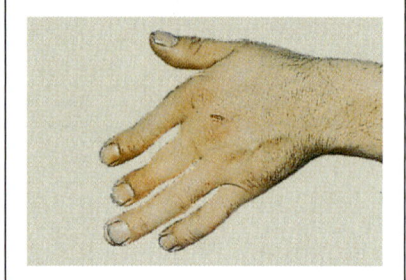

Der französische Kinderarzt MARFAN beschrieb im 19. Jahrhundert eine Krankheit, bei der bereits Neugeborene durch überlange, schmale Finger auffallen. Später kommen dann weitere Symptome hinzu: überdurchschnittliche Körpergröße, Überstreckbarkeit der Gelenke, Brustkorbverformungen, Formveränderungen der Augenlinse, Herzklappenfehler und Erweiterung der Aorta. Ein Krankheitsbild, das durch eine Vielzahl verschiedener Symptome gekennzeichnet ist, wird in der Medizin *Syndrom* genannt. Beim **Marfan-Syndrom** führen die Veränderungen an Herz und Blutgefäßen zu einer geringeren Lebenserwartung der Patienten. Diese Erkrankung ist dominant und tritt mit einer Häufigkeit von ca. 1 : 20 000 auf. Sie könnte mit einem fehlerhaften Struktureiweiß im Bindegewebe zusammenhängen. Alle verschiedenen Symptome würden nach dieser Theorie durch die zu hohe Elastizität des Bindegewebes zustande kommen. Wenn ein einziges mutiertes Gen die Ursache für viele veränderte Merkmale ist, spricht man von *Polyphänie*.

1872 beschrieb der englische Arzt HUNTINGTON ein Nervenleiden, das über Generationen die Mitglieder einer Familie betroffen hatte. Die Ursache für die **Chorea Huntington**, die im Erbgang *dominant* ist, ist noch ungeklärt. Immer stärkere Bewegungsunruhe, Sprachstörungen und Gedächtnisverlust führen schließlich zu einer vollständigen Pflegebedürftigkeit der betroffenen Personen. Leider gibt es noch keine geeignete Therapie für diese Krankheit. Da die Krankheitssymptome erst in höherem Alter auftreten, stehen Personen aus Familien, in denen bereits Chorea Huntington-Fälle auftraten, unter schwerer psychischer Belastung. Die Häufigkeit beträgt in England 1 : 18 000.

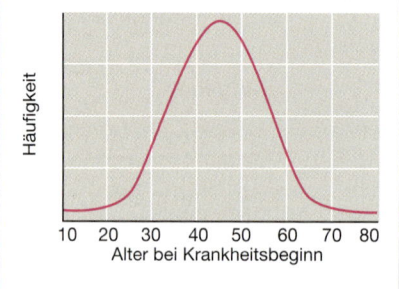

Weiße Haare, helle Haut, hellblaue Augen und hohe Sonnenlichtempfindlichkeit sind die typischen Kennzeichen des **Albinismus**. Bei Albinos, die auch aus dem Tierreich bekannt sind, können durch eine rezessive genetische Störung Pigmentstoffe nicht gebildet werden. Albinismus tritt in Deutschland mit einer Häufigkeit von ca. 1 : 40 000 auf.

Bei der **Sichelzellanämie** nehmen die roten Blutzellen betroffener Personen bei Sauerstoffmangel Sichelform an. In manchen Gebieten Afrikas ist etwa 30 % der Bevölkerung heterozygot für dieses Merkmal. In diesen Fällen treten aber keine nachteiligen Krankheitssymptome auf, da die roten Blutzellen erst unter experimentellen Bedingungen bei stark verringerter Sauerstoffkonzentration Sichelform annehmen. Homozygot betroffene Kinder haben dagegen im sauerstoffarmen Teil des Blutgefäßsystems (Körpervenen und Lungenarterien) sichelförmige Blutzellen und zeigen ab dem 6. Lebensmonat schwere Krankheitssymptome: Blutarmut *(Anämie)*, Gefäßverschlüsse in den Venen *(Thrombosen)*, Nierenversagen und Komazustände. Die Lebenserwartung ist stark verringert. Die Krankheit ist rezessiv. Das Sichelzellallel ist homozygot als *Letalfaktor* anzusehen.

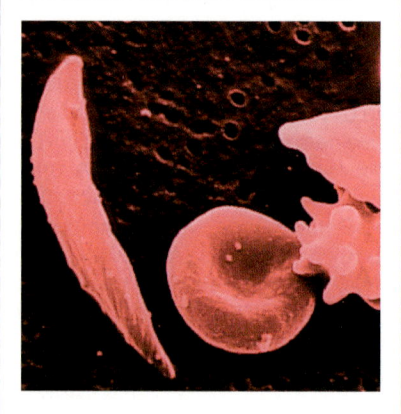

In Mitteleuropa leidet etwa eines von 2000 Neugeborenen an der **Mukoviszidose**, einer schweren Drüsenfehlfunktion, die vor allem die Atemwege, den Darm und die Bauchspeicheldrüse betrifft. Die Krankheit tritt im Erbgang rezessiv auf. Etwa 5 % der Bevölkerung ist heterozygot. Bei homozygot betroffenen Kindern treten die Krankheitssymptome schon kurz nach der Geburt auf: Schwierigkeiten bei der Fettverdauung, quälender Husten und schwere Atemnot sind die Folge der Absonderung von zähflüssigem Schleim. Durch Schleim lösende Medikamente und Inhalationstherapie hat sich die Lebenserwartung dieser Kinder deutlich verbessert. Verursacht wird die Mukoviszidose durch einen fehlerhaft arbeitenden Chloridionenkanal in der Membran Schleim produzierender Zellen. Nachdem diese Ursache bekannt ist, besteht Hoffnung, ein Medikament entwickeln zu können, das die Funktionsfähigkeit des Ionenkanals korrigiert und so die Symptome beseitigt.

Genetische Diagnose und Beratung

In Deutschland gibt es über 50 Institute, bei denen Paare, die sich ein Kind wünschen, in deren Familien aber genetisch bedingte Krankheiten auftreten, eine *genetische Beratung* wahrnehmen können. In der Beratung wird zunächst am Familienstammbaum eine Risikoabschätzung vorgenommen. Dazu muss bekannt sein, ob die Krankheiten jeweils einen dominanten oder rezessiven Erbgang haben.

Im *autosomal-dominanten* Fall haben gesunde Eltern auch gesunde Kinder. Ist ein Partner erkrankt und heterozygot betroffen, werden durchschnittlich 50 % der Kinder die Krankheit haben. Sind beide Eltern heterozygot, beträgt die Erkrankungswahrscheinlichkeit bei den Kindern entsprechend der 2. mendelschen Regel 75 %.

Bei einem *autosomal-rezessiven* Erbgang einer Krankheit ist die genetische Analyse schwieriger, weil gesunde Eltern kranke Kinder haben können. Der Stammbaum (Abb. 1) zeigt eine Familie, in der zwei Urgroßeltern (aa) an der gleichen rezessiv vererbten Krankheit litten. Wenn man annimmt, dass gesunde Personen ohne erkrankte Vorfahren homozygot (AA) sind, lässt sich die Erkrankungswahrscheinlichkeit für das Urenkelkind berechnen. Die beiden Großväter sind sicher heterozygot (Aa). Die Eltern des Kindes können mit 50 % Wahrscheinlichkeit ($1/2$) ebenfalls heterozygot sein und die Krankheit übertragen. In diesem Fall sind 25 % der Kinder ($1/4$) nach der 2. mendelschen Regel homozygot (aa) und erkranken. Die Gesamtwahrscheinlichkeit von 6,25 % ergibt sich aus dem Produkt der Einzelwahrscheinlichkeiten. Um Risiken vollständig ausschließen zu können, hilft bei einigen Krankheiten der *Heterozygotentest*. Er zeigt, ob die Eltern Überträger des Allels einer rezessiven Krankheit sind. Im Fall der *Sichelzellanämie* genügt dazu eine mikroskopische Blutuntersuchung. Bei *Mukoviszidose* lässt sich im Schweiß heterozygoter Personen ein erhöhter Chloridionengehalt nachweisen.

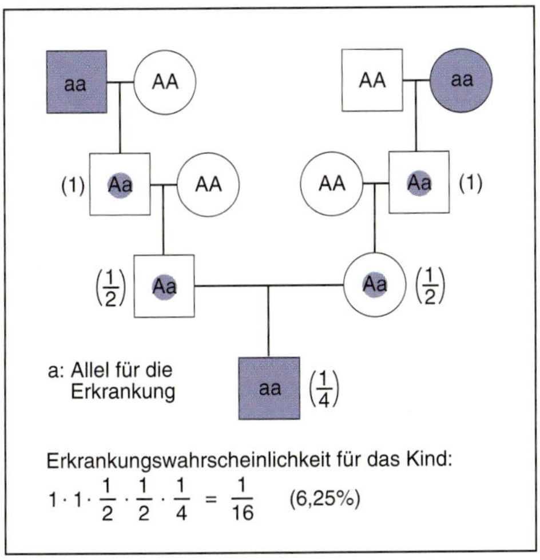

Durch die *pränatale Diagnose* kann schon beim ungeborenen Kind eine genetisch bedingte Krankheit festgestellt werden. Mit modernen Ultraschallgeräten sind bereits im 2. Schwangerschaftsmonat das *Marfan-Syndrom* oder andere Fehlbildungen am Embryo erkennbar. Die Entnahme von Fruchtwasser in der 15.–18. Schwangerschaftswoche (*Amniocentese*) erlaubt es, embryonale Zellen zu erhalten und in einer Gewebekultur zu züchten. Veränderungen an den Chromosomen können so bereits beim ungeborenen Kind nachgewiesen werden. Bei einem positiven Befund können dann gegebenenfalls schon frühzeitig therapeutische Maßnahmen eingeleitet werden oder die Eltern müssen die schwierige persönliche Entscheidung treffen, ob die Mutter das Kind austragen will oder nicht.

Bei der *Chorionzottenbiopsie*, die schon in der 8.–12. Schwangerschaftswoche möglich ist, wird Gewebe von Ausstülpungen (*Zotten*) der äußeren Embryonalhülle (*Chorion*) entnommen und untersucht. Es können Chromosomenveränderungen direkt beobachtet und Stoffwechselstörungen diagnostiziert werden. Bei beiden Methoden besteht ein, wenn auch geringes, Risiko einer Fehlgeburt.

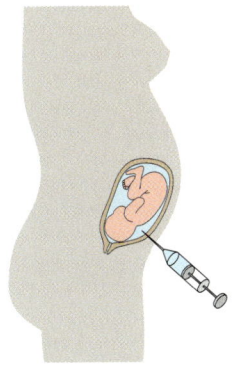

Fruchtwasser wird entnommen und zentrifugiert

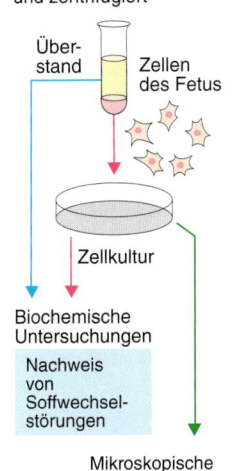

Ablauf einer Fruchtwasseruntersuchung

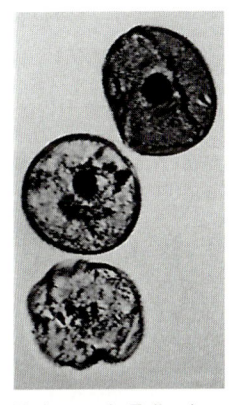

Aufgaben

① In einer Familie trat beim Großvater Chorea Huntington auf. Wie groß ist die Wahrscheinlichkeit, dass auch ein Enkelkind von der Krankheit betroffen ist?

② Das Kind eines gesunden Mannes und einer Frau mit Albinismus ist auch ein Albino. Mit welcher Wahrscheinlichkeit wird ein zweites Kind von Albinismus betroffen sein?

③ Zeigen Sie an einem Stammbaum, wie aus einer Ehe von Cousin und Cousine ein Kind mit einer seltenen autosomal-rezessiven Krankheit hervorgehen kann.

a: Allel für die Erkrankung

Erkrankungswahrscheinlichkeit für das Kind:
$$1 \cdot 1 \cdot \frac{1}{2} \cdot \frac{1}{2} \cdot \frac{1}{4} = \frac{1}{16} \quad (6{,}25\%)$$

1 Autosomal-rezessiver Erbgang

Embryonale Zellen im Fruchtwasserpunktat

Genetik **123**

Gonosomen und geschlechtsgebundene Vererbung

Männliche Körperzellen besitzen im Gegensatz zu weiblichen ein nicht homologes Gonosomenpaar (XY). Die X- und Y-Chromosomen haben aber am Ende der langen Chromosomenarme Bereiche, die bei der Bildung von Spermienzellen in der Meiose eine Paarung ermöglichen. In der Reduktionsteilung werden die Gonosomen voneinander getrennt. Die Spermien enthalten deshalb das X-Chromosom (23, X) oder das Y-Chromosom (23, Y).

Bei der Befruchtung wird das Geschlecht des Kindes durch die zufällige Kombination der Gonosomen festgelegt *(genotypische Geschlechtsbestimmung)*. Da die Spermien mit gleicher Wahrscheinlichkeit das X- oder Y-Chromosom enthalten, sollten gleich viele Mädchen und Jungen geboren werden. Tatsächlich sind aber ca. 51,5 % der Neugeborenen männlich. Als Ursache wird die geringere Masse des Y-Chromosoms angesehen. Y-Spermien können sich deshalb etwas schneller auf die Eizelle zubewegen. Bei Berücksichtigung der Fehlgeburten stellt man sogar einen deutlich größeren Jungenüberschuss fest. Es sterben also während der Schwangerschaft wesentlich mehr männliche Embryonen bzw. Feten. Dies liegt vermutlich daran, dass nur ein X-Chromosom in den diploiden männlichen Zellen vorhanden ist. Letale rezessive Allele wirken sich deshalb immer aus, weil sie nicht durch ein zweites Allel „abgesichert" sind.

Bei einem autosomalen Erbgang tritt das Merkmal unabhängig vom Geschlecht im Erbgang auf. Liegen Gene aber auf dem X- oder Y-Chromosom, wird das Merkmal bei Männern und Frauen unterschiedlich häufig auftreten, ein typisches Zeichen für einen *gonosomalen Erbgang*.

X-Chromosom

Y-Chromosom

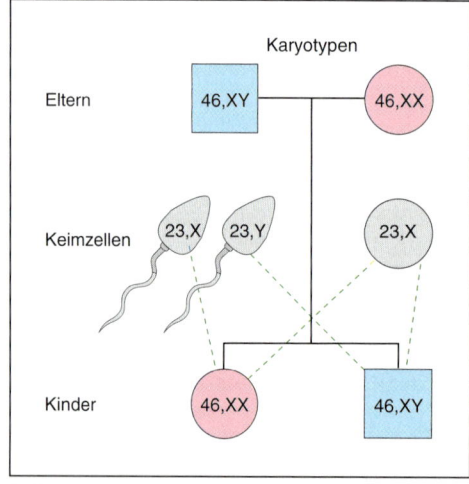

1 Genotypische Geschlechtsbestimmung

Aufgaben

① Bei Vögeln besitzen Weibchen die Gonosomenkombinationen XY, Männchen XX. Wann entscheidet sich das Geschlecht der Nachkommen?

② Eine starke Behaarung des Ohrrandes wird vermutlich Y-gonosomal verursacht. Zeigen Sie an einem Stammbaum den Erbgang dieses Merkmals.

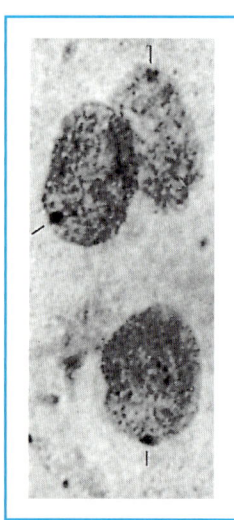

Barr-Körperchen und Lyon-Hypothese

Im Jahr 1949 entdeckte der Amerikaner MURRAY L. BARR bei Interphasekernen weiblicher Zellen an der Innenseite der Kernmembran stärker färbbare Bereiche, die er *Sexchromatin* nannte. Die Anzahl dieser *Barr-Körperchen* ist stets um eins geringer als die Anzahl der X-Chromosomen in der diploiden Zelle. Sie kann deshalb zur Bestimmung des genetischen Geschlechtes herangezogen werden, beispielsweise beim Sexchromatintest an den Haarwurzelzellen von Sportlerinnen. Dieses Verfahren ist wesentlich einfacher als eine Karyotypanalyse, weil die Interphasezellkerne sofort mikroskopisch untersucht werden können. Zeitaufwendige Zellkulturen sind somit bei dieser Methode nicht notwendig.

1961 entwickelte die britische Biologin MARY LYON eine Hypothese, nach der das Barr-Körperchen ein genetisch inaktives X-Chromosom ist, das auch in der Interphase stark verkürzt bleibt. Frauen haben also ebenso wie Männer nur ein genetisch aktives X-Chromosom. Diese Inaktivierung geschieht bereits 16 Tage nach der Befruchtung und betrifft in jeder Zelle zufallsgemäß eines der beiden X-Chromosomen. In allen Tochterzellen bleibt dann lebenslang das gleiche X-Chromosom als Barr-Körperchen erhalten und mit seinen Allelen inaktiv. Die Zellen weiblicher Personen bilden deshalb ein *X-chromosomales Mosaik*, in dem beim Genotyp Aa in ca. 50 % der Zellen das Allel A, in den anderen 50 % das Allel a aktiv ist.

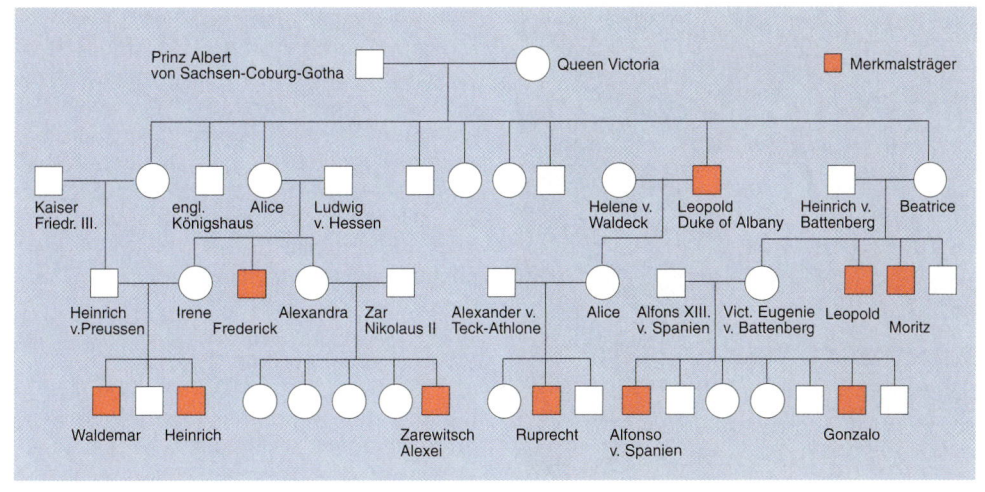

1 Stammbaum der Bluterkrankheit (Hämophilie A) in europäischen Fürstenhäusern

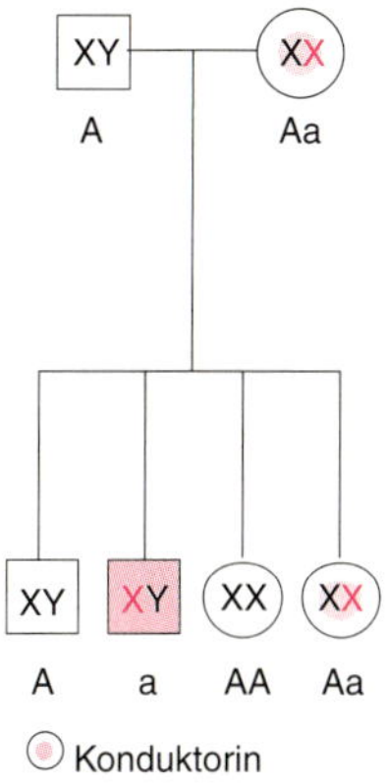

Erbschema für einen X-chromosomal-rezessiven Erbgang

Das Erbe der Victoria

Die Bluterkrankheit *Hämophilie A* betrifft in Mitteleuropa etwa einen von 10 000 Männern. Ein genetisch bedingter Mangel an *Faktor VIII* führt bei Blutern zu einem verzögerten Wundverschluss durch Fibrin. Diese Erkrankung trat gehäuft im europäischen Hochadel auf.

Der Stammbaum in Abbildung 1 zeigt, dass in den Adelsfamilien immer nur Männer bluterkrank waren. Diese Beobachtung lässt auf einen gonosomalen Erbgang schließen. Es ist auffallend, dass die Hämophilie A bei den Vätern bluterkranker Söhne nicht auftritt. Sie kann deshalb nicht Y-chromosomal bedingt sein, weil der Vater stets sein Y-Chromosom und damit auch das Bluterallel an den Sohn vererben würde. Das Allel, das Hämophilie A verursacht, liegt folglich auf dem X-Chromosom und wird durch heterozygot gesunde *Konduktorinnen* übertragen *(X-chromosomal-rezessiver Erbgang)*. Bei Männern führt das Bluterallel immer zur Erkrankung, weil sie kein zweites X-Chromosom haben. Sie besitzen nur ein Allel und sind für X-chromosomal bedingte Merkmale *hemizygot*.

Recht häufig ist eine genetisch bedingte Störung des Farbsehvermögens, die *Rot-Grün-Sehschwäche*, die etwa 8 % aller Männer betrifft. Ihr Erbgang ist ebenfalls X-chromosomal-rezessiv. Betroffene Personen können rote und grüne Farbtöne mehr oder weniger gut voneinander unterscheiden. Sie bemerken ihre Sehschwäche aber oft erst bei Betrachtung von Farbtestbildern.

Aufgaben

① Führen Sie eine Stammbaumanalyse für die Bluterkrankheit beim Zarewitsch Alexei durch. Welchen Genotyp hatte seine Urgroßmutter Queen Victoria?

② Mit welcher Wahrscheinlichkeit haben die Enkelsöhne eine Rot-Grün-Sehschwäche, wenn der Großvater mütterlicherseits auch davon betroffen war?

③ Erklären Sie durch ein Erbschema, wie in sehr seltenen Fällen (1 : 100 000 000) auch Frauen bluterkrank werden können.

④ Eine Zahnschmelzverfärbung hat einen X-chromosomal-dominanten Erbgang. Welche Folgen erwarten Sie für Kinder und Enkelkinder eines betroffenen Mannes?

Hemizygotie
Körperzellen enthalten für ein Merkmal nur ein Allel

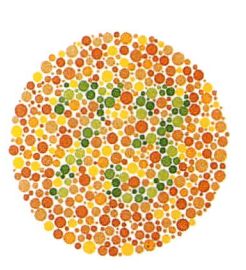

Farbtestbild zur Rot-Grün-Sehschwäche

Genkopplung und Rekombination im X-Chromosom

1938 konnte zum ersten Mal beim Menschen eine *Rekombination gekoppelter Gene* festgestellt werden. Von vier Brüdern war einer gesund, einer war Bluter mit Rot-Grün-Sehschwäche, zwei waren nur von jeweils einem Merkmal betroffen. In diesen beiden Fällen musste ein Crossing-over zum Austausch der gekoppelten Gene geführt haben.

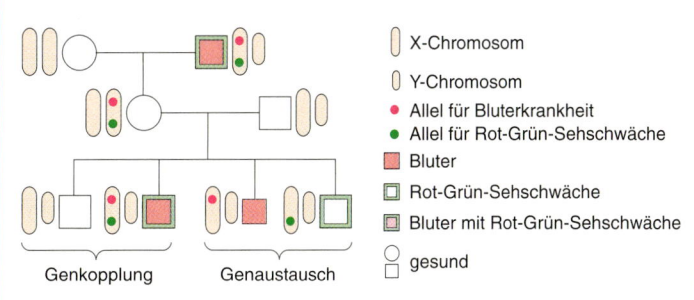

- X-Chromosom
- Y-Chromosom
- Allel für Bluterkrankheit
- Allel für Rot-Grün-Sehschwäche
- Bluter
- Rot-Grün-Sehschwäche
- Bluter mit Rot-Grün-Sehschwäche
- gesund

Genkopplung — Genaustausch

Genetik

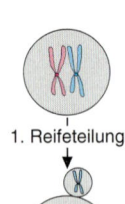

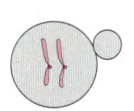

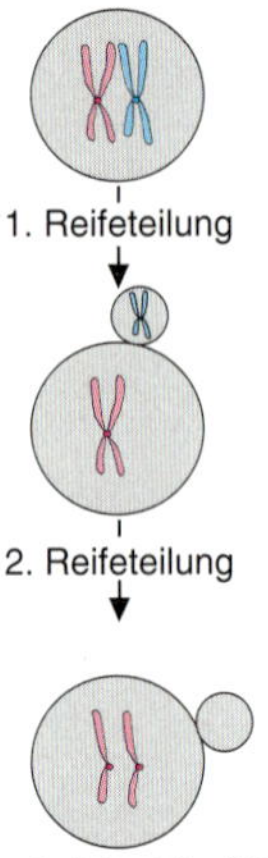

Meiose bei der Eizellbildung mit Nondisjunktion der Chromosomen

1 Kind mit Down-Syndrom

„Wäre soziales Verhalten der beispielgebende Maßstab, müsste man den Menschen mit Down-Syndrom nacheifern!"

RICHARD VON WEIZSÄCKER (Bundespräsident 1984 – 1994)

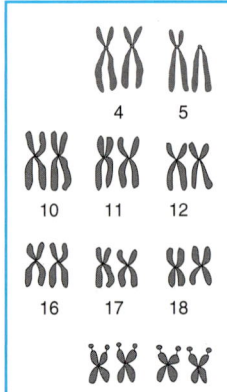

Numerische Chromosomenveränderungen

Trisomie 21

1886 beschrieb der englische Kinderarzt LANGDON DOWN die Symptome einer Krankheit, von der etwa jedes 700ste Neugeborene betroffen ist. Typisch für das *Down-Syndrom* sind ein kleiner Körperwuchs (Endgröße ca. 1,5 m), ein kurzer Hals, kurzfingrige Hände, Herzfehler, erhöhtes Infektionsrisiko und eine schmale, schräg gestellte Lidfalte. Kinder mit dem Down-Syndrom sind meist sehr freundlich und musikalisch, bleiben aber in ihrer geistigen Entwicklung mehr oder weniger stark zurück und müssen intensiv gefördert werden.

Numerische und strukturelle Abweichungen bei Autosomen

An frühen Fehlgeburten konnte festgestellt werden, dass Trisomie auch alle anderen Chromosomen betreffen kann. Nur bei Trisomie 15 oder 18 sind die Kinder mit schweren Fehlbildungen kurze Zeit lebensfähig. Fehlt in der Keimzelle ein Chromosom, kommt es nach der Befruchtung zur Monosomie mit tödlichen Folgen für den jungen Keim. Beim *Katzenschreisyndrom* fehlt ein Stück des kurzen Arms am Chromosom 5. Körperliche Missbildungen und katzenähnliche Laute bei den Säuglingen sind die Folgen dieser *Deletion*. Die Häufigkeit des Katzenschreisyndroms liegt bei etwa 1 : 50 000. Viele chromosomale Veränderungen sind schon pränatal eindeutig diagnostizierbar.

Karyogrammausschnitt mit Deletion am Chromosom 5

Die genetische Ursache des Down-Syndroms wurde 1959 geklärt, als man feststellte, dass die diploiden Körperzellen betroffener Kinder drei einzelne Chromosomen 21 enthalten *(freie Trisomie 21)*. Für die schwerwiegenden Folgen dieser Chromosomenzahlabweichung wird eine Störung der „Genbalance" vermutet, obwohl dies noch nicht genau bekannt ist. Die Untersuchungen zeigen, dass bereits die Verdopplung eines sehr kleinen Bereichs im Chromosom genügt, um die genannten Symptome zu bewirken.

Die Eltern von Kindern mit dem Down-Syndrom haben meist normale Chromosomensätze. Die freie Trisomie 21 tritt in diesen Fällen spontan auf und wird durch einen fehlerhaften Meioseablauf bedingt, bei dem in der 1. oder 2. Reifeteilung die Chromosomen nicht gleichmäßig verteilt werden. Durch Nichttrennung *(Nondisjunction)* können Keimzellen entstehen, die das Chromosom 21 zweimal enthalten. Durch die Befruchtung kommt ein weiteres homologes Chromosom hinzu und die Zygote ist *trisom*. Keimzellen ohne Chromosom 21 führen zu *monosomen*, nicht lebensfähigen Keimen.

Statistische Untersuchungen belegen, dass eine Beziehung zwischen dem Alter der Mutter und der Häufigkeit der Geburt von Kindern mit dem Down-Syndrom besteht. Bei 25-jährigen Frauen sind nur ca. 0,1 % der Kinder betroffen, bei 45-jährigen dagegen über 2 %. Es scheint so, als ob die Meiose bei älteren Frauen häufiger nicht mehr regelrecht verläuft. Dies könnte damit zusammenhängen, dass die Meiose in den Eierstöcken einer Frau bereits vor der Geburt beginnt, die Ureizellen dann aber für Jahrzehnte in der Prophase als Wartestadium verbleiben. Die Frage des Risikos einer Chromosomenzahlabweichung aufgrund erhöhten väterlichen Alters ist nicht endgültig beantwortet. Die derzeit vorliegenden Befunde sind widersprüchlich und können erst durch weitere umfangreiche Studien geklärt werden.

Aufgaben

① Im Gegensatz zu Jungen sind Mädchen mit dem Down-Syndrom oft nicht steril. Welche Folgen erwarten Sie für die Kinder einer Frau mit freier Trisomie 21?

② Zeigen Sie mit schematischen Skizzen, welche Folgen bei Nondisjunction des Chromosomenpaares 21 in der 1. Reifeteilung der Spermienbildung zu erwarten sind.

Gonosomale Chromosomenabweichungen

Ein Krankheitsbild, das mit einer Wahrscheinlichkeit von 1:2500 bei weiblichen Neugeborenen auftritt, ist das sog. *Turner-Syndrom*. Betroffene Mädchen entwickeln sich geistig normal, fallen aber durch einen kurzen Hals und typischen Minderwuchs auf, der jedoch mit einer Wachstumshormontherapie bei $2/3$ der betroffenen Mädchen erfolgreich behandelt werden kann. Fehlbildungen an inneren Organen sind möglich und die geschlechtliche Reifung bleibt fast immer aus. Der Chromosomenbefund zeigt, dass bei diesen Mädchen im Zellkern der Körperzellen nur ein X-Chromosom enthalten ist (45, X0). Sie sind deshalb für das X-Chromosom ebenso hemizygot wie die Männer und besitzen kein Barr-Körperchen. Turner-Mädchen sind die einzigen lebensfähigen Personen mit einer Monosomie in den Zellen.

Viele Fälle des Turner-Syndroms sind nicht auf Nondisjunction in der Meiose der Keimzellen zurückzuführen, sondern auf eine Unregelmäßigkeit bei früheren mitotischen Teilungen des Keimes, die zum Verlust eines X-Chromosoms führten. Es gibt dann im Körper neben den normalen Zellen auch monosome Zellen *(XX/X0-Mosaik)*. Je später die Teilungsstörung auftritt, desto geringer ist der Prozentsatz der Zellen mit Monosomie. Häufig sind dann auch die phänotypischen Merkmale weniger auffällig.

Die Zellkerne der vom *Klinefelter-Syndrom* betroffenen Männer enthalten meist 47 Chromosomen (47, XXY) und besitzen ein Barr-Körperchen. Es sind auch Einzelfälle mit mehreren Barr-Körperchen bekannt (48, XXXY). Auch die Zellkerne der *Triplo-X-Frauen* haben zwei Barr-Körperchen. Die Zellen der *Diplo-Y-Männer* enthalten zwei Y-Chromosomen.

Das *Diplo-Y-Syndrom* ist ein Musterbeispiel für die Fehlinterpretation statistischer Daten. In Kopenhagen wurden alle zwischen 1944 und 1947 geborenen Männer untersucht, die eine Körpergröße von über 1,84 m hatten. Unter 4139 Betroffenen wurden 12 Diplo-Y-Fälle gefunden. Fünf von diesen Männern (41,7 %) hatten eine oder mehrere Gefängnisstrafen verbüßt. Im Gegensatz dazu traten bei der männlichen Durchschnittsbevölkerung der Stadt nur bei 7 % solche Strafen auf. Das Thema: „Y: Mörder-Chromosom" wird bis heute noch in Zeitungsberichten oder Talkshows diskutiert, obwohl Folgestudien längst zeigten, dass das Diplo-Y-Syndrom unter Kriminellen nur unwesentlich häufiger auftritt als in der männlichen Gesamtbevölkerung. Die Diplo-Y-Männer sind im Durchschnitt nur größer als „normale" XY-Männer und schneiden bei Intelligenztests etwas schlechter ab. Es gibt bis heute keinen haltbaren Beleg für den Zusammenhang zwischen einer Gewalttätigkeit und dem zusätzlichen Y-Chromosom.

Menschen mit gonosomalen Chromosomenzahlabweichungen sind im Vergleich zu Personen mit autosomalen Abweichungen kaum auffällig. Dies liegt zum einen daran, dass überzählige X-Chromosomen als Barr-Körperchen genetisch inaktiviert sind und deshalb die Genbalance kaum stören. Ein zusätzliches Y-Chromosom wirkt sich wegen der geringen Anzahl und Bedeutung seiner Gene ebenfalls nur wenig aus.

Turner-Syndrom Karyotyp 45, X0; 1 : 2500 (weibliche Neugeborene)	Kleinwuchs (1,5m), kurzer Hals, Missbildungen an inneren Organen möglich, unfruchtbar, Intelligenz normal
Klinefelter-Syndrom Karyotyp 47, XXY; 1 : 660 (männliche Neugeborene)	sehr großer Körper (über 1,8m), keine Spermienbildung in den Hoden, Neigung zu Diabetes, Intelligenz nur wenig vermindert
Triplo-X-Syndrom Karyotyp 47, XXX; 1 : 1000 (weibliche Neugeborene)	äußerlich unauffällig, Pubertätsverlauf normal, meist fruchtbar, Intelligenz nur leicht eingeschränkt
Diplo-Y-Syndrom Karyotyp 47, XYY; 1 : 590 (männliche Neugeborene)	überdurchschnittliche Körpergröße, normale Pubertät (fruchtbar), Intelligenz nahezu normal, Verhalten unauffällig

1 Gonosomale Chromosomenzahlabweichungen und deren Symptome

Aufgaben

① In welcher Reifeteilung muss bei der Entstehung der Spermienzellen eine Nondisjunction stattfinden, damit bei anschließender Befruchtung das Diplo-Y-Syndrom zustande kommen kann?

② Welche möglichen Karyotypen erwarten Sie bei den Kindern eines Mannes mit dem Diplo-Y-Syndrom? Begründen Sie Ihre Antwort.

③ Erklären Sie die beiden Erbgänge in der Randspalte. Geben Sie dabei die Genotypen der beteiligten Personen an und zeigen Sie, welche besonderen Vorgänge bei der Keimzellenbildung stattgefunden haben müssen.

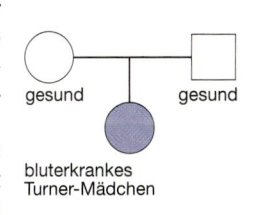

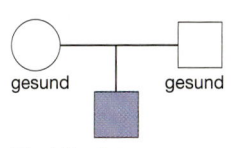

bluterkrankes Turner-Mädchen

Klinefelter-Sohn mit Rot-Grün-Sehschwäche

Zwillingsuntersuchungen

Francis Galton (1822 bis 1911), ein Cousin von Charles Darwin, erkannte als Erster die Bedeutung der Zwillinge für die Humangenetik. Er schreibt: „Die Lebensgeschichte der Zwillinge gestattet uns ... zwischen dem Einfluss von Naturanlage und Umwelt zu unterscheiden."

Eineiige Zwillinge sind im Gegensatz zu den zweieiigen *genetisch identisch*, da sie aus einer einzigen Zygote hervorgehen. Man vergleicht in der Zwillingsforschung bestimmte Merkmale und ihre Übereinstimmung *(Konkordanz)* bei den unterschiedlichen Zwillingspaaren. Stellt man für ein- und zweieiige Zwillinge annähernd gleiche Konkordanz fest, so dürfte das Merkmal vornehmlich durch die Umwelt bedingt sein. Ist die Übereinstimmung bei den eineiigen Zwillingen deutlich größer, so wirken sich die Erbanlagen bei der Merkmalsausprägung stärker aus. Die Konkordanzwerte (Abb. 2) lassen vermuten, dass bestimmte Erkrankungen, wie z. B. die Zuckerkrankheit *(Diabetes)* oder Asthma, eher genetisch bedingt sind. Ist ein Zwilling Diabetiker, beträgt die Wahrscheinlichkeit, dass auch der eineiige Zwillingspartner zuckerkrank wird, immerhin 84 %.

Merkmale wie Blut- und Gewebegruppen, Haarbeschaffenheit, Augenfarbe, Ausprägung der Ohrläppchen, Fingerabdrücke oder Zahnstellung, die fast ausschließlich durch die Erbanlagen festgelegt werden, nennt man *umweltstabil*. Sie werden benutzt, um Zwillinge eindeutig als eineiig identifizieren zu können. Bei *umweltlabilen* Merkmalen, wie dem Körpergewicht, legen die Erbanlagen nur eine gewisse Reaktionsbreite fest, innerhalb der sich der Organismus abhängig von der Umwelt, z. B. der Ernährung, entwickeln kann.

Über die genetische Bedingtheit geistiger Fähigkeiten, wie Intelligenz, Temperament oder musische Begabung, gehen die Meinungen verschiedener Forscher weit auseinander. Schon die Definition für „Intelligenz" erweist sich als sehr schwierig. Die Fähigkeit, Sinnzusammenhänge zu erfassen oder räumliche Aufgaben zu lösen, können durch standardisierte Intelligenztests festgestellt werden. Der so bestimmte IQ *(Intelligenzquotient)* gibt an, ob die Testperson in diesen Fähigkeiten über oder unter dem Durchschnitt der Bevölkerung (IQ = 100) liegt. Untersuchungen verschiedener Forschungsgruppen ergeben, dass die Unterschiede in der Intelligenz zwischen 20 % und 80 % genetisch bedingt sind und zeigen, dass der IQ kaum eine Aussage über Erfolge in Schule oder Beruf zulässt. Die Suche nach einzelnen Intelligenzgenen ist zudem kaum sinnvoll, da vermutlich sehr viele Erbanlagen zur Intelligenz einer Person beitragen. Aussagen verschiedener Studien über die Erblichkeit von kriminellem Verhalten, Alkoholismus oder Homosexualität variieren ebenfalls stark und sind sehr umstritten.

1 Eineiige Zwillinge und Schema der Entstehung

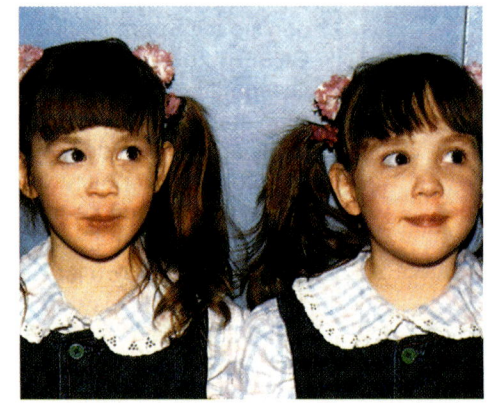

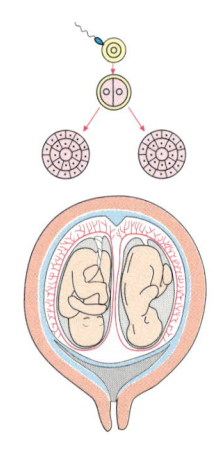

Krankheit	Übereinstimmung in %	
	Eineiige Zwillinge	Zweieiige Zwillinge (gleiches Geschlecht)
Keuchhusten	96	94
Blinddarmentzündung	29	16
Tuberkulose	69	25
Zuckerkrankheit	84	37
Bronchialasthma	63	38
gleiche Art von Tumoren	59	24
Schlaganfall	36	19

2 Übereinstimmendes Auftreten von Krankheiten bei Zwillingspaaren

Untersuchte Zwillingsgruppe	Durchschnittlicher Unterschied in		
	Körpergröße (cm)	Körpergewicht (kg)	IQ-Punkten
Zweieiige Zwillinge	4,4	4,4	8,5
Eineiige Zwillinge (getrennt aufgewachsen)	1,8	4,5	6,0
Eineiige Zwillinge (gemeinsam aufgewachsen)	1,7	1,9	3,1

3 Mittlere Unterschiede in Körpergröße, Gewicht und IQ

Aufgabe

① Welchen Schluss lassen die Zahlen in Abb. 3 über die genetische Bedingtheit von Körpergröße und -gewicht zu?

Modifikationen

Verschiedene Menschen können sehr unterschiedliche Hautfarbe haben, ein Merkmal, das genetisch durch additive Polygenie bestimmt wird. Die Hautfarbe einer einzelnen Person variiert aber außerdem bei unterschiedlicher UV-Bestrahlung. Solche Variationen des Phänotyps bei gleichem Genotyp werden *Modifikationen* genannt. Sie sind ausschließlich umweltbedingt. Der Genotyp legt nur die Variationsbreite fest. In einer genetisch uneinheitlichen menschlichen Population lassen sich die Wirkungen von *additiver Polygenie* und *modifikatorischer Variabilität* auf bestimmte Merkmale nur schwer voneinander abgrenzen.

Fließende Modifikation

Bei Tieren und Pflanzen kann man Modifikationen oft besser untersuchen, weil in vielen Fällen genetisch identische Individuen zur Verfügung stehen und unterschiedlichen Umweltbedingungen ausgesetzt werden können. Pantoffeltierchen, die in einer Kultur aus einem Ausgangsindividuum durch Zellteilung hervorgehen, sind genetisch identisch. Sie unterscheiden sich aber trotzdem in ihrer Zellenlänge. Die genetisch bedingte Variationsbreite reicht von 136 µm bis 200 µm. Innerhalb dieser Grenzen entscheidet hauptsächlich der Ernährungszustand über die Länge. In der Abbildung 3 kann man erkennen, dass die Längenvariationen fließend sind und die Werte um einen Mittelwert streuen.

Umschlagende Modifikation

Aus den befruchteten Eiern einer Bienenkönigin können sich unterschiedliche weibliche Tiere entwickeln. Die Ernährung spielt dabei eine entscheidende Rolle. Wenn die Larven ausschließlich mit Futtersaft aus den Kopfdrüsen der Ammenbienen gefüttert werden, entstehen Königinnen. Bekommen sie dagegen Pollen als Nahrung, entwickeln sie sich zu sterilen Arbeiterinnen (Abb. 4). Der Genotyp umfasst hier also zwei extreme Möglichkeiten. Beim Russenkaninchen ist ein Enzym für die Produktion dunkler Farbstoffe nur in den kühleren Körperteilen (Temperatur unter 30 °C) aktiv. Bei einer Umgebungstemperatur von über 30 °C werden die Tiere vollständig weiß (Abb. 5).

Aufgaben

① Besorgen Sie sich Saatgut für Bohnen und ermitteln Sie die Länge der einzelnen Samen. Werten Sie das Ergebnis in einer Balkengrafik aus.
② Welche lichtabhängigen Modifikationen zeigen Keimlinge in abgedunkelten Behältern?
③ Albinokaninchen und Russenkaninchen, die bei Temperaturen über 30 °C gehalten werden, sind weiß gefärbt. Diskutieren Sie die unterschiedlichen Ursachen für das gleiche Aussehen.

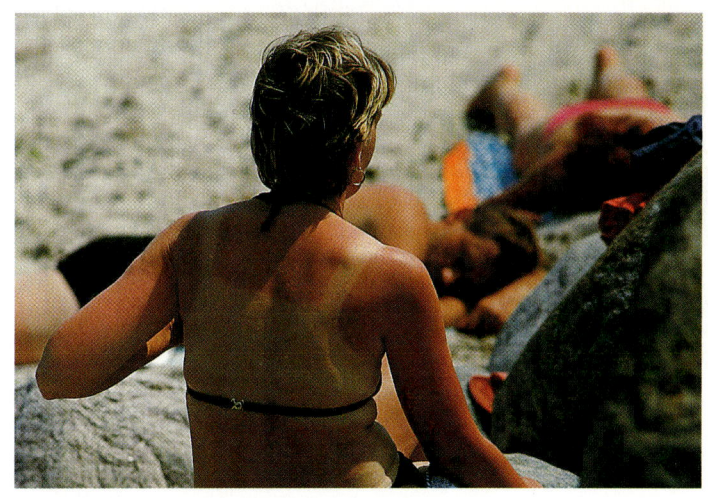

1 Modifikation der Hautfarbe beim Menschen

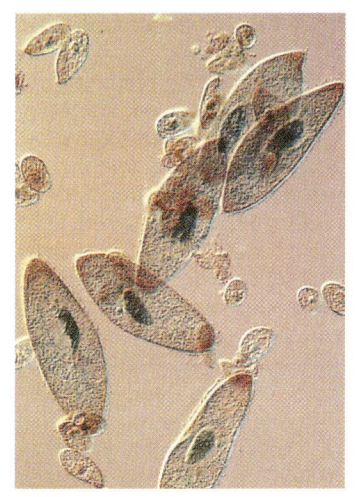

2 Pantoffeltierchen

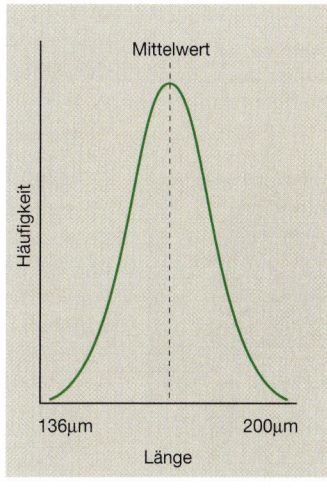

3 Modifikatorische Längenvariation

4 Modifikation weiblicher Bienen

5 Russenkaninchen

4 Grundlagen der Molekulargenetik

DNA — Träger der Erbinformation

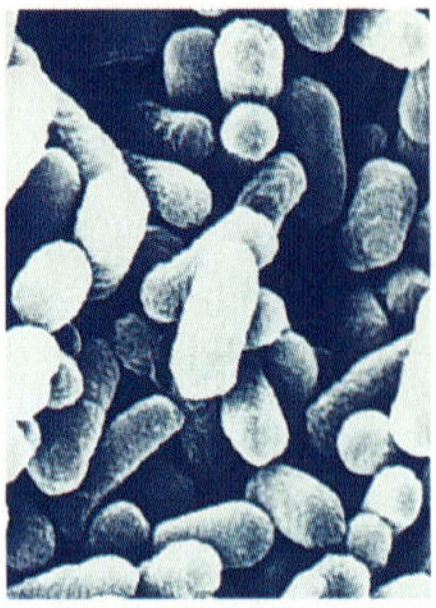

Die klassische Genetik zeigt, dass die genetische Information auf den Chromosomen im Zellkern liegt. Ihr stofflicher Träger blieb lange Zeit unbekannt. Die wichtigsten chemischen Bestandteile der Chromosomen sind Proteine und Nukleinsäuren, vor allem die *Desoxyribonukleinsäure (DNA)*.

Die chemische Natur der Erbsubstanz wurde erstmals an Bakterien experimentell erforscht. F. GRIFFITH experimentierte mit dem Bakterium *Diplococcus pneumoniae*, das in zwei erblichen Varianten vorkommt: S-Zellen sind in der Lage, Schleimkapseln zu bilden. Daher erscheinen ihre Kolonien glatt *(smooth)*. Diese Pneumokokken sind *virulent*, d.h. sie rufen bei Mäusen eine tödliche Form der Lungenentzündung hervor. Werden sie durch Hitze abgetötet, verlieren sie ihre Virulenz. *R-Pneumokokken* dagegen haben durch Mutation die erbliche Fähigkeit zur Kapselbildung verloren. Ihre Kolonien erscheinen daher rau *(rough)*, auch lebend sind sie nicht virulent. Mischte GRIFFITH aber abgetötete S- und lebende R-Zellen, so rief das Gemisch bei Mäusen die Krankheit hervor. Im Blut der Mäuse konnte er lebende S-Zellen nachweisen. Es hatte eine *Transformation* stattgefunden. Die Fähigkeit zur Kapselbildung war von den toten S- auf die lebenden R-Zellen übertragen worden und wurde auch an die Nachkommen weitergegeben. Selbst der Zellextrakt der toten S-Zellen konnte R-Zellen transformieren.

O. T. AVERY und seine Mitarbeiter nahmen 1944 GRIFFITHS Versuche neu auf, um die transformierende Substanz experimentell nachzuweisen. Sie trennten aus abgetöteten S-Zellen die DNA von den Proteinen ab. Dann wurden lebende R-Zellen mit den Proteinen bzw. getrennt davon mit der DNA der S-Zellen gemischt, um zu beobachten, welcher Stoff die Transformation bewirkt. Die Proteine der S-Zellen waren dazu nicht in der Lage. In diesem Versuchsansatz bleiben die Bakterien ohne Schleimkapsel. Dagegen übertrug die DNA der S-Zellen die Fähigkeit zur Kapselbildung. Sie ist das „transformierende Prinzip". Damit war die Rolle der DNA als Erbsubstanz erkannt.

Aufgaben

① AVERY behandelte die abgetrennte DNA zusätzlich mit proteinspaltenden Enzymen und die Proteine mit DNA-spaltenden Enzymen. Welchen Sinn hatten diese Maßnahmen?

② Von den kapselbildenden Pneumokokken existieren Formen mit etwas unterschiedlichem Kapselaufbau, die mit I-S, II-S und III-S bezeichnet werden. Durch Mutation entsteht daraus die I-R, II-R bzw. die III-R-Form. Wie konnte AVERY zeigen, dass in seinen Versuchen tatsächlich Transformation, nicht Rückmutation für die Entstehung von S-Zellen aus R-Zellen verantwortlich war?

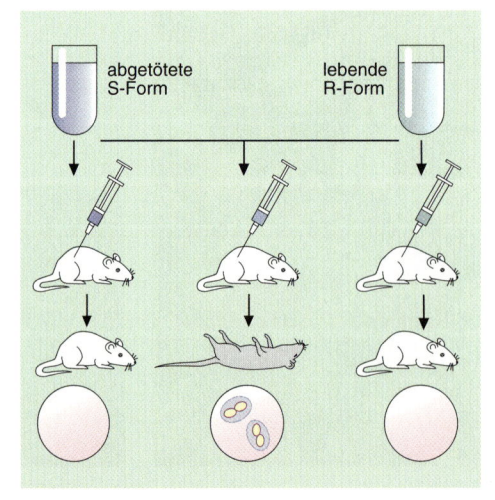

Pneumokokken

DNA
Deoxyribo**n**ucleic **a**cid

DNS
Desoxyribo**n**uklein**s**äure

Transformation
Merkmalsänderung durch Übertragung von Erbinformation

OSWALD T. AVERY

---

1 GRIFFITH: Transformation

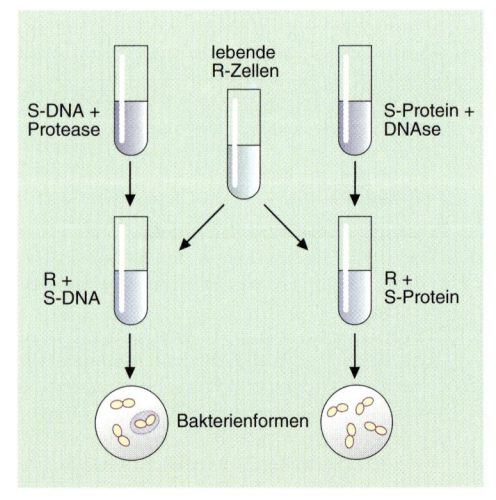

2 AVERY: Transformation durch DNA

Praktikum

DNA auf dem Prüfstand

Materialien:
— Weizenkeime
— Tris-HCl-Pufferlösung pH = 8 oder Ammoniumpuffer (verdünnte Ammoniaklösung [C, X_i] mit verdünnter HCl [C] auf pH = 8 bringen)
— Ammoniumsulfatlösung (c = 4 mol/l)
— Natriumdodecylsulfatlösung [X_n] (7 g/250 ml Wasser)
— Dichlormethan/2-Butanolgemisch 1 : 1 [F, X_n]
— Ethanol 96 % [F]
— käufliche DNA und RNA
— Schwefelsäure (c = 1 mol/l) [C]
— Natriumcarbonat [X_i]
— Ammoniummolybdatlösung (2 %)
— verdünnte Salpetersäure [C]
— Natriumdihydrogenphosphatlösung (ca. 1 %)
— Silbernitratlösung (1 %)
— Natriumchlorid
— Desoxyribose
— Adenin
— konzentrierte Ammoniaklösung [C, X_i]
— Dische-Reagenz (1 g Diphenylamin in 2,5 ml konzentrierter Schwefelsäure [C] lösen, mit Eisessig [C] auf 100 ml auffüllen).

1. Isolierung von DNA aus Weizenkeimen

Gehen Sie nach dem unten stehenden Schema vor:
Verreiben Sie 5 g Weizenkeime im Mörser mit 10 ml Tris-HCl-Puffer oder Ammoniumpuffer pH = 8, rühren Sie den Brei danach im Becherglas mit 2 ml Ammoniumsulfatlösung ca. 10 min lang.

Schütteln Sie darauf mit 10 ml Natriumdodecylsulfatlösung und lösen Sie dadurch die störenden Lipide heraus. Geben Sie nun 10 ml Lösungsmittelgemisch aus Dichlormethan und 2-Butanol zu und schütteln Sie erneut.

Im Scheidetrichter sammeln sich die Lipide und setzen sich unten ab. Nun werden sie abgetrennt (untere Phase) und entsorgt.

Die obere, wässrige Phase enthält die Nukleinsäuren, vor allem DNA. Zentrifugieren Sie sie zur Reinigung bei 5000 U/min so lange, bis sich die festen Bestandteile abgesetzt haben. Pipettieren Sie den wässrigen Überstand des Zentrifugenröhrchens vorsichtig ab und überschichten Sie ihn vorsichtig mit ca. 10 ml eiskaltem Ethanol.

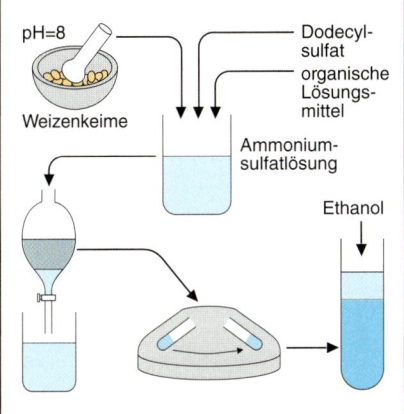

Aufgaben

① Wie sieht die DNA aus, die sich an der Phasengrenze sammelt?
② Wickeln Sie möglichst viel davon mit einem Holz- oder Glasstab auf! Sie dient als Ausgangsmaterial für die weiteren Versuche.

2. Spaltung der Nukleinsäuren durch saure Hydrolyse

Die in Versuch 1 erhaltenen Nukleinsäuren oder käufliche DNA werden mit 10 ml Schwefelsäure (c = 1 mol/l) 15 min lang in einem mit Aluminiumfolie locker verschlossenen Reagenzglas im siedenden Wasserbad erhitzt. Die DNA wird dabei hydrolysiert, d. h. in ihre chemischen Grundbausteine zerlegt.

Das Hydrolysat wird abgekühlt, durch Zugabe von festem Natriumcarbonat im Becherglas vorsichtig neutralisiert (*Vorsicht:* Starke Schaumbildung durch Kohlenstoffdioxid!) und für die folgenden Versuche verwendet.

3. Nachweis der Grundbausteine der DNA

Je 1 ml des Hydrolysats bzw. der angegebenen Vergleichssubstanz werden im Reagenzglas

— mit je einigen Tropfen verdünnter Salpetersäure und Ammoniummolybdatlösung versetzt und vorsichtig mit einigen Siedesteinchen über dem Bunsenbrenner erhitzt. Vergleichssubstanz: Natriumdihydrogenphosphatlösung
— vorsichtig mit einigen Tropfen Silbernitratlösung versetzt, die vorher durch Zugabe einiger Tropfen konzentriertem Ammoniak basisch gemacht wurde. (Eventuell dabei ausfallendes Silberhydroxid durch Zugabe von mehr Ammoniak und Schütteln wieder in die Lösung bringen.) Vergleichssubstanzen: Natriumchlorid (das bekanntlich auch mit Silbernitratlösung nachgewiesen werden kann und in nahezu jedem biologischen Material vorkommt) bzw. Adenin
— mit etwa der gleichen Menge Dische-Reagenz 10 min im siedenden Wasserbad gekocht. Vergleichssubstanz: Desoxyribose

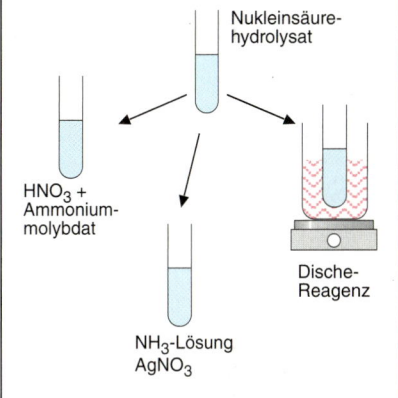

Aufgaben

① Beschreiben und protokollieren Sie die Versuchsergebnisse.
② Vergleichen Sie die Ergebnisse der Versuche des DNA-Hydrolysats mit denen der Vergleichssubstanzen.
③ Aus welchen Bausteinen ist demnach DNA aufgebaut?

4. Vergleich von DNA und RNA

Käufliche RNA wird wie DNA in Versuch 2 hydrolysiert und das Hydrolysat neutralisiert. Daraufhin werden mit dem RNA-Hydrolysat die gleichen Experimente wie in Versuch 3 durchgeführt.

Aufgabe

① In welchen Punkten sind DNA und RNA gleich aufgebaut, wo unterscheiden sie sich?

Genetik

DNA — der Stoff, aus dem die Gene sind

Bereits 1869 wurde die DNA als Zellbestandteil entdeckt. Um die Jahrhundertwende wurden die Einzelbausteine chemisch analysiert. Man fand gleiche molare Mengen von:
- *Desoxyribose* (C_5-Zucker); die OH-Gruppen an den C-Atomen 1, 3 und 5 können Sauerstoffbrücken an anderen Molekülen bilden.
- *Phosphorsäure*; sie geht gut Bindungen zu OH-Gruppen ein, wie Zucker sie haben.
- und 4 verschiedene organischen Basen; den Purinbasen *Adenin* und *Guanin* und den Pyrimidinbasen *Thymin* und *Cytosin*.

Die gleichen Stoffmengen der Einzelbausteine lassen auf einen regelmäßigen Aufbau der DNA schließen. Die Grundbausteine der DNA, die *Nukleotide*, setzen sich jeweils aus einem Molekül Desoxyribose, einer Phosphatgruppe (am C_5 des Zuckers) und einer organischen Base (am C_1 des Zuckers) zusammen. Die DNA ist ein *Polynukleotid* und besteht oft aus mehreren Millionen Nukleotiden. Die Phosphatgruppe des einen Nukleotids ist darin mit dem C_3 des nächsten Desoxyribosemoleküls verknüpft. So ergibt sich ein *Einzelstrang* mit einer bestimmten Richtung. Seine Enden werden nach den freien Gruppen der Desoxyribose benannt: Am 3'-Ende liegt eine freie Hydroxyl-, am 5'-Ende eine freie Phosphatgruppe.

E. Chargaff verglich die DNA verschiedenster Lebewesen und fand, dass in jeder DNA die Anzahl der Adeninmoleküle der der Thyminmoleküle entspricht und die der Guanin- der der Cytosinmoleküle.

Watson und Crick konnten auf der Basis der biochemischen Daten mithilfe der Röntgenstrukturanalyse die räumliche Struktur der DNA aufklären. Im Jahr 1953 stellten sie das *Doppelhelix-Modell* der DNA auf. Alle erwähnten experimentellen Befunde können mit diesem Modell erklärt werden:
- Die DNA besteht aus zwei Einzelsträngen, die umeinander gedreht sind. Die Außenseite der Doppelhelix wird durch abwechselnd miteinander verknüpfte Zucker- und Phosphatgruppen gebildet.
- Die Basen der DNA zeigen ins Innere der Doppelhelix. Immer liegen Adenin und Thymin bzw. Guanin und Cytosin einander gegenüber, Adenin und Thymin bzw. Guanin und Cytosin sind *komplementäre Basen*. Die gegenüberliegenden Basen ziehen einander aufgrund ihrer Ladungsverteilung an. Adenin und Thymin bilden miteinander zwei, Guanin und Cytosin drei lockere Wasserstoffbrückenbindungen. Wegen der vielen H-Brücken zwischen den vielen Basenpaaren einer DNA-Doppelhelix sind die beiden Einzelstränge der Doppelhelix nicht leicht von-

1 Die vier in der DNA vorkommenden Basen

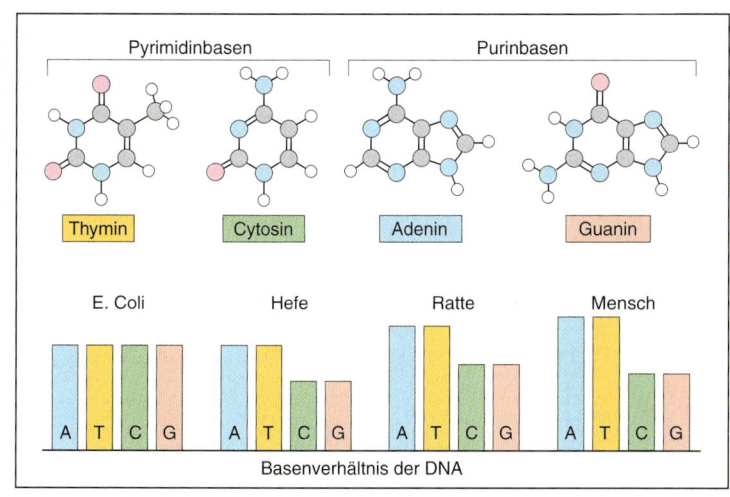

einander zu trennen. Dieses Modell der komplementären Basenpaarung erklärt das von CHARGAFF gefundene Mengenverhältnis der Basen und die Stabilität der Doppelhelix.
— Komplementäre Basen können nur dann miteinander paaren, wenn die beiden Einzelstränge entgegengesetzt gerichtet sind, der eine also von 3' nach 5', der andere von 5' nach 3' läuft. Sie liegen *antiparallel*.

Die DNA erfüllt nach diesem Modell alle Forderungen, die sich einem Träger von Information stellen. Sie kann Informationen verschlüsseln. Dazu sind mindestens zwei verschiedene Zeichen nötig. In der Computertechnik wird z. B. ein Code aus den beiden Zeichen 0 und 1 verwendet. Das Morsealphabet (. , — und die trennende Pause) oder das Buchstabenalphabet (26 Buchstaben) verwenden eine größere Anzahl von Zeichen. In der DNA wird die Erbinformation durch 4 verschiedene Zeichen, die *Basen*, codiert. Die Basenabfolge, die *Basen-* oder *Nukleotidsequenz* innerhalb eines Einzelstrangs, verschlüsselt die Erbinformation, wie Buchstaben hintereinander die Information von Wörtern ergeben.

Da die DNA durch ihre Doppelhelixstruktur recht stabil ist und die Zelle außerdem über eine Reihe verschiedener Reparaturmechanismen für schadhafte DNA verfügt, wird die genetische Information über Generationen mit nur geringen Veränderungen weitergegeben.

Die genetische Information einer Zelle ist sehr umfangreich. Die gesamte Länge der DNA beträgt in einem Virus ca. 50 µm, beim Bakterium Escherichia coli 1,1 mm (4,2 Millionen Basenpaare) und in jeder einzelnen menschlichen Zelle ca. 1,80 m (bzw. 6 Milliarden Basenpaare).

Bei Eukaryoten wird die DNA in einem hoch geordneten Verpackungsprozess *kondensiert*. Dabei spielt eine Gruppe von Proteinen im Zellkern eine wichtige Rolle, die *Histone*. Die Histonkomplexe wirken wie „Lockenwickler", um die die DNA-Doppelhelix je zweimal gelegt ist. So entsteht ein *Nukleosom* als Grundeinheit der Chromosomen. Jedes Chromosom enthält durchschnittlich 675 000 solcher Einheiten, die im Elektronenmikroskop wie Perlen an einer Schnur erkennbar sind. Dadurch erreicht die DNA eine größere Dicke (11 nm) und wird auf ca. $1/6$ verkürzt. Der Nukleosomenstrang wird nochmals regelmäßig zu einer 30 nm dicken Faser aufgewunden, die durch andere Proteine weiter zu Schleifen geordnet wird. Sie werden wiederum bei einer Zellteilung um ein zentrales Proteingerüst zu einer 700 nm dicken Chromatide kondensiert.

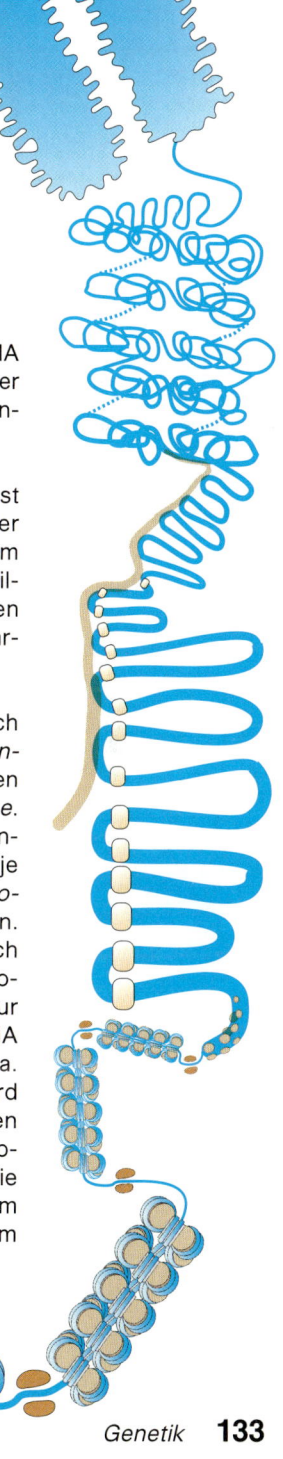

Genetik

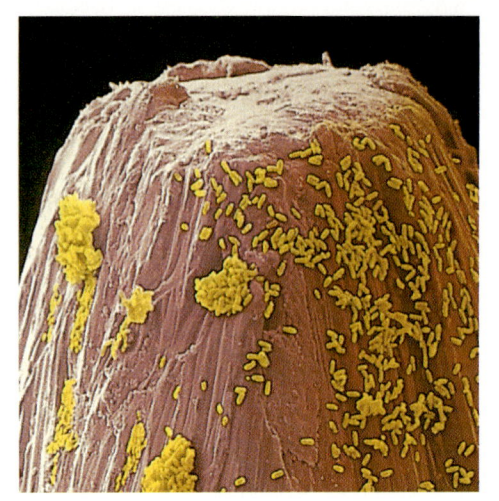

1 Bakterien auf Reißzweckenspitze (REM)

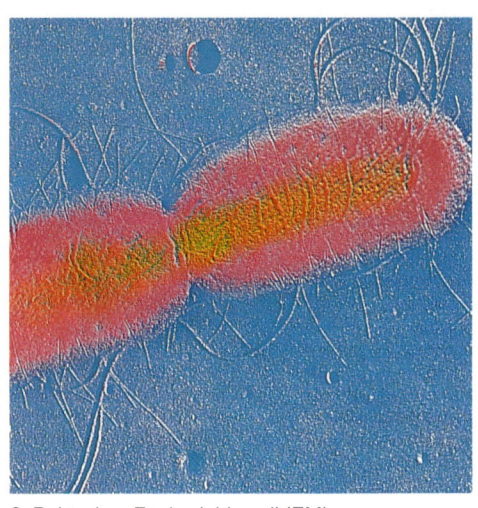

2 Bakterium Escherichia coli (EM)

Bakterien und Viren — Versuchsorganismen der Genetik

Die wichtigsten Erkenntnisse der Molekulargenetik wurden zunächst nicht an Eukaryotenzellen gewonnen, sondern an Bakterien, also *Prokaryoten*. Sie sind nur etwa 1—2 μm lang und 0,5 μm dick und einfacher aufgebaut als Tier- oder Pflanzenzellen. Die *Zellmembran*, die oft von einer starken *Zellwand* umgeben ist, grenzt die Zelle nach außen hin ab und bildet eine ordnende Oberfläche für Enzyme. Im Zellplasma liegen als Zellorganellen nur *Ribosomen* vor, die allerdings anders aufgebaut und kleiner sind als die von Eukaryotenzellen. Das *Kernäquivalent* („*Bakterienchromosom*") mit der Erbinformation der Bakterienzelle ist nicht wie ein Zellkern durch eine Kernmembran abgegrenzt, sondern liegt als verknäulter *DNA-Ring* frei im Plasma. Darüber hinaus können kleinere, ringförmige *Plasmide* aus DNA vorhanden sein. Nur zu einem Ring geschlossene DNA wird im Bakterium nicht abgebaut.

Für molekulargenetische Experimente benötigt man oft größere Mengen gleichartiger DNA. Bakterien können sich auf geeigneten Nährböden durch Zellteilung sehr schnell vermehren. Ihre DNA wird identisch verdoppelt, die Kopien an die beiden Tochterzellen verteilt. Alle aus einer bestimmten Zelle hervorgegangenen Tochterzellen haben die gleiche Erbinformation, sie bilden einen *Klon*. Oft kann eine neue Verdopplung schon einsetzen, ehe die alte vollendet ist. Daher sind bei Bakterien sehr kurze Generationszeiten bis herab zu 20 Minuten möglich. So entstehen innerhalb kurzer Zeit große Mengen gleichartiger DNA.

In der enormen Menge von Bakterienzellen (mehrere Milliarden in 1 ml Bakterienkultur) findet man immer wieder *Mutanten*, d. h. Zellen mit verändertem Erbgut. Meist unterscheiden sie sich in ihren biochemischen Fähigkeiten von den Wildtypzellen; so können sie z. B. bestimmte Substanzen nicht mehr aufbauen *(Mangelmutanten)* oder Antibiotika abbauen *(Resistenzmutanten)*. Da nur ein DNA-Ring vorliegt, nicht zwei homologe Chromosomen, sind Mutationen sofort am Phänotyp erkennbar. Die bei Lebewesen mit jeweils 2 homologen Chromosomen notwendige Unterscheidung von dominant und rezessiv entfällt.

Bakterien sind auch in der Lage, Erbinformationen auszutauschen, z. B. durch *Transformation*. Das bietet experimentelle Ansatzpunkte, um den Aufbau der Erbanlagen und ihrer Wirkungen zu untersuchen (z. B. Versuche von AVERY) und die Prozesse beim Austausch von Erbinformationen genauer zu überprüfen.

Viren sind mit einer Größe unter 500 nm noch kleiner als Bakterien. Sie bestehen aus einer Proteinhülle, die ein oder mehrere Nukleinsäuremoleküle enthält. Da Viren nicht zu einem eigenen Stoffwechsel fähig sind, werden sie nicht als Lebewesen angesehen. Zur Vermehrung benötigen sie die Hilfe von Zellen. Am genauesten bekannt ist die Vermehrung bei *Bakteriophagen,* also Viren, die Bakterienzellen befallen. Sie verläuft bei den anderen Viren in ähnlichen Phasen. In der Phase der *Adsorption* heftet sich ein Phage

Mikrokokken

Streptokokken

Staphylokokken

Stäbchenbakterien

Spirillen

Bakterienformen

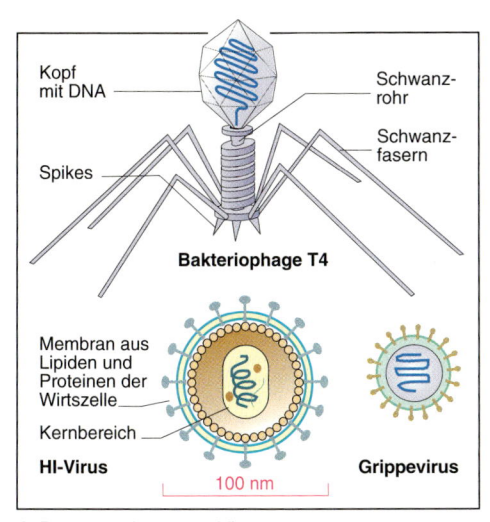

1 Bau verschiedener Viren

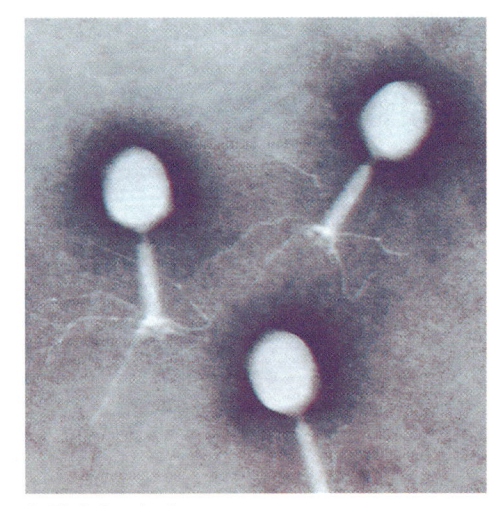

Kopf mit DNA
Schwanzrohr
Spikes
Schwanzfasern
Bakteriophage T4

Membran aus Lipiden und Proteinen der Wirtszelle
Kernbereich
HI-Virus
Grippevirus
100 nm

2 T2-Bakteriophagen

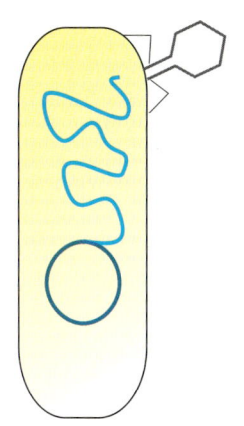

Nach ca. 5 min: Umsteuerung der Bakterienzelle, Vervielfältigung der Phagennukleinsäuren

mit den Proteinen der Schwanzfasern und Spikes an bestimmte *Rezeptormoleküle* auf der Zellwand seines Wirtsbakteriums an. Durch das Enzym *Lysozym* wird die Zellwand unterhalb des Schwanzrohrs aufgelöst und es kommt zur *Injektion* der Phagennukleinsäure durch das hohle Schwanzrohr in die Bakterienzelle. Andere Viren dringen als Ganzes in die Zelle ein, ihre Erbanlagen werden erst in ihr „ausgepackt".

Durch die Viruserbinformation kommt es zur *Umsteuerung* der Bakterienzelle. Es werden Phagenenzyme aufgebaut, viele Bakterienenzyme werden unwirksam gemacht. Die Proteine und die DNA des Bakteriums werden abgebaut. Daraufhin wird die Nukleinsäure des Phagen mehrfach in einem langen Strang vervielfältigt, solange die Bausteine in der Bakterienzelle dafür ausreichen – etwa 50- bis 200-mal. Währenddessen läuft auch die *Synthese von Phagenproteinen* durch die Ribosomen der Bakterienzelle an. Auch dazu werden die Baustoffe des Bakteriums verwendet. Viren besitzen nur wenige Proteinarten, die sich selbstständig aufgrund ihrer Form und Ladungsverteilung zu Phagenhüllen, -schäften und -schwänzen zusammenlagern. In der Phase der *Phagenreifung* setzen sich diese Teile zu neuen Phagen zusammen, die Phagennukleinsäure wird in den Kopf verpackt. Durch Lysozym wird schließlich die Bakterienzellwand aufgelöst und das Bakterium endgültig zerstört. Bei dieser *Lyse* werden pro Bakterienzelle 50 bis 200 Phagen freigesetzt, die ihrerseits neue Zellen infizieren können. Virus-DNA lässt sich also noch schneller vervielfachen als Bakterien-DNA.

Aufgaben

① Erbsen (MENDEL), Drosophila (MORGAN) und Bakterien sind Organismen, an denen wichtige Erkenntnisse der Genetik gewonnen wurden. Vergleichen Sie deren Vor- und Nachteile für genetische Versuche.

② A. D. HERSHEY und M. CHASE konnten in Versuchen mit Bakteriophagen nachweisen, dass DNA, nicht Protein, der Träger der Erbinformation ist. Zur Klärung dieser Frage markierten sie gezielt Phagen-DNA mit radioaktivem Phosphor und Phagenprotein mit radioaktivem Schwefel. Wo fanden sich die radioaktiven Substanzen nach der Infektion von Bakterien?

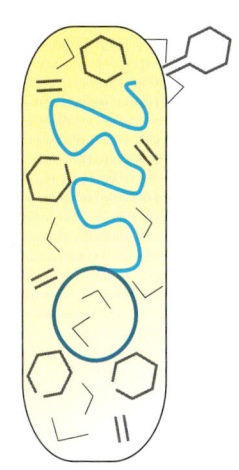

Nach ca. 6-15 min: Synthese von Phagenproteinen und -bauteilen

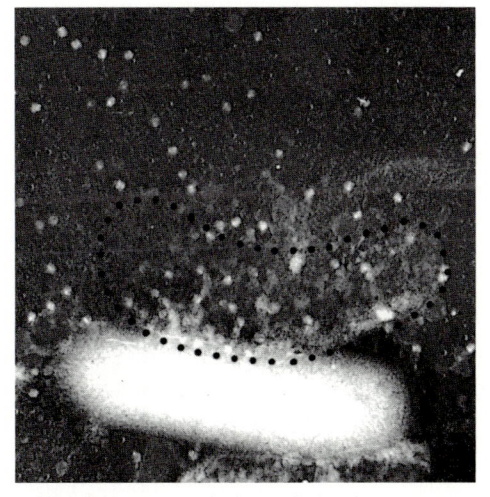

3 Nichtlysiertes und lysiertes Bakterium

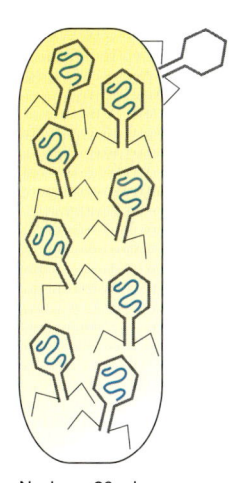

Nach ca. 20 min: Phagenreifung

Genetik **135**

Identische DNA-Replikation — aus eins mach zwei

Nach einer Mitose haben die Tochterzellen die gleiche Erbinformation wie die Mutterzelle. Die DNA wurde also vorher *identisch kopiert*. Dieser Vorgang wird *Replikation* genannt. Die Reihenfolge der Nukleotide bleibt bei diesem Vorgang exakt dieselbe. Am genauesten bekannt ist der Verlauf der Replikation beim Bakterium E. coli. Er verläuft *semikonservativ* und bei allen Lebewesen in den Grundzügen ähnlich.

Die ringförmige DNA-Doppelhelix von E. coli hat einen *Startpunkt,* an dem sich die Enzyme zur Replikation anlagern. Zuerst wird dort die DNA entschraubt und dann durch das Enzym *Helicase* in ihre Einzelstränge aufgetrennt. Proteine heften sich locker an die freien Basen an, damit sie sich nicht wieder zusammenlagern können.

Das Enzym *DNA-Polymerase* wandert hinter der vorrückenden Helicase her. Es baut Nukleotide aus dem Zellplasma an den „Original"-Einzelstrang an und verbindet sie zu einem neuen Einzelstrang. Die Polymerase lagert nur solche Nukleotide an, die zu denen des Originalstranges *komplementär* sind. Falsch angelagerte lässt sie nicht zur Reaktion kommen. Daher ergibt sich in dem neuen Doppelstrang die selbe Basensequenz wie im ursprünglichen, die *Identität der genetischen Information* bleibt gewahrt.

Die bei der Replikation aktive DNA-Polymerase arbeitet zwar schnell und genau, kann aber nur in der Richtung von 5' nach 3' einen neuen Einzelstrang aufbauen. Nur an dem einen Einzelstrang kann sie direkt der vorrückenden Helicase folgen. Der andere wird erst ergänzt, wenn ein größeres Stück DNA aufgetrennt ist. Dann baut die DNA-Polymerase entgegen der Wanderungsrichtung der Helicase (also auch von 5' nach 3') den fehlenden Einzelstrang aus komplementären Nukleotiden auf, bis sie auf ein schon repliziertes Stück stößt. Es wird also stückweise repliziert. Die einzelnen Stücke werden durch das Enzym *Ligase* zu einem durchgehenden Strang verbunden.

Kopierfehler bei der Replikation können schwere Schäden für die entstehenden Tochterzellen bedeuten. Die Kopiergenauigkeit liegt bei etwa einem Fehler pro 10^9 Nukleotiden, vergleichbar mit etwa einem Tippfehler auf ca. 500 000 Schreibmaschinenseiten. Dafür sorgen Enzyme, die hinter der Replikationsgabel „Korrektur lesen" und nicht komplementäre Nukleotide durch „richtige" ersetzen.

Aufgabe

① Berechnen Sie die Replikationsgeschwindigkeit in Basen pro Sekunde für die DNA von E. coli (4,2 Millionen Basenpaare), wenn ein Replikationszyklus 30 Minuten dauert.

Genetik

DNA-Verdopplung — aber wie?

Um die Verdopplung der DNA experimentell zu untersuchen, muss man ursprüngliche DNA und verdoppelte unterscheiden können. Dazu bietet sich die Markierung mit Bausteinen an, die andere als die natürlich vorkommenden Isotope der Atome enthalten. Das können radioaktive Isotope sein, aber auch Isotope mit einer anderen Massenzahl.

DNA, in die z. B. organische Basen mit Stickstoff-15 anstatt des natürlich vorkommenden Stickstoffs-14 eingebaut wurden, hat eine höhere Dichte („schwere DNA"). Allerdings ist der Dichteunterschied zur normalen „leichten DNA" so gering, dass die beiden DNA-Arten nur durch *Dichtegradientenzentrifugation* in der *Ultrazentrifuge* zu unterscheiden sind, wo bei Umdrehungszahlen von über 60 000 U/min Kräfte auf die Teilchen einwirken, die mehrere hunderttausendmal größer sind als die Erdanziehungskraft.

Im Zentrifugenröhrchen wird in einer Cäsiumchloridlösung ein Dichtegradient hergestellt: Im unteren Bereich des Röhrchens ergibt sich beim Zentrifugieren eine höhere Stoffkonzentration und damit eine höhere Dichte der Lösung als im oberen. Bringt man DNA in diese Lösung ein und zentrifugiert, so sammelt sich die DNA dort, wo die Dichte der Lösung ihrer eigenen Dichte entspricht. Die Lage der DNA kann durch ihre starke Lichtabsorption im UV-Bereich erkannt werden.

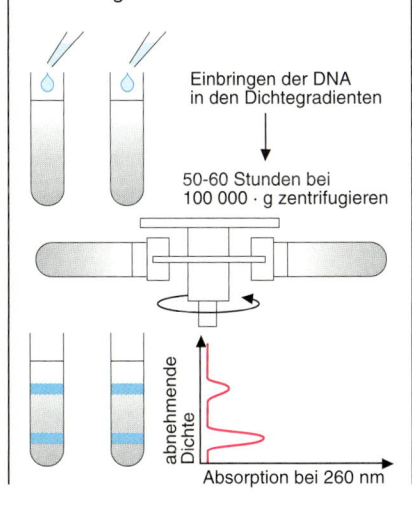

Versuche zur Replikation

Die Verdopplung der DNA, die *Replikation*, findet vor jeder Zellteilung statt. Sie könnte auf verschiedene Arten erfolgen. Möglich wäre die *konservative* Weise, bei der ähnlich wie beim Fotokopieren das Original unverändert erhalten bleibt und nach seinem Muster eine Abschrift aufgebaut wird. Aufgrund der DNA-Struktur wahrscheinlicher und schon von WATSON und CRICK vorgeschlagen ist die *semikonservative* Art: Die DNA wird in Einzelstränge getrennt, an jeden „alten" Einzelstrang wird ein neuer angebaut. Wie Zellen wirklich ihre DNA verdoppeln, bedarf aber, wie alle naturwissenschaftlichen Hypothesen, der experimentellen Bestätigung. Sie gelang M. MESELSON und dem Ehepaar F. und M. STAHL durch *Markierungsversuche* mit unterschiedlichen Stickstoffisotopen an der DNA.

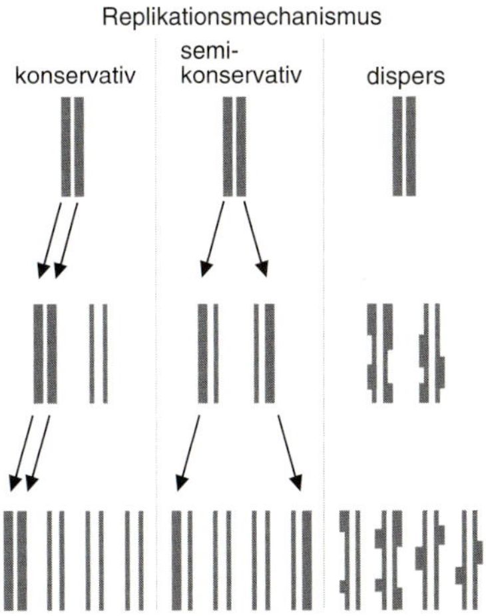

MESELSON und STAHL ließen E. Coli-Bakterien mehrere Generationen lang auf Nährmedium mit schwerem Stickstoff wachsen. Die Bakterien bildeten damit *schwere DNA*. Anschließend wurden die Bakterien auf normales Nährmedium mit leichtem Stickstoff ^{14}N überführt. Nach einer Generationszeit, also nach einer Replikation, wurde bei einem Teil die DNA durch Dichtegradientenzentrifugation untersucht. Nach einer weiteren Generation auf Medium mit leichtem Stickstoff wurde erneut die DNA geprüft. Abbildung 2 gibt die möglichen Mechanismen der DNA-Replikation und Abbildung 3 die Ergebnisse der Dichtegradientenzentrifugation nach MESELSON und STAHL wieder.

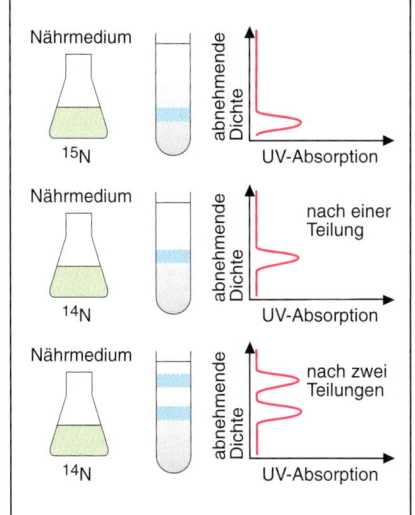

Aufgaben

1. Abbildung 2 zeigt die DNA-Arten von drei aufeinander folgenden Bakteriengenerationen unter Annahme eines konservativen, eines semikonservativen und eines dispersen Replikationsmechanismus. Charakterisieren Sie die Masse der dargestellten DNA als „schwer", „halbschwer" oder „leicht".
2. Welche DNA-Arten liegen nach den angegebenen Ergebnissen der Dichtegradientenzentrifugation bei den ersten beiden Bakteriengenerationen vor?
3. Vergleichen Sie diese Verhältnisse mit den dargestellten Möglichkeiten einer DNA-Replikation. Welcher Mechanismus der DNA-Replikation ist mit diesen Befunden nicht vereinbar?
4. Welche DNA-Arten liegen nach zwei Replikationen vor? In welchen Mengenverhältnissen?
5. Welche weitere Möglichkeit einer Replikation scheidet damit auch aus?
   Welche Ergebnisse erwarten Sie nach der dritten Replikation auf Nährmedium mit leichtem Stickstoff?
6. Welche Ergebnisse wären bei den beschriebenen Versuchen zu erwarten, wenn die Replikation konservativ verliefe?

Genetik **137**

5 Vom Gen zum Merkmal

Die Ein-Gen-ein-Polypeptid-Hypothese

Ein Gen ist eine *Funktionseinheit*. Es gibt vor, wie ein bestimmtes genetisch bedingtes Merkmal, z. B. der Farbstoff einer Blüte oder die Flügelform eines Insekts, aufgebaut wird. Was aber ist und wie funktioniert ein Gen auf molekularer Ebene?

Am Beispiel einer inzwischen gut erforschten, genetisch bedingten Krankheit, der *Sichelzellanämie*, wurde 1957 der Zusammenhang zwischen Gen und Merkmal geklärt. Aus dem Erbgang der Krankheit erkennt man, dass genau ein Gen mutiert ist. Als Folge davon nehmen rote Blutzellen bei den Betroffenen bei Sauerstoffmangel Sichelform an. Sichelzellen haben eine verminderte Sauerstofftransportfähigkeit und werden vom Immunsystem des Körpers, vor allem in der Milz, abgebaut. Blutarmut, die sogenannte *Anämie*, ist die Folge. Die heterozygoten Träger sind gesund, Homozygote sind behandlungsbedürftig.

Hämoglobin besteht aus je zwei α- und zwei β-Globinuntereinheiten. Jede trägt eine Häm-Gruppe, die für den Sauerstofftransport verantwortlich ist. Untersuchungen des Sichelzellhämoglobins HbS ergaben, dass es im elektrischen Feld andere Wanderungseigenschaften hat als das Hämoglobin HbA von Gesunden. Für diese Wanderungseigenschaften ist die Natur der Aminosäuren im Protein verantwortlich. Die Genmutation hat also eine andere Aminosäuresequenz im Hämoglobin zur Folge. Die Analyse von HbA und HbS ergab: Eine Aminosäure des β-Globins ist verändert. Daher verändern sich die Ladungseigenschaften und damit die Raumstruktur des Proteins. Das HbS kristallisiert deswegen bei Sauerstoffmangel aus und verändert die Form der roten Blutzellen.

Untersucht man das zum HbS gehörende Gen, so findet man eine Veränderung in seiner Nukleotidsequenz. Anstatt der Base Thymin steht als 17. Base das Adenin. Die Nukleotidsequenz eines Gens ist also verantwortlich für die Struktur eines Proteins. Andere Polypeptide sind von der Veränderung dieses Gens nicht betroffen. Ein Gen ist also zuständig für den Aufbau eines ganz bestimmten Polypeptids. Das ist die Aussage der *Ein-Gen-ein-Polypeptid-Hypothese*.

Viele Merkmale beruhen nicht direkt auf einem Protein, sondern auf anderen Stoffen. So werden z. B. die verschiedenen Blüten- oder Samenfarben, mit denen MENDEL experimentierte, ebensowenig durch Proteine hervorgerufen wie die Augenfarben von Tieren, wie sie in den Drosophilaexperimenten von MORGAN eine Rolle spielten. Verantwortlich sind andere Stoffklassen. Zum Aufbau dieser Stoffe sind aber Proteine notwendig, nämlich Enzyme, die die nötigen biochemischen Reaktionen katalysieren. Ihre Struktur und Funktion beruhen, wie bei allen anderen Proteinen, auf einem bestimmten Gen. Weil die durch bestimmte Gene gebildeten Proteine sehr häufig Enzyme sind, bezeichnet man diesen Zusammenhang auch oft als

Raumstruktur des Hämoglobinmoleküls. Bei Sichelzellkranken sind die β-Ketten verändert.

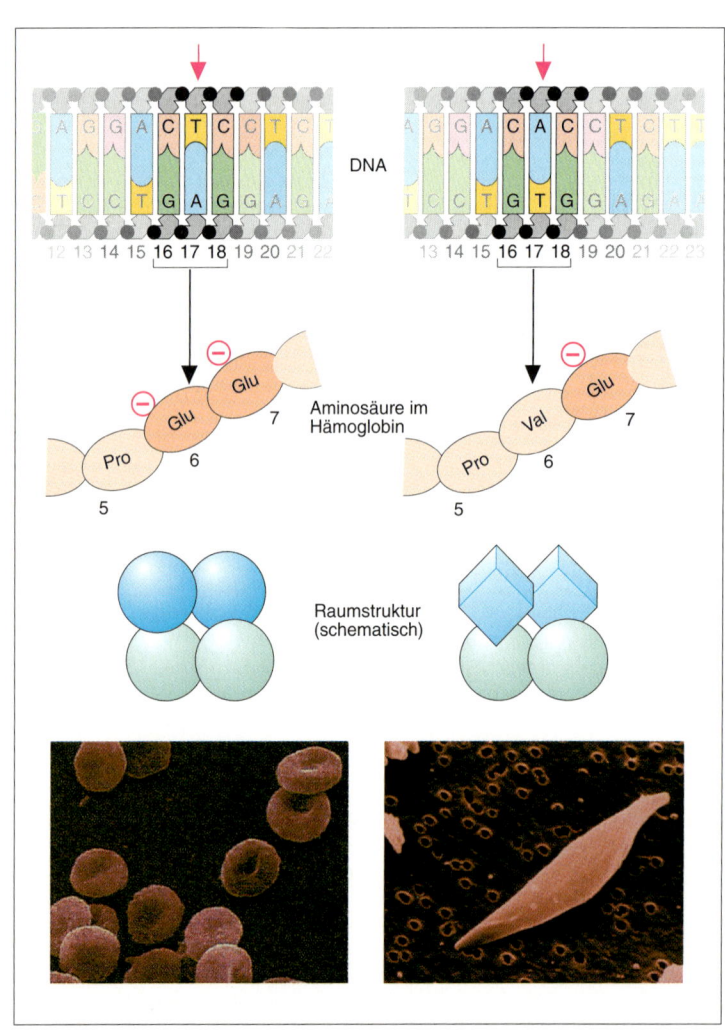

1 Vergleich zwischen normalen roten Blutzellen und Sichelzellen

Ein-Gen-ein-Enzym-Hypothese. Da die DNA Träger der Gene ist, kann man ein Gen als einen DNA-Bereich ansehen, in dem die Informationen für den Aufbau eines bestimmten Polypeptids enthalten ist.

Die Ein-Gen-ein-Enzym-Hypothese wurde 1940 von BEADLE und TATUM aufgestellt, als die genauen genetischen Zusammenhänge noch nicht bekannt und die Analyse der Aminosäuresequenz von Proteinen noch nicht möglich war. Die Wissenschaftler experimentierten an dem Pilz *Neurospora crassa*. Wildtypzellen dieses Pilzes können alle Aminosäuren selbst synthetisieren und daher auch auf aminosäurefreien Nährböden wachsen. Bestrahlt man Pilzzellen mit UV-Licht, so können einzelne Gene mutiert werden. Oft verlieren die Zellen und ihre Nachkommen dann die Fähigkeit, einen bestimmten Stoff aufzubauen. Durch die UV-Bestrahlung sind sie zu Mangelmutanten geworden.

Isoliert man Mangelmutanten von Neurospora, die die Aminosäure *Tryptophan* nicht mehr aufbauen können, so finden sich vier verschiedene Typen. Bei jedem kann man den Tryptophanmangel durch Zusatz eines anderen Stoffes zum Nährmedium ausgleichen und dadurch den Pilzen das Wachstum ermöglichen. Aus der Biochemie war bekannt, dass Neurospora Tryptophan in vier aufeinander folgenden enzymkatalysierten Schritten aufbaut. Durch Mutation wird ein Schritt blockiert, bei jeder der vier Mutanten ein anderer. Die Veränderung eines Gens hatte also genau ein verändertes und daher funktionsloses Enzym zur Folge. Hier zeigte sich zum ersten Mal der Zusammenhang: Ein Gen codiert ein Enzym.

Inzwischen ist bekannt, wie die DNA in einzelne Gene unterteilt ist. Eine bestimmte Basenfolge, der *Promotor*, gibt den Anfangspunkt eines Gens an und bestimmt, wie oft es abgelesen wird. Das Ende eines Gens ist ebenfalls durch eine bestimmte Basensequenz bestimmt, die besonders viele GC-Paare enthält. Nicht immer liegen Gene unmittelbar hintereinander, oft sind dazwischen DNA-Abschnitte, die anscheinend nicht in Merkmale übersetzt werden. Ihre Bedeutung ist allerdings noch unklar.

Aufgaben

① Geben Sie an, welches Gen für welches Enzym bei den in Abbildung 1 dargestellten Neurospora-Typen jeweils mutiert ist.

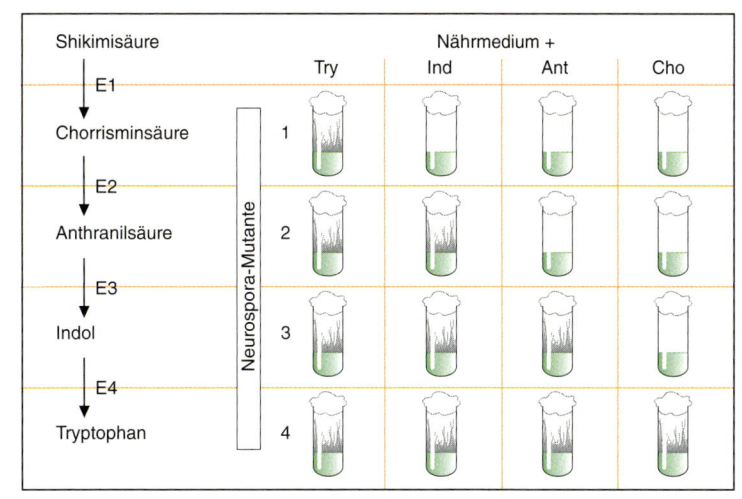

1 Tryptophanbiosynthese und Mangelmutanten bei Neurospora

② Der braune Augenfarbstoff Ommochrom von Drosophila wird nach dem unten stehenden Syntheseschema aus der Aminosäure Tryptophan aufgebaut. Aus der Genetik kennt man die Drosophila-mutanten *vermilion* (v), *scarlet* (st) und *cinnabar* (cn), bei denen die Ommochromsynthese nicht erfolgt und die Augen daher rot anstatt braunrot sind. Bei der cn-Mutante findet man das Zwischenprodukt Kynurenin angereichert, bei st das 3-Hydroxikynurenin, bei v Tryptophan selbst.
Welches Gen ist bei den drei Mutationen jeweils verändert? Was sind die Folgen der Veränderung?

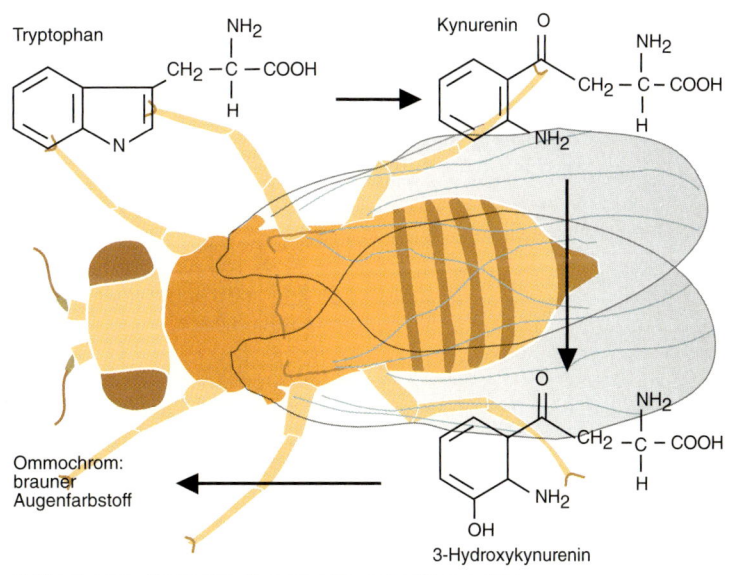

2 Biochemie der Ommochromsynthese bei Drosophila

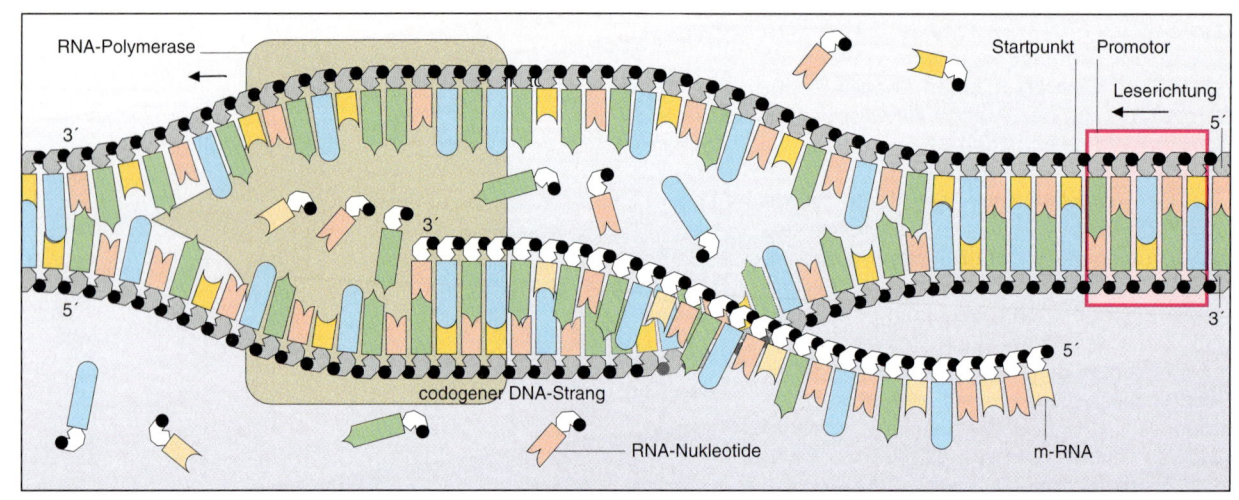

1 Der Transkriptionsvorgang im Schema: m-RNA wird nach der Basensequenz der DNA aufgebaut

Transkription — genetische Information wird beweglich

Die DNA einer Zelle ist ein sehr langes Molekül und enthält viele Gene, die nicht alle gleichzeitig in Proteine übersetzt werden. Auf dem Weg vom Gen zum Merkmal wird daher in einem ersten Schritt ein Gen auf einen Überträgerstoff umgeschrieben. Diesen Vorgang nennt man *Transkription*. Genetische Information wird damit auch beweglich und kann von der DNA zu den Ribosomen, den Organellen der Proteinbiosynthese, transportiert werden. Das Transportmolekül für die genetische Information ist die RNA, die *Ribonukleinsäure*. Die RNA, die die genetische Botschaft (engl. *message*) überträgt, nennt man *messenger-RNA (m-RNA)*.

RNA unterscheidet sich in einigen Punkten von der DNA:
— Sie besteht nur aus einem Einzelstrang von Nukleotiden.
— Sie ist sehr viel kürzer, da sie als m-RNA ja nur die Information eines Gens trägt.
— Anstelle der Desoxyribose dient das ähnlich gebaute Zuckermolekül Ribose als Grundbaustein.
— Anstelle der Base Thymin findet man die ähnlich gebaute, sich ebenfalls mit Adenin paarende Base *Uracil*.

Neben der *m-RNA*, die die Information eines Gens von der DNA zu den Ribosomen transportiert, existieren noch zwei andere Typen von RNA. Sie werden, wie die m-RNA, durch Transkription aufgebaut, haben aber andere Aufgaben. Die *ribosomale RNA (r-RNA)* dient als Baueinheit der Ribosomen und entsteht an den Nukleoli im Zellkern. Die *Transfer-RNAs (t-RNAs)* transportieren beim Proteinaufbau Aminosäuren zu den Ribosomen.

Die Transkription verläuft in einigen Punkten ähnlich wie die Replikation der DNA. Die DNA wird an einer Stelle entwunden und in ihre Einzelstränge aufgetrennt. Komplementäre Nukleotide werden nach den Gesetzen der Basenpaarung angelagert. Die RNA-Nukleotide werden durch die *RNA-Polymerase* zu einem RNA-Einzelstrang, eben der m-RNA verbunden.

Die RNA-Polymerase braucht die Information, welchen DNA-Abschnitt und welchen DNA-Einzelstrang sie in welcher Richtung transkribieren soll. Das wird angegeben durch spezielle DNA-Abschnitte vor jedem Gen, die *Promotoren*. Sie geben die Startstelle und die Transkriptionsrichtung vor. Da in diesem Gen die RNA-Polymerase auch nur von 5' nach 3' RNA aufbauen kann, liegt damit auch fest, welcher DNA-Einzelstrang abgelesen wird, nämlich der von 3' nach 5' verlaufende. Er ist der *codogene* DNA-Einzelstrang. Stößt die RNA-Polymerase im Lauf der Transkription auf eine bestimmte Basenfolge der DNA, eine Stoppsequenz, beendet sie die Transkription.

Aufgabe

① In welche m-RNA wird folgender DNA-Abschnitt transkribiert?
5'AACTCCGATCTATGGCTTGGAAGA3'
3'TTGAGGCTAGATACCGAACCTTCT5'
Start

Transkription:
Übersetzung eines DNA-Abschnittes in m-RNA durch Anlagerung komplementärer Nukleotide an den codogenen DNA-Einzelstrang

DNA-Baustein mit Thymin

RNA-Baustein mit Uracil

Der genetische Code — Wörterbuch des Lebens

In der Basensequenz der m-RNA ist der Bauplan eines Polypeptids verschlüsselt. Sie legt die Struktur der Peptide und Proteine durch die Reihenfolge der Aminosäuren, die *Aminosäuresequenz*, fest. Diese muss codiert werden durch die Reihenfolge der 4 verschiedenen Nukleotide bzw. Basen der m-RNA, ihre *Basensequenz*. Zwischen den Basen der RNA und Aminosäuren besteht aber keine direkte chemische Wechselwirkung. Eine direkte Übersetzung von Basen- in Aminosäuresequenz ist nicht möglich. Es muss ein Vermittler vorhanden sein, der die „Basen-Schrift" in „Aminosäuren-Schrift" übersetzen kann. Wie ein Codebuch die Übersetzung verschiedener Schriften ineinander erlaubt, z.B. des Morsealphabets in „normale" Buchstaben, so ist der *genetische Code* die Übersetzungsvorschrift für diesen Prozess. Sie bestimmt, welche Aminosäure durch ein bestimmtes *Codon* der m-RNA codiert wird.

Da es nur 4 verschiedene Basen gibt, aber 20 verschiedene, für Lebewesen wichtige Aminosäuren, muss eine Gruppe von mehreren Nukleotiden ein Codon bilden und für eine Aminosäure stehen, denn

— stünde eine Base für eine Aminosäure, könnten durch die 4 verschiedenen Nukleotide nur 4 verschiedene Aminosäuren,
— durch Zweiergruppen von Nukleotiden auch nur $4^2 = 16$ verschiedene Aminosäuren,
— und erst durch Dreiergruppen $4^3 = 64$ verschiedene Aminosäuren verschlüsselt werden.

Eine Zweiergruppe genügt zur Verschlüsselung der 20 verschiedenen Aminosäuren also nicht. Eine Dreiergruppe, ein *Basentriplett*, ist die Mindestgröße für ein Codon. Der Code ist allerdings dann *redundant*, d.h. es gibt mehr Tripletts als zu codierende Aminosäuren.

Mithilfe künstlicher m-RNA-Moleküle und der Untersuchung der daraufhin synthetisierten Polypeptide konnten Länge und Bedeutung der einzelnen m-RNA-Codons geklärt werden. Der genetische Code ist tatsächlich ein Triplett-Code. Er ist redundant, einige Aminosäuren werden durch mehrere Codons verschlüsselt, die sich meist in der 3. Base unterscheiden. Vor allem den seltener vorkommenden Aminosäuren entspricht nur ein Codon. Einige Codons haben spezielle Bedeutung: AUG gibt als *Startcodon* den Anfangspunkt für die Übersetzung der m-RNA in ein Protein an, die entsprechende Aminosäure (verändertes Methionin) wird aber später aus dem Protein entfernt. UAG, UAA und UGA entsprechen keiner Aminosäure, sondern stehen für den Endpunkt des Übersetzungsvorgangs, sie sind die *Stoppcodons*. Die einzelnen Codons haben bei nahezu allen Lebewesen (bis auf ganz wenige Ausnahmen) die gleiche Bedeutung. Eine bestimmte m-RNA wird in fast allen Organismen in die gleiche Polypeptidkette übersetzt. Der genetische Code ist praktisch *universell*.

Die Codesonne gibt an, welches Codon der m-RNA in welche Aminosäure „übersetzt" wird. Das erste Nukleotid des Codons (5'-Ende) steht innen, die Codons werden von innen nach außen gelesen. (GCA steht z.B. für die Aminosäure Ala = Alanin.)

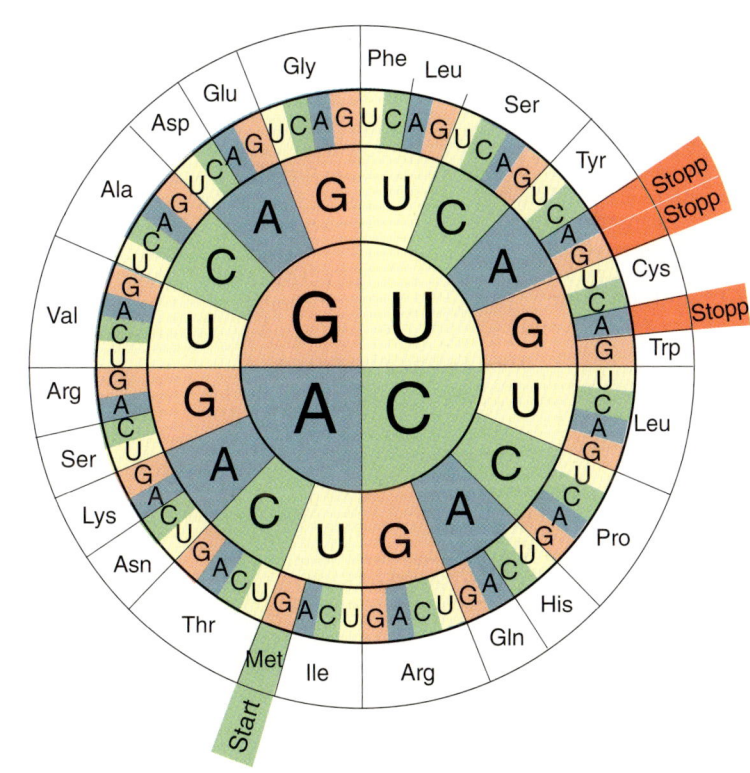

1 Codesonne

Aufgaben

① In welches Peptid wird folgende m-RNA übersetzt?
5'UUAGAUGAGCGACGAACCCUAA-AAUUUACCUAGUAGUAGCCAU3'

② In welches Peptid wird folgender Abschnitt eines codogenen Strangs der DNA übersetzt?
3'CTGGCTACTGACCCGCTTCTTC-TATC5' (Die Übersetzung beginnt natürlich immer am Startcodon.)

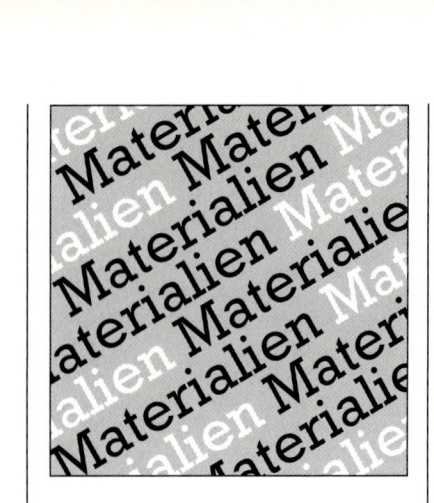

Der genetische Code — ein Triplettcode

Der genetische Code muss ein *Triplettcode* sein, damit alle 20 wichtigen Aminosäuren für ein Protein verschlüsselt werden können; Zweiergruppen von Nukleotiden reichen dafür nicht aus. Aber auch ein Quartettcode mit Vierergruppen von Basen wäre denkbar, ebenso wie ein *Quintettcode* usw.

Die Frage nach der Natur des genetischen Codes wurde durch Versuche an Bakteriophagen geklärt.

Phagen vermehren sich mithilfe von Bakterienzellen. Phagenmutanten mit veränderter DNA können ein bestimmtes Protein nur noch fehlerhaft aufbauen und die Bakterien nicht mehr befallen. Man verwendet Phagenmutanten, die in der DNA ein Nukleotid zusätzlich (+ - Mutante) oder ein Nukleotid zu wenig (− - Mutante) besaßen.

Aufgaben

① Zeigen Sie an einem Satz im Triplettcode, z. B. „VORDERRNAIST DIEDNA", wie durch den Wegfall, aber auch das Hinzufügen eines Buchstabens der Sinn völlig verloren gehen kann, wenn der Triplettcode beim Lesen beibehalten wird.

② Zeigen Sie an einer bestimmten m-RNA, wie durch Wegfall eines Nukleotids der „Sinn" verloren gehen und ein völlig verändertes Protein codiert werden kann.

Mischt man eine + - mit einer − - Phagenmutante, so entstehen in bestimmten Fällen wieder fast voll infektionsfähige Phagen. Die DNA der beiden Mutanten wurde dabei miteinander rekombiniert. Das kann im Versuch zu einer weitgehenden Wiederherstellung des „Sinns" der genetischen Information führen.

Aufgaben

① Zeigen Sie die Auswirkungen am Beispielsatz und der Beispiel-m-RNA auf.

② Zeigen Sie am Beispielsatz und der m-RNA, dass bei einem Triplettcode auch eine Mischung von 3 Mutanten der gleichen Art (+ / −) wieder ein fast fehlerfreies Phagenprotein zur Folge haben kann.

③ Zeigen Sie am Beispielsatz im Quartettcode „HIERWIRDKLARDASSVIERKAUMGEHT", dass eine Mischung von drei Mutanten der gleichen Art zur Wiederherstellung des Sinns der Information nicht ausreicht.

Wie knackt man den genetischen Code?

Um aufzuklären, welcher Aminosäure ein bestimmtes m-RNA-Triplett entspricht, wurden von M. Nirenberg und G. Khorana künstliche m-RNAs mit bekannter Nukleotidsequenz konstruiert. Sie wurden zu einem zellfreien In-vitro-System gegeben, das man z. B. durch Zentrifugation von E. coli-Bakterien erhalten kann. Es enthält Cytoplasma und Ribosomen, sodass eine Proteinsynthese aus einzelnen Aminosäuren möglich ist. Nach einiger Zeit kann man aus dem Gemisch neu synthetisierte Polypeptide isolieren, die nach der Anweisung der künstlichen m-RNA aufgebaut wurden.

In der Tabelle finden Sie einige Ergebnisse der Versuche Nirenbergs und Khoranas. Links angegeben stehen die eingesetzten synthetischen RNA-Moleküle, rechts die dazu aufgebauten Peptide. Die RNA ist in Kurzschreibweise angegeben; da es regelmäßige Polynukleotide sind, genügt es, ihre sich ständig wiederholenden Bausteine anzugeben. Poly-U bedeutet also eine RNA nur aus Uracil-Nukleotiden (− UUUUUUUUUUUU −), Poly-A eine nur aus Adenin-Nukleotiden (− AAAAAAAAAAAA −), Poly-AC eine, in der sich regelmäßig immer Adenin- und Cytosin-Nukleotide abwechseln (− ACACACACACAC −).

Aufgaben

① Verwendet man Poly-U, Poly-A, Poly-C bzw. Poly-G, erhält man die unten aufgeführten Peptide mit jeweils nur einer Aminosäureart. Damit ist die Bedeutung von 4 Tripletts geklärt. Geben Sie sie an!

② Verwendet man RNA, in der regelmäßig zwei Nukleotide abwechseln, erhält man Peptide aus jeweils 2 Aminosäuren.
Wieso treten immer zwei Aminosäuren im Wechsel hintereinander auf? Kann man durch diese Versuche die Bedeutung weiterer Tripletts eindeutig klären?

③ Verwendet man andere, regelmäßige Polynukleotide aus längeren Untereinheiten, erhält man im Gemisch verschiedene Peptide (s. unten).
Wieso werden hier jeweils mehrere verschiedene Peptide aufgebaut? Klären Sie aus den Angaben zu Aufgabe 2 und 3 die Bedeutung weiterer Nukleotide auf.

④ Auch RNAs mit 4 regelmäßig wechselnden Nukleotiden wurden konstruiert. Welche Tripletts lassen sich mithilfe der folgenden Polynukleotide (und der Versuche 1 − 3) klären?

RNA	Damit entstehende Peptide
Poly-U	Phe-Phe-Phe-Phe-Phe-...
Poly-A	Lys-Lys-Lys-Lys-Lys-Lys-...
Poly-C	Pro-Pro-Pro-Pro-Pro-Pro-...
Poly-G	Gly-Gly-Gly-Gly-Gly-Gly-...
Poly-AC	Thr-His-Thr-His-Thr-His-...
Poly-AAC	Asn-Asn-Asn-Asn-Asn-... oder Thr-Thr-Thr-Thr-Thr-Thr-... oder Gln-Gln-Gln-Gln-Gln-Gln-...
Poly-ACC	Thr-Thr-Thr-Thr-Thr-... oder Pro-Pro-Pro-Pro-Pro-... oder His-His-His-His-...
Poly-ACCC	Thr-His-Pro-Pro-Thr-His-Pro-Pro-...

t-RNA — Vermittler zwischen RNA und Aminosäuren

Der genetische Code gibt an, welches Basentriplett der m-RNA in welche Aminosäure des entsprechenden Polypeptids übersetzt wird. Er ist das Wörterbuch für die Übersetzung. Die verschiedenen t-RNAs sind die Vermittlermoleküle, die Basentripletts und zugehörige Aminosäuren miteinander in Verbindung bringen, quasi beide Sprachen sprechen. Sie bestehen aus Nukleotiden und können daher mit komplementären Tripletts der m-RNA paaren. Außerdem können sie bestimmte Aminosäuren binden. Es sind etwa 50 verschiedene t-RNA-Arten bekannt, also genug verschiedene Sorten, um jeweils genau eine der 20 Aminosäurearten spezifisch zu binden.

Die Anlagerung einer bestimmten Aminosäure wird wie fast alle biochemischen Vorgänge durch Enzyme, nämlich die *Aminoacyl-t-RNA-Synthetasen*, katalysiert. Wie viele Enzyme, sind die Aminoacyl-t-RNA-Synthetasen hoch spezifisch für ihr Substrat, binden nur eine bestimmte t-RNA und beladen sie mit nur einer bestimmten Aminosäureart. Dazu besitzt ihr aktives Zentrum zwei Anlagerungsstellen: In eine passt genau eine der verschiedenen t-RNA-Sorten, in die andere genau eine der 20 verschiedenen Aminosäurearten. Beide werden chemisch miteinander verknüpft.

Jede Aminosäure wird von ihrer Aminoacyl-t-RNA-Synthetase an ihrem spezifischen Rest erkannt, der ihre räumliche Struktur bestimmt. Woran erkennt aber das Enzym „seine" t-RNA? t-RNAs haben alle durch interne Basenpaarung eine *Kleeblattstruktur* mit herausragenden Schleifen. Sie sind bei allen t-RNA-Sorten verschieden. An zweien und am „richtigen" Anticodon „erkennt" die Synthetase „ihre" t-RNA.

Auch die anderen herausragenden Teile des „Kleeblatts" haben ihre Bedeutung. Der „Stiel" am 3'-Ende ist die *Aminosäure-Akzeptor-Region* und bindet die Aminosäure. Die *Anticodon-Schleife* trägt das Anticodon-Basentriplett, das sich an ein Codon der m-RNA anlagern kann. Weitere Schleifen sorgen für den Kontakt zum Ribosom, an dem der Zusammenbau der Aminosäuren zum Polypeptid, die *Proteinbiosynthese*, erfolgt.

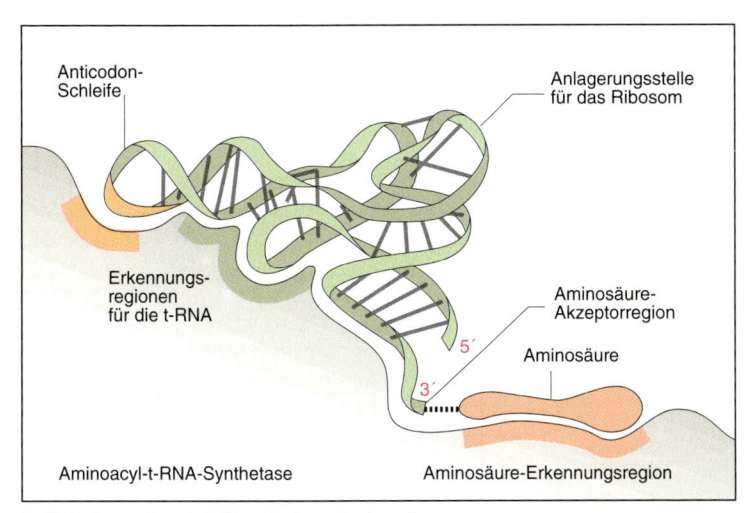

1 Beladung einer t-RNA mit einer Aminosäure

Ribosomen — die Proteinfabriken

Die Ribosomen stellen die „Montagewerke" für die Proteine dar. Hier erfolgt die *Proteinbiosynthese*. Mit 25 nm Durchmesser sind sie so klein, dass sie selbst im Elektronenmikroskop nur schwer darzustellen sind. Die Ribosomen von Eukaryoten und Prokaryoten (und Eukaryotenorganellen wie Mitochondrien und Plastiden) unterscheiden sich in ihrer Größe. In jedem Fall bestehen sie aber aus einer kleinen und einer großen Untereinheit. Die kleine Untereinheit hat im Wesentlichen die Aufgabe, m-RNA und t-RNA-Moleküle zusammenzuführen und so für die richtige Reihenfolge der Aminosäuren im Polypeptid zu sorgen. Die große Untereinheit ist für die chemische Verknüpfung der Aminosäuren zuständig.

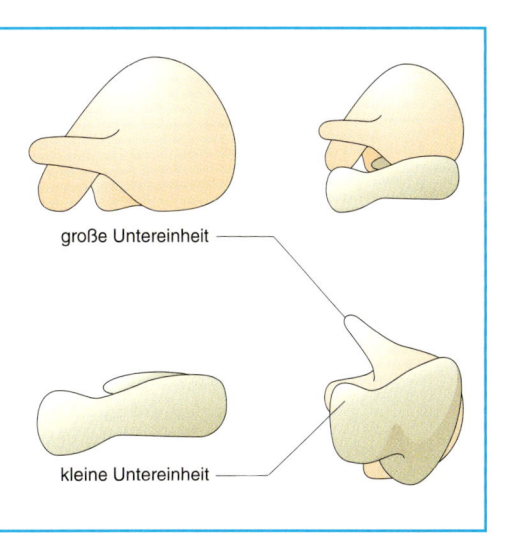

Genetik **143**

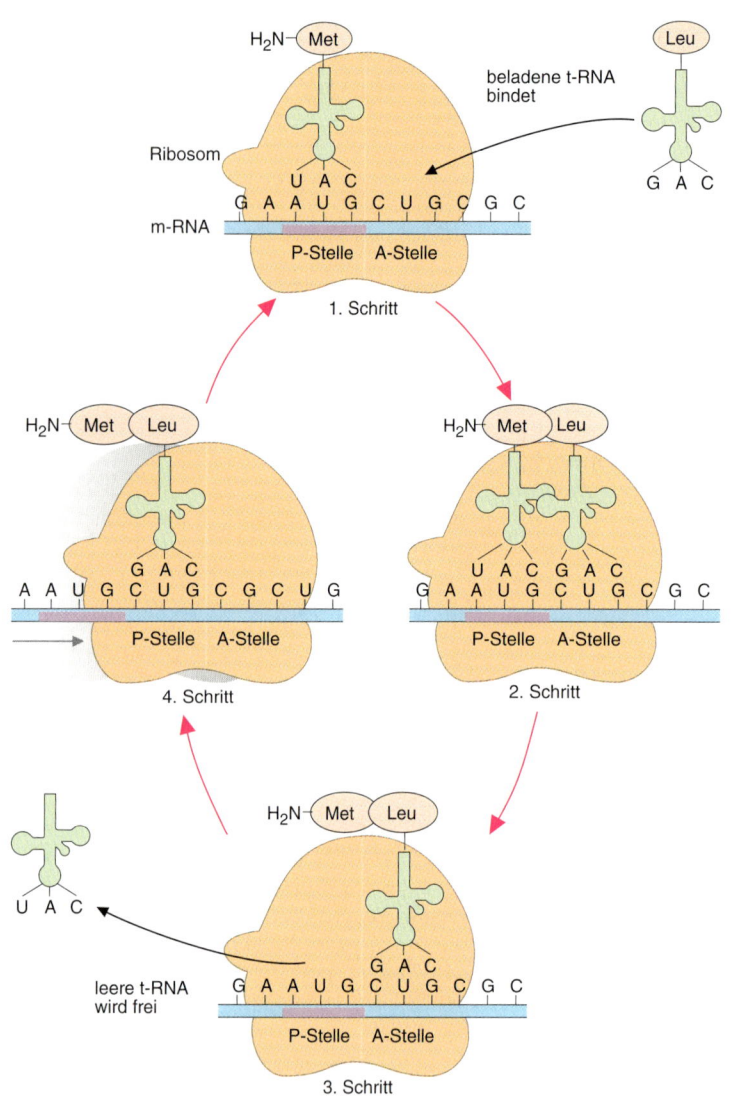

1 Der Translationsvorgang im Schema

Translation
Synthese eine Peptids aus Aminosäuren. Ihre Reihenfolge wird durch die m-RNA vorgegeben.

Translation — ein Protein wird „montiert"

Durch die Transkription wurde die Information eines Gens von der DNA auf m-RNA übertragen. Nach dieser Information wird ein Polypeptid mit einer bestimmten Sequenz von Aminosäuren zusammengebaut. Diesen Vorgang bezeichnet man als *Translation*. Transkription und Translation werden als *Proteinbiosynthese* zusammengefasst.

Die Translation erfolgt an den Ribosomen. Zunächst lagern sich die beiden Untereinheiten des Ribosoms am Startcodon der m-RNA zu einem funktionsfähigen Ribosom zusammen. Ein mit einer Aminosäure (am Start immer *Methionin*) beladenes t-RNA-Molekül wird an das Startcodon der m-RNA gebunden. Das geschieht nach dem Prinzip der komplementären Basenpaarung: Ist das Anticodon einer t-RNA komplementär zum Codon der m-RNA, wird es fest daran angelagert. Gleichzeitig bindet sich die t-RNA an eine bestimmte Bindungsstelle der kleinen Ribosomenuntereinheit, die *P-Stelle*.

An einer zweiten t-RNA-Bindungsstelle des Ribosoms, der *A-Stelle*, lagert sich eine zweite beladene t-RNA an (1. Schritt). Ihr Anticodon kommt dadurch in Kontakt mit dem zweiten Codon der m-RNA. Sind wiederum diese komplementär zueinander, wird die t-RNA genügend fest gebunden. Nicht passende t-RNAs fallen ab. Da jede Sorte t-RNA nur eine bestimmte Aminosäure trägt, wird gewährleistet, dass nur die passende t-RNA und damit die von der m-RNA vorgegebene Aminosäure an die erste angehängt wird. Daraufhin werden die beiden Aminosäuremoleküle unter Energieverbrauch chemisch miteinander verknüpft. Die große Ribosomenuntereinheit verbindet sie zu einem *Dipeptid* (2. Schritt).

Nun wird die Aminosäurenkette nach der Vorgabe des nächsten Codons der m-RNA verlängert. Dazu wird das Ribosom um ein Basentriplett auf der m-RNA weiter von 5' nach 3' „geschoben". Dadurch rückt die t-RNA an der P-Stelle aus dem Ribosom heraus und löst sich ab (3. Schritt). Ihre Aminosäure bleibt aber an das entstehende Protein gebunden. Die t-RNA an der A-Stelle rückt zur P-Stelle vor, die A-Stelle wird frei (4. Schritt). Sie liegt nun am nächsten Codon der m-RNA und kann eine neue t-RNA mit passendem Anticodon binden. Die daran geknüpfte Aminosäure wird mit dem Peptid an der großen Ribosomeneinheit verbunden.

Durch die Wiederholung dieses Vorgangs wird das angefangene Polypeptid um eine Aminosäure nach der anderen verlängert, und zwar exakt so, wie es die Codons der m-RNA vorschreiben.

Wenn das Ribosom einige Codons weit vorgerückt ist, kann sich an das frei gewordene Startcodon derselben m-RNA bereits das nächste Ribosom anlagern. Eine m-RNA kann so mehrmals bei der Proteinsynthese verwendet werden. Kommt ein Ribosom an ein *Terminationscodon* der m-RNA, so stoppt der Translationsprozess. Das Ribosom zerfällt in seine Untereinheiten. Das gebildete Protein wird frei und nimmt seine funktionsfähige Raumstruktur ein.

Proteinbiosynthese bei Pro- und Eukaryoten

Prokaryoten wie Bakterien haben einen einfachen Zellaufbau. Die DNA liegt bei ihnen als ringförmiges Bakterienchromosom frei im Zellplasma. Gene werden dort mit einer Geschwindigkeit von ca. 2500 Nukleotiden pro Minute transkribiert. Ohne jede Veränderung dient die entstehende m-RNA als Vorlage für die Translation. Ribosomen lagern sich bereits an, während die Transkription noch im Gange ist, das entsprechende Protein taucht bereits nach etwa ½ Minute in der Zelle auf. Eine m-RNA wird durch mehrere Ribosomen hintereinander abgelesen. Allerdings wird sie bereits nach wenigen Minuten schon wieder abgebaut. Diese kurze Lebensdauer ist wichtig, da innerhalb der kleinen Generationszeit von Prokaryoten verschiedene Entwicklungsschritte ablaufen, die durch verschiedene m-RNAs gesteuert werden. So ist auch eine schnelle Reaktion auf Umwelteinflüsse möglich.

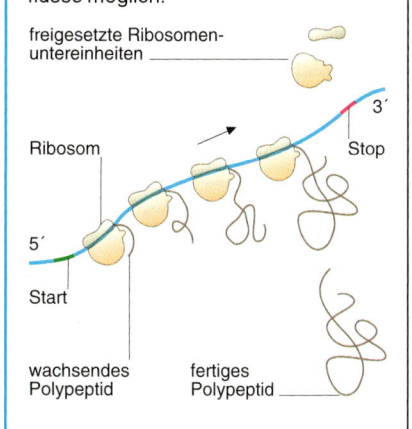

Der genetische Code ist praktisch universell, also für alle Organismen gleich. Trotzdem verläuft aber die Proteinbiosynthese nicht bei allen Organismen gleichartig. Auch bei Eukaryoten wird zwar zunächst durch *Transkription* ein codogener Abschnitt der DNA in RNA übersetzt. Bei ihnen wird aber nach dem eigentlichen Übersetzungsvorgang eines DNA-Abschnitts die entstehende m-RNA an mehreren Stellen verändert *(prozessiert)*, bevor sie ihre Funktion aufnehmen kann. Auffällig ist, dass die m-RNA bei Eukaryoten zunächst ungleich länger ist als bei Prokaryoten, länger, als es das codierte Protein erfordern würde. Nur einige Abschnitte des RNA-Stranges, die *Exons,* enthalten die Information für das Protein. Dazwischen liegen nicht informationstragende Abschnitte, die *Introns.* Sie werden an vorbestimmten Stellen exakt harausgeschnitten, die Exons miteinander verbunden. Diesen Vorgang nennt man das *Spleißen* der m-RNA. Den Bakterien fehlen die Enzyme für diese Vorgänge.

Je nach Zelltyp und Entwicklungszustand der Zellen können Eukaryoten die RNA verschieden spleißen. Weil so unterschiedliche Exons kombiniert werden, entstehen verschiedene m-RNAs. Es können durch das gleiche Gen verschiedene Proteine codiert werden. Bei Eukaryoten wäre eine Lebensdauer der m-RNA wie bei Bakterien viel zu kurz, da die m-RNA zuerst prozessiert und dann aus dem Zellkern ins Cytoplasma geschleust werden muss, bevor der Proteinaufbau beginnen kann. Daher wird bei ihnen die m-RNA gegen Abbau geschützt. Dazu werden eine schützende „Kappe" aus methyliertem Guanin und ein „Poly-A-Schwanz" (150—200 Adenin-Nukleotide am 3'-Ende) an die m-RNA angelagert.

Die so im Zellkern prozessierte RNA dient als m-RNA. Zur Translation wird sie durch die Kernporen oder durch das endoplasmatische Retikulum zu den Ribosomen transportiert. Gemäß dem genetischen Code werden dort ihre Codons durch die *Translation* in Aminosäuren „übersetzt".

Aufgaben

① Eine wichtige Anwendung der Gentechnik ist die Herstellung von menschlichen Hormonen, wie z. B. dem Peptid Insulin, durch „umprogrammierte" Bakterienzellen. Aus welchen Gründen reicht es zur Umprogrammierung nicht aus, das menschliche Insulingen in die Bakterien einzuschleusen?

② Wieso kann man auch nicht menschliche Insulin-m-RNA einschleusen, um die Insulinproduktion in der Bakterienzelle in Gang zu setzen?

③ Bei einer bestimmten Form der Blutkrankheit *Thalassämie* stimmt der Anfang des β-Globinmoleküls mit dem normalen Globin überein. Ab einer bestimmten Stelle hat das Thalassämie-Globin eine andere Aminosäuresequenz und ist wesentlich länger als das normale Globin. Was könnte die Ursache sein?

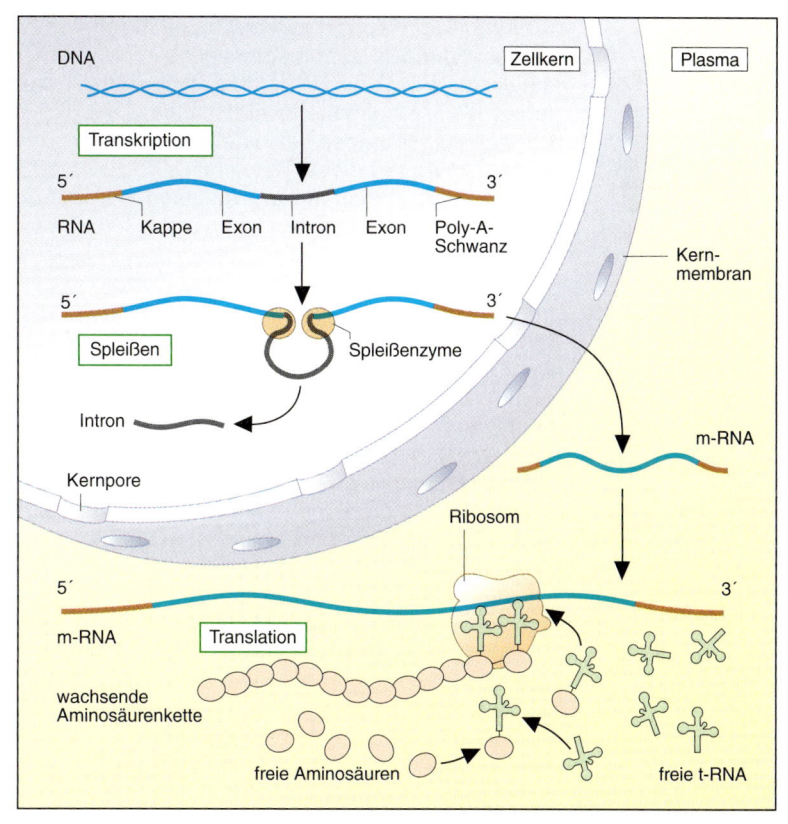

Genetik

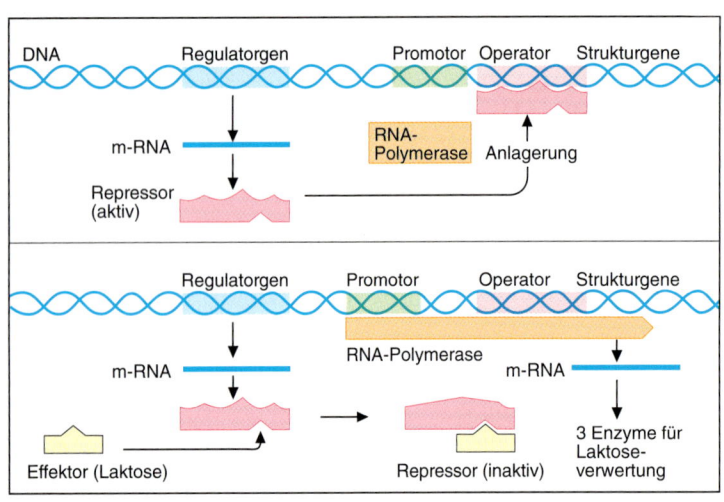

1 Steuerung von Genen durch Induktion am Beispiel des lac-Operons

Genregulation durch Induktion und Repression

Induktion
„Anschalten" eines Gens durch Anwesenheit eines Effektors.

Repression
„Abschalten" eines Gens durch Anwesenheit eines Effektors.

Operon
DNA-Abschnitt, auf dem hintereinander die Kontrollregionen und ein oder mehrere für Enzyme codierende Strukturgene liegen.

Hält man Hefezellen in einem Gefäß mit Traubenzuckerlösung, so setzt sofort die Gärung ein, die Hefezellen verwerten die Glukose und teilen sich. Überführt man sie in ein Gefäß mit Galaktoselösung, so beobachtet man zunächst keine Gärung. Die Hefezellen sind nicht in der Lage, den Zucker Galaktose für ihren Stoffwechsel zu verwenden. Nach einigen Stunden aber beginnen sie, auch mit der Galaktose als Nährstoff zu leben. Offensichtlich brauchen sie erst einige Zeit, um sich auf Galaktose umzustellen. Die Enzyme zum Abbau dieser Zuckerart sind zunächst nicht vorhanden und müssen erst produziert werden.

Viele Enzyme und Strukturproteine werden in der Zelle ständig gebraucht. Dazu gehören z. B. die Enzyme für den Glukosestoffwechsel. Andere Proteine sind in der Zelle nur unter besonderen Bedingungen oder zu besonderen Entwicklungsphasen aktiv, beispielsweise die Enzyme für den Abbau des selteneren Zuckers Galaktose. Ihre Anwesenheit würde die Funktionen der Zelle zu anderen Zeiten eventuell sogar stören oder beeinträchtigen.

Von E. coli weiß man, dass nur etwa 600 der ca. 3000 Gene gleichzeitig aktiv sind. Viele Gene werden ständig *transkribiert*, es sind *konstitutive Gene*. Andere Gene werden je nach Bedarf an- und abgeschaltet, d. h. sie können *reguliert* werden. Für die seltener benötigten Enzyme sind die Gene nur bei Bedarf aktiv. Es sind *regulierte Gene*.

Mit der Transkription beginnt die Aktivität eines Gens. Startstelle für die Transkription ist der *Promotor*. Die RNA-Synthetase lagert sich an ihn an. Sie wird durch ihn gesteuert und er gibt Startpunkt und Leserichtung für die Transkription an. Hier liegt eine wichtige Ansatzstelle für die Kontrolle der Genaktivität. An Mutationen, die die Promotorregion betreffen, lässt sich das zeigen: Je stärker ein Promotor verändert wird, desto seltener erfolgt die Transkription des folgenden DNA-Abschnitts.

Bestimmte Gene werden „bei Bedarf angeschaltet". Die Forscher JACOB und MONOD, die in ihrem Modell die wichtigsten Grundlagen der Genregulation erarbeiteten, sprachen von *Geninduktion*. Induzierte Gene sind oft Gene für bestimmte Abbaureaktionen, z. B. für den Abbau von Milchzucker bei E. coli.

Für die Aufnahme, die Spaltung und den Umbau des Milchzuckers sind 3 Enzyme notwendig. Solche Gene, die Enzyme codieren, nennt man *Strukturgene*, andere Gene sind z. B. für die Produktion der t-RNA zuständig. Die Strukturgene liegen im Beispiel direkt hintereinander und werden miteinander kontrolliert. Vor ihnen liegen ihre Kontrollregionen: der *Promotor* und der *Operator*. Mit ihrem Promotor und dem Operator zusammen bilden die Strukturgene ein *Operon*, in diesem Fall das lac-Operon.

Das lac-Operon ist normalerweise nicht aktiv, denn am Operator ist ein *Repressor* gebunden, ein Proteinmolekül, das die Bindung der RNA-Polymerase an der DNA verhindert und damit die Transkription blockiert. Der Repressor kann aber inaktiviert werden. Dringt von außen Milchzucker *(Laktose)* in die Zelle ein, wirkt sie als *Effektor*. Ein Laktosemolekül bindet sich an den Repressor und verändert seine Raumstruktur. Er kann nun nicht mehr am Operator binden und gibt dadurch den Promotor frei. Die RNA-Polymerase lagert sich an, die Transkription kann beginnen. Die Enzyme für den Milchzuckerabbau werden also dann bereitgestellt, wenn Milchzucker in der Umgebung der Zelle anwesend ist und verarbeitet werden soll.

Dienen Enzyme zu Aufbaureaktionen, wie bei der Synthese bestimmter Aminosäuren durch E. coli, so wird in der Regel verhindert, dass mehr davon produziert wird als nötig. In einem solchen Fall wird die Transkription durch *Genrepression* gestoppt.

Normalerweise liegt hier der Repressor in einer inaktiven Form vor, die nicht am Operator binden kann. Im Normalfall kann sich die RNA-Polymerase also ohne Probleme am Promotor anlagern und die Transkription der Gene kann ungehindert ablaufen. Ist aber genug oder gar ein Überschuss vom benötigten Endprodukt, z. B. der Aminosäure Tryptophan, vorhanden, so wirkt sie als *hemmender Effektor*. Sie wird vom Repressor gebunden und verändert seine Raumstruktur in diesem Fall aber so, dass er sich am Operator anlagern kann. So wird eine weitere Transkription und damit eine zu große Menge der nicht benötigten Enzyme und des nicht benötigten Tryptophans verhindert. Die Zelle erreicht dadurch eine optimale Ausnutzung ihrer Energie und Nährstoffe.

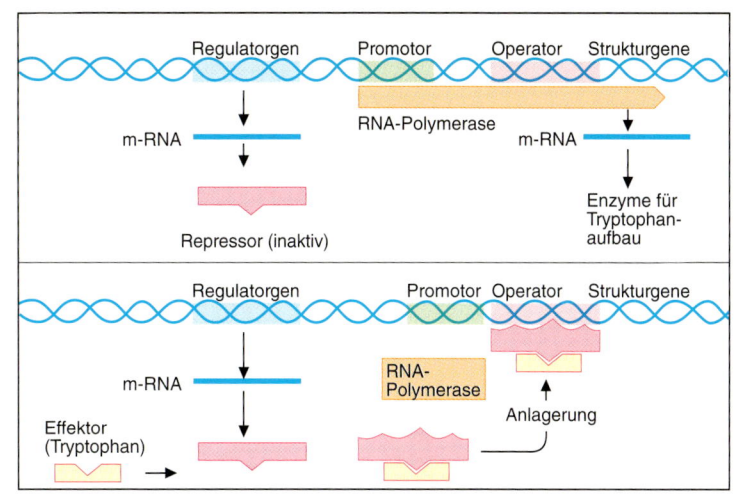

1 Steuerung von Genen durch Repression am Beispiel des Tryptophan-Operons

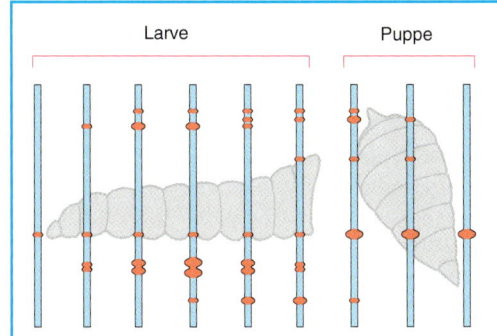

Puffmuster an Chromosomen von Drosophilalarven in verschiedenem Alter

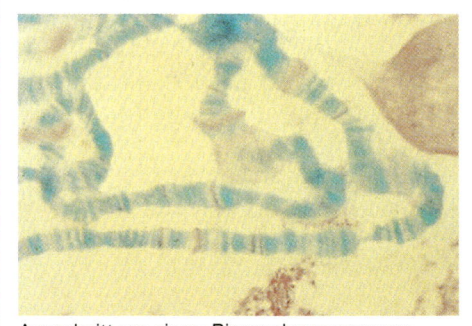

Ausschnitt aus einem Riesenchromosom von Drosophila mit Puffs im Lichtmikroskop

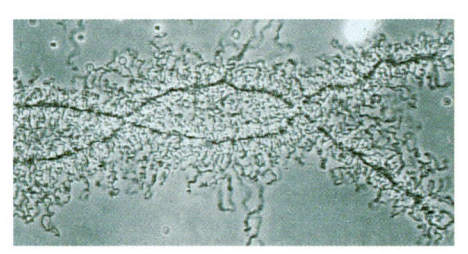

Lampenbürstenchromosom im Lichtmikroskop

Genregulation steuert die Entwicklung von Vielzellern

Bei Vielzellern stammen alle Zellen eines Lebewesens von einer Zygote ab. Sie gehen durch Mitosen auseinander hervor, sind also alle erbgleich. Dennoch sind sie beim erwachsenen Organismus unterschiedlich differenziert und haben verschiedene Fähigkeiten und Funktionen. In den verschiedenen Zellen sind also verschiedene Gene aktiv, andere werden inaktiviert. Das Aktivitätsmuster ist in verschiedenen Organen und Entwicklungsmustern unterschiedlich.

Vergleicht man Chromosomen verschiedener Zellen eines Organismus miteinander unter dem Mikroskop, so kann man feststellen, dass ihre Chromosomen unterschiedlich anfärbbare Banden aufweisen. In den stark färbbaren Bereichen, dem *Heterochromatin*, scheint die DNA sehr stark aufgewunden. Das *Euchromatin* ist nur locker aufspiralisiert und daher schwächer anfärbbar.

Arbeitet man mit Farbstoffen, die RNA, nicht aber DNA gut färben, oder bietet man der Zelle radioaktiv markierte RNA-Nukleotide, so kann man im Bereich des Euchromatins besonders viel RNA nachweisen, die dort aufgebaut wird. An dieser Stelle sind also Gene aktiv und werden gerade transkribiert.

Besonders auffällig sind die Unterschiede zwischen aktiven und inaktiven Genabschnitten während der Entwicklung von Drosophilalarven. An ihren Riesenchromosomen lassen sich im Mikroskop stark spiralisierte Abschnitte von scheinbar aufgeblähten Abschnitten, den *Puffs*, unterscheiden. An ihnen lässt sich die starke Transkriptionsaktivität nachweisen. Dabei beobachtet man in unterschiedlichen Geweben der Larven und in verschiedenem Alter unterschiedliche, ganz charakteristische Puffmuster. Gibt man den Larven bestimmte Entwicklungshormone, so kann man damit die Puffbildung beeinflussen. Bestimmte Hormone sind also in der Lage, die Puffbildung und damit die Genaktivität zu steuern, d. h. bestimmte Gene zu aktivieren und andere zu hemmen.

Auch bei Wirbeltieren kann man im Mikroskop verschieden stark spiralisierte Chromosomenabschnitte erkennen. Besonders während der Embryonalentwicklung sind viele Chromosomenabschnitte aktiv und erscheinen ähnlich wie die Puffs. Bei diesen Chromosomen spricht man wegen ihrer Gestalt von *Lampenbürstenchromosomen*. Auch hier wird die Genaktivität durch Hormone gesteuert.

Genetik

6 Mutationen

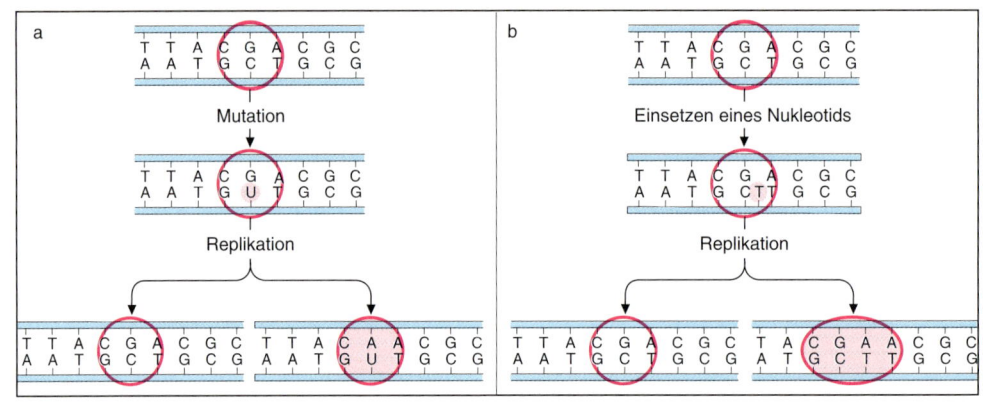

1 Punktmutation

2 Rastermutation

Kleine Fehler — große Folgen: Genmutationen

Genmutation
Mikroskopisch nicht erkennbare Veränderung, die nur ein Gen betrifft.

Punktmutation
Eine Base eines Gens wird gegen eine andere ausgetauscht oder in eine andere verändert.

Rastermutation
In ein Gen wird eine zusätzliche Base eingefügt *(Insertion)* oder es geht eine Base verloren *(Deletion)*. In beiden Fällen wird das Triplett-Leseraster der m-RNA verschoben.

Chromosomenmutation
Mikroskopisch beobachtbare Veränderung am Chromosom

Genommutation
Veränderung der Chromosomenanzahl

Die DNA einer Zelle kontrolliert alle ihre Stoffwechselvorgänge und Tätigkeiten. Änderungen der DNA *(Mutationen)* bewirken daher auch Änderungen dieser Funktionen. Ist davon nur ein Gen betroffen, spricht man von einer *Genmutation*. *Punktmutationen* betreffen nur eine einzige Base der DNA.

Bei einer Punktmutation wird eine Base der DNA gegen eine andere ausgetauscht. Zunächst ist nur ein Einzelstrang betroffen. Ist es der codogene Strang, wird eine veränderte m-RNA transkribiert und meist ein an einer Stelle verändertes Protein aufgebaut. Auch wenn nicht der codogene Strang betroffen ist, wird bei der nächsten Replikation doch ein DNA-Doppelstrang falsch aufgebaut und in der betreffenden Zelle und ihren Nachkommen natürlich immer in eine falsche m-RNA übersetzt. Das anhand dieser m-RNA gebildete Protein hat eine andere Aminosäuresequenz. Bei einer *Rastermutation* wird eine Base zusätzlich eingefügt oder geht verloren. In beiden Fällen wird das Leseraster des Triplettcodes verschoben, es resultiert ein völlig verändertes Protein.

Mutationen finden immer zufällig und ungesteuert statt. Da Proteine, vor allem die Enzyme, hoch spezialisierte Werkzeuge der Zelle sind, wird eine zufällige ungerichtete Änderung der DNA mit größter Wahrschein-

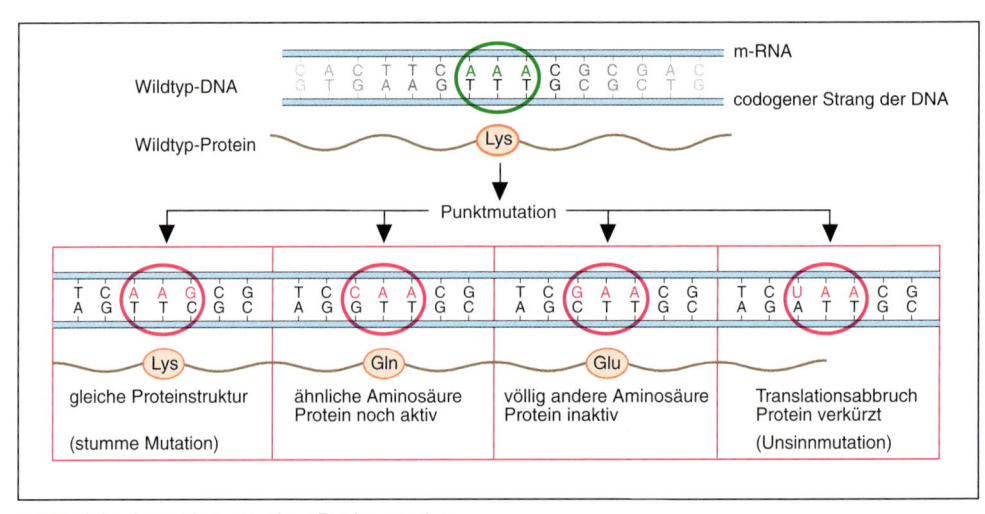

3 Mögliche Auswirkungen einer Punktmutation

Chromosomenmutationen — oft schon mikroskopisch sichtbar

Besonders schwerwiegend sind Mutationen, die mehr als ein Gen betreffen. Das ist der Fall bei den *Chromosomenmutationen,* bei denen die Struktur eines Chromosoms verändert ist. Oft sind sie im Gegensatz zu Genmutationen bereits im Mikroskop zu erkennen, so z. B. *Deletionen,* Stückverluste an Chromosomen. Sie haben immer schwere Funktionsstörungen zur Folge. So geht eine schwere Erbkrankheit beim Menschen, das *Katzenschreisyndrom,* auf eine Deletion am kurzen Arm des Chromosoms 5 zurück.

Störungen sind aber auch bei *Duplikationen,* der Verdopplung von Chromosomenteilen, möglich. So beruht die schmale Augenform einer Drosophilamutante auf einer Duplikation. Duplikationen haben oft ungleichmäßiges Crossingover als Ursache. Durch Duplikationen wird aber auch der Genbestand einer Zelle vermehrt. Vor allem bei Eukaryoten findet man viele ähnliche oder sogar gleiche Gene in der DNA. So weisen das α-, β- und γ-Globingene eine recht ähnliche Basenfolge auf. Sie dürften durch Duplikationen entstanden sein. Durch Punktmutationen wurden sie gegenüber der Ausgangsstruktur in verschiedener Weise verändert und codieren für Proteine mit verschiedener Funktion.

Translokationen bewirken, dass DNA-Stücke in eine andere Umgebung, z. B. ein anderes Chromosom gelangen. Gene können auf diese Weise unter die Kontrolle anderer DNA-Abschnitte kommen. Dadurch wird ihre Transkriptionsrate verändert, ihre Proteine werden in veränderter Menge gebildet. Die empfindliche „Genbalance" einer Zelle kann so gestört werden. Ähnlich liegen die Verhältnisse bei einer *Inversion,* wo ein DNA-Stück durch Schleifenbildung in umgekehrter Richtung in die DNA eingebaut wird.

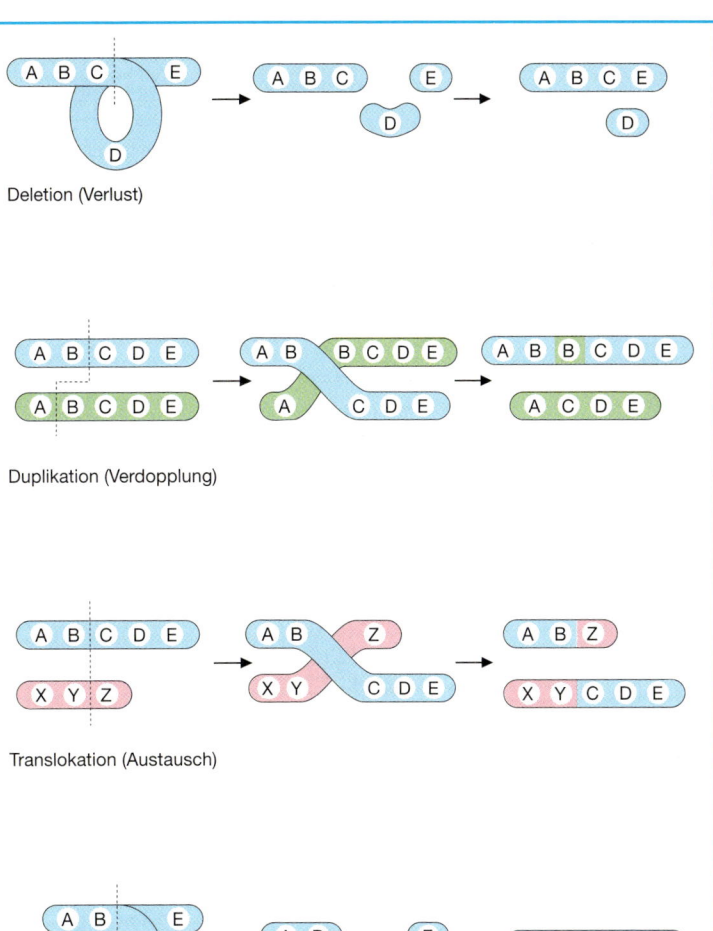

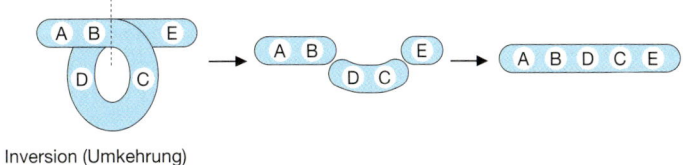

Deletion (Verlust)

Duplikation (Verdopplung)

Translokation (Austausch)

Inversion (Umkehrung)

Chromosomenmutationen (schematisch)

lichkeit die Funktionsfähigkeit beeinträchtigen oder ganz unmöglich machen. Viele Mangelmutanten bei Bakterien beruhen auf Punktmutationen. Aber auch die verschiedenen Allele eines Gens, die aus der klassischen Genetik bekannt sind, gehen auf Mutationen zurück.

So sind Punktmutationen die Ursache von Varianten innerhalb einer Tier- oder Pflanzenart oder bei genetisch bedingten Merkmalen des Menschen. Allerdings liegen viele Gene bei Eukaryoten mehrfach in der DNA vor. Daher geht nicht immer eine bestimmte Funktion verloren, wenn eines davon mutiert. Die anderen, unveränderten Gene, können seine Aufgabe mit übernehmen. Bei diploiden Organismen sind mutierte Allele außerdem meist rezessiv. Eine Mutation zeigt sich nach außen hin meist nur, wenn beide homologen Chromosomen betroffen sind.

Aufgaben

① Bei Bakterien wirkt sich eine Punktmutation nicht immer phänotypisch aus. Oft wird die gleiche Aminosäure in das codierte Protein eingebaut wie vorher. Erklären Sie anhand Abb. 148.3 das Zustandekommen einer solchen *stummen Mutation.*

② Sehr schwerwiegend für eine Zelle sind die „Unsinn-Mutationen". Eine Punkt- oder Rastermutation hat ein stark verkürztes und damit funktionsloses Protein zur Folge. Wie ist das zu erklären?

Genetik

Mutationen beim Menschen — Wirkungen, Diagnose, Therapie

Neugeborene werden in Deutschland schon in den ersten Lebenstagen auf eine Reihe von Stoffwechselerkrankungen hin untersucht. Eine dieser Krankheiten ist die *Phenylketonurie* (PKU), die häufigste Störung im Stoffwechsel der Aminosäuren. Die Phenylketonurie ist aber auch ein Beispiel dafür, wie Erkenntnisse der Genetik und der Biochemie neue therapeutische Möglichkeiten eröffnen.

Mit dem Eiweiß der Nahrung nehmen wir auch die essenzielle Aminosäure *Phenylalanin* auf. Sie wird in einer Reihe von Stoffwechselschritten zu verschiedenen lebenswichtigen Stoffen umgebaut, gleichzeitig werden dadurch auch Überschüsse von Phenylalanin abgebaut. Bei Phenylketonuriekranken ist dieser Abbau gestört.

Wie alle biochemischen Reaktionen wird auch er von Enzymen katalysiert. Das wichtigste ist die *Phenylalaninhydroxylase*, die Phenylalanin zur Aminosäure Tyrosin umwandelt. Bei Phenylketonurie wird es fehlerhaft aufgebaut und ist daher funktionslos. Die Folgen sind schwerwiegend: Phenylalanin reichert sich bis zum 30fachen der normalen Menge im Blut und Gewebe an. Zum Teil wird es im Urin ausgeschieden, aber auch zu anomalen, giftigen Stoffwechselprodukten abgebaut. Sie beeinträchtigen u. a. die Bildung der Myelinscheiden um bestimmte Nervenzellen im Gehirn und verursachen so schwerste geistige Schäden, Lähmungen und Krämpfe. Unbehandelte Kranke lernen nur selten sprechen. Die Hirnschäden setzen bereits in den ersten Lebenswochen ein und verschlimmern sich mit zunehmendem Alter.

Die Ursache für die Veränderung des Enzyms ist meist eine *Punktmutation* im entsprechenden Gen. Sie liegt häufig an einer sehr wichtigen Stelle des Gens, einer Signalsequenz für die Erkennung eines Introns. Die gebildete RNA wird nicht mehr richtig prozessiert, das Intron wird nicht mehr ausgeschnitten, m-RNA und gebildetes Protein sind nicht mehr funktionsfähig.

Wichtig für die Therapie der Krankheit ist eine frühzeitige Erkennung. Sie wird routinemäßig bei allen Neugeborenen mittels des *Guthrie-Tests*, einer mikrobiologischen Untersuchung, durchgeführt. Man verwendet dafür eine Bakterien-Mangelmutante, die Phenylalanin nicht synthetisieren kann. Sie wächst nicht auf einem Nährboden, wenn er kein Phenylalanin enthält. Tränkt man ein Papierblättchen mit dem Blut eines Neugeborenen und legt es auf einen solchen Nährboden, so wachsen die Mangelmutantenzellen, wenn im Blut ein genügend großer Phenylalaningehalt ist: Ihr Wachstum zeigt PKU an.

PKU hat einen rezessiven Erbgang. Nur wenn die Eltern beide PKU-krank oder heterozygot sind, können sie ein krankes Kind bekommen. Liegt ein Verdacht dafür vor, können auch die Eltern durch einen *Heterozygotentest* auf PKU untersucht werden.

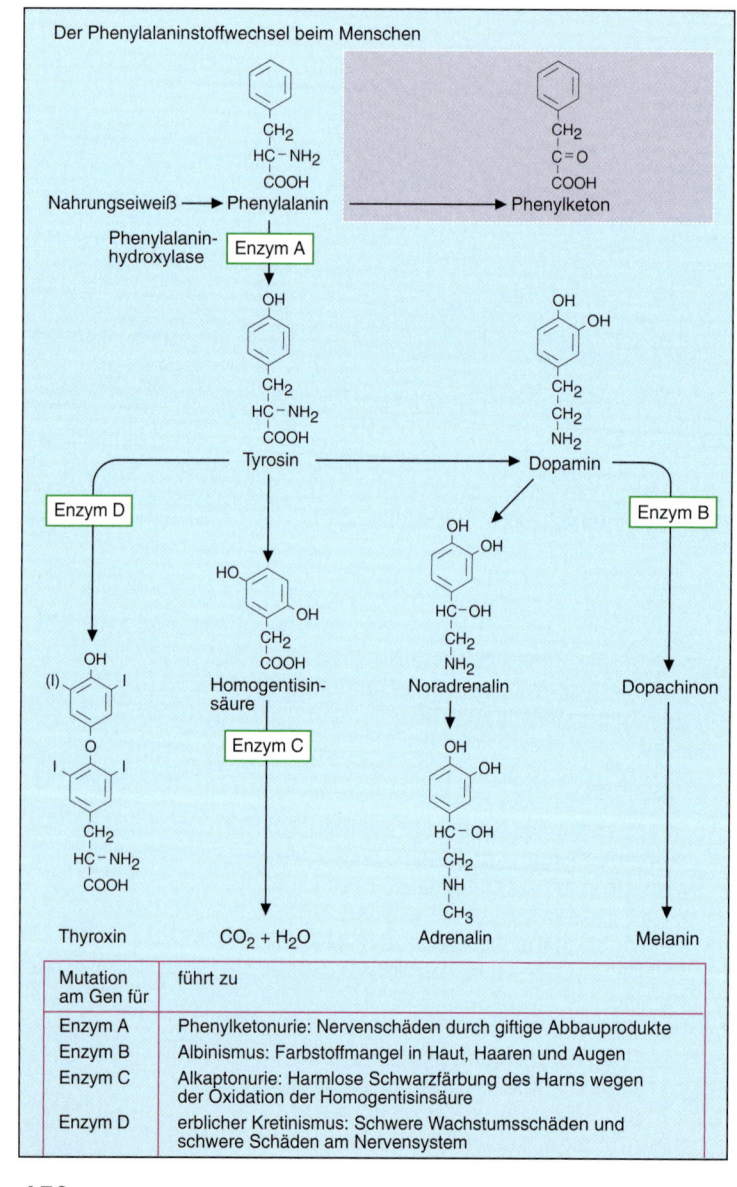

Der Phenylalaninstoffwechsel beim Menschen

Nahrungseiweiß → Phenylalanin → Phenylketon

Phenylalaninhydroxylase: Enzym A

Phenylalanin → Tyrosin → Dopamin

- Enzym D: Tyrosin → Thyroxin
- Tyrosin → Homogentisinsäure → (Enzym C) → $CO_2 + H_2O$
- Dopamin → Noradrenalin → Adrenalin
- Dopamin → (Enzym B) → Dopachinon → Melanin

Mutation am Gen für	führt zu
Enzym A	Phenylketonurie: Nervenschäden durch giftige Abbauprodukte
Enzym B	Albinismus: Farbstoffmangel in Haut, Haaren und Augen
Enzym C	Alkaptonurie: Harmlose Schwarzfärbung des Harns wegen der Oxidation der Homogentisinsäure
Enzym D	erblicher Kretinismus: Schwere Wachstumsschäden und schwere Schäden am Nervensystem

Zwar reicht bei Heterozygoten die Enzymmenge zum Abbau von Phenylalanin aus, doch bilden sie nur halb so viel davon wie reinerbig Gesunde. Das kann in einem Belastungstest erkannt werden: Nehmen sie viel Phenylalanin auf einmal auf, so ist der Gehalt im Blut längere Zeit danach deutlich erhöht.

Wird PKU bei einem Kind festgestellt, leitet man sofort eine Therapie ein. Die Kinder erhalten kurzfristig eine phenylalaninfreie, dann eine phenylalaninarme, tyrosinreiche Diät. Sie dürfen nur sehr wenig normales Eiweiß zu sich nehmen, da dieses etwa 5 % Phenylalanin enthält. Dieser Wert ist zu hoch für eine gesunde Entwicklung der Kinder. Nahrungsmittel, wie Milch und Milchprodukte, Fleisch etc., sind tabu. Als Aminosäurequelle dienen spezielle, künstlich hergestellte Aminosäuregemische, die Phenylalanin nicht oder nur in Spuren enthalten. Da Phenylalanin aber eine essenzielle Aminosäure ist, darf es nicht völlig in der Nahrung fehlen. Eine Unterdosierung führt zu bedrohlichen Mangelerscheinungen. Der Bedarf wird durch etwas natürliches Eiweiß in der Diät gesichert. Die Blutkonzentration an Phenylalanin wird ständig ärztlich überwacht. So kann der Phenylalaningehalt im Blut nicht auf überhöhte, schädigende Werte ansteigen, das Gehirn entwickelt sich normal. Die Diät kann nach dem 15. Lebensjahr sogar vereinfacht werden, da dann das Gehirn ausgereift ist. Nun ist eine eiweißarme Diät mit natürlichen Nährstoffen ausreichend.

Phenylalanin ist Ausgangspunkt für eine Reihe wichtiger Stoffwechselprodukte. Jede biochemische Umsetzung wird dabei durch ein spezielles Enyzm katalysiert, jedes Enzym durch ein entsprechendes Gen codiert. Alle miteinander bilden eine *Genwirkkette*. Der normale Abbau von Phenylalanin führt zu Tyrosin, der Vorstufe wichtiger Hormone, wie dem Schilddrüsenhormon Thyroxin, das Grundstoffwechsel, Wachstum und Entwicklung des Menschen mitsteuert. Aus Tyrosin entsteht auch der Farbstoff Melanin. Ein Überschuss von Tyrosin wird umgewandelt zu Homogentisinsäure, die schließlich zu Kohlenstoffdioxid und Wasser abgebaut wird. An dieser Genwirkkette gelang erstmals der Nachweis, dass die *Ein-Gen-ein-Enzym-Hypothese* auch für den Menschen gilt. Die Zahl der Stoffwechselschritte ist gleich der der bekannten genetisch bedingten Störungen. Jede ist auf eine Mutation in einem für ein spezielles Enzym codierendes Gen zurückzuführen.

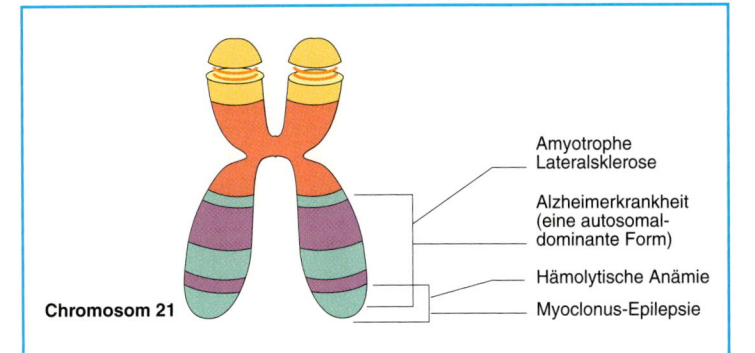

Chromosom 21

Amyotrophe Lateralsklerose
Alzheimerkrankheit (eine autosomal-dominante Form)
Hämolytische Anämie
Myoclonus-Epilepsie

Molekulargenetik und Down-Syndrom

Menschen mit dem Down-Syndrom sind geistig unterschiedlich stark behindert und haben häufig körperliche Fehlbildungen. Auffällig sind auch ein erhöhtes Leukämierisiko und ein schnellerer Alterungsprozess. Die Ursache, die Trisomie des Chromosoms 21, ist seit 1959 bekannt. Die Molekulargenetik lässt erstmals auch Anhaltspunkte für die beteiligten Wirkungsmechanismen erkennen und ermöglicht damit in Zukunft eventuell neue Therapiemöglichkeiten. Einige Gene des (kleinen) Chromosoms 21 sind inzwischen identifiziert.

Ein Gen ist verantwortlich für die Synthese der chemischen Stoffgruppe der *Purine*. Bei Trisomie ist dieses Gen dreimal statt nur zweimal in der Zelle vorhanden, es werden daher zu viele Purine aufgebaut. Ein zu hoher Puringehalt im Blut dürfte für die geistige Behinderung verantwortlich sein. Eventuell spielt dabei auch ein weiteres Gen auf dem Chromosom 21 eine Rolle, das für das β-Amyloid-Protein codiert. Dieses Protein kann sich unter bestimmten Bedingungen in Nervenzellen ablagern und die Funktion des Gehirns stark beeinträchtigen. Bei der *Alzheimerkrankheit*, die vor allem Menschen über 60 betrifft, gehen die Ausfälle von Gehirnfunktionen, wie Gedächtnis und Lernen, auf dieses Protein zurück. Genauere Erkenntnisse darüber könnten auch eine Therapie dieser Alterskrankheit ermöglichen.

Ein weiteres Gen des Chromosoms 21 ist für den Schutz menschlicher Zellen vor *Peroxiden* verantwortlich. Seine Fehlfunktion dürfte den schnelleren Alterungsprozess erklären. Altern wird durch Peroxide mitverursacht. Die erhöhte Leukämierate könnte auf ein zusätzliches Steuerungsgen für Zellteilung und -differenzierung zurückgehen.

Aufgaben

1. PKU-Kranke fallen durch eine besonders helle Haut, helle Haarfarbe und helle Augen auf. Begründen Sie diese Symptome anhand des Phenylalaninstoffwechsels.
2. Was ist bei der Schwangerschaft einer PKU-kranken Frau zu beachten?
3. *Galaktosämie* ist eine genetisch bedingte Störung des Zuckerstoffwechsels. Die Betroffenen können *Galaktose*, einen Bestandteil des Milchzuckers, nicht abbauen. Folge ist unter anderem eine schwerwiegende Entwicklungsstörung des Gehirns. Entwickeln Sie eine Hypothese zur Veränderung der Stoffwechselvorgänge durch diese Mutation.

Genetik

Krebs — Folge „entgleister" Gene?

Nach den Herz-Kreislauf-Erkrankungen ist *Krebs* in den Industriestaaten der Erde eine der häufigsten Todesursachen. In Krebstumoren *(Karzinomen)* teilen sich Zellen unkontrolliert, verlieren ihre normalen Funktionen, verdrängen durch ihr Wuchern das gesunde Gewebe und entziehen dem Organismus lebenswichtige Nährstoffe für ihren eigenen übersteigerten Stoffwechsel. Nicht jeder Tumor ist als Krebs anzusehen. Gutartige Tumore wachsen sehr langsam, dringen nicht in das umgebende Gewebe ein und sind daher nicht unbedingt lebensbedrohend. Bösartige Tumore *(Krebs)* breiten sich in das umgebende Gewebe aus; Zellen daraus können sich aus dem Tumor lösen und im Körper ausbreiten. Sie bilden dann Tochtergeschwülste *(Metastasen)*.

Während die Zahl und der Zeitpunkt der Zellteilungen bei allen Körperzellen gesteuert wird, können Krebszellen nicht mehr kontrolliert werden. Sie teilen sich unablässig. Sie sind auch nicht mehr in der Lage, sich für spezielle Aufgaben und Organe zu differenzieren und in Geweben zu ordnen. Die Gründe für die Umwandlung von normalen Zellen zu Krebszellen sind noch nicht alle bekannt. Durch die Molekulargenetik zeichnen sich Erklärungsmöglichkeiten ab.

Bereits 1775 stellte man gehäuft Krebs bei Schornsteinfegern fest, die oft in Kontakt mit Teerstoffen und Kohlenstoffpartikeln des Rußes kamen. Bestimmte Stoffe können also Krebs verursachen, sie wirken *karzinogen*; ebenso energiereiche Strahlen, wie radioaktive Strahlung, Röntgen-, UV- oder Höhenstrahlung. Es fällt auf, dass dieselben Einflüsse auch mutagen wirken. Eine Verbindung zwischen Krebs und Mutationen dürfte also bestehen. Eine Ursache von Krebs sind *somatische Mutationen*, d. h. Mutationen in Körperzellen. Manche betroffenen Gene sind inzwischen bekannt.

Krebs erregede Viren lieferten erste Anhaltspunkte. Sie erregen Krebs durch Gene, die in ihrer Nukleotidsequenz und ihren codierten Proteinen sehr mit Genen übereinstimmen, die regelmäßig in gesunden menschlichen Zellen zu finden sind. Sie rufen jedoch dort keinen Krebs hervor, sondern sind sogar lebenswichtig für die normale Funktion der Zelle. Im Versuch können sie aber Krebs auslösen, wenn sie bestimmte Mutationen tragen. Die Gene sind normalerweise für die Steuerung der Teilungsaktivität und der Zelldifferenzierung verantwortlich oder für Rezeptoren an der Zellmembran zur Erkennung von Wachstumsfaktoren, die die Zellen zur Teilung anregen. Sind sie mutiert, finden auch ohne Anregung von außen Teilungen statt. Andere Mutationen verhindern das Erkennen von teilungshemmenden Faktoren. Die Zellen teilen sich unkontrolliert und entarten zu Krebszellen.

Krebs kann durch solche Gene auch dann hervorgerufen werden, wenn sie in eine andere genetische Umgebung kommen, z. B. in die DNA eines Virus oder durch Translokation an ein anderes Chromosom. Dann wirken andere Kontrollregionen auf die Gene. Es entsteht zu viel von dem Steuerprotein, für das sie codieren. Von den durch Mutation veränderten oder durch Fehlsteuerung in zu großer Menge vorhandenen Steuerproteinen werden die Zellen zu Krebszellen fehlgesteuert.

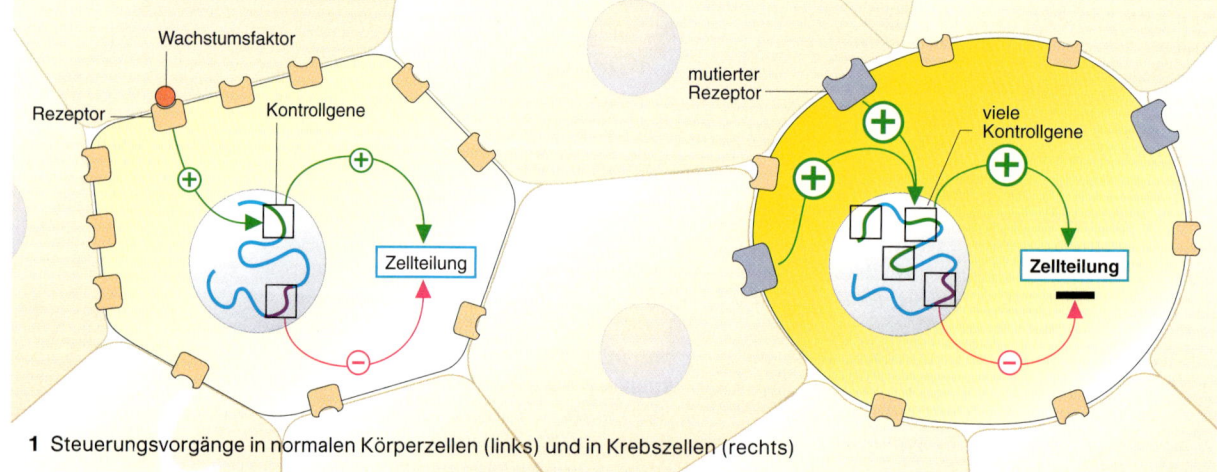

1 Steuerungsvorgänge in normalen Körperzellen (links) und in Krebszellen (rechts)

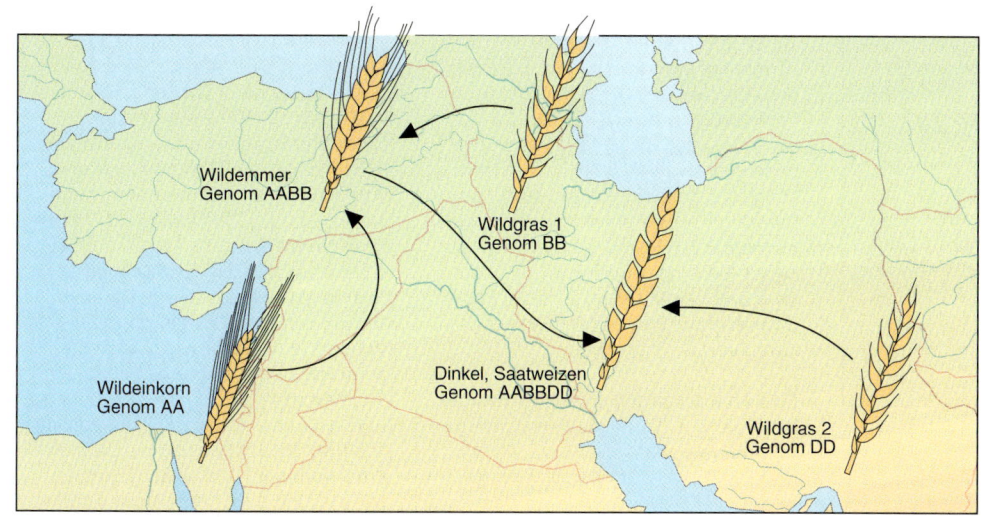

1 Entstehung des Saatweizens

Mutationen in der Tier- und Pflanzenzucht

Bei der Züchtung von Nutztieren und Nutzpflanzen spielen Mutationen eine große Rolle. Während man früher aus dem Spektrum bereits vorhandener, durch spontane Mutationen entstandener Mutanten auswählte und die Organismen mit erwünschten Eigenschaften in der Fortpflanzung ihrer „günstigeren" Allele förderte, werden heute im Bereich der *Mutationszüchtung* Mutationen in hohem Maße künstlich ausgelöst. Das geschieht vor allem durch radioaktive Strahlung oder Röntgenstrahlen, aber auch mit bestimmten Chemikalien, Hitze- oder Kälteschocks. In der Pflanzenzucht versucht man vor allem, an Ei- und Pollenzellen, Samen oder Knospen Mutationen auszulösen, da man daraus leicht ganze Pflanzen regenerieren kann. Mutationen können aber nicht vorausgeplant werden. Man kann weder den Ort der Mutation noch ihre Wirkung vorhersagen. Daher ist eine große Zahl von künstlichen Mutanten nötig, unter denen dann der Züchter auswählt.

In der Menschheitsgeschichte wurden schon sehr früh Mutationen von Nutzpflanzen mit günstigeren Eigenschaften ausgewählt. So kennt man heute recht gut die Mutationen, die zur Entstehung des Weizens aus Wildgräsern führten. Aus Nordsyrien sind archäologische Funde vom *Wildeinkorn* bekannt. Es wurde seit mindestens 7500 v. Chr. dort angebaut. Zufällige *Punktmutationen* führten zu höheren Erträgen. Eine *Genommutation* führte zur Veränderung der Chromosomenzahl durch Einkreuzen des Chromosomensatzes eines weiteren Wildgrases und die Verdopplung der Chromosomensätze. Diese *polyploide Art* war der *Emmer.* Durch weitere Punktmutationen und die Einkreuzung eines dritten Wildgrasgenoms entstand schließlich der *Dinkel.* Auswahl und Weiterzucht von noch günstigeren Punktmutanten führten beim Emmer zum *Hartweizen* (in den Mittelmeerländern für Teigwaren verwendet), beim Dinkel zum *Saatweizen.*

Genmutationen bei anderen Kulturpflanzen haben z. B. zum Verlust der Bitterstoffe in Raps oder Lupinen geführt, was diese Pflanzen zu Lieferanten hochwertiger Futtermittel und Öle machte. *Chromosomenmutationen* sind z. B. verantwortlich für manche Änderungen der Ährenformen beim Weizen.

Als Zuchtziel werden Organismen angestrebt, die die vorhandenen in wichtigen Eigenschaften übertreffen, so im Ertrag, der Qualität der Produkte (Geschmack, Lagerfähigkeit etc.), in der Schnellwüchsigkeit und optimalen Auswertung von Dünge- oder Futtermitteln, der Resistenz gegen Krankheiten und Schädlinge, der Zahl der Nachkommen usw. Viele dieser Eigenschaften können durch *Punktmutationen* verändert werden. Sie spielen in der Pflanzenzucht eine große Rolle. In der Tierzucht ist die Anwendung der Mutationszüchtung problematischer, da die Eigenschaften bei Tieren fast immer *polygen,* d. h. von mehreren Genen bestimmt werden. Daher sind die Wirkungen der Mutation bzw. der Umweltfaktoren auf ein Merkmal schwerer zu erkennen. Tierzüchtung erfordert erheblich größeren Kosten- und Zeitaufwand.

1

Wildeinkorn: Genom AA, 2n=14 Chromosomen, nur ca. 20 Körner pro Ähre, brüchige Ährenspindel, Körner fest in den Ähren

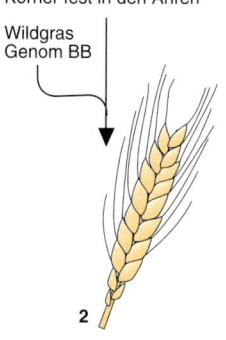

Wildgras Genom BB ↓

2

Emmer: Genom AABB, 4n=28 Chromosomen, viel Protein, krankheitsresistent, Ähren brüchig, Vorform des Hartweizens (feste Ähren hoher Ertrag)

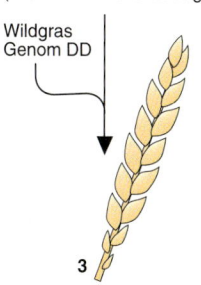

Wildgras Genom DD ↓

3

Dinkel: Genom AABBDD, 6n=42 Chromosomen, feste Ähren, Körner nur schwer herauzudreschen, gedeiht in verschiedenstem Klima, gut backfähig

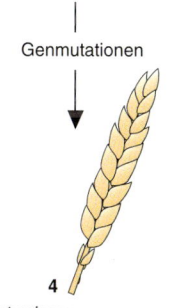

Genmutationen ↓

4

Saatweizen: Genom AABBDD, 6n=42 Chromosomen, feste Ähren, gut zu dreschen, sehr hoher Ertrag

Entstehung des Saatweizens

Genetik

Lexikon

Mutagene

Ein Grund für Mutationen ist oft nicht erkennbar. Man spricht von *spontanen Mutationen*. *Somatische Mutationen* betreffen die DNA von Körperzellen. Selbst wenn die Zelle irreparabel geschädigt wird, hat das nur selten Folgen für den Organismus, da der Körper den Tod einer Zelle problemlos verkraftet. Allerdings sind somatische Mutationen eine Ursache für die Umwandlung von normalen Zellen zu Krebszellen, die eine tödliche Gefahr für den gesamten Körper darstellen können.

Viel schwerwiegender sind *Keimbahnmutationen*, bei denen die DNA von Spermien oder Eizellen verändert wird. Es besteht die Gefahr, dass alle Zellen des daraus entstehenden Organismus den Schaden durch die Mutation tragen und dieser von Generation zu Generation weitergegeben wird. Allerdings sind spontane Mutationen relativ selten. Die Häufigkeit von Mutationen kann aber stark ansteigen, wenn bestimmte Chemikalien (*mutagene Agenzien*) oder ionisierende Strahlung auf Zellen einwirken. Die Erforschung mutagener Einflüsse und ihrer Wirkungen ist für die Gesundheitsbehörden und Gesetzgeber wichtig, um die nötigen Schutzmaßnahmen für Bevölkerung und Umwelt anzuordnen und zu überwachen.

Nitrosamine, die z. B. beim Grillen von zu fettem oder gepökeltem Fleisch entstehen, sind als gefährliche Stoffe bekannt. Ihre Krebs auslösende Wirkung könnte auf Mutationen in Körperzellen beruhen. Sie bewirken eine chemische Veränderung der DNA-Basen. Dadurch erhalten diese neue Paarungseigenschaften. Ein Modell für ihre Wirkung liefert die *salpetrige Säure*. Aus Cytosin bildet sie Uracil, das nicht komplementär zu Guanin, sondern zu Adenin ist. Bei einer Replikation wird nach einer solchen Mutation in einem neuen Doppelstrang also ein CG-Basenpaar durch ein UA-Paar ersetzt.

Eine Sonderstellung unter den mutagenen Agenzien haben die *Basenanaloga*. Es sind basenähnliche Stoffe, die wie normale Basen, z. B. bei der Replikation, in die DNA eingebaut werden. Durch spontane Umlagerung können sie ihre Molekülstruktur und damit ihre Paarungseigenschaften verändern. Werden sie in die DNA eingebaut, können sie also jederzeit eine Mutation bewirken, wenn die DNA nach einer solchen Veränderung repliziert wird. Findet in einer solchen Phase keine Replikation statt, bleibt auch die DNA unverändert, trägt aber immer noch das Basenanalogon als „genetische Zeitbombe" in sich.

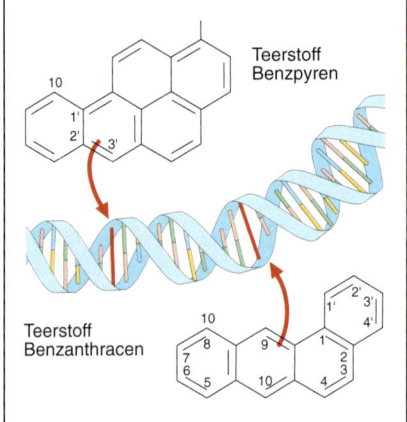

Dass die *Teerstoffe* des Zigarettenrauchs mutagen wirken und Krebs auslösen können, ist bekannt. Es sind Moleküle mit Ringsystemen, die sich zwischen die Basen der DNA schieben und eine Base zuviel vortäuschen. Bei einer Replikation der DNA wird an diese vermeintliche Base eine beliebige andere angelagert. Damit ist dieser DNA-Einzelstrang — und alle, die nach seinem Muster später aufgebaut werden — um ein Nukleotid länger geworden. Eine *Rastermutation* hat stattgefunden.

Energiereiche Strahlung, d. h. Röntgen-, radioaktive und ultraviolette Strahlung wirkt ebenfalls mutagen. Natürliche Strahlenquellen sind beispielsweise radioaktive Stoffe im Boden (Uran, Kalium-40), C-14 in Lebewesen und unserer Nahrung, Radon (z. B. auch aus Beton) in der Luft. Künstliche Strahlenbelastungen stammen vor allem aus Röntgenuntersuchungen sowie der Anwendung radioaktiver Stoffe in Diagnostik und Therapie in der Medizin. Die Tabelle auf Seite 155 oben gibt die durchschnittliche Belastung der Menschen in Deutschland wieder. Sie ist abhängig vom Wohnort (z. B. durch radioaktive Elemente im Boden, Höhenlage) und der Lebensweise (z. B. Strahlenbelastung durch Höhenstrahlung im Skiurlaub im Gebirge, Höhenstrahlung bei Langstreckenflügen). Von außen kommende Strahlung dringt aber meist nicht tief in den Körper ein. Problematischer sind mit der Atemluft oder der Nahrung aufgenommene radioaktive Isotope, die im Körperinneren zerfallen und dabei ihre Strahlung an die benachbarten Gewebe abgeben.

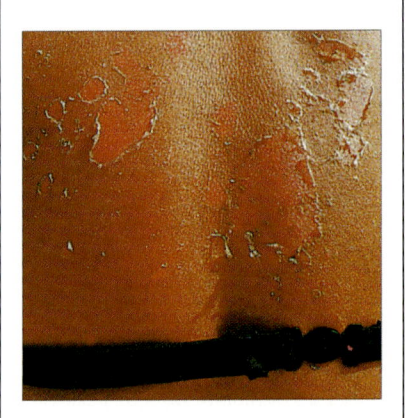

Kurzwellige *ultraviolette Strahlung*, wie sie z. B. in der Sonnen- und Höhenstrahlung vorkommt, wird von der DNA gut absorbiert. Die Basen der DNA werden dabei durch die ionisierende Wirkung der UV-Strahlung verändert. Am häufigsten ist die *Vernetzung zweier benachbarter Thyminmoleküle* in demselben Einzelstrang. Dadurch sind keine Wasserstoffbrücken zu den komplementären Basen mehr möglich. Die DNA wird nicht mehr richtig transkribiert und repliziert. Ähnlich schwerwiegend ist eine *Quervernetzung* gegenüber liegender Basen. Dadurch kann der DNA-Doppelstrang nicht mehr in Einzelstränge aufgelöst werden, Replikation und Transkription werden unmöglich.

Der größte Teil der gefährlichen *ultravioletten Strahlen* wird durch die Ozonschicht der Stratosphäre absorbiert und in ungefährliches Blaulicht

Strahlenexposition des Menschen durch	effektive Dosis (mSv)
natürliche Strahlenexposition	
terrestrische Strahlung	0,45
kosmische Strahlung	0,30
körperinnere Strahlung	0,25
Strahlung durch Aufenthalt in Häusern	1,00
künstliche Strahlung	
Medizin	1,50
kerntechnische Anlagen, Forschung, usw.	< 0,1

umgewandelt. Durch Spurengase, wie CFKW (Chlor-Fluor-Kohlenwasserstoffe) oder Kohlenwasserstoffe, die durch Einflüsse des Menschen vermehrt in die Ozonschicht gelangen, wird der Ozongehalt zunehmend geringer. Gegenmaßnahmen sind nötig, um kein Risiko für Schäden an Menschen und anderen Organismen einzugehen.

Radioaktive Strahlung und *Röntgenstrahlung* wirken nicht unmittelbar auf die DNA. Sie erzeugen aber in den Zellen eine Vielzahl von *Radikalen*, chemisch sehr reaktionsfähigen Teilchen. Diese gehen chemische Reaktionen mit der DNA ein und schädigen sie dadurch. Durch ihre Einwirkung kann es z. B. zu Brüchen in der DNA kommen. Besonders gefährlich sind radioaktive Stoffe, die mit der Nahrung in den Körper gelangen und dort längere Zeit bleiben, wie z. B. radioaktives Strontium aus dem Fall-out von Atombombenversuchen. Es treten dann vermehrt Chromosomenmutationen auf. Kleine, abgebrochene DNA-Stücke werden in den Zellen abgebaut. Die Folge ist daher oft die *Deletion* an einem Chromosom. Größere Stücke wachsen wieder zusammen, aber oft nicht mehr in der richtigen Weise, sodass Translokationen entstehen.

Lebewesen haben verschiedene *Reparatursysteme* entwickelt, die Fehler in der DNA erkennen und beseitigen. Bestimmte Enzymkomplexe wandern dauernd die DNA entlang und kontrollieren sie auf Unregelmäßigkeiten. Auffällige Stellen wie *Thymindimere* werden direkt repariert oder herausgeschnitten und nach dem Muster des komplementären DNA-Einzelstrangs neu aufgebaut.

Ohne diese Reparatursysteme wäre eine erheblich höhere Mutationsrate zu erwarten. So schätzt man, dass bei einem Raucher pro Zigarette in der Lunge ca. 30 000 Mutationen verursacht werden. Die allermeisten werden wieder repariert. Treten allerdings zu viele Schäden auf, so wird die DNA nur ungenau repariert. Mutationen bleiben, die auch später nicht mehr erkannt werden. Dadurch geschädigte Zellen werden aber in den meisten Fällen vom *Immunsystem* zerstört. Wenn jedoch alle Schutzmaßnahmen versagen, ist *Krebs* die Folge.

Methoden der Krebsbehandlung

Ursache von Krebs dürften Mutationen in Genen sein, die Zellteilung und -differenzierung kontrollieren. Aus diesen neuen Erkenntnissen lassen sich leider nur schwer neue Behandlungsmethoden für Krebs entwickeln. Gezielte Eingriffe in die Erbinformation bestimmter Zellen sind nicht möglich. Man kann die gestörten Steuerungsfunktionen der Krebszellen nicht wiederherstellen, man kann nur die Krebszellen bekämpfen.

Zur Behandlung von Krebs sind nach wie vor die klassischen Methoden von Bedeutung. Durch *Operation* lassen sich Tumoren entfernen, wenn sie noch keine oder nur wenige Metastasen gebildet haben. Zellteilungshemmende Mittel *(Cytostatika)* können Krebszellen stoppen, töten aber auch viele gesunde, sich rasch teilende Zellen. *Radioaktive Bestrahlung* von Tumoren tötet die Zellen darin ab. Diese Methoden greifen aber umso besser, je früher der Krebs erkannt wird. Die klassischen *Vorsorgeuntersuchungen* können Leben retten!

Bestrahlung und Cytostatika wirken auch auf gesunde Zellen. Daher versucht man, Methoden zu entwickeln, mit denen spezifisch Krebszellen getroffen werden. Sie werden normalerweise vom Immunsystem an den veränderten Markierungen der Zelloberfläche als gefährlich erkannt und abgetötet. Bei Krebskranken versucht man, das *Immunsystem* zu stärken, Immunzellen, die gegen Krebs vorgehen, in Zellkulturen zu züchten und in den Körper zurückzuverpflanzen. In Tierversuchen sind bereits erste Erfolge erzielt worden.

Ein anderer Therapieansatz geht ebenfalls davon aus, dass sich Zellen oder Antikörper des Immunsystems gezielt an Krebszellen anlagern. Bindet man an sie radioaktive Substanzen oder starke Zellgifte, so wirken diese Stoffe gezielt nur an den Krebszellen. Andere Körperzellen sind kaum betroffen, es gibt wenig Nebenwirkungen im restlichen Körper.

Metastasen stellen das größte Problem bei einer Krebserkrankung dar. Sie entstehen, wenn Krebszellen sich vom Tumor lösen, im Lymphsystem verbreiten und sich schließlich an anderer Stelle im Körpergewebe anheften und dort weiterwuchern. Zur Anheftung brauchen sie bestimmte Oberflächenkennzeichen des Körpergewebes. Im Versuch kann man die Metastasenansiedlung verhindern, indem man diese Oberflächenstrukturen blockiert.

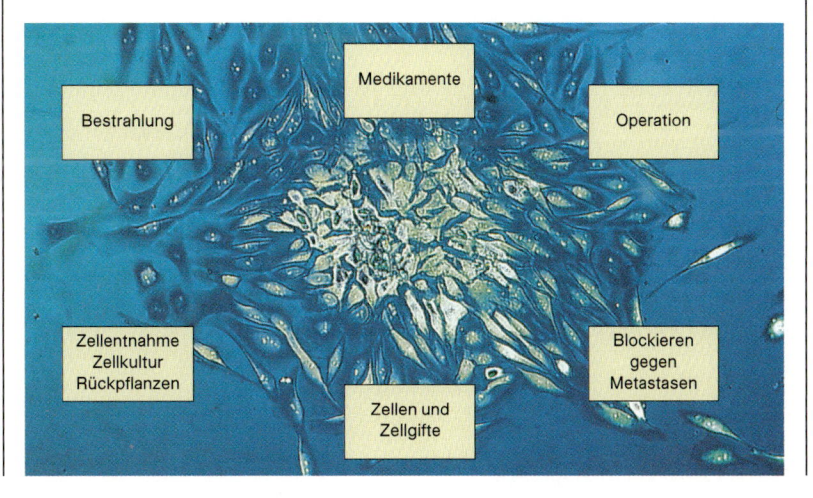

7 Gentechnik — Lebewesen nach Plan?

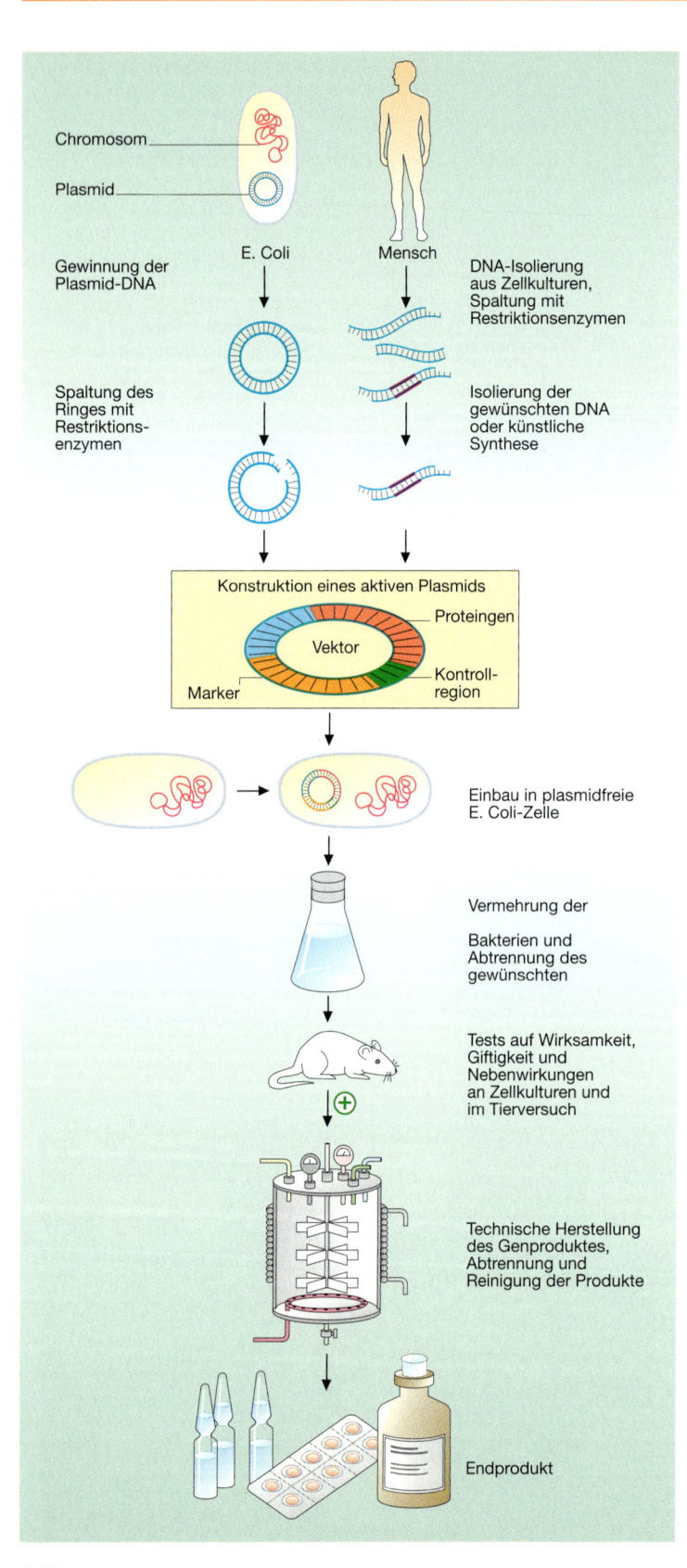

Diagramm-Beschriftungen (linke Spalte):

- Chromosom
- Plasmid
- E. Coli
- Mensch
- Gewinnung der Plasmid-DNA
- DNA-Isolierung aus Zellkulturen, Spaltung mit Restriktionsenzymen
- Spaltung des Ringes mit Restriktionsenzymen
- Isolierung der gewünschten DNA oder künstliche Synthese
- Konstruktion eines aktiven Plasmids
- Proteingen
- Vektor
- Marker
- Kontrollregion
- Einbau in plasmidfreie E. Coli-Zelle
- Vermehrung der Bakterien und Abtrennung des gewünschten
- Tests auf Wirksamkeit, Giftigkeit und Nebenwirkungen an Zellkulturen und im Tierversuch
- Technische Herstellung des Genproduktes, Abtrennung und Reinigung der Produkte
- Endprodukt

Gentechnik — Zellen werden neu programmiert

Zuckerkrankheit *(Diabetes mellitus)* gehört zu den häufigsten Stoffwechselerkrankungen. Bei *Jugenddiabetes* ist der Körper der Betroffenen nicht in der Lage, das Hormon *Insulin* zu bilden. Es muss zugeführt werden, um schwere körperliche Schäden zu vermeiden. Insulin wird seit 1921 aus den Bauchspeicheldrüsen von Schlachttieren gewonnen. Die Herstellung ist aber recht aufwendig. Bakterien synthetisieren Proteine nach Anweisungen ihrer DNA. Wie kann man sie „umprogrammieren", damit sie so wichtige Proteine wie Insulin erzeugen?

Man kann dazu die entsprechende DNA *isolieren,* wenn ein kleiner Teil ihrer Basensequenz bekannt ist. Will man aber menschliche Gene von Bakterien in Proteine übersetzen lassen, muss man die unterschiedliche Genstruktur beachten. Bakterien können m-RNA nicht spleißen, würden also auch die Introns menschlicher Gene mit übersetzen. Daher isoliert man die *m-RNA* für das Protein aus den menschlichen Zellen. Mithilfe des Virusenzyms *reverse Transkriptase* kann sie in komplementäre DNA rückübersetzt werden, nach der auch Bakterien die gewünschten Proteine aufbauen können. Bei kurzen Peptidketten kann man von ihrer Aminosäuresequenz auf die Basenfolge einer entsprechenden codogenen DNA rückschließen und diese künstlich mithilfe einer „Genmaschine" synthetisieren.

Um DNA-Stücke „auszuschneiden" und neu zu kombinieren, verwendet die Gentechnik Enzyme. *Restriktionsenzyme* sind die „genetischen Scheren", die DNA an bestimmten Basensequenzen zerschneiden. Beim Schnitt bleiben oft einsträngige Stücke an den Enden, die zueinander komplementär sind. Diese „klebrigen Enden" verbinden sich leicht mit ihren komplementären Gegenstücken an einer DNA, die mit demselben Restriktionsenzym geschnitten wurde. Beide können durch das Enzym *Ligase,* dem „genetischen Kleber", zu einem fortlaufenden Doppelstrang verbunden werden. So wird die isolierte DNA zum Ring *(Vektor)* geschlossen, in Bakterienzellen eingeschleust und *kloniert,* d. h. vielfach identisch repliziert. Man erhält viele Kopien für die weitere Arbeit. Zunächst überprüft man, ob sie in das gewünschte Protein übersetzt werden.

156 *Genetik*

Dann wird die DNA in einen kleinen DNA-Ring, ein *Plasmid*, eingebaut, mit dem man die Bakterien zur Proteinsynthese umprogrammiert. Es muss enthalten:
— *ein DNA-Stück,* das leicht von anderen Bakterienzellen aufgenommen wird, zur Einschleusung,
— einen *genetischen Marker*, an dem man umprogrammierte Bakterien erkennen kann,
— die *isolierte DNA,* das „Programm", und
— eine Kontrollsequenz, die die Transkription der DNA in großer Menge bewirkt.

Die verschiedenen, vorher ausgeschnittenen DNA-Teile werden mithilfe von Restriktionsenzymen und der Ligase zu einem solchen Plasmid *rekombiniert*. Die umprogrammierten Bakterien werden zunächst in kleinen Gefäßen vermehrt und nach und nach entsprechend ihrer Zahl in immer größere *Fermenter* mit Volumina bis über 2000 m^3 überführt. Haben die Zellen genügend Proteine erzeugt, werden sie aus dem Fermenter genommen und aufgebrochen. Das Protein wird von den anderen Zellbestandteilen abgetrennt und gereinigt.

Nicht alle Proteine können von Bakterienzellen hergestellt werden. Hefezellen aber können z. B. m-RNA spleißen und Eukaryoten-DNA richtig in Protein übersetzen. Oft sind aber die Proteine selbst noch nicht funktionsfähig. Der Blutgerinnungsfaktor VIII ist erst wirksam, wenn an das eigentliche Protein bestimmte Zuckerreste gebunden sind. Dazu sind nur Säugerzellen in der Lage. Faktor VIII kann erst gentechnisch hergestellt werden, seit man solche Zellen, z. B. von Hamstern, gentechnisch programmieren und in Zellkultur halten kann.

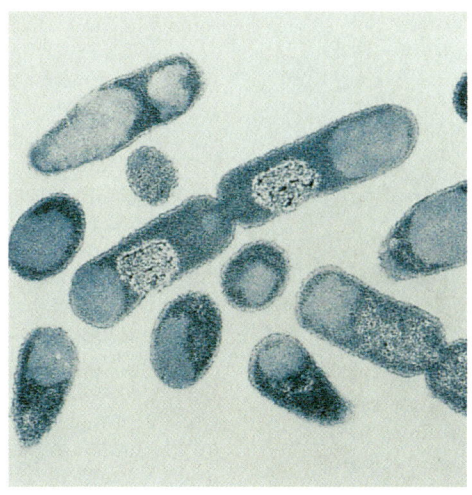

1 Bakterienzellen mit Insulin (helle Zonen)

Sicherheit in der Gentechnik

Mikrobiologen stellten erstmals 1975 (Konferenz von Asilomar) Regeln für gentechnisches Arbeiten auf:
— Gentechnische Arbeiten dürfen nur unter bestimmten Sicherheitsmaßnahmen (4 Stufen je nach Gefährlichkeit) erfolgen.
— Künstliche Plasmide dürfen bei Menschen, Tieren und Pflanzen keine Krankheiten hervorrufen und keine umweltgefährdenden Eigenschaften haben.
— Die genetisch veränderten Mikroorganismen dürfen nur im Labor oder Fermenter, nicht aber im Freiland lebensfähig sein.
— Ihre Vermehrungsfähigkeit und die Fähigkeit zur Übertragung von genetischem Material muss stark eingeschränkt sein.

Diese Regeln sind im deutschen Gentechnikgesetz aufgenommen. Arbeiten mit Mikroorganismen werden einer Sicherheitsbewertung mit 4 Stufen unterzogen. In Sicherheitsstufe 1 und 2 fallen die meisten Arbeiten. Hier ist von keinem bzw. geringem Risiko für die menschliche Gesundheit oder die Umwelt auszugehen (z. B. Erzeugung von Insulin). Sicherheitsstufe 3 („mäßiges Risiko") gilt z. B. für die Arbeit mit Krankheitserregern zur Produktion von Impfstoffen. Sicherheitsstufe 4 mit gefährlichen Krankheitserregern („hohes Risiko") spielt praktisch keine Rolle.

Die „Zentrale Kommission für die biologische Sicherheit" entscheidet, in welche Stufe die gentechnischen Arbeiten einzuordnen sind. Die Bürger werden in einem öffentlichen Anhörungsverfahren beteiligt, wenn in ihrer Umgebung eine gentechnische Anlage entstehen soll. Für alle Ziele und Schritte der Forschung sowie die gentechnische Produktion besteht Aufzeichnungspflicht.

Produkt	Herstellung	Jahr	Anwendung bei
Humaninsulin	USA	1982	Diabetes
Gerinnungsfaktor VIII	D/USA	1983	Bluterkrankheit
Protropin	USA	1985	Wachstumshormonmangel bei Kindern
a2b-Interferon	D/USA	1985	Haarzell-Leukämie
a2a-Interferon	CH	1986	Haarzell-Leukämie
Recombivax HB	D/USA	1986	Impfstoff gegen Hepatitis B
Activase	USA	1987	Herzinfarkt
Somatotropin	USA	1987	Wachstumshormonmangel bei Kindern
Erythropoietin	USA	1988	Anämie

2 Beispiele für zugelassene, gentechnisch hergestellte Arzneimittel

Gene werden „verpflanzt". In eine Pflanzenzelle wird mithilfe einer Mikropipette (oben) DNA injiziert.

Tiere und Pflanzen nach Plan?

Auch die Erbinformation pflanzlicher und tierischer Zellen kann durch Einschleusen von DNA manipuliert werden. In die relativ großen Zellen kann man DNA mithilfe von Mikropipetten injizieren. Sie wird, wenn auch nicht immer, in Chromosomen eingebaut. Allerdings kann man nicht steuern, an welcher Stelle eines Chromosoms das geschieht. Es ist daher nicht vorhersehbar, ob eine Zelle durch Mikroinjektion von Fremdgenen wirklich in ihrer Erbinformation verändert (transformiert) wird und das neue Gen auch in ein entsprechendes Produkt umsetzt. Bestimmte Bakterien und Viren integrieren ihre DNA an einer bestimmten Stelle im Genom von Eukaryotenzellen. Sie dienen als „Gentaxi". Man entfernt die krankheitserregenden Teile ihrer DNA und koppelt sie mit einem Fremdgen. So erhält man einen *Vektor* zum Einbau dieses Gens in die Zell-DNA. Es wird dann zusammen mit der Zell-DNA repliziert und vererbt.

Gentechnik an Pflanzen

Grundlage für einen solchen Vektor ist z.B. das Bodenbakterium *Agrobacterium tumefaciens*. Durch Verletzungen kann es in eine Pflanze gelangen und schleust dann ein Plasmid in einzelne Zellen ein. Dieses wird in die pflanzliche DNA integriert und veranlasst die Zellen zu unkontrolliertem Wachstum. Dabei entsteht ein Pflanzentumor. Auch ohne die tumorerregenden Teile des Plasmids bleibt die Fähigkeit zur Integration in die DNA erhalten. Es wird mit einem anderen Gen zu einem Hybridplasmid gekoppelt und so beide in die Zelle eingeschleust. Das gelingt am leichtesten an *Protoplasten*, jungen Pflanzenzellen, deren Zellwand enzymatisch entfernt wurde. Durch geeignete Wachstumsbedingungen werden sie zu Zellteilungen angeregt und ganze Pflanzen regeneriert, die alle das Fremdgen enthalten. Weit fortgeschritten sind die Arbeiten zum Einschleusen von bestimmten Resistenzgenen gegen ungünstige klimatische Bedingungen, tierische Schädlinge oder bestimmte Herbizide. Andere Züchtungen zielen darauf ab, die Fotosyntheseleistung zu verbessern, den Gehalt an bestimmten Aminosäuren und Proteinen zu steigern oder die chemische Bindung von Luftstickstoff, also eine Selbstdüngung, zu ermöglichen.

Gentechnik an Tieren

Auch in tierische Zellen lassen sich Gene einschleusen. So hat man durch Injektion von DNA mit Mikropipetten schon eine Reihe von genetisch veränderten Organismen erhalten. Gene für das Wachstumshormon

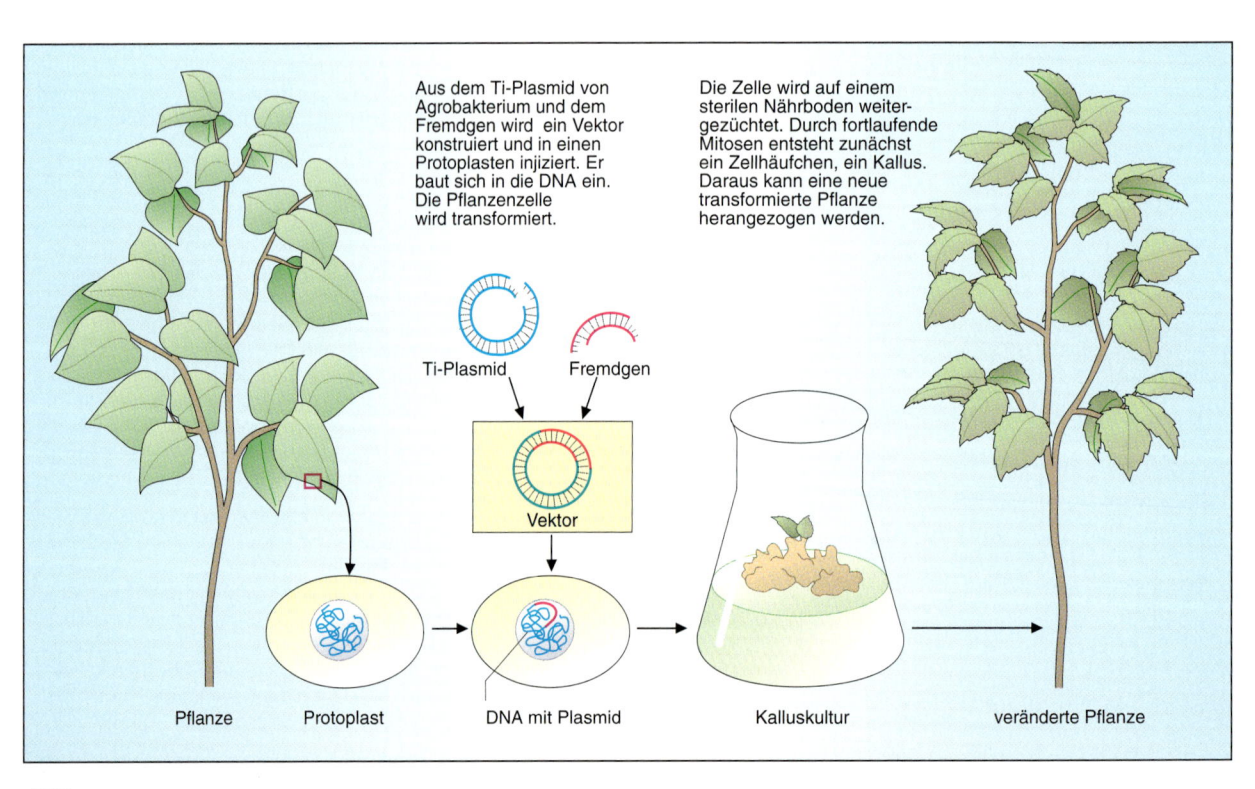

Aus dem Ti-Plasmid von Agrobakterium und dem Fremdgen wird ein Vektor konstruiert und in einen Protoplasten injiziert. Er baut sich in die DNA ein. Die Pflanzenzelle wird transformiert.

Die Zelle wird auf einem sterilen Nährboden weitergezüchtet. Durch fortlaufende Mitosen entsteht zunächst ein Zellhäufchen, ein Kallus. Daraus kann eine neue transformierte Pflanze herangezogen werden.

Pflanze → Protoplast → DNA mit Plasmid → Kalluskultur → veränderte Pflanze wurden aus Ratten in Mäuse verpflanzt. Es entstanden Riesenmäuse, etwa doppelt so schwer wie ihre nicht genveränderten Geschwister. Das menschliche Wachstumshormongen, in Schweine verpflanzt, bewirkt eine schnelle Gewichtszunahme, die aber zu einer Überlastung der Gelenke führt. Karpfen mit dem Gen für das Wachstumshormon der Forellen wachsen schneller heran und erreichen ein höheres Schlachtgewicht.

Gentechnik am Menschen

Von Bedeutung sind Experimente im Bereich der *genetischen Diagnostik*. In der Kriminalistik liefern DNA-Untersuchungen an Blut-, Speichel- oder Spermienzellen einen „genetischen Fingerabdruck" der Person, von der diese Zellen stammen. Bei der Überführung von Gewaltverbrechern spielt das Verfahren vor Gericht bereits eine Rolle. Die Anlagen für genetisch bedingte Krankheiten können durch den Nachweis bestimmter *genetischer Marker*, z. B. bestimmter Basenfolgen der DNA oder Schnittstellen für bestimmte Restriktionsenzyme, nachgewiesen werden. Die Verfahren werden in der pränatalen Diagnostik angewandt, sind aber ethisch problematisch, solange keine Therapien für die Krankheiten existieren, da die Konsequenz der pränatalen Diagnostik dann nur in einem Schwangerschaftsabbruch bestehen kann.

Die *somatische Gentherapie* ist eine Korrektur von Genen in Körperzellen und damit eine Therapiemöglichkeit für genetisch bedingte Krankheiten, bei denen ein bestimmter Wirkstoff nicht mehr oder nur fehlerhaft aufgebaut werden kann. So führt der Mangel an Wirkstoff ADA zu einem völligen Ausfall des Immunsystems. Betroffene können nur unter Ausschluss aller Krankheitserreger im sterilen Plastikzelt überleben. Man kann fremde intakte Knochenmarkszellen verpflanzen, sie werden aber sehr oft vom Körper der Kranken abgestoßen. Pflanzt man das Gen für intaktes ADA in eigene Knochenmarkszellen ein und gibt diese zurück, so kann ADA produziert werden. In Versuchen zeigte sich bei einem so behandelten Jungen eine deutliche Besserung. Langfristige Erfolge konnten bisher aber nicht erreicht werden, da das Gen für ADA nach einiger Zeit wieder eliminiert wurde.

Große ethische Probleme wirft der Versuch auf, Gene bereits in der befruchteten Eizelle zu ersetzen *(Keimbahntherapie)*. Es ist nicht vorhersagbar, ob eine Keimbahnzelle wirklich transformiert wird. Die Entwicklung eines Embryos „zur Probe" verbietet sich aus ethischen Gründen. Daher ist die genetische Veränderung von Keimbahnzellen in Deutschland durch das Embryonenschutzgesetz bei Strafe untersagt.

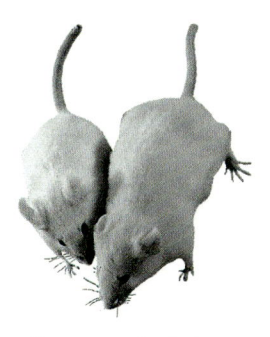

„Supermaus" mit dem Gen für Rattenwachstumshormon neben einem ihrer normalen Geschwister

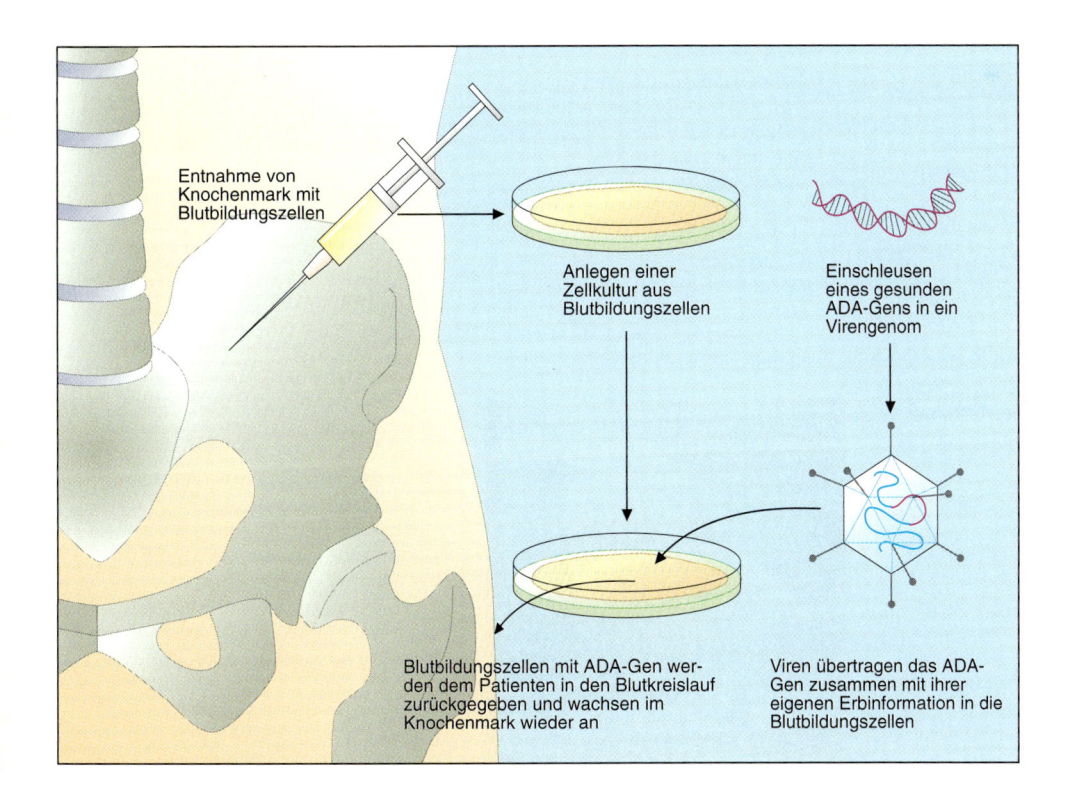

Entnahme von Knochenmark mit Blutbildungszellen

Anlegen einer Zellkultur aus Blutbildungszellen

Einschleusen eines gesunden ADA-Gens in ein Virengenom

Blutbildungszellen mit ADA-Gen werden dem Patienten in den Blutkreislauf zurückgegeben und wachsen im Knochenmark wieder an

Viren übertragen das ADA-Gen zusammen mit ihrer eigenen Erbinformation in die Blutbildungszellen

Genetik

Gentechnik — Gen-Ethik

Fragen zur Diskussion

Zu 1: Diskutieren Sie, ob mit genetisch manipulierten Organismen hergestellte Lebensmittel den normalen Lebensmittelgesetzen genügen, besonders gekennzeichnet sein oder überhaupt verboten werden sollten?

Zu 2: Welche Unterschiede sehen Sie in der Freisetzung genetisch veränderter Bakterien bzw. Nutzpflanzen?

Zu 2, 3: In Ihrer Nachbarschaft ist der Bau einer Fabrikanlage zur gentechnischen Herstellung von Insulin geplant. Wie würden Sie bei einer Bürgerversammlung zu diesem Thema Ihre Meinung begründen?

Zu 4 und 5: Würden Sie einer genetischen Untersuchung zustimmen, wenn
— Ihr zukünftiger Arbeitgeber davon die Vergabe einer interessanten und gut bezahlten Arbeit abhängig machen würde?
— Ihre Krankenversicherung Ihnen dann einen Sonderrabatt gewähren würde?
— Sie und Ihr Partner sich ein Kind wünschen und Sie das Risiko einer genetisch bedingten Krankheit vor einer Schwangerschaft abschätzen wollten?

Zu 6: Wie stehen Sie zu einem von britischen Wissenschaftlern vorgesehenen Test aller Ungeborenen? Würde Mukoviszidose dadurch in absehbarer Zeit verschwinden?

Zu 6: Sollte Eltern in Deutschland das Recht gegeben werden
— das Geschlecht ihres zukünftigen Kindes zu bestimmen?
— genetisch bedingte Krankheiten durch Gentransfer nach der Geburt des Kindes therapieren zu lassen?
— durch gezielte Befruchtung Kinder mit bestimmten körperlichen Eigenschaften zu bekommen (zur Zeit nicht durchführbar)?

1. Gentechniker konstruieren unsere Lebensmittel um

— In Großbritannien bereits zur Zulassung eingereicht ist eine Hefe, die in Düsseldorf „hergestellt" worden ist. Sie besitzt zwei fremde Gene und kann so in einem Produktionsgang ein kalorienarmes und zugleich geschmacklich befriedigendes Light-Bier vergären.
— Manipulierte Michsäurebakterien sondern ein Gift *(Nisin)* gegen einen bestimmten Krankheitserreger ab, der vorzugsweise Brie und Weichkäse befällt. Solche und ähnliche Vorhaben werden gern als „Bio-Konservierung" etikettiert.
— „. . . Von einzelnen Ausnahmen abgesehen braucht keiner der neuen Lebensmittelzusätze deswegen angemeldet oder zugelassen werden, weil er mit gentechnischen Verfahren produziert worden ist."
(aus Globus, Zeitschrift des BUND, 12/91)

2. Gentechnik im Freiland

Die geplante Freisetzung von genveränderten Tieren, Pflanzen und Mikroorganismen wirft eine Reihe von Fragen auf:
— Wird die Anwendung von Herbiziden in der Landwirtschaft dadurch forciert, dass Nutzpflanzen dagegen resistent sind?
— Produzieren sie z. B. durch den Abbau von Herbiziden giftige Folgeprodukte?
— Können die veränderten Gene, z. B. für Herbizid- oder Antibiotikaresistenz, auf andere Organismen übertragen werden?
— Verdrängen die gentechnisch veränderten Organismen eventuell andere und verändern so ganze Ökosysteme?
— Können die genveränderten Organismen wieder aus der Umwelt zurückgeholt werden, wenn sich negative Auswirkungen zeigen?

3. Überschätzung der Gefahr?

„Die Gentechnik ist eine grundlegende, unverzichtbare biologische Technik, aber kein eigenständiges Forschungsgebiet. Ihre Anwendung in Bereichen der biologischen und medizinischen Grundlagenforschung hat unser Wissen in diesen Disziplinen nachhaltig erweitert . . . Wie bei jeder Technik kann eine vorsätzliche, missbräuchliche Anwendung der Gentechnologie grundsätzlich nicht ausgeschlossen werden. Wir sehen die ethischen Probleme, die bei der Anwendung der Gentechnologie im Zusammenhang mit neuen Techniken der Befruchtungsbiologie und Embryonenforschung auftreten können. Diese Erkenntnis darf jedoch nicht zu einer falschen Einschätzung der Gefährlichkeit der Gentechnologie führen. Hunderttausende von gentechnischen Experimenten, die unter sorgfältig kontrollierten Bedingungen weltweit durchgeführt wurden, haben keine neuartige Gefährdung von Mensch und Umwelt durch diese Technik erkennen lassen."

Die Öffentlichkeit muss über Nutzen und Gefahren neuer Techniken, mit denen sie konfrontiert ist, diskutieren. Wir bedauern es, dass diese Diskussion, soweit sie die Gentechnologie betrifft, von ihren Kritikern oft ohne den für eine Wertung erforderlichen Sachverstand geführt wird . . . In diesem Sinne halten wir es für unsere Pflicht, darauf hinzuweisen, dass die Gefährlichkeit der Gentechnologie in Deutschland weit überschätzt wird. Die Aufgaben der Wissenschaft für die Gestaltung einer humanen Zukunft sind zu groß, als dass wir es uns leisten könnten, wegen einer falschen Einschätzung möglicher Risiken irreversible legislative und administrative Strukturen aufzubauen, die die Nutzung einer zukunftsweisenden Technologie unnötig erschweren . . ."
(Präsidenten der wichtigsten deutschen Großforschungseinrichtungen)

4. Gentechnik-Leitlinien

(herausgegeben vom Verband der Chemischen Industrie, Frankfurt, 1990)

- Wir wollen die Gentechnik nutzen, um Krankheiten und ihre Ursachen gründlicher zu erforschen und damit bessere diagnostische Methoden, bessere Arzneimittel und neue Impfstoffe zu entwickeln.
- Wir wollen die Gentechnik nutzen, um die Ernährungsgrundlagen zu verbessern und den Pflanzenschutz gezielter zu gestalten.
- Die Sicherheit der Menschen am Arbeitsplatz und der Schutz der Umwelt haben Priorität beim Umgang mit der Gentechnik.
- Vor der Aufnahme eines gentechnischen Projekts steht eine sorgfältige Sicherheitsanalyse ...
- Für genetische Arbeiten in Forschung und Produktion hat die chemische Industrie ein Sicherheitskonzept erarbeitet. Es besteht aus biologischen und physikalisch-technischen Maßnahmen sowie aus der sicherheitsbezogenen Schulung der Mitarbeiter.
- Für die Anwendung der Gentechnik gelten Grenzen. Sie ergeben sich aus den ethischen Wertvorstellungen, insbesondere dem Respekt vor dem Leben und der Würde des Menschen. Gentechnische Eingriffe in die menschliche Keimbahn und die Herstellung biologischer Waffen lehnen wir ab.

5. Gesetz zur Genomanalyse

(Interview mit Wolf-Michael Catenhusen, ehem. Vorsitzender der Enquete-Kommission für ein Gentechnik-Gesetz, vom 7.3.1991)

Was verstehen Sie unter Genomanalyse?
„Ich verstehe darunter die Analyse menschlicher Erbanlagen auf der Ebene der DNS ..."
Wer könnte denn solche Untersuchungsergebnisse überhaupt verwenden?
„Die Genomanalyse könnte vor allem im Bereich der Arbeitsmedizin angewendet werden oder bei gesundheitlichen Untersuchungen, wie sie Kranken- und Lebensversicherungen verlangen könnten. Die Genomanalyse wird Bestandteil von gerichtsmedizinischen Untersuchungen werden und sie wird eine besondere Brisanz bekommen bei der vorgeburtlichen Diagnostik."
Was ist da geplant und warum sind Sie dagegen?

„In der Arbeitswelt könnten Untersuchungen am menschlichen Erbgut dazu genutzt werden, besondere genetisch bedingte Empfindlichkeiten von Arbeitnehmerinnen und Arbeitnehmern gegenüber bestimmten Schadstoffen oder physischen und psychischen Belastungen festzustellen. Und Aufgabe eines Gesetzes wäre es, sicherzustellen, dass solche Ergebnisse nicht von Arbeitgebern gegen die Beschäftigten ausgenutzt werden können."
Wenden Firmen in der Bundesrepublik derartige Untersuchungen schon an?
„... Es ist zu erkennen, dass die methodische Entwicklung der Genomanalyse rasch voranschreitet und dass es in maximal 5 Jahren technische Möglichkeiten gibt, sie im Bereich der Arbeitsmedizin zu nutzen."

6. Pränatale Diagnose und Schwangerschaftsabbruch

„Die pränatale Diagnose kann dazu dienen, grundlos besorgte Eltern zu beruhigen oder sie auf die schwierige Aufgabe vorzubereiten, ein behindertes Kind anzunehmen. Die pränatale Diagnostik kann aber auch zur bloßen Qualitätskontrolle werden, wenn sie automatisch die Abtreibung nach sich zieht: 60 % der Eltern von *Mukoviszidose* (CF)-Patienten würden im Falle einer weiteren Schwangerschaft eine pränatale Diagnose durchführen lassen und das Kind abtreiben, wenn der Test eine Mukoviszidose sicher voraussagen würde ...

Die Mitglieder der Arbeitsgemeinschaft würden nicht leben, hätten sich ihre Eltern nach einer Pränataldiagnose während der Schwangerschaft für Abtreibung entschieden. Wir empfinden unser Leben aber als sehr lebenswert, das Leben mit Mukoviszidose als unsere Aufgabe.

Wir finden die gesellschaftliche Tendenz zur Vermeidung von Behinderung und Leiden um jeden Preis bedenklich. Das Ausschließen aller Gefahren raubt dem Menschen einen Teil seines Lebens ...

Ein Testprogramm für die gesamte Bevölkerung schlagen britische Wissenschaftler vor. Sämtliche Schwangerschaften der dann bekannten Erbträger würden mittels pränataler Diagnose getestet und abgetrieben, falls der Embryo das CF-Gen trägt. Auf diese Weise würde die Mukoviszidose nicht geheilt, sondern die Mukoviszidose-Kranken würden abgeschafft."
(Stephan Kruip, Arbeitsgemeinschaft Erwachsener mit Mukoviszidose, 1989)

„Ein verlässlicher Test auf die Erbkrankheit Mukoviszidose ist in weite Ferne gerückt. Das ist das Ergebnis eines wissenschaftlichen Symposiums, zu dem die oberste Gesundheitsbehörde der USA, das National Institute of Health (NIH) geladen hatte."
(Science 247, 16.3.1990)

„Und wird uns das Baby dann zugeschickt oder wie läuft das, Doktor?"

8 Immunbiologie

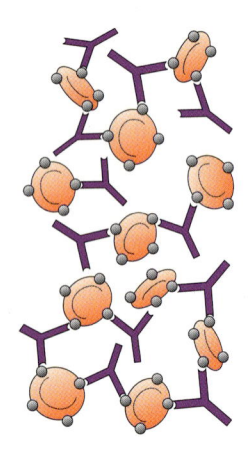

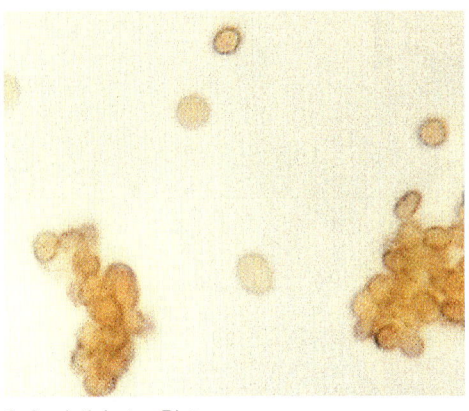

1 Agglutiniertes Blut

Die Immunreaktion

Im Jahr 1941 wurde die bei Neugeborenen auftretende Blutkrankheit *Erythroblastose fetalis* untersucht. Die Kinder leiden an Blutarmut und teils schwerer Gelbsucht. Die Untersuchung ergab, dass die Gelbsucht Folge eines intensiven Zerfalls roter Blutzellen *(Hämolyse)* ist. Frei werdendes Hämoglobin wird in den gelben Stoff Bilirubin umgewandelt, der sich in die Haut und andere Körpergewebe einlagert.

Die Ursache der Hämolyse zeigt sich in folgendem Experiment: Mischt man die Blutproben von einem erkrankten Kind mit dem Blut seiner Mutter, so tritt eine mit bloßem Auge sichtbare Verklumpung *(Agglutination)* ein. Bei mikroskopischer Betrachtung ist sichtbar, dass rote Blutzellen miteinander verklumpen. Mischt man mütterliches Blutserum mit kindlichem Blut, so tritt ebenfalls Agglutination auf. Mütterliches Blutserum enthält somit Stoffe, die zur Agglutination der roten Blutzellen des Kindes führen.

Die Ursache der Agglutination ist inzwischen aufgeklärt. Die Zellmembranen der roten Blutzellen tragen — wie alle anderen Zellen — hoch molekulare Stoffe, wie beispielsweise Proteine, Glykoproteine oder Kohlenhydrate. Viele sind familien- oder artspezifisch, einige individualspezifisch. An diesen Antigenen erkennt das Immunsystem, ob eine Zelle eigen oder körperfremd ist.

Im mütterlichen Blutserum sind spezifisch gebaute Proteine von globlulärer Struktur enthalten. Diese Antikörper verbinden sich mit den körperfremden Antigenen der roten Blutzellen des Kindes. Sie verknüpfen die antigentragenden Zellen zu einem Netz, dem *Immunkomplex*.

Die Antigene an der Oberfläche roter Blutzellen bestimmen die Blutgruppe. Neugeborene, die an *Erythroblastose* leiden, besitzen das Antigen D. Es heißt *Rhesusfaktor* (Rh-Faktor), weil es erstmals an Rhesusaffen entdeckt wurde. Es wird bei allen Menschen ausgeprägt, die Träger des zugehörigen dominanten Allels D sind. Liegen die Genotypen DD oder Dd vor, so wird der Rhesusfaktor ausgebildet; Personen mit dem Genotyp dd sind rhesusnegativ.

Gelangen bei einer rhesusnegativen Frau, die ein rhesuspositives Kind erwartet, gegen Ende der Schwangerschaft oder beim Geburtsvorgang rote Blutzellen des Kindes in den Blutkreislauf der Mutter, so wird sie sensibilisiert. Ihr Organismus bildet jetzt spezifisch wirksame Antikörper Anti-D, Immunglobuline der Klasse IgG. Diese y-förmigen Moleküle bestehen aus je zwei schweren und leichten Polypeptidketten. Sie werden als H- *(heavy)* und L- *(light)* Ketten bezeichnet und sind über Disulfidbrücken miteinander verknüpft. Innerhalb jeder Kette gibt es einen Bereich mit konstanter und einen mit variabler Aminosäuresequenz. Die variablen Bereiche liegen an den Gabelenden und sind Antigenbindungsstellen. Gelangt hieran ein Antigen und passen die molekularen Strukturen zusammen wie Schlüssel und Schloss, so gehen sie eine Verbindung ein. Diese Antigen-Antikörper-Reaktion wird als *Immunreaktion* bezeichnet. Sie erfasst nicht das gesamte Antigen, sondern nur einen kleinen Molekülabschnitt, den *Epitop*. Ein IgG-Antikörper besitzt zwei identische Bindungsstellen. Befinden sich die passenden Epitope an verschiedenen Zellen, so heftet sie der Antikörper aneinander.

Bei der Sensibilisierung wird die maximale Antikörperkonzentration erst nach Monaten erreicht. Deshalb kommt es bei der ersten Schwangerschaft mit einem rhesuspositiven Kind nicht zu Störungen. Bei erneuter Schwangerschaft mit einem rhesuspositiven Kind gelangen die nun in größerer Menge vorhandenen Antikörper Anti-D durch die Plazenta in das Kind. Hier agglutinieren sie rote Blutzellen, die dann durch weiße Blutzellen *(Leukocyten)* zerstört werden.

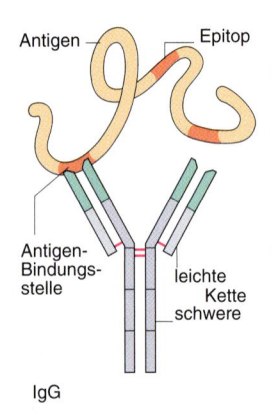

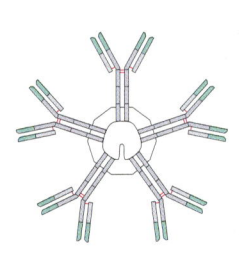

Genetik

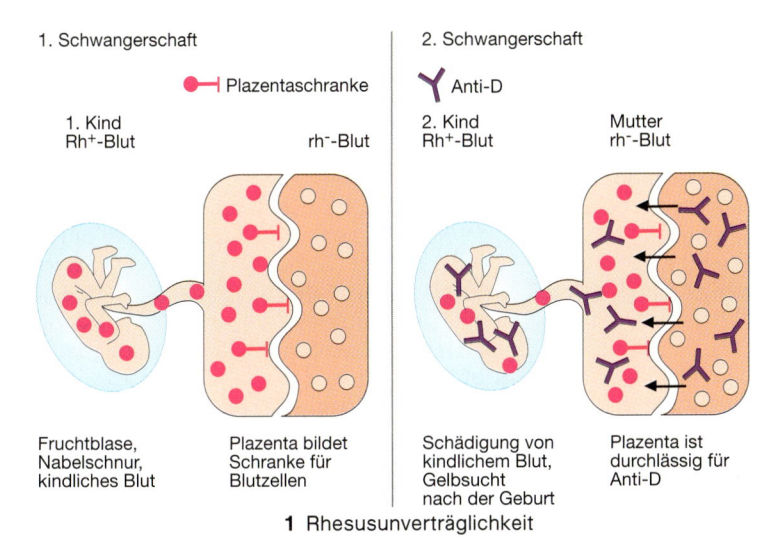

1. Schwangerschaft

1. Kind Rh⁺-Blut | rh⁻-Blut

Fruchtblase, Nabelschnur, kindliches Blut | Plazenta bildet Schranke für Blutzellen

Plazentaschranke

2. Schwangerschaft

Anti-D

2. Kind Rh⁺-Blut | Mutter rh⁻-Blut

Schädigung von kindlichem Blut, Gelbsucht nach der Geburt | Plazenta ist durchlässig für Anti-D

1 Rhesusunverträglichkeit

Blutgruppe AB sind beide Antigene A und B ausgebildet, bei Blutgruppe 0 keines. Während rhesusnegative Menschen erst nach Sensibilisierung Antikörper gegen das körperfremde Antigen produzieren, bildet jeder Mensch einige Monate nach der Geburt Antikörper, die nicht zu eigenen Antigenen passen. Beispielsweise ist im Blutserum von Trägern der Blutgruppe A Anti-B enthalten, bei Trägern der Blutgruppe 0 Anti-A und Anti-B. Unverträglichkeiten verschiedener AB0-Blutgruppen in der Schwangerschaft gibt es jedoch nicht. Ursächlich dafür ist die molekulare Struktur der Antikörper. Anti-A und Anti-B sind Globuline der Klasse IgM, den man sich als Komplex aus 5 IgG-Untereinheiten vorstellen kann. Diese großen Antikörper können die Plazenta nicht durchdringen.

Die Antikörperbildung wird durch das Immunsystem ermöglicht, das alle Wirbeltiere ausbilden. Dagegen haben Wirbellose keine Mechanismen zur spezifischen Abwehr. Sie beseitigen Körperfremdes ausschließlich mit phagocytierenden Zellen.

Blut → Zellen

Blutplasma → Fibrin (Gerinnungsstoff)

Blutserum (farblos)

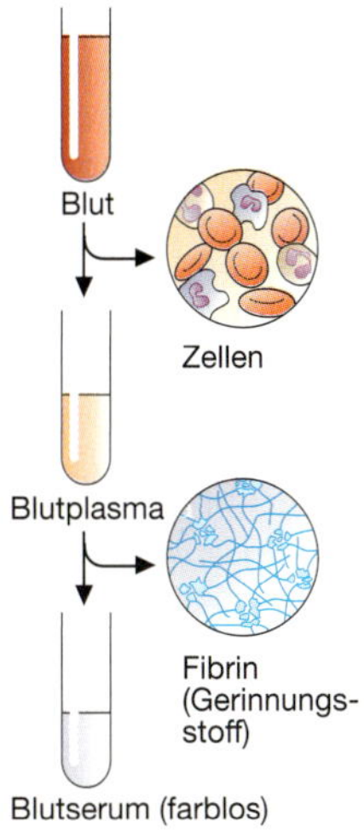

Heute kann man diese Schädigung verhindern. Wenn Rhesusunverträglichkeit möglich ist, wird unmittelbar nach der Geburt die Blutgruppe des Kindes festgestellt. Ist es rhesuspositiv, erhält die Mutter Antikörper Anti-D gespritzt. Durch diese von außen zugeführten Antikörper werden eventuell vorhandene rhesuspositive rote Blutzellen des Kindes abgefangen und damit Sensibilisierung und körpereigene Antikörperproduktion verhindert. Eine andere mögliche Maßnahme ist die Austauschtransfusion, bei der nach der Geburt das mütterliche Blut durch Blutkonserven ersetzt wird.

Auch die Blutgruppen des AB0-Systems werden durch Oberflächenantigene der roten Blutzellen bestimmt. Bei Trägern der

Aufgabe

① Im Jahr 1939 bekam eine Frau, deren Neugeborenes an Erythroblastose fetalis erkrankt war, eine Bluttransfusion mit Blut ihres Mannes, der dieselbe AB0-Blutgruppe besaß.
   a) Erklären Sie, welche Folgen diese Bluttransfusion hatte.
   b) Wie wäre die Situation zu beurteilen, wenn die Frau vor der Schwangerschaft diese Bluttransfusion erhalten hätte?

Unspezifische Abwehrreaktionen

Ständig gelangen Mikroorganismen und Viren durch kleine Hautverletzungen oder über die Schleimhäute in den menschlichen Körper. Hier werden sie sofort von weißen Blutzellen *(Leukocyten)* bekämpft. Diese sind amöboid beweglich und können Blutgefäße durchdringen. Nur ein kleiner Teil befindet sich jedoch im Blutkreislauf. Die meisten bewegen sich in Geweben und werden von Bakteriengiften, Zellzerfallsstoffen und Immunkomplexen angelockt. Erkennen sie Körperfremdes, so wird es phagocytiert und enzymatisch verdaut. Diese unspezifische Abwehr verhindert meist die Vermehrung und Ausbreitung eingedrungener Organismen.

Es gibt verschiedene Leukocytentypen: *Granulocyten* zeigen im Plasma nach Anfärben deutliche Körnchen. *Monocyten* haben die größte Phagocytosekapazität. Wandern sie ins Gewebe, so werden sie größer und die Anzahl an Mitochondrien und Lysosomen nimmt zu *(Reifung)*. Nun sind sie als Makrophagen wandernde „Müllschlucker." *Lymphocyten* sind Zellen des Immunsystems, die spezifisch auf Körperfremdes reagieren.

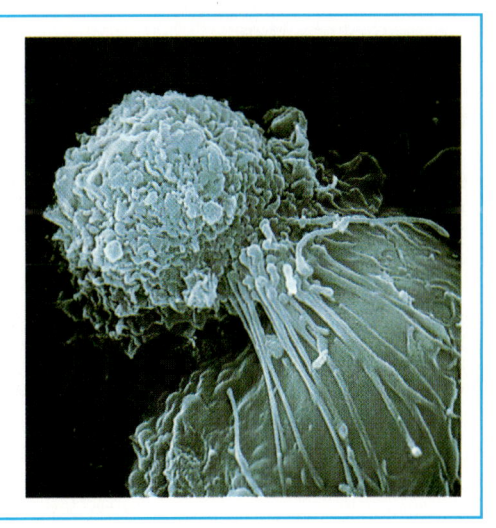

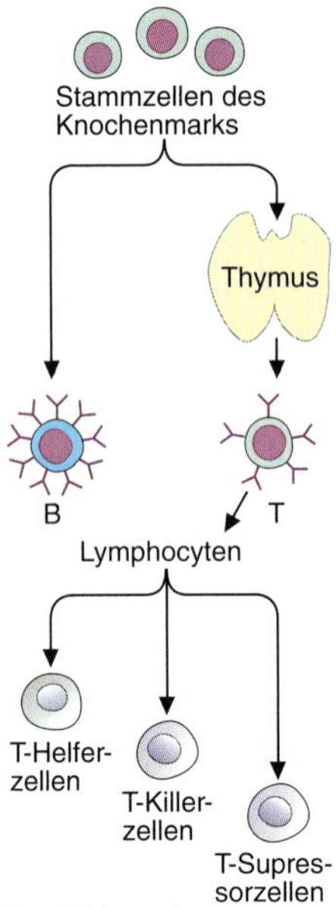

Humorale Immunantwort

Antikörper werden von Lymphocyten gebildet. Diese entwickeln sich — wie alle Blutzellen — aus Stammzellen des Knochenmarks. Wenn sie es verlassen, sind sie noch nicht funktionsfähig; sie müssen noch reifen. Dabei entwickeln sie die Fähigkeit, zwischen körpereigen und körperfremd zu unterscheiden. Dies geschieht in den primären Lymphorganen (Abb. 1).

Ein Teil der Lymphocyten durchwandert den Thymus und reift zu *T-Lymphocyten*. Der andere Teil, die *B-Lymphocyten*, reifen beim Menschen im Knochenmark. Erst jetzt sind die Lymphocyten zur Immunabwehr befähigt und werden über das Lymphsystem im Körper verbreitet. Dieses besteht aus diffusem Lymphgewebe und Lymphbahnen sowie sekundären Lymphorganen, wie Lymphknoten, Milz, Rachenmandeln und Wurmfortsatz des Blinddarms. Lymphatisches Gewebe ist vor allem an den Stellen zu finden, wo Fremdstoffe und Mikroorganismen am leichtesten in den Körper eindringen können, wie im Nasen-, Rachen- und Darmbereich. Gelangen sie in den Körper, so lösen sie eine Vielzahl von Vorgängen aus, die in den meisten Fällen zu ihrer Beseitigung führen. Dabei sind verschiedene Zelltypen und Signalstoffe beteiligt.

Zuerst phagocytieren Makrophagen eingedrungene Bakterien oder Viren. Nach deren enzymatischem Abbau werden Bruchstücke an die Oberfläche der Zellmembran transportiert. Sie zeigen damit den Lymphocyten, welche Antigene die Eindringlinge besitzen. An die präsentierten Antigene binden B-Lymphocyten. Sie besitzen an der Zelloberfläche Rezeptoren aus Immunglobulinen.

Es gibt im Körper viele Millionen Varianten der B-Lymphocyten. Sie unterscheiden sich in der Struktur der Bindungsstelle ihrer Immunglobuline. An die von Makrophagen präsentierten Antigene können nur solche B-Lymphocyten binden, die zum Antigen passen wie Schlüssel und Schloss. Auf diese Weise kann das Immunsystem auf alle Antigene reagieren. Zur Aktivierung der B-Lymphocyten bedarf es noch eines weiteren Signals. An die präsentierten Antigene binden zusätzlich T-Lymphocyten. Auch von ihnen gibt es sehr viele Varianten. Sie unterscheiden sich in der Struktur ihrer membranständigen T-Zellrezeptoren, die ähnlich wie Immunglobuline aufgebaut sind. Nur die mit den passenden Rezeptoren ausgestatteten T-Lymphocyten binden an das Antigen. Sie senden jetzt den Signalstoff *Interleukin 2* (IL2) aus, der die antigengebundenen B-Lymphocyten aktiviert und zur Teilung anregt. Weil zur Aktivierung der B-Lymphocyten IL2 erforderlich ist, nennt man die IL2-Produzenten *T-Helferzellen*. Diese T-Helferzellen werden jetzt ebenfalls zur Teilung angeregt.

Aus einer B-Zelle entstehen bei etwa 10 Zellteilungen ca. 1000 erbgleiche Zellen, ein *Klon*. Diese Zellvermehrung wird durch *T-Supressorzellen* (Unterdrückerzellen) beendet, die vermutlich teilungshemmende Signalstoffe abgeben. Im Verlauf der Zellteilungen entstehen einige *Gedächtniszellen*, die lange Zeit im Körper bleiben und bei wiederholtem Auftreten des gleichen Antigens sofort für die Immunabwehr zur Verfügung stehen. Die anderen Zellen differenzieren sich zu Plasmazellen. Sie sind größer als B-Lymphocyten, entwickeln viel rauhes endoplasmatisches Retikulum und tragen keine Immunglobuline an der Zelloberfläche. Statt dessen produzieren die Plasmazellen in großer Menge Antikörper. Diese haben alle die gleichen Bindungsstellen wie die zellständigen Immunglobulinrezeptoren der ursprünglichen B-Lymphocyten.

Die Lebensdauer der Plasmazellen beträgt nur 3 bis 5 Tage. In dieser Zeit sind sie äußerst produktiv. Jede Sekunde verlassen mehrere tausend Antikörper die Zelle. Sie agglutinieren spezifisch die Antigene, die ihre Produktion veranlasst haben. Die entstehenden Immunkomplexe werden von Makrophagen phagocytiert und verdaut. Da dieser Abwehrvorgang in den Körperflüssigkeiten abläuft, spricht man von *humoraler Immunabwehr* (humor = Körperflüssigkeit).

Aufgabe

① Beschreiben Sie die Vorgänge, die die Aktivierung der B-Lymphocyten bewirken.

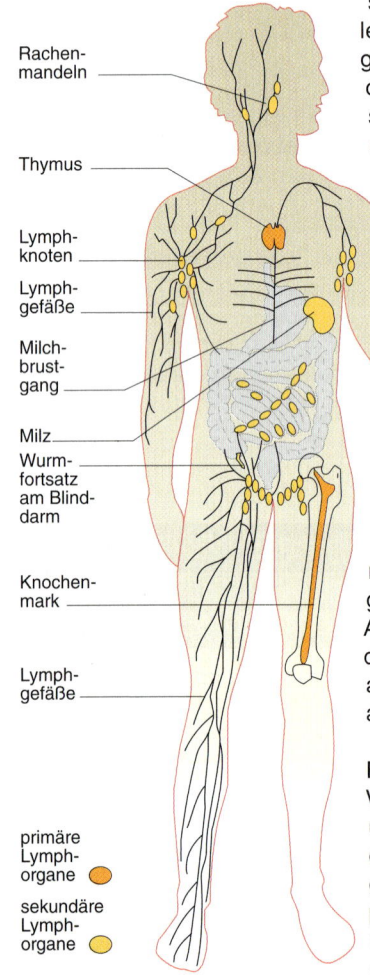

1 Lymphsystem

Zelluläre Immunantwort

Gelangen Viren in den Körper, so gelingt es der unspezifischen Abwehr meist nicht, alle Viruspartikel so schnell zu beseitigen, dass eine Infektion von Zellen verhindert werden kann. Auch die humorale Abwehr durch Antikörper kann dies nicht leisten, da nach der Infektion einige Tage vergehen, bis die Antikörperproduktion anläuft. Die Aufgabe der zellulären Immunabwehr ist die spezifische Beseitigung von virusinfizierten und eigenen, krebsartig veränderten Zellen sowie körperfremden Zellen.

Infizierte, entartete oder körperfremde Zellen tragen an der Oberfläche fremdartige Antigene, denn Zellen transportieren immer Makromoleküle aus dem Plasma an die Zellmembran. Darunter befinden sich bei virusinfizierten Zellen auch Partikel der Virushülle. Einzelne infizierte Zellen werden nun von Makrophagen erkannt, phagocytiert und verdaut. Deren Bruchstücke werden nun an die Zelloberfläche der Makrophagen befördert. An die so präsentierten Antigene binden T-Helferzellen, die mit dazu passenden T-Zellrezeptoren ausgestattet sind, und beginnen sich zu teilen. Außerdem lagern sich weitere T-Lymphocyten an. Es sind *T-Killerzellen*, von denen es ebenfalls viele verschiedene Varianten gibt, die sich in der Struktur ihres T-Zellrezeptors unterscheiden. Auch von ihnen können sich nur diejenigen anlagern, die den zum Antigen spezifisch passenden Rezeptor besitzen. Die durch Antigenbindung selektierten T-Lymphocyten werden durch den Signalstoff IL2 aktiviert, der von den gebundenen T-Helferzellen ausgesandt wird.

Empfängt eine gebundene T-Killerzelle IL2, so beginnt sie sich zu teilen. Nach etwa 10 Teilungsschritten sind 1000 klonierte Zellen entstanden. T-Unterdrückerzellen verhindern weitere Teilungen. Die aktivierten T-Killerzellen tragen an ihrer Oberfläche den gleichen T-Zellrezeptor. Einige Zellen werden wieder wie aktivierte B-Lymphocyten zu langlebigen Gedächtniszellen. Die meisten haben jedoch die Fähigkeit, sich an die Zellen zu binden, die das spezifische Antigen tragen, das ihre Vermehrung auslöst.

Erkennen aktivierte T-Killerzellen ihre Zielzellen bei einem Zell-Zell-Kontakt, dann läuft der letzte Schritt der zellulären Immunantwort ab. Aus membrangebundenen Granula werden Substanzen freigesetzt, die die Zielzelle zerstören. Teils sind es Enzyme, die die Zellmembran abbauen, teils als *Perforine* bezeichnete tunnelförmige Moleküle, die sich in die Membran einlagern und damit durchlöchern. Eine T-Killerzelle kann nacheinander mehrere Zielzellen lysieren, deren Reste von Makrophagen aufgenommen und verdaut werden.

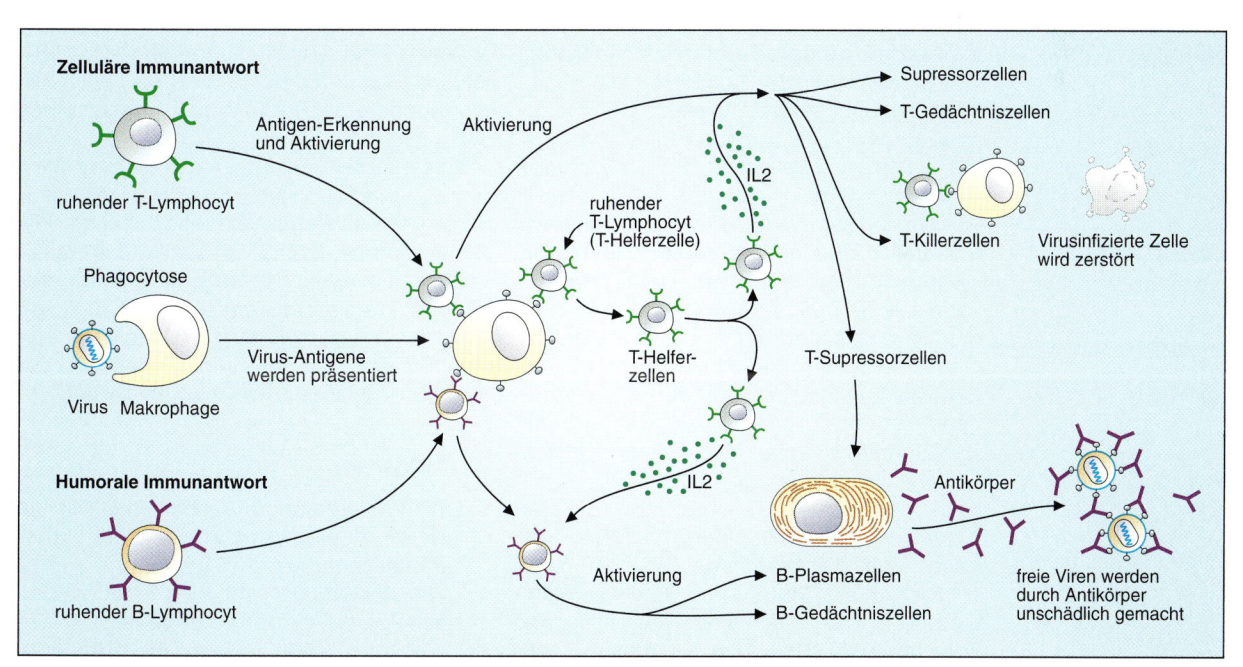

1 Humorale und zelluläre Immunantwort und Modell der Lymphocytenaktivierung

Genetik

Immunisierung

Für Krankheiten, wie beispielsweise Masern, Mumps, Windpocken oder Keuchhusten, ist typisch, dass vor allem Kinder daran erkranken. Untersucht man die seltenen Krankheitsfälle bei Erwachsenen genauer, so stellt sich heraus, dass sie als Kind nicht daran erkrankt waren. Offenbar entsteht durch die Erkrankung ein lang anhaltender Schutz vor einer Zweiterkrankung, eine *Immunität*.

An Tieren lässt sich dieses Phänomen experimentell untersuchen. Spritzt man einem Kaninchen erstmals den Giftstoff *(Toxin)* von Bakterien der Gattung *Staphylococcus*, so vergehen 6 bis 8 Tage, bis im Blut die entsprechenden Antikörper auftreten. Ihre Konzentration im Blut, der *Antikörpertiter*, steigt bei dieser Primärreaktion an, erreicht ein bescheidenes Maximum und sinkt relativ schnell wieder ab. Wiederholt man die Toxininjektion nach einigen Wochen, so kommt es zu einer heftigen Sekundärreaktion. Der Antikörpertiter steigt innerhalb von 3 bis 7 Tagen auf ein Vielfaches im Vergleich zur Primärreaktion und bleibt länger erhalten.

Die heftige Reaktion bei der Zweitinfektion ermöglichen die Gedächtniszellen, die beim ersten Antigenkontakt gebildet werden. In ihnen ist die Information über die Struktur des wirksamen Antikörpers gegen das körperfremde Antigen gespeichert. Die B-Gedächtniszellen beginnen sofort nach Antigenkontakt mit der Antikörperproduktion, wobei zusätzlich auch einige ruhende B-Zellen aktiviert werden. Es entstehen in kurzer Zeit viele Antikörper und damit ein hoher Antikörpertiter (Abb. 1). Dieses immunologische Gedächtnis ist die Voraussetzung für die *aktive Immunisierung* (Schutzimpfung) gegen Infektionskrankheiten. Als Impfstoff werden abgeschwächte Erreger, Erregerbestandteile, Toxine oder veränderte Toxine verabreicht. Der Impfstoff ist so gewählt, dass eine Erkrankung nicht eintritt. Das Immunsystem bildet bei der Primärreaktion Gedächtniszellen. Bei einer Infektion durch den Krankheitserreger mit denselben Antigenen ist der Körper aufgrund der raschen Reaktionsmöglichkeit des Immunsystems vor einer Erkrankung geschützt.

Kinder werden nach einem Impfplan u. a. gegen Hepatitis, Diphtherie, Kinderlähmung *(Polio)*, Masern, Mumps und Röteln geimpft. Gegen manche Krankheiten wird bei einmaliger Impfung noch kein wirksamer Impfschutz erzielt (z. B. Tetanus). Darum wird in kurzen Abständen wiederholt geimpft. In einigen Fällen ist der Impfschutz regelmäßig zu erneuern. Gegen Polio sollte alle 5 Jahre geimpft werden, gegen Tetanus etwa alle 10 Jahre. Mittlerweile ist in der Bevölkerung, vor allem bei Erwachsenen, eine Impfmüdigkeit eingetreten. Dadurch sind Impflücken entstanden und größere Teile der Bevölkerung gegen gefährliche Erreger (z. B. Polio) nicht mehr immun.

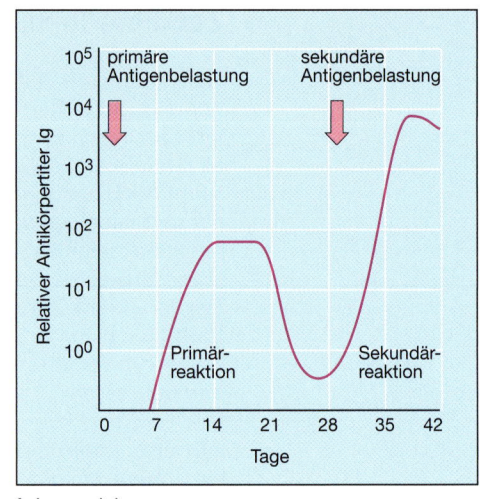

Die *aktive Immunisierung* ist nur vorbeugend wirksam. Die Heilung eines bereits Erkrankten kann durch *passive Immunisierung* herbeigeführt werden. Dazu injiziert man spezifisch wirksame Antikörper. Sie agglutinieren einen Teil der Krankheitserreger und unterstützen damit den Körper in der Abwehr, bis genügend eigene Antikörper gebildet sind. Der passive Schutz wirkt aber nur kurze Zeit, da die fremden Antikörper abgebaut werden. Vorbeugend wirksam ist die passive Immunisierung bei Feten. Sie sind, ebenso wie Neugeborene, noch nicht zur Antikörperbildung fähig. Über die Plazenta erhalten sie Immunglobuline IgG der Mutter. Säuglinge erhalten mit der Muttermilch Immunglobuline. Sie schützen den Verdauungstrakt vor Erregern, gelangen jedoch nicht ins Blut.

1 Immunisierung

Beispiele für Infektionskrankheiten und Impfstoffe

Diphtherie und Tetanus
verändertes, entgiftetes Toxin

Polio
unwirksames Virus

Tuberkulose
lebende, unwirksame Tuberkelbakterien

Cholera
abgetötete Cholerabakterien

Aufgaben

① Warum erhalten Neugeborene erst im Alter von drei Monaten die erste aktive Schutzimpfung?

② Wie sind Neugeborene vor Erregern geschützt, die in den Körper eindringen?

③ Weshalb eignen sich auch veränderte Bakteriengiftstoffe als Impfstoffe?

Vielfalt der Antikörper — Immungenetik

Der menschliche Organismus ist in der Lage, viele Millionen verschiedener Antikörper zu bilden. Wenn jeder einzeln auf der DNA codiert wäre, dann würde dafür etwa ein Drittel der gesamten DNA benötigt. Mit molekularbiologischen Methoden konnte eine vergleichsweise geringe Zahl von Genen identifiziert werden, die die Antikörper codieren. Wie damit die große Vielfalt entsteht, wird am Beispiel der L-Ketten von Immunglobulin G dargestellt.

In der DNA einer undifferenzierten Knochenmarkszelle sind verschiedene Gensegmente linear hintereinander angeordnet. Sie sind jeweils durch Abschnitte, die kein Polypeptid codieren *(Introns)*, voneinander getrennt. Es existieren etwa 200 V-Segmente (v = variabel), vier J-Segmente (j = joining / Verknüpfung) und ein C-Segment (c = constant). V- und J-Segmente codieren die variable Region der L-Kette. Diese Gensegmente werden bei der Reifung der Zelle neu angeordnet *(Rearrangement)*, sodass zufallsgemäß irgend ein V-Segment und ein J-Segment aufeinander folgen. Dies geschieht durch Herausschneiden zwischenliegender Bereiche. Die DNA bis zum C-Segment bleibt unbeeinflusst. Werden im reifen B-Lymphocyt diese DNA-Bereiche transkribiert, so entsteht im Kern eine m-RNA, die dieselben Informationen trägt. Bei der Reifung zur cytoplasmatischen m-RNA wird durch Herausschneiden *(Spleißen, siehe Seite 145)* überflüssige Information entfernt. Sie enthält nur noch die Information von je einem V- und J-Segment sowie dem C-Segment. Auf diesem Weg können 200 x 4 = 800 verschiedene L-Ketten entstehen (Abb. 1). H-Ketten entstehen nach demselben Prinzip, nur dass hier zusätzlich nach dem V-Segment eines von 12 verschiedenen D-Segmenten eingebaut wird. Es sind also 200 x 12 x 4 = 9600 verschiedene H-Ketten möglich. Weil sich L- und H-Ketten zum Antikörper zusammenlagern, gibt es 800 x 9600 = 7,68 Millionen Kombinationsmöglichkeiten.

Wenn die Immunantwort abläuft und sich die durch Antigenbildung selektionierten B-Lymphocyten durch Teilung vermehren, kommt es in den Bereichen der DNA, die die variablen Regionen der Immunglobuline codieren, zu Mutationen. Die Mutationsrate ist hier etwa tausendmal größer als in anderen DNA-Regionen. Diese *somatischen Mutationen* (gr. *soma* = Körper) vergrößern die Vielfalt der entstehenden Antikörper noch weiter. Insbesondere variiert jetzt die Struktur der Antikörper, die in der aktuellen Abwehrsituation benötigt werden. Dabei entstehen auch Antikörper, die sich besser mit den Antigenen verbinden als die ursprüngliche Variante. Der wirksame Schutz bei Zweitinfektionen lässt sich damit erklären, dass selektiv diejenigen Zellen aktiviert werden, die die Information über die effektiven Antikörper tragen.

Insgesamt sind etwa 10^8 verschiedene Antikörper möglich. Das sind zwar wesentlich weniger als die Möglichkeiten für Antigenstrukturen, die Antikörper binden jedoch an ein Epitop, das einen kleinen Molekülabschnitt darstellt. Außerdem besitzen Krankheitserreger immer mehrere verschiedene Epitope, sodass im Immunsystem praktisch keine Erkennungslücken auftreten.

Lange Zeit war ungeklärt, wie das Immunsystem zwischen körperfremd und körpereigen unterscheiden kann. Inzwischen ist nachgewiesen, dass bei der Reifung der T-Lymphocyten auch solche Zellen entstehen, deren Rezeptoren zu körpereigenen Antigenen passen. Sie werden jedoch vor Abschluss des Reifungsvorgangs selektiert und beseitigt. Den Thymus verlassen nur solche Lymphocyten, die ausschließlich mit körperfremden Antigenen reagieren können.

Mechanismen zur Entstehung der Antikörpervielfalt
— VJ- und VDJ-Rekombinationen
— somatische Mutationen
— Zusammenbau von L- und H-Ketten zu Antikörpern

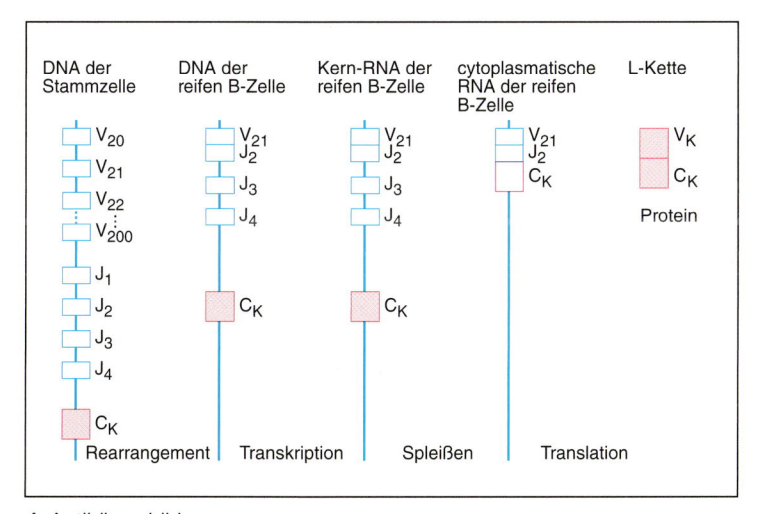

1 Antikörperbildung

Aufgabe

① Wie ist es dem Immunsystem möglich, jedes beliebige Antigen zu erkennen?

Medizinische Aspekte

1. Gewinnung eines Heilserums

EMIL VON BEHRING gelang es 1894, einen Diphtheriekranken zu retten, indem er ihm Antikörper injizierte. Die Antikörper erhielt er dadurch, dass er Pferden mehrmals Diphtherieerreger in den Blutkreislauf spritzte. Im Organismus der Tiere wurden Antikörper gebildet. Er entnahm Pferdeblut und gewann daraus Blutserum. Dieses enthielt zu einem großen Anteil die spezifisch wirksamen Antikörper. BEHRING verwendete dieses Serum zur Heilung des Kranken. In der Regel erhält das gewonnene Blutserum ein Antikörpergemisch. Die zur Sensibilisierung gespritzten Erreger besitzen mehrere Antigene und jedes davon verschiedene Epitope. Dadurch werden verschiedene B-Lymphocyten zur Klonierung und Antikörperbildung angeregt.

2. Herstellung monoklonaler Antikörper

Seit 1975 gibt es eine Methode zur Gewinnung von Antikörpern, die nur an ein Epitop binden. Der Grundgedanke ist, dass ein Klon Plasmazellen, der aus einem B-Lymphocyt entsteht, nur einen spezifisch wirksamen Antikörpertyp bildet. Da Plasmazellen in einer Kulturlösung nur maximal drei Wochen leben, fusioniert man sie mit unbegrenzt teilungsfähigen Krebszellen. Dazu eignen sich entartete B-Lymphocyten, sogenannte *Myelomzellen*. Zur Gewinnung der Antikörper spritzt man einer Maus das Antigen, gegen das Antikörper gebildet werden sollen. Danach wird durch eine Chemikalie ein einzelner B-Lymphocyt aus der Milz der sensibilisierten Maus mit einer Myelomzelle fusioniert. Dabei verschmelzen Plasma und Zellkerne miteinander. So entsteht eine teilungsfähige *Hybridomzelle*, die die Erbanlagen beider Zellen besitzt. Deshalb ist sie praktisch unbegrenzt teilungsfähig und produziert dieselben Antikörper wie der zuvor eingesetzte B-Lymphocyt. Durch weitere Zellteilungen entsteht ein Klon, der *monoklonale Antikörper* (MAK) produziert. In der praktischen Anwendung entfernt man die nicht fusionierten Myelomzellen und isoliert aufwendig eine einzelne Hybridomzelle aus dem Zellgemisch, die Antikörper des gewünschten Typs bildet.

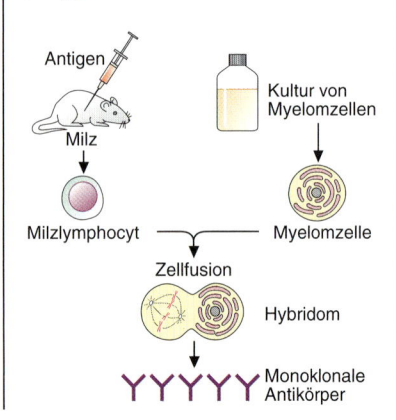

3. Anwendungen monoklonaler Antikörper

MAK's werden für eine Fülle verschiedener Zwecke eingesetzt. Hier ist nur eine Auswahl der Anwendungsmöglichkeiten beschrieben:

a) Blutgruppenbestimmung

Zur Untersuchung, ob rote Blutzellen ein bestimmtes Blutgruppenmerkmal tragen, wird eine Blutprobe mit Antikörpern eigener Spezifität versetzt und auf Agglutination untersucht. Die Antikörper wurden früher nach Sensibilisierung eines Organismus aus dessen Blutserum gewonnen. Dabei konnten im Serum auch zusätzliche Antikörper enthalten sein, die sich mit anderen als den gewünschten Antigenen verbinden. Mit MAK's stehen sie mit sicherer Spezifität zur Verfügung.

b) Immunfluoreszenz

An den konstanten, ungegabelten Molekülabschnitten von Antikörpern lassen sich Fluoreszenzfarbstoffe ankoppeln, die bei Bestrahlung mit UV-Licht fluoreszieren. Mit so veränderten MAK's, die sich in einem Zellgemisch nur an Oberflächenantigene bestimmter Zelltypen binden, lassen sich lichtoptisch nicht unterscheidbare Zelltypen voneinander abgrenzen und trennen. So kann man beispielsweise T-Helferzellen und T-Killerzellen als verschiedene Zellen erkennen und über die spezifischen Antigene charakterisieren.

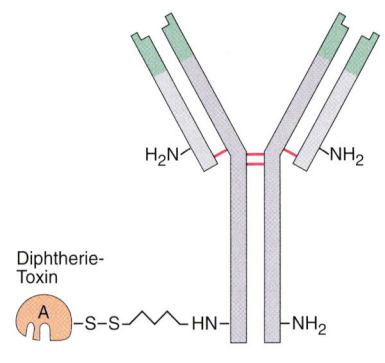

c) Immuntoxine

An das ungegabelte Ende von MAK's lassen sich wirksame Gifte anbinden, wie beispielsweise das Toxin des Diphtherie-Bakteriums oder das aus Ricinus-Samen gewonnene Protein Ricin — beide sehr wirksame Zellgifte. Immuntoxine werden zunehmend in der Medizin eingesetzt. Wenn die Zielzellen ein spezifisches Antigen besitzen und im Körper verteilt sind, kommen sie zur Anwendung. Beispielsweise wird das Knochenmark eines Knochenmarkspenders vor der Transplantation außerhalb des Körpers mit Immuntoxinen behandelt. Damit werden selektiv im Knochenmark enthaltene T-Killerzellen abgetötet. Würden sie mit übertragen, käme es zur Schädigung der Zellen des Empfängers. Weitere klinische Einsatzbereiche sind mit der Behandlung von krebsartig veränderten Zellen des Immunsystems erschlossen. Hier gelingt es, Immuntoxine im Körper spezifisch wirken zu lassen.

4. Autoimmunerkrankungen

Wenn das Immunsystem körpereigene Antigene nicht mehr toleriert, werden körpereigene Strukturen geschädigt. In manchen Fällen kann dies zu Krankheiten führen. Für einige Krankheiten ist nachgewiesen, dass sie als Folge von Autoimmunerkrankungen entstehen. Bei 90% der Patienten mit Zuckerkrankheit (Diabetes mellitus Typ I) hat man Antikörper nachgewiesen, die gegen die Inselzellen der Bauchspeicheldrüse gerichtet sind.

Eine häufig auftretende Autoimmunerkrankung ist chronisch entzündlicher Gelenkrheumatismus. Die Krankheit entwickelt sich schleichend und führt zu schmerzhaften Veränderungen an Gelenken und Knochen. Bei fast allen Betroffenen ist ein sogenannter *Rheumafaktor* nachzuweisen. Es ist ein Antikörper, der gegen körpereigene IgG-Moleküle gerichtet ist. Reagieren die Antikörper miteinander, so entstehen

Immunkomplexe, die eine chronische Entzündung der Gelenkschmiere bewirken.

Die Ursachen der Autoimmunprozesse sind vielfältig und nur teilweise bekannt. Es kommen sowohl genetische Veranlagung als auch im Laufe des Lebens erworbene Veränderungen des Immunsystems in Betracht. So bewirken Infektionen mit zahlreichen, über lange Zeit im Körper existierenden Erregern häufig Autoimmunisierung.

5. Allergien

Für viele Menschen sind Frühjahr und Sommer Jahreszeiten, in denen sie möglichst wenig aus dem Haus gehen sollten. Sie werden von Heuschnupfen geplagt. Pollen reizen die empfindlichen Schleimhäute. Die Folgen sind häufiges Niesen sowie Rötung und Schwellung der Augenbindehaut. Dies sind die Anzeichen einer Überreaktion des Immunsystems gegenüber Fremdstoffen. Man spricht von *Allergien*, von denen es verschiedene Formen gibt.

Heuschnupfen und allergisches Bronchialasthma sind Allergien vom *Soforttyp*. Nur kurze Zeit nach Kontakt mit dem Antigen, das jetzt als *Allergen* bezeichnet wird, tritt eine heftige Reaktion auf. Man hat beobachtet, dass Antikörper der Klasse IgE, die ähnlich gebaut sind wie IgG, hauptsächlich dann gebildet werden, wenn ein Antigen zuerst mit Schleimhäuten in Kontakt kommt. Bei einer Allergie werden IgE-Moleküle, die sich spezifisch mit dem Allergen verbinden können, in sehr großer Menge gebildet. Die y-förmigen Moleküle heften sich mit ihrem ungegabelten Ende an spezifische Rezeptoren von Mastzellen. Dies sind Granulocyten, die sich praktisch überall in Geweben festgesetzt haben. Sie zeigen im mikroskopischen Bild große cytoplasmatische Granula, die Histamin und andere biologisch wirksame Substanzen enthalten. Die Bindung der IgE-beladenen Mastzellen an das Allergen bewirkt die Verschmelzung der Granula mit der Zellmembran und die Freisetzung ihres Inhaltes in den extrazellulären Raum. Viele der sich nun einstellenden Wirkungen, *anaphylaktischer Schock* genannt, werden durch Histamin verursacht. Besonders bedeutend ist die Verengung der Bronchien und die Erhöhung der Permeabilität der Blutgefäße für höher molekulare Stoffe, die in das umgebende Gewebe übertreten. Wegen der Veränderung der osmotischen Verhältnisse strömt Flüssigkeit aus den Blutgefäßen nach. Dies macht sich durch Anschwellung, Hautrötung, Quaddelbildung oder vermehrte Absonderung von Flüssigkeit aus Schleimhäuten bemerkbar.

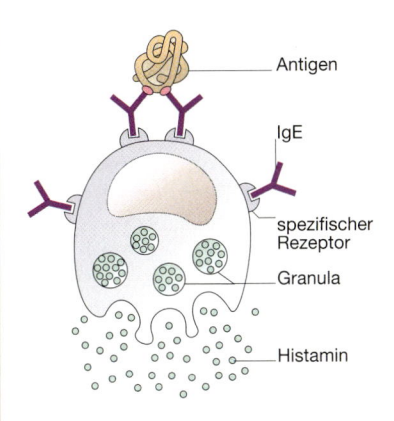

Zahlreiche Stoffe, wie Seifen, Kosmetika, Kunstfasern oder Metalle, wie Nickel und Chrom, die täglich in Kontakt mit der Haut kommen, können als Kontaktallergene wirken. Sie verursachen Reaktionen vom *Spättyp*, die nach einem Tag oder erst nach 4 Wochen ihr Maximum erreicht haben. Allergische Reaktionen, die mit dieser Verzögerung auftreten, werden durch Zellen vermittelt. Es sind verschiedene Zelltypen beteiligt, vor allem T-Lymphocyten und Makrophagen. Ausgeprägte zelluläre Überempfindlichkeitsreaktionen können zur Schädigung des körpereigenen Gewebes führen und äußern sich beispielsweise durch Ekzembildung.

Über die Entstehung von Allergien ist sehr wenig bekannt, sodass vorbeugende medizinische Maßnahmen nicht ergriffen werden können. Die Behandlung allergischer Reaktionen ist wegen der weithin ungeklärten Ursachen schwierig. Eine wirksame Methode ist die Vermeidung des Allergenkontaktes. Wo dies nicht gelingt, versucht man mit regelmäßigen, langsam steigenden Allergendosen eine dauerhafte *Desensibilisierung* zu erreichen, was in manchen Fällen Erfolg hat. Eine weitere Methode mit kurz dauernder Wirkung ist das Neutralisieren von freigesetztem Histamin mittels Medikamenten, sogenannten *Antihistaminika*.

6. Transplantation

Die Übertragung von fremdem Gewebe auf einen Empfänger löst eine Immunreaktion aus, die zur Zerstörung der fremden Zellen führt. Man spricht von der Abstoßung des Transplantats. Je ähnlicher sich Spender und Empfänger in ihrer genetischen Struktur sind, desto besser sind jedoch die Chancen dafür, dass mit medikamentöser Unterstützung das Transplantat erhalten werden kann.

Die Abwehrreaktionen des Immunsystems richten sich gegen Antigene, die auf der Zellmembran sitzen. Diese Transplantationsantigene (*HLA-Antigene*) sind teilweise individualspezifisch, sodass die Abstoßung nur bei eineiigen Zwillingen ausbleibt. HLA-Antigene kommen auf den Zellen verschiedener Gewebe in unterschiedlicher Dichte vor. Auf roten Blutzellen fehlen sie gänzlich.

Weltrekorde

Organ	Funktionsdauer
Niere	28 Jahre, 11 Monate
Leber	22 Jahre
Herz	20 Jahre, 6 Monate
Pankreas	18 Jahre, 5 Monate
Knochenmark	23 Jahre

(Stand 1993)

Vermutlich sind an der Abwehrreaktion hauptsächlich Killer-T-Lymphocyten und Makrophagen beteiligt. Um die Abstoßungsreaktion zu verhindern, wird auf größtmögliche Übereinstimmung der HLA-Antigene zwischen Spender und Empfänger geachtet. In der Praxis muss zusätzlich das Immunsystem medikamentös gehemmt werden. Da die Hemmung unselektiv ist, steigt das Risiko, an schwer beherrschbaren Infektionen zu erkranken. Das Ziel, auf das hingearbeitet wird, ist die *selektive Immuntoleranz*, bei der gegen die Spenderantigene keine Immunreaktion in Gang kommt, jedoch gegen alle anderen Fremdantigene.

In Tierversuchen wurden dabei erste Erfolge erzielt. Ratten wurde fremdes Inselgewebe aus der Bauchspeicheldrüse in den Thymus implantiert. Ihr Organismus tolerierte daraufhin die spätere Verpflanzung von Inselgewebe. Vermutlich wurden im Thymus reifende T-Zellen mit den Antigenen des künftigen Transplantats in Kontakt gebracht, die dann wie körpereigene Antigene behandelt wurden. Nach der Transplantation wurden die Fremdantigene nicht mehr als solche erkannt und die Abstoßungsreaktion entfiel.

AIDS

Aquired
Immune
Deficiency
Syndrome

erworbenes
Immun-
schwäche-
Syndrom

HIV

Human-
Immunschwäche-
Virus

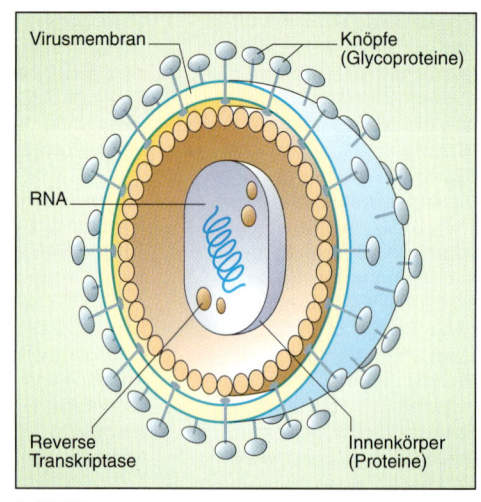

1 HI-Virus

AIDS

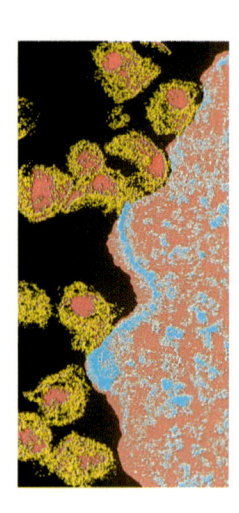

Die ersten AIDS-Fälle wurden in den Jahren 1981/82 bekannt. Innerhalb kurzer Zeit erschienen einige junge Menschen mit Krankheitssymptomen bei Ärzten, die bisher nur bei älteren Patienten aufgetreten waren. Es handelte sich hauptsächlich um Hauttumore, die häufig mit verschiedenen Infektionskrankheiten einhergingen. Es konnte nachgewiesen werden, dass bei diesen Patienten das Immunsystem stark geschwächt war.

1983 wurde der Erreger dieser Immunschwächekrankheit identifiziert: Das **H**uman-**I**mmunschwäche-**V**irus *(HIV)*, das RNA als genetisches Material besitzt (Abb. 1). Gelangen diese Viren in den Organismus, so werden sie zwar von Makrophagen phagocytiert, jedoch nicht zersetzt. Stattdessen vermehren sie sich in den Makrophagen und gelangen an die Zelloberfläche. Beim Kontakt mit T-Helferzellen werden auch diese infiziert, da sie einen Rezeptor an der Zelloberfläche tragen (CD4-Molekül), der sich mit einem Hüllprotein der Viren verbindet. In den T-Helferzellen vermehren sich die Viren. Dies muss aber nicht sofort nach der Infektion geschehen. Mit dem Enzym reverse Transkriptase können die Viren von ihrer RNA eine DNA-Kopie erzeugen, die ins Genom der Wirtszelle eingebaut wird (Abb. 2). So ist HIV teilweise jahrelang ohne Angriffsmöglichkeit für die Abwehreinrichtungen im Organismus versteckt. Daher ist die Zeitspanne von der Infektion bis zum Ausbruch der Krankheit *(Inkubationszeit)* sehr lange. Sie dauert etwa 11 Jahre, kann jedoch auch 2 Jahre oder 2 Jahrzehnte betragen.

Bei jeder Aktivierung einer infizierten T-Helferzelle durch ein Antigen kommt es zur Virenvermehrung. Das Ausschleusen aus der Zelle verursacht so große Löcher in der Zellmembran, dass die T-Helferzellen dabei zugrunde gehen. Dies hat schwerwiegende Folgen für das Immunsystem, da bei Ausfall der T-Helferzellen die Aktivierung der B-Lymphocyten, die Antikörper bilden, und der T-Killerzellen, die infizierte Zellen beseitigen, unterbleibt. Ein gesunder Mensch hat etwa 1000 T-Helferzellen je µl Blut. Wenn dieser Wert bis auf 200 gesunken ist, so ist das Endstadium der Krankheit AIDS erreicht. Die Überlebenszeit beträgt noch etwa 2—3 Jahre. Meist sterben die Patienten an Infektionen mit verschiedensten Erregern, die Gesunden nicht gefährlich werden können. Vermutlich ist die katastrophale Zerstörung des Immunsystems nicht nur eine Folge der infizierten T-Helferzellen. Möglicherweise sind weitere Faktoren, wie die Infektion der Makrophagen und die Zerstörung infizierter T-Helferzellen durch T-Killerzellen, bei der Inaktivierung der Immunabwehr beteiligt.

Die AIDS-Forschung hat derzeit zwei Hauptziele. Die Suche nach einem Impfstoff und die Entwicklung von Medikamenten zur Behandlung Infizierter und Erkrankter. Die Herstellung eines Impfstoffes ist sehr schwierig, denn das HIV zeigt eine hohe Mutationsrate. Es entstehen immer wieder neue Viren mit neuen Antigenen. Bei einem einzigen Patienten wurden 14 verschiedene Virusvarianten nachgewiesen. Diese Variabilität bewirkt, dass die Antikörper, die das Immunsystem Infizierter bildet, zu einem sehr großen Teil

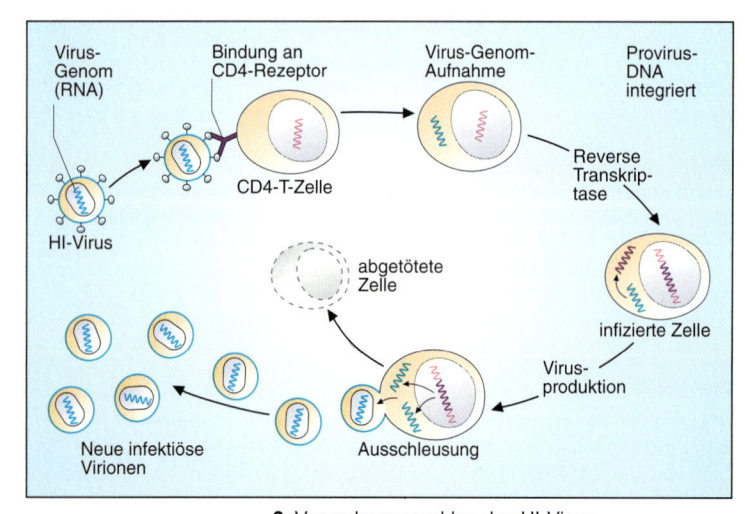

2 Vermehrungszyklus des HI-Virus

wirkungslos sind. Werden sie produziert, dann ist so viel Zeit vergangen, dass bereits wieder neue Viren existieren, die damit nicht gebunden werden können.

Trotz Fortschritten bei der Medikamentenentwicklung in den letzten Jahren lässt sich die Krankheit AIDS nicht heilen und verläuft in jedem Fall tödlich. Dennoch gibt es Möglichkeiten, in den Vermehrungszyklus des Virus einzugreifen. Beispielsweise bewirkt der Stoff *Azidothymidin* (AZT) die Hemmung des Virusenzyms reverse Transkriptase. Bei rechtzeitiger Anwendung kann AZT die Zeit zwischen Infektion und Ausbruch der Krankheit um etwa zwei Jahre verlängern.

Etwa 6 Wochen nach der Neuinfektion ist das HIV in allen Körperflüssigkeiten enthalten. Betroffene leiden zwar kurz nach der Infektion für etwa zwei Wochen an grippeähnlichen Symptomen (Unwohlsein, Fieber, Kopf-, Muskel- und Gelenkschmerzen), aber sie fühlen sich danach über viele Jahre hinweg bis zum Ausbruch der Krankheit völlig gesund. Viele wissen nichts von ihrer Infektion. Dennoch können sie andere Menschen infizieren. Im Blut tritt das Virus in höchster Konzentration auf. Darum ist durch Blutkontakt das Infektionsrisiko am größten. Auf diesem Weg infizieren sich viele Drogenabhängige, die gemeinsam Injektionsnadeln und Spritzen benutzen, an denen Blutreste haften. Die häufigsten Neuinfektionen in unserer Gesellschaft erfolgen beim Geschlechtsverkehr. Im Sperma und im Scheidensekret Infizierter sind ebenfalls hohe Viruskonzentrationen vorhanden. Beim Geschlechtsverkehr mit einem infizierten Partner besteht ein sehr hohes Infektionsrisiko, das bei Verwendung von Kondomen gemindert ist.

Wegen der langen Inkubationszeit und der genetischen Variabilität ist die Bekämpfung des Virus sehr schwierig. Nur durch eigenverantwortliches Handeln kann sich der Einzelne schützen und die weitere Verbreitung des Erregers verhindern. Auf den Kondomgebrauch sollte in einer Partnerschaft erst dann verzichtet werden, wenn sicher ist, dass keiner der Partner Virusträger ist. Dies lässt sich mit einem HIV-Test feststellen.

Die Anzahl HIV-Infizierter und der AIDS-Patienten nimmt weiterhin zu, wobei die Anzahl der Erkrankten der Anzahl der Infizierten vor etwa 10 Jahren entspricht. Leider ist davon auszugehen, dass praktisch alle Infizierten im Laufe der Zeit an AIDS erkranken und daran sterben werden. Jeder kann eines Tages mit einem Infizierten zusammentreffen. Deshalb ist es wichtig zu wissen, dass bei alltäglichen Kontakten am Arbeitsplatz oder in Schulen keine Ansteckungsgefahr besteht. Beim Händeschütteln, Anhusten oder der gemeinsamen Benutzung von Besteck und Geschirr besteht keine Infektionsgefahr. Infizierte dürfen nicht ausgegrenzt werden, sondern können ohne Gefahr für andere am gesellschaftlichen Leben teilnehmen und benötigen Verständnis für ihre schwierige Situation.

Aufgabe

① Stellen Sie die Faktoren zusammen, die bewirken, dass AIDS eine sehr gefährliche Krankheit ist.

Der HIV-Test

Die Konzentration von HIV im Blut ist für einen Nachweis meist zu gering. Alle Tests beruhen auf dem Nachweis der Antikörper gegen HIV, die einige Wochen nach der Infektion in genügender Menge vorhanden sind. Beim ELISA-Test (Enzyme-Linked-Immunoabsorbent Assay = enzymgekoppelter Immunabsorptionstest) wird Blutserum der Testperson in ein Gefäß gebracht, an dessen Boden HI-Virusproteine fixiert sind. Enthält das Serum Antikörper, findet die Immunreaktion statt. Anschließend wird das Gefäß ausgewaschen — am Boden bleiben gebundene Antikörper zurück.

Diese Immunreaktion wird sichtbar, indem speziell hergestellte Antikörper zugegeben werden, an die ein Enzym angekoppelt ist. Diese Antikörper verbinden sich mit dem ungegabelten Teil der HIV-Antikörper (IgG), die an den Virusproteinen angelagert sind. Nach erneuter Waschung wird die Vorstufe eines Farbstoffs zugegeben. Dieser wird durch das antikörpergekoppelte Enzym zum Farbstoff verändert. Die auftretende Rotfärbung ist der sichtbare Nachweis für vorhandene HIV-Antikörper; der Test ist positiv.

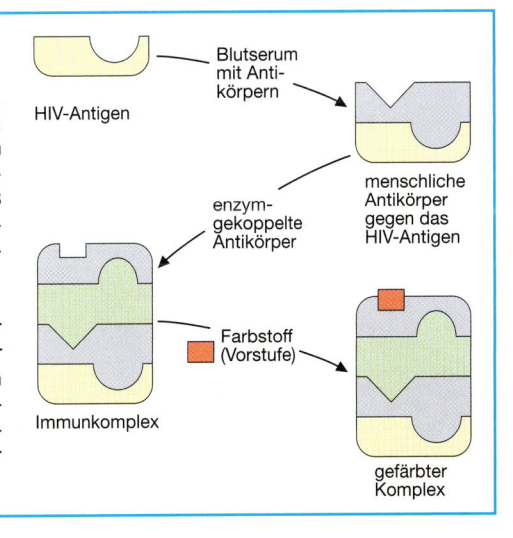

Entwicklungsbiologie

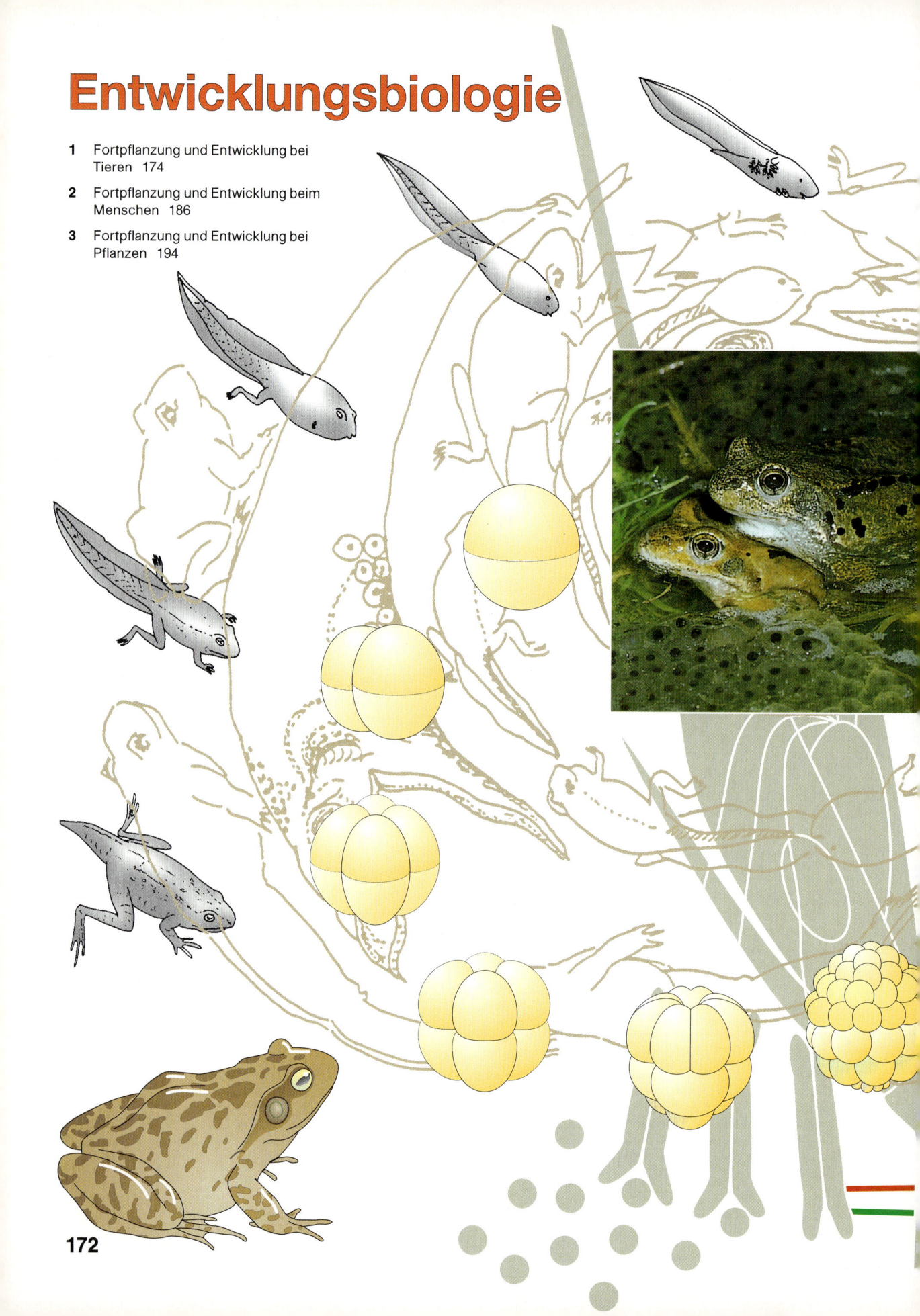

1. Fortpflanzung und Entwicklung bei Tieren 174
2. Fortpflanzung und Entwicklung beim Menschen 186
3. Fortpflanzung und Entwicklung bei Pflanzen 194

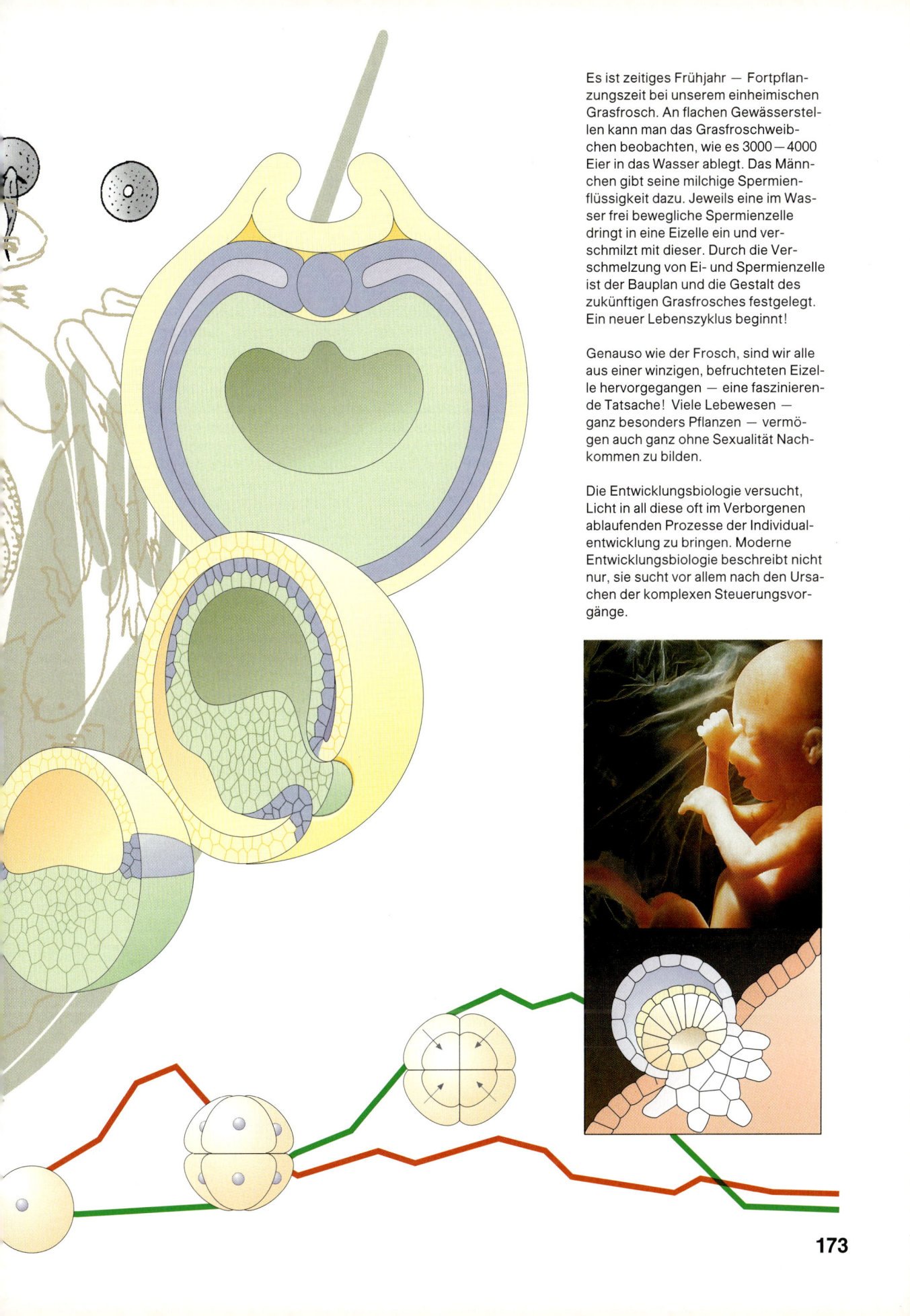

Es ist zeitiges Frühjahr — Fortpflanzungszeit bei unserem einheimischen Grasfrosch. An flachen Gewässerstellen kann man das Grasfroschweibchen beobachten, wie es 3000—4000 Eier in das Wasser ablegt. Das Männchen gibt seine milchige Spermienflüssigkeit dazu. Jeweils eine im Wasser frei bewegliche Spermienzelle dringt in eine Eizelle ein und verschmilzt mit dieser. Durch die Verschmelzung von Ei- und Spermienzelle ist der Bauplan und die Gestalt des zukünftigen Grasfrosches festgelegt. Ein neuer Lebenszyklus beginnt!

Genauso wie der Frosch, sind wir alle aus einer winzigen, befruchteten Eizelle hervorgegangen — eine faszinierende Tatsache! Viele Lebewesen — ganz besonders Pflanzen — vermögen auch ganz ohne Sexualität Nachkommen zu bilden.

Die Entwicklungsbiologie versucht, Licht in all diese oft im Verborgenen ablaufenden Prozesse der Individualentwicklung zu bringen. Moderne Entwicklungsbiologie beschreibt nicht nur, sie sucht vor allem nach den Ursachen der komplexen Steuerungsvorgänge.

1 Fortpflanzung und Entwicklung bei Tieren

Geschlechtliche und ungeschlechtliche Fortpflanzung

Anfang März kann man in der Umgebung von Tümpeln und Teichen ein vielstimmiges Quaken hören. Es ist der Lockruf, der Grasfroschmännchen und -weibchen zusammenführt und in Hochzeitsstimmung bringt. Trifft ein Männchen auf ein Weibchen, so klettert es darauf und lässt sich von ihm zum Laichgewässer tragen. Dort geben sie gleichzeitig ihre Eier bzw. Spermien ins Wasser ab. Wasser ist ein ideales Übertragungsmedium für die eigenbeweglichen Spermien und wird von den meisten wasserlebenden Tieren in ähnlicher Weise genutzt. So entlässt auch der einheimische Süßwasserpolyp der Gattung Hydra seine Eier und Spermien frei ins Wasser. In diesen Fällen findet eine *äußere Besamung* statt. Unter Besamung versteht man Kontakt und Eindringen einer Spermienzelle in eine Eizelle. Sie führt normalerweise zur Befruchtung *(Kernverschmelzung),* ist mit dieser jedoch nicht gleichzusetzen.

Land bewohnende Tiere haben — sofern sie sich nicht zur Fortpflanzung wieder ins Wasser begeben — neue Strategien entwickelt. Löwenweibchen z. B. haben weder eine bestimmte Fortpflanzungszeit im Jahr, noch haben sie eine regelmäßig auftretende Paarungsbereitschaft. Sie werden in unregelmäßigen Abständen von einigen Wochen bis mehreren Monaten für einige Tage brünstig. Diese Phase wird auch als *Östrus* bezeichnet. Sie wird durch Sexualhormone gesteuert und äußert sich oft durch besondere Verhaltensweisen, Paarungsrufe oder in der Produktion stark duftender Locksubstanzen. Zu dieser Zeit liegen die Keimzellen in den Keimdrüsen (Hoden und Eierstöcke) im befruchtungsbereiten, reifen Zustand vor.

Notwendige Voraussetzung für die sexuelle Fortpflanzung ist, dass sich die Geschlechtspartner finden, als solche erkennen und ihre Paarungsbereitschaft synchronisiert ist. Beim Grasfrosch gilt der Außenfaktor Temperatur als entscheidender Zeitgeber, bei Löwen sind es wahrscheinlich Geruchssignale. Bei den meisten Landbewohnern hat sich eine direkte Übertragung der Spermien in den weiblichen Geschlechtsapparat als vorteilhaft erwiesen. Man spricht dann von *Begattung* oder *Kopulation.* Kopulation und Besamung bzw. Befruchtung können direkt aufeinander folgen oder zeitlich mehr oder weniger weit auseinander liegen, wie es z. B. bei Bienen der Fall ist. Auf ihrem Hochzeitsflug paart sich die junge Königin mit ca. sieben Drohnen, deren Spermien sie in einer dafür vorgesehenen Tasche speichert. Dieser Vorrat reicht für ein vier- bis fünfjähriges Leben, in dem die Königin während des Sommers täglich bis zu 2000 Eier ablegt. Viele Landbewohner haben hoch spezialisierte Begattungswerkzeuge entwickelt (z. B. Penis bei Säugern, Insekten und Schnecken). Andere pressen lediglich ihre Genitalöffnun-

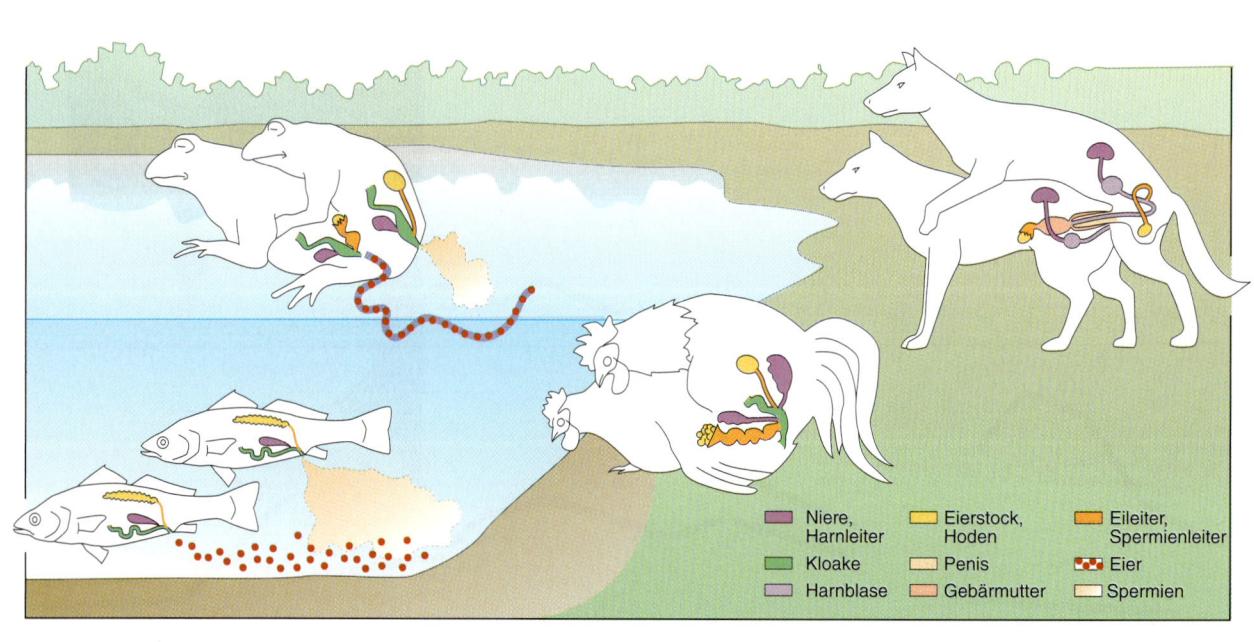

Begattung (Kopulation)
Übertragung der Spermien in den weiblichen Geschlechtsapparat

Besamung
Kontakt und Eindringen eines Spermiums

Befruchtung
Kernverschmelzung

174 Entwicklungsbiologie

gen oder Kloaken zur Spermienübertragung aufeinander (z. B. Vögel). Spinnenmännchen haben in ihren Tasterendungen eine Art Kolbenfüllermechanismus entwickelt, mit dem sie ihre eigenen Spermien aufsaugen, die sie dann später in die Geschlechtsöffnung des Weibchens pumpen. In all diesen Fällen kommt es zu einer *inneren Besamung*. Die empfindlichen Keimzellen werden so vor dem Austrocknen geschützt und der Verlust wird klein gehalten.

Süßwasserpolypen bilden häufig seitliche Knospen, die sich bereits nach wenigen Tagen ablösen und sich zu selbstständigen Tieren entwickeln (siehe Randspalte). Voraussetzung für die Knospenbildung ist, dass einzelne Zellen eines ausgewachsenen Polypen noch wenig spezialisiert (d. h. undifferenziert) sind. Sie können wieder beginnen, sich zu teilen. Man bezeichnet solche Zellen als *embryonal*. Durch stets wiederholte Mitosen werden sie zum Ausgangspunkt für eine neue Generation, die eine erbgleiche Kleinausgabe des Stammpolypen darstellt. Da in diesem Fall keine Keimzellen gebildet werden und keine Befruchtung in den Lebenszyklus eingeschlossen ist, spricht man von *ungeschlechtlicher Fortpflanzung*, beim Vorhandensein mehrerer Knospen auch von *ungeschlechtlicher Vermehrung*.

Bei den meeresbewohnenden Verwandten der Süßwasserpolypen kann man ungeschlechtliche Fortpflanzung und Vermehrung durch Quereinschnürungen beobachten. Die tellerartig gestapelten Tochterindividuen entwickeln sich nach der Loslösung zu frei schwimmenden *Medusen* (Quallen). Der Polyp ist hier nicht zur Keimzellenbildung in der Lage. Diese Funktion übernimmt die ausgewachsene Meduse. Sie stellt die Geschlechtsgeneration dar, die die Keimzellen frei ins Wasser entlässt. Ungeschlechtlich und geschlechtlich entstandene Generation wechseln in regelmäßiger Folge, was man als *Generationswechsel* bezeichnet.

Ungeschlechtliche Fortpflanzung kommt im Tierreich bei weitaus weniger Arten vor als im Pflanzenreich. Je einfacher der Bauplan eines Tieres organisiert ist, desto eher können einzelne Zellen auch im erwachsenen Tier embryonalen Charakter bewahren. Vorwiegend sesshafte Wirbellose oder Endoparasiten, die nur schwer einen Geschlechtspartner finden, wie beispielsweise der Bandwurm, nutzen diese Art der schnellen Vervielfachung neben der geschlechtlichen Fortpflanzung. Eine genetische Neukombination ist allerdings auf diesem Wege nicht möglich. Wirbeltiere sind nicht in der Lage, erbgleiche Nachkommen abzugliedern. Die Körperzellen sind so weit differenziert, dass sie diese Fähigkeit verloren haben. Vergleicht man allerdings die Stadien ihrer Embryonalentwicklung, so lässt sich feststellen, dass sich die frühen Furchungsstadien noch relativ problemlos voneinander trennen können und zu eigenständigen, genetisch identischen Individuen heranwachsen. Während diese eineiige Mehrlingsbildung oder *Polyembryonie* beim Menschen die Ausnahme darstellt, tritt sie z. B. bei Gürteltieren regelmäßig auf.

In der Nutztierzüchtung können diese Erkenntnisse praktische Anwendung finden (s. Randspalte). Im Achtzellstadium sind beispielsweise beim Schaf und beim Kaninchen noch alle Zellen zur eigenständigen Entwicklung fähig, wenn man sie künstlich voneinander trennt. Die Tiere, die auf diesem Wege entstehen, bezeichnet man als *Klon*. Klonen nennt man allgemein das Herstellen von identischen Kopien eines Lebewesens.

Ein Schaf mit züchterisch ausgewählten Eigenschaften könnte so als Spender eines Achtzellstadiums dienen. Jede einzelne der acht Zellen kann nun auf je ein „Empfängerschaf" übertragen werden und sich zu einem Lamm entwickeln. Alle acht Lämmer sind erbgleich untereinander. Sie bilden einen Klon und besitzen alle die gleiche Kombination aus väterlichen und mütterlichen Merkmalen. In der Praxis wird heute meist nicht die soeben geschilderte Methode angewandt, sondern ein Kerntransfer vorgenommen.

Aufgaben

① Stellen Sie die Entwicklung der Besamung innerhalb der systematischen Gruppen der Wirbeltiere anhand von Abb. 174.1 dar.
② Diskutieren Sie die Vor- und Nachteile der ungeschlechtlichen Fortpflanzung bzw. Vermehrung für die Erhaltung der Art im Vergleich zur geschlechtlichen Fortpflanzung. Informieren Sie sich in diesem Zusammenhang über den Lebenszyklus des Schweine- oder Rinderbandwurms.
③ Erläutern Sie, ob das Hydra-Elterntier mit den ungeschlechtlich erzeugten Nachkommen einen Klon bildet. Wie verhält es sich bei einem Mutterschaf und künstlich erzeugten Mehrlingen?

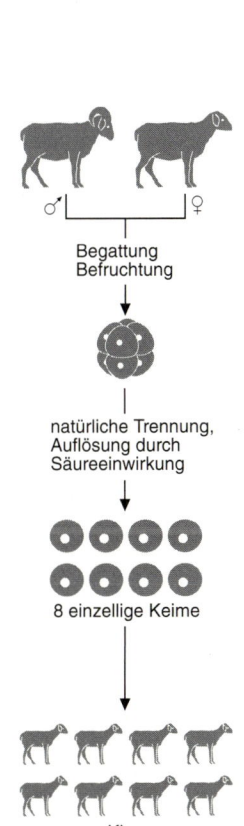

Entwicklungsbiologie **175**

Besamung und Befruchtung beim Seeigel

Befruchtung

Bereits 1875 beobachtete und beschrieb OSKAR HERTWIG — Professor für Anatomie an den Universitäten Jena und Berlin — Seeigeleier und Spermien mit dem Mikroskop. Auch heute noch sind Seeigel *(Echinoderme)* aktuelle Objekte der Embryologie, da sich an ihnen viele grundlegende Phänomene beschreiben lassen.

HERTWIG beschrieb seine Beobachtungen wie folgt: „Bei den meisten Echinodermen werden die sehr kleinen, durchsichtigen Eier in völlig reifem Zustande in das Meerwasser abgelegt, nachdem sich bereits die Polzellen . . . gebildet und einen kleinen Eikern erhalten haben. . . . Man kann jetzt am lebenden Objekt leicht verfolgen, wie von den zahlreichen, im Wasser lebhaft herumschwimmenden Samenfäden sich immer mehr auf der Oberfläche der Eier festsetzen. . . . Stets wird unter normalen Verhältnissen die Befruchtung nur von einem einzigen Samenfaden und zwar von demjenigen ausgeführt, der sich am frühesten dem membranlosen Ei genähert hat. An der Stelle, wo sein Kopf, der die Gestalt einer kleinen Spitzkugel hat, mit seiner scharfen Spitze die Oberfläche des Dotters berührt, reagiert diese auf den Reiz durch Bildung eines kleinen Höckers von homogenem Protoplasma, des Empfängnishügels, wie ich ihn zu nennen vorgeschlagen habe. . . . Fast gleichzeitig wird eine feine Membran vom befruchteten Ei auf der ganzen Oberfläche ausgeschieden; sie beginnt zuerst in der Umgebung des Empfängnishügels und breitet sich von hier rasch auf das ganze Ei aus. Der äußeren Copulation der beiden Zellen schließen sich Vorgänge im Innern des Dotters an, welche als innerer Befruchtungsact zusammengefaßt werden können" (O. HERTWIG, Lehrbuch der Entwicklungsgeschichte des Menschen und der Wirbelthiere, Jena 1896).

HERTWIG unterscheidet bereits zwischen äußeren Vorgängen, die weitgehend mit dem heutigen Verständnis von Besamung übereinstimmen, und einem inneren Prozess der *Kernverschmelzung*. Letzteren definieren wir heute als *Befruchtung*.

Die Entwicklung des Elektronenmikroskops ermöglichte auch für den Besamungsvorgang neue Erkenntnisse. Die Wechselwirkungen zwischen Spermienkopf und Eihülle entpuppten sich als komplexe biochemische Prozesse, bei denen die erste Kontaktaufnahme zwischen Spermienspitze und Eihülle einem Austausch von Erkennungsparolen gleicht (siehe Befruchtung beim Menschen). Erst danach durchdringt der Spermienkopf die Eihülle; Kopf und Mittelstück des Spermiums können sodann in die Eizelle eintreten. Der Schwanz bleibt in der Regel draußen. Damit ist die Voraussetzung für die Befruchtung — die Verschmelzung eines Eizellkerns und eines Spermienzellkerns — gegeben.

Furchung und Keimblattbildung

Das Ei des Seeigels ist dotterarm und hat einen Durchmesser von ca. 0,1 mm. Bereits am unbefruchteten Ei ist aufgrund einer ungleichmäßigen Pigmentierung eine Polarität zu erkennen. Die Pole werden als *animaler* und *vegetativer Pol* bezeichnet (Abb. 1).

Durch die Befruchtung werden mitotische Kernteilungen ausgelöst, denen bald die Teilung des Plasmas folgt (Abb. 2). Nach den ersten beiden Zellteilungen ähnelt der Keim einer vierspaltigen, geschälten Orange (Abb. 3). Deutliche Furchen verlaufen senkrecht vom animalen zum vegetativen Pol *(Meridionalebene)*. Man spricht deshalb auch von *Furchungen*. Die dritte Furchung verläuft horizontal in einer gedachten Äquatorialebene (Abb. 4 a, b). Da das gesamte Keimmaterial in diesem Furchungsstadium

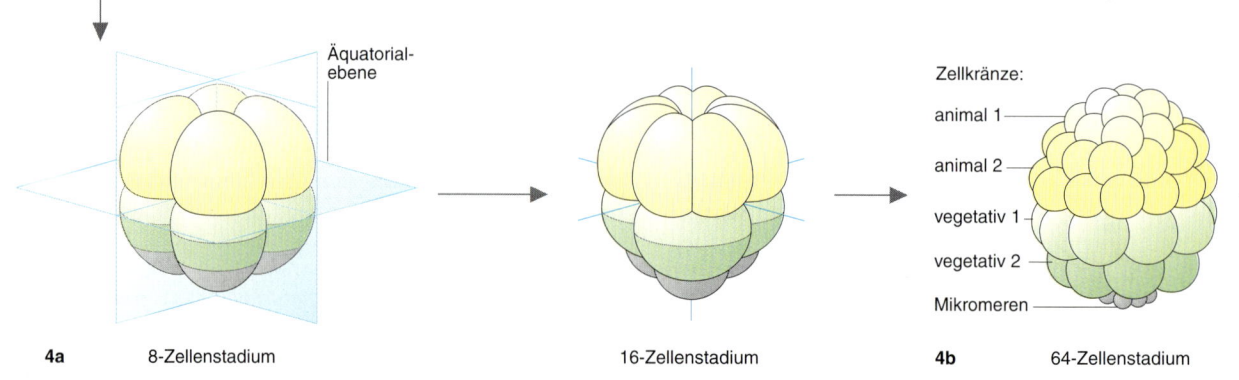

1 — animaler Pol / vegetativer Pol — Zygote

1. Furchungsteilung

1. Meridionalebene

2 — 2-Zellenstadium

2. Furchungsteilung

2. Meridionalebene

3 — 4-Zellenstadium

3. Furchungsteilung

4a — Äquatorialebene — 8-Zellenstadium

16-Zellenstadium

4b — Zellkränze: animal 1, animal 2, vegetativ 1, vegetativ 2, Mikromeren — 64-Zellenstadium

in etwa gleich große Zellen *(Blastomere)* aufgegangen ist, nennt man diesen Furchungstyp *total-äqual*. Er ist typisch für dotterarme (plasmaarme) Eier.

Das Zellmaterial hat sich trotz weitergehender Teilungen während der ganzen Zeit nicht vermehrt. Das bedeutet, die mütterlichen Plasmaanteile wurden auf verschiedene Zellen verteilt, die zwangsläufig immer kleiner werden. Es entsteht zunächst ein Zellhaufen, eine *Morula,* und schließlich eine Hohlkugel oder *Blastula* (Abb. 5), die durch ihre Bewimperung frei schwimmen kann. Den entstandenen Hohlraum bezeichnet man als *Blastocoel*. Dieses Stadium kann man bereits nach ca. 24 Stunden beobachten. Die Furchung ist damit beendet und wird von Prozessen abgelöst, die man als *Gastrulation* bezeichnet.

Nach weiteren vier Stunden wandern vom vegetativen Pol Zellen in den Hohlraum der Blastula (Abb. 6). Wenige Stunden später stülpen sich am vegetativen Pol Zellen in das Innere. Das ganze Gebilde ähnelt nun einem eingedellten Ball. Man nennt diese Art der Gastrulation *Invagination* (Abb. 7). Der Keim verfügt nun über einen *Urdarm* und dessen Mündung nach außen, einen *Urmund*. Er heißt von jetzt an *Gastrula*. Darüber hinaus besteht er nun erstmalig aus drei Schichten, den sogenannten *Keimblättern*. Die Zellen des Urdarms bilden das innere Keimblatt *(Entoderm)*, die eingewanderten Zellen sind Vorläufer des mittleren Keimblatts *(Mesoderm)*, die Außenschicht wird zum äußeren Keimblatt *(Ektoderm)*. Durch langwierige Entwicklungsbeobachtungen hat man die Bedeutung der einzelnen Keimblätter für die zukünftigen Organentwicklungen herausgefunden.

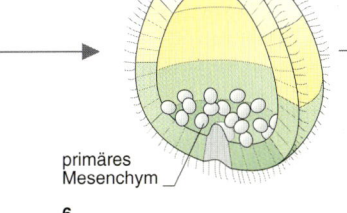

Pluteuslarve und Metamorphose

Bis zum dritten Tag hat sich die Gastrula unter vielfältigen Umgestaltungen zu einer Larve entwickelt (Abb. 8, 9). Diese Pluteuslarve hat auffällige Fortsätze, mit denen sie im Meerwasser schwebt. Ihre Nahrung kann sie sich durch Wimpern heranstrudeln. Der eigentliche Mund ist erst jetzt zum Urdarm durchgebrochen. Der Urmund wird zum After. Damit ist der Seeigel — wie auch die Wirbeltiere — ein *Neumundtier* oder *Deuterostomier*. Tiere, bei denen der Urmund zum definitiven Mund wird, bezeichnet man dagegen als *Protostomier*, zu denen Ringelwürmer und Gliedertiere gehören. Die Pluteuslarve hat keinerlei Ähnlichkeit mit dem ausgewachsenen Seeigel. Erst nach einigen Wochen beginnt die Umorganisation zum bodenlebenden Seeigel. Die Gestalt ändert sich dabei völlig. Einzelne Organe, wie z. B. die Geschlechtsorgane, werden jetzt erst gebildet.

Derartige Entwicklungen, bei denen ein oder mehrere Larvenstadien eingeschaltet sind, kommen bei Tieren häufig vor, man nennt sie *Metamorphosen*. Besonders Insekten zeigen ein vielfältiges Spektrum an Metamorphosetypen: Die Anzahl und der Grad der Ähnlichkeit der Larven mit dem geschlechtsreifen Tier können dabei sehr unterschiedlich sein. Oft ist nach dem letzten Larvenstadium noch ein Ruhe- und Umbaustadium (die Puppe) eingeschaltet, wie beispielsweise bei den Schmetterlingen.

Aufgaben

① Nennen Sie Gründe, warum der Seeigel zu einem derart beliebten Forschungsobjekt der Embryologen wurde.
② Welche Bedeutung hat der Begriff „Copulation" im Text von Oskar Hertwig, und was verstehen wir heute unter Kopulation?
③ Informieren Sie sich über vollständige und unvollständige Metamorphosen bei Insekten. Wie würden Sie in diesem Zusammenhang die Entwicklung des Seeigels bezeichnen?

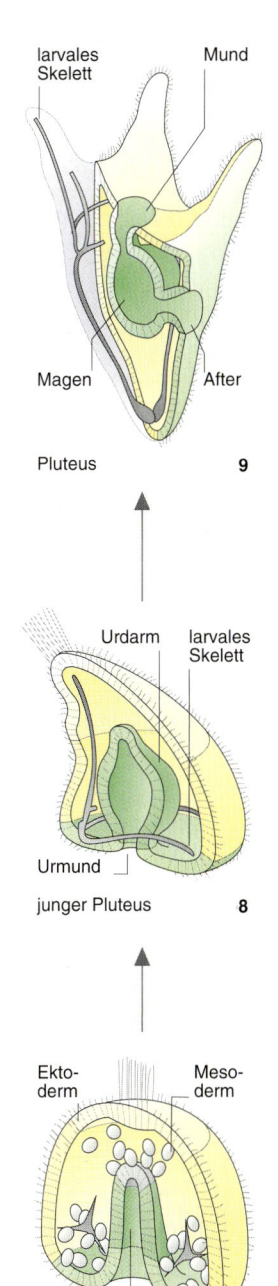

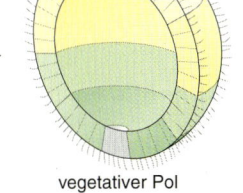

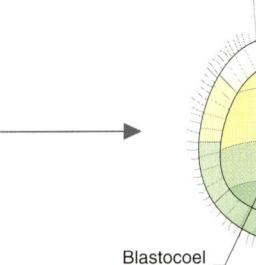

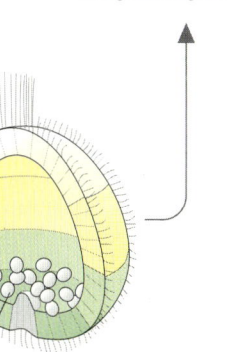

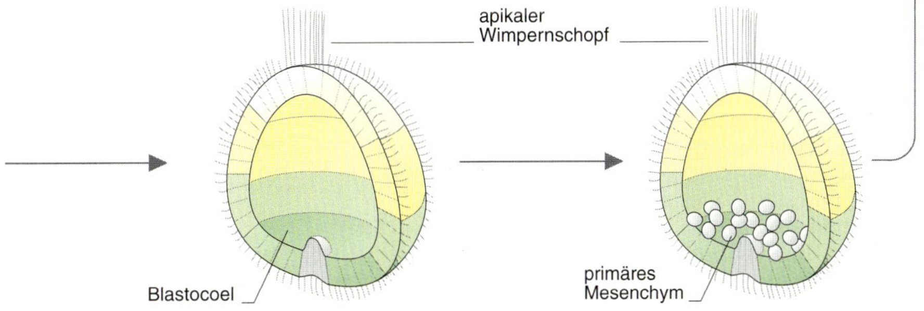

Praktikum

Seeigel

Seeigeleier sind faszinierend, da ihre Entwicklung durch die äußere Besamung gut beobachtbar ist und sich auch unter Laborbedingungen vollzieht: „Sea urchin eggs are objects of wonder for the student who sees them for the first time under the microscope . . ." (C. CZIHAK, The Sea Urchin Embryos).

Für die folgenden Versuche werden geschlechtsreife, lebende sowie konservierte (tote) Exemplare vom Seeigel *Psammechinus miliaris* verwendet. Man kann aber auch komplette Entwicklungsreihen vom Ei bis zur Pluteuslarve bestellen (Meeresbiologische Anstalt, Helgoland).

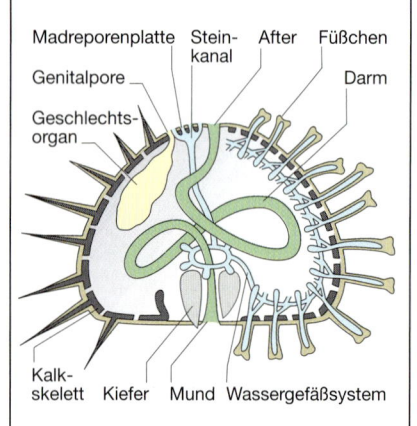

Präparation der Geschlechtsorgane an toten Seeigeln:
Die Geschlechtsorgane sind bei großen Exemplaren stark entwickelt und bilden fünf traubige Organe, die an der Schalenwand angeheftet sind. Um sie freizulegen, sägt man die Schale des konservierten Seeigels mit einer Laubsäge etwas unterhalb der Mitte horizontal auf. Um die Schalenhälften öffnen zu können, muss man zunächst den Steinkanal knapp unter der Madreporenplatte durchschneiden (s. Abb.).

Erkennung der Geschlechter:
Die Seeigel werden in der Regel nach Geschlechtern getrennt versandt. Sie sind äußerlich aber gut unterscheidbar. Die Männchen tragen Papillen an den Genitalporen, die Weibchen nicht.

Gewinnung der Gameten am lebenden Seeigel:
Die lebenden Seeigelweibchen setzt man so mit der Mundseite nach oben auf ein randvoll mit Seewasser gefülltes Becherglas, dass die Genitalöffnungen in das Seewasser eintauchen (s. Abb.). Nunmehr wird mit einer Pipette 0,6 molare KCl-Lösung in die Mundöffnung getropft. Dadurch wird die Muskulatur in der Gonadenwand zur Kontraktion veranlasst. Der Seeigel gibt seine Gameten ab und die Eier sammeln sich am Boden des Gefäßes.

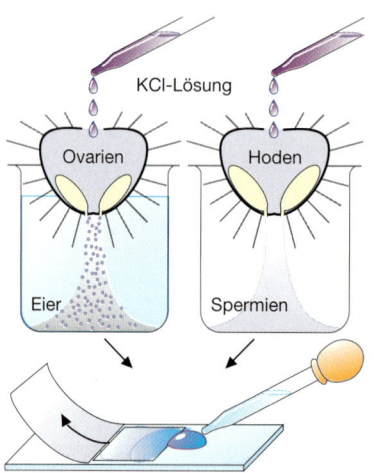

Beim männlichen Tier verfährt man genauso, allerdings wird das Becherglas vorher nicht mit Wasser gefüllt. Die Tiere nehmen bei dieser Art der Keimzellengewinnung keinen Schaden. Bereitet man Seewasser zu, so können die Tiere einige Zeit im Aquarium gehalten werden.

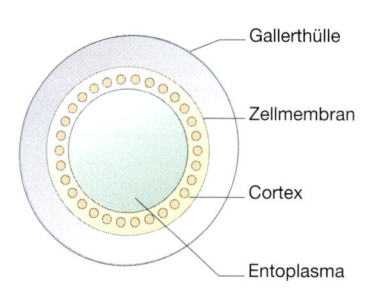

Beobachtung der Eier:
Die Eier können ggf. mit frischem Seewasser gewaschen werden (Überstand jeweils abdekantieren). Einige Tropfen Eisuspension werden in einem hohl geschliffenen Objektträger bzw. unter einem Deckglas mit Plastilinfüßchen im Mikroskop beobachtet. Gibt man eine Suspension von möglichst feinen Partikeln (z. B. chinesische Tusche oder Janusgrün) hinzu, so lassen sich die Veränderungen an der Gallerthülle beobachten. Die Grenze zwischen Gallerthülle und Wasser tritt nach 5 bis 10 Minuten deutlich hervor (s. Abb.).

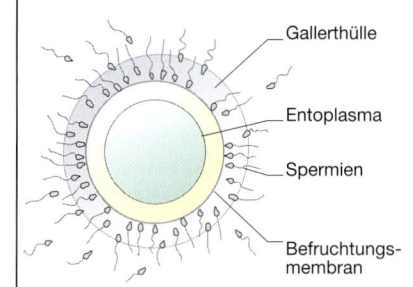

Künstliche Besamung:
Vom „Trockensperma" werden unmittelbar vor der Besamung 2 Tropfen zu 10 ml Seewasser gegeben. Von dieser Verdünnung gibt man 1 bis 2 Tropfen in einen hohl geschliffenen Objektträger mit einem Tropfen Eisuspension. Beim Zusetzen des Spermas werden die Eier in Bewegung gehalten. Nach einer Minute wird noch einmal ein Tropfen Spermiensuspension zugegeben. So wird eine möglichst hohe Befruchtungsquote ohne nennenswerte Polyspermie (Mehrfachbesamung einer Eizelle bei zu hoher Spermienkonzentration) erreicht. Will man den Besamungsvorgang beobachten, stellt man das Mikroskop auf ein Ei scharf ein und gibt langsam Spermiensuspension zu. Sobald ein Spermium eingedrungen ist, hebt sich die Befruchtungsmembran ab. Bei Zugabe von chinesischer Tusche lässt sich evtl. die Spermieneintrittsstelle beobachten.

Beobachtung des Entwicklungsablaufs:
Nach der Besamung entnimmt man in regelmäßigen Zeitabständen fortlaufend Keime und untersucht sie mikroskopisch. Furchungsstadien, Blastula, Gastrulation und Bildung der Pluteuslarve lassen sich unter den Entwicklungsstadien finden.

Aufgabe

① Zeichnen Sie einzelne Stadien. Protokollieren Sie jeweils die Entwicklungszeit vom Zeitpunkt der Besamung bis zur Pluteuslarve und vergleichen Sie diese mit den Abbildungen.

Lexikon

Ei- und Furchungstypen

Vergleicht man die ersten Furchungsstadien der Keime von Vogel, Fliege, Frosch oder Schnecke mit denen des Seeigels, stellt man fest, dass durchaus Unterschiede in der Größe und Anordnung der Blastomere vorliegen. Großen Einfluss auf die Art der Furchung hat die Menge und Verteilung des Dotters in der Eizelle, der schollen- oder trichterförmig als Reservestoff im Eiplasma für die Ernährung des Embryos angelegt ist. Menschliche Eizellen sind z. B. sehr dotterarm. Die Eizellen der Frösche haben wenig Dotter. Die Eizellen von Vögeln und Insekten sind ausgesprochen dotterreich. Bei Plattwürmern sind die Eizellen dotterlos, dafür sind sie innerhalb der Schale von zahlreichen Dotterzellen umgeben. Werden die Eizellen von Hilfszellen oder anderen Hilfsstrukturen, wie Gallerthülle oder Eischale, umgeben, bezeichnet man diese Einheit als Ei.

Totale Furchung:

Bei dotterarmen Eiern verlaufen die beiden ersten Furchungsebenen vom animalen zum vegetativen Pol. Die dritte Furchung verläuft bei völlig dotterarmen Eiern senkrecht dazu durch den Äquator *(äqual)*. Diesen Typ finden wir beim Seeigel, aber auch beim Menschen. Bei Eiern, die in der vegetativen Hälfte Dotter angereichert haben, verläuft die dritte Furchung näher am animalen Pol, sodass vier kleinere Mikromere und vier größere Makromere entstehen *(inäqual)*. Dieser Furchungstyp ist für den Frosch charakteristisch. Je nachdem, ob sich die Blastomere um die Achse radiär, um 45° gegeneinander verdrehen oder symmetrisch zu einer Mittelebene anordnen, unterscheidet man den *Radiärtyp*, *Spiraltyp* oder den *Bilateraltyp*.

Partielle Furchung:

Bei sehr dotterreichen Eiern, wie sie z. B. bei Vögeln vorliegen, wird die Dottersubstanz nicht mit in den Furchungsprozess einbezogen. Das Eiplasma schwimmt als Keimscheibe am animalen Pol auf dem Dotter *(discoidal)*, oder es umgibt als dünner Zellbelag die große Dottermasse im Eiinneren *(superfiziell)*. Dieser Furchungstyp findet sich bei Insekten.

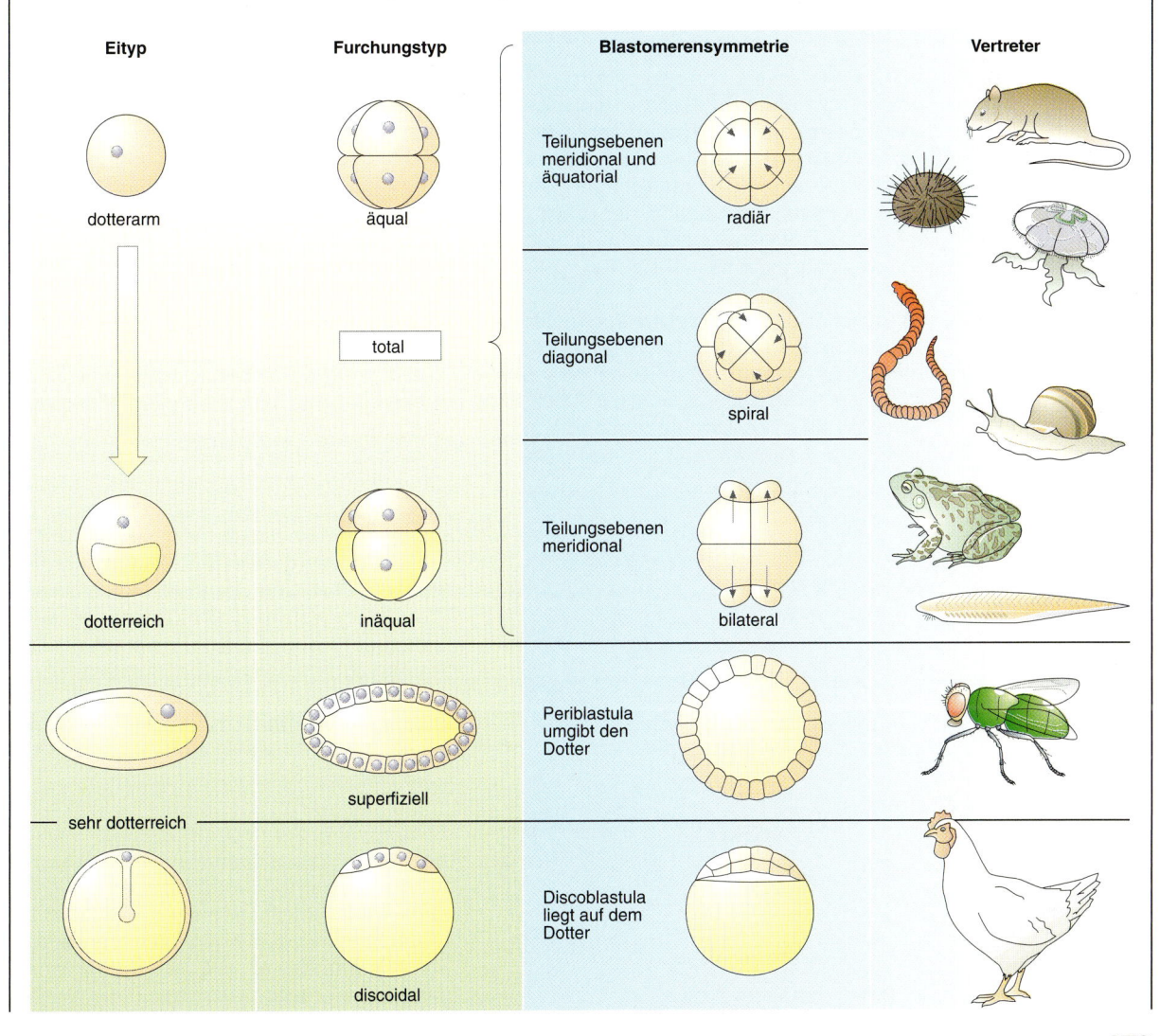

Entwicklungsbiologie

Vom Laich zum Frosch

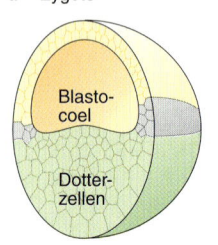

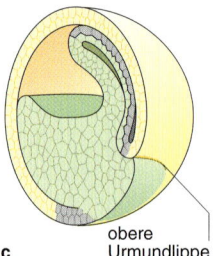

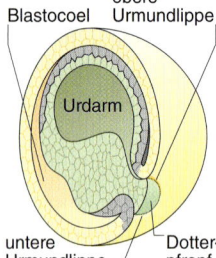

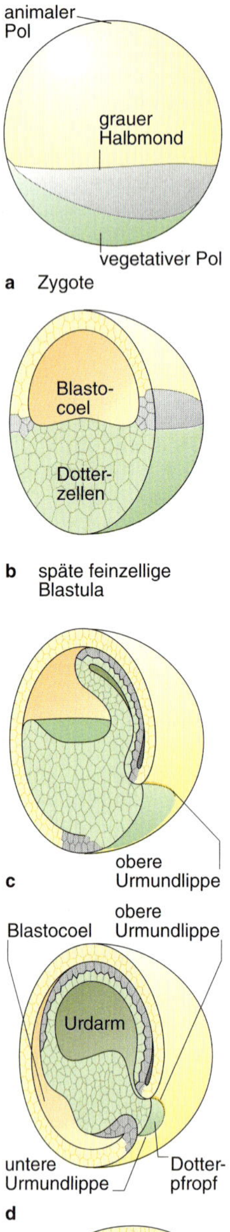

Fast jeder kennt die Laichballen des einheimischen Grasfrosches. 1 000 bis 4 000 Eier sind durch ihre durchsichtigen Gallerthüllen miteinander verklumpt und lassen den Blick zu jedem Zeitpunkt auf den heranwachsenden Keim frei. Die Gallerthülle bietet nicht nur Schutz, sie ist zugleich „Schwimmweste" und „Treibhaus". Nach der Eiablage sinken die Eier zunächst ab. Durch das Aufquellen der Gallerthülle nimmt ihre spezifische Dichte ab. Dadurch steigen sie zur Oberfläche auf. Dort orientiert sich der schwarz pigmentierte animale Pol der Sonne entgegen, da er leichter ist als der mit Dotter angereicherte vegetative Pol. So absorbiert der Keim maximal das einstrahlende Licht. Die Gallerthülle verhindert eine allzu schnelle Abstrahlung der Wärme. Dadurch erhöht sich die Temperatur im Innern um bis zu 10 °C. Die Vorne-Hinten-Achse des zukünftigen Tieres entspricht der Verbindungsachse vom animalen zum vegetativen Pol (Abb. 1 a).

Mit der Besamung und den dadurch ausgelösten Membranprozessen verschiebt sich die Pigmentierung der Keimoberfläche. Dadurch entsteht gegenüber der Spermieneintrittsstelle ein halbmondförmiger, schwächer pigmentierter Bereich, der *graue Halbmond*. Dieser kennzeichnet die zukünftige Rückenseite des Keims (Abb. 1 a).

Begünstigt durch die relativ hohen Temperaturen im Keiminnern, beginnt sich die Zygote rasch zu teilen. Bereits nach 24 Stunden liegt eine Blastula aus ca. 6 000 Zellen vor (Abb. 1 b). Der Furchungsmodus ist total-inäqual und bilateralsymmetrisch. Ein Schnitt durch die Blastula zeigt, dass sich der Blastulahohlraum, das *Blastocoel,* auf den animalen Teil beschränkt, während die vegetative Hälfte vom Dotter ausgefüllt ist. Deshalb erfolgt die Urdarmbildung nicht wie beim Seeigel durch einfache Invagination. Zunächst tritt auch unterhalb des grauen Halbmondes eine sichelförmige Rinne auf, die zum *Urmund* wird (Abb. 1 c). Gleichzeitig schieben sich die kleinen Zellen des animalen Pols ringförmig über die Dotterzellen und lassen die gesamte Dottermasse wie einen Pfropf ins Innere einsinken (Abb. 1 d). Der neu entstandene Hohlraum, der *Urdarm,* verdrängt mehr und mehr das Blastocoel. Aus dem Urdarmdach beginnt sich das dritte Keimblatt, das *Mesoderm,* abzugliedern. Es legt sich unmittelbar dem oberen Ektoderm an und umschließt zuletzt durch seitliche Verbreiterung den entodermalen Urdarmboden. Dieser rollt sich mit den freien Seiten ein und wird zum geschlossenen Darmrohr. Damit ist die Gastrulation abgeschlossen. Für die Entwicklung des Wirbeltiernervensystems gibt es spezielle Gewebefaltungen, die unter dem Begriff *Neurulation* zusammengefasst werden. Zunächst senkt sich das Ektoderm zu einer Rinne ein, die sich später zum Neuralrohr schließt und ins Innere verlagert wird (Abb. 1 e). Aus dem Neuralrohr differenzieren sich später die Hirnteile und das Rückenmark (Abb. 1 f).

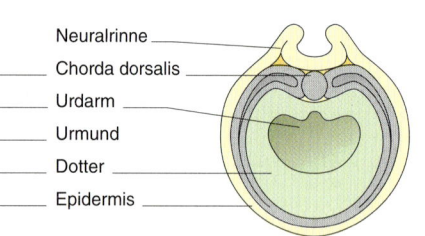

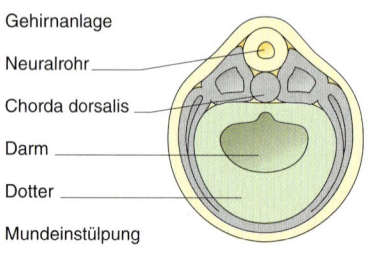

Gleichzeitig zu diesen ektodermalen Entwicklungen hat das Mesoderm über dem Urdarm parallel zum Neuralrohr einen Strang ausgebildet, der als sogenannte *Chorda dorsalis* Stützfunktion hat. Daneben bildet das Mesoderm Strukturen aus, die später zu Wirbelsäule, Körpermuskulatur, Geschlechtsorganen und Nieren werden. Äußerlich hat sich der Keim inzwischen in die Länge gestreckt. Drei Abschnitte werden zunehmend deutlicher sichtbar: Kopf, Rumpf und Schwanz. Der spätere Mund wird allerdings noch im Kopfbereich neu durchbrechen. Damit zählt auch der Amphibienkeim (wie der aller Wirbeltiere) zu den „Neumündern" *(Deuterostomiern)*.

Etwa eine Woche nach der Befruchtung hat der Keim Flossensaum, Augen und kleine Kiemen ausgebildet und kann als Larve die Gallerthülle verlassen. Bis zum geschlechtsreifen Frosch laufen noch tiefgreifende Umstrukturierungen ab, die man als *Metamorphose* bezeichnet.

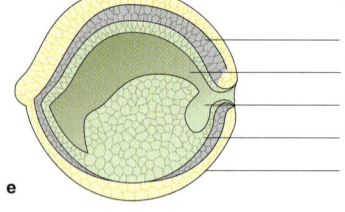

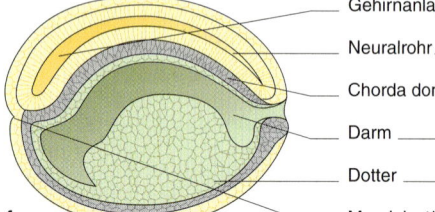

1 Amphibienentwicklung am Beispiel des Grasfrosches

Entwicklungsbiologie

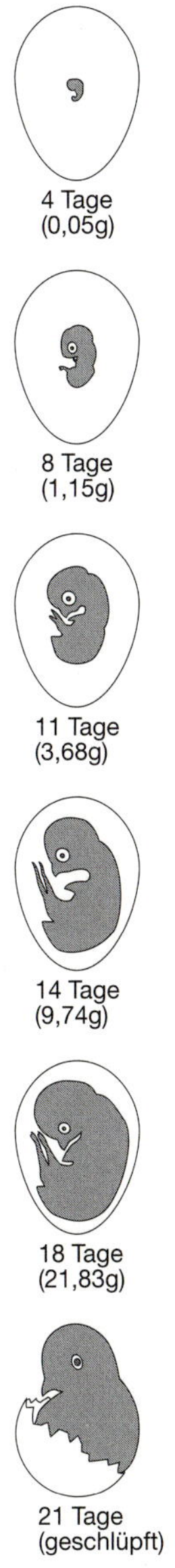

Vom Ei zum Küken

Der junge Vogelkeim wird durch Hüllen vor Austrocknung geschützt und ist somit vom Wasser unabhängig. Die gesamte Entwicklung verläuft ohne die Gefahren des Larvenstadiums im Ei. Das Zellplasma mit dem Kern beschränkt sich auf eine dünne Kappe am animalen Pol der Eizelle. Die Befruchtung erfolgt innerhalb der ersten 15 Minuten nach Verlassen des Eierstocks im Eileiter, danach verhindern die aufgelagerten Hüllen ein Eindringen von Spermien. Die Entwicklung setzt bereits während der Passage durch den Eileiter ein.

Bis zur Eiablage — einen Tag später — hat sich bereits eine weißliche Keimscheibe von 4 mm Durchmesser gebildet ("Hahnentritt"). Da die große Dottermasse nicht geteilt werden kann, beschränken sich die Furchungsteilungen auf diesen Bereich (discoidale Furchung). Das Blastocoel liegt zwischen den Blastomeren der Keimscheibe und dem Dotter. In der Aufsicht erscheint der ringförmige Bereich über dem Blastocoel hell (Area pellucida). Im Randbereich gehen die Blastomere mehrschichtig direkt in den Dotter über. Dadurch erscheinen sie als milchig trüber Ring (Area opaca). Bei Bebrütung beginnt bereits wenige Stunden nach Eiablage die Gastrulation. Nach 16 Stunden Bebrütung hat sich oberflächlich eine längliche Verdickung (Primitivstreifen) mit Furche (Primitivrinne) gebildet. Am Vorderende bildet die Primitivrinne eine Verdickung (Primitivknoten), die als Entsprechung zur oberen Urmundlippe gesehen wird. Die Primitivrinne könnte so als ein enorm lang gestreckter Urmund gedeutet werden. Die Bildung des Mesoderms erfolgt durch Einwanderung von Ektodermzellen in die Primitivrinne. Dadurch entsteht eine Mesodermplatte, die sich seit- und schwanzwärts ausbreitet.

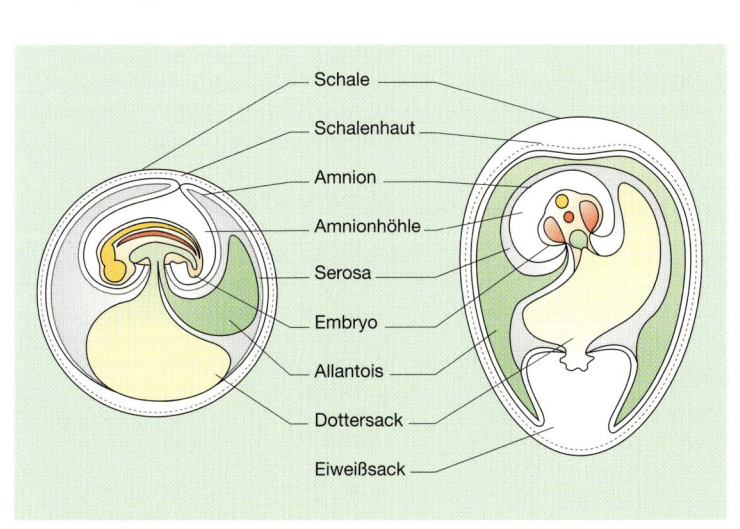

Nach ca. 20 Stunden beginnt die Neurulation. Es bildet sich das Neuralrohr mit der Gehirnanlage. Gleichzeitig verschwindet der Primitivstreifen. Er macht dem wachsenden Mesoderm Platz, das eine Chorda abgliedert. Die weitere Entwicklung weist eine Besonderheit auf, die für die landbewohnenden Wirbeltiere (Reptilien, Vögel, Säuger) typisch ist: die Embryonalhüllenbildung. Beiderseits des Keims wölben sich Ektoderm- und darunter liegendes Mesodermmaterial kapuzenartig auf und umwachsen den gesamten Keim bis dieser, gegen Stöße und Austrocknung geschützt, in einer flüssigkeitsgefüllten Blase schwimmt. Der blasenförmige Innenraum wird Amnionhöhle genannt. Sie wird vom Amnion ausgekleidet. Die derbe Außenschicht nennt man Serosa (Abb. 1).

Das Entodermmaterial des Darms hat in der Zwischenzeit den Dotter umschlossen und einen Dottersack gebildet. Etwas später wächst hinter dem Dottersack noch eine zweite große Entodermblase aus dem inzwischen gebildeten Darmrohr aus, die Allantois. Diese wird zum vielseitigen Stoffwechselorgan des jungen Keims: Über die zunehmend wachsende und inzwischen mit reichem Gefäßnetz versehene Oberfläche vollzieht sie den Gasaustausch durch die Kalkschale. Aus dem umgebenden Eiklar resorbiert sie wertvolle Eiweißstoffe und aus der Kalkschale das Calcium, das vom Embryo zum Aufbau des Knochenskeletts benötigt wird. Dadurch wird das Küken gestärkt und gleichzeitig die Schale für das spätere Schlüpfen vorbereitet. Als embryonale „Niere" nimmt die Allantois schließlich noch Ausscheidungsprodukte auf.

Nach 56 Bebrütungsstunden lassen sich beim Gehirn deutlich 5 Abschnitte unterscheiden. Wenig später fallen am Kopf die Nasengrube und das Auge mit der Linse auf. Seitlich am Körper sind die Anlagen der Flügel und Beine als Knospen entstanden. Nach 21 Tagen ist das Küken schlüpfbereit. Der restliche Dottervorrat wurde ins Innere des Tieres verlagert, sodass es an den ersten zwei Tagen von diesem Nahrungsvorrat zehren kann.

4 Tage (0,05g)
8 Tage (1,15g)
11 Tage (3,68g)
14 Tage (9,74g)
18 Tage (21,83g)
21 Tage (geschlüpft)

1 Embryonalentwicklung beim Küken

Schale
Schalenhaut
Amnion
Amnionhöhle
Serosa
Embryo
Allantois
Dottersack
Eiweißsack

Entwicklungsbiologie

lichen Geweben und Organen differenzieren, auch zu solchen, die ursprünglich gar nicht mesodermal sind. Hier ist demzufolge die prospektive Potenz größer als die prospektive Bedeutung, die ursprünglich für diese Zellen z. B. in der Bildung der Chorda lag.

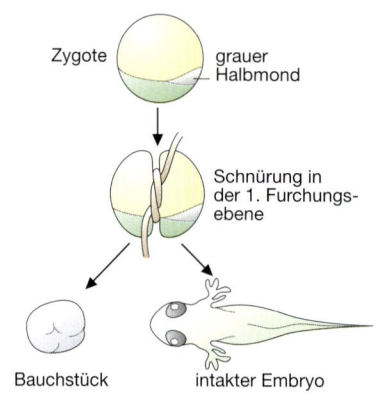

SPEMANN (1901/1903) führte mittels Kinderhaaren Schnürversuche an Molchkeimen im Blastula- und Gastrulastadium durch (s. Abb.): War die Trennungsebene meridional so gelegt, dass beide Schnürprodukte Teile des grauen Halbmondes bekamen, entwickelten sich vollständige, verkleinerte Larven. Wenn die Schnürung so angelegt war, dass der graue Halbmond nur einer Hälfte zugeteilt war, dann entwickelte sich nur diese Hälfte zu einem intakten Embryo. Die andere Hälfte wurde zu einem undifferenzierten Zellhäufchen.

Führt man die gleiche Schnürung an einer jungen Neurula durch, so bilden sich aus beiden Keimhälften, unabhängig vom Verlauf der Schnürfurche, nur undifferenzierte Zellhäufchen.

Der Fadenwurm *Caenorhabditis elegans* hat eine genau feststehende Anzahl von Zellen. Jede der 959 Zellen des erwachsenen Tieres lässt sich über seine Vorläuferzellen bis auf die Zygote zurückführen. Schnürungsexperimente in frühen Keimstadien führen nur zu Teilembryonen. Entsprechende Verhältnisse findet man auch bei Weichtieren und Ringelwürmern.

Aufgaben

① Eier, die in ihrem Entwicklungsverlauf Defekte bis zu einem gewissen Grad regulieren können, bezeichnet man als *Regulationseier*. Eier, bei denen die Organbildungspotenzen schon unabänderlich im Ei vorgegeben sind, nennt man *Mosaikeier*. Ordnen Sie Seeigel, Caenorhabditis, Frosch, Gürteltier und Mensch diesen Eitypen zu. Begründen Sie Ihre Zuordnung.
② Wie verhält es sich mit der prospektiven Potenz und der prospektiven Bedeutung bei Regulationseiern und bei Mosaikeiern?
③ Die Regulierbarkeit der Regulationseier unterliegt gewissen Einschränkungen. Welche sind das?

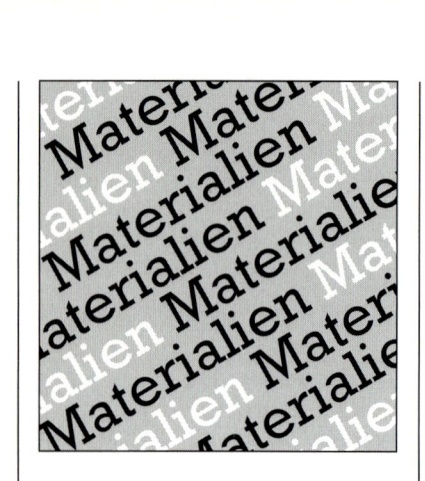

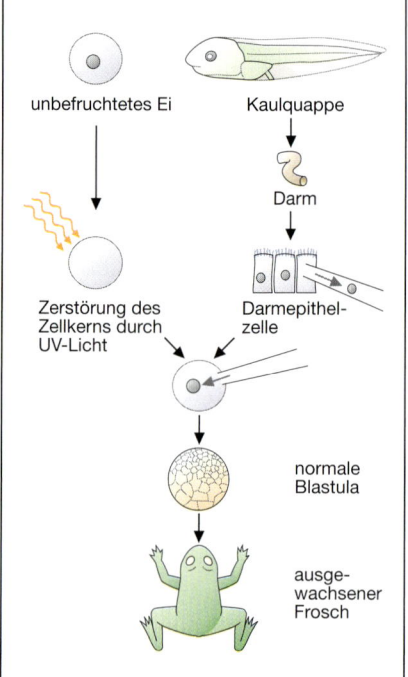

Historische Experimente

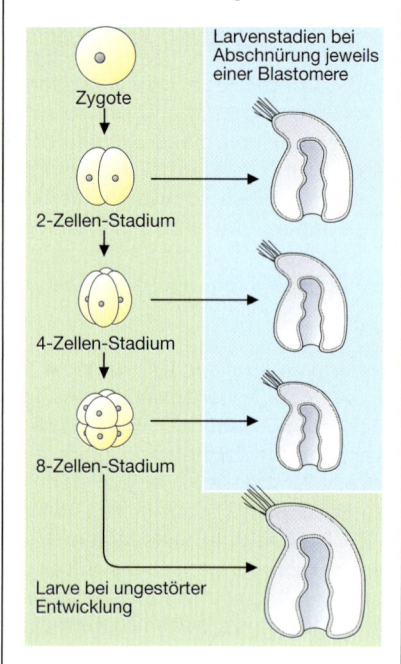

Isolationsversuche

Der Zoologe HANS DRIESCH (1890) trennte Zwei- oder Vierzellstadien eines Seeigelkeims meridional in die einzelnen Blastomere (s. Abb.). Er stellte fest, dass sich jede Zelle zu einer vollständigen, wenn auch kleineren Pluteuslarve entwickelte. Legte er die Trennungsebene allerdings äquatorial an, entwickelten sich keine Pluteuslarven, obwohl die Plasmamenge der Spaltprodukte die gleiche war wie bei der Längsteilung.

DRIESCH prägte die Begriffe *prospektive Potenz* und *prospektive Bedeutung*. Wenn sich in einem Keim aus einem ganz bestimmten Zellbereich ein ganz bestimmtes Organ entwickelt, so ist das die prospektive Bedeutung dieses Zellkomplexes. Isoliertes Mesoderm kann sich dagegen zu allen mög-

Kerntransplantationen

Beim Krallenfrosch hat man den Zellkern eines Eies durch UV-Strahlung zerstört (s. Abb.). Versieht man dieses kernlose Ei mit dem Kern einer ausdifferenzierten Darmwandzelle einer Kaulquappe, so kann sich eine völlig normale Kaulquappe entwickeln. Kernlose Eier können sich nicht weiterentwickeln.

Zelltransplantationen

Die ca. 10 cm große Alge *Acetabularia* kommt mit den Arten *A. wettsteinii* und *A. mediterranea* im Mittelmeer vor (siehe Abb.). Die beiden Arten unterscheiden sich deutlich in der Gestalt ihres Hutes. Sie bestehen nur aus einer Riesenzelle mit einem einzigen Zellkern, der sich in einem *Rhizoid* genannten unteren Abschnitt der Zelle befindet. Im Hut entwickeln sich bei der Fortpflanzung die Gameten. Transplantationsexperimente fielen durchweg in der dargestellten Weise aus.

A. mediterranea

A. wettsteinii

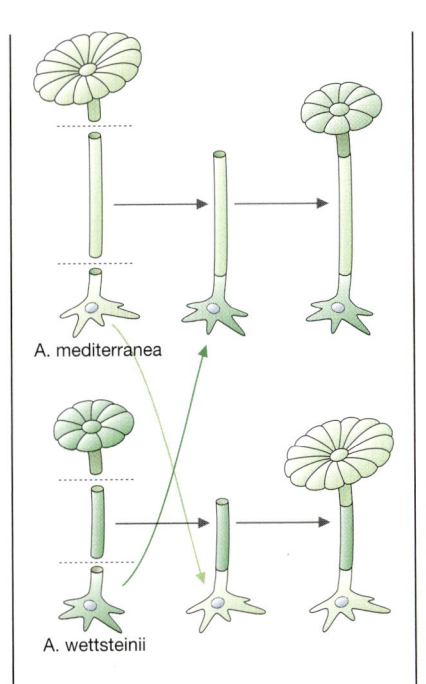

Aufgaben

① Erläutern Sie die Bedeutung der Experimente der Kern- und Zelltransplantationen.

② Welche Rückschlüsse auf die Steuerung von Entwicklungsprozessen lassen sich aus den dargestellten Transplantationsexperimenten ziehen?

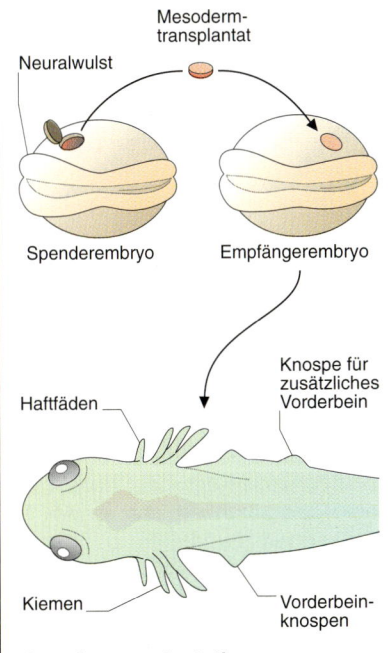

Neuralwulst — Mesodermtransplantat
Spenderembryo — Empfängerembryo

Haftfäden — Knospe für zusätzliches Vorderbein
Kiemen — Vorderbeinknospen

Gewebetransplantationen

SPEMANN transplantierte ein Gewebestück aus der Bauchseite einer Amphibiengastrula einer pigmentierten Art in eine beliebige Region einer Gastrula einer unpigmentierten Art (und umgekehrt). Das Transplantat verhielt sich bei seiner weiteren Entwicklung immer ortsgemäß.

1918 konnte ROSS G. HARRISON an Amphibienneurulae nachweisen, dass bei Transplantationen kleiner Mesodermstücke, die beim Spenderkeim für die Bildung von Vorderbeinen verantwortlich waren, beim Empfänger immer zusätzliche Vorderbeine bildeten. Die Zellen verhielten sich also herkunftsgemäß (s. Abb.).

Aufgabe

① Ein Gedankenexperiment soll die Verhältnisse bei Transplantationen veranschaulichen (vergleichen Sie in diesem Zusammenhang die Experimente von SPEMANN und HARRISON). Stellen Sie sich das komplexe dreidimensionale Muster lebender Strukturbildung auf das einfache zweidimensionale Muster zweier Flaggen reduziert vor: der französischen Tricolore und der amerikanischen Flagge (s. Abb unten). Beide Flaggen bestehen im übertragenen Sinn nur aus drei „Zelltypen", den roten, weißen und blauen. Interpretieren Sie die „Flaggentransplantate", und ordnen Sie sie den Experimenten von SPEMANN und HARRISON begründet zu.

Die besondere Bedeutung der oberen Urmundlippe entdeckte SPEMANN ebenfalls bei Transplantationen am Amphibienkeim. Ein solches Transplantat vermag sich, bei einer Wirtsgastrula zwischen Ekto- und Entoderm gebracht, harmonisch weiter zu differenzieren. Es induziert darüber

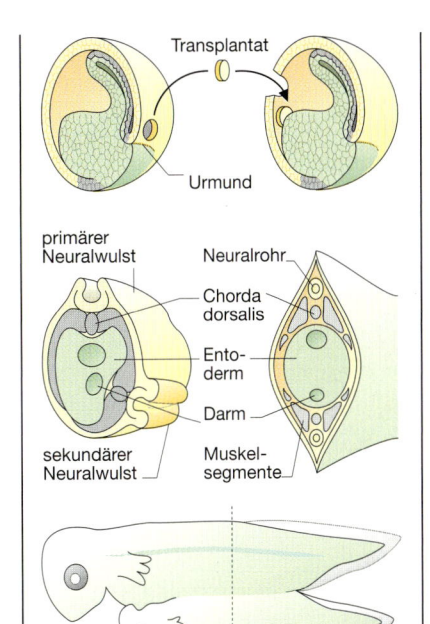

Transplantat — Urmund

primärer Neuralwulst — Neuralrohr, Chorda dorsalis, Entoderm, Darm
sekundärer Neuralwulst — Muskelsegmente

hinaus die Bildung eines siamesischen Zwillingskeimes (s. Abb.). Das Transplantat entwickelt sich herkunftsgemäß und zwingt zusätzlich dem Wirtsgewebe eine andere Entwicklung auf. SPEMANN nannte solche Strukturen, die in anderen Geweben die Bildung von Strukturen induzieren können, „*Organisator*". Der Einfluss eines Organisators ist unwiderruflich; das Gewebe ist *determiniert*.

Aufgabe

① Welche Schlüsse lassen sich über die Natur des Organisators aus dem Befund ziehen, dass auch Gelatineblöckchen, die mit Halbmondhomogenat getränkt wurden, induzierende Wirkung haben?

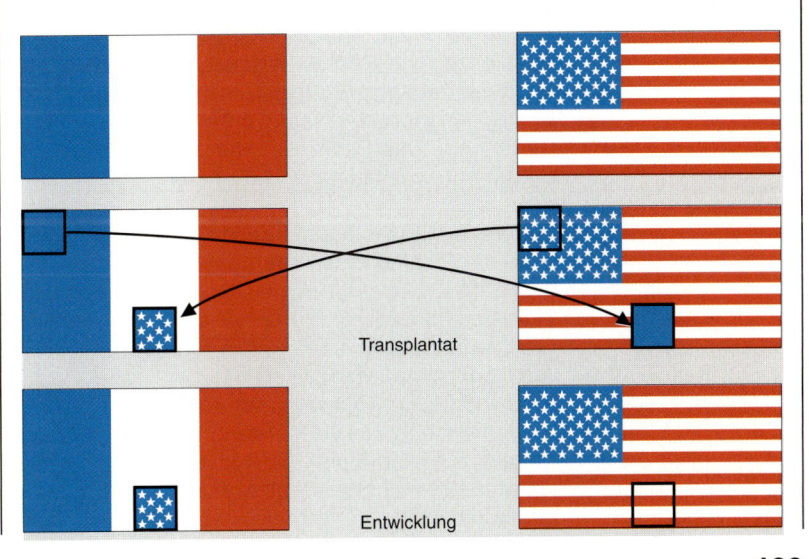

Transplantat

Entwicklung

Entwicklungsbiologie **183**

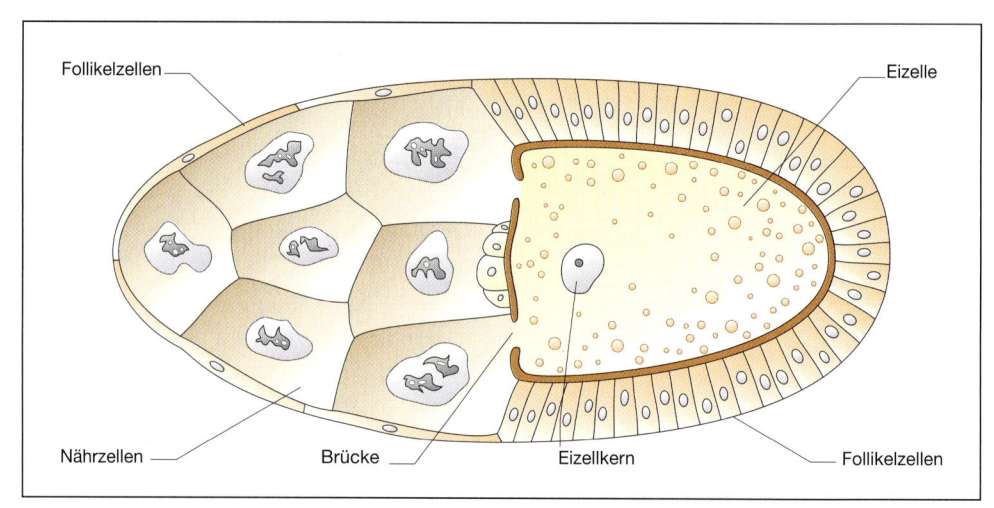

1 Fruchtfliegenei während der Reifung im Eierstock

Entwicklungsphysiologie — molekulargenetisch betrachtet

Aus einem einheitlich aussehenden, befruchteten Ei geht durch Zellteilung und schrittweise Differenzierung ein Fliegen- oder Froschembryo hervor, ganz wie es in den Erbanlagen vorgesehen ist. Eine Leberzelle ist für den Organismus nur in der Leber von Nutzen und nicht, wenn sie im Gehirn plaziert ist. Die Zellen müssen also während des Entwicklungsprozesses zeitlich, räumlich und bezüglich ihrer Funktion koordiniert werden. Wie geht dieser Prozess vonstatten und wie wird er gesteuert?

Bereits das Eizellplasma ist molekularbiologisch nicht so homogen, wie es zunächst erscheint (Abb. 1). Am Fruchtfliegenei fand man, dass über Cytoplasmabrücken aus den einseitig anliegenden Nährzellen RNA, Proteine und Organellen ins Eizellplasma gegeben werden. Dadurch entsteht für diese Substanzen ein Konzentrationsgefälle, ein *Gradient*. Derartige Stoffgradienten haben im Entwicklungsprozess eine entscheidende Bedeutung. Das Ei hat also schon vor der Befruchtung räumlich-stoffliche Polarität.

Die durch Mitosen entstandenen Abkömmlinge der Eizelle haben alle den vollständigen Satz Erbanlagen in den Genen. Jede Zelle besitzt dadurch zunächst alle in den Erbanlagen fixierten Möglichkeiten für die Ausprägung von Merkmalen *(Phänen)*. Eine solche Zelle ist *totipotent*. Auf dieser Stufe ist Entwicklung die Vermehrung totipotenter, embryonaler Zellen. Ein Teil dieser Zellen wird sich nicht weiter differenzieren und zu sogenannten *Stammzellen* werden. Die teilungsfähigen Stammzellen sind für alle sich ständig erneuernden Gewebe notwendig (z. B. Hodengewebe).

Während der weiteren Entwicklung werden die genetischen Potenzen zugunsten derer eingeschränkt, die in der Zelle realisiert werden sollen. Diese Einschränkung genetischer Möglichkeiten bezeichnet man als *Determination*. Eine determinierte Zelle kann nur noch einen eingeschränkten Teil ihrer genetischen Information abrufen. Sie wird sich in dieser Richtung spezialisieren, d. h., die Zelle differenziert sich. Auf dieser Stufe zeigt sich die genetische Determination in der phänotypisch sichtbaren Differenzierung der Zelle, z. B. zur Leber- oder Nervenzelle.

Der Zeitpunkt der Determination lässt sich bei Drosophila mit der Blastodermbildung festlegen (Abb. 185.1 a, *superficielle Furchung*). Insektenlarven sind, ebenso wie das ausgewachsene Insekt, in ganz bestimmte Abschnitte unterteilt, die man als *Segmente* bezeichnet (Abb. 185.1 b, c). Markierungsexperimente und Verpflanzungen von einzelnen Blastodermzellen ergaben, dass diese schon darauf programmiert sind, einmal Teil eines bestimmten Segments zu werden (Abb. 185.1 d). Das segmentale Bauprinzip ist also schon in diesem Entwicklungsstadium festgelegt. Überhaupt scheint es sich bei der Segmentierung um ein allgemein verbreitetes Prinzip zu handeln, denn auch bei Frosch und Maus lassen sich während der Embryonalentwicklung entlang der Körperlängsachse Streifen feststellen, die bereits

Totipotenz
Fähigkeit von Zellen, das gesamte spezifische Entwicklungsprogramm realisieren zu können.

Determination
Einschränkung der Totipotenz einer Tochterzelle auf ein bestimmtes Entwicklungsschicksal

auf ihre weitere Entwicklung festgelegt sind (Abb. 1 g). In diesen Streifen lassen sich charakteristische stoffliche Gradienten nachweisen. Ein transplantiertes Gewebestück aus einem bestimmten Segment entwickelt sich auch an anderer Stelle, wie es nach dem ursprünglichen Segment zu erwarten gewesen wäre. Es verhält sich herkunftsgemäß, ist also schon fortgeschritten determiniert.

Die Gene werden bei der Determination nicht einzeln kontrolliert, sondern ganze Genkomplexe werden durch „vorgeschaltete" Gene kontrolliert. Diese bezeichnet man als *Homöoboxgene* (Abb. 1 e, f). Untersuchungen der von den Homöoboxgenen codierten Proteine verschiedener Lebewesen, wie z. B. Pflanzen, Ringelwurm, Fliege, Maus oder Mensch, brachten ein erstaunliches Ergebnis: Die Proteine haben einen Abschnitt aus ca. 60 Aminosäuren, der bei allen untersuchten Tieren fast identisch ist. Dieser Abschnitt des Proteins wird *Homöodomäne* genannt. Er scheint sich an DNA-Sequenzen nachgeschalteter Gene zu heften und diese dadurch zu aktivieren oder zu unterdrücken. Ein wichtiger Teil der Determination verläuft also über diese Homöodomänen.

Inzwischen sind viele Homöoboxgene auch beim Menschen identifiziert worden. In allen bekannten Fällen entspricht die Reihenfolge dieser Homöoboxgene auf dem Chromosom der Abfolge ihrer Hauptaktivitätsbereiche längs der Körperachse des Keims (Abb. 1 d–g). Extrazelluläre Stoffe, wie z. B. Vitamin D, können ebenfalls regulatorisch wirken. Sie verbinden sich mit speziellen Rezeptoren in der Zelle und heften sich dann mit der gleichen Wirkung an die DNA, wie es zuvor von den Homöodomänen beschrieben wurde. Die Genregulation als Basis der Embryonalentwicklung kristallisiert sich immer mehr als komplexes Wechselspiel zwischen Stoffen heraus, die in die Zelle hineindiffundieren und solchen, die in der Zelle selbst als interne Kontrollproteine hergestellt werden.

Aufgabe

① Homöobox- oder Entwicklungskontrollgene steuern die Embryonalentwicklung. Steuerung und Regulation von Stoffwechselprozessen muss aber in jeder Lebensphase stattfinden. Informieren Sie sich über Regulationsmechanismen auf der Ebene der Enzyme (kompetitive und allosterische Hemmung) sowie auf der Ebene der Proteinbiosynthese (Jacob-Monod-Modell).

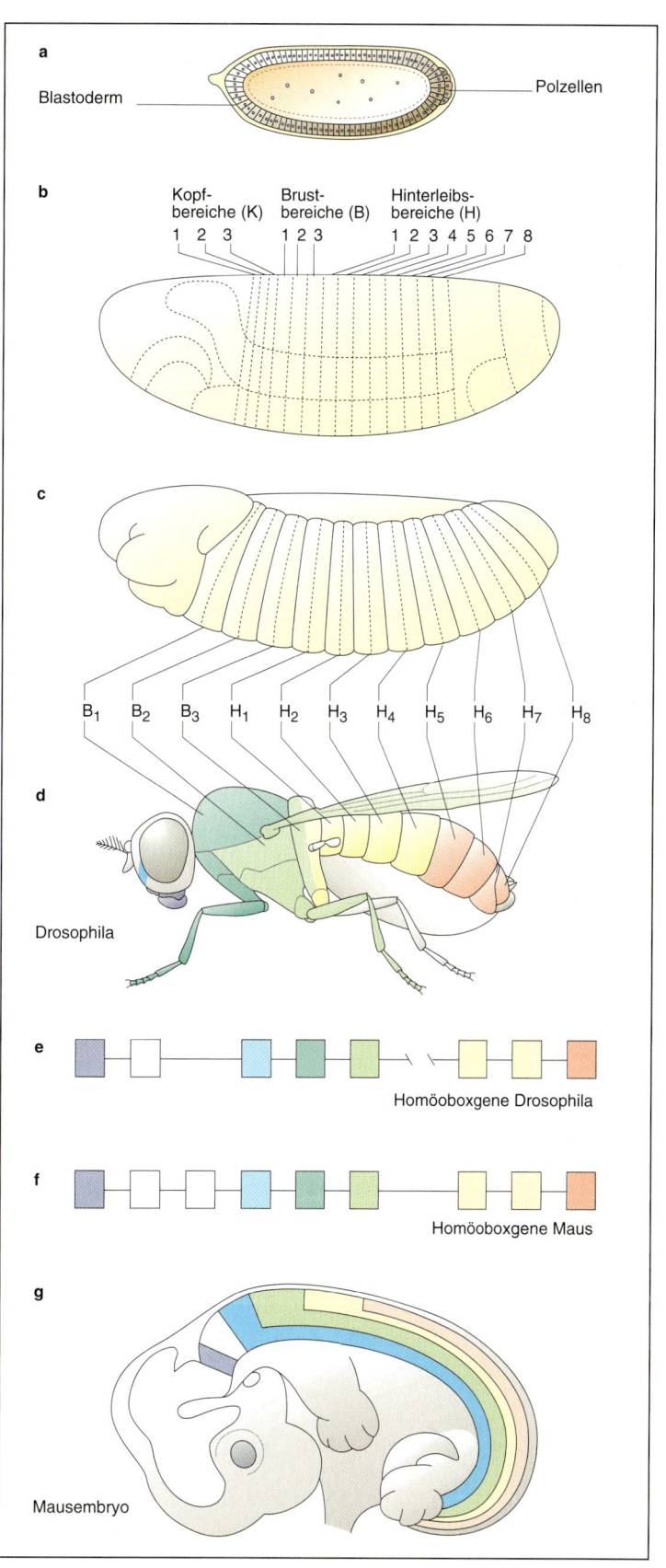

1 Entwicklung der Segmentierung

2 Fortpflanzung und Entwicklung beim Menschen

Oogenese und Spermatogenese

Die Bildung der Eizellen wird als *Oogenese*, die der Spermien als *Spermatogenese* bezeichnet. Sie umfassen die Meiose sowie die Differenzierung der Keimzellen und finden in den Keimdrüsen *(Gonaden)* statt.

Die Oogenese bei der Frau beginnt bereits in der Embryonalzeit und endet mit der Befruchtung. In die embryonale Gonadenrinde wandern sogenannte *Urkeimzellen* ein und machen bis zum 5. Monat nach der Befruchtung eine enorme mitotische Vermehrung auf ca. 7 Millionen Zellen durch, die man *Oogonien* nennt. Danach differenzieren sich die Oogonien zu *Oocyten* 1. Ordnung und treten nach Replikation ihres genetischen Materials in die Meiose ein. Sie sind diploid und verharren bis zur Pubertät in der Prophase I der Meiose. Während dieser Zeit nimmt die Anzahl der Oocyten auf ungefähr 500 000 ab. Von diesen werden sich nur ca. 500 zu reifen Eizellen entwickeln. Unter dem Einfluss von Hormonen aus der Hirnanhangsdrüse *(Hypophyse)*, deren Wirkungsort die Gonaden sind, setzen in jedem Menstruationszyklus jeweils 10 bis 30 Oocyten die 1. Reifeteilung fort. Beim Eisprung *(Ovulation)* liegt eine auf den halben Chromosomensatz reduzierte Oocyte 2. Ordnung vor, die sofort mit der 2. Reifeteilung beginnt. Durch ungleichmäßige Cytoplasmaverteilung entstehen eine reife Eizelle und die sogenannten *Polkörperchen*. Alle haben einen haploiden Chromosomensatz.

Beim Mann hat bis zum Einsetzen der Geschlechtsreife eine Vermehrung der Urkeimzellen zu den sogenannten *Spermatogonien* stattgefunden. Die Differenzierung erfolgt hier erst während der Pubertät, also viel später als bei der Frau. Unter dem Einfluss von Hypophysenhormonen entwickelt sich ein Teil der Spermatogonien zu Spermatocyten 1. Ordnung *(Interphase* mit S-Phase), ein anderer Teil wird zu Stammzellen, die für einen gleich bleibenden Vorrat sorgen. Nach Abschluss der 1. und 2. meiotischen Reifeteilung entstehen vier gleich große haploide *Spermatiden*. Diese müssen noch komplizierte Strukturveränderungen und Reifungsstadien durchlaufen, bevor sie das charakteristische Aussehen der Spermien haben.

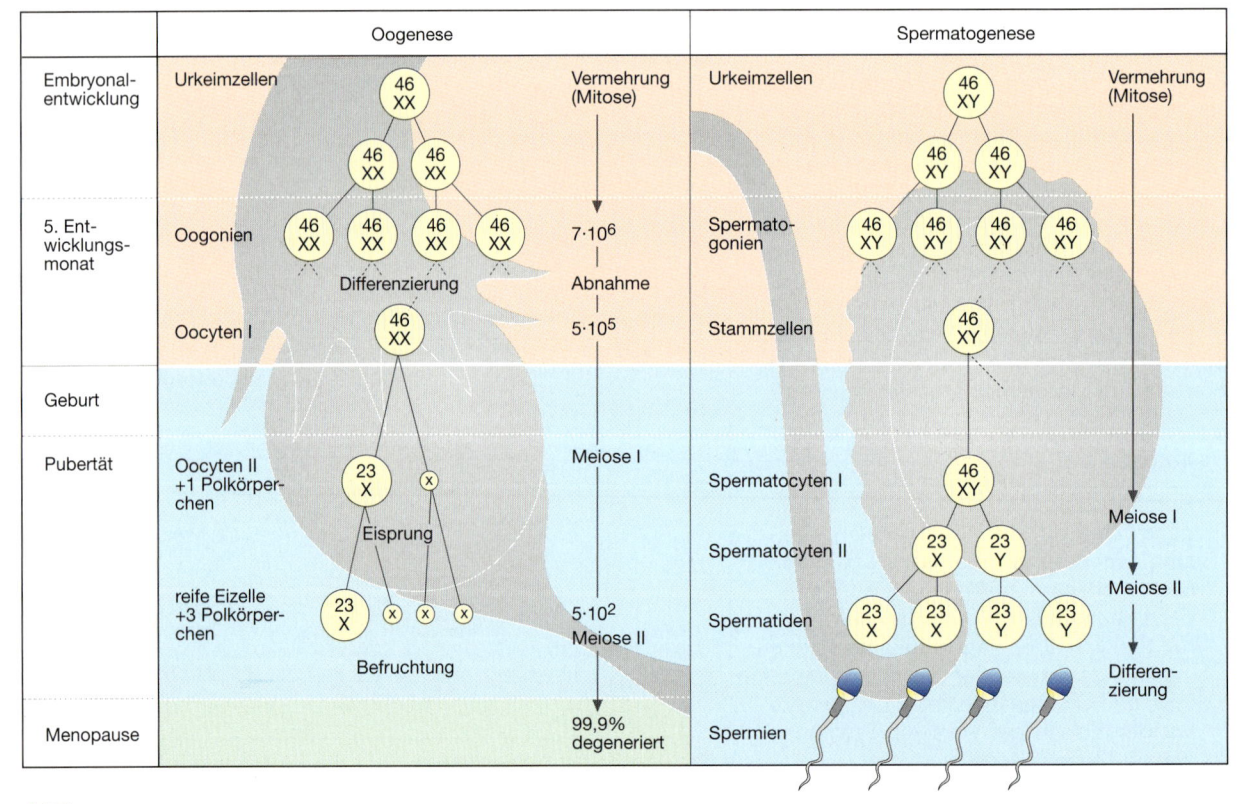

Der weibliche Zyklus

Der weibliche Organismus unterliegt mit dem Eintreten der Geschlechtsreife einem inneren Rhythmus von ca. 28 Tagen, in dem das hormonelle Programm zyklisch durchlaufen wird. Einmal eingesetzt, läuft dieser Zyklus bis zur *Menopause* (letzte Menstruation), nur während einer Schwangerschaft und der Stillzeit wird er unterbrochen. Die Hormonproduktion von Hypothalamus, Hypophyse und Eierstöcken ist dabei genau aufeinander abgestimmt und beeinflusst sich gegenseitig. Dem gleichen Zyklus unterliegt die heranreifende Eizelle mit ihren Hilfszellen *(Follikelzellen)* und der Auf- bzw. Abbau der Gebärmutterschleimhaut. Die monatliche Abstoßung der Gebärmutterschleimhaut, die *Menstruation,* ist äußeres Zeichen dieser inneren Vorgänge.

Vereinfacht lassen sich die komplexen Rückkopplungsmechanismen, wie in der Abbildung dargestellt, veranschaulichen. Gesteuert durch den übergeordneten Hypothalamus gibt die Hypophyse zwei Hormone in das Blut ab, das *Follikel stimulierende Hormon* (FSH) und das *luteinisierende Hormon* (LH). FSH bewirkt die Reifung des Follikels, LH verursacht im Follikel die Synthese von *Östradiol*. Die Wirkung des zweiten Hypophysenhormons tritt erst mit Zeitverzögerung ein. Der steigende Östradiolspiegel fördert einerseits das Follikelwachstum, andererseits stellt Östradiol die Sensibilität der Hypophyse auf die Stimulation des Hypothalamus ein: Die FSH-Ausschüttung wird durch Östradiol gehemmt, die LH-Ausschüttung gefördert (Rückkopplung). Mit zunehmender Östradiolkonzentration erreicht die FSH- und LH-Ausschüttung um die Zyklusmitte ihr Maximum. Es kommt zum Eisprung *(Ovulation)*. Der geplatzte Follikel wandelt sich unter dem Einfluss von LH zum Gelbkörper um, der das Hormon *Progesteron* bildet.

Progesteron hemmt die weitere Ausschüttung von FSH und LH und unterdrückt die Reifung eines weiteren Follikels (z. B. „Antibabypille"). Andererseits fördert Progesteron den Erhalt der Gebärmutterschleimhaut, für deren Aufbau Östradiol gesorgt hat. Der Gelbkörper kann ca. zwei Wochen lang Progesteron produzieren. Damit sind im Organismus alle Vorbereitungen zur Einnistung eines Keims getroffen. Bleibt die Eizelle unbefruchtet, so stirbt sie ab, der Gelbkörper bildet sich zurück, die Gebärmutterschleimhaut zerfällt und der monatliche Zyklus beginnt mit der Menstruation von neuem.

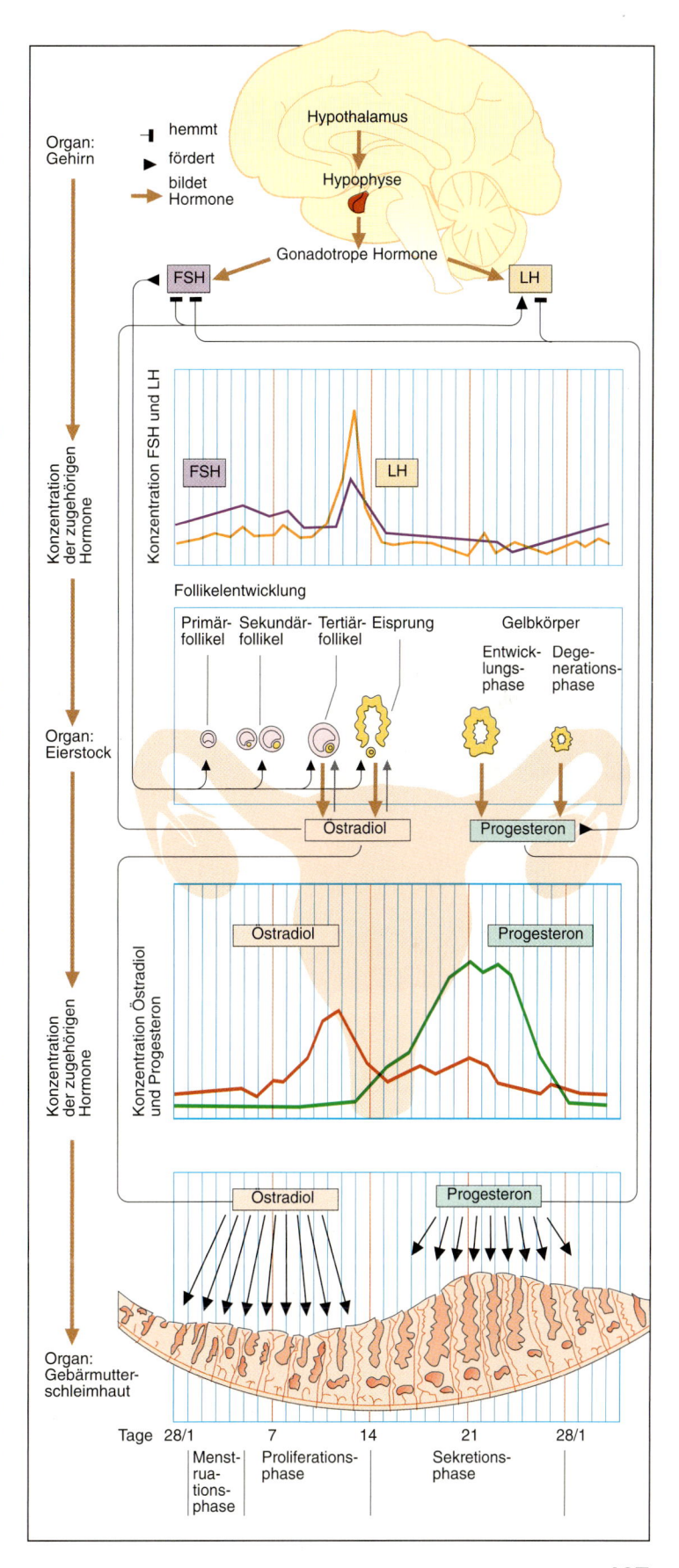

Entwicklungsbiologie

1 Wanderung der Eizelle zur Gebärmutter

2 Spermien an der Eizelle

3 Akrosomreaktion

Besamung und Befruchtung

Es ist erstaunlich, dass das Ei nach dem Eisprung nicht öfter in der Bauchhöhle landet. Doch die Fransen des Eileitertrichters umstreichen ständig den Eierstock mit aktiven Bewegungen, nehmen schließlich das Ei auf und leiten es weiter (Abb. 1). Das Ei ist nach dem Follikelsprung ca. 24 Stunden lebensfähig. Befinden sich während der Passage durch den oberen Teil des Eileiters dort Spermien, so kann eine Besamung stattfinden. Spermien bleiben in der Gebärmutter 2 bis 3 Tage, in der Scheide nur wenige Stunden besamungsfähig. Auf ihrem Weg von der Scheide über die Gebärmutter zum Eileiter müssen die Spermien noch entscheidende Veränderungen ihrer Zellmembran durchmachen. Erst durch diesen physiologischen Reifungsprozess werden sie befähigt, die Eischichten zu durchdringen. Im Eileiter werden die Spermien auch durch Muskelkontraktionen und Wimpernschlag des Flimmerepithels transportiert.

Der Besamungsvorgang beginnt zunächst damit, dass sich viele Spermien an der Hülle des Eies relativ fest an Rezeptoren anbinden (Abb. 2). Dabei passen die Rezeptoren von Spermienkopf und Eihülle wie Schlüssel und Schloss zusammen. Es ist also verständlich, dass normalerweise nur Eier und Spermien derselben Art für die Besamung in Frage kommen.

Jetzt kann die sogenannte *Akrosomreaktion* ablaufen (Abb. 3): Die vordere Spitze des Spermienkopfes, auch *Akrosom* genannt, durchfräst dabei mithilfe von Verdauungsenzymen die Eihülle. Sobald ein Spermium Kontakt zur Eizellmembran bekommt, verschmelzen Eizell- und Spermienmembran, und der ganze Spermienkopf einschließlich Mittelstück wird in die Eizelle aufgenommen. Der Spermienschwanz bleibt in der Regel draußen. Diesen Vorgang bezeichnet man als *Besamung*. Unmittelbar danach wird die Eioberfläche für weitere Spermien undurchdringbar. Offenbar spielen dabei die sogenannten *Rindengranula* eine entscheidende Rolle. Es handelt sich dabei um Vesikel im Eicytoplasma, die mit Enzymen angefüllt sind. Nach der Besamung ergießen sie ihren Inhalt zwischen Eizellmembran und Hülle, wodurch die Spermienrezeptoren irreversibel verändert werden. Wenn die Eizelle ihre 2. Reifeteilung vollendet hat, verschmelzen Eizell- und Spermienkern miteinander. Diesen Vorgang bezeichnet man als *Befruchtung*.

Entwicklungsbiologie

Hormonale Empfängnisverhütung

Schon vor Jahrtausenden haben sich die Menschen mit Fragen der Empfängnisverhütung beschäftigt. Ohne genaue Kenntnis der physiologischen Zusammenhänge nahmen Frauen Pflanzenextrake, oft unter Einhaltung ganz bestimmter Rituale, um Schwangerschaften abzubrechen. Unter den zahlreichen praktizierten Methoden nimmt heute die hormonale Empfängnisverhütung *(hormonale Kontrazeption)* eine Vorrangstellung an Sicherheit und Verbreitung ein. Hormonpräparate können auf ganz verschiedene Weise schwangerschaftsverhindernd wirken:
— Als *Ovulationshemmer,* sodass es gar nicht zur Reifung eines Follikels kommt.
— Als *Besamungshemmer,* die ein Aufsteigen der Spermien und damit auch eine Befruchtung verhindern.
— Als *Nidationshemmer* (Nidation = Einnistung), die verhindern, dass sich ein Keim in der Gebärmutter einnistet.

Die „normale" *Pille* („Pincus-Pille", Antibabypille) wurde 1955 erstmals von G. PINCUS (USA) synthetisiert. Sie enthielt damals noch 9,85 mg Gestagen und 0,15 mg Östrogen. Gestagene sind Hormone, die zur Erhaltung der Schwangerschaft notwendig sind. Dazu gehört u. a. auch *Progesteron*. Bei regelmäßiger Einnahme verhindert es die Reifung eines Follikels und führt so zu einer sicheren Befruchtungsvorbeugung, da eine Schwangerschaft simuliert wird. Intensive Forschung brachte hochwirksame Kombinationspräparate mit entscheidenden Vorteilen hervor: Rücksicht auf individuelle Verträglichkeit und niedrige Hormondosen, z. B. 0,5 mg Gestagen und 0,05 mg Östrogen.

Die „Pille danach" wirkt schwangerschaftsverhindernd und enthält hohe Östrogendosen. Sie muss 5 Tage lang eingenommen werden. Dadurch wird die Nidation verhindert. Die viel diskutierte Pille RU 486 wirkt als Antiprogesteron und beendet eine bestehende Schwangerschaft. Dadurch kann sie nicht mehr nur als Mittel der Empfängnisverhütung angesehen werden. Die „Minipille" enthält nur etwas Gestagen, wodurch ein zäher Schleim im Gebärmutterhals das Aufsteigen von Spermien verhindert. Die umständliche Einnahme macht dieses Mittel unsicherer.

Die „Pille für den Mann" hat gegenwärtig noch keine praktische Anwendung, da es zwar gelingt, die Spermienbildung zu unterbinden, die Nebenwirkungen jedoch noch erheblich sind.

Ein Impfstoff gegen Schwangerschaft

In neuerer Zeit wird eine mögliche Ablösung der Antibabypille durch einen Impfstoff diskutiert, der von G. TALWAR am Immunologischen Institut in Neu-Delhi entwickelt und erprobt wurde. Die Wirkung dieses Impfstoffs beruht auf immunologischen Reaktionen. Man spritzt einer Frau das für ein frühes Schwangerschaftsstadium notwendige Hormon HCG *(Human Choriogonadotropin)*. Dieses wird normalerweise vom Keim abgegeben. Es stimuliert die Aufrechterhaltung der Progesteronproduktion und sorgt so dafür, dass die Gebärmutterschleimhaut nicht abgestoßen wird. So kann der Keim sich einnisten. Das Immunsystem der Frau soll nun gegen dieses Hormon Antikörper bilden. Nach einer Befruchtung würde dann das eigene HCG durch die Antikörper inaktiviert und es könnte zu keiner Einnistung kommen.

Allerdings ließ sich diese Idee nur über einen Trick realisieren, da das Immunsystem normalerweise gegen körpereigene Substanzen, wie auch dieses Schwangerschaftshormon, gar keine Antikörper bildet. So wurden Bruchstücke von HCG an körperfremde Stoffe gebunden. Die dadurch gebildeten Antikörper erkennen und attackieren nun auch das HCG. Der „Impfschutz" dauert etwa 12 bis 18 Monate. Nach dieser Zeit muss eine Impfung wiederholt werden. Wird die Impfung nicht wiederholt, sind normale Schwangerschaften möglich.

Aufgabe
① Diskutieren Sie die unterschiedlichen Methoden der hormonellen Empfängnisverhütung.

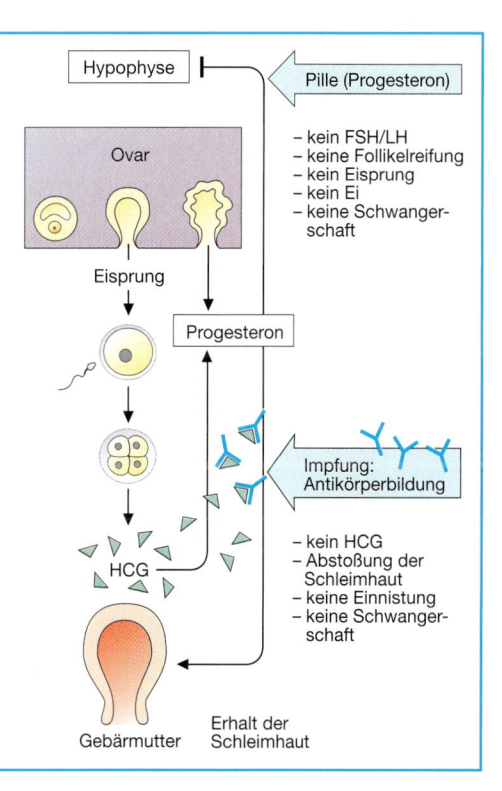

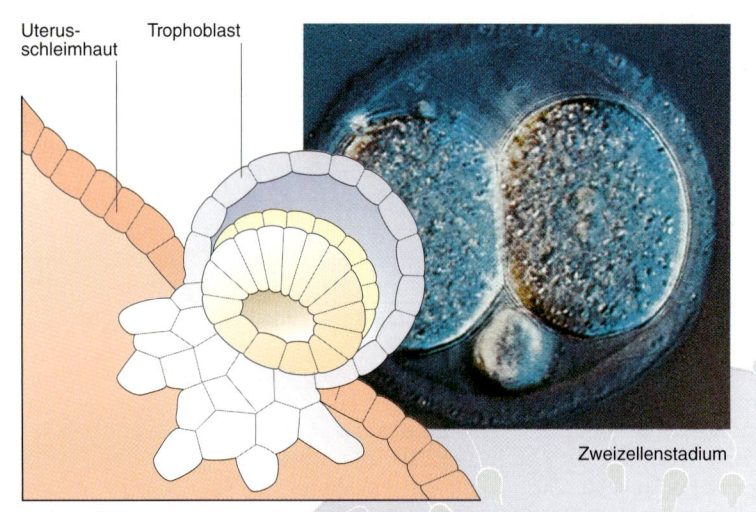

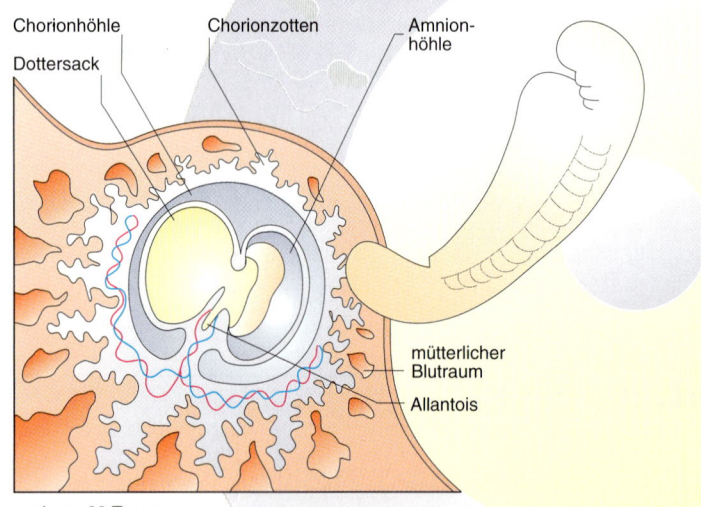

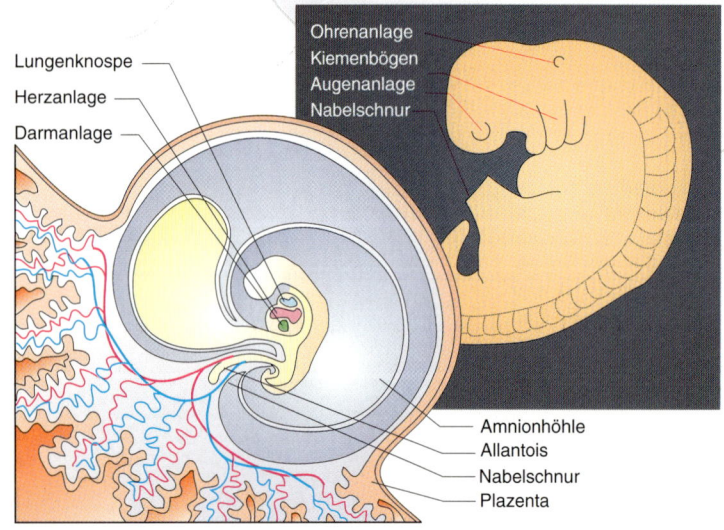

Embryonalentwicklung

Ein Kind wird geboren. In ca. 40 Wochen wurden aus einer einzigen Zelle über 100 Billionen. Sie sind dann differenziert und im Körper des Kindes richtig angeordnet.

Bereits auf dem Weg durch den Eileiter zur Gebärmutter vollziehen sich entscheidende Veränderungen: Nach ca. 30 Stunden teilt sich die Zygote zum ersten Mal. Die Furchungen entsprechen dem total-äqualen Modus, wie er für die dotterarmen Eier der Säuger typisch ist. Nach drei Tagen ist durch wiederholte Teilungen bereits ein maulbeerartiger Zellhaufen, die *Morula*, entstanden. Die Masse des Keims hat sich während dieser Zeit kaum verändert.

Anschließend beginnen sich die Zellen deutlich zu differenzieren: Eine Kugelhülle lässt sich von einem kleinen Kugelhaufen an der Innenwand der Hohlkugel unterscheiden. Nur aus Letzterem wird der eigentliche Embryo. Die Oberflächenzellen der Hohlkugel übernehmen Nährfunktion *(Trophoblast)*. Mit Erreichen dieses Blastulastadiums kann ab dem 6. Tag die Einnistung in die Gebärmutterschleimhaut beginnen. Der Trophoblast bildet dabei Zotten aus *(Zottenhaut* oder *Chorion)* und entwickelt sich mit einem Teil der Gebärmutterschleimhaut später zur *Plazenta* (Mutterkuchen) — einem Organ mit Versorgungsfunktion.

Die Anheftung des Keims an die mütterliche Gebärmutterschleimhaut ist ein komplexer Durchdringungsprozess. Mutter und Keim müssen hormonell genau aufeinander eingestellt sein. Sie stehen gleichsam in einer Art hormonellem Dialog. Das erste embryonale Signal ist das vom Trophoblasten gebildete Hormon HCG *(Human Choriogonadotropin)*. Es stimuliert den Gelbkörper zur Aufrechterhaltung der Östradiol- und Progesteronproduktion. Sonst würde eine Menstruation eintreten, durch die der Keim mit abgestoßen würde. Auf dem Nachweis von HCG beruhen alle gängigen Schwangerschaftstests.

Da der Embryo durch die väterlichen Erbanlagen für das mütterliche Immunsystem fremde Eiweiße trägt, müsste er eigentlich ebenso abgestoßen werden wie ein transplantiertes Organ. Das Immunsystem der Mutter wird jedoch gegen den Embryo ausgeschaltet. Das geschieht dadurch, dass der Trophoblast und die aus ihm hervorgegangene Plazenta nebst Nabelschnur keine

190 *Entwicklungsbiologie*

spezifischen Eiweiße besitzen. Sie sind immunologisch „leer" und können daher vom mütterlichen Abwehrsystem nicht erkannt und attackiert werden. Mit der 3. Lebenswoche beginnen besonders einschneidende Veränderungen in der Entwicklung des Embryos. In der Embryoanlage bilden sich drei Hohlräume: Der *Dottersack*, die *Allantois*, eine Art embryonale Harnblase, und die *Amnionhöhle*, die spätere Fruchtblase. Im Embryo lassen sich außerdem die drei Keimblätter, das *Ektoderm*, das *Mesoderm* und das *Entoderm*, unterscheiden. Die Abkömmlinge der Keimblätter nehmen ganz bestimmte Aufgaben wahr und lassen sich im ausdifferenzierten Körper in ganz bestimmten Organsystemen wiederfinden. Der heranwachsende Embryo liegt zunächst als flacher Schild am Amnion, später löst er sich unter Bildung der Nabelschnur ab und schwimmt dann stoßsicher im Fruchtwasser der Amnionhöhle.

Bereits eine Woche später beginnt das embryonale Herz zu schlagen. Anlagen von Augen und Ohren sind vorhanden und die Arm- und Beinknospen werden angelegt. Der Embryo ist nun 4 mm lang und wächst bis zur 6. Woche auf die dreifache Länge. In dieser Zeit werden besonders Augen, Nase, Mund sowie die Extremitäten weiter ausdifferenziert. Das Gehirn und alle wichtigen Organe sind bereits angelegt. Nach Ablauf des 2. Monats funktioniert beim Embryo ein Zusammenspiel zwischen Sinneseindrücken aus seiner kleinen Umwelt und Reaktionen. Seine Hände haben sich in nur 14 Tagen als zum „Be-greifen" tauglige Werkzeuge herausgebildet. Der Embryo sammelt Erfahrungen und reagiert entsprechend.

Mit der 9. Woche beginnt die zweite Phase im Leben des jetzt *Fetus* genannten Ungeborenen. Alle wichtigen Organe und Strukturen sind angelegt, sodass die nun folgende Zeit ganz im Zeichen von Wachstum, Reifung und Entwicklung von Wahrnehmungen und Bewegungen steht. Mit dem 4. Monat ist auch die Plazenta fertig ausgebildet. Mütterliches und kindliches Blut fließen getrennt durch Membranen aneinander vorbei, ohne sich zu vermischen. Dabei kommt es zum Austausch von Nährstoffen, Gasen, Stoffwechselabbauprodukten, aber auch Giften. Drogen und Krankheitskeime können auf diesem Weg zum Fetus gelangen. Ab der zweiten Schwangerschaftshälfte nimmt der Fetus monatlich ca. 700 g zu, bis er ein durchschnittliches Gewicht von 3000 g erreicht hat. Dabei verschieben sich seine Körperproportionen beträchtlich.

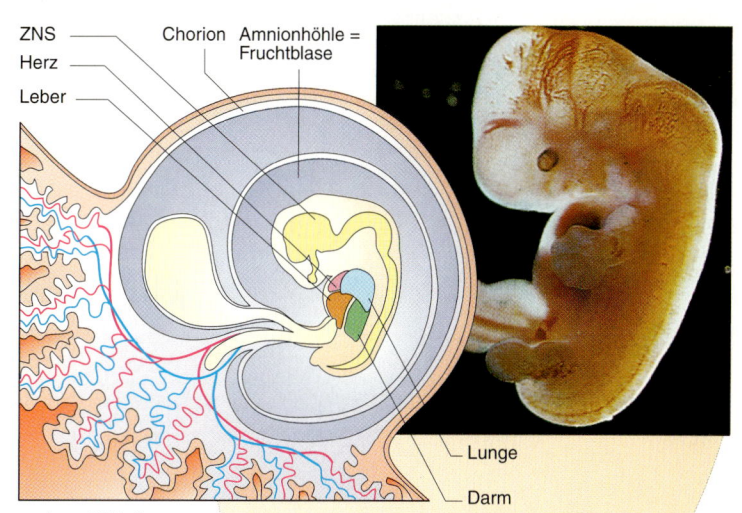

nach ca. 8 Wochen

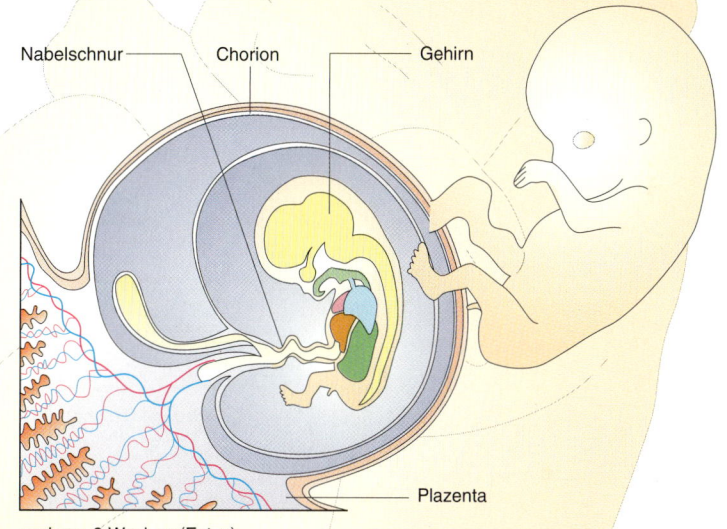

nach ca. 9 Wochen (Fetus)

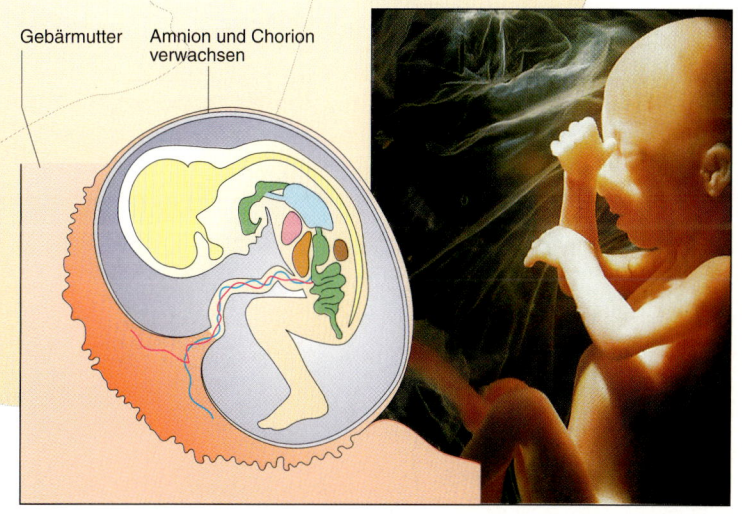

nach ca. 15 Wochen

Entwicklungsbiologie

Eingriffe in die Fortpflanzung — Reproduktionstechniken

Ein Paar wünscht sich sehnlichst ein Kind. Die Frau blieb bisher kinderlos. Beide begeben sich in die Behandlung eines *Reproduktionsmediziners.* Er macht die Ursachen für die Kinderlosigkeit ausfindig: Die Eileiter der Frau sind nicht passierbar. Bei ihrem Mann hat der Arzt eine verminderte Beweglichkeit der Spermien festgestellt, sodass sie nahezu befruchtungsunfähig sind. Der Arzt entwickelt Methoden, diese Störungen zu umgehen und wendet sie beim Ehepaar an. Eine Veränderung der Erbanlagen, wie es mit den Methoden der Gentechnik möglich ist, findet in der Reproduktionsmedizin nicht statt.

Lägen bei der Frau keinerlei Sterilitätsprobleme vor, so könnte der Arzt eine künstliche Übertragung der Spermien des Ehemannes nach einer chemischen Aufbereitung versuchen *(homologe Insemination).* Führt diese Methode zu keinem Erfolg, bleibt die Wahl eines Fremdspenders übrig *(heterologe Insemination).* Da bei der Frau aber irreparable organische Störungen im Bereich der Eileiter vorliegen, muss der Arzt auch ihre Eizellen künstlich gewinnen. Nach einer Hormonbehandlung reifen in den Eierstöcken der Frau während eines Zyklus 10 oder mehr Follikel heran *(Superovulation).* Mithilfe einer speziellen Glasfaseroptik, die man als *Laparoskop* bezeichnet, kann der Arzt die reifen Follikel durch einen Schnitt in der Bauchdecke der Frau sehen und mit einem zweiten Instrument absaugen. In einem Glasschälchen werden die so gewonnenen Eier mit ein paar Tropfen Spermaflüssigkeit zusammengebracht. Nach ca. 18 Stunden läßt sich mit dem Mikroskop feststellen, ob und wieviele der Eizellen im Glasschälchen befruchtet wurden *("In-vitro-Fertilisation").* Sind beispielsweise zwei Keime außerhalb des mütterlichen Körpers (extrakorporal) entstanden, so können beide in die Gebärmutter eingepflanzt werden *(Embryotransfer).* Die Gebärmutter wurde zuvor durch Hormongaben auf die Einnistung des Keims vorbereitet.

Aufgaben

① Informieren Sie sich über die Gesetzeslage bezüglich der oben beschriebenen Reproduktionstechniken (vgl. Embryonenschutzgesetz, 1990).

② Diskutieren Sie Vor- und Nachteile, die sich daraus ergeben. Welche Stellung beziehen Sie dazu?

Entwicklungsbiologie

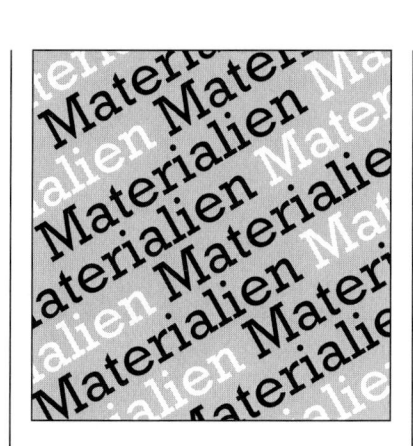

Informationen zur Reproduktionstechnologie

Das erste Retortenbaby
Am 25. Juli 1978 wurde in England ein 2600 g schweres Mädchen — LOUISE JOY BROWN — geboren. Dieses Ereignis machte weltweit Schlagzeilen, denn neben dem leiblichen Vater darf sich das kleine Mädchen noch zwei weiterer „Väter" rühmen. Dies sind der Gynäkologe PATRICK STEPTOE und sein Kollege, der Physiologe ROBERT EDWARDS. Sie waren die Ersten, deren Experiment einer In-vitro-Fertilisation einer menschlichen Eizelle zu einer ungestörten Entwicklung des Embryos bis zur Geburt des Kindes führte. 1982 kam in Deutschland das erste durch In-vitro-Fertilisation und Embryonentransfer gezeugte Baby zur Welt.

Aufgabe
1. Verdeutlichen Sie sich die medizinischen, technischen und ggf. rechtlichen Voraussetzungen, die diese Meldungen ermöglichen.

Geschlechtsauswahl in der Retorte
(FAZ, 2. 5. 1990)
„Bei menschlichen Embryonen, die im Reagenzglas gezeugt wurden, ist britischen Wissenschaftlern jetzt eine rasche und zuverlässige Geschlechtsbestimmung gelungen. Man entnahm dazu jedem der Keime eine Zelle und fahndete in deren Erbgut nach dem männlichen Y-Chromosom. Grund dafür war die Befürchtung, bei diesen Embryonen könnten bestimmte, praktisch nur beim männlichen Geschlecht auftretende Erbdefekte vorliegen. Die Biopsie war offenbar so schonend, dass sich die Embryonen normal weiterentwickelten. Die beiden Frauen, denen sie anschließend übertragen wurden, sind jedenfalls schwanger geworden. Sie erwarten Zwillinge — lauter Mädchen."

Aufgaben
1. Informieren Sie sich über geschlechtsgebundene Erbkrankheiten und beziehen Sie Stellung.
2. Lässt sich eine Geschlechtsbestimmung durch Embryonenselektion ethisch vertreten?

Streit um eingefrorene Embryonen
(AP-Meldung, 1989)
In den USA muss ein Gericht bei einem Scheidungsprozess klären, was mit eingefrorenen Embryonen geschehen soll. Das Ehepaar hatte sich nach langjähriger Kinderlosigkeit aus medizinischen Gründen zu einer In-vitro-Fertilisation entschlossen. Von den zehn Embryonen, die auf diese Weise entstanden waren, wurden der Frau drei eingespült und sieben eingefroren. Die Frau wurde nicht schwanger. Das Paar war den psychischen Belastungen dieser Zeit nicht gewachsen und ließ sich scheiden. Die Frau möchte sich auch nach der Scheidung ihren Kinderwunsch erfüllen. Sie möchte sich die eingefrorenen Embryonen einpflanzen lassen. Der Mann möchte die Übertragung gerichtlich verhindern.

Aufgabe
1. Diskutieren Sie Argumente der beiden Parteien vor Gericht.

Altersgrenzen für Mutterglück
(Physis, 1993)
Die meisten Kliniken setzen für eine In-vitro-Fertilisation als obere Altersgrenze bei der Frau 40 Jahre an. Aus den USA wird berichtet, dass drei Frauen im Alter von 50 Jahren, zwei von ihnen waren bereits Großmutter, Kinder zur Welt gebracht hätten. Vier weitere Frauen dieser Altersgruppe seien schwanger. Die Mediziner entnahmen dazu einer jungen Spenderin Eizellen und befruchteten sie mit den Spermien des Partners der älteren Frau, in deren Gebärmutter sie die Embryonen übertrugen. Es wurden immer gleichzeitig 4 bis 5 Embryonen übertragen. In Deutschland dürfen im Hinblick auf die Gefahr von Mehrlingsgeburten nicht mehr als 3 Embryonen gleichzeitig übertragen werden.

Aufgabe
1. Welche Aspekte müssten außer dem „technisch Machbaren" bedacht werden, bevor man die Altersgrenze für Mutterglück künstlich anhebt?

Der geklonte Mensch
(AP-Nachricht, Washington 1993)
Dem amerikanischen Forscher JERRY HALL gelang es erstmalig, menschliche Embryonen zu klonen. Um ethische Probleme zu vermeiden, verwandte er abnorme Embryonen, die nicht lebensfähig gewesen wären. Insgesamt 17 Embryonen mit 2 bis 8 Zellen teilte er in 48 einzelne Zellen und umgab sie mit einer schützenden künstlichen Hülle. Die so geschaffenen neuen Einzeller teilten sich im Durchschnitt dreimal. Keiner lebte nach seinen Angaben länger als 6 Tage.

Aufgabe
1. Die Manipulation an menschlichen Keimen ist in Deutschland verboten. In der Tierzucht wird diese Methode längst angewandt. Diskutieren Sie Beweggründe, die den amerikanischen Forscher zu seinen Experimenten geführt haben könnten.

Gesetzliche Regelung der Mutterschaft
Nach geltendem Gesetz ist Mutter, wer das Kind geboren hat. Seit In-vitro-Fertilisation und Embryonentransfer möglich ist, kann man prinzipiell drei Typen von Mutterschaft unterscheiden: die genetische, die physiologische (Leihmutter) und die soziale Mutterschaft.

Aufgabe
1. Verdeutlichen Sie sich alle drei Typen von Mutterschaft, indem Sie Fälle konstruieren, die sie herbeiführen. Welche Möglichkeiten lässt die Rechtslage in Deutschland zu?

Gesetz zum Schutz von Embryonen
Im Jahre 1990 beschloss der Deutsche Bundestag das „Gesetz zum Schutz von Embryonen". Es regelt die Anwendung moderner Reproduktionstechniken sowie der Gentechnik beim Menschen und zwar in dem Zeitraum vor der Einnistung des Keims in die Gebärmutter.

Aufgaben
1. Informieren Sie sich über das Gesetz zum Schutz von Embryonen, und beurteilen Sie es im Hinblick auf das bereits heute reproduktionstechnisch Machbare.
2. Formulieren Sie Argumente für und gegen die Forschung an Keimen (Embryonen).

3 Fortpflanzung und Entwicklung bei Pflanzen

Ungeschlechtliche und geschlechtliche Fortpflanzung

Aus einer Banane wachsen keine neuen Bananenpflanzen. Diese verblüffende Aussage trifft allerdings nur auf unsere heutigen Kulturbananen zu, wie sie jeder aus den Obstauslagen der Geschäfte kennt. Trotzdem besteht an Kulturbananen kein Mangel. Sie haben sogar die Fähigkeit, sich rasch und zahlreich zu vermehren.

Die Pflanze besitzt einen knolligen Erdspross *(Rhizom),* der 5 bis 10 Meter hohe Blattscheidenröhren über dem Boden bildet. Aus den Achselknospen entwickeln sich, ebenso wie bei oberirdischen Sprossen, neue Fortsetzungssprosse. Der alte Sprossteil stirbt ab. In den Bananenplantagen wird meist nur ein Trieb belassen, um diesen zu kräftigen. Neue Seitentriebe werden alle 6 bis 8 Wochen abgeschnitten. Für die Anlage neuer Bananenplantagen eignen sich sowohl Rhizomteile als auch Seitentriebe.

Bei der geschilderten Art der Fortpflanzung (hier auch Vermehrung) funktioniert die Bildung der Nachkommen durch das alleinige Abgliedern von Teilen des elterlichen Organismus. Es liegt eine *vegetative Fortpflanzung* vor. Diese erlaubt eine schnelle Vermehrung unter Beibehaltung der elterlichen Merkmalskombination.

Wildbananenpflanzen lassen sich darüber hinaus auch auf geschlechtlichem Wege fortpflanzen. Wenn die Wildbananenpflanze etwa 15 Monate alt ist, wächst durch das hohle Rohr der Blattscheiden ein Blütenstand empor. Die violetten Blüten stehen in Gruppen in den Achseln von rotvioletten Tragblättern, zuerst *Stempelblüten* (weiblich), dann *Staubblattblüten* (männlich). Die Blüten haben reichlich Nektar und locken Vögel und Fledermäuse an. Dabei wird Pollen von einer männlichen Blüte auf die Narbe einer weiblichen Blüte übertragen *(Bestäubung).* Da die männlichen Blüten eines Blütenstandes mit Zeitverzögerung nach den weiblichen Blüten aufblühen, wird die Pflanze in der Natur praktisch nur von Pollen fremder Pflanzen bestäubt.

Bei befruchtungsbereiten Pflanzen hat in der Zwischenzeit die Samenanlage einen komplizierten Reifungsprozess durchgemacht. Von den vier durch Meiose entstandenen haploiden Zellen gehen drei zugrunde, während die vierte zur *Embryosackzelle* wird. Ihr Kern teilt sich mehrfach, bis acht haploide Kerne entstanden sind, die sich in charakteristischer Weise in der Samenanlage anordnen. Der Kern der zukünftigen Eizelle (E) wandert zur *Mikropyle,* durch die die Befruchtung erfolgen kann. Die zwei Kerne, die man aufgrund ihrer Lage als *Polkerne* (P) bezeichnet, verschmelzen zum diploiden, sekundären Embryosackkern. Die übrigen fünf Kerne übernehmen eine Hilfsfunktion. Sie werden als *Synergiden* (S) und *Antipoden* (A) bezeichnet.

Auf der Narbe wachsen die Pollen mit einem Pollenschlauch durch den oft zentimeterlangen Griffel in den Fruchtknoten. Das Griffelgewebe wird dabei durch polleneigene Enzyme aufgelöst. Bei vielen Pflanzenarten wurde nachgewiesen, dass sich die Wachstumsrichtung des Pollenschlauches anhand chemischer Signale orientiert. Zu diesem Zeitpunkt hat sich der Kern eines Pollenkorns in einen *vegetativen* (vPk) und einen *generativen Pollenschlauchkern* (gPk) geteilt. Aus Letzterem gehen die zwei haploiden Spermakerne (Spk) hervor, die in ihrer Funktion den Kernen von Geschlechtszellen entsprechen.

Damit sind beide Spermakerne für die doppelte Befruchtung bereit: Der eine Spermakern verschmilzt mit dem Eizellkern zur Zygote, aus der sich durch Teilungen der Embryo entwickelt. Der andere wird mit dem diploiden, sekundären Embryosackkern (sEk) zum triploiden *Endosperm,* aus dem das Nährgewebe hervorgeht. Mit der Ausbildung einer schützenden Samenschale um Embryo und Nährgewebe entsteht der Samen. Häufig werden die Fruchtblätter des Fruchtknotens oder andere Blütenteile fleischig, wie bei der Banane, oder auch hart, wie bei der Nuss. Sie bilden zusammen mit dem Samen die Frucht. Je nach Bau des Fruchtknotens kann die Frucht auch mehrere Samen enthalten, wie es z. B. für Beerenfrüchte, wie Banane oder Stachelbeere, typisch ist.

Bei der Wildbanane können die Samen unter geeigneten Bedingungen zu neuen Bananenpflanzen auskeimen. Durch die Fremdbestäubung sind die Erbanlagen der Pflanzen in jeder Generation neu kombiniert. Die Kulturbanane hat die Fähigkeit zur Samenbildung verloren. Sie ist *steril*.

194 Entwicklungsbiologie

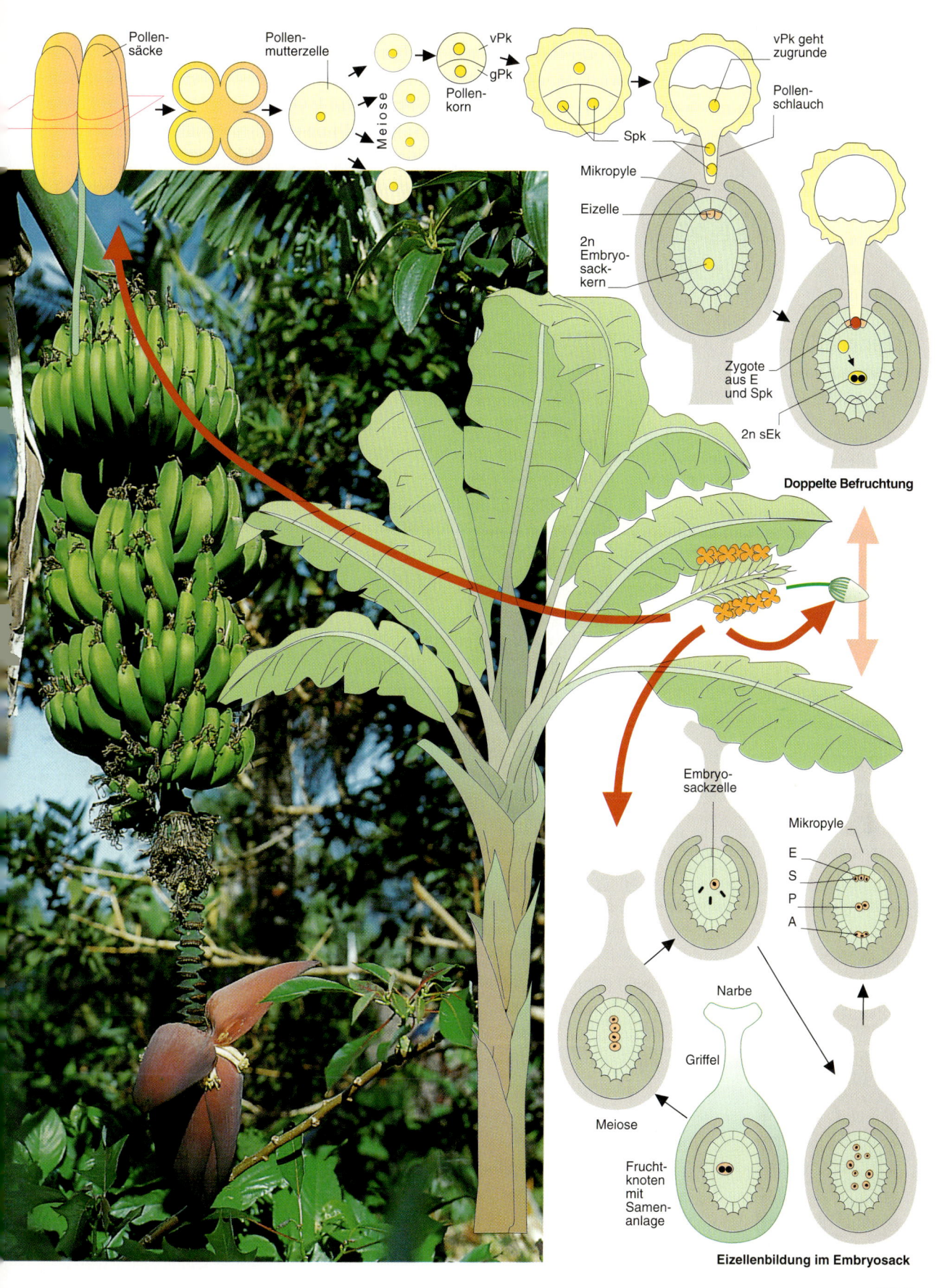

Pollensäcke — Pollenmutterzelle — Meiose — Pollenkorn (vPk, gPk) — vPk geht zugrunde — Pollenschlauch — Spk — Mikropyle — Eizelle — 2n Embryosackkern — Zygote aus E und Spk — 2n sEk

Doppelte Befruchtung

Embryosackzelle — Mikropyle — E, S, P, A — Narbe — Griffel — Meiose — Fruchtknoten mit Samenanlage

Eizellenbildung im Embryosack

Entwicklungsbiologie

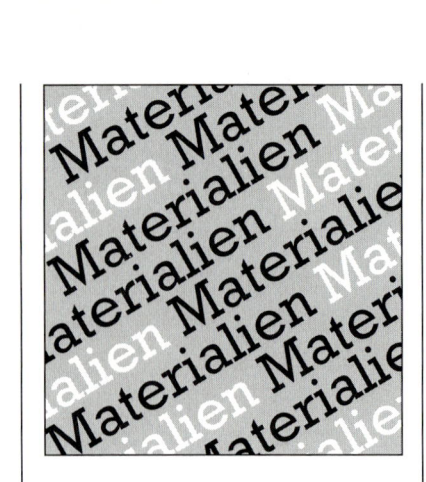

Generations- und Kernphasenwechsel

Moose

Im Frühsommer sieht man aus den grünen Moospolstern kleine, bräunliche Stiele mit endständigen, kapselartigen Köpfchen hervorwachsen. Was hier wie ein Teil der grünen Moospflanze aussieht, ist eigentlich eine völlig neue Moosgeneration, die, da sie kein Chlorophyll besitzt, von der Nährstoffversorgung der grünen Pflanze abhängig ist.

Die grüne Moospflanze besitzt weibliche und männliche Geschlechtsorgane *(Archegonien* und *Antheridien),* in denen die haploiden *Gameten* (Keimzellen) gebildet werden. Man nennt sie deshalb *Gametophyt.* Wenn bei feuchtem Wetter die beweglichen Spermienzellen von den *Antheridien* zu den Archegonien schwimmen, kommt es hier zur Verschmelzung von haploidem Eizellkern und Spermiumkern. Aus der diploiden Zygote wächst das abhängige diploide Pflänzchen aus, welches schließlich in der Kapsel unter Reduktionsteilung haploide Zellen bildet, die man *Sporen* nennt. Diese Generation bezeichnet man demzufolge als *Sporophyten.* Die Sporen werden bei trockenem Wetter ausgestreut und können zu einem fädigen Stadium auskeimen. Aus seitlichen Knospen dieser Fäden entwickeln sich wiederum die grünen Moospflänzchen. Sie sind ebenso wie die Sporen haploid. Sporen sind also haploide Verbreitungsstadien, die sich ohne Befruchtung entwickeln. Der regelmäßige Wechsel aus Gameten erzeugender und Sporen erzeugender Generation ist mit einem Wechsel zwischen haploider und diploider Kernphase verbunden. Man spricht vom *Generationswechsel* (GW) mit *Kernphasenwechsel* (KW).

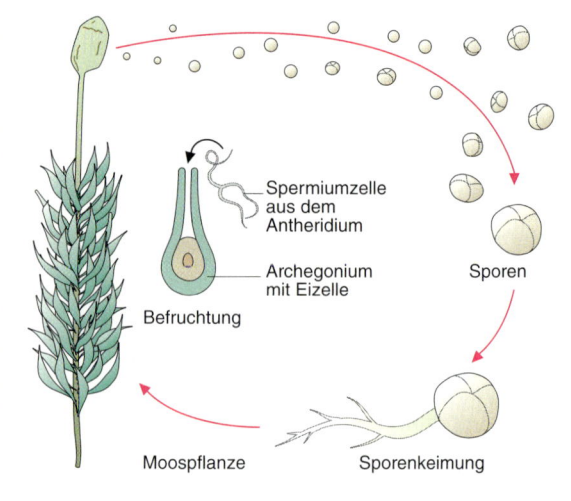

Farne

Sieht man sich im Sommer einen Wedel des Wurmfarns von unten an, so kann man mit bloßem Auge unschwer braune, nierenförmige Gebilde sehen, die man als *Sori* bezeichnet. Sie bestehen aus einem Deckhäutchen, unter dem sich jeweils mehrere Sporenkapseln befinden. In der Sporenkapsel werden unter Reduktionsteilung zahlreiche haploide Sporen gebildet. Die Sporen erzeugende Farnpflanze stellt den Sporophyten dar.

Bei trockenem Wetter werden die Sporen durch Aufplatzen der Sporenkapsel verbreitet und keimen zu einem ebenfalls haploiden Pflänzchen, dem *Vorkeim* oder *Prothallium.* Der Vorkeim entspricht dem Gametophyten der Moose, da er in den Antheridien und Archegonien männliche bzw. weibliche Gameten produziert. Bei feuchter Witterung können die beweglichen männlichen Gameten zur Eizelle schwimmen und sie befruchten.

Aus der diploiden Zygote wächst dann wieder die Farnpflanze heran. Der Wechsel aus Gameten erzeugender und Sporen erzeugender Generation ist geschlossen. Kernphasenwechsel und Generationswechsel mit morphologisch verschiedenen Generationen sind bei Pflanzen weit verbreitet. Man findet sie neben Moosen und Farnen auch bei Algen und Samenpflanzen.

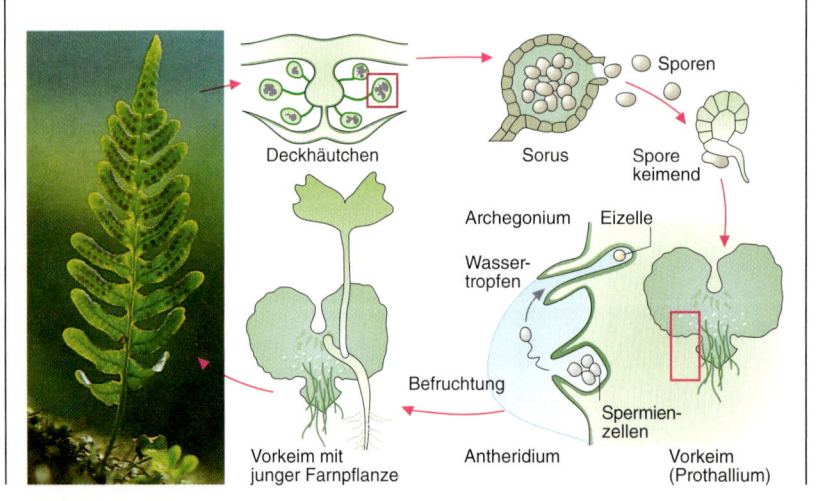

Aufgaben

① Stellen Sie den Generations- und Kernphasenwechsel von Moosen und Farnen in einem Schema dar und vergleichen Sie beide miteinander.

② Vergleichen Sie den Generations- und Kernphasenwechsel der Moose und Farne mit der geschlechtlichen Fortpflanzung der Banane. Lassen sich auch hier unterschiedliche Kernphasen finden?

Fortpflanzung bei Pflanzen

Diese Arbeiten können im Schulgarten oder im Klassenzimmer in Töpfen auf der Fensterbank durchgeführt werden. Sie nehmen zum Teil die Dauer einer Vegetationsperiode in Anspruch.

Blattsprosse und Stecklinge

Stecklinge nennt man abgetrennte Teile von Pflanzen, die unter bestimmten Bedingungen wieder zu vollständigen Pflanzen auswachsen können.

Material: Begonien, Geranien, Wein, Philodendron, Wachsblume.

Durchführung: Schneiden Sie bei Begonien stärkere Blattadern an den Verzweigungsstellen der Blattrippen oberflächlich an mehreren Stellen an. Legen Sie das Blatt mit der Unterseite nach unten auf feuchten Sand. Das gekürzte Stielende muss von Sand bedeckt sein. Fixieren Sie das Blatt auf der Erdoberfläche mit Zahnstochern (s. Abb.).

Schneiden Sie beblätterte, ca. 10 cm lange Stängelstücke von einer Geranienpflanze (bzw. Wein oder Philodendron) ab. Der Schnitt muss sauber, leicht schräg und knapp unter einem Blattknoten geführt werden. Die unteren Blätter des so erhaltenen Stecklings müssen entfernt werden, da sonst der Wasserverlust durch Verdunstung zu groß wird. Die Erde, in die man den Steckling steckt, soll mäßig feucht gehalten werden.

Aufgaben

1. Beobachten Sie die angesetzten Kulturen und protokollieren Sie die Veränderungen zweimal wöchentlich.
2. Informieren Sie sich in einer Gärtnerei über die dort praktizierte Stecklingsvermehrung. Vergleichen Sie Ihre durchgeführte Stecklingsvermehrung mit einer Pfropfung (s. Abb.). Welche Gemeinsamkeiten und Unterschiede lassen sich benennen?

Ausläufer

Material: Erdbeere, Veilchen, Günsel, Taubnessel, Hahnenfuß, Kartoffel.

Durchführung: Trennen Sie bei einigen der oben genannten Pflanzen die Ausläufer mit Jungpflänzchen ab und kultivieren Sie sie in Blumenkästen. Die Pflanzen sollten ggf. im Schulgarten angesiedelt werden.

Aufgaben

1. Notieren Sie, welche Pflanzen oberirdische und welche unterirdische Ausläufer haben.
2. Diskutieren Sie die Bedeutung der Ausläuferbildung für die Vermehrung und Ausbreitung.

Spermien bei Moosen

Material: Sternmoos, Frauenhaarmoos, Haare vom Bärenklau (Vorsicht: Allergiegefahr!)

Durchführung: Im Mai lassen sich bei den genannten Moosarten leicht Antheridien und Archegonien finden. Geben Sie obere Moosblättchen mit reifen Antheridien auf einen Objektträger in Wasser. Nach einiger Zeit lassen sich mikroskopisch die beweglichen Spermien *(Schwärmer)* nachweisen. Geben Sie anschließend Haare vom Bärenklau mit abgetrennten Spitzen in den Wassertropfen.

Aufgaben

1. Beobachten Sie das Verhalten der Schwärmer auf den chemischen Reiz hin.
2. Diskutieren Sie, wie die Schwärmer unter natürlichen Bedingungen ihren Weg zu den Archegonien finden.

Vorkeime beim Farn

Material: Farnwedel verschiedener Farnarten mit fast reifen Sori.

Durchführung: Sammeln Sie Farnwedel kurz vor der Reife und bewahren Sie sie zwischen trockenem Papier auf. Zur Anzucht streuen Sie die Sporen auf flachen, ausgekochten Torfplatten aus, die laufend mit Nährlösung getränkt werden müssen.

Nährlösung: Auf 1000 g Wasser 1 g Kaliumnitrat, 0,5 g Calciumsulfat, 0,5 g Magnesiumsulfat, 0,5 g Tricalciumphosphat und eine Spur Eisenchlorid [X_n] geben. Die Anzucht muss warm gehalten werden. Nach ca. 4 Wochen erfolgt die Bildung der Archegonien und Antheridien.

Aufgabe

1. Mikroskopieren Sie die Archegonien und Antheridien der Vorkeime. Legen Sie dazu mehrere Vorkeime aufeinander und geben Sie sie zwischen Styroporblöckchen. Fertigen Sie dünne Schnitte an und zeichnen Sie die Archegonien und Antheridien.

Pollenkeimung

Material: Pollen von Birke, Tulpe, Narzisse, Maiglöckchen, Fleißiges Lieschen, Springkraut oder Graspollen.

Durchführung: Beobachten Sie reife Pollen von der Birke in physiologischer Kochsalzlösung (0,99 %ig). Vorteilhaft wirkt auch die Beigabe von 5 %iger Gelatine. Die Mischung gibt man in Petrischalen und bestreut diese mit Pollen. Die Pollen anderer Pflanzen bedürfen eines Zuckerzusatzes (Tulpe 1—3 %, Narzisse 3—5 %, Maiglöckchen 5—20 %, Fleißiges Lieschen, Springkraut, Graspollen 5—10 %). Vorsicht vor Eintrocknung!

Aufgabe

1. Untersuchen Sie die Pollenkörner nach 30 Minuten bis einigen Stunden mit dem Mikroskop.

Entwicklungsbiologie

Der Faktor Licht bei der Entwicklung der Pflanzen

Im Frühjahr schieben die jungen Pflanzen ihre ersten Blättchen durch die Erde. Zu diesem Zeitpunkt ist die Embryonalentwicklung längst in der Samenschale abgelaufen. In Gegenwart von Wasser und Sauerstoff und bei Vorhandensein der richtigen Temperatur sowie der richtigen Lichtverhältnisse kann ein spezifischer Außenfaktor — wie z. B. der Lichteinfall — die Keimung auslösen *(Lichtkeimer)*. Andererseits gibt es aber auch Samen, die ausschließlich im Dunkeln keimen *(Dunkelkeimer)*.

Kopfsalatsamen der Sorte Grand Rapids zeigen in Keimungsexperimenten bei aufeinander folgender Bestrahlung mit Hellrot-Dunkelrot-Licht ein charakteristisches Verhalten. In vollständiger Dunkelheit und bei abschließender Dunkelrotbestrahlung keimen lediglich wenige der Samen. Ist die letzte Bestrahlung hellrot, so keimen ca. 70 % der Samen (Abb. 1). Für diese Lichtwirkung ist das Pigment *Phytochrom* verantwortlich. Es existiert mindestens in zwei ineinander umwandelbaren Formen: Einem im hellroten Licht (Wellenlänge ca. 660 nm) absorbierenden Pigment P 660, das dabei in die Form P 730 übergeht. Bei Strahlung im Wellenlängenbereich um 730 nm (Dunkelrot) geht P 730 wieder in das Phytochrom P 660 über *(reversibles Pigmentsystem)*. Nur das P 730 ist aktiv. Es kann Gene selektiv aktivieren und hat Einfluss auf Zellmembranprozesse. Dadurch werden Stoffwechselvorgänge gesteuert und die Keimung ausgelöst (Abb. 2). Licht kann aber auch Einfluss auf das Wachstum von Pflanzen haben. Hebt man eine Steinplatte hoch, so ziehen sich unter der Platte weiße, dünne Stängel entlang, die am Plattenende grüne Keimblättchen in die Höhe strecken. Vergleicht man einen solchen Keimling mit einem unter Normalbedingungen aufgewachsenen Keimling gleicher Art, so zeigen sich deutliche Unterschiede. Im Licht investiert der Keimling seine in den Keimblättern gespeicherten Reservestoffe in den Aufbau der ersten fotosynthetisch aktiven Laubblätter. Fehlt der Lichtfaktor, so zeigen die Pflanzen vor allem stark verlängerte, dünne Sprossachsen und kleine verkümmerte Blattspreiten. Chlorophyllbildung unterbleibt, sodass die Pflanzen gelblich bleich aussehen. Auch die Ausbildung der Festigungselemente wird weitgehend unterdrückt. Dadurch werden die Chancen erhöht, die Keimblätter ans Licht zu bringen, wo sie fotosynthetisch aktiv werden können, bevor der Speichervorrat erschöpft ist. Pflanzen mit diesem typischen Erscheinungsbild nennt man *vergeilt* oder *etioliert (Etiolement)*. In den Erbanlagen der Pflanze ist demzufolge eine variable Gestaltausprägung verankert, die von der Lichtmenge nach der Keimung abhängt. Solche lichtinduzierten Gestaltausprägungen bezeichnet man als *Fotomorphosen* (siehe Randspalte).

gewachsen in:
Dunkelheit | Weißlicht

Fotomorphosen

Aufgabe

(1) 1954 veröffentlichten BORTHWICK und HENDRICKS ihre Experimente mit Salatsamen (Abb. 1). Werten Sie die Ergebnisse im Sinne der oben dargestellten Hypothese aus.

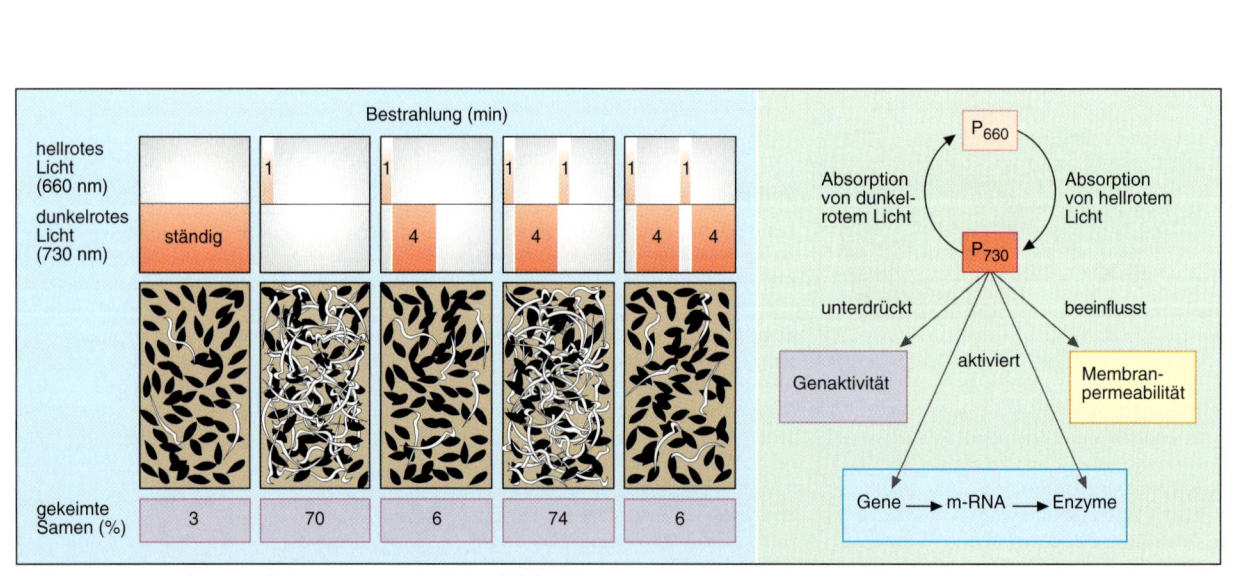

1 Keimungsexperimente mit Licht unterschiedlicher Wellenlänge

2 Genaktivität

Entwicklungsbiologie

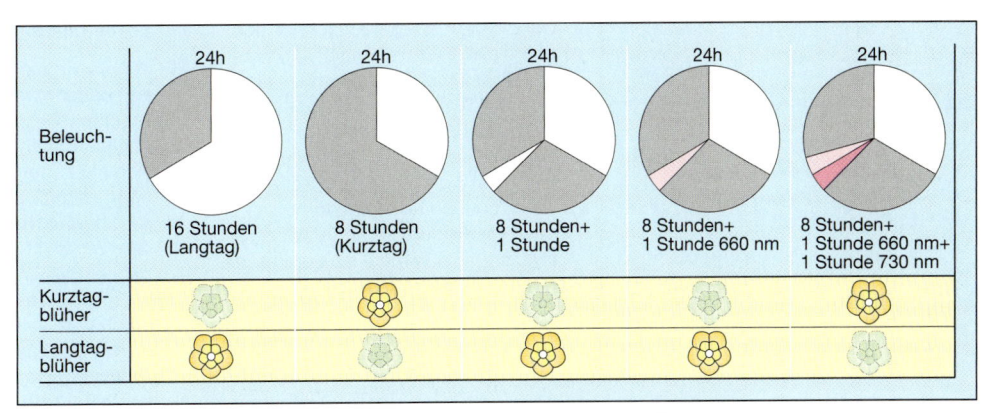

1 Wirkung von Licht- und Dunkelperioden auf das Blühverhalten von Pflanzen

Wirkung des Lichtes bei der Blütenbildung — Fotoperiodismus

Der Weihnachtsstern mit seinen leuchtend roten Hochblättern, in deren Mitte rosettenartig gedrängte Kreise unscheinbarer grünweißer Wolfsmilchblüten stehen, zeigt in der nächsten Vegetationsperiode meist nur ein üppiges vegetatives Wachstum. Die Hochblätter, als deutlich sichtbares Zeichen der reproduktiven Phase, wollen sich meist nicht einstellen.

Experimente haben ergeben, dass der auslösende Faktor bei der Blütenbildung bei verschiedenen Pflanzen unterschiedlich ist:
1. Der Zeitpunkt der Blütenbildung ist genetisch fixiert und nicht von Außenfaktoren beeinflussbar *(autonome Blütenbildung)*.
2. Der Zeitpunkt der Blütenbildung tritt ein, wenn eine bestimmte kritische Nachtlänge überschritten wird *(Kurztagblüher,* z. B. Hirse, Sojabohne, Reis, Kaffee und Spitzklette).
3. Der Zeitpunkt der Blütenbildung tritt ein, wenn eine kritische Nachtlänge unterschritten wird *(Langtagblüher,* z. B. Sommerweizen).
4. Der Zeitpunkt der Blütenbildung wird durch andere Faktoren, wie z. B. Kälte (beim Wintergetreide), induziert. In diesem Fall spricht man von *Vernalisation.*

Die Namen *Kurz-* bzw. *Langtagblüher* sind historisch bedingt. Sie stammen noch aus der Zeit, als man zwar wusste, dass ein periodischer Wechsel einer bestimmten Hell- und Dunkelphase wichtig ist — daher auch der Name *Fotoperiodismus* — aber noch nicht die ausschlaggebende Bedeutung der Dunkelphase erkannt hatte. Setzt man Kurztagsblüher experimentell in einer sonst ausreichenden Dunkelphase Störlicht aus, so blühen sie nicht (Abb. 1). Bei manchen Pflanzen reichen schon wenige Minuten aus. Die Zusatzversuche im Licht aus dem Spektralbereich um 660 nm und 730 nm legten die Vermutung nahe, dass auch hier das *Phytochromsystem* eine Rolle spielt.

Inzwischen weiß man auch, dass der Mechanismus zur Messung der Nachtlänge in den Blättern liegt. Es genügt, wenige ausgewachsene Blätter der richtigen Nachtlänge auszusetzen, um Blüteninduktion auszulösen (Abb. 1).

In der Natur wirkt die Tageslänge für die Pflanze als Maß der Jahreszeit. Der Fotoperiodismus steuert die Blütenbildung so, dass sie beim Eintreten ungünstiger Witterungsperioden abgeschlossen ist. In hohen Breiten sind die Pflanzen meist Langtagblüher, die im Sommer blühen. Pflanzen in Gebieten niedriger Breitengrade sind meist Kurztagblüher, deren Blütezeit im Frühjahr liegt.

Schwieriger gestaltete sich die Suche nach dem chemischen „Übermittler" der Blühinformationen vom Blatt zur Gipfelknospe, wo die Blüte sich entfalten soll. Pfropfungsexperimente (s. Randspalte) zeigen, dass Kurztagblüher und Langtagblüher denselben „Blühstimulus" haben. Er lässt sich auch von einer Kurztagpflanze auf eine Langtagpflanze und umgekehrt übertragen. Man hat diesen Stoff zunächst einmal „Blühhormon" oder *Florigen* genannt. Es gibt aber heute erhebliche Zweifel an der Existenz eines solchen Stoffes, denn trotz jahrelanger Arbeit von vielen Biologen auf der ganzen Welt konnte kein Florigen extrahiert werden. Eine Möglichkeit besteht darin, dass es sich um ein „wirksames Mischungsverhältnis" aus mehreren bereits bekannten Pflanzenhormonen handelt.

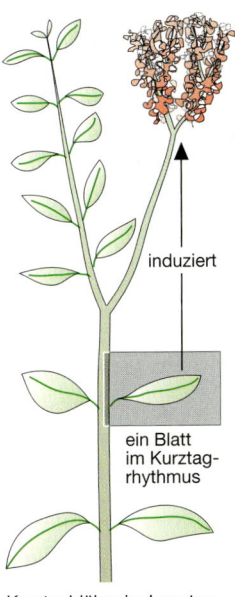

Kurztagblüher im Langtagrhythmus

ein Blatt im Kurztagrhythmus

induziert

Entwicklungsbiologie

Phytohormone — Wirkstoffe der Pflanze

Die *Phytohormone* sind keine Hormone im klassischen Sinne. Im Gegensatz zu den sehr speziell arbeitenden tierischen Hormonen haben sie oft ein breites Wirkungsspektrum. Ihre Wirkung ist sehr stark von der Konzentration und häufig auch der Kombination verschiedener Phytohormone abhängig. Man kennt heute folgende Phytohormonklassen, die in der Pflanze Wachstum und Entwicklung steuern:

Auxine

CHARLES DARWIN war der Erste, der einen hormonartigen Kontrollmechanismus beim Wachstum von Pflanzen forderte. Die stoffliche Struktur eines solchen „Einflusses" konnte erst viel später ermittelt werden. In der Zwischenzeit wurde er zunächst einmal *Auxin* genannt.

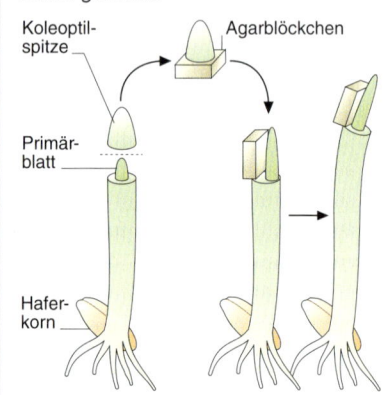

Zu Beginn dieses Jahrhunderts wurden zahlreiche Experimente mit Getreidekeimlingen, besonders dem Hafer, gemacht, um den wachstumskontrollierenden „Einfluss" genauer zu ermitteln (s. Abb.). Bei einkeimblättrigen Pflanzen, wie Gräsern und Getreide, ist das Primärblatt von einer geschlossenen Hülle, der *Koleoptile,* umgeben.

Die intakte Koleoptile zeichnet sich durch ein rasches Längenwachstum aus. Schneidet man die Spitze ab, so wird das Wachstum stark gehemmt. Setzt man die Koleoptilspitze für einige Zeit auf einen Agarblock und bringt dann den Agarblock ganz oder teilweise auf den Koleoptilstumpf, so kann die Koleoptile wieder wachsen: Im ersten Fall wächst sie gerade, im zweiten einseitig gekrümmt.

Aus den Versuchen lässt sich folgern, dass in der Koleoptilspitze mindestens ein Stoff gebildet wird, der von der Spitze zur Basis transportiert wird und konzentrationsabhängig das Wachstum fördert. Später konnte dieser Stoff als Indol-3-Essigsäure (IES) chemisch identifiziert werden, der u. a. in embryonalem Gewebe sowie in fotosynthetisch aktiven Bereichen (z. B. Laubblatt) gebildet wird. Da es die einzige bisher bekannte natürliche Verbindung ist, die in der Lage ist, in extrem niedrigen Konzentrationen die Geschwindigkeit der Zellstreckung in der Wachstumszone von Koleoptilen zu regulieren, gilt als erwiesen, dass es sich bei IES um den von DARWIN geäußerten „Einfluss" und damit um ein Auxin handelt.

Cytokinine

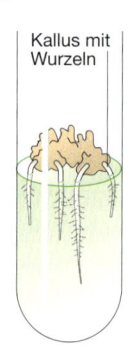

Cytokinine wurden bei der Arbeit mit Gewebekulturen entdeckt. Das erste natürliche Cytokinin, das *Zeatin,* wurde 1964 identifiziert. Die auffälligste Wirkung der Cytokinine ist die Steigerung der Zellteilungsaktivität. Diese ist besonders ausgeprägt in Kombination mit Auxinen. Wenn man einige wenige Pflanzenzellen unter sterilen Bedingungen auf ein Nährmedium mit exakt richtigen Mengen an IES und des künstlichen Cytokinins Kinetin setzt, bilden sich unorganisierte Zellhaufen, die man als *Kallus* bezeichnet (s. Abb.). Beim natürlichen Wachstum ist die Kallusbildung wichtig für die Wundheilung.

Gibberelline

In Reisanbaugebieten ist eine Krankheit bekannt, die man auch „die törichte Pflanze" nennt, denn die Reispflanzen wachsen so hoch, dass sie sich nicht mehr aufrecht halten können, umknicken und verfaulen. Man fand heraus, dass die Pflanzen alle von dem Schlauchpilz *Gibberella fujikuroi* befallen waren. Der Pilz produziert den Stoff *Gibberellin,* der das ungezügelte Wachstum verursacht. Pflanzen reagieren nicht nur auf Gibberelline, sie produzieren auch selbst welche. Bis heute hat man über 50 Gibberelline entdeckt, deren Wirkungsspektrum je nach Pflanze recht unterschiedlich sein kann. Die auffälligste Wirkung bleibt die enorme Wachstumsförderung. So werden Gibberelline heute in Gartenbau und Landwirtschaft vielfältig eingesetzt, beispielsweise um größere Trauben zu erhalten. Daneben fördern sie Keimung (bedeutungsvoll für die Malzherstellung), Blütenbildung und Fruchtbildung.

Hemmstoffe und Hormone

Winterknospen werden schon im Sommer des vorangegangenen Jahres angelegt. Samen machen häufig eine Samenruhe durch. In solchen Fällen spielen *Hemmstoffe* eine Rolle. Man hat heute zahlreiche Substanzen aus verschiedenen chemischen Stoffklassen identifiziert, die eine derartige Wirkung ausüben können. Der verbreitetste Hemmstoff ist *Abscisinsäure,* von der man auch weiß, dass sie in alternden Blättern und reifen Früchten für deren Ablösung („Abscission") verantwortlich ist. Abscisinsäure hat aufgrund der momentan noch sehr teuren Herstellungsverfahren bisher keine so große Bedeutung im Gartenbau erlangt.

Ganz anders liegt der Fall beim *Ethylen,* dem einzigen bekannten Gas im Regulationssystem. Bei Überseetransporten konnten wenige reife Früchte durch ihre Ethylenproduktion die ganze Ladung zum Faulen bringen. Erst als man die Wirkung von Ethylen erkannte, konnte man dieses Phänomen aufklären: Reife Früchte produzieren relativ große Mengen an Ethylen. Alle anderen Früchte in der Nähe werden dadurch ebenfalls zum schnellen Reifen und ggf. zum Faulen gebracht. Heute verhindert man das durch gute Belüftung. Die Kenntnisse um die Wirkung von Ethylen werden schon vielfach kommerziell eingesetzt — und vielleicht ist Ethylen unter diesem Gesichtspunkt sogar das wichtigste *Pflanzenhormon.*

1 Regeneration einer Karotte

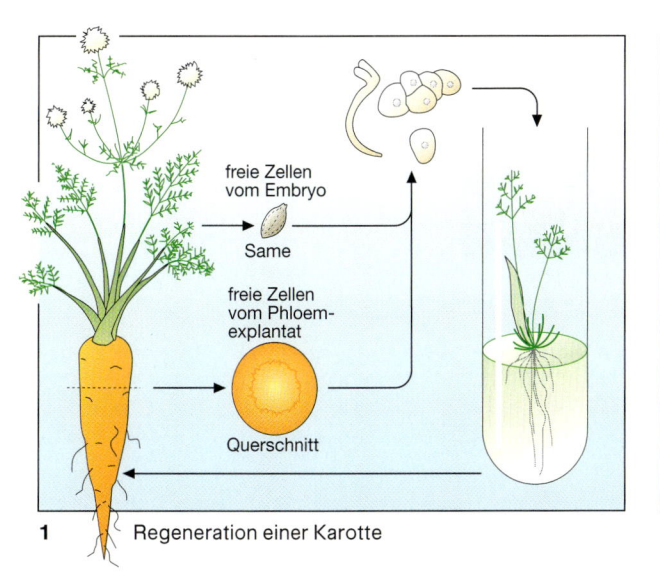

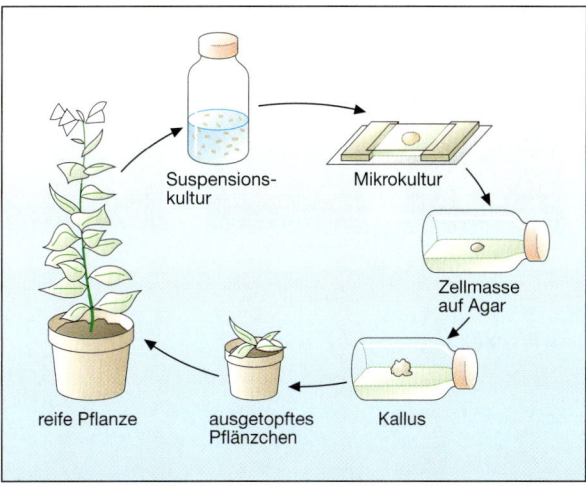

2 Protoplastenkultur

Regeneration

Entnimmt man einer Karotte Gewebestücke aus dem Phloem und bringt sie in ein spezielles Kulturmedium, so fangen die Zellen wieder an, sich zu teilen. Man erhält eine rasch wachsende Gewebekultur. In den Zellen lässt sich eine erhöhte Aktivität der Proteinbiosynthese nachweisen. Unter bestimmten technischen Bedingungen entstehen organisierte Zellverbände, die anschließend zu Karottenpflanzen heranwachsen (Abb. 1) und einen Klon bilden. Die Karottenpflanzen sind alle untereinander und mit der Mutterpflanze genetisch identisch.

Dieser klassische Versuch wurde 1964 von F. C. STEWARD beschrieben. Er zeigt im Experiment, was als Vorgang in der Natur mit dem Begriff *Regeneration* beschrieben wird. Man versteht darunter die Fähigkeit, verloren gegangene Zellen, Gewebe oder Organe zu ersetzen. Voraussetzung dafür ist, dass einzelne differenzierte Zellen des ausgewachsenen Organismus in der Lage sind, den Differenzierungsprozess rückgängig zu machen und wieder embryonalen Charakter anzunehmen. Auf genetischer Ebene bedeutet das die Reaktivierung blockierter Gene. Die Zelle wird wieder *omnipotent (totipotent)* und die Proteinbiosynthese wird angekurbelt.

Andererseits liefern diese Befunde den Nachweis, dass beim Differenzierungsprozess tatsächlich keine Erbanlagen verloren gehen, sondern nur unterschiedlich aktiviert bzw. inaktiviert werden (*differenzielle Genaktivität*).

Technisch ist es heute möglich, auch aus einzelnen Zellen ganze Pflanzen zu regenerieren (*Protoplastenkulturen*). Hierzu gewinnt man aus Blattgeweben durch enzymatische Auflösung der Zellwände die „nackten" Pflanzenzellen (*Protoplasten*). Durch Zugabe geeigneter Hormone kann man die Protoplasten zur Teilung und Zellwandregeneration anregen. Es bildet sich ein unorganisierter Zellhaufen, den man *Kallus* nennt. Dieser kann unter geeigneten Kulturbedingungen mit der Mutterpflanze identische Tochterpflanzen bilden.

Der Protoplasten- und Gewebekultur kommt heute eine erhebliche praktische Bedeutung zu. Viele Nutz- und Zierpflanzen, aber auch gefährdete Laubbäume, werden inzwischen routinemäßig so vermehrt. Eine einzige Pflanze genügt, um in kurzer Zeit Millionen von Tochterpflanzen zu klonen. Bei Laubbäumen verwendet man meistens Knospen für die Gewebekultur (Abb. 2).

Regeneration lässt sich nicht nur bei Pflanzen, sondern auch bei Tieren und Menschen beobachten, nimmt aber mit zunehmender Entwicklungshöhe des Organismus ab. Strudelwürmer und Süßwasserpolypen können noch aus einem Hundertstel ihres ursprünglichen Körpervolumens den vollständigen Organismus regenerieren (*Totalregeneration*). Molche regenerieren ganze Organe, wie beispielsweise Beine, Schwanz oder Kamm. Der Mensch ist nur noch zur Regeneration einzelner Gewebepartien, wie z. B. der Haut, befähigt.

Entwicklungsbiologie

Nerven, Sinne und Hormone

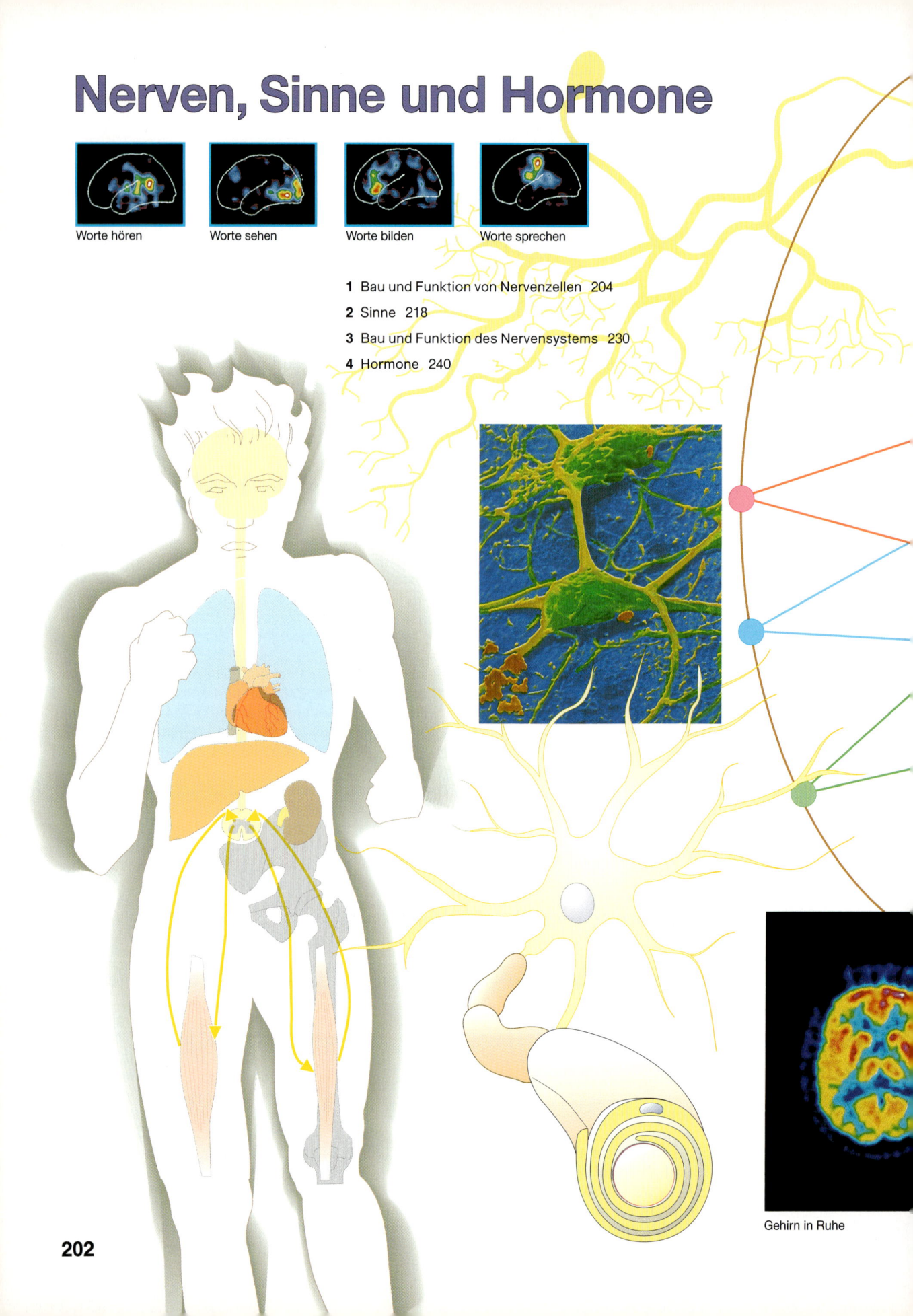

Worte hören Worte sehen Worte bilden Worte sprechen

1 Bau und Funktion von Nervenzellen 204
2 Sinne 218
3 Bau und Funktion des Nervensystems 230
4 Hormone 240

Gehirn in Ruhe

202

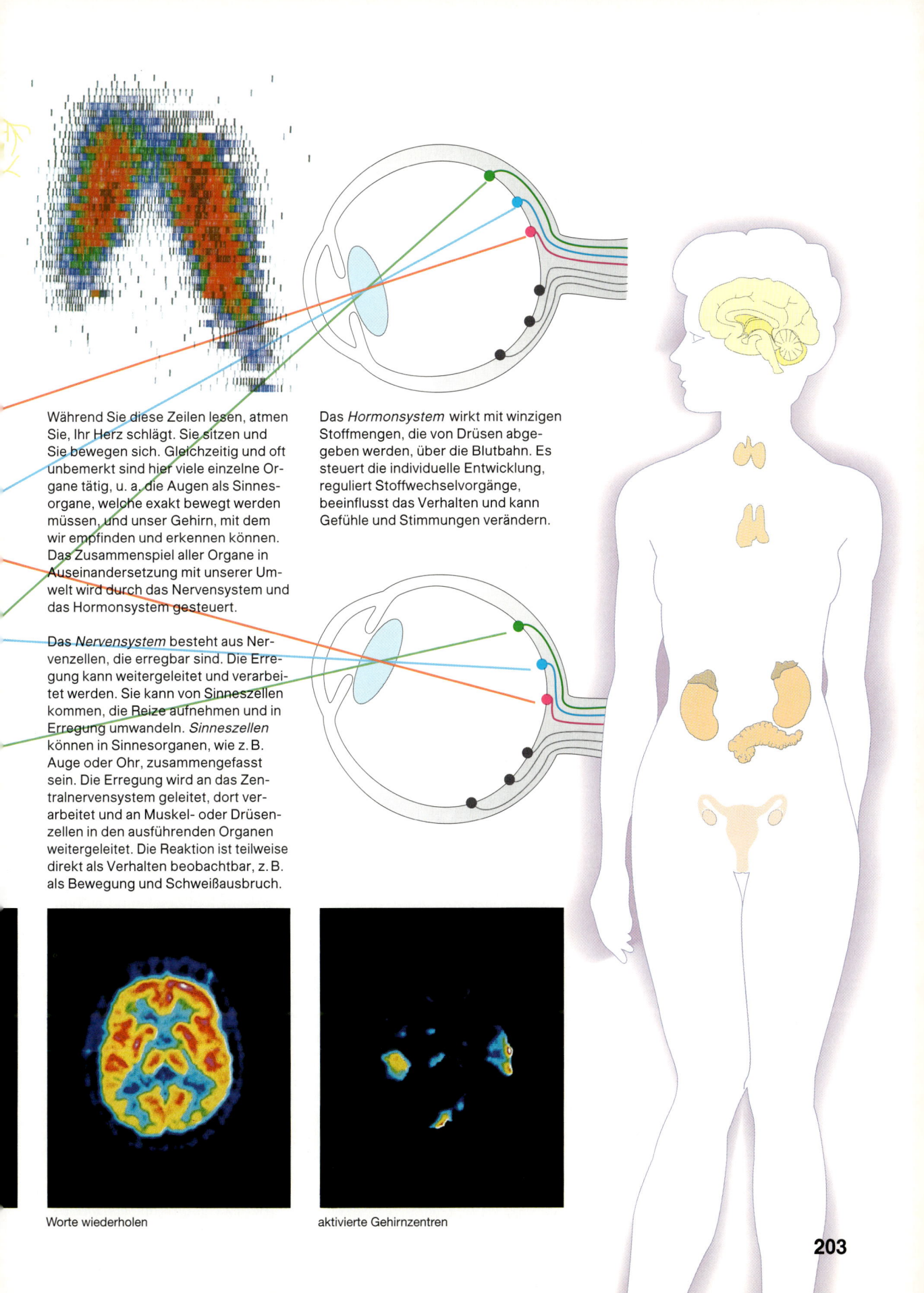

Während Sie diese Zeilen lesen, atmen Sie, Ihr Herz schlägt. Sie sitzen und Sie bewegen sich. Gleichzeitig und oft unbemerkt sind hier viele einzelne Organe tätig, u. a. die Augen als Sinnesorgane, welche exakt bewegt werden müssen, und unser Gehirn, mit dem wir empfinden und erkennen können. Das Zusammenspiel aller Organe in Auseinandersetzung mit unserer Umwelt wird durch das Nervensystem und das Hormonsystem gesteuert.

Das *Nervensystem* besteht aus Nervenzellen, die erregbar sind. Die Erregung kann weitergeleitet und verarbeitet werden. Sie kann von Sinneszellen kommen, die Reize aufnehmen und in Erregung umwandeln. *Sinneszellen* können in Sinnesorganen, wie z. B. Auge oder Ohr, zusammengefasst sein. Die Erregung wird an das Zentralnervensystem geleitet, dort verarbeitet und an Muskel- oder Drüsenzellen in den ausführenden Organen weitergeleitet. Die Reaktion ist teilweise direkt als Verhalten beobachtbar, z. B. als Bewegung und Schweißausbruch.

Das *Hormonsystem* wirkt mit winzigen Stoffmengen, die von Drüsen abgegeben werden, über die Blutbahn. Es steuert die individuelle Entwicklung, reguliert Stoffwechselvorgänge, beeinflusst das Verhalten und kann Gefühle und Stimmungen verändern.

Worte wiederholen

aktivierte Gehirnzentren

203

1 Bau und Funktion von Nervenzellen

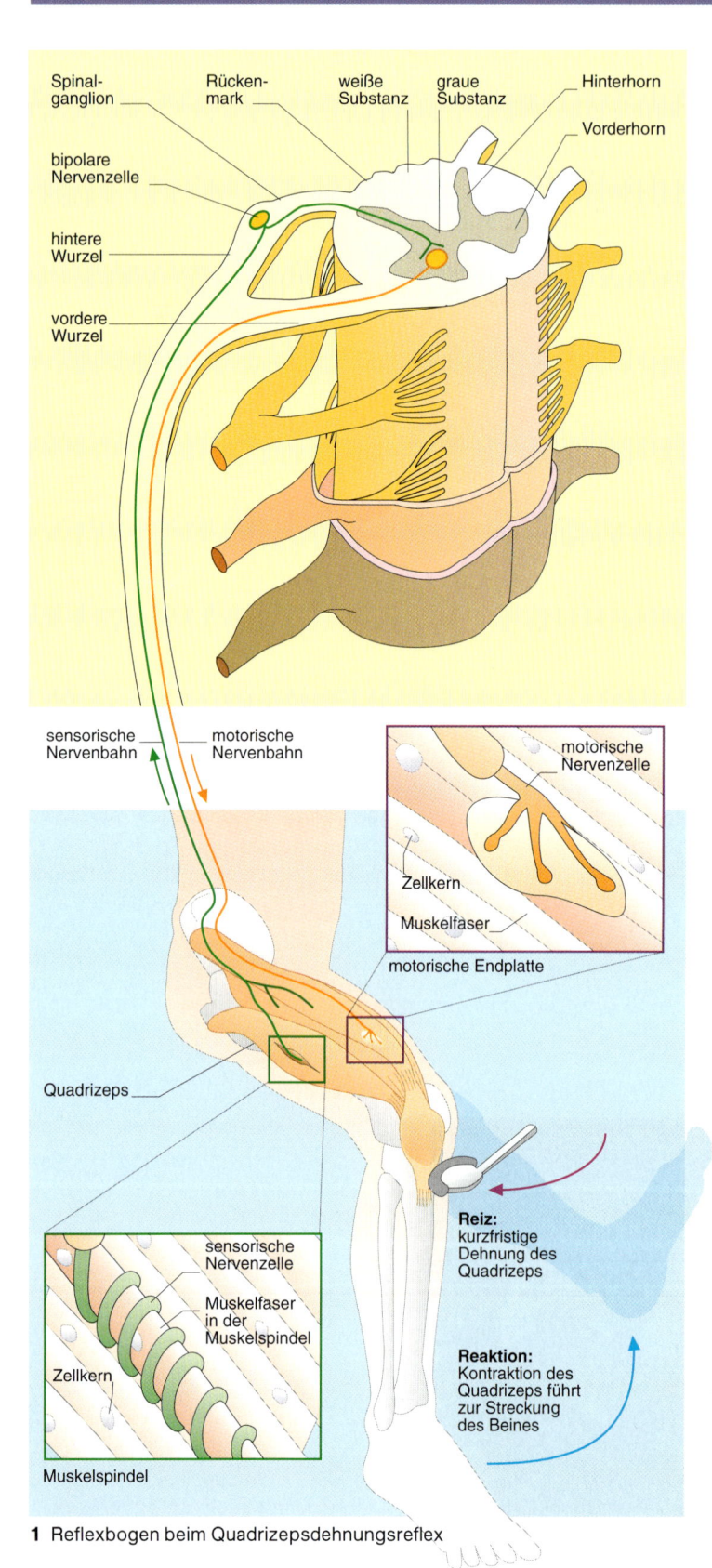

Reflexe

Wird bei dem locker übergeschlagenen Bein kurz unterhalb der Kniescheibe auf die Kniesehne geklopft, so schnellt der Unterschenkel hoch, d. h. das Bein wird im Kniegelenk gestreckt. Diese Kickbewegung erfolgt zwangsläufig und ziemlich gleichförmig. Sie lässt sich bei entspannter Haltung der Versuchsperson immer wieder auslösen. In der ärztlichen Praxis wird dieser *Reflex* routinemäßig getestet.

Was geschieht bei einem Schlag auf die Kniesehne? Abbildung 1 zeigt die wichtigen Strukturen am Knie: Kniesehne und -scheibe, vierköpfiger Oberschenkelmuskel *(Quadrizepsmuskel)*, Oberschenkel- und Unterschenkelknochen. Der Schlag auf die Kniesehne zieht die Kniescheibe etwas nach unten und streckt damit den Quadrizepsmuskel kurzfristig. Im Quadrizepsmuskel liegen *Rezeptoren*. Es handelt sich um winzige, bis zu 3 mm lange Muskelspindeln, die durch den Schlag ebenfalls gestreckt werden. Die Dehnungen der Muskelspindeln sind die Reize, die zu Erregungen in den Nervenzellen führen. Die Erregungen werden über Nervenzellen zum Rückenmark als Teil des *Zentralnervensystems* (ZNS) geleitet. Diese Nervenzellen werden *sensorisch* genannt. Im Rückenmark wird die Erregung an andere Nervenzellen weitergegeben. Diese Nervenzellen leiten die verarbeiteten Erregungen zum Quadrizepsmuskel und werden *motorische Nervenzellen* genannt. Am Quadrizepsmuskel besteht Kontakt zu dessen Muskelfasern. Kommen hier Erregungen an, so verkürzt sich der Muskel *(Kontraktion)*. Dies lässt den Unterschenkel nach vorn schnellen, was als Kickbewegung zu beobachten ist.

Wenn bei vielzelligen Tieren und beim Menschen zwangsläufig ein spezifischer Reiz immer wieder einen bestimmten, einfachen Typ von Reaktion des Organismus auslöst, sprechen wir von *Reflexen*. Beim Quadrizepsdehnungsreflex haben die sensorischen Nervenzellen im Rückenmark direkte Kontakte mit motorischen Nervenzellen. Bei anderen Reflexen sind Zwischennervenzellen eingeschaltet. Weil beim Quadrizepsdehnungsreflex die Erregung im ZNS über nur eine Kontaktstelle *(Synapse)* weitergeleitet wird, bezeichnet man solche einfach verschalteten Reflexe auch kurz als *monosy-*

1 Reflexbogen beim Quadrizepsdehnungsreflex

Nerven, Sinne und Hormone

Reiz
Ein physikalisches oder chemisches Ereignis, welches in einer Sinneszelle eine Erregung auslöst. Sinneszellen sind für bestimmte Reize spezifisch empfindlich.

Reflex
Ein Reiz-Reaktions-Zusammenhang, bei dem ein bestimmter Reiz bei allen Individuen einer Art dieselbe stereotype, nervös ausgelöste Reaktion hervorruft.

Quadrizepsdehnungsreflex
auch *Patellarreflex* oder auch *Patellarsehnenreflex* genannt von *patella* (lat). = Kniescheibe

naptisch. Dieser Reflex ist genetisch bedingt und nicht erlernt. Es bleibt die Frage, welche Funktion ihm zukommt. Oft wird dies dahingehend beantwortet, dass es sich um einen Stolperschutz handeln könnte: Das anstoßende Bein wird sofort gestreckt. Eine solche Deutung ist jedoch mit Vorsicht zu betrachten, denn die klinische Prüfung des Reflexes ist eine künstliche Situation. Der Vorgang wird aus seinem üblichen Zusammenhang gerissen und isoliert betrachtet.

Der Reflexbogen als Modell

Ein Reflex hat einen Reflexbogen zur Grundlage, wie er in Abbildung 1 modellhaft dargestellt ist. Der Reflexbogen beginnt mit einem Rezeptor, an dem ein Reiz in eine Erregung gewandelt wird. Diese Erregung wird über das ZNS an das Wirkorgan, den *Effektor,* geleitet, wo sie zu einem *Effekt* (Reaktion) gewandelt wird. Dabei werden nach der Richtung der Erregungsleitung unterschieden: *Afferente Nervenfasern,* die Erregungen von den Sinneszellen zum ZNS leiten, welches Rückenmark und Gehirn umfasst, sowie *efferente Nervenfasern,* welche Erregungen vom ZNS in die Peripherie leiten. Die Erregung nimmt also folgenden Weg: Rezeptor, sensorische Nervenzelle, Reflexzentrum, motorische Nervenzelle, Effektor. Ein solches Modell kann zur Erklärung jedes Reflexes herangezogen werden. Man reduziert dabei den Organismus auf die betrachteten Strukturen und sieht von weiteren Verknüpfungen ab. Das Modell stellt nur die wesentlichen Strukturen und deren Beziehungen dar.

Beispiele für weitere Reflexe sind: Der Lidschluss nach Berühren der Hornhaut am Auge; das Zurückziehen der Hand nach Berühren eines heißen Gegenstandes; Husten, wenn ein Fremdkörper in der Luftröhre ist; oder Schlucken, wenn ein Gegenstand die hintere Rachenwand berührt. Der Effekt kann teilweise willentlich beeinflusst, d. h. gehemmt oder verändert werden, läuft aber sofort wieder in typischer Weise ab, wenn die Person entspannt oder zumindest durch andere Tätigkeiten abgelenkt ist. Viele Reflexe, z. B. jene, die Kreislauf, Atmung und Verdauung (z. B. Peristaltik) betreffen, bleiben weitgehend unbewusst.

Reflexe lassen sich typisieren und gruppieren: Eine Einteilung bezieht sich auf den Ort von Rezeptor und Effektor. Liegen diese, wie beim Quadrizepsdehnungsreflex, im gleichen Organ, so spricht man von *Eigenreflex.*

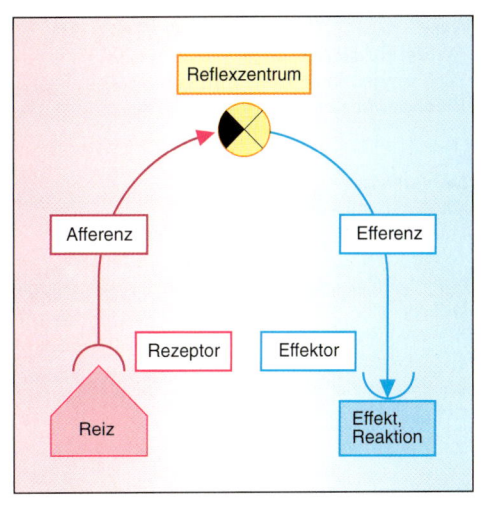

1 Reflexbogen

Ein *Fremdreflex* ist dagegen der Hustenreflex. Dabei werden Rezeptoren in der Schleimhaut der Luftröhre gereizt und es kommt über die Reaktion des Zwerchfells und der Zwischenrippenmuskulatur zu heftiger, stoßweiser Ausatmung.

Der monosynaptische Reflex ist eine sehr einfache Form der Reiz-Reaktions-Verknüpfung. Daran lassen sich bereits wesentliche Strukturen und Funktionsprinzipien des Nervensystems erkennen. Wichtig für das Verständnis sind Bau und Funktion von Nervenzellen, die Art ihrer Verknüpfungen, die Funktionsweise von Sinneszellen und Sinnesorganen und das Zusammenwirken all der genannten Elemente, also die Integration zu einem System, dem *Nervensystem.*

Aufgaben

① Ertasten Sie an Ihrem Körper Muskel und Knochen, die in Abb. 204.1 dargestellt sind.
② Lassen Sie den Quadrizepsdehnungsreflex bei sich auslösen:
 a) Sitzen Sie locker.
 b) Versuchen Sie, den Reflex zu vermeiden.
 c) Ziehen Sie zur Ablenkung heftig Ihre verhakten Finger auseinander.
③ Vergleichen Sie das allgemeine Schema eines Reflexbogens (Abb. 1) mit dem des Quadrizepsdehnungsreflexes.
④ Den Quadrizepsdehnungsreflex nannte man früher Kniesehnenreflex.
 Was spricht für die neue Bezeichnung?
⑤ Stellen Sie Reiz, Rezeptor, Effektor und Effekt bei einigen Reflexen zusammen.

Nerven, Sinne und Hormone

Nerv
Bündel von Nervenfasern, umgeben von Bindegewebe.

Nervenfaser
Axon mit umgebenden Hüllzellen.

Neuron
Meist verzweigte und ausgedehnte Zelle, speziell für die Verarbeitung von Erregungen.

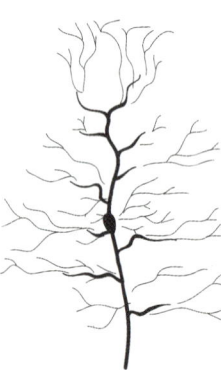

Das Neuron

Die Funktion eines Nervensystems ergibt sich aus der Funktion von Nervenzellen, den *Neuronen*. Diese Zellen können Erregungen erzeugen, verarbeiten und weiterleiten. Die Spezialisierung zeigt sich in der Form der Nervenzellen, die meist verzweigt und ausgedehnt sind (s. Randspalte). Jedes Neuron hat seine eigene Gestalt. Die Länge der Neuronen reicht von wenigen Mikrometern bis zu über einem Meter. Dennoch ist es möglich, aus der Vielfalt der Neuronen einen einheitlichen, typischen Bau abzuleiten (Abb. 1).

Das Neuron wird gegliedert in die Zellabschnitte Zellkörper und Zellfortsätze. Der Zellkörper *(Soma)* enthält u. a. den Zellkern. Bei den Zellfortsätzen werden *Dendrit* und *Axon* (auch *Neurit*) unterschieden. Dendriten bilden oft reich verzweigte Fortsätze („Bäumchen") von selten mehr als 2 mm Länge. Diese sind in der Nähe des Zellkörpers meistens dicker als das Axon, verjüngen sich aber mit jeder Gabelung. Das Axon ist oft wesentlich länger als ein Dendrit. Ein Neuron besitzt meist nur ein einziges Axon mit einem kegelförmigen Ursprungsbereich, der *Axonhügel* genannt wird. Das Axon weist kein raues endoplasmatisches Retikulum auf. Dendriten leiten Erregungen zum Zellkörper hin, Axone leiten Erregungen davon weg. Ein Axon endet in mindestens einer Verdickung, meist aber in mehreren. Diese Endknöpfchen stellen funktionelle Verbindungen *(Synapsen)* zu Muskelfasern und anderen Neuronen über deren Dendriten oder Zellkörper her.

Neuronen sind von Hüllzellen umgeben, den *Gliazellen* („Leimzellen"). Schätzungsweise gibt es 10-mal so viele Gliazellen wie Neurone. Sie stützen und isolieren die Neurone. Beim Quadrizepsdehnungsreflex sind z. B. die erregungsleitenden Axone der sensorischen und motorischen Nervenzellen von den Plasmalamellen der Hüllzellen umwickelt. Dazwischen bleiben Lücken, die sogenannten *Schnürringe*. Das Axon und die umgebenden Hüllzellen werden *Nervenfasern* genannt. Viele solcher Nervenfasern bilden gebündelt und von Bindegewebe umgeben einen Nerv. Dieser sieht im Schnitt weiß aus, was auf die lipidhaltigen Zellmembranen der Hüllzellen zurückzuführen ist. Die Gliazellen umgeben das Axon, indem sie bei der Entwicklung des Axons dieses mehrfach umschlingen. Dadurch entsteht der im Querschnitt weißlich aussehende Membranstapel (Abb. 1).

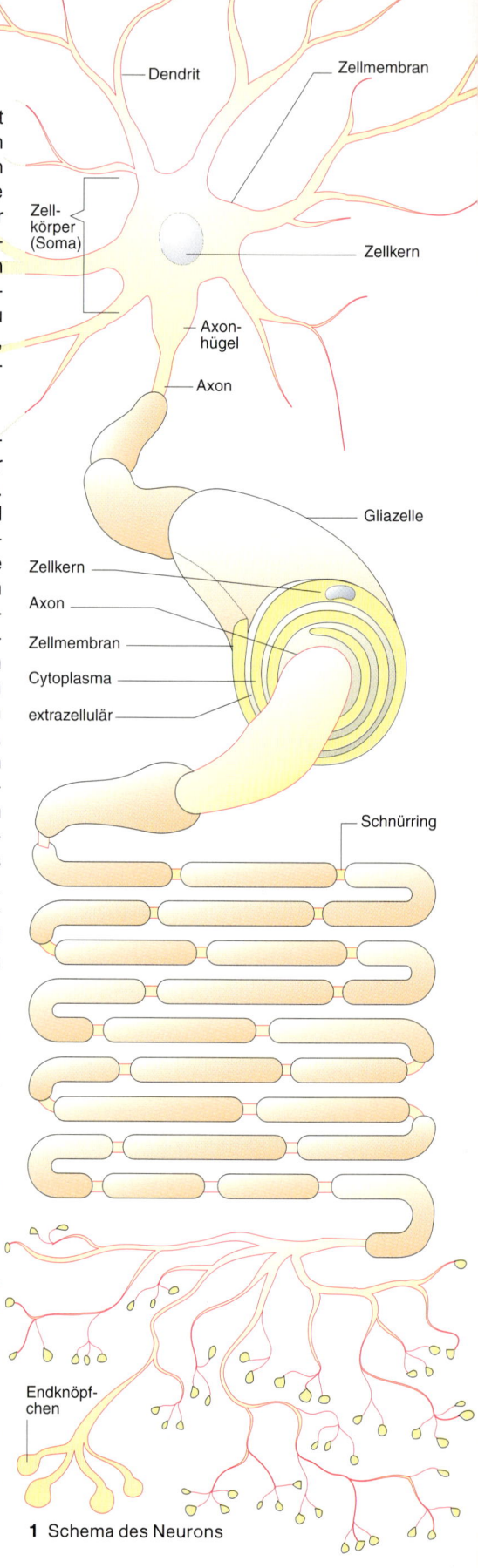

1 Schema des Neurons

Nerven, Sinne und Hormone

Nervenzelle

Präparation von Nervenzellen

Material:
- Rückenmarksstrang vom Schwein oder Rind; frisch, oberflächlich leicht angefroren
- scharfe Rasierklinge oder Skalpell
- spitze Schere oder spitze Pinzette
- 6 Objektträger
- 2 Petrischalen
- Mikroskop und Zubehör
- Giemsa-Lösung
- Aqua dest.

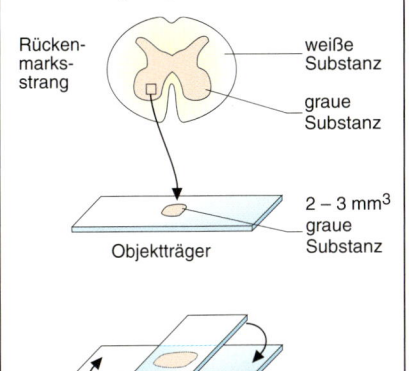

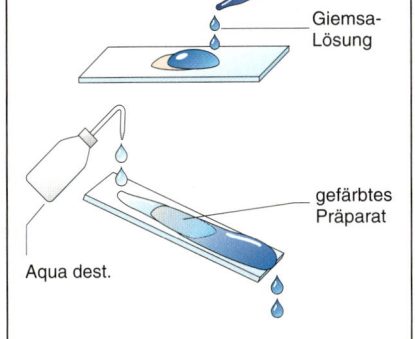

Durchführung:
a) Der Rückenmarksstrang wird quer geschnitten und seine ursprüngliche, runde Form wieder hergestellt. Umgeben von einer Bindegewebshülle ist eine äußere weißliche und eine innere schmetterlingsförmige, zartrosa Fläche zu sehen, die der weißen bzw. der grauen Substanz entsprechen. 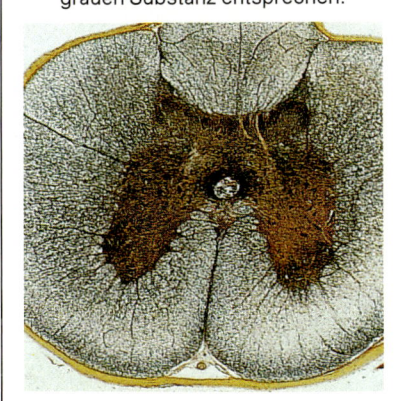
b) Aus dem Vorderhorn der grauen Substanz wird mithilfe der Schere oder der Pinzette etwas Material entnommen und auf einen Objektträger gebracht.
c) Neu anschneiden und Material entnehmen, d. h. Versuch a) und b) wiederholen, bis Proben auf den 5 Objektträgern vorliegen.
d) Mit einem weiteren Objektträger wird das Material gequetscht und verschiebend auseinandergezogen.
e) Giemsa-Lösung zum Färben dick auftropfen und 5 Minuten einwirken lassen (Petrischale).
f) Mit destilliertem Wasser (Aqua dest.) überschüssige Giemsa-Lösung abspülen.
g) Die Präparate werden mikroskopisch untersucht: Zellkörper und Zellfortsätze sind violett gefärbt. Kerne mit dunkler kontrastiertem Kernkörperchen und das schollige endoplasmatische Retikulum heben sich ab. Weiterhin sind Kerne von Hüllzellen zu sehen.

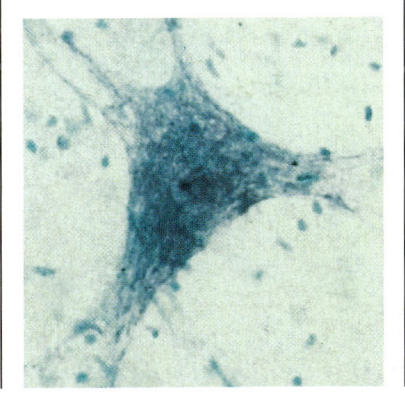

Modellversuch zum Ruhepotential

Material:
- Osmosegerät
- Einmachhaut
- Becherglas mit Kaliumchloridlösung, $c = 1$ mol/l
- Becherglas mit Kaliumchloridlösung, $c = 0{,}1$ mol/l
- Pipetten zum Einfüllen
- Silberelektroden
- Spannungsmesser (empfindliches Voltmeter oder Kathodenstrahloszilloskop)

Durchführung:
a) Die befeuchtete Einmachhaut wird eingeflanscht. Die Lösungen werden entsprechend der Abbildung mit den Kaliumchloridlösungen blasenfrei in die Apparatur gefüllt, die Elektroden mit dem Spannungsmesser verbunden und in die durch Einmachhaut getrennten Kammern gesteckt.
b) Zum Vergleich werden die Elektroden auch in die beiden Bechergläser mit den restlichen Kaliumchloridlösungen gehalten. Die Kammern sind jetzt durch Glaswände getrennt.

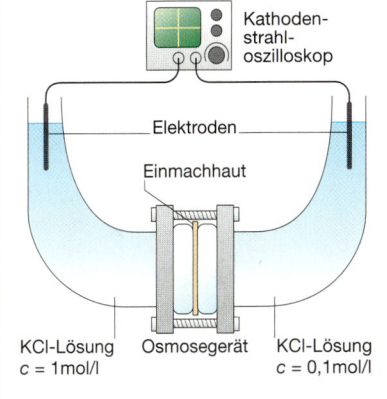

Aufgaben

① Erklären Sie das Versuchsergebnis bei Versuch a) auf molekularer Ebene. Stellen Sie dazu die Einmachhaut als durchlässig für Wassermoleküle und Kaliumionen, aber undurchlässig für Chloridionen dar, und geben Sie mögliche Nettoflussrichtungen an.
② Erklären Sie das Versuchsergebnis von Versuch b).
③ Vergleichen Sie den Modellversuch a) mit der Situation an einem Neuron. Stellen Sie Übereinstimmungen und Verkürzungen fest.
④ Wie wird sich die Spannung ändern, wenn in die rechte Kammer konzentrierte Kaliumchloridlösung zugegeben wird?

Nerven, Sinne und Hormone

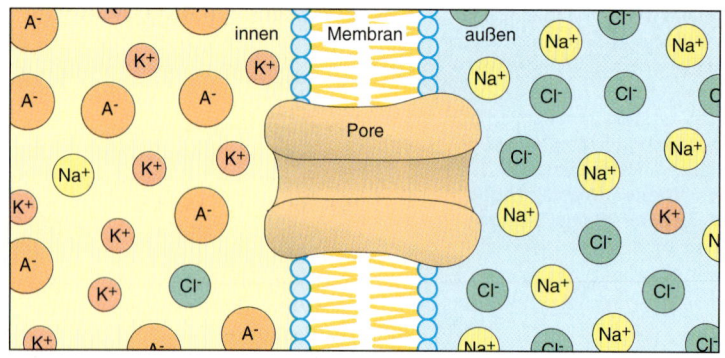

1 Ionenverteilung an der Zellmembran

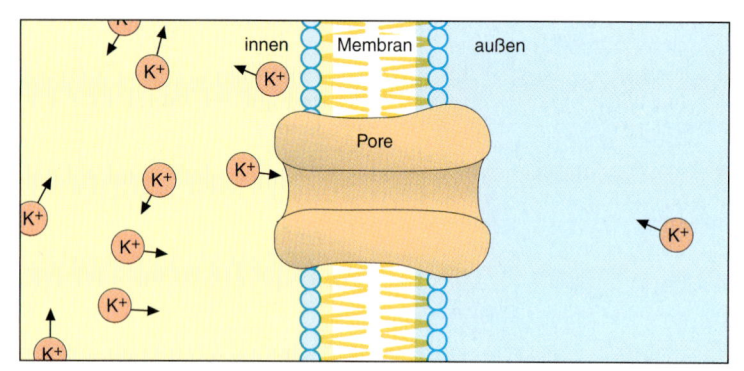

2 Kaliumverteilung an der Zellmembran

Ruhepotential

Eine Grundlage für die Funktion des Nervensystems sind elektrische Vorgänge in Nervenzellen. Bereits im 18. Jahrhundert beschrieb LUIGI GALVANI eine „tierische Elektrizität" nach Reizeinwirkung. Mit modernen Methoden wurde festgestellt, dass auch an unerregten Nervenzellen an der Zellmembran zwischen innen und außen elektrische Spannung auftritt. Sie beträgt etwa $1/10$ Volt.

Ruhepotential
Elektrische Spannung zwischen Zellinnerem und Zelläußerem von Neuronen, die nicht erregt sind.

Zur Entstehung dieser Spannung betrachten wir die Membran einer Nervenzelle. Eine Zellmembran ist die entscheidende Grenze zwischen der Zelle und ihrer Umgebung: innen und außen oder *intrazellulär* und *extrazellulär*. Auf beiden Seiten sind als Ladungsträger Ionen in wässriger Lösung. Die Ionensorten sind zum einen auf beiden Seiten der Zellmembran ungleichmäßig konzentriert, zum anderen ist die Zellmembran für die verschiedenen Ionensorten unterschiedlich durchlässig. Die Zellmembran trennt auf diese Weise Bereiche unterschiedlicher Ionenkonzentrationen (Abb. 1). Innen ist die Konzentration der Kaliumionen (K^+) und der organischen Anionen (A^-) hoch, während außen die Konzentration der Natriumionen (Na^+) und der Chloridionen (Cl^-) hoch ist (Abb. 3).

Eine Zellmembran grenzt aber nicht nur ab, sie verbindet auch, indem sie den Austausch mit der Umgebung vermittelt. So ist die Durchlässigkeit für bestimmte Molekül- und Ionensorten sehr unterschiedlich. Unerregt ist die Zellmembran fast nur für Kaliumionen und Wassermoleküle durchlässig, aber undurchlässig für die anderen Ionen (Abb. 2).

Infolge der Wärmebewegung der Teilchen können Kaliumionen die Membran durchqueren. Dies geschieht in beiden Richtungen, aber es gibt hier Konzentrationsunterschiede. Deshalb diffundieren mehr Kaliumionen von innen nach außen als in die umgekehrte Richtung. Es gibt einen *Nettofluss* von Kaliumionen in Richtung der niedrigeren Kaliumionenkonzentration (Abb. 2).

Polarisierung der Nervenzellmembran

Mit jedem Kaliumion wird auch eine elektrische Ladung transportiert. Außen wird damit ein Überschuss an Kationen aufgebaut, innen bleiben dadurch überschüssige Anionen zurück. Die elektrostatische Anziehung hält Ionen in einer dünnen Schicht auf beiden Seiten der Membran. Damit wird die Membran elektrisch polarisiert. Es entsteht eine elektrische Spannung, die mit jedem Kaliumion, welches sich nach außen bewegt, größer wird. Im Vergleich zum Ionenvorrat sind es wenige Ionen, welche die Polarisierung bewirken. Bald verhindert die steigende elektrische Spannung den weiteren Nettofluss der Kaliumionen. Es kommt zu einem Gleichgewicht von dem Kaliumionen-Konzentrationsunterschied mit der elektrischen Spannung bei ca. 60 mV. Wird die Polarität vom Extrazellularraum aus beurteilt, erhält man einen negativen Wert (-60 mV). Man spricht allgemein vom Membranpotential, das bei unerregten Nervenzellen als *Ruhepotential* bezeichnet wird. Es kennzeichnet ein Fließgleichgewicht, d. h. einen Zustand bei ständigem Aus- und Einströmen von Ionen.

Ion	Konzentration (in mmol/l)	
	intrazellulär	extrazellulär
K^+	120 – 150	4 – 5
Na^+	5 – 15	140 – 150
Cl^-	4 – 5	120 – 150

3 Ionenverteilung

permeabel
durchlässig

semipermeabel
durchlässig für das Lösungsmittel und undurchlässig für den gelösten Stoff

selektiv permeabel
durchlässig für das Lösungsmittel und einige (bestimmte) Ionensorten (oder Molekülsorten)

Durchlässigkeit der Nervenzellmembran

Warum ist eine Nervenzellmembran nur für bestimmte Ionensorten durchlässig? Diese selektive *Permeabilität* lässt sich mit dem molekularen Aufbau der Zellmembran erklären. In der Membran sind spezielle Ionenkanäle vorhanden. Das sind meist röhrenförmige Eiweißmoleküle, deren Poren bildende Polypeptidketten elektrisch geladene Bereiche aufweisen. Je nachdem, ob positiv oder negativ geladene Bereiche in die Pore hineinragen, können Anionen oder Kationen bevorzugt hindurchtreten. Hinzu kommt, dass die Poren einen bestimmten Innendurchmesser haben und dadurch wie ein molekulares Sieb wirken. Ob ein Ion hindurchtreten kann, hängt also auch von dessen Durchmesser ab. Nun binden Ionen aufgrund elektrostatischer Anziehung eine Wolke von Wassermolekülen an sich. Zusammen mit dieser Hydrathülle ist das Natriumion größer als das hydratisierte Kaliumion.

Na^+-K^+-Ionenpumpe

Wäre die Membran völlig undurchlässig für Na^+-Ionen, könnte das Ruhepotential beliebig lange bestehen. Tatsächlich jedoch fließen z. B. Na^+-Leckströme, die nach einiger Zeit die Konzentrationsunterschiede ausgleichen und das Ruhepotential abbauen würden. Die Zelle hält das Ruhepotential jedoch aufrecht und stellt die unterschiedliche Ionenkonzentration mithilfe der *Ionenpumpen* immer wieder her. Sie bestehen aus Proteinen, die durch die Membran hindurchreichen, und können selektiv Ionen gegen das Konzentrationsgefälle transportieren.

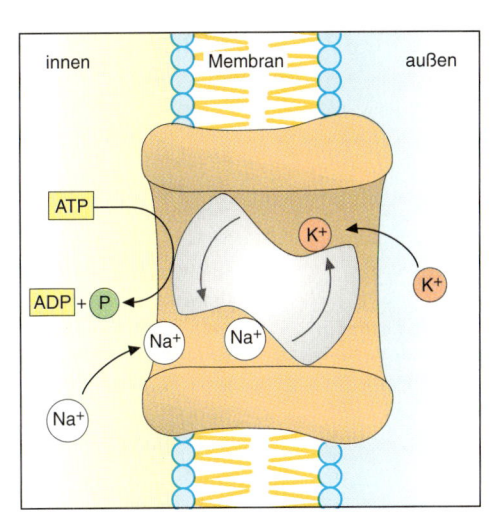

1 Na^+-K^+-Ionenpumpe

Eine wichtige und gut untersuchte Ionenpumpe ist die sog. *Na^+-K^+-Ionenpumpe* (Abb. 1). Sie transportiert gleichzeitig 3 Na^+ von innen nach außen und 2 K^+ von außen nach innen. Die dazu benötigte Energie wird aus der Spaltung von ATP zu ADP und Ⓟ geliefert. Das Protein wird deshalb auch *Na^+-K^+-ATPase* genannt. Der Betrieb der Na^+-K^+-Ionenpumpe benötigt bis zu $2/3$ der Stoffwechselenergie eines aktiven Neurons.

Aufgaben

① Unter welchen Bedingungen kann es zur Diffusion einer Ionensorte durch die Zellmembran kommen?
② Wodurch wird die Nervenzellmembran elektrisch polarisiert?

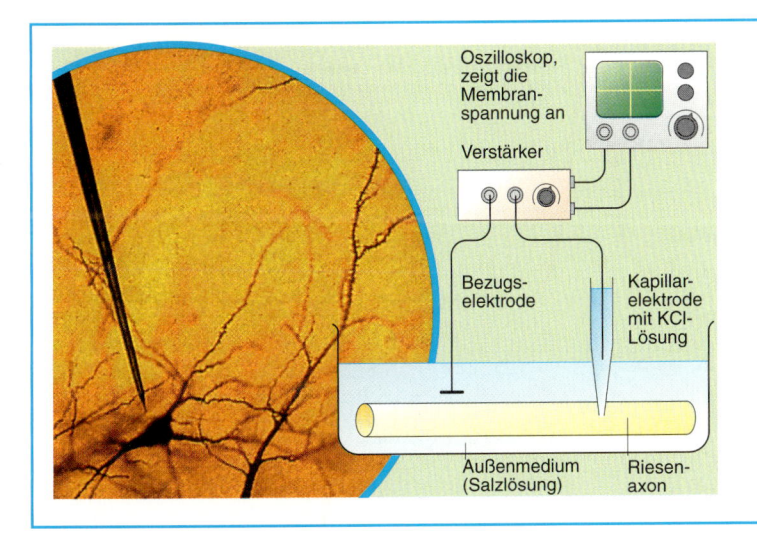

Messungen von elektrischen Spannungen an Membranen

Große Fortschritte wurden bei der Untersuchung von Nervenzellen erzielt, seit es gelingt, winzige Elektroden in eine lebende Zelle zu stechen und die elektrische Spannung zu messen. Die Elektrode für das Zellinnere besteht aus einer Glaspipette, deren Spitze sehr fein (0,5 μm) ausgezogen ist. Die Füllung besteht meist aus einer Kaliumchloridlösung, in die eine Metallelektrode eintaucht. Die intrazelluläre wie auch die extrazelluläre Elektrode werden mit dem Verstärker und einem Oszilloskop zur Spannungsmessung verbunden. Solange die Elektroden außerhalb der Zelle sind, ist die elektrische Spannung Null. Wird die Glasspitze eingestochen, wird eine negative Spannung angezeigt.

Nerven, Sinne und Hormone

Aktionspotential

Vor jeder Muskelkontraktion leiten Motoneurone über ihre Axone Erregung zum Muskel. Dabei ändert sich die Spannung an der Axonmembran. *Erregung* ist also die zeitliche Änderung des Membranpotentials.

Misst man an einem erregten Axon den zeitlichen Verlauf der Membranspannung, zeigt sich eine typische Kurve, *Aktionspotential* genannt (Abb. 1). In weniger als einer Millisekunde geht dabei lokal die negative Spannung auf Null zurück und wird darüber hinaus sogar positiv. Für kurze Zeit wechselt die Polarität der Membran. Auf die rasche Verringerung der Spannung (*Depolarisation*) sowie die Ladungsumkehr (*Umpolarisation*) folgt eine *Repolarisation*. Aktionspotentiale werden ausgelöst, wenn die Membran durch eine vorhergehende Erregung depolarisiert wird. Erreicht das Membranpotential den Schwellenwert von ca. −50 mV, so kommt es zu Ionenströmungen quer zur Membran.

Neben den ständig geöffneten Ionenkanälen gibt es auch *spannungsabhängige Ionenkanäle* in der Zellmembran. Bei Reizung öffnen sich spannungsabhängige Na+-Kanäle. Wegen des Konzentrationsgefälles kommt es zu einem plötzlichen Na+-Einstrom und damit zu einer weiteren Membrandepolarisierung. Dies führt zum Öffnen weiterer Na+-Kanäle usw. Es handelt sich um einen Vorgang, der sich selbst verstärkt.

Die Repolarisation erfolgt aus zwei Gründen: Einmal gehen die Na+-Kanäle kurz nach dem Öffnen spontan in einen dritten Zustand über. Sie werden geschlossen und inaktiv (Abb. 1). Zum anderen öffnen sich spannungsgesteuerte K+-Kanäle kurz nach den Na+-Kanälen. Dies führt zu einem erhöhten K+-Ausstrom und damit zu einer erneuten Ladungsumkehr. Die spannungsgesteuerten K+-Kanäle bleiben solange offen, bis das Ruhepotential erreicht ist.

Aktionspotentiale laufen in kurzer Zeit ab. Ihnen folgt jeweils eine 1 Millisekunde dauernde Pause, die die spannungsgeladenen Na+-Kanäle brauchen, bis sie wieder in ihren geschlossenen (Ausgangs-)Zustand übergehen. Vorher können sie nicht geöffnet werden. Die Zeit, in der kein Aktionspotential ausgelöst werden kann, heißt *Refraktärzeit*.

Ein Aktionspotential entsteht erst dann, wenn die Depolarisation der Zellmembran den Schwellenwert erreicht. Stärkere Depolarisationen verändern die Form der Aktionspotentiale jedoch nicht. Seine Entstehung folgt dem *Alles-oder-Nichts-Gesetz*.

Aufgabe

① Welcher Ionenstrom bewirkt die Depolarisation, welcher die Repolarisation?

Aktionspotential
typischer Verlauf einer Spannungsänderung am erregten Axon

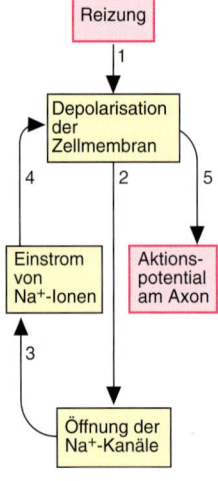

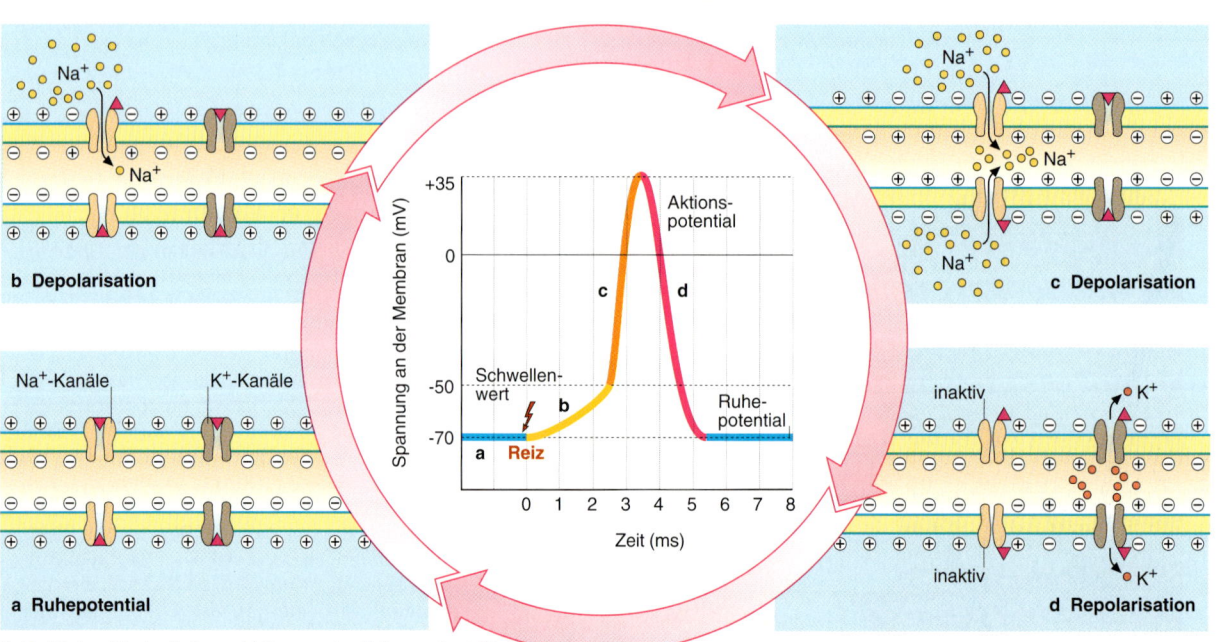

1 Zeitlicher Verlauf eines Aktionspotentials an einer Stelle des Axons

Fortleitung des Aktionspotentials

Wenn an einer Stelle des Axons ein Aktionspotential abläuft, wird davon auch die unmittelbare Nachbarschaft berührt. Betrachten wir das Axon in Längsrichtung, so liegen an dessen Membran sowohl innen wie auch außen direkt nebeneinander elektrisch positiv und negativ geladene Bereiche (Abb. 1). Da diese Bereiche nicht voneinander isoliert sind, fließen Ströme in benachbarte Bereiche. Diese lokalen *Ausgleichsströme* depolarisieren hier die Membran. Dort öffnen sich einige spannungsabhängige Na$^+$-Kanäle, ein Aktionspotential wird ausgebildet, welches seinerseits in benachbarten Bereichen zur Depolarisierung führt, usw. Das Aktionspotential leitet sich fort, ohne sich mit der Entfernung abzuschwächen, weil es an jeder Stelle der Membran neu gebildet wird.

Nun fließen die depolarisierenden Ausgleichsströme in beiden Richtungen des Axons. Wenn sich das Aktionspotential dennoch natürlich nur in einer Richtung ausbreitet, so liegt dies am *Refraktärzustand.* Dort, wo gerade ein Aktionspotential ausgebildet wurde, kann nicht sofort wieder ein Aktionspotential ausgelöst werden; die inaktivierten Na$^+$-Kanäle verhindern dies.

Aktionspotentiale transportieren z. B. Informationen über Reize, die auf Rezeptoren einwirken. Dies können Informationen über die Reizstärke und über die Geschwindigkeit sein, mit der sich die Reizstärke ändert. Da sich Aktionspotentiale in Höhe und Verlauf nicht unterscheiden, müssen diese Informationen in anderer Weise verschlüsselt sein. Die Codierung erfolgt über die Frequenz, mit der Aktionspotentiale aufeinander folgen. Hohe Reizstärken bedeuten im Allgemeinen eine hohe Aktionspotentialfrequenz. Die Refraktärzeit setzt dieser Frequenz allerdings eine obere Grenze. Angenommen, ein Aktionspotential und die Refraktärzeit dauern je 1 ms, so können in 1 s höchstens 500 Aktionspotentiale ausgelöst werden. Die maximale Frequenz beträgt dann 500 Aktionspotentiale/s oder 500 Hz.

Aufgabe

① Abb. 3 zeigt Aktionspotentialfrequenzen bei Dehnung einer Muskelspindel. Entnehmen Sie den Diagrammen die Frequenzen, die die Reizstärke und deren Änderungsgeschwindigkeit wiedergeben.

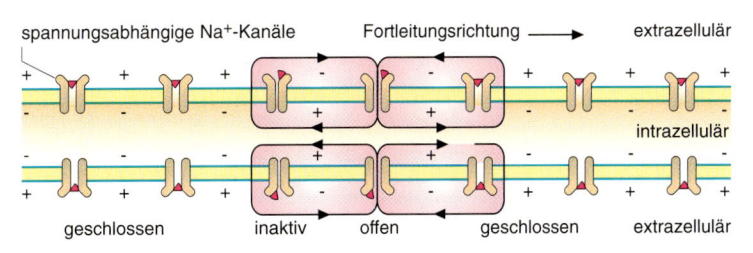

1 Ausgleichsströme

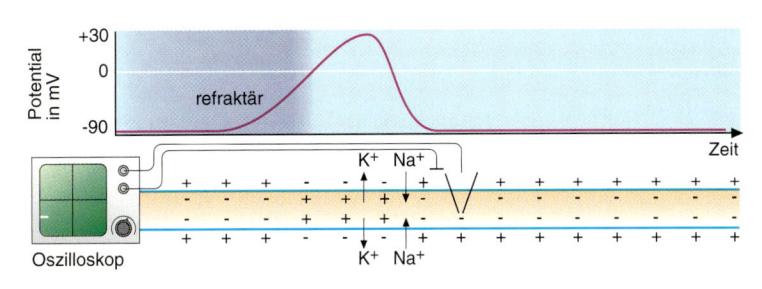

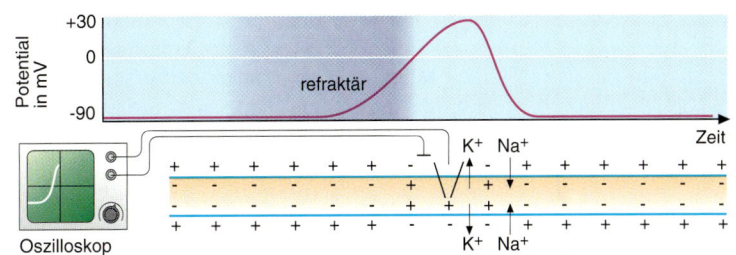

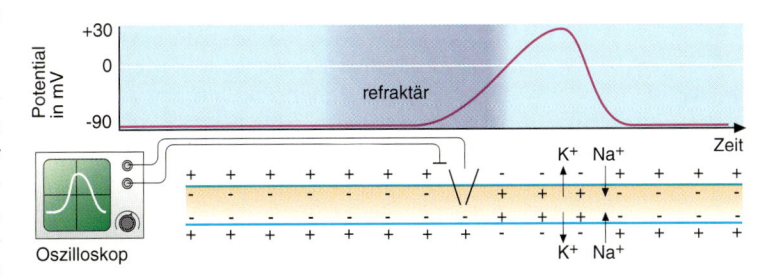

2 Fortleitung des Aktionspotentials

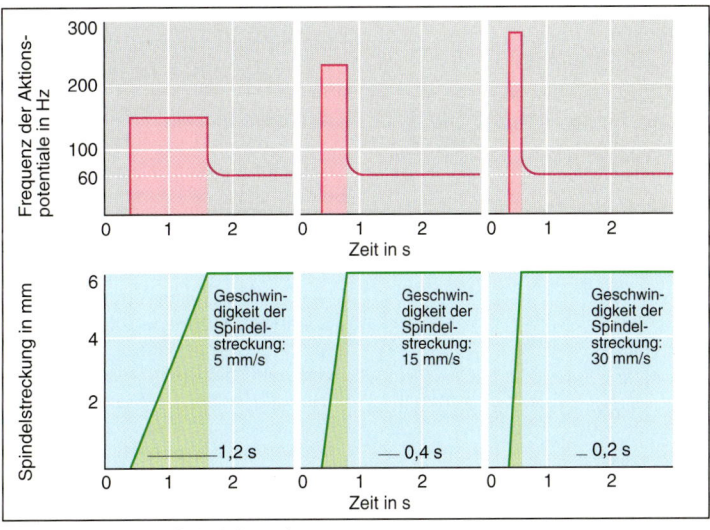

3 Codierung der Spindelstreckung

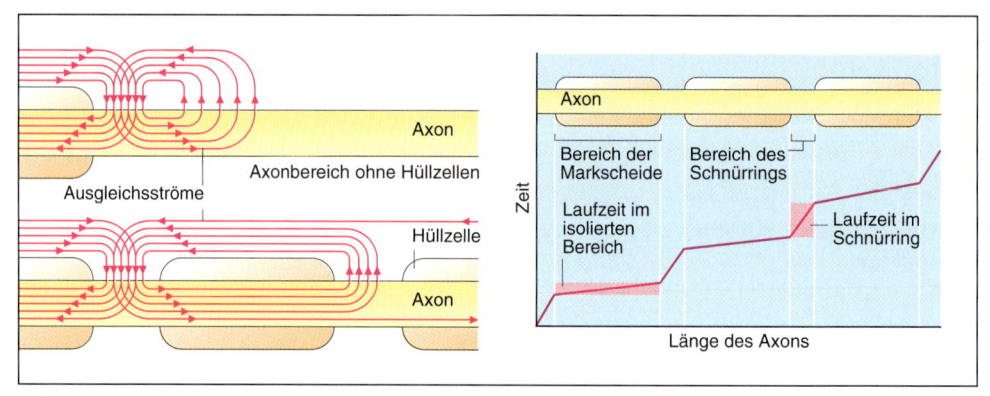

1 Fortleitung der Erregung und saltatorische Erregungsleitung

Fortleitungsgeschwindigkeit der Erregung

Hüllzellen
Spezialisierte Zellen, die Axone der Neuronen mehrfach mit ihrem Zellkörper umwickeln (Myelinhülle) und damit isolieren.

Myelin
gr. *myelos* = Mark

Grundlage für schnelle, oft lebensentscheidende Reaktionen sind hohe Geschwindigkeiten der Fortleitung von Aktionspotentialen. Messen kann man diese Geschwindigkeiten, indem man an zwei Stellen eines Axons die Membranspannung registriert. Liegen die Messstellen z. B. 10 cm (= 0,1 m) auseinander und durchläuft ein Aktionspotential diese Strecke in 5 ms (= 0,005 s), so beträgt die Leitungsgeschwindigkeit 20 m/s. Das ist etwa doppelt so schnell wie die Durchschnittsgeschwindigkeit eines guten 100-m-Läufers. Tatsächlich werden an verschiedenen Axonen Fortleitungsgeschwindigkeiten von 1 m/s bis 100 m/s gemessen. Solch große Unterschiede beruhen auf Unterschieden im Bau der Nervenfasern.

Die Fortleitung einer Erregung wird durch Ausgleichsströme parallel zur Membran ermöglicht. Allerdings ist die elektrische Leitfähigkeit in einer Nervenzelle gering. Außerdem entstehen Verluste durch Ausgleichsströme, die quer zur Membran durch die Ionenkanäle fließen. Daher schwächen sich die Ausgleichsströme, die ein Aktionspotential voranbringen, mit zunehmender Entfernung vom Erregungsort stark ab.

Die Fortleitungsgeschwindigkeit lässt sich durch bessere Isolierung erhöhen. Viele Axone der Wirbeltiere werden von den Plasmalamellen der Hüllzellen mehrfach umwickelt. Diese Hüllen enthalten *Myelin*, welches hauptsächlich aus fettartigen Stoffen (Lipiden) besteht und gut isoliert. *Myelinscheiden* („Markscheiden") umgeben ein Axon auf je ca. 1 mm langen Abschnitten (siehe Abbildung 1). Dazwischen bleiben schmale Bereiche des Axons, die sogenannten *Schnürringe*, frei.

Nur an den Schnürringen finden sich die spannungsabhängigen Na^+-Kanäle und nur hier werden noch Aktionspotentiale gebildet. Die Fortleitungsgeschwindigkeit ist dann nicht mehr kontinuierlich (Abb. 1). Sie ist entlang der isolierten Bereiche hoch und wird nur an den Schnürringen verlangsamt. Die Aktionspotentiale springen gewissermaßen von Schnürring zu Schnürring *(saltatorische Erregungsleitung)*. Die örtlichen Ausgleichsströme können schnell die isolierten Strecken zwischen den Schnürringen überbrücken.

Höhere Fortleitungsgeschwindigkeiten lassen sich auch mit größerem Axondurchmesser erzielen, da hier der Innenwiderstand geringer ist und deshalb die Ausgleichsströme weiter vorankommen.

Extrazelluläre Ableitung

Aktionspotentiale könen auch durch zwei extrazelluläre Elektroden gemessen werden, die in einem gewissen Abstand möglichst nahe an der Nervenfaser liegen. Ist das Axon nicht erregt (Zustand des Ruhepotentials), wird bei dieser Ableitung keine Spannung gemessen. Läuft ein Aktionspotential das Axon entlang, wird die Elektrode 1 negativer gegenüber der Elektrode 2. Kurz darauf ist das Aktionspotential bei Elektrode 2 angelangt. Wieder wird eine Spannung (positiv!) gemessen.

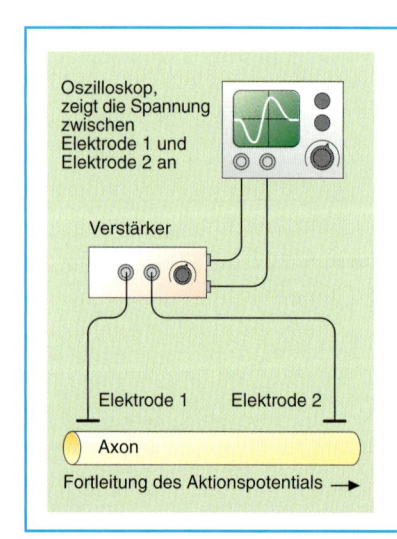

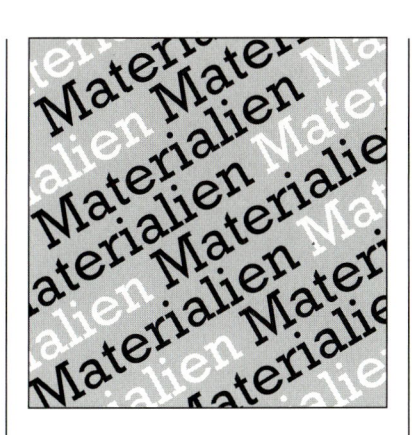

Funktion der Neuronen

K⁺-Konzentration und Ruhepotential

Experimentell kann die K^+-Konzentration extrazellulär leicht verändert werden, indem das Axon in verschiedene Badelösungen getaucht wird. Bei den verschiedenen K^+-Konzentrationen wird das Ruhepotential gemessen.

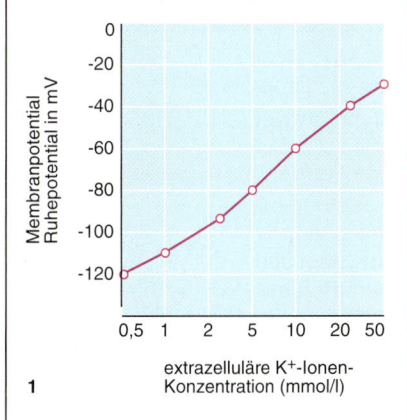

1 [Diagramm: Membranpotential/Ruhepotential in mV gegen extrazelluläre K⁺-Ionen-Konzentration (mmol/l)]

Aufgabe

① Beschreiben Sie die Abhängigkeit (Abb. 1) und erklären Sie diese auf molekularer Ebene.

Na⁺-Konzentration und Aktionspotential

An isolierten Axonen werden die Na^+-Konzentrationen der Badelösung schrittweise verringert. Dabei werden die Na^+-Ionen durch Glukosemoleküle ersetzt. Die Aktionspotentiale werden jeweils ausgelöst und registriert. Aufgetragen sind in der folgenden Abbildung 2 nur die Veränderungen im Vergleich zur Amplitude eines Aktionspotentials unter normalen Bedingungen.

Aufgaben

① Zeichnen Sie ein typisches Aktionspotential und tragen Sie die Veränderungen durch die Verringerung der extrazellulären Na^+-Ionenkonzentration ein.
② Erklären Sie die Beobachtungen mithilfe der Ionentheorie des Aktionspotentials.
③ Was würde passieren, wenn die Na^+-Ionen nicht durch Glukosemoleküle ersetzt würden?

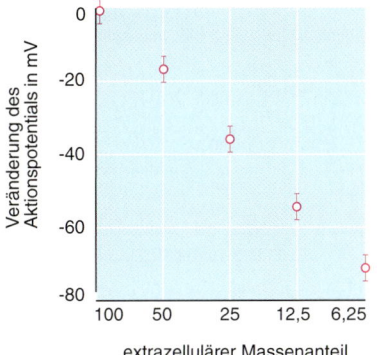

2 [Diagramm: Veränderung des Aktionspotentials in mV gegen extrazellulärer Massenanteil der Na⁺-Ionen (%)]

Vergiftung von Neuronen

Cyanide sind stark giftig, weil sie u. a. die Atmungskette blockieren, sodass kein ATP zur Verfügung gestellt werden kann. Gibt man Cyanide auf Neurone, sind zunächst noch Aktionspotentiale auslösbar. Schließlich sind Aktionspotentiale nicht mehr auslösbar. Zugleich wird das Ruhepotential kleiner.

Aufgabe

① Begründen Sie die Wirkung von Cyaniden auf Neurone.

Extrazelluläre Ableitung

Die Leitungsgeschwindigkeit eines Nervs am Unterarm wird bestimmt, indem nacheinander je ein kleiner Stromstoß im Ellenbogen und am Handgelenk gesetzt werden (Abb. 3). Die Stellen liegen 27 cm voneinander entfernt. Die Wirkung der ausgelösten Aktionspotentiale wird am Daumenmuskel extrazellulär als Muskelaktionspotential abgeleitet. (Auch Muskelzellen zeigen ein Aktionspotential.)

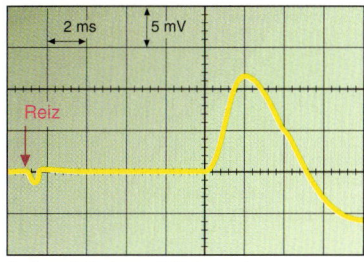

3 a) nach Reiz am Ellenbogen

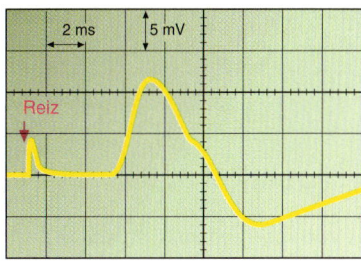

3 b) nach Reiz am Handgelenk

Aufgabe

① Berechnen Sie die Leitungsgeschwindigkeit.

Leitungsgeschwindigkeit

In der unten stehenden Tabelle ist die mittlere Leitungsgeschwindigkeit in Abhängigkeit verschiedener Faktoren angegeben.

Aufgaben

① Leiten Sie aus den Daten der unten stehenden Tabelle die Faktoren ab, welche die Geschwindigkeit der Erregungsleitung beeinflussen und begründen Sie.
② Erklären Sie die energetischen Vorteile, die myelinisierte Nervenfasern aufweisen.

Nervenfasertyp	Faserdurchmesser [μm]	mittlere Leitungsgeschwindigkeit [m/s]	Beispiele
nicht myelinisiert	1	1	langsame Schmerzfaser (Säuger)
	700	25	Riesenfaser (Tintenschnecke)
myelinisiert	3	15	Afferenzen von tiefen Mechanorezeptoren des Muskels (Säuger)
	9	60	Berührungsempfindung der Haut
	13	80	sensorische Faser von den Muskelspindeln (Säuger)
	13	30	Faser im Rückenmark (Frosch)

Nerven, Sinne und Hormone

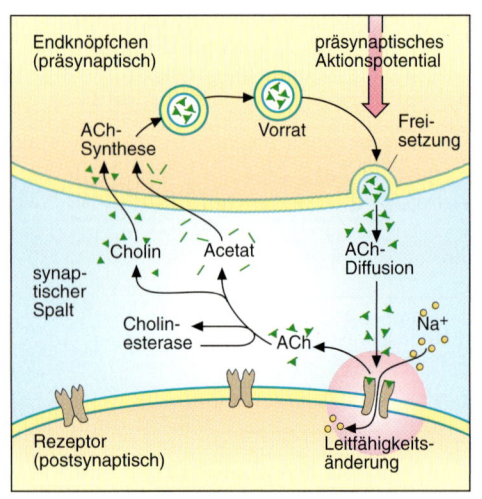

1 Schema einer Synapse

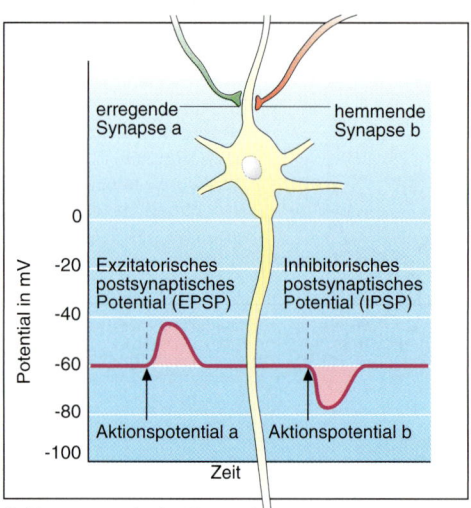

2 Postsynaptische Potentiale

Synapsen

Die Verbindungsstelle eines Neurons mit einem anderen Neuron, einer Drüsenzelle oder einer Muskelzelle, wird *Synapse* genannt (siehe Abb. 1). An diesen Stellen können Erregungen übertragen werden. Eine Synapse besteht typischerweise aus einem verdickten Axonende, dem *Endknöpfchen,* einem nur elektronenmikroskopisch sichtbaren Spalt, dem *synaptischen Spalt,* und dem gegenüber liegenden Membranbereich der folgenden Zelle. Dementsprechend wird die Zelle und deren Teile vor dem synaptischen Spalt *präsynaptisch* genannt und danach *postsynaptisch.*

Läuft ein Aktionspotential an einem Axon entlang, erreicht es Synapsen, die das Neuron mit einer postsynaptischen Zelle verbinden. Ausgelöst durch das ankommende Aktionspotential öffnen sich im präsynaptischen Endknöpfchen spannungsgesteuerte Calciumionenkanäle (s. Randspalte). Ca^{2+}-Ionen diffundieren in das Endknöpfchen. Daraufhin verschmelzen dort synaptische Bläschen mit der präsynaptischen Membran. Sie enthalten winzige Mengen eines Überträgerstoffes *(Transmitter).* Die Transmittermoleküle, z. B. Acetylcholinmoleküle, werden in den schmalen synaptischen Spalt freigesetzt.

In der postsynaptischen Membran befinden sich Rezeptorproteine, zu denen die Transmittermoleküle so wie ein Schlüssel zum Schloss passen. Sie gehen eine kurzfristige Bindung ein, die vorübergehend zu einer Formänderung des Rezeptormoleküls führt.

Dadurch öffnet sich ein Na^+-Kanal, der als *transmitterabhängig* bezeichnet wird. Es kommt zu einem Fluss von Natriumionen in die postsynaptische Zelle. Dort ändert sich das Membranpotential. Der zeitliche Verlauf der Spannung wird *postsynaptisches Potential (PSP)* genannt. Je größer die freigesetzte Transmittermenge ist, desto mehr transmitterabhängige Na^+-Kanäle öffnen sich und desto stärker wird postsynaptisch die Spannung verändert. Wird zum Beispiel die Muskelzellmembran depolarisiert und dabei der Schwellenwert erreicht, bildet sich ein Aktionspotential aus.

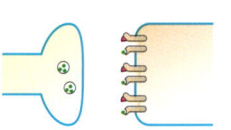

Gäbe es keine Mechanismen, mit denen Transmitter aus dem synaptischen Spalt entfernt würden, käme es zu einer Dauererregung der postsynaptischen Membran und nicht zur Übertragung eines zeitlichen Musters der Erregung an einer Synapse. Transmitter werden entfernt, indem die Moleküle durch ein Enzym auf der postsynaptischen Membran gespalten werden. So spaltet Acetylcholinesterase den Transmitter Acetylcholin. Die Produkte der Spaltungsreaktion, *Cholin* und *Acetat,* sind nicht mehr als Transmitter wirksam und werden aktiv in das Endknöpfchen aufgenommen. Dort wird unter Energieaufwand wieder Acetylcholin synthetisiert.

Ein Neuron hat bis zu 10 000 (durchschnittlich 1000) synaptische Kontakte. Winzige Mengen Transmitter genügen, um die Erregung zu übertragen. Kleine Mengen Arznei, Drogen oder Gift können hier angreifen.

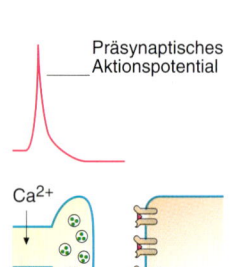

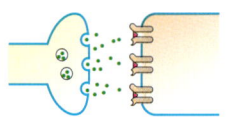

214 *Nerven, Sinne und Hormone*

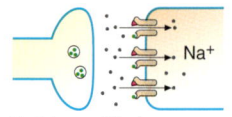

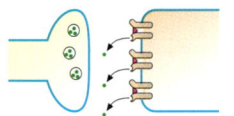

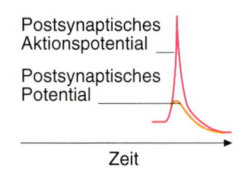

Erregende und hemmende Synapsen

Die Erregung eines motorischen Axons löst über den speziellen Synapsentyp „motorische Endplatte" ein großes postsynaptisches Potential aus. Die postsynaptische Membran der Muskelzelle wird über die Schwelle hinaus depolarisiert. Es bildet sich ein Aktionspotential aus, welches über die Muskelzelle fortgeleitet wird. Die Muskelzelle verkürzt sich daraufhin, sie kontrahiert.

Immer wenn an einer Synapse Transmitter abgegeben und so die postsynaptische Membran depolarisiert wird, nennt man das postsynaptische Potential erregend oder *exzitatorisch*. Bei den meisten Synapsen zwischen Neuronen ist ein einzelnes *exzitatorisches postsynaptisches Potential* (EPSP) sehr klein. Erst wenn viele erregende Synapsen zugleich oder kurz nacheinander aktiv werden, wird ein Aktionspotential ausgelöst.

Zwischen Neuronen gibt es sowohl erregende als auch hemmende Synapsen. Sind Letztere aktiv, so wird die postsynaptische Membran noch stärker polarisiert. Es entsteht ein sogenanntes *inhibitorisches postsynaptisches Potential* (IPSP). Dabei werden vom Transmitter z. B. Chloridionenkanäle geöffnet. Cl$^-$-Ionen diffundieren in das Neuron und vergrößern die Spannung. Die Membran wird hyperpolarisiert.

synaptische Endigungen
Dendriten
Axon
Markscheide

Neuron besetzt mit vielen Endknöpfchen

Synapsengifte

Präsynaptische Wirkorte

Botulinustoxin ist ein Stoffwechselprodukt des Bakteriums *Clostridium botulinum*. Es lebt anaerob z. B. in unzureichend sterilisierten Fleisch-, Fisch- und Bohnenkonserven. Das Gift wird durch Kochen unwirksam. Botulinustoxin hemmt die Ausschüttung des Acetylcholins aus dem Endknöpfchen. Symptome wie Kopfschmerzen, Erbrechen und Muskelschwäche setzen nach 12 Stunden bis 4 Tagen ein. Der Tod erfolgt durch Atemlähmung oder Herzstillstand. Wegen seiner hohen Giftigkeit wurde Botulinustoxin als biologische Waffe in Erwägung gezogen.

Das Gift der *Schwarzen Witwe* (Spinne der Gattung *Latrodectes*) führt zur gleichzeitigen Entleerung aller synaptischen Bläschen von motorischen Endplatten in den synaptischen Spalt. Schüttelfrost, Schmerzen und Atemnot sind die Folge. Manchmal tritt der Tod durch Atemlähmung ein.

Postsynaptische Rezeptorblocker

Curare ist ein Gemisch verschiedener Pflanzengifte, mit dem Indianer Südamerikas die Spitzen ihrer Jagdpfeile bestreichen. Der Wirkstoff blockiert reversibel die Rezeptorstellen für Acetylcholin, ohne den Ionenkanal zu öffnen. Dringt Curare in den Körper ein, kommt es zu einer schlaffen Lähmung der Skelettmuskulatur und Tod durch Atemlähmung. Der isolierte Wirkstoff *Tubocurarin* wird in der

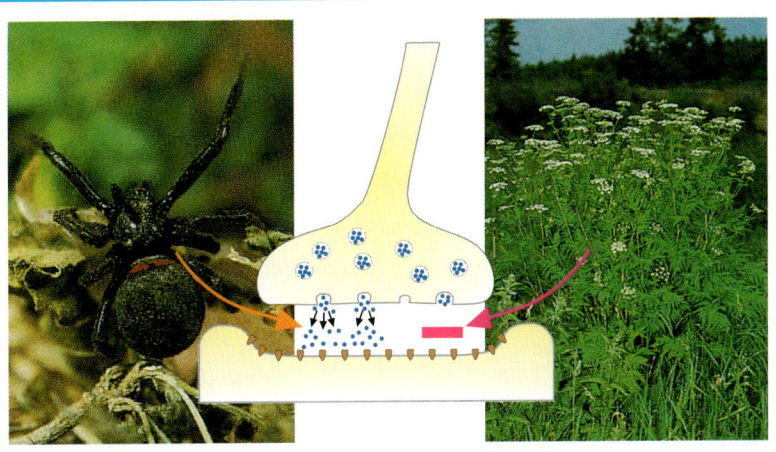

Schwarze Witwe

Medizin bei Operationen zur Muskelerschlaffung eingesetzt. Der Patient muss dann beatmet werden.

Coniin ist ein giftiger Bestandteil des Gefleckten Schierlings *(Conium maculatum)*. Coniin blockiert reversibel die Rezeptorstellen für Acetylcholin, ohne den Ionenkanal zu öffnen. Es kommt bei hohen Dosen zur Lähmung der Atemmuskulatur. Der Tod erfolgt bei vollem Bewusstsein. Im Altertum wurde Schierling zur Vollstreckung der Todesstrafe eingesetzt. PLATON beschrieb den Tod des SOKRATES, der den Schierlingsbecher nehmen musste.

Transmitter-Enzym-Hemmer

Alkylphosphate sind organische Phosphorsäureester, wie Insektizide

Schierling

(z. B. E 605), Weichmacher von Kunststoffflaschen, chemische Kampfstoffe (Tabun, Sarin, V-Kampfstoffe), die das Enzym Acetylcholinesterase irreversibel hemmen. Nach einer kurzen Zeit der Übererregbarkeit verkrampft die Skelettmuskulatur. Der Tod tritt durch Atemlähmung ein. *Atropin* hat lindernde Wirkung, da es Acetylcholinrezeptoren blockiert und dadurch die Erregbarkeit mindert.

Neostigmin ist ein Alkylphosphat und wird als Arzneimittel bei Myasthenie eingesetzt. Diese krankhafte Muskelschwäche wird verursacht durch eine verringerte Anzahl von ACh-Rezeptoren an motorischen Endplatten sowie einer Verbreiterung des synaptischen Spalts. Neostigmin ist ein reversibler Acetylcholinesterase-Hemmer.

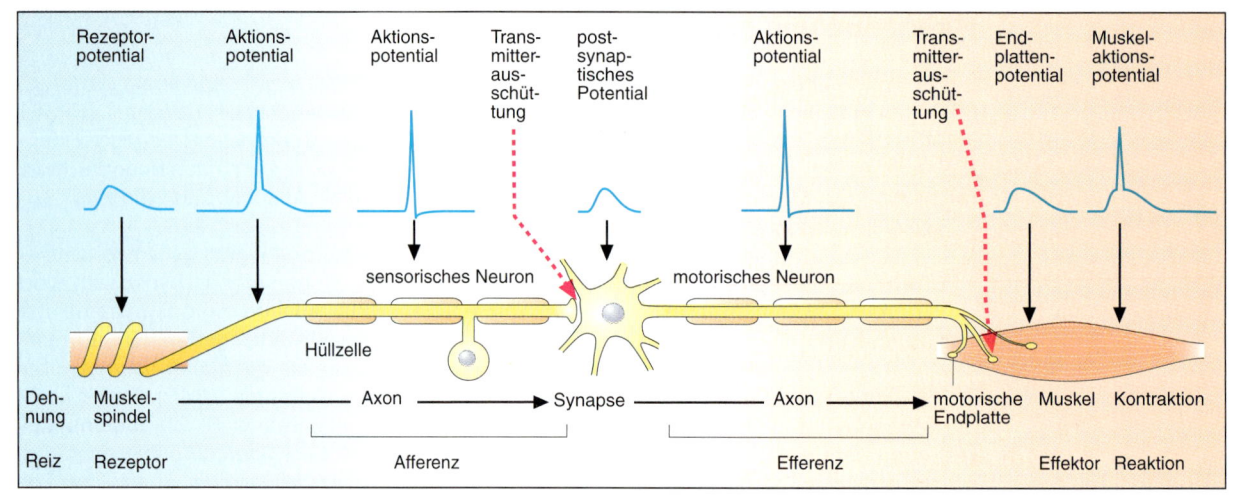

1 Fortleitung der Erregung beim Reflexbogen

Verschaltung von Nervenzellen

Der Quadrizepsdehnungsreflex ist eine einfache Form der Reiz-Reaktions-Verknüpfung: Nur zwei Gruppen von Neuronen bilden dabei den Reflexbogen (Abb. 1). Eine kurze, schnelle Dehnung der Muskelspindeln depolarisiert das sensorische Neuron *(Rezeptorpotential).* Die Schwelle des Membranpotentials wird überschritten und es folgen hochfrequente Aktionspotentiale am Axon des sensorischen Neurons. An den Synapsen im Rückenmark wird darauf Transmitter freigesetzt, was *postsynaptische Potentiale* (PSP) an motorischen Neuronen auslöst. An deren Axonhügeln werden Aktionspotentiale ausgelöst, die saltatorisch zu den motorischen Endplatten fortgeleitet werden. Dort wird Transmitter ausgeschüttet, worauf es an den Muskelfasern zum *Endplattenpotential* kommt. Die Muskelfasern des Quadrizepsmuskels kontrahieren, was sich als Kickbewegung bemerkbar macht.

Allerdings wird das Bein von gegensinnig wirkenden Muskeln bewegt. Kontraiert der Strecker *(Quadrizeps),* so muss notwendigerweise der Beuger *(Bizeps)* nachgeben, sonst könnte er der Streckung Widerstand entgegensetzen. Durch eine wechselseitige Verschaltung über *Interneurone* (Abb. 2) wird erreicht, dass der Beuger zur gleichen Zeit nachgibt, zu der der Strecker kontra-

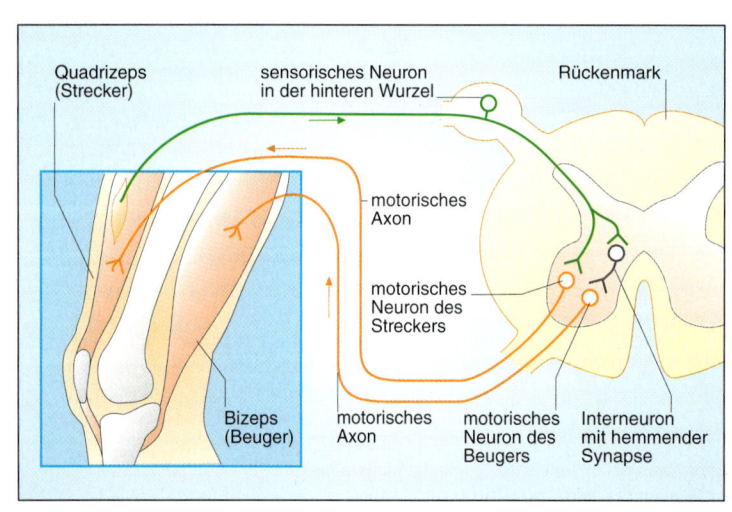

2 Gegenspielerhemmung

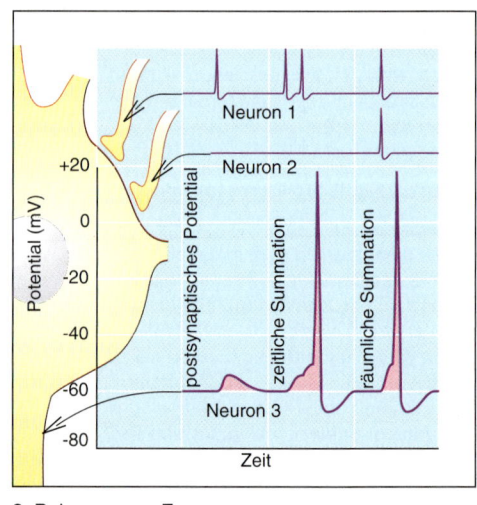

3 Bahnung von Erregung

hiert. Sensorische Neurone des Streckers haben nicht nur über erregende Synapsen Kontakte zu eigenen motorischen Neuronen, sondern auch noch zu Interneuronen. Diese sind hemmend mit den motorischen Neuronen des Beugers verbunden.

Übertragungseigenschaften von Synapsen

Die Erregungsübertragung an Synapsen bietet vielfältige Möglichkeiten der Informationsverarbeitung in Netzwerken von Neuronen. So bewirkt ein Aktionspotential des Neurons 1 (Abb. 216.3) ein EPSP an Neuron 3. Dabei wird aber die Schwelle des Membranpotentials nicht überschritten, ein Aktionspotential wird nicht ausgelöst. Erfolgt jedoch eine weitere Aktivierung, bevor das EPSP abgeklungen ist, kommt es zu einer stärkeren Depolarisierung. Ursache ist die längere Dauer des EPSP gegenüber dem zeitlichen Abstand der Aktionspotentiale. Die postsynaptischen Potentiale addieren sich dann. Die Erregbarkeitssteigerung durch kurz hintereinander einlaufende Synapsenaktivierung vom selben Neuron wird „zeitliche Summation" oder „zeitliche Bahnung" der Erregung genannt.

Ein Aktionspotential des Neurons 3 (Abb. 216.3) kann auch durch gleichzeitige Erregung der Neurone 1 und 2 ausgelöst werden. Die gemeinsame Aktivierung durch mindestens zwei Neurone wird „räumliche Summation" oder „räumliche Bahnung" genannt.

Die Verschaltung von Neuronen kann über verschiedene Synapsentypen erfolgen. Bereits im einfachsten Fall bei nur zwei Neuronen kann die Übertragungseigenschaft erstens erregend, zweitens hemmend und drittens zunächst erregend und dann hemmend sein. Die Übertragungseigenschaften des dritten Synapsentyps ändern sich bei wiederholter Aktivierung.

Aufgabe

① Sagen Sie das PSP voraus, wenn hemmende und erregende Synapsen gleichfrequent aktiv sind.

Steuerung des Herzschlags bei Aplysia

Das Nervensystem der bis zu 40 cm langen Meeresschnecke *Aplysia californica* besteht nur aus zehn- bis hunderttausend Neuronen. Gruppen von 500 bis 1500 Nervenzellen — sogenannte *Ganglien* — wurden untersucht und kartiert. Das ist deshalb möglich, weil in allen Individuen deren Anzahl, Lage, Größe und Verknüpfung im Wesentlichen gleich sind.

Das Herz von Aplysia schlägt auch ohne neuronale Verbindung spontan mit einer bestimmten Frequenz. Dieser Rhythmus kann durch Neuronen des Eingeweideganglions verändert werden. Nur 7 Neurone steuern bei der Meeresschnecke die Herzschlagfrequenz und den Blutdruck. Die Muskulatur des Herzens wird von 3 Nervenzellen innerviert. Eine synaptische Verbindung (Neuron 2 — Herzmuskel) wirkt erregend. Die Neurone 3 und 4 erzeugen spontan eine bestimmte Frequenz von Aktionspotentialen. Sie wirken hemmend auf den Herzmuskel. Die Steuerung der Herzfrequenz erfolgt also über gegensinnig (antagonistisch) wirkende Neurone.

Die Neurone 2, 3 und 4 werden gemeinsam von dem sogenannten Kommandoneuron 1 gesteuert, ebenso wie die Neurone 5, 6 und 7. Letztere wirken erregend auf die Arterienmuskulatur, was zu einer Kontraktion und damit einer Querschnittsverkleinerung führt.

Eine Folge von Aktionspotentialen des Neurons 1 hemmt die Aktivität von Neuron 3 und 4 und verringert damit die Hemmung des Herzmuskels, d. h. die Dämpfung der Herzfrequenz fällt weg. Dieselbe Aktivität von Neuron 1 führt bei Neuron 2 zu einer Folge von Aktionspotentialen, die erregend auf den Herzmuskel wirken, wobei die Herzfrequenz steigt. Gleichzeitig werden die Neurone 5, 6 und 7 durch die Aktivität von Neuron 1 gehemmt. Die Hemmung der Erregung der Arterienmuskulatur führt zum Nachlassen von deren Kontraktion; der Durchmesser der Arterien steigt. Auch bei dieser vorübergehenden Steigerung der Herzschlagfrequenz kann so der (Spitzen-)Blutdruck annähernd gleich bleiben.

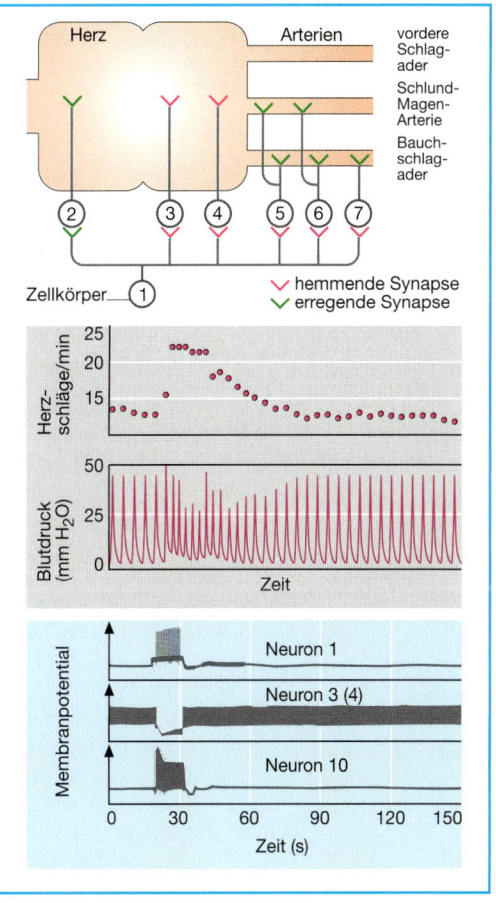

Nerven, Sinne und Hormone **217**

2 Sinne

Sinnesorgan Auge

Sinneszelle (Rezeptorzelle, Rezeptor)
Zelle, in der Reize aus der Umwelt oder dem eigenen Körper in Erregung überführt werden.

Bei einer äußeren Betrachtung des Auges fällt zunächst die farbige Regenbogenhaut *(Iris)* auf, die das schwarz erscheinende Sehloch *(Pupille)* freilässt. Daneben ist die von weißen Blutgefäßen durchzogene *Bindehaut* zu sehen. Durchsichtig — und deshalb besser von der Seite sichtbar — ist die *Hornhaut*, hinter der sich die *vordere Augenkammer* befindet. Im Innern wird diese Kammer durch die Linse begrenzt (Abb. 1), dahinter befindet sich der gelartige *Glaskörper*, dem die Netzhaut *(Retina)* anliegt. Es folgen die *Pigmentschicht*, die *Aderhaut* und die *Lederhaut*.

Mit Ausnahme der Netzhaut, in der Millionen von Sinneszellen präzise angeordnet sind, handelt es sich bei dem komplexen Aufbau des Auges um Hilfsstrukturen, die unter anderem der Bilderzeugung dienen. Das Licht gelangt durch die Pupille in unser Auge. Einfallendes Licht wird beim Durchtritt durch Hornhaut und Linse gebrochen. Dadurch entsteht auf der Netzhaut ein scharfes Bild der Umgebung. Die elastische Linse ist ringsherum an Linsenfäden, den sogenannten *Zonulafasern*, aufgehängt, die zugfest mit der Aderhaut und der Lederhaut verbunden sind. Der Augeninnendruck auf die Augenhaut spannt passiv die Linsenfäden, wodurch die Linse flachgezogen wird. Die Brechkraft ist damit klein, das Auge auf die Ferne eingestellt. Das Auge ist dann *fernakkommodiert*.

Beim Blick in die Nähe verändert sich der ringförmige Ziliarmuskel. Er ist mit den Linsenfäden verbunden und wirkt durch seine Kontraktion der gespannten Augenhaut entgegen. Der Zug der Linsenfäden auf die Linse verringert sich, die Linse wird wegen ihrer Eigenelastizität dicker; sie nähert sich mehr der Kugelform. Dadurch wird das Licht stärker gebrochen. Die Zunahme der Brechkraft beim Blick in die Nähe heißt *Nahakkommodation*. Im Alter ist die Linse nicht mehr so elastisch. Sie kugelt sich nicht so stark ab, dadurch nimmt ihre Brechkraft bei der Nahakkommodation nicht so stark zu. Bei dieser Alterssichtigkeit benötigen die Menschen zum Lesen eine Sammellinse.

Säugetiere und Vögel akkommodieren durch Veränderung der Brechkraft; Amphibien, Fische und Wirbellose dagegen durch Veränderung des Abstandes Linse — Netzhaut.

Wenn wir Licht wahrnehmen, dann ist der auslösende Reiz elektromagnetische Strahlung mit einer Wellenlänge zwischen 400 und 750 nm. Dies ist nur ein schmaler Ausschnitt aus dem gesamten elektromagnetischen Spektrum; nicht zu sehen sind z. B. Rundfunkwellen, Wärmestrahlen, Ultraviolett- und Röntgenstrahlen. Nur Wellenlängen aus o. g. Bereich sind adäquate Reize für die Lichtsinneszellen. Werden die Sinneszellen adäquat gereizt, können bereits sehr geringe Energiemengen Erregungen auslösen. Hier wird aber nicht Lichtenergie in elektrische Energie umgewandelt. Das Licht ist Auslöser für die Spannungsänderungen, ähnlich wie ein Knopfdruck einen Gong ertönen lässt. An Sinneszellen können Reize in Erregung umgewandelt werden *(Transduktion)*. Dabei kann auch ein ungeeigneter (nicht adäquater) Reiz mit hoher Energie Erregungen auslösen: Bei einem Schlag aufs Auge sehen wir „Sterne".

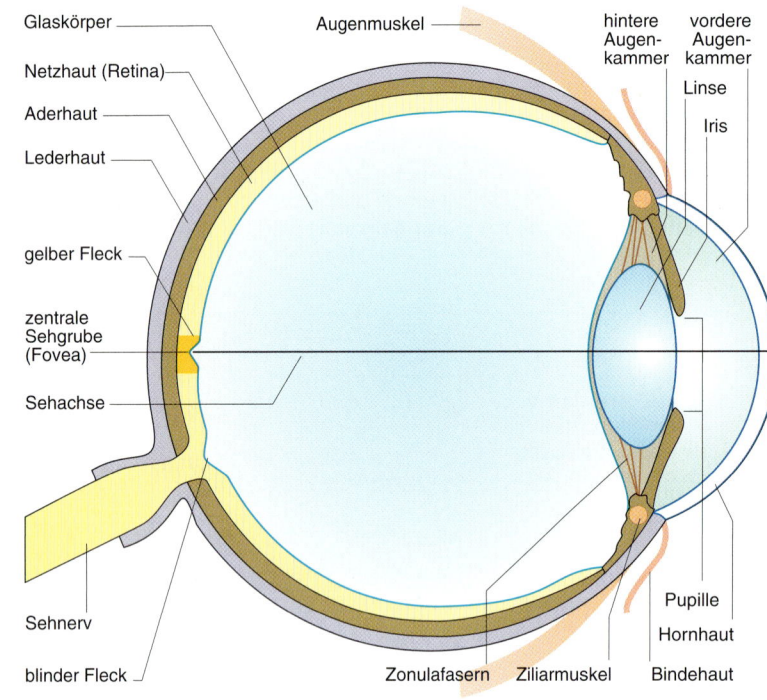

1 Horizontalschnitt durch das Auge

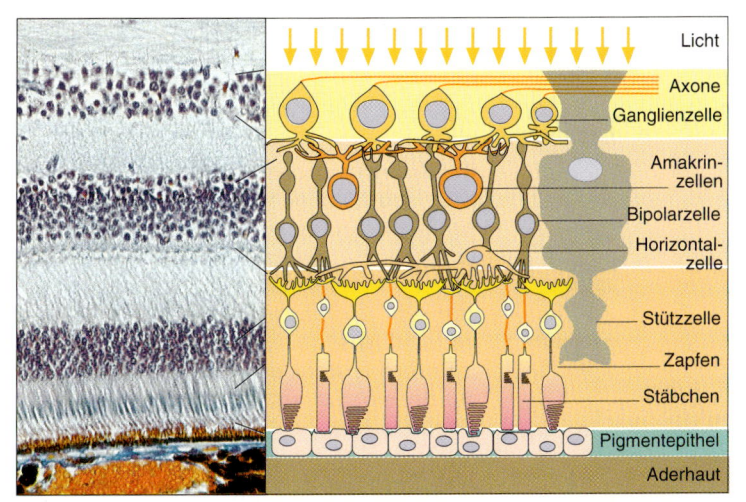

1 Netzhautquerschnitt

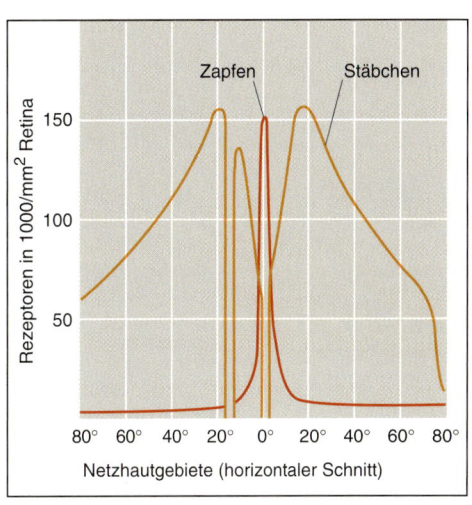

2 Verteilung der Rezeptoren auf der Netzhaut

Bau der Netzhaut

Die Sinneszellen der Netzhaut liegen auf der dem Licht abgewandten Seite. Es sind zwei mikroskopisch unterscheidbare Rezeptortypen: Die schlanken *Stäbchen,* die dem Hell-Dunkel-Sehen, und die kegelförmigen *Zapfen,* die dem Farbensehen dienen. Die Sinneszellen haben synaptische Kontakte mit Bipolarzellen und diese mit den Ganglienzellen, deren Nervenfasern zum Sehnerv vereinigt werden. Quer dazu verschalten die *Horizontalzellen* und *Amakrinen.* Dadurch kann die Erregung einer Sinneszelle mehr als eine Ganglienzelle beeinflussen. Andererseits gibt es wesentlich mehr Sinneszellen als Ganglienzellen. 120 Millionen Stäbchen und 6 Millionen Zapfen stehen gerade 1 Million Ganglienzellen gegenüber. Stäbchen und Zapfen sind unterschiedlich dicht auf der Netzhaut verteilt (Abb. 2). Im Zentrum, dort wo das Licht eines fixierten Punktes auf die Netzhaut fällt, gibt es nur Zapfen. Diese Stelle der Netzhaut heißt *zentrale Sehgrube* (Fovea) und ist leicht eingetieft. Nur hier kommt auf jeden Zapfen eine Ganglienzelle. Deshalb müssen wir Gegenstände, die wir deutlich sehen wollen, so betrachten, dass sie auf diesem Bereich abgebildet werden. Überhaupt sind die Rezeptoren im Zentrum dichter gepackt als an der Peripherie. Es gibt einen Bereich ganz ohne Rezeptoren, den *blinden Fleck.* Dort tritt der Sehnerv durch die Netzhaut.

Gesichtsfeld

Unter dem Gesichtsfeld versteht man jenen Teil der Umwelt, der mit unbewegten Augen wahrgenommen wird. Hierbei unterscheidet man zwischen einäugigem *(monokularem)* und *binokularem* Gesichtsfeld. Die Grenzen und Ausfälle innerhalb des Gesichtsfeldes lassen sich ausmessen. Die Abbildung zeigt das monokulare Gesichtsfeld des rechten Auges.

Untersucht man ausschließlich Hell-Dunkel-Wahrnehmungen, so ist das Gesichtsfeld am größten. Für Farbwahrnehmungen ist das Gesichtsfeld dagegen eingeschränkt. Die Abbildung zeigt ferner einen Gesichtsfeldausfall, verursacht durch den blinden Fleck, der im täglichen Leben jedoch nicht bemerkt wird.

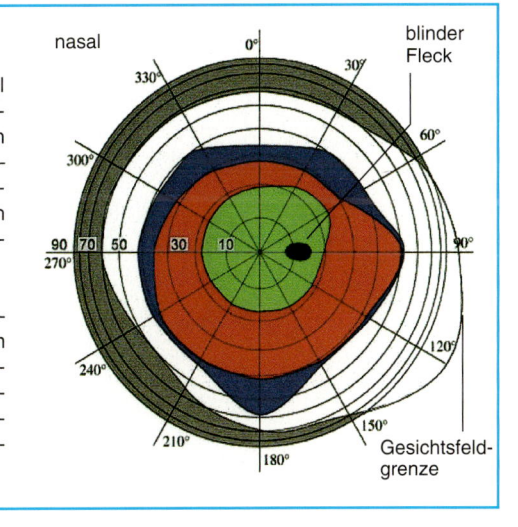

Nerven, Sinne und Hormone

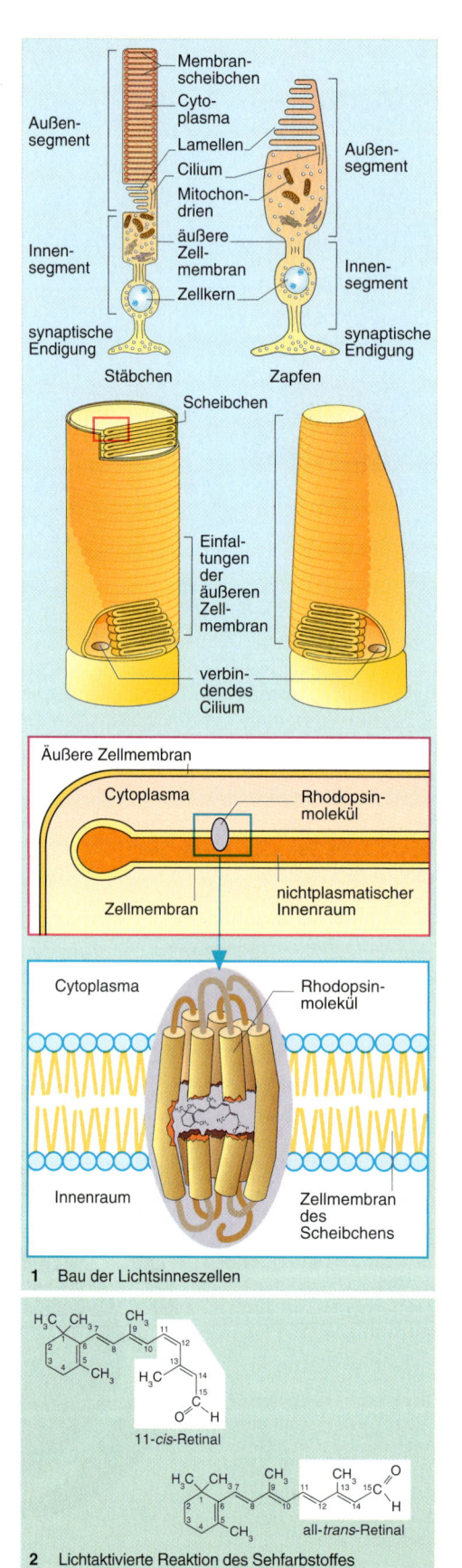

Lichtsinneszellen

Bei Stäbchen und Zapfen (Abb. 1) lassen sich jeweils drei Regionen unterscheiden: Das am weitesten vom Licht abgewandte *Außensegment*, das *Innensegment* mit Zellkern und Mitochondrien sowie die *synaptische Endigung*, wo die Erregung an Bipolarzellen und Horizontalzellen übertragen wird. Im Außensegment der Stäbchen befinden sich *Scheibchen*, die durch Einfaltungen und Abschnürungen der äußeren Zellmembran entstanden sind. Die Membran der Scheibchen enthält den Sehpurpur, das *Rhodopsin*.

Rhodopsin ist ein großes, durch die Membran der Scheibchen hindurchreichendes Molekül, welches die Farbstoffgruppe Retinal enthält (Abb. 1). 11-*cis*-Retinal kann Licht absorbieren und ändert dabei die Struktur. Bei dieser fotochemischen Reaktion entsteht das all-*trans*-Retinal. Dies passt nicht mehr zum großen Rest des Moleküls; daraufhin kommt es dort zu einigen Strukturänderungen. Innerhalb etwa einer Millisekunde nach dem Auftreffen des Lichts ist aus Rhodopsin das *Metarhodopsin II* geworden. Für den Augenblick seines Bestehens setzt das instabile Metarhodopsin II eine biochemische Kaskade in Gang, die Hunderttausende anderer Moleküle reagieren lässt. Damit wird die lichtaktivierte Reaktion eines einzigen Moleküls wesentlich verstärkt. Es werden dabei Enzymmoleküle aktiviert, welche in der Zelle befindliche Botenmoleküle (cGMP) spalten.

Die lichtaktivierte Reaktion lässt sich folgendermaßen zusammenfassen: Rhodopsin reagiert zu *Opsin* und all-*trans*-Retinal (Abb. 2) und wird immer wieder unter Energieaufwand synthetisiert. Nachschub wird über Vitamin A geliefert, das in 11-*cis*-Retinal umgewandelt wird und mit Opsin zu Rhodopsin reagiert.

Wie wird das Membranpotential der Lichtsinneszellen verändert? Es beträgt im Dunkeln -40 mV, weil die Botenmoleküle (cGMP) spezielle Na$^+$-Kanäle öffnen. Werden die Botenmoleküle bei Licht enzymatisch gespalten, schließen sich die Na$^+$-Kanäle. Die Membran der Zelle wird stärker polarisiert (-70 mV).

Aufgabe

① Warum werden Lichtsinneszellen auch als Dunkelrezeptoren bezeichnet?

1 Bau der Lichtsinneszellen

2 Lichtaktivierte Reaktion des Sehfarbstoffes

Nerven, Sinne und Hormone

Adaptation

Gehen wir aus einem hell erleuchteten Raum in die Nacht, können wir fast nichts mehr sehen. Erst nach einer Weile sind Einzelheiten schwach beleuchteter Gegenstände wieder sichtbar. Die Empfindlichkeit unseres Sehsystems passt sich langsam an die viel geringere Beleuchtungsstärke in der Umgebung an. Dieser Anpassungsvorgang wird *Dunkeladaptation* genannt und dauert bis zu einer halben Stunde (Abb. 1).

Gemessen wird die Dunkeladaptation mit folgendem Versuch: Eine Person blickt auf einen sehr hell erleuchteten Schirm, der dann verdunkelt wird. In kurzen Zeitabständen wird dann jeweils geprüft, wie hell ein Leuchtpunkt gerade sein muss, damit er von der Versuchsperson noch wahrgenommen wird. Die kleinste Reizstärke, die noch eine Empfindung auslöst, wird *Schwellenreizstärke* genannt. Bei normalsichtigen Versuchspersonen werden zwei Kurven gemessen (Abb. 1). Die eine außerhalb der zentralen Sehgrube, die in zwei Schwüngen niedrigere Schwellenreizstärken erreicht. Die andere in der zentralen Sehgrube, die zuerst ähnlich verläuft, dann aber bei mehr als 1000fach höherer Schwellenreizstärke konstant bleibt.

In der zentralen Sehgrube befinden sich nur Zapfen. Die zweite Kurve kann damit als Adaptationskurve der Zapfen gedeutet werden. Im Bereich außerhalb der zentralen Sehgrube befinden sich sowohl Stäbchen als auch Zapfen. Der obere Kurventeil kann damit der *Zapfenadaptation* zugeordnet werden, der untere der *Stäbchenadaptation*. Stäbchen wären dann nach mindestens 10 Minuten Dunkeladaptation empfindlicher als Zapfen, d. h. Stäbchen sprechen dann auf geringere Lichtstärken an. Stäbchen ermöglichen Sehen bei Schwachlicht *(skotopisches Sehen)*. Zapfen sprechen nur auf Starklicht an *(photopisches Sehen)*. Der vollständige Verlust der Stäbchenfunktion führt beim Menschen zur Nachtblindheit. Menschen ohne Zapfenfunktion sehen die Welt, wie sie uns bei sehr schwachem Licht erscheint: schwarzweiß schattiert und ganz ohne einen Farbton.

Die Dunkeladaptation dauert deshalb so lange, weil fast das gesamte Rhodopsin im Tageslicht gespalten wurde und damit ausgeblichen ist. Es dauert ungefähr 30 Minuten, bis alles Rhodopsin wieder synthetisiert ist. In den Stäbchen genügt dann sehr wenig Licht für die Transduktion. In den Zapfen wird dazu viel mehr benötigt, weil deren Sehfarbstoff geringer konzentriert ist und die lichtaktivierte Reaktion weniger verstärkt wird.

Die Anpassung unseres Sehsystems an Helligkeit *(Helladaptation)* gelingt wesentlich schneller, da es sich um schnelle Zerfallsprozesse handelt, die nur ausgelöst werden müssen. Der Vorgang kann aber durchaus unangenehm als Blendung erlebt werden. Schon nach 15 bis 60 Sekunden ist die Sicht aber wieder gut. Dieses ist folgendermaßen erklärbar: Die Stäbchen sind bei Tageslicht lichtgesättigt, d. h. die Membran ist maximal polarisiert. Die Zapfen sind auch lichtgesättigt, aber bei gleich bleibender Lichtstärke steigt das Membranpotential von -70 mV auf -40 mV. Wir erleben dies als Rückgang der Blendung.

Adaptation wird zu einem geringen Teil von der Iris geleistet (siehe Randspalte). Hauptsächlich sind es Vorgänge in den Sinneszellen. Deshalb können einzelne Bereiche der Retina in verschiedene Adaptationszustände versetzt werden. Beobachten lässt sich dies an den sogenannten Nachbildern. Fixiert man für kurze Zeit eine kontrastreiche Fläche und blickt danach auf eine einheitliche Fläche, sieht man ein negatives Nachbild.

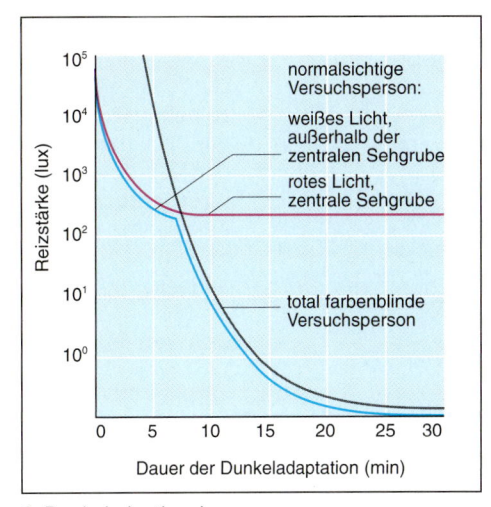

1 Dunkeladaptionskurven

Aufgabe

① Wird ein schwach leuchtender Stern fixiert, ist er plötzlich „verschwunden". Erklären Sie diese Erscheinung.

Adaptationsleistung der Iris

Beleuchtungsstärken

Mondlicht: 0.01 lux
Sommertag: 100 000 lux
Leuchtdichtenverhältnis: 1 : 10 000 000

Größe der Pupille: von 4 bis 64 mm^2
Regelbereich der Pupille: 1 : 16

Auflösungsvermögen

Die Fähigkeit, mit bloßem Auge kleinste Einzelheiten zu unterscheiden, ist begrenzt. Ein Blick durch Lupe oder Mikroskop dagegen lässt zuvor für uns nicht sichtbare Strukturen erkennen. Die Fähigkeit, zwei nahe beieinander liegende Punkte als zwei einzelne Punkte zu sehen, wird *räumliches Auflösungsvermögen* genannt. Dieses wird meist als Sehwinkel a angegeben (s. Randspalte). Der Wert liegt bei etwa 50 Bogensekunden. Dies entspricht einem Abstand von 0,06 mm bei etwa 25 cm Entfernung.

Was der Arzt bei einem Sehschärfetest prüft, ist das Auflösungsvermögen an der Stelle schärfsten Sehens auf der Netzhaut. Dazu wird das Objekt fixiert, damit dessen Licht in die zentrale Sehgrube fällt. Um beispielsweise eine Einzelheit der Leseprobentafeln zu erkennen, muss eine ungereizte Sinneszelle zwischen zwei gereizten Sinneszellen liegen. Dies gilt für die zentrale Sehgrube, wo Sinneszellen und Ganglienzellen ein Verhältnis von 1 : 1 haben. Weil die Dichte der Sinneszellen zur Peripherie hin abnimmt und dort auch viele Sinneszellen auf nur eine Ganglienzelle geschaltet sind, nimmt hier die Sehschärfe bis auf $1/20$ ab.

Begrenzt ist auch die Fähigkeit, zwei zeitlich kurz aufeinander folgende Lichtreize als solche zu erkennen, also das *zeitliche Auflösungsvermögen*. Von den Speichen eines schnell drehenden Rades ist nur noch ein durchscheinendes Grau zu sehen. Die Begrenztheit des zeitlichen Auflösungsvermögens ist die Grundlage für den Kinofilm und das Fernsehen. Ein Filmstreifen enthält viele einzelne Bilder, von denen 25 pro Sekunde gezeigt werden. Bei den geringen Leuchtdichten reicht dies aus, um die einzelnen Bilder verschmelzen zu lassen (Abb. 1).

Lässt man einen Film langsamer laufen, dann flimmert es. Beim Fernseher, der sogenannten „Flimmerkiste", kann dies auch passieren. Die Frequenz, mit der ein Elektronenstrahl das Bild aufbaut, bleibt zwar konstant (25 Bilder pro Sekunde). Aber die kritische Flimmerfrequenz des Auges wird unter stärkerer Beleuchtung und am Rande des Gesichtsfeldes unterschritten. Moderne Monitore arbeiten deshalb mit höheren Frequenzen. Für Insekten reicht auch dies noch nicht — sie lösen bis zu 200 Lichtreize pro Sekunde auf.

Entscheidend für das zeitliche Auflösungsvermögen ist die Zeit von der lichtaktivierten Reaktion des Sehfarbstoffs über die biochemische Kaskade bis zur Änderung der Membranspannung. Sie dauert bei Stäbchen länger als bei Zapfen. Während dieser Zeit eintreffende Lichtstrahlung kann zu einer Erhöhung der Membranspannung beitragen. Die längere Verarbeitungszeit bei Stäbchen trägt zu deren hoher Empfindlichkeit bei, begrenzt aber deren zeitliches Auflösungsvermögen. Die Verarbeitungszeit bei Zapfen ist kürzer. Sie benötigen aber mehr Licht, ehe die Membranspannung sich verändert. Deshalb ist ihr zeitliches Auflösungsvermögen besser, wenn genügend Licht vorhanden ist. Bei hohen Frequenzen ist die Verarbeitungszeit länger als die Zeit zwischen den Lichtblitzen. Die Membranspannung bleibt dann gleich hoch.

Tritt der Lichtreiz kurz nacheinander an unterschiedlichen Stellen auf, wird eine Bewegung wahrgenommen, wobei es sich aber um eine Scheinbewegung handeln kann. Kino und Fernsehen arbeiten mit diesem Effekt, wenn ein Gegenstand kurz nacheinander an verschiedenen Stellen projiziert wird.

Aufgabe

① Bestimmen Sie die Entfernung l, in der eine Versuchsperson ein 1-mm-Raster bei guter Beleuchtung gerade noch scharf sehen kann (s. Randspalte). Berechnen Sie die Größe des abgebildeten Rasters auf der Netzhaut.

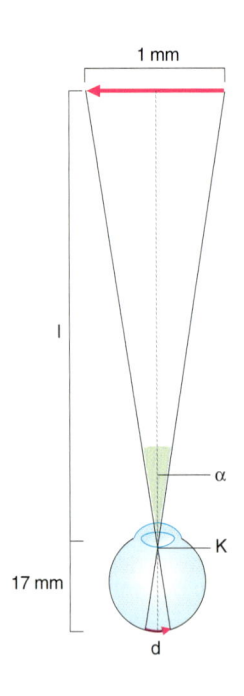

1 Flimmerverschmelzungsfrequenz

222 Nerven, Sinne und Hormone

Praktikum

Gesichtsfeld

① Halten Sie den Kopf still, schließen Sie das linke Auge und fixieren Sie mit dem rechten Auge einen Punkt. Was Sie nun zu Gesicht bekommen, wird rechtes einäugiges *Gesichtsfeld* genannt.

② Zur Ausmessung des Gesichtsfeldes benötigt man ein *Perimeter:* Aus fester Pappe oder dünnem Sperrholz (Maße: 50 × 25 cm) wird ein Halbkreis mit einem Radius von 25 cm hergestellt. An der Basis werden zwei Vertiefungen für die Nase links und rechts vom Mittelpunkt angebracht. 0 Grad befindet sich auf der Symmetrieachse und wird durch eine Visiereinrichtung (z. B. eine Nadel) markiert. Der Halbkreis wird entsprechend der Skizze alle 10 Grad geteilt und beschriftet.

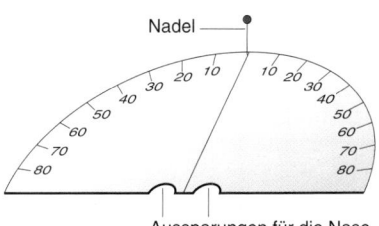

Das Perimeter wird von der Versuchsperson horizontal gehalten und der 0-Grad-Punkt einäugig fixiert. Eine andere Person führt von hinten und unten in zufälliger Reihenfolge schwarze, weiße, rote, grüne und blaue Sichtmarken langsam von 90 Grad in Richtung 0 Grad. Ein Versuchsleiter überwacht von vorn die starre Fixation. Durch mehrfache Annäherung wird der Winkel ermittelt, bei der die Versuchsperson erstens überhaupt eine Testmarke sieht und zweitens deren Farbe angeben kann. Stellen Sie das Ergebnis grafisch dar.

Gesichtsfeldausfall

① Halten Sie das obige Testbild in ca. 25 cm Entfernung vor das Gesicht. Fixieren Sie einäugig mit dem rechten Auge das Kreuz der Figur. Bewegen Sie das Testbild langsam vor Ihrem Auge vor und zurück, bis die Maus nicht mehr zu sehen ist. Erklären Sie diese Erscheinung.

② Fixieren Sie erneut einäugig mit Ihrem rechten Auge aus gleichem Abstand und achten Sie auf das Gitter.
Vergleichen Sie Ihre Beobachtung mit der Tatsache, dass der Gesichtsfeldausfall im täglichen Leben nicht bemerkt wird.

③ Zeichnen Sie die Form des Gesichtsfeldausfalls auf, indem Sie den Kopf mit der linken Hand abstützen und damit den Abstand des rechten Auges zum Tisch konstant halten.
Fixieren Sie rechtsäugig bei geschlossenem linken Auge ein Kreuz. Setzen Sie die Spitze eines Stiftes in den Gesichtsfeldausfall und ziehen Sie Striche in alle Richtungen, bis Sie die Spitze gerade wieder sehen können. Markieren Sie so die Grenzpunkte Ihres Gesichtsfeldausfalls und verbinden Sie diese zu einer Fläche.

Nachbilder

① Decken Sie die Buchseite bis auf die Abbildung 3 mit weißen Blättern ab. Markieren Sie rechts neben der Abbildung ein Kreuz. Fixieren Sie für 30 Sekunden aus ca. 30 cm Abstand den weißen Punkt im Bild, danach das schwarze Kreuz daneben. Beschreiben und erklären Sie.

Akkommodation

① Beim Mikroskopieren lautet ein Ratschlag, durch das Mikroskop hindurch auf das Objekt wie auf einen weit entfernten Gegenstand zu blicken, weil das Auge sonst schnell ermüdet. Begründen Sie.

② Betrachten Sie kritisch die Ausdrucksweise „auf etwas blicken". In welcher Beziehung stehen Auge und Gegenstand?

Farbensehen

① Zerlegen Sie mithilfe eines Prismas weißes (Sonnen-)Licht und projizieren Sie das Spektrum auf ein weißes Blatt Papier. Nennen Sie die Abfolge der Farben.

② Drei Diaprojektoren mit blau-, grün- bzw. rotdurchlässigem Filter werden so aufgestellt, dass sich ihre Lichtkegel auf einer Projektionswand teilweise überschneiden. Verändern Sie den Abstand einzelner Projektoren von der Projektionswand (und damit die Intensität des Lichtkegels auf der Leinwand) so, dass im Überschneidungsbereich aller drei Lichtkegel weiß zu sehen ist.
Stellen Sie die in den Überschneidungsgebieten von je zwei Lichtkegeln wahrnehmbaren Farben fest. Setzen Sie Ihre Wahrnehmungen in Beziehung zu den in Aufgabe 1 wahrgenommenen Farben.

Nerven, Sinne und Hormone

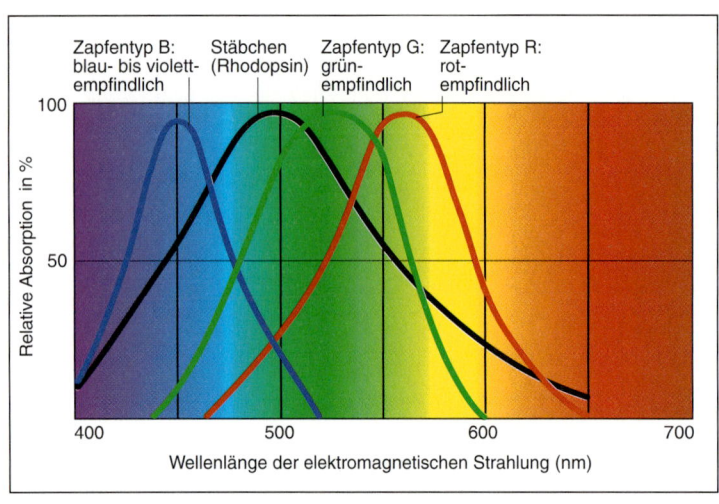

1 Absorptionsspektren der menschlichen Lichtsinneszellen

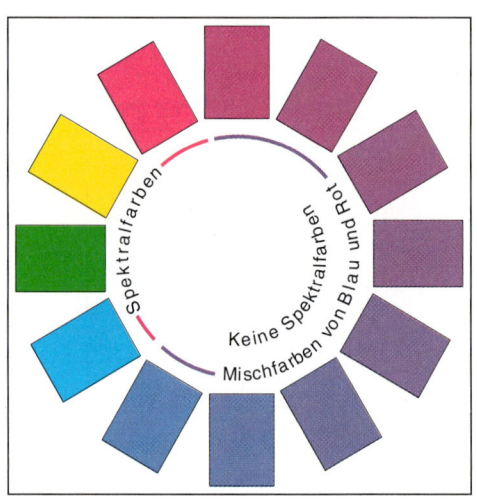

2 Farbkreis

Farbensehen

Lichtsinneszellen lassen sich von ihrer Gestalt her in Stäbchen und Zapfen unterscheiden. Das Stäbchensystem ist nicht farbtüchtig. Die Zapfen kommen in drei Typen vor, jeder mit einer unterschiedlichen, wenn auch überlappenden Absorptionskurve (Abb. 1). Dies liegt an den unterschiedlichen Sehfarbstoffen: Die 11-*cis*-Retinal-Gruppe ist gleich, die Opsin-Gruppe variiert.

Wird das Auge mit elektromagnetischer Strahlung allein der Wellenlängen zwischen 430 und 480 nm gereizt, sehen wir die Farbe Blau, zwischen 500 bis 530 nm Grün, und bei Wellenlängen von 600 bis 700 nm Rot. Weil dabei ein Zapfentyp bevorzugt erregt wird, spricht man von *Grundfarben* und benennt die Zapfentypen danach B, G und R. Werden gleichzeitig zwei Zapfentypen erregt, beispielsweise B und G, so sehen wir Blaugrün.

Die Mischfarben Gelbgrün, Gelb und Orange empfinden wir bei gleichzeitiger Reizung der Zapfentypen G und R. Was aber, wenn B und R gleichzeitig gereizt werden? Dann empfinden wir Purpur, eine Gruppe von Mischfarben, denen sich keine einzelne Wellenlänge zuordnen lässt. Während das Spektrum linear und nach beiden Seiten offen ist, lässt sich unsere Farbwahrnehmung mit einem geschlossenen Farbkreis darstellen (Abb. 2).

Rotes und grünes Mischlicht verschafft uns den Farbeindruck Gelb, ohne dass wir es von spektralreinem Licht unterscheiden könnten. Die Wahrnehmung einer Farbe wird also vom Erregungsmuster der Zapfentypen bestimmt, unabhängig davon, welche Wellenlängen des Lichts diese Erregungen ausgelöst haben. Jeder Farbeindruck lässt sich durch eine Komposition aus den drei Spektralfarben Blau, Grün und Rot darstellen. Auch das Farbfernsehen nutzt diese Möglichkeit. Reflektieren Gegenstände alle Wellenlängen des Tageslichts gleich und gut, so nehmen wir weiß wahr. Reflektieren sie gleich, aber wenig, nehmen wir grau wahr.

Werden bestimmte Wellenlängen stärker als andere reflektiert, ändert sich das Verhältnis der Erregungen der Zapfentypen. Der Farbeindruck verschwindet, wenn das Objekt so klein wird, dass nur einzelne Zapfen gereizt werden. Nicht der Zapfen oder gar der Sehfarbstoff sieht also eine Farbe, sondern wir sehen mit dem *Zapfensystem*.

Menschen, die nur den Zapfentyp B haben, können keine Farbe sehen, auch kein Blau. Andere Formen der Farbsinnesstörungen („Farbenblindheit") sind häufiger. Ist die Funktion nur des Zapfentyps R gestört, dann wird Rot mit Grün verwechselt, aber auch Purpur mit Blau, Weiß mit Grün, aber nicht Blau mit Gelb (*Rot-Grün-Sehschwäche*).

Honigbienen leben in einer anderen Farbenwelt. Wie wir besitzen sie 3 Farbrezeptortypen, aber das für sie sichtbare Spektrum reicht von 300 bis ca. 600 nm. Statt des Rezeptortyps R haben sie einen für UV-Licht. Fische und Vögel besitzen 4 Rezeptortypen. Welche Farben mögen sie wohl wahrnehmen?

Nerven, Sinne und Hormone

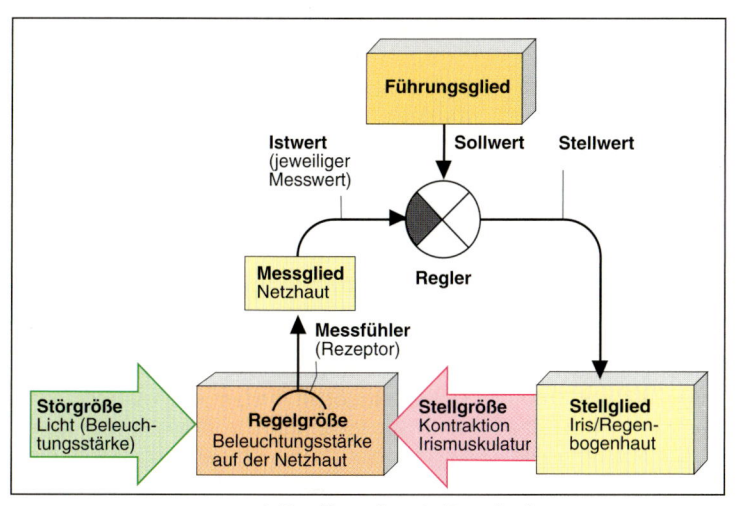

1 Pupillenreflex als Regelkreis

Regelkreise

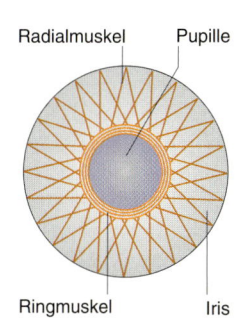

Reflexe werden durch Reize an Sinneszellen ausgelöst und sind z. B. als Kickbewegung oder Veränderung der Pupillengröße erkennbar. Reflexe wurden bislang ähnlich betrachtet wie ein Automat, der nach Geldeinwurf eine Melodie spielt. Das Geld entspricht dann dem Reiz und die Musik der Reaktion. Bei vielen Reflexen wird aber die Reaktion selbst zum Reiz.

Pupillenreflex

Beleuchtet man das Auge, verengt sich die *Pupille* (Sehloch). Diese wird geformt durch die *Iris* (Regenbogenhaut) mit ihren zwei antagonistisch arbeitenden Muskeln: Ein *Ringmuskel*, der die Pupille durch Kontraktion verengen kann und ein *Radialmuskel*, der die Pupille erweitern kann (s. Randspalte). Wird der Pupillendurchmesser im hellen Sonnenlicht gemessen und dann in einer schwach beleuchteten Ecke eines Raumes, so erhält man einmal 2 mm und zum anderen bis 8 mm. Bei mittlerer Beleuchtung erhält man dazwischen liegende Pupillendurchmesser.

Der Lichtreiz trifft auf Fotorezeptoren der Netzhaut, folglich werden auch Ganglienzellen erregt. Über den Sehnerv als Afferenz gelangt die Erregung ins Gehirn und von dort über weitere Synapsen als Efferenz an die Iris-Ringmuskulatur, den *Effektor*. Der Ringmuskel kontrahiert. Diese Reaktion verändert damit auch den Lichtreiz. Zwar bleibt die äußere Beleuchtung gleich, aber die Beleuchtung der Netzhaut wird verringert (Abb. 1). Es zeigt sich, dass die Kette von Ursache *(Reiz)* zur Wirkung *(Reaktion)* in sich selbst geschlossen ist *(Rückkopplung)*. Die Wirkung wird selbst wieder Ursache.

Es handelt sich um einen Ursachenkreis mit einer *gleichsinnigen* und einer *gegensinnigen Verknüpfung*: Je größer der Lichtreiz, desto stärker die Ringmuskelkontraktion, und je größer die Ringmuskelkontraktion, desto schwächer der Lichtreiz. Diese Art der Beziehung von Ursache und Wirkung, an der eine negative Rückkopplung beteiligt ist, wird *Regelung* genannt und kann als Regelkreis dargestellt werden. Regelgröße ist hier die Beleuchtungsstärke der Netzhaut.

Quadrizepsdehnungsreflex

Beim *Quadrizepsdehnungsreflex* liegen die Sinneszellen parallel verteilt zwischen den Muskelfasern. Jede Reaktion *(Kontraktion)* reizt damit auch die Sinneszellen. Die Abbildung zeigt, wie der Reflexbogen durch die Lage der Muskelspindeln im Muskel zum *Reflexkreis* geschlossen wird.

Muskelspindeln enthalten besondere Muskelfasern, die *Spindelfasern*, die von Bindegewebe umgeben sind. Spindelfasern tragen wenig zur Muskelkraft bei. In der Mitte sind sie von je einer sensorischen Nervenfaser wendelförmig umwickelt. Wird der Muskel gedehnt, so werden auch die Spindelfasern gedehnt. Der Durchmesser der Wendel wird kleiner. Daraufhin erhöht sich in den sensorischen Nervenfasern die Frequenz der Aktionspotentiale. Dies bewirkt über die Verschaltung mit den motorischen Neuronen eine Kontraktion des Muskels.

Der Dehnung folgt also wegen der speziellen Kopplung der Sinneszellen, Nerven und Muskeln eine Kontraktion. Hier liegt eine Selbststeuerung mit negativer Rückkopplung vor. Das System lässt sich also auch als Regelkreis beschreiben. Geregelt wird die Muskellänge.

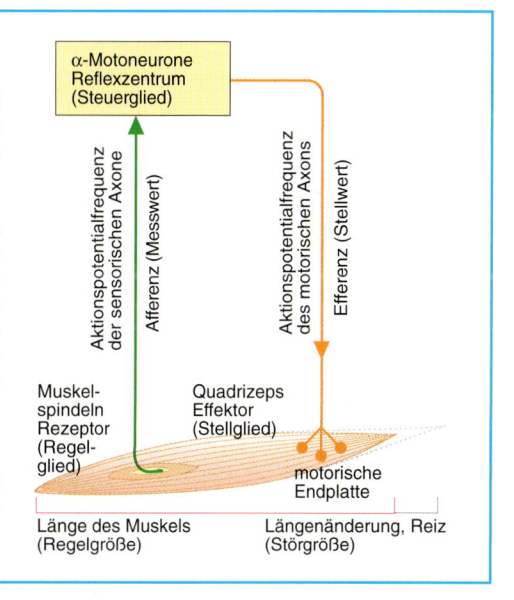

Nerven, Sinne und Hormone **225**

Das Ohr leitet, verstärkt und transformiert Schallwellen

Obere Hörgrenze einiger Säuger [Hz]

Mensch	20 000
Hund	35 000
Glattnasen-Fledermäuse	> 90 000
Großer Tümmler	150 000

1 Hertz [Hz] = 1 Schwingung pro Sekunde

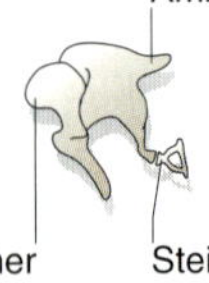

Die meisten Säugetiere hören um ein Vielfaches besser als der Mensch. Sie können die Schwingungen der Luft oder des Wassers, den *Schall*, besser wahrnehmen als er. Um zu einer Hörempfindung zu werden, muss der Schall mehrere, hintereinander geschaltete Stationen im Ohr durchlaufen. Dabei treffen die sich ausbreitenden Schallwellen zunächst auf das äußere Ohr. Die Ohrmuschel wirkt als Schalltrichter, der außerdem auch als Peilhilfe dient. Durch den äußeren Gehörgang wird der Schall dann auf das *Trommelfell* geleitet. Diese Membran trennt das äußere Ohr vom Mittelohr, der *Paukenhöhle*. Sie ist mit Luft gefüllt und steht über die Ohrtrompete mit dem Rachen in Verbindung. Die Paukenhöhle enthält die drei gelenkig miteinander verbundenen *Gehörknöchelchen*.

Aufgabe dieser Knochenkette ist es, die Schwingungen des Trommelfells zum Innenohr weiterzuleiten. Dabei verstärken sie die Schallschwingungen zweifach:
— *Hammer*, *Amboss* und *Steigbügel* stellen einen Hebelmechanismus dar und intensivieren die Weiterleitung der am Trommelfell ankommenden Schallwellen.
— Der Steigbügel seinerseits wirkt Schall verstärkend, indem er die Schallwellen von der großen Fläche des Trommelfells auf eine fast 17-mal kleinere Fläche des Innenohrs, das *ovale Fenster*, überträgt.

Hinter dem ovalen Fenster beginnt das Innenohr mit dem Hörorgan, der spiralig aufgewickelten *Schnecke*. Sie ist in Abb. 1 ausgestreckt dargestellt. Die Schnecke setzt sich zusammen aus drei schlauchförmigen Kanälen, die übereinander liegen und mit Lymphflüssigkeit gefüllt sind. An der Spitze der Schnecke sind die beiden äußeren Kanäle verbunden, ihren Anfang bzw. ihr Ende haben sie im ovalen bzw. runden Fenster. Im mittleren Gang, dem *Schneckengang*, werden die Schwingungen der Flüssigkeit von Sinneszellen in Nervenimpulse transformiert.

Der Druck des Steigbügels versetzt die Flüssigkeit zwischen ovalem und rundem Fenster in Schwingungen. In ihrem Rhythmus bewegt sich auch der Schneckengang. Je nach Tonhöhe, der *Schallfrequenz*, schwingen unterschiedliche Abschnitte dieses Ganges. Dadurch werden Haarsinneszellen im Innern des Schneckenganges erregt, die zusammen mit einer Deckmembran und der *Basilarmembran* das *Cortische Organ* bilden. Die Flüssigkeitsschwingungen verschieben die Deckmembran und die Basilarmembran gegeneinander. Dabei werden Fortsätze der Haarsinneszellen *(Stereocilien)* umgebogen, da sie mit der Deckmembran verbunden sind. Dies führt zur Erregung der Sinneszelle und Öffnung spezifischer Ionenkanäle. Die Membranen der Haarsinneszellen werden depolarisiert. Schließlich löst die Freisetzung eines Transmitters in den afferenten Bahnen des Hörnervs Aktionspotentiale aus.

Aufgabe

① Welche Teile des Ohrs werden durch Lärm besonders geschädigt?

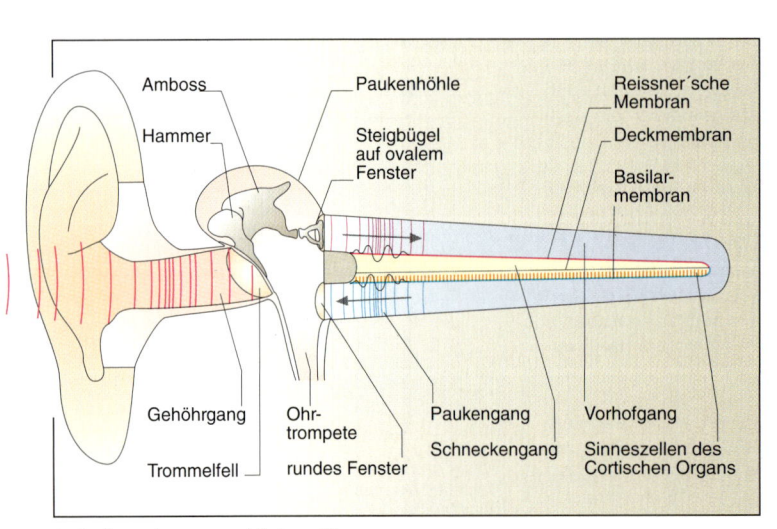

menschliche Gehörknöchelchen (natürliche Größe)

1 Aufbau des menschlichen Ohrs

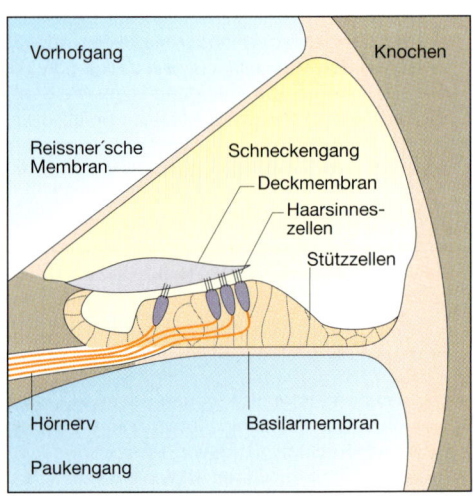

2 Schnitt durch eine Schneckenwindung

Nerven, Sinne und Hormone

Lexikon

Sinne

Ein *Sinn* stellt die Fähigkeit eines Organismus dar, spezifische Reizqualitäten zu erkennen, zu analysieren und darauf zu reagieren. Bei verschiedenen Lebewesen können die Sinne ganz unterschiedlich ausgebildet sein. Dabei hängt die Ausstattung der Lebewesen mit Sinnen von ihren Lebensbedingungen ab.

Rezeptor und adäquater Reiz

Die auf ein Lebewesen treffenden Reize werden von spezialisierten Zellen, den sogenannten *Rezeptoren*, aufgenommen. Sie reagieren sehr spezifisch auf *adäquate Reize,* d. h. auf solche Reize, für die sie die höchste Sensibilität besitzen. Reizaufnehmende Zellen sind normalerweise zu Sinnesorganen zusammengefasst. Allgemein unterscheidet man mehrere Rezeptortypen:
- *Sinnesnervenzellen* besitzen stark verzweigte, freie Nervenendigungen, mit denen sie auf Reize reagieren. Ihr Soma liegt nie in der Rezeptorregion (z. B. Mechanorezeptoren der Wirbeltierhaut).
- *Primäre Sinneszellen* werden durch Reize erregt und leiten die Erregung über ihr Axon weiter (z. B. Riechzellen der Wirbeltiere).
- *Sekundäre Sinneszellen* besitzen kein Axon. Daher wird die Erregung von nachgeschalteten Nervenzellen abgegriffen und weitergeleitet (z. B. Geschmackszellen der Wirbeltiere).

Tastsinn

In der oberen Lederhaut liegen freie Nervenendigungen, die merkelschen Tastsinnesapparate. Sie stellen *Intensitätsdetektoren* dar. Die freien Enden dieser sensorischen Fasern sind verbreitert. Sie reagieren bereits, wenn die Haut an der entsprechenden Stelle nur 10 µm eingedrückt wird. In der behaarten Haut bilden mehrere der Merkelzellen zusammen die sogenannten *Tastscheiben.*

Berührungsrezeptoren sind auch an den Haaren der Haut zu finden. Als *Haarwurzelrezeptoren* umwickelt ihr oberes Ende die Haarbasis. Bereits die Berührung eines einzelnen Haares reicht für einen Sinneseindruck aus. Das Haar wird dabei an seiner Basis geringfügig gebogen, was dazu führt, dass der obere Teil der Nervenendigung gedrückt wird. Die Verformung stellt dann den adäquaten Reiz für diesen Berührungsrezeptor dar.

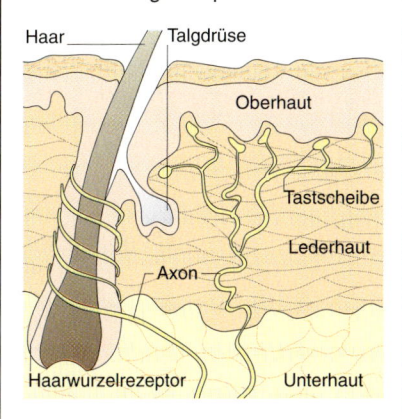

Geschmackssinn

Die für die Geschmacksempfindungen verantwortlichen sekundären Sinneszellen liegen in kleineren Vorwölbungen in der Schleimhaut der Zungenoberfläche. Auf und an diesen Vorwölbungen, den *Geschmackspapillen,* sind die *Geschmacksknospen* angeordnet. Dies sind ovale Gebilde mit bis zu 80 Rezeptorzellen. Büschel von Microvilli ragen als Fortsätze der Rezeptoren in den sog. *Geschmacksporus,* der mit Flüssigkeit gefüllt ist. In Wasser gelöste Substanzen können so durch den Geschmacksporus an die Membranen der Microvilli gelangen. Dort lagern sie sich an Rezeptormoleküle der Microvilli an. Dadurch wird eine Depolarisation der Sinneszellen hervorgerufen. Die Zellen der Geschmacksknospen geben die Erregung anschließend direkt an nachgeschaltete afferente Nervenfasern weiter.

Beim Menschen werden vier Grundempfindungen ausgelöst: süß, sauer, salzig und bitter. Eine Vielfalt der Empfindungen, z. B. beim Essen, resultiert zum einen aus dem Zusammenspiel dieser vier Grundqualitäten und zum anderen aus den Wechselwirkungen mit dem Geruchssinn.

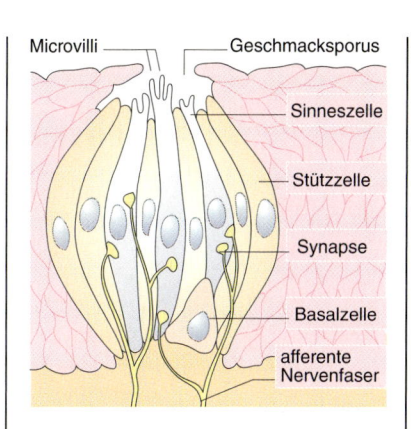

Strömungssinn

Zur Wahrnehmung selbst schwacher Strömungen im Wasser dient bei Fischen und wasserlebenden Amphibien das *Seitenlinienorgan.* Es spielt damit eine entscheidende Rolle bei Orientierung, Erkennung von Feinden und Beute sowie innerartlicher Kommunikation. Zunächst wurde es als ein Schleim produzierendes Drüsenorgan interpretiert. Die Ähnlichkeit dieses Organs mit Elementen im Hörsystem war bereits länger bekannt, als B. HOFER 1908 seine Funktion des „Ferntastsinns" nachweisen konnte. Als Rezeptoren dienen Gruppen von sekundären Sinneszellen, die entlang des Körpers auf versenkten Sinneshügeln angeordnet sind und mehrere Reihen von *Stereocilien* und eine unbewegliche Cilie *(Kinocilie)* tragen. Alle Cilien sind in Gallertkuppeln eingebettet, die vom auftreffenden Wasser bewegt werden. Die Erregung der Sinneszellen wird von der Stärke der Wasserströmung und von deren Richtung bestimmt. Je nachdem, ob die Stereocilien zur Kinocilie hin oder von ihr weg gebogen werden, reagiert die Zelle mit einer De- oder einer Hyperpolarisation: Die Sinneszellen besitzen damit eine *Richtungsempfindlichkeit.* Inwieweit das Seitenlinienorgan auch am Hörvorgang der Tiere beteiligt ist, bedarf noch genauerer Erforschung.

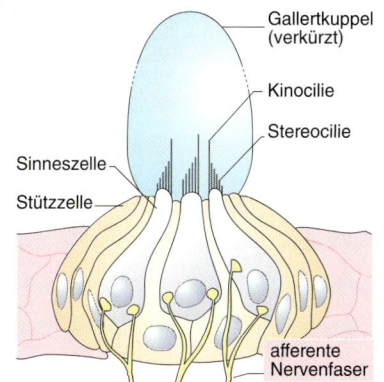

Nerven, Sinne und Hormone

3 Bau und Funktion des Nervensystems

Zentralnervensystem

Die Anzahl der Neuronen eines Menschen wird auf 10^{12} geschätzt. Sie sind zusammen mit ihren Stützzellen als *Nervensystem* organisiert. Ein kleiner Teil davon, u. a. das sensorische und motorische *Nervensystem*, wird zum peripheren Nervensystem gezählt. Über 99 % der Neuronen dagegen bilden das *Zentralnervensystem* (ZNS), welches in *Rückenmark* und *Gehirn* eingeteilt wird.

Das Zentralnervensystem schwimmt in einer farblosen Flüssigkeit, dem *Liquor*, der nahezu konstante Konzentrationen an Ionen enthält und über die der Stoffaustausch der Zellen läuft. Die Kapillaren der versorgenden Blutgefäße werden dicht von Zellen ausgekleidet, die fast alle Stoffe selektiv transportieren. Nur Kohlenstoffdioxid, Sauerstoff und Wasser können diese Blut-Hirn-Schranke ungehindert passieren. Für die D-Glukose, die Aminosäuren und andere wichtige Moleküle existieren jeweils eigene, sehr spezifische Transportsysteme durch die Zellen hindurch, die die Blut-Hirn-Schranke bilden. Ansonsten gelangen nur kleine, lipophile Moleküle, wie z. B. Alkohol und einige Drogen, ins Gehirn. Das Zentralnervensystem ist eingehüllt von drei Häuten und umgeben von Schädel- bzw. Wirbelknochen.

Gehirn

Beginnend am Rückenmark, lässt sich das Gehirn in fünf Abschnitte gliedern: *Verlängertes Mark* oder *Nachhirn*, *Hinterhirn* mit *Brücke* und *Kleinhirn* sowie *Mittelhirn*, *Zwischenhirn* und *Endhirn* (Abb. 1). Auffallend am menschlichen Gehirn sind die tief gefurchten Hälften *(Hemisphären)* des Endhirns, die den größten Anteil an unserer Hirnmasse haben und auch *Großhirn* genannt werden. Die in Windungen gelegte, 1,5 bis 5 mm dicke *Hirnrinde* enthält mehrere Schichten von Neuronen als *graue Substanz*. Darunter liegt *weiße Substanz*. Dazu gehört auch die große Verbindungsbahn zwischen den Hemisphären, der *Balken*.

Wir nehmen wahr, handeln, wir fühlen, denken, lernen und erinnern mit dem Gehirn. Das Gehirn spielt aber auch eine zentrale Rolle bei der Regelung lebenswichtiger Funktionen, wie Blutkreislauf, Atmung, Verdauung, Schlafen und Wachen sowie bei der Steuerung des Hormonhaushalts.

Die Hirnforschung wird von Wissenschaftlern verschiedener Disziplinen intensiv betrieben. Es gibt viele Einzelergebnisse, aber bislang ist erst ansatzweise geklärt, wie das Gehirn funktioniert (s. Kasten). Das Gehirn zu erforschen, erscheint vielen als die letzte große Herausforderung der Menschheit. Dies gilt besonders deshalb, weil erstens der Mensch mit seinem Gehirn versucht, eben dessen Struktur und Funktion zu erkennen, und zweitens das Gehirn das komplizierteste Gebilde ist, welches wir in diesem Universum kennen.

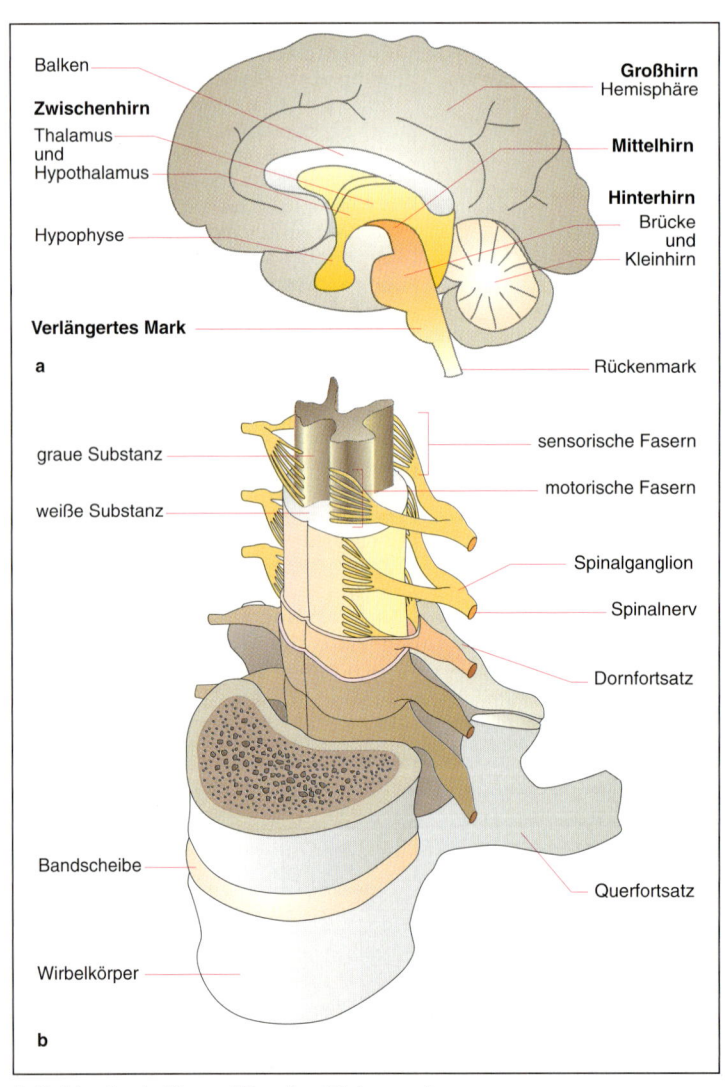

1 Gehirnabschnitte und Bau des Rückenmarks

Funktionen von Gehirnabschnitten und Kartierung des Gehirns

Als *Stammhirn* werden das Verlängerte Mark, ein Hinterhirnteil (die Brücke) und das Mittelhirn zusammengefasst. Verschiedene Zentren des Stammhirns erhalten Informationen von Haut und Muskeln des Kopfes und vom Hör-, Gleichgewichts- und Geschmackssinn; andere kontrollieren die Muskeln von Gesicht, Nacken und Augen. Das Stammhirn leitet Erregungen vom Rückenmark zu anderen Gehirnteilen und umgekehrt. Hier werden auch die verschiedenen Grade von Wachheit und Bewusstsein gesteuert.

Das *Verlängerte Mark* enthält Zentren für die Regulation der Verdauung, der Atmung und die Kontrolle des Herzschlags. Die Brücke leitet im Zusammenhang mit Bewegungen Erregungen von den Großhirnhälften zum Kleinhirn. Dieses ist ein Teil des *Hinterhirns* und reguliert Kraft und Ausführung, d. h. die zeitliche Abfolge von Bewegungen, und ist am Lernen neuer Bewegungen beteiligt. Das Mittelhirn kontrolliert viele Sinnes- und Bewegungsfunktionen, unter anderem auch die Augenbewegungen.

Das *Zwischenhirn* enthält zum einen den Thalamus, der einen Großteil der Erregungen verarbeitet, die aus anderen Bereichen des ZNS kommend das Großhirn erreichen, und zum anderen enthält es den Hypothalamus, der die inneren Organe und innersekretorischen Drüsen kontrolliert. Das *Großhirn* ist an der Programmierung komplizierter Körperbewegungen beteiligt; der Mandelkern hat mit körperlichen Reaktionen auf Gefühle zu tun; die Großhirnrinde ermöglicht geistige Funktionen.

Anatomische Untersuchungen führten zu Einteilungen der Hemisphären weitgehend entlang der Furchen zunächst in vier Lappen (Abbildung a): Stirn-, Scheitel-, Schläfen- und Hinterhauptlappen. Die mikroskopische Untersuchung von Schnitten zeigten mehr als fünfzig Felder unterscheidbarer Zellarchitektur (Abbildung b).

Funktionskarten wurden durch Vergleich der Schädigung von Gehirnteilen und der beobachteten Verhaltensänderung erstellt. Bei einem Patienten, der gesprochene und geschriebene Wörter verstand, aber nicht sprechen konnte, stellte PAUL BROCA 1861 nach dessen Tod eine Schädigung in einem Gebiet des Stirnlappens der linken Hemisphäre fest. Dieses Gebiet wird heute *motorische Sprachregion* genannt (Abbildung c).

Weitere Erkenntnisse wurden bei Hirnoperationen vor allem in Kriegszeiten gewonnen. Die örtlich betäubten Patienten konnten Auskunft geben über Wirkung von schwachen Stromstößen in der Nachbarschaft des Operationsgebietes. Dies half einerseits, unnötige Schäden bei der Operation zu vermeiden, brachte andererseits aber auch Erkenntnisse über die Funktion der entsprechenden Gebiete. Die sensorischen und die motorischen Regionen des Gehirns konnten dabei noch feiner eingeteilt werden. Es zeigt sich eine Punkt-zu-Punkt-Anordnung der Felder. Dabei ist die rechte Körperseite der linken Hemisphäre und umgekehrt zugeordnet.

Moderne bildgebende Verfahren *(Tomographie)* können ohne operative Eingriffe Veränderungen der Stoffwechselaktivität sichtbar machen. Wenn ein Wort gelesen wird, dann erhöht sich schlagartig die Frequenz der Aktionspotentiale von Neuronen in der Sehregion und ebenso in der visuellen Assoziationsregion. Mit der Stoffwechselintensität erhöht sich der Bedarf an Sauerstoff. Durch Arterien wird sauerstoffreiches Blut herangeschafft. Der Sauerstoff wird aber nur teilweise von den Neuronen aufgenommen und erhöht zunächst den Sauerstoffgehalt der kapillaren Venen. Diese Veränderung kann mithilfe eines starken Magnetfeldes gemessen werden. Vom Gedankenlesen aber sind Hirnforscher noch weit entfernt, jedoch lässt es sich zeigen, ob jemand sieht, hört oder tastet und manchmal auch einiges über die Art des Reizes.

Mit mehreren Methoden lässt sich der Verlauf von Axonen aufspüren. Dazu werden z. B. Enzyme, Farbstoffe oder radioaktive Stoffe in Neurone injiziert. Über Transportsysteme im Axon werden diese Stoffe transportiert und können nachgewiesen werden. Damit können Verbindungen zwischen Sinnesorganen und Hirngebieten und motorischen Regionen nachvollzogen werden. Ergebnisse dieser Untersuchungen heißen *Projektionskarten*.

Nerven, Sinne und Hormone

Sehen

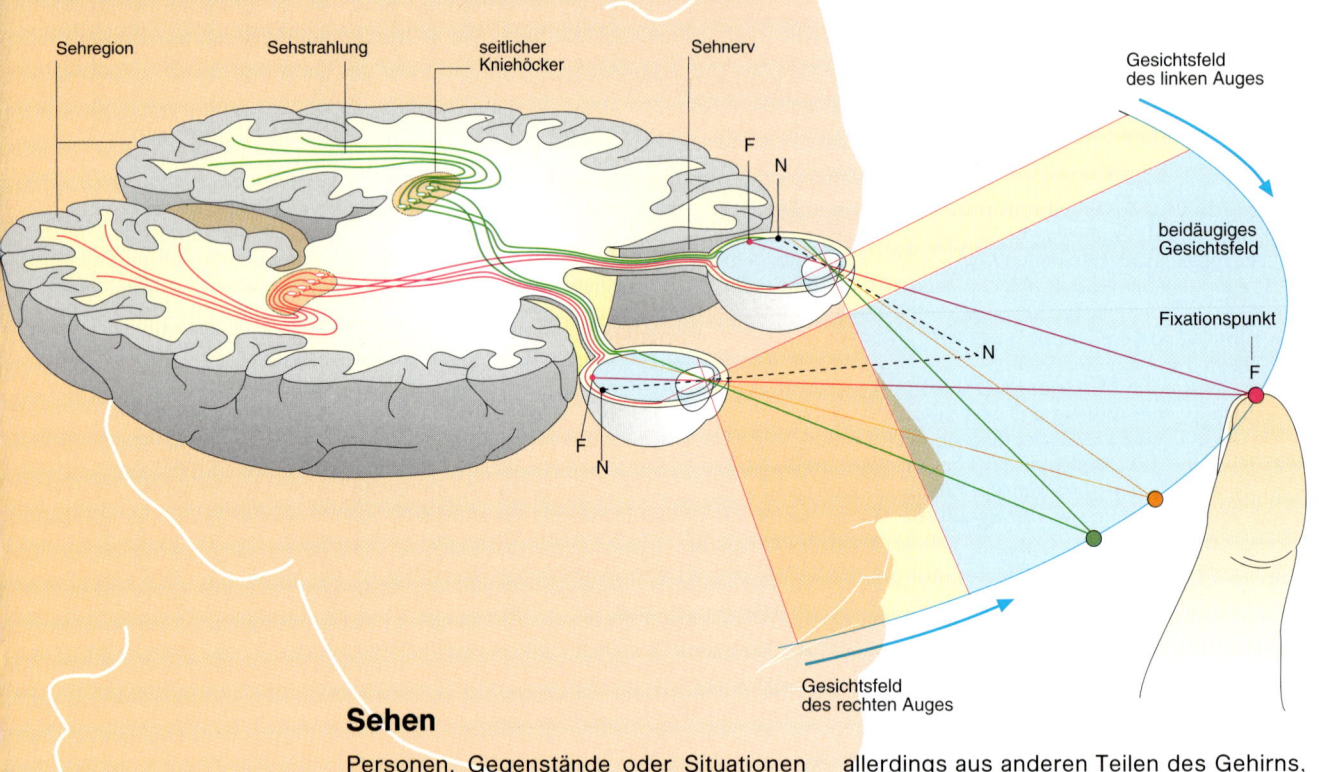

Personen, Gegenstände oder Situationen — all dies nehmen wir mit großer Selbstverständlichkeit wahr. Dabei hat unser Gehirn keinen direkten Kontakt zur Umgebung. Im Gehirn werden keine Lichtreize geleitet, sondern Erregungen. Diese neuronale Aktivität ist aber nicht das, was wir wahrnehmen. Das ist ein Bild oder bei anderen Sinnen Geruch, Geschmack, Geräusche, eben die ganze Vielfalt unseres geistigen Erlebens. Die bildhafte Wahrnehmung ist ein Produkt unseres Gehirns und nicht die Welt selbst.

Beginnend in der Netzhaut, laufen die Erregungen über den Sehnerv zum seitlichen *Kniehöcker* im Zwischenhirn. Von hier gelangen sie zur primären Sehrinde im Großhirn. Wie hier der Bildeindruck entsteht, ist erst ansatzweise bekannt. Zwischen Netzhaut und seitlichem Kniehöcker, an der Sehnervenkreuzung, wechselt die Hälfte der Nervenfasern zur jeweils gegenüber liegenden Seite des Gehirns, die anderen Fasern verbleiben auf ihrer Seite. Von der rechten Hälfte der Netzhaut beider Augen werden damit Erregungen zur rechten Seite des Gehirns geleitet, von der linken Netzhauthälfte entsprechend zur linken. Auf diese Weise gelangen Erregungen, die sich auf Reize von denselben Stellen der Umgebung beziehen, auf denselben seitlichen Kniehöcker. Nebeneinander liegende Neurone bekommen ihre Erregungen von benachbarten Rezeptorgebieten der Netzhaut. Der ganz überwiegende Anteil der Erregungen kommt allerdings aus anderen Teilen des Gehirns, z. B. als Rückkopplung von der *primären Sehrinde*. Vermutlich werden damit die von der Netzhaut kommenden Erregungsmuster gefiltert und kontrolliert.

Räumliches Sehen

Mit jedem unserer Augen sehen wir die Welt von einem anderen Gesichtspunkt und es entstehen unterschiedliche Netzhautbilder. Deshalb scheint der ausgestreckte Daumen, abwechselnd einäugig betrachtet, hin- und herzuhüpfen. Fixieren wir beidäugig, so werden die Augen mithilfe der Augenmuskulatur so zueinander gedreht, dass die Bildpunkte des Daumens aufeinander entsprechende Netzhautpunkte der beiden Augen fallen. Wir nehmen dann genau einen Daumen wahr. Dies gilt auch für andere Objekte, die auf der Fixationsfläche liegen (Abb. 1). Für Gegenstände, die näher oder entfernter liegen (Punkte N und F), ergeben sich seitlich verschobene Bildpunkte auf den Netzhäuten. Richtung und Maß der Verschiebung lassen auf die Position der Objekte vor oder hinter der Fixationsfläche schließen. In der Sehrinde gibt es Neurone, die erregt werden, wenn die seitliche Verschiebung einen bestimmten Abstand erreicht. Die seitliche Verschiebung der Netzhautbilder ist die Grundlage des räumlichen Sehens in der Nähe. In der Ferne sind einäugige Anhaltspunkte wichtiger, z. B. teilweise Verdeckung eines Gegenstandes.

Nerven, Sinne und Hormone

Gehirn und Wahrnehmung

Gesichtsfeldausfälle

Bei verschiedenen Personen werden Gesichtsfelder gemessen und dabei Ausfälle (schwarze Flächen) festgestellt. Am Auge selbst, insbesondere an der Netzhaut, können keine krankhaften Veränderungen festgestellt werden.

Aufgabe

① An welcher Stelle liegt jeweils eine Schädigung der neuronalen Strukturen vor?

Person	linkes Auge	rechtes Auge
1	○	●
2	◐	○
3	◐	○
4	◒	◓

Gesichtsfeldausfall (schwarz)

Stereoskopische Bilder

Betrachtet man die stereoskopischen Bilder mit parallel stehenden Augen im Abstand von ca. 30 cm, nimmt man die Szene räumlich wahr. (Als Hilfe kann ein Karton senkrecht zwischen die Bilder gestellt werden.)

Aufgabe

① Was sind die Voraussetzungen der räumlichen Wahrnehmung bei stereoskopischen Bildern? Warum sind hier parallel stehende Augen notwendig?

Spezialisierung der Hemisphären

Bei einigen Menschen wurde wegen epileptischer Anfälle das Großhirn restlos in die Hemisphären gespalten *(Splitbrain)*. Der Balken wurde operativ durchtrennt. Im alltäglichen Leben waren keine Besonderheiten festzustellen. Genaue Untersuchungen zeigten aber spezielle Ausfälle.
Für die Untersuchungen wird ein Versuchsaufbau verwendet, der aus einem Tisch, einem transparenten Bildschirm und einem Diaprojektor besteht. In der Mitte des Bildschirms ist eine Markierung als Fixationspunkt angebracht (s. Abb. rechts oben).
Die Versuchsperson nimmt am Tisch vor dem Bildschirm Platz. Sie muss die Markierung mit beiden Augen fixieren, während ein oder zwei Zehntel Sekunden lang das Bild eines Gegenstandes oder die Buchstabenfolge eines Wortes auf die rechte oder linke Bildschirmhälfte projiziert wird.
Wird einem Splitbrain-Patienten in die rechte Gesichtshälfte das Bild eines Apfels projiziert, kann er, wie zu erwarten, „Apfel" sagen.

Aufgabe

① Mit welcher Hemisphäre wird die Aufgabe von der Versuchsperson gelöst? Benennen Sie die dazu notwendigen sensorischen, neuronalen, psychischen und motorischen Vorgänge.

Wird das Bild des Apfels aber nur in die linke Gesichtsfeldhälfte projiziert, so kann die Person das gesehene Objekt nicht benennen. Sie ist gleichwohl in der Lage, mit der linken Hand aus mehreren Gegenständen einen Apfel auszuwählen, d. h. auf ihn zu deuten oder ihn zu ertasten.

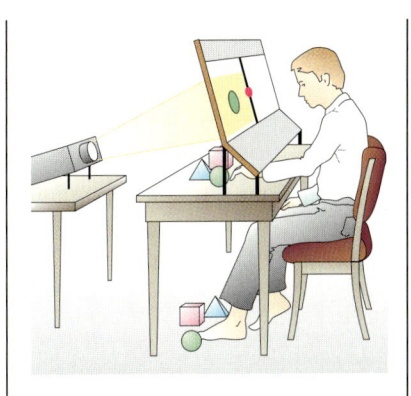

Aufgaben

① Mit welcher Hemisphäre wird diese Aufgabe gelöst? Welche Fähigkeit genau ist hier ausgefallen?
② Warum zeigt sich dieser Ausfall nicht im täglichen Leben?

Projiziert man einer Versuchsperson in die linke Gesichtsfeldhälfte für kurze Zeit das Wort „RAD", so bestreitet sie wieder, etwas gesehen zu haben. Bittet man die Versuchsperson jedoch, das Gesehene zu zeichnen, kann sie diese Aufgabe mit der linken Hand lösen. Wird die Versuchsperson aufgefordert, das fehlende Formstück eines Puzzles einzufügen, kann diese Aufgabe besser mit der von der rechten Hemisphäre gesteuerten linken Hand gelöst werden als mit der rechten Hand.

Aufgaben

① Nehmen Sie Stellung zu der Behauptung, die rechte Hemisphäre sei die Nichtsprachliche.
② Suchen Sie eine treffende Formulierung für die Spezialisierung der rechten Hemisphäre.

Nerven, Sinne und Hormone

Optische Täuschungen — Täuschungen des Gehirns

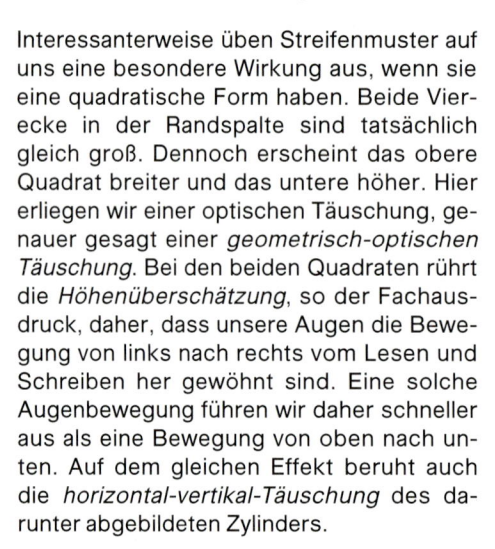

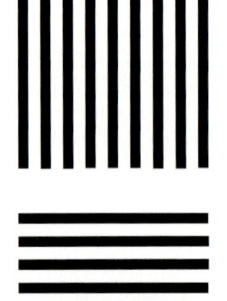

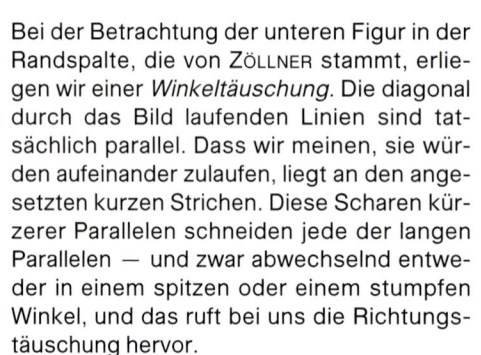

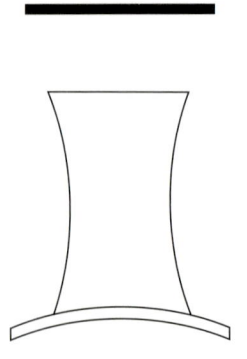

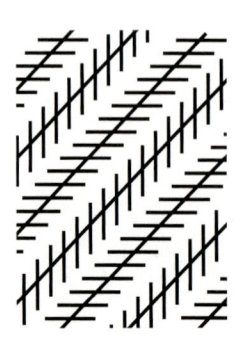

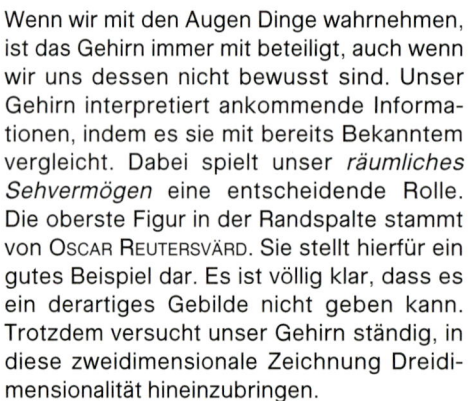

Interessanterweise üben Streifenmuster auf uns eine besondere Wirkung aus, wenn sie eine quadratische Form haben. Beide Vierecke in der Randspalte sind tatsächlich gleich groß. Dennoch erscheint das obere Quadrat breiter und das untere höher. Hier erliegen wir einer optischen Täuschung, genauer gesagt einer *geometrisch-optischen Täuschung*. Bei den beiden Quadraten rührt die *Höhenüberschätzung*, so der Fachausdruck, daher, dass unsere Augen die Bewegung von links nach rechts vom Lesen und Schreiben her gewöhnt sind. Eine solche Augenbewegung führen wir daher schneller aus als eine Bewegung von oben nach unten. Auf dem gleichen Effekt beruht auch die *horizontal-vertikal-Täuschung* des darunter abgebildeten Zylinders.

Bei der Betrachtung der unteren Figur in der Randspalte, die von ZÖLLNER stammt, erliegen wir einer *Winkeltäuschung*. Die diagonal durch das Bild laufenden Linien sind tatsächlich parallel. Dass wir meinen, sie würden aufeinander zulaufen, liegt an den angesetzten kurzen Strichen. Diese Scharen kürzerer Parallelen schneiden jede der langen Parallelen — und zwar abwechselnd entweder in einem spitzen oder einem stumpfen Winkel, und das ruft bei uns die Richtungstäuschung hervor.

Wenn wir mit den Augen Dinge wahrnehmen, ist das Gehirn immer mit beteiligt, auch wenn wir uns dessen nicht bewusst sind. Unser Gehirn interpretiert ankommende Informationen, indem es sie mit bereits Bekanntem vergleicht. Dabei spielt unser *räumliches Sehvermögen* eine entscheidende Rolle. Die oberste Figur in der Randspalte stammt von OSCAR REUTERSVÄRD. Sie stellt hierfür ein gutes Beispiel dar. Es ist völlig klar, dass es ein derartiges Gebilde nicht geben kann. Trotzdem versucht unser Gehirn ständig, in diese zweidimensionale Zeichnung Dreidimensionalität hineinzubringen.

Die *Kontrastwirkung* von Hell und Dunkel eignet sich ebenfalls dazu, beim Betrachter optische Täuschungen hervorzurufen. Der Bauhaus-Künstler JOSEF ALBERS experimentierte mit farblichen Wechselwirkungen und ihren gegenseitigen Beeinflussungen. Zu seinen bekanntesten Werken gehören die farbigen Variationen unter dem Titel „Homage to the square" (Huldigung an das Quadrat). Sie entstanden von 1949 bis 1965 und veranschaulichen eindrucksvoll, dass die Wirkung der Farbe auf den Betrachter vom Kontrast des jeweiligen Umfeldes bestimmt wird. In den beiden unteren Abbildungen ist die zentrale Farbe jeweils das gleiche Rot. Der unterschiedliche Farbeindruck erklärt sich durch die verschiedenartige farbliche Umgebung. Die Arbeiten des Künstlers stellen in doppelter Hinsicht optische Täuschungen dar: ALBERS hat hier nicht nur mit unterschiedlichen Farbabstufungen gearbeitet. Durch die Anordnung der Quadrate hat er gleichzeitig einen räumlichen Eindruck erweckt: „Meine Quadrate bewegen sich vor und zurück, sie scheinen einzudringen und sich zu entfernen, zu wachsen und sich zu verkleinern."

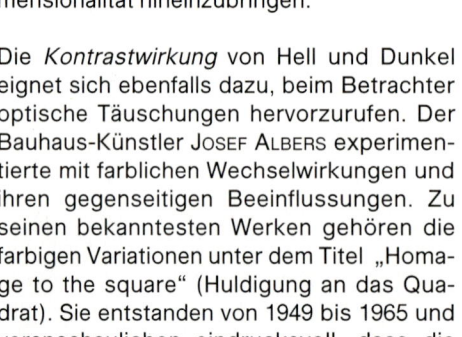

1 JOSEF ALBERS „Homage to the square"

Optische Täuschungen

Die geometrisch-optischen Täuschungen, von denen hier eine kleine Auswahl wiedergegeben ist, beruhen meist auf einer besonderen Zusammenstellung von Linien:

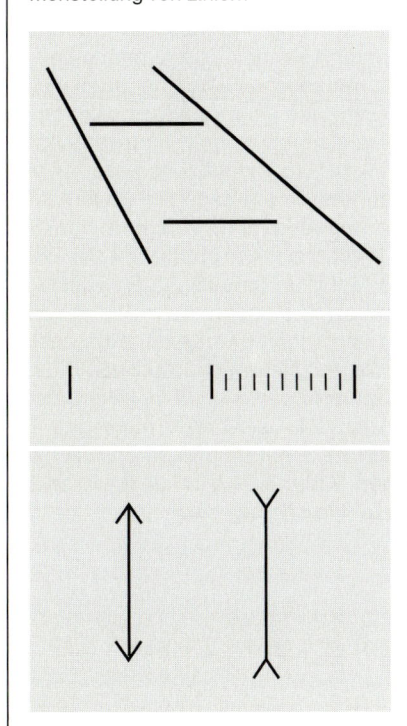

Hinweis zur Abbildung oben: Die Figur kann als Gleis interpretiert werden.
Hinweis zur Abbildung Mitte: Unser Gehirn zählt die schwarzen und weißen Felder unbewusst zusammen.
Hinweis zur Abbildung unten: Die Figuren können als Innen- bzw. Außenkanten eines Raumes gesehen werden.

Aufgabe

① Schlagen Sie eine Erklärung der Beurteilungsfehler unter Berücksichtigung der räumlichen Interpretation der Figuren vor.

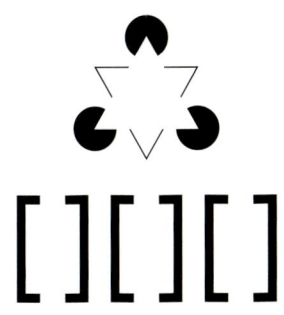

Aufgaben

① Erklären Sie, warum in den Darstellungen oben Dreiecke bzw. Rechtecke zu erkennen sind, die in Wirklichkeit gar nicht existieren, und Sie ein Wort lesen, wo eigentlich nur einzelne Striche zu sehen sind.

② Welche Rückschlüsse lassen diese Darstellungen über den Wahrnehmungsvorgang im Gehirn zu?

③ Betrachten Sie das unten stehende Werk „Vaar" des Op-art-Künstlers VICTOR VASARELY aus dem Jahr 1970 und drehen Sie dabei das Buch.
Welche Beobachtungen können Sie dabei machen?

④ Warum werden solche Darstellungen wie die von VASARELY als „Umspringbilder" bezeichnet?

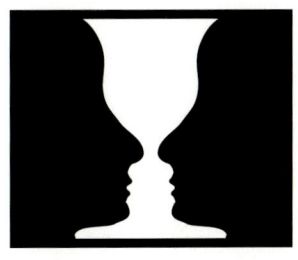

⑤ Betrachten Sie jede der drei oberen Zeichnungen eine Minute lang und notieren Sie Ihre Wahrnehmungen.

⑥ Welche Feststellung können Sie machen, wenn Sie anschließend Ihre Wahrnehmungen mit denen vergleichen, die die Teilnehmer Ihres Kurses gemacht haben?

Nerven, Sinne und Hormone

Lernen, Denken, Erinnern

Wir lernen, denken und erinnern mit unserem Gehirn und können uns dies auch bewusst machen. Was sind die neuronalen Grundlagen dieser Fähigkeiten? Darauf gibt es erst vorläufige und mutmaßende Antworten.

Lernen

Lernen ist ein lebenslanger Prozess, durch den sich das Wissen über uns, unsere Umwelt und unsere Mitmenschen verändert und entwickelt. Lernvorgänge verändern unser Nervensystem. Es lässt sich in Tierversuchen zeigen, dass sich die sensorischen Rindenfelder erfahrungsabhängig verändern. Übung vergrößert die Rindenfelder der gebrauchten Organe. Es wird deshalb keine zwei Gehirne geben, deren Rindenfelder einander völlig gleichen.

Bei der Meeresschnecke *Aplysia* konnten einfache Formen des Lernens auf zellulärer Ebene geklärt werden. Bei der Gewöhnung an einen Reiz wird an Synapsen weniger Transmitter ausgeschüttet. In anderen Fällen kommt es dagegen zu einer Sensibilisierung, d. h. stärkeren Reaktion auf einen Reiz. Dabei wird eine größere Menge an Transmitter freigesetzt. Dauert die Gewöhnung oder Sensibilisierung länger an, wird die Struktur der Synapsen und die Anzahl der synaptischen Verbindungen verändert (Abb. 1).

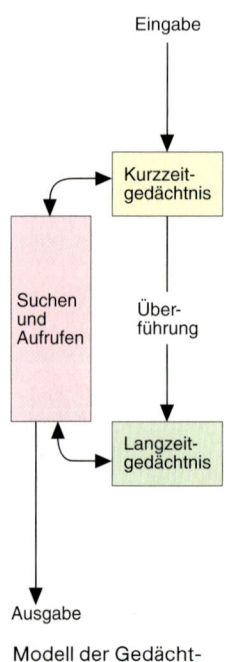

Gedächtnis

Gedächtnis heißt die Fähigkeit, Wissen zu bewahren und es wieder aufzurufen. Gedächtnis ist kein Ding, sondern ein Vorgang, der in Etappen verläuft. Bei Menschen, die nach einem Schlag bewusstlos waren, kann man eng umschriebene Gedächtnislücken feststellen. An Ereignisse kurz vor dem Schlag kann man sich nicht erinnern. In Tierversuchen konnte neu erworbenes Wissen leichter gestört werden als älteres und gründlich gelerntes Wissen. Aus solchen Versuchen lässt sich ein einfaches Modell des Gedächtnisses gewinnen (s. Randspalte). Es beginnt mit einem *Kurzzeitgedächtnis* mit begrenztem Fassungsvermögen und einem Zeitrahmen im Sekundenbereich. Das Wissen kann dann in ein *Langzeitgedächtnis* überführt werden. Dieses wird manchmal noch unterteilt in eine mittelfristige, gegen Störungen empfindliche Form und ein unempfindliches, echtes Langzeitgedächtnis. Manchmal kehrt das Gedächtnis nach einem traumatischen Ereignis langsam zurück. Dabei könnte sich die gestörte Funktion des Suchens und Aufrufens erholen.

Wie dieses Wissen gespeichert wird, darauf geben Untersuchungen der Lernvorgänge erste Hinweise. Für das Kurzzeitgedächtnis könnten es kurz anhaltende Veränderungen an Synapsen sein, aber auch in Neuronennetzwerken zirkulierende Erregungen. Für das Langzeitgedächtnis werden veränderte synaptische Verknüpfungen angenommen. Es ist bisher nicht gelungen, den Sitz des Gedächtnisses zu lokalisieren. Dies deutet auf eine weit reichende Verteilung dieses Vorgangs im Gehirn hin.

Bewusstsein

Wenn wir uns selbst beobachten, dann ist unser Tun und Handeln von Aufmerksamkeit begleitet. Alltägliches wird aber auch wenig aufmerksam und kaum bewusst vollzogen. Oft ist es dann nur eine Hintergrundaufmerksamkeit. Ungewöhnliches, Neues und Interessantes erregt dagegen unsere Aufmerksamkeit und wird von uns bewusst erlebt. Damit bleibt der größte Teil der Tätigkeit des Gehirns unbewusst. Bewusstsein ist verknüpft mit bestimmten Aktivitätszuständen der Großhirnrinde, an dem riesige Netzwerke von Neuronen beteiligt sind, deren Verknüpfungen sich dabei verändern. Diese Netzwerke sind aber nicht das Bewusstsein, es entsteht aus deren Wechselwirkungen. Könnte es sein, dass unser Bewusstsein das Erlebnis dieser Zustände ist?

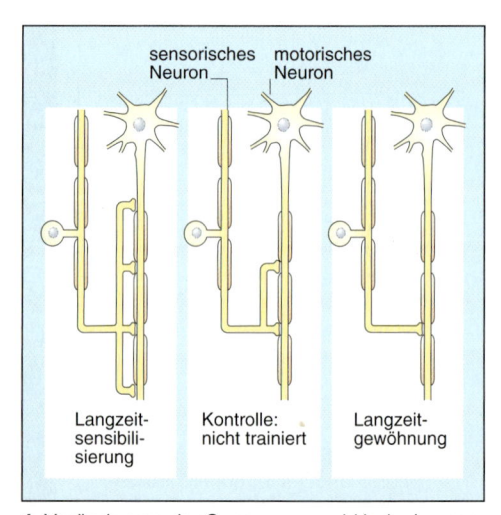

Trauma
(gr. = Wunde)

Medizinisch:
Verletzung, Wunde

Psychisch:
Seelischer Schock, Erschütterung, Verletzung

Eingabe → Kurzzeitgedächtnis
Suchen und Aufrufen
Überführung
Langzeitgedächtnis
Ausgabe

Modell der Gedächtnisvorgänge

---

1 Veränderung der Synapsenanzahl beim Lernen (sensorisches Neuron, motorisches Neuron): Langzeitsensibilisierung | Kontrolle: nicht trainiert | Langzeitgewöhnung

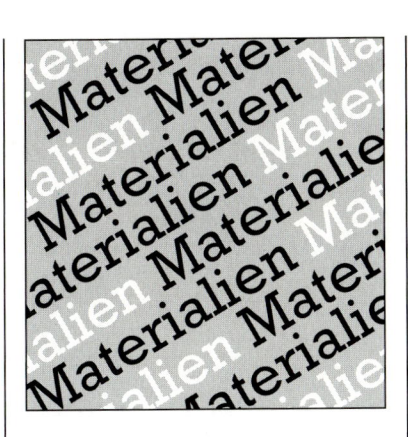

Gehirn und Persönlichkeit

Unter der Persönlichkeit versteht man die „leiblich-seelisch-geistige Einheit", zu der sich ein Mensch entwickelt und die ihn unverwechselbar macht. Die Persönlichkeitsentwicklung wird einerseits genetisch gesteuert, andererseits durch individuelle Erfahrungen beeinflusst. Bis zur Geburt sorgt das genetische Programm für funktionstüchtige Sinnesorgane und Nervenzellen. An der Grundorganisation des Gehirns ändert sich danach nichts mehr, die Feinstruktur bleibt jedoch durch Sinneseindrücke modellierbar. Einige Hirnteile sind nur während einer sensiblen Phase plastisch, andere länger.

Aufgabe

① Nennen Sie Eigenschaften und Fähigkeiten, die Sie zur Persönlichkeit eines Menschen rechnen. Halten Sie diese eher für genetisch bedingt oder für erworben?

Plastizität der Hirnentwicklung — Entfaltung der Persönlichkeit

Ein Kleinkind greift ungeschickt nach Spielzeug, ein Erstklässler liest stockend: Viele für Erwachsene selbstverständliche Fähigkeiten sind nicht angeboren, sondern müssen erlernt und geübt werden, so auch elementare Vorgänge wie das Sehen. Bei neugeborenen Katzen wurde ein Auge mit einem Nervengift behandelt, sodass zeitweise keine Aktionspotentiale von der Netzhaut zum Gehirn gelangten. Nach 8 Wochen wurden die Endverzweigungen der Sehbahnaxone verglichen (s. Abb.). Katzen mit Seherfahrungen in den ersten 4 Wochen oder nach dem 2. Lebensmonat haben eine Axondifferenzierung wie durchgehend behandelte Tiere: Das behandelte Auge ist zwar intakt, aber nicht sehfähig.

Aufgaben

① Wie wirkt sich das Ausbleiben von Aktionspotentialen im Katzenauge auf die Sehbahnaxone aus?
② Grenzen Sie die sensible Phase für das „Sehenlernen" ab.
③ Bei Kindern mit Augenfehlstellung (Schielen) wird oft ein Auge mit einem Pflaster versehen. Erläutern Sie den therapeutischen Zweck.

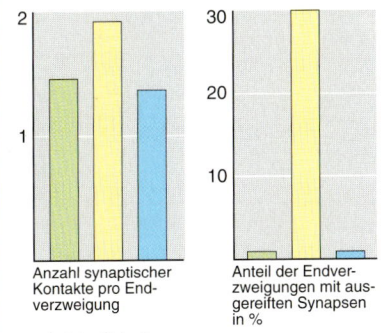

Anzahl synaptischer Kontakte pro Endverzweigung

Anteil der Endverzweigungen mit ausgereiften Synapsen in %

- bei der Geburt
- acht Wochen, unbehandelt
- acht Wochen, behandelt

Eine Schädigung der Sprachregionen in der linken Großhirnhemisphäre macht Menschen zunächst unfähig, sich sprachlich auszudrücken. Bei bis zu 10 Jahre alten Kindern kehrt das Sprachvermögen jedoch später zurück, da die rechte Hemisphäre diese Funktion übernimmt.

Aufgabe

① Könnte das Sprichwort „Was Hänschen nicht lernt, lernt Hans nimmermehr" von einem Neurobiologen stammen?

Eingriffe in das Gehirn — Eingriffe in die Persönlichkeit?

Trotz übereinstimmender optischer Signale kann der Anblick einer Schlange bei einer Person Angst, bei einer anderen Neugierde auslösen. Vorausgegangene Erfahrungen beeinflussen die emotionale Reaktion auf Situationen. Verantwortlich ist das *limbische System*, ein Teil der grauen Großhirnsubstanz, der in Stammhirnnähe konzentriert ist. Wilde Affen, bei denen operativ Teile des limbischen Systems entfernt wurden, verhielten sich „zahm" und verloren sogar ihre Furcht vor Schlangen. Das limbische System wird oft als „vegetatives Gehirn" angesprochen, da es über den Hypothalamus auf die Regulation von Herzschlag, Blutdruck, Magen-Darmtätigkeit usw. einwirkt. Viele Rausch-, Schmerz- und Schlafmittel entfalten ihre Wirkung im limbischen System.

Aufgabe

① Beschreiben Sie die Wirkung von Gefühlen auf das vegetative System.

Redewendungen wie „hartherzig" oder „treuherzig" zeigen, dass bestimmte individuelle Eigenschaften auf das Herz projiziert werden. Herztransplantationen stießen daher zunächst auf große emotionale Barrieren. Heute neigt man dazu, die Persönlichkeit eines Menschen mit seinem Gehirn zu verbinden. Hirnschäden infolge von Infektionen, Vergiftungen, Sauerstoffmangel oder Hirnblutungen können dauerhafte Persönlichkeitsveränderungen nach sich ziehen. Mediziner versuchen, korrigierend einzugreifen.

1.) Splitbrain:
Urplötzlich auftretende, schwere Krampfzustände bezeichnet man als *epileptische Anfälle*. Sie sind auf diffuse, übermäßige Ausbreitung der Nervenerregung im Gehirn zurückzuführen. Schwere Fälle von Epilepsie verbessern sich durch einen chirurgischen Eingriff, bei dem die verbindenden Nervenfasern zwischen linker und rechter Hemisphäre, der *Balken*, durchtrennt werden. Bei solchen „Splitbrain-Patienten" lassen sich nur in speziellen Versuchsaufbauten Wahrnehmungsveränderungen feststellen (s. S. 231).

2.) Hirnzelltransplantation:
Die Bewegungsprogramme des Kleinhirns werden im Großhirn durch die Basalganglien kontrolliert, wobei ein ausgewogenes Verhältnis der Transmitter Acetylcholin und Dopamin vorliegt. Bei Parkinsonkranken sind die Dopaminneurone stark vermindert, als Folge sind die Bewegungen zittrig und verlangsamt, das Gesicht mimisch starr. Begrenzte therapeutische Erfolge lassen sich durch Einnahme einer Dopaminvorstufe erreichen. Diese passiert die Blut-Hirn-Schranke und wird im Gehirn in Dopamin umgewandelt. Neuerdings gelang es, embryonale Dopaminneurone in das Gehirn von Parkinsonkranken zu transplantieren. Einige Krankheitssymptome besserten sich, die Krankheit war verändert, aber nicht geheilt.

Aufgabe

① Wo sehen Sie persönlich ethische Grenzen bei Eingriffen in das Gehirn? Kann die Persönlichkeit des Spenders schließlich gegenüber der des Empfängers überwiegen?

Nerven, Sinne und Hormone

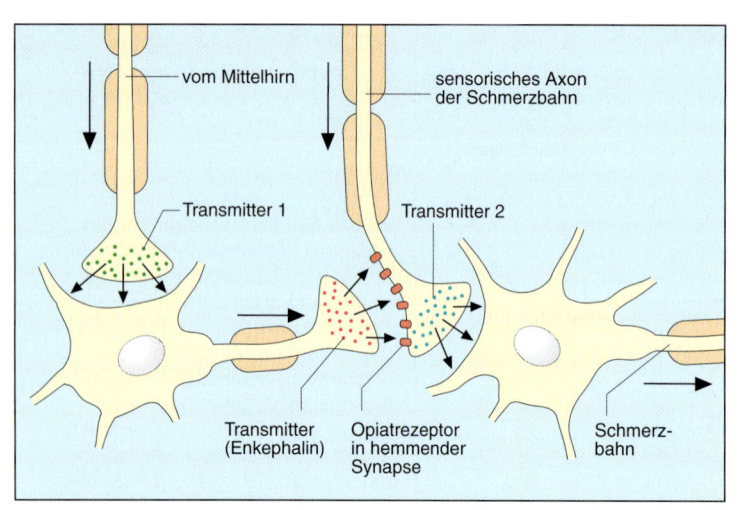

1 Wirkung von Opiaten

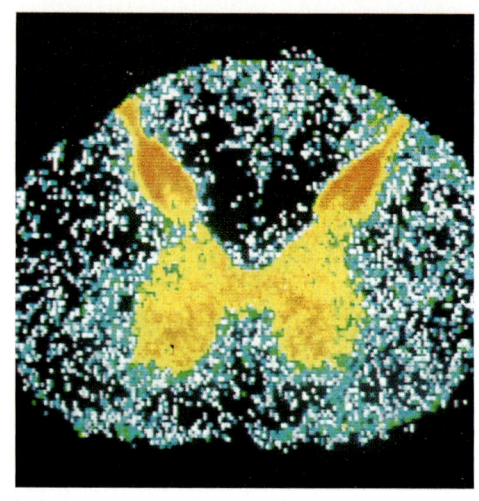

2 Opiatrezeptormoleküle im Rückenmark

Psychoaktive Stoffe

Psychopharmaka
Arzneimittel *(Pharmaka)*, die psychische Leiden lindern oder heilen können.

Drogen
Durch Trocknen haltbar gemachte Teile von Pflanzen, die als Arzneimittel Verwendung finden.

Freude, Schmerz, Angst und Lust — solche und andere Gefühle und Stimmungen hat man nicht nur, sie beeinflussen auch unser Denken und unseren Körper. Sie lassen z. B. das Herz schneller schlagen und rauben den Atem. Umgekehrt lassen sich auch Gefühle und Stimmungen beeinflussen, zum einen durch Denken und zum anderen durch körperliche Aktivität. Seit Jahrtausenden wird auch eine dritte Möglichkeit — die Aufnahme pflanzlicher oder synthetischer Substanzen wie Alkohol — gebraucht und missbraucht, um psychische Zustände zu ändern. Arzneimittel *(Pharmaka)*, die über das ZNS wirken und psychische Zustände verändern, bezeichnet man als *Psychopharmaka*. Werden psychoaktive Substanzen zu Rausch- und Suchtzwecken missbraucht, ist umgangssprachlich von *Drogen* die Rede.

Opiate
Opium, ein Extrakt des Schlafmohns, wird schon lange medizinisch genutzt, besonders als Schmerzmittel. Der Einnahme folgen ein beruhigend angenehmes Wohlbehagen, dann leichte Bewusstseinstrübungen und Schlaf. Die psychoaktive Substanz *Morphin* wurde Anfang des 19. Jahrhunderts aus dem Extrakt isoliert. *Heroin* wurde zunächst als Hustenmittel eingesetzt, bis man die starke Suchtgefährlichkeit erkannte.

Misst man die Verteilung radioaktiv markierter Opiatmoleküle im Rückenmark (Abb. 2), zeigt sich dort, wo die sensorischen Fasern von der hinteren Wurzel an die graue Substanz herantreten, eine besonders hohe Konzentration (orange). Die sogenannten *Schmerzfasern* haben hier synaptische Kontakte zu Neuronen, deren Axone bis ins Gehirn reichen. Opiatrezeptormoleküle wurden hier auf Synapsen der Schmerzfasern gefunden (Abbildung 1). Opiate senken die Transmitterausschüttung an den synaptischen Endknöpfchen der Schmerzfasern. Die schmerzlindernde Wirkung der Opiate beruht auf der Erhöhung der Schmerzschwelle. Der Schmerzreiz muss viel größer sein, um überhaupt bemerkt zu werden.

Sucht

Süchtiges Verhalten gehört als Teil unseres Gefühlslebens zu unserer Persönlichkeit, z. B. als Sehnsucht, Eifersucht, Spielsucht und Habsucht. Letzlich kann jedes menschliche Interesse süchtig machen, wie Fernsehsucht und Arbeitssucht zeigen. Die Sucht nach psychoaktiven Substanzen ist allerdings besonders gefährlich und wird gesellschaftlich geächtet. Bei einer Drogensucht führen drei Stufen abwärts:

1. Toleranzentwicklung zeigt sich darin, dass immer höhere Dosen erforderlich sind, um dieselbe Wirkung zu erzielen. Die Zielzellen reagieren schwächer auf ein Pharmakon.

2. Körperliche Abhängigkeit offenbart sich in den Entzugserscheinungen. Wenn ein Psychopharmakon abgesetzt wird, treten oft die entgegengesetzten Erscheinungen auf, die der Stoff bewirken würde. Bei Morphinentzug sind dies dann Überempfindlichkeit gegenüber Schmerzreizen, Depression und Überregbarkeit.

3. Zwanghafte Drogensuche treibt Abhängige, die einen Entzug gemacht haben und völlig entwöhnt waren. Selbst eine geringe Menge führt bald zu erneuter völliger Abhängigkeit. Gedeutet wird die zwanghafte Drogensuche als psychische Abhängigkeit, aber auch als soziale Erscheinung: Die gewohnte Lebensweise und die alten Freunde werden beibehalten.

Im Gehirn auftretende Transmittersubstanzen
— Acetylcholin
— Adrenalin
— Noradrenalin
— Serotonin
— Glutaminsäure
— Dopamin
— GABA (γ-Amino-Buttersäure)

Körpereigene Morphine

Menschen werden nicht mit Morphin im ZNS geboren, sie besitzen aber Rezeptormoleküle für Morphin an bestimmten Synapsen. Die Vermutung liegt nahe, dass es körpereigene oder *endogene* morphinähnliche Substanzen *(Endorphine)* gibt. Gefunden wurden zwei Endorphine, das *Leucin-* und das *Methionin-Enkephalin*. Sie werden als Transmitter an Synapsen ausgeschüttet (s. Abb. 236.1), die den Schmerzfasersynapsen aufsitzen und diese hemmen. Die Enkephalin abgebenden Neurone werden von Neuronen aus dem Mittelhirn erregt. Auch die Erregungen der Schmerzbahnen werden also zentral gesteuert. Opiatrezeptoren finden sich auch in einigen Bereichen des Gehirns. Dort verändern Opiate die Wahrnehmung: Schmerzreize werden unterbewertet, Wohlbehagen wird empfunden. Die euphorisierende und bei unkontrollierter Anwendung süchtig machende Wirkung geht vermutlich von Strukturen direkt unter der Großhirnrinde aus, die sich ringförmig um den Hirnstamm legen, dem *limbischen System* (s. Abb. 1). Dieses ist wesentlich beteiligt an der gefühlsmäßigen Tönung unseres Denkens.

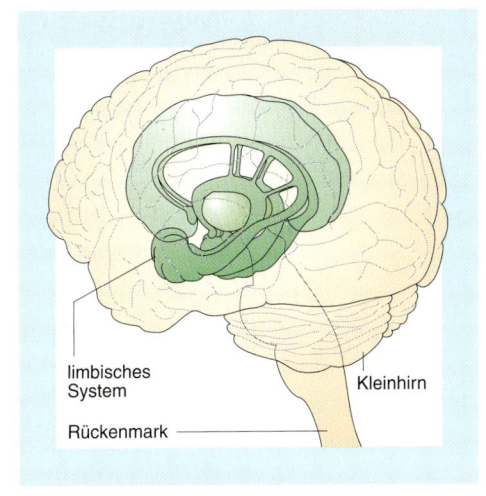

Aufputschmittel

Nicht umsonst führt das Original der braunen Erfrischungsgetränke *Coca* im Namen. Es enthielt ursprünglich Cocain als Aufputschmittel oder Stimulans, heute nur noch Coffein aus dem Samen des Colabaumes. Stimulantien steigern die psychische Aufmerksamkeit, Cocain und eine Gruppe von Pharmaka, die *Amphetamine* genannt werden, heben zusätzlich die Stimmung. Cocain und Amphetamine wirken auf bestimmte Synapsentypen, die besonders im limbischen System vorkommen. Amphetamine drängen z. B. den Transmitter Dopamin aus synaptischen Bläschen in den synaptischen Spalt, was zu postsynaptischer Erregung führt. Cocain verhindert die Wiederaufnahme des Dopamins in das synaptische Endknöpfchen. Die Dopaminkonzentration im synaptischen Spalt ist dadurch erhöht.

1 Limbisches System

Angst lösende Medikamente

Furcht und Schrecken können nützlich sein, um einer Gefahrensituation angemessen zu begegnen. Manche Menschen leiden unter Angst, ohne dass ein adäquater Grund vorliegt. Eine solche Erkrankung lässt sich psychotherapeutisch oder, in schweren Fällen, medikamentös behandeln. *Barbiturate* wirken ähnlich wie Alkohol beruhigend (sedierend) und werden auch als Schlafmittel eingesetzt. Wer müde ist, hat meist weniger Angst. *Librium* und *Valium* zum Beispiel wirken Angst lösend und in höheren Dosen einschläfernd. Allerdings besteht bei jedem der Stoffe Suchtgefahr. Hinzu kommt eine schwer abschätzbare Gefahr bei Kombinationen wie Valium und Alkohol. Erklären lässt sich die Wirkung der Barbiturate und der Librium/ Valiumsubstanzen durch deren Wirkorte limbisches System und Großhirnrinde sowie durch das Rezeptormolekül. Es wird normalerweise von dem Transmitter *GABA* besetzt, was an einer postsynaptischen Membran hemmend wirkt. Barbiturate und z. B. Valium steigern die Hemmung noch weiter.

Mobilisierung körpereigener psychoaktiver Stoffe

Manchmal gibt es einen Grund, traurig zu sein oder sich schlecht zu fühlen. Dies kann zunächst eine Herausforderung sein, die Situation zu ändern. Immer wieder werden wir aber auch lernen müssen, damit umzugehen. Die eigenen Gefühle und Stimmungen lassen sich dann ganz ohne die Einnahme von Substanzen oder technische Apparaturen verbessern, denn bestimmtes Verhalten setzt körpereigene psychoaktive Stoffe frei.

Manchmal genügt schon ein Lächeln. Genauso wie Gefühle am Gesichtsausdruck ablesbar sind, können sie umgekehrt dadurch herbeigeführt werden. Oft ist unschädliches *Ausagieren* oder bewusstes Durchleben einer Situation mit all ihren Gefühlen besser als dauerndes Zusammenreißen und unauffälliges Anpassen. Durch die Entwicklung eines erwünschten inneren Bildes, durch *aktives Imaginieren*, Tagträume oder Kopfkino kann die Stimmung verbessert werden. Mit Autosuggestion wird auch beim *autogenen Training* gearbeitet. Dies ist ein Verfahren zur Selbstentspannung, bei dem — am besten unter Anleitung — physisch-psychische Veränderungen herbeigeführt werden. Besonders wirksam ist auch *sportliche Belastung* bis zur Erschöpfung, z. B. Jogging. Es folgt ein schönes Gefühl: geschafft aber glücklich. Befriedigende *Sexualität* kann sogar zu rausch- und tranceähnlichen Zuständen führen.

Nerven, Sinne und Hormone

Vegetatives Nervensystem

Die Haut ist bleich, die Augen treten hervor, jemand ist wütend. Dabei wird der Herzschlag beschleunigt und der Darm verringert seine Aktivität. Das Zusammenwirken der inneren Organe bei solchen und anderen Reaktionen wird vom *vegetativen Nervensystem* gesteuert.

Das vegetative Nervensystem durchsetzt die Gewebe des Körpers als sehr feines Geflecht. Die Zellkörper der Neuronen, die Erregungen zum ZNS leiten *(Afferenzen)*, liegen in Spinalganglien. Die Zellkörper der Neurone, deren Fasern die Organe innervieren *(Efferenzen)*, sind von Bindegewebe eingehüllt. Sie werden *vegetative Ganglien* genannt und liegen außerhalb der Wirbelsäule. Das vegetative Nervensystem lässt sich vom Bau und von der Funktion her in drei Teile gliedern: *Sympathicus, Parasympathicus, Eingeweidenervensystem*. Das Eingeweidenervensystem ist ein rein peripheres Nervensystem. Sympathicus und Parasympathicus haben dagegen auch Anteil am ZNS. Neurone des Sympathicus sind Teil des Brust- und Lendenrückenmarks (Abb. 1). Ihre Axone gelangen zum sympathischen *Grenzstrang*, der einer Perlschnur ähnelt und beiderseits der Wirbelsäule sympathische Ganglien verbindet. Die Neurone des Parasympathicus bilden Kerne im Stammhirn und im Beckenmark. Der *Vagus* als parasympathischer Hauptnerv verbindet das Stammhirn mit dem Brust- und Baucheingeweide. Die Efferenzen sind also prinzipiell als zweigliedrige Kette von Neuronen hintereinander geschaltet. Die Zellkörper des ersten Neurons liegen im ZNS, die des zweiten in vegetativen Ganglien.

Sympathicus und Parasympathicus innervieren oft dieselben Organe, aber sie wirken dort als Gegenspieler *(Antagonisten)*. Andere Organe, z. B. Blutgefäße, Schweißdrüsen und Haarbalgmuskulatur, werden allein sympathisch innerviert. Zusammen mit dem Eingeweidenervensystem werden die Organfunktionen des Körpers an die jeweiligen Bedürfnisse angepasst und das innere Milieu reguliert. In spezieller Weise geschieht dies über das Nebennierenmark. Dieses kann als umgewandeltes Ganglion angesehen werden, welches aus Zellkörpern von Neuronen besteht, die Hormone abgeben. Vom Sympathicus gesteuert kann es bei Notfallsituationen, aber auch bei starker körperlicher Belastung aktiviert werden. Daraufhin wird der Stoffwechsel gesteigert.

Kampf- und Fluchtreaktionen werden vom Sympathicus gesteuert. Dabei werden alle Funktionen, die zu gesteigerter körperlicher Aktivität beitragen, gefördert, andere dagegen gehemmt. Der Parasympathicus ist verantwortlich für Entspannung und Verdauung. Der Herzschlag wird verlangsamt, die Pupille verengt, mehr Speichel abgesondert und die Darmbewegung gefördert (Abb. 1).

Aufgabe

① Geschickte Händler können an der Pupillengröße erkennen, welche Ware das „Herz höher schlagen lässt". Erläutern Sie.

1 Organisation des vegetativen Nervensystems

Lexikon

Nervensysteme

Die Anzahl der heute lebenden Arten wird auf mehrere Millionen geschätzt. Jede dieser Arten steht auf eigene Weise in Beziehung zu ihrer abiotischen und biotischen Umwelt, d. h. es gibt ein Vielfaches dieser Anzahl an Lebens- und Überlebensformen auf der Erde. Ein Nervensystem, d. h. miteinander verschaltete Neuronen oder gar ein Gehirn, ist dazu keineswegs notwendig. Weder Prokaryoten (Bakterien) noch Protoktisten (Algen, Protozoen, u. a.), weder Pilze noch Pflanzen haben eines. Selbst in der systematischen Gruppe der Tiere ist es bei den Schwämmen zweifelhaft, ob sie ein Nervensystem besitzen. Nervensysteme koordinieren bei vielzelligen Tieren die Organe und lassen den Organismus in seiner Umwelt überleben.

Nervennetze

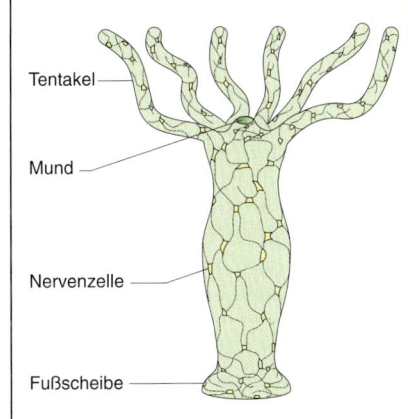

Das Nervensystem des Polypen *Hydra* hat die Form eines Netzes aus Neuronen mit vielen Fortsätzen, welches über den ganzen Körper gleichmäßig verteilt ist. Manchmal ist es aber, wie Untersuchungen zeigten, im Mundbereich etwas verdichtet. Verhaltensweisen wie Beutefang und Nahrungsaufnahme sind möglich.

Gehirne

Bei vielen Tierarten hängt Überleben von kompliziertem Verhalten ab, zum Beispiel beim Nahrungserwerb, bei der Feindvermeidung und beim Umgang mit Artgenossen und Sexualpartnern. Der Ausschnitt aus der Umgebung, der für Leben und Überleben dieser Organismen Bedeutung hat, ist sehr vielfältig. Bei diesen Tieren finden sich differenzierte Nervensysteme. Ist das Nervensystem im Kopfbereich konzentriert, sprechen wir von einem Gehirn.

Strickleiternervensysteme

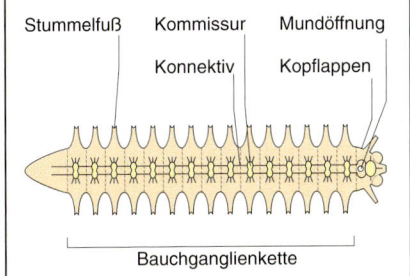

Ringelwürmer, wie Wattwurm und Regenwurm, haben viele, gleichartig gebaute Segmente. Die Abbildung zeigt das Nervensystem mit dem Oberschlundganglion und der Bauchganglienkette, die entsprechend der Segmente gegliedert ist. Wegen seiner Form ist dieses Nervensystem als *Strickleiternervensystem* bekannt. (Das periphere NS ist nicht eingezeichnet.) Es erlaubt flexible Verhaltensmuster und Ansätze zu Lernverhalten.

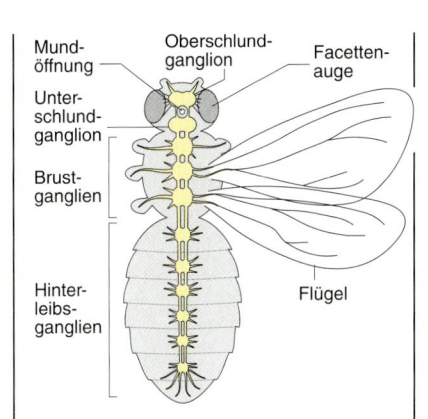

Insekten haben ebenfalls ein Strickleiternervensystem. Die Bauchganglienkette ist differenziert in einen Kopf-, Brust- und Hinterleibsbereich. Mit einem solchen Nervensystem sind unter anderem schon eine soziale Lebensweise mit direkter Kommunikation der Individuen und ein komplexes Instinktverhalten möglich.

Wirbeltiergehirne

Stellt man die Gehirne verschiedener Wirbeltiere im gleichen Maßstab dar, fällt auf, dass in der Reihe Fische-Amphibien-Reptilien-Vögel-Säuger die Gehirngröße im Allgemeinen zunimmt. Dazu trägt im Wesentlichen das Großhirn bei. Die Großhirnrinde ist vor allem bei Säugern zunehmend gefaltet. Dadurch steht eine vergrößerte Fläche für die in der Großhirnrinde liegenden Neuronzellkörper zur Verfügung. Mit einer erhöhten Anzahl von Neuronen ist intelligentes Verhalten möglich.

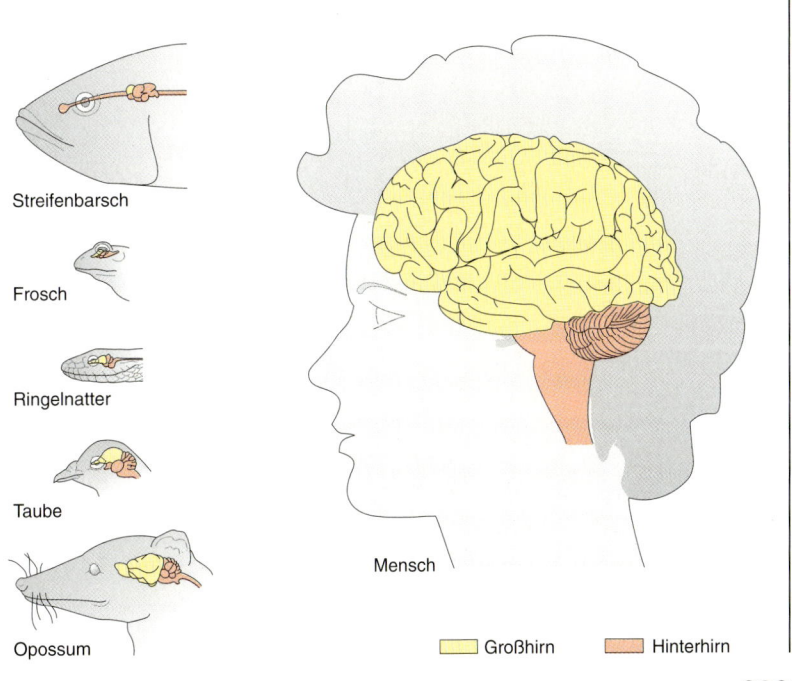

Nerven, Sinne und Hormone **239**

4 Hormone

Die Hierarchie der Botenstoffe

Hormone
Sie sind chemische Signalstoffe, die in spezifischen Zellen (häufig Drüsen) gebildet und in geringen Stoffmengen über das Blut zu den Wirkzellen transportiert werden.

to release: freisetzen

Kaulquappen werden zu Fröschen. Dabei entwickeln sich aus den an das Leben im Wasser angepassten Larven mit ihrem stromlinienförmigen Körper und ihrem langen Schwanz, der dünnen Haut und den Kiemen schwanzlose Landtiere, die über Lungen verfügen, eine schützende Haut besitzen und mithilfe ihrer kraftvollen Beinmuskeln weite Sprünge machen können. Bei diesem Gestaltwechsel sind alle Veränderungen bis aufs Feinste aufeinander abgestimmt, sodass man eine differenzierte Steuerung der Metamorphose vermuten muss.

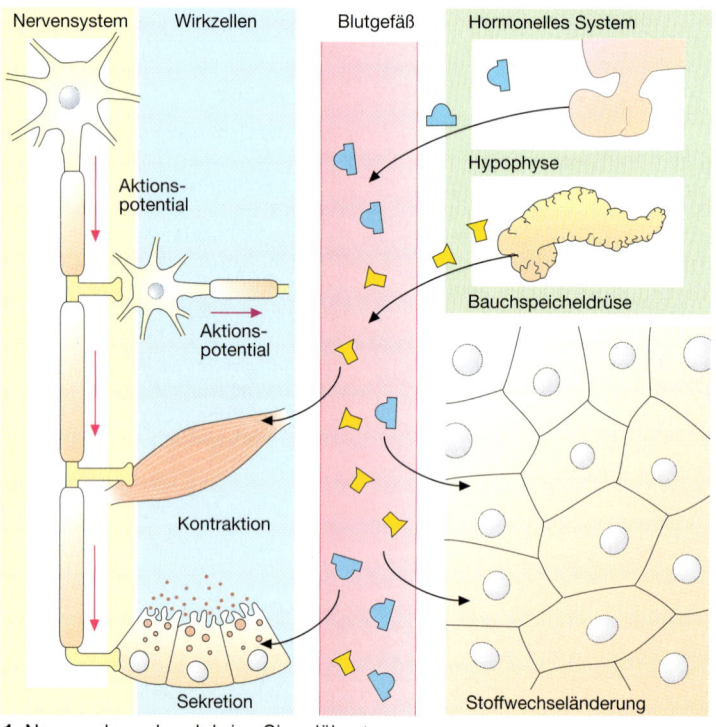

1912 verfütterte der Wissenschaftler GUDDERNATSCH Schilddrüsengewebe an Kaulquappen, die Metamorphose lief beschleunigt ab. Operierte man dagegen den Kaulquappen ihre Schilddrüse heraus, wuchsen sie zwar zu Riesenkaulquappen heran, aber die Metamorphose blieb aus. Aufgrund dieser Experimente untersuchten Wissenschaftler das Organ genauer und isolierten eine Substanz, das *Thyroxin*, von dem bereits die Zugabe von $1/100$ mg pro Liter Wasser genügt, um die Metamorphose bei den jungen Kaulquappen auszulösen. Weitere Versuche zeigten, dass Thyroxin nicht in allen Altersstufen wirksam ist. Erst wenn die Tiere eine Größe von 40 mm überschritten haben, kann eine Metamorphose durch Thyroxin künstlich induziert werden. Diese Beobachtung deckt sich mit Messungen, dass frühestens ab diesem Entwicklungsstadium die Größe der Schilddrüse und gleichzeitig ihre Thyroxinbildung zunimmt. Aus diesen Befunden schlossen die Forscher, dass der Schilddrüse eine zweite Steuerungsebene vorgeschaltet ist.

Amerikanische Wissenschaftler machten die Entdeckung, dass sich Kaulquappen, denen man eine kleine Drüse auf der Unterseite des Zwischenhirns, die *Hypophyse*, entfernte, ebenfalls nicht verwandelten. Man konnte nachweisen, dass von der Hypophyse eine Substanz in das Blut abgegeben wird, die die Bildung des Thyroxins stimuliert. Sie wird als *Thyroxin stimulierendes Hormon* (TSH) bezeichnet. Trotz dieser Erfolge war die eigentliche Auslösung der Steuerungsprozesse ungeklärt. Erst durch sehr diffizile Experimente ließ sich zeigen, dass auch das Zwischenhirn an der Steuerung der Metamorphose beteiligt ist. Spezialisierte Nervenzellen bilden geringste Mengen eines Tripeptides und geben es ins Blut ab *(Neurosekretion)*. Es gelangt über das Hypophysen-Pfortadersystem in den Hypophysenvorderlappen und fördert dort die Freisetzung von TSH. Es wird *Thyrotropin-Releasing-Faktor* (TRF) genannt. Erst ab der Größe von 4 mm reagiert der Hypothalamus empfindlich auf das Thyroxin, sodass dieses Hormon die Freisetzung von TRF stimuliert. In einem zunächst langsamen, später sich selbst verstärkenden Prozess kommt es am Ende der Metamorphose zu einem rapiden Anstieg der Thyroxinproduktion (Abb. 241. 2).

1 Neuronale und endokrine Signalübertragung

	Hypophyse	Schilddrüse	Hormonzusatz	Metamorphose
Versuch 1	vorhanden	vorhanden	keine	ja
Versuch 2	entfernt	vorhanden	keine	nein
Versuch 3	vorhanden	entfernt	keine	nein
Versuch 4	entfernt	entfernt	Thyroxin	ja
Versuch 5	entfernt	entfernt	TSH	nein
Versuch 6	entfernt	vorhanden	TSH	ja

2 Auslösung und Steuerung der Froschmetamorphose durch Hormone

Aus diesen und aus Experimenten zu anderen Hormonen kann man Gemeinsamkeiten aufstellen: Hormone werden in Zellen, Geweben oder Organen gebildet und in geringen Mengen über das Blut im Körper verteilt. Damit besitzt der Organismus neben dem Nervensystem ein zweites Informations- und Koordinationssystem, dessen Informationsfluss zwar langsamer, dafür aber auch länger anhaltend ist (Abb. 2). Es lässt sich erkennen, dass Hormone auf spezifische Zielzellen wirken. Im Falle des TRF und TSH sind diese jeweils in einem Organ lokalisiert, im Falle des Thyroxin liegen sie beim Menschen im gesamten Körper verteilt.

Auch bei Menschen wird Thyroxin in der seitlich an der Luft- und Speiseröhre vor dem Schildknorpel des Kehlkopfes liegenden *Schilddrüse* gebildet. Es bewirkt eine Steigerung des Grundumsatzes, besonders in den Leber- und Muskelzellen. Thyroxin löst in den Mitochondrien dieser Zellen eine erhöhte Enzymaktivität aus, wodurch der Energieumsatz steigt. An den Nervenzellen aktiviert es die Natrium-Kaliumionenpumpen. Übersteigt der Thyroxinspiegel im Blut einen bestimmten Wert, kommt es zu einer Verminderung der Schilddrüsenausschüttung. Thyroxin hemmt beim Menschen im Sinne einer negativen Rückkopplung die TRF- und TSH-Bildung. Auch äußere Faktoren beeinflussen dieses Regulationssystem. So führt beispielsweise das Sinken der Umgebungstemperatur zu einer Erhöhung der Thyroxinproduktion und damit des Grundumsatzes.

Bei krankhafter Überfunktion der Schilddrüse kommt es zu einer übermäßigen Beschleunigung des Stoffwechsels, wodurch die Körpertemperatur steigt. Trotz Appetitsteigerung und erhöhter Nahrungsaufnahme magern die Betroffenen ab. Die Herztätigkeit ist beschleunigt, Nervosität sowie Schlaflosigkeit treten auf. Da zur Synthese des Thyroxins Iodsalze notwendig sind, kommt es bei Iodmangel zu einer verminderten Thyroxinbildung in der Schilddrüse. Grundumsatz und Körpertemperatur liegen unter den Normalwerten, starke Müdigkeit tritt auf. Die Patienten leiden trotz geringer Nahrungsaufnahme an starkem Fettansatz.

Aufgabe

① Die hormonelle und nervöse Informationsübertragung werden oft mit der in Rundfunk und Telefon verglichen. Erläutern Sie.

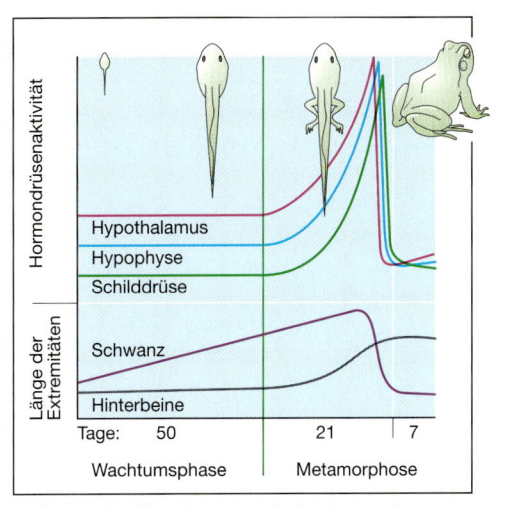

1 Endokrine Vorgänge bei der Metamorphose

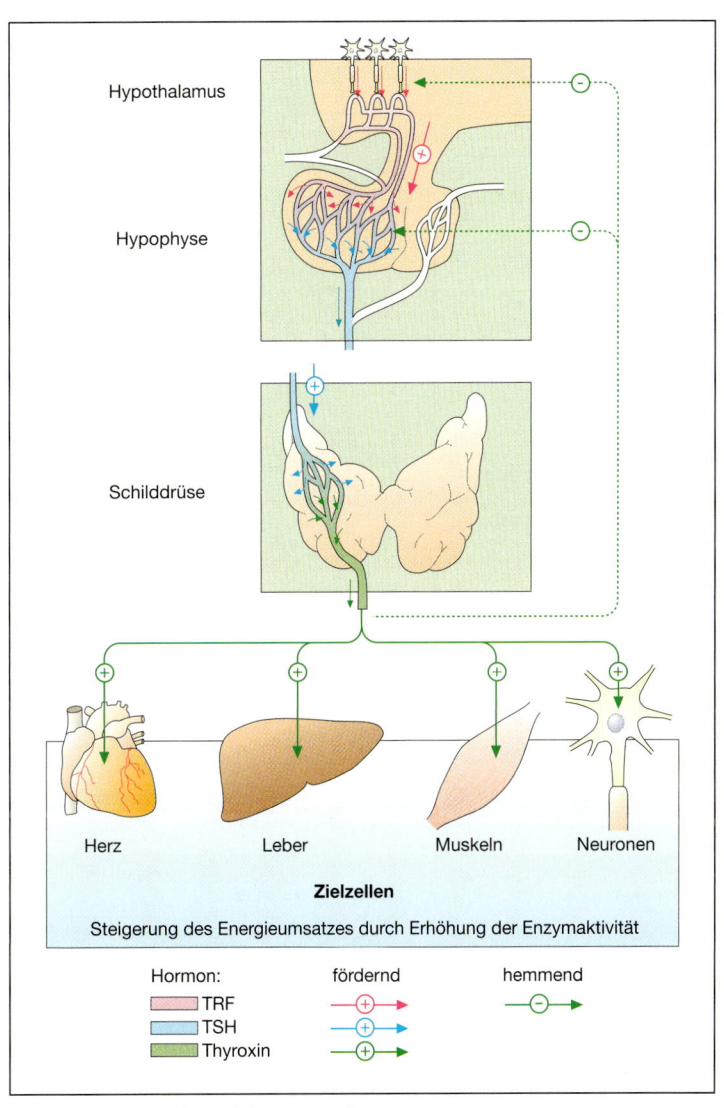

2 Regulation der Thyroxinkonzentration

Nerven, Sinne und Hormone

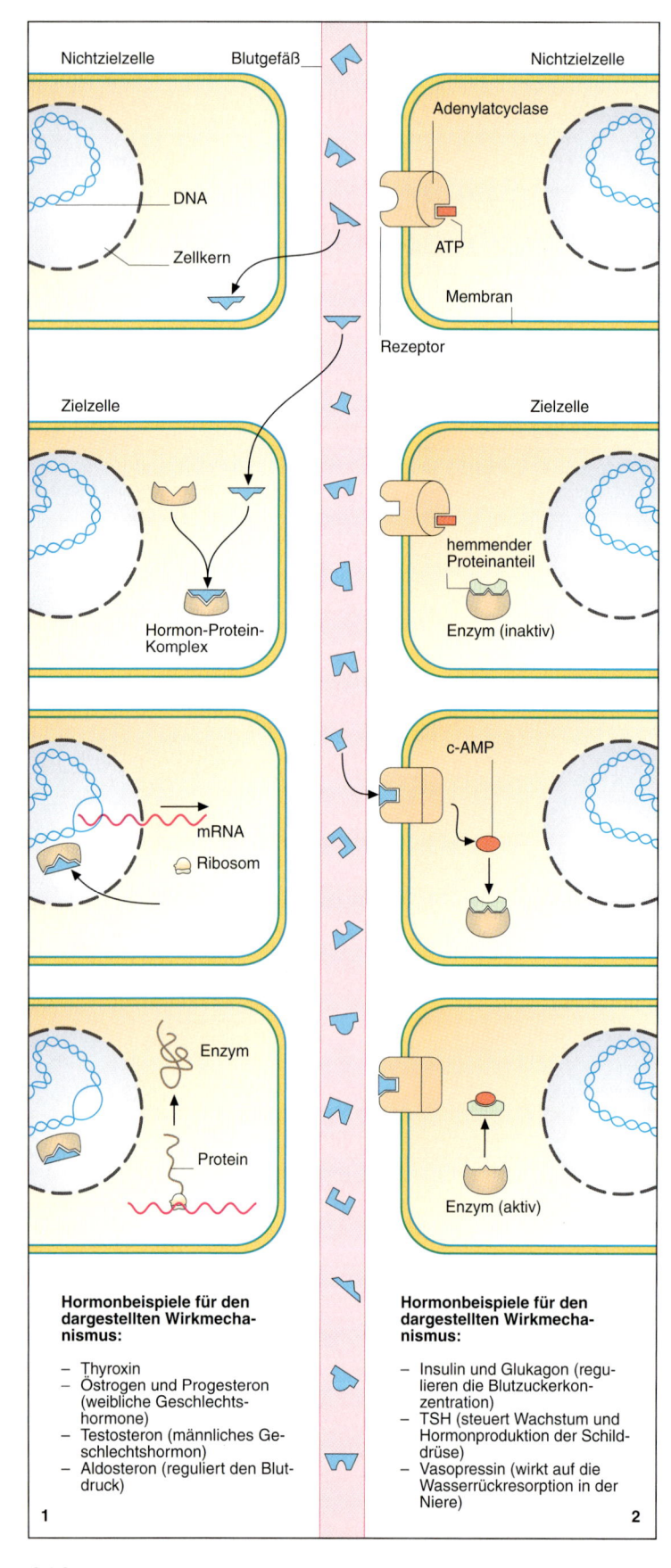

Zelluläre Wirkungsweise

Nach der Ausbildung der Beine reduziert sich der für die Kaulquappen typische Ruderschwanz, bis er völlig verschwunden ist. Der Ablauf dieses Vorgangs wurde verständlich, nachdem man in den Schwanzteilen von Membranen eingeschlossene Bläschen, die *Lysosomen*, untersuchte. Sie enthalten zwei Eiweiß verdauende Enzyme. Ihre Konzentration in den Schwanzzellen ist zum Zeitpunkt der Metamorphose um das 20- bis 30fache höher als in den übrigen Geweben. Die beiden Enzyme bewirken einen Eiweiß- und Strukturabbau und so das Einschmelzen des Ruderschwanzes. Ihre Steuerung erfolgt über das Thyroxin (s. Abb. 241. 2).

Fügt man Zellsuspensionen verschiedener Froschgewebe radioaktiv markiertes Thyroxin zu, lässt sich die Radioaktivität kurz darauf im Cytoplasma aller Zellen nachweisen. Erstaunlicherweise ist das Thyroxin in den Schwanzzellen fast ausschließlich an ein bestimmtes Eiweiß gebunden. Es bildet einen *Hormon-Proteinkomplex*. Analysiert man Parallelproben einige Zeit später, so häuft sich die Radioaktivität in den Zellkernen der Schwanzzellen an. Lediglich der Hormon-Proteinkomplex kann die Kernhülle passieren und aktiviert im Nukleus spezifische Gene. Die entsprechende m-RNA wird gebildet. An den Ribosomen im Cytoplasma werden die zugehörigen Enzyme synthetisiert, z. B. die Eiweiß verdauenden der Lysosomen (Abb. 1). Für Hormone mit diesem Wirkungsmechanismus ist typisch, dass es meist lipidlösliche Nichtproteine sind.

Für die zweite Gruppe der Hormone — in der Regel sind es lipidunlösliche Proteine — trifft ein anderer Wirkungsmechanismus zu. Diese Substanzen können keine Zellmembran passieren. Sie werden an spezifische Rezeptormoleküle auf den Membranen der Zielzellen gebunden. Der *Hormon-Rezeptorkomplex* aktiviert ein membrangebundenes Enzym, die *Adenylatcyclase*, auf der inneren Zellmembranseite. Dieses Enzym wandelt ATP in ein ringförmiges Nukleotid, das zyklische *AMP*, um. Dies ist ein intrazellulärer Botenstoff, der in der Zelle die Aktivierung bestimmter Enzyme bewirkt (Abb. 2).

Aufgabe

① Stellen Sie stichwortartig die unterschiedliche Wirkungsweise der beiden Hormontypen in den Zielzellen zusammen.

Metamorphose der Insekten

Die Entwicklung eines Seidenspinner- oder Fliegeneies zum ausgewachsenen Insekt ist die Folge komplexer Vorgänge. Die eigentliche Umwandlung *(Metamorphose)* von der Larve zur Imago entzieht sich in einer festen, dunkel gefärbten *(sklerotisierten)* Puppenhülle unserer Betrachtung.

Aufgaben

① An Seidenspinnerraupen wurden Transplantations- und Schnürexperimente durchgeführt. Beschreiben Sie die Experimente und ihre Ergebnisse in Abb. 1 und deuten Sie sie hinsichtlich einer möglichen Steuerung der Metamorphose.

② BUTENANDT und KARLSON gelang es im Jahre 1954 erstmals, eine Substanz zu isolieren, der sie den Namen *Ecdyson* gaben. Beschreiben Sie den Versuchsablauf in Abbildung 2 und erläutern Sie die in der Aufarbeitung deutlich werdende chemische Eigenschaft der Substanz.

③ Speicheldrüsenchromosomen von Fliegenlarven sind in Folge vieler Mitosen ohne Teilung besonders groß. Die Puffbildung ist im Mikroskop leicht beobachtbar. Im Versuch von Abb. 3a wurde radioaktiv markiertes Uracil zugegeben, das sich autoradiographisch als schwarze Punkte auf der Fotoplatte nachweisen lässt. Im nachfolgenden Experiment (Abb. 3b) wurde die Bildung und Wirkung eines für die Häutung wichtigen Enzyms gemessen. *N-Acetyldopamin* ist eine Substanz, die zur Sklerotisierung der Puppe führt. Beschreiben Sie die Experimente und erläutern Sie zusammenfassend die Induktion der Metamorphose.

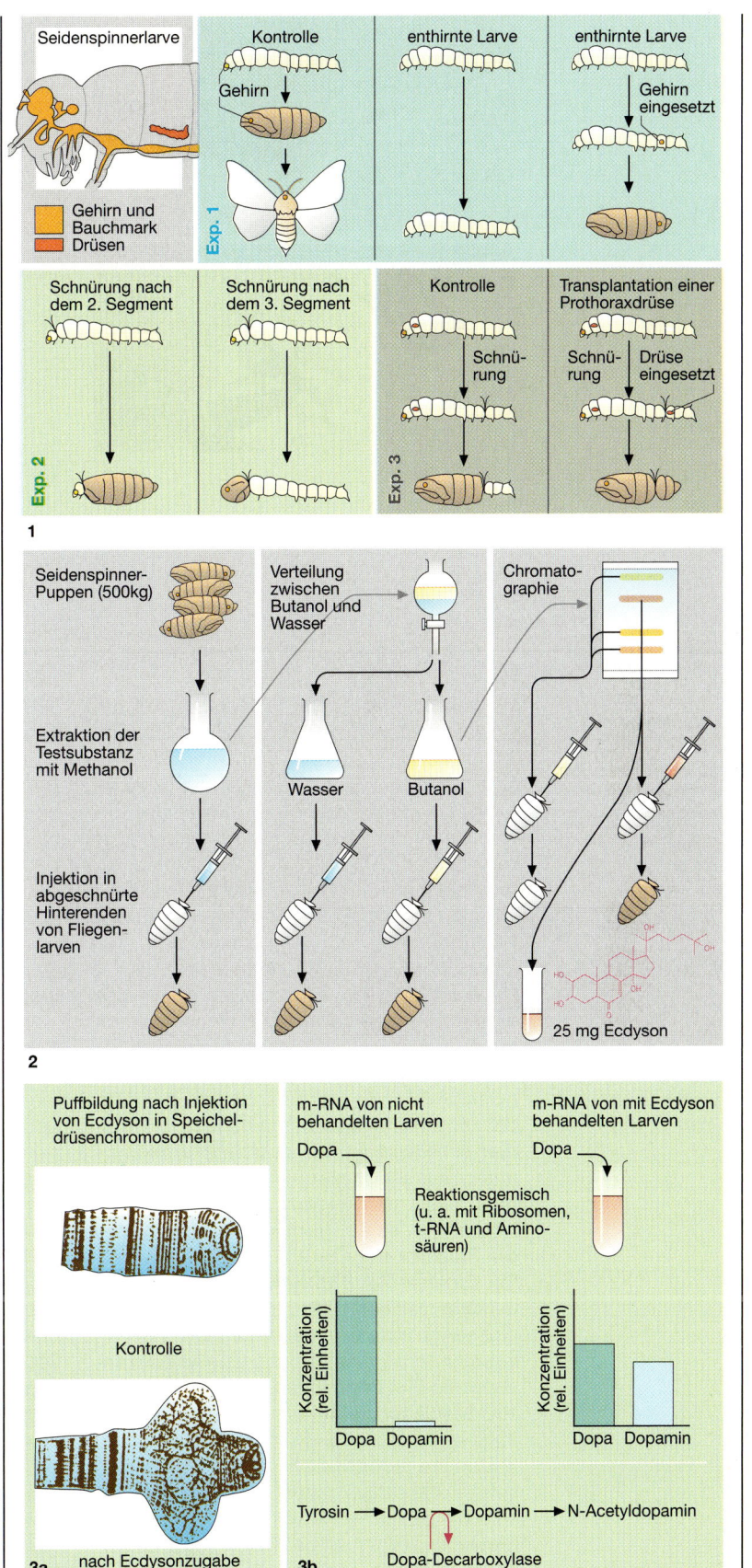

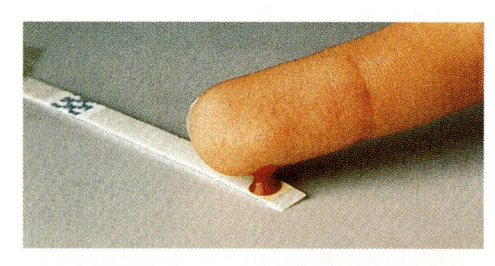

1 Blutzuckertest

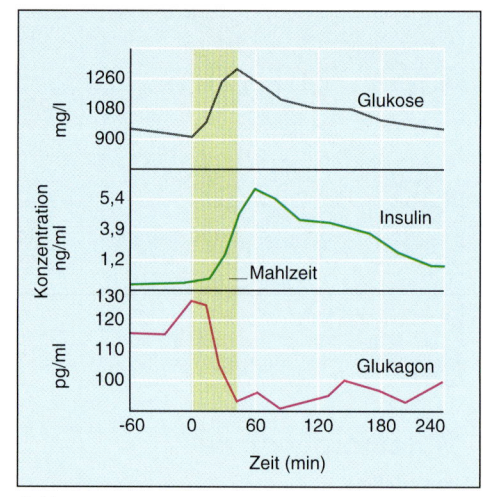

2 Konzentrationsverläufe nach einer Mahlzeit

Die Blutzuckerregulation

Blutzuckergehalt
90 mg/dl = 900 mg/l Blut.

Überschlagsrechnung:
in den ca. 7 Litern Blut eines Erwachsenen sind 7 × 900 mg = 6,3 g Glukose enthalten.
180 g Glukose ≙ 1 mol → 2836 kJ
6,3 g Glukose = 100 kJ

Energiebedarf beim Radfahren: 40 kJ/min. Der Energiegehalt des im Blut enthaltenen Zuckers reicht für ca. 2,5 min.

Nervenzellen decken ihren Energiebedarf fast ausschließlich durch Glukose. Eine Unterversorgung kann eine Verminderung der Konzentrationsfähigkeit, in extremen Fällen Bewusstlosigkeit zur Folge haben. Nervenzellen können selbst nur wenig Glukose speichern. Das Blut liefert ständig Glukose nach. Die Zuckermenge im Blut eines Erwachsenen beträgt ca. 6 g. Überschlagsrechnungen zeigen, dass diese Menge lediglich reicht, um 14 min ruhig zu sitzen oder 2,5 min Fahrrad zu fahren. Danach müsste erneut Nahrung aufgenommen werden.

Es muss also einen intensiven Kohlenhydratstoffwechsel geben. Der Mensch nimmt normalerweise nur zu bestimmten Zeiten am Tag Nahrung auf. Er benötigt jedoch kontinuierlich Energie. Der Energiebedarf ist von der körperlichen Belastung abhängig. Trotzdem schwankt die Glukosekonzentration eines gesunden Menschen nur minimal. Daraus muss man folgern: Im menschlichen Körper gibt es ein Regulationssystem, das die Blutzuckerkonzentration konstant hält. Ein sogenannter Blutzuckerbelastungstest, bei dem man einer gesunden Person 75 g in Wasser gelöste Glukose verabreicht und in bestimmten Abständen die Zuckerkonzentration im Blut misst, bestätigt dies. Der Blutzuckerspiegel steigt kurzfristig auf maximal 2000 mg pro Liter Blut, sinkt innerhalb von 2 Stunden jedoch wieder und pendelt sich auf die Ursprungskonzentration ein (Abb. 2). 75 000 mg Glukose hätten in ca. 7 Litern Blut Blutzuckerwerte von ca. 10 000 mg pro Liter erwarten lassen.

Mit der Nahrungsaufnahme und damit parallel zum Ansteigen der Blutzuckerkonzentration wird ein Hormon in die Blutbahn freigesetzt, das ein Absinken des Zuckergehaltes bewirkt (Abb. 2). Es handelt sich um *Insulin*. Da es in inselartigen Zellgruppen der Bauchspeicheldrüse gebildet wird, die sich deutlich vom übrigen Gewebe abheben, bekam es diesen Namen. Die Zellgruppen werden nach ihrem Entdecker als *Langerhans' sche Inseln* bezeichnet. Jede Erhöhung des Glukosespiegels über den Sollwert (ca. 90 mg/l Blut) wird in speziellen Zellen der Bauchspeicheldrüse, den β-Zellen, registriert. Diese setzen Insulin ins Blut frei.

Die Wirkungsweise des Insulins ist vielfältig. Es fördert die Glukoseaufnahme durch Zellmembranen, insbesondere in die Muskel- und Fettzellen. In den Leber- und Muskelzellen stimuliert es die Glykogensynthese und die Energiegewinnung durch den Glukoseabbau. Gleichzeitig hemmt es den Abbau von Glykogen. Die Synthese von Fetten und Eiweißen aus Glukose wird ebenfalls angeregt. Insulin senkt damit den Blutzuckerspiegel auf zweierlei Weise: Einerseits bewirkt es die Bildung von Glykogen und dessen Speicherung (Speicherhormon), andererseits fördert es den Verbrauch (Transport durch die Zellmembran und Steigerung des oxidativen Abbaus).

Körperliche Leistungen, selbst der Grundumsatz, werden vom Organismus überwiegend durch die frei werdende Energie beim Glukoseabbau erbracht. In den Zellen tritt

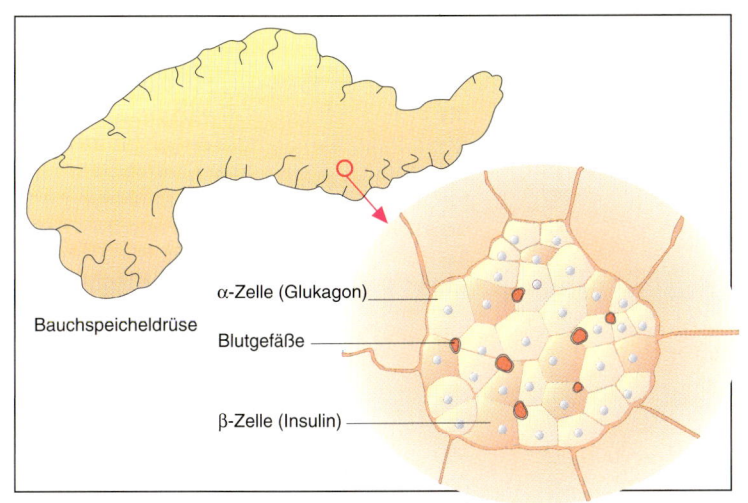

1 Langerhans'sche Inseln und Bauchspeicheldrüse

α-Zelle (Glukagon)
Blutgefäße
β-Zelle (Insulin)
Bauchspeicheldrüse

Diabetes mellitus

Thomas war ein guter Schüler, auch sportlich aktiv. Er spielte Tennis und Basketball. Nach einer Grippeinfektion traten gleichsam über Nacht unbekannte Symptome auf. Er hatte ständig einen ungeheuren Durst und musste oft zur Toilette. Innerhalb weniger Wochen nahm er 10 Kilogramm ab, obwohl er fast immer Hunger hatte und mehr aß als früher. Bereits morgens fühlte er sich schlapp. Am Sport konnte er nicht mehr teilnehmen. Thomas konsultierte einen Arzt, der nach einer ersten Untersuchung einen Blutzuckertest durchführte. Die Blutzuckerwerte lagen bei 3200 mg pro Liter Blut. *Diabetes mellitus* (Blutzuckerkrankheit) war die Diagnose. Bei Thomas waren die β-Zellen zerstört und nicht mehr in der Lage, Insulin zu produzieren. Die Ursachen für diese Krankheit sind nur zum Teil bekannt und uneinheitlich. So gibt es Belege, dass während bestimmter Virusinfektionen Proteinanteile dieser Krankheitserreger in die Membranen der β-Zellen integriert werden. Das Immunsystem erkennt diese Zellen nicht mehr als körpereigen an, sie werden zerstört. Eine genetische Veranlagung kann ebenfalls am Ausbruch dieser Krankheit beteiligt sein. Da dieser Diabetes-Typ zum größten Teil im Jugendalter auftritt, wird er als *Jugenddiabetes* (Diabetes Typ I) bezeichnet. Die Mediziner weisen auf mögliche Spätfolgen hin: Erblindung, Gefäßleiden und Herzinfarkte kommen häufiger als bei Gesunden vor. Auch Nierenversagen tritt auf, etwa 60% der Dialysepatienten sind Diabetiker.

Bei mehr als 90 % der Diabetiker tritt die Krankheit jedoch erst im fortgeschrittenen Alter auf. Dieser Typ wird *Altersdiabetes* (Diabetes Typ II) genannt. Für dieses Krankheitsbild ist typisch, dass die Personen meist übergewichtig sind. Neben Personen mit einer verminderten Insulinfreisetzung, ähnlich wie bei Thomas, haben viele Diabetiker des Typs II einen normalen oder sogar erhöhten Insulinspiegel.

Neben einer genetisch bedingten Veranlagung sehen Mediziner die Hauptursache für diesen Krankheitstyp im zivilisationsbedingten Essverhalten. Eine übermäßige, ballaststoffarme Nahrungsaufnahme führt zu ständig erhöhtem Blutzucker- und Insulinspiegel. Dadurch sind einerseits die Insulinrezeptoren fast immer besetzt, das Gewebe wird gegenüber diesem Hormon unempfindlich. Andererseits werden die β-Zellen durch den erhöhten Blutzuckerspiegel dauernd angeregt, Insulin zu produzieren. Dies kann eine Erschöpfung der β-Zellen zur Folge haben und langfristig dazu führen, dass ein Insulinmangel auftritt. Aus diesen Gründen ist für Altersdiabetiker die Reduktion des Gewichtes und ballaststoffreiche, zuckerarme Nahrung der Anfang jeder Therapie.

ein Glukosemangel auf, der über das Blut sofort ausgeglichen wird. Als Folge sinkt der Glukosespiegel im Blut. Die Insulinabgabe aus den β-Zellen wird reduziert und, da Insulin in kurzer Zeit im Körper abgebaut wird, sinkt die Insulinkonzentration. Dadurch verringert sich auch seine Hemmwirkung auf die Freisetzung eines zweiten Hormons, des *Glukagons,* das in den α-Zellen der Langerhans'schen Inseln gebildet wird. Glukagon fördert in der Leber den Glykogenabbau und damit die Glukoseneubildung. Auch Eiweiße und Fette werden für die Glukosesynthese abgebaut *(Mobilisierungshormon)*. Diese Prozesse führen zu einem Ansteigen der Glukosekonzentration im strömenden Blut. Oft werden Insulin und Glukagon als Gegenspieler bezeichnet, weil sie sich wechselseitig hemmen und entgegengesetzte Prozesse stimulieren. Im Glukosestoffwechsel aber ergänzen sie sich, da Glukagon für die Freisetzung von Glukose und Insulin für die Senkung des Blutzuckerspiegels sorgen.

In außergewöhnlichen, lebensbedrohlichen Situationen, wie z. B. Kampf, Flucht, aber auch Stress, greift ein drittes Hormon, das im Nebennierenmark gebildete *Adrenalin*, in das Stoffwechselgeschehen ein. Es fördert im Gegensatz zum Glukagon nicht nur in der Leber, sondern auch im Muskel den Glykogenabbau. So wird eine schnelle, massive Energiebereitstellung im Körper bewirkt.

Aufgabe

① Erstellen Sie ein Regelkreisschema, das die Regulation der Blutzuckerkonzentration darstellt.

Nerven, Sinne und Hormone

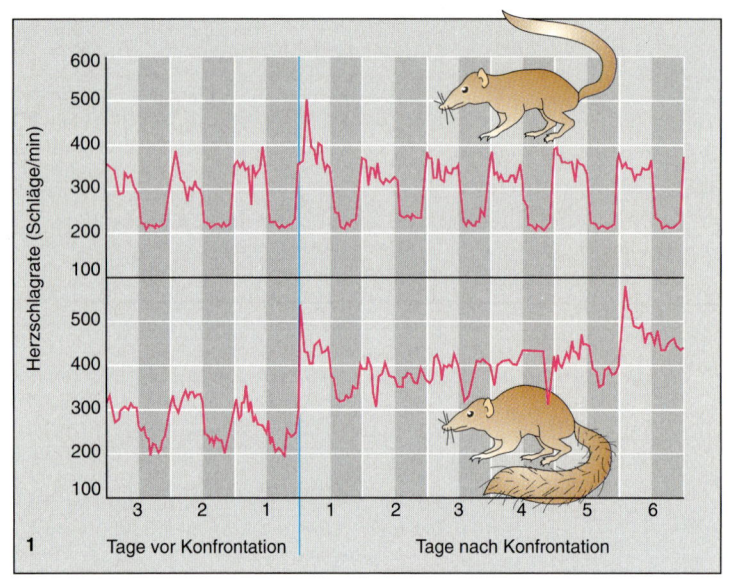

1 Herzschlagrate (Schläge/min) — Tage vor Konfrontation / Tage nach Konfrontation

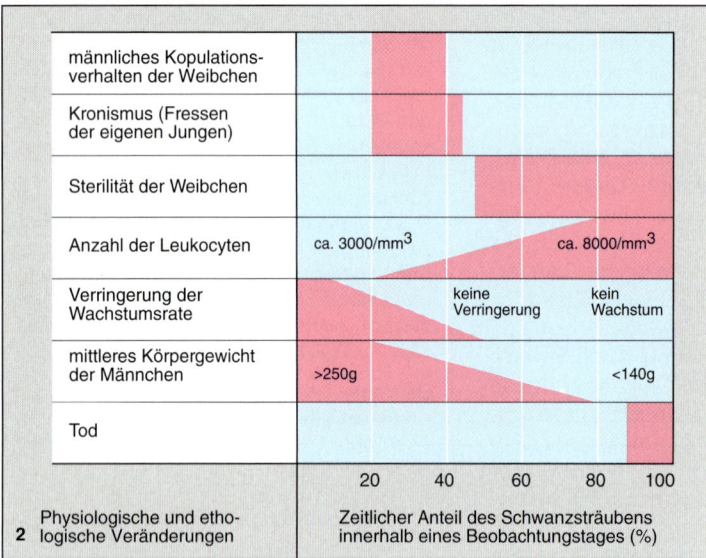

2 Physiologische und ethologische Veränderungen / Zeitlicher Anteil des Schwanzsträubens innerhalb eines Beobachtungstages (%)

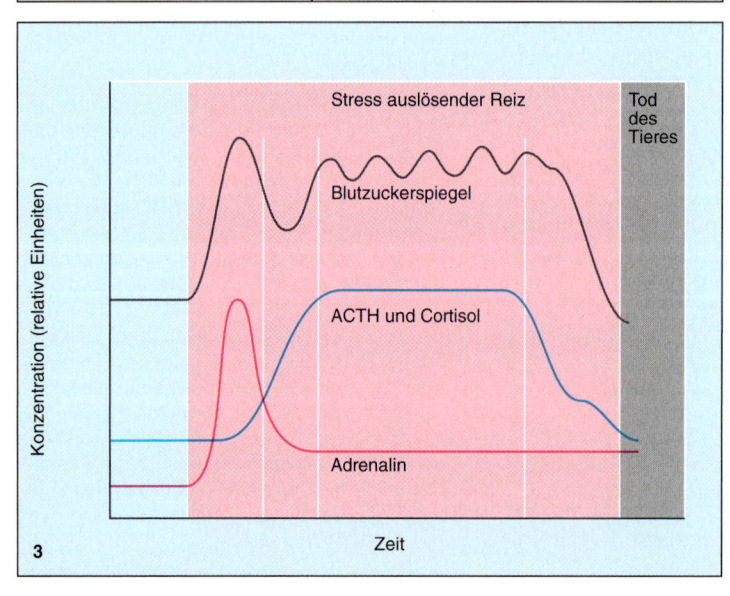

Physiologische und ethologische Veränderungen		
männliches Kopulationsverhalten der Weibchen		
Kronismus (Fressen der eigenen Jungen)		
Sterilität der Weibchen		
Anzahl der Leukocyten	ca. 3000/mm³	ca. 8000/mm³
Verringerung der Wachstumsrate		keine Verringerung / kein Wachstum
mittleres Körpergewicht der Männchen	>250g	<140g
Tod		

3 Konzentration (relative Einheiten) — Stress auslösender Reiz, Blutzuckerspiegel, ACTH und Cortisol, Adrenalin, Tod des Tieres, Zeit

Stress

Tupajas sind kleine, tagaktive Säugetiere, die in Südostasien weit verbreitet sind. Sie gehören zu den Spitzhörnchen. In freier Natur leben sie einzeln oder paarweise in Territorien, die sie gegen Eindringlinge heftig verteidigen. Männchen und Weibchen besitzen eine *Sternaldrüse*. Sind die Tiere geschlechtsreif, markieren die Männchen mit dieser Drüse das Revier, die Weibchen beduften ihre Jungen.

Normalerweise sind die Schwanzhaare dieser Hörnchen fast völlig angelegt. Nähern sich zwei geschlechtsreife Männchen, werden die Haare fast senkrecht abgespreizt, es kommt zum Kampf. Trennt man im Experiment die Tiere nach diesem Kampf durch eine Holzwand voneinander, dann erholt sich der Verlierer ebenso schnell wie der Sieger. DIETRICH VON HOLST und Mitarbeiter trennten zwei Kämpfer nur durch einen Maschendraht. Über implantierte Minisender zeichneten sie die Herzfrequenzen der beiden Tiere auf. Parallel bestimmten sie den prozentualen Zeitanteil, in dem die Schwanzhaare gesträubt waren. Beim Sieger sanken kurz nach dem Kampf beide Messgrößen auf ihre Normalwerte. Beim unterlegenen Tier führte der Anblick und vermutlich der Geruch des siegreichen Rivalen zu einer konstant erhöhten Herzfrequenz und zu fast ständig abgespreizten Haaren. Die Dauer der abgespreizten Haare erwies sich als ein äußerlich sichtbares Maß für die innere Erregung des Tieres (Abb. 1).

Das Spitzhörnchen reagiert nicht nur auf fremde Männchen im gleichen Käfig mit Schwanzsträuben, sondern auch auf eine erhöhte Populationsdichte, auf plötzlich einsetzende Geräusche oder den Anblick eines fremden Individuums, also immer dann, wenn etwas Unbekanntes, Bedrohliches auf das Tier zukommt. Umgangssprachlich sagt man, es befindet sich in einer *Stresssituation*. VON HOLST konnte in seinen Untersuchungen zeigen, dass derartige Situationen, wenn sie lange Zeit andauern, zu anormalem Verhalten führen (Abb. 2). Gelingt es nicht, den Stress auslösenden Faktoren auszuweichen, sind Gewichtsabnahme und Tod die Folge.

Injiziert man den Tupajas *Adrenalin*, sträuben sich die Schwanzhaare auch ohne äußeren Anlass. Durch diese und ähnliche Versuche konnten die physiologischen Vorgänge im Tier geklärt werden. Optische, akustische und olfaktorische Reize werden auf-

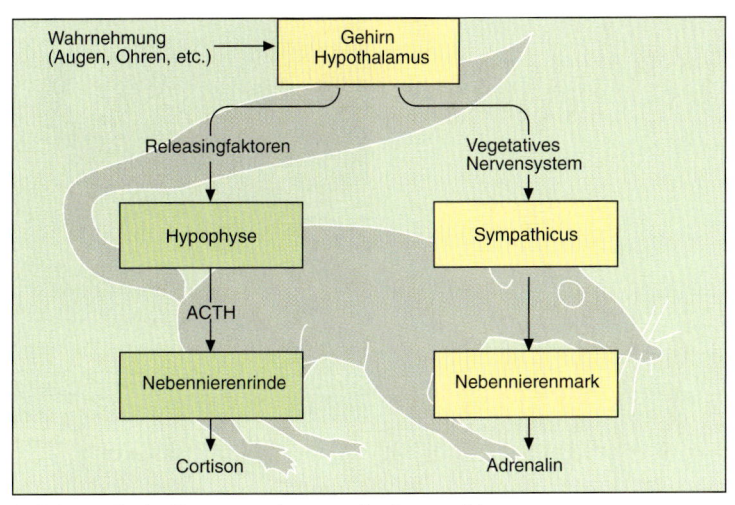

1 Schematische Zusammenfassung der Stresswirkungen

genommen und im Großhirn verarbeitet (Abb. 1). Von der Großhirnrinde gelangen nervöse Impulse zum *Hypothalamus*. Dieser sendet eine Impulserie in den sympathischen Teil des vegetativen Nervensystems. Im *Symphathicus* laufen daraufhin mehrere Impulse zum Herzen, zu den Blutgefäßen und zum Nebennierenmark. Die Herzschlagfrequenz steigt und der Blutdruck erhöht sich. Im Nebennierenmark wird verstärkt das Neurohormon *Adrenalin* freigesetzt. Adrenalin bewirkt eine Verengung der Blutgefäße, mit Ausnahme in den Skelettmuskeln, und eine Mobilisierung von Zucker durch den Abbau von Glykogen in der Leber und den Muskeln. Der Blutzuckerspiegel steigt (Abb. 246. 3). Nur wenige Momente nach der Aktivierung des Sympathicus gelangen Releasingfaktoren aus dem Hypothalamus in die Hypophyse und bewirken eine Freisetzung von ACTH. Sobald dieses über die Blutbahn zur Nebennierenrinde gelangt ist, werden hier drei Hormone abgegeben, von denen das Cortison das bekannteste ist. Sie schalten die Sexualfunktion und Verdauungsprozesse weitgehend ab. Rote Blutzellen werden aus der Milz vermehrt ausgeschwemmt und der Körper kann mehr Sauerstoff aufnehmen. Bei Verletzungen schließen sich die Wunden schneller als sonst üblich, weil auch mehr Blutgerinnungsfaktoren ins Blut abgegeben werden. Diese Prozesse haben den biologischen Sinn, in Sekundenschnelle alle Energiereserven zu mobilisieren, damit der Körper bei einem Angriff oder Flucht zu höchster Leistung befähigt ist.

Stressreaktionen sind lebenswichtige Vorgänge, die sich im Laufe der Evolution bei allen höheren Tieren herausgebildet haben. Auch beim Menschen waren diese Vorgänge wichtige Faktoren für ein Überleben in der Natur. Stress hat erst negative Folgen, wenn der Organismus nicht mit Flucht oder Angriff reagieren kann. Jeder Schüler hat schon eine Prüfungssituation erlebt, in der er am liebsten fortgelaufen wäre. Viele Menschen sind im modernen Großstadtleben durch zahlreiche Stressoren im Beruf, im Straßenverkehr und durch familiäre Probleme einem von viel zu kurzen Pausen unterbrochenen *Dauerstress* ausgesetzt. Der Sympathicus ist ständig erregt. Blutdruck und Herzfrequenz liegen häufig über dem Normalwert. Dies bedeutet eine Dauerbelastung für den Organismus. Hierin ist der Grund zu suchen, dass Krankheiten des Kreislaufsystems zur Haupttodesursache geworden sind. Obwohl Medikamente gegen Stress hergestellt und verkauft werden, sind sich alle Stressforscher einig, dass sie kaum geeignet sind, den Stress erfolgreich zu bekämpfen. Meditationen und autogenes Training führen demgegenüber zur Entspannung und damit zur Linderung der Symptome. Ein langfristiger Stressabbau ist jedoch ausschließlich durch entsprechende Verhaltensänderungen möglich.

Stress bei Steinzeitmenschen und Schülern

Der Steinzeitmensch lebte in Höhlen, nutzte bereits das Feuer und die Jagd war für ihn eine wichtige Nahrungsquelle. Vor großen Raubtieren musste er jedoch auf der Hut sein. Ein plötzliches Knacken, ein unbekannter Schatten ließen ihn reflexartig reagieren: Aufspringen und weglaufen oder angreifen.

Marion steht im Abitur. Heute schreibt sie ihre Biologiearbeit. Obwohl sie mehrere Tage gelernt hat, fühlt sie sich nicht umfassend vorbereitet. Unruhig läuft sie auf und ab. Endlich kommt der Schulleiter. Das Prüfungscouvert wird geöffnet, die Aufgabenstellung entnommen und verteilt. Die Spannung scheint ihr unerträglich. Marion liest: Mais – ein Sonnenspezialist. Sie ist entsetzt, die Thematik hat sie nur flüchtig wiederholt. Sie möchte laut aufschreien und weglaufen. Vergeblich versucht sie, sich auf das Material und die Fragen zu konzentrieren und an den Unterricht zu erinnern. Es gelingt ihr nicht. Ihre Gedanken fangen an zu kreisen: „Das kannst du nicht." Immer häufiger schaut sie auf die Uhr. Nach zwei Stunden gibt sie entnervt auf.

Aufgabe

① Erläutern Sie die physiologischen Vorgänge, die bei Marion in der Vorbereitungszeit und Prüfungssituation ablaufen. Entwickeln Sie ein Pfeildiagramm. Vergleichen Sie das Phänomen Stress beim Steinzeitmenschen und bei Marion.

Nerven, Sinne und Hormone

248

Verhaltensbiologie

1. Genetisch programmiertes Verhalten   250
2. Lernen   262
3. Sozialverhalten und Soziobiologie   274
4. Verhaltensbiologie des Menschen   286

Täglich machen wir Verhaltensbeobachtungen an Mitmenschen oder Tieren. Wir können sie in vielen Fällen nicht richtig einordnen, weil sich kaum Gesetzmäßigkeiten erkennen lassen. Die Ergebnisse der Verhaltensbiologie stoßen deshalb bei vielen Menschen auf großes Interesse, denn sie versprechen sich hiervon auch Aufschlüsse über das eigene Verhalten. Sind beispielsweise bestimmte Teile unseres Aggressionsverhaltens angeboren oder — besser ausgedrückt — genetisch programmiert? Für unser Selbstverständnis können sich aus der Antwort wichtige Konsequenzen ergeben.

Gegenstand des folgenden Kapitels sind Verhaltensweisen von Tieren und vom Menschen, soweit sie durch die Methoden der Biologie naturwissenschaftlich erfassbar sind. Dabei bezeichnet man als „Verhalten" alle beobachtbaren Bewegungsabläufe, Körperstellungen und Lautäußerungen eines Lebewesens, einschließlich der Ruhezustände, z. B. während des Schlafes.

1 Genetisch programmiertes Verhalten

1 Balzende Zebrafinken

Fragestellungen und Methoden der Verhaltensforschung

Bei einer naturwissenschaftlichen Disziplin hängen Umfang und Wert der Erkenntnisse stark von den eingesetzten Methoden ab. Deshalb soll zunächst an einem Beispiel aufgezeigt werden, wie in der vergleichenden Verhaltensforschung, der *Ethologie,* methodisch vorgegangen wird.

Ein männlicher Zebrafink, der mit Artgenossen aufgewachsen ist, wird eine Zeit lang allein in einem Käfig gehalten. Setzt man ein Zebrafinkenweibchen hinzu, fängt das Männchen in der Regel an zu balzen. Dies beginnt mit einem eintönigen Gesang, dann folgt ein Begrüßungsanflug, und schließlich kommt es nach hüpfenden Tanzbewegungen zur Kopulation. Beim Weibchen sind während der Balzhandlungen des Männchens zunächst tiefe Verbeugungen des Körpers zu beobachten, zum Schluss begleitet von schnellem Zittern des Schwanzgefieders.

Derartige Beobachtungen an einzelnen Individuen und die objektive Beschreibung von wieder erkennbaren und typisierbaren Verhaltenseinheiten bilden meist den Ausgangspunkt der methodischen Arbeit. Darauf folgt die genauere *Analyse*. Es wird ein *Ethogramm*, ein Verhaltensinventar, aufgestellt, wobei alle beobachteten Verhaltensweisen in der Reihenfolge und Häufigkeit ihres Auftretens protokolliert werden. Doch bereits bei dieser einfach klingenden Aufgabe können sich Schwierigkeiten ergeben. So lässt sich ein vollständiges Ethogramm, das alle Verhaltensweisen umfasst, kaum erstellen. Deshalb greift man bestimmte Abschnitte aus dem Gesamtverhalten heraus, z. B. Balz-, Brutpflege- oder Fressverhalten. Ein solcher Teilbereich wird *Funktionskreis* genannt. Dieser ist in seinen Elementen leichter zu überschauen und zu beschreiben.

In die Beschreibung können ungewollt Vermenschlichungen *(Anthropomorphismen)* oder Wertungen einfließen, die Ursache für Fehlinterpretationen sein können. Deshalb müssen die Begriffe der Fachsprache *(Terminologie)* eindeutig mit Inhalt gefüllt sein. Was heißt im obigen Beispiel „eintöniger Gesang" oder „Begrüßungsanflug"? Vor allem *technische Hilfsmittel*, wie beispielsweise Tonträger oder Filme, bieten die Möglichkeit für eine objektivere Beschreibung.

Schließlich muss man fragen, ob sich Tiere, die vom Menschen gehalten werden, genau so verhalten wie im Freiland. Dass man hier vorsichtig sein muss, zeigt das Beispiel von Bartmeisen. Bei dem Versuch, sie in Gefangenschaft zu züchten, zeigte sich, dass die Vögel ihre Jungen nach erfolgreichem Brutgeschäft regelmäßig aus dem Nest warfen. Wie ließ sich dieses unnatürliche Verhalten erklären? Die Ursache war, dass die fütternden Eltern ständig reichlich Nahrung im Käfig fanden. Die Jungen zeigten beim Füttern nicht mehr das übliche Sperrverhalten, sondern lagen satt und reglos im Nest. Solche scheinbar kranken oder toten Jungtiere entfernten die Elterntiere aus dem Nest. Als man den Altvögeln weniger Futter gab, gelang die Jungenaufzucht problemlos. Solche Beispiele zeigen, dass viele *Laborversuche* erst im Zusammenhang mit *Freilandbeobachtungen* sinnvoll zu deuten sind. Verhaltensweisen lassen sich nur im Zusammenhang mit der natürlichen Umwelt der Tiere zuverlässig beurteilen.

Aus dem Vergleich vieler Einzelbeobachtungen *(Synthese)* erhält man schließlich eine erste Kenntnis von gemeinsamen Verhaltensweisen der Individuen einer Art. So zeigen alle Zebrafinkenmännchen bei der Balz unabhängig voneinander das gleiche Verhaltensmuster. Daraus lässt sich im nächsten Schritt die *Hypothese* ableiten, dass dieses nicht erlernt, sondern genetisch festgelegt ist. Zur Überprüfung dieser Vermutung entwickelt man ein geeignetes *Experiment*, das unter reproduzierbaren Bedingungen durchgeführt werden kann.

ETHOGRAMM

Funktionskreis

Verhaltensmuster

Verhaltensweise

Verhaltenselement

Wie untersucht man beispielsweise, ob die Zebrafinkenbalz genetisch programmiert ist? Dazu brütet man Vogeleier im Brutkasten aus und zieht die geschlüpften Jungvögel isoliert auf. Sie können dann nicht von ihren Eltern oder den Artgenossen lernen. Solche Tiere, die in *Isolationsexperimenten* unter Erfahrungsentzug aufwachsen, nennt man *Kaspar-Hauser-Tiere*. Diese Bezeichnung stammt von einem Findelkind gleichen Namens, das 1828 als Jugendlicher von 16 Jahren in Nürnberg auftauchte und angeblich in seiner Kindheit keinen menschlichen Kontakt hatte.

Kaspar-Hauser-Tiere verhalten sich bei höher entwickelten Lebewesen, wie Vögeln und Säugetieren, häufig nicht normal. Ein Teil der Störungen lässt sich vermeiden, wenn sich der Erfahrungsentzug nur auf einen Funktionskreis oder ein Verhaltensmuster bezieht, wenn dem Vogel beispielsweise nur der Gesang seiner Artgenossen oder der Anblick von Zebrafinkenweibchen vorenthalten wird. Bei solchen Isolationsexperimenten hat sich herausgestellt, dass die Bewegungen und Körperhaltungen während des Balztanzes weitgehend genetisch festgelegt sind. Die Strophen des Balzgesanges dagegen sind wesentlich variabler und werden durch akustische Erfahrungen während der Jugendzeit beeinflusst.

Das normal aufgewachsene Zebrafinkenmännchen reagiert auf das hinzukommende Weibchen mit Balzverhalten. Welche Signale am Weibchen lösen dieses Verhalten aus? Das lässt sich durch *Attrappenversuche* untersuchen (Abb. 1). Balzt das Männchen einen ausgestopften Balg an, dann kommt es nicht auf Lautäußerungen oder Bewegungen des Weibchens an, sondern Merkmale wie Form oder Farbe wirken schon auslösend. Anschließend können einzelne Gestaltmerkmale immer weiter vereinfacht und in *Wahlversuchen* auf ihre Wirksamkeit hin überprüft werden. Daraus lässt sich dann ein *Modell* für die minimale auslösende Reizkombination entwickeln.

Vergleicht man das Balzverhalten mit dem von anderen, nahe verwandten Vogelarten (*Gruppenethogramm*) und findet dabei ähnliche Verhaltensmuster, so bezeichnet man diese als *homolog*. Verhaltensweisen werden bei diesem Vorgehen wie körperliche Merkmale verglichen. Auf diese Weise wurden an Entenvögeln und Tauben Verwandtschaftsbeziehungen aufgestellt. Sie stimmten erstaunlich genau mit den Ergebnissen der üblichen, auf morphologischen Ähnlichkeiten beruhenden Systematik überein. Daraus ergibt sich die Hypothese, dass Verhalten, zumindest in einzelnen Elementen, im Verlauf der Stammesentwicklung genetisch verankert wurde.

Aufgaben

① Entnehmen Sie aus dem Text alle Begriffe, die naturwissenschaftliches Arbeiten betreffen und stellen Sie die Methoden einander gegenüber.

② Ein Mitschüler wird gebeten, vor der Klasse eine Banane zu essen. Fertigen Sie ein Beobachtungsprotokoll an. Geben Sie anschließend die Schwierigkeiten an, die bei der Beschreibung des Verhaltens — auch bei dem essenden Schüler — aufgetreten sind, und nennen Sie Möglichkeiten der Abhilfe.

③ Zebrafinken kommen wild in Australien vor. Tragen Sie möglichst viele Informationen zu den natürlichen Brutgewohnheiten und Verhaltensweisen dieser Vögel zusammen und referieren Sie darüber.

1 Sonagramm und Balzhäufigkeit bei männlichen Zebrafinken auf Attrappen

1 Rosenköpfchen mit Nistmaterial im Bürzelgefieder

Nachweis genetisch fixierter Verhaltenselemente

Dass bestimmte Verhaltenselemente genetisch festgelegt sind, ist immer dann zu vermuten, wenn sie schon vom Zeitpunkt der Geburt an fehlerfrei beobachtbar sind, wenn Verhaltensweisen stereotyp und in immer gleicher Weise wiederkehrend ablaufen oder wenn alle Individuen einer Art vergleichbares Verhalten zeigen. Außer durch die Aufzucht unter Erfahrungsentzug (Kaspar-Hauser-Experimente) lässt sich in manchen Fällen auch durch *Kreuzungsexperimente* der direkte Nachweis führen, dass Verhaltenselemente genetisch bedingt sind.

Der *Fadenwurm* (Rhabditis inermis) ist ein Fäulnis- und Kotbewohner. Er ist nicht in der Lage, selbst einen neuen Dunghaufen aufzusuchen, sondern wird durch Käfer verbreitet. Seine Larven heften sich unter den Flügeldecken von Käfern fest und lassen sich so transportieren. Von diesem Wurm gibt es zwei Unterarten, die sich im Verhalten ihrer Larven unterscheiden. Die einen warten mehr oder weniger still auf den zufälligen Kontakt mit einem Käfer. Die anderen führen auf der Oberfläche des Dunghaufens pendelnde Bewegungen mit dem Vorderkörper aus, um die Wahrscheinlichkeit des Zusammentreffens mit einem Insekt zu erhöhen (s. Randspalte). Kreuzt man diese „winkenden" Fadenwürmer mit den „nichtwinkenden", so ergeben sich in der F_1-Generation ausschließlich „winkende" Nachkommen. Das entspricht der 1. mendelschen Regel, der *Uniformitätsregel*. Kreuzt man diese Bastarde untereinander, so treten in der F_2-Generation „winkende" und „nichtwinkende" Nachkommen im Verhältnis 3 : 1 auf, was mit MENDELS 2. Regel, der *Spaltungsregel*, übereinstimmt. Damit ist wahrscheinlich, dass das Verhalten auf der Wirkung eines Gens beruht und der Erbgang dominant-rezessiv ist.

Einige Arten afrikanischer Kleinpapageien, beispielsweise die zu den *„Unzertrennlichen"* gehörenden *Rosenköpfchen*, tragen ihr halmförmiges Nistmaterial in die Bruthöhle ein, indem sie es zwischen das Bürzelgefieder stecken (Abb. 1). Hier wird es von den Häkchen der Federn festgehalten. Andere Arten transportieren das Material mit dem Schnabel zur Bruthöhle. *Artbastarde* zwischen beiden Formen stecken das Nistmaterial ins Gefieder, halten es aber dann mit dem Schnabel fest und ziehen es deshalb sofort wieder heraus. Manchmal schieben sie das Material auch ins Brustgefieder oder an andere Körperstellen, häufig aber nicht tief genug, sodass der Transport misslingt. Zusammengehörende Verhaltenselemente fallen also in Einzelkomponenten auseinander und ergeben kein sinnvolles Ganzes mehr. Dieses Verhalten wird offenbar durch mehrere Gene kontrolliert. Da die Artbastarde unfruchtbar sind, lassen sich für die einzelnen Verhaltensmuster keine weiteren Aussagen über die Art und Weise der Vererbung machen.

Der *Seehase* (Aplysia), eine zwittrige, gehäuselose Meeresschnecke, kommt in algenreichen Küstenregionen vor. Man unterscheidet mehrere Arten, die alle in wärmeren Meeren leben. Geschlechtsreife Tiere können bis zu 40 cm lang und 5 kg schwer werden. Ihr Zentralnervensystem ist relativ einfach aufgebaut und besitzt nur wenige Ganglien. Die Neuronen sind sehr groß und lassen sich somit leicht — zum Teil aufgrund farblicher Unterschiede — individuell unterscheiden. Beim Fortpflanzungsverhalten von Aplysia ist eine feste Abfolge stereotyper Verhaltensmuster zu beobachten. Gut untersucht ist das Eiablageverhalten.

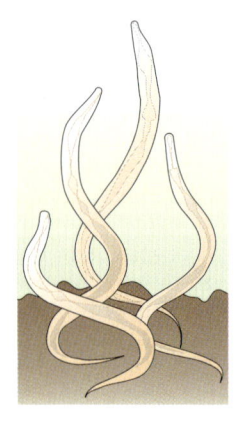

Nach der Befruchtung legt der Seehase seine Eier in langen Laichschnüren ab, die bis zu einer Million Eier enthalten. Sobald sich die Muskeln des Genitalganges zusammenziehen und die Laichschnur an der Geschlechtsöffnung austritt, hört das Tier auf zu kriechen und zu fressen. Herzschlag und Atemfrequenz erhöhen sich. Die Schnecke erfasst den Anfang der Laichschnur mit dem Mund, zieht mit charakteristischen schwenkenden Kopfbewegungen daran und unterstützt so das Ausstoßen. Dabei wird der Laich aufgeknäuelt und mit einem klebrigen Sekret überzogen, das aus einer kleinen Schleimdrüse des Mundes stammt. Schließlich heftet das Tier die verklebte Laichmasse mit einer kräftigen Kopfbewegung an eine feste Unterlage an.

Auf der Suche nach den Steuermechanismen für das Eiablageverhalten machte man eine erstaunliche Entdeckung: Diese gesamte, streng koordinierte Folge von Verhaltensmustern lässt sich auslösen, wenn man einer Schnecke den Extrakt aus Beutelzellen des Eingeweideganglions injiziert. Selbst unbegattete Tiere, also solche mit unbefruchteten Eiern, zeigen das entsprechende Verhalten.

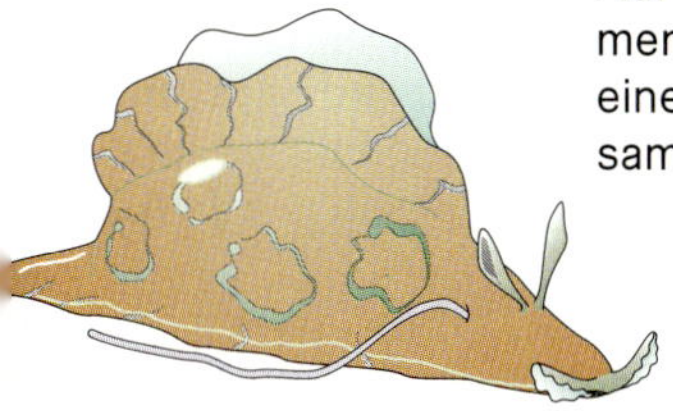

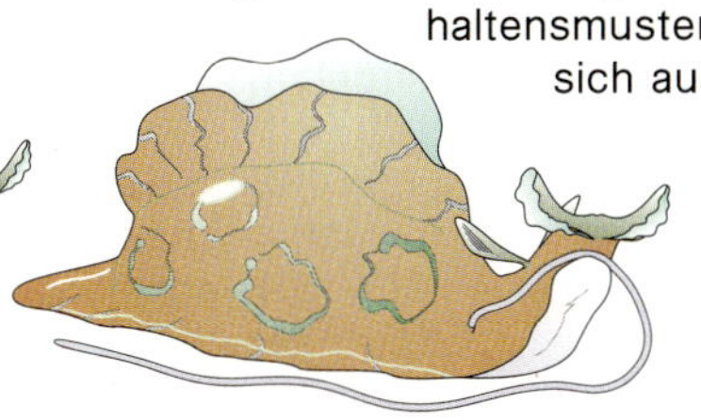

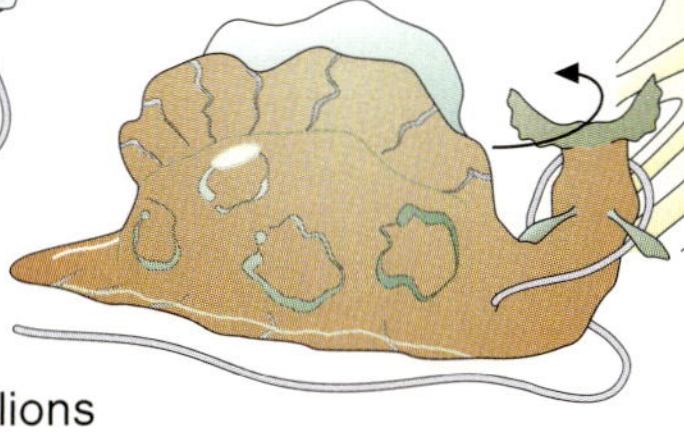

Aus dem Extrakt lässt sich ein Stoff isolieren, der an der Steuerung der Eiablage beteiligt ist. Er ist ein Peptid, das aus 36 Aminosäuren besteht und als *Eilegehormon* (ELH) bezeichnet wird. Es wirkt einerseits wie ein Hormon, indem es in die Blutbahn geht. Auf diesem Weg werden Atmung und Herzschlag erhöht sowie die Muskeln zum Austreiben der Laichschnur aktiviert. Andererseits wirkt es als Neurotransmitter und erregt ein bestimmtes Neuron des Eingeweideganglions. Das Eiablageverhalten von Aplysia hat also eine stoffliche Ursache, nämlich das ELH, und dieses Peptid wird seinerseits durch eine entsprechende DNA-Sequenz codiert. Durch gentechnische Untersuchungen konnte das zugehörige Gen mittlerweile identifiziert werden. Es ist auch für die Bildung weiterer Peptide des Beutelzellextraktes verantwortlich, die Verhaltenselemente aus dem Paarungsverhalten stimulieren. An diesem Beispiel lässt sich der Weg von einem bestimmten Verhaltenselement bis zum zugehörigen Gen zurückverfolgen.

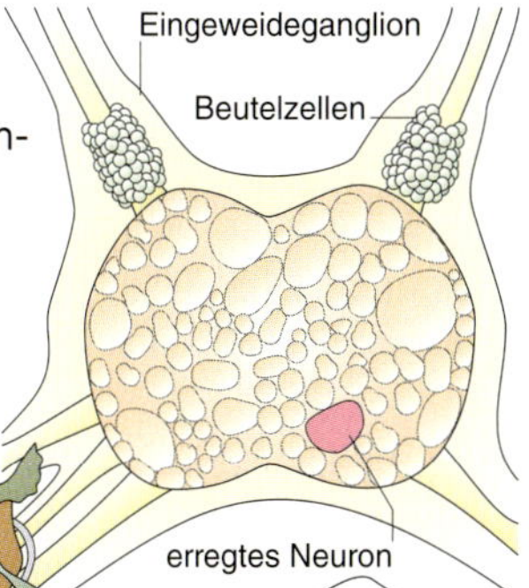

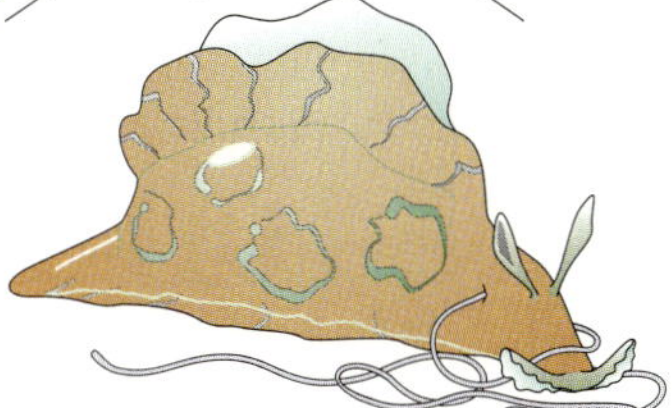

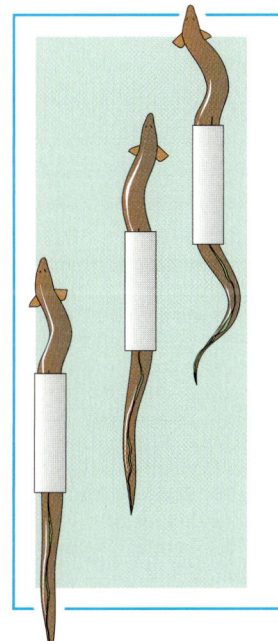

Verhalten — immer Reaktion oder auch spontan?

Wie kommen komplizierte Abläufe, beispielsweise die geordneten Beinbewegungen eines Tausendfüßers oder die Schlängelbewegungen eines Aals, zustande? Ein Erklärungsmodell greift auf den *Reflex* zurück. Rezeptoren kontrollieren die Muskelspannung eines Körperabschnitts; ihre Erregung stellt den Reiz für das folgende Segment dar. Durch diese *Reflexkette*, also die Hintereinanderschaltung mehrerer Reflexe, kommt es zum koordinierten Bewegungsablauf. Eine andere Vorstellung geht davon aus, dass das zeitliche Erregungsmuster für eine solche Bewegung im Nervensystem als Einheit *vorprogrammiert* ist.

Für die Schlängelbewegung des Aals konnte ERICH VON HOLST experimentell entscheiden, welche Erklärung zutrifft. Er hatte am Rückenmark eines Aals sämtliche afferenten Nervenbahnen durchtrennt, der Fisch führte dennoch geordnete Bewegungen aus. Selbst wenn man das mittlere Drittel eines solchen Aals in einem Rohr festlegt, so setzt sich eine Bewegungswelle des vorderen Körperdrittels im hinteren Abschnitt fort, und zwar genau nach der Zeit, die auch ohne Fixierung der Körpermitte benötigt worden wäre. Das zeigt, dass es eine Zentralkoordination gibt, die spontan, d. h. ohne afferente Erregungsleitung, ein Schlängelverhalten bewirkt. Viele rhythmische Bewegungsabläufe bei Tieren beruhen auf solchen *Zentralkoordinationen*. Auch die beim Gehen synchron ablaufenden Armbewegungen des Menschen dürften zentral koordiniert sein.

Während beim Reflex die Reaktion nur auf einen Reiz hin erfolgt, ergibt sich bei der Zentralkoordination die spontane Aktivität des Organismus allein aus dem genetischen Programm für bestimmte Neuronen.

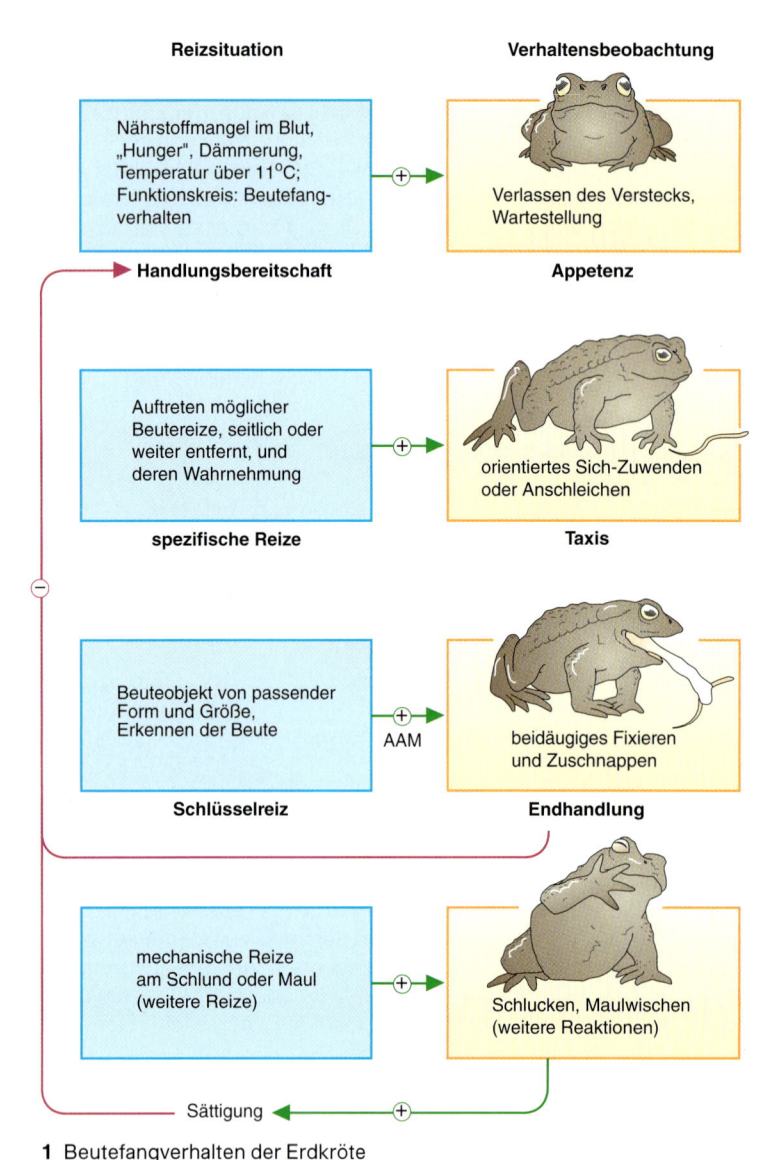

Das Beutefangverhalten der Erdkröte

Eine Erdkröte verlässt in der Dämmerung ihr Versteck, durchstreift ihren Jagdbezirk und begibt sich in Wartestellung. Sowie sich in der Umgebung eine mögliche Beute bewegt, wendet sich die Erdkröte dem Objekt zu oder schleicht es an. Dann wird es mit beiden Augen fixiert, bevor die klebrige Zunge blitzartig vorschnellt. Das Beutetier wird ergriffen, in den Mund gezogen und verschluckt. Anschließend kommt es häufig zu Wischbewegungen, so als würde die Schnauze gesäubert.

In diesem Ablauf lassen sich drei Abschnitte feststellen:
— Das scheinbar richtungslose Umherlaufen und Warten, das wie Suchen nach Beute aussieht (*Appetenzverhalten*).
— Das Annähern an die Beute bzw. die mit dem ganzen Körper ausgeführten Wendereaktionen (*Taxis*).
— Das Fixieren und Zuschnappen als stereotypes Verhaltenselement, das stets in der gleichen Weise auftritt (*Endhandlung*).

Die Endhandlung läuft, wenn sie einmal ausgelöst ist, unausweichlich und in stets der gleichen, starren Bewegungsfolge ab. Falls die Beute entflieht, nachdem die Erdkröte sie fixiert und das Zuschnappen eingesetzt hat, so setzt sich der Vorgang des Zungenschlages unverändert fort. Er ist genetisch programmiert und nicht mehr beeinflussbar. Eine solche Handlung heißt auch *Erbkoordination* oder *Bewegungskoordination*.

1 Beutefangverhalten der Erdkröte

Reizsituation		Verhaltensbeobachtung
Nährstoffmangel im Blut, „Hunger", Dämmerung, Temperatur über 11°C; Funktionskreis: Beutefangverhalten	+	Verlassen des Verstecks, Wartestellung
Handlungsbereitschaft		**Appetenz**
Auftreten möglicher Beutereize, seitlich oder weiter entfernt, und deren Wahrnehmung	+	orientiertes Sich-Zuwenden oder Anschleichen
spezifische Reize		**Taxis**
Beuteobjekt von passender Form und Größe, Erkennen der Beute	+ (AAM)	beidäugiges Fixieren und Zuschnappen
Schlüsselreiz		**Endhandlung**
mechanische Reize am Schlund oder Maul (weitere Reize)	+	Schlucken, Maulwischen (weitere Reaktionen)
Sättigung	+	

Steckbrief der Erdkröte

Aus den befruchteten Eiern der Erdkröte schlüpfen ab Ende März, nach einer Entwicklungszeit von etwa zwei Wochen, die Kaulquappen. Bis Juni ernähren sie sich vorwiegend von Algen und Wasserpflanzen, bevor sie nach der Metamorphose das Laichgewässer als Jungkröten verlassen. Von jetzt an ernähren sie sich ausschließlich räuberisch, vorwiegend von Würmern, Nacktschnecken, Insekten und dergleichen. Nach etwa vier Jahren sind die Tiere geschlechtsreif. Erdkröten sind dämmerungsaktiv.

Im Leben einer erwachsenen Erdkröte sind im Verlauf eines Jahres drei deutlich voneinander getrennte Phasen zu erkennen, die an entsprechende Lebensräume gebunden sind: Die Paarungszeit (März bis April) an einem Laichgewässer, die Jagdzeit (Mai bis Oktober) in Wald, Feld oder Gartenlandschaft und die winterliche *Starrezeit* (November bis Februar) im lockeren Waldboden. Dazwischen finden *Wanderungen* statt. Diese Aktivitäten sind zeitlich programmiert und auch bei Kröten zu beobachten, die unter konstanten Bedingungen im Labor gehalten werden.

Das Krötenjahr beginnt nach der winterlichen Kältestarre mit der Paarungszeit, wenn die Abendtemperatur auf 8—10°C angestiegen ist. Ohne Nahrungsaufnahme wandern die Tiere zu dem Laichgewässer, in dem sie selbst geschlüpft sind. Die Männchen umklammern zur Paarung nicht nur Weibchen, sondern manchmal auch arteigene Männchen, die sich dann durch Abwehrbewegungen und Rufe zu erkennen geben. Die Weibchen legen etwa 7000 Eier in bis zu zehn Meter langen Laichschnüren ab, die von den Männchen besamt werden. Danach kehren die Tiere in ihr Sommerquartier zurück. Erst jetzt setzen bei einer Abendtemperatur von 11—12°C die Jagdstreifzüge ein und die Tiere zeigen das oben geschilderte Beutefangverhalten.

Appetenzverhalten ist dagegen sehr variabel und stark durch Außenreize und Erfahrungen beeinflusst. Es besteht manchmal nur in erhöhter Bewegungsaktivität des Tieres. Appetenz, die möglicherweise auftretende Orientierungsbewegung *(Taxis)* und die erbkoordinierte Endhandlung werden gemeinsam als *Instinkthandlung* bezeichnet.

Das Reizmuster, das die Endhandlung auslöst, heißt *Schlüsselreiz* oder, falls es von einem Artgenossen ausgeht, *Auslöser*. Man stellt sich vor, dass es eine zugehörige nervöse Funktionseinheit gibt, die den Schlüsselreiz erkennt und das Verhalten in Gang setzt. Sie wird als *angeborener Auslösemechanismus* (AAM) bezeichnet. Wo dieser lokalisiert ist und wie er funktioniert, ist ungeklärt.

Will man untersuchen, wie wirksam ein Reiz für die Beutefangbewegung der Erdkröte ist, kann man beispielsweise *Attrappenversuche* durchführen. Dazu wird die Erdkröte in einen Glaszylinder gesetzt. Außen werden in einem festen Abstand nacheinander verschiedene Attrappen mit konstanter Geschwindigkeit bewegt (Abb. 1). Als Maß für die Wirksamkeit auf das Beutefangverhalten dient die Anzahl der ruckartigen Wendebewegungen pro Zeiteinheit. Einige Ergebnisse sind in der Abbildung dargestellt. An ihnen ist abzulesen, dass bei gleichem Reiz bisweilen Unterschiede in der Reaktionsintensität der Tiere zu beobachten sind. Zum Beispiel löst der Anblick von Nahrung bei Sättigung oder in einem anderen Funktionskreis, z. B. zur Paarungszeit, keine Reaktion aus. Die Wirksamkeit eines Beutereizes kann sogar von der Temperatur und der Tageszeit abhängig sein. Bei einer Instinkthandlung ist der *Schwellenwert* – die Mindestgröße des Reizes, der eine Reaktion hervorruft – nicht immer gleich. Hier liegt ein deutlicher Unterschied zum typischen Reflex vor, der seinerseits nach dem *Alles-oder-Nichts-Gesetz* abläuft, sobald der Reiz den Schwellenwert überschritten hat.

Das Auftreten einer Instinkthandlung ist also nicht allein von der Stärke des Schlüsselreizes abhängig; auch innere Faktoren, die insgesamt unter dem Begriff der *Handlungsbereitschaft* zusammengefasst werden, bestimmen die Auslösbarkeit. Dieses Phänomen, dass sowohl äußere Reize als auch endogene Faktoren zusammenwirken müssen, wird als *Prinzip der doppelten Quantifizierung* bezeichnet und ist ein wesentliches Kennzeichen von Instinkthandlungen.

Aufgaben

① Stellen Sie Unterschiede zwischen Reflex und Instinkthandlung heraus.
② In Attrappenversuchen wurde die Beutefangaktivität der Erdkröte untersucht. Als Maß diente die Anzahl der Wendereaktionen pro Zeiteinheit.
   a) Erläutern Sie den Versuchsaufbau in Abbildung 1 oben.
   b) Beschreiben Sie die drei Versuche a, b und c und geben Sie jedem Versuch eine Überschrift.
   c) Deuten Sie die Ergebnisse der Versuchsreihe.
   d) Welche Merkmale muss demnach ein Objekt besitzen, um als Krötenbeute zu gelten?

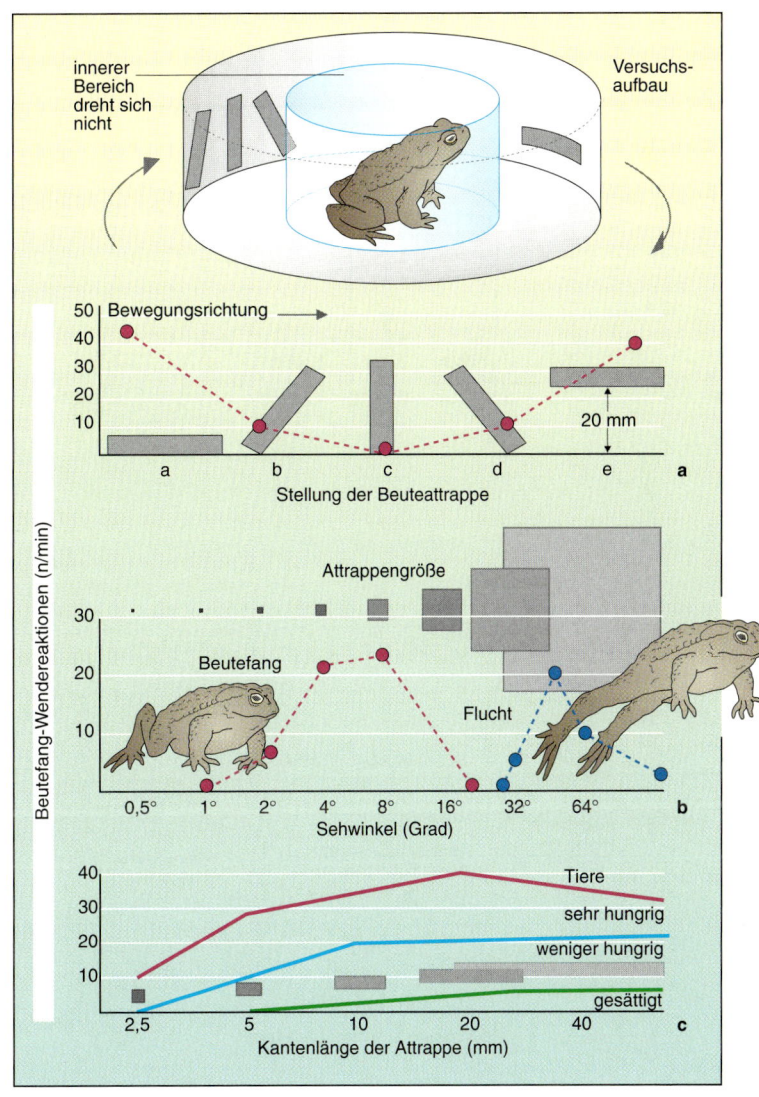

1 Attrappenversuche

Erklärungsmodelle

Bei der Untersuchung ihres Beutefangverhaltens setzt man die Erdkröte bestimmten, genau bekannten *Reizen* aus und beschreibt die jeweilige *Reaktion*. Das Tier wird wie eine „Blackbox" behandelt. Zu den Abläufen im Organismus lassen sich zunächst nur Modellvorstellungen entwickeln, die mit fortschreitender Erkenntnis bestätigt, verworfen oder abgeändert werden müssen. Solche Modelle dienen in erster Linie dem Verständnis und der Veranschaulichung eines komplizierten Sachverhaltes. Sie sollen es aber auch ermöglichen, neue Ergebnisse einzuordnen oder Vorhersagen zu machen.

Ein historisches Modell zur Erklärung einer Instinkthandlung ist das *psychohydraulische Modell* von KONRAD LORENZ. Dieses Modell eines wassergefüllten Tanks stellt das Zusammenwirken von Handlungsbereitschaft (Höhe der Wassersäule), Auslösemechanismus (Ventil) und Reaktion (Wasserausfluss) besonders anschaulich dar (Abb. 1a). Wegen der Einfachheit des Modells stößt man auch leicht an die Grenzen seiner Aussagefähigkeit. LORENZ selbst hat es ständig verbessert, um es neuen experimentellen Befunden anzupassen (Abb. 1b). Dazu gehört beispielsweise die Erkenntnis, dass ein äußerer Faktor, wie die Temperatur, aufladend auf die Handlungsbereitschaft wirken kann.

Beim *kybernetischen Modell* wird versucht, die vermutlich an einer Instinkthandlung beteiligten Instanzen in ihrer hemmenden bzw. fördernden Wirkung zu verknüpfen (Abb. 2). Quantitative Gesetzmäßigkeiten sind daraus aber in der Regel nicht ableitbar. Diese Modelldarstellung berücksichtigt in besonderer Weise, dass es sich beim Verhalten um mehrfach *rückgekoppelte Systeme* handelt. Die beobachtbare Schwellenwertänderung bei einer Instinkthandlung wird durch das Schema der *Handlungsbereitschaft* erklärt. Abb. 3 zeigt die Vielzahl messbarer äußerer und innerer Faktoren, die sie beeinflussen.

Aufgaben

① Beschreiben Sie das Schema der Handlungsbereitschaft (Abb. 3) und geben Sie am Beispiel der Erdkröte konkret an, was mit den verschiedenen Faktoren gemeint ist.

② Wenden Sie die hydraulischen Modelle (Abb. 1 a und b) und das kybernetische Modell (Abb. 2) auf das Beutefangverhalten der Erdkröte an.

Lexikon

Instinktverhalten

Handlungskette:
Häufig erfüllt nur die Abfolge mehrerer Verhaltensweisen einen biologischen Sinn. Solche, in einer Kette nacheinander ablaufende Einzelhandlungen, sogenannnte *Handlungsketten*, treten oft im sozialen Bereich auf. Die Instinkthandlung eines Partners ist jeweils der Auslöser für die nächste Handlung des anderen. Die Reihenfolge ist, wie das Beispiel der Balz von Stichlingen zeigt, weitgehend festgelegt. Es können aber auch Schritte übersprungen werden oder es werden Abschnitte mehrfach wiederholt.

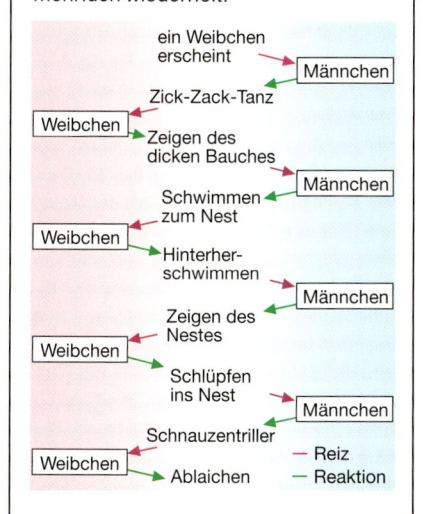

Konfliktverhalten:
Für einen Stichling kann ein anderes Männchen sowohl Auslöser für die Flucht als auch für den Angriff sein. Beide Verhaltensweisen können nicht gleichzeitig ablaufen; es kommt zum *Konflikt*.

Wechseln Flucht und Angriff schnell nacheinander ab, so spricht man von *ambivalentem Verhalten*.
Manchmal kommt es auch zu einem für den Beobachter überraschenden Verhalten: Der Stichling stellt sich senkrecht und gräbt mit dem Maul im Sand, wie es beim Ausheben einer Nestgrube zu beobachten ist. Im Konflikt weicht das Tier also in einen dritten, unerwarteten Funktionskreis aus. Dies bezeichnet man als *Übersprungbewegung*. Sie ist auch bei anderen Tierarten zu finden: Beispielsweise das Futterpicken bei kämpfenden Haushähnen, das Gefiederputzen beim balzenden Stockerpel, die Schlafstellung beim Kampf zweier Austernfischer.

Reizsummation:
Bei bodenbrütenden Vögeln (z. B. Austernfischer, Silbermöwe, Graugans) kommt es vor, dass ein Ei aus dem Nest rollt. Es wird dann mithilfe des Schnabels ins Gelege zurückgeholt. Diese *Eirollbewegung* lässt sich auch durch Attrappen auslösen. Bietet man einer Silbermöwe, die selbst bräunliche, gefleckte Eier legt, verschiedene Eiattrappen, so wird im Wahlversuch ein großes Ei einem gleich aussehenden, kleineren vorgezogen. Ein grünliches Ei wirkt stärker als ein braunes, ein geflecktes stärker als ein ungeflecktes. Die verschiedenen Merkmale der Größe, Farbe und Fleckung lassen sich im Experiment — in gewissen Grenzen — gegenseitig ersetzen: Ein geflecktes, kleines Ei hat die gleiche Reizqualität wie ein ungeflecktes, aber größeres. Am besten wirkt ein Ei, das alle positiv bewerteten Merkmale zugleich besitzt. Dieses Phänomen, dass sich Reize in ihrer Wirkung gegenseitig ersetzen oder fördern können, bezeichnet man als *wechselseitige Reizverstärkung* oder kurz als *Reizsummation*, auch wenn sich der Gesamtreizwert in der Regel nicht als Summe der Einzelwerte berechnen lässt.

Schwellenwertänderung:
Wurde eine Endhandlung lange nicht ausgeführt, so erhöht sich die Handlungsbereitschaft. Diese *Schwellenwertsenkung* führt dazu, dass sich das Verhalten schon durch einen schwachen Reiz oder ein „Ersatzobjekt" auslösen lässt. Solche *Handlungen am Ersatzobjekt* sind gut bei Haus- und Zootieren zu beobachten — das Beutefangverhalten eines Balles bei der Hauskatze, beim Hund das Beuteschütteln eines Pantoffels. Im Extremfall kann die Schwelle so weit abgesenkt sein, dass das Verhalten als *Leerlaufhandlung* gezeigt wird, z. B. die Nestbaubewegungen von Webervögeln, die im Käfig ohne Ersatzobjekt ablaufen können. Es lässt sich allerdings nicht immer ausschließen, dass in der Umgebung des Tieres Reize aufgetreten sind, die als Ersatzobjekt hätten dienen können.

Der Schwellenwert kann aber auch erhöht werden. Löst man bei einem Truthahn das „Kollern", den typischen Balzlaut, mehrfach durch das Vorspielen einiger Töne aus, so stellt er sein Verhalten bald ein. Man spricht bei dieser Veränderung der Handlungsbereitschaft von *Ermüdung* oder *Adaptation*. Auf den Reiz wird nicht mehr reagiert. Spielt man eine geänderte Tonfolge vor, so setzt das Kollern mit voller Heftigkeit wieder ein. Mit physiologischer „Müdigkeit" hat dieses Verhalten also nichts zu tun.

Übernormale Attrappe:
Von einer *übernormalen Attrappe* spricht man, wenn sie ein Verhalten stärker oder häufiger auslöst als der natürliche Reiz. So wirkt bei der Eirollbewegung des *Austernfischers* ein übernatürlich großes Ei besser als das eigene kleine. Männliche Leuchtkäfer (Glühwürmchen) ziehen Attrappen mit gelbem Licht und größerer Leuchtfläche dem Leuchtorgan ihrer Weibchen vor. Der Kaisermantel, ein Tagfalter, bevorzugt beim Balzflug Attrappen, die eine höhere als die normale Flügelschlagfrequenz besitzen.

Verhaltensbiologie

a) Reizstärke zunehmend: aufmerken — aufstehen, gackern — umhergehen, sich entleeren — kehrtmachen, niederhocken — abfliegen, schimpfen

b) sofort volle Reizstärke: Schrei, Abflug

Nervensystem und Verhalten

Um die Bedeutung des Nervensystems für das Verhalten zu untersuchen, kann man gezielt winzige Elektroden in das Gehirn von Versuchstieren einführen. Die in der betroffenen Region auftretenden Aktionspotentiale werden gemessen. Umgekehrt lassen sich im Gehirn auf elektrischem Weg Erregungen auslösen, die mit dem gezeigten Verhalten in Beziehung gebracht werden.

ERICH VON HOLST hat an Hühnern mit der Methode der Hirnreizung gearbeitet. Dabei hat er Felder nachgewiesen, in denen sich — bei allen Hühnern reproduzierbar — das gleiche Verhalten auslösen lässt. Auf diese Weise konnte er in Ansätzen einen Verhaltensatlas des Gehirns erstellen und er entdeckte eine Hierarchie von Zentren niedriger und höherer Ordnung. Aus einigen Feldern ist nur ein einziges Verhalten abrufbar, z. B. Gackern, in anderen lassen sich, unabhängig von der Reizstärke, ganze Handlungsketten auslösen. Reizt man diese Felder allerdings plötzlich mit der vollen Reizstärke, so unterbleiben viele Verhaltenselemente, und nur die letzte Handlung wird ausgeführt, wie beispielsweise bei der Flucht vor einem Bodenfeind.

Weitere Ergebnisse sind:
— Ein und dasselbe Verhalten, z. B. Gackern oder Umhergehen, ist von räumlich verschiedenen Reizpunkten auslösbar.
— Die Stromstärke, die nötig ist, um ein Verhalten auszulösen, kann von Mal zu Mal verschieden sein.
— Wird ein Feld kontinuierlich oder mehrfach nacheinander gereizt, so unterbleibt das Verhalten schließlich.

Die letzten beiden Phänomene sind mit der Änderung der Handlungsbereitschaft bei einer Instinkthandlung vergleichbar.

Auch das Verhalten der Erdkröte ist sowohl mit Hirnreizungen als auch Erregungsableitungen untersucht worden. Im Mittelhirndach lassen sich Felder für Wendebewegung und Zuschnappen lokalisieren. Im Zwischenhirn liegen dagegen die Reizpunkte für Flucht und Abwehrreaktionen. Der Anblick einer Beute- bzw. Feindattrappe hat bei der Kröte entsprechend in diesen Feldern zu einer messbaren Veränderung der Aktionspotentiale geführt. Durch weitergehende Analyse der Neuronen, die vom Auge zu diesen Hirnteilen führen, kann man ein hypothetisches Schaltschema entwickeln, das es erlaubt, die unterschiedliche Reaktion auf das Beute- bzw. Feindschema zu verstehen.

Aufgabe

① Reizt man bei einem Huhn gleichzeitig zwei Felder, die entgegengesetzte Verhaltensweisen aktivieren, so erzeugt man künstlich eine Konfliktsituation. Beschreiben Sie die in Abb. 1 dargestellten Ergebnisse. Welcher Fall entspricht dem ambivalenten Verhalten, welcher der Übersprungbewegung (s. Lexikon Seite 257)?

Beispiele für Reizfelder	Verhalten bei Einzelreizung (Schema)	Verhalten bei gleichzeitiger Reizung	
Picken Kopfwenden	a) b)		(Überlagern) a+b
Sichern Fressen	a) b)		(Pendeln) a b a b ...
Rechtswenden Linkswenden	a) b)		(Aufheben) 0
Hackstimmung Fluchtstimmung	a) b)		(Verwandeln) c: Schreien
Starre Fressen	a) b)		(Verhindern) a

1 Verhalten eines Huhnes bei Erregung verschiedener Reizfelder

Hormone und Verhalten

Beim Weißkehlammerfink, der in Alaska brütet und in Kalifornien überwintert, wurde die Konzentration der Geschlechtshormone im Blut in Bezug zum Fortpflanzungsverhalten untersucht (Abb. 1). Dieses und viele andere Beispiele belegen, dass langfristige Verhaltenstendenzen, wie z. B. Wandertrieb oder Brutpflege bei Vögeln, durch Hormone beeinflusst sind. Im Vergleich zur kurzfristigen, lokalen Wirkung des Nervensystems betreffen Hormone den gesamten Organismus. Sie wirken systemisch und deshalb dauerhafter. Dabei gilt grundsätzlich, dass ein veränderter Hormonspiegel lediglich Auswirkungen auf die Handlungsbereitschaft hat. Nicht der Ablauf einer Verhaltensweise wird durch Hormone gesteuert, sondern nur die Häufigkeit ihres Auftretens.

Bei Lachtauben ist die zeitliche Abfolge und die wechselseitige Beeinflussung von Verhaltensweisen und Hormonspiegel gut untersucht. Wird ein Taubenmännchen mit einem Weibchen zusammengesetzt, so setzen die Hoden Testosteron frei, was zum Balzverhalten führt. Die Reize, die vom balzenden Männchen ausgehen, bewirken im weiblichen Tier die Ausschüttung von Follikel stimulierendem Hormon. Das anschließende Ovarwachstum fördert die Östrogenbildung. Einen Tag später beginnen die Tiere mit dem Nestbau. Im Zusammenhang mit Nestbauhandlungen lässt sich vermehrt luteinisierendes Hormon und in dessen Folge Progesteron im Blut des Weibchens nachweisen. Dieses fördert die Handlungsbereitschaft für das Brutverhalten. Jetzt steigt auch der Progesterongehalt beim Männchen, der Testosterongehalt nimmt ab. Dadurch hört sein Balzverhalten auf und es beteiligt sich am Brutgeschäft. Auch für die weiteren Verhaltensweisen lassen sich Wechsel im Hormonhaushalt mit Veränderungen im Verhalten in Verbindung bringen.

Dass die Häufigkeit, mit der ein Verhalten auftritt, tatsächlich von einem bestimmten Hormon abhängt, lässt sich experimentell untersuchen. Zum Beispiel kann man einem Tier ein *Antihormon* verabreichen, das die physiologische Wirkung des betreffenden Hormons ausschaltet. Als Folge davon sollte sich das Verhalten ändern. Setzt man das Antihormon wieder ab, so sollte die Verhaltensänderung reversibel sein. Eine andere Möglichkeit ist, eine Hormondrüse operativ zu entfernen und die Auswirkungen auf das Verhalten zu untersuchen (Abb. 2).

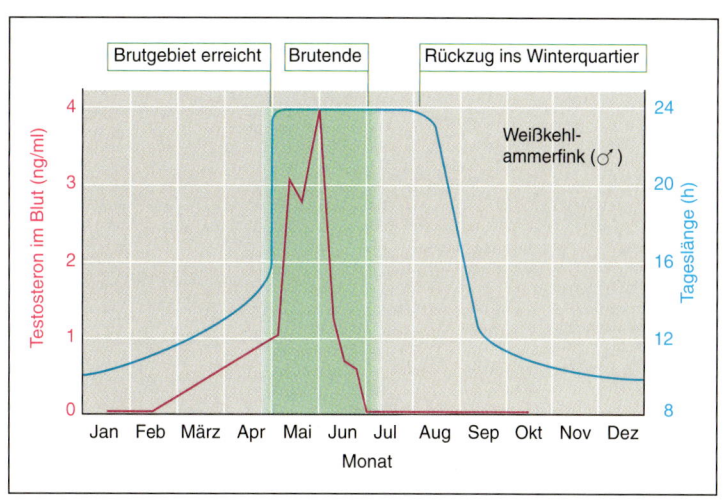

1 Brutverhalten und Hormone

Aufgabe

① Während der Balz trägt das Zebrafinkenmännchen ständig einen kurzen Balzgesang vor. Seine Häufigkeit stellt ein gutes Maß für die Handlungsbereitschaft zur Balz dar. Einer Gruppe von Tieren werden operativ die Hoden entfernt. Bei einer Kontrollgruppe führt man nur eine Scheinoperation durch. Anschließend wird die Balzaktivität beider Gruppen verglichen.
   a) Deuten Sie den in Abb. 2 a dargestellten Befund.
   b) Den kastrierten Tieren wird viermal kurz hintereinander Testosteron verabreicht. Wie ist das Ergebnis (Abb. 2 b) zu interpretieren?

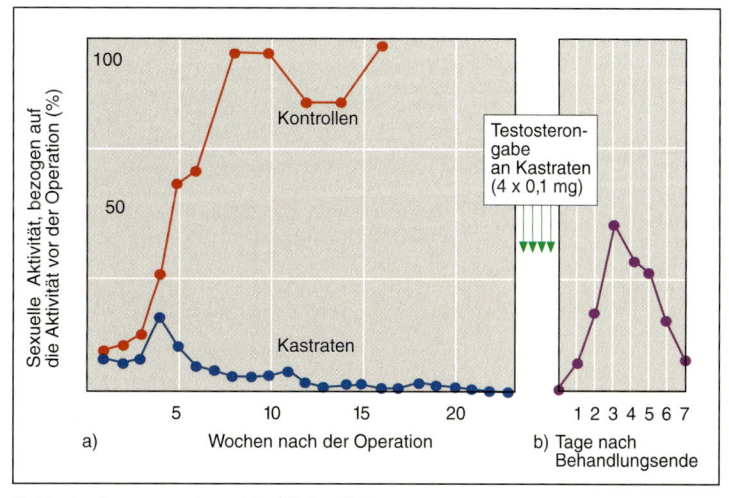

2 Kastrationsexperiment bei Zebrafinken

Verhaltensbiologie

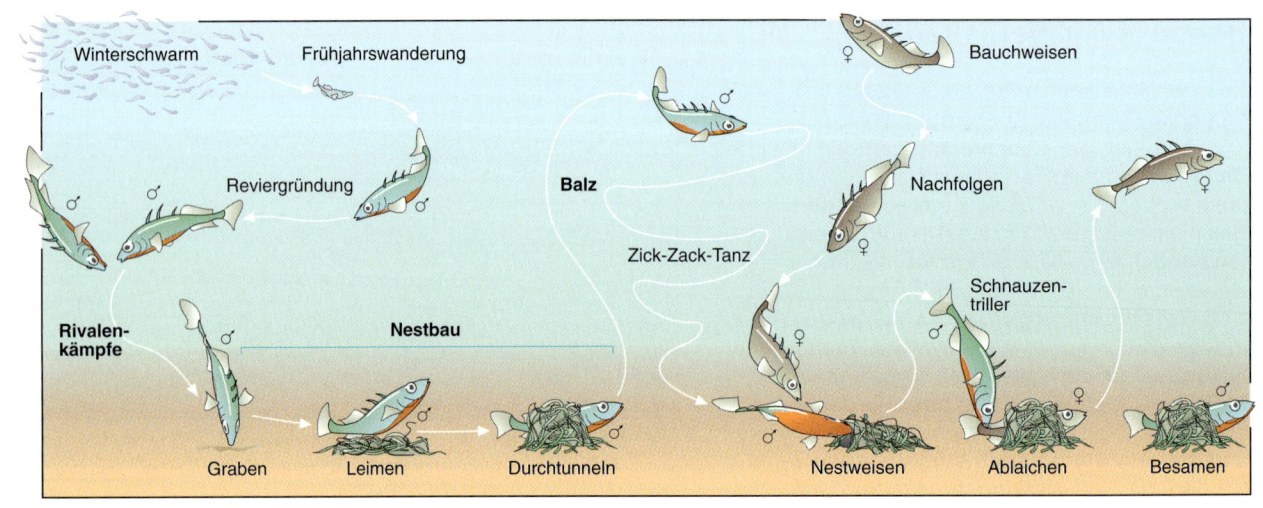

1 Fortpflanzungsverhalten des Stichlings

Zeitliche und hierarchische Ordnung von Instinkthandlungen

Der *Dreistachelige Stichling* verbringt den Winter als Schwarmfisch. Im Frühjahr beginnt die Fortpflanzungszeit. Dann suchen die Männchen nach einem geeigneten Revier, sie besetzen es und verteidigen es im *Kampf* gegen Rivalen. Ausgelöst wird dieses Verhalten durch äußere Faktoren, wie ansteigende Temperaturen und Zunahme der Tageslänge. Auch innere Ursachen, z. B. ansteigender Testosterongehalt im Blut, spielen in diesem Zusammenhang eine Rolle. *Nestbau*, *Balz* und *Brutpflege* schließen sich an. Diese Funktionskreise und die zugehörigen Verhaltensmuster treten stets in der gleichen zeitlichen Reihenfolge auf. Auch einzelne Verhaltensweisen, zum Beispiel das Graben, Leimen und Durchtunneln beim Nestbau, sind ebenfalls zeitlich koordiniert. Eine Sonderstellung nimmt lediglich das Kampfverhalten ein, das jederzeit beim Erscheinen eines Rivalen auftreten kann. Da die genannten Verhaltensweisen sich gegenseitig ausschließen, kann man einen Mechanismus im Inneren des Tieres fordern, der die jeweils nicht angemessenen Verhaltensweisen unterdrückt *(Prinzip der gegenseitigen Hemmung)*.

Andere Abläufe, wie beispielsweise die Bewegungen der Schwanz- und der Rückenflosse, müssen in sinnvoller und wechselseitiger Abstimmung zur gleichen Zeit auftreten. Auf dieser Ebene der Verhaltenssteuerung gilt also das *Prinzip des koordinierten Zusammenwirkens*.

2 Modellvorstellungen über Instinktstrukturen des Stichlings

Aufgabe

① Nikolaas Tinbergen hat ein Modell entwickelt, dessen verschiedene Ebenen es ermöglichen, das Verhalten des Stichlings zu strukturieren (Abb. 2). Beschreiben Sie dieses *hierarchische Modell*.

Das Verhalten der Sandwespe

Brutpflegeverhalten

Die zu den Grabwespen gehörende *Dreiphasen-Sandwespe* (Ammophila pubescens) überwintert als Dauerlarve in einem Kokon. Mitte Mai schlüpfen die Tiere. Die Weibchen zeigen nach der Begattung ein interessantes Brutpflegeverhalten. Dabei lassen sich drei Phasen deutlich unterscheiden:

1. Phase: Die Sandwespe gräbt ein Erdnest, das sie nach Fertigstellung mit Sandklümpchen und Holzstückchen vorläufig verschließt. Danach geht sie auf die Jagd nach einer Raupe. Diese wird durch einen Stich betäubt und ins Nest transportiert. Dort legt die Sandwespe ein Ei auf die Raupe, verlässt das Nest und verschließt es wieder. Die gelähmte Raupe dient der geschlüpften Larve als Nahrung.

2. Phase: In der Folgezeit besucht die Sandwespe das Nest mehrfach. Das geschieht entweder ohne Raupe („Inspektionsbesuch") oder sie versorgt die geschlüpfte Larve mit ein bis drei weiteren Raupen („Proviantierbesuch"). Zwischendurch wird das Nest vorläufig verschlossen.

3. Phase: In diesem letzten Abschnitt wird die Larve kurz vor ihrer Verpuppung noch einmal mit bis zu zehn Raupen verproviantiert („Vielraupentag"). Danach wird das Nest endgültig verschlossen. Ein Sandwespenweibchen kann mehrere Nester im gleichen Zeitraum betreuen.

Das Verhalten von Grabwespen wurde vor allem von G. P. BAERENDS eingehend untersucht. Die unten stehende Abbildung zeigt ein Protokoll der Beobachtungen zur Brutpflege einer Sandwespe an fünf Nestern.

Aufgaben

1. Beschreiben Sie für jedes Nest, welche Phasen im Beobachtungszeitraum erkennbar sind.
2. In welchem Zustand waren die Nester am Abend des 9. August?
3. Nennen Sie Gründe für die Annahme, dass das Brutpflegeverhalten genetisch programmiert ist.

Die Raupe als Reiz

„Wenn eine Sandwespe jagt, wird eine Raupe gefangen und gestochen. Liegt die Raupe in der Nähe des Nesteingangs, unmittelbar nachdem die Wespe das Nest geöffnet hat, wird sie hineingezogen. Ist die Wespe dagegen dabei, das Nest zu verschließen, so kann es passieren, dass sie die Raupe als Füllmaterial verwendet. Wenn man schließlich die Raupe während des Nestbaus in den Eingang legt, behandelt sie die Raupe wie jedes andere Hindernis, z. B. wie ein Wurzelstück, und schafft sie beiseite" (zitiert nach BAERENDS).

Aufgabe

1. Erklären Sie die Unterschiede im Verhalten der Sandwespe.

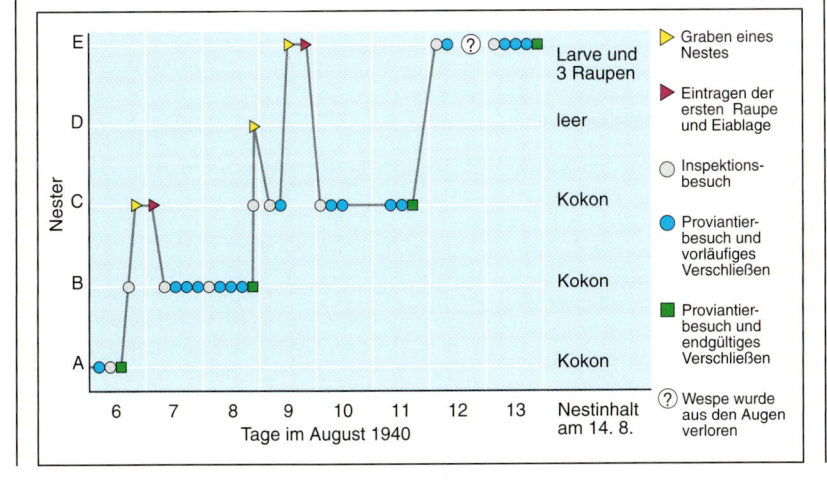

Einbringen der Raupe ins Nest

Das Eintragen einer Raupe geschieht stets in der gleichen Weise. Zunächst wird die Beute kurz vor dem Nest abgelegt. Dann öffnet das Tier den Nesteingang. Ist das Graben beendet, schlüpft die Sandwespe in den Stollen und dreht sich um, ohne den Eingang mit dem Hinterleib vollkommen zu verlassen. Anschließend ergreift sie die Raupe und zieht sie rückwärts ins Nest.

Während des „Umdrehens" wird die Raupe so weit vom Nesteingang entfernt, dass die Sandwespe wieder ganz heraus muss, um die Beute zu ergreifen. Auch in diesem Fall legt sie die Raupe wieder kurz vor dem Nest ab, dreht sich um und zieht sie rückwärts hinein. BAERENDS hat die Raupe bis zu 20-mal während des Umdrehens wegziehen können, bevor die Sandwespe wegflog, ohne sich weiter um die Beute zu kümmern.

Aufgaben

1. Arbeiten Sie an dem geschilderten Verhalten der Sandwespe die Kennzeichen einer Instinkthandlung heraus.
2. Geben Sie eine Modellvorstellung an, mit der sich das Verhalten der Sandwespe beim Entfernen der Raupe erklären lässt.

Störversuche

Ersetzt man in einem Nest eine junge Larve vor dem Inspektionsbesuch durch eine alte Larve, die sich gerade verpuppt, so bricht die Grabwespe den Besuch ab und verschließt das Nest endgültig. Ersetzt man sie nach dem Inspizieren, so wird die Puppe entsprechend dem Entwicklungsgrad der weggenommenen Larve versorgt. Es werden also weitere Raupen eingetragen.

Aufgabe

1. Erläutern Sie anhand der Störversuche die Bedeutung des Inspektionsbesuches.

Verhaltensbiologie **261**

2 Lernen

Lernen macht flexibel

Vogelkundler in England beobachteten 1921 erstmals Blaumeisen, wie sie die Stanniolverschlüsse von Milchflaschen, die vor den Haustüren abgestellt waren, aufpickten. Die Meisen fraßen von der Rahmschicht. Als Erklärung für dieses Verhalten nimmt man an, dass eine Meise zufällig einen Verschluss geöffnet hat, so wie Blaumeisen auch bei der Beutesuche Rinde anheben. Da sie Nahrung fand, wiederholte sie dieses Verhalten, d. h. sie hatte gelernt. Verhaltensänderungen aufgrund individueller Erfahrung bezeichnet man als *Lernen*. Durch Lernen wird eine genaue und schnelle Anpassung des Verhaltens an die speziellen Umweltgegebenheiten ermöglicht. Genetisch programmiertes Verhalten wird dagegen erst nach vielen Generationen im Verlaufe der Evolution verändert oder die Tiere sterben aus.

Das Lernen verläuft in zwei Phasen: Ein Lebewesen nimmt in einer Reizsituation die Informationen auf und speichert diese im Gedächtnis *(Lernphase)*. In passenden Situationen wird die gespeicherte Information abgerufen und bewirkt — bedingt durch die Erfahrung — ein geändertes Verhalten *(Kannphase)*. Das Öffnen der Stannioldeckel und das Fressen der Rahmschicht sind für die einzelnen Meisen, die dieses Verhalten beherrschen, vorteilhaft, aber nicht lebensnotwendig. Es handelt sich daher um *fakultatives Lernen*. Im Gegensatz dazu müssen beispielsweise Eichhörnchen die Nusssprengtechnik zum Nahrungserwerb erlernen. Dadurch können sie im Winter Nüsse fressen, die sie vorher versteckt haben. Hier liegt *obligatorisches Lernen* vor; es ist für das Überleben notwendig.

Nicht alle Tiere einer Art lernen jedoch gleich gut. Bei der Honigbiene beispielsweise konnte man feststellen, dass die Arbeiterinnen der Krainer Rasse optische Markierungen an Futterplätzen leichter lernen als die Bienen der Italienischen Rasse. Hier liegen unterschiedliche *Lerndispositionen*, d. h. genetisch programmierte und begrenzte Lernbereiche, zugrunde, innerhalb derer sich Tiere etwas aneignen können. Diese Lerndisposition ist für Bienen der Krainer Rasse biologisch sinnvoll, da sie in einem Gebiet mit unbeständiger Witterung häufig Geländemerkmale als zusätzliche Orientierungshilfe zur Sonne benötigen. Die Bienen der Italiener Rasse fliegen unter günstigen Witterungsbedingungen, sodass die Orientierung nach dem Sonnenstand ausreicht.

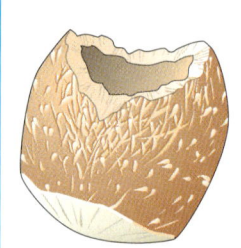

Instinkt-Lern-Verschränkung und Reifung

Gibt man einem 2 Monate alten Kaspar-Hauser-Eichhörnchen zum ersten Mal eine Haselnuss, so benagt es diese sofort nach allen Richtungen. Erst später versucht es, die Nuss mit den Nagezähnen aufzuhebeln. Nussgroße Ton- und Holzkügelchen werden ebenfalls von allen Seiten benagt.

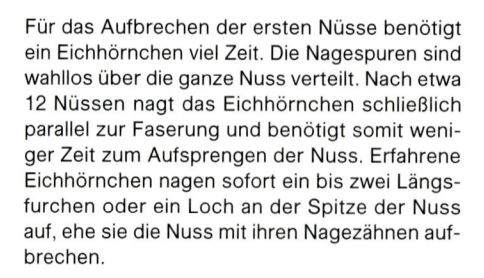

Für das Aufbrechen der ersten Nüsse benötigt ein Eichhörnchen viel Zeit. Die Nagespuren sind wahllos über die ganze Nuss verteilt. Nach etwa 12 Nüssen nagt das Eichhörnchen schließlich parallel zur Faserung und benötigt somit weniger Zeit zum Aufsprengen der Nuss. Erfahrene Eichhörnchen nagen sofort ein bis zwei Längsfurchen oder ein Loch an der Spitze der Nuss auf, ehe sie die Nuss mit ihren Nagezähnen aufbrechen.

Jedes Eichhörnchen verfügt also über die angeborene Fähigkeit, nussgroße Gegenstände zu benagen und lernt ergänzend dazu seine eigene, effektivere Nusssprengtechnik, die es anschließend beibehält. Dieses Zusammenwirken von genetisch programmierten und erlernten Anteilen im Verhalten bezeichnet man als *Instinkt-Lern-Verschränkung*.

Davon unterscheidet man folgendes Phänomen: Frisch geschlüpfte Jungtauben wurden in zwei Gruppen eingeteilt: Einer Gruppe wurden die Flügel am Körper durch Tonröhren fixiert, die andere Gruppe konnte sich normal entwickeln. Waren die Tauben flügge, wurden den Vögeln der ersten Gruppe die Tonröhren entfernt. Sie konnten jetzt ebenfalls fliegen. Aus der Beobachtung folgt, dass Flugvermögen auch ohne Übung funktionstüchtig wird. Man deutet das als *Reifung*. Hierbei werden Verhaltensweisen ohne Übung als Folge von Entwicklungsprozessen im Zentralnervensystem und Bewegungsapparat zur vollen Funktionstüchtigkeit ausgebildet. Mit zunehmender Flugerfahrung wird das Flugvermögen allerdings später noch verfeinert.

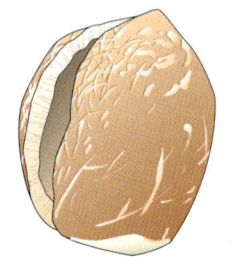

Die Prägung

KONRAD LORENZ schreibt in einem seiner Bücher: „Meine erste kleine Graugans war also auf der Welt und ich wartete. Den Kopf schief gestellt, sah sie mit großem, dunklem Auge zu mir empor. Lange, sehr lange sah mich das Gänsekind an. Und als ich eine Bewegung machte und ein kurzes Wort sprach, löste sich mit einem Male die gespannte Aufmerksamkeit, und die winzige Gans grüßte." Als LORENZ das im Brutkasten geschlüpfte Tier einer Hausgans als Pflegemutter unter den Bauch schieben wollte, kam ihm das Küken mit einem Pfeifen des Verlassenseins nachgelaufen und verhielt sich so, als sei er die Gänsemutter. LORENZ beschrieb so das Phänomen der *Prägung*.

Man untersuchte das Phänomen, indem man Kaspar-Hauser-Küken bald nach dem Schlüpfen in eine kreisförmige Laufbahn setzte. In diesem *Prägungskarussell* wurden vor dem Küken gans- oder entenähnliche Attrappen (oder sogar ein Fußball) bewegt, die über einen Lautsprecher Laute von sich gaben. In Versuchsreihen erkannte man, dass am zweiten Lebenstag jedes Küken der Attrappe folgte, die es am ersten Tag gesehen hatte. Diese Attrappe musste sich nur bewegt und Laute von sich gegeben haben. Die jungen Küken lernten ein individuelles Bild der Mutter, welche normalerweise unmittelbar nach dem Schlüpfen als erste gesehen wird. Das Gänseküken ist auf ein bestimmtes Objekt geprägt *(Objektprägung)*.

Man folgerte aus den Versuchsergebnissen als *Kennzeichen der Prägung:* Das Bild der Mutter wird sehr schnell nach der Geburt in einer *sensiblen Phase* erlernt und meist zeitlebens *irreversibel* behalten. Die geschlüpften Küken folgen normalerweise dem Kontaktruf der Gänsemutter durch Nachlaufen *(Nachfolgeprägung)*. Diese Verhaltensweise ist genetisch bedingt. In der Natur ist die sichere Kenntnis der Mutter die Voraussetzung, um ihr auf einem Gewässer mit vielen anderen Gänsen nachfolgen zu können *(obligatorisches Lernen)*. Dies ist für die Küken lebenswichtig, da die Nestflüchter von der Mutter zum Futter geführt und gegen Feinde verteidigt werden.

Andere Prägungsformen

Wissenschaftler haben Buchfinkenmännchen isoliert von den Eltern und abgeschirmt von Lauten aufgezogen. Spielt man ihnen in der sensiblen Phase, bevor sie ihren Gesang voll entwickelt haben, Gesänge verschiedener Arten vor, so wird später ihr Gesang durch diese Erfahrung bestimmt. Junge Männchen, die den Gesang von Buchfinken und den anderer Arten hören, singen später nur den Buchfinkengesang. Nehmen sie nur Wiesenpiepergesang wahr, so integrieren sie Gesangselemente der Wiesenpieper. Es ist nur eine grobe Charakteristik des arteigenen Gesanges genetisch bedingt. Dies erlaubt, lokale Gesangsdialekte zu lernen. Man spricht von *Gesangsprägung* oder *motorischer Prägung* (Abb. 1).

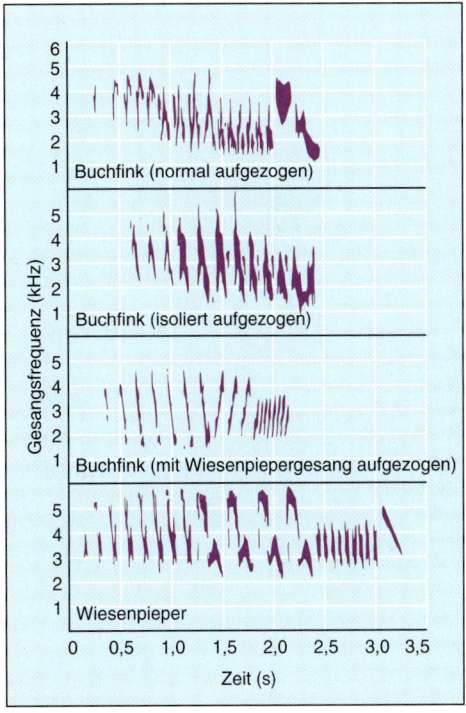

1 Gesangsprägung

Lässt man Jungtiere von Zebrafinken durch Mövchen aufziehen, so balzt ein erwachsenes Zebrafinkenmännchen, das diese spezielle Jugendentwicklung erfahren hat, im Wahlversuch stets Weibchen der Mövchen an. Zebrafinkenweibchen bleiben unbeachtet. Diese Zebrafinken verpaaren sich mit ihrer Stiefelternart und behalten diese Bevorzugung mitunter lebenslang bei. Diese Fehlprägung ist das Resultat einer *sexuellen Prägung* in einer anderen sensiblen Phase als bei der Nachfolgeprägung. Hierbei werden die Artmerkmale gelernt, die normalerweise eine falsche Partnerwahl verhindern.

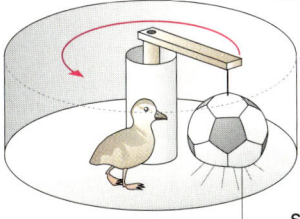

Prägungskarussell

Lautsprecheröffnung

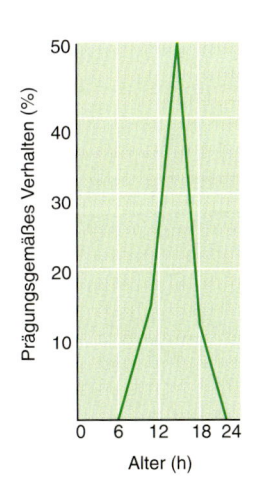

Sensible Phase

Verhaltensbiologie **263**

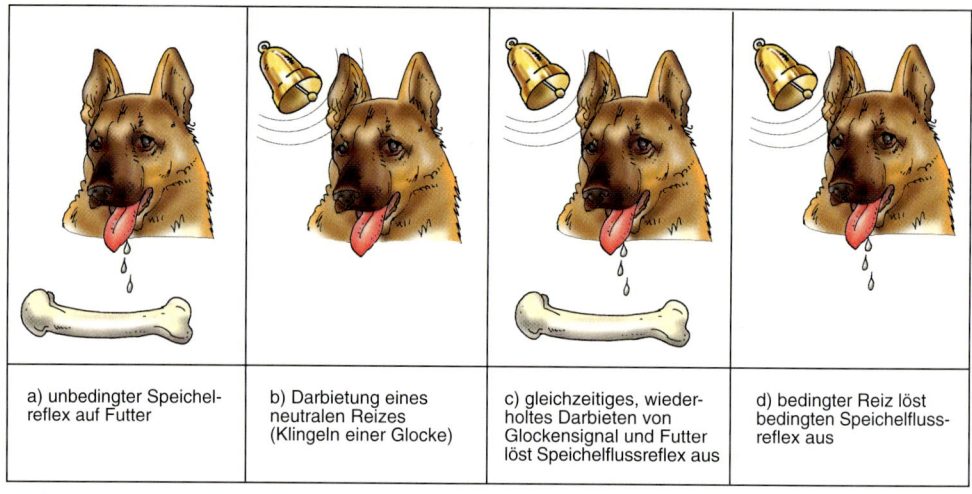

a) unbedingter Speichelreflex auf Futter

b) Darbietung eines neutralen Reizes (Klingeln einer Glocke)

c) gleichzeitiges, wiederholtes Darbieten von Glockensignal und Futter löst Speichelflussreflex aus

d) bedingter Reiz löst bedingten Speichelflussreflex aus

1 Schema des Ablaufs von Pawlows Versuchen

Die Pawlow'sche Reflextheorie des Verhaltens

Unbedingter Reflex
Genetisch bedingte Reaktion, die auf einen bestimmten Reiz hin in immer gleicher Weise erfolgt.

Bedingter Reflex
Genetisch bedingte Reaktion, die auf einen erlernten, zuvor neutralen Reiz hin ausgeführt wird.

Der russische Nobelpreisträger Iwan P. Pawlow studierte in Modellversuchen die Tätigkeit der Verdauungsdrüsen bei Hunden. Dabei bemerkte er, dass die Hunde bereits beim Anblick des Pflegers Speichel absonderten, ohne das Futter gesehen zu haben.

In Experimenten untersuchte Pawlow das beobachtete Phänomen, wobei er die Hunde in einem Labor vor störenden Reizen abschirmte. Er fixierte die Hunde mit einem leichten Geschirr aus Gurten auf dem Versuchstisch. Den Speichel der Hunde ließ Pawlow über ein Röhrchen nach außen abfließen, sodass der Speichelfluss exakt messbar war. Das Futter sowie Licht- oder Tonreize wurden den Hunden über Hilfskonstruktionen aus dem Nachbarraum angeboten. Störungen durch Menschen unterblieben. In der ersten Versuchsreihe zeigte Pawlow einem hungrigen Hund Futter. Sofort begann Speichel zu fließen. Wiederholte er den Versuch, so trat stets unmittelbar auf den Futterreiz die gleiche Reaktion, nämlich Speichelfluss, auf. Sie beruht auf einem *unbedingten Reflex*, also einer genetisch bedingten Verhaltensweise. Das Futter stellt für den Hund einen *unbedingten Reiz* dar, da er sofort und ohne Lernprozess darauf reagiert. Auf einen anderen Reiz, z. B. Läuten einer Glocke *(neutraler Reiz)* ohne anschließende Fütterung, floss kein Speichel.

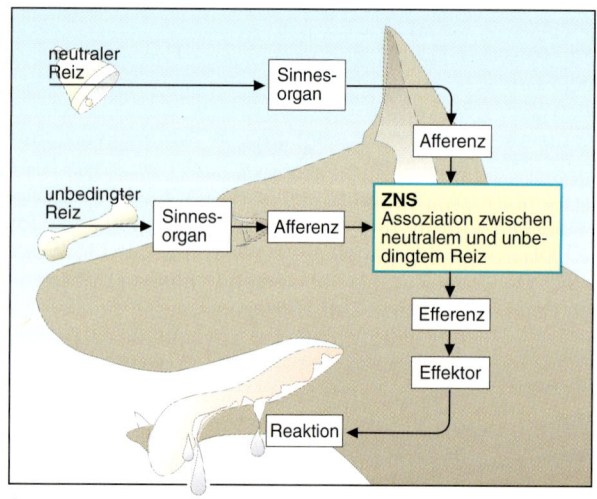

2 Funktionsdiagramm zur klassischen Konditionierung

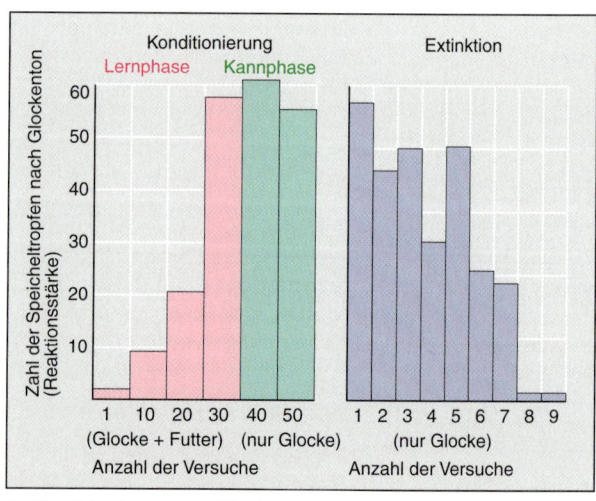

3 Konditionierung und Extinktion

In einer zweiten Versuchsreihe schlug vor dem Futterangebot jedesmal eine Glocke. Auch in diesem Fall wurde immer Speichel auf das Futter hin abgesondert. In der dritten Versuchsphase mit denselben Tieren genügte der Glockenton allein, um Speichelfluss auszulösen.

Deutung dieses Verhaltens: Der Hund hatte während der mehrfachen Wiederholungen gelernt, dass der Glockenton dem Futter vorausging *(Lernphase)*. Die Folge war, dass der Glockenton alleine schon den Speichelfluss auslöste *(Kannphase)*. Diese vorzeitige Bedingung (lat. *conditio*), der Glockenton, wird jetzt als *bedingter Reiz* und die nachfolgende Reaktion als *bedingte Reaktion* bezeichnet. Bei dieser Lernform spricht man von der Bildung eines *bedingten Reflexes (klassische Konditionierung)*.

In Abb. 264. 3 ist jeweils die Reaktionsstärke auf den Glockenton aufgetragen, nachdem vorher in der Lernphase Glockenton und Futter mehrmals aufeinander gefolgt waren. Voraussetzung für den Lernvorgang ist die zeitliche (und räumliche) Beziehung zwischen dem ursprünglich neutralen und dem unbedingten Reiz. Dies kann man im Sinne der Gedächtnisforschung als eine Verknüpfung *(Assoziation)* zwischen der afferenten Nervenbahn, die den ursprünglich neutralen Reiz Glockenton meldet, mit den zentralnervösen Instanzen deuten, die den Speichelfluss steuern.

PAWLOW entdeckte ein weiteres wichtiges Phänomen: Bietet man dem Hund mehrfach hintereinander den bedingten Reiz (Glockenton bzw. Aufleuchten eines Lichtes), ohne dass der unbedingte Reiz Futter folgt, so wird der Speichelfluss schwächer und bleibt ganz aus (Abb. 264. 3). Der Rückgang der bedingten Reaktion wird als *Löschung* oder *Extinktion* bezeichnet. Nach einer Erholungsphase folgt die gelöschte Reaktion aber wieder schwach auf den bedingten Reiz. PAWLOW vermutete wegen dieser Beobachtung, dass bei der Extinktion Hemmungsprozesse wirksam sind. *Vergessen* ist im Vergleich zum Umlernen bei der Extinktion ein passiver Vorgang, der auch außerhalb einer Versuchssituation abläuft.

Aus ethologischer Sicht lassen sich die Versuche PAWLOWS folgendermaßen bewerten: Der Versuch setzt bei den Hunden eine starke Handlungsbereitschaft zur Nahrungsaufnahme voraus. Der hungrige Hund wird durch die Gurte gehindert (Blockierung des genetisch fixierten Verhaltens), auf das Futter zuzulaufen *(Appetenzverhalten)* und es zu fressen *(Endhandlung)*. Das Tier hatte den Glockenton als bedingten Reiz gelernt, sodass ein frei beweglicher Hund auf den Ton (auslösender und richtender Reiz) zur Glocke eilen und dort versuchen würde, das angebotene Futter zu fressen. In der Ethologie deutet man das Verhalten als *bedingte Appetenz*. Somit liegt nach dieser Deutung eine Verknüpfung zwischen genetisch programmiertem und erlerntem Verhalten vor.

Die biologische Bedeutung der Lernform *bedingte Appetenz* wird an einer Verhaltensweise der Bienen deutlich: So lernen Bienen im Freiland Duftstoffe und Futtermale als Reize, die zeitlich und räumlich vor und mit der Nahrungsaufnahme an einer Trachtquelle auftreten. Diese erfahrungsbedingten Reize richten dann künftig den Anflug auf die Futterquelle aus.

Eine weitere Lernform ist die *Gewöhnung (Habituation)*. Bei Vögeln lässt sich beobachten, dass eine neu aufgestellte Vogelscheuche zunächst Fluchtverhalten auslöst. Bald jedoch schwächt sich die Reaktion ab und unterbleibt schließlich völlig. Die Reize der Vogelscheuche haben für die Tiere keine positiven oder negativen Folgen, so werden die primär reaktionsauslösenden Reize zu neutralen. Die Bedeutungslosigkeit der Reize wird im Gedächtnis gespeichert.

Erkundungs- und Spielverhalten

Setzt man Rennmäuse in ein unbekanntes Gehege, so laufen sie umher, beriechen und beäugen Teile der Einrichtung. Erst nach einiger Zeit des *Erkundungsverhaltens* werden sie ruhiger. Beim Erkunden lernen Säugetiere und einige Vogelarten durch orientierendes Neugierverhalten den Lebensraum, wichtige Fixpunkte und die darin enthaltenen Gegenstände kennen. Die biologische Bedeutung des Erkundungsverhaltens besteht darin, Raum und Objektkenntnisse zu sammeln, zu verfeinern und Bewegungsweisen im Umgang mit Objekten zu üben.

Junge Katzen laufen hinter Wollfäden her, genauso jagen sie beim *Spielen* hinter anderen jungen Katzen her. Dabei wechseln die Spielpartner laufend die Rollen des Jägers und des Verfolgten. Es wird gerungen und gebissen, ohne dass es zu Verletzungen kommt. Beim Spielen mit Objekten oder Sozialpartnern sammeln Jungtiere Erfahrungen mit Gegenständen, Bewegungsabläufen und Sozialbezügen, üben und ahmen so Verhaltensweisen nach, die sie später als Erwachsene benötigen.

Tiere spielen und erkunden nur, wenn sie sich, z. B. durch den Schutz der Eltern, sicher fühlen *(entspanntes Feld)* und keine lebenswichtigen Handlungsbereitschaften, wie Fluchtbereitschaft, vorhanden sind. Dabei können Verhaltensweisen aus verschiedenen Funktionskreisen (z. B. aus Flucht und Aggression) frei miteinander kombiniert werden.

Praktikum

Lernen

Bedingte Reaktion beim Menschen

Material: Trillerpfeife oder Reisewecker; Fön oder Reflexbrille

Vorbereitung: Bau der Reflexbrille: In das Ende eines 50 cm langen Gummischlauches mit einer Gummiballpumpe wird die abgeschnittene Spitze einer leeren Spritzflasche gesteckt. Diese wird mit Klebeband so an einer glasfreien Schutzbrille befestigt, dass der austretende Luftstrom den inneren Augenwinkel trifft.

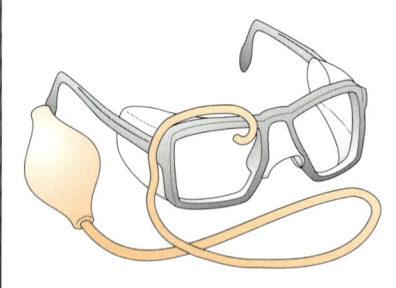

Durchführung: Ein Schüler setzt die Reflexbrille auf. Ein zweiter stellt sich mit Trillerpfeife im Mund hinter ihn. Ein dritter Schüler protokolliert die Ergebnisse. Kann keine Reflexbrille gebaut werden, lässt sich ein Luftstrom mit einem Fön von der Seite auf das Auge blasen. Die Laute können auch mit einem Reisewecker erzeugt werden.

Aufgaben

① Der Versuchsleiter pfeift. Beobachten Sie die Reaktion.
② Geben Sie einige Luftstöße auf das Auge. Welche Reaktion tritt auf?
③ In einem Abstand von 5 Sekunden 20-mal pfeifen und jeweils sofort danach die Gummiballpumpe betätigen. Danach 8-mal pfeifen, kombiniert mit einem Luftstrom. Noch einmal nur pfeifen. Deuten Sie die Ergebnisse kritisch!
④ Pfeifen Sie im Abstand von 5 Sekunden, bis der Lidschluss bei der Versuchsperson ausbleibt. Bestimmen Sie die Anzahl der erforderlichen Versuche. Diskutieren Sie, ob eine bedingte Reaktion, Extinktion oder bewusstes Handeln vorliegt.

Labyrinthversuche mit Mäusen

Versuchstiere und Material: Mehrere Hausmäuse oder Mongolische Rennmäuse, die höchstens 12 Stunden vor Versuchsbeginn keine Nahrung mehr erhalten haben. Benötigt werden 20 cm lange Rundhölzer, 4 cm breite und 20 cm lange Holzleisten, Bohrmaschine, Bohrersatz, Holzleim, Lack, Stoppuhr und Reinigungsflüssigkeit.

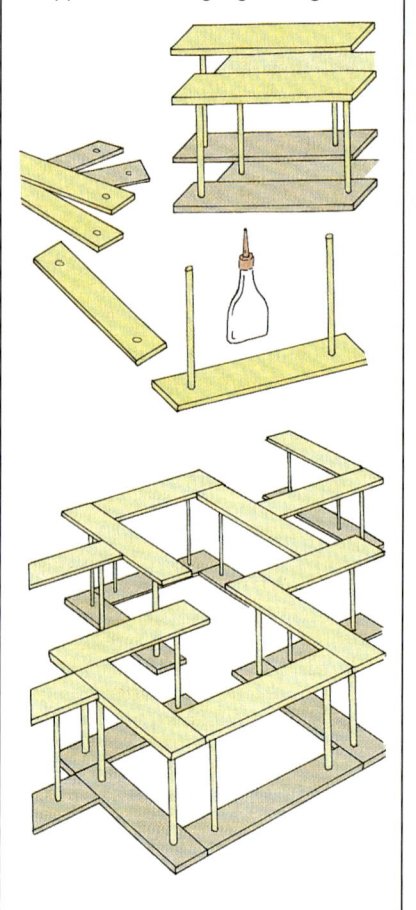

Vorbereitung: Man fertigt die Bauelemente des Hochlabyrinths aus den Rundhölzern und Holzleisten, die dann mit einem Wasser abweisenden Lack gestrichen werden.

Durchführung: In Vorversuchen lässt man die Mäuse auf den Hochlabyrinthstegen laufen. In dieser Eingewöhnungsphase besteht das Labyrinth nur aus 4 Stegen und am Ziel wartet der Wohnkäfig mit etwas Futter als Belohnung. In den eigentlichen Versuchen wird das Labyrinth auf einem Fahrtisch aufgebaut, wobei z. B. 6 Laufstege neu kombiniert werden. Nach jedem Versuch wird mit Flüssigreiniger abgewaschen, da die Mäuse ihre Wege markieren und dadurch das Lernergebnis verfälscht würde.

Arbeiten Sie jeweils in Dreiergruppen zusammen: Ein Schüler notiert die Anzahl der Fehlentscheidungen bis zum Ziel, ein zweiter ermittelt mit der Stoppuhr die Dauer der Läufe, der dritte legt Futter an das Ziel, setzt die Mäuse an den Startpunkt und reinigt nach jedem Durchgang die Stege.

Aufgaben

① Lassen Sie ein Tier 15- bis 20-mal über das Labyrinth laufen. Nach jedem Durchgang erhält das Tier 2 Minuten Pause. Setzen Sie die Ergebnisse so in eine Grafik um, dass auf der x-Achse die Anzahl der Versuche, auf der y-Achse die Zeit oder die Anzahl der Fehlentscheidungen aufgetragen wird.
② Ordnen Sie das Labyrinth spiegelbildlich an. Wiederholen Sie den Versuch mit den erfahrenen Tieren. Vergleichen Sie die Ergebnisse.
③ Verlängern Sie die geraden Laufstrecken mit weiteren Stegen. Wiederholen Sie die Versuche und vergleichen Sie die Ergebnisse.

Labyrinthversuche mit Menschen

Material: Sperrholz-, Hartfaser- oder Kunststoffplatte 30 × 40 cm und 45 × 60 cm, Bohrmaschine, Laubsäge, Stoppuhr, Schal, Bleistift, großes Blatt Papier.

Vorbereitung: Auf die Platten wird das Labyrinthmuster (s. Abb. rechts) übertragen und mit der Laubsäge ungefähr 6 mm breit ausgesägt. An Start und Ziel wird ein Loch gebohrt.

Verhaltensbiologie

Durchführung: Arbeiten Sie jeweils zu zweit zusammen. Der Versuchsperson werden zunächst die Augen mit dem Schal verschlossen. Danach holt der Versuchsleiter die benötigten Materialien. Er legt das Papier unter das Labyrinth und setzt die Hand der Versuchsperson mit dem Bleistift an den Startpunkt.

Aufgaben

① Die Versuchsperson durchfährt mit dem Bleistift 15-mal das Labyrinth. Der Versuchsleiter ermittelt jede Fehlentscheidung auf dem Weg, bis die Versuchsperson das Ziel erreicht hat. Führen Sie eine Versuchsreihe durch, in der die Versuchsperson möglichst schnell zum Ziel gelangen soll. In einer zweiten Versuchsreihe sollen andere Versuchspersonen möglichst wenig Fehler anstreben. Am Ende jedes Versuchs wird die Hand der Versuchsperson zum Startpunkt zurückgeführt. Nach 1 Minute Pause beginnt der nächste Durchgang. Stellen Sie die Versuchsergebnisse der beiden Reihen in einer Grafik dar.

② Der Versuchsleiter dreht das Labyrinth spiegelbildlich herum, und die Versuchsperson beginnt erneut für 15 Durchgänge. Deuten Sie das Ergebnis im Vergleich zur ersten Versuchsreihe.

③ Wiederholen Sie die Versuchsreihe mit einem vergrößerten Labyrinth. Deuten Sie im Vergleich die Versuchsergebnisse.

④ Führen Sie die gleichen Versuche durch, während Rockmusik gespielt wird.

⑤ Welche Schwierigkeiten traten beim Erlernen der Wege im Labyrinth auf?

⑥ Wurden Strategien zum Vermeiden von Fehlern oder zum Erreichen einer großen Durchlaufgeschwindigkeit angewandt?

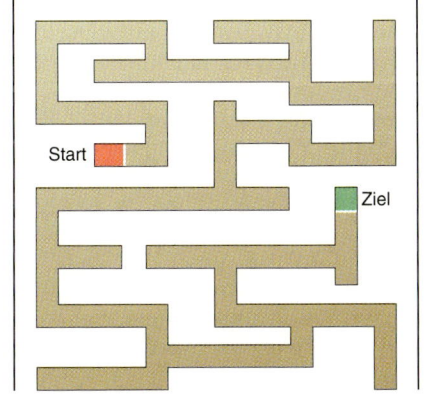

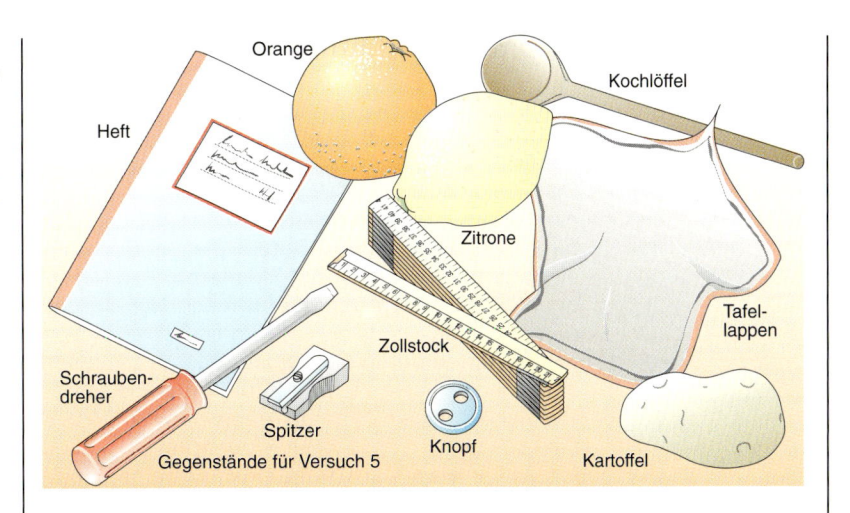

Gegenstände für Versuch 5: Heft, Orange, Kochlöffel, Zitrone, Tafellappen, Zollstock, Schraubendreher, Spitzer, Knopf, Kartoffel

Lerntypen und Gedächtnisleistung beim Menschen

Material: Bringen Sie folgende Gegenstände in die Schule mit: Löffel, Gabel, Radiergummi, Lineal, Bleistift, Heft, Buch, Spitzer, Pinsel, Schwamm, Tafellappen, Apfel, Orange, Banane, Kartoffel, Zitrone, Kochlöffel, Rührbesen, Knopf, Garnrolle, Schere, Zahnbürste, Seife, Waschlappen, Kieselstein, Schraubendreher, Hammer, Zollstock, Gummischnur, Zeitung, Schal. 2 Blätter, beschrieben mit 10 Begriffen, Zettel mit den Namen der Gegenstände des 5. Versuchs.

Durchführung: Es soll in den folgenden Versuchen der Lerntyp und die Gedächtnisleistung ermittelt werden. Teilen Sie den Kurs in drei Gruppen ein. Die erste Gruppe übernimmt die Aufgabe des Versuchsleiters, die anderen beiden sind die Testpersonen. Die zweite Gruppe darf die Namen der vorgestellten Gegenstände zwischen Lernen (Merken) und Aufschreiben laut wiederholen. Die dritte Gruppe spricht leise nach dem Vorstellen der Begriffe die Reihe 2, 4, 6, 8, 10 usw.; die Reihe 3, 6, 9, 12 usw.; die Reihe 4, 8, 12, 16 usw. Jeweils nach 30 Sekunden schreiben die Testpersonen die gemerkten Gegenstände (Begriffe) auf. Die Anzahl der Begriffe wird für die Versuche in einer Tabelle festgehalten.

1. Versuch: Lassen Sie die Testpersonen die nachfolgenden 10 Begriffe lesen, wobei jedes Wort 5 Sekunden lang anschauen dürfen: Hose, Mehl, Mantel, Schal, Bluse, Stuhl, Lineal, Meerschweinchen, Zahnbürste, Hamster.

2. Versuch: Lesen Sie Ihrer Testperson laut und deutlich im Abstand von je 5 Sekunden die folgenden Worte vor: Sessel, Katze, Teppich, Schrank, Tisch, Buch, Reis, Hund, Gries, Linsen.

3. Versuch: Legen Sie der Testperson die folgenden Gegenstände im Abstand von 5 Sekunden auf den Tisch: Kieselstein, Gummischnur, Zeitung, Banane, Hammer, Schere, Spielzeugmaus, Waschlappen, Pinsel, Rock.

4. Versuch: Geben Sie der Testperson, der Sie die Augen mit einem Schal verbinden, die folgenden Gegenstände jeweils 5 Sekunden lang in die Hand. Sie darf sie ertasten: Radiergummi, Bleistift, Apfel, Rührbesen, Schwamm, Garnrolle, Gabel, Seife, Löffel, Kartoffel.

5. Versuch: Geben Sie nun alle 5 Sekunden einen Gegenstand in die Hand der Testperson, lassen Sie den Gegenstand befühlen und betrachten. Zusätzlich legen Sie einen kleinen Zettel mit dem Namen des Gegenstandes auf den Tisch und sprechen den Namen laut und deutlich vor: Heft, Spitzer, Tafellappen, Orange, Kochlöffel, Zitrone, Schraubendreher, Zollstock, Knopf, Kartoffel.

Aufgaben

① Welche Eingangskanäle werden in den Versuchen in ihrer Bedeutung für die Gedächtnisleistung überprüft?

② Vergleichen und erklären Sie die unterschiedlichen Ergebnisse. Entwickeln Sie aus den Versuchsergebnissen Konsequenzen für das Lernen des Einzelnen.

③ Vergleichen Sie die Ergebnisse der Gruppen 2 und 3. Erklären Sie die Unterschiede und schlagen Sie daraus Konsequenzen für das Lernen von Schülern vor.

Verhaltensbiologie **267**

Operante Konditionierung

BURRHUS F. SKINNER (1904–1990) führte Lernversuche mit Ratten und Tauben in standardisierten Versuchsanordnungen durch. Diese bestanden aus Käfigen, in denen sich ein Hebel, eine Futterschale und eine Lampe befanden *(Skinnerbox)*. Setzte man z. B. eine hungrige Ratte in die Skinnerbox, so orientierte sie sich und suchte nach Nahrung. Drückte sie dabei auf den Hebel, so fiel ein Futterkorn in die Schale. Nach einigen Wiederholungen führte die Ratte die Handlung in immer kürzeren Abständen aus. Sie hatte gelernt, dass einer — zunächst zufälligen — Handlung (Hebeldrücken) eine Belohnung (Futterkorn) folgt. Diese Lernform, bei der eine zufällige Handlung eine nachfolgende Verstärkung bedingt, bezeichnete SKINNER als *operante Konditionierung*.

SKINNER unterscheidet zwischen *positiver* und *negativer Verstärkung*. Die Futterkörner sind für Ratten eine *positive Verstärkung*, da das Futter eine Belohnung darstellt. Wenn dagegen das Drahtgitter dauernd unter Strom steht und die Ratte dies durch Hebeldrücken abstellen kann, lernt sie diese Reaktion durch Strafvermeidung. Der Stromschlag ist eine negative Verstärkung. Unter einer *Verstärkung* verstand SKINNER also alle Reize, welche die Wahrscheinlichkeit des Auftretens einer Reaktion erhöhen.

Lernprogramme

Will man einer Ratte durch Konditionierung eine Abfolge von Handlungen beibringen, so zerlegt man den Lernvorgang in mehrere Teilschritte (z. B. Hebeldrücken, eine Treppe ersteigen, durch eine Röhre laufen, aus der Futterschale fressen). Die Ratte drückt zufällig in der ersten Etage einer Skinnerbox den Hebel und erhält Futter als Belohnung in der Schale. Durch mehrfaches Wiederholen lernt sie die Handlung. Danach setzt man den Hebel auf die Drahtgitterebene darunter. Die Ratte wiederholt das Hebeldrücken dort mehrmals, ohne auf die erste Etage zu klettern. Hebt sie der Versuchsleiter in der 2. Versuchsphase einige Male nach dem Hebeldrücken vor die Futterschale und lässt sie fressen, so beginnt die Ratte zögernd die Treppe zu erklimmen. Vor der Röhre hält sie inne. Legt der Versuchsleiter im dritten Lernabschnitt in die Röhre Futterkörner, so läuft sie schließlich langsam hindurch und frisst dabei. Am Ende holt sie sich das Futter aus der Schale. Bei dieser stufenweisen Annäherung zerlegte man das angestrebte Endverhalten in einzelne Schritte und verstärkte diese.

SKINNER übertrug seine Erkenntnisse auf das menschliche Lernen. Er entwickelte Lernprogramme. Umfangreiche Inhalte wurden in viele einfache Lernschritte mit Fragen aufgegliedert. Diese konnten in der Regel richtig beantwortet werden. Damit war die richtige Antwort die unmittelbare Verstärkung für den Lernenden.

Ergänzungen zur operanten Konditionierung aus Sicht der Ethologie

Zwei Voraussetzungen sind für die operante Konditionierung der Ratten erforderlich: Erkundungsverhalten und Hunger. Ratten beriechen, beäugen und betasten immer eine neue Umgebung. Außerdem müssen die Versuchstiere hungrig sein. Der Lernerfolg ist um so höher, je größer der Hunger der Ratten und damit ihre *Handlungsbereitschaft* ist. In der Ethologie hat sich der Terminus *bedingte Aktion* für operante Konditionierung eingebürgert, da bei der Ratte die Handlung mit der Befriedigung einer Handlungsbereitschaft verknüpft worden ist. Das Tier führt die erlernte Handlung immer dann wieder aus, wenn es eine hohe Handlungsbereitschaft aufweist.

operante Konditionierung
opera (lat.) = Tätigkeiten

conditio (lat.) = Bedingung

1 Skinnerbox

Aufgabe

① Erläutern Sie die Unterschiede zwischen bedingtem Reflex und operanter Konditionierung.

Lern- und Verstärkungsformen

Funktionsschaltbilder zu Lernformen

BERNHARD HASSENSTEIN, ein deutscher Hochschullehrer, der bei KONRAD LORENZ in der Arbeitsgruppe mitwirkte, wandte Kenntnisse der Regeltechnik auf Beispiele aus der Verhaltensbiologie an. Er entwickelte auch für Lernformen als Modellvorstellungen Funktionsschaltbilder, welche die Situation während des Lernvorgangs und in der Kannphase darstellen (Abb. 1).

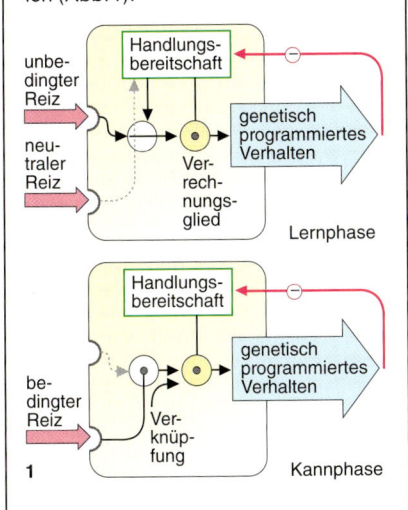

1

Aufgaben

① Beschreiben und erklären Sie die Funktionsschaltbilder in Abbildung 1.
② Ordnen Sie die Abbildungen 1 begründet einer Lernform zu.
③ Beschreiben und erklären Sie die Funktionsschaltbilder in Abbildung 2.
④ Ordnen Sie die Abbildungen 2 begründet einer Lernform zu.
⑤ Vergleichen Sie die beiden Lernformen. Geben Sie Gemeinsamkeiten und Unterschiede an.
⑥ Könnten die beiden Lernformen unter natürlichen Bedingungen zusammenwirken?

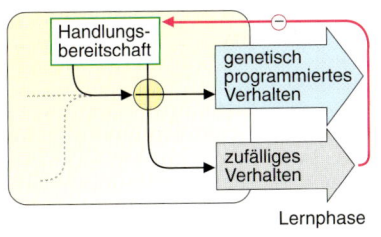

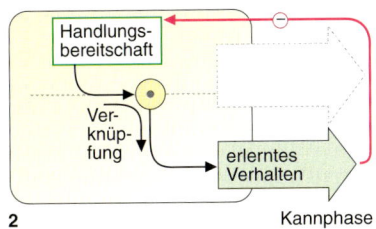

2

Voraussetzungen für die operante Konditionierung

Die nachfolgende Abbildung gibt die Versuchsergebnisse wieder, die man erhielt, als die Abhängigkeit des Lernerfolges von der Vorfütterung einer Ratte mit Futterkörnern geprüft wurde.

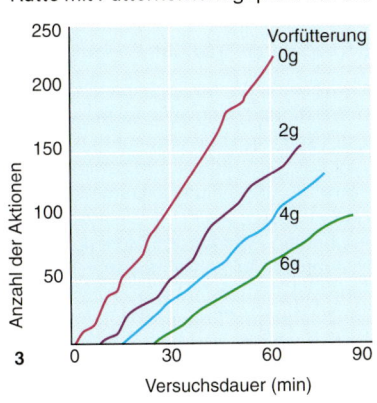

3

Aufgaben

① Beschreiben und erklären Sie die Versuchsergebnisse in Abb. 3.
② Ist erlerntes Verhalten unabhängig von genetisch bedingtem Verhalten?

Verstärkung

Durch Anschließen eines Schreibers an die Versuchsapparatur erhielt B. F. SKINNER Lernkurven. Bei jedem Hebeldruck steigt die Schreibernadel um einen konstanten Betrag. Abbildung 4 zeigt das Versuchsergebnis für eine unerfahrene Ratte, die nach jedem Hebeldrücken belohnt wurde. Am Kurvenverlauf lassen sich Lern- und Kannphase unterscheiden.

In weiteren Versuchen mit derart vortrainierten Tieren untersuchte SKINNER, inwieweit die zeitliche Abfolge der Belohnungen die Häufigkeit des Auftretens der gelernten Verhaltensweise beeinflusst (Abb. 5). Das Tier erhielt Futter nach jeder Aktion (a), nach jeder 10. Aktion (b) bzw. in unregelmäßigen Abständen (c).
Erfolgt die Verstärkung (\) in unterschiedlichen Zeitabständen, so hat dies auch Einfluss auf die Geschwindigkeit der Extinktion (Abb. 6).

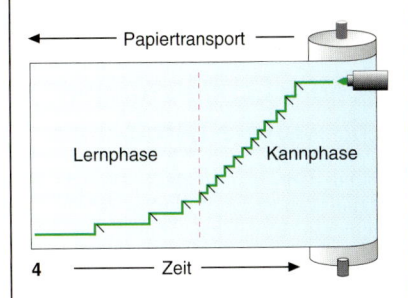

4

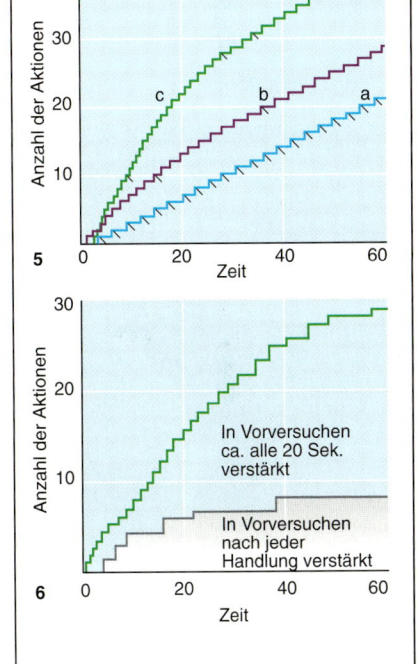

5

6

Aufgaben

① Beschreiben und erklären Sie die Abbildung 4.
② Vergleichen Sie die drei Kurven a, b und c in Abbildung 5. Erklären Sie die Auswirkungen der unterschiedlichen Versuchsbedingungen auf die Häufigkeit des gelernten Verhaltens.
③ Welchen Einfluss haben die unterschiedlichen Versuchsbedingungen auf die Geschwindigkeit der Extinktion (Abb. 6)?

Verhaltensbiologie

Lexikon

Höhere Lernleistungen und weitere Lernformen

Früher nahm man an, dass nur Menschen Werkzeuge herstellen, einsichtiges Verhalten und Lernen durch Tradition zeigen, Begriffsbildungen leisten können und Selbstkenntnis besitzen, ehe Verhaltensforscher dazu zahlreiche Beispiele aus dem Tierreich entdeckten.

Werkzeuggebrauch

Im Jahre 1960 beobachtete JANE GOODALL Schimpansen: „Nachdem ich acht Tage auf Lauer gelegen hatte, kam David Greybeard, diesmal zusammen mit Goliath, zu dem Termitenhügel zurück und die beiden machten sich zwei Stunden am Bau zu schaffen. Jetzt konnte ich sie sehr viel besser beobachten: Ich sah, wie sie mit Daumen oder Zeigefinger die verschlossenen Eingänge aufkratzten. Wenn ihr Werkzeug sich bog, bissen sie ein Stück davon ab, schoben das andere Ende in den Bau oder tauschten es gegen einen neuen Halm aus. Einmal entfernte sich Goliath mindestens fünfzehn Schritte von dem Hügel, um ein solide aussehendes Stück von einer Kletterpflanzenranke zu holen, und nicht selten hoben die beiden Männchen, wenn sie nach Werkzeugen suchten, drei oder vier Stängel auf, führten einen davon in den Termitenbau ein und ließen die übrigen so lange neben sich auf dem Boden liegen, bis sie sie brauchten. Am faszinierendsten war für mich, dass sie mehrmals kleine belaubte Zweige abpflückten und sie für ihren Zweck zurichteten, indem sie die Blätter abstreiften. Mit dieser Beobachtung war zum ersten Mal bewiesen, dass ein Tier in freier Wildbahn einen Gegenstand nicht nur als *Werkzeug* gebrauchte, sondern dass es einen Gegenstand für seine Zwecke herrichtete, was den Anfängen der Werkzeugherstellung entspricht." (aus J. GOODALL: Wilde Schimpansen, Rowohlt Verlag, Reinbeck bei Hamburg, 1971).

Heute weiß man, dass Schimpansen mit Stöcken als Werkzeug Honig aus Bienennestern holen, essbare Wurzeln ausgraben und nach Feinden schlagen, Blätter als Schwämme zum Aufsaugen von Trinkwasser oder zum Säubern von Körperteilen benutzen.

Lernen durch Tradition

Bei verschiedenen Schimpansenpopulationen hat man unterschiedliche Techniken beim Stochern nach Termiten festgestellt: Die Schimpansen am Gombe Fluss in Ostafrika entrinden die Zweige nicht. Sie stochern mit beiden Zweigenden. Schimpansen in Zentralafrika schälen gewöhnlich die Rinde und nutzen zum Stochern nur ein Zweigende. Schimpansen in Westafrika schlagen dagegen mit großen Stöcken Löcher in die Termitenhügel und angeln die Termiten mit der Hand. Die Technik des Termitenfischens wird *durch Nachahmung gelernt*, wobei man darunter die Übernahme einer optisch oder akustisch wahrgenommenen Verhaltensweise versteht.

1953 wusch das 16 Monate alte Weibchen Imo in einer Population von Rotgesichtsmakaken auf der Insel Koshima als erste Kartoffeln im Wasser. Sie befreite sie damit von Sand. Zunächst lernten gleichaltrige Makaken durch Beobachtung und ahmten das Kartoffelwaschen nach. Die Mütter übernahmen es von ihren Kindern. Nach zehn Jahren hatte der größte Teil der Population bis auf einige erwachsene Tiere das Kartoffelwaschen gelernt. Nachgeborene Jungtiere ahmten das Kartoffelwaschen von den vorhergehenden Generationen nach. So war eine zufällig entstandene Verhaltensweise durch Nachahmungslernen von Generation zu Generation weitergegeben worden und blieb so in der Population erhalten (*Lernen durch Tradition*).

Lernen durch Einsicht

Schon 1917 veröffentlichte WOLFGANG KÖHLER in seinem Buch „Intelligenzprüfungen an Menschenaffen" die Untersuchungen mit Schimpansen auf der Affenstation von Teneriffa: „Die sechs jungen Tiere des Stationsstammes werden in einem Raum mit glatten Wänden eingesperrt, dessen Decke (etwa 2 m hoch) sie nicht erreichen können; eine Holzkiste (50 × 40 × 30 cm), einerseits offen, steht etwa in der Mitte des Raumes, flach gestellt, die eine offene Seite vertikal gerichtet; das Ziel (eine Banane) wird in einer Ecke (auf dem Boden gemessen, 2 1/2 m von der Kiste entfernt) ans Dach genagelt. Alle Tiere bemühen sich vergeblich, das Ziel im Sprung vom Boden aus zu erreichen; Sultan gibt das jedoch bald auf, geht unruhig im Raum umher, bleibt plötzlich vor der Kiste stehen, ergreift sie, kantet sie hastig in gerader Linie auf das Ziel zu, steigt aber schon hinauf, als sie noch etwa 1/2 m (horizontal) entfernt ist, und reißt, sofort mit aller Kraft springend, das Ziel herunter. Seit Anheften des Zieles sind etwa 5 Minuten vergangen; der Vorgang vom Stehenbleiben vor der Kiste bis zum ersten Biss in die Frucht hat nur wenige Sekunden gedauert, er ist von jener Unstetigkeit (Stutzen) an, ein einziger glatter Verlauf."

Sultan hatte damit erstmals die Aufgabe bewältigt. Er hielt inne und schien in Gedanken die Lösung des Problems durchgespielt zu haben, ehe er den Lösungsweg auf einmal ausführte. Diese Lernform wurde als *Lernen durch Einsicht* bezeichnet.

Heute spricht man bevorzugt von *neukombiniertem Verhalten*. Dem Orang-Utan-Weibchen auf dem Foto wurde das gleiche Problem wie Sultan gestellt. Dabei erkannte man, dass für die Lösung des Problems das Stapeln der Kisten schon zu einem früheren Zeitpunkt gelernt werden musste.

Handeln nach Plan

Um die Planungsphase beim einsichtigen Verhalten besser sichtbar zu machen und um zu prüfen, ob Menschenaffen längere Handlungsketten mit Werkzeuggebrauch bewältigen können, hatte sich ein Wissenschaftler eine Abfolge von Kästen, die jeweils den Öffner für den nachfolgenden Kasten enthielten, mit Schließmechanismen ausgedacht. Welchen Öffner die Kästen enthielten und wo die Belohnung lag, konnte das Tier durch Plexiglasdeckel der Kisten erkennen. Die Handhabung der einzelnen Öffner wurde der Schimpansin Julia trainiert oder sie fand es in einigen Fällen selbst heraus. Bei den Versuchen wechselte die Stellung von Kästen, Öffnern und Belohnung. Julia musterte zunächst den Inhalt der Kisten eine Weile, ehe sie ohne Probieren die Kästen nacheinander öffnete und die Belohnung erreichte. Es lag ein Erkennen von kausalen Zusammenhängen, d. h. ein Erkennen von Ursache und Wirkung und ein *Handeln nach Plan* vor.

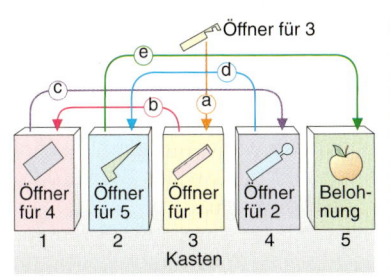

Abstraktion und Generalisieren

Um das Unterscheidungsvermögen von Ratten zu überprüfen, bot man ihnen in einem Experiment jeweils drei Klappen mit unterschiedlichen Streifenmustern an. Zwei Muster stimmten überein, das dritte wich ab. Hob die Ratte die Klappe mit dem abweichenden Muster an, wurde sie belohnt. Wiederholte man den Versuch mit anderen Mustern, aber entsprechender Wahlsituation, so entschied sich die Ratte überwiegend für das abweichende Muster, da dies verstärkt wurde.

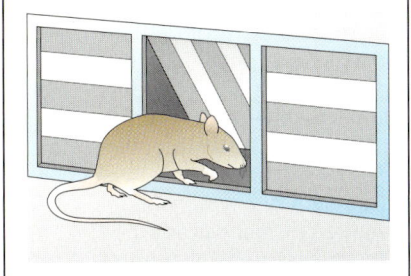

Man deutet das Verhalten der Ratte so, dass sie nicht auf ein konkretes Reizmuster konditioniert ist, sondern auf das Merkmal „abweichend von den mehrfach vorhandenen Mustern" *(Abstraktion)*. Sie wendet dieses Prinzip beim Wahlverhalten in weiteren Versuchen ebenfalls an *(Generalisation)*. Das gemeinsame Merkmal „abweichendes Muster" wird in Form eines Bildes oder Schemas zu einem Begriff *(averbale Begriffsbildung)*. In der Kannphase leistet das Tier die Übertragung des Schemas auf andere Situationen *(Transfer)*.

Averbale und verbale Begriffsbildung

OTTO KOEHLER bot einer Dohle mehrere Futterschüsselchen, die mit Deckeln verschlossen waren, und von denen jede eine unterschiedliche Anzahl von Punkten aufwies. Die Dohle lernte, den Deckel desjenigen Schälchens abzuheben, der in der Anzahl mit der Vorgabe der Anweisertafel übereinstimmte. Nur in diesem Schälchen wurde sie mit Futterkörnern belohnt. Die Dohle konnte bis zu einer Anzahl von 8 bildlich, d. h. vorsprachlich unterscheiden *(averbale Zahlbegriffe)*. Die verbale Begriffsbildung bleibt Menschen vorbehalten, sie können Begriffe in einem Denkvorgang bilden und in Worten (z. B. Zahlen) ausdrücken.

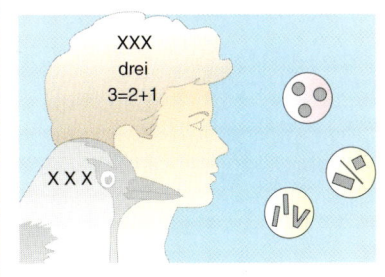

Abstrakte Wertbegriffe

Schimpansen und Rhesusaffen erhielten in Versuchen unterschiedlich gefärbte Spielmarken, wenn sie Aufgaben erfüllten. Diese konnten sie später eintauschen: Für blaue Marken erhielten sie Rosinen aus einem Futterautomaten, mit einem anderen Markentyp konnten sie die Gehegetür öffnen oder für einen dritten Markentyp mit dem Pfleger spielen. Die Tiere erfüllten Aufgaben und horteten Marken. Eine Schimpansin nutzte die Marke zum Türöffnen, beispielsweise um damit vor einem Kameramann zu flüchten, von dem sie nicht aufgenommen werden wollte. Dieses Beispiel zeigt, dass Primaten in der Lage sind, *abstrakte Wertbegriffe* zu bilden und situationsgerecht anzuwenden.

Selbstkenntnis

Gibt man Schimpansen die Möglichkeit, sich in einem Spiegel zu sehen, so manipulieren sie an sich und nehmen sogar Farbflecken wahr, die man ihnen im Schlaf beigebracht hatte. Die Schimpansen erkennen diese Veränderung an ihrem Körper und versuchen, die Farbflecken zu entfernen. Dieses Verhalten zeigt, dass Menschenaffen über einen *averbalen Ich-Begriff* verfügen.

Verhaltensbiologie

Gedächtnis

Patienten, die bei einem Unfall eine schwere Gehirnerschütterung erlitten haben, können sich häufig nicht mehr an Ereignisse erinnern, die kurz vor oder während des Unfalls abgelaufen sind *(retrograde Amnesie)*. An länger zurückliegende Ereignisse erinnern sich die Patienten dagegen gut. Normalerweise erwirbt jedes Lebewesen bei einem Lernvorgang neue Informationen. Es speichert sie ab und kann sie in einer passenden Situation wieder abrufen *(Gedächtnis)*.

Die Erinnerungslücke lässt sich dadurch erklären, dass Informationen zunächst in das Kurzzeitgedächtnis eingespeichert wurden. Der Kurzzeitspeicher hat aber nur eine begrenzte Speicherkapazität. Neue wichtige Informationen füllten ihn während des Unfalls ständig auf, sodass die voher aufgenommenen Informationen nicht wiederholt und an das Langzeitgedächtnis weitergegeben werden konnten, somit also vergessen wurden. Man unterscheidet ein *Kurzzeit-* und ein *Langzeitgedächtnis*. Nur das Langzeitgedächtnis hat eine große Kapazität und behält Informationen teilweise lebenslang.

Ein genaueres Modell unterscheidet zwischen einem sensorischen, primären, sekundären und tertiären Gedächtnis. Im *sensorischen Gedächtnis* werden die Informationen von allen Reizen, die gleichzeitig über alle Sinnesorgane eintreffen, für weniger als eine Sekunde unverändert festgehalten. Der größte Teil dieser Reize hat für das Lebewesen bei gegebenen Umweltbedingungen keine Bedeutung. Sie werden ausgefiltert. Nur ein kleiner Teil gelangt ins *primäre Gedächtnis*, zum Beispiel ins Bewusstsein des Menschen. In diesem sogenannten *Kurzzeitgedächtnis* können wir bis zu 7 Informationen über 15 Sekunden speichern, was für das Wählen einer Telefonnummer reicht. Soll diese dauerhaft gelernt werden, muss sie wiederholt und so länger im Kurzzeitgedächtnis gehalten werden. Das primäre Gedächtnis kann also Informationen so lange speichern, wie sie das Lebewesen benötigt. Unwesentliches wird danach vergessen, wodurch eine Überbelastung des dauerhaften Speichers verhindert wird. Wie funktioniert das Gedächtnis?

In Tierversuchen kann man durch Elektroschocks und kurzzeitige Unterkühlung von Hirnbereichen alle Informationen im Kurzzeitgedächtnis löschen. Man nimmt deshalb an, dass die Informationen in Form von Aktionspotentialen in geschlossenen Neuronenkreisen zirkulieren. Neuere Untersuchungen ordnen die Lage des Kurzzeitgedächtnisses bei Säugetieren dem *Hippocampus*, einem halbmondförmigen Wulst am inneren Rand des Schläfenlappens, zu.

Das *sekundäre Gedächtnis* speichert verarbeitete Information über Minuten, Tage und Monate. Die Verarbeitung von objektiven Sachverhalten kann von Bildern, Begriffen und Gefühlen verändert oder überlagert werden. Ein Beispiel hierfür sind Zeugenaussagen vor Gericht. Beobachtete Sachverhalte werden nach eigenen Vorerfahrungen und Erwartungen verarbeitet und entsprechend codiert abgespeichert. Nur an solche veränderten Informationen über die beobachteten Sachverhalte kann man sich erinnern. Zeugen geben also an, was sie glauben, gesehen zu haben.

Im *tertiären Gedächtnis* werden Inhalte sehr lange, manchmal lebenslänglich, gespeichert. Menschen behalten — auch bei fast völligem Gedächtnisverlust — im tertiären Gedächtnis Informationen über Orte, persönliche Beziehungen und tägliche Handlungen, die durch jahrelanges Wiederholen und Üben gelernt wurden.

Als strukturelle Grundlage für das sekundäre und tertiäre Gedächtnis werden heute Veränderungen an Synapsen als Gedächtnisspuren *(Engramme)* vermutet. Bei Würmern und Schnecken konnte man bei Lernversuchen mit bedingten Reflexen eine erhöhte Bildung von Überträgerstoffen an Synapsen nachweisen. Der Überträgerstoff *Glutamat* (das Salz der Glutaminsäure) wird auf der präsynaptischen Seite frei gesetzt, wodurch an der postsynaptischen Membran Kanäle geöffnet werden, über die Natrium- und Calciumionen einströmen können. Erhöhte Calciumkonzentrationen hinter der postsynaptischen Membran setzen den Rückwärtsbotenstoff Stickstoffmonooxid frei, welcher auf der präsynaptischen Seite rückwirkt und dort eine vermehrte Glutamatausschüttung auslöst. Diese Langzeitverstärkung führt zu Strukturveränderungen an den Synapsen, womit das Gelernte dauerhaft im Gedächtnis festgehalten wird. Ein Indiz für diese Hypothese war, dass man im Gehirn ein Enzym zur Synthese des Stickstoffmonooxids nachgewiesen hat. Letztendlich bleiben wesentliche Anteile der Physiologie des Gedächtnisses immer noch unbekannt.

Informationsfluss in den Gedächtnisformen

Verhaltensbiologie

Lexikon

Theorien bestimmen Forschungsschwerpunkte

Lange Zeit setzte sich die Verhaltensbiologie mit der Fragestellung auseinander, ob Verhaltensweisen angeboren oder erlernt sind. Die Erkenntnisse der Verhaltensbiologie wurden dabei im Verlaufe des 20. Jahrhunderts von verschiedenen Denkvorstellungen, Theorien und Wissenschaftsschulen bestimmt. Seit den sechziger Jahren rückten verhaltensökologische Fragestellungen und die Evolution sozialer Verhaltensweisen stärker in den Mittelpunkt der Forschung. Um die einzelnen Ergebnisse der Verhaltensbiologie besser aus ihren theoretischen Zusammenhängen und ihrem gesellschaftlichen und zeitlichen Kontext verstehen zu können, werden nachfolgend die wichtigsten Schwerpunkte knapp aufgezeigt.

Pawlow

Reflextheorie:

Ausgehend von den philosophischen Anschauungen RENÉ DESCARTES (1596 – 1650) werden Verhaltensweisen und höhere Nerventätigkeiten auf Reflexe zurückgeführt. Auf spezifische Reize folgt gesetzmäßig eine bestimmte Reaktion. Kompliziertere Bewegungsabläufe werden durch Reflexketten erklärt. Begründet wurde die Reflextheorie 1903 als erste Lerntheorie der Verhaltensbiologie von dem russischen Physiologen IWAN PETROWITSCH PAWLOW. Daraus entwickelten sich *Reiz-Reaktions-Theorien* wie der Behaviorismus.

Behaviorismus:

Diese von dem Amerikaner JOHN BRADUS WATSON 1913 begründete Psychologie untersuchte ausschließlich Lernvorgänge, wobei man sich naturwissenschaftlich darauf beschränkte, auf das Lebewesen einwirkende Reize und die Reaktionen quantitativ zu erfassen. Die Versuche wurden mit einem großen Aufwand hinsichtlich der Versuchspläne und der standardisierten Versuchsanordnungen durchgeführt. BURRHUS FREDERIC SKINNER ist ein weiterer, wichtiger Vertreter des Behaviorismus. Diese Wissenschaftsrichtung vertrat im Gegensatz zur Ethologie lange Zeit die These, dass alle Verhaltensweisen erlernt seien. Die Ansicht gilt heute als überholt.

Skinner

Ethologie:

Sie geht vom beobachtbaren Verhalten von Tierarten aus und vergleicht das Verhalten von verwandten Arten *(vergleichende Verhaltensforschung)*. Aus diesem stammesgeschichtlichen Vergleich wurde die Erkenntnis entwickelt, dass zahlreiche Verhaltensweisen angeboren (genetisch programmiert) sind. Weiterhin wurden die physiologischen Ursachen des Verhaltens vertieft untersucht. Schon in den Dreißigerjahren wurde dazu von KONRAD LORENZ das *Prinzip der doppelten Quantifizierung* formuliert und durch das hydraulische Modell veranschaulicht. Als Begründer der europäischen Ethologie wurden

Lorenz

KONRAD LORENZ und NIKOLAAS TINBERGEN zusammen mit KARL VON FRISCH 1973 mit dem Nobelpreis geehrt.

Verhaltensökologie:

Sie untersucht die Zusammenhänge zwischen dem Verhalten einer Tierart, den ökologischen Bedingungen der Umwelt (z. B. Nahrung, Räuber, Konkurrenten, unbelebte Umweltfaktoren) und wie sich Verhalten im Verlauf der Stammesgeschichte entwickelt hat. Dazu werden Verhaltensmöglichkeiten von Individuen in Nutzen-Kosten-Analysen erforscht. Der Einsatz von Modellen regt zu quantitativen Untersuchungen im Freiland an. Übereinstimmend mit der Soziobiologie werden die Selektionsvorteile von Verhaltensweisen für Individuen in den Mittelpunkt der Arbeit gestellt.

Soziobiologie:

Dieser junge Wissenschaftszweig entwickelte sich in den Sechziger- und Siebzigerjahren des 20. Jahrhunderts. Die Soziobiologie untersucht Sozialstrukturen von Tieren und Menschen und fragt aus evolutionsbiologischer Sicht nach dem Anpassungswert sozialen Verhaltens. Sie misst und schätzt mit mathematischen Modellen — auch in Nutzen-Kosten-Modellen — die Selektionsvorteile sozialen Verhaltens für die Fortpflanzungsvorteile von Individuen. Gruppenselektion und Anpassungen zugunsten der Art lehnt die Soziobiologie im Gegensatz zur Ethologie ab. Die Fachsprache der Soziobiologie ist mit zahlreichen Vermenschlichungen *(Anthropomorphismen)* angereichert und an menschlichen Beispielen häufig provokativ. 1975 hat der bekannte amerikanische Ameisenforscher EDWARD O. WILSON den hohen Anspruch dieser Wissenschaft in seinem Buch „Soziobiology: the new synthesis" formuliert.

3 Sozialverhalten und Soziobiologie

Ein Weibchen wird von dem rufenden Männchen angelockt ...

... und wird von einem Satellitenmännchen begattet, bevor das rufende Männchen reagieren kann.

Satellitenmännchen

Satellitenmännchen

rufendes Männchen

1 Paarungsverhalten bei Ochsenfröschen

Sexualverhalten

Große Männchen der *Ochsenfrösche* locken in der Fortpflanzungszeit Weibchen mit lauten Rufen an. Überraschenderweise sitzen dabei jeweils bis zu fünf Männchen still in ihrer Nähe *(Satellitenmännchen)*. Nähert sich dem Rufer ein paarungsbereites Weibchen, so versucht ein kleineres Männchen, sich mit der Angelockten zu paaren. Beobachtungen aus einer wissenschaftlichen Untersuchung zeigten, dass dies bei 73 Paarungen nur zwei Satellitenmännchen gelang.

Die Soziobiologie deutet das Verhalten der rufenden Ochsenfroschmännchen und der Satelliten als ungeplante Strategien, die im Laufe der Evolution entstanden und für die großen und kleinen Individuen vorteilhaft sind. Unter einer *Strategie* versteht man ein genetisch programmiertes Verhaltensmuster, das mit einem anderen Verhalten (Strategie) konkurriert oder konkurriert hat.

Seit DARWIN geht man in der Selektionstheorie davon aus, dass die Individuen einer Art am intensivsten um Ressourcen, wie Geschlechtspartner, Reviere und Nahrung konkurrieren. Die Selektion begünstigt die Verhaltensweise, die den geringsten Aufwand an Energie und Zeit benötigt. Die Soziobiologie analysiert deshalb unterschiedliche Verhaltensweisen verschiedener Individuen nach anfallenden Nutzen und Kosten.

Große Männchen verbrauchen ungefähr 30 Joule pro Tag für Rufen und haben eine große Chance, zur Fortpflanzung zu gelangen. Kleine Satellitenmännchen kommen zwar mit einem geringeren Energieaufwand auch zum Ziel, aber dafür weitaus seltener. So wird sich das Verhalten der Satellitenmännchen in der Population nicht durchsetzen, zumal deren Erfolgsaussichten um so geringer sind, je weniger Rufer es in der Population gibt. Es wird sich also in der Population durch natürliche Selektion ein Gleichgewicht zwischen dem Verhalten der Rufer und dem der Satellitenmännchen einstellen.

Die Selektion bestimmt den Erfolg einer Strategie. Dieser Erfolg wird in der Soziobiologie anhand der Anzahl der fortpflanzungsfähigen Nachkommen eines Individuums gemessen. Diese Tauglichkeit oder *Fitness* wird im Vergleich zu anderen Individuen der Population angegeben. Die größeren, rufenden Ochsenfroschmännchen haben also eine größere Fitness als die kleineren Satellitenmännchen.

Nicht nur Männchen untereinander, sondern auch Männchen und Weibchen weisen aus Sicht der Soziobiologie unterschiedliche Fortpflanzungsstrategien auf. Weibchen bilden bei den Ochsenfröschen große, nährstoffreiche und unbewegliche Eier. Sie investieren nach der Theorie der Elterninvestition beträchtlich in die Produktion der Eier. Ihr Fortpflanzungserfolg wird durch den Aufwand für die Produktion der Eizellen begrenzt.

Weibchen verhalten sich bei der Partnersuche wählerisch. Sie haben bei einer Fehlentscheidung mehr zu verlieren als die Männ-

274 Verhaltensbiologie

chen. Also wählen sie Männchen nach Merkmalen aus, die ihren Nachkommen zugute kommen werden *(sexuelle Selektion)*. Ochsenfroschweibchen lassen sich in der Regel nur von Männchen anlocken, die einen tiefen Balzruf ausstoßen. Tiefe Töne können nur die großen Männchen erzeugen, die wiederum in der Lage sind, Reviere im seichten und sonnigen Uferbereich von Seen und Tümpeln zu erkämpfen. In dem warmen Wasser können sich die Eier und die Kaulquappen schneller entwickeln und sind damit kürzer ihren wichtigsten Feinden, den Egeln, ausgesetzt.

Die Fortpflanzungsstrategien der Männchen werden dadurch bestimmt, dass sie mit einem geringen Energieaufwand eine Vielzahl kleiner, beweglicher Spermien produzieren. Somit können Männchen potenziell viele Eier von verschiedenen Ochsenfroschweibchen besamen und damit ihren Fortpflanzungserfolg erhöhen. Also wird ihr Fortpflanzungserfolg nicht durch die Anzahl der Spermien, sondern durch den Zugang zu möglichst vielen befruchtungsfähigen Weibchen begrenzt. Weibchen stellen für Männchen knappe Ressourcen dar, um die eine starke Konkurrenz existiert. Männchen investieren daher bevorzugt in Verhaltensweisen, wie z. B. Rufen, mit denen sie Weibchen anlocken oder in Revierkämpfe, mit denen sie direkt mit anderen Männchen um die Besamung der Weibchen konkurrieren.

Es bestehen somit unterschiedliche Fortpflanzungsstrategien für die Individuen beider Geschlechter, den Erfolg zur Weitergabe der eigenen Gene bei der Fortpflanzung zu maximieren. Männchen und Weibchen unterscheiden sich häufig in ihrem ganzen Körperbau *(Sexualdimorphismus)*, im Verhalten und im Lebenslauf der Individuen. Sie nehmen in Abhängigkeit vom Paarungssystem und in der Beteiligung der Brutpflege unterschiedliche soziale Rollen ein.

Bei der geschlechtlichen Fortpflanzung haben viele Arten z. B. unterschiedliches *Balzverhalten* entwickelt, das die Paarung einleitet und den Geschlechtspartner anlockt. Außerdem gehören zum Sexualverhalten alle Verhaltensweisen, die zur Paarbildung, Kopulation und zur Aufrechterhaltung der Paarbindung erforderlich sind, wobei alle auf Artgenossen gerichteten Verhaltensweisen (z. B. die des Sexualverhaltens, Gruppenbildungen und selbst aggressives Verhalten) zum *Sozialverhalten* gehören. Weitere Aspekte des Sozialverhaltens werden im nachfolgenden Unterkapitel überwiegend aus Sicht der Soziobiologie ausgeführt.

Fortpflanzungsstrategien bei Mückenhaften

Weibliche *Mückenhafte* kopulieren in der Regel nur mit Männchen, die ihnen ein möglichst großes Beuteinsekt als Hochzeitsgeschenk übergeben. Die Nährstoffe des Geschenks setzt das Weibchen direkt in die Produktion von Eiern um.

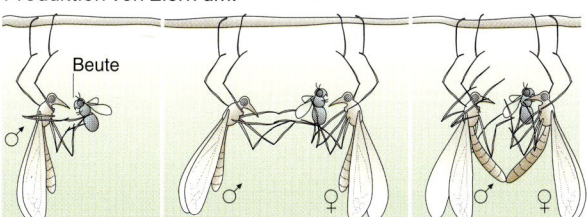

Aufgrund des hohen Aufwandes und Risikos beim Beutefang haben die Männchen während der Evolution mehrere Strategien entwickelt, ihren eigenen Fortpflanzungserfolg zu maximieren. Sie können, außer eine Beute zu jagen (Strategie 1), die Beute auch einem anderen Männchen entreißen (Strategie 2). Als 3. Strategie kann das Männchen auch ein Weibchen ohne Beuteangebot vergewaltigen. Nutzen-Kosten-Analysen zeigen, welche Strategie unter gegebenen Umständen am günstigsten ist. Für den Beutefang entstehen dem Männchen erhebliche Kosten: Zeit zum Fangen, weniger Zeit zum Kopulieren, ein erhebliches Risiko, in einem Spinnennetz gefangen zu werden.

42 % weniger Zeit erfordert die Strategie 2. Das Männchen fliegt heftig gegen ein anderes Männchen oder Paar und kämpft um die Beute, damit ist es aber nur in 14 % der Fälle erfolgreich. Beim Vergewaltigen spart das Männchen zwar die Kosten für den Beutefang, dafür tritt als Nachteil eine kurze Kopulationsdauer und damit eine geringe Besamungsrate auf.

Es wird sich in der Population ein Gleichgewicht von Individuen einstellen, welche die drei Strategien verwirklichen, denn allgemein gilt: Je größer das Beutestück ist, desto länger dauert die Kopulation, desto mehr Spermien werden übertragen und um so größer ist der Fortpflanzungserfolg.

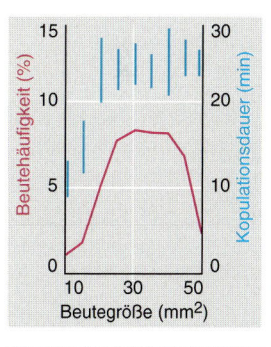

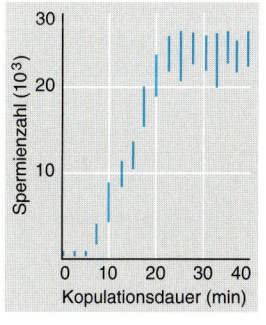

Kampfstrategien bei Rothirschen

Bei der Verteidigung gegen Wölfe setzt der Rothirsch seine Hufe als Waffe ein. Treffen zwei Hirsche im innerartlichen Kampf aufeinander, so schieben sie mit den Geweihen gegeneinander und probieren, den Konkurrenten zu distanzieren. Beim Kampfverhalten (agonistischem Verhalten) muss man also zwischen Kämpfen mit Artfremden (zwischenartlichem) und Artangehörigen (innerartlichem Kampfverhalten) unterscheiden. Agonistisches Verhalten umfasst alle Verhaltensweisen, die mit dem Kampf im Zusammenhang stehen, d. h. aggressives Verhalten und Fluchtverhalten.

Rothirsche konkurrieren im Herbst um ihren jeweiligen Harem, d. h. eine Gruppe von Hirschkühen, wobei sich Eigenheiten des *innerartlichen Kampfverhaltens* zeigen. Jeder Platzhirsch verhindert, dass sich Hirschkühe entfernen und ein Rivale dem Harem zu nahe kommt. Die Kampfkraft und damit der Fortpflanzungserfolg sind bei den Hirschen altersabhängig. Platzhirsche können mit vielen Weibchen ihres Harems kopulieren und ihre Gene an die nächste Generation weitergeben. In einer Untersuchung stellte sich heraus, dass über die Hälfte der Jungtiere einer Population von nur 12 % der Männchen gezeugt wurde. Nur diese Männchen weisen eine hohe Fitness auf.

Haremsbesitzer *röhren* im Revier des Rudels. Diese Rufe halten andere Männchen auf Distanz und locken Weibchen an. Nähert sich dem Platzhirsch ein Herausforderer, so beginnen die Gegner abwechselnd und steigernd achtmal pro Minute zu röhren. Kann der Verteidiger seine Rufe in schnellerer Folge ausstoßen, gibt der Rivale häufig bereits auf. Nähert sich der Herausforderer weiter, stolzieren die Konkurrenten mit 5 bis 10 Meter Abstand Seite an Seite einher. Beim *Imponieren* und Röhren kann die körperliche Verfassung des Gegners beurteilt werden, ehe weitere Kosten entstehen. Viele Begegnungen enden nach diesen Phasen.

Flieht keiner der Kontrahenten, so senken beide das Geweih. Zu Beginn des Kampfes prallen die Geweihe krachend aufeinander und verschränken sich ineinander. Jeder versucht, den Gegner wegzuschieben. Körpergewicht und geschickte Fußarbeit entscheiden über den Sieg. Ermüdet ein Kontrahent, wird er rückwärts geschoben. Lässt der Druck des Gegners etwas nach, wendet er sich ab und flieht. In der Regel gewinnen die Platzhirsche. Verlaufen solche *Durchhaltewettbewerbe* nach genetisch programmierten Regeln, die eine ernsthafte Verletzung des Gegners vermeiden, spricht man von *Kommentkämpfen*. Diese sind für beide Gegner vorteilhaft.

Seltener tritt ein anderes genetisch programmiertes Kampfverhalten auf: Stolpert in diesem Fall ein Konkurrent, so versucht der andere sofort, ihm das Geweih in den Körper zu stoßen (*Beschädigungskampf*). 6 % der Hirsche erleiden im Verlauf ihres Lebens schwerwiegende Verletzungen. Aufgrund solcher Beschädigungskämpfe bleiben für 20 – 30 % aller verletzten Hirsche Dauerfolgen zurück.

Die Soziobiologie betrachtet das Kampfverhalten modellhaft so, als ob die Individuen wie in einem Spiel unterschiedliche Strategien verfolgen (*Spieltheorie*). Am Beispiel der Rothirsche lassen sich zwei Strategien erkennen: *Komment-* und *Beschädigungskämpfe*. Der Kommentkämpfer droht, imponiert und führt Schiebekämpfe durch. Bei drohendem Beschädigungskampf flieht er. Der Beschädigungskämpfer versucht, seinem Konkurrenten Schaden zuzufügen. Der Kampf endet mit schweren Verletzungen oder dem Tod eines Rivalen. In *mathematischen Modellen* können die Kosten und Nutzen von Strategien quantitativ abgeschätzt werden, die im Freiland nicht zu ermitteln sind (s. Kasten). Diese Modelle entsprechen nicht in allen Einzelheiten der Realität, liefern aber Hinweise für weitere Forschungen.

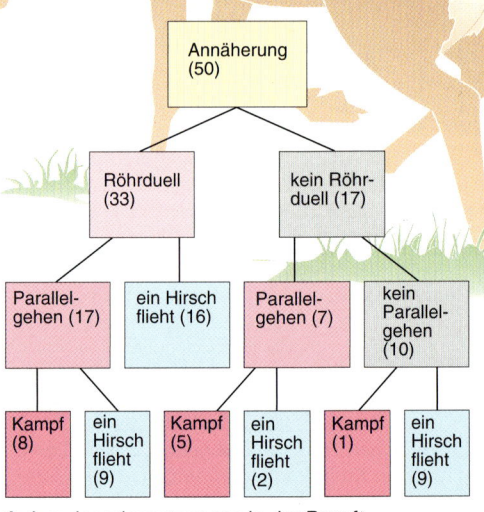

1 Auseinandersetzungen in der Brunft

- Annäherung (50)
  - Röhrduell (33)
    - Parallelgehen (17)
      - Kampf (8)
      - ein Hirsch flieht (9)
    - ein Hirsch flieht (16)
  - kein Röhrduell (17)
    - Parallelgehen (7)
      - Kampf (5)
      - ein Hirsch flieht (2)
    - kein Parallelgehen (10)
      - Kampf (1)
      - ein Hirsch flieht (9)

Verhaltensbiologie

Nach den Voraussetzungen im Modell 1 (s. Kasten) kann sich die Strategie der Kommentkämpfer in der Evolution nicht alleine durchsetzen. *Evolutionsstabile Strategien* (ESS) stellen Mischungen aus verschiedenen Strategien dar. Die ESS müsste sich definitionsgemäß gegenüber auch nur theoretisch denkbaren Alternativstrategien durchsetzen. Eine genauere Betrachtung des Kampfverhaltens bei Rothirschen lässt erkennen, dass Mischformen des Komment- und Beschädigungskämpfers denkbar sind.

Das 2. Modell prüft 5 Kampfstrategien in ihren Wechselwirkungen und gibt über die vorgegebene Punktebewertung ein Maß für die Fitness an. Die Kampfstrategie des Vergelters dominiert gegenüber dem Kommentkämpfer. Sie vereinigt wichtige Anteile der natürlichen Situation in sich: Anfangs setzt der Vergelter wenig ein und verringert das Verletzungsrisiko. Bei einer Eskalation ändert er seine Kampftaktik und muss damit keine Konkurrenz vorzeitig beenden. Die Simulation liefert somit eine mögliche modellhafte Erklärung, wie die Evolution des Kampfverhaltens des Rothirsches abgelaufen sein könnte.

Im Rahmen des Modells geht man davon aus, dass jedes Individuum im Kampf in jedem Stadium Nutzen-Kosten-Abwägungen zur optimalen Kampfstrategie vornehmen kann, wobei ein Individuum um so mehr Energie, Zeit und Risiko (Kosten) bereit ist einzusetzen, je größer der zu erwartende individuelle Nutzen für die Fortpflanzung ist.

Die Auslese ermittelt erfolgreiches Verhalten eines Individuums im Vergleich zur Häufigkeit der Taktiken der Konkurrenten *(frequenzabhängige Selektion)*. Das Modell 2 zeigt, dass sich evolutionsstabile Strategien unter natürlichen Bedingungen auf zwei Wegen bilden könnten: Gruppen von Individuen wenden innerhalb der Population jeweils eine Strategie an oder Individuen realisieren mehrere Strategien nacheinander oder gleichzeitig. Dieses Ergebnis erweitert somit die Vorstellungen des genetisch programmierten Verhaltens der Ethologie. Die Soziobiologie erforscht die individuellen Unterschiede des Verhaltens.

Aufgabe

① Viele Fachausdrücke der Soziobiologie stammen aus der menschlichen Erfahrungswelt. Diskutieren Sie die Vorteile und Gefahren dieser Fachtermini.

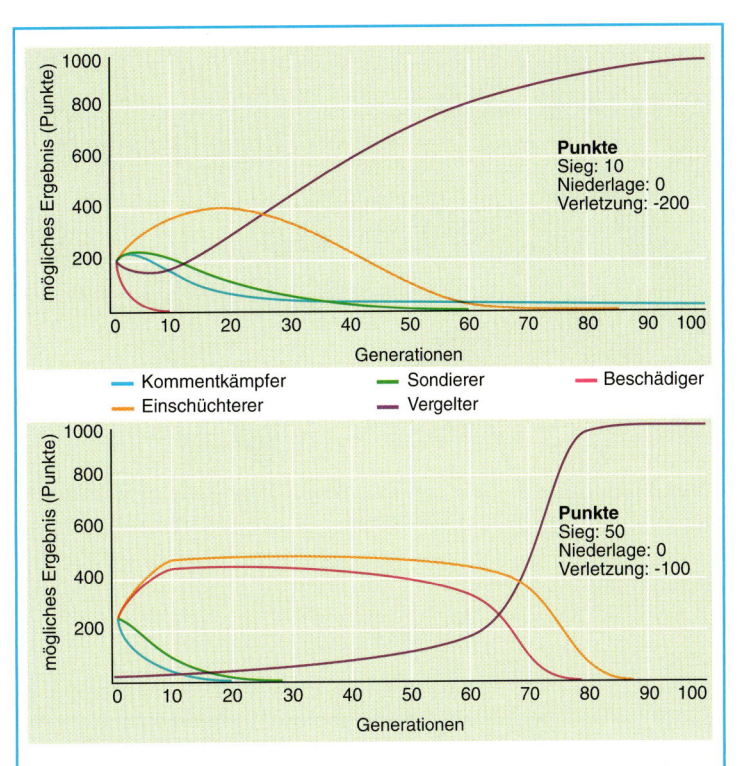

Computersimulation von Kampfstrategien

Man simuliert eine Modellpopulation, in der Mutationen auftreten, die das Verhalten verändern. Zu einer Population von Kommentkämpfern treten durch Mutation wenige Beschädigungskämpfer. Für diese Konkurrenzsituation gibt man dem Computer unter den stark vereinfachten Voraussetzungen folgende Wertungen vor: Der Gewinner eines Kampfes erzielt 150 oder 10 Punkte, der Verlierer eines Kommentkampfes erhält 0 Punkte, während eine schwere Verletzung beim Beschädigungskampf mit –75 oder –200 Punkten gewertet wird. Als Ergebnisse erhält man:
1. Es stellt sich ein Gleichgewichtszustand zwischen Komment- und Beschädigungskämpfern ein, wenn die Kommentkämpfer nicht aussterben.
2. Nur wenige Beschädigungskämpfer halten sich, wenn die Verletzungspunkte hoch und die Siegpunkte niedrig bewertet werden.
3. Werden die Siegpunkte hoch, das Verletzungsrisiko niedrig angesetzt, setzten sich die Beschädigungskämpfer durch.

Die Beschreibung des Kampfverhaltens weist aber darauf hin, dass weitere Kampfstrategien denkbar sind. Diese Situation gibt ein zweites Spielmodell mit 5 Kampfstrategien besser wieder: Neben Komment- und Beschädigungskämpfern treten Sondierer, Vergelter und Einschüchterer auf. Der *Sondierer* beginnt mit Kommentkampf und wechselt bei Kommentkampf des Gegners zum Beschädigungskampf über. Beim Beschädigungskampf des Rivalen flieht er und bleibt unverletzt. Der *Vergelter* beginnt mit Kommentkampf und wechselt bei Beschädigungskampf des Gegners ebenfalls zum Beschädigungskampf. Der *Einschüchterer* startet mit Beschädigungskampf, flieht aber bei Beschädigungskampf des Konkurrenten sofort und bleibt unverletzt. In der Regel stellt sich ein Gleichgewicht zwischen dem Vergelter und dem Kommentkämpfer als evolutionsstabile Strategien ein, wobei der Vergelter dominiert.

Aufgabe

① Welche wichtigen Aspekte des Verhaltens des Rothirsches sind auch in dem Spielmodell mit 5 Kampfstrategien nicht berücksichtigt?

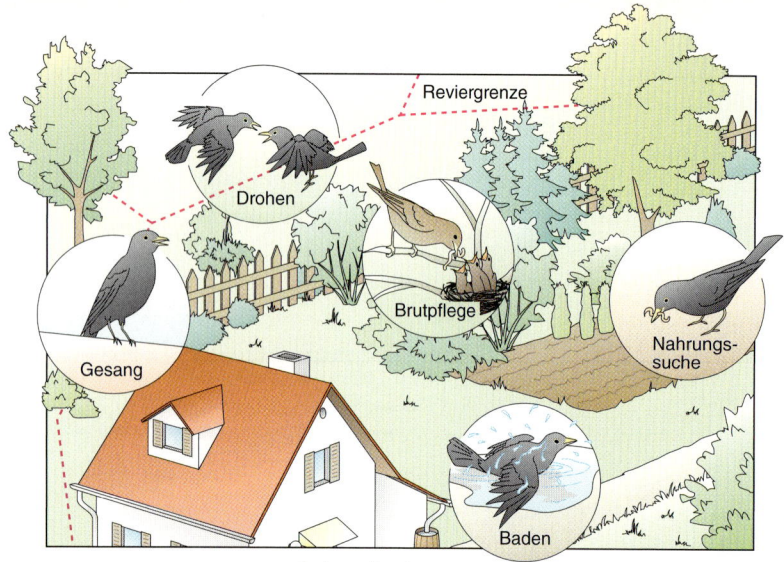

1 Amselrevier

2 Birkhahn

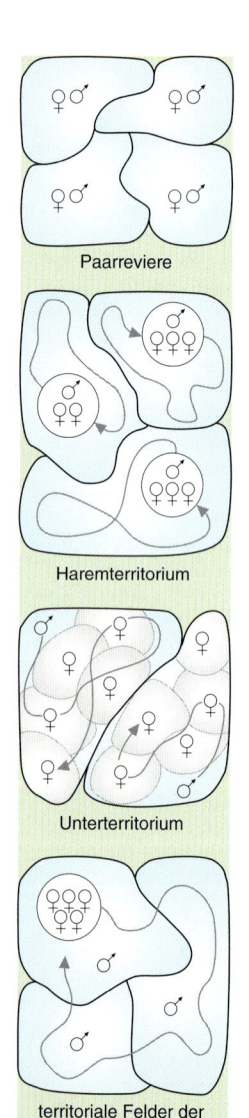

Paarreviere

Haremterritorium

Unterterritorium

territoriale Felder der Männchen

Reviere

Bereits im Herbst verteidigen Amselmännchen Wohngebiete, in denen sie Nahrung finden. Gegen Ende des Winters markieren die Amselhähne ihr Revier mit Gesang von einer erhöhten Warte aus. Im zeitigen Vorfrühling stecken die Männchen benachbarter Reviere die Grenzen durch Drohen und Beschädigungskämpfe gegeneinander ab. Besitzt ein Amselhahn ein Revier, das über geeignete Nistmöglichkeiten und ausreichend Nahrung zur Aufzucht der Jungen verfügt, so kann er ein Weibchen anlocken und sich mit ihm paaren. Danach vertreibt jeder Partner des monogamen Paares gleichgeschlechtliche Artangehörige aus dem Revier. Reviere werden im Gegensatz zum Streifgebiet, in welchem die Tiere zur Nahrungssuche umherziehen, gegen Angehörige der gleichen Art verteidigt und sichern den Zugang zu lebenswichtigen Ressourcen, wie z. B. Nahrung und Geschlechtspartnern.

Manche Reviere erfüllen ihre Funktion zeitlich begrenzt nur zur Fortpflanzungszeit. Männliche Gnus erkämpfen Gebiete, welche die Weibchen äsend durchwandern (territoriale Felder). Die stärksten Männchen behaupten feuchte und fruchtbare Territorien (Spezialbegriff für die Reviere der Säugetiere), auf denen das Gras besonders saftig ist und schnell wächst. Da die Weibchen sich bevorzugt in Gebieten mit bester Nahrung aufhalten, nimmt für Revierinhaber die Wahrscheinlichkeit stark zu, ein Weibchen zu begatten und damit seine Gene an die nächste Generation weitergeben zu können. In der Revierbildung gibt es Unterschiede. So weisen z. B. Tiger ein System mit Unterterritorien auf. Im Territorium eines Männchens leben mehrere Weibchen in ihren Territorien. Die kleinsten Reviere werden auf der Balzarena der Birkhühner eingenommen (Abb. 2). Die Hähne versuchen, ein möglichst zentral gelegenes Gebiet zu erstreiten, da die Weibchen mit den Hähnen dieser zentralen Plätze überproportional häufig kopulieren. Hauskatzen jagen im gleichen Wohnraum zu verschiedenen Tageszeiten. Panzernashörner verteidigen kleine Wannen im Grasdschungel, in denen sie schlafen. Reviere erfüllen also unterschiedliche Funktionen (Balzen, Fortpflanzung, Nahrungssuche und Schlafen) und dies zum Teil zu bestimmten Jahres- (bei Brunftterritorien) und Tageszeiten. Die Reviergröße richtet sich häufig nach der verfügbaren Nahrungsmenge und -qualität sowie nach der Anzahl geeigneter Plätze zur Jungenaufzucht.

Durch die Selektion werden unterschiedliche Formen des Revierverhaltens immer so ausgelesen, dass die Nutzen des Reviers die Kosten zur Verteidigung stets überwiegen. So entstehen einem Amselhahn bei einem großen Revier erhebliche Kosten, wenn er das Revier in Besitz nimmt, bei den Kämpfen an den Reviergrenzen und für die Gesänge, mit denen er das Revier markiert. Der Nutzen entsteht ihm durch die Paarung mit einem Weibchen und die Jungenaufzucht, wodurch er die eigene Fitness steigert. Außerdem erleichtert die Vertrautheit mit der Umgebung das Aufsuchen von Nahrung, Fluchtwegen und Verstecken.

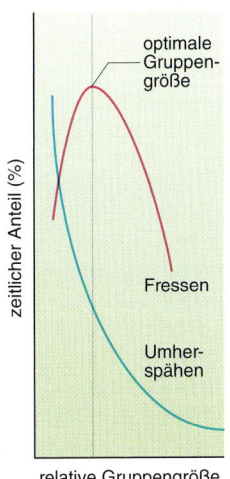

1 Huftierherde in der Savanne

muss es den Kopf heben. Da es nicht gleichzeitig fressen kann, entstehen ihm Kosten. Das Sichern erhöht die Wahrscheinlichkeit, einen Feind frühzeitig zu entdecken (Nutzen). In einer Herde sichern immer einige Tiere — die Kosten für das einzelne Individuum nehmen dadurch ab, die Zeit für das Fressen nimmt zu (Nutzen). Warnt ein Tier, so stiebt die ganze Herde blitzartig davon. Der Räuber kann bei den vielen durcheinander laufenden Tieren seltener ein Tier für eine erfolgreiche Jagd fixieren und separieren *(Konfusionseffekt)*. Dies ist die Schutzwirkung der Herde in der offenen Savanne.

Bei den Staaten der sozialen Insekten (Ameisen, Bienen, Faltenwespen und Termiten) liegt eine andere Form der Gesellschaft vor. Nur gemeinsam können die Staaten bildenden Insekten die umfangreichen Nester anlegen und unterhalten. Verwechselt eine Biene das Einflugloch zum Stock, so wird sie von den Wächterbienen eines anderen Volkes vertrieben. Angehörige eines Volkes erkennen sich am gemeinsamen Stockduft. Dieser setzt sich überwiegend aus den Duftstoffen der Pflanzen zusammen, von denen Sammlerinnen Nektar und Pollen eintragen. Angehörige eines Bienenvolkes kennen sich also nicht individuell, identifizieren sich aber als Gruppenangehörige anhand des Stockduftes. Man spricht bei dieser Sozietät von einer *geschlossenen anonymen Gesellschaft*.

Sozialstrukturen

Auch bei überwiegend einzeln lebenden *(solitären)* Arten müssen die Geschlechtspartner zur Fortpflanzungszeit wenigstens kurz zusammenkommen. Beispiele sind bei Arten von Insekten, Krebsen und Spinnen bekannt. Andere Tiere leben dauerhaft in Partnerschaft oder Gruppen zusammen. Welche Vor- und Nachteile ergeben sich aus einem Zusammenschluss bei Tieren? Wie wirken ökologische Faktoren, wie z. B. Nahrung und Feinde, auf soziale Zusammenschlüsse ein?

Monarchfalter fliegen im Spätsommer von Kanada nach Mexiko, wo sie in den Tälern der Sierra Madre im milderen Klima überwintern. Die Baumbestände einer Fläche bis zu 3 Hektar sind extrem dicht mit ruhenden Faltern bedeckt. Auf einem Baum können zehntausende sitzen. Eine solche durch Umweltbedingungen verursachte Ansammlung oder Scheingesellschaft nennt man *Aggregation*.

Gnus, Zebras, Giraffen und Antilopen ziehen in großen Herden über die Savannen Afrikas. Da sich die einzelnen Tiere untereinander nicht kennen und versprengte Tiere jederzeit wieder in die Herde aufgenommen werden können, bezeichnet man solche Sozialverbände *(Sozietäten)* als *offene anonyme Gesellschaften*. Sie sind nicht an einen festen Ort gebunden. Für die Pflanzenfresser stellt Gras in der Trockenzeit die knappe Ressource dar, die sie durch Wanderungen zu erreichen suchen. Beim Äsen befindet sich ein Herdentier in einer Konfliktsituation, da es gleichzeitig durch Feinde bedroht sein könnte. Späht es umher,

Bei *geschlossenen individualisierten Gesellschaften,* die bei Säugetieren und Vögeln vorkommen, kennen sich alle Gruppenmitglieder individuell untereinander. In der afrikanischen Savanne leben bei Löwen 2 bis 9 erwachsene Weibchen und 1 bis 6 erwachsene Männchen mit ihren Jungtieren in einem Rudel zusammen. Alle Löwinnen sind miteinander verwandt (Großmutter, Mutter, Tanten, Töchter, Schwestern und Cousinen). Heranwachsende Weibchen verbleiben im Rudel. Männchen werden mit ungefähr 3 Jahren vertrieben. Nur gemeinsam können die Weibchen in Gruppen große Tiere wie Zebras oder Gnus erfolgreich jagen. Sie laufen nicht so schnell und ausdauernd wie ihre Beutetiere. In der Gruppe schleichen sie von den Seiten auf die Beute zu und umzingeln sie. Von der geschlagenen Beute fressen alle Mitglieder des Rudels. Der Zusammenschluss der Weibchen zu einem Rudel erhöht den Jagderfolg um so mehr, je größer die Anzahl der Weibchen ist. Dadurch nimmt auch die Anzahl der überlebenden Jungtiere zu, denn normalerweise sterben 80 % der Jungtiere, davon ein Viertel den Hungertod.

Monarchfalter

Verhaltensbiologie

Sozialstruktur der Schimpansen

Wohngebiet je nach Biotop: 5-278 km²
Kerngebiet (♀): 20% des Wohngebietes

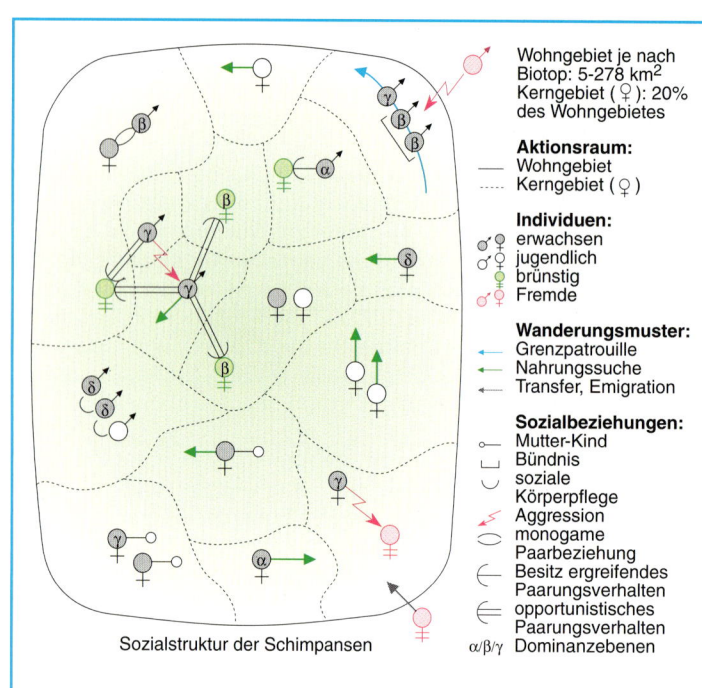

Aktionsraum:
— Wohngebiet
--- Kerngebiet (♀)

Individuen:
♂♀ erwachsen
♂♀ jugendlich
♀ brünstig
♀ Fremde

Wanderungsmuster:
← Grenzpatrouille
← Nahrungssuche
← Transfer, Emigration

Sozialbeziehungen:
○ Mutter-Kind
⊔ Bündnis
∪ soziale Körperpflege
⚡ Aggression
◯ monogame Paarbeziehung
⊢ Besitz ergreifendes Paarungsverhalten
⊣ opportunistisches Paarungsverhalten
α/β/γ Dominanzebenen

Die Gemeinschaft der Schimpansen

Schimpansen leben in Gruppen bis zu 50 Tieren zusammen und fressen bevorzugt Früchte. In Regenwaldgebieten ist die Anzahl der reifen Fruchtbäume relativ hoch, in Savannenlandschaften dagegen wechselt die Dichte der reifen Fruchtbäume stärker. So zerfällt die Schimpansengemeinschaft je nach Nahrungsangebot und der Häufigkeit brünstiger Weibchen in Männertrupps, Mutter-Kinder-Trupps und gemischtgeschlechtliche Trupps. Die Vereinigung von Individuen und der Zerfall in Untergruppen kennzeichnet die *Sammlungs-Trennungs-Gesellschaft*. Ein Vorteil des Gruppenzusammenschlusses besteht in der Möglichkeit, *kooperativ zu jagen*, womit die Wahrscheinlichkeit zunimmt, Beutetiere zu fangen.

Die Männchen verteidigen das *Gruppenterritorium* gemeinsam. Einzeln können sie ihre Fortpflanzungsstrategie, möglichst viele Weibchen zu begatten, nicht optimieren. Die Männchengruppe sichert damit gemeinsam ihre wichtigste Ressource, paarungsbereite Weibchen, da Weibchen auf der Nahrungssuche ein großes Wohngebiet durchstreifen können. Fremde Schimpansenmännchen werden an der Territorialgrenze angegriffen. Lediglich Weibchen werden in den Sozialverband aufgenommen. In der Gruppe geborene Weibchen verlassen die Gruppe vor der Geschlechtsreife, dadurch wird Inzucht vermieden. Die Männchen verbleiben in der Gruppe. Die Männchen sind untereinander verwandt oder kennen sich sehr gut. Männliche Schimpansen bilden Bündnisse, die sich an der bevorzugten gegenseitigen Fellpflege ablesen lassen.

Die Schimpansenfrauen kopulieren mit wechselnden Partnern, was vermutlich dem Gruppenzusammenhalt dient. Ein Großteil der Kinder wird nach individueller Partnerwahl in einer mehrtägigen Partnerbeziehung gezeugt, bei der sich ein Paar von der Gruppe absondert.

Eine Voraussetzung für das genau abgestimmte Sozialverhalten bei den Schimpansen ist eine differenzierte Verständigung der Gruppenangehörigen untereinander. Außerdem verfügen Schimpansen über Fähigkeiten, soziale Beziehungen zu knüpfen, soziale Beziehungen zu beobachten, Informationen darüber abzuspeichern und sie bei eigenen sozialen Kontakten zu berücksichtigen. Schimpansen sind vollendete soziale Strategen.

Rangordnung

Die bekannte Schimpansenforscherin JANE GOODALL berichtete über einen Kampf zwischen den zwei Schimpansenmännchen Figan und Humphrey: „Figan hörte auf zu fressen. Einen Augenblick saß er regungslos auf einem Baum, dann kletterte er ganz ruhig hinab. Bis er die anderen erreicht hatte, begann sich sein Fell schon zu sträuben, und als er auf ihren Baum hinaufkletterte, schwoll er an, bis er doppelt so groß wirkte, wie er wirklich war. Plötzlich ging es los; Figan zeigte eine wilde Imponierveranstaltung im Geäst, schüttelte heftig Zweige, sprang und schwang sich von einer Seite des Baumes auf die andere. Chaos brach aus, als Schimpansen kreischend vor ihm flüchteten; viele von ihnen sprangen aus den Schlafnestern. Figan scheuchte kurz ein altes Männchen und verpasste ihm en passant einen fürchterlichen Hieb, und dann, als er sich richtig in Rage gearbeitet hatte, sprang er von oben auf Humphrey in seinem Nest hinunter. Ineinander verkrallt fielen die beiden rund neun Meter tief hinab. Humphrey riss sich los und floh kreischend. Figan verfolgte ihn kurz und stieg dann, ohne eine Pause zum Atemholen zu machen, wieder in den Baum und fuhr fort, in den Ästen herumzuspringen."

Figans Sieg über Humphrey, das Männchen mit dem bis dahin höchsten sozialen Rang, dem des Alpha-Tieres, leitete eine Veränderung in den sozialen Stellungen der Schimpansengruppe im Gombe-Nationalpark am Ostufer des Tanganjikasees in Afrika ein. Junge Männchen mit wachsender Kampfkraft und Erfahrung provozieren vor ent-

1 Imponiergehabe eines Schimpansen

Zitat von JANE GOODALL aus: Ein Herz für Schimpansen, Rowohlt-Verlag, Reinbek bei Hamburg, 1993; Seite 64

scheidenden Kämpfen Männchen, die in der Rangordnung über ihnen stehen. Sie versuchen, sie von ihrer sozialen Stellung zu vertreiben (Rangstreben).

Männchen erreichen die Alpha-Position häufig über Koalitionen mit anderen Männchen. Figan hatte sich die Unterstützung seines Bruders Faben gesichert, der bei dem Kampf anwesend war. Evered, der Partner von Humphrey, fehlte bei dieser Auseinandersetzung. Einige Tage später besiegten Figan und Faben gemeinsam Evered, damit dominierten sie über die alte Spitzenkoalition.

Schimpansenmännchen arrangieren die entscheidenden Kämpfe dahingehend, dass der eigene Partner zur Unterstützung anwesend ist, aber Verbündete des möglicherweise körperlich stärkeren, alten Alpha-Männchens fehlen. Dann kann es zum Machtwechsel kommen. Das unterlegene Tier, hier Humphrey, ordnet sich künftig dem Sieger, Figan, unter. Die beiden Koalitionäre, Figan und Faben, teilen sich die Privilegien des hohen Ranges.

Rangordnungen innerhalb von geschlossenen individualisierten Gesellschaften sind manchmal linear gegliedert, wobei die ranghöheren jeweils über die rangniederen Tiere dominieren. Mit den Buchstaben des griechischen Alphabets stellt man meist Rangordnungen dar. Das ranghöchste wird als α-Tier bezeichnet, dann folgt das β-Tier, danach das γ-Tier und am Ende der Rangordnung das Ω-Tier (s. Randspalte).

Bei den anderen Rangordnungstypen treten Gruppen gleichrangiger Tiere oder auch Dreiecksbeziehungen mit teilweise umgekehrter Rangposition zwischen einzelnen Tieren auf. Bei den Schimpansen besteht eine geschlechtsspezifische Hierarchie unter Männchen und eine unter Weibchen. Häufig sind erwachsene Männchen stärker und damit ranghöher als Weibchen. Kämpfe zwischen den Geschlechtern sind selten.

Die biologische Bedeutung der Rangordnung besteht für ranghohe Tiere darin, anerkannt und respektiert zu sein. Sie haben bevorzugten Zugang zu wichtigen Ressourcen (brünstige Weibchen, Nahrung und Schlafplätze). Dadurch werden die eigenen Fortpflanzungschancen erhöht und die anderer Individuen verringert. Eine Nahrungsknappheit übersteht ein ranghohes Tier in einer besseren Verfassung als rangniedere Tiere. Neben dem Aufwand für das Erkämpfen und

Verteidigen einer ranghohen Position müssen dominante Tiere auch als Pflichten die Verteidigung und das Führen der Gruppe sowie den Ausgleich bei sozialen Streitigkeiten übernehmen.

Rangordnungen haben für die ganze Gruppe den Vorteil, häufig über längere Zeit stabil zu bleiben. Auf Dauer werden so Rivalitäten, Verletzungen und der Verbrauch von Energie für Kämpfe in der Gruppe minimiert. Das Alpha-Tier setzt sich bei Streitigkeiten meist zugunsten des unterlegenen Tieres ein und versucht, aufkommenden Streit frühzeitig zu schlichten. Meist genügt dazu schon aufgrund der anerkannten Machtverhältnisse ein kurzes *Drohen* oder *Imponieren* zur sozialen Distanzierung.

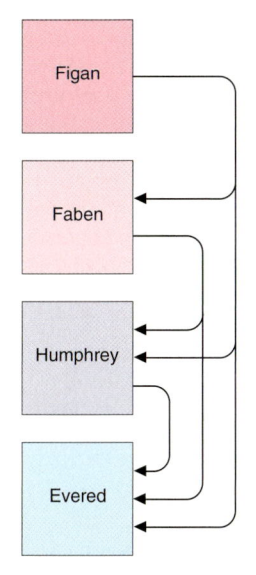

Lineare Rangordnung

Versöhnung

Bei Schimpansen hat der Affenforscher F. DE WAAL beobachtet, dass nach aggressiven Begegnungen in 40 % der Fälle die Gegner innerhalb von einer halben Stunde Kontakt zur Versöhnung aufnahmen.

Im einfachsten Falle wurde dem Gegner die ausgestreckte, nach oben offene Hand entgegengehalten. Gelingt es Männchen nach einem Kampf nicht, die Kommunikation wieder aufzunehmen, kann ein Weibchen zwischen beiden vermitteln. Es nähert sich einem Männchen, betreibt soziale Fellpflege *(grooming)* mit ihm, fordert gleichzeitig den Kontrahenten durch einen Augenkontakt auf, zu folgen. Wenn das zweite Männchen neben ihr sitzt, wird sie von beiden am Fell gepflegt. Zieht sich das Weibchen zurück, pflegen sich die beiden bald gegenseitig.

Dieses Beispiel macht deutlich, dass im sozialen Verhalten unserer nahen Verwandten Versöhnung und Konfliktvermeidung angelegt sind.

Kommunikation

Ein Rotkehlchenmännchen lockt mit seinem Gesang ein Weibchen an und weist gleichzeitig einen Rivalen ab. Treffen wenige Moleküle des Sexuallockstoffs *Bombykol* auf die Antennen eines Seidenspinnermännchens, so fliegt es, über Kilometer der zunehmenden Duftstoffkonzentration folgend, zu dem Weibchen und kopuliert mit ihm. Diese beiden Beispiele aus dem Sozialverhalten der Tiere zeigen, dass zum Zusammenfinden von Weibchen und Männchen und zum Aufrechterhalten von Sozialstrukturen ein Informationsaustausch *(Kommunikation)* zwischen Angehörigen einer Art stattfindet.

Allgemein gilt das folgende Kommunikationsmodell: Ein Individuum, der *Sender*, beeinflusst durch das Aussenden eines Signals das Verhalten eines anderen, des *Empfängers*. Der Ablauf lässt sich in die folgenden Phasen unterteilen:
— Beim Sender besteht die Handlungsbereitschaft, sich mitzuteilen *(Nachrichtenbedürfnis)*.
— Die Nachricht wird vom Sender in Signale codiert, welche der Empfänger versteht *(Codierung)*.
— Die Signale werden vom Sender über einen Kanal gesendet *(Sendung)*.
— Die Sinnesorgane des Empfängers nehmen die Signale auf und melden eine Information an höhere Nervenzentren weiter *(Empfang)*.
— Der Empfänger entschlüsselt die Information und versteht den Sinn der Nachricht *(Decodierung)*.
— Es folgt meist eine Reaktion des Empfängers, die eine Codierung und Sendung einer Antwort darstellt.

Signale werden nur wirksam, wenn sie von den Sinnesorganen des Senders und Empfängers empfangen sowie im Nervensystem des Empfängers decodiert und verstanden werden. Sie sind im Laufe der Evolution so ausgelesen worden, dass ein gemeinsamer Code für die Angehörigen einer Art besteht. Die Signalformen haben folgende Vor- und Nachteile für die Kommunikation:
— *Chemische Signale* werden zwar langsam übertragen, bleiben aber dafür lange Zeit wirksam. Sie erfordern einen geringen Energieaufwand, können aber nur langsam als Signal geändert werden. So hemmt die Königinnensubstanz der Honigbiene, ein Soziohormon oder *Pheromon*, über lange Zeit die Ovarienentwicklung der Arbeiterinnen.

Ritualisierung

Der *Jagdfasan* scharrt während der Balz, tritt zurück und pickt mit Futterlockrufen gegen den Boden. Die Henne läuft herbei. Der *Glanzfasan* entwickelt zur Balzzeit einen fächerartigen Schwanz. Er verbeugt sich mit leicht gefächertem Schwanz vor der Henne und hackt mit Schnabelschlägen in den Boden. Die Henne läuft herbei und sucht vergeblich nach Futter. Er spreizt jetzt seine Schwanzfedern und Schwingen maximal. Sein Schwanzgefieder bewegt sich langsam rhythmisch vor und zurück. Der *Pfaufasan* kratzt am Boden, verbeugt sich unter Flügelanheben und Schwanzfächern. Kommt ein Weibchen, bietet er ihm Futter an. Die Verhaltensweisen der Balz sind aus dem Futterlocken hervorgegangen. Hennen holen die Küken zum Futter, indem sie scharren, picken und Lockrufe ertönen lassen. Der Vergleich der nahe verwandten Fasanarten zeigt, dass die Verhaltensweisen aus dem Zusammenhang des ursprünglichen Funktionskreises gelöst und in den des Fortpflanzungsverhaltens eingeordnet wurden. Dabei sind Ausdrucksbewegungen entstanden, die stark verlangsamt ausgeführt, durch auffällige Farben und häufige rhythmische Wiederholungen unterstrichen werden. Im Laufe der Evolution hat das Futterlocken eine neue Bedeutung bekommen. Es erhielt Signalfunktionen *(Ritualisierungen)* und dient der innerartlichen Kommunikation.

Jagdfasan   Glanzfasan   Pfaufasan

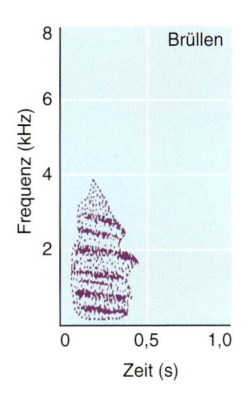

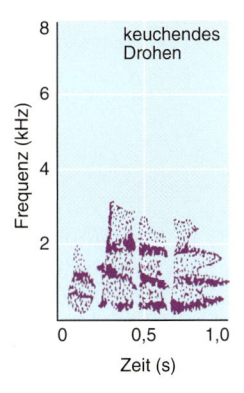

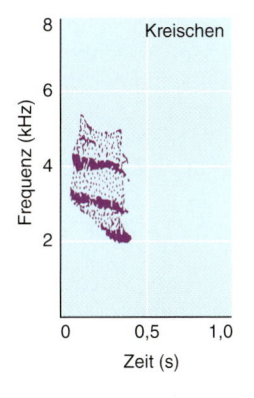

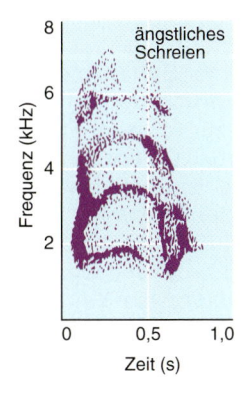

— *Optische Signale*, wie der Kehlfleck des Rotkehlchens oder Ausdrucksbewegungen der Wölfe (z. B. Drohhaltung), wirken meist im Nahbereich. Ausdrucksbewegungen des Körpers und die Gesichtsmimik stellen in den sozialen Verbänden der Säugetiere ein hoch differenziertes Mitteilungssystem dar, mit dem Nachrichten schnell übertragen und verändert werden können. Schimpansen können an der Mimik des Sozialpartners sogar Handlungsbereitschaften ablesen, wie z. B. Angst. In offenen Lebensräumen (Savannen, Wiesen und Felder) können Tiere gut optische Signale einsetzen.

— *Akustische Signale*, wie Territorialgesänge bei Gibbons, besitzen eine große Reichweite. Sie übertragen auch im Nahbereich schnell und differenziert Nachrichten (bei Rhesusaffen s. Randspalte).

Die höchste Entwicklungsstufe akustischer Kommunikation erreicht die *menschliche Wortsprache*. Mit ihr können Gefühle, Einstellungen und Meinungen wiedergegeben *(Ausdrucksfunktion)* sowie Aussagen über die Wirklichkeit gemacht werden *(Darstellungsfunktion)*. Weiterhin kann versucht werden, das Verhalten zu steuern *(Appellfunktion)*. Sie ist zunächst eine Lautsprache mit Worten als Zeichen, die nach einem System von Regeln zueinander in Beziehung gesetzt werden. Sätze sind die grammatikalisch strukturierten Einheiten. Der Mensch setzt die Sprache situationsgerecht und zur Verwirklichung seiner sozialen Absichten ein.

Eine der kompliziertesten Kommunikationsformen im Tierreich ist die *Tanzsprache der Bienen*. Mit einem Rundtanz informiert eine Sammlerin im Bienenstock über eine Futterquelle, die bis zu 80 Metern entfernt liegt. Die Art der Futterquelle erschließen die Bienen aus dem Duft des Pollens oder Nektars. Die Richtung von Futterquellen über größere Entfernungen kennzeichnen Arbeiterinnen durch die Abweichung der Schwänzelstrecke von der Senkrechten im Stock, die der Abweichung der Flugrichtung vom Sonnenstand entspricht. Für nahe Entfernungen folgen die Schwänzelläufe schnell und für weite langsam aufeinander. Sie werden durch Schnarrlaute von 260 Hz mit bestimmter Dauer begleitet, die die Qualität und Rentabilität der Futterquelle anzeigen. Die Bienen geben mit ihrer Tanzsprache Nachrichten über Trachtquellen, die räumlich und zeitlich entfernt liegen. Ihr Nachrichtensystem hat somit Darstellungs- und Appellfunktion wie bei der menschlichen Sprache.

Sprachähnliches Verhalten bei Menschenaffen

Am ehesten hätte man den Menschenaffen zugetraut, dass sie eine Kommunikationsform wie die menschliche Sprache nutzen können. Frühe Versuche misslangen, ihnen menschliche Laute beizubringen. Sie lernten nur wenige Wörter. Als Ursache stellte sich heraus, dass der Sprechapparat im Bereich des Kehlkopfes anders als beim Menschen gebaut ist.

Die weiteren Untersuchungen beschränkten sich darauf, sprachähnliches Verhalten ohne Lautproduktion zu erforschen. Vom Ehepaar GARDENER lernte das junge Schimpansenweibchen Washoe eine Zeichensprache, die auf den Handgesten der amerikanischen *Taubstummensprache* (ASL) basiert.
Sie beherrschte nach vier Jahren Unterricht 132 Zeichen. Später adoptierte Washoe Luolis, ein 10 Monate altes Schimpansenkind. Dieses lernte von ihr bis zum 5. Lebensjahr 40 Zeichen. ASL-erfahrene Schimpansen führten mithilfe der Zeichensprache Selbstgespräche. Sie kombinierten selbst neue Zeichen für bisher unbekannte Sachverhalte. Die Versuche zeigen, dass Schimpansen zur *Symbolverwendung* fähig sind. Eine *Symboldeutung*, wie sie für Wörter gefordert werden muss, bleibt strittig. Zwei Zeichenfolgen, wie „Lucy kitzelte", deuten einfache Satzkonstruktionen an.

ANN und DAVID PREMACK trainierten die Schimpansin Sarah darauf, farbige Plastiksymbole als Wortzeichen zu nutzen. Sätze wurden konstruiert, indem die Magnetsymbole an eine Stahltafel untereinander geheftet wurden. Sarah lernte 130 Plastiksymbole sinnvoll anzuwenden. Nach PREMACKS Deutung beherrschte Sarah neben einfachen Satzkonstruktionen auch Bedingungssätze (s. Abb.). Dies würde bedeuten, dass Schimpansen ein Verständnis für grammatikalische Regeln hätten. Andere Wissenschaftler stellten dies in Frage, weil die Aneignung der Zeichen von Menschen und von Belohnung abhängig war. Ein selbständiger Spracherwerb ist für Menschenaffen bisher nicht sicher nachgewiesen.

1 Brütende Heckenbraunelle

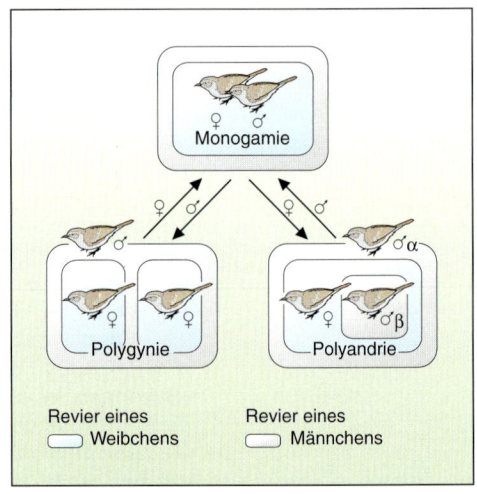

2 Paarungssysteme bei der Heckenbraunelle

Paarungssysteme

Monogamie
Paarbindungen zwischen einem Männchen und einem Weibchen über eine Fortpflanzungssaison oder bis zum Tod eines Partners.

Polygamie
Ein Individuum eines Geschlechts paart sich mit mehr als einem Partner des anderen Geschlechts. Man unterscheidet drei Formen:

Polygynie
Ein Männchen begattet mehrere Weibchen. Jedes Weibchen der Gruppe paart sich aber nur mit dem gleichen Männchen. Die Brutpflege übernehmen in der Regel die Weibchen.

Polyandrie
Ein Weibchen paart sich gleichzeitig oder nacheinander mit mehreren Männchen. Die Männchen übernehmen einen Teil der Brutpflege.

Promiskuität
Männchen und Weibchen paaren sich mehrfach mit verschiedenen Partnern. Beide Geschlechter können sich an der Brutpflege beteiligen.

Paarungssysteme und Brutpflege

Heckenbraunellen (kleine Singvögel) leben im dichten Unterwuchs von Wäldern, Gärten und Parkanlagen. Die Weibchen bauen die napfförmigen Nester in Hecken oder immergrünen Sträuchern. Ihre Nahrungsreviere, die sie gegen andere Weibchen verteidigen, sind um so kleiner, je dichter der Unterwuchs des Lebensraumes ist. Die Männchen erkämpfen eigene Reviere, die sie bis zu einer Größe von 3000 m² verteidigen können. Die Reviergröße ist unabhängig vom Angebot an Nahrung oder Nistplätzen. Heckenbraunellen bilden je nach ökologischen Gegebenheiten verschiedene Paarungssysteme aus.

Bei *Monogamie* stimmen die Reviere eines Männchens und Weibchens überein. Gemeinsam füttern sie die Jungen mit Insekten. Dabei ergibt sich durchschnittlich ein Fortpflanzungserfolg von 5 Jungen pro Brutsaison.

Gelingt es einem Männchen, sein Revier gegen andere Männchen auszudehnen, das zwei Weibchenreviere einschließt, so paart es sich alleine mit beiden Weibchen *(Polygynie)* und sein Fortpflanzungserfolg liegt durchschnittlich bei 7,6 Jungen pro Saison. Der Fortpflanzungserfolg pro Weibchen beläuft sich folglich nur auf 3,8 flügge Junge.

Hat ein Weibchen ein sehr großes Revier, teilen sich darin zwei Männchen kleinere Reviere. Bei der *Polyandrie* kämpfen die Männchen zunächst ohne eindeutiges Ergebnis um den Besitz des Weibchens. Nach einer Weile klingen die Kämpfe ab und beide verteidigen das Gesamtrevier gegen andere Männchen. Ist das Weibchen begattungsfähig, kopuliert es nicht nur mit dem dominanten Männchen, sondern auch mit dem unterlegenen. Dazu entzieht es sich der Bewachung durch das dominante Männchen und paart sich im dichten Gebüsch mit dem 2. Männchen. Obwohl das zweitrangige Männchen nur in 40 % der Fälle der Vater der Nachkommen ist, hilft es zusammen mit dem erstrangigen Männchen, die Jungen zu füttern. Der Fortpflanzungserfolg des Weibchens bei Polyandrie liegt bei 6,7 Jungen, während das erstrangige Männchen auf 4,0 und das zweitrangige nur auf 2,7 Junge pro Brutsaison kommt.

Die Paarungsstrukturen können sich im Laufe des Lebens eines Individuums verändern. Paarungssysteme werden neben ökologischen Faktoren von den unterschiedlichen Fortpflanzungsstrategien der Geschlechter mitbestimmt.

Bei Buschhähern, die in Florida im Gestrüpp von Eichen brüten, helfen Bruthelfer, meist Jungtiere vorangegangener Bruten, monogamen Paaren bei der Aufzucht der Jungen. Diese Helfer bringen bis zu 30 % des Futters für ihre Geschwister herbei. Sie wärmen sie auch. Noch bedeutsamer ist aber, dass sie die Jungvögel gegen Feinde (Greifvögel, Schlangen und Luchse) verteidigen. Ohne Helfer überleben nur 10 % der Jungen das erste Jahr, mit Helfern steigt dieser Wert auf 15 %. Warum zeigen die Helfer dieses scheinbar uneigennützige, *altruistische* Verhalten?

Nach der genetischen Theorie des sozialen Verhaltens können Individuen die Fitness dadurch erhöhen, dass sie durch altruistisches Verhalten den Fortpflanzungserfolg von nahen Verwandten steigern.

Die Helfer sind Jungvögel, die keine Fortpflanzungschance haben, da alle Reviere besetzt sind. Durch ihr Helferverhalten erhöhen sie die Wahrscheinlichkeit, dass ihre jüngeren Geschwister am Leben bleiben. Die Gene, die das Helferverhalten bedingen, werden sich also durch das Helferverhalten der Verwandten stärker in den Folgegenerationen der Population vermehren als Allele, die kein Helferverhalten bedingen. Zur Fitness eines Individuums trägt also außer der Anzahl der eigenen Nachkommen (direkte Fitness) auch die Anzahl der Nachkommen von nahen Verwandten bei (indirekte Fitness). Die Größe der indirekten Fitness hängt vom Verwandschaftsgrad ab. Man nennt die Summe Gesamtfitness. Tiere können also nach dieser Vorstellung in gewissen Anteilen ihre Gene in der nächsten Generation der Population auch ohne eigene Nachkommen und nur durch Hilfe bei der Brutpflege von Nachkommen naher Verwandter vermehren.

Aufgabe

① Erklären Sie, mit welchen Fortpflanzungsstrategien Weibchen und Männchen bei den Heckenbraunellen jeweils eine maximale Fitness erreichen können.

Nestflüchter, Nesthocker und Traglinge

Neugeborene Rehkitze, frisch geschlüpfte Gänse und Enten können sofort ihren Müttern folgen. Sie sind *Nestflüchter*. Geschlüpfte Amseln oder neugeborene Hunde können sich nach der Geburt nur eingeschränkt bewegen, die Augen bleiben geschlossen. Sie halten sich im Nest oder in der Höhle auf *(Nesthocker)*. Die Eltern ernähren die Jungen.

Primatensäuglinge, einschließlich menschlicher Neugeborener, sind weder Nestflüchter noch Nesthocker. Neugeborene Affen können ihre Sinne sofort nutzen und sich selbstständig bewegen. Auf Dauer können sie ihrer Mutter beim Klettern oder Wandern nicht folgen. Sie klammern sich am Fell der Mutter fest und werden getragen *(aktive Traglinge)*. Die Sinne und die Bewegungsfähigkeit menschlicher Neugeborener sind noch unterentwickelt. Neugeborene können sich nicht festhalten. Die Eltern müssen die Säuglinge mit der Hand oder einem Tuch am Körper festhalten, wenn sie diese mitnehmen *(passive Traglinge)*.

Die Bedeutung des laufenden körperlichen Kontaktes zur Mutter konnte H. HARLOW in Attrappenversuchen mit Rhesusaffenkindern nachweisen. Trennte er die Äffchen von ihren Müttern und bot ihnen im Wahlversuch Drahtattrappen, die mit einem Fell bezogen waren oder eine Milchflasche enthielten, so hielten sich die Säuglinge bevorzugt an der Fellattrappe auf. Je länger und je früher die Äffchen von ihrer Mutter getrennt wurden, um so weniger Neugier- und Spielverhalten sowie Lernvermögen zeigten sie. Demgegenüber trat aber um so häufiger aggressives und gestörtes Sozialverhalten auf. HARLOW deutete, dass Affen ein starkes Kontaktbedürfnis zur Mutter besitzen. Die Sicherheit einer festen *Bindung* an die Mutter ist eine wesentliche Voraussetzung für eine normale soziale Entwicklung. Mutterentbehrung zieht je nach Dauer schwere Verhaltensstörungen nach sich.

Während der elterlichen Brutpflege erfahren die Jungen von Vögeln und Säugetieren offensichtlich nicht nur Schutz und Nahrung, sondern lernen von oder mit Unterstützung der Eltern wichtige Verhaltensweisen zum Sozial-, Sexual- und Brutpflegeverhalten sowie zur Bewältigung der Anforderungen von Umweltbedingungen.

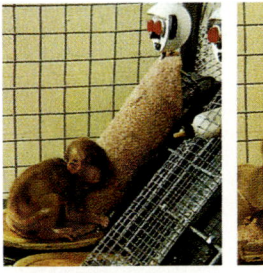

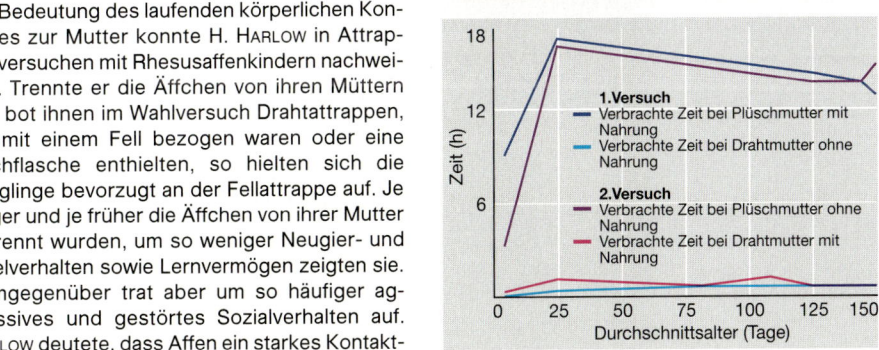

Verhaltensbiologie

4 Verhaltensbiologie des Menschen

Methoden der Verhaltensbiologie des Menschen

Die an Tieren gefundenen Ergebnisse der Verhaltensbiologen können nicht einfach auf Menschen übertragen werden. Der Tier-Mensch-Vergleich liefert Anregungen und Arbeitshypothesen für eine Untersuchung des menschlichen Verhaltens. Gemeinsamkeiten im Verhalten zwischen Menschenaffen und Menschen (z. B. Lachen, Handgeben, Drohen) können auf gemeinsame Gene aus der Stammesgeschichte zurückzuführen sein *(Homologien)* oder Angepasstheiten auf gleichartige Umweltbedingungen darstellen. Es ist deshalb schwierig, genetisch programmierte Verhaltensweisen zu ermitteln. Man hat dazu Methoden entwickelt:

— Kaspar-Hauser-Versuche verbieten sich am Menschen aus ethischen Gründen von selbst. *Beobachtungen an Säuglingen* zeigen, dass Neugeborene sofort komplizierte Reflexe, wie beispielsweise den Saug- und Greifreflex, beherrschen. Dies spricht dafür, dass diese genetisch programmiert sind. Bei dieser Methode ist es jedoch nicht auszuschließen, dass Lernprozesse im Mutterleib abgelaufen sein könnten.

— *Taubblind geborene Kinder* haben keine Möglichkeiten, auf optischem und akustischem Weg zu lernen, trotzdem lachen (Abb. 1), schmollen, zürnen und weinen sie wie Kinder mit gesunden Augen und Ohren. Dieses Ausdrucksverhalten des Menschen ist also vermutlich genetisch programmiert.

— *Attrappenversuche* mit Säuglingen, denen verschiedene Muster angeboten und die Fixierungszeit mit den Augen gemessen wurde, zeigten, dass Säuglinge im ersten Monat ein normales Gesichtsmuster länger fixierten als abstrakte Muster (Abb. 2). Übereinstimmende Ergebnisse bei Versuchen mit Attrappen weisen auch beim Menschen auf genetisch programmierte Verhaltensweisen hin.

Der Vergleich von Verhaltensweisen in den *verschiedenen menschlichen Kulturen* hat I. EIBL-EIBESFELDT in die Verhaltensbiologie des Menschen eingeführt. Er dokumentierte die Verhaltensweisen von Menschen in Film, Foto und Ton. EIBL-EIBESFELDT arbeitete dabei mit Spiegelvorsätzen vor den Objektiven, sodass er um die Ecke aufnehmen konnte. Die Menschen fühlten sich dadurch nicht beobachtet und verhielten sich unbeeinflusst.

Der Vergleich der Verhaltensweisen von Menschen verschiedener Kultur zeigte, dass Ausdrucksbewegungen des Grüßens, Lachens, Flirtens, der Abwehr und der Verachtung übereinstimmten. EIBL-EIBESFELDT fand in den verschiedenen Kulturen gleiche Elemente des Sozialverhaltens. Dies stellt einen starken Hinweis für genetisch programmiertes Verhalten dar, da es sehr unwahrscheinlich ist, dass die Verhaltensweisen übereinstimmend in den verschiedenen Kulturen erlernt worden sind.

Heben der Augenbrauen als freundlicher Gruß

1 Lächeln als vorprogrammierte Verhaltensweise

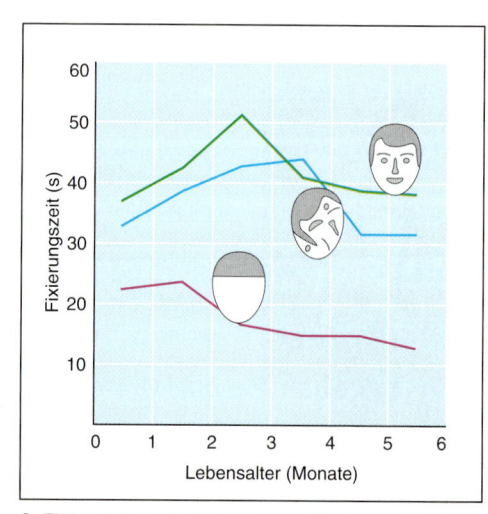

2 Fixierungsmodell bei 3 verschiedenen Mustern

1 !Ko vor ihrer Hütte sitzend    2 Stadtmenschen vor Hochhäusern

Der Mensch — ein Natur- und Kulturwesen

Anatomische und genetische Übereinstimmungen weisen darauf hin, dass Menschen mit den heute lebenden afrikanischen Menschenaffen gemeinsame Vorfahren haben. Wie weit Evolutionsprozesse das menschliche Verhalten festgelegt haben, ist im Einzelfall zu prüfen.

Der Mensch ist ein Lebewesen, das vermutlich in kleinen, individualisierten Gruppen von *Sammlerinnen* und *Jägern* zusammenlebte. Heutige Kulturen von Sammlerinnen und Jägern, wie die der *!Ko* in der Kalahari, können uns eine Modellvorstellung dafür geben, wie der anatomisch moderne Mensch in überschaubaren Familien- und Dorfverbänden für die letzte Zeit seiner Evolution gelebt hat. Vielen Menschen in Industrienationen fehlt heute dagegen das persönliche Kennen der in der Nähe wohnenden Mitmenschen und die Bindungen innerhalb einer überschaubaren Gruppe.

Wichtige Voraussetzungen für die kulturelle Entwicklung des Menschen sind bereits bei Primaten angelegt: Das Leben in Gruppen, soziales Lernen in der Kinder- und Jugendzeit, einsichtiges Verhalten und Symbolverständnis. Soziale Verhaltensweisen des Menschen können genetisch programmiert oder so angelegt sein, dass sie durch soziales Lernen während der verlängerten Kindheit und Jugendphase überformt werden. Sie können aber auch alleine durch kulturelle Lernprozesse erworben worden sein. Der Mensch ist ein *Natur-* und ein *Kulturwesen*.

Freilandbeobachtungen und Experimente haben gezeigt, dass höhere Primaten infolge ihres Lebens in komplexen Sozialverbänden über eine differenzierte Wahrnehmung in der Kommunikation, über umfangreiche Gedächtnisleistungen, ein soziales Reflexionsvermögen, Werkzeuggebrauch, über Funktions- und Symbolverständnis und wahrscheinlich über so etwas wie Selbstbewusstsein verfügen. Auf dieser Basis ist das Verhalten des Menschen weiterentwickelt worden. Entscheidend dabei war eine systematische Weitergabe individuell erworbenen Wissens, welche über die — nur Menschen eigene — *Wortsprache* objekt- und zeitunabhängig erfolgte.

Der Mensch und seine Umwelt sind auch Produkte seines Geistes. Menschen können aufgrund ihrer Vernunft mit Menschen und ihren Mitgeschöpfen zielgerichtet und durchdacht umgehen. Außerdem bestimmen Menschen über ihr Handeln selbst. Sie stellen philosophische Fragen und reflektieren sie. Menschen haben ethische Normen und Moral entwickelt.

Die Weitergabe von sozial tradierten Verhaltensweisen, Institutionen, mentalen Konzepten und Artefakten durch Lernen an andere Menschen umfasst die *Kultur*. Dazu gehören z. B. Benimmregeln, Verfahrenstechniken, Kunstverständnis, Sprachen, Schriften, Mythen, Religionen, Weltanschauungen, Geräte, Bauwerke und Computer. Mithilfe moderner Kommunikationstechniken kann ein Mensch heute zeitlebens von vielen Menschen und über unterschiedliche Medien (Sprache, Schrift, Computer und Bildinformationen) lernen. Sein Wissen und damit die *kulturelle Evolution* wandelt sich viel schneller, als es die *biologische Evolution* vermag. Aber der Mensch verändert auch seine Umwelt zu immer größerer Naturferne. Die Unwirtlichkeit vieler Städte und Industrielandschaften, die gewaltige Bevölkerungsexplosion und die zunehmenden Umweltprobleme haben Menschen zu verantworten.

Menschen sollten in Kenntnis der bestehenden genetischen Dispositionen, aufgrund ihrer Wahlfreiheit im Handeln und des Reflexionsvermögens nicht nur das menschliche Zusammenleben ordnen. Sie müssen auch in ihren Handlungen ihrer Verantwortung gegenüber den Mitlebewesen und der gesamten Biosphäre gerecht werden. An dieser Aufgabe ist die Stellung der Menschen unter allen Lebewesen zu messen.

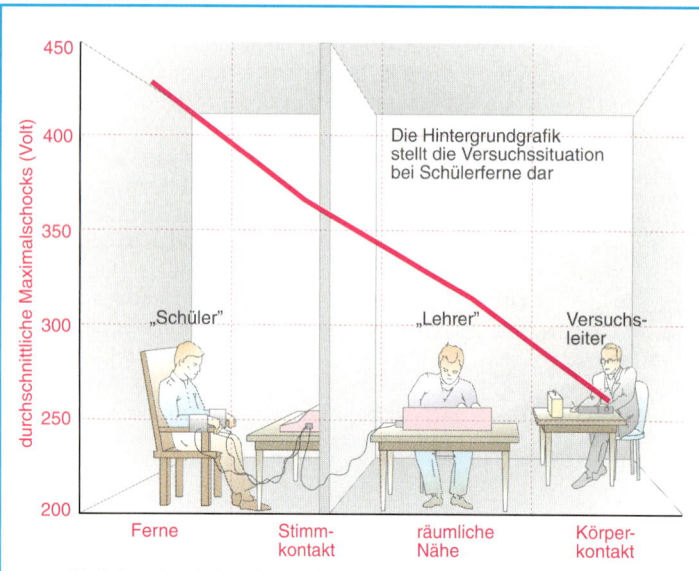

Aggressionsverhalten bei Menschen

Aggressionsverhalten schließt alle Verhaltensweisen zum Angriff, zur Verteidigung und zum Drohen ein. Beim Menschen tritt aggressives Verhalten in unterschiedlichen Funktionszusammenhängen auf, wie z. B. zur Verteidigung eines Eigentums, zum Erwerb oder zur Verteidigung einer Rangordnungsposition, beim Rivalisieren um Sexualpartner, bei Frustration oder zur Selbstverteidigung. Soziologen, Psychologen und Biologen haben aggressives Verhalten erforscht und Theorien zu den Ursachen aufgestellt.

In ihrer ursprünglichen Form geht die *Frustrations-Aggressions-Theorie* aus dem Jahre 1939 auf die Vorstellungen eines Teams aus Soziologen und Psychologen zurück. Es wurde angenommen, dass Aggression immer eine Folge von Frustration ist und Frustrationen immer zu einer Form von Aggression führen. Unter einer Frustration versteht man beim Menschen die Störung einer zielgerichteten Aktivität. Aggression zielt auf die Verletzung eines Organismus. Das Ausführen einer Aggression verringert die Aggressionsbereitschaft. Die Hypothese wurde weiterentwickelt: Länger zurückliegende Frustrationen können sehr viel später zu Aggressionen führen. Als Ursache werden beispielsweise frühkindliche Entbehrungen, erzwungener Gehorsam oder Misserfolge in der beruflichen Konkurrenz angenommen. Problematisch bleibt an dieser Hypothese, warum Menschen mit ähnlichen Frustrationserlebnissen unterschiedlich aggressiv reagieren.

In der *Lerntheorie* wird ausgesagt, dass aggressives Verhalten ausschließlich erlernt worden ist und durch Außenreize erworben wird. Aggressives Verhalten, das zum Erreichen von Zielen und zur Bedürfnisbefriedigung führt, ruft die Erwartung hervor, dass künftiges aggressives Verhalten ebenfalls Erfolg haben wird. Belohnungen und Lob wirken als Verstärkungen für aggressives Verhalten, das auch am Vorbild (Modell) erlernt werden kann.

In der *Triebtheorie der Aggression* postuliert KONRAD LORENZ auch für den Menschen einen Aggressionstrieb, der von selbst Aggressionsbereitschaft aufbaut, d. h. auch zu Appetenzverhalten für aggressive Handlungen führt. Bei starker Handlungsbereitschaft wäre dann auch aggressives Verhalten als Leerlaufhandlung zu erwarten.

Autorität und Gehorsam

STANLEY MILGRAM führte von 1960 bis 1963 folgende Versuche durch. Männer zwischen 20 und 50 Jahren wurden zufällig (Zeitungsanzeige oder Telefonbuch) — angeblich für eine Untersuchung über Gedächtnisleistung und Lernvermögen — von der psychologischen Fakultät der Yale Universität ausgesucht. Ein streng wirkender Versuchsleiter im grauen Kittel bat die eingeladenen Versuchspersonen („Lehrer"), einem angeblichen Schüler (ein Mitarbeiter MILGRAMS) Wortpaare zu lehren. Bei einem Fehler sollte dem Schüler jeweils steigernd ein Elektroschock verabreicht werden. Um die Versuchspersonen von der Echtheit des Schockgenerators zu überzeugen, wurde ihnen mit 45 Volt ein schmerzhafter Probeschock gegeben. Die Lehrer stellten ihre Aufgaben und konnten in 30 Schockstufen von 15 bis 450 Volt Strafen geben. Schilder kennzeichneten die Stufen 15 V leichter, 75 V gemäßigter, . . ., 195 V sehr starker, . . ., 375 V ernster Schock, Gefahr! Man schnallte den Schüler in einem Nebenraum an einen Stuhl fest, der an einen elektrischen Stuhl erinnerte. Über ein Tonband wurden standardisierte Reaktionen des Opfers eingespielt: Ab 75 V Grunzen und Stöhnen, ab 150 V verlangt das Opfer, freigelassen zu werden, ab 180 V Aufschrei, der Schmerz sei nicht länger zu ertragen, ab 300 V verweigert das Opfer Antworten auf Testfragen und besteht darauf, freigelassen zu werden. In Wirklichkeit erhielten die Schüler keine Schocks. Wollten die Versuchspersonen keine Schocks mehr verabreichen, reagierte der Versuchsleiter sehr bestimmt mit Anweisungen der Art: „Das Experiment fordert, dass Sie weitermachen!" — „Sie haben keine Wahl, Sie müssen weitermachen." Ergebnis: Während der Versuche gaben bis zu 64 % der Versuchspersonen Elektroschocks bis zu 450 V.

In einer weiteren Versuchsserie wurde der Abstand zwischen Lehrer und Opfer immer weiter verringert, bis der Lehrer im 4. Fall dem Opfer die Hand notfalls mit Gewalt auf die Elektrisierplatte legen sollte. Die Zahl der gehorsamen Versuchspersonen nahm ab, aber 30 % gaben immer noch Strafen bis zu 450 V (s. Abb.).

Aufgaben

1. Erörtern Sie, ob angeborene Dispositionen für das Gehorsamverhalten des Menschen vorliegen.
2. Welche Konsequenzen sind aus den Milgram-Versuchen für die Erziehung zu fordern?
3. Sind derartige Versuche ethisch zu vertreten?

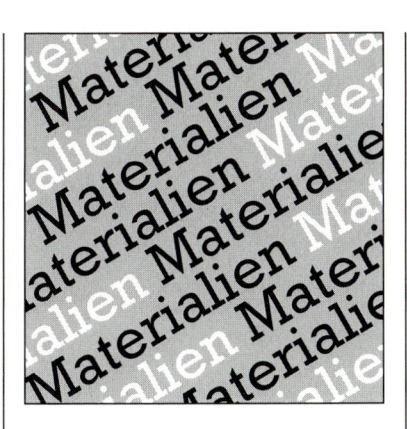

Aggressionsformen

Aggressives Verhalten im Vorschulalter

BANDURA, ROSS und ROSS verteilten Vorschulkinder im Alter von 3—5 Jahren zufallsgemäß auf 4 Gruppen:
— *Gruppe 1* beobachtete 10 Minuten einen Erwachsenen, der aggressives Verhalten zeigte. Er verprügelte und trat z. B. eine Spielzeugpuppe.
— *Gruppe 2* sah die gleiche Situation in einem Film im Fernsehen.
— Gruppe 3 bekam die identischen aggressiven Verhaltensweisen in einem Trickfilm mit einer Katze als Modell gezeigt.
— *Gruppe 4* beobachtete keine aggressiven Verhaltensweisen. Sie diente als Kontrolle.

Anschließend wurden alle als aggressiv klassifizierten Verhaltensweisen der Kinder über 20 Minuten protokolliert. Vor Protokollbeginn wurden die Kinder durch die Wegnahme eines beliebten Spielzeugs frustriert. Unter den Spielzeugen im Zimmer befanden sich eine Puppe und ein Stock.

Mittlere Anzahl der Aggressionshandlungen:

	Gr. 1	Gr. 2	Gr. 3	Gr. 4
Jungen	131,8	85,0	117,2	72,2
Mädchen	57,3	79,7	80,9	36,4

Aufgaben
① Deuten Sie die Ergebnisse hinsichtlich der erkennbaren Lernformen und einer anwendbaren Aggressionstheorie.
② Versuchen Sie, Kriterien für aggressive Handlungen aufzustellen. Untersuchen Sie mit diesem Kriterienkatalog Fernsehsendungen mit besonders aggressivem Charakter und auch Trickfilme für Kinder. Diskutieren Sie Ihre Ergebnisse.

Aggressive Mäuse

Scott ließ Mäuse miteinander kämpfen. Er protokollierte das Kampfverhalten der Mäuse, die jeweils die Kämpfe für sich entschieden:

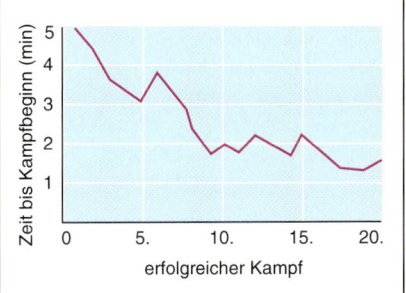

Aufgabe
① Deuten Sie das Verhalten der Mäuse.

Aggressives Verhalten bei Buntbarschen

GOLDENBOGEN hat das Aggressionsverhalten und die sexuelle Handlungsbereitschaft junger Männchen des Buntbarsches *Haplochromis burtoni* nach 2 Wochen Isolation untersucht. Die Ergebnisse zeigt die folgende Abbildung:

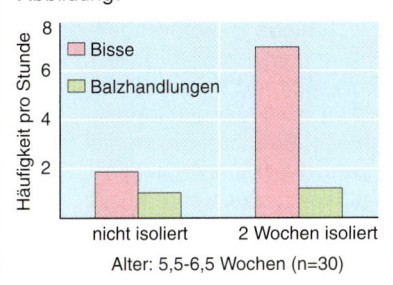

Alter: 5,5-6,5 Wochen (n=30)

Aufgaben
① Deuten Sie die Versuchsergebnisse im Sinne einer Aggressionstheorie.
② Beurteilen Sie kritisch den Aussagewert des Versuches.

„Krieg im Stadion"

Nach den Ausschreitungen im Brüsseler Heysel-Stadion beim Europacup-Finale zwischen Juventus Turin und FC Liverpool, bei denen mehr als 35 Menschen starben und Hunderte verletzt wurden, kommentierte ein Reporter: „Es gab einmal eine Vorstellung, der Sport könne so etwas wie der Ersatz sein für einen großen Krieg, könne Aggressionen kanalisieren, die sich sonst andere verhängnisvolle Wege suchen müssten. Es gab auch die Ansicht, gerade das Fußballstadion habe solch eine gleichsam reinigende Wirkung, sei ein Ort, an dem man folgenlos die über die Woche aufgestauten Aggressionen ablassen könne. Fragwürdig war das schon immer gewesen, aber am schrecklichen Mittwochabend von Brüssel wurde die Hoffnung vor den Augen Europas widerlegt: Da herrschte Krieg im Stadion selbst und auf den Rängen steigerten sich die Zuschauer in einen Rausch der Gewalt.... Jugendliche sind seit mehr als 10 Jahren mehr und mehr das Stammpublikum im Stadion. Sie gehen dorthin, weil ihnen die Tribüne einen Freiraum bietet, den sie selbst gestalten und ausfüllen können. Jeder Lehrling kann hier inmitten einer Gesellschaft der Gleichaltrigen zu einer geachteten Persönlichkeit werden, sich ein Selbstwertgefühl schaffen, das der Alltag ihm vorenthält. Erwachsene gibt es kaum, Jugendliche schaffen sich ihre eigenen Sozialstrukturen, hierarchisch gegliedert, durchzogen von Laufbahnen und Karrieren. Wer sich hier durchsetzt, der ist ein Star, wie eine Untersuchung der Fankultur das nennt, ein Anführer, ein Anerkannter... Es ist kein Wunder, dass britische Fußballfans die Katastrophe von Brüssel auslösten: Die Jugendarbeitslosigkeit ist in Liverpool besonders hoch und meistens lang. Unter den Fans schafft das ein neues Sozialklima, eine Atmosphäre, in der man Rücksichten nicht mehr nehmen muss.... Wer nun unter den Fans etwas gelten möchte, der bedient sich bedenkenlos der Gewalt — er glaubt sich ihrer sogar bedienen zu müssen, sonst gelte er nichts. Was das für die Zehn- bis Zwölfjährigen bedeutet, die neu zu den Fangruppen stoßen, ist nicht schwer vorzustellen...."
(Süddeutsche Zeitung 31. 5. 1985 nach W. HEINRICH: Sozialverhalten I: Aggression, DIFF Tübingen, 1985)

Aufgaben
① Werten Sie den Artikel hinsichtlich angesprochener Aggressionstheorien aus.
② Bewerten Sie in der Zusammenschau aller Materialien kritisch den jeweils alleinigen Erklärungsversuch der im Text aufgeführten Aggressionstheorien für die verschiedenen Aggressionsformen.
③ Welche Möglichkeiten zur Konfliktkontrolle und zur Konfliktvermeidung bei Menschen sehen Sie?

Sexualverhalten und Eltern-Kind-Beziehungen beim Menschen

Sexualverhalten

Menschen bilden zwei Geschlechter aus. Geschlechtschromosomen bestimmen die Ausprägung des Geschlechts. Bereits in der Fetalzeit steuern Geschlechtshormone die weitere Entwicklung. Erst bei der Geburt ist die körperliche Differenzierung so weit fortgeschritten, dass an den primären Geschlechtsmerkmalen das Geschlecht eindeutig festgestellt werden kann. Bereits mit der Wahl des Vornamens und unterschiedlichen Behandlungsstilen setzt der soziale Einfluss auf die Ausbildung der Geschlechtsrolle ein.

Der Sexualdimorphismus hat beim Menschen also genetische, hormonelle und soziale Ursachen. Viele Unterschiede zwischen den Geschlechtern lassen sich nur statistisch ermitteln: Europäische Männer sind im Mittel um 20 % größer und kräftiger als Frauen, obwohl es einzelne Frauen gibt, die größer sind als viele Männer. Die mittlere Lebenserwartung einer europäischen Frau liegt etwa 10 % höher als die des Mannes, aber nicht jede Frau überlebt einen gleichaltrigen Mann.

Die gesellschaftlichen Rollenerwartungen an beide Geschlechter variieren erheblich, wie ein Kulturenvergleich zeigt, denn die ökologischen und ökonomischen Voraussetzungen sind sehr verschieden. Schwangerschaft, Entbindung und Stillen sind spezifisch weibliche Geschlechtsfunktionen, welche die Beweglichkeit der Frauen zeitweise einschränken. In vielen Epochen waren die Tätigkeiten der Frauen daher stärker auf den Innengruppenbereich bezogen, während die Männer meist Aufgaben übernahmen, die mehr Mobilität erforderten.

Bei dem Vergleich mit vielen Tieren fällt beim menschlichen Sexualverhalten auf, dass Menschen keine jahreszeitliche Begrenzung der Empfängnisfähigkeit und der Handlungsbereitschaft zum Sexualverhalten kennen. Bei Frauen kommt es über das Jahr zu 13 Zyklen und beim Mann ständig zur Spermienbildung. Der Eisprung ist Frauen nicht anzumerken. Der Geschlechtsverkehr führt auch ohne die Anwendung von Verhütungsmitteln nicht immer zu einer Schwangerschaft. Man deutet diese Befunde so, dass die Sexualität beim Menschen eine Partner bindende Funktion hat. Viele Partner bleiben bis ins hohe Alter sexuell aktiv. Einen biologischen Sinn hat diese Partner bindende Funktion durch die Mitwirkung des Vaters bei der Erziehung der Kinder, der Versorgung und dem Schutz der Familie.

Die menschliche Sexualität geht durch die bewusste eigene Erlebnis- und Gestaltungsfähigkeit weit über die der Tiere hinaus. Der Mensch gestaltet mit seinen geistigen Möglichkeiten Sexualität in vielfältigen Formen. Sexualität ist ein Bestandteil der personalen Entfaltung des Einzelnen. Liebe und Sexualität erfahren ihre positiven und lustvollen Aspekte häufig in einer partnerschaftlichen Beziehung, die durch gegenseitige Verantwortung und Rücksichtnahme gekennzeichnet ist. In einer intimen Beziehung zu einer Partnerin oder einem Partner kann man Liebe, Wärme und Geborgenheit geben und empfangen. Sexualität wird aber auch durch die Werte und Normen mitgeprägt, die jeder von der Gesellschaft während seiner Sozialisation übernimmt.

Eltern-Kind-Beziehung

Zum Zeitpunkt der Geburt verfügt der Säugling über zahlreiche Verhaltensweisen, die genetisch bedingt sind. Neugeborene suchen durch rhythmisches Hin- und Herbewegen des Kopfes die Brustwarzen der Mutter, bis die Lippen sie gefunden haben *(Brustsuchen)*. Gleich darauf beginnt das Kind zu saugen *(Saugreflex)*. Dieser lässt sich auch durch den Schnuller oder einen Finger in Gang setzen. Beim Stillen bleiben Mutter und Kind im engen Körper- und Hautkontakt. Dies trägt zum Aufbau einer Mutter-Kind-Beziehung bei. Säuglinge nehmen zu vertrauten Personen Kontakt durch Lächeln auf.

Untersuchungen von R. Spitz an Heimkindern aus den Fünfzigerjahren lassen im Vergleich zu Kindern in Familien einen erheblichen Entwicklungsrückstand in den Sprachfähigkeiten und im Sozialverhalten erkennen (Abb. 291. 1). In Heimen wechseln die betreuenden Personen häufig und es bleibt ihnen zu wenig Zeit für einzelne Kinder. Bereits nach 3 Monaten ohne feste Bezugsperson werden die Kinder häufiger krank und aggressiver, verweigern Sozialkontakte und sind weniger an der Umwelt interessiert. Je länger feste Bezugspersonen fehlen, desto größer werden die Entwicklungsrückstände im Vergleich zu Kindern in Familien. Das Krankheitsbild aufgrund einer fehlenden Bindung an eine feste Bezugsperson nennt man *Hospitalismus*. Die Bindung an

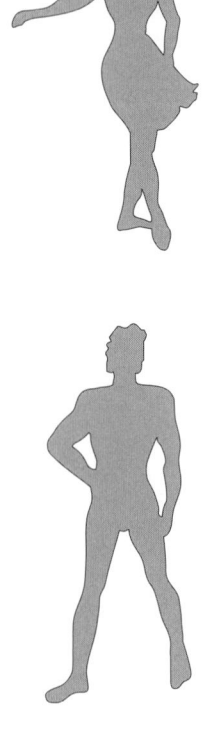

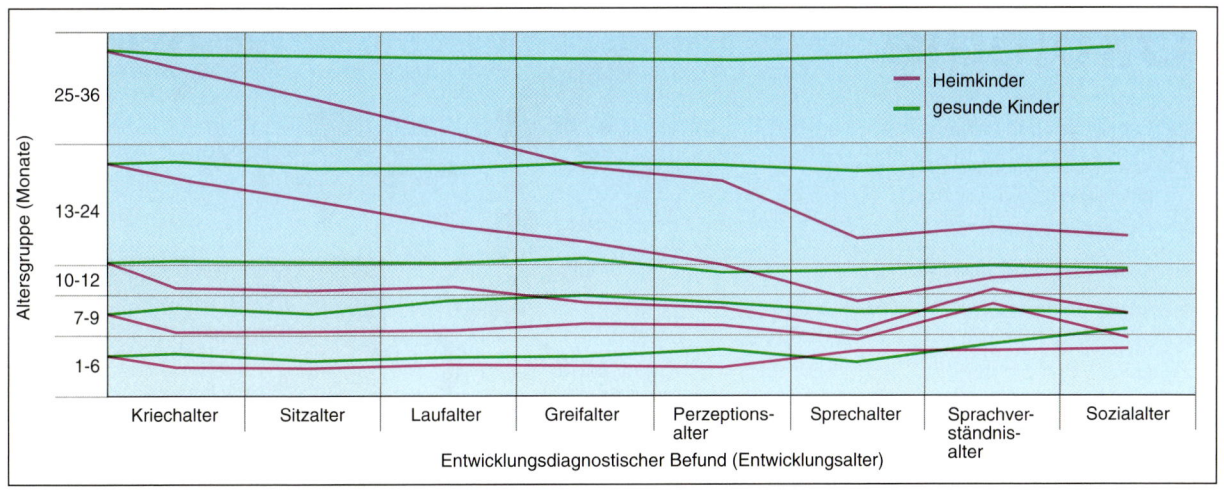

1 Entwicklungsprofile von Heimkindern gegenüber gesunden Kindern

feste Bezugspersonen scheint ähnlich wie eine Prägung bei Tieren zwischen dem 2. und 6. Monat abzulaufen. Man spricht von einem *prägungsähnlichen Vorgang*, der zur *Eltern-Kind-Bindung,* d. h. zur Bindung an feste Bezugspersonen führt.

Kinder lernen ihre festen Bezugspersonen, die sie füttern, baden, wickeln, mit ihnen sprechen, spielen usw. in den ersten Lebensmonaten individuell kennen und unterscheiden. In Versuchen mit künstlichen Gesichtsattrappen konnte man zeigen, dass die Kinder mit zunehmendem Alter Gesichter präzise unterscheiden konnten, die sie anlächeln. Im Alter von ungefähr 5 Monaten werden feste Bezugspersonen, wie Mutter, Vater, Geschwister und Großeltern bevorzugt angelächelt. Die zahlreichen Haut- und Körperkontakte, Liebkosungen, das Lächeln, die Spiel- und Sprachkontakte mit der oder den festen Bezugspersonen führen zu einer sicheren Bindung. Das Kind traut seinen Bezugspersonen.

Dies gibt ihm ein *Urvertrauen* für weitere soziale Beziehungen in seinem Leben. Da der Aufbau der sozialen Bindung zur Mutter so wichtig ist, lässt man heute in vielen Entbindungsstationen die Säuglinge nach der Geburt im Zimmer der Mutter. Haben Kinder schwerwiegende Krankheiten oder Verletzungen, dass sie länger im Krankenhaus bleiben müssen, so bieten heute zahlreiche Krankenhäuser in Deutschland den Eltern die Möglichkeit, im Zimmer der Kinder zu wohnen, um Trennungen von den wichtigen Bezugspersonen und damit psychische Störungen zu vermeiden.

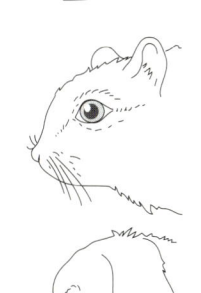

Kindchenschema

Das Kindchenschema

Erwachsene reagieren auf das Aussehen eines Säuglings häufig mit der Aussage: „Wie süß! Wie niedlich!" KONRAD LORENZ hat den Merkmalen großer Kopf im Verhältnis zum Rumpf, kleines Gesicht mit vorgewölbter Stirn, große Augen, rundliche Pausbacken, kurze, dicke Gliedmaßen und weiche Haut *Schlüsselreizfunktionen* zugesprochen, die eine Betreuungsreaktion hervorrufen. Alle Merkmale zusammen bezeichnete er als *Kindchenschema*. Erwachsene sprechen Kinder mit einer eigenen Kinderstimme und -sprache an, wie Vergleiche zwischen verschiedenen Kulturen deutlich machen. Sie wechseln in eine höhere Tonlage, sprechen in einfachen Satzstrukturen und wiederholen häufig ihre Aussagen. Außerdem schauen sie die Kinder ständig an und halten *Blickkontakt*. So scheint bei Menschen, die sehr große Anteile ihres Sozialverhaltens im Laufe ihrer Sozialisation erlernen, doch ein Teil der Verhaltensweisen zur Pflege und Betreuung ihrer Kinder genetisch bedingt zu sein.

Aufgaben

1. Was empfinden Sie bei den Abbildungen in der Randspalte?
2. Suchen Sie Beispiele in der Werbung, bei denen ein Kindchenschema verwendet wird. Erklären Sie diese.
3. Versuchen Sie, das Mann- und Frau-Schema zu beschreiben und zu ergänzen (s. Randspalte auf Seite 290).
4. KONRAD LORENZ beschrieb auch sexuelle Schlüsselreize beim Menschen. Beschreiben Sie die Verwendung von Auslösern in der Werbung.

Verhaltensbiologie

Ökologie

1. Lebewesen und Umwelt 294
2. Wechselbeziehungen zwischen Lebewesen 302
3. Ökosystem Wald 310
4. Ökosystem Fließgewässer 318
5. Ökosysteme im Vergleich 326
6. Mensch und Umwelt 332

Alle Lebewesen auf der Erde sind voneinander abhängig und formen eine vielfach vernetzte Gemeinschaft, in der jede Art einen bestimmten Platz einnimmt. Die Pflanzen bilden die Verbindung zum All, indem sie das Sonnenlicht für den Aufbau energiereicher Moleküle nutzen. Diese Energie fließt den Tieren über die Nahrung zu. Symbolisiert man den Energiefluss durch das Feuer und fügt Erde, Luft und Wasser als Lebensräume hinzu, so erhält man die vier „Elemente" der Umwelt, die bereits durch den griechischen Philosophen EMPEDOKLES (500—430 v. Chr.) abgegrenzt wurden. Der Mensch sieht sich gerne im Zentrum des Gefüges, ist aber wie alle anderen Organismen eingefügt und abhängig.

293

1 Lebewesen und Umwelt

Vom Flaschengarten zur Biosphäre

Wer sucht Seesterne im Bach, wer versucht, im Winter Erdbeeren zu ernten oder bei Tageslicht Fledermäuse zu beobachten? Ganz offenbar erwartet man bestimmte Tiere und Pflanzen nur an ganz bestimmten Orten und zu festgesetzten Tages- und Jahreszeiten. Das ergibt sich aus den mehr oder minder deutlichen Beziehungen der Lebewesen untereinander und zu ihrer Umwelt. Ökologen haben sich zum Ziel gesetzt, diese Beziehungen zu untersuchen und Gesetzmäßigkeiten herauszuarbeiten. Der Begriff *Ökologie* wurde von E. HAECKEL (1834—1919) geprägt, der damit die Lehre vom Haushalt der Natur bezeichnete. Das „Haus" entspricht dem *Lebensraum* oder *Biotop* der Organismen, die „Hausbewohner" bilden eine *Lebensgemeinschaft* oder *Biozönose*.

Biotop
Lebensraum

Biozönose
Lebensgemeinschaft

Ökologische Erkenntnisse lassen sich bereits an winzig kleinen Biozönosen gewinnen: Betrachtet man ein Moospolster durch die Lupe, so erblickt man eine Lebensgemeinschaft aus sehr kleinen, spezialisierten Tierformen, wie z. B. Bärtierchen, Milben und Springschwänzen, die zwischen den Moosblättchen leben (siehe Kasten). Moos und Moosfauna gedeihen lange Zeit in einem verschlossenen, ausreichend beleuchteten Glasgefäß, ohne dass man in irgendeiner Form eingreifen müsste. In so einem Flaschengarten stellt das Moos *(Erzeuger)* fotosynthetisch organisches Material bereit, welches teilweise von den Moosbewohnern *(Verbraucher)* aufgenommen wird. Abgestorbenes oder ausgeschiedenes Material wird von Bakterien und Pilzen *(Zersetzer)* im Boden umgewandelt, sodass die Mineralstoffe den Pflanzen wieder zur Verfügung stehen. Bei der Fotosynthese entsteht Sauerstoff, den Moos und Moosbewohner zur Atmung nutzen. Bei der Atmung wird Kohlenstoffdioxid wieder für die Fotosynthese frei. Die Erzeuger *(Produzenten)*, Verbraucher *(Konsumenten)* und Zersetzer *(Destruenten)* sind also voneinander abhängig.

Der Flaschengarten

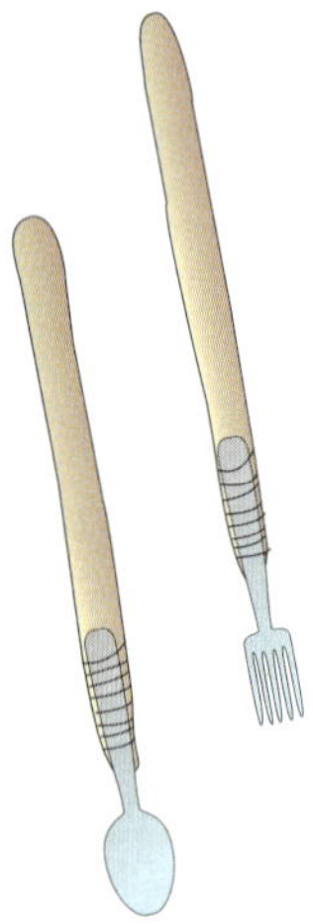

Füllen Sie in ein großes Glas von mindestens 3 Litern Inhalt so viel Holzkohle ein, dass der Boden gut bedeckt ist. Darauf kommt käufliche Blumenerde, bis das Glas $1/4$ gefüllt ist. Benutzen Sie beim Einfüllen der Erde einen Trichter aus gedrehtem Papier, damit die Glaswände weniger leicht verschmutzen. Bepflanzen Sie das Glas mit Moosen, Farnen oder anderen feuchtigkeitsliebenden, langsam wachsenden Pflanzen. Als Pflanzhilfe kann man sich lange Miniaturharken und -schaufeln aus Essbesteck selbst herstellen. Gießen Sie nun den Flaschengarten gut an und verschließen Sie ihn mit durchsichtiger Folie und Gummiband. Nur wenn die Glaswände beschlagen, sollte man die Flasche eine Weile öffnen. Das Glas muss hell stehen, aber nicht in der prallen Sonne. Die Pflanzen gedeihen jetzt viele Monate ohne weitere pflegende Eingriffe.

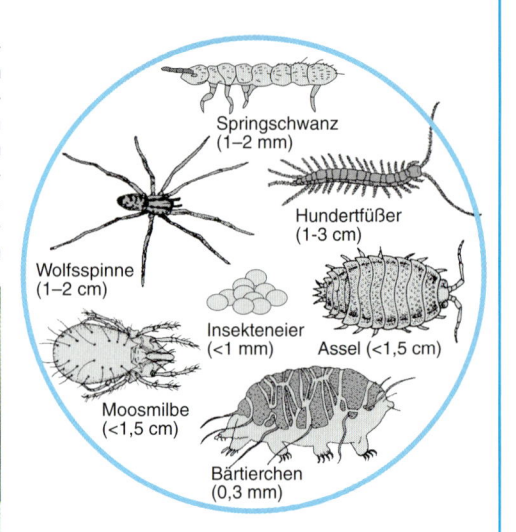

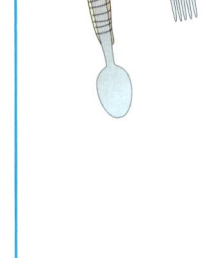

Springschwanz (1–2 mm)
Hundertfüßer (1-3 cm)
Wolfsspinne (1–2 cm)
Insekteneier (<1 mm)
Assel (<1,5 cm)
Moosmilbe (<1,5 cm)
Bärtierchen (0,3 mm)

Darüber hinaus ist für das Leben der Moosbewohner die Frische und die Anzahl der Moosblättchen von großer Bedeutung, aber auch das Vorkommen räuberischer Spinnen. Das Gedeihen der Moospflänzchen wird von der Dichte der Pflanzen fressenden Tiere beeinflusst. Solche Lebensbedingungen, die unmittelbar auf die belebte Umwelt zurückzuführen sind, werden als *biotische Faktoren* bezeichnet.

Mit geeigneten Messinstrumenten kann man im Flaschengarten Luftfeuchte, Lichtintensität, Temperatur oder pH-Wert messen. Solche physikalischen und chemischen Bedingungen werden als *abiotische Umweltfaktoren* bezeichnet. Verdunstung, Abschattung und Stoffwechselaktivität der Moosgemeinschaft können die abiotischen Faktoren deutlich verändern. Die Unterteilung in abiotische und biotische Faktoren ist also eher künstlich, hat sich aber bei praktischen Untersuchungen als zweckmäßig erwiesen.

Das Moos ist sowohl Lebensraum als auch Lebenspartner für die Moosbewohner. Biotop und Biozönose bilden ein nicht trennbares Wirkungsgefüge, ein sog. *Ökosystem*. Betrachtet man nur die einzelnen Bestandteile eines Ökosystems – beim Flaschengarten Moos und Moosfauna – hat man charakteristische Eigenschaften dieses Wirkungsgefüges noch nicht erfasst, denn ein System ist mehr als die Summe seiner Teile. Ein Beispiel für eine Systemeigenschaft ist die *Stabilität*. Darunter versteht man die Fähigkeit eines Ökosystems, Veränderungen der Umweltfaktoren zu überstehen.

Im Flaschengarten können größere Änderungen der Temperatur oder Lichtintensität das Moosökosystem in ein Schimmelpilzökosystem verwandeln. Selbst unter den ursprünglichen abiotischen Faktoren ist eine Rückkehr zum vorherigen Zustand nicht mehr möglich, d. h. das Moosökosystem ist instabil.

Viele Erkenntnisse, die sich an so einfachen Ökosystemen wie dem Flaschengarten gewinnen lassen, halten einer Überprüfung an komplexeren Systemen stand, andere müssen verfeinert werden. Der Flaschengarten kann daher als *Modell* für andere Ökosysteme gelten.

Die Ökosysteme auf der Erde sind ungeheuer vielfältig: Es gibt Meeresökosysteme, wie das Wattenmeer oder die Felsküste mit ihren verschiedenen Zonen, Süßwasserökosysteme, wie Flüsse, Bäche und Seen, außerdem Landökosysteme, wie Wälder, Wiesen und Wüsten.

1 Planet Erde

Die Gesamtheit der Ökosysteme der Erde bildet die *Biosphäre*. Viele Ökosysteme sind scheinbar deutlich voneinander abgegrenzt: Gewässer besitzen eine Uferlinie, Meere eine Küstenlinie. Diese Linien können aber von vielen Organismen überschritten werden. Libellen und Eintagsflügler verlassen als Erwachsene den Lebensraum der Larven, Meeresvögel ziehen weit landeinwärts. Für die Strahlungsenergie des Sonnenlichts und stoffliche Komponenten, wie Wasser oder Gase, bilden diese Linien ohnehin keine Grenzen. Ökosysteme sind also *offene Systeme*.

Der Gedankenschritt, die Biosphäre selbst als überdimensionalen Flaschengarten aufzufassen, ist nicht mehr groß: Die Erde ist von der Atmosphäre wie von einer durchsichtigen Hülle umgeben und wird von Lebewesen bewohnt. Abiotische Faktoren, wie das Klima, werden durch die Lebewesen beeinflusst. Welches Ausmaß an Veränderungen der Umweltfaktoren verkraftet die Biosphäre, ohne dadurch instabil zu werden?

Aufgaben

① Nennen Sie Beispiele für die Umgestaltung eines Lebensraumes durch seine Besiedler.

② Stellt auch der Flaschengarten ein offenes Ökosystem dar?

③ Warum sind nur langsam wachsende Pflanzen für den Flaschengarten geeignet?

Biosphäre
Gesamtheit der Ökosysteme der Erde

Ökosystem
Wirkungsgefüge aus Biotop und Biozönose

Modell
Vereinfachte Darstellung von Strukturen, Funktionen und Wechselwirkungen

Ökologie

Licht — abiotischer Faktor für den Sauerklee

In der *Autökologie* werden die Einflüsse der Umwelt auf eine einzelne Art betrachtet. Das Licht ist ein entscheidender abiotischer Faktor, denn unter Nutzung der Sonnenenergie bauen die Pflanzen energiereiche biochemische Verbindungen auf, die dann auch den Tieren als Nahrung dienen. Das Sonnenlicht durchdringt die Ökosysteme jedoch nicht immer gleichmäßig: Mit einem Belichtungsmesser kann man im Unterholz eines Waldes sehr unterschiedliche Lichtintensitäten messen (Abb. 1). An schattigen Plätzen im Wald wächst der Waldsauerklee, dessen dreizählige Blätter an Kleepflanzen erinnern. Die Pflanze ist immergrün, sodass die Blätter auch in den lichtarmen Wintermonaten Fotosynthese betreiben können.

Sauerklee blüht Ende April bis Anfang Mai, kurz bevor die Laubbäume des Waldes austreiben. Nach der Blütezeit bildet die Pflanze weitere Blätter, wodurch sich die assimilierende Oberfläche vergrößert. Um diese Jahreszeit scheint die Sonne täglich zwar länger, aber die Laub tragenden Bäume werfen auch stärkere Schatten.

Sauerkleepflanzen, die an besonders lichtarmen Standorten wachsen, haben oft größere Blätter als solche an mäßig schattigen Plätzen. Im Querschnitt zeigen alle Blätter den typischen Aufbau eines Schattenblattes: eine zarte Epidermis mit dünner Kutikula und einen hohen Chlorophyllanteil bei geringer Blattdicke. Setzt man die Pflanzen um, so haben die nachwachsenden Blätter eine für den neuen Standort angemessene Größe.

Licht wirkt also verändernd (*modifizierend*) auf die Pflanzengestalt. Man spricht bei diesem lichtabhängigen Gestaltwandel von einer *Fotomorphose* (s. Randspalte).

Für eine maximale Fotosynthese genügen dem Sauerklee bereits geringe Lichtintensitäten von weniger als $1/10$ des vollen Sonnenlichtes (Abb. 2). Stärkeres Sonnenlicht fördert die Fotosynthese nicht, sondern stört den Wasserhaushalt der Feuchte bedürftigen Pflanzen. Bei zu hoher Lichtintensität klappt der Sauerklee seine Blätter nach unten ab — dadurch ändert sich der Einfallswinkel und die Lichtwirkung wird deutlich gemildert. Die Beweglichkeit der Blätter ist auf Gelenkpolster zurückzuführen: Wenn die obere Zellschicht dieser Blattgelenke einen höheren osmotischen Druck und damit ein größeres Volumen als die untere aufweist, senkt sich das Blatt, im umgekehrten Fall hebt es sich.

Der Sauerklee ist bezüglich Jahresrhythmik, Pflanzengestalt, Blattbau und Zellphysiologie an die Lichtverhältnisse im Wald angepasst.

Aufgaben

① Nennen Sie eine genetische Deutung der Fotomorphose.
② Welche morphologischen Besonderheiten zeichnen ein Lichtblatt aus (vgl. Kapitel „Stoffwechsel")?
③ Geben Sie eine ökologische Deutung der negativen Kurvenbereiche in Abb. 2 an.

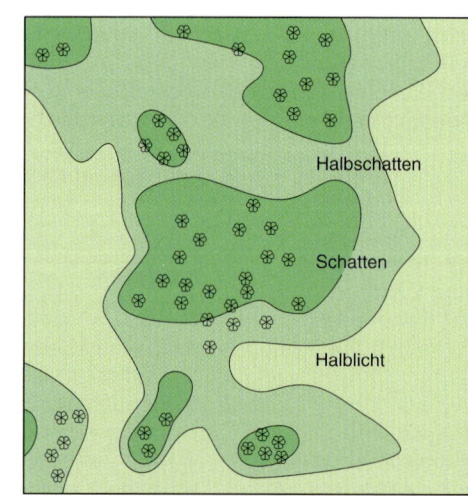

---

mit ausgebreiteten Blättern

mit abgeklappten Blättern

Sonnenblatt

Schattenblatt

Waldsauerklee

1 Lichtintensitäten auf dem Waldboden

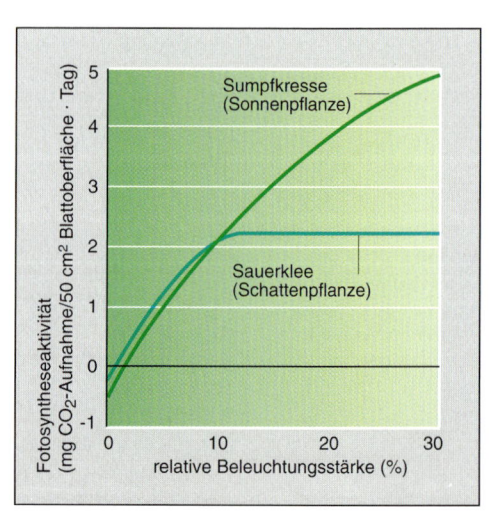

2 Fotosynthesekurven

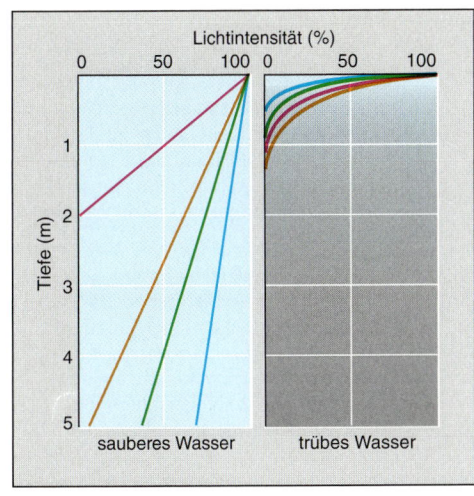

1 Wassertiefe und Spektralfarben

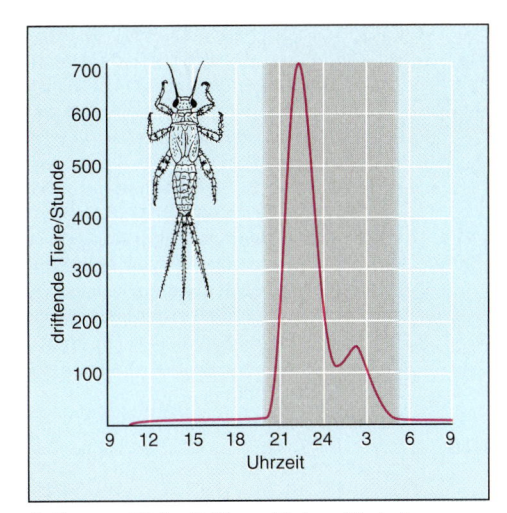

2 Tageszeitliche Drift von Eintagsflüglerlarven

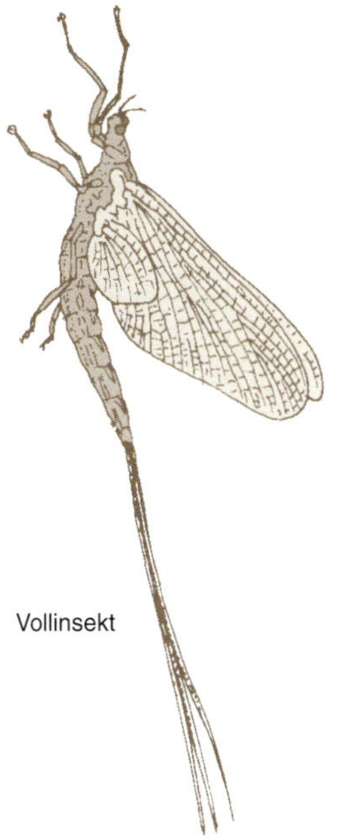

Vollinsekt

Kopf des männlichen Vollinsekts

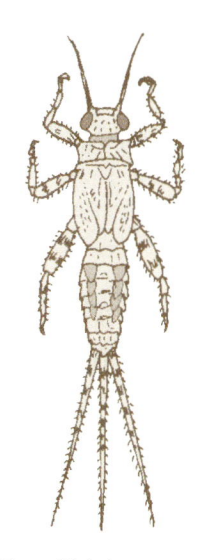

Eintagsflüglerlarve

Eintagsflügler

Licht — abiotischer Faktor für Eintagsflügler

Das Licht im Gewässer zeigt nicht nur Unterschiede in der Intensität, sondern auch in der spektralen Zusammensetzung. Ein Teil des Sonnenlichtes wird bereits an der Wasseroberfläche reflektiert. Im Wasser wird das langwellige Licht (rot, orange, gelb) in den oberen Schichten, das kurzwellige Licht (blau) in tieferen Schichten absorbiert. Daher fehlt das für die Fotosynthese wichtige Rotlicht in tieferen Zonen. In verschmutzten Gewässern streuen zusätzlich Schwebteilchen das Licht, und zwar das blaue Licht stärker als das rote. Unterhalb 1,20 m ist es im Beispiel schon absolut dunkel (Abb. 1).

Pflanzen können nur bis zu einer Wassertiefe gedeihen, in der die Lichtmenge zumindest für so viel Fotosynthese ausreicht, dass die energieabhängigen Prozesse versorgt werden. Infolgedessen stehen Tieren in größeren Wassertiefen lediglich abgestorbene Pflanzen bzw. andere Tiere zur Verfügung. Hier leben also vor allem Zersetzer und deren Konsumenten.

Neben der indirekten Wirkung über die Nahrung ist das Licht in der Tierwelt vor allem für die Orientierung bedeutungsvoll. Betrachtet man z. B. Eintagsflügler, umgangssprachlich oft Eintagsfliegen genannt, so fallen die auffallend großen Komplexaugen der Vollinsekten auf. Bei den Männchen einiger Arten sind sie im Oberkopfbereich so stark ausgeprägt, dass man von Turbanaugen spricht. Zusätzlich besitzen die Eintagsflügler noch drei hoch entwickelte Punktaugen (s. Randspalte).

Das nach oben gerichtete Blickfeld der Männchen erleichtert das Auffinden der Weibchen, die für die Paarung von unten angeflogen und ergriffen werden. Die Weibchen geben hunderte von Eiern in das Wasser ab. Die schlüpfenden Larven besitzen ein Paar Komplexaugen und drei Punktaugen. Sie ernähren sich von Pflanzen.

In Fließgewässern lassen sich die Eintagsflüglerlarven gelegentlich mit der Strömung treiben. Durch diese *Drift* kolonisieren sie flussabwärts gelegene Gebiete. Die stärkste Driftaktivität liegt in den Abendstunden, dabei scheint der Hell-Dunkel-Wechsel der entscheidende Zeitgeber zu sein (Abb. 2).

Gegen Ende der Larvalzeit streben die Larven in Massen zum Licht und schweben an der Wasseroberfläche, bis die Larvalhaut platzt. Die Flügel des schlüpfenden Insekts sind trüb und unbenetzbar, sodass es trocken aus dem Wasser gelangt. In der Ufervegetation häutet es sich noch einmal zum geschlechtsreifen Vollinsekt *(Imago)*. Für den Eintagsflügler hat das Licht also mehr die Bedeutung eines Informationsträgers als die eines Energieträgers.

Aufgaben

① Stellen Sie die Bedeutung des Lichtes für Sauerklee und Eintagsflügler gegenüber.

② Welche weiteren abiotischen Faktoren wirken auf den Sauerklee ein, welche auf Eintagsflügler?

Weitere abiotische Faktoren

Temperatur

Die Stoffwechselvorgänge im lebenden Organismus folgen der RGT-Regel: Innerhalb der Wirkungsgrenzen der Enzyme beschleunigt eine Temperaturerhöhung von 10 °C die biochemischen Reaktionen um das zwei- bis vierfache.

Pflanzen und die meisten Tiere sind *wechselwarm (poikilotherm)*, ihre Körpertemperatur und damit ihre Aktivität steigt und fällt mit der Umgebungstemperatur. Während der kalten Jahreszeit verharren wechselwarme Tiere in einem stoffwechselarmen Starrezustand (*Winterstarre* einiger Insekten), andere überwintern im weniger kälteempfindlichen Ei- oder Puppenstadium. Oft ist die Verbreitung wechselwarmer Organismen jedoch auf entsprechend temperierte Regionen begrenzt. Pflanzen überdauern ungünstige Temperaturbedingungen nur mit weitgehend unempfindlichen Teilen: Bei einjährigen Kräutern sind das die Samen, bei Stauden die Wurzeln, bei Büschen und Bäumen die verholzten Sprossteile.

Säugetiere und Vögel regulieren dagegen unabhängig von der Umgebungstemperatur eine ziemlich konstante Körpertemperatur, sie sind *gleichwarm* oder *homoiotherm*. Gegen Kälte isoliert ein Fell- bzw. Federkleid, sodass die Stoffwechselwärme langsamer abfließt (Abb. 1). Bei absinkenden Außentemperaturen kann die Körpertemperatur durch erhöhte Stoffwechselaktivität konstant gehalten werden. Das optimiert zwar die enzymatischen Stoffwechselreaktionen, ist aber mit einem großen Energiebedarf verbunden (Abb. 2).

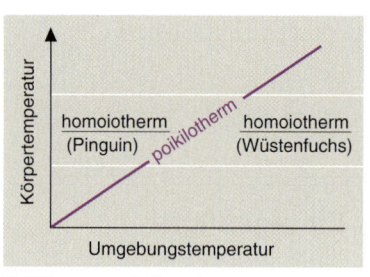

2 Wärmeregulationstypen

Einige Homoiotherme überdauern den Winter bei herabgesetztem Grundumsatz des Stoffwechsels, aber unveränderter Körpertemperatur (*Winterruhe* der Bären und Dachse). *Winterschläfer*, wie Igel, Siebenschläfer und Murmeltier, regeln dagegen die Körpertemperatur herunter. Sie fallen in einen schlafähnlichen Zustand, aus dem sie nur bei extremer Wärme oder Kälte geweckt werden. Zugvögel suchen gezielt wärmere Regionen auf.

Hohe Außentemperaturen werden von vielen wechselwarmen Tieren in einer stoffwechselarmen *Hitzestarre* überdauert. Homoiotherme regulieren eine konstante Körpertemperatur, indem sie schwitzen und dadurch Verdunstungskälte erzeugen. Beim Elefanten wird dieser Effekt durch Ohrenschlagen verstärkt, Hunde transpirieren vor allem über die Schleimhäute, sie hecheln bei Hitze.

1 Isolierende Wirkung des Federkleides beim Vogel

Salzgehalt

Der Salzgehalt der Meere geht hauptsächlich auf den Gehalt an Na^+- und Cl^--Ionen zurück. Diese Salzkonzentration wirkt sich osmotisch auf die lebende Zelle aus. Bei höherem Umgebungssalzgehalt wird ihr Wasser entzogen, bei niedrigerem strömt Wasser ein.

Bei Hohltieren, Ringelwürmern, Stachelhäutern, Weichtieren und Krebsen folgt die Ionenkonzentration im Körperinneren der äußeren Konzentration, sie sind *poikilosmotisch* und auf eine mehr oder minder gleich bleibende Umgebungskonzentration angewiesen (Abb. 3).

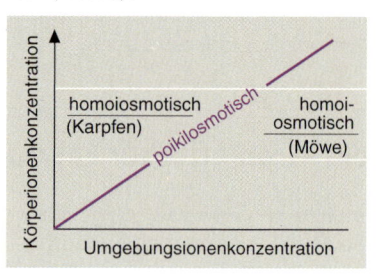

3 Osmoregulationstypen

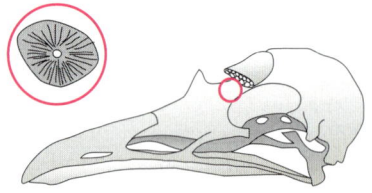

Salzdrüse einer Möwe

Salzdrüse des Strandflieders

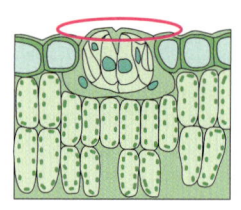

4 Salzdrüsen

Bei *homoiosmotischen* Organismen bleibt die innere Ionenkonzentration durch Osmoregulation gleich: Ist die innere Ionenkonzentration niedriger als die äußere, muss das ausströmende Wasser durch Trinken oder über die Haut ständig ergänzt werden. Überschüssige Salze werden aktiv, z. B. über spezialisierte Drüsen, abgegeben (s. Abb. 4). Ist die innere Ionenkonzentration höher als der Umgebungssalzgehalt (z. B. bei Süßwasserfischen), muss das einströmende Wasser ständig ausgeschieden und Salz zurückgehalten werden. Diese Aufgabe wird oft von der Niere übernommen.

Feuchtigkeit

Fast alle Stoffwechselprozesse finden im wässrigen Medium statt. Wasser ist der Hauptbestandteil des Cytoplasmas:

Organismus	Wassergehalt
Alge	bis 98
Holz	50
trockene Samen	13 – 14
Ohrenqualle	98,2
Wasserfloh	73,9
Kornkäfer	40 – 44
Frosch	77
Schwein	55
Mensch	60

Wechselfeuchte *(poikilohydre)* Pflanzen, wie die Moose, hängen in ihrem Wassergehalt ausschließlich von der Umgebungsfeuchtigkeit ab. Farn- und Gefäßpflanzen sind homoiohydre Gewächse. Bei ihnen gibt es morphologische und physiologische Einrichtungen, die einen ausgewogenen Wasserhaushalt ermöglichen.

Landpflanzen haben durch ihr Vakuolensystem eine „innere" Wasserreserve, welche vor allem über Wurzelhaare aufgefüllt wird. Holzgewebe sorgen für den Transport des Wassers und die Festigung des Sprosses. In wasserarmen Gebieten wird die verdunstende Oberfläche durch Verringerung von Blattgröße und Blattanzahl verkleinert. Oft bleibt nur der grüne Spross als assimilierender Teil übrig (Rutensträucher, z. B. Heidekraut, Oleander, Besenginster und Sukkulenten, z. B. Kakteen sowie viele Wolfsmilchgewächse). Außerdem verringern versenkte Spaltöffnungen, Haarfilze und eine dicke Kutikula die Verdunstung. Das Wurzelsystem ist gut ausgebildet.

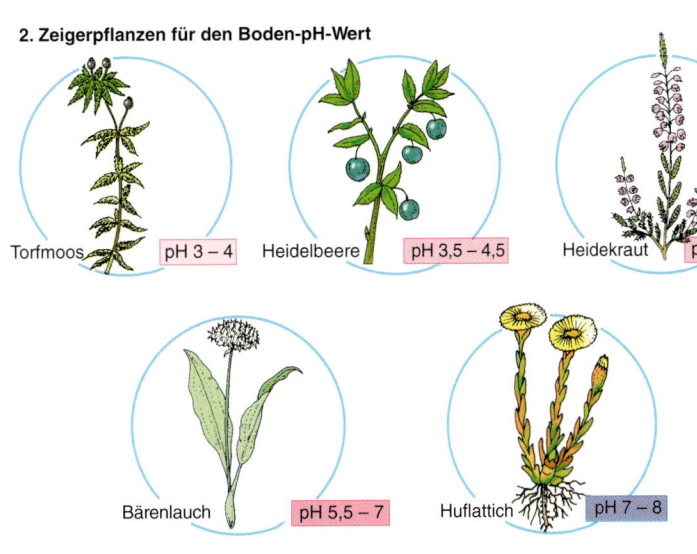

Wasserpflanzen, wie beispielsweise die Seerose, besitzen große Schwimmblätter mit Spaltöffnungen an der Blattoberseite. Bei anderen sind die Unterwasserblätter feinzipfelig oder bandartig. Das Wurzelsystem ist oft nur schwach ausgebildet oder fehlt vollständig. Je nach den Feuchtigkeitsverhältnissen des Standortes zeigen die Pflanzen also eine ganz typische äußere Gestalt (Abb. 1).

Auch bei den Tieren wird die Verdunstung durch Verringerung der äußeren Oberfläche eingeschränkt. Die Atmungsorgane sind in das Körperinnere versenkt (z. B. Lungen), die äußere Haut ist verhornt oder sie trägt ein Fell- oder Federkleid. Wasser wird durch Trinken oder feuchte Nahrung aufgenommen, Wasserverluste bei der Kot- und Urinabgabe sind nahezu unvermeidlich. Den Ausscheidungsprodukten wird jedoch im Enddarm bzw. in den Nieren ein Teil des Wassers entzogen.

Mineralstoffgehalt und pH-Wert

In der Natur kommt Wasser nicht in seiner chemisch reinen Form vor, sondern enthält stets eine Vielzahl gelöster Stoffe, die die Pflanzen für ihren Stoffwechsel brauchen. Diese Mineralstoffe sind teilweise an Bodenbestandteile gebunden, wodurch einerseits ihre Auswaschung verhindert und andererseits ihre Konzentration ausbalanciert wird.

Sauren Böden (pH < 7) fehlt diese Bindefähigkeit, sie sind mineralstoffarm. Es gibt durchaus Pflanzen, die einen niedrigeren pH-Wert bevorzugen (z. B. Torfmoos pH 3 – 4), andere findet man mehr auf basischen Böden (z. B. Huflattich pH 8). Oft kann man schon vom Vorkommen bestimmter Pflanzen auf die Beschaffenheit des Bodens schließen. Solche Pflanzen bezeichnet man als *Zeigerarten* oder *Indikatorpflanzen* (Abb. 2).

1. Pflanzengestalt bei unterschiedlichen Feuchtigkeitsbedingungen

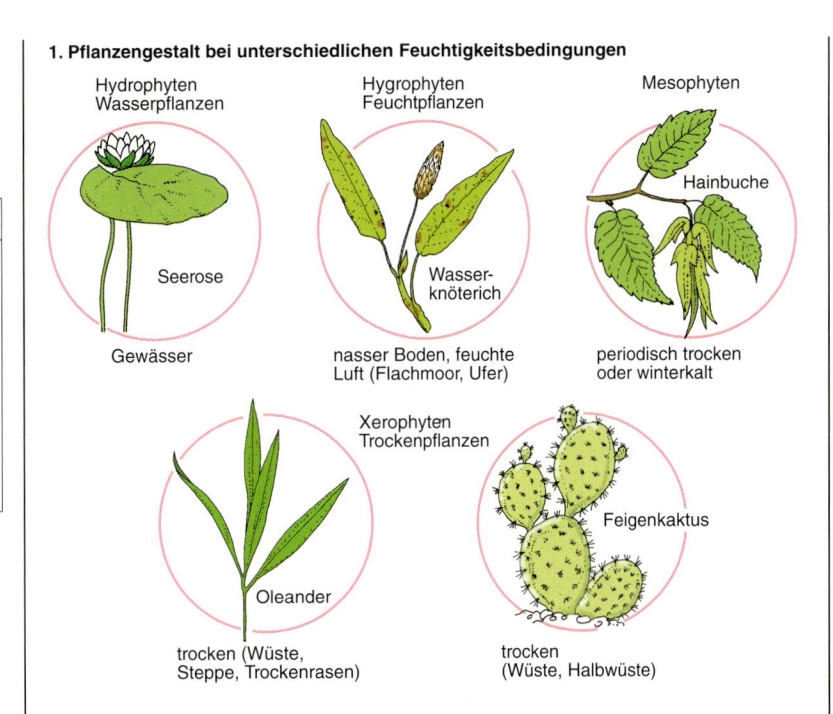

- **Hydrophyten Wasserpflanzen** – Seerose – Gewässer
- **Hygrophyten Feuchtpflanzen** – Wasserknöterich – nasser Boden, feuchte Luft (Flachmoor, Ufer)
- **Mesophyten** – Hainbuche – periodisch trocken oder winterkalt
- **Xerophyten Trockenpflanzen** – Oleander – trocken (Wüste, Steppe, Trockenrasen)
- Feigenkaktus – trocken (Wüste, Halbwüste)

2. Zeigerpflanzen für den Boden-pH-Wert

- Torfmoos – pH 3 – 4
- Heidelbeere – pH 3,5 – 4,5
- Heidekraut – pH 3,5 – 5
- Bärenlauch – pH 5,5 – 7
- Huflattich – pH 7 – 8

Ökologie

Ökologische Toleranz und ökologische Nische

Der Kiefernspinner ist ein in Kiefernwäldern bisweilen massenhaft auftretender Schmetterling. Im August legen die Weibchen an dünnen Zweigen Eier ab. Zwei bis drei Wochen später schlüpfen bei Temperaturen von etwa 20°C aus allen Eiern junge Raupen. Davon abweichende Temperaturen vermindern den Schlüpferfolg deutlich — unter 5°C und über 37°C kann sich keine Kiefernspinnerraupe entwickeln (Abb. 1). Für das Schlüpfen der Raupen gibt es also ein *Temperaturminimum* (5°C) und ein *Temperaturmaximum* (37°C), der Temperaturbereich zwischen diesen Marken heißt *Toleranzbereich*. Die am besten vertragene Temperatur wird als *Optimum* bezeichnet. Das Temperaturoptimum für die Eientwicklung des Kiefernspinners beträgt 20°C, denn bei dieser Temperatur ist der Schlüpferfolg am größten.

Wählt man anstelle des Schlüpferfolgs ein anderes Maß für die Vitalität einer Art, z. B. die Wachstums- oder Vermehrungsrate, so lassen sich entsprechende *Temperaturtoleranzkurven* für viele Arten aufstellen (Abb. 2). Sie zeigen, wie gut die jeweilige Art, z. B. bei verschiedenen Temperaturen, lebensfähig ist. Dieses arttypische Merkmal nennt man *ökologische Potenz*. Stenöke Arten haben eine geringe ökologische Potenz, sie leben nur in einem schmalen Toleranzbereich. Die Schneealge lebt in einem schmalen Temperaturtoleranzbereich, sie ist stenök bezüglich der Temperatur. Mais ist dagegen eine *euryöke Pflanze*, ihre ökologische Potenz bezogen auf die Temperatur ist mit einem Toleranzbereich von 10–40°C groß. Die verschiedenen Toleranzkurven lassen sich modellhaft verallgemeinern (Abb. 3).

Toleranzkurven werden entweder für einzelne Individuen oder, wie bei dem Kiefernspinner, für mehrere Individuen ermittelt. Individuengruppen einer Art, die in einem zusammenhängenden Gebiet wohnen und sich untereinander fruchtbar kreuzen können, bezeichnet man als *Populationen*. Die ökologische Potenz einer Population setzt sich aus den ökologischen Potenzen der einzelnen Individuen zusammen. Aufgrund genetischer Unterschiede können diese in einer Population durchaus variieren. Daher ist der Toleranzbereich einer ganzen Population oft größer als der eines einzelnen Individuums.

Bei freier Wahl bevorzugen Individuen einer Population im Allgemeinen Temperaturen,

Toleranzbereich
Intensitätsbereich eines Umweltfaktors, innerhalb dessen eine Art existieren kann.

1 Temperaturtoleranz des Kiefernspinners

Ökologische Potenz
Fähigkeit einer Art, verschiedene Intensitäten eines Umweltfaktors zu ertragen.

2 Verschiedene Temperaturtoleranzkurven

Population
Individuengruppe einer Art, die in einem zusammenhängenden Gebiet wohnt und sich untereinander fruchtbar kreuzt.

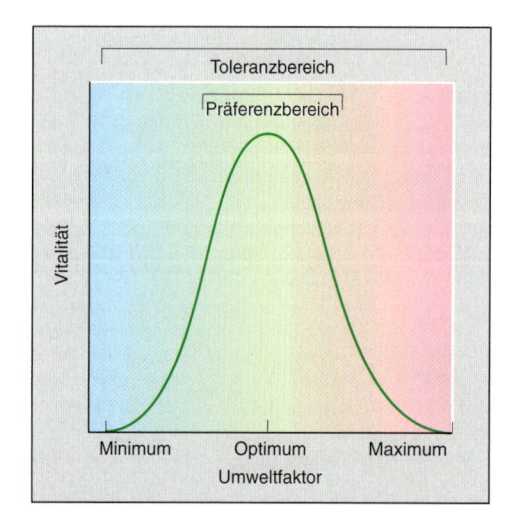

3 Schematische Toleranzkurve

die in der Nähe ihres Optimums liegen. Diesen Temperaturbereich nennt man *Präferenzbereich*. Er lässt sich experimentell in einer Temperaturorgel bestimmen. Dabei handelt es sich um eine längliche Metallplatte, die an dem einen Ende erwärmt und an dem anderen gekühlt wird. Nach einiger Zeit stellt sich ein gleichmäßiges Temperaturgefälle ein. Abbildung 1 gibt die Verteilung von Versuchstieren in einer Temperaturorgel wieder: Die Ameisen wählen alle etwa 30°C. Im Freiland ziehen sich die Tiere bei abweichenden Bedingungen in ihren optimal temperierten Bau zurück. Der Präferenzbereich der Heuschrecken ist breiter, da die einzelnen Individuen verschiedene Temperaturen bevorzugen. Im Freiland werden daher immer nur einige von ihnen optimale Bedingungen vorfinden und sich vermehren. Der Bestand der Population bleibt dadurch insgesamt gesichert.

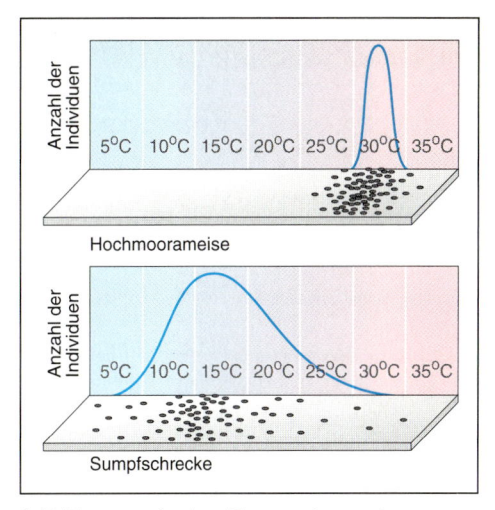

1 Präferenzen in einer Temperaturorgel

Toleranzbereiche sind allerdings keine starren Größen, sondern können sich unter dem Einfluss anderer Umweltfaktoren beträchtlich verschieben. Vermindert man bei den Kiefernspinnergelegen beispielsweise die relative Luftfeuchte von 70 % auf 20 %, so verengt sich der Temperaturtoleranzbereich auf 10°C bis 29°C. Selbst bei optimalen Temperaturen von 20°C schlüpfen jetzt nur 25 % der Raupen (Abb. 2).

Für das Überleben und die Häufigkeit einer Art ist immer der Umweltfaktor ausschlaggebend, der am weitesten vom Optimum entfernt ist, er ist der *limitierende Faktor*. Dieser Sachverhalt wird als *Wirkungsgesetz der Umweltfaktoren* bezeichnet.

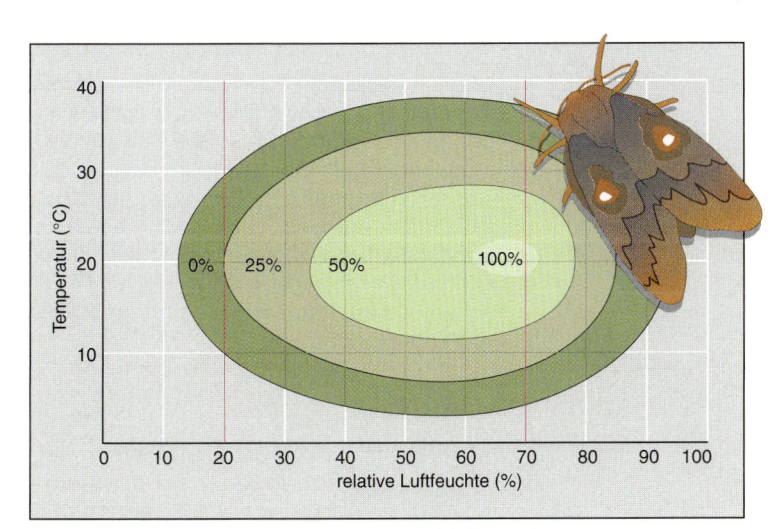

In grafischen Darstellungen werden die Umweltfaktoren auf den Achsen abgetragen, der Schlüpferfolg erscheint als Isolinie. Die Isolinien sind mit den Höhenlinien eines Berges vergleichbar; entlang dieser Linien ist der Schlüpferfolg gleich groß. Misst man die ökologischen Potenzen gegenüber allen wirksamen Umweltfaktoren, so erhält man ein genaues Bild von den Ansprüchen der Population an die Umwelt. Eine solche Minimalumwelt wird oft als *ökologische Nische* bezeichnet. Diese Nischendefinition betont die Abhängigkeit der Organismen von ihrer Umwelt, sie lässt sich experimentell gut messen.

Jedes Lebewesen hat aber auch eine Wirkung auf seine spezifische Umwelt: Es entnimmt ihr Nährstoffe und fügt andere Stoffe hinzu. Daher wird der Nischenbegriff oft auf dieses Wirkungsfeld ausgedehnt: Jede Art spielt eine bestimmte Rolle im angestammten Lebensraum, sie übt gewissermaßen einen „Beruf" aus und bildet eine ökologische Nische. Diese Nischendefinition trifft die biologischen Gegebenheiten besser, ist aber auch durch aufwendige Freilanduntersuchungen nur annähernd zu ermitteln.

ökologische Nische
a) messbare Gesamtheit der ökologischen Potenzen einer Art
b) beschreibbare Wirkung und Abhängigkeit zwischen Art und Umwelt

Wirkungsgesetz der Umweltfaktoren
Für das Überleben und die Häufigkeit einer Art ist immer der Umweltfaktor ausschlaggebend, der am weitesten vom Optimum entfernt ist.

Aufgaben
1. Ermitteln Sie aus Abb. 2, bei welcher Luftfeuchtigkeit 25 % der Raupen schlüpfen, wenn die Temperatur 30°C beträgt.
2. Zeichnen Sie die Luftfeuchtetoleranzkurve für eine Temperatur von 10°C.
3. Ermitteln Sie aus Abb. 300. 2 das Temperaturminimum, -optimum und -maximum für Salmonellen und geben Sie eine ökologische Erklärung dafür.

2 Temperatur- und Luftfeuchtetoleranz des Kiefernspinners

Ökologie **301**

2 Wechselbeziehungen zwischen Lebewesen

Konkurrenz und Einnischung

Fuchsschwanz, Trespe und Glatthafer sind häufige heimische Gräser: Der Glatthafer wächst auf Wiesen und in lichten Wäldern, die Trespe auf Trockenrasen und der Fuchsschwanz auf Feuchtwiesen. Ihre Feuchtigkeitstoleranzkurven lassen sich experimentell bestimmen: In einem Beet mit Gefälle entsteht durch den unterschiedlichen Abstand zum Grundwasserspiegel eine großflächige „Bodenfeuchteorgel". Das Wachstum eingesäter Pflanzen kann als Maß für ihre Vitalität gelten. In Reinkultur wachsen die drei Grasarten Glatthafer, Trespe und Fuchsschwanz an etwa gleichfeuchten Standorten (Abb. 1). Sät man dagegen eine Mischung aus allen drei Arten auf dem Beet aus, so findet man den Glatthafer im mittelfeuchten Bereich, während der Fuchsschwanz auf feuchtem und die Trespe auf trockenem Boden wächst. Die Gräser wachsen jetzt also in Feuchtigkeitsbereichen, die weit von ihrem Optimum entfernt sind, aber dem natürlichen Vorkommen entsprechen.

Der Wuchsort einer Art lässt also nicht unbedingt auf ihr ökologisches Optimum schließen: Die Trespe zieht trockene Wuchsorte nicht vor, sondern erträgt sie nur besser als andere Arten.

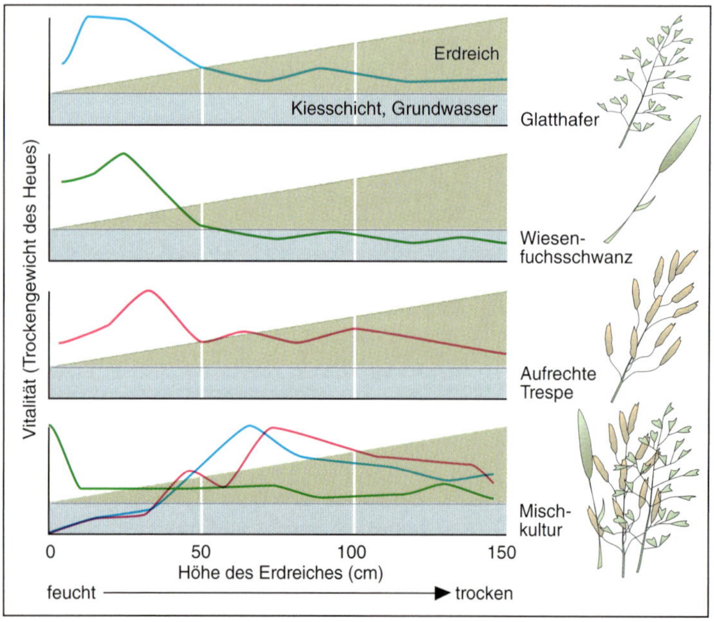

	Wirkung von Art A auf B	Wirkung von Art B auf A
Konkurrenz	–	–

Nur solange die gemeinsam genutzten Ressourcen ausreichen, können Arten mit übereinstimmenden ökologischen Ansprüchen im gleichen Lebensraum leben. Unter solchen Bedingungen werden sie ihre Population sogar vergrößern. Das führt allerdings früher oder später zu einer Verknappung von Rohstoffen: Die Organismen *konkurrieren* um die Ressourcen. Von nun an gedeihen diejenigen Populationen am besten, welche die Rohstoffe effektiver nutzen und sich dadurch erfolgreicher vermehren oder schneller wachsen. Die weniger Konkurrenzfähigen überleben nur an Plätzen, die zwar etwas weiter von ihrem Optimum entfernt sind, an denen die zwischenartliche Konkurrenz aber geringer ist.

Daraus wurde das *Konkurrenzausschlussprinzip* abgeleitet: Zwei Arten mit gleichen Ansprüchen an die Umwelt können auf Dauer nicht nebeneinander existieren.

Solche Einflüsse der Umwelt auf ganze Lebensgemeinschaften werden in der *Synökologie* untersucht. Auch innerhalb einer Art konkurrieren die Individuen um die gemeinsam genutzten Ressourcen: Individuen, die diese besonders effizient nutzen, wachsen und vermehren sich besser als die weniger konkurrenzfähigen Individuen. Wie schon die Versuche an der Temperaturorgel zeigen, gibt es innerhalb einer Art mehr oder minder deutliche Toleranzunterschiede. Bei der Wahl von Nahrung, Nistplatz oder Geschlechtspartner wird die *innerartliche Konkurrenz* dadurch geringer. Gelegentlich sind die Unterschiede zwischen verschiedenen Altersstadien oder Geschlechtern so groß, dass die Ansprüche an die Umwelt ebenfalls grundverschieden sind. So ist z. B. die Stechmückenlarve ein Geschwebefresser im Gewässer, das männliche Vollinsekt ein Pflanzensauger, das weibliche ein Blutsauger (s. Randspalte). Individuen der gleichen Art bilden hier verschiedene ökologische Teilnischen und konkurrieren so nicht um Futter und Lebensraum.

Larve: Geschwebefresser

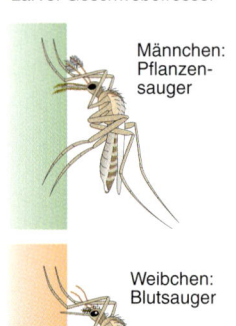

Männchen: Pflanzensauger

Weibchen: Blutsauger

Aufgabe

① Wie kann man bei dem Temperaturorgelversuch ausschließen, dass die Verteilung der Individuen nur auf innerartlicher Konkurrenz beruht?

1 Bodenfeuchtetoleranzkurven dreier Grasarten

Einnischung bei Reiher- und Löffelente

Stehende Gewässer werden von einer Vielzahl von Entenvögeln besiedelt, deren Ansprüche auf den ersten Blick sehr ähnlich wirken. Hier werden Reiher- und Löffelente vorgestellt, die auf Seen in Mittel-, Nord- und Osteuropa heimisch sind.

Die Reiherente ist eine *Tauchente*. Sie sucht auch im tieferen Wasser nach Nahrung. Die Löffelente ist eine typische *Schwimmente*, ihr Körper liegt sehr hoch im Wasser und sie taucht nur selten.

Aufgaben

1. Vergleichen Sie die Nahrungsansprüche und den Ort der Nahrungssuche bei erwachsenen Reiher- und Löffelenten. Inwieweit überlappen sich die ökologischen Nischen?
2. Vergleichen Sie die Nahrungsansprüche und den Ort der Nahrungssuche bei jungen Reiher- und Löffelenten. Wie wird zwischen- und innerartliche Konkurrenz vermieden?

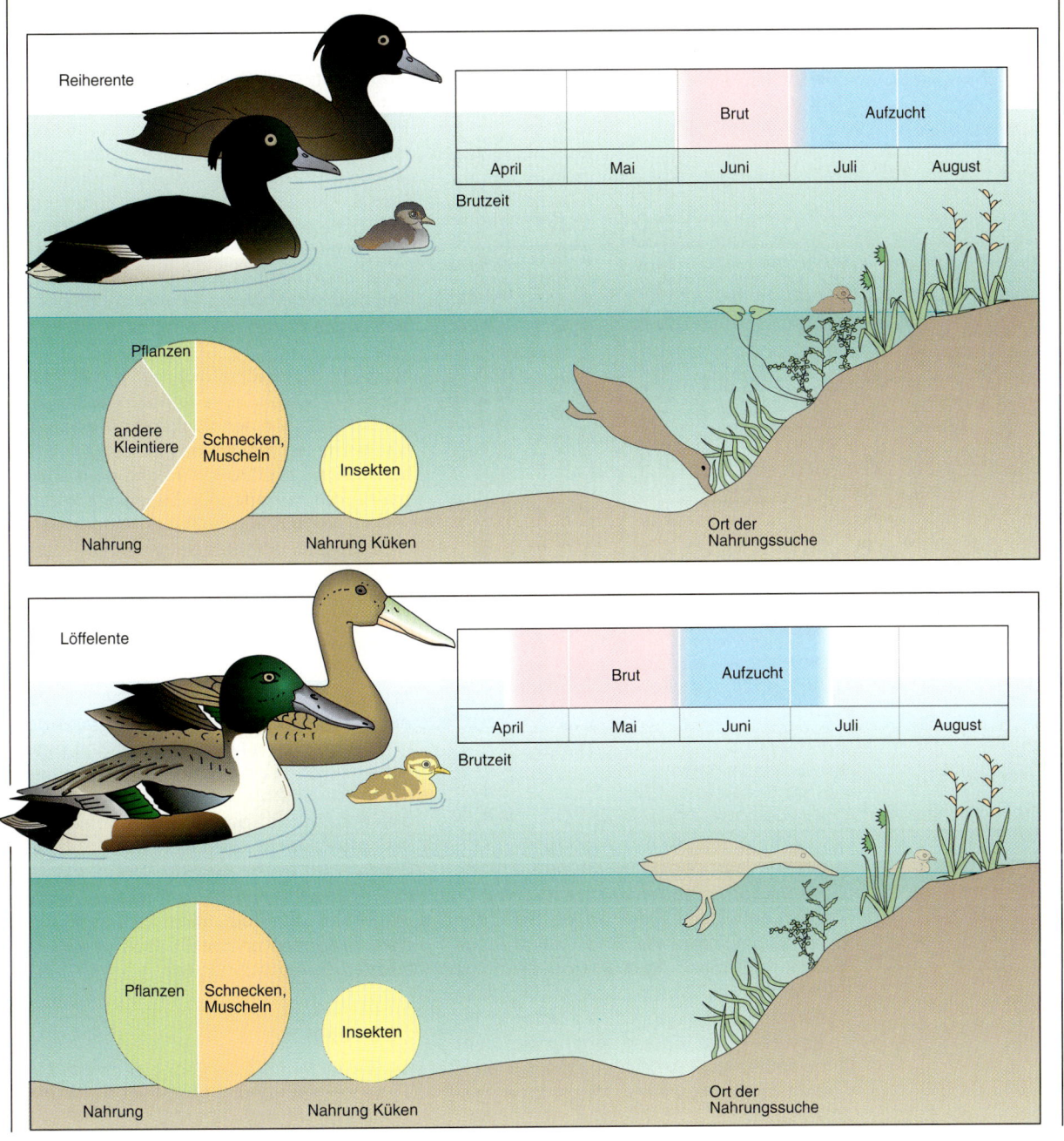

Reiherente

Brutzeit: Brut (Juni), Aufzucht (Juli–August)

Nahrung: Pflanzen, andere Kleintiere, Schnecken, Muscheln
Nahrung Küken: Insekten
Ort der Nahrungssuche

Löffelente

Brutzeit: Brut (Mai–Juni), Aufzucht (Juni–Juli)

Nahrung: Pflanzen, Schnecken, Muscheln
Nahrung Küken: Insekten
Ort der Nahrungssuche

Ökologie **303**

Das Wachstum von Populationen

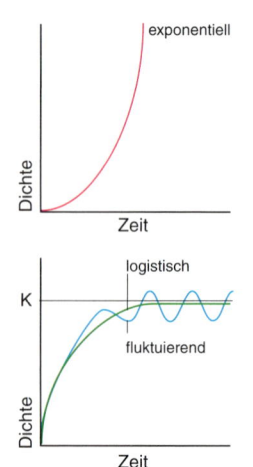

Die Vermehrungsfreudigkeit der Kaninchen ist sprichwörtlich: Ein Weibchen kann bei optimalen Bedingungen im Jahr 5- bis 7-mal 4 bis 6 Junge bekommen; die Geschlechtsreife tritt mit 4 bis 5 Monaten ein und endet im Alter von 6 Jahren. Jährlich werden also von zwei Elterntieren im Mittel 30 Jungtiere geboren, die *Geburtenrate* (b) beträgt jährlich 15 Geburten pro Individuum. Innerhalb weniger Jahre folgt daraus rechnerisch eine große Kinder- und Kindeskinderschar (Abb.1).

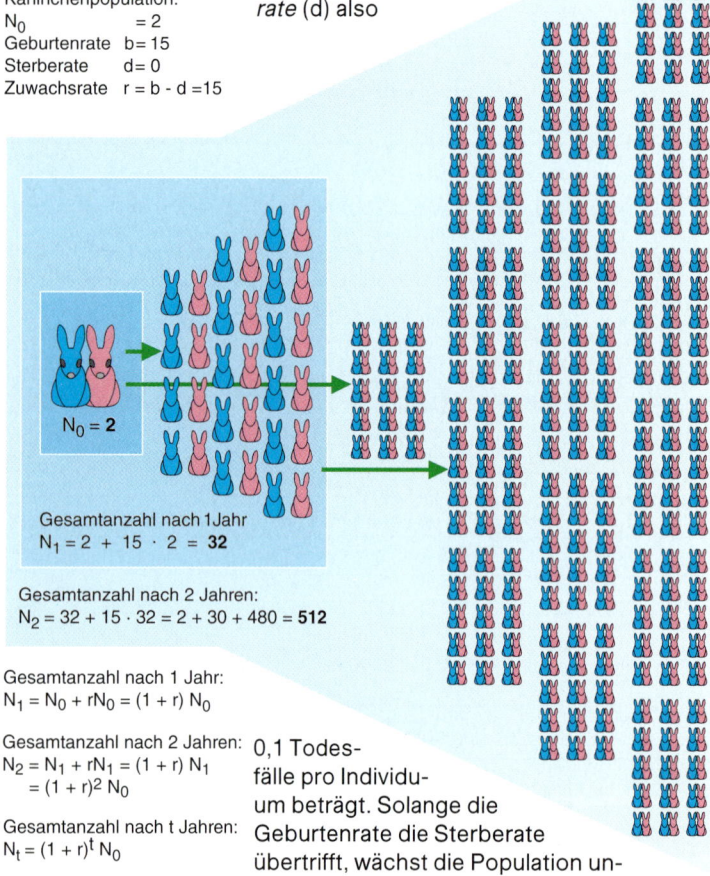

Das gilt selbst dann, wenn man berücksichtigt, dass von 100 Kaninchen jährlich beispielsweise 10 sterben, die *Sterberate* (d) also 0,1 Todesfälle pro Individuum beträgt. Solange die Geburtenrate die Sterberate übertrifft, wächst die Population ungebremst mit einer Zuwachsrate (r), der Differenz von Geburten- und Sterberate. Die Population wächst *exponentiell*. Bei dieser Betrachtung wurde allerdings davon ausgegangen, dass die Zuwachsrate nicht von der Dichte der Population abhängt. Dichteunabhängige Einflüsse, wie klimatische Bedingungen, und Katastrophen, wie Überschwemmungen, Erdrutsche oder Brände, treffen große wie kleine Populationen gleichermaßen.

Tatsächlich wird die Zuwachsrate aber auch durch Faktoren beeinflusst, die von der Dichte der Population abhängen: Je größer der Kaninchenbestand, desto knapper sind Nahrung und Platz für das einzelne Individuum. Hunger wiederum schmälert den Fortpflanzungserfolg. Soziale Enge in überfüllten Bauen kann zur Auflösung von Embryonen vor der Geburt oder zur Unfruchtbarkeit führen. Oft wandert ein Teil der Kaninchenkolonie aus und legt anderswo einen neuen Bau an. Größere Dichte und damit zunehmende innerartliche Konkurrenz führt also zur Verringerung der Geburtenrate in einer Population.

Außerdem erhöht sich die Sterberate mit der Dichte der Kaninchen: Krankheiten und Parasiten breiten sich bei Überbevölkerung leichter aus, die Kaninchen werden schneller ein Opfer ihrer natürlichen Feinde, wie Fuchs, Bussard und Mensch. Zunehmend weniger Kaninchen erreichen das fortpflanzungsfähige Alter. Je größer die Population wird, desto langsamer schreitet das Populationswachstum voran, es wird durch *dichteabhängige Einflüsse* kontrolliert.

Überlebt durchschnittlich von jedem Individuum ein Nachkomme und wird seinerseits wieder durch einen fortpflanzungsfähigen Nachkommen ersetzt, so hat die Population schließlich eine Größe erreicht, die als tragbar für den betreffenden Lebensraum angesehen werden kann. Dieser Wert wird als *Umweltkapazität* (K) bezeichnet. Die *logistische Kurve* spiegelt ein solches Wachstumsverhalten wider (s. Randspalte).

Freilandbeobachtungen zeigen jedoch, dass der Wert K im Allgemeinen nicht allmählich (asymptotisch) erreicht wird. Die Populationsdichte pendelt sich vielmehr darauf ein und zeigt natürliche Schwankungen unterschiedlicher Ursache. Es ergibt sich eine fluktuierende Kurve. Steigt die Populationsgröße zu rasch über K hinaus, können bestimmte Ressourcen in nicht ausgleichbarer Weise verbraucht werden. Unter solchen Bedingungen kann es zum totalen Zusammenbruch der Population kommen. Auch die logistische Kurve stellt also nur eine modellhafte Vereinfachung dar.

Modell einer Kaninchenpopulation:
$N_0 = 2$
Geburtenrate $b = 15$
Sterberate $d = 0$
Zuwachsrate $r = b - d = 15$

Gesamtanzahl nach 1 Jahr
$N_1 = 2 + 15 \cdot 2 = 32$

Gesamtanzahl nach 2 Jahren:
$N_2 = 32 + 15 \cdot 32 = 2 + 30 + 480 = 512$

Gesamtanzahl nach 1 Jahr:
$N_1 = N_0 + rN_0 = (1 + r) N_0$

Gesamtanzahl nach 2 Jahren:
$N_2 = N_1 + rN_1 = (1 + r) N_1$
$= (1 + r)^2 N_0$

Gesamtanzahl nach t Jahren:
$N_t = (1 + r)^t N_0$

Aufgabe

① Berechnen Sie die Größe der modellhaften Kaninchenpopulation nach 3, 4 und 5 Jahren.

Wechselbeziehungen zwischen Feind und Beute

In den Wachstumskurven wurden Populationen isoliert betrachtet. Tatsächlich beeinflussen Konkurrenten, Feinde und Nahrungsangebot die Populationsdichte in vielfältiger Weise. Abbildung 1 zeigt den Jahresgang in der Dichte zweier Arten aus der thüringischen Saale. Der untersuchte Raubringelwurm ernährt sich hauptsächlich von Wimpertierchen. Einem Absinken der Beutetierdichte entspricht ein Ansteigen der Feinddichte und umgekehrt. Man spricht von *Dichtefluktuationen* oder vom *Massenwechsel* der Arten.

LOTKA und VOLTERRA versuchten erstmals, so ein Feind-Beute-System mathematisch zu erfassen. Inzwischen wurde ihr Ansatz mehrfach verändert und verbessert.
Sie setzten, bewusst vereinfachend, voraus:
— Je mehr Beuteorganismen zur Verfügung stehen, desto mehr Feinde werden geboren.
— Je mehr Feinde einer Beute nachstellen, desto mehr Beuteorganismen sterben.

Grafisch ergeben sich unter diesen Bedingungen tatsächlich fluktuierende Dichtekurven, aus denen sie diese Regeln ableiteten:
— **Lotka-Volterra-Regel 1:** Feind- und Beutedichte schwanken periodisch, dabei sind die jeweiligen Maxima phasenweise verschoben.
— **Lotka-Volterra-Regel 2:** Trotz Schwankungen bleiben die Durchschnittsgrößen von Feind- und Beutepopulation bei unveränderten Bedingungen langfristig konstant.

Rückschlüsse auf die Ursachen der Fluktuationen kann man aus dieser mathematischen Betrachtung allerdings nicht ziehen. Werden die Beuteorganismen seltener, weil der Feind so viele frisst, weil ihre eigene Nahrung knapper wird oder weil sich andere Umweltfaktoren geändert haben? Sinkt die Feinddichte, weil die Beutedichte sinkt oder aus anderen, nicht erfassten Gründen? Hier können nur ökologische Experimente Aufschluss geben: Wie verändert sich die Dichte der Beuteorganismen bei Ausschluss der Feinde? Wie verändert sich die Dichte der Feinde bei konstanter Beutedichte?

Nur selten treffen die vereinfachenden Voraussetzungen der Lotka-Volterra-Regeln zu: Eine Feindart ist meistens nicht auf nur eine Beuteart spezialisiert, Beuteorganismen werden oft von verschiedenen Feindarten verfolgt und stellen vielfach ihrerseits anderer Beute nach. Außerdem können sich viele Beuteorganismen verstecken oder tarnen und so dem Zugriff der Feinde entgehen.

Ein Beispiel: Der Habicht erbeutet in Georgia (USA) unter anderem Wachteln und Nagetiere. Bei den Nagetieren stehen wiederum Wachteleier auf dem Speiseplan. Solange die Wachteln sich verstecken können, kann der Habicht den Bestand nicht gefährden. Er schlägt nur diejenigen Wachteln, für die keine Versteckplätze vorhanden sowie die alten und schwachen Vögel, also den „Überschuss" der Population. Zusätzlich jagt er Nagetiere. Durch den Ausfall dieser Nesträuber vergrößert sich der Bruterfolg der Wachteln und mehr Vögel wachsen als Beute für den Habicht nach. Wenn sich ein Jäger als Konkurrent des Habichts mehr Wachteln in seinem Jagdrevier wünscht, sollte er nicht den Habicht schießen, sondern die Landschaft so gestalten, dass sie mehr Versteckraum für die Wachteln bietet.

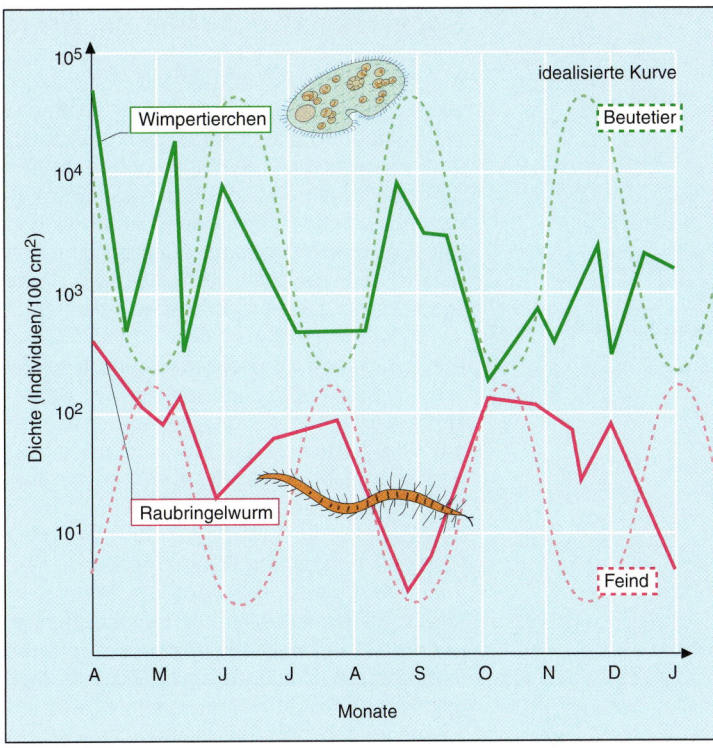

1 Dichtekurven von Feind (Ringelwurm) und Beutetier (Wimpertierchen)

Feind
Konsument, z.B. Räuber, Parasit oder Pflanzenfresser

Beuteorganismus
Konsumierbarer Organismus, z.B. Beutetier, Wirt oder Pflanze

Aufgabe

① Nennen Sie weitere Faktoren außer dem Feind-Beuteorganismus-Verhältnis, die zu Dichteschwankungen in den Populationen führen können.

Populationswachstum bei Ernteschädlingen

Australien 1859. Für das sonntägliche Jagdvergnügen werden zwei Dutzend englische Wildkaninchen nach Australien importiert und ausgewildert. Die Kaninchen finden günstige Ernährungsbedingungen und keine räuberische Arten oder Parasiten vor. Um 1900 sind Victoria und Queensland von Kaninchen überschwemmt, wenige Jahre später der gesamte australische Kontinent.

Fünf bis sieben Kaninchen verzehren so viel wie ein Schaf. Die Einbußen in der Schafzucht waren schließlich so groß, dass man mit allen Mitteln versuchte, der Plage Herr zu werden. Man vergiftete Wasserstellen, aber die überlebenden Kaninchen konnten den Bestand immer wieder auffüllen. Man führte die natürlichen Feinde der Kaninchen, Fuchs und Iltis, aus Europa ein. Diese verfolgten zwar die Kaninchen, bevorzugten jedoch die australischen Vögel und rotteten mehrere Arten aus. Erst 1950 hatte man nachhaltige Erfolge durch die Infektion von Kaninchen mit Myxomatoseviren. Inzwischen gibt es jedoch myxomatoseresistente Kaninchen, sodass die Population sich wieder vergrößert. Die Kaninchen, die der Mensch selbst in das Land gebracht hat, kann er nun nicht wieder loswerden.

Der Kampf der Menschheit gegen Ernteschädlinge ist so alt wie Ackerbau und Landwirtschaft selbst. Noch heute geht mehr als ein Drittel der landwirtschaftlichen Produktion durch Schädlinge verloren, das ist der gleiche Anteil wie vor 100 Jahren. Die Gesamtproduktion hat sich zwar vergrößert, die Größe der zu ernährenden Weltbevölkerung aber ebenfalls.

Sehr viel häufiger als Wirbeltiere werden Gliedertiere zu Schädlingen. Die Charakteristik ist immer die gleiche: Einer hohen natürlichen Geburtenrate steht eine durch veränderte Umweltfaktoren verringerte Sterberate gegenüber. Dadurch wächst die Population so stark, dass sie zum Konkurrenten von Mensch oder Nutztier wird. Aus einem unauffälligen Organismus ist ein Schädling geworden. Schädlingsbekämpfung bedeutet meistens eine Erhöhung der Schädlingssterberate. Die Maßnahmen reichen vom Absammeln und Vernichten z. B. von Kartoffelkäfern *(mechanische Schädlingsbekämpfung)* über den Gifteinsatz *(chemische Schädlingsbekämpfung)* bis hin zu der Einführung von Krankheitserregern, Parasiten und Räubern *(biologische Schädlingsbekämpfung)*.

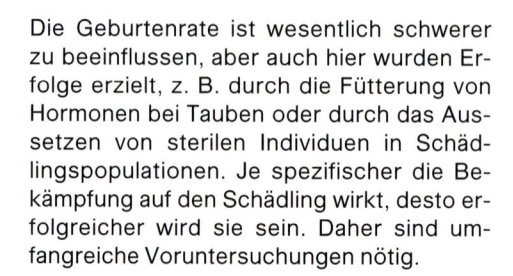

Die Geburtenrate ist wesentlich schwerer zu beeinflussen, aber auch hier wurden Erfolge erzielt, z. B. durch die Fütterung von Hormonen bei Tauben oder durch das Aussetzen von sterilen Individuen in Schädlingspopulationen. Je spezifischer die Bekämpfung auf den Schädling wirkt, desto erfolgreicher wird sie sein. Daher sind umfangreiche Voruntersuchungen nötig.

Den Misserfolg bei der biologischen Kaninchenbekämpfung durch die Füchse hätte man voraussagen können: sie sind nicht auf Kaninchen spezialisiert, sondern haben ein breites Beutespektrum.

Misserfolge mit chemischen Mitteln *(Pestizide)* sind ebenfalls oft vorhersehbar: Gifte, wie DDT oder Azodrin, wirken als lipidlösliche Kontaktmittel auf das Nervensystem ein, sie töten Schadinsekten sowie deren Feinde gleichermaßen (Abb. 307.1). Wegen der höheren Zuwachsrate erholt sich die Schadinsektenpopulation schneller als die des Feindes. Das lässt sich bereits aus dem einfachen Feind-Beute-Modell von Lotka-Volterra schließen.

Lotka-Volterra-Regel 3: Vermindert man Feind- und Beutedichte gleichermaßen, zum Beispiel durch Jagd oder Gifteinsatz, so erholt sich die Beutepopulation stets vor der Feindpopulation, da ihre Zuwachsrate größer ist.

Mehr noch: Pestizide verschonen gerade diejenigen Schädlinge, welche aufgrund innerartlicher Variabilität unempfindlich gegenüber der Giftwirkung sind. Selbst ein minimaler Anteil resistenter Individuen setzt sich genetisch nach einigen Generationen in der Population durch. Gefürchtet sind außerdem die Rückstände schwer abbaubarer Pestizide, die in Grundwasser, Boden und Nahrung gelangen können. Gesetzliche Vorschriften kontrollieren daher die Zulassung von Pestiziden und durch Höchstmengenverordnungen werden die zulässigen Rückstandsmengen in Lebensmitteln festgelegt. Pestizide werden nach den zu bekämpfenden Schadorganismen gruppiert: *Insektizide* wirken zum Beispiel gegen Insekten, *Fungizide* gegen Pilze und *Herbizide* gegen Unkräuter.

Aufgabe

① Beurteilen Sie die Begriffe „Schädling" und „Nützling" aus ökologischer Sicht.

Kahlfraß durch Schwammspinnerraupen

Alternativen zur chemischen Schädlingsbekämpfung

Vor etwa 100 Jahren wurden die Orangenplantagen in Kalifornien durch eine australische Schildlausart befallen, welche die Bäume zu vernichten drohte. Erst als der natürliche Feind der Schildläuse, ein Marienkäfer, aus Australien „nachgeholt" wurde, konnte die Schädlingspopulation allmählich unter Kontrolle gebracht werden. Vor 50 Jahren musste der Marienkäfer allerdings ein zweites Mal importiert werden: Insektizide hatten ihn völlig ausgerottet, während die Schildläuse schnell wieder einen schädlichen Bestand entwickelt hatten.

Inzwischen hat sich die Einschleusung von Bakterien und Viren bei der Bekämpfung von Forstschädlingen, wie Nonne, Schwammspinner und Fichtenblattwespe, bewährt. Bei dieser *biologischen Schädlingsbekämpfung* muss gesichert sein, dass eingeführte Räuber und Parasiten nach Dezimierung des Schädlings nicht auf andere Arten übergreifen.

Auf den deutschen Hormonforscher und Nobelpreisträger ADOLF BUTENANDT geht die Verwendung von Sexuallockstoffen *(Pheromonen)* im Pflanzenschutz zurück. Forstschädlinge wie der Borkenkäfer lassen sich in Pheromonfallen massenhaft fangen. Auf viele Insekten wirken gelbe Farbschalen anlockend. Dadurch kann die Intensität des Schädlingsbefalls geprüft und der richtige Zeitpunkt des Pestizideinsatzes bestimmt werden. Diese *integrierte Schädlingsbekämpfung* ist eine sinnvolle Kombination verschiedenster Methoden mit dem Ziel, so wenig Pestizide wie möglich einzusetzen.

Viele Wildpflanzen werden von bestimmten Pflanzenfressern gemieden, da sie für diese nicht schmackhaft oder sogar giftig sind. Oft lässt sich diese Eigenschaft auf eine bestimmte chemische Verbindung, ein *Endotoxin*, zurückführen. Gelingt es, die Basensequenz des *Endotoxingens* herauszufinden, so kann man es gentechnisch auf Kulturpflanzen übertragen. Die Kulturpflanze bildet dann das artfremde Endotoxin und ist vor Fraß geschützt *(gentechnische Schädlingsbekämpfung)*. Endotoxine wirken hoch spezifisch und gelangen nicht in den Boden. Wie wirken sie sich jedoch auf die Lebensmittelqualität aus und wie verhalten sie sich in der Nahrungskette? Was geschieht, wenn gentechnisch veränderte Pflanzen verwildern oder sich mit Wildpflanzen kreuzen? Gibt es eine Endotoxinresistenz bei den Schädlingen?

Man kann das Aufkommen von Schädlingen auch *ökologisch* verhindern, indem man Lebensräume für ihre natürlichen Feinde schafft. Dazu genügt oft schon das Anpflanzen von Hecken, denn hier finden viele Insekten fressende Vögel Nistmöglichkeiten. Brachland und Wiesen mit Wildkräutern und Büschen beherbergen eine Vielzahl von Organismen, die Massenvermehrungen einzelner Arten verhindern helfen.

Aufgaben

1. Betrachten Sie Abb.1. Die als „Baumwollwurm" bezeichneten Larven des Eulenfalters schädigen die Kapseln der Baumwolle und vermindern die Ernte. Ist die chemische Bekämpfung mit dem Pestizid Azodrin erfolgreich? Vergleichen Sie dazu Larvendichte und Dichte der natürlichen Feinde sowie den Ernteertrag nach mehreren Behandlungen. Begründen Sie Ihre Auffassung.
2. Stellen Sie tabellarisch die Voraussetzungen, kurzfristige und langfristige Folgen der verschiedenen Schädlingsbekämpfungsmethoden gegenüber.

1 Anwendung des Pestizids Azodrin gegen den „Baumwollwurm"

Ökologie

Lexikon

Weitere Wechselbeziehungen

Die Organismen in einem Ökosystem beeinflussen sich gegenseitig in ihrer Dichte. Dabei kann sich das Miteinander von Arten positiv (+) oder negativ (−) auf die Dichte der Partner auswirken. Konkurrenz und Feind-Beute-Beziehung lassen sich folgendermaßen schematisieren:

Wirkung von Art	A auf B	B auf A
Konkurrenz	−	−
Feind-Beute	−	+

Es gibt außerdem Beziehungen, bei denen ein Partner Vorteile hat, während der andere ebenso gut mit wie ohne ihn lebt (0). Man spricht dann von einer *Parabiose*.

Parabiose

Wirkung von Art	A auf B	B auf A
Parabiose	0	+

Milbe und Mistkäfer: Mistkäfer werden häufig von Milben als Transportmittel für die Nahrungssuche benutzt. Auf dem Rumpf des Käfers gelangen die Milben bequem von einem Misthaufen zum anderen, wo sie sich wieder ablösen und Nahrung finden. Aufgrund ihrer Winzigkeit hätten sie den Weg alleine nicht geschafft und wohl auch nicht gefunden, denn ihre Sinnesorgane sind denen des Käfers weit unterlegen. Der Nutzen liegt also nur bei der Milbe, ohne dass von einem Schaden für den Käfer gesprochen werden könnte.

Waldbaum und Kleinpflanze: Viele Kleinpflanzen im Wald sind zwar unbedeutend für die größeren Bäume, profitieren selbst aber von deren Schutz vor Einstrahlung, Wind, Regen und starken Temperaturschwankungen. Die Kleinpflanzen leben in Parabiose mit den Waldbäumen.

Parasitismus

Wirkung von Art	A auf B	B auf A
Parasitismus	−	+

Organismen, die sich von anderen Lebewesen ernähren, ohne sie gleichzeitig zu töten, nennt man *Parasiten* oder *Schmarotzer*.

Gemeiner Fischegel und Fisch: Egel gehören zu den Ringelwürmern und besitzen am Vorder- und Hinterende einen Saugnapf. Mit dem Endsaugnapf setzt sich der Fischegel an Wasserpflanzen fest und verharrt dort reglos, bis ein Fisch sich nähert. Jetzt beginnt der Egel zu schwingen, sodass sein vorderer Saugnapf den Fisch berühren und sich an ihm festsaugen kann. Der Fischegel ernährt sich vom Blut des Fisches.

Zecke und gleichwarme Tiere: Ausgewachsene Zecken, oft auch *Holzböcke* genannt, haben wie alle Spinnentiere vier Beinpaare. Sie sind in feuchtwarmen Wäldern heimisch. Die Jungtiere und die erwachsenen Weibchen befallen die verschiedensten Wild- und Haustiere sowie den Menschen und saugen Blut. Erst nach einer Blutmahlzeit können sie sich häuten oder Eier legen.

In Europa hat die Zecke als Überträger zweier Krankheitserreger Bedeutung erlangt. Das TBE-Virus löst die *Frühsommermeningoencephalitis* (FSME) aus, eine ohne Behandlung lebensbedrohliche Hirnhautentzündung. Außerdem können Zecken Bakterien übertragen, welche die *Zeckenborreliose* hervorrufen. Diese Krankheit äußert sich zunächst ähnlich einer Grippe, später in Nervenentzündungen, Gelenkschwellungen und Lähmungen. Gegen FSME wurde ein Impfstoff entwickelt, gegen die Borreliose hat sich rechtzeitige Penicillinbehandlung bewährt.

Fuchsbandwurm, Fuchs und Nagetier: Der Lebenslauf des parasitischen Fuchsbandwurmes wird durch einen *Wirtswechsel* und einen *Generationswechsel*, also dem Wechsel von ungeschlechtlicher Vermehrung und geschlechtlicher Fortpflanzung geprägt. Die von der Eikapsel umhüllten Junglarven gelangen mit der Nahrung in den Dünndarm von Mäusen oder anderen Nagetieren *(Zwischenwirt)*. Über Blutgefäße dringen sie in die Leber, seltener in Lunge oder Gehirn ein. Hier wächst die Larve zu einem Netzwerk aus verzweigten Schläuchen heran, welches das betroffene Organ durchwuchert. Im Inneren der Schläuche schnüren sich die Brutkapseln ab *(ungeschlechtliche Vermehrung)*. Der geschwächte Zwischenwirt wird von seinem natürlichen Feind, dem Fuchs, gefressen. So gelangt der Parasit in den Endwirt, welcher gesundheitlich nur wenig beeinträchtigt wird. Im Darm des Fuchses entwickeln sich die erwachsenen, nur 1—3 mm großen Fuchsbandwürmer. Bandwürmer sind Zwitter, die sich durch Selbstbefruchtung fortpflanzen *(geschlechtliche Fortpflanzung)*. Mit dem Kot des Fuchses werden die Bandwurmeier ausgeschieden und vom Zwischenwirt zufällig gefressen.

Ökologie

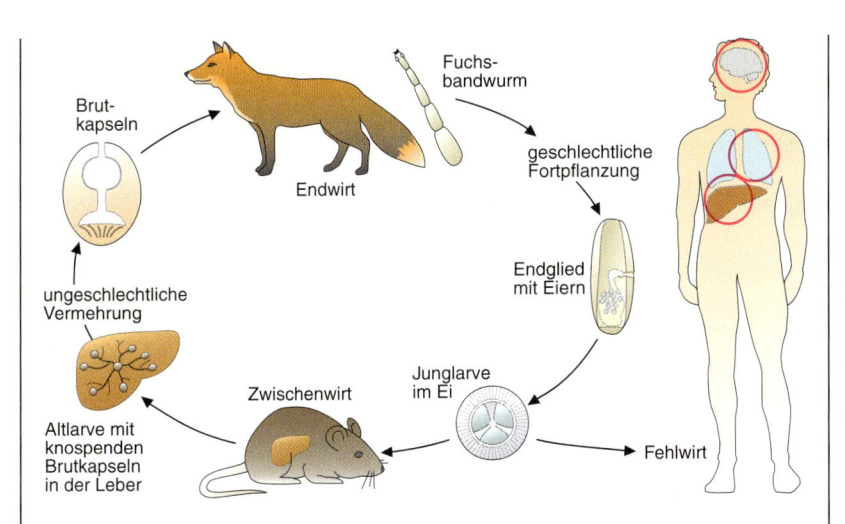

Der Mensch kann beim Verzehr roher infizierter Waldfrüchte und -pilze ebenfalls von Fuchsbandwurmlarven befallen werden. Er nimmt die Stellung des Fehlwirtes ein und erkrankt an *Echinococcose*. Durch den zunehmenden Verfall der betroffenen Organe endet die Krankheit meist tödlich. Eine Infektion kann man vermeiden, indem man nur gekochte oder schockgefrorene Waldfrüchte isst oder zumindest nicht solche in Bodennähe erntet.

Symbiose

Ein Zusammenleben unter gegenseitigem Nutzen kennzeichnet die Symbiose.

Wirkung von Art	A auf B	B auf A
Symbiose	+	+

Knöllchenbakterien und Hülsenfrüchtler: Bakterien der Gattung Rhizobium leben normalerweise als Zersetzer im Boden. Sie können jedoch wie Parasiten durch die Wurzelhaare von Hülsenfrüchtlern in deren Rindengewebe eindringen. Hier lösen sie Gewebswucherungen aus, die als *Knöllchen* bezeichnet werden. Innerhalb der Wirtszellen vermehren sie sich stark und verändern ihre Gestalt. Dabei beziehen sie Kohlenhydrate vom Hülsenfrüchtler. Im Gegenzug versorgen die Bakterien ihren Partner mit stickstoffhaltigen Verbindungen, welche sie mithilfe des Enzymsystems *Nitrogenase* durch Reduktion von molekularem Stickstoff zu Ammonium bilden. Viele dieser Stoffe werden jedoch erst nutzbar, wenn die Pflanze Knöllchen und Bakterien auflöst. Trotzdem haben auch die Bakterien einen Vorteil, denn beim Absterben der Wirtspflanze kehren mehr Bakterien in den Boden zurück als ursprünglich in die Pflanze eingedrungen waren. Die Grenze zwischen Parasitismus und Symbiose ist hier also unscharf.

Mykorrhiza und Waldbaum: Die älteren Wurzeln der meisten Waldbäume werden von einem dichten Pilzgeflecht umsponnen, welches die Aufgabe der Wurzelhaare übernimmt. Bei einigen dringt das Pilzgeflecht sogar bis in das Wurzelgewebe ein. Pilzfreie Aufzucht der Bäume führt oft zum Krüppelwuchs. Die Pilze verbessern die Wasser- und Mineralsalzversorgung der Bäume und zersetzen Humus, wodurch sie die Stickstoff- und Phosphatanlieferung verstärken. Die Pilze ihrerseits werden von den Waldbäumen vor allem mit Kohlenhydraten versorgt, was die Bildung großer Fruchtkörper ermöglicht. Der Steinpilz kann z. B. deshalb nicht in Kultur gezüchtet werden, weil er ausschließlich in Symbiose mit Waldbäumen fruchtet.

Ameise und Samenpflanze: Derzeit sind weltweit etwa 3000 Blütenpflanzen bekannt, deren Samen durch Ameisen verbreitet werden. In unseren Wäldern gehören dazu z. B. Schneeglöckchen, Buschwindröschen, Leberblümchen, Veilchen, Schöllkraut und Taubnessel. Diese Pflanzen haben eine symbiotische Beziehung zu den Ameisen. Der Vorteil der Pflanzen ist offensichtlich, aber auch die Ameise profitiert von dieser Beziehung. Die Samen haben ein nährstoffreiches Anhängsel, das Elaiosom, das für Ameisen ein Leckerbissen ist. Sie schleppen den Samen zum Nest, fressen dann aber nur das Elaiosom und lassen den keimfähigen Samen liegen.

Flechten (Pilz und Alge): Die Verbindung der Symbiosepartner kann so eng sein wie bei den Flechten, bei denen einzellige Algen und Pilzfäden derart miteinander verwoben sind, dass sie wie ein einziger Organismus erscheinen und zum Teil sogar gemeinsame Fortpflanzungseinheiten hervorbringen. Der Pilz profitiert hier von der Fotosyntheseleistung der Alge, die Alge kann umgekehrt an trockene Standorte vordringen, die ihr ohne Partner verschlossen blieben.

Ökologie

3 Ökosystem Wald

Abiotische und biotische Faktoren

Nicht nur Naturliebhaber, sondern auch Erholungssuchende nutzen Wälder gerne für ausgedehnte Spaziergänge. Angenehme Kühle im Sommer, klare Luft und relative Windstille unterscheiden das Waldklima deutlich von dem offener Landschaften:

Relativwerte	Freiland	Wald
Niederschlag	100 %	53 %
Schneehöhe	100 %	42 %
Windgeschwindigkeit	100 %	32 %
Verdunstung	100 %	40 %
Temperaturdifferenz Sommer		−1,1 °C
Winter		+0,1 °C

Bodenqualität und Klima bestimmen das Vorkommen der Baumarten (s. Abb. 1). In unseren Breiten findet vor allem die Rotbuche geeignete Wuchsbedingungen. Die Bäume des Waldes bilden ein mehr oder minder geschlossenes Kronendach, durch welches gerade genügend Licht für Schatten liebende Pflanzen dringt. Viele Wälder zeigen eine typische *vertikale Schichtung* in Baum-, Strauch-, Kraut- und Moosschicht. Die Pflanzen jeder Schicht sind an die jeweiligen Lichtbedingungen angepasst.

Die Baumwurzeln wachsen oft ebenfalls in Schichten: Fichte, Esche und Zitterpappel bilden flache Wurzelscheiben, Tanne, Eiche und Kiefer haben tief reichende Pfahlwurzeln.

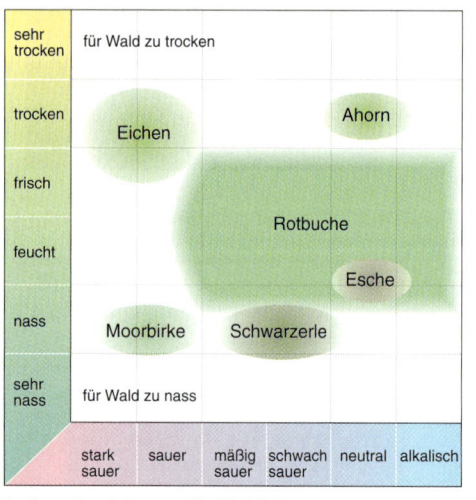

Die Vegetationsschichtung wirkt sich auf die Feuchtigkeitsbedingungen aus:
Niederschläge bleiben in Laub, Moos und Boden hängen, verdunsten allmählich, werden von den Pflanzen aufgenommen oder sickern langsam in das Grundwasser. Nur sehr wenig Wasser fließt oberflächlich ab. Der Wald wirkt als Wasserspeicher und gleicht auf diese Weise länger anhaltende Trockenperioden oder kurzfristiges Überangebot an Wasser aus.

Neben der Erholungsfunktion hat der Wald eine *Schutzfunktion*: Das Niederschlagswasser wird durch den verlangsamten Wasserabfluss regelrecht gefiltert und kann als Trinkwasser genutzt werden. Waldgebiete sind Wasserschutzgebiete. Die Pflanzendecke verhindert die Bodenerosion und schützt vor Schneeverwehungen und im Gebirge vor Lawinen. Der Wald reichert die Luft mit Sauerstoff an, filtert Staub und Schadstoffe heraus und dämmt Lärm.

Die *Nutzung des Waldes* als Energie- und Rohstofflieferant muss diesen wichtigen Funktionen nicht zuwiderlaufen, geschichtlich hat sie jedoch den Aufbau des Waldes immer wieder stark verändert. Nach der letzten Eiszeit, etwa 8000 v. Chr., entwickelten sich in Europa aus der Tundra erste lichte Laubmischwälder. Bis Christi Geburt war Europa größtenteils mit Urwald bedeckt. Vom 8. bis 13. Jahrhundert wurde der Wald bis auf ein Drittel der Fläche gerodet. Das entspricht etwa der heutigen Fläche. Es wurde Platz für Siedlungen und Ackerbau benötigt, man brauchte Brenn- und Baumaterial. Auch der Restwald wurde intensiv genutzt: Krautreiche Waldbereiche dienten als Viehweide, Eicheln und Bucheckern der Mast. Später lieferte der Wald das Brennholz für Köhlerei, Eisen- und Glasindustrie. Wälder hatten damals mehr den Charakter eines Nieder- und Mittelwaldes mit starkem Stockausschlag und Verbuschung. Der heute vorherrschende Hochwald mit langen gleichmäßig gewachsenen Stämmen dient der Furnier- und Bauholzgewinnung sowie der Papierherstellung. Solche vom Menschen genutzte „Forste" unterschieden sich also deutlich vom „Urwald". Durch die Schaffung stufig aufgebauter, stellenweise lockerer Mischwälder lassen sich aber zumindest naturnahe Zustände erreichen.

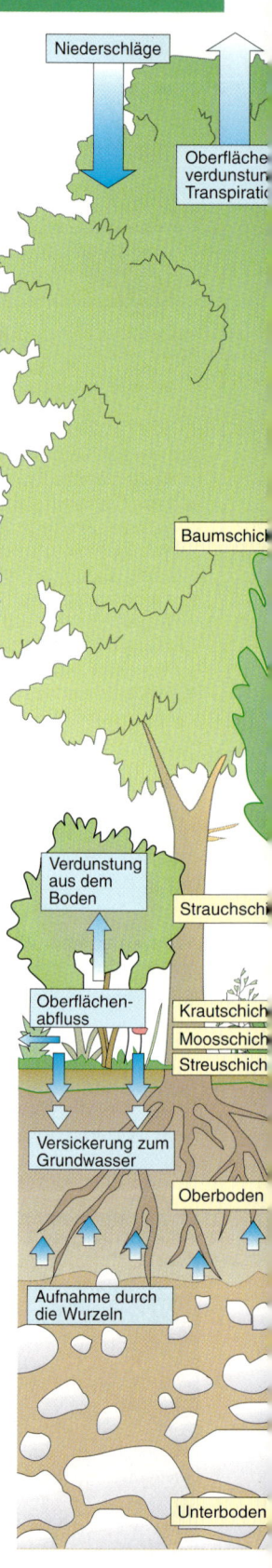

1 Standortfaktoren für Waldbäume

310 *Ökologie*

In einem Buchenwald kommen etwa 7000 Tierarten vor, davon 5000 Insekten, 100 Wirbeltiere, den Rest stellen Würmer, Spinnentiere und Einzeller. Alle leben direkt oder indirekt von pflanzlichem Material, welches von den grünen Waldpflanzen *(Produzenten, Erzeuger)* fotosynthetisch gebildet wird. Das Eichhörnchen frisst Haselnüsse und Fichtensamen, die Rötelmaus Grassamen und Baumrinde. Sie sind Pflanzenfresser *(Erstkonsumenten, Erstverbraucher)*. Mäuse werden ihrerseits von Füchsen, Greifvögeln oder Schlangen verfolgt. Diese räuberischen Arten sind *Zweitkonsumenten (Zweitverbraucher)*. Zum Teil werden die Zweitkonsumenten von *Konsumenten höherer Ordnung* gefressen. So können Schlangen beispielsweise von Greifvögeln geschlagen werden.

Ein großer Teil des pflanzlichen Materials wird erst dann verbraucht, wenn es abgestorben ist. In einem Laubwald fallen jährlich pro Hektar 4 Tonnen Laubstreu zu Boden. Hier leben die Zersetzer *(Reduzenten, Destruenten)*. Ringelwürmer, Schnecken, Asseln, Doppelfüßer und Insekten fressen die gröbere Laubstreu, Pflanzenmilben und Springschwänze die feineren Teile. Sie werden von räuberischen Arten, z. B. Spinnen, Raubmilben, Hundertfüßern und anderen Insekten, verfolgt. Diese Kleinorganismen besiedeln den Waldboden mit einer Dichte bis zu einer Milliarde Individuen pro Quadratmeter. Pflanzenreste, Kot und Leichenteile werden von ihnen so fein zersetzt, dass sie von Einzellern, Pilzen und Bakterien weiter verarbeitet werden können. Nach ein bis drei Jahren ist die jährlich anfallende Laubstreu in Mineralstoffe zersetzt, welche den Produzenten wieder zur Verfügung stehen.

Die Nahrungsbeziehungen im Wald basieren also einerseits auf lebender, andererseits auf unbelebter, organischer Substanz und sind vielfältig vernetzt. Sie bilden ein *Nahrungsnetz*.

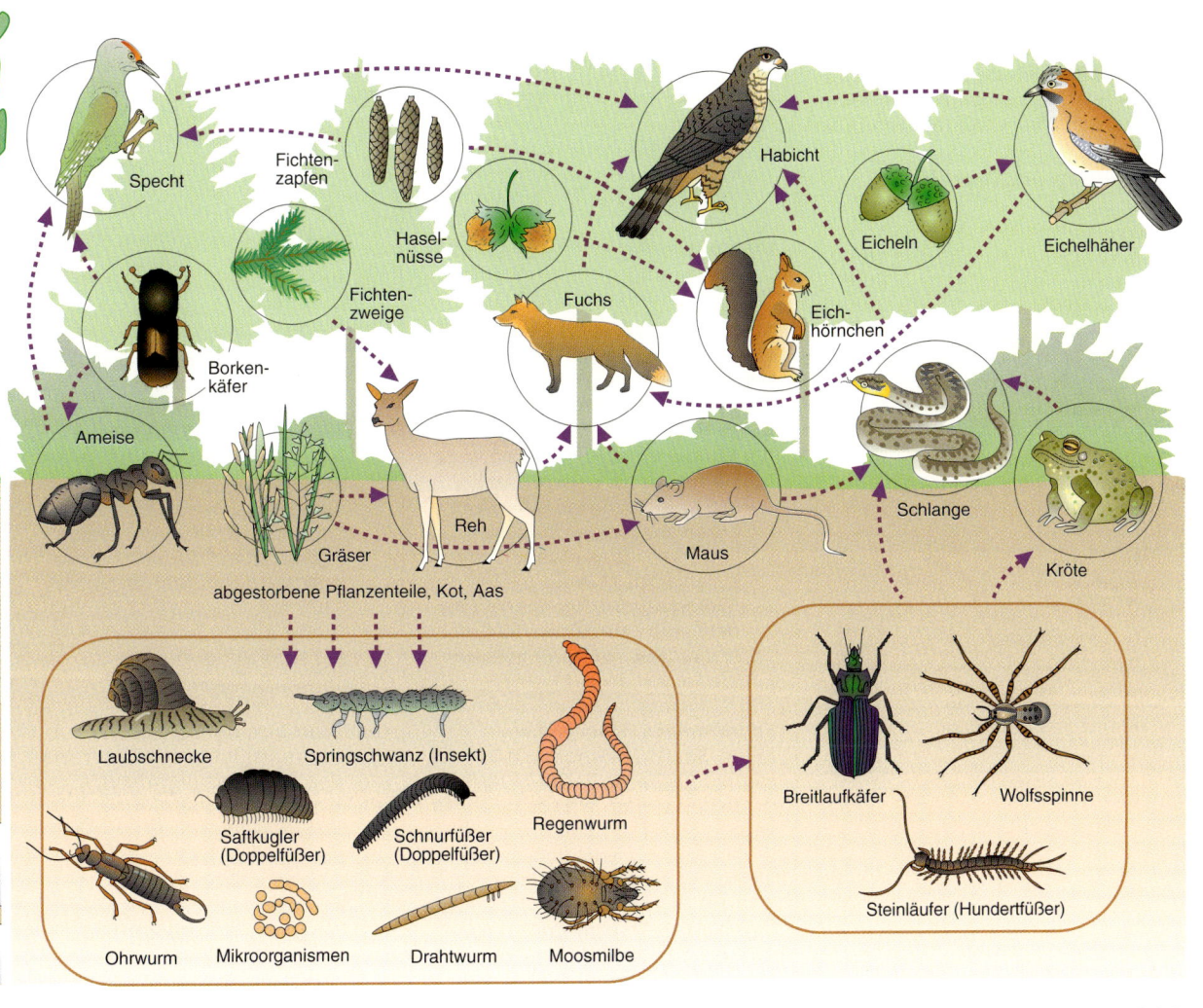

Ökologie

Wald

a) Freilanduntersuchungen

Ziel der Freilanduntersuchungen ist eine Vegetationsaufnahme, die Messung abiotischer Faktoren sowie die Gewinnung von Bodenproben. Eingefangene Kleintiere werden bestimmt, protokolliert und anschließend wieder freigelassen.

Ausrüstung:
Landkarte (1 : 5000), 40 m lange Schnur mit 10-m-Markierungen, Schreibzeug, Lupe, Plastikbeutel mit Verschlüssen, Kunststoffröhrchen für Kleintiere, Spaten, kleine Schaufel, Belichtungsmesser oder Luxmeter, Thermometer, Bestimmungsbücher, Protokollbögen.

Vegetationsaufnahme:
Um die wichtigsten Pflanzenarten zu erfassen, muss die Probenfläche mindestens 100 m² (10 x 10 m) betragen. Grenzen Sie diese Fläche mit der Schnur ab und tragen Sie ihre Lage in die Landkarte ein.
- Bestimmen Sie die vorherrschenden Bäume, Sträucher, Kräuter, Moose, Farne und Pilze und ordnen Sie sie der Schichtung des Waldes zu. Vermessen und protokollieren Sie die Wuchshöhe.
- Schätzen und protokollieren Sie die prozentualen Anteile der Bedeckung. Stellen Sie sich dazu den Baumkronenbereich auf die Bodenfläche projiziert vor.

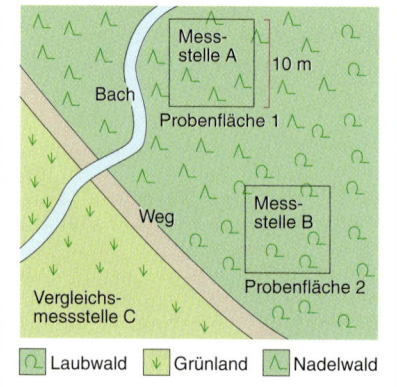

Protokoll Vegetationsaufnahme				
Probenfläche:		Messstelle:		
1. Waldart:				
2. Ort:				
3. Datum:				
4. Höhe (ü.NN):				
5. Flächengröße:				
Schichtung	Höhe	Deckung	Temperatur	Licht
B (Bäume)				
S (Sträucher)				
K (Kräuter)				
M (Moose)				
Vergleichs-Messstelle C				

Deckungskennzahlen			
0–5%	1	26–50%	3
6–25%	2	51–75%	4
		76–100%	5

Liste der gefundenen Pflanzenarten

Abiotische Faktoren:
Legen Sie innerhalb der Probenflächen Messstellen fest und tragen Sie sie in die Karte ein. Protokollieren Sie folgende Messwerte:
- *Lichtverhältnisse:* Messen Sie die Beleuchtungsstärke in Busch-, Kraut- und Bodennähe mit dem Luxmeter. Zum Vergleich dient eine Messung an anderer Stelle außerhalb des Waldes.
- *Temperatur:* Messen Sie die Temperatur an den gleichen Stellen und vergleichen Sie sie mit dem Wert außerhalb des Waldes.

Entnahme von Bodenproben:
Heben Sie den Boden zwei Spaten tief aus, protokollieren Sie Schichtdicke, -färbung und -geruch. Entnehmen Sie an jeder Messstelle zwei Proben (mit je etwa 0,5 l) aus jeder Bodenschicht und füllen Sie sie in beschriftete Plastiktüten. Damit stehen pro Messstelle zwei parallele Probensätze aus drei verschiedenen Schichten für die Laboruntersuchung zur Verfügung.

Der Waldboden lässt sich grob in folgende Schichten unterteilen:
- *Streuschicht:* Besteht aus kaum zersetztem, pflanzlichen Material
  Oberboden: Mischung aus zersetztem organischem Material (Humus) und mineralischen Bodenbestandteilen.
- *Unterboden:* Mineralboden ohne Humus.

b) Laboruntersuchungen

Laborausrüstung:
Beschriftete Bodenproben in verschlossenen Plastiktüten. Waage, Trockenschrank, Universalindikatorpapier, Standzylinder, pH-neutrales Wasser, Pinzette, Pinsel, Petrischalen, Plastikdosen mit angefeuchtetem Filterpapier, große einfarbige Papierbögen, Bestimmungsbücher.

Bodenanalyse:
Für die Bodenanalyse wird ein Probensatz pro Messstelle verwendet:
- *Fingerprobe:* Nehmen Sie die Probe in die Hand und untersuchen Sie sie auf ihre Körnigkeit und Formbarkeit. Anschließend füllen Sie die Probe in einen Messzylinder und schütteln mit Wasser.
- *pH-Wert:* Tauchen Sie einen Streifen Indikatorpapier ein und vergleichen Sie die Farbe mit der Farbskala: Mit zunehmendem Mineralstoffgehalt verschiebt sich die Bodenreaktion vom schwach sauren in den alkalischen Bereich.
- *Schlämmanalyse:* Lässt man diese Wasser-Boden-Mischung danach im Standzylinder ruhig stehen, so sinken die Bodenteilchen entsprechend ihrer Größe allmählich in zwei bis drei deutlich voneinander abgrenzbare Korngrößenschichten ab. Lesen Sie die Mächtigkeit der Schichten an der Skalierung ab und rechnen Sie sie in prozentuale Anteile um. Mit weniger als 0,02 mm Korngröße sind Ton und Schluff die feinsten Bestandteile des Mineralbodens und bilden die oberste Schlämmschicht.

Bodenbesiedlung und Wassergehalt:
Für diese Untersuchungen verwenden Sie den zweiten Probensatz.
- Wiegen Sie die Frischmasse der Bodenproben (FM).
- Geben Sie die Bodenproben anschließend portionsweise auf den großen Papierbogen und mustern Sie das Substrat mit der Lupe durch. Zur näheren Betrach-

tung werden die Kleintiere in Plastikdosen oder Petrischalen gefüllt und bestimmt.

Bodenart	Körnigkeit Formbarkeit	Gehalt an Ton und Schluff
Sand	körnig, nicht formbar	0 – 9 %
lehmiger Sand	körnig, wenig formbar	10 – 29 %
Lehm	wenig körnig, formbar	30 – 59 %
Tonboden	klebrig, formbar	über 60 %

— *Wassergehalt:* Die gesamte durchgemusterte Bodenprobe wird dann bei etwa 100 °C mindestens 4 Stunden lang getrocknet und noch einmal gewogen (*Trockenmasse* = TM).
Ermitteln Sie nun den Wassergehalt des Bodens:

$$\frac{FM - TM}{FM} \times 100 = \text{Wassergehalt (\%)}$$

— Die *Wasserkapazität* ist das Wasservolumen, welches der Boden maximal binden kann. Es wird vereinfacht folgendermaßen gemessen: Füllen Sie die getrocknete Bodenprobe in einen Feinstrumpf und legen Sie den verschlossenen Strumpf etwa 1 Stunde in ein Gefäß mit Wasser. Lassen Sie ihn gründlich abtropfen und wiegen Sie die Gewichtszunahme.

c) Auswertung

Weiß man von einer Art, dass sie vorzugsweise bei einer ganz bestimmten Temperatur oder bei einem bestimmten pH-Wert leben kann, dann lässt ihr Vorkommen Rückschlüsse auf die an diesem Ort herrschenden Umweltbedingungen zu, und zwar nicht nur auf die aktuellen Werte, sondern sogar auf die früheren Bedingungen. Im Vergleich zur Momentaufnahme chemischer oder physikalischer Analysen von Umweltfaktoren liefern solche *Bioindikatoren* (Zeigerarten) also eine Langzeitaussage.

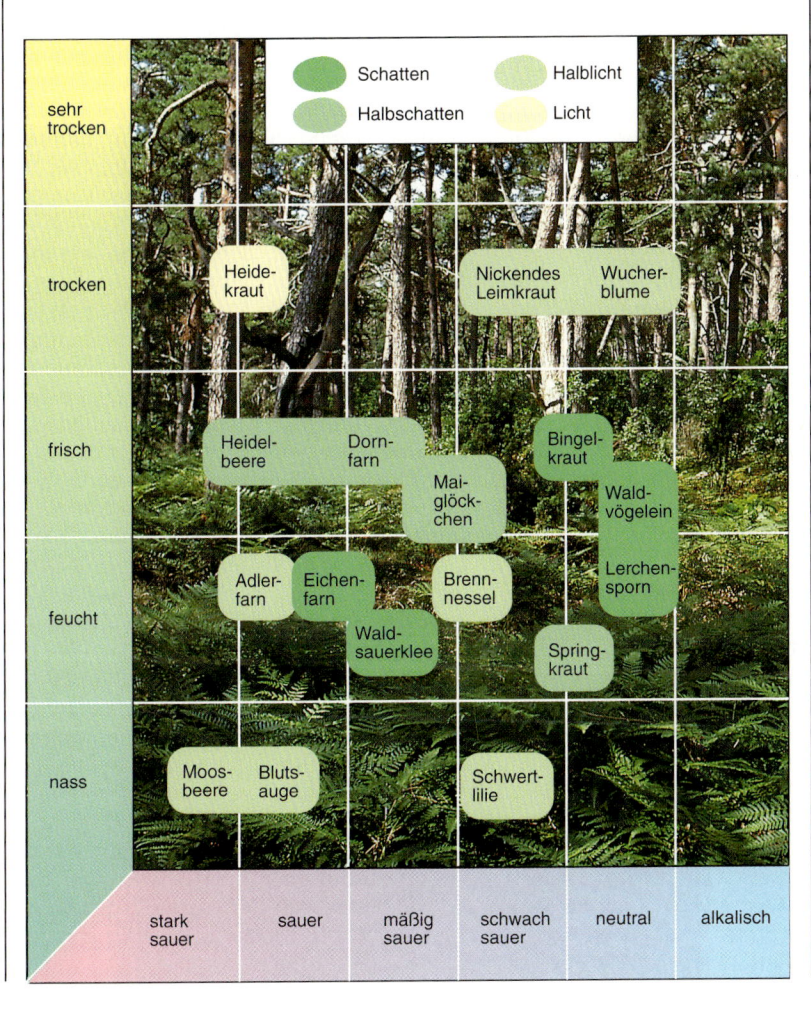

Bodenprotokoll

Datum: ....
Probenfläche: ....
Messstelle: ....

	Streuschicht	Oberboden	Unterboden
Dicke			
pH-Wert			
Frischmasse			
Trockenmasse			
Wassergehalt			
Wasserkapazität			
Bodenart			
Tierarten			

Aufgaben

① Ordnen Sie das Vorkommen der Pflanzen den gemessenen abiotischen Bedingungen zu und vergleichen Sie Ihre Befunde mit denen der Tabelle.

② Stellen Sie abgestorbenes pflanzliches Substrat so in einer Reihe zusammen, dass man die fortschreitende Zersetzung erkennen kann und ordnen Sie diesen Zersetzungsstufen die von Ihnen gefundenen Kleintiere zu.

③ Schätzen und protokollieren Sie die Häufigkeit der einzelnen Tierarten, also ihren Anteil an der Gesamtindividuenzahl:
1. sehr häufig (> 10 %)
2. häufig (10 – 5 %)
3. regelmäßig (5 – 2 %)
4. gelegentlich (2 – 1 %)
5. vereinzelt (< 1 %)

④ Man kann Bodenorganismen auch durch Bestrahlung mit einer Lampe aus dem Boden treiben (Berlese-Apparat). Auf welche Präferenzen der Bodenbewohner lässt das schließen? Vergleichen Sie das Berlese-Ergebnis mit dem der Handsortierung. Worauf sind mögliche Unterschiede zurückzuführen?

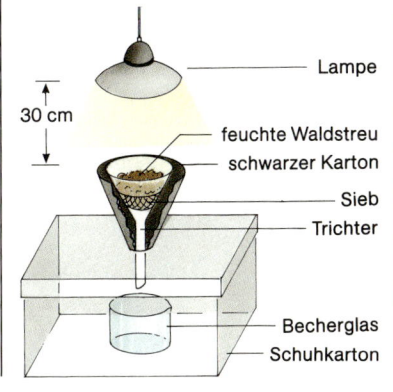

Ökologie **313**

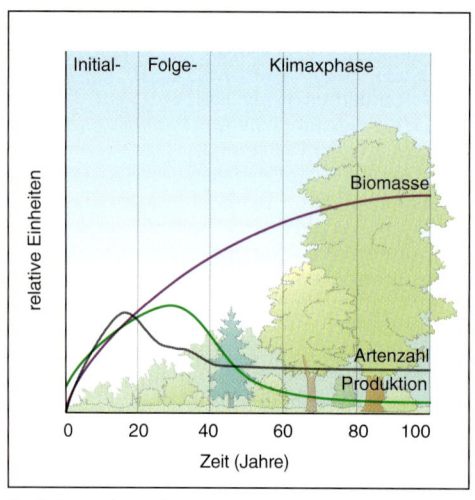

1 Sukzessionsphasen

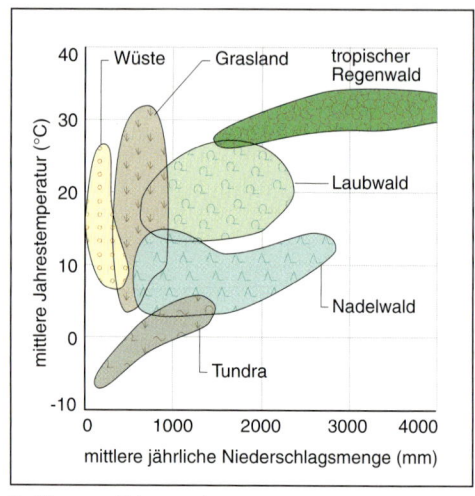

2 Klima und Vegetation

Sukzession und Klimax

Produktion
Zuwachs an Biomasse pro Zeiteinheit

Bleiben Kahlschläge eines Waldes sich selbst überlassen, entwickelt sich bald eine charakteristische Pflanzengemeinschaft. Auf sauren, mineralstoffarmen Böden wachsen zunächst Weidenröschen und Waldkreuzkraut. In ihrem Schatten gedeihen Brombeere und Geißblatt sowie Eberesche und Faulbaum. Diese mehrjährigen Pflanzen überragen und beschatten schließlich die Kräuter, sodass diese nicht mehr gedeihen. Sie werden „verdrängt".

Auf mineralstoffreichen Böden wachsen anfangs Tollkirsche, Walderdbeere und Waldklette. Danach als Sträucher Holunder, Salweiden und Brombeeren. Tiere folgen entsprechend der ihnen zusagenden Nahrung und Versteckplätze. Solche typischen Abfolgen von Lebensgemeinschaften bezeichnet man als *Sukzessionen*. Auf der Suche nach Gesetzmäßigkeiten lassen sich im Allgemeinen drei Phasen abgrenzen:

Sukzession
Typische Abfolge von Lebensgemeinschaften

In der *Initialphase* treffen Pionierarten ein, die sehr vermehrungsfähig sind und das neue Gebiet in großer Dichte, aber oft nur mit wenigen Arten besiedeln. Da es sich bei ihnen meist um einjährige Formen handelt, werden sie nach und nach durch mehrjährige, höherwüchsige Arten verdrängt.

Biomasse
Organische Substanz in einem Ökosystem, gemessen in Gramm pro Flächen oder Volumeneinheit

In der *Folgephase* wird sehr viel pflanzliche *Biomasse* aufgebaut, die eine Vielzahl von Konsumenten anzieht. Durch deren regulierenden Einfluss kann die Pflanzengemeinschaft sehr lange in der Folgephase verharren: Steppengebiete beispielsweise bewalden nicht, solange Huftiere die Baumkeimlinge abweiden. Die Bildung neuer Biomasse wird auch als *Produktion* bezeichnet. Initial- und Folgephase sind besonders produktive Sukzessionsabschnitte (Abb. 1)

Die nächste Phase der Sukzessionsreihe wird als *Klimax* bezeichnet. Hier herrscht ein Fließgleichgewicht zwischen Bildung und Verbrauch von Biomasse. Sie weist weniger, aber langlebigere Arten als die Folgephase auf. Die Struktur der Klimaxgesellschaft hängt vor allem von den großklimatischen Bedingungen ab (Abb. 2). Für die Ausprägung des Klimaxstadiums sind Zeitspannen nötig, in denen auch klimatische Veränderungen stattfinden. Der Begriff hat daher einen etwas theoretischen Charakter. Meistens beobachtet man in der Vegetation Landschaftsmosaike, da auch Klimaxbestände in mehr oder minder regelmäßigen Abständen in eine frühere Phase zurückfallen können. Dafür sind im Wald nicht nur Rodungen verantwortlich, sondern auch Feuer, Windbruch oder das Absterben kranker und überalteter Bäume *(Zerfallsphase)*. Viele Vegetationsabfolgen lassen sich in jahreszeitlichen Zyklen verfolgen, z. B. die Abfolge von Pflanzengemeinschaften in der Krautschicht des Waldes.

Aufgabe

① Vergleichen Sie die Sukzession bei der Wiederbesiedlung einer Rodungsfläche mit der bei der Zersetzung eines Baumstumpfes im Hinblick auf die Ernährungsstufe der Arten.

Der Kreislauf des Kohlenstoffes

1 Gt =
1 Milliarde Tonnen

CO_2-Gehalt der Atmosphäre vor der Industrialisierung:
0,018 – 0,029 Vol %

CO_2-Gehalt der Atmosphäre 1993:
0,0355 Vol %

Die Nutzung von Holz und Holzkohle als Brennstoff macht es anschaulich deutlich: In pflanzlichem Material steckt nutzbare Energie in Form von Kohlenstoffverbindungen. Kurz gesagt, stammt die Energie von der Sonne, der Kohlenstoff aus dem Kohlenstoffdioxid (CO_2) der Luft.

Von den 740 Gigatonnen atmosphärischen Kohlenstoffes in Form von CO_2 binden die grünen Landpflanzen jährlich etwa 110 Gt durch Fotosynthese. Daran haben die Waldflächen, insbesondere der tropische Regenwald, den größten Anteil. Die Kohlenstoffverbindungen werden für den pflanzlichen Betriebsstoffwechsel verbraucht oder als Biomasse an die Konsumenten weitergegeben und von ihnen veratmet. So gelangt bereits ein Teil des CO_2 zurück in die Atmosphäre. Erst bei der Zersetzung des organischen Materials wird der restliche Kohlenstoff als CO_2 wieder freigesetzt.

Eine vergleichbare Menge Kohlenstoff binden jährlich die Ozeane chemisch als Karbonat oder Bikarbonat sowie fotosynthetisch durch das pflanzliche Plankton und weitere Algen. Früher oder später gelangt auch dieser Kohlenstoff als CO_2 wieder in die Luft (Abb. 1). Die Gesamtmenge des atmosphärischen Kohlenstoffdioxids wird auf diese Weise alle drei bis vier Jahre einmal im Austausch mit der Biosphäre umgesetzt.

Erdgeschichtlich hat es immer wieder Zeiträume gegeben, in denen Pflanzen mehr Kohlenstoff gebunden haben als wieder abgegeben wurde. Diese fossilen Überschüsse sind noch heute als Erdöl, Erdgas oder Steinkohle erhalten und stellen Kohlenstoffspeicher, also Energievorräte, dar. Seit dem Beginn der Industrialisierung wurden schätzungsweise 160 Gt dieser fossilen Brennstoffe verbrannt und damit in Form von CO_2 in die Atmosphäre zurückgeführt. Gleichzeitig verringerte sich der Anteil der CO_2 bindenden Pflanzen durch Waldrodungen. Zur Zeit steigt daher der atmosphärische Kohlenstoffgehalt jährlich um etwa 3 Gt und lässt klimatische Veränderungen befürchten (siehe Kapitel „Lebewesen und Umwelt").

Trotz der Bildung von Speichern in der Biosphäre, in der Luft oder in Form fossiler Brennstoffe, durchläuft der Kohlenstoff langfristig einen Kreislauf. Der Energiegehalt der organischen Kohlenstoffverbindungen ist größer als der des CO_2. Die Lebewesen nutzen die bei der Veratmung der organischen C-Verbindungen zu CO_2 frei werdende Energie zur Unterhaltung ihrer Energie verbrauchenden Stoffwechselprozesse. Dabei wird der größte Teil der chemisch gebundenen Energie in Wärme umgewandelt, die von den Organismen nicht genutzt werden kann, sie ist für das Ökosystem „entwertet". Die Energie *durchfließt* das Ökosystem also auf einer Einbahnstraße.

Aufgabe

① Skizzieren Sie den Weg des Kohlenstoffes durch das Nahrungsnetz des Waldes in die Atmosphäre und zurück.

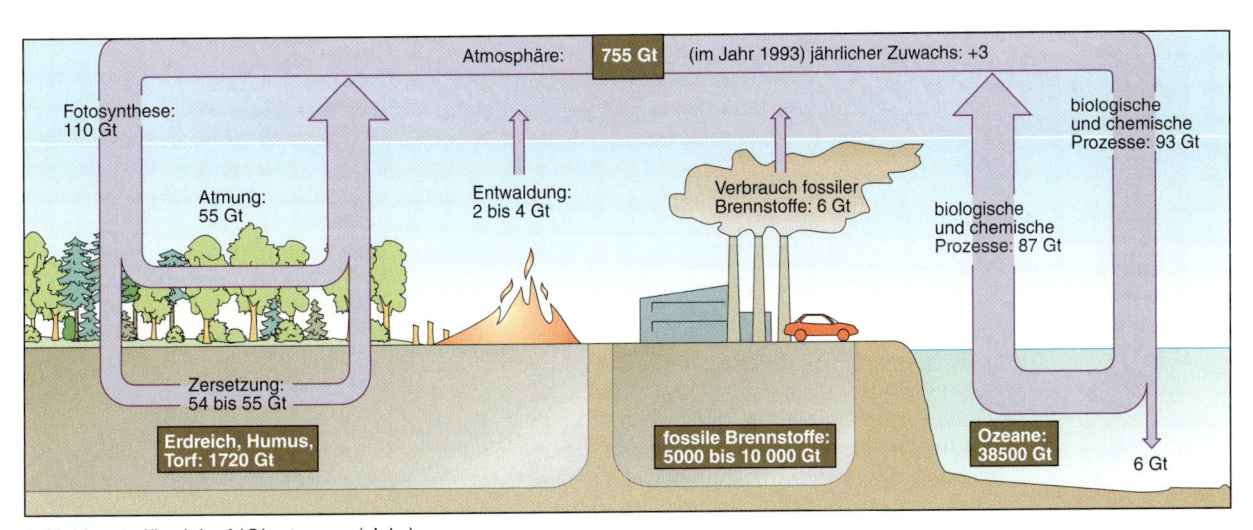

1 Kohlenstoffkreislauf (Gigatonnen/ Jahr)

Ökologie

Gefährdung des Waldes

Einflüsse durch die Bewirtschaftung

Das Auerhuhn gilt als Charaktertier nord- und westeuropäischer Wälder (siehe Randspalte). Den meisten Menschen ist es heute jedoch aus eigener Anschauung nicht mehr bekannt, denn sein Bestand ist dramatisch zurückgegangen. Autökologische Befunde erklären das drohende Aussterben der Art: Das Auerhuhn ernährt sich im Sommer von Beeren und Knospen aus der Strauch- und Krautschicht, während der Wintermonate vor allem von Nadelblättern. Es schläft auf waagerechten Ästen großer Bäume. Die eindrucksvolle Balz der putengroßen Hähne beginnt im hohen Geäst und spielt sich dann auf Lichtungen ab. Das Nest wird am Boden angelegt. Die Jungtiere brauchen deckenden Unterwuchs und eiweißreiche Insektennahrung, z. B. rote Waldameisen. Zur Zerkleinerung der Nahrung im Muskelmagen schlucken die Vögel kleine Steinchen.

Solche vielfältigen Lebensbedingungen findet das Auerhuhn in stufigen Mischwäldern mit Sumpfstellen. Diese Wälder mussten jedoch vielerorts aus holzwirtschaftlichen Gesichtspunkten dem Fichtenforst weichen. Der Fichtenforst ist eine *Monokultur*, in der zur Rationalisierung der Holzproduktion nur eine Baumart angepflanzt wird. Es bildet sich keine typische Vegetationsschichtung, da die Kronen der altersgleichen, immergrünen Bäume kaum Licht hindurchlassen. Der Boden ist wenig vor Erosion geschützt, denn Unterwuchs fehlt. Fichten wurzeln nur flach und das Holz wird oft durch Kahlschlag größerer Flächen „abgeerntet".

In dieser eintönigen Flora fehlen für viele Organismen geeignete Lebensbedingungen, sie sind, wie das Auerhuhn, vom Aussterben bedroht. Andere Arten finden optimale Nahrungsbedingungen, ohne durch Feinde dezimiert zu werden. Sie vermehren sich nahezu ungebremst und werden zu Waldschädlingen, wie z. B. der Borkenkäfer. Probleme durch Schädlingsbefall sind typisch für Monokulturen, z. B. Weinberge, Getreidefelder oder Obstplantagen, denn diese sind störungsanfällig. Wenn die Dichte der Arten zwar schwankt, aber keine Arten aussterben oder sich ungebremst vermehren, wird ein Ökosystem als *stabil* bezeichnet. Die Suche nach Stabilitätsursachen steht seit Jahren im Mittelpunkt der ökologischen Forschung. Einen Hinweis scheint die Komplexität einer Biozönose zu geben, worunter weniger die absolute Artenzahl als vielmehr die wechselseitige Vernetzung der Arten zu verstehen ist. In diesem Sinne ist ein botanischer Garten zwar artenreich, aber wenig komplex. Der tropische Regenwald bildet dagegen eine komplexe Gemeinschaft. Hier verhindern zwischenartliche Beziehungen die dauerhafte Massenvermehrung einzelner Arten. Die Dichtewerte sind auch bei natürlichen Schwankungen der Umweltfaktoren relativ konstant. Größere Umweltveränderungen können sich jedoch in komplexen Gemeinschaften verheerend auswirken. Monokulturen bestehen aus wenigen, neuzeitlichen Zuchtpflanzen, die meist nicht an ihrem optimalen Standort angebaut wurden und eine geringe Schädlingsresistenz besitzen. Deshalb sind Monokulturen instabil.

Einflüsse durch Luftschadstoffe

In den Siebzigerjahren fielen erstmals an Tannen höherer Mittelgebirgslagen gelb verfärbte Nadeln und verkahlte Zweige auf. Später registrierte man Schäden an Fichten und Kiefern im Tal. Seit 1980 sind Buchen und andere Laubbäume geschädigt. „Waldsterben" heißt das Schlagwort, die Symptome sind immer ähnlich: Zunächst verfärben sich die Blätter, dann verkahlen die älteren Zweige, danach verlichtet sich die Krone, bis der Baum schließlich abstirbt (Abb. 317.1).

Seit 1983 werden in den alten Bundesländern jährliche Waldschadens- bzw. Waldzustandsberichte erhoben, um den Zustand des Waldes zu dokumentieren. Demnach sind Tannen mehr als Laubbäume und ältere Bäume mehr als jüngere betroffen. Stärkste regionale Waldschäden findet man im Harz und im Schwarzwald.

Die Ursachen des Waldsterbens sind immer noch nicht vollständig geklärt. Unstritten ist jedoch die Schadwirkung durch Luftverunreinigungen mit Schwefeldioxid, Stickstoffoxiden, Chlor-Fluor-Kohlenwasserstoff-Verbindungen (CFKW) und Ozon. Sie wirken in Gasform, aber auch gelöst als saurer Regen auf die Blätter ein. Mineralstoffe werden aus den Blättern gewaschen, insbesondere das für den Chlorophyllaufbau wichtige Magnesium. Der saure Regen wirkt außerdem indirekt über den Boden auf das Wurzelsystem. Versauerte Waldböden beeinträchtigen den Kationentransport der Pflanze. Wurzelhärchen und Mykorrhiza werden geschädigt, sodass sie nicht mehr genug Wasser aufnehmen können. Die Zersetzungsvorgänge durch Bodenlebewesen werden beeinträchtigt. Geschädigte Bäume sind anfällig gegenüber Insekten, Viren, Bakterien und Holz zerstörenden Pilzen. Daher ist das Waldschadensbild sehr vielgestaltig. Geeignete Maßnahmen zur Eindämmung des Waldsterbens sind die Luftreinhaltung durch verminderte Emissionen und die Regeneration der versauerten Böden.

Will man die Stabilität der Waldökosysteme langfristig erhöhen, sollte man naturnahe stufige Mischwälder schaffen und artenreiche Waldränder erhalten. Nur in ihren ursprünglichen, evolutiv gewachsenen Lebensräumen kann man das Auerhuhn und andere Waldlebewesen dauerhaft schützen und nur gesunde Wälder können dem Menschen Schutz, Erholung und Nutzen bieten. Dadurch wird letzten Endes auch die genetische Vielfalt für eine nicht vorhersehbare Nutzungsform der Zukunft und vor allem für ein stabiles Ökosystem erhalten.

Aufgaben

① Skizzieren Sie, wie das Auerhuhn an die typische Schichtung des Mischwaldes angepasst ist.
② Was ist der Unterschied zwischen einem Urwald, einem Forst und einem naturnahen Wald?
③ Wie wirken sich die Waldschäden auf die Funktionen des Waldes aus?

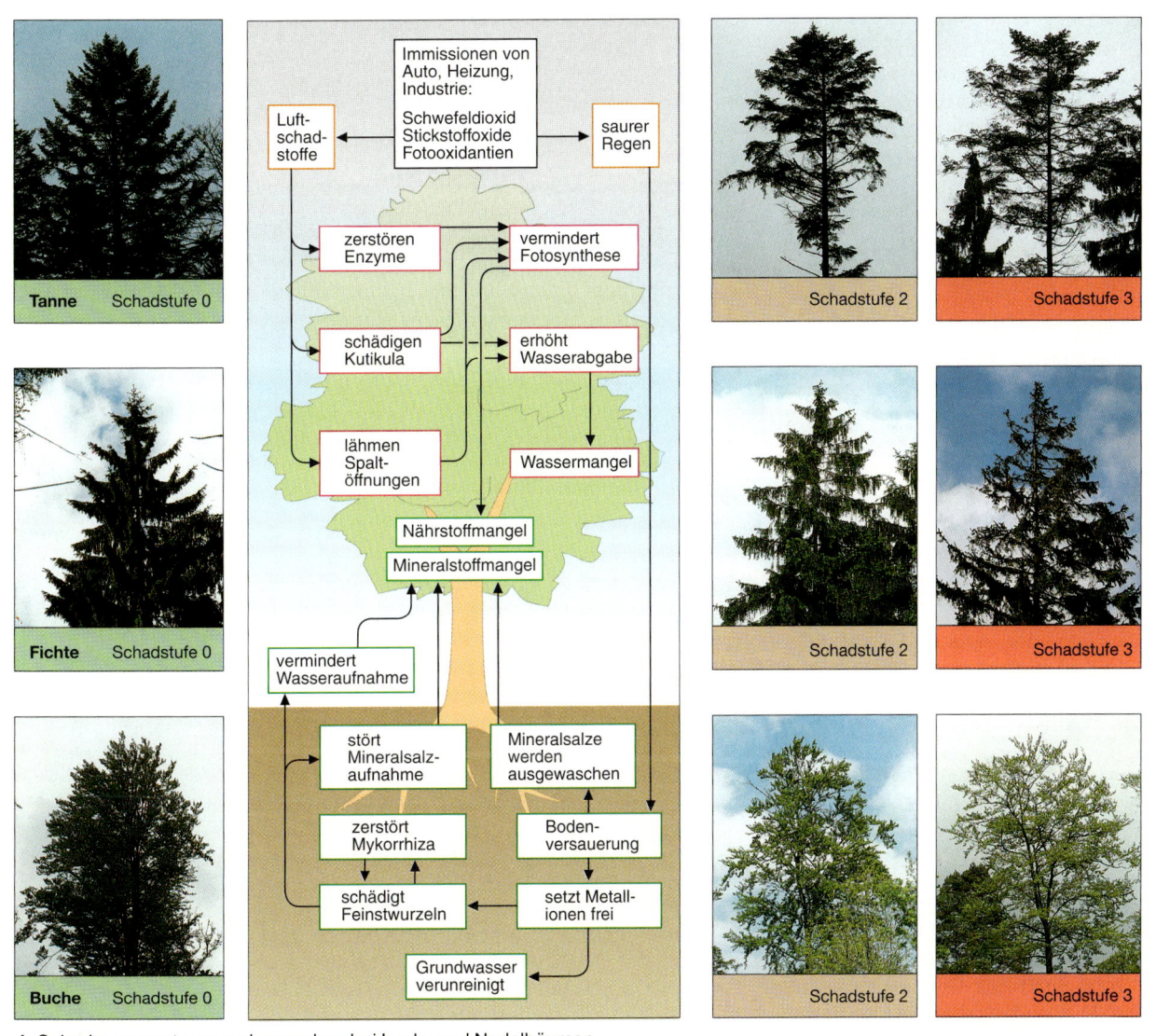

1 Schadenssymptome und -ursachen bei Laub- und Nadelbäumen

Ökologie

4 Ökosystem Fließgewässer

Abiotische und biotische Faktoren

Flüsse, Bäche, Seen und Moore haben die Landschaft in charakteristischer Weise geprägt, obwohl sie mit etwa 2 Millionen km² nur 0,4 % der Erdoberfläche einnehmen — das ist, verglichen mit den 71 % der Meere, wenig.

Der augenfällige Unterschied zwischen einem Fließgewässer und einem See besteht in der *Strömung* des Wassers von der Quelle zur Mündung. Ausschlaggebend für die *Fließgeschwindigkeit* ist vor allem das Gefälle des Baches oder Flusses. Damit bezeichnet man den Höhenunterschied zwischen Quelle und Mündung, bezogen auf die Länge des Verlaufes. Fließgewässer lassen sich grob in einen *Ober-*, einen *Mittel-* und einen *Unterlauf* unterteilen, die sich in der Fließgeschwindigkeit unterscheiden.

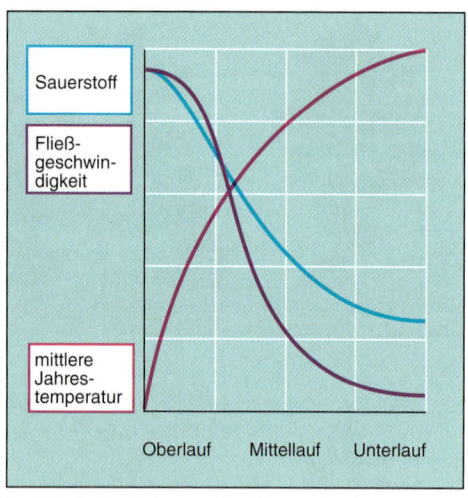

Bei Fließgeschwindigkeiten im Oberlauf von über 3 m/s werden Geröll und Steine vom Untergrund abgetragen. Diese Tiefen- und Seitenerosion formt das Flussbett. Im Mittellauf wird das Material weitertransportiert. Einmündende Nebenflüsse vergrößern die Flussbreite, die Strömung wird geringer. Beträgt die Fließgeschwindigkeit weniger als 1 m/s, sinkt das Geröll entsprechend der Größe ab; es akkumuliert im Unterlauf. An mäandrierenden Flüssen bildet sich durch Erosion an der Außenkurve der sogenannte *Prallhang*, durch Akkumulation an der Innenkurve der *Gleithang* (siehe Randspalte). Je geringer die Fließgeschwindigkeit in einem Fluss, um so größer ist die Ähnlichkeit mit einem See.

Einer Quelle entspringt im Allgemeinen kaltes Regen-, Schmelz- oder Grundwasser. Die *Wassertemperatur* steigt dann flussabwärts, da über eine größere Wasseroberfläche mehr Wärme mit der Luft ausgetauscht wird.

Aufgrund der Temperatur- und Strömungsbedingungen ist der *Sauerstoffgehalt* des Wassers im Quellbereich am höchsten: Bewegtes Wasser ist gut durchlüftet, kaltes Wasser löst mehr Sauerstoff. Zur Mündung hin sinkt der Sauerstoffgehalt (Abb. 1).

Ein Salzeintrag oder ein anderer Vorgang im Oberlauf macht sich erst nach längerer Zeit im Mittellauf und noch später im Unterlauf bemerkbar. Dabei hat sich seine Stärke abgeschwächt (Abb. 2). Die Dynamik des Flusses wird daher oft mit einer „fließenden Welle" verglichen. Die abiotischen Bedingungen an der Quelle unterscheiden sich also deutlich von denen an der Mündung, obwohl sie sich im Flussverlauf nur allmählich veränderten.

1 Abiotische Faktoren im Flussverlauf

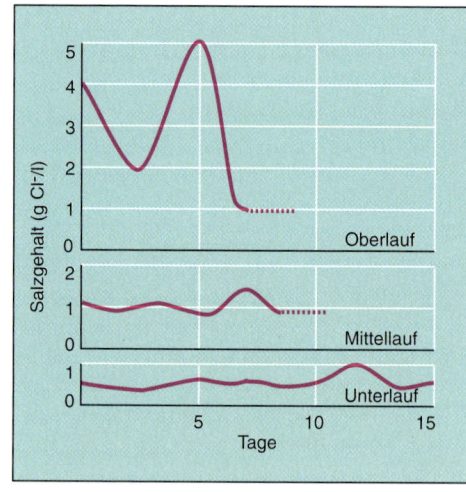

2 Flussabwärts fließende Salzwelle

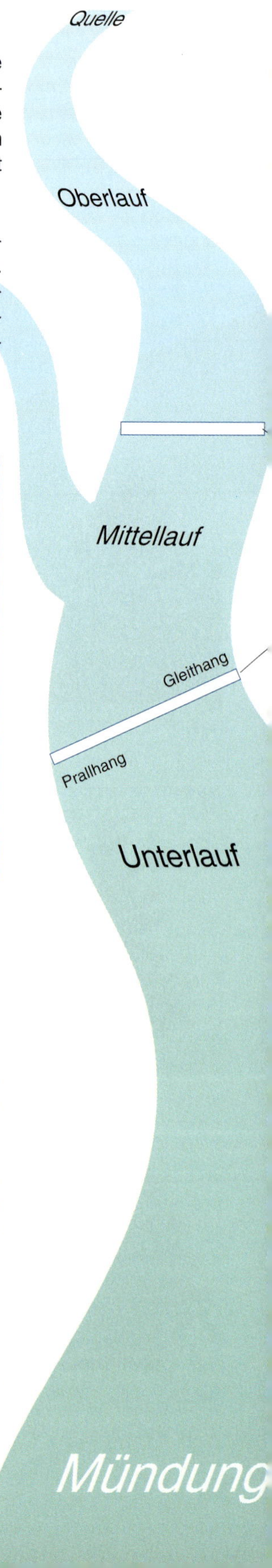

Den abiotischen Bedingungen entsprechend, ändert sich die Zusammensetzung der Biozönose kontinuierlich im Flussverlauf. Untersucht man einzelne Steine und Pflanzen aus dem schnell fließenden Oberlauf eines Flusses, so entdeckt man Lungenschnecken und Larven von Eintagsflüglern oder Köcherflüglern. Diese heften sich mit Saugscheiben oder Krallen an der Unterlage fest; sie bevorzugen den Strömungsschatten. Eine stromlinienförmige Gestalt vermindert die Gefahr, mit dem Wasser verdriftet zu werden (s. Randspalte). Das freie Wasser ist in schnell fließenden Gewässern kaum besiedelt.

Im Unterlauf und in anderen langsam fließenden Flussabschnitten fängt man dagegen mit einem Planktonnetz oder Kescher Planktonalgen und Wasserflöhe, also an das Leben im freien Wasser angepasste Organismen, die auch in vielen Seen zu finden sind.

Wasserpflanzen, pflanzlicher Aufwuchs und pflanzliches Plankton bilden fotosynthetisch organische Substanz, sie sind die *Erzeuger* *(Produzenten)* im Fließgewässer. Die organische Substanz der Lebewesen einer Biozönose, gewogen in Gramm, nennt man *Biomasse*. Pflanzenfresser *(Erstkonsumenten, Erstverbraucher)*, wie Schnecken, Wasserflöhe und Eintagsflüglerlarven, ernähren sich von der pflanzlichen Biomasse. Die Erstkonsumenten dienen wiederum den räuberischen Arten, wie z. B. Fischen oder Libellenlarven, als Nahrung *(Zweitkonsumenten, Zweitverbraucher)*. Zum Teil werden die Zweitkonsumenten ihrerseits von Konsumenten höherer Ordnung, wie z. B. Hecht oder Zander, gefressen.

Abgestorbene und ausgeschiedene organische Stoffe werden von verschiedenen Ringelwürmern oder Schnecken gefressen und schließlich von Bakterien und Pilzen in Mineralstoffe zersetzt *(Reduzenten, Destruenten, Zersetzer)*. So stehen sie den Produzenten wieder zur Verfügung. Auch die Zersetzer werden von Konsumenten höherer Ordnung gefressen. Die Nahrungsbeziehungen sind vielfach verflochten, sie bilden ein *Nahrungsnetz*.

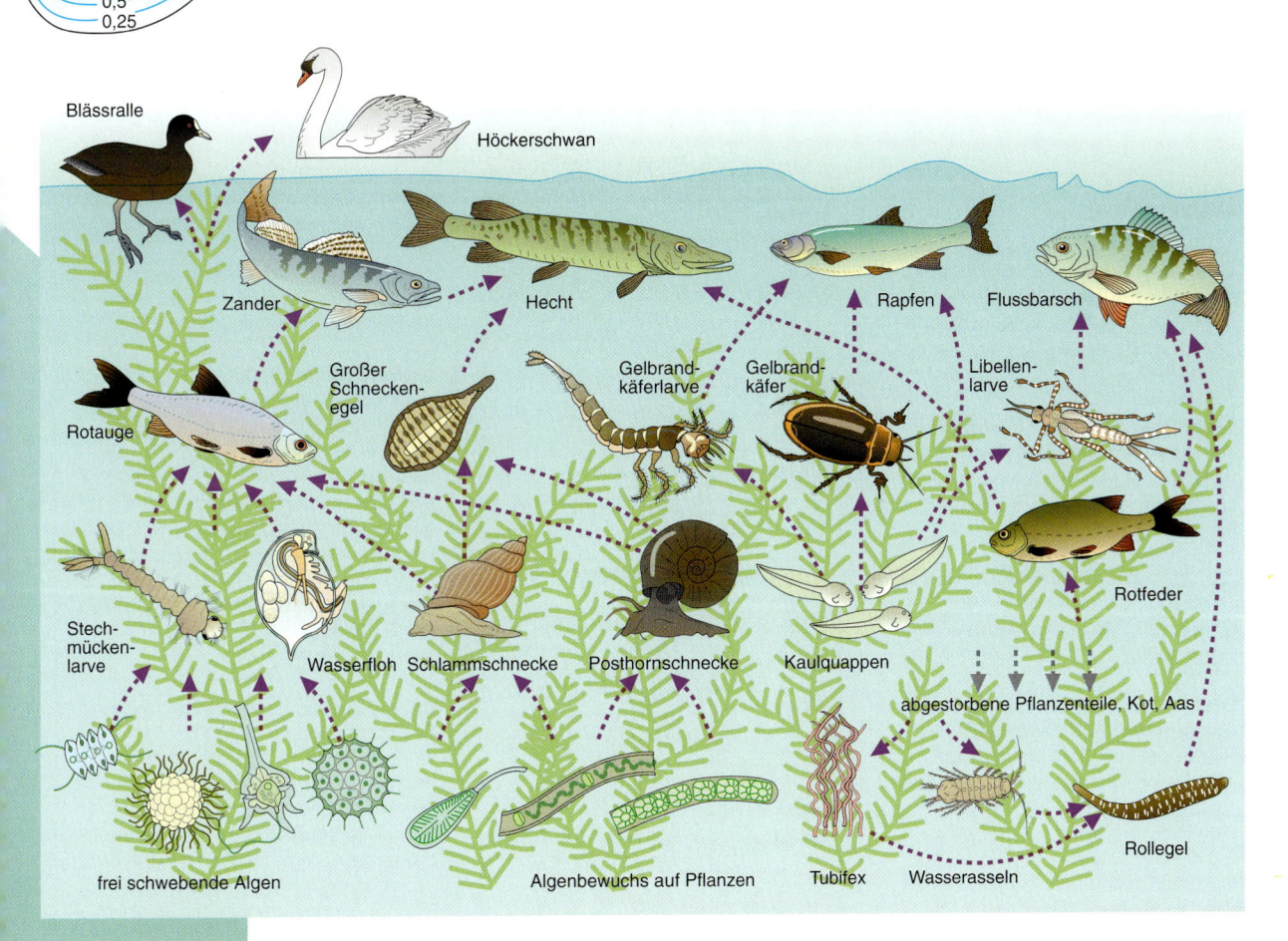

Ökologie **319**

Praktikum

Fließgewässer

Ausrüstung:
Schlauchwaage (11 m lang, Ø 1 cm), Thermometer mit $^1/_{10}°$ Einteilung, Tafelgeodreieck, Bandmaß, Lot, Korken, Stoppuhr, farblose Probenflaschen, Imhofftrichter oder tütenförmiger Messbecher, Testbesteck zur chemischen Wasseranalyse, Weithalskunststoffflasche für die Abfallchemikalien, engmaschiges Metallsieb, kleine Schaufel, Pinsel, Lupe, Federstahlpinzette, weiße Petrischalen, Foto- oder Zeichenausrüstung, geografische Karte vom Fließgewässer und seinem Einzugsbereich, Bestimmungsbücher und -tabellen, Erhebungsbogen für die Stationen, Protokollbögen für wiederkehrende Messungen.

a) Stationsdaten

Die Probenstationen sollen die Eigenarten eines bestimmten Gewässerabschnittes, z.B. Ober-, Mittel-, Unterlauf oder Prall- bzw. Gleithang, widerspiegeln. Tragen Sie die Lage der Stationen in die Landkarte ein und weisen Sie Ufervegetation, Zuflüsse, Einleitungen usw. mit geeigneten Symbolen in der Karte aus. Inwieweit wurde die Böschung durch Baumaßnahmen verändert oder der Fluss begradigt (Ausbaugrad)?

Nun werden diejenigen Stationsdaten erhoben und protokolliert, die kaum jahreszeitlichen Schwankungen unterworfen sind:

Beschreibung der Böschung und Ufervegetation: Fertigen Sie eine Skizze oder ein Foto an und bestimmen Sie die wichtigsten Pflanzenarten.

Gewässerbreite und -tiefe: Messen Sie die Gewässerbreite mithilfe des Bandmaßes. Mit dem Lot bestimmen Sie die maximale Tiefe.

Gefälle: Als Schlauchwaage kann ein durchsichtiger Schlauch von 11 m Länge und 1 cm Durchmesser dienen. Füllen Sie diesen Schlauch blasenfrei mit Wasser und versenken Sie ihn gestreckt so in Flussrichtung, dass die Schlauchenden im Abstand von 10 m aus dem Wasser herausschauen. Die Wasserspiegel an beiden Enden befinden sich in gleicher Höhe *(Prinzip der kommunizierenden Röhren)*. Messen Sie jetzt im flussabwärts gelegenen Schlauchende den Abstand zwischen dem Umgebungs- und dem Schlauchwasserspiegel. Damit haben Sie den Höhenunterschied auf 10 m ermittelt.

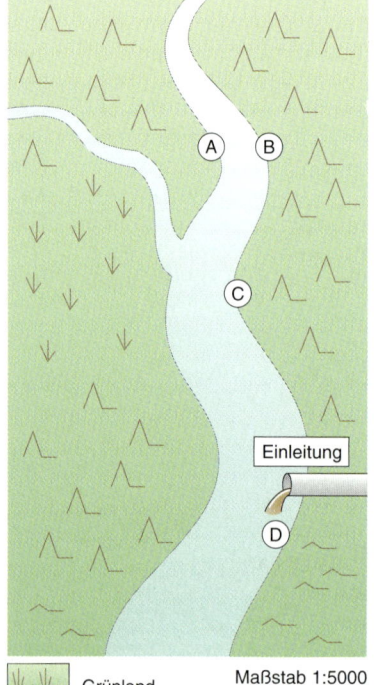

Grünland
Wald
Maßstab 1:5000

Station	A	B	C	D
Breite				
Böschungs-winkel				
maximale Tiefe				
Gefälle				
Untergrund				
Ufer-vegetation				
Ausbaugrad				

Böschungswinkel: Benutzen Sie das Tafelgeodreieck, um den Winkel zwischen Wasserspiegel und Ufer zu berechnen. Dabei kann eine Holzlatte an der Böschung als Messunterlage dienen.

Beschreibung des Untergrundes: Grobschotter, Kies, Sand oder Schlick

b) veränderliche abiotische Daten

Luft- und Wassertemperatur: Diese werden mit dem Thermometer gemessen.

Fließgeschwindigkeit: Bestimmen Sie mithilfe des Bandmaßes und der Stoppuhr, wie lange ein Korken zum Zurücklegen von 10 m braucht.

Trübung, Farbe und Geruch: Füllen Sie eine farblose Flasche mit Flusswasser und halten Sie sie gegen einen weißen Hintergrund. Ist das Wasser klar, schwach getrübt, stark getrübt oder undurchsichtig? Die Geruchsprobe sollte nach kräftigem Schütteln möglichst von mehreren Personen vorgenommen werden und zwar hinsichtlich Intensität (geruchlos, schwacher oder starker Geruch) und Art des Geruches (erdig, modrig, faul oder jauchig). Protokollieren Sie die Farbe der Wasserprobe, nachdem sich eventuell vorhandene Schwebstoffe abgesetzt haben.

Absetzbare Stoffe: Lassen Sie eine Wasserprobe im Imhofftrichter 2 Stunden lang ruhig stehen. Lesen Sie dann die Menge der absetzbaren Stoffe an der Graduierung ab und berechnen Sie den Anteil am Gesamtvolumen.

Gelöste Stoffe: Spülen Sie die Probengefäße mehrmals mit dem zu untersuchenden Wasser aus und entnehmen Sie dann in 20 — 50 cm Wassertiefe eine Wasserprobe. Die qualitative und quantitative Bestimmung der gelösten Stoffe (Karbonathärte, pH-Wert, Sauerstoffgehalt, Ammonium-, Nitrit- und Nitratgehalt) erfolgt mithilfe eines käuflichen Testbestecks nach der zugehörigen Gebrauchsanweisung.

BSB_2, BSB_5: Wasserbewegungen und pflanzliche Fotosynthese reichern Fließgewässer mit Sauerstoff an. Je mehr organische Substanzen das Wasser enthält, desto mehr Sauerstoff wird andererseits durch reduzierende Bakterien verbraucht. Der *biochemische Sauerstoffbedarf (BSB)* ist ein Maß für die Belastung einer Wasserprobe mit organisch abbaubaren Substanzen. Er wird folgendermaßen gemessen: Füllen Sie zunächst eine größere Flasche halb mit Flusswasser und schütteln Sie kräftig, um Sauerstoff anzureichern. Geben Sie nun dieses Probenwasser luftblasenfrei in zwei Winklerflaschen aus dem Testbesteck. Messen Sie den Sauerstoffgehalt in einer davon sofort und stellen Sie das andere Fläschchen bei 20 °C dunkel. In der Probe vorhandene Bakterien zersetzen nun die organischen Substanzen und verbrauchen dabei Sauerstoff. Je größer die organische Belastung des Wassers, desto größer wird der Sauerstoffverbrauch sein. Bestimmen Sie den verbleibenden Sauerstoffgehalt nach 2 bzw. 5 Tagen. Die Differenz zwischen O_2-Sofortgehalt und O_2-Gehalt nach 2 bzw. 5 Tagen ergibt den BSB_2 bzw. BSB_5, gemessen in mg O_2 / l.

c) biotische Daten

Untersuchen Sie alle charakteristischen Substrate der Probenstation (Steine, Sand, Uferpflanzen) hinsichtlich ihrer Besiedlung. Benutzen Sie für jedes Substrat eine andere weiße Schale und setzen Sie die ausgesiebten bzw. ausgesammelten Teile dort hinein. Versuchen Sie, die Arten zu bestimmen und ihre Häufigkeit zu schätzen.

d) Auswertung

Chemische und physikalische Daten geben eine Momentaufnahme der abiotischen Bedingungen, die Analyse der Arten hat dagegen den Charakter einer Langzeitbestimmung. Tiere und Pflanzen können aufgrund ihrer ökologischen Potenzen nur ganz bestimmte Umweltbedingungen tolerieren. Das Vorkommen solcher sogenannter *Zeigerarten* lässt daher Rückschlüsse auf die vorausgegangenen Bedingungen zu. Das *Saprobiensystem* (s. Abb. unten) ist eine Zusammenstellung von Zeigerorganismen, die den Belastungsgrad des Gewässers anzeigen.

Aufgabe

① Auf welche Gewässergüte können Sie aufgrund ihrer biotischen Daten schließen. Stimmt das Ergebnis mit den aktuellen abiotischen Daten überein?

Abiotische Daten	Datum:			
Station	A	B	C	D
Lufttemperatur				
Wassertemperatur				
Trübung				
Farbe				
Geruch				
absetzbare Stoffe				
Sauerstoff				
pH-Wert				
Gesamtstickstoff				
BSB_2				
BSB_5				
Artenliste				
auf Steinen				
im Sand				
in den Pflanzen				

Güteklasse	Grad der organischen Belastung	Chemische Parameter			wichtige Indikatororganismen	Fische
		BSB_5 (mg/l)	N in NH_4^+ (mg/l)	O_2-Minima (mg/l)		
I	unbelastet bis sehr gering belastet	1	höchstens Spuren	> 8	Steinfliegerlarven, Flussperlmuschel	Bachforelle
I - II	gering belastet	1-2	um 0,1	> 8	Köcherfliegerlarven, Steinfliegerlarven, Strudelwürmer, Erbsenmuschel	Äsche, Bachforelle
II	mäßig belastet	2-6	< 0,3	> 6	Flussnapfschnecken, Eintagsfliegerlarven, Köcherfliegerlarven, Bachflohkrebse	Barbe, Äsche, Hecht, Nase, Flussbarsch
II - III	kritisch belastet	5-10	< 1	> 4	Egel, Schnecken, Moostierchen, Kleinkrebse, Grünalgenkolonien	Aal, Karpfen, Schleie, Brachsen
III	stark verschmutzt	7-13	0,5 bis mehrere mg/l	> 2	Wasserasseln, Rollegel, Wimpertierchenkolonien, Schwämme	Schleie, Plötze
III - IV	sehr stark verschmutzt	10-20	mehrere mg/l	< 2	rote Zuckmückenlarven, Schlammröhrenwürmer, Wimpertierchen	
IV	übermäßig verschmutzt		mehrere mg/l	< 2	Schmutzpantoffeltierchen, Schwefelbakterien, Geißeltierchen, Wimpertierchen	

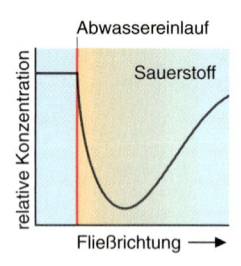

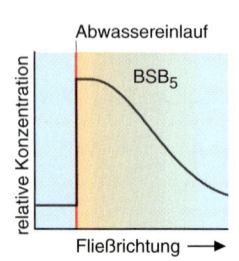

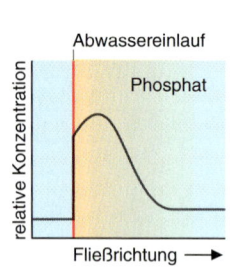

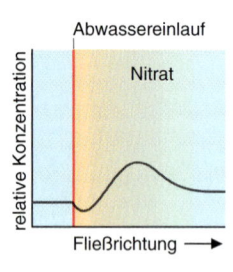

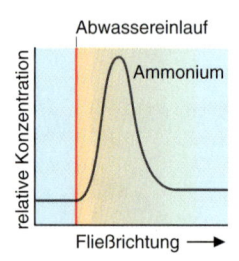

Selbstreinigung und Abwasserbelastung

In jedem Gewässer entstehen Selbstverunreinigungen durch abgestorbene Pflanzenteile, Tierleichen oder Ausscheidungsprodukte. Sie bestehen aus komplexen organischen Verbindungen, wie Kohlenhydraten, Proteinen und Fetten. Wurzeln und Zweige der Uferpflanzen fangen einige grobe Teile ab, andere sinken in Stillwasserbereichen auf den Grund, werden gefressen oder zerfallen allmählich. Feinere organische Partikel werden bei guter Wasserzirkulation durch Sand- und Kiesschichten gefiltert. Bakterien und Pilze zersetzen sie unter Sauerstoffverbrauch in Kohlenstoffdioxid, Wasser und Mineralstoffe. Die Mineralstoffe fördern das Pflanzenwachstum, sodass neuer Sauerstoff gebildet wird. Pflanzen und Zersetzer dienen Konsumenten als Nahrung. Verunreinigungen des Wassers werden also vom Nahrungsnetz verarbeitet, das Wasser bleibt sauber und klar. Man spricht von der *natürlichen Selbstreinigung der Gewässer*.

Abwässer bilden eine zusätzliche Fremdverunreinigung der Gewässer. Solange es sich um geringe, nicht giftige Abwassermengen handelt, entwickeln sich viele zersetzende Mikroorganismen in unmittelbarer Nähe der Einleitung. Sie setzen unter Sauerstoffverbrauch Mineralstoffe frei, die das Pflanzenwachstum fördern und Konsumenten anziehen. In einiger Entfernung von der Einleitungsstelle ist das Wasser wieder klar (s. Randspalte). Die Selbstreinigung der Gewässer hat jedoch natürliche Grenzen. Abwässer können das Ökosystem Gewässer empfindlich stören.

Eutrophierung

Aus den Äckern sickern überschüssige Gülle und andere Düngemittel in die Gewässer ein. Einzelne Mineralstoffe, wie Phosphor- und Stickstoffverbindungen, deren geringe Konzentration normalerweise das pflanzliche Wachstum begrenzt, liegen dann oft im Überschuss vor und führen zu starkem Wachstum von Uferpflanzen und pflanzlichem Plankton. Man nennt diese Überdüngung auch *Eutrophierung*. Massenvermehrungen des Phytoplanktons, sogenannte *Algenblüten*, die sonst auf das Frühjahr begrenzt sind, dauern jetzt bis in den Herbst hinein an. Wie viel und wie schnell diese organische Substanz von den Zersetzern und den Konsumenten abgebaut werden kann, hängt besonders von der im Wasser gelösten Sauerstoffmenge ab. Ohne Sauerstoff erfolgt der Abbau organischer Substanzen durch Fäulnis. Anaerobe Bakterien herrschen vor und produzieren übel riechende Gasblasen von Schwefelwasserstoff. Pflanzen und Tiere können in solchen Bereichen nicht leben.

Die Fäkalien und Waschmittelrückstände in häuslichen Abwässern enthalten ebenfalls Stickstoff- und Phosphorverbindungen. Noch 1970 gelangten 54 % der Abwässer der Bundesrepublik ungeklärt in die Gewässer, heute werden über 90 % zuvor in Kläranlagen erfasst (s. Kasten auf der folgenden Seite). Fehlt den Klärwerken eine chemische Reinigungsstufe, können Phosphate die Gewässer eutrophieren. Inzwischen gibt es phosphatfreie Waschmittel im Handel, die stattdessen das Silikat Zeolith enthalten. Es führt nicht zur Eutrophierung, sinkt jedoch auf den Gewässergrund ab. Langfristige Folgen sind noch nicht bekannt.

Schwermetallbelastung

Industrielle Abwässer können die natürliche Schwermetallkonzentration in Fließgewässern deutlich erhöhen. Blei- und Chromverbindungen treten an Schwebstoffe gebunden auf und reichern sich daher im Sediment an. Cadmium-, Zink- und Nickelverbindungen kommen überwiegend gelöst vor und werden weiter flussabwärts transportiert. Schwermetalle und ihre Verbindungen wirken in hohem Maße giftig auf die Organismen. Ihre spezifische Wirkung hängt von der Konzentration und der Organismenart ab und ist nicht immer bekannt. Viele Tierarten lagern Schwermetalle im Fettgewebe ab, sodass sich Schäden erst langfristig bemerkbar machen. Über das Nahrungsnetz gelangen Schwermetalle auch in die höheren Konsumentenstufen.

Versauerung

Beim Kontakt von Regenwasser mit dem Schwefeldioxid industrieller Abgase entsteht saurer Regen, welcher über das Oberflächenwasser in die Gewässer gelangt. Niedrigste Jahres-pH-Werte werden bezeichnenderweise nach längeren Niederschlägen und nach der Schneeschmelze gemessen. Saures Wasser verlangsamt die abbauenden Stoffwechselprozesse, Arten- und Individuenzahlen gehen zurück. Auch hier gibt es spezifische Unterschiede in der Verträglichkeit. Fische sind besonders empfindlich ge-

Selbstreinigungsvorgänge in einem Fließgewässer

genüber Versauerung. In sauren Gewässern werden Schwermetalle und andere Metalle (z. B. Aluminium) leichter aus dem Sediment freigesetzt und können dann ihre giftige Wirkung entfalten.

Wärmebelastung

Eine Erwärmung der Fließgewässer ist in erster Linie auf das Kühlwasser von Kraftwerken zurückzuführen. Nach der RGT-Regel beschleunigt ein Temperaturanstieg die Stoffwechselprozesse, u. a. die Atmung und den biochemischen Sauerstoffbedarf, gleichzeitig sinkt die Löslichkeit von Sauerstoff in Wasser. Ein erhöhter Sauerstoffbedarf steht also einem geringeren Sauerstoffgehalt gegenüber. Eine Temperaturerhöhung von nur 5 °C kann bereits zu anaeroben Zuständen im Fließgewässer führen und die Flora und Fauna drastisch verändern. Die Selbstreinigungskraft eines Gewässers erhöht sich nur dann mit der Temperatur, wenn die Sauerstoffversorgung ausreicht. Das ist meistens nur bei künstlicher Belüftung der Fall.

Aufgaben

① Erkundigen Sie sich, welche Kläranlage für Ihre häuslichen Abwässer zuständig ist und welche Reinigungsstufen sie aufweist.
② Vergleichen Sie natürliche Selbstreinigung und Abwasserklärung.

Schema der Abwasserklärung in einer dreistufigen Kläranlage

Die Klärung häuslicher Abwässer aus der Kanalisation (1) erfolgt in drei Stufen: Die *mechanische Reinigungsstufe* entspricht den Stillwasser- und Filterbereichen des Fließgewässers. Hier werden mit Rechen (2) und Sandfang (3) gröbere Stoffe aus dem Abwasser entfernt. Noch vorhandene Schwebstoffe sinken größtenteils im Absetzbecken (4) zu Boden. Sie werden dem Faulturm zugeleitet.

In der darauf folgenden *biologischen Reinigungsstufe* werden die gelösten organischen Stoffe aus dem Abwasser entfernt. Bakterien sorgen wie bei der Selbstreinigung für ihre Mineralisierung. Bestimmte Wimpertierchen ernähren sich von diesen Bakterien. Um auch auf kleinem Raum hohe Abbaugeschwindigkeiten zu erreichen, werden die Abwasserbakterien im Belebungsverfahren (5) künstlich belüftet. Aufgrund der guten Nährstoff- und Sauerstoffversorgung vermehren sie sich stark. Es bilden sich flockenartige Ansammlungen von Bakterien und Wimpertierchen, die sich im Nachklärbecken (6) absetzen. Ein Teil der Flocken wird in das Belüftungsbecken zurückgeleitet und leitet die biologische Klärung des nächsten Abwassers ein. Der Hauptteil gelangt in den Faulturm. Hier wird der anfallende Schlamm von anaeroben Bakterien abgebaut, wobei Methangas entsteht. Der ausgefaulte Schlamm wird abtransportiert.

Erst in der *chemischen Reinigungsstufe* werden die gelösten Phosphate als Eisen- oder Aluminiumsalz ausgefällt (7). Das Abwasser gelangt in das Mischbecken (8). Auch für einige Stickstoffverbindungen gibt es inzwischen verbesserte Eliminierungsverfahren. Allerdings fehlt vielen Klärwerken diese chemische Reinigungsstufe. Das geklärte Abwasser gelangt in den Vorfluter (9), wo weitere Organismen leben.

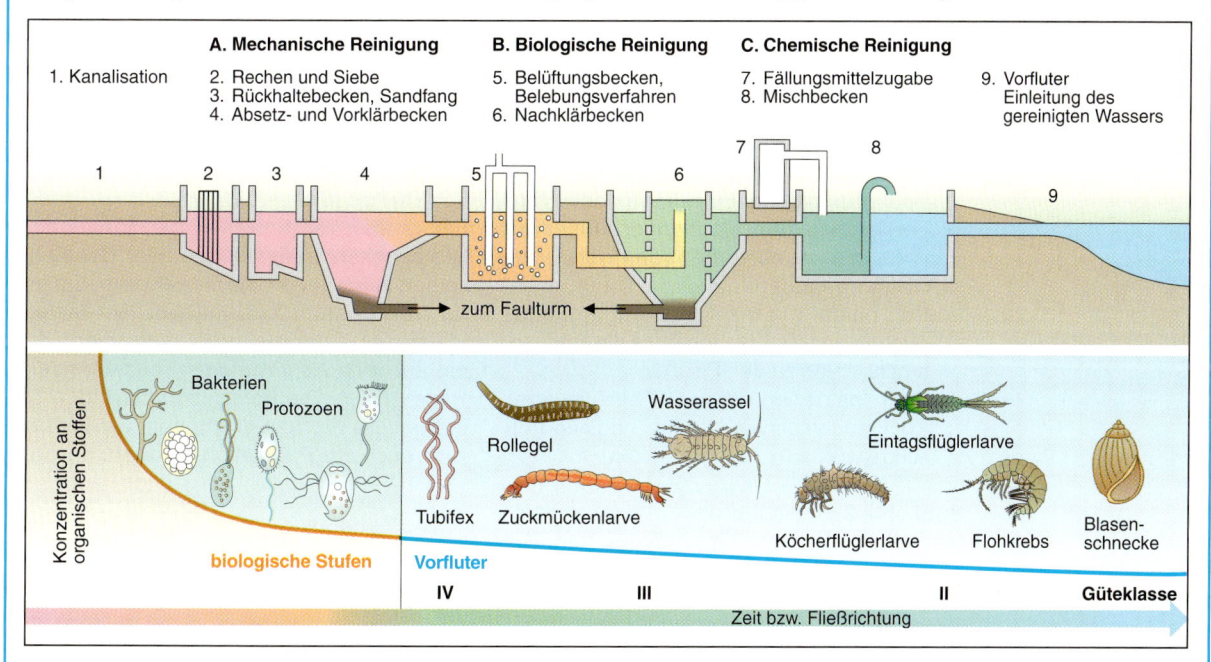

	A. Mechanische Reinigung	**B. Biologische Reinigung**	**C. Chemische Reinigung**	
1. Kanalisation	2. Rechen und Siebe 3. Rückhaltebecken, Sandfang 4. Absetz- und Vorklärbecken	5. Belüftungsbecken, Belebungsverfahren 6. Nachklärbecken	7. Fällungsmittelzugabe 8. Mischbecken	9. Vorfluter Einleitung des gereinigten Wassers

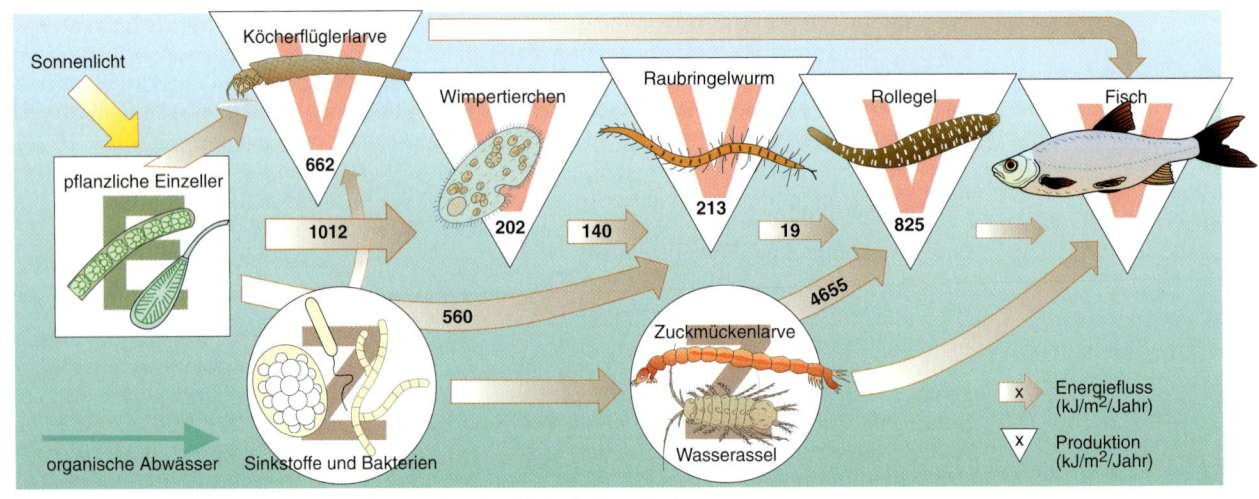

1 Energiefluss im Nahrungsnetz des Unterlaufes der thüringischen Saale

Energiefluss im Nahrungsnetz eines Fließgewässers

Der Unterlauf der thüringischen Saale ist stark durch Abwässer belastet. Zersetzende Bakterien nutzen nicht nur die organischen Stoffe aus der Biozönose, sondern auch die der Abwässer, weshalb sie hohe Dichten erreichen. Bakterienhaltige Sinkstoffe bilden neben pflanzlichen Einzellern die Nahrungsgrundlage für die Konsumenten. Die Wichtigkeit einer Nahrungsbeziehung lässt sich anhand der verzehrten Biomasse abschätzen und in biochemisch gebundene Energie umrechnen: 1 g Biomasse (Trockengewicht) hat einen Energiegehalt von etwa 20 kJ. Nahrungsbeziehungen sind dann nichts anderes als Energietransportwege von Produzenten zu Konsumenten steigender Ordnung. Man spricht vom *Energiefluss*.

Das Nahrungsnetz in der Saale lässt sich auf 3 Nahrungsketten vereinfachen (Abb. 1):
1) Von pflanzlichen Einzellern über Wimpertierchen und Raubringelwürmer zu Rollegeln, die nur selten von Fischen gefressen werden.
2) Von pflanzlichen Einzellern und bakterienhaltigen Sinkstoffen über die Köcherflüglerlarven zu den Fischen.
3) Vom bakterienhaltigen Detritus über Zuckmückenlarven, Tubifex und anderen Ringelwürmern zu den Fischen.

Betrachten wir die erste Nahrungskette unter energetischen Gesichtspunkten: Die pflanzlichen Einzeller setzen Sonnenenergie in Biomasse um. Die Wimpertierchen nehmen jährlich Einzeller mit einem Energiegehalt von 1012 kJ/m² auf und wandeln etwa 20 % davon (202 kJ/m²) in körpereigene Substanz um. 80 % der aufgenommenen Biomasse liefern einerseits die Betriebsenergie für Nahrungssuche und -verdauung, also für energieentwertete Prozesse, oder werden andererseits als unverdauliche Substanz ausgeschieden. Letztere sinkt zu Boden und wird dort mit den abgestorbenen Individuen von Bakterien zersetzt. Die Raubringelwürmer fressen jährlich etwa 700 kJ/m² in Form von Wimpertierchen und pflanzlichen Einzellern. Davon setzen sie 213 kJ/m², also 30 %, in körpereigene Substanz um. Die restlichen 70 % verteilen sich auch hier auf Energieabgabe durch den abbauenden Stoffwechsel (Atmung) und durch Abgabe unverdaulicher organischer Stoffe.

Auf dem Weg vom Produzenten zum Endkonsumenten wird grundsätzlich nur ein Teil der Energie in neue Biomasse umgewandelt. Ein großer Teil unterhält die abbauenden Stoffwechselprozesse und geht den Lebewesen in Form von Wärme verloren. Ein dritter Teil besteht aus unverdaulicher Substanz. Der Zugewinn an Biomasse pro Zeiteinheit wird als *Produktion* bezeichnet (s. Randspalte). Die Produktion bestimmt das individuelle Wachstum und über die Vermehrung auch das Populationswachstum.

Aufgabe

① Ermitteln Sie, welchen prozentualen Anteil der aufgenommenen Biomasse der Rollegel in körpereigene Substanz umwandelt.

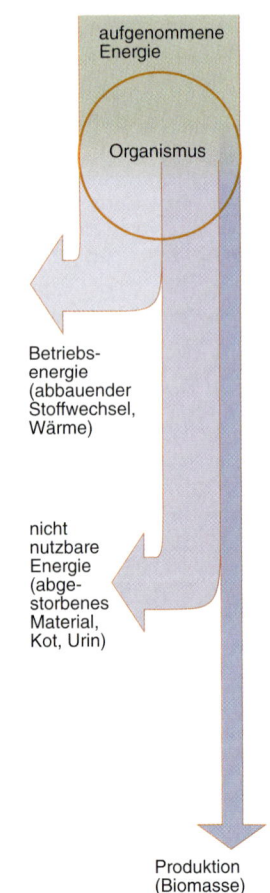

Energiefluss im Einzelorganismus:
- aufgenommene Energie → Organismus
- Betriebsenergie (abbauender Stoffwechsel, Wärme)
- nicht nutzbare Energie (abgestorbenes Material, Kot, Urin)
- Produktion (Biomasse)

1 Naturfernes Fließgewässer

2 Naturnahes Fließgewässer

Renaturierung von Fließgewässern

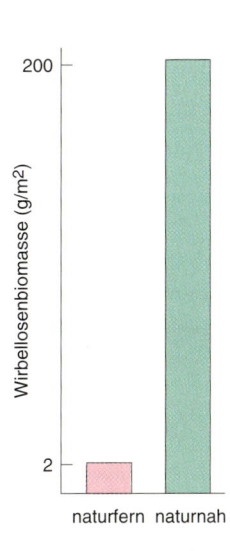

Fließgewässer sind *natürliche* Entwässerungssysteme mit Transportfunktion und Selbstreinigungskraft. Schon seit frühgeschichtlicher Zeit hat der Mensch die Fließgewässer entsprechend genutzt und oft für seine Zwecke umgestaltet. Dabei wurde in erster Linie die Fließgeschwindigkeit des Wassers verändert. Begradigung und Vertiefung des Flussbettes erhöhen die Fließgeschwindigkeit. Dadurch werden die Flüsse schiffbar und die umgebende Landschaft entwässert. Der erhoffte Hochwasserschutz erwies sich jedoch als trügerisch. Bei hohem Wasseraufkommen fehlen die Überschwemmungslandschaften, sodass die Städte von Hochwasser betroffen sind. Anstauungen und Wehre verringern dagegen die Fließgeschwindigkeit und ermöglichen Wasserentnahme, Fischzucht und die Nutzung der Strömungsenergie.

Solche Maßnahmen zur Flussregulierung stellen jedoch einen erheblichen Eingriff in das Ökosystem dar. Im Sauerland reduzierte allein die Begradigung der Bäche die Fischdichte auf 14 % des Ausgangsbestandes. Die Selbstreinigungskraft regulierter Flüsse ist stark verringert, sodass aus einem natürlichen Fließgewässer oft eine *naturferne* Schmutzwasserrinne geworden ist (Abb. 1).

Renaturierungsmaßnahmen können den ursprünglichen Zustand zwar nicht zurückbringen, dem Fließgewässer aber einen *naturnahen* Charakter geben (Abb. 2). Ziel ist die Wiederherstellung der Güteklasse I mit 80 % Sauerstoffsättigung oder zumindest Güteklasse II. Neben der Einrichtung von Kläranlagen sind dafür oft bauliche und gärtnerische Eingriffe notwendig. Ackernutzung muss vom Uferbereich ferngehalten werden, Altarme und Hochwasserbecken *(Auen)* müssen wieder an den Fluss angeschlossen werden. Mäander mit Prall- und Gleithängen müssen erhalten oder gestaltet sowie die Böschungswinkel verkleinert werden. Als bester Untergrund erwies sich die Steinschüttung mit Schilf sowie die Uferbepflanzung mit Schwarzerlen. Diese Bäume festigen das Ufer durch ihr Wurzelwerk, verhindern mit ihrem Schatten eine übermäßige Verkrautung und bieten außerdem Lebensraum für Vögel und Insekten.

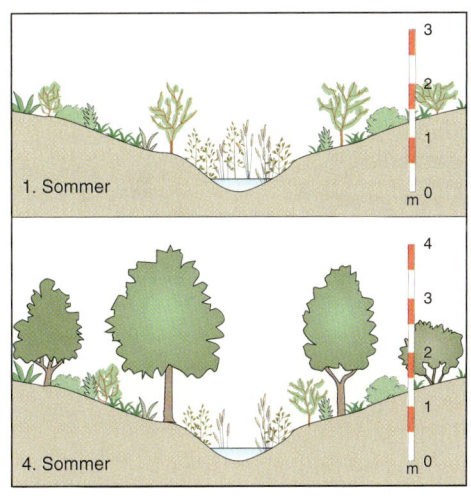

Besiedlungsvergleich (Wirbellosenbiomasse g/m²): naturfern 2, naturnah 200

3 Erlenpflanzung am Bach (1. und 4. Jahr)

Ökologie

5 Ökosysteme im Vergleich

Produktion von Land- und Gewässerökosystemen

Stellt man die Nahrungsbeziehungen aller Arten in einem Ökosystem wirklichkeitsnah dar, wird das *Nahrungsnetz* oft sehr unübersichtlich. Eine sinnvolle Vereinfachung erreicht man, indem man Arten der gleichen Ernährungsstufe zusammenfasst und diese in *Nahrungspyramiden* darstellt.

Die Produzenten bilden die unterste Pyramidenstufe, es folgen die Konsumenten steigender Ordnung. Für die Breite der Stufen lassen sich unterschiedliche Maße verwenden: beispielsweise Dichte, Biomasse oder Produktion.

Die Dichte gibt die Anzahl der Individuen pro Flächeneinheit an, durch Wiegen erhält man die zugehörige Biomasse. Diese wird oft als Trockengewicht angegeben. Die Produktion einer Pflanzendecke ermittelt man, indem man die Biomasse vor und nach der Wachstumsperiode bestimmt. Beim Wiegen müssen allerdings Biomasseverluste durch Fraßschäden, Samen, Früchte und Blattfall berücksichtigt werden. Auch unterirdische Pflanzenteile gehen in die Produktion ein, ihr Zuwachs kann gerade bei mehrjährigen Pflanzen nur geschätzt werden.

Der Biomassezuwachs kann in Energiewerte umgerechnet werden (1 g Trockengewicht ≙ ca. 20 kJ) oder direkt als Maß für die Produktion herangezogen werden. Auch die Konsumenten wachsen und vermehren sich. Daher grenzt man die *Primärproduktion* der Pflanzen von der *Sekundärproduktion* der Konsumenten ab.

Eine typische Pyramide hat eine breite untere Stufe und verjüngt sich nach oben. Bei den ökologischen Pyramiden muss das nicht immer so sein (Abb. 1).

Untersucht man z. B. das Nahrungsnetz auf einem Waldbaum, so steht einem Produzenten (dem Baum) eine Vielzahl von Konsumenten (Käfer, Raupen, Blattläuse) gegenüber. Erst bei Berücksichtigung der Bio-

Primärproduktion
Biomassezuwachs durch Produzenten

Sekundärproduktion
Biomassezuwachs durch Konsumenten

1 Mögliche Nahrungspyramiden in Wald- und Gewässerökosystemen

Produktivität =
$\frac{\text{Energieertrag}}{\text{Energieaufwand}}$

masse zeigt sich das typische Bild, da der Baum eine größere Biomasse als die Konsumenten hat.

Gewässerökosysteme, in denen die Produktion vor allem auf das pflanzliche Plankton zurückgeht, liefern umgekehrte Biomassepyramiden, denn die Biomasse des gerade vorhandenen pflanzlichen Planktons ist kleiner als die der Konsumenten. Erst die Produktionsdaten machen dieses paradoxe Aussehen verständlich: Die Planktonorganismen haben eine schnelle Generationsfolge und eine hohe Nachkommenzahl, ihre Produktion ist also sehr groß. Die Konsumenten dagegen sind sehr langlebig und bauen ihre Biomasse aus mehreren Produzentengenerationen auf. Produktionswerte ergeben grundsätzlich typische Nahrungspyramiden.

Die Primärproduktion in Ökosystemen hängt weniger von der Pflanzenart als von Vegetationsdauer und Wasserangebot ab. Weltkarten der Primärproduktion decken sich daher weitestgehend mit denen der Klimazonen (Abb. 1). Die globale Primärproduktion der Landökosysteme beträgt 110 bis 120 Milliarden Tonnen Trockensubstanz pro Jahr, ein Viertel davon geht allein auf die tropischen Regenwälder zurück. In den Meeren werden jährlich 50 — 60 Milliarden Tonnen Biomasse produziert.

Wie in der Wirtschaft erweisen sich auch in der Natur solche Systeme als besonders konkurrenzfähig, die bei geringem Aufwand viel produzieren. Die *Produktivität* gibt das Verhältnis zwischen dem Wert des Produktes und den für seine Erstellung aufgewendeten Kosten an. Das *Produkt* in natürlichen Ökosystemen ist die körpereigene Biomasse. Als Kosten geht die Nahrung, gemessen als Biomasse, in die Rechnung ein. Müssen 100 g Nahrung zum Aufbau von 10 g körpereigener Biomasse aufgenommen werden, beträgt die Produktivität $^{10}/_{100}$ oder 10 %.

Aufgaben

① Ermitteln Sie aus Abbildung 1 die Land- und Wasserregionen mit der größten Primärproduktion.
② Die Raupen des Eichenwicklers verzehren an Eichenlaub 55 kJ/ m²/ Jahr und bilden davon 6 kJ/ m²/ Jahr eigene Biomasse. Ermitteln Sie die Produktivität.

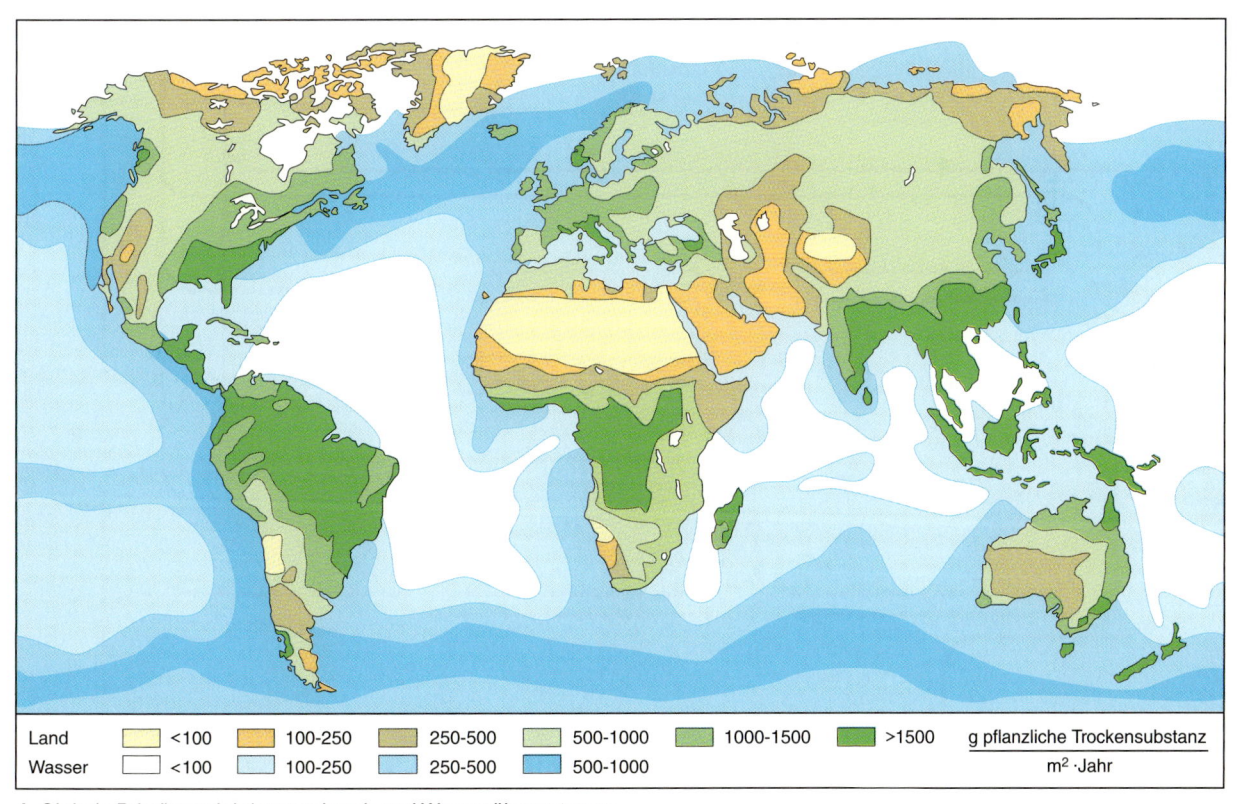

1 Globale Primärproduktion von Land- und Wasserökosystemen

Legende: g pflanzliche Trockensubstanz / m² · Jahr
- Land: <100 | 100-250 | 250-500 | 500-1000 | 1000-1500 | >1500
- Wasser: <100 | 100-250 | 250-500 | 500-1000

Ökologie

78 Vol% N_2
21 Vol% O_2
0,0355 Vol% CO_2

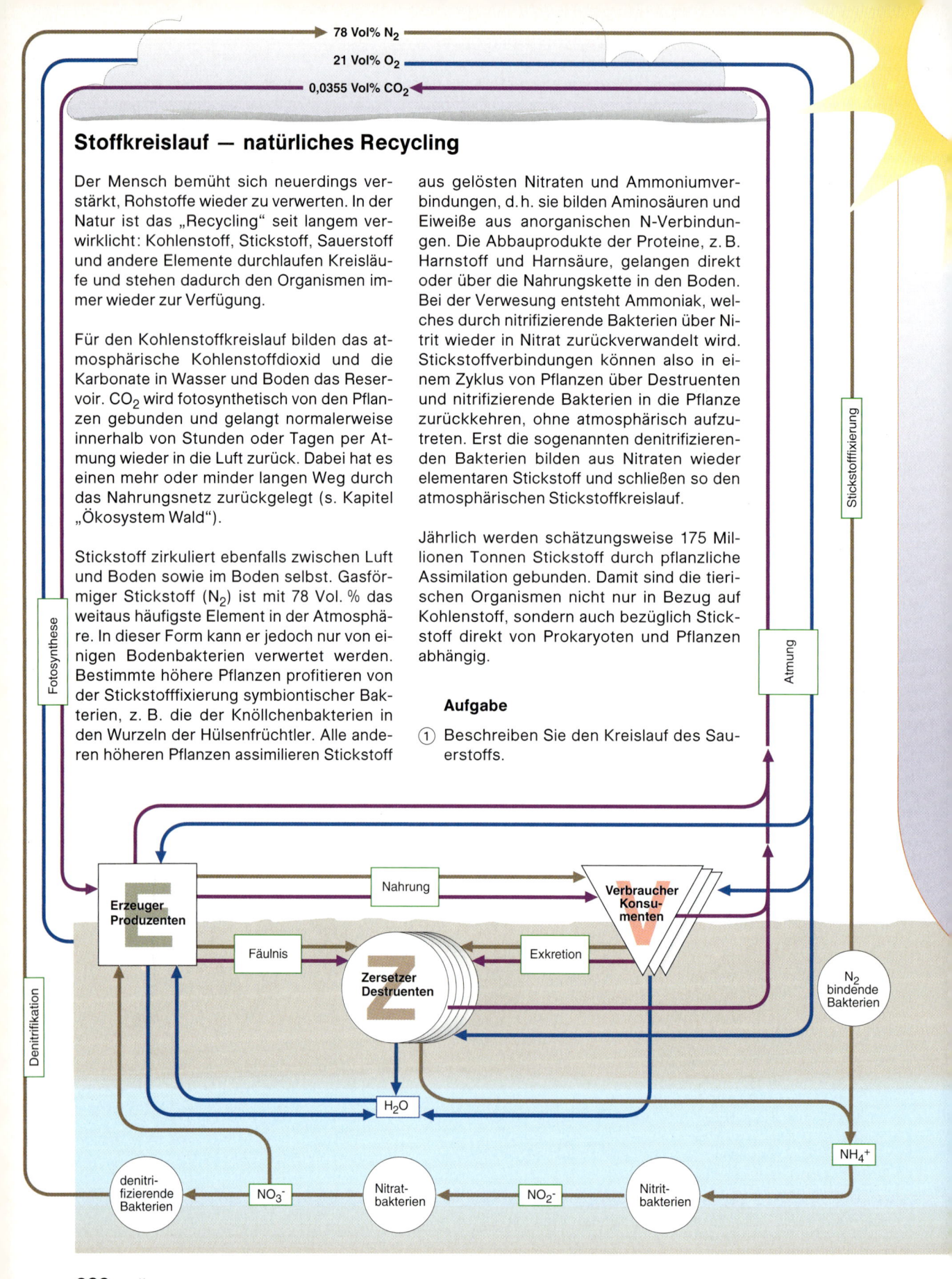

Stoffkreislauf — natürliches Recycling

Der Mensch bemüht sich neuerdings verstärkt, Rohstoffe wieder zu verwerten. In der Natur ist das „Recycling" seit langem verwirklicht: Kohlenstoff, Stickstoff, Sauerstoff und andere Elemente durchlaufen Kreisläufe und stehen dadurch den Organismen immer wieder zur Verfügung.

Für den Kohlenstoffkreislauf bilden das atmosphärische Kohlenstoffdioxid und die Karbonate in Wasser und Boden das Reservoir. CO_2 wird fotosynthetisch von den Pflanzen gebunden und gelangt normalerweise innerhalb von Stunden oder Tagen per Atmung wieder in die Luft zurück. Dabei hat es einen mehr oder minder langen Weg durch das Nahrungsnetz zurückgelegt (s. Kapitel „Ökosystem Wald").

Stickstoff zirkuliert ebenfalls zwischen Luft und Boden sowie im Boden selbst. Gasförmiger Stickstoff (N_2) ist mit 78 Vol.% das weitaus häufigste Element in der Atmosphäre. In dieser Form kann er jedoch nur von einigen Bodenbakterien verwertet werden. Bestimmte höhere Pflanzen profitieren von der Stickstofffixierung symbiontischer Bakterien, z. B. die der Knöllchenbakterien in den Wurzeln der Hülsenfrüchtler. Alle anderen höheren Pflanzen assimilieren Stickstoff aus gelösten Nitraten und Ammoniumverbindungen, d. h. sie bilden Aminosäuren und Eiweiße aus anorganischen N-Verbindungen. Die Abbauprodukte der Proteine, z. B. Harnstoff und Harnsäure, gelangen direkt oder über die Nahrungskette in den Boden. Bei der Verwesung entsteht Ammoniak, welches durch nitrifizierende Bakterien über Nitrit wieder in Nitrat zurückverwandelt wird. Stickstoffverbindungen können also in einem Zyklus von Pflanzen über Destruenten und nitrifizierende Bakterien in die Pflanze zurückkehren, ohne atmosphärisch aufzutreten. Erst die sogenannten denitrifizierenden Bakterien bilden aus Nitraten wieder elementaren Stickstoff und schließen so den atmosphärischen Stickstoffkreislauf.

Jährlich werden schätzungsweise 175 Millionen Tonnen Stickstoff durch pflanzliche Assimilation gebunden. Damit sind die tierischen Organismen nicht nur in Bezug auf Kohlenstoff, sondern auch bezüglich Stickstoff direkt von Prokaryoten und Pflanzen abhängig.

Aufgabe

① Beschreiben Sie den Kreislauf des Sauerstoffs.

328 *Ökologie*

Einbahnstraße der Energie

In jedem Ökosystem zirkulieren die Elemente. Die Aufrechterhaltung dieser Kreisläufe benötigt Energie, die durch die Strahlungsenergie der Sonne nachgeliefert wird. Die Energie wird in Form organischer Verbindungen — als Nahrung — von Produzenten zu Konsumenten weitergegeben.

Zahlenmäßig lässt sich der Energiefluss folgendermaßen abschätzen: Auf die Erdatmosphäre trifft jährlich eine Sonnenenergie von 3 bis 4×10^7 kJ/m^2, das sind täglich rund 100 000 kJ/m^2. Davon werden etwa 30 % reflektiert, weitere 60 % sorgen für Erwärmung und Verdunstung, ohne die Primärproduzenten zu erreichen. Es bleiben 10 000 kJ/m^2, die täglich bis zur Erdoberfläche vordringen.

Nur etwa 2 % dieser Energie, also 200 kJ/m^2 täglich, wird fotosynthetisch zum Aufbau organischer Moleküle genutzt *(Bruttoprimärproduktion)*. Davon wird etwa die Hälfte als neue pflanzliche Biomasse festgelegt *(Nettoprimärproduktion* = ca. 1 % der Sonnenenergie auf der Erdoberfläche), die andere Hälfte fließt in den Betriebsstoffwechsel der Primärproduzenten.

Auch die Konsumenten nutzen einen großen Teil der aufgenommenen Energie für Nahrungssuche, Verdauung usw., wobei die Energie bei der Atmung letztlich als Wärme frei wird. Außerdem enthält die Nahrung unverdauliche Substanzen, die als Kot abgegeben werden und mit Leichenteilen und Pflanzenresten von den Zersetzern und deren Konsumenten abgebaut werden, welche die darin noch enthaltene Energie nutzen.

Eine grobe Faustregel besagt, dass von einem Konsumenten zum übergeordneten Konsumenten nur etwa 10 % der aufgenommenen Energie zur Produktion körpereigener Substanz, also für Wachstum und Vermehrung, genutzt werden können. Zum Aufbau von 1 g Kaninchenbiomasse muss ein Kaninchen also rund 10 g Pflanzen fressen, zum Aufbau von 1 g Fuchsbiomasse sind 10 g Kaninchenbiomasse, bzw. 100 g pflanzliche Biomasse nötig. Es gibt aber auch Konsumenten mit höherer Ausnutzung (s. Kapitel „Ökosystem Fließgewässer").

Aufgaben

① Erläutern Sie aus energetischer Sicht, warum es selten mehr als 4 Konsumentenebenen gibt.

② Der Fleischkonsum in den Industrieländern verschärft die Nahrungsmittelknappheit. Begründen Sie warum.

③ Ermittelt man aus der pflanzlichen Kohlenstoffdioxidaufnahme die Masse der fotosynthetisch gebildeten, organischen Substanz, so übersteigt dieser Wert den tatsächlichen Biomassezuwachs deutlich. Woran liegt das?

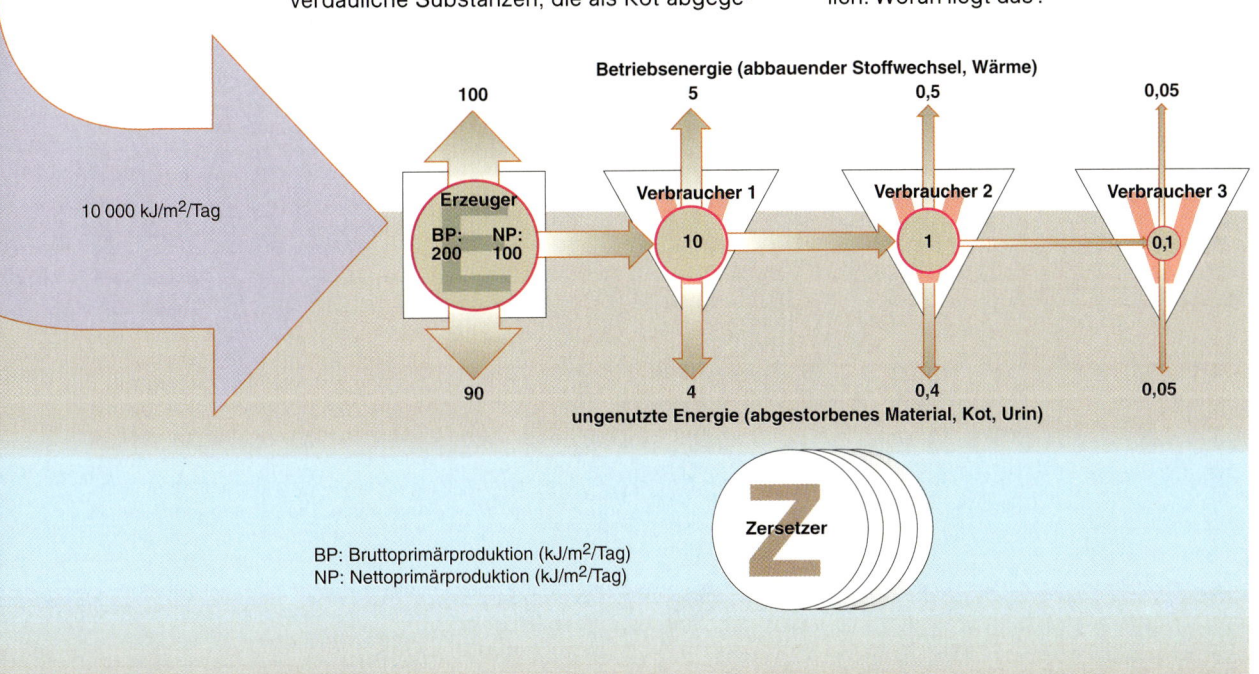

BP: Bruttoprimärproduktion (kJ/m^2/Tag)
NP: Nettoprimärproduktion (kJ/m^2/Tag)

Ökologie

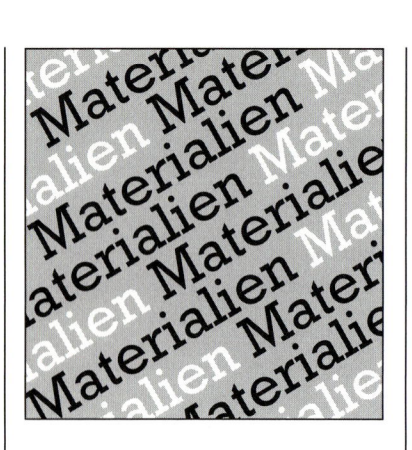

Das Leben im Spritzwasserbereich der Felsküsten

a) abiotische Faktoren

Dort wo Meer und Land aneinander grenzen, findet man weltweit einzigartige Lebensräume: Wattenmeer, Dünenlandschaften, Salzwiesen und Mangroven werden durch die Rhythmik von Ebbe und Flut geprägt. An Felsküsten wechseln die Bedingungen vom Meer zum Land innerhalb weniger Meter, was zur Ausprägung charakteristischer Tier- und Pflanzenzonen führt (s. Abb. unten): Landwärts folgen auf reine Meeresorganismen solche, die bei Niedrigwasser mehr oder minder lange an der Luft überleben können. Im Spritzwasserbereich oberhalb der Hochwasserlinie ist der Felsen durch einen krustenförmigen Aufwuchs aus Flechten und Cyanobakterien schwarz gefärbt, was zum Namen „schwarze Zone" führte.

Aufgabe

① Beschreiben Sie die abiotischen Bedingungen in der schwarzen Zone, soweit sie sich aus der exponierten Lage ableiten lassen.

b) ökologische Toleranz

In der schwarzen Zone leben verschiedene Tiere: Mit bloßem Auge erkennt man dichte Bestände von Strandschnecken und Zuckmückenlarven, unter der Lupe kleine Milben, durch das Mikroskop winzige Bärtierchen und Rädertiere. Von der Land- bzw. Seeseite dringen zeitweise Felsenspringer, Springschwänze sowie Meeresasseln und Fadenwürmer in die schwarze Zone ein, können sich hier aber nicht dauerhaft halten.

In der schwarzen Zone begegnen sich die eulitorale **Rauhe Strandschnecke** und die supralitorale **Spitze Strandschnecke**. Strandschnecken besitzen Kiemen, können durch ihre gut durchblutete Mantelhöhle aber auch Luftsauerstoff aufnehmen. Die Rauhe Strandschnecke zieht die feuchteren Standorte vor, während die Spitze Strandschnecke mehr im oberen Bereich der schwarzen Zone lebt und höhere Salzgehalte bevorzugt (s. Abb.).

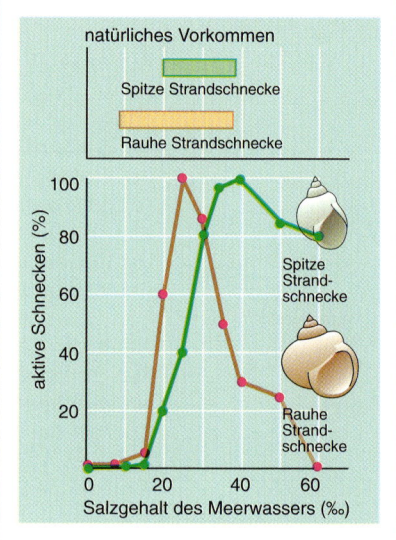

Bei Trockenheit und ungünstigen Salzgehaltsbedingungen ziehen sich beide Arten in ihr Gehäuse zurück und verschließen es mit einem Deckel. Damit ist zwar die Austrocknung, aber auch die Nahrungsaufnahme und Atmung vollständig unterbrochen, sodass der Energiebedarf über anaerobe Stoffwechselwege gedeckt werden muss. Die sauren Stoffwechselendprodukte dieser Gärungsprozesse können durch Anlösen der Kalkschale teilweise neutralisiert werden. Aktiv werden die Schnecken erst, wenn sie wieder mit Wasser benetzt werden. Bei der Fortpflanzung sind die Strandschnecken ebenfalls an den Gezeitenrhythmus angepasst: Die befruchteten Eier der Spitzen Strandschnecke werden bei Springflut in das freie Wasser entlassen. Sie durchlaufen ein planktonisches Larvenstadium. Bei der Rauhen Strandschnecke entwickeln sich die Eier in einer Bruttasche der Mantelhöhle zu Jungschnecken.

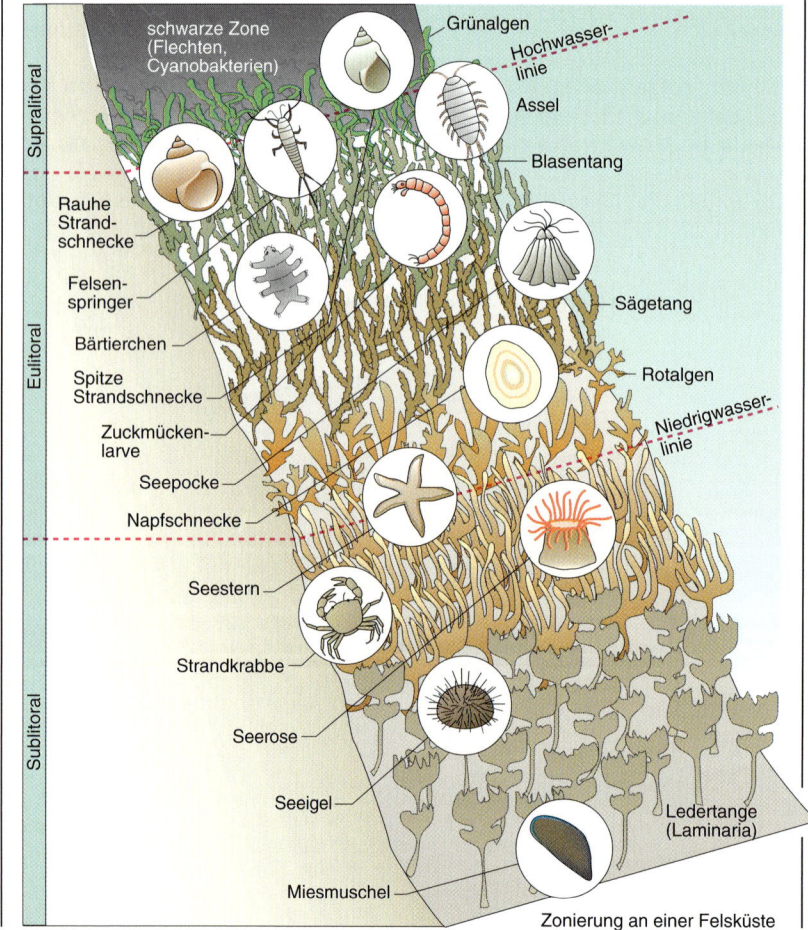

Zonierung an einer Felsküste

330 Ökologie

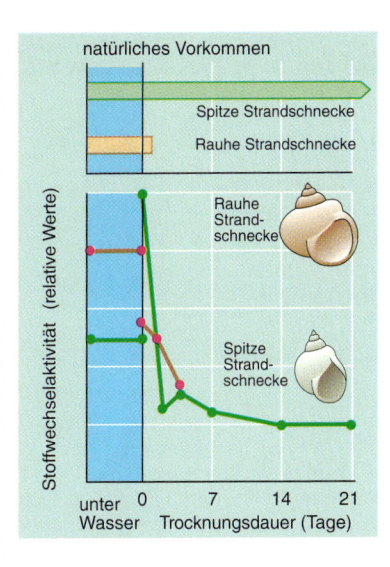

Aufgaben

① Wie sind beide Strandschneckenarten an wechselnde Feuchtigkeit sowie unterschiedliche Salzgehalte angepasst? Wie vermeiden sie zwischenartliche Konkurrenz?

② Sind die Strandschnecken der schwarzen Zone als euryök oder stenök anzusehen?

Bärtierchen bilden einen eigenen Stamm innerhalb der Wirbellosen. Charakteristisch sind die acht Krallen tragenden Stummelfüßchen. Eindrucksvoll ist ihre Fähigkeit, bei Austrocknung sämtliche Lebensfunktionen einzustellen und in diesem Zustand über Tage oder gar Jahre zu verharren *(Anhydrobiose)*. Die Bärtierchen verlieren dabei 75 – 90% ihres Körpergewichtes durch aktive Wasserabgabe. Ihre Gestalt ähnelt dann kleinen Tönnchen, sodass dünnhäutige Körperregionen vor der Außenluft geschützt sind. In diesem Zustand können die Bärtierchen extreme Trockenheit und Strahlung ohne Schaden überstehen. Erst bei Benetzung mit Wasser nehmen die Tiere ihr aktives Leben wieder auf.

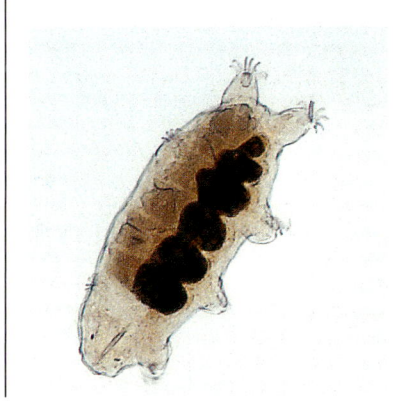

Aufgaben

① Vergleichen Sie die Reaktion von Bärtierchen und Strandschnecken auf Trockenheit.

② Bärtierchen sind auch charakteristische Bewohner von Moospolstern. Welche Parallelen gibt es zu den Lebensbedingungen in der schwarzen Zone?

c) Konkurrenz und Einnischung

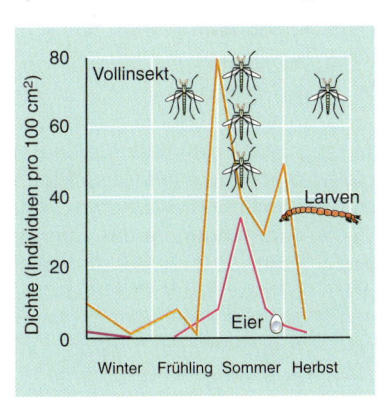

Alle Schwarze-Zone-Arten sind großen Dichteschwankungen unterworfen, wie das Beispiel einer **Zuckmücke** zeigt, die nahezu weltweit in diesem Lebensraum heimisch ist. Ihre Larven spinnen Wohnröhren in kleine Spalträume, in die sie sich bei Trockenheit und zur Verpuppung zurückziehen können. Die Anzahl der verfügbaren Spalten begrenzt daher weitgehend die Dichte der Larven. Bei den Larven lassen sich 4 Größenklassen feststellen, die auf Wachstumsschübe nach den Häutungen zurückzuführen sind. Jede Größenklasse beansprucht einen anderen Spaltraum. Die Breite der Kopfkapsel und damit der Mundwerkzeuge begrenzt die Größe des fressbaren Substrates.

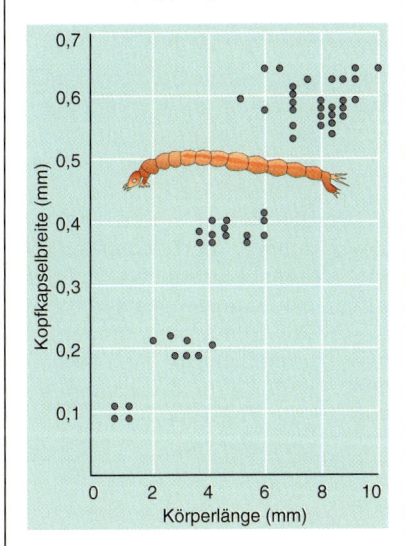

Aufgaben

① Erläutern Sie die Dichteschwankungen der Zuckmücke im Jahresgang.

② Diskutieren Sie die Größenstruktur der Larven im Hinblick auf die innerartliche Konkurrenz.

Die Tiere der schwarzen Zone konkurrieren vor allem um die kleinen Spalträume im Gestein, in denen sich die Feuchtigkeit am längsten hält und wo auch ein geringeres Risiko besteht, durch Wellen herausgespült zu werden. Jede Art nimmt entsprechend ihrer Körpergröße einen anderen Spaltraum in Anspruch: ausgewachsene Zuckmückenlarven (Länge 10/ Breite 0,8mm), Milbe (0,5/0,3mm), Rädertier (0,4/0,05mm), Bärtierchen (0,4/0,05 mm). Das Rädertier kommt vor allem in Brackwasserregionen, das Bärtierchen im Meerwasser vor.

Aufgabe

① Überprüfen Sie die Aussage des Konkurrenz-Ausschluss-Prinzips am Beispiel der Fauna in der schwarzen Zone.

d) Nahrungsnetz

Alle dauerhaft in der schwarzen Zone lebenden Arten ernähren sich von dem Aufwuchs aus Cyanobakterien und Flechten. Darin leben auch Bakterien und Pilze, die organische Substanzen zersetzen. Von der Landseite aus dringen bei Niedrigwasser Raubmilben ein, die vor allem jungen Mückenlarven nachstellen. Strandschnecken werden bei Niedrigwasser von Ratten und Möwen und bei Hochwasser von Fischen gefressen. Außerdem können sie von Saugwürmern parasitiert werden. Die befallenen Schnecken werden steril und sind deutlich größer als ihre gesunden Artgenossen. Solche Riesenexemplare werden von Möwen bevorzugt gefressen, wodurch die Parasiten in ihren Endwirt gelangen. Der Möwenkot schließt den Kreislauf.

Aufgabe

① Skizzieren Sie das Nahrungsnetz in der schwarzen Zone und ordnen Sie die Arten den verschiedenen Ernährungsstufen zu.

Ökologie **331**

6 Mensch und Umwelt

Bevölkerungswachstum der Menschheit

Seit etwa 2 Millionen Jahren bewohnt die Gattung Homo die Erde, wirkt auf die Umwelt ein und ist zugleich von ihr abhängig. Die kulturelle Entwicklung des Menschen ging Hand in Hand mit dem Bemühen, sich dieser Abhängigkeit zu entziehen. Die Unbilden des Wetters wurden durch Behausungen gemildert, Schwankungen im Nahrungsangebot durch Landwirtschaft, Tier- und Pflanzenzucht ausgeglichen. Diese künstliche Umwelt konnte der Mensch jedoch nur durch Rohstoffe und Energie aus der Natur erhalten. Die Abhängigkeit von der Umwelt wurde damit nur scheinbar verringert, die Wirkung auf die Umwelt aber deutlich vergrößert. Wälder wurden gerodet, Flüsse reguliert und Landschaften überbaut. Durch das rasante Bevölkerungswachstum sind heute aus lokalen Veränderungen globale Belastungen geworden.

Im Jahre 1995 lebten 5,7 Milliarden Menschen auf der Erde. Jährlich kommen etwa 85 Millionen hinzu (Abb. 1), das sind 164 Menschen in jeder Minute. Würde die Menschheit mit der gleichen Zuwachsrate weiter wachsen, so hätte sie in etwa 2000 Jahren das Gewicht des Erdballs erreicht. Wie viele Menschen kann die Erde tatsächlich „ertragen" und was beeinflusst diese Umweltkapazität? Moderne Technologien erschlossen neue Nahrungsmittel, Energie- und Rohstoffvorräte. Sie erhöhen regional die Umweltkapazität, verursachten jedoch oft schwere Umweltschäden und immense energetische „Unkosten".

Medizinischer Fortschritt erhöhte die Lebenserwartung, verringerte die Kindersterblichkeit und ermöglichte die Geburtenkontrolle. Während in den Industrienationen sowohl Geburten- als auch Sterbeziffern zurückgingen, sank die Geburtenrate in den Entwicklungsländern deutlich weniger als die Sterberate.

Geburten- und Sterberate sind altersabhängig. Prognosen über das Bevölkerungswachstum sind daher nur bei Berücksichtigung der Altersstruktur möglich. Altersklassendiagramme spiegeln die Anteile von Männern und Frauen in der jeweiligen Altersklasse wider. Bei geringer Kindersterblichkeit bedeutet die Pyramidenform eine zukünftige Dichteerhöhung. Da das fortpflanzungsfähige Alter der breiten Basis noch bevorsteht, wird die Population zunächst weiter wachsen, selbst wenn aus jeder Familie nur zwei Kinder hervorgehen. Diese Situation gilt heute für die Entwicklungsländer und für die Weltbevölkerung. Bei ausgewogenem Verhältnis zwischen jungen und alten Jahrgängen ist das Altersklassendiagramm mehr oder minder glockenförmig: Altersaufbau und Dichte bleiben konstant. Werden die älteren Individuen zahlenmäßig nicht durch Nachkommen ersetzt, bedeutet das eine zukünftige Abnahme der Dichte. Das Altersklassendiagramm hat dann eine schmale Basis.

In Deutschland hatte das Altersklassendiagramm am Anfang des 20. Jahrhunderts die klassische Pyramidenform, danach veränderten verschiedene äußere Faktoren die Geburten- und Sterberate. Der 1. Weltkrieg erhöhte insbesondere die Sterberate der damals 20- bis 40-jährigen Männer, was noch 1939 an einer Einbuchtung der linken Diagrammseite bei den nun 40–60-Jährigen zu erkennen ist. In den Kriegs- und Nachkriegsjahren kamen wenige Kinder zur Welt, daher ist das Diagramm 1939 bei den etwa 20-jährigen, 1991 bei den inzwischen 70-jährigen Männern und Frauen deutlich eingeschnürt. Im gleichen Jahr kennzeichnet eine weitere Einschnürung bei den Mittvierzigern die Geburtenausfälle im zweiten Weltkrieg. Die Einführung moderner Antikonzeptiva („Antibabypille") in den Sechzigerjahren verringerte die Geburtenrate deutlich, sodass das Altersklassendiagramm an der Basis schmaler wird.

1 Wachstum der Weltbevölkerung und Altersklassendiagramme Deutschlands

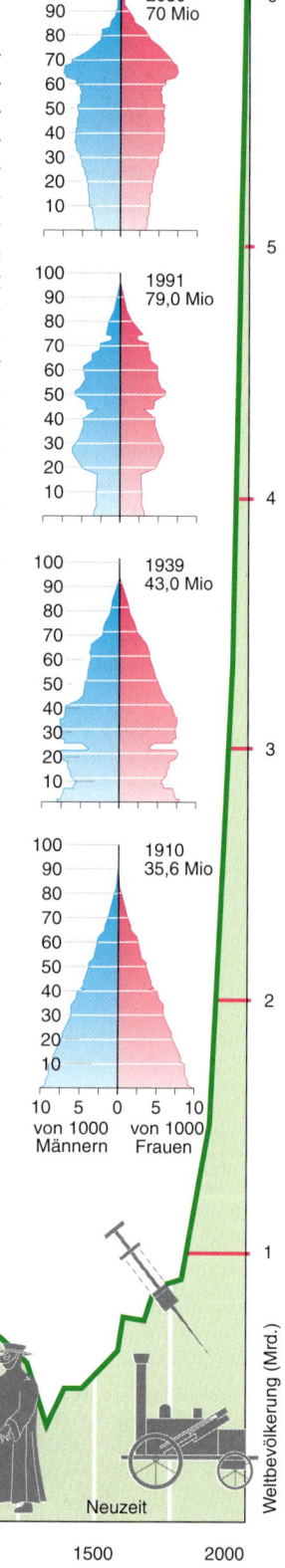

332 Ökologie

Bevölkerungsdichte und Energiekonsum

Entscheidend für die Zukunft des Menschen ist nicht nur die Bevölkerungsdichte, sondern auch der Konsum von Nahrung und Energie. Hier gibt es deutliche Unterschiede zwischen Industrie- und Entwicklungsländern.

Aufgaben

① Vergleichen Sie die Regionen mit dem höchsten Energiekonsum und die Regionen mit der größten Bevölkerungsdichte.

② Suchen Sie in Abb. 2 typische Produkte aus den Entwicklungsländern und vergleichen Sie die Produktivität der verschiedenen landwirtschaftlichen Methoden.

③ Worauf sind die Unterschiede in der Produktivität zurückzuführen? Abb. 3 gibt Ihnen Auskunft über die Aufteilung des landwirtschaftlichen Energiekonsums in den USA.

④ In der Entwicklungshilfe werden heute vermehrt traditionelle Anbaumethoden gefördert, anstatt die Landwirtschaftstechnologie aus den Industrieländern zu exportieren. Wie beurteilen Sie diese Entwicklung aus energetischer Sicht?

⑤ Übertragen Sie die Wachstumskurve der Weltbevölkerung (Abb. 322.1) auf Millimeterpapier. Tragen Sie auf der y-Achse 150, 300, 600 Millionen, 1,2 Milliarden usw. ab, also jeweils verdoppelte Bevölkerungsdichten. Ermitteln Sie grafisch, wie viele Jahre es dauerte, bis sich die Bevölkerungsdichte vor Christi Geburt verdoppelte und wie lange jeweils danach. Beachten Sie dabei die Skalierung.

⑥ Welche Verdopplungszeiten gelten für die modellhafte Kaninchenpopulation von Seite 304?

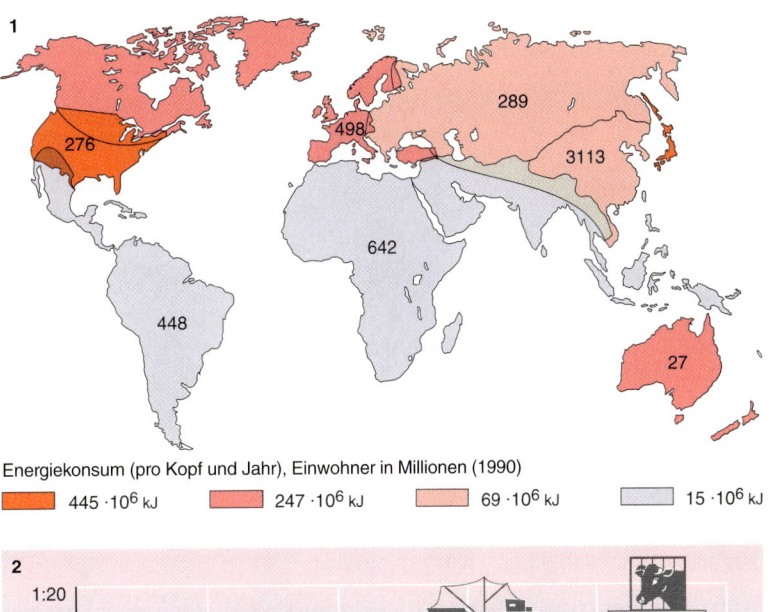

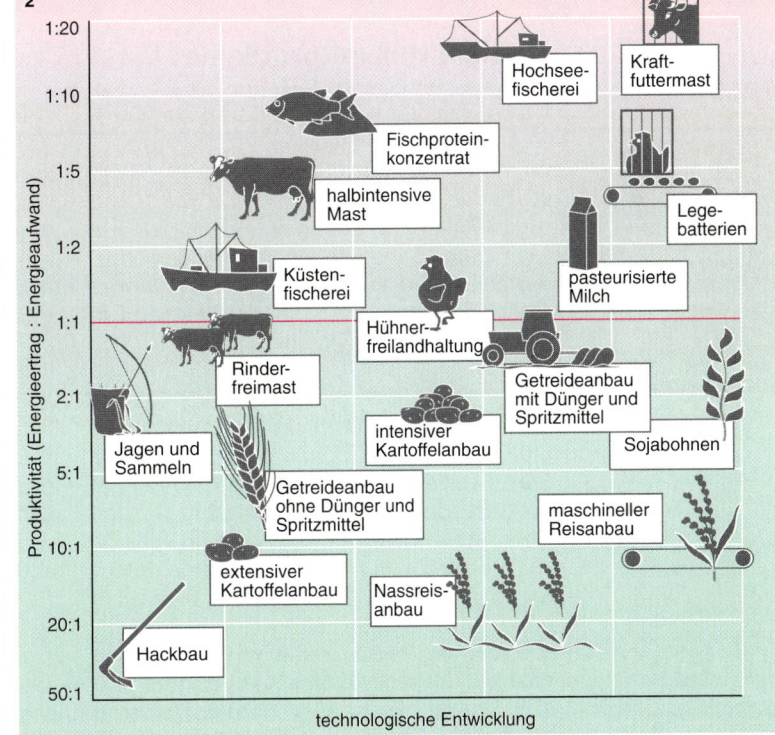

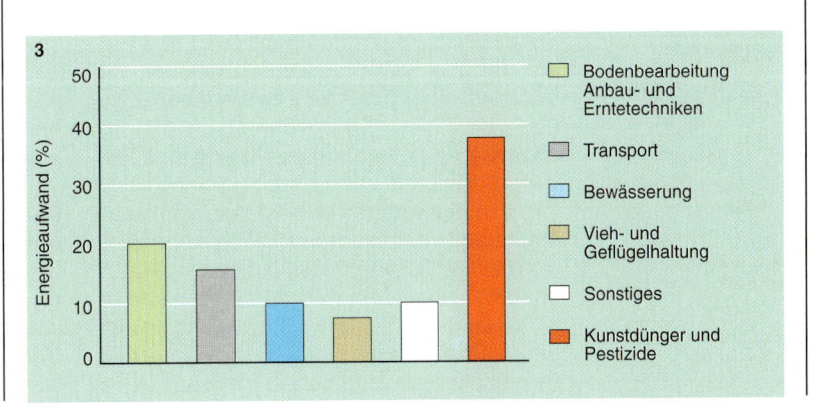

1 Energiekonsum (pro Kopf und Jahr), Einwohner in Millionen (1990)

- $445 \cdot 10^6$ kJ
- $247 \cdot 10^6$ kJ
- $69 \cdot 10^6$ kJ
- $15 \cdot 10^6$ kJ

Werte auf der Karte: 276 (USA), 498 (Europa), 289, 3113, 642, 448, 27

2 Produktivität (Energieertrag : Energieaufwand) vs. technologische Entwicklung

- Hochseefischerei
- Kraftfuttermast
- Fischproteinkonzentrat
- halbintensive Mast
- Legebatterien
- Küstenfischerei
- pasteurisierte Milch
- Hühnerfreilandhaltung
- Rinderfreimast
- Getreideanbau mit Dünger und Spritzmittel
- Jagen und Sammeln
- intensiver Kartoffelanbau
- Sojabohnen
- Getreideanbau ohne Dünger und Spritzmittel
- maschineller Reisanbau
- extensiver Kartoffelanbau
- Nassreisanbau
- Hackbau

3 Energieaufwand (%)

- Bodenbearbeitung Anbau- und Erntetechniken
- Transport
- Bewässerung
- Vieh- und Geflügelhaltung
- Sonstiges
- Kunstdünger und Pestizide

Ökologie

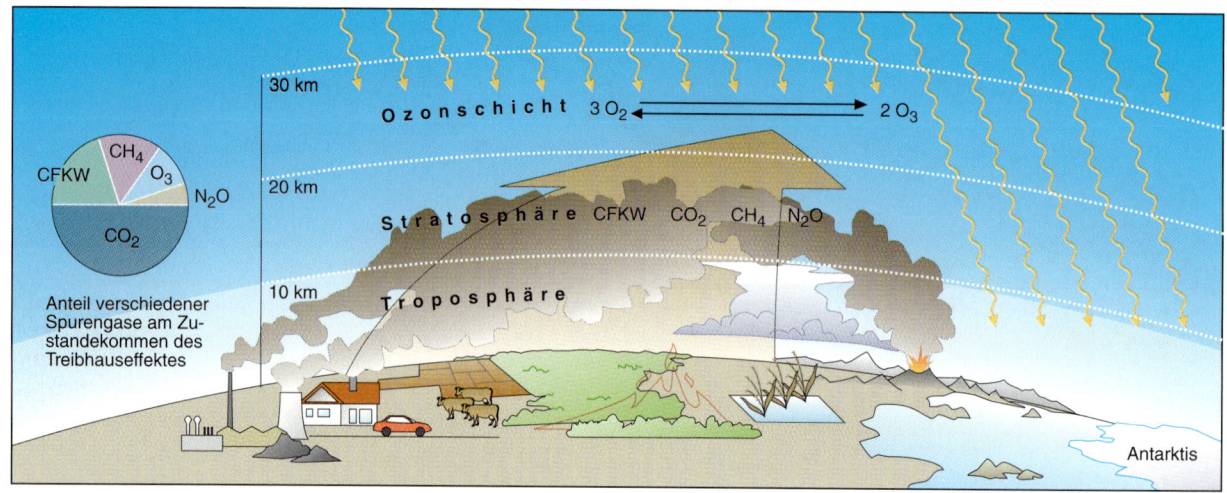

1 Belastung der Atmosphäre

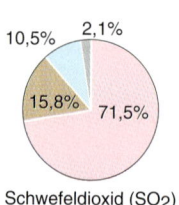

Globale Umweltprobleme: Luft

Schwefeldioxid (SO$_2$)
2,6 Mt/Jahr

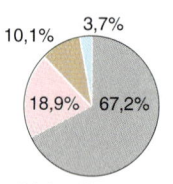

Stickstoffoxide (NO$_x$)
3,0 Mt/Jahr

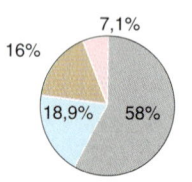

Kohlenstoffmonooxid (CO)
7,4 Mt/Jahr

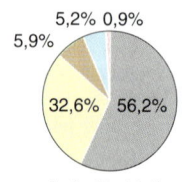

organische Verbindungen
1,8 Mt/Jahr

- Industrie
- Kraftwerke
- Verkehr
- Haushalte
- Lösemittel

(Stand 1990)

Durch Industrie, Kraftfahrzeugverkehr, Kraftwerke und Heizungsanlagen ist die Luft heute schwer belastet. Schwefeldioxid, Stickstoffoxide, Kohlenstoffmonooxid, Staub und organische Verbindungen zählen zu den wichtigsten Schadstoffen, aber auch veränderte Konzentrationen der Luftgase Stickstoff, Sauerstoff und Kohlenstoffdioxid beeinflussen die Ökosysteme.

Die Lufthülle der Erde (*Atmosphäre*) gliedert sich in mehrere, durch ihre Temperatur klar unterschiedene Stockwerke. Die erdnächste Schicht, die *Troposphäre*, prägt das Klima auf der Erde. Nach außen schließen sich die wolkenfreie, kalte *Stratosphäre* und schließlich die *Meso-* und *Thermosphäre* an. In der Stratosphäre (in 10–30 km Höhe) bildet sich unter Einwirkung des ultravioletten Sonnenlichtes atomarer Sauerstoff, welcher sich mit O$_2$-Molekülen zu Ozon (O$_3$) verbindet. Die Ozonschicht wirkt als UV-Filter und schirmt die Erdoberfläche vom kurzwelligen Spektralbereich ab. Nur das langwellige, sichtbare Sonnenlicht wird hindurchgelassen und von der Erdoberfläche absorbiert, wobei die Lichtenergie größtenteils in Wärmeenergie übergeht. In der Troposphäre (bis 10 km) absorbieren Kohlenstoffdioxid und Wasserdampf die von der Erde ausgestrahlte Wärme. Dadurch wird die vollständige Wärmeabstrahlung in das Weltall verhindert und eine durchschnittliche Erdoberflächentemperatur von 15 °C eingestellt. Alle Lebewesen sind in einem langwierigen Entwicklungsprozess an die so entstandenen Licht-, Temperatur- und Feuchtigkeitsbedingungen angepasst.

Der Verbrauch fossiler Brennstoffe, wie Kohle und Erdöl, setzte in wenigen Jahrzehnten Kohlenstoffdioxidmengen frei, die vor Jahrmillionen dem C-Kreislauf fotosynthetisch entzogen wurden. Die CO$_2$-Konzentration in der Atmosphäre ist seit 1850 von etwa 0,028 Vol.% auf heute 0,0355 Vol.% angestiegen. Zur Zeit steigt sie weiter um bis zu $1/20$ pro Jahr. Dadurch wird vermehrt Erdwärme in der Troposphäre gestaut, man spricht vom *Treibhauseffekt*. Eine Verdopplung des CO$_2$-Gehaltes bedeutet vermutlich einen Temperaturanstieg von 2–3 °C in den mittleren Breiten und 5–10 °C an den Polen. Klimatische Veränderungen werden befürchtet, sind im einzelnen aber schwer vorhersehbar. Die Ausbreitung der Wüsten könnte fortschreiten, die polaren Eiskappen könnten abschmelzen und zu einem schrittweisen Anstieg des Meeresspiegels führen, Klimakatastrophen, wie Orkane und Hochwasser, könnten sich häufen.

Bei gleichbleibender CO$_2$-Steigerungsrate sind solche Effekte bereits in der Mitte des nächsten Jahrhunderts zu erwarten. Nur drastische Sparmaßnahmen beim Verbrauch fossiler Brennstoffe können sie verzögern.

Der Treibhauseffekt wird noch zusätzlich verstärkt, weil die Ozonschicht stellenweise verdünnt ist und mehr Licht als bisher passieren lässt. Als Verursacher des „Ozonloches" gelten in erster Linie *Chlor-Fluor-Kohlenwasserstoffe* (FCKW oder der exakten chemischen Nomenklatur entsprechend

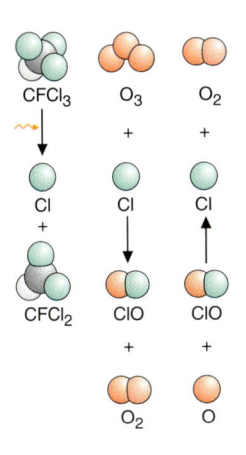

CFKW), Halone (bromierte Kohlenwasserstoffe), *Distickstoffmonooxid* (N_2O) und *Methan* (CH_4).

CFKW sind Bestandteile von Schaumstoffen, Kühl- und Reinigungsmitteln sowie Treibmitteln in Spraydosen. Sie werden in den untersten Luftschichten kaum abgebaut und haben in der Atmosphäre zum Teil eine Lebensdauer von 100 Jahren. Selbst bei einem Stopp der CFKW-Herstellung werden die bis dahin bereits in die Atmosphäre gelangten Moleküle die Ozonschicht weiterhin angreifen. UV-Licht setzt aus CFKW Chlor frei, welches das Ozon katalytisch abbaut. Nach der Reaktion wird das Chloratom also wieder frei und reagiert mit dem nächsten Ozonmolekül. N_2O entsteht im Boden bei der Reduktion der Nitrate durch denitrifizierende Bakterien. Es entweicht in die Atmosphäre, baut dort Ozon fotochemisch ab und wird dabei selbst wieder regeneriert. Überdüngung verstärkt die denitrifizierende Arbeit der Bakterien und damit den Ozonschwund in der Stratosphäre. Zusätzlich steigt Methan vor allem in Gebieten intensiven Reisanbaus aus dem Boden sowie aus Ställen auf und greift die Ozonschicht an.

Die veränderte Ozonschicht wirkt sich nicht nur auf das Klima aus, sondern auch auf die Gesundheit des Menschen. Bereits 1 % Ozonabnahme führt zu 2 % mehr ultravioletter Strahlung (UV-B) auf der Erde, wodurch das Krebsrisiko erhöht und die Immunabwehr geschwächt wird. Daher wurden in der letzten Zeit verschiedene gesetzliche Maßnahmen zum Schutz der Ozonschicht ergriffen: CFKW sind als Treibmittel in Spraydosen (bis auf medizinische Bereiche) inzwischen verboten, geplant ist ein Ersatz dieser Stoffe in Schaumstoffen und Kühlmitteln. Nach Vereinbarungen von Politik und Industrie soll die Herstellung und Verwendung von CFKW bis zum Jahre 1997 EG-weit verboten werden. Daneben gibt es im Rahmen des Bundesimmissionsschutzgesetzes verschiedene Verwaltungsvorschriften. Diese kontrollieren die *Emission*, also das Ablassen von Schadstoffen, und begrenzen die *Immission*, die Einwirkung von Schadstoffen. In der Technischen Anleitung zur Reinhaltung der Luft (TA-Luft) sind Grenzwerte der Luftschadstoffkonzentration festgelegt, die nach heutigem medizinischen Kenntnisstand für den Menschen gesundheitlich unbedenklich sein müssen.

Im Gegensatz zum Mangel an Ozon in der Stratosphäre sind die Ozonwerte in der Troposphäre oft überhöht. In Bodennähe ist Ozon jedoch ein unerwünschtes Gas, denn es reizt die Schleimhäute, beeinträchtigt die Lungenfunktion und scheint Mitverursacher des Waldsterbens zu sein. Vor ungewohnter körperlicher Belastung wird gewarnt, sobald ein Halbstundenmittelwert von 180 $\mu g/m^3$ Ozon überschritten ist. Die Ozonkonzentrationen sind in den Sommermonaten am höchsten und haben einen typischen Tagesgang, da Ozon nur unter Lichteinwirkung gebildet wird (Abb. 1). Je stärker die Luft mit Stickstoffdioxiden (NO_2) und Kohlenwasserstoffen verunreinigt ist, desto schneller entsteht Ozon. Diese stammen in erster Linie aus den Autoabgasen und der Lackfarbenproduktion.

Nicht immer steigt die Ozonkonzentration proportional zum Verkehrsaufkommen, denn bei Dunkelheit wird Ozon durch die Stickstoffoxide aus den Autoabgasen teilweise wieder abgebaut. In ländlichen Regionen ist die Ozonkonzentration daher gelegentlich höher als in der Stadt, denn bei ungünstiger Windlage sammelt sich das Ozon hier, wird nachts jedoch in der stickstoffoxidarmen Luft kaum abgebaut.

Ein Schritt in die richtige Richtung ist die Entgiftung der Autoabgase durch Katalysatoren und die Verringerung des Kraftstoffverbrauches durch technische Neuerungen und „intelligentes" Fahren, was die Anzahl der Strecken und die Höhe der Geschwindigkeit angeht.

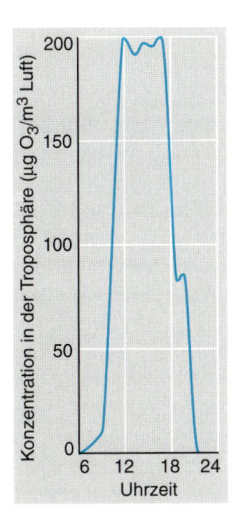

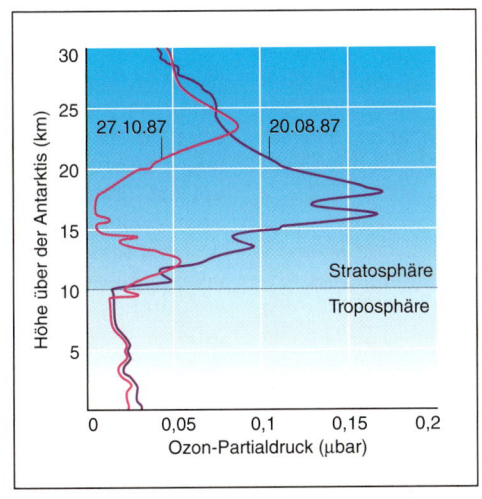

1 Ozon in der Troposphäre und Stratosphäre

Ökologie **335**

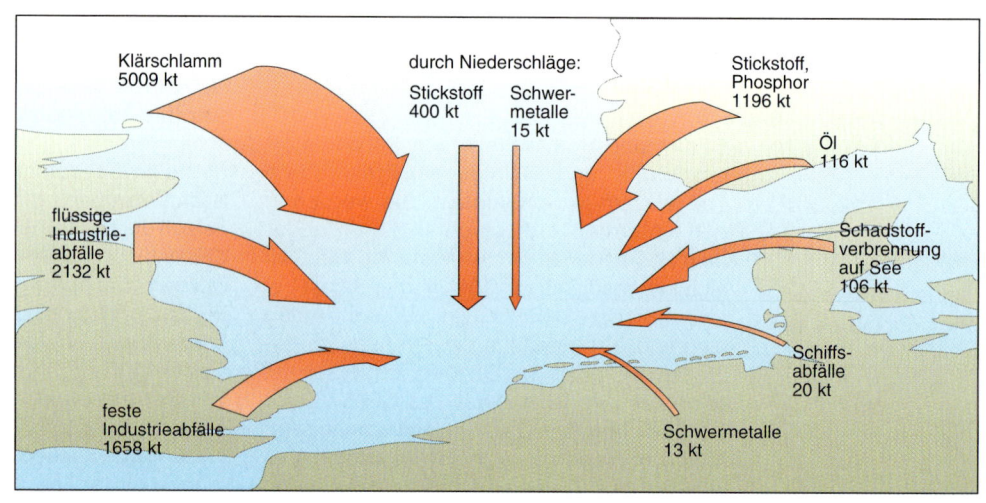

1 Jährliche Belastung der Nordsee durch Schadstoffe

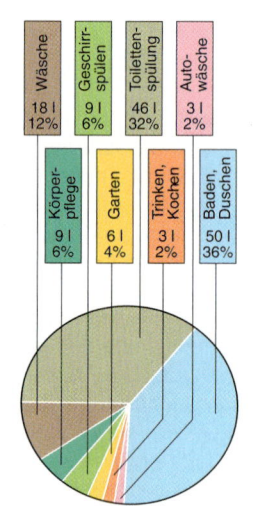

Schadstoffe in die Nordsee (jährlich):
- Klärschlamm 5009 kt
- durch Niederschläge: Stickstoff 400 kt, Schwermetalle 15 kt
- Stickstoff, Phosphor 1196 kt
- Öl 116 kt
- Schadstoffverbrennung auf See 106 kt
- Schiffsabfälle 20 kt
- Schwermetalle 13 kt
- feste Industrieabfälle 1658 kt
- flüssige Industrieabfälle 2132 kt

Verwendung von Trinkwasser:
- Wäsche 18 l / 12 %
- Geschirrspülen 9 l / 6 %
- Toilettenspülung 46 l / 32 %
- Autowäsche 3 l / 2 %
- Körperpflege 9 l / 6 %
- Garten 6 l / 4 %
- Trinken, Kochen 3 l / 2 %
- Baden, Duschen 50 l / 36 %

Globale Umweltprobleme: Wasser und Boden

2 bis 3 Liter *Wasser* benötigt der Mensch täglich zum *Trinken* — das ist mehr als in vielen Gebieten der Erde verfügbar ist: Allein in Afrika leiden 240 Millionen Menschen unter Wassermangel.

In den Industrieländern steigt der Wasserverbrauch dagegen durch hygienisches Anspruchsdenken auf weit über 100 Liter pro Kopf und Tag (siehe Randspalte). Zusätzlich wird Wasser für Bewässerungsmaßnahmen, für Reinigungs- und Kühlprozesse in der Industrie verbraucht. Die Bereitstellung von sauberem Trinkwasser wird immer aufwendiger, denn dem wachsenden Wasserbedarf steht die zunehmende Wasserbelastung gegenüber. Flüsse dienen als Verkehrs- und Abwasserwege, in die Meere werden von Schiffen aus Klärschlamm und Industrieabfälle gekippt („Verklappung", Abb. 1). Zusätzlich überdüngen Stickstoff- und Phosphorverbindungen aus landwirtschaftlichen und häuslichen Abwässern die Binnengewässer. Diese *Eutrophierung* verlängert und verstärkt die Planktonblüten, bei deren bakterieller Zersetzung Sauerstoff verbraucht wird.

Was bisher nur an kleinen Gewässern zu beobachten war, zeigt sich inzwischen bereits in Meeren mit geringem Wasseraustausch, wie Ostsee und Mittelmeer.

Trinkwassergewinnung

Für die Trinkwassergewinnung wird vorzugsweise Grundwasser genutzt, da es wegen der Filterwirkung des Untergrundes sehr sauber ist. Der steigende Wasserverbrauch zwingt jedoch zunehmend dazu, auf das Wasser aus Flüssen und Seen zurückzugreifen. Dazu werden in Ufernähe Brunnenanlagen errichtet. Wegen der Grundwasserabsenkung fließt das Oberflächenwasser durch den durchlässigen Untergrund zur Brunnenanlage und wird dabei filtriert. Im Wasserwerk werden anschließend durch Chlor und Ozon Krankheitserreger abgetötet und organische Verbindungen ausgefällt. Danach wird das Wasser durch Kies und Aktivkohle gefiltert. In der Trinkwasserverordnung sind Qualitätsanforderungen und Grenzwerte festgelegt.

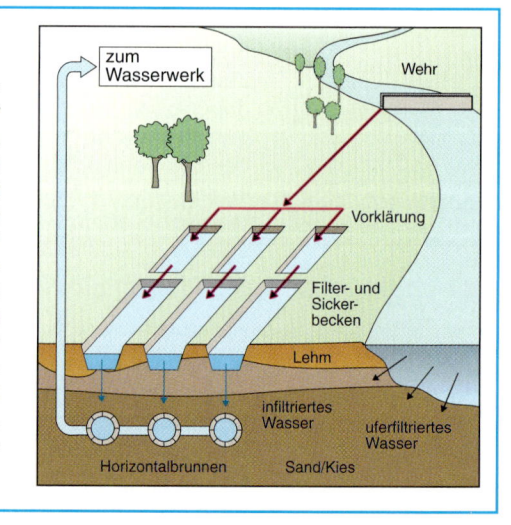

Von Jahr zu Jahr dehnen sich die sauerstofffreien Zonen weiter aus. Der Meeresgrund ist durch giftigen Schwefelwasserstoff aus anaeroben Zersetzungsprozessen schwarz verfärbt und nur noch von anaeroben Bakterien bewohnt. Solche Gebiete regenerieren nur, wenn sich die Sauerstoffverhältnisse bessern und aus benachbarten Lebensräumen Tiere und Pflanzen nachrücken können.

Düngemittel und Pestizide, die ursprünglich auf landwirtschaftlichen Flächen ausgebracht wurden, wirken sich also bis zu den Meeren aus. Die Belastung des Wassers ist daher untrennbar mit der Belastung des *Bodens* verbunden.

Düngemittel bestehen chemisch gesehen zwar aus Bodenbestandteilen, sie belasten den Boden aber bei übermäßigem Einsatz nach dem Prinzip „Viel hilft viel!" Der Überschuss an Düngemitteln gelangt in die Gewässer. Überdüngte Pflanzen sind anfälliger gegenüber Krankheiten und Schädlingen, sodass Düngung oft in Kombination mit Pestizideinsatz erfolgt.

Pestizide sind Stoffe, die im Boden natürlicherweise nicht vorkommen. 30 000 t Pestizide werden zur Zeit jährlich in Deutschland verbraucht. Herbizide spielen dabei die größte Rolle. Sie dienen der Wachstumshemmung und Ausmerzung sogenannter Unkräuter, also der Konkurrenten unserer Kulturpflanzen. Viele Pestizide enthalten schwer abbaubare Substanzen, die über das Grundwasser und die Pflanzen in die Konsumenten gelangen können. Hier werden sie vor allem im Fettgewebe abgelagert. Inzwischen sind sie vom ewigen Eis bis zur Muttermilch in nahezu allen Bereichen nachweisbar. Mehr noch: Die Konzentration im Endkonsumenten, wie beispielsweise dem Menschen oder dem Fischadler, ist deutlich höher als in den unteren Ernährungsstufen. Denn 1 g körpereigene Biomasse geht auf rund 10 g Nahrungsbiomasse mit den darin enthaltenen Schadstoffen zurück, die Schadstoffkonzentration hat sich bei diesem Schritt vervielfacht (Abb. 1).

Eine besondere Form der Bodenbelastung stellt auch das Abfallaufkommen dar. 400 bis 420 kg Müll pro Kopf und Jahr fallen in Deutschland durchschnittlich an. Ein Güterzug zum Transport dieses Müllberges müsste 2 000 km lang sein. Allein die Hälfte davon sind ausgediente Verpackungen (s. Randspalte).

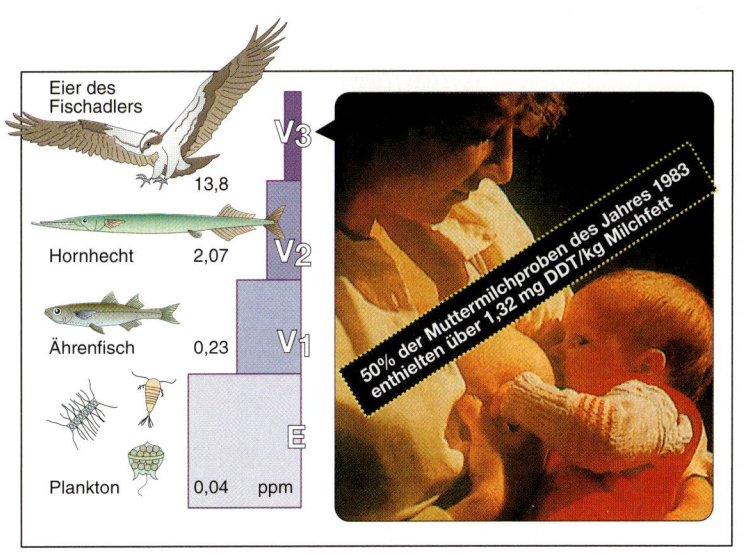

1 DDT-Anreicherung in der Nahrungspyramide (ppm entspricht mg/kg)

50% der Muttermilchproben des Jahres 1983 enthielten über 1,32 mg DDT/kg Milchfett

Eier des Fischadlers 13,8
Hornhecht 2,07
Ährenfisch 0,23
Plankton 0,04 ppm

Seit 1986 gilt das Abfallgesetz, wonach Abfälle möglichst gar nicht erst entstehen sollen, nicht vermeidbare Abfälle stofflich (Recycling) oder zumindest thermisch (Müllverbrennung, Fernwärme) wieder verwertet werden sollen. Nicht verwertbare Abfälle sollen ohne Schaden für Mensch und Umwelt deponiert werden.

Vermeidung, Verwertung und Beseitigung von Müll stellen eine Herausforderung für die Zukunft dar. Hier ist nicht nur der Gesetzgeber gefordert. Auch der Verbraucher kann durch umweltbewusstes Einkaufen Müll vermeiden — wenn unverpackte Artikel auch angeboten werden! Der Kaufanreiz kann durch niedrigere Preise erhöht werden.
Bei den Recyclingverfahren sind nicht nur neue technische Verfahren erforderlich, sondern auch praktikable Wege der Mülltrennung und Rohstoffrückführung. Eine Müllbeseitigung durch Verbrennung darf keine giftigen Abgase und die Mülldeponie kein belastetes Grundwasser verursachen.

Aufgaben

① Berechnen Sie den Pro-Kopf-Wasserverbrauch in Ihrer Familie pro Tag. Legen Sie dabei die Verbrauchsabrechnung oder den Zählerstand der Wasseruhr zugrunde.

② Nennen Sie Bereiche, in denen Sie Wasser einsparen könnten.

③ Stellen Sie dar, wie sich eine konsequente Anwendung des Verursacherprinzips auf die Müllproduktion auswirken könnte.

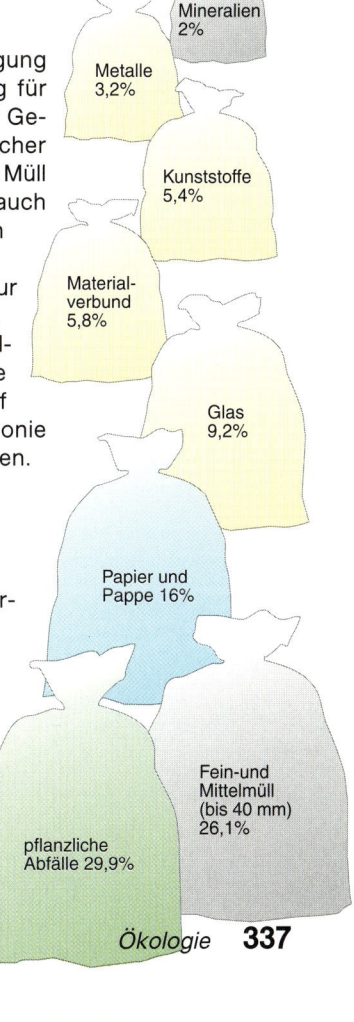

Problemabfälle 0,4%
Textilien 2%
Mineralien 2%
Metalle 3,2%
Kunststoffe 5,4%
Materialverbund 5,8%
Glas 9,2%
Papier und Pappe 16%
Fein- und Mittelmüll (bis 40 mm) 26,1%
pflanzliche Abfälle 29,9%

Ökologie

Artenrückgang und Naturschutz

Seit der Entstehung des Lebens nahm die Artenvielfalt auf der Erde allmählich zu, wobei es immer wieder zu dramatischen Rückschlägen kam: Vor etwa 240 Millionen Jahren, im Perm, starben 77 — 96 % aller Meerestierfamilien aus. Das spektakulärste Massensterben vollzog sich am Ende der Kreidezeit, also vor etwa 65 Millionen Jahren. Damals verschwanden die Dinosaurier und mit ihnen z. B. über 10 % aller Meerestierarten.

Es dauerte Jahrmillionen, bis neue Tierformen entstanden. Als die ersten Menschen in Erscheinung traten, hatte sich die größte Artenzahl aller Zeiten entwickelt. Seitdem greift der Mensch in viele Ökosysteme ein und verursacht einen Artenrückgang, der in seinem Ausmaß mit dem während der Kreidezeit vergleichbar ist.

Die umweltverändernde Wirkung der Menschen hat Geschichte, sie ist sogar Teil unseres kulturellen Selbstbewusstseins. Der Mensch machte sich die Produktivität natürlicher Ökosysteme für seine Ernährung, Bekleidung und Behausung zunutze. Dabei bevorzugte er solche Vegetationen, die sich am Anfang der Sukzession, also in der produktiven Initial- oder Folgephase, befanden. *Ackerbau* ist ein Verfahren, Boden durch regelmäßiges Pflügen in der Initialphase zu halten, anstelle zufälliger Pionierpflanzen ausgewählte Kulturpflanzen anzubauen und die Konkurrenten durch Jäten oder andere Pflanzenschutzmaßnahmen zu unterdrücken. Die wichtigsten Pflanzen für die menschliche Ernährung gehen auf nur 20 verschiedene Arten zurück.

Die *Weidewirtschaft* nutzt die Folgephase der Sukzession. Das weidende Vieh verhindert das Wachstum von Arten der Klimaxgesellschaft. Einige charakteristische und durchaus artenreiche Kulturlandschaften (z. B. die Heidelandschaft) sind auf diese Weise entstanden. Wälder wurden durch eintönige *Forste* ersetzt, um das wenig produktive Klimaxstadium zu beenden und die Sukzession neu zu starten. Die Folge der meisten Eingriffe ist eine zunehmende Artenverarmung. Dabei sind die Eingriffe in die artenreichen tropischen Regenwälder besonders schwerwiegend. Mit dem Lebensraum vernichtet der Mensch gleichzeitig die genetischen Reserven für eine natürliche Erneuerung der Lebensvielfalt.

In sogenannten „Roten Listen" werden ausgestorbene und als gefährdet angesehene Arten in Deutschland aufgeführt. Danach gelten derzeit rund die Hälfte aller Wirbeltierarten in den alten Ländern als „in ihrem Fortbestand gefährdet", bei den Farn- und Blütenpflanzen ist ebenfalls ein großer Teil bedroht (Abb. 1).

Verursacher dieses Artenrückgangs sind vor allem Landwirtschaft, Tourismus und Industrie. Besonders groß ist die Belastung durch die Überbauung der Landschaften mit Siedlungen und Industrieanlagen, da Pflanzen in Gärten, Friedhöfen und Parkanlagen oft in erster Linie nach optischen und nicht nach ökologischen Gesichtspunkten ausge-

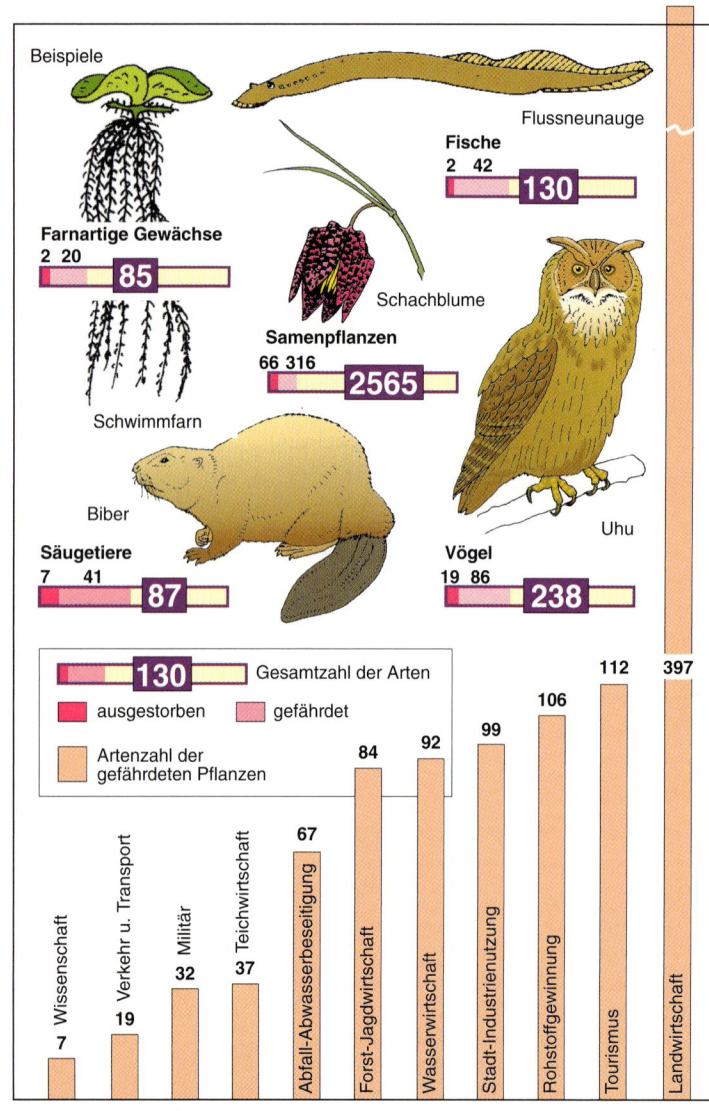

1 Eingriffe des Menschen in die Natur bedrohen viele Arten

Ökologie

wählt werden. Hier sind der Einzelne und die Allgemeinheit gefordert, Rückzugsräume für eine standortgerechte Fauna und Flora zu erhalten. Die Anlage von Teichen, Wiesen, Trockenmauern, die Begrünung von Dächern und Fassaden sowie die Vermeidung von Schadstoffemission bedeuten persönliche Beiträge zur naturnahen Umwelt.

Nur in intakten Ökosystemen können Arten vor dem Aussterben geschützt werden. Den bedrohten Schmetterlingen ist wenig geholfen, wenn man die schönen Falter verschont, die Raupen jedoch mit Insektiziden verfolgt oder ihre Futterpflanzen ausrottet. Fledermäuse brauchen nicht nur Insektennahrung, sondern auch geeignete Höhlen für die Überwinterung. Auerhühner benötigen vielgestaltige Mischwälder. *Artenschutz* heißt immer auch *Biotopschutz*. Deshalb sind z. B. Moore, Feuchtgebiete, Heideflächen und Trockenrasen schützenswerte Biotope.

Der staatliche Naturschutz wird in der Bundesrepublik durch das Bundesnaturschutzgesetz geregelt. Die gesamte Land- und Wasserfläche der *Naturschutzgebiete* betrug in Deutschland 1991 rund 680 000 ha (1,91 % der Gesamtfläche). Hier sind Eingriffe und Nutzungen nur zur Erhaltung des natürlichen Zustandes erlaubt.

Nationalparks (700 000 ha) entsprechen großräumigen Naturschutzgebieten, die sich in einem von Menschen möglichst unbeeinflussten Zustand befinden. Allerdings kommt es immer wieder zum Konflikt zwischen Nutzung und Schonung. Im norddeutschen Wattenmeer stehen z. B. Tourismus, Erdölförderung, militärische Übungen, Fischerei und Jagd den Interessen des Naturschutzes gegenüber.

Landschaftsschutzgebiete sind naturnahe Flächen, die nicht überbaut oder verändert, aber standortgemäß genutzt werden dürfen. Hier soll vor allem die Schönheit des Landschaftsbildes und der Erholungsraum für den Menschen erhalten werden. Bei *Naturparks* steht ebenfalls der Erholungswert im Vordergrund.

Die Umsetzung des Naturschutzgedankens erfordert nicht nur gesetzliche, finanzielle und personelle Mittel, sondern auch ein verändertes Naturverständnis der Bevölkerung. „Was geht uns der Artenrückgang an? Wer vermisst schon Auerhuhn, Flussneunauge oder Schachblume? Vorher hat man sie doch auch nicht gesehen oder erkannt!" So lautet überspitzt die Ansicht vieler Menschen. Wenn sich inzwischen ein besseres Umweltbewusstsein durchgesetzt hat, liegt das vor allem an der Erkenntnis, dass eine geschädigte Umwelt auch dem Menschen schadet. Unser Planet Erde ist zwar größer als ein Flaschengarten, aber auch hier treffen Veränderungen der biotischen und abiotischen Bedingungen alle Teile gleichermaßen.

Der Mensch besitzt keine Sonderstellung im Ökosystem, auch wenn er aufgrund seiner Bevölkerungszahl und der technischen Möglichkeiten besonders stark auf die Umwelt einwirkt. Luft, Wasser, Boden und Energiestoffe braucht der Mensch in einer Qualität, die nicht nur das Überleben ermöglicht, sondern auch lebenswert macht.

Biosphärenreservate in Deutschland:

1. Niedersächsisches Wattenmeer,
2. Hamburgisches Wattenmeer,
3. Schleswig-Holsteinisches Wattenmeer,
4. Südostrügen
5. Schorfheide Chorin,
6. Mittlere Elbe,
7. Spreewald,
8. Rhön,
9. Vessertal,
10. Pfälzer Wald,
11. Bayerischer Wald,
12. Berchtesgaden

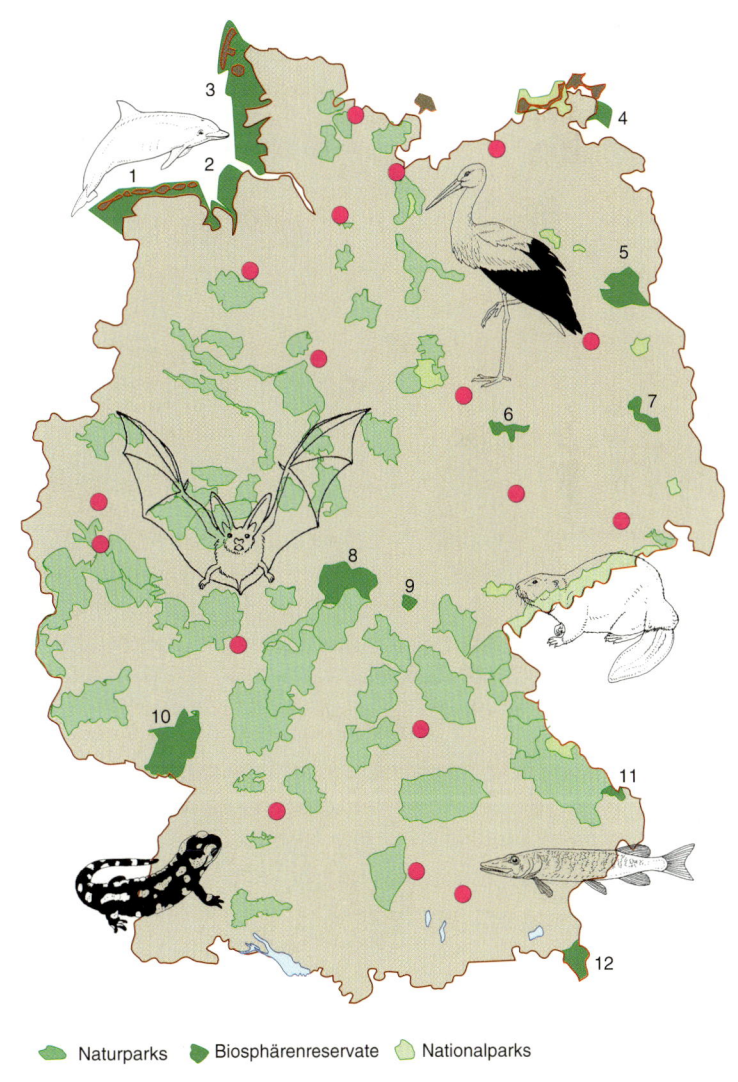

1 Natur-, Nationalparks und Biosphärenreservate in Deutschland

Ökologie **339**

Jura
180 Mio.

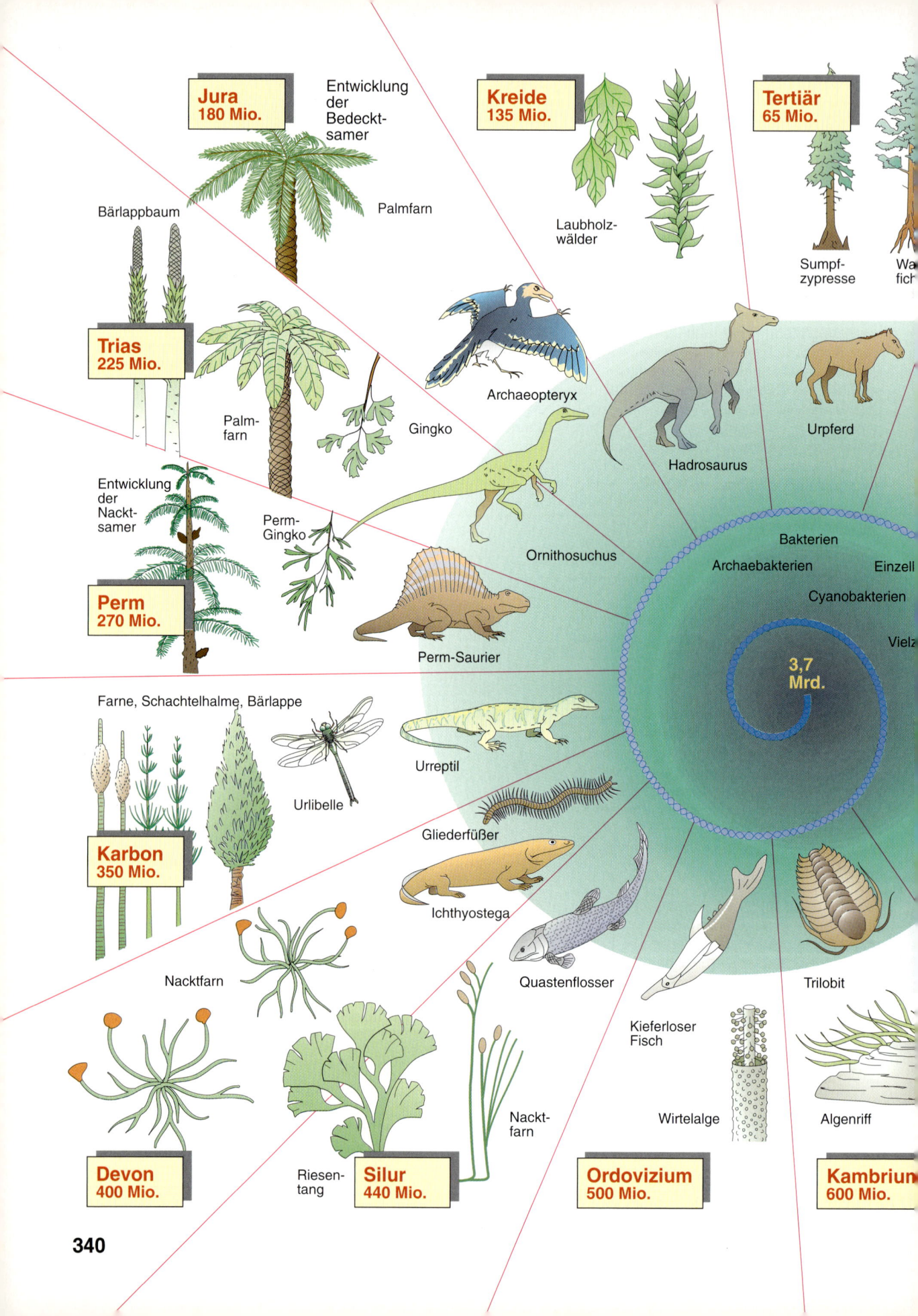

Entwicklung der Bedecktsamer

Bärlappbaum
Palmfarn

Kreide
135 Mio.

Laubholzwälder

Tertiär
65 Mio.

Sumpfzypresse
Waldfichte

Trias
225 Mio.

Palmfarn
Gingko
Archaeopteryx
Hadrosaurus
Urpferd

Entwicklung der Nacktsamer

Perm-Gingko
Ornithosuchus

Bakterien
Archaebakterien
Einzeller
Cyanobakterien
Vielzeller

Perm
270 Mio.

Perm-Saurier

3,7 Mrd.

Karbon
350 Mio.

Farne, Schachtelhalme, Bärlappe
Urlibelle
Urreptil
Gliederfüßer
Ichthyostega
Trilobit

Nacktfarn
Quastenflosser
Kieferloser Fisch
Wirtelalge
Algenriff

Devon
400 Mio.

Riesentang

Silur
440 Mio.

Nacktfarn

Ordovizium
500 Mio.

Kambrium
600 Mio.

Evolution

Quartär 2 Mio.

Moosbeere

Neandertaler

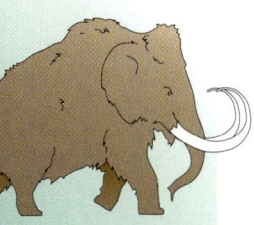

Mammut

1 Einführung in die Evolutionstheorie 342

2 Evolutionsfaktoren — Motoren der Evolution 348

3 Belege für den Ablauf der Evolution 364

4 Humanevolution 384

5 Das natürliche System der Lebewesen 396

CHARLES DARWIN

Spechtfink aus Galapagos

Auf der Erde gibt es eine ungeheure Vielfalt von Tieren und Pflanzen. Biologen kennen etwa 400 000 Pflanzen- und etwa 1,5 Millionen Tierarten. Man nimmt an, dass die tatsächliche Anzahl existierender Arten noch viel größer ist. Das Spektrum der Lebensformen ist beeindruckend: Bakterien zählen mit 1 μm Länge und einem Gewicht von einem millardstel Milligramm zu den kleinsten Lebewesen, wogegen Elefanten mit 4 m Schulterhöhe und 6000 kg Körpergewicht die größten heute lebenden Landtiere sind. Blauwale wiegen bis zu 120 Tonnen und erreichen 31 m Länge. Sie sind die größten Tiere, die je gelebt haben. Mammutbäume erreichen sogar Höhen bis zu 130 m und können 4000 Jahre alt werden.

Die Fülle der Lebensformen ist unüberschaubar und dem Betrachter stellt sich die Frage, wie diese Artenfülle entstanden ist. In diesem Kapitel wird nach Befunden und Belegen gesucht, die darauf hinweisen, dass heutige existierende Lebewesen aus anderen Lebensformen hervorgegangen sind, also *Evolution* stattgefunden hat. Es wird nach naturwissenschaftlich fassbaren Ursachen gefragt, die zur Entstehung des Lebens und des Menschen geführt haben. Ferner werden Methoden vorgestellt, mit denen sich Zeiträume bestimmen lassen, in denen die biologische Evolution abgelaufen ist.

1 Einführung in die Evolutionstheorie

1 Großer Grundfink

2 Kaktusgrundfink

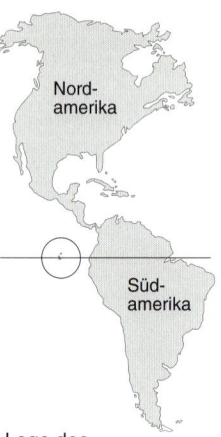

Lage des Galapagosarchipels

endemisch
nur in einem bestimmten, eng begrenzten Gebiet vorkommend

Eine **Art** ist eine Gruppe von Lebewesen, die in wesentlichen Merkmalen übereinstimmen und miteinander fruchtbare Nachkommen haben können.

Der Evolutionsgedanke

Der Galapagosarchipel ist eine Inselgruppe im Pazifik 1100 km westlich von Ecuador. Die Vogelwelt der Inselgruppe zeigt einige Besonderheiten. Die hier lebenden Finkenvögel gleichen sich weitgehend in den Körperproportionen und in der Befiederung. Unterschiede bestehen in der Körpergröße und bei den Schnabelformen, die stark variieren. Untersuchungen ergaben, dass diese Vögel insgesamt 13 verschiedenen Arten zuzuordnen sind. Erstaunlich ist, dass diese Arten nur auf Galapagos und sonst an keiner anderen Stelle der Welt vorkommen.

Wie ist es erklärbar, dass die Finken nur in diesem kleinen Verbreitungsgebiet vorkommen, also hier *endemisch* sind? Sucht man nach Erklärungen, so bieten sich beispielsweise folgende Hypothesen an:
1. Bei der Entstehung aller Lebewesen sind diese Arten auf Galapagos entstanden und haben sich nicht weiter ausgebreitet.
2. Auf der Erde gab es früher an mehreren Orten diese Finkenarten, die später ausgestorben sind. Nur auf Galapagos haben sie überlebt.
3. Die endemischen Finkenarten sind auf den Galapagosinseln aus einer gemeinsamen Stammform hervorgegangen.

In diesen Hypothesen spiegeln sich unterschiedliche Grundanschauungen wieder. Den ersten beiden Vorschlägen liegt die Vorstellung zugrunde, die Arten hätten schon immer in ihrer heutigen Form existiert. Über ihre Entstehung wird keine Aussage gemacht. Im dritten Erklärungsversuch wird von einer Veränderung der Arten ausgegangen. Die Beobachtung wird durch die Entstehung neuer Arten erklärt.

Bis ins 18. Jahrhundert hinein wäre die dritte Hypothese kaum in Betracht gezogen worden, vor allem weil in der Bibel berichtet wird, dass alle Lebewesen bei einem Schöpfungsakt erschaffen wurden. Lange Zeit bestand die mit großer Autorität vertretene kirchliche Lehrmeinung darin, die Aussagen der Bibel über die Schöpfung wörtlich zu interpretieren. Bei dieser Betrachtung wurden Artveränderungen ausgeschlossen und damit ein statisches Weltbild vermittelt und bewahrt.

Der Evolutionsgedanke ist allmählich entwickelt worden. Fördernd wirkte die kritische Auseinandersetzung mit alten Vorstellungen über die Welt. Beispielhaft hierfür ist die Überwindung des *geozentrischen* zugunsten des *heliozentrischen Weltbilds*. Die bei der Systematisierung bekannter Lebensformen gewonnene Erkenntnis, dass zwischen verschiedensten Organisationsformen Übergangsformen existieren, ließ sich als natürliche Verwandtschaft der Organismen deuten. Diese und weitere Entdeckungen, insbesondere die geologisch belegbare Aussage, dass die Erde wesentlich älter als einige Jahrtausende ist, ließen die Schöpfungsgeschichte in einem anderen Licht erscheinen. Heute ist die Vorstellung von der *Veränderlichkeit der Arten* und einem Evolutionsgeschehen wissenschaftlich anerkannt. Dennoch gab und gibt es Menschen, die unter Berufung auf die Bibel an der Vorstellung der *Artkonstanz* festhalten. Sie zweifeln an der Richtigkeit der Methoden zur Erforschung der biologischen Evolution.

Probleme und Methoden der Evolutionsforschung

Die Veränderlichkeit von Arten zu belegen ist außerordentlich schwierig. Die Lebenserfahrung zeigt, dass Artveränderungen oder gar Neubildungen in der Natur nicht unmittelbar beobachtbar sind. Die Nachkommen von Pflanzen, Tieren und Menschen gehören zur selben Art wie ihre Eltern.

Wenn man dennoch zunächst hypothetisch annimmt, dass Evolution stattgefunden hat, so ist davon auszugehen, dass dieser Prozess so langsam verläuft, dass die Veränderungen von Arten während der Lebenszeit eines Menschen gering sind. Damit sind Experimente, die der Naturwissenschaftler zur Prüfung von Hypothesen ausführt, weitgehend ausgeschlossen. Sie müssten unvorstellbar große, niemals verfügbare Zeiträume umfassen. Lediglich mit Organismen, wie etwa Bakterien, die in kurzen Zeiträumen viele Generationen hervorbringen, lassen sich Modellexperimente zur Untersuchung evolutiver Ereignisse ausführen.

Da es auch zur Aufklärung der Vorgänge in der Vergangenheit keine unmittelbaren Zeugen gibt, befindet sich die Evolutionsforschung in einer besonderen Situation. Der Weg zu einer Antwort auf die Frage „Hat Evolution stattgefunden?" besteht darin, dass Beobachtungen und Vergleiche an lebenden und toten Organismen daraufhin geprüft werden, ob sie mit der *Evolutionshypothese* vereinbar sind.

Bei den Galapagosfinken fällt auf, dass die Arten sich hauptsächlich in den Schnabelformen unterscheiden. Bei einigen findet man kurze, dicke Schnäbel, bei anderen zierliche, pinzettenartige. Die Beobachtung der Ernährungsgewohnheiten zeigt, dass die dickschnäbeligen Finken sich überwiegend von harten Samen und Körnern ernähren, die anderen von Früchten, Nektar oder Insekten. Die speziellen Schnabelformen sind Merkmale, die es ihren Trägern ermöglichen, das Nahrungsangebot in ihrem jeweiligen Lebensraum gut zu nutzen. Diese Feststellung ist eine Stütze der Evolutionshypothese, denn es ist mit der Grundvorstellung der Artveränderung vereinbar, dass Schnabelformen als Anpassungen an die jeweilige Nahrung entstanden sind.

Nun reicht für eine beweiskräftige Aussage ein Indiz allein nicht aus. Der Vorgang könnte ja, trotz plausibler wissenschaftlicher Erklärung, auch anders abgelaufen sein. Je mehr Belege also gefunden werden, die unabhängig voneinander sind, desto besser wird die Hypothese begründet. Neben Indizien für Veränderungen in der Vergangenheit sind Evolutionsfaktoren wichtige Stützen für die Evolutionshypothese. Sie sind die naturwissenschaftlich fassbaren Ursachen, die Veränderung und Vergrößerung der Artenanzahl bewirken können.

Damit besitzt man aber keinen eindeutig schlüssigen Beweis für die evolutive Entstehung der Finkenarten in ihrem Lebensraum: Denn ob die Faktoren in der Vergangenheit zu den gegenwärtigen Zuständen geführt haben, kann ja nicht beobachtet, sondern nur erschlossen werden. Man hat lediglich Faktoren und Beobachtungen, die zusammenpassen. Es ist jedoch einleuchtend, wenn man annimmt, dass heute erkennbare Ursachen bereits in der Vergangenheit in derselben Weise wirksam waren.

Diese nicht weiter überprüfbare Voraussetzung *(Axiom)* wird als *Aktualitätsprinzip* bezeichnet. Auf ihm basiert die *Evolutionstheorie*, die Artumbildung und -neubildung erklärt. Sie beantwortet zwei Grundfragen:
— Was sind die Ursachen der Evolution?
— Wie ist die Evolution verlaufen?

Aktualitätsprinzip
Annahme, dass in der Vergangenheit dieselben Faktoren wirksam waren, die in der Gegenwart nachweisbar sind.

Theologie und Naturwissenschaft

Die Diskussion zwischen Theologie und Naturwissenschaft der vergangenen Jahrzehnte hat neben vielen Annäherungen vor allem ein klares Ergebnis erbracht: Naturwissenschaftliche und religiöse Betrachtung sind zwei unterschiedliche Zugänge zur Wirklichkeit, die sich nicht widersprechen müssen. Während sich die Naturwissenschaft aufgrund von Beobachtung und logischen Schlüssen eine Theorie über die Entstehung der Arten bildet, treffen die Weltreligionen Glaubensaussagen: Nach der jüdischen und christlichen Bibel hält Gott Schöpfung *und* Evolution — wie immer sie sich ereigneten — in seiner Hand.

Texte zur Abstammungslehre
„Dann sprach Gott: Das Land lasse junges Grün wachsen, alle Arten von Pflanzen, die Samen tragen und von Bäumen, die auf der Erde Früchte bringen mit ihren Samen darin ... Dann sprach Gott: Das Land bringe alle Arten von lebendigen Wesen hervor ..." *Bibel, Altes Testament, 1. Mose 1*

„Zunächst einmal müssen wir eine früher herrschende Auffassung korrigieren, nach der die Bibel nur eine, ein für allemal feststehende Vorstellung von dem Vorgang der Schöpfung kenne und die Bejahung dieser einen Vorstellung identisch mit dem Glauben an den Schöpfer sei ..." — „Gott als Schöpfer anzuerkennen und nach den Anfängen wissenschaftlich zu fragen, das schließt sich ... nicht aus. Das Nebeneinander der verschiedenen Schöpfungsberichte innerhalb der Bibel macht deutlich: Die Frage, wie Gott die Welt geschaffen hat, ist keine Glaubensfrage." *Evangelischer Erwachsenenkatechismus*

„Ein rechtschaffen in der Schöpfung verstandener Glaube und eine rechtschaffen aufgefasste Evolutionslehre behindern sich nicht. Die Evolution setzt ja die Schöpfung voraus; die Schöpfung zeigt sich im Lichte der Evolution wie ein Ereignis, das sich über die Zeit erstreckt — wie eine creatio continua, in dem der Gläubige Gott als Schöpfer des Himmels und der Erde sichtbar wird." *Johannes Paul II*

Charles Darwin

CHARLES DARWIN (1809—1882) studierte als Sohn eines wohlhabenden englischen Arztes zunächst Medizin, wandte sich aber aus wirtschaftlichen Gründen bald der Theologie zu. Daneben galt sein besonderes Interesse biologischen Problemen.

Im Jahre 1831 bot sich ihm die einmalige Chance, an Bord des Vermessungsschiffes „Beagle" eine fast fünfjährige Forschungsreise (27.12.1831 bis 2.10.1836) rund um die Erde zu unternehmen. Dabei gelangte er zu Forschungsergebnissen, die mit der damals herrschenden Vorstellung von der Unveränderlichkeit der Arten nicht in Einklang zu bringen waren. Ab 1837 versuchte er, Belege für die Veränderlichkeit der Arten zu finden und die Ursachen des Artwandels zu klären. Dazu wertete er nicht nur das umfangreiche Material seiner Forschungsreise aus, sondern arbeitete insbesondere auch eng mit Tierzüchtern und Gärtnern zusammen.

Seine Ergebnisse veröffentlichte er 1859 in dem bahnbrechenden Werk „On the Origin of Species by Means of Natural Selection or the Preservation of Favoured Races in the Struggle for Life". Sein Buch fand eine so große Beachtung, dass die erste Auflage bereits nach einem Tag ausverkauft war.

DARWIN machte darin zunächst keine Ausführungen zur Evolution des Menschen. Vermutlich befürchtete er stark ablehnende Reaktionen der Öffentlichkeit. Es waren damals auch nur wenige Fossilfunde bekannt, die eine Verwandtschaft zwischen Menschen und Affen belegen konnten. Erst im Jahre 1871 veröffentlichte er sein zweites Hauptwerk „The Descent of Man".

Wegen seiner angegriffenen Gesundheit lebte DARWIN in seinen letzten Jahren zurückgezogen in dem kleinen Dorf Down, Grafschaft Kent. Er starb am 19.4.1882.

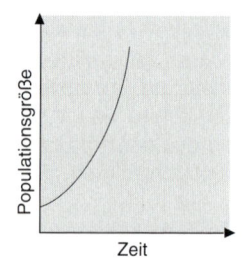

Die Evolutionstheorie

Im 18. und in der ersten Hälfte des 19. Jahrhunderts kam es zu einem raschen Fortschritt der Naturwissenschaften. Insbesondere in der Biologie häufte sich ein umfangreiches Detailwissen an, für das damals eine überzeugende Erklärung fehlte. So unternahmen Biologen immer wieder den Versuch, die Entstehung der Lebewesen mit einer umfassenden Theorie zu erklären. Das Werk dieser Forscher bildet bis heute trotz zahlreicher neuer Erkenntnisse die Grundlage unserer Vorstellung über die Entwicklung des Lebens auf der Erde.

CHARLES DARWIN gelangte aufgrund jahrzehntelanger Forschungen zu einer Reihe von Erkenntnissen, die nicht nur die Biologie, sondern darüber hinaus das Weltbild vieler Menschen revolutionieren sollten. Die damals übliche Lehrmeinung von der Konstanz der Arten war im Lichte seiner Beobachtungen für ihn nicht mehr überzeugend.

DARWIN legte als erster Forscher eine umfassende Theorie über die Entstehung der Arten vor, die durch Erkenntnisse aus den verschiedenen Wissenschaftsgebieten untermauert war und damit viele seiner Zeitgenossen überzeugte.

Die grundlegenden Aussagen seiner *Selektionstheorie* sind folgende:
— Jede Art erzeugt mehr Nachkommen als aufgrund der zur Verfügung stehenden Nahrungsquellen überleben können (*Überproduktion*, s. Mittelspalte oben).
— Innerhalb einer Population gibt es sehr verschiedene *Varietäten*, d. h. Individuen einer bestimmten Art zeigen Unterschiede in Bau, Lebensweise und Verhalten.
— Die variierenden Merkmale sind erblich und treten auch bei Nachkommen auf.
— Die Individuenzahl einer bestimmten Art bleibt über längere Zeiträume konstant, d. h. die Populationen sind stabil (siehe Mittelspalte unten).
— Die Sterblichkeitsrate muss demzufolge relativ hoch sein.
— Innerhalb einer Population kommt es zwischen den verschiedenen Individuen zu einem Kampf ums Dasein *(struggle for life)*. Träger vorteilhafter Merkmale überleben mit höherer Wahrscheinlichkeit *(survival of the fittest)* und können damit ihre Anlagen an die nächste Generation weitergeben. Man nennt dies die Theorie der natürlichen Zuchtwahl *(natural selection)*.

Wachstum einer Population bei unbegrenztem Angebot an Raum und Nahrung.

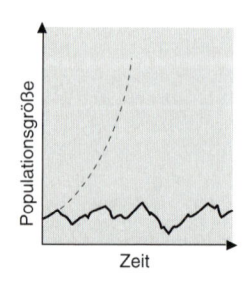

Die Größe einer Population mit begrenzten Ressourcen pendelt um einen Mittelwert.

Als Beleg für die Wandelbarkeit der Arten diente DARWIN u. a. die Auswertung von Fossilien. Dabei erkannte er folgende Gesetzmäßigkeiten:
- Fossilien passen zusammen mit heute lebenden Arten in ein natürliches System der Lebewesen.
- Fossilien unterscheiden sich von rezenten Formen um so stärker, je älter sie sind.
- Vergleichbare Fossilien eng beieinander liegender Gesteinsschichten weisen viele Gemeinsamkeiten auf.
- Fossile und rezente Arten eines bestimmten Kontinents ähneln sich stark.

rezent
in der Gegenwart lebende Formen

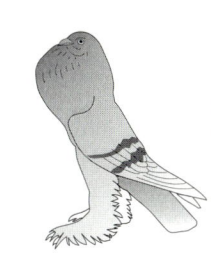

DARWIN nahm an, dass verschiedene Arten von gemeinsamen Vorfahren abstammen. Er belegte diese revolutionäre These u. a. mit folgenden Beobachtungen: Embryonen von Arten, die sich im ausgewachsenen Zustand stark voneinander unterscheiden, gleichen sich außerordentlich und gemeinsame Merkmale im Bauplan der Lebewesen sind trotz unterschiedlicher Lebensweise häufig.

Die *Veränderung von Arten* ist die entscheidende Voraussetzung für die Entwicklung von Lebewesen. Da die Artumwandlung sehr lange Zeiträume erfordert, ist sie nicht direkt beobachtbar. Sie kann aber aus Fossilfunden oder aus dem Vergleich heute lebender Arten erschlossen werden.

Felsentaube

Die Züchtung von Haustieren oder Nutzpflanzen liefert jedoch ein Modell für Evolutionsvorgänge, die in überschaubarer Zeit ablaufen. Sie sind daher der Beobachtung und sogar dem Experiment zugänglich. So war es DARWIN gelungen, durch Kreuzung verschiedener Taubenrassen wildfarbene Tauben zu erhalten, die der *Felsentaube*, der Stammform der heutigen Taubenrassen, stark ähnelten. Dies belegte die Annahme, dass in Haustierrassen noch heute Erbanlagen der Stammform vorhanden sind. DARWIN sah in der Veränderung der Lebewesen durch die Züchtung ein Modell für die Veränderlichkeit und den Wandel der Arten in der Natur. Die Wirkungen der Zuchtwahl oder *künstlichen Selektion* auf die Organismen konnte DARWIN direkt beobachten. Er erstellte nach diesem Modell Hypothesen, die die Selektionstheorie begründeten. Danach wirkt die natürliche Zuchtwahl ähnlich wie ein Züchter, aber natürlich unbewusst und ohne Plan.

So bedeutend die Leistungen DARWINS auch waren, sie wären ohne die wissenschaftlichen Arbeiten anderer Forscher weniger überzeugend geblieben. Beispielsweise erfordern die von DARWIN gefundenen Mechanismen der Artbildung eine Entwicklung der Lebewesen über damals unvorstellbar lange Zeiträume. Noch 1779 vertrat GEORGES DE BUFFON (1707–1788) die Meinung, die Erde könne bis zu 168 000 Jahre alt sein, was für Evolutionsprozesse nie ausgereicht hätte. Der Geologe CHARLES LYELL (1797–1875) veröffentlichte 1830 sein Werk „Principles of Geology". Darin zeigte er, dass die heute wirksamen physikalischen Kräfte auch den Ablauf der Erdgeschichte bestimmten. Diese Erkenntnis nennt man heute *Aktualitätsprinzip*. Weiterhin wies er nach, dass sich die Erde in sehr langen Zeiten allmählich gewandelt hatte und nicht bereits in der heutigen Form geschaffen wurde.

Kropftaube

Pfauentaube

Jakobinertaube

Sozialdarwinismus

Nicht nur in den Naturwissenschaften, sondern vor allem in der Gesellschaft und der Philosophie des 19. Jahrhunderts waren Vorstellungen über einen evolutionären Wandel verbreitet. THOMAS ROBERT MALTHUS (1766–1834) publizierte bereits Ende des 18. Jahrhunderts sein Werk „Essay on the Principle of Population". Darin stellte er die These auf, die Bevölkerung wachse schneller als die ihr zur Verfügung stehenden Produktionsmittel: „Man kann daher ruhig sagen, dass sich die Bevölkerung, wenn sie nicht gehindert wird, alle 25 Jahre verdoppelt oder in geometrischer Proportion zunimmt." Die Herstellung von Nahrungsmitteln wachse dagegen nur linear in arithmetischer Proportion. Er prognostizierte Versorgungsprobleme und Hungersnöte.

Der Philosoph HERBERT SPENCER (1820–1903) wandte evolutionäre Vorstellungen auf die Gesellschaft an. Er lehnte jede Form gesellschaftlicher Sozialfürsorge ab und hielt den Kampf ums Dasein und die natürliche Auslese für die grundlegenden gesellschaftlichen Kräfte. DARWIN übernahm die Begriffe „struggle for life" und „survival of the fittest" von SPENCER.

Die Vorstellungen DARWINS über die Entstehung der Arten wurden von den Sozialdarwinisten missbraucht. Sie übertrugen die Selektionsvorstellungen auf das gesellschaftliche und wirtschaftliche Leben. Der Sozialdarwinismus diente so zur Rechtfertigung von Kriegen, sozialen Ungerechtigkeiten und von rassistischen Ideologien.

Lexikon

Die Entwicklung des Evolutionsgedankens

Dem schwedischen Naturforscher CARL VON LINNÉ (CAROLUS LINNAEUS, 1707–1778) gelang als Erstem eine Gliederung der damals bekannten Lebewesen in ein umfassendes, hierarchisch aufgebautes System mit klar erkennbaren Klassifikationsmerkmalen (*Systema naturae*, 1735). Pflanzen gliederte er nach den Blütenorganen und Tiere ordnete er nach anatomischen und physiologischen Kriterien. Arten charakterisierte er durch einen Gattungs- und einen Artnamen *(binäre Nomenklatur)*. Den Menschen stellte LINNÉ zusammen mit Affen, Lemuren und Fledermäusen zur 1. Ordnung innerhalb der Klasse *Mammalia* (Säugetiere), den *Primaten* (Herrentiere). Er charakterisierte die Gattung *Homo* nicht nur, wie er es sonst tat, durch die Beschreibung körperlicher Merkmale, sondern durch den Zusatz *„nosce te ipsum"* („Erkenne dich selbst"). LINNÉ ging im Geiste seiner Zeit von der Unveränderbarkeit der Arten aus *(Artkonstanz)*.

JEAN BAPTISTE MONET, CHEVALIER DE LAMARCK (1744–1829), wurde 1793 Professor für niedere Tiere. Er schuf ein neues Tiersystem mit den Gruppen „Wirbeltiere" und „Wirbellose Tiere", für deren Systematik er neue Grundlagen legte. Bei der Auswertung der umfangreichen Pariser Sammlungen erkannte er fließende Übergänge zwischen verschiedenen Arten. Er fand Übergangsformen zwischen fossilen und rezenten Weichtieren und schloss daraus, dass Arten nur eine zeitweilige Beständigkeit aufweisen. In seinem Werk „Philosophie Zoologique" (1809) wurde der Abstammungsgedanke erstmals konsequent dargestellt.

GEORGES CUVIER (1769–1832) gilt als einflussreichster Wissenschaftler im Frankreich des beginnenden 19. Jahrhunderts. Er versuchte, durch intensive anatomische Studien das System LINNÉS weiterzuentwickeln. CUVIER erforschte die geologischen Schichten im Pariser Becken. Bei diesen Untersuchungen fand er zahlreiche Fossilien, die er dann ausführlich wissenschaftlich beschrieb. Er erkannte, dass es sich bei Fossilien um die Reste von Lebewesen handelt und stellte fest, dass verschiedene geologische Schichten unterschiedliche Fossilien aufwiesen. Als Erklärung diente ihm seine *Katastrophentheorie*: Naturkatastrophen vernichteten in größeren Zeitabständen immer wieder die Tiere und Pflanzen in einem bestimmten Gebiet. Aus benachbarten Gebieten, die von der Katastrophe nicht betroffen waren, wanderten die Lebewesen in das zerstörte Gebiet wieder ein. Auch CUVIER war, wie LINNÉ, ein Anhänger der Artkonstanz.

ALFRED RUSSEL WALLACE (1823–1913) erforschte die geographische Verbreitung von Lebewesen. Im Juni 1858 erhielt DARWIN ein Manuskript von WALLACE: „On the tendency of varieties to depart indefinetely from the original type." Darin beschrieb er bereits das Prinzip der natürlichen Selektion. DARWIN erkannte die Bedeutung dieser Arbeiten und am 1. Juli 1858 veröffentlichte er den Artikel von WALLACE und einen eigenen Aufsatz von 1844. WALLACE kann also als Mitbegründer der *Selektionstheorie* gelten.

ERNST HAECKEL (1834–1919) gilt als der entschiedenste Vertreter der *Evolutionstheorie* in Deutschland. Er formulierte im Jahre 1866 die *„Biogenetische Grundregel"*. Bereits vor DARWIN unternahm er den für die damalige Zeit wagemutigen Versuch, die Evolutionstheorie auch auf den Menschen zu übertragen. DARWIN selbst veröffentlichte sein zweites Hauptwerk „Die Abstammung des Menschen und die geschlechtliche Zuchtwahl" dann erst im Jahre 1871.

Materialien

Jean Baptiste de Lamarck

LAMARCK stellte als erster Forscher eine umfassende Theorie zur Entstehung der Arten vor. Er fasste seine Thesen in „Gesetzen" zusammen:

Erstes Gesetz: „Bei jedem Tiere, welches den Höhepunkt seiner Entwicklung noch nicht überschritten hat, stärkt der häufigere und dauernde Gebrauch eines Organs dasselbe allmählich, entwickelt, vergrößert und kräftigt es proportional der Dauer dieses Gebrauchs; der konstante Nichtgebrauch eines Organs macht dasselbe unmerklich schwächer, verschlechtert es, vermindert fortschreitend seine Fähigkeiten und lässt es endlich verschwinden."

Zweites Gesetz: „Alles, was Individuen durch den Einfluss der Verhältnisse, denen ihre Rasse lange Zeit hindurch ausgesetzt ist und folglich durch den Einfluss des vorherrschenden Gebrauchs oder konstanten Nichtgebrauchs erwerben oder verlieren, wird durch die Fortpflanzung auf die Nachkommen vererbt, vorausgesetzt, dass die erworbenen Veränderungen beiden Geschlechtern oder den Erzeugern dieser Individuen gemein sind."

„Die wahre Ordnung der Dinge, die wir hier betrachten wollen, besteht darin:
1. dass jede ein wenig beträchtliche und anhaltende Veränderung in den Verhältnissen, in denen sich eine Tierrasse befindet, eine wirkliche Veränderung der Bedürfnisse derselben bewirkt;
2. dass jede Veränderung in den Bedürfnissen der Tiere andere Tätigkeiten nötig macht, um diese neuen Bedürfnisse zu befriedigen und sich folglich andere Gewohnheiten entwickeln;
3. dass jedes Bedürfnis ... entweder den größeren Gebrauch eines Organs erfordert ... oder den Gebrauch neuer Organe, welche die Bedürfnisse in ihm unmerklich durch Anstrengungen seines inneren Gefühls entstehen lassen."

„Gibt es ein treffenderes Beispiel als das *Känguru*? Dieses Tier, das seine Jungen in dem unter dem Hinterleibe befindlichen Beutel trägt, hat die Gewohnheit angenommen, beinahe aufrecht und bloß auf seinen Hinterbeinen und auf seinem Schwanze zu stehen und sich nur durch ununterbrochene Sprünge fortzubewegen, bei denen es, um seinen Jungen nicht unbequem zu werden, die aufrechte Haltung beibehält."

Aufgaben

1. Erläutern Sie, wie LAMARCK zur Theorie der Inkonstanz der Arten kommt. Vergleichen Sie seine Vorstellungen über die Entstehung der Lebewesen mit denen LINNÉS und CUVIERS.
2. Ein wesentliches Argument CUVIERS gegen die Theorie LAMARCKS war das Fehlen von Übergangsformen zwischen verschiedenen Arten. Warum sind gerade Übergangsformen das entscheidende Indiz für einen Artwandel?
3. Welche Faktoren sieht LAMARCK als Antrieb zur Veränderung von Arten? Welche Vorstellung hat er über die Mechanismen, die die Artveränderung bewirken?
4. Analysieren Sie die Aussage in LAMARCKS zweitem Gesetz. Formulieren Sie dieses Gesetz unter Verwendung heute üblicher genetischer Fachbegriffe. Untersuchen Sie den Wahrheitsgehalt des neu formulierten Gesetzes auf der Grundlage der modernen Genetik und der Molekularbiologie.
5. LAMARCK und DARWIN erkannten beide die Inkonstanz der Arten. Vergleichen Sie die Arbeitsmethoden und zeigen Sie die Unterschiede bei der Erkenntnisgewinnung.
6. Geben Sie an, in welchen Punkten sich die Aussagen zu den Ursachen der Evolution von LAMARCK und DARWIN gleichen.
7. Spechte besitzen eine sehr lange Zunge, mit der sie ihre Nahrung — z. B. Insekten und Larven — aus der zerklüfteten Borke von Bäumen herausholen. Beim Grünspecht kann die Zunge mehr als 10 cm aus dem Schnabel herausragen. Geben Sie für die evolutive Entstehung der Spechtzunge eine lamarckistische und eine darwinistische Erklärung.

Der *Kea*, eine krähengroße neuseeländische Papageienart, ernährt sich üblicherweise von Insekten und verschiedener pflanzlicher Nahrung. Sein langer, scharfer Schnabel ähnelt dem eines Greifvogels. Mit der Einführung der Schafzucht in Neuseeland stand den Keas eine neue Nahrungsquelle zur Verfügung: Sie ernähren sich vom Fleisch und Fett kranker, verletzter oder toter Schafe, deren Haut sie mit ihrem scharfen Schnabel aufreißen können. Die Keas konnten also aufgrund bereits vorhandener Strukturen und Fähigkeiten neue Lebensbedingungen für sich nutzen. Allgemein spricht man von *Prädispositionen*, wenn in einer Population bestimmte Eigenschaften auftreten, die unter den vorherrschenden Lebensbedingungen bedeutungslos oder sogar nachteilig waren und die sich erst nach einer Änderung der Umweltbedingungen als vorteilhaft erwiesen.

Aufgabe

1. Versuchen Sie, mit den Theorien LAMARCKS und DARWINS Prädispositionen zu erklären.

Evolution **347**

2 Evolutionsfaktoren — Motoren der Evolution

Mögliche Anzahl Nachkommen pro Jahr

Art	Nachkommenzahl
Kabeljau	6 500 000
Hering	30 000
Klatschmohn	20 000
Erdkröte	8 000
Löwenzahn	5 000
Drosophila	600
Haushuhn	265
Kreuzotter	18
Blauwal	1

Population
Gruppe von Individuen, die zur gleichen Zeit in einem Biotop leben und sich miteinander fortpflanzen können.

Variation
Phäno- und genotypische Verschiedenheit der Individuen einer Art.

Populationsbiologischer Artbegriff
Gruppe von Populationen, die unter sich eine Fortpflanzungsgemeinschaft bilden und gegen andere vollständig isoliert sind.

Variation und Rekombination

Die zur Familie der Schnirkelschnecken gehörenden *Heideschnecken* sind in sehr trockenen Lebensräumen anzutreffen. An heißen Sommertagen kleben sie sich mit Schleim an Ästen und Stämmen fest und überdauern hier die Hitzezeit. Findet man eine große Anzahl von Tieren an einem Stamm, so erkennt man augenblicklich die Vielfalt von Gehäusemustern. Trotz der Verschiedenheit sind es Tiere einer Art, weil sie sich uneingeschränkt untereinander fortpflanzen können.

Die variierenden Gehäusemuster sind erbfeste Merkmale; sie werden von verschiedenen Genen verursacht, die Farbe und Art der Bänderung bestimmen. Von jedem Gen gibt es verschiedene Allele. Die Vielfalt der Merkmale ist die Folge genetischer Vielfalt der Schnecken. Sie kommt zustande, weil in der Population die vorhandenen Allele immer wieder zufällig *rekombiniert* werden.

Rekombination von Allelen wird durch sexuelle Fortpflanzung ermöglicht. Bei diploiden Organismen befinden sich in den Urkeimzellen homologe Chromosomenpaare. Ein Chromosom eines Paares stammt vom Spermium, das andere von der Eizelle. Beide tragen meist verschiedene genetische Informationen. Bei der Keimzellenbildung werden die homologen Chromosomen getrennt. In einer Keimzelle befinden sich dann praktisch immer Chromosomen beider Eltern.

Durch die zufällige Verteilung der homologen Chromosomen auf die entstehenden Keimzellen kann eine große Anzahl genetisch verschieden ausgestatteter Keimzellen entstehen; beim Menschen sind es $2^{23} = 8\,388\,608$. Diese Anzahl wird in der Meiose durch Stückaustausch zwischen homologen Chromosomen vergrößert.

Bei der Fortpflanzung kommt es zur Vereinigung von Keimzellen, deren Gene einem riesigen Rekombinationspotential entstammen. Je nach Organismenart gibt es unterschiedlich viele Nachkommen. Auch bei sehr vielen Nachkommen wird nur ein Bruchteil der möglichen Kombinationen realisiert. Von den vielen Nachkommen überlebt nur ein geringer Teil. Alle Organismen, die an diesem Genaustausch teilnehmen können, bilden eine *Population*. Die Gesamtheit der Populationen, deren Individuen sich untereinander fortpflanzen können, bilden eine *Art* (populationsbiologischer Artbegriff).

In einer Population übersteigt die Anzahl der möglichen Allelkombination die Anzahl der Individuen bei weitem. So entstehen immer wieder neue Geno- und Phänotypen. Sie variieren nicht nur in den sichtbaren, sondern auch in physiologischen Merkmalen, wie beispielsweise der Toleranz gegenüber extremen Temperaturen und Wassermangel oder der Resistenz gegenüber verschiedenen Krankheitserregern.

1 Vielfalt bei Heideschnecken

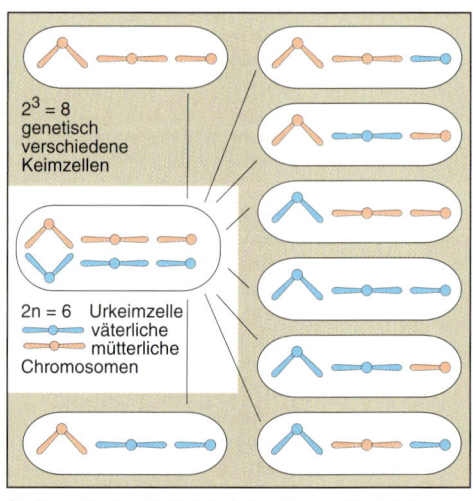

2 Genetische Vielfalt bei der Keimzellenbildung

($2^3 = 8$ genetisch verschiedene Keimzellen; $2n = 6$ Urkeimzelle, väterliche, mütterliche Chromosomen)

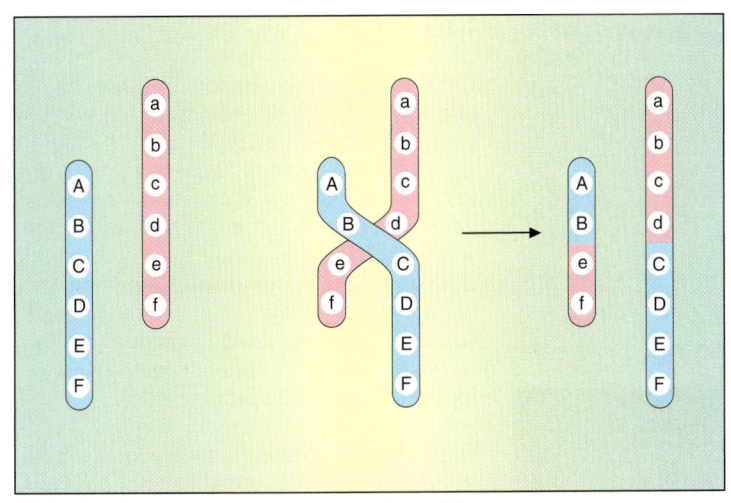

1 Schema des Crossingover mit ungleichem Chiasma

Mutationen sind Veränderungen der genetischen Information. Da sie ungerichtet erfolgen, können sie daher vorteilhaft, nachteilig oder neutral sein. Bei starken Veränderungen, z. B. durch radioaktive Strahlung, ist die Wahrscheinlichkeit für vorteilhafte Änderungen viel geringer als für nachteilige. Bei diploiden oder polyploiden Lebewesen wirken sich Mutationen phänotypisch nicht aus, wenn das mutierte Allel rezessiv wirkt, also von der Wirkung des homologen Allels überdeckt wird.

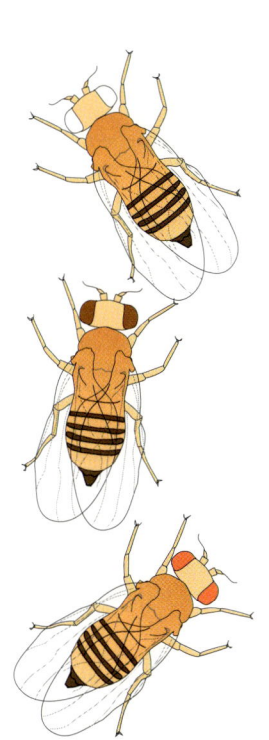

Es gibt aber auch Fälle, bei denen eine Mutation zu einer neuen komplexen Anpassung führt. Beim Bakterium *Pseudomonas aeruginosa* bewirkt die Mutation eines Gens, das ein Enzym codiert, dass das Bakterium völlig andere Substrate als Kohlen- und Stickstoffquellen nutzen kann als der Wildtyp. Hier ermöglicht eine Mutation die Nutzung neuer Nahrungsquellen.

Mutationen

Bei der Taufliege *Drosophila* treten mehrere Augenfarben auf. Die Wildtypfarbe ist rot. Gelegentlich findet man Tiere mit weißen, braunen oder eosinfarbenen Augen. Genetische Untersuchungen zeigen, dass vier verschiedene Allele eines Gens vorliegen.

Diese *multiplen Allele* sind durch *Mutationen* des Wildtypallels entstanden. Mutationen treten immer wieder von selbst ohne erkennbaren Anlass auf. Sie verändern Erbanlagen und damit die genetische Information zufällig und ungerichtet. Der Zeitpunkt für ein solches Ereignis und seine Auswirkungen sind nicht vorhersagbar. Betrifft eine Mutation nur ein Basenpaar der DNA, so spricht man von einer *Punktmutation*. Ihre Auftrittshäufigkeit liegt statistisch bei etwa 10^{-5} bis 10^{-9} je Gen und Generation. Das bedeutet, dass ein bestimmtes Gen innerhalb von 100 000 bis 1 Milliarde Generationen, statistisch betrachtet, einmal mutiert. Durch Mutationen wird die Gesamtheit aller genetischen Informationen in einer Population, der *Genpool*, erweitert.

Bereits die Änderung eines Basenpaares erzeugt ein funktionsunfähiges Protein. So bewirkt eine *Punktmutation* den Austausch der Aminosäure Glutaminsäure gegen Valin an der 6. Position in der Beta-Polypeptidkette des menschlichen Hämoglobins. Bei homozygoten Trägern dieses Allels nehmen die roten Blutzellen sichelförmige Gestalt an, es entsteht *Sichelzellanämie*. Die roten Blutzellen werden von den weißen angegriffen und zerstört.

Im Laufe der Evolution hat sich bei vielen Organismen das Genom vergrößert und der Informationsgehalt erweitert. Die Höherentwicklung ist meist mit einer Zunahme des DNA-Gehalts verbunden. Ein Mechanismus, der zu dieser Veränderung führt, ist die *Genduplikation*. Abbildung 1 zeigt, wie durch ungleiche Chiasmata während der Meiose in einem Chromosom Gene vermehrt werden. Dabei trägt nur eines der Chromosomen die Verdopplung. Mutationen mit ihren Auswirkungen, Merkmale zu verändern oder neue entstehen zu lassen, liefern das Rohmaterial für die Evolution.

Genpool
Gesamtheit der genetischen Information einer Population

Aufgaben

① a) Untersuchen Sie mithilfe des genetischen Codes, welche Basentripletts beim normalen Hämoglobin die 6. Aminosäure in der DNA codieren können.
b) Ermitteln Sie, welche und wie viele verschiedene Punktmutationen zu Sichelzellhämoglobin führen können.

② Bei Drosophila tritt die Mutation, die braune Augen bewirkt, mit der Häufigkeit 3×10^{-5} auf. Die Generationsdauer beträgt 14 Tage.
a) Innerhalb welcher Zeitspanne kann man, statistisch betrachtet, erwarten, dass das mutierte Gen in einer Population mit 1000 Tieren auftritt?
b) Ein Forscher findet nach 6 Wochen das mutierte Gen in einer Population mit 400 Individuen. Wie ist dies erklärbar?

	Birmingham, Industriegebiet		Dorset, ländliche Region	
	dunkel	hell	dunkel	hell
freigesetzte Tiere	601	201	473	496
Rückfang absolut	205	34	30	62
relativ	34,1%	16,9%	6,3%	12,5%

Häufigkeit von Birkenspannern in Großbritannien und Irland

Selektion

Der *Birkenspanner* (Biston betularia) ist ein Nachtfalter mit hellen, feinscheckig gemusterten Flügeln. Er sitzt tagsüber häufig an der Rinde von Bäumen, insbesondere an Birken. Seine Färbung verleiht ihm eine gute Tarnung und schützt ihn vor Fressfeinden, wie beispielsweise Singdrosseln, Rotkehlchen und Kohlmeisen. An Baumstämmen, die durch den Bewuchs mit Strauch- oder Baumflechten hell gefärbt sind, wird der Birkenspanner so von seinen tagaktiven Fressfeinden schwer wahrgenommen.

Immer wieder traten in verschiedenen Populationen in England, Amerika und Deutschland dunkel gefärbte Tiere auf. Ihre Färbung beruht auf der gesteigerten Produktion des Farbstoffs Melanin. Dieser *Melanismus* ist die Folge einer Mutation, die ein dominant wirkendes Melanismusallel erzeugt.

Erstmals wurden 1848 in der Industriestadt Manchester melanistische Tiere entdeckt. 1866 hatte sich die dunkle Form *(forma carbonaria)* in England schon weit ausgebreitet, die helle Form *(forma typica)* wurde seltener. Um 1900 betrug der Anteil der melanistischen Form in Manchester 83%, 1960 in einigen Populationen Englands sogar 98%. Auch in Deutschland nahm der Anteil der hellen Form immer weiter ab.

Um dieses Phänomen zu klären, wurden an verschiedenen Orten mit Farbflecken markierte helle und dunkle Birkenspanner ausgesetzt. Mit Licht wurden nachts die Falter wieder angelockt und dann eingefangen. Die Auszählung der markierten Exemplare zeigte, dass die Rückfangquote für dunkle Tiere in stark industrialisierten Gebieten wesentlich größer ist als in ländlichen Regionen ohne Industrie.

Dieses Ergebnis der Experimente lässt den Schluss zu, dass die hellen Formen in stark industrialisierten Regionen nicht so gut überleben können wie die dunklen. Hier sind durch starke Luftverunreinigungen die Bäume rußgeschwärzt und die Flechten abgestorben. Die Baumstämme, an denen sich die Falter tagsüber lange aufhalten, haben eine dunkle Färbung angenommen. Helle Tiere sind hier ungetarnt. Sie werden von ihren Feinden häufiger erkannt und gefressen als die dunkel gefärbten Falter. In diesem natürlichen Ausleseprozess, der *Selektion*, sind die melanistischen Tiere im Vorteil. An Bäumen sitzend sind sie getarnt, also

Selektion
Natürliche Auslese durch Umweltbedingungen.

Selektionsfaktor
Umwelteinfluss, der unterschiedliche Fortpflanzungsraten verschiedener Phänotypen bewirkt.

Selektionsdruck
Einwirkung der Selektionsfaktoren auf eine Population.

Transformierende Selektion
Selektion bewirkt Genpooländerung.

Stabilisierende Selektion
Selektion bewirkt Erhaltung des Genpools.

besser an diese Umweltbedingungen angepasst. Sie überleben häufiger und haben dadurch mehr Nachkommen. Der Anteil der dunklen Form nimmt zu; es ensteht *Industriemelanismus*.

Bei der Veränderung der Umweltbedingungen infolge der einsetzenden Industriealisierung zu Beginn des 19. Jahrhunderts ist die Tarnung der hellen Tiere immer schlechter geworden, bis sie praktisch ganz entfallen ist. Die helle Form wurde zunehmend häufiger gefressen. Die stets vorhandenen Fressfeinde verursachten einen beständigen *Selektionsdruck* auf die Population. Unter diesem Einfluss konnten dunkel gefärbte Tiere mehr Nachkommen erzeugen als helle.

Genetisch betrachtet bedeutet dies, dass die Häufigkeit des melanistisch wirkenden Allels in der Population zunahm und die des anderen abnahm. Der konstante Selektionsdruck bei veränderten Umweltbedingungen bewirkte die Veränderung des Genpools. Die Selektion hat *transformierende Wirkung*. Sie wandelt die Eigenschaften der Population und führt zu Artumbildung. Verändert sich der Genpool und damit die Häufigkeit bestimmter Merkmale in einer Population nicht mehr, kann man davon ausgehen, dass der Prozess der Anpassung abgeschlossen ist.

Helle Körperfärbung bedeutet unter den neuen Umweltbedingungen einen starken Selektionsnachteil. Dennoch tritt dieses Merkmal immer wieder auf. Die Hauptursache liegt darin, dass das Allel für helle Färbung rezessiv wirkt und heterozygote, dunkle Tiere keinen Selektionsnachteil haben. Bei diesen Individuen ist das Allel für helle Körperfarbe der Selektion, die auf den Phänotyp wirkt, entzogen. Heterozygote Elterntiere haben also immer wieder homozygote, helle Nachkommen. Diese entstehen außerdem auch dadurch, dass das Melanismusallel durch Rückmutation in das andere Allel übergehen kann.

Die hellen Nachkommen werden infolge des ständigen Selektionsdrucks zu einem größeren Anteil sterben als die dunklen. Die Häufigkeit von hellen und dunklen Formen in der Population bleibt infolge des Selektionsdrucks konstant; ihr Genpool wird stabilisiert. Solange sich die Umweltbedingungen nicht ändern, wirkt die Selektion *stabilisierend*.

Selektion ist ein statistischer Prozess, der durch den Anteil der Allele charakterisiert ist, die in den Genpool der Folgegenerationen eingebracht werden können. Selektionsbegünstigt sind all diejenigen Organismen, deren Merkmale bewirken, dass ihre Träger mehr fortpflanzungsfähige Nachkommen haben als andere Individuen dieser Art. Man sagt, ihre *Fitness* ist größer.

Fitness ist eine Phänotypeigenschaft. Sie ist an der Anzahl der Nachkommen messbar, die dieser Phänotyp hervorbringen kann. Die Fitness ist dann hoch, wenn Organismen möglichst gut an die herrschenden Umweltbedingungen angepasst sind. Weniger gut angepasste Lebewesen sterben früher. Sie haben im Mittel weniger fortpflanzungsfähige Nachkommen; ihre Fitness ist geringer.

Für den Grad der Angepasstheit sind in der Natur viele Merkmale von Bedeutung, wenn auch in unterschiedlichem Maße. Deshalb stellt die Berücksichtigung einzelner Merkmale, wie die Färbung des Birkenspanners, eine vereinfachte Betrachtung dar. Dies ist beim vorliegenden Beispiel sinnvoll, weil die Fressfeinde ihre Beute optisch erkennen.

Artänderung ist nur im Verlauf von Generationen möglich. Ändern sich die Selektionsbedingungen für eine Population in kurzer Zeit erheblich, so führt dies zu einem starken Selektionsdruck auf die Population; sie wird kleiner.

Beim betrachteten Beispiel des Birkenspanners war eine Anpassung an die sich rasch ändernden Lebensbedingungen in verhältnismäßig kurzer Zeit möglich. Zum einen ist die Generationsdauer mit einem Jahr gering, zum anderen wird die Anpassung durch die Alleländerung nur eines Gens ermöglicht. Sind es jedoch Organismen mit großer Generationsdauer und würde erst eine komplexe genetische Veränderung eine erneute Anpassung an die vorherrschenden Selektionsbedingungen ermöglichen, so kann es sein, dass die zum Überleben erforderlichen genetischen Veränderungen nicht schnell genug eintreten. Die Population stirbt aus.

Aufgaben

① Warum ist es bei sich ändernden Selektionsbedingungen für eine Art vorteilhaft, wenn Eltern viele Nachkommen haben?

② Weshalb ist bei veränderlichem Selektionsdruck geschlechtliche Fortpflanzung günstiger als ungeschlechtliche?

③ Diskutieren Sie die Bedeutung der Diploidie für evolutive Vorgänge.

Selektionsfaktoren und ihre Wirkung

Abiotische Selektionsfaktoren

Auf den Kerguelen, einer Gruppe kleiner Inseln im südlichen Indischen Ozean, leben mehrere Fliegen- und Schmetterlingsarten, deren Flügel so stark rückgebildet sind, dass die Tiere nicht fliegen können. Das Merkmal ist die Folge von Mutationen und scheint auf den ersten Blick für die Tiere von Nachteil zu sein. Doch sind die Inseln meist starken Winden ausgesetzt, sodass unter diesen Bedingungen Flugfähigkeit für die kleinen und leichten Tiere ungünstig wäre. Fliegende Insekten würden leicht aufs Meer getrieben und dabei umkommen. Der *Selektionsfaktor* Wind bewirkt, dass das Merkmal Flugunfähigkeit in den Insektenpopulationen erhalten bleibt. Dieses Beispiel zeigt, dass sich nicht ohne Kenntnis der Umweltbedingungen beurteilen lässt, ob ein Merkmal günstig oder nachteilig ist.

Viele Pflanzen, die in Trockengebieten vorkommen, können Wasser in speziellen Geweben speichern. Mit diesem Vorrat wird der Wasserbedarf in langen Trockenperioden gedeckt. Zugleich ist der Wasserverlust durch Transpiration stark eingeschränkt. Das Abschlussgewebe, die Epidermis, ist stark verdickt und bei manchen Arten sind die Blattflächen stark reduziert. Oft bestehen die Blätter nur noch aus Dornen. Diese typischen Merkmale findet man bei Kakteen, die Wasser im verdickten Stamm speichern. Bei Agaven ist der Spross stark reduziert; der Wasservorrat befindet sich in den Blättern.

Als Selektionsfaktoren kommen praktisch alle *abiotischen* Faktoren in Betracht. Selektion bewirkt daher die Anpassung von Organismen an diese Lebensbedingungen und erhält die Merkmale der Angepasstheit.

1 Flugunfähige Insekten

Biotische Selektionsfaktoren

Auch Lebewesen wirken als Selektionsfaktoren. Artgleiche Individuen konkurrieren untereinander um Nahrung, Lebensraum oder Sexualpartner. Artfremde Individuen können als Fressfeinde oder Parasiten auftreten.

Malaria ist eine Tropenkrankheit, die durch Erreger der Gattung *Plasmodium* verursacht wird. Ein Teil der Entwicklung dieses einzelligen Parasits verläuft in den roten Blutzellen eines infizierten Menschen. Die Entwicklung ist gestört und die Vermehrung unterbunden, wenn der Infizierte zugleich heterozygoter Träger des Sichelzellallels ist. Die Karte zeigt, dass in den Malariagebieten Afrikas das Sichelzellallel in der Bevölkerung häufig auftritt. Je größer die Infektionsgefahr für Malaria ist, desto stärker ist das Sichelzellallel in der Bevölkerung verbreitet. Homozygote Träger des Sichelzellallels sterben meist, bevor sie Nachkommen haben. Daher müsste das Allel selten sein. Von den homozygoten Trägern des Normalallels stirbt ein größerer Teil als von den heterozygoten. Diese besitzen unter den herrschenden Bedingungen einen Selektionsvorteil *(Heterozygotenvorteil)*. Indem sie mehr Nachkommen haben, bringen sie das Sichelzellallel mit großer Häufigkeit in den Genpool von Folgegenerationen ein.

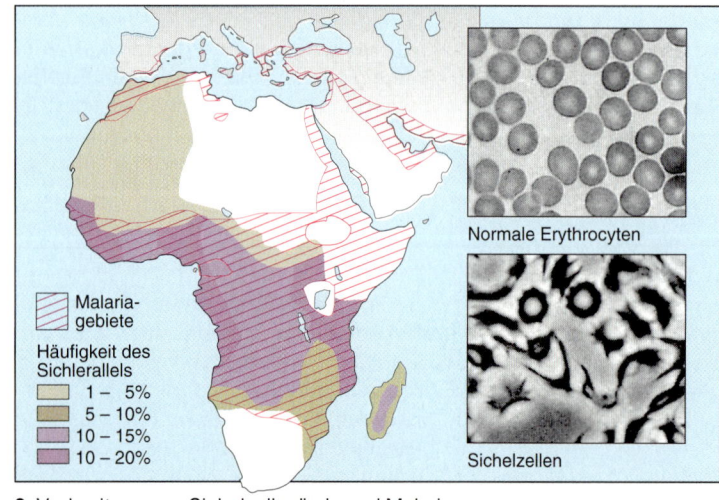

2 Verbreitung von Sichelzellanämie und Malaria

Malariagebiete
Häufigkeit des Sichelallels
1 – 5%
5 – 10%
10 – 15%
10 – 20%

Normale Erythrocyten

Sichelzellen

Selektion bei wechselnden Bedingungen

Die *Spitze Strandschnecke* (Littorina littorea) ist als Bewohner der Spritzwasserzonen an der Meeresküste sehr stark variierenden Umweltbedingungen ausgesetzt. Infolge der Gezeiten schwankt der Meeresspiegel ständig. Für die Tiere bedeutet dies in regelmäßigen Zeitabständen eine vollständige Wasserbedeckung und mehrstündiges Trockenfallen.

Durch diesen Wechsel verändert sich der Salzgehalt der Umgebung beträchtlich. Sinkt der Wasserspiegel und trocknen die Küsten oberhalb der Wasserlinie ab, so steigt der Salzgehalt. Bei niedrigem Wasserspiegel kann er bei Niederschlägen auch absinken. Gleichfalls extremen Schwankungen unterliegt die Umgebungstemperatur, insbesondere, wenn beim Trockenliegen starke Sonneneinstrahlung auftritt.

Ohne ihr Schneckengehäuse könnte die Strandschnecke unter diesen Bedingungen nicht überleben. Bei ausschließlich wasserlebenden Arten bietet das Gehäuse vor allem Schutz vor Fressfeinden. In der Spritzwasserzone übernimmt es weitere Funktionen. Es verhindert bei sinkendem Wasserspiegel die Austrocknung des Körpers und durch Schließen des Gehäusedeckels werden auch starke Schwankungen des Salzgehaltes in der Umgebung überstanden. Im Gehäuse wird durch den dicht schließenden Deckel eine kleine Menge Seewasser mit eingeschlossen. Dadurch verändert sich die Salzkonzentration im Innern bei wechselnden Außenbedingungen nur langsam. Außerdem verhindert das Gehäuse die Übererwärmung des Körpers, indem es einen großen Teil des auftreffenden Sonnenlichts reflektiert.

Die Besiedlung der Spritzwasserzone ist also durch mehrfache Funktionen eines vorhandenen Organs, dem Schneckengehäuse, möglich. Es wurde evolutiv immer besser an die verschiedensten Selektionsbedingungen angepasst. Dies lässt die Beobachtung vermuten, dass Schnecken der Gattung Littorina um so höher in der Gezeitenzone siedeln können, je toleranter sie infolge ihres dicht schließenden Gehäusedeckels gegen Schwankungen des Salzgehaltes sind.

Das Beispiel dieses Schneckengehäuses lässt den Schluss zu, dass Merkmale der Lebewesen in der Vergangenheit einem Selektionsdruck ausgesetzt waren und im Verlauf der Zeit immer besser angepasst wurden.

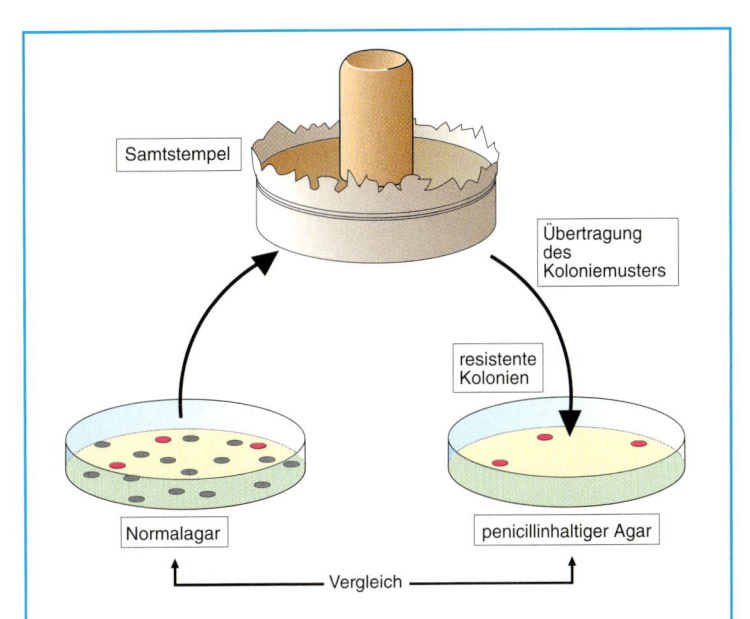

Selektionsexperiment mit Bakterien

Die transformierende Wirkung der Selektion bei Änderung der Umweltbedingungen kann man direkt nur an Organismen beobachten, deren Generationsdauer gering ist, wie etwa Bakterien.

Auf zwei Normalagarplatten I und II werden Bakterien der Art Escherichia coli ausplattiert. Beide Platten enthalten die für das Bakterienwachstum notwendigen Nährstoffe, die Platte II zusätzlich das Antibiotikum Penicillin. Dieser Stoff hemmt das Bakterienwachstum. Die Platten werden für 24 Stunden bei 37 °C bebrütet. Auf Platte I bilden die Bakterien durch Vermehrung einen dichten Rasen, auf Platte II entstehen nur wenige Kolonien. Diese Bakterien sind *penicillinresistent*.

Für die Entstehung der *Resistenz* gibt es zwei verschiedene Erklärungen. Entweder sind die resistenten Kolonien aus Bakterien hervorgegangen, die bereits vor dem Ausplattieren, z. B. infolge von Mutationen, penicillinresistent waren oder einige wenige der ausplattierten Bakterien sind unter dem Einfluss des Penicillins resistent geworden.

Dies lässt sich auf folgende Weise entscheiden: Auf Normalagar werden Bakterien ausplattiert und bebrütet, bis einzelne Kolonien entstehen. Ein mit Samt überzogener Stempel wird auf die Agaroberfläche mit den Kolonien gedrückt. Dabei haften Bakterien an den Samthärchen. Drückt man nun den Stempel auf eine penicillinhaltige Agarplatte, so wird mit den Bakterien auch das Koloniemuster übertragen. Hier entwickeln sich nach Bebrütung wenige resistente Kolonien. Vom Normalagar werden jetzt Bakterien aus einem Bereich abgenommen, in dem beim Penicillinagar resistente Kolonien sind. Plattiert man diese Bakterien vom Normalagar auf einem neuen Penicillinagar aus, so wachsen sie weiter. Sie sind resistent. Dies zeigt, dass Resistenz ohne die Einwirkung des Penicillins entsteht. Mit Penicillin werden nur solche Bakterien selektiert, die bereits zuvor resistent waren. Infolge ihrer genetischen Variabilität ist ein Merkmal entstanden, das unter den veränderten, nicht vorhersehbaren Umweltbedingungen einen *Selektionsvorteil* erbracht hat. Die Bakterien waren *prädisponiert*.

Hauptsächlich bei diploiden Organismen ist *Prädisposition* gut möglich. Hier können rezessive Allele über lange Zeiträume im Genpool verweilen. In heterozygoten Organismen unterliegen sie nicht der Selektion. Bei Änderung der Umweltbedingungen können sie dem homozygoten Träger Selektionsvorteile verschaffen.

Evolution **353**

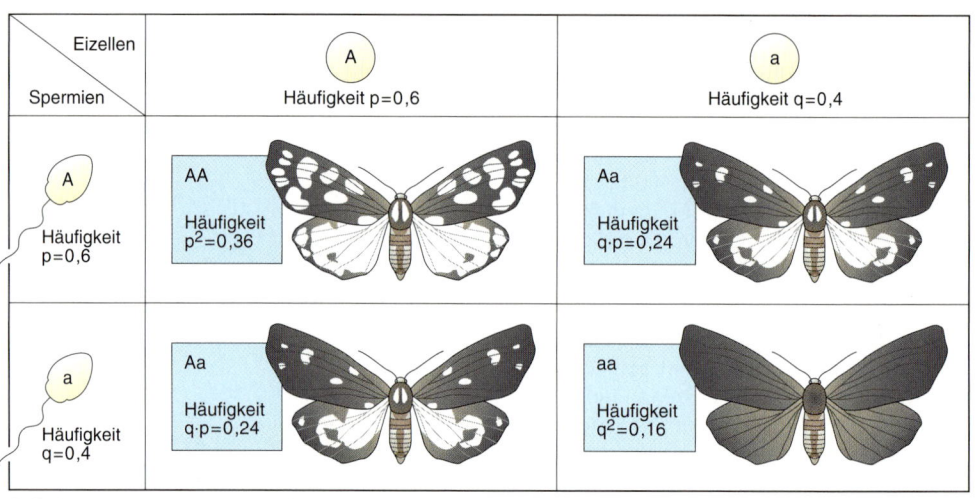

Eizellen / Spermien	A Häufigkeit p=0,6	a Häufigkeit q=0,4
A Häufigkeit p=0,6	AA Häufigkeit $p^2=0{,}36$	Aa Häufigkeit $q \cdot p=0{,}24$
a Häufigkeit q=0,4	Aa Häufigkeit $q \cdot p=0{,}24$	aa Häufigkeit $q^2=0{,}16$

1 Schema zur Ermittlung der Genotypenfrequenz in der F_1-Generation

Populationsgenetik

Evolutionsfaktoren verändern Populationen. Beispielsweise kann Selektion die Häufigkeit umweltangepasster Phänotypen in einer Population erhöhen. Bei diesem Prozess ändert sich zugleich die Häufigkeit bestimmter Allele im Genpool. Mit diesem Aspekt beschäftigt sich die *Populationsgenetik*. Sie untersucht mit statistischen Methoden Art und Häufigkeit von Allelen in Populationen.

Der englische Mathematiker GEORGE HARDY und der deutsche Arzt WILHELM WEINBERG entwickelten 1908 unabhängig voneinander eine Methode, mit der die Häufgkeit von Allelen und Phänotypen in einer Population bestimmt werden können. Sie nahmen dabei starke Vereinfachungen vor, indem sie von folgenden Bedingungen ausgingen:
— Die Anzahl der Individuen ist so groß, dass Tod und Geburt einzelner Individuen praktisch keine Änderung der Allelhäufigkeiten bewirken.
— Alle Individuen können sich beliebig paaren *(Panmixie)*.
— Kein Genotyp hat gegenüber einem anderen einen Selektionsvorteil.
— Mutationen treten nicht auf.
— Es gibt keine Zu- oder Abwanderung von Individuen.

Eine Population mit diesen Eigenschaften heißt *Idealpopulation*.

Betrachten wir als Beispiel ein Gen eines Schmetterlings, das in zwei Allelen A und a vorliegt: Die Flügel sind beim Genotyp aa ungefleckt, beim Genotyp Aa schwach gefleckt und beim Genotyp AA stark gefleckt. In einer zunächst künstlich zusammengestellten Elternpopulation mit 100 Tieren, die alle homozygot sind, sind 60 Tiere stark gefleckt und 40 ungefleckt. In dieser Population existieren 200 Allele für die Flügelmusterung, 120 vom Typ A. Dieser Anteil von 60 % ist zugleich die *relative Häufigkeit* p des Allels A in der Population. Sie wird auch als *Allelfrequenz* bezeichnet. Hier ist p = 60 % = 0,6. Das Allel a existiert 80-mal in der Population mit der relativen Häufigkeit q = 40 % = 0,4. Bei zwei Allelen gilt also stets die Gleichung:

$$p + q = 100\% = 1$$

Die Werte von p und q bestimmen zugleich die relative Häufigkeit, mit der die Allele a und A in allen Gameten auftreten, die von den Tieren gebildet werden. Pflanzt sich die Elterngeneration fort, so kommen die Allele A und a in die F_1-Generation. Hier entspricht die Häufigkeit der Allele genau der, mit der sie in den Gameten vertreten sind, aus denen die F_1-Generation hervorgeht.

Daraus folgt, dass in der F_1-Generation dieselben Allelfrequenzen auftreten wie in der Elterngeneration. Diese ändern sich auch in den Folgegenerationen nicht mehr. Damit kommt man zu der fundamentalen Aussage: *In der Idealpopulation bleibt die Allelfrequenz und damit der Genpool konstant.*

Wenn man nun die Häufigkeit kennt, mit der die Allele A und a auftreten, dann weiß man jedoch noch nicht, mit welcher Häufigkeit die Genotypen AA, Aa und aa in der F_1-Generation vertreten sind. Zur Ermittlung dieser *Ge-*

Wahrscheinlichkeits-rechnung

Die Wahrscheinlichkeit für das Würfeln einer Eins mit einem Würfel ist $1/6$.

Die Wahrscheinlichkeit dafür, dass mit zwei Würfeln bei einem Wurf zweimal Eins auftritt, ist das Produkt der Einzelwahrscheinlichkeiten: $1/6 \times 1/6 = 1/36$.

Hardy-Weinberg-Regel
$p^2 + 2pq + q^2 = 1$
Genotypenfrequenzen

$p + q = 1$
Allelfrequenzen

notypenfrequenzen muss das Kombinieren der Allele bei der Zygotenbildung statistisch untersucht werden. Dieser Vorgang ist mit den Zufallsereignissen beim Würfeln vergleichbar. Ein Wurf mit nur einem Würfel entspricht dem Ereignis, dass ein beliebiger Gamet in der Population zur Fortpflanzung gelangt, ein Wurf mit zwei Würfeln, dass zwei Gameten eine Allelkombination bilden.

Die Wahrscheinlichkeit für das Vorhandensein eines einzigen Allels in einer Keimzelle ist so groß wie seine relative Häufigkeit. In unserem Beispiel ist die Wahrscheinlichkeit für das Antreffen eines Gameten mit dem Allel A 0,6 und 0,4 für das Allel a. Die Wahrscheinlichkeit für das Zustandekommen des Genotyps AA beträgt $p \times p = 0{,}6 \times 0{,}6 = 0{,}36$. Dementsprechend werden 36 % der Nachkommen diesen Genotyp aufweisen. Die Wahrscheinlichkeit für aa beträgt $q \times q = 0{,}16$. Den Anteil der Heterozygoten entnimmt man dem Schema $p \times q + q \times p = 2 \times p \times q = 2 \times 0{,}6 \times 0{,}4 = 0{,}48$.

Für die Genotypenhäufigkeit in der F_1-Generation gilt:

$$p^2 + 2pq + q^2 = 1$$

Diese Beziehung zwischen der relativen Häufigkeit von Allelen und Genotypen heißt *Hardy-Weinberg-Regel*. Sie zeigt, dass die Genotypenhäufigkeiten und damit auch die Häufigkeiten der möglichen Phänotypen ausschließlich durch die Allelfrequenzen p und q bestimmt werden. Diese bleiben unter den vorausgesetzten idealen Bedingungen unverändert; es tritt also keine Evolution auf.

Wendet man die Hardy-Weinberg-Regel auf die Elternpopulation der Schmetterlinge an, so würde man einen Heterozygotenanteil von 0,48 berechnen, der in der Elterngeneration gar nicht existiert. Die Ursache ist die künstliche Zusammensetzung der Anfangspopulation in unserem Beispiel, in der nur homozygote Individuen vorkommen. Dies ist in der Natur so nicht möglich. Erst ab der F_1-Generation ist die Population im *Hardy-Weinberg-Gleichgewicht*. Dann erhält man mit den Werten für p und q die tatsächlichen Häufigkeitswerte für die Phänotypen.

Die Hardy-Weinberg-Regel gilt streng nur unter den idealen Voraussetzungen, die in natürlichen Populationen nie realisiert sind. Deshalb treten unter natürlichen Bedingungen immer Genpooländerungen auf; es findet Evolution statt. Dennoch kann man näherungsweise auf einzelne Allele in realen Populationen die Hardy-Weinberg-Regel anwenden. Brauchbare Ergebnisse erzielt man, wenn sich die Populationen näherungsweise im Gleichgewicht befinden, hinreichende Größe für statistische Aussagen besitzen und mit kleinen Generationszahlen gearbeitet wird.

Aufgabe

① In einer Drosophilapopulation hat jedes hundertste Tier zinnoberrote Augen. Dieses Merkmal ist gegenüber normal roten Augen rezessiv. Bestimmen Sie die Anzahl der heterozygoten Tiere in der Population mit 2000 Individuen. Welcher Anteil an Heterozygoten ist in der nächsten Generation zu erwarten? Begründen Sie.

Anwendungsbeispiele für die Hardy-Weinberg-Regel

Die Regel wird häufig verwendet, um bei dominant-rezessiv wirkenden Allelpaaren den Anteil von Heterozygoten (Aa) zu ermitteln, die sich phänotypisch nicht von Homozygoten (AA) unterscheiden.

In einer Population von 1600 Hasen sind 4 Tiere, die die rezessive Fellfarbe „weiß" besitzen. Nun soll die Anzahl der homozygoten und der heterozygoten schwarzen Tiere berechnet werden.

Relative Häufigkeit des Genotyps aa:
$q^2 = 4/1600 = 1/400 = 0{,}0025 = 0{,}25\%$

Allelfrequenz von a:
$q = \sqrt{(1/400)} = 1/20 = 0{,}05 = 5\%$.

Allelfrequenz von A:
$p = 1 - q = 1 - 1/20 = 19/20 = 0{,}95 = 95\%$

Relative Häufigkeit des Genotyps AA:
$p^2 = (19/20)^2 = 0{,}9025 = 90{,}25\%$

Absolute Häufigkeit des Genotyps AA:
$p^2 \times 1600 = 0{,}9025 \times 1600 = 1444$
(schwarz, homozygot)

Relative Häufigkeit des Genotyps Aa:
$2pq = 2 \times (19/20) \times (1/20) = 0{,}095 = 9{,}5\%$

Absolute Häufigkeit des Genotyps Aa:
$2pq \times 1600 = 0{,}095 \times 1600 = 152$
152 der 1596 schwarzen Hasen sind heterozygot.

Gendrift

Flaschenhalseffekt

Zeit ↑

p | q

← Katastrophe

p | q

Allelfrequenz

Populationsgröße →

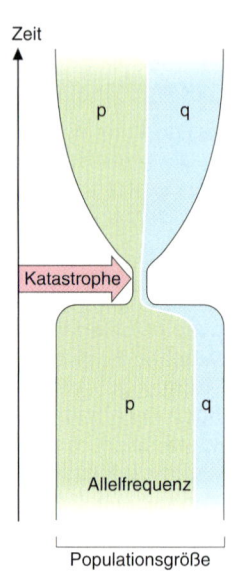

Der Pingelap-Archipel ist eine Inselgruppe im Pazifik. Hier leben etwa 1600 Eingeborene, von denen 5 % farbenblind sind ($q^2 = 0,05$). Sie sind homozygote Träger eines rezessiven Allels a, das die Sehstörung bewirkt. Das Allel tritt auch in anderen Populationen auf; erstaunlich ist jedoch die große Häufigkeit bei dieser Inselpopulation. Die Anwendung der Hardy-Weinberg-Regel liefert für die Allelfrequenz den Wert $q = 22\%$. Das ist ein Vielfaches dessen, was in anderen Populationen beobachtbar ist.

Die Ursache für diese Besonderheit findet man in der Geschichte der Inselbevölkerung. Im späten 18. Jahrhundert starben viele Einwohner bei tropischen Wirbelstürmen und durch Hungersnot. Die Population war stark dezimiert; nur etwa 30 Personen überlebten. Wenn sich unter ihnen ein heterozygoter Träger des Allels a befand, so betrug die anfängliche Allelfrequenz $q = 1,7\%$. Nun ist bei kleinen Populationen, die im Wachstum sind, keine Stabilität der Allelfrequenzen zu erwarten. Es kommt vor, dass der einzige Träger eines bestimmten Allels besonders viele Nachkommen hat oder auch ganz ohne Nachkommen stirbt.

Durch solche Zufälligkeiten wird der Genpool nachhaltig beeinflusst. Diese Zufallswirkungen werden als *Gendrift* bezeichnet. Der große Anteil des Farbenblindheit-Allels ist auf Gendrift zurückzuführen, weil andere Ursachen, wie eine besonders hohe Mutationsrate oder ein Selektionsvorteil für Farbenblinde, ausscheiden.

Gendrift ist nur in kleinen Populationen möglich. Die vorübergehend geringe Populationsgröße, der *Flaschenhalseffekt*, tritt bei Feind-Beute-Beziehungen auf oder bei Organismen, die ausgeprägte Massenwechsel zeigen. Das erneute Populationswachstum kann nur mit dem genetischen Bestand der Überlebenden erfolgen. Die Wiederbesiedlung eines Lebensraumes nach einer Naturkatastrophe geht manchmal von sehr kleinen Teilpopulationen aus, die in zufälliger Zusammensetzung in einem Teilbiotop überlebt haben. Diese Organismen müssen nicht diejenigen mit der größten Fitness sein. Oft spielen Eigenschaften, die Fitness bewirken, keine Rolle für das Überleben bei Katastrophen. Im Genpool der *Gründerpopulation* sind die mitgebrachten Allele in Art und Häufigkeit keineswegs repräsentativ für den Genpool, dem sie entstammen. Dabei kann es sogar vorkommen, dass sich ehemals nachteilige Merkmale in der Population ausbreiten können, weil jetzt Konkurrenten oder Fressfeinde fehlen.

Gendrift ist in der Natur nicht direkt nachweisbar. Erst wenn alle anderen Evolutionsfaktoren zur Erklärung ausscheiden, muss man von Gendrift ausgehen. Deshalb wurden Laborversuche unternommen. An Hausmäusen wurde festgestellt, dass die Allelfrequenzen eines Hämoglobinallels in mehreren kleinen und großen Populationen im Mittel praktisch gleich groß sind. Die Tabelle zeigt jedoch, dass Unterschiede in den Allelfrequenzen zwischen kleinen Populationen stärker sind als zwischen großen Populationen. Dies wird durch den Varianzwert ausgedrückt. Zufallswirkung zeigt sich bei geringer Individuenanzahl.

Populations- größe	Anzahl unter- schiedlicher Populationen	Mittlere Allel- frequenz	Varianz der Allelfrequenz
ca. 10	29	84,9 %	0,188
ca. 100	13	84,3 %	0,008

Aufgaben

① Wie viele Einwohner des Pingelap-Archipels sind heterozygote Träger des Allels für Farbenblindheit?

② Auf einigen Inseln im Golf von Kalifornien findet man Seitenfleckenleguane mit grüner Körperfärbung, die auf den hellgrauen Granitfelsen keine Schutzfärbung darstellt. Geben Sie eine evolutionsbiologische Erklärung.

1 Seitenfleckenleguan (Normalfärbung)

Simulation von Evolutionsprozessen

Mit Computerprogrammen können evolutive Vorgänge simuliert werden. Die Daten auf dieser Seite sind das Ergebnis von Modellberechnungen. Weil Modelle immer Vereinfachungen beinhalten, geben sie reale Verhältnisse nicht in allen Einzelheiten wieder. Dennoch eignen sie sich zur Untersuchung prinzipieller Fragestellungen und zur Erarbeitung von Prognosen.

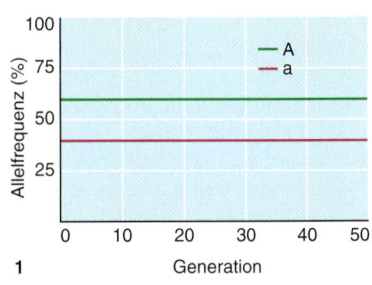

1 Diagramm: Allelfrequenz (%) vs. Generation (0–50), Allele A und a, Population mit 100 000 Individuen.

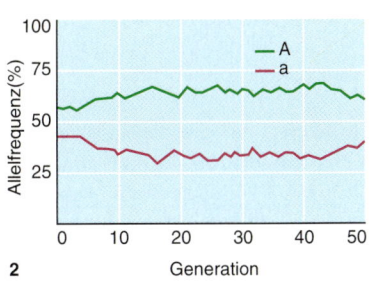

2 Diagramm: Allelfrequenz (%) vs. Generation (0–50), Allele A und a.

Abb. 1 zeigt den zeitlichen Verlauf der Frequenzen der Allele A und a über mehrere Generationen in einer Population mit 100 000 Individuen.

① Bestimmen Sie die Frequenzen der Genotypen AA, Aa und aa sowie die absolute Anzahl der Träger der zugehörigen Merkmale.

② Abb. 2 zeigt den Verlauf derselben Allelfrequenzen für eine weitere Population. Vergleichen Sie die beiden Abbildungen. Begründen Sie, welche Abbildung praktisch eine Idealpopulation beschreibt. In welcher Eigenschaft unterscheiden sich die beiden Populationen?

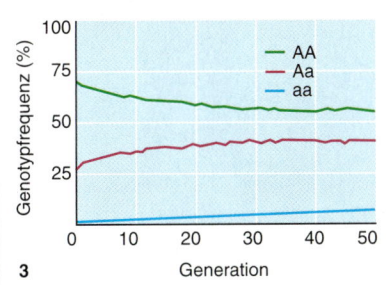

3 Diagramm: Genotypfrequenz (%) vs. Generation (0–50), Genotypen AA, Aa, aa.

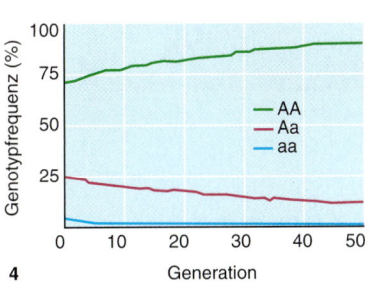

4 Diagramm: Genotypfrequenz (%) vs. Generation (0–50), Genotypen AA, Aa, aa.

In einer Population tritt das Sichelzellallel a mit einer Frequenz von 15% auf. Abb. 3 und 4 zeigen den simulierten zeitlichen Verlauf der Genotypenfrequenzen für die Fälle, dass die Population in ein malariafreies bzw. in ein malariaverseuchtes Gebiet übersiedelt.

③ Begründen Sie, welches der Diagramme die Verhältnisse wiedergibt, die bei der Population im Malariagebiet eintreten werden.

④ Diskutieren Sie für beide Diagramme den Kurvenverlauf.

In einer Population mit Birkenspannern, die an helle Baumrinden angepasst sind, findet man 1% melanistische Individuen.

⑤ Berechnen Sie mit der Hardy-Weinberg-Regel, wieviel homozygote und heterozygote dunkle Tiere in einer Population mit 10 000 Individuen vorhanden sind.

⑥ Abb. 5 zeigt den zeitlichen Verlauf der Genotypfrequenzen für den Fall, dass infolge von Luftverunreinigungen die Baumrinden dunkel gefärbt werden. Erklären Sie den Verlauf der Genotypfrequenzen, insbesondere Anstieg und Abnahme beim Typ Aa.

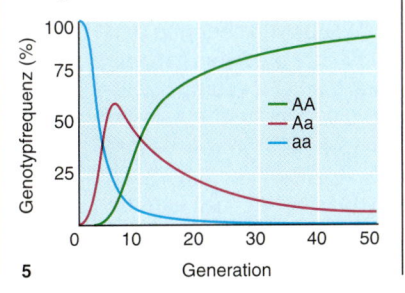

⑦ Überlegen Sie, ob die Genotypen Aa und aa bei sehr großen Populationen unter den Selektionsbedingungen von Aufgabe 6 verschwinden können, wenn man Neumutationen ausschließt. Diskutieren Sie Ihr Ergebnis im Hinblick auf eine Umkehr der Selektionsbedingungen, wenn durch Umweltschutzmaßnahmen die Luftqualität verbessert und die Baumrinden wieder heller werden.

Mukoviszidose ist eine autosomal-rezessive Krankheit. Sie tritt etwa mit der Häufigkeit 1 : 5000 auf und kann tödlich verlaufen. Der in den Atemwegen gebildete Schleim weist einen zu geringen Flüssigkeitsgehalt auf. Weil er nur schwer abgehustet werden kann, besteht ständig die Gefahr der Lungenentzündung. Als hypothetische Maßnahme zur Verminderung der Frequenz des Mukoviszidoseallels wird angenommen, dass keiner der Merkmalsträger sich fortpflanzt. In einer Simulation wird untersucht, wie sich dadurch die Allelfrequenz in der Bevölkerung verändern würde. Es wird angenommen, dass Heterozygote keinen Selektionsvorteil besitzen. Die Tabelle zeigt das Simulationsergebnis:

Generation	Allelfrequenz
0	1,40%
5	1,26%
10	1,13%
15	1,00%
20	0,92%
25	0,87%
30	0,84%
35	0,81%

5 Diagramm: Genotypfrequenz (%) vs. Generation (0–50), Genotypen AA, Aa, aa.

⑧ Zeichnen Sie mithilfe der Tabelle ein Diagramm, das die Abnahme des krankheitsverursachenden Allels in Abhängigkeit der Zeit zeigt. Extrapolieren Sie bis zu dem Zeitpunkt, an dem die Allelfrequenz auf die Hälfte abgenommen hat.

⑨ Bestimmen Sie die Zeitspanne, in der die Allelfrequenz auf die Hälfte absinkt. Gehen Sie von 25 Jahren Generationszeit aus.

⑩ Diskutieren Sie Auswirkung und Wert der simulierten hypothetischen Maßnahme zur Senkung der Allelfrequenz.

⑪ Mukoviszidosekranke werden heute so behandelt, dass sie eine viel höhere Lebenserwartung haben als früher. Erklären Sie, wie sich dies auf die Allelfrequenz auswirkt.

Evolution **357**

1 Grünspecht

2 Grauspecht

Isolation und Artbildung

Grünspecht und Grauspecht sind zwei Spechtarten, die bei uns gemeinsam Waldränder und lockere Mischwälder besiedeln. Bei flüchtiger Betrachtung kann ein auffliegender Grauspecht leicht mit der anderen Art verwechselt werden. Doch zeigen beide Spechtarten bei genauer Betrachtung deutliche Unterschiede im Gefieder. Der Grünspecht ist in vielen Schattierungen grün gefärbt, besitzt eine schwarze Gesichtsmaske und trägt eine rote Haube. Beim Grauspecht ist der Vorderkopf des Männchens rot, beim Weibchen graugrün. Das Gefieder ist an einigen Stellen grau statt grün.

Die Entstehung dieser zwei Spechtarten aus einer Art ist auf einschneidende Klimaveränderungen in der Vergangenheit zurückzuführen. Im Verlauf der letzten Kaltzeit rückten in Europa Eisfronten von Skandinavien nach Süden und von den Alpen nach Norden vor. Auf dem Höhepunkt dieser Kaltzeit vor etwa 20 000 Jahren waren die Gletscher in unserem Raum etwa 500 km voneinander entfernt und es bildete sich eine lebensfeindliche Kältesteppe aus. Es blieben für viele wärmebedürftige Arten nur Lebensräume im Südosten und im Westen Europas. Dadurch wurden Tier- und Pflanzenpopulationen in östliche und westliche *Teilpopulationen* getrennt. Diese *geographische Isolation* durch die Eisbarriere bewirkte die *genetische Isolation* der Genpools; der Genfluss war unterbrochen. Es folgte die unabhängige genetische Entwicklung der getrennten Populationen bei unterschiedlichen Umwelt- und Selektionsbedingungen. Beide Genpools wurden verändert. Dadurch entstanden zwei Unterarten, die man als *geografische Rassen* bezeichnet. Sie unterschieden sich zwar voneinander, hätten aber bei Aufhebung der Isolation zu diesem Zeitpunkt wieder zu einer Population verschmelzen können.

Nach dem Rückzug der Gletscher wurden die Gebiete wieder besiedelt. Jetzt trafen die lange Zeit getrennten Populationen wieder aufeinander, vermischten sich aber nicht. Die genetischen Differenzierungen waren so weit fortgeschritten, dass sie sich jetzt im gleichen Lebensraum nicht mehr kreuzten. Der Genfluss blieb unterbrochen. Die Isolation ermöglichte, dass sich aus einer Art zwei Arten entwickelten. Im Osten entstand der Grauspecht, im Westen der Grünspecht. Isolation kann Artaufspaltung bewirken.

Die beiden Spechtarten konkurrieren nur wenig um Nahrung. Der Grünspecht ernährt sich hauptsächlich von Ameisen. Mit seiner langen Leimrutenzunge stochert er regelmäßig in Nestern und Ameisenhaufen. Der Grauspecht hält sich häufig an Baumstämmen auf und sucht hier baumbewohnende Insekten und deren Larven. Weil asiatische Grauspechte überwiegend Bodenspechte sind, darf man annehmen, dass die europäischen Grauspechte an die speziellen Bedingungen ihres Lebensraumes angepasst wurden. Als Baumspechte stehen sie mit den bodenbewohnenden Grünspechten nicht mehr in Konkurrenz. Der evolutive Prozess, der zur Anpassung einer bestehenden Art an die speziellen Lebensbedingungen führt, heißt *Einnischung*. Eingenischte Arten haben gegenüber anderen weniger gut angepassten Arten, die denselben Lebensraum nutzen, einen Selektionsvorteil.

Bei der Aaskrähe hat die eiszeitliche Trennung nur zur Bildung von Unterarten geführt. Die Rabenkrähe besitzt vollständig schwarzes Gefieder und lebt im westlichen Europa. Die Nebelkrähe hat einen grau gefärbten Rumpf und ist im östlichen Europa zu finden. In einem schmalen Gebiet im Bereich der Elbe vermischen sich die Populationen. Das Auftreten von Mischformen zeigt, dass Raben- und Nebelkrähe noch eine Art bilden.

Aufgabe

① Was könnten die Faktoren dafür sein, dass sich mit Grün- und Grauspecht zwei Tochterarten aus einer Stammart entwickelt haben, bei den Krähen jedoch nur zwei Unterarten?

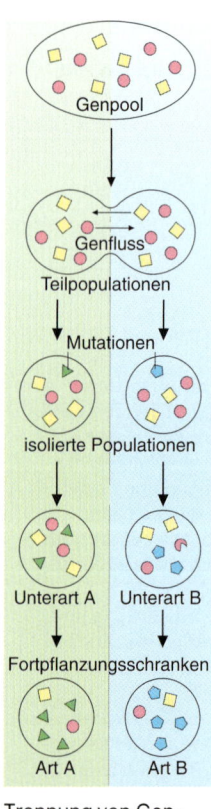

Trennung von Genpools

358 Evolution

```
Lexikon
Lexikon
exikon
xikon
ikon
kon
on
```

Weitere Isolationsmechanismen

Die Vermehrung von Arten findet in der Regel nur durch Unterbrechung des Genflusses zwischen Teilpopulationen statt. Dies ist zumeist die Folge von Isolationsvorgängen. Angesichts der riesigen Artenfülle auf der Erde ist es nicht verwunderlich, dass die Isolationsmöglichkeiten außerordentlich vielfältig sind. Nur in wenigen Fällen kann der Ablauf des Isolationsvorgangs zuverlässig rekonstruiert werden. Aber die Bedingungen, die eine bereits vor langer Zeit eingetretene Isolation zwischen Populationen im gleichen Biotop aufrecht erhalten, lassen sich auch heute untersuchen.

1. Isolation vor Zygotenbildung

a) Ökologische Isolation
Ein botanisches Beispiel ist der *Fingerhut*. Der Rote Fingerhut *(Digitalis purpurea)*, der auf sauren Silicatböden gedeiht, ist vorwiegend im Westen zu finden. Im Osten wächst der Großblütige Gelbe Fingerhut *(Digitalis grandiflora)* auf basischen, oft kalkhaltigen Böden. Im Schwarzwald gibt es eine Überlappung der Verbreitungsgebiete. Dennoch können an einem Standort nicht beide Arten zugleich existieren, weil das wechselnde Bodenmilieu jeweils nur für eine Art geeignet ist.

Ein anderes Beispiel ist die *Ringeltaube*, die ihr Nest auf Ästen baut. Sie ernährt sich von Kleinlebewesen und Früchten in Nestnähe. *Hohltauben* brüten in Baumhöhlen und fressen Früchte, die auch in weiterer Umgebung ihrer Behausung vorkommen. So sind beide Arten dadurch isoliert, dass sie unterschiedliche Nischen besetzen.

b) Tageszeitliche Isolation
Der *Gelbe Kleefalter* hat sein Aktivitätsoptimum am Tage bei höheren Temperaturen. Die weiße Mutante ist besonders in den frühen Morgenstunden und abends aktiv. Dies zeigt, dass kleine genetische Veränderungen den Genfluss innerhalb einer Population zwischen verschiedenen Varietäten stark behindern können.

c) Ethologische Paarungsisolation
Bei verschiedenen Arten beobachtet man Isolation, wenn zum Auffinden eines Geschlechtspartners von diesem spezifische Signale ausgehen müssen. Weibliche *Leuchtkäfer* reagieren nur auf solche Männchen, die das artspezifische Leuchtmuster aussenden, das durch Leuchtdauer, Dunkelzeiten und Flugbahn charakterisiert ist.

Weitere Ursachen für die Verhinderung des Genflusses zwischen verschiedenen Arten im gleichen Verbreitungsgebiet sind verschiedene Lautsignale bei der Balz von Vögeln, unterschiedliche Sexuallockstoffe bei Schmetterlingen oder Farbmusterdifferenzen bei Fischen. Manchmal kann durch geringfügige Eingriffe die in der Natur sehr wirksame Isolationsschranke beseitigt werden. Beispielsweise konnten bei Möwen Kreuzungen zwischen Arten ausgelöst werden, indem der Kontrast zwischen Augen und Gesichtsfeldern verändert wurde.

d) Jahreszeitliche Paarungsisolation
Damit Genfluss auftritt, müssen die Organismen zur selben Zeit fortpflanzungsfähig sein. Ist diese Voraussetzung nicht erfüllt, besitzen sie keinen gemeinsamen Genpool und bilden verschiedene Arten. Frösche haben verschiedene Laichzeiten. Der *Wasserfrosch* laicht von Ende Mai bis Anfang Juni, der *Grasfrosch* zwischen Ende Februar und Anfang April. Bei Pflanzen kommt es auf die Blütezeit an. Die *Gemeine Rosskastanie* blüht am gleichen Standort 14 Tage früher als die *Rote Rosskastanie*. Der *Rote Holunder* blüht von April bis zum Mai, der *Schwarze Holunder* 2 Monate später.

e) Mechanische Paarungsisolation
Bei Insekten und Spinnen sind die Geschlechtsorgane oft sehr artspezifisch ausgebildet. Aus mechanischen Gründen kann in die Samentaschen des Weibchens kein Sperma übertragen werden, wenn die Begattungsorgane zwischen den Geschlechtern nicht genau wie Schlüssel und Schloss zusammenpassen.

2. Isolation nach Zygotenbildung

Die zuvor beschriebenen Isolationsmechanismen verhindern Zygotenbildung. Neben der *präzygotischen* gibt es aber auch *postzygotische Isolation*.

Der *Leopardfrosch* und der *Waldfrosch* sind in Nordamerika beheimatet. Zwischen diesen Froscharten kann es unter Laborbedingungen zur Paarung kommen und es entwickeln sich Keime. Die Entwicklung verläuft aber nur bis zum Gastrulastadium, dann sterben die Keime vermutlich wegen genetisch fehlgesteuerter Differenzierungsprozesse ab. Selbst wenn es unter natürlichen Bedingungen zu Paarungen käme, entstünden keine Hybriden.

Dass auch Bastarde bei zwischenartlicher Paarung entstehen können, zeigen Kreuzungen zwischen Esel und Pferd. *Maultiere* gehen aus der Paarung von Eselhengst und Pferdestute hervor; *Maulesel* sind die Nachkommen bei reziproker Kreuzung. Diese Hybriden sind steril. Meist ist die Sterilität von Mischlingen auf die Kombination unterschiedlicher Chromosomensätze zurückzuführen. In der Meiose entstehen Gameten mit fehlenden Chromosomen oder Chromosomenteilen.

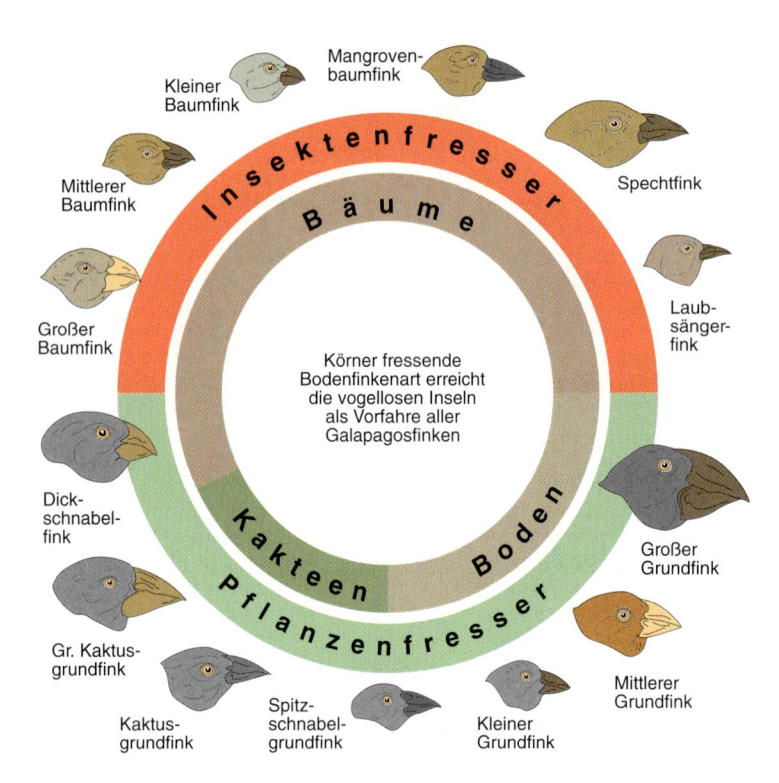

1 Darwinfinken auf Galapagos

Adaptive Radiation

CHARLES DARWIN erreichte bei seiner Forschungsreise 1835 den Galapagosarchipel, der vor 1 bis 5 Millionen Jahren durch unterseeische Vulkanausbrüche entstanden ist. Die hier lebenden Finkenvögel, die unscheinbar bräunlich grau bis schwarz gefärbt sind, interessierten DARWIN zunächst nicht sonderlich. Bei der Untersuchung durch Vogelkundler fielen aber Merkwürdigkeiten auf. Einerseits waren sich die Tiere trotz der Größenunterschiede in Bezug auf Körper- und Flügelform sowie Gefieder sehr ähnlich. Andererseits unterschieden sie sich auffallend in der Form und der Größe der Schnäbel. Heute weiß man, dass es insgesamt 13 verschiedene Finkenarten sind. Diese Finken kommen nur auf Galapagos vor; sie sind *Endemiten*. Die nächsten Finken leben auf dem etwa 1100 km entfernten südamerikanischen Festland.

Die *Galapagosfinken* zeigen eine erstaunliche Vielfalt in der Nahrungsauswahl. Die Grundfinken leben am Boden und knacken mit ihrem dicken Schnabel Körner und Samen. Kaktusfinken suchen ihre Nahrung auf Kakteen. Überwiegend ernähren sie sich von Nektar und Fruchtfleisch. Der Laubsängerfink bewohnt Bäume und ernährt sich von Insekten, die er mit dem langen spitzen Schnabel aufpickt. Der Spechtfink frisst, ähnlich unseren einheimischen Spechten, Insektenlarven, die im Holz der Bäume leben. Zwar fehlt ihm der meißelförmige Schnabel und die lange Spechtzunge, aber mit einem Kaktusstachel im Schnabel kann er seine Beute mit verblüffender Geschicklichkeit aus kleinen Bohrlöchern herausholen. Die Schnabelform ist also eine spezielle Anpassung der Finken an das jeweilige Nahrungsangebot in ihrem Lebensraum.

Da außer auf Galapagos nirgends Finkenvögel leben, die sich ausschließlich von Insekten ernähren, hat bereits DARWIN vermutet, dass sich die endemischen Arten auf dem Archipel selbst entwickelt haben. Heute bezeichnet man sie auch als *Darwinfinken*.

Die Besiedlung der Inseln ist vermutlich folgendermaßen abgelaufen: Nachdem sie durch Vulkantätigkeit entstanden waren und die Lavaoberfläche abgekühlt war, wuchsen zunächst Pflanzen. Sie entwickelten sich aus Samen und Sporen, die durch Wind und Wasser auf die Inseln gelangten. Durch Stürme oder auf Baumstämmen im Wasser treibend, wurde eine kleine Finkengruppe vom südamerikanischen Festland auf die Inselgruppe verschlagen. Diese Finken gehörten zu den ersten tierischen Besiedlern des neuen Eilands und konnten sich ohne Nahrungskonkurrenten und Fressfeinde vermehren.

Die einzelnen Phasen der Artentstehung erklärt folgendes Modell: Im ersten Schritt besiedeln die Finken nur die dem Festland am nächsten gelegene Insel San Cristóbal, erst danach umliegende Inseln. Dieser zweite Schritt führt zur Bildung isolierter Teilpopulationen auf den Inseln, mit verschiedenen ökologischen Verhältnissen. Im Laufe der Zeit, mit Zunahme der Individuenzahl und dem Aufkommen *innerartlicher Konkurrenz*, werden die Populationen an die vorherrschenden ökologischen Bedingungen, insbesondere die unterschiedlichen Nahrungsquellen, evolutiv angepasst. Es findet *Einnischung* statt. Ein anfänglich weniger guter Anpassungsgrad führt nicht zum Aussterben, da die Finken als Erstbesiedler ohne *zwischenartliche Konkurrenz* leben. In einem dritten Schritt besiedelt eine veränderte Population wieder die Ausgangsinsel, wo sie sich nicht mehr mit der ursprünglichen Population vermischt. Es ist eine neue Art entstanden. Zwischenartliche Konkurrenz führt im Weiteren zu verstärkter Einnischung.

Endemit
Tier- oder Pflanzengruppe, die nur in einem einzigen, meist kleinen Gebiet auftritt.

Schnabelformen
bei Darwinfinken

Dies belegt folgende Beobachtung: Leben Populationen des Spitzschnabelgrundfinks und des Kleingrundfinks im selben Biotop, so unterscheiden sich ihre Schnabelformen stärker, als wenn die Arten in getrennten Biotopen auftreten. Durch wiederholte Wanderungsprozesse über die Inseln entstehen nach und nach weitere Arten. Dass es 13 Arten geworden sind, muss kein Zufall sein. Untersuchungen weisen darauf hin, dass die Finken unter den gegebenen Bedingungen nur eine begrenzte Anzahl von ökologischen Nischen bilden konnten.

Diesen Vorgang der Aufspaltung einer Population in mehrere Unterarten und Arten unter gleichzeitiger Ausbildung verschiedener ökologischer Nischen bezeichnet man als *adaptive Radiation*. An diesem Vorgang zeigt sich ein grundsätzliches Phänomen der Evolution. Unablässig entstehen in Populationen durch Mutation und Rekombination neue Phänotypen. Viele von ihnen sind mit ihren Merkmalsausprägungen etwa so gut angepasst wie ihre Vorfahren. Bei anderen ist der Grad der Angepasstheit vermindert; infolge der Selektion können sie sich nicht fortpflanzen. Ganz selten führt eine neue Merkmalsausprägung zu einem verbesserten Anpassungsgrad. Gelangt eine Population in einen neuen konkurrenzfreien Lebensraum, so erweist sich die ständige Neubildung und Neukombination von Allelen als der Mechanismus, der den Anpassungsprozess ermöglicht. Durch ungerichtetes, unablässiges Ausprobieren aller nur möglichen Varianten entstehen in vergleichsweise kurzer Zeit viele verschiedene Lebensformen, die ökologische Nischen besetzen können.

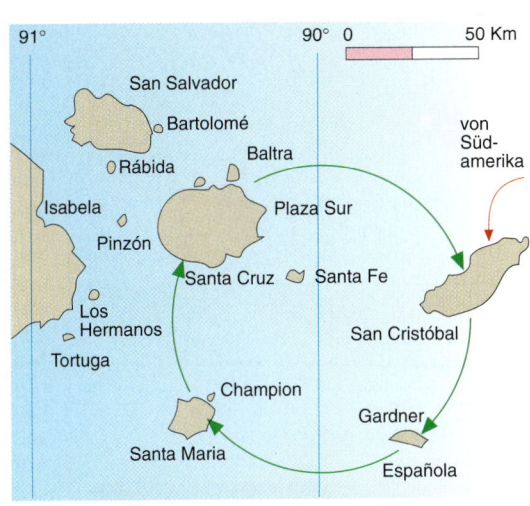

1 Wanderungsbewegungen bei Darwinfinken

Aufgaben

① Im Gegensatz zur Pflanzenwelt ist die Tierwelt auf dem Galapagosarchipel artenarm. Erklären Sie diesen Sachverhalt.

② In Perioden größerer Vereisungen in der Erdgeschichte sind ganze systematische Klassen von Meerestieren ausgestorben, wie zum Beispiel die zu den Gliederfüßern gehörigen *Trilobiten*. Nach der Erwärmung der Meere haben sich überlebende Gruppen unter enormer Artentfaltung entwickelt. Wie lässt sich dieser Befund erklären?

③ Auf den Hawaiischen Inseln, die vulkanischen Ursprungs sind, wird die einheimische Flora teilweise durch importierte Pflanzen verdrängt. Erörtern Sie, welche Faktoren diesen Vorgang bewirken.

Auf der Suche nach den Einwanderern

Eine große Anzahl von Pflanzenarten ist auf Hawaii infolge von adaptiver Radiation endemisch. Dazu gehört auch das *Silberschwert* mit zahlreichen abgewandelten Arten. Es besiedelt sowohl extreme Feuchtgebiete als auch hohes, trockenes Wüstenbergland.

Botaniker begannen, nach der ursprünglich eingewanderten Art zu suchen. Diese Suche war schwierig, weil sich nur wenige Strukturmerkmale finden ließen, in denen die Inselpflanzen und Festlandpflanzen übereinstimmten. Nach vielen Vergleichen mit Pflanzenpopulationen anderer Kontinente stieß man bei dieser Suche auf Ähnlichkeiten mit bestimmten kalifornischen Korbblütlern, die auf dem Festland mit großer Artenvielfalt vertreten sind. Nun unternahm man Kreuzungsversuche zwischen hawaiischen Silberschwertarten und einigen ausgewählten kalifornischen Pflanzen. Es ergaben sich keine Nachkommen. Diese Arten waren offensichtlich nicht die vermuteten Stammformen.

Den Durchbruch erbrachten molekulargenetische Untersuchungen. Der Vergleich von Chloroplasten-DNA zwischen Silberschwertarten und zwei anderen kalifornischen Korbblütlerarten zeigte sehr deutliche Übereinstimmungen. Die vermutete Verwandtschaft bestätigten Kreuzungsversuche, aus denen gesunde Hybridpflanzen hervorgingen. Damit waren die nächsten Festlandverwandten gefunden.

Evolution

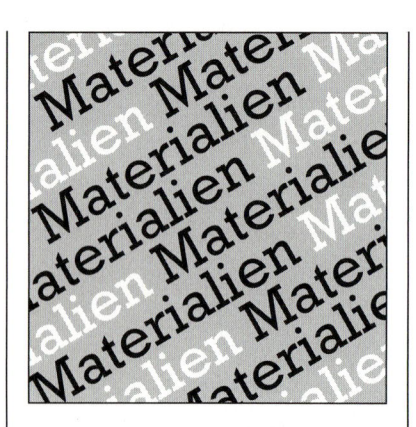

Koevolution

Beispiel 1: Raupen der amerikanischen Schmetterlingsgattung **Heliconius** ernähren sich von verschiedenen Arten von *Passionsblumen*. Diese sind durch bestimmte giftige Inhaltsstoffe, sogenannte *Alkaloide*, gut gegen andere Pflanzenschädlinge — nicht aber gegen Heliconiusraupen — geschützt. Einige Arten der Passionsblumen tragen auf ihren Blättern Strukturen, die den Eiern von Heliconius ähneln. Heliconiusweibchen legen ihre Eier nicht an Blättern ab, an denen bereits andere Weibchen Eier abgelegt haben. Passionsblumen können Haare aufweisen, die die Raupen von Heliconius an der Fortbewegung hindern.

Beispiel 2: Verschiedene **Ragwurzarten** aus der Familie der Orchideen haben Blüten, die Ähnlichkeiten mit den Weibchen bestimmter Insektenarten zeigen. Die Nachahmung ist so perfekt, dass die Orchideen nicht nur die Gestalt der Insektenweibchen nachahmen, sondern sogar deren Duft und Behaarung. Diese Blüten sind relativ klein und unauffällig gefärbt. Die Namen der Orchideenarten weisen auf die nachgeahmten Tiere hin: *Fliegen-Ragwurz, Bienen-Ragwurz* und *Hummel-Ragwurz*. Bei der Hummel-Ragwurz wurde am unteren Ende der Blütenlippe ein Duftfeld gefunden, das bestimmte Stoffe zur Anlockung der Männchen produziert. Tatsächlich fliegen nur Insektenmännchen die Blüten an. Sie versuchen, sich mit den vermeintlichen Weibchen zu paaren und übertragen dabei die Pollenpakete.

Beispiel 3: Der **Schwertschnabel** führt seinen Namen zu Recht. Dieser ca. 22 cm lange Kolibri weist einen Schnabel von ca. 11 cm Länge auf. Der Schwertschnabel sucht seine Nahrung bevorzugt in den langen, röhrenförmigen Blüten verschiedener Nachtschattengewächse oder der Passionsblumen.

Beispiel 4: Bestimmte *Ameisenarten* leben auf Bäumen, wo sie ihre Nester bauen und ihre Nahrung suchen. Die Bäume profitieren ihrerseits von den Ameisen, die sie vor Pflanzenfressern schützen. Manche **Akaziaarten** zeigen weitergehende Merkmale: Sie haben sogenannte *extraflorale Nektarien*, d.h. Nektardrüsen außerhalb der Blüten. Außerdem bilden sie spezielle proteinreiche Nahrungskörperchen und haben hohle Dornen, in denen nur Ameisen einer bestimmten Gattung leben. Diese Ameisen sind außergewöhnlich aggressiv gegen Eindringlinge. Weiterhin beseitigen sie andere Pflanzen von der Oberfläche der Akazien und schützen diese so auch vor der Konkurrenz anderer Pflanzenarten.

Aufgaben

① a) Erklären Sie die Entstehung der Alkaloide in Passionsblumen mit den Evolutionsfaktoren.
  b) Wie könnte man erklären, dass Heliconiusraupen unempfindlich gegen die Alkaloide sind?
  c) Welchen Selektionsvorteil bietet es, wenn Heliconiusweibchen ihre Eier an Blättern ablegen, auf denen sich keine anderen Eier befinden?
  d) Wie kann man die Entstehung der eiähnlichen Strukturen und der Haare auf den Passionsblumenblättern erklären?

② a) Welche Selektionsvorteile hat es für die verschiedenen Ragwurzarten, bestimmte Insektenmännchen anzulocken?
  b) Welche Vorteile bzw. welche Nachteile ergeben sich für die angelockten Insektenarten?
  c) Versuchen Sie, die Anpassungen zwischen Insekten und Pflanzen zu erklären.

③ Erklären Sie mithilfe der bereits besprochenen Evolutionsfaktoren, wie es zu den Wechselbeziehungen zwischen den Arten des 3. und 4. Beispiels kommen konnte.

④ Zwei Aussagen: „Wenn durch die Evolution anderer Organismen neue ökologische Möglichkeiten entstehen, so setzt auch bald deren Nutzung ein. Oft kommt es zur Koevolution zweier Lebewesen bzw. ganzer Familien oder Klassen." „Als Mitte des Tertiärs das Klima trockener wurde, entstanden ausgedehnte Graslänter. Mit diesen Steppen entwickelten sich Gras fressende Pferde."
  a) Versuchen Sie eine fachlich begründbare Definition des Begriffs *Koevolution* zu erstellen.
  b) Handelt es sich bei den Beispielen auf dieser Doppelseite um Fälle von Koevolution?

Lexikon

Tarnung und Warnung

Merkmale, die einen Organismus vor seinen Fressfeinden schützen, verschaffen ihren Trägern einen Selektionsvorteil. In der Natur lassen sich viele erstaunliche und wirksame Schutzeinrichtungen beobachten. Über ihre evolutive Entstehung gibt es aber meist keine Belege.

1. Warntracht

Wehrhafte Tiere sind häufig auffällig gefärbt. Dennoch sind sie geschützt, obwohl auch sie Fressfeinde haben, die ihnen unangenehm zusetzen können. Es ist für diese Tiere aber vorteilhaft, wenn sie ihre Gefährlichkeit deutlich machen. Dazu besitzen sie oft eine lebhafte Körperfärbung. Diese wird als *Warntracht* bezeichnet. Wespen und Hornissen beispielsweise zeigen eine auffällige schwarzgelbe Ringelung des Hinterleibs. Fressfeinde, die bereits mit derart wehrhaften Tieren schlechte Erfahrungen gemacht haben, erkennen sie an diesen Merkmalen und meiden sie künftig. So besteht für die auffälligen wehrhaften Arten ein Selektionsvorteil, der von der Lernfähigkeit der Fressfeinde abhängig ist.

2. Mimikry

Der **Hornissenschwärmer** ist ein harmloser Schmetterling, der auf den ersten Blick mit einer Hornisse verwechselt werden kann. Er zeigt dieselbe gelbschwarze Färbung wie Hornissen. Die Gemeinsamkeit geht sogar so weit, dass er häufig durchsichtige Flügel ohne Schuppen besitzt und diese in Ruhe wie das Vorbild neben dem Hinterleib, statt über ihm, zusammenfaltet. Diese Nachahmung von Warnsignalen, die von wehrhaften Arten ausgehen und vor Fressfeinden schützen, bezeichnet man als *Scheinwarntracht* oder *Mimikry*. Sie verschafft ihrem Träger einen Selektionsvorteil. Er hängt entscheidend von dem Zahlenverhältnis zwischen wehrhaften Tieren und wehrlosen Nachahmern ab, die im selben Biotop leben. Diese Mimikry zeigen auch einige Arten aus der Familie der Schwebfliegen.

3. Tarnung durch Schutzfärbung

Viele Tierarten haben eine Körperfärbung, mit der sie in ihrem Lebensraum gut getarnt sind. So haben die Schneehasen im Winter ein weißes Fell, während das Fell von Wüstentieren, wie Wüstenmaus oder Kojote, ganzjährig gelbbraun gefärbt ist.
Der *Gemeine Tintenfisch* (Sepia officinalis) hat in seiner ganzen Körperoberfläche Pigmentzellen, die verschiedene Farbstoffe enthalten. Durch Ausdehnen oder Zusammenziehen verschiedener Zelltypen kann der Tintenfisch seine Körperfärbung der jeweiligen Umgebung anpassen.

4. Mimese

Mimese ist eine besonders gute Form der Tarnung. Ihre Wirksamkeit besteht darin, dass ein Organismus in Form und Farbe Objekten seiner Umgebung gleicht, die für Fressfeinde bedeutungslos sind. Der indische Blattschmetterling **Callima** beispielsweise gleicht einem dürren Blatt, wenn er die Flügel über dem Hinterleib faltet und in Ruhe ist. Der Flügelumriss hat die Form eines spitzen Blattes. Schmale Ausläufer sehen aus wie ein Blattstiel. Die Flügelunterseiten tragen Zeichnungen, die Blattrippen und faulende Blattstellen vortäuschen.

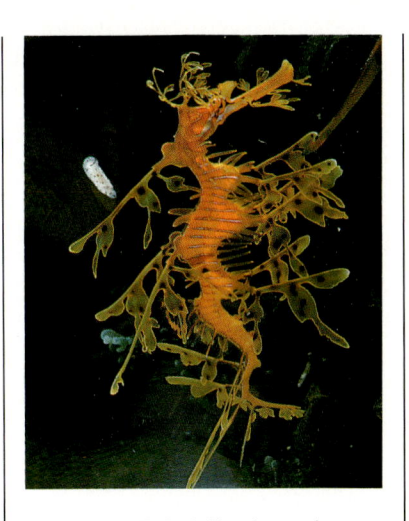

Ein anderes Beispiel ist der an der australischen Küste vorkommende **Fetzenfisch** *(Phyllopteryx)*. Er gehört zur Familie der Seepferdchen und ist etwa 25 cm lang. Sein rotbrauner Körper ist überall mit lappigen und stacheligen Anhängen versehen. Sein Körperumriss ist völlig aufgelöst. Er gleicht einer schwimmenden Tangpflanze. Zwischen Algen und Tangen ist er perfekt getarnt.

5. Molekulare Tarnmechanismen

Eine besondere Form der Tarnung wurde an krankheitserregenden Einzellern untersucht. Ihre Gegenspieler sind die Abwehreinrichtungen und das Immunsystem des menschlichen Körpers. In den Tropen Afrikas kommen die Erreger der *Schlafkrankheit* vor. Es sind begeißelte Einzeller der Gattung *Trypanosoma*, die durch den Stich der Tsetse-Fliege auf den Menschen und auf Rinder übertragen werden. Die Erreger entwickeln sich frei im Blut und sind dem Zugriff des Immunsystems ausgesetzt. Normalerweise bildet das Immunsystem spezifisch wirksame Antikörper. Diese reagieren mit körperfremden Molekülen, den *Antigenen*, die an der Zelloberfläche der Eindringlinge sitzen. Diese Abwehr versagt bei den Trypanosomen. Sie können im Kampf ums Überleben ihre Oberflächenantigene abwerfen und neue bilden. Noch bevor alle Erreger eines Antigentyps vernichtet sind, existieren schon wieder andere. An diesen, mit einem neuen Antigenmuster getarnten Erregern, ziehen Antikörper vorbei, ohne zu reagieren. Bis ein neuer Antikörpertyp entstanden ist, gibt es bereits wieder ein weiteres, bisher unbekanntes Antigenmuster. So ist Trypanosoma mit seiner molekularen Tarnung dem Immunsystem immer einen Schritt voraus.

Evolution

3 Belege für den Ablauf der Evolution

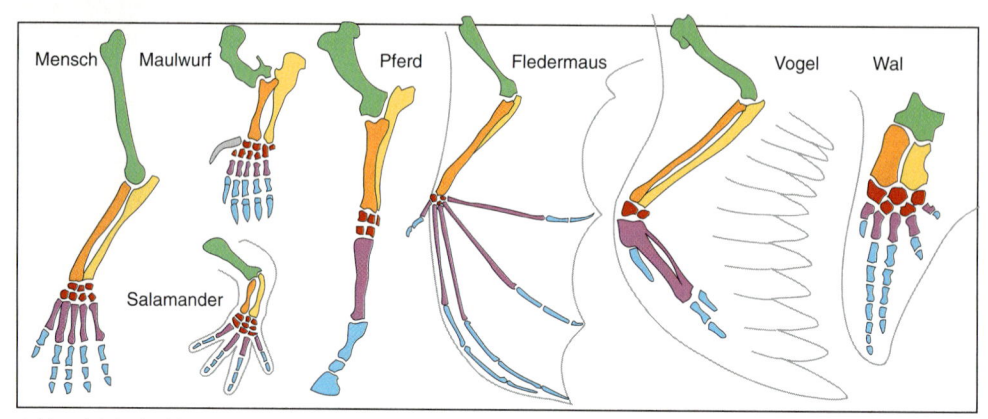

1 Vergleich der Vorderextremitäten von verschiedenen Wirbeltieren

Homologe Organe

Neben den Faktoren, die Evolution bewirken, gibt es Belege dafür, welchen Verlauf Evolution in der Vergangenheit genommen hat. Auf den nächsten Seiten steht eine Auswahl der unterschiedlichsten Belege.

Vergleicht man äußerlich den Flügel einer Fledermaus und das Grabbein eines Maulwurfs, so zeigen sich kaum Ähnlichkeiten der beiden Organe, die bei diesen Tieren darüber hinaus unterschiedliche Funktionen erfüllen. Untersucht man jedoch die Skelette, so zeigen sich deutliche Übereinstimmungen: Ein Oberarmknochen, zwei Unterarmknochen, Handwurzelknochen, Mittelhandknochen und fünf Finger sind die gemeinsamen Grundstrukturen. Sie sind jedoch unterschiedlich geformt, angepasst an die Bedingungen der jeweiligen Lebensweise. So fällt auf, dass der Oberarm des Maulwurfs sehr kurz ist und die beiden Unterarmknochen stark verdickt sind. Das kräftige Armskelett besitzt für kraftvolles Graben günstige Hebelverhältnisse. Dagegen besteht das leichtgewichtige Flügelskelett der Fledermaus aus dünnen, langen Knochen, zwischen denen die Flughaut großflächig ausgebreitet wird.

Abbildung 1 zeigt, dass auch der Aufbau der Vorderextremitäten weiterer Wirbeltiere ähnlich ist, obwohl diese sehr unterschiedlich genutzt werden. Alle verbindet dasselbe Grundmuster, das mehrfach abgewandelt auftritt. Während Mensch, Fledermaus und Maulwurf noch fünf Finger bzw. Zehen besitzen, sind es bei Salamandern vier.

Beim Pferd ist nur eine Zehe (die dritte) vorhanden. Organe, die dasselbe Grundbaumuster besitzen, bezeichnet man als *homologe Organe*.

Dass sich das Grundmuster der Vorderextremitäten bei vielen Tausenden von Wirbeltieren zufällig in derselben Weise gebildet hat, ist sehr unwahrscheinlich. Wesentlich wahrscheinlicher ist, dass die Ursache für gemeinsame Grundstruktur auf gemeinsame Erbinformationen zurückzuführen ist. Kreuzungen zwischen diesen Organismen sind aber unmöglich. Deshalb kann man wohl davon ausgehen, dass die Wandelbarkeit der Arten und ihre Vermehrung durch Aufspaltung aus Stammarten die Ursache ist.

Die Abstammungslehre geht davon aus, dass für die hier betrachteten Tiergruppen gemeinsame Vorfahren existiert haben, die entsprechend gebaute Extremitäten besessen haben. Aus diesen Ahnen haben sich in langen Zeiträumen verschiedene Tierarten entwickelt, die heute noch das Merkmal, teilweise in gestaltlich stark abgewandelter Form, besitzen. Während dieses Prozesses haben sich die Lebensweisen verändert. Dabei haben die Organe manchmal auch einen Funktionswechsel erfahren.

Nimmt man diese Deutung an, so lässt sich ableiten: *Homologie* ist die Folge von Abstammung. Findet man bei verschiedenen Lebewesen homologe Organe, so haben sie gemeinsame Vorfahren, die mit der Ausgangsform der homologen Organe ausge-

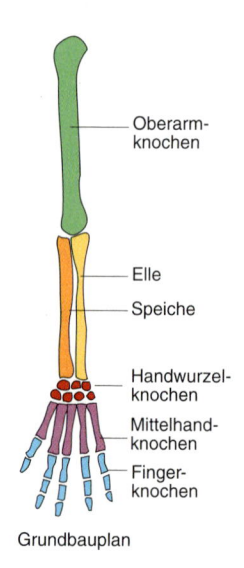

Grundbauplan

- Oberarmknochen
- Elle
- Speiche
- Handwurzelknochen
- Mittelhandknochen
- Fingerknochen

Homologie
Gleichwertigkeit von Strukturen im Bauplan verschiedener Lebewesen infolge gemeinsamer Abstammung

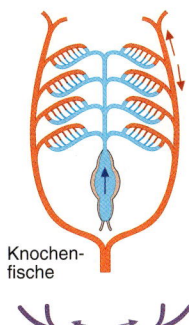

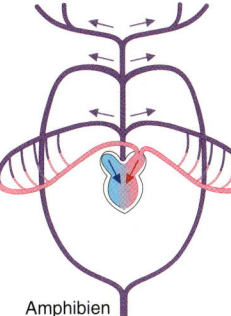

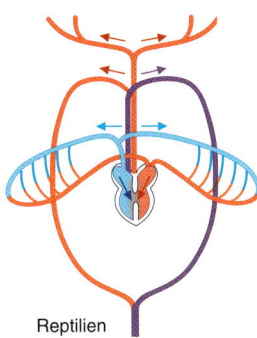

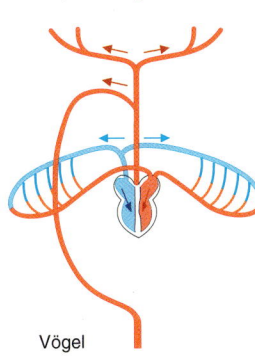

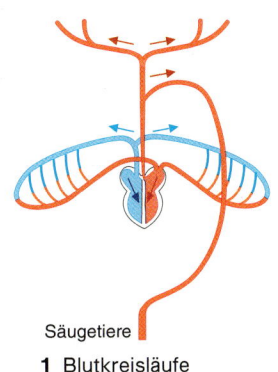

stattet waren. Sind bei verschiedenen Arten einige Organe zueinander homolog, so gilt dies nicht automatisch auch für alle anderen Organe.

Beispielsweise besitzen Wale keine sichtbaren Hinterextremitäten. Dies wird verständlich, wenn man annimmt, dass die gemeinsamen Vorfahren aller Säugetiere zwei Paar Extremitäten besaßen und nach der Aufspaltung der gemeinsamen Entwicklung bei Walen die Hinterextremitäten zurückgebildet wurden. So wie in einzelnen Entwicklungslinien Organe zurückgebildet werden, kann es auch zur Bildung neuer Organe kommen.

Die Homologiekriterien

Das Urteil, ob Strukturen homolog sind oder nicht, ist nicht immer so einfach zu fällen wie im vorigen Beispiel. Zur Aufklärung von Homologien hat man bestimmte Kriterien. Beim Vergleich der Vorderextremitäten wurde das *„Kriterium der Lage"* herangezogen. Nach diesem sind Strukturen dann homolog, wenn sie in einem vergleichbaren Gefügesystem die gleiche Lage einnehmen.

Die Hautschuppen der Haie zeigen denselben Grundbauplan wie die Zähne der Säuger. Trotz unterschiedlicher Lage im Organismus sind Struktur und Schichtung der Einzelelemente des Organs identisch. Beide Organe sind homolog, weil sie in ihren Strukturdetails übereinstimmen und dies überzeugend nur mit Abstammung erklärbar ist (Abb. 2).

Hier kommt das *„Kriterium der spezifischen Qualität"* zur Anwendung. Es besagt, dass komplex aufgebaute Organe, unabhängig von ihrer Lage im Organismus, dann homolog sind, wenn sie in mehreren besonderen Merkmalen übereinstimmen. Für das Beispiel lässt dies den Schluss zu, dass es gemeinsame Vorfahren gab, die bereits Zähne oder zahnähnliche Strukturen in der Körperbedeckung besessen haben.

Der Vergleich von Herz und herznahen Blutgefäßen bei Knochenfischen und Säugern zeigt erhebliche Unterschiede. Das Fischherz besitzt einen Vorhof und eine Herzkammer. Das Blut wird in einen Arterienstamm gepumpt und über bogenförmige Arterien in die Kiemen geleitet. Die weiterführenden Gefäße münden in die Körperschlagader (Aorta). Der Kopf wird durch Arterien, die dem vordersten Kiemenbogen entspringen, mit Blut versorgt. Beim Säugetier besteht das Herz aus zwei Vorhöfen und zwei Herzkammern. Es pumpt Blut durch den Lungen- und den Körperkreislauf. Es sind jeweils paarige Lungen- und Kopfarterien vorhanden. Die Körperschlagader ist unpaarig.

Vergleicht man damit die Kreislauforgane von Amphibien und Reptilien, so lässt sich eine stete Reihe bilden. Die Anzahl an Kiemenbögen wird verringert; sie werden zu Schlagadern. Das Herz ausgewachsener, lungenatmender Amphibien ist dreiteilig. Es zeigt zwei Vorhöfe und eine Herzkammer, in der sich sauerstoffreiches und sauerstoffarmes Blut vermischt. Beim vierteiligen Reptilienherz sind die zwei Herzkammern meist unvollständig getrennt. Bei Säugetieren ist eine vollständige Trennung von Körper- und Lungenkreislauf vorhanden (Abb.1).

Da es sehr wahrscheinlich ist, dass diese Reihe auch den Ablauf der evolutiven Entwicklung bei der Umstellung von Kiemen- auf Lungenatmung wiedergibt, geht man von Homologie aus. Das *„Kriterium der Stetigkeit"* besagt, dass verschieden gestaltete Organe dann homolog sind, wenn sie sich durch Zwischenformen miteinander verbinden lassen, die entweder bei verschiedenen Arten bestehen oder im Verlauf der Embryonalentwicklung eines Lebewesens oder als Fossilien auftreten.

Die homologen Organe einer Organismengruppe und deren Lage ergeben zusammen den Grundbauplan. So hat jeder Tierstamm einen eigenen Bauplan. Er enthält die Grundstrukturen, die bei jedem Vertreter dieses Stammes zu finden sind. Dasselbe gilt auch für die Pflanzenabteilungen.

1 Blutkreisläufe (Knochenfische, Amphibien, Reptilien, Vögel, Säugetiere)

2 Hautschuppe und Zahn im Vergleich (Schmelz, Zahnbein (Dentin), Schuppenhöhle, Hautschuppe (Hai); Zahnhöhle, Zahn (Säugetier))

Evolution **365**

1 Kaktus  **2** Wolfsmilch  **3** Maulwurf  **4** Maulwurfsgrille

austretender Milchsaft

Analogie
Ähnlichkeit funktionsgleicher Strukturen verschiedener Lebewesen, die bei gemeinsamen Vorfahren nicht aufgetreten sind

Sukkulenz
Ausbildung von Wasserspeichergeweben und Reduzierung der Oberfläche zur Einschränkung der Transpiration

Analoge Organe

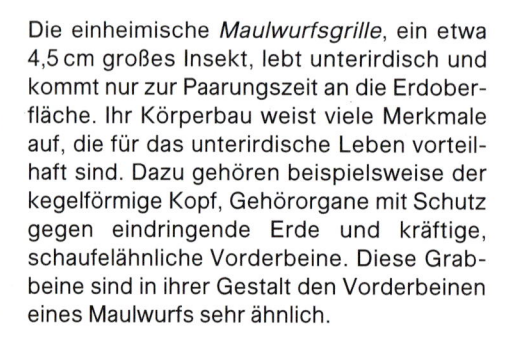

Die einheimische *Maulwurfsgrille*, ein etwa 4,5 cm großes Insekt, lebt unterirdisch und kommt nur zur Paarungszeit an die Erdoberfläche. Ihr Körperbau weist viele Merkmale auf, die für das unterirdische Leben vorteilhaft sind. Dazu gehören beispielsweise der kegelförmige Kopf, Gehörorgane mit Schutz gegen eindringende Erde und kräftige, schaufelähnliche Vorderbeine. Diese Grabbeine sind in ihrer Gestalt den Vorderbeinen eines Maulwurfs sehr ähnlich.

Der Maulwurf besitzt als Wirbeltier ein knöchernes Innenskelett, während die Maulwurfsgrille, wie alle Insekten, ein Außenskelett aus Chitin trägt. Übergangsformen zwischen beiden Arten existieren nicht. Überdies sind die Grundbaupläne von Insekten und Säugern so verschieden, dass Homologie nicht vorliegen kann. Von gemeinsamen Vorfahren mit derartigen Grabbeinen kann also nicht ausgegangen werden.

Wie ist in diesem Beispiel die auffallende Ähnlichkeit erklärbar? Beide Tierarten besiedeln Lebensräume, in denen die selben Anforderungen an die Lebewesen gestellt werden. Nimmt man eine Evolution der Arten an, so wird verständlich, dass bei gleichen Einflüssen durch die Umwelt und ähnlicher Lebensweise gleiche Merkmale entstanden sind, mit denen sie an ihren Lebensraum angepasst sind. Man bezeichnet dies als *konvergente Entwicklung*. Das Ergebnis sind die in Gestalt und Funktion übereinstimmenden Organe. Sie heißen *analoge Organe*.

Analogien sind kein Beweis für eine Verwandtschaft, aber ein weiteres Indiz für Entwicklung und Veränderung der Arten, verursacht durch Umweltbedingungen. Weitere Beispiele für analoge Organe sind die Flossen von Meeressäugern und Fischen.

Auch im Pflanzenreich sind Analogien als Ergebnis konvergenter Entwicklung beobachtbar. Die in den Trockengebieten Amerikas heimischen *Kakteen* sind an ihre Standortbedingungen besonders angepasst: Sie besitzen Wasserspeichergewebe im stark verdickten Spross *(Stammsukkulenz)* und zu Stacheln reduzierte Blätter zur Einschränkung der Transpiration. In den Trockengebieten Afrikas findet man *Wolfsmilchgewächse*, für die kennzeichnend ist, dass bei Verletzung weißlicher Saft ausläuft. Sie sind vergleichbar gut an das knappe Wasserangebot ihrer Standorte angepasst. Dass die ähnliche Form des Pflanzenkörpers und das Wasserspeichergewebe analoge Strukturen sind, erkennt man an folgenden Merkmalen: Während bei Kakteen das Rindengewebe des Sprosses die Wasserspeicherung übernimmt, ist es bei den Wolfsmilchgewächsen das Mark. Außerdem haben die Pflanzen einen unterschiedlichen Blütenbau. Die Homologiekriterien sind nicht erfüllt, d. h. es liegt *Analogie* vor. Das bedeutet, dass die *Sukkulenz* im Verlauf der Entwicklungsgeschichte dieser Pflanzen unabhängig voneinander entstanden ist. Man spricht dann von *Stellenäquivalenz*, weil nicht verwandte Arten vergleichbare ökologische Nischen innehaben.

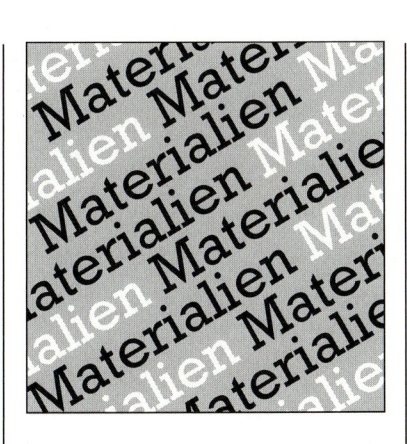

Befunde aus der Anatomie

① Die unten stehenden Abbildungen zeigen schematisch die Entstehung der Linsenaugen im Verlauf der Embryonalentwicklung bei Wirbeltieren und Kopffüßern.
  a) Vergleichen Sie die jeweiligen funktionsgleichen Strukturen.
  b) Begründen Sie, ob die Augen der beiden Tiergruppen homolog sind oder nicht. Welche der Homologiekriterien verwenden Sie für Ihre Argumentation?
  c) Welche Aussage lässt das Ergebnis von Teilaufgabe b) über die evolutive Entwicklung von Augen bei Kopffüßern und Wirbeltieren zu?

② Die Beine der Insekten ermöglichen die unterschiedlichsten Formen der Fortbewegung. Man findet bei den verschiedenen Insektenordnungen Laufbeine, Sprungbeine, Grabbeine und Schwimmbeine.

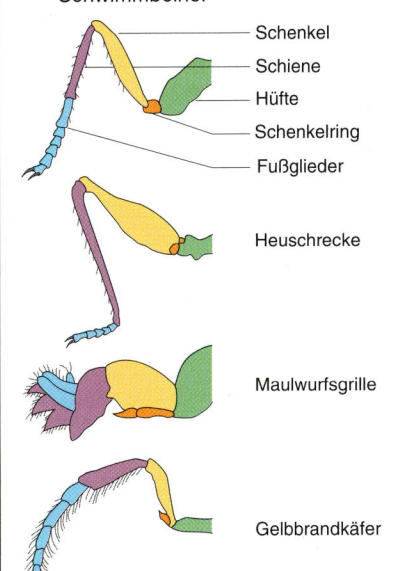

Schenkel, Schiene, Hüfte, Schenkelring, Fußglieder

Heuschrecke
Maulwurfsgrille
Gelbbrandkäfer

  a) Vergleichen Sie den Aufbau der abgebildeten Insektenbeine miteinander.
  b) Welche Aussagen zur evolutiven Entstehung sind möglich? Begründen Sie.

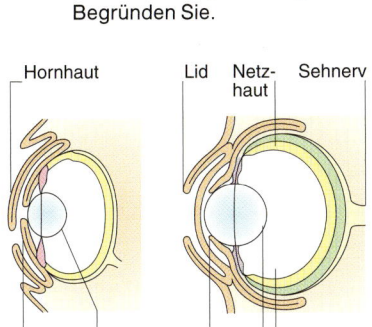

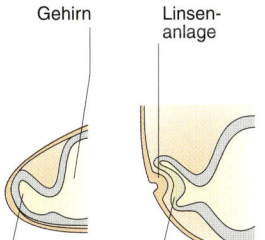

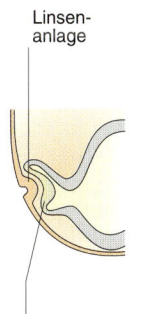

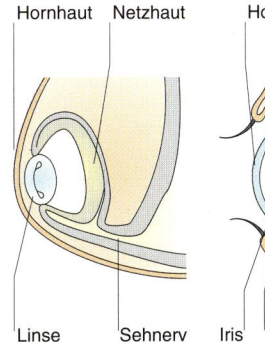

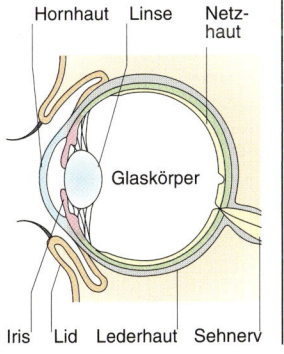

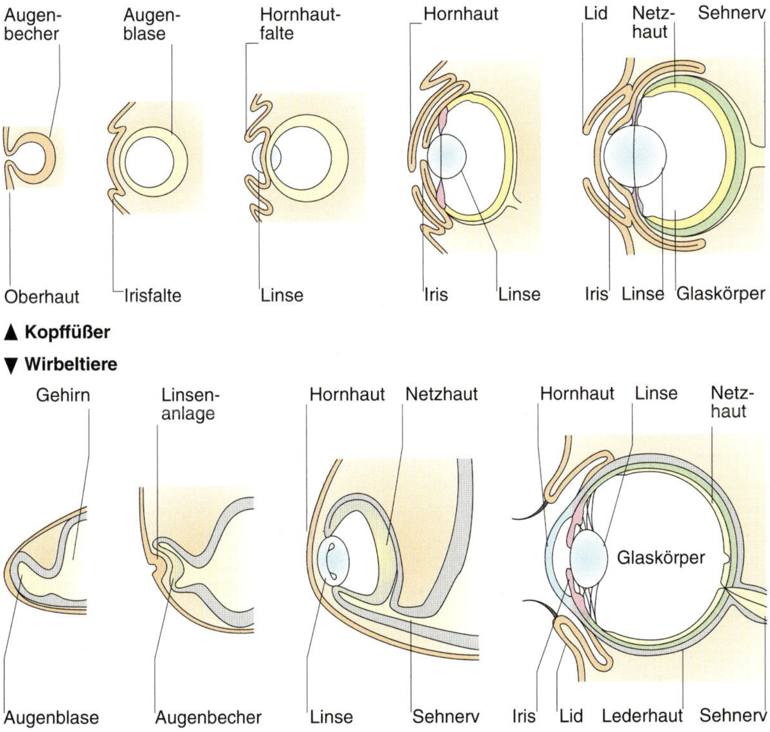

③ Die *Calanoiden* bilden eine Ordnung innerhalb der Unterklasse der Ruderfußkrebse. Sie kommen im Meer in großer Menge vor und leben als Erstkonsumenten von Plankton. Zugleich bilden sie die wesentliche Nahrungsgrundlage für Herings- und Makrelenschwärme.

Die *Seepocken* gehören zur Unterklasse der Rankenfüßer. Diese marinen Krebse bilden einen Kalkpanzer, der mit seinen Platten den Körper völlig umgibt. Es gibt nur eine mit beweglichen Kalkplatten verschließbare Öffnung, aus der die Rankenfüße hervortreten können. Mit ihnen strudeln die Tiere Nahrungsteilchen herbei. Der vordere Kopfabschnitt besitzt eine Haftscheibe, Komplexaugen fehlen.
  a) Zu welchem Tierstamm gehören die Krebse? Welche wesentlichen Merkmale charakterisieren diesen Stamm? Identifizieren Sie diese Merkmale soweit als möglich an den abgebildeten Tieren.
  b) Vergleichen Sie die Lebensweise von Ruderfußkrebsen und Rankenfüßern. Berücksichtigen Sie dabei den Körperbau.
  c) Ruderfußkrebse und Rankenfüßer zeigen erhebliche Unterschiede im Körperbau. Geben Sie eine evolutive Erklärung für diese Divergenz der beiden verwandten Tiergruppen.

④ Untersuchen und begründen Sie, ob die Schwingkölbchen der Fliegen zu den Hinterflügeln der Schmetterlinge homolog sind.

Augenbecher, Augenblase, Hornhautfalte, Hornhaut, Lid, Netzhaut, Sehnerv
Oberhaut, Irisfalte, Linse, Iris, Linse, Iris, Linse, Glaskörper

▲ **Kopffüßer**
▼ **Wirbeltiere**

Gehirn, Linsenanlage, Hornhaut, Netzhaut, Hornhaut, Linse, Netzhaut
Glaskörper
Augenblase, Augenbecher, Linse, Sehnerv, Iris, Lid, Lederhaut, Sehnerv

Lexikon

Weitere Belege für die Evolutionstheorie

Die vorhergehenden Seiten beschrieben bereits ausführlich eine Reihe von Belegen für den Ablauf der Evolution. Dieses Lexikon fasst weitere Indizien zusammen. Es zeigt insbesondere, dass die verschiedenen Teilgebiete der Biologie unabhängig voneinander zu Erkenntnissen kommen, die naturwissenschaftlich durch die Evolutionstheorie erklärt werden können.

Rudimentäre Organe

Das *Pferd* hat als Unpaarhufer eine stark ausgebildete Mittelzehe. Dem dritten Mittelfußknochen liegt links und rechts je ein dünner, schwacher Knochen an, der für die Fortbewegung offensichtlich keine Bedeutung mehr hat. Wegen ihrer Form nennt man diese Knochen *Griffelbeine*. Sie sind den zweiten und vierten Mittelfußknochen anderer Wirbeltiere homolog. Derartige rückgebildete Organe bezeichnet man allgemein als *Rudimente* oder *rudimentäre Organe* (lat. *rudimentum* = Rest). Rudimente haben manchmal keine erkennbare Funktion. Dazu gehören beispielsweise die Reste eines Schultergürtels bei unserer einheimischen Blindschleiche oder die Flügelreste bei flugunfähigen Vögeln, wie dem neuseeländischen Kiwi oder dem australischen Kasuar.

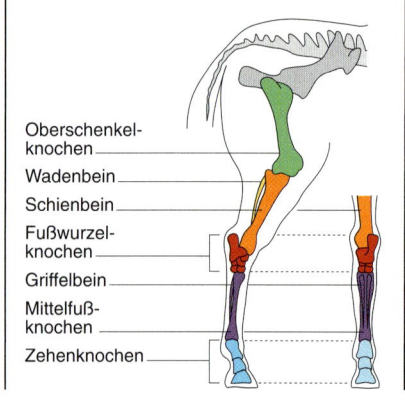

Häufig haben Rudimente jedoch auch eine Aufgabe, die von ihrer ursprünglichen Funktion verschieden ist. So hat der Wurmfortsatz des Menschen für die Verdauung keinerlei Bedeutung. Er hat stattdessen die Aufgabe eines lymphatischen Organs übernommen. Bei Walen dienen die Reste der Beckenknochen nicht zur Fortbewegung, sondern bilden eine Ansatzstelle für Muskeln der männlichen Geschlechtsorgane. Die Bildung von Rudimenten erklärt man als Funktionsverlust oder Funktionsänderung von Organen, die in Verbindung mit Änderungen der Lebensweise entstanden. Höhlentiere, wie der Grottenolm, haben beispielsweise rudimentäre Augen, die in der völligen Dunkelheit der Höhlen für die Orientierung der Tiere nicht mehr von Bedeutung sind.

Atavismen

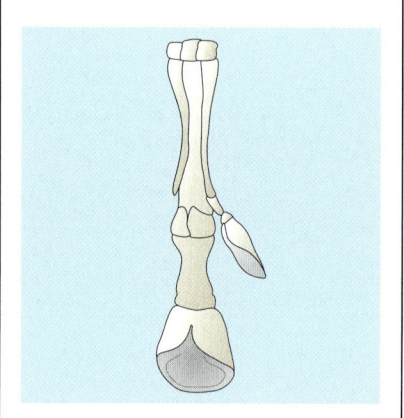

In seltenen Ausnahmefällen werden Pferde geboren, die eine zweite oder sogar eine dritte Zehe mit einem Huf aufweisen. Diese mehrzehigen Pferde weisen also ein Merkmal auf, das auf die fünfstrahlige Wirbeltierextremität hinweist. Derartige urtümliche Merkmale, die bei rezenten Lebewesen nur ausnahmsweise auftreten, für deren Vorfahren aber typisch waren, nennt man *Atavismen* (lat. *atavus* = Großvater). Atavismen findet man bei zahlreichen Lebewesen: Rosen und Tulpen weisen gelegentlich grüne, blattförmig ausgebildete Staubblätter auf. Bei der Taufliege gibt es eine Mutante mit vier Flügeln *(Drosophila tetraptera)*.

Auch beim Menschen sind Atavismen immer wieder zu beobachten: z.B. starke Körperbehaarung, Ausbildung einer Schwanzwirbelsäule oder überzählige Brustwarzen.

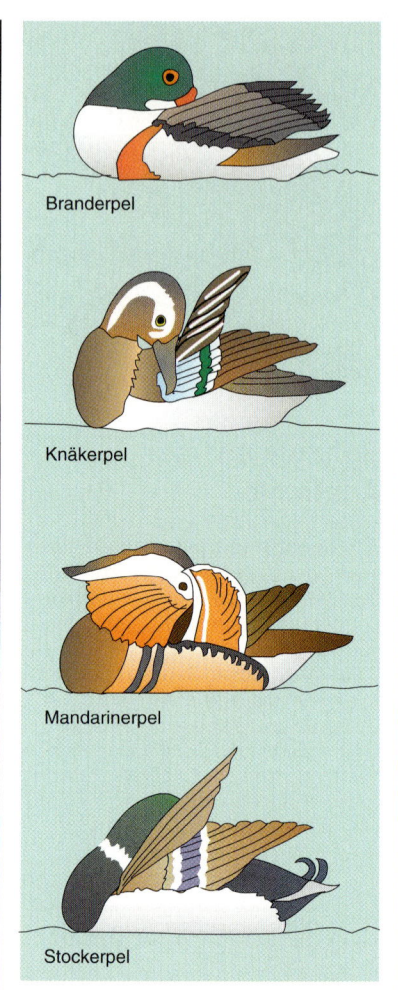

Branderpel

Knäkerpel

Mandarinerpel

Stockerpel

Verhalten (Ethologische Merkmale)

Vergleicht man das Verhalten verschiedener *Entenarten*, so stellt man erstaunliche Übereinstimmungen fest, selbst bei Arten, die sich in ihrem Vorkommen und in ihrer Lebensweise stark unterscheiden: Küken aller Entenarten rufen mit einem einsilbigen „Pfeifen des Verlassenseins" nach dem Elterntier. *Branderpel, Mandarinerpel, Stockerpel* und *Knäkerpel* putzen bei der Einleitung der Balz scheinbar ihr Gefieder. Stockerpel und Knäkerpel, nicht aber Branderpel und Mandarinerpel, zeigen bei der Balz ein als „Hochkurzwerden" bekanntes Verhalten. Diese und zahlreiche weitere Beispiele zeigen, dass auch im Bereich des tierischen Verhaltens Homologien vorkommen. Durch Auswertung zahlreicher ethologischer Merkmale konnten Verwandtschaftsbeziehungen zwischen verschiedenen Arten erforscht werden. Bei den besonders gut untersuchten Entenvögeln war es sogar möglich, auf der Basis abgestufter Ähnlichkeit im Verhalten einen Stammbaum der Arten zu erstellen.

1 Muscheln  **2** Seescheiden  **3** Entenmuscheln

Vergleichende Embryologie

KARL ERNST VON BAER (1792—1876) gilt als Begründer der vergleichenden Embryologie. Er entdeckte beispielsweise die „Kiemenspalten der Säugetierembryonen" und erkannte, dass die Embryonen aller Wirbeltiere sich sehr ähneln. Ihnen ist u. a. eine stark ausgeprägte Schwanzwirbelsäule und die vorübergehende Ausbildung eines elastischen Achsenstabes, der *Chorda*, gemeinsam.

Diese Beobachtungen fasste 1866 ERNST HAECKEL in der *Biogenetischen Grundregel* zusammen: „Die Keimesentwicklung *(Ontogenese)* ist eine kurze, unvollständige und schnelle Rekapitulation der Stammesentwicklung *(Phylogenese)*."

Wäre diese Regel allgemein gültig, würde es bedeuten, dass die direkt beobachtbare Embryonalentwicklung den Biologen den Ablauf der stammesgeschichtlichen Entwicklung wie in einem Zeitrafferfilm zugänglich machen würde. Bereits HAECKEL erkannte jedoch, dass embryonale und stammesgeschichtliche Entwicklung nicht immer parallel verlaufen. So sehen die Embryonen eines Säugetiers nicht wie ein erwachsener Urfisch aus. Weiterhin gilt diese Regel nur für die Ausbildung einzelner Organanlagen. Auch wenn uns die Embryologie kein genaues Abbild der Stammesgeschichte liefern kann, so zeigen sie doch weitreichende Homologien zwischen den verschiedensten Wirbeltierembryonen.

Die vergleichende Embryologie ermöglicht insbesondere die Aufklärung sonst schwer zu durchschauender Verwandtschaftsverhältnisse: *Muscheln* sind von einer zweiklappigen Schale umschlossen, ein Kopf fehlt völlig. Mithilfe ihrer Kiemen nehmen sie nicht nur Sauerstoff aus dem Wasser auf, sondern strudeln auch Nahrung herbei. *Seescheiden* sind ebenfalls festsitzende Tiere ohne Kopf. Zur Aufnahme von Sauerstoff und Nahrung dient bei ihnen ein Kiemendarm. Auch *Entenmuscheln* leben festsitzend, sie strudeln ihre Nahrung mit ihren Füßen herbei. Trotz dieser Ähnlichkeiten in der Lebensweise haben Seescheiden, Entenmuscheln und Muscheln jedoch völlig verschiedene Larvenstadien: Muscheln haben eine *Trochophoralarve*, wie sie beispielsweise auch bei Schnecken vorkommt. Seescheidenlarven dagegen weisen ein Neuralrohr und eine Chorda auf, wie sie auch bei Wirbeltierembryonen auftreten. Entenmuscheln haben *Naupliuslarven*, wie sie für Ruderfußkrebse typisch sind. Eingehendere Untersuchungen der drei Tiergruppen bestätigen den embryologischen Befund, dass Muscheln eng mit Schnecken, Entenmuscheln mit Ruderfußkrebsen, Seescheiden dagegen mit Wirbeltieren verwandt sind.

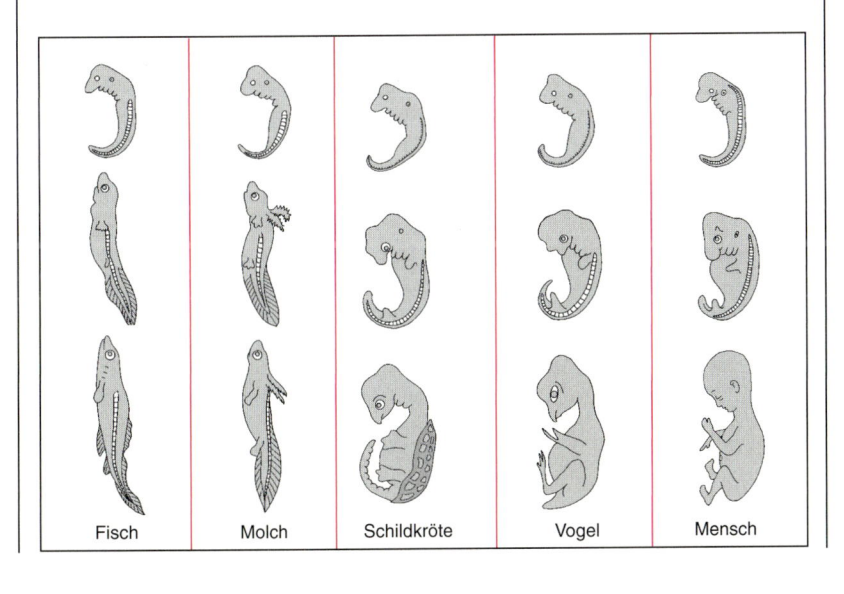

Parasitologie

Viele *Parasiten* sind wirtsspezifisch, d. h. sie leben nur auf einer bestimmten Pflanzen- oder Tierart, allenfalls kommen manche auf nahe verwandten Arten vor. Beispielsweise können Menschenläuse nur auf dem Menschen und dem nahe verwandten Schimpansen überleben. Die Evolutionsgeschwindigkeit der Parasiten ist geringer als die ihrer Wirtstiere, da die Parasiten in bzw. auf ihrem Wirt unter weitgehend konstanten Umweltbedingungen leben. Weisen verschiedene Arten sehr ähnliche oder sogar gleiche Parasiten auf, stammen sie mit hoher Wahrscheinlichkeit von gemeinsamen Vorfahren ab, die diese Parasiten bzw. deren Vorfahren ebenfalls aufweisen.

Beispielsweise haben das nordafrikanische Dromedar, das asiatische Trampeltier und das südamerikanische Lama außerordentlich ähnliche Läuse. Diese drei Tierarten scheinen also eng verwandt zu sein, obwohl sie auf verschiedenen Kontinenten leben. Die Untersuchung des Körperbaus bestätigt diese Vermutung.

| Fisch | Molch | Schildkröte | Vogel | Mensch |

Moderne Belege aus Biochemie und Molekularbiologie

Die Belege der vorhergehenden Seiten stammten aus Teilgebieten der klassischen Biologie. Sie beschäftigten sich überwiegend mit relativ leicht erkennbaren äußeren Merkmalen der untersuchten Lebewesen *(phänotypische Belege)*. Die Belege aus der Biochemie und der Molekularbiologie enthalten Forschungsergebnisse, die bis auf die Ebene der Gene hinunterreichen *(genotypische Belege)*.

Dringen körperfremde Stoffe oder Krankheitserreger in den Körper von Wirbeltieren ein, bildet dieser spezifische Abwehrstoffe. Die körperfremden Stoffe und bestimmte Strukturen an der Oberfläche der Krankheitserreger nennt man *Antigene*, die körpereigenen Abwehrstoffe bezeichnet man als *Antikörper*. Antikörper reagieren mit den eingedrungenen Antigenen und machen sie unschädlich, indem sie mit diesen verklumpen *(Antigen-Antikörper-Reaktion)*.

Antikörper sind spezifisch, d. h. sie reagieren optimal nur mit den Antigenen, die ihre Bildung ausgelöst haben. Injiziert man beispielsweise Kaninchen Serum des Menschen, so wirken die menschlichen Serumeiweiße als Antigene. Das Immunsystem des Kaninchens bildet entsprechende Antikörper. Man entnimmt den Kaninchen Blut und gewinnt daraus Serum mit den Antikörpern gegen die menschlichen Bluteiweiße, das *Anti-Human-Serum*. Gibt man nun zu diesem Kaninchenserum menschliches Serum, so ist eine starke Ausfällung festzustellen, da das Anti-Human-Serum menschliche Serumeiweiße spezifisch erkennt und ausfällt. Den Grad dieser Ausfällung setzt man gleich 100 %. Versetzt man das Serum der Kaninchen mit Serumproteinen anderer Lebewesen, sind Ausfällungsreaktionen unterschiedlicher Stärke zu beobachten (Abb. 1). Mit dem Anti-Human-Serum können also Unterschiede zwischen menschlichem Serum und dem anderer Lebewesen erkannt werden. Die Ergebnisse zeigen, dass es eine abgestufte Ähnlichkeit zwischen Serumproteinen des Menschen und denen anderer Wirbeltiere gibt. Daraus kann man auf Verwandtschaftsbeziehungen schließen. Dieses Verfahren nennt man *Präzipitintest*.

Proteine kommen nicht nur als Antikörper vor, sondern sie bilden eine Stoffgruppe mit einer ungewöhnlichen Vielfalt in Struktur und Funktion. Die chemische Struktur und damit auch die Funktion eines Proteins ist von der Reihenfolge der Aminosäurebausteine im Protein abhängig (s. Randspalte).

Insulin ist ein Hormon, das bei Säugetieren eine Senkung des Blutzuckerspiegels bewirkt. Insulin besteht aus 51 chemisch miteinander verbundenen Aminosäuren. Untersucht man deren Sequenz, so stellt man zwischen Rind und Schaf nur einen Unterschied in Position 9 fest. Rind und Schwein unterscheiden sich dagegen in den Positionen 8 und 10. Dies ist ein Hinweis darauf, dass Rind und Schaf näher verwandt sind als Rind und Schwein.

Als man zur Überprüfung dieser Befunde die oben beschriebenen serologischen Tests durchführte, ergaben sich folgende Beobachtungen: Wurden Kaninchen mit Rindereiweiß zur Bildung von Antikörpern stimuliert, so betrug der Ausfällungsgrad bei Schafprotein 48 %, bei Schweinprotein 24 %. Damit ist die relativ enge Verwandtschaft zwischen Schaf und Rind bestätigt, während das Schwein mit den beiden anderen Tierarten nur eine entferntere Verwandtschaft zeigt. Vergleicht man diese Ergebnisse mit denen der Morphologie, so zeigt sich folgendes Ergebnis: Rind und Schaf gehören zur Ordnung der Paarhufer und innerhalb dieser Ordnung zur Gruppe der Wiederkäuer. Das Schwein ist zwar auch ein Paarhufer, gehört aber zu einer anderen Gruppe, den Nichtwiederkäuern. Alle drei Methoden führen also hinsichtlich der Verwandtschaftsbeziehungen von Schwein, Rind und Schaf zu einem übereinstimmenden Ergebnis.

N-terminale Enden

A-Kette: Gly, Ile, Val, Glu, Gln (5), Cys, Cys, Ala, Ser, Val (10), Cys, Ser, Leu, Tyr, Gln (15), Leu, Glu, Asn, Tyr, Cys (20), Asn — C-terminale Enden

B-Kette: Phe, Val, Asn, Gln, His (5), Leu, Cys, Gly, Ser, His (10), Leu, Val, Glu, Ala, Leu (15), Tyr, Leu, Val, Cys, Gly (20), Glu, Arg, Gly, Phe, Phe (25), Tyr, Thr, Pro, Lys, Ala (30) — C-terminale Enden

Anti-Human-Serum ergibt mit Blut vom

Menschen	100 %
Schimpansen	85 %
Orang-Utan	42 %
Rind	10 %
Pferd	2 %

Ausfällung

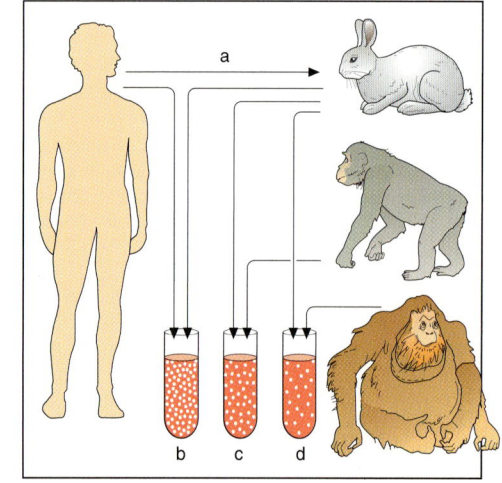

1 Präzipitintest

	M = Mensch S = Schaf			1 Met AUG AUG Met	Lys AAG AAG Lys	Trp UGG UGG Trp	Val GUA GUG Val	5 Thr ACC ACU Thr	Phe UUU UUU Phe	Ile AUU AUU Ile
M S	AACCCACGCCUUUGGCACA CCCACAACCUUUGGCACA									
M S	Ser UCC UCC Ser	Leu CUU CUU Leu	10 Leu CUU CUC Leu	Phe UUU CUU Leu	Leu CUC CUC Leu	Phe UUU UUC Phe	Ser AGC AGC Ser	15 Ser UGC UCU Ser	Ala GCU GCU Ala	Tyr UAU UAU Tyr	Ser UCC UCC Ser
M S	Arg AGG AGG Arg	20 Gly GGU GGU Gly	Val GUG GUG Val	Phe UUU UUU Phe	Arg CGU CGU Arg	Arg CGA CGA Arg	25 Asp GAU GAU Asp	Ala GCA ACA Thr	His CAC CAC His	Lys AAG AAG Lys	Ser AGU AGU Ser
M S	30 Glu GAG GAG Glu	Val GUU AUU Ile	Ala GCU GCU Ala	His CAU CAU His	Arg CGG CGG Arg	35 Phe UUU UUU Phe	Lys AAA AAU Asn	Asp GAU GAU Asp	Leu UUG UUG Leu	Gly GGA GGA Gly	40 Glu GAA GAA GLU
M S	Glu GAA GAA Glu	Asn AAU AAU Asn	Phe UUC UUU Phe	Lys AAA AAA Gln	45 Ala GCC GGC Gly	Leu UUG CUG Leu	Val GUG GUG Val	Leu UUG CUG Leu	50 Ile AUU AUU Ile	Phe GCC GCC Ala	Phe UUU UUU Phe

1 Serumalbumin von Mensch und Schaf im Vergleich

Die beschriebenen Forschungsergebnisse beruhten auf der Ähnlichkeit von bestimmten Proteinen. Sie setzten voraus, dass diese Ähnlichkeit auf gemeinsamer Abstammung beruht. Aus den beobachteten Ähnlichkeiten wurde auf Verwandtschaftsbeziehungen geschlossen. Ähnlichkeiten zwischen den Proteinen verschiedener Lebewesen könnten jedoch auch durch gleichartige Funktion bedingt sein. Dies würde bedeuten, dass es auch auf molekularer Ebene nicht nur homologe, sondern auch analoge Strukturen gibt. Zur Klärung dieses Problems dient die folgende Methode: *Serumalbumin* besteht aus ca. 600 Aminosäuren. Von den ersten 100 Aminosäuren des Serumalbumins von Mensch und Schaf sind 84 identisch. Bekanntlich kann eine bestimmte Aminosäure durch mehrere verschiedene Basentripletts codiert werden. Für die Serumalbumine von Mensch und Schaf ist auf der Ebene der Gene nur eine relativ geringe Übereinstimmung (33 %) hinsichtlich des Basentripletts zu erwarten, wenn die Erbinformation nicht gleichen Ursprungs ist. Vergleicht man nun die Basentripletts der gleichen Aminosäuren, so zeigt sich, dass 64 der 84 Aminosäuren durch dasselbe Triplett codiert werden. Dies entspricht einer Übereinstimmung von 76 %. Die tatsächliche Übereinstimmung ist also über doppelt so hoch wie zu erwarten gewesen wäre. Man schließt daraus, dass die Erbinformation und damit auch die Serumalbumine von einem gemeinsamen Ursprung abstammen. Dieses Beispiel zeigt, dass es auch auf der Ebene der Gene und Proteine homologe Strukturen gibt. Die Aussagen über Verwandtschaftsbeziehungen, die durch die Untersuchung der DNA gewonnen werden, sind von der Wahrscheinlichkeit her gesehen sicherer als diejenigen, die auf der Erforschung von Proteinen basieren.

Proteine unterliegen, wie alle phänotypischen Merkmale, der Selektion. Die Bildung analoger Strukturen kann also nie absolut sicher ausgeschlossen werden. Welches von verschiedenen möglichen Basentripletts dagegen eine bestimmte Aminosäure codiert, unterliegt nicht der Selektion, da dies sich phänotypisch nicht auswirken kann.

	Vaso- tocin	Vali- tocin	Iso- tocin	Meso- tocin	Oxy- tocin	Arginin Vaso- pressin	Lysin Vaso- pressin
	Cys Tyr Ile Gln Asn Cys Pro Arg Gly	Cys Tyr Ile Gln Asn Cys Pro Val Gly	Cys Tyr Ile Ser Asn Cys Pro Ile Gly	Cys Tyr Ile Gln Asn Cys Pro Ile Gly	Cys Tyr Ile Gln Asn Cys Pro Leu Gly	Cys Tyr Phe Gln Asn Cys Pro Arg Gly	Cys Tyr Phe Gln Asn Cys Pro Lys Gly

Hypophysenhinterlappenhormone

Hormone des Hypophysenhinterlappens kommen bei allen Klassen der Wirbeltiere vor. Diese Hormone ähneln sich in ihrer chemischen Struktur stark. Es sind stets Verbindungen aus 9 Aminosäuren. Die verschiedenen Hormone unterscheiden sich nur in den Aminosäuren der Positionen 3, 4 und 8 (Abb.1). Über das Vorkommen dieser Hormone bei den verschiedenen Wirbeltiergruppen informiert die Abb. 2.

	Vaso- tocin	Vali- tocin	Iso- tocin	Meso- tocin	Oxy- tocin	Arginin Vaso- pressin	Lysin Vaso- pressin
Rundmäuler	+						
Haie	+	+					
Lungenfische	+				+		
Knochenfische	+		+				
Lurche	+				+		
Kriechtiere	+			+ oder	+		
Vögel	+					+	
Säugetiere					+	+	+

Aufgaben

① Vergleichen Sie die Aminosäuresequenzen in Abb. 1 und gliedern Sie die Hormone in Gruppen. Versuchen Sie, eine mögliche Entwicklungsreihe dieser Hormone aufzustellen und begründen Sie Ihre Meinung.

② Erstellen Sie aufgrund dieser Entwicklungsreihe und mithilfe von Abb. 2 eine hypothetische Entwicklungsreihe der Wirbeltiere.

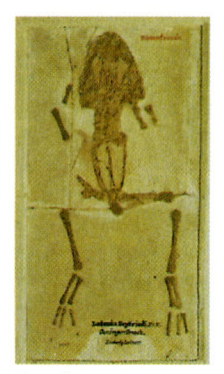

Fossilisation

„Vor allem in Eisleben ... wird ein blätteriges schwarzes Gestein ausgegraben ... In ihm sieht man oft die Formen von Fischen ... Es sind auch Meerfische zum Vorschein gekommen ... Die meisten nehmen hier zu einem Spiel der Natur ihre Zuflucht (um diese Beobachtungen zu erklären). Wie aber, wenn wir sagen, dass ein großer See mit seinen Fischen durch ein Erdbeben, durch Wassergewalt oder durch eine andere mächtige Ursache mit Erde verschüttet wurde, die dann zu Stein erhärtet die Reste der eingepressten Fische bewahrte, die wie erhabene Bilder der zuerst weichen Masse eingeprägt und schließlich, als die tierischen Überreste längst zerstört waren, mit metallischem Stoff ausgefüllt wurden." (LEIBNIZ, posthum 1748)

Die Beobachtungen und Erklärungsversuche von LEIBNIZ sind auch nach etwa 250 Jahren noch aktuell: Heute bezeichnen wir derartige Überreste und Spuren früherer Lebewesen als *Fossilien*. Die Naturwissenschaft, die sich mit den Lebewesen der Erdgeschichte befasst, nennen wir *Paläontologie*. Nur an diesen fossilen Dokumenten der Evolution können wir direkt frühere Lebensformen untersuchen. Die Erforschung von Fossilien kommt also besondere Bedeutung zu, wenn die Entwicklung der heutigen Lebewesen von ihren Anfängen an erklärt werden soll. Die größte Schwierigkeit dabei ist, dass frühere Lebewesen fossil meist nur sehr lückenhaft überliefert sind.

Um das zu verstehen, müssen wir uns zunächst mit den Mechanismen der *Fossilisation* befassen: Abgestorbene Tiere und Pflanzen werden rasch zersetzt. Ihre organischen Bestandteile werden durch die Tätigkeit von Destruenten vollständig abgebaut zu Kohlenstoffdioxid, Wasser und anderen anorganischen Verbindungen. So werden die gesamten organischen Bestandteile von Lebewesen innerhalb sehr kurzer Zeit, ohne Spuren zu hinterlassen, zersetzt. Länger haltbar sind die anorganischen Bestandteile von Lebewesen, beispielsweise Knochen oder Schalen. Doch auch sie bleiben meist nicht erhalten: Aasfresser zernagen Knochen und verstreuen sie über große Entfernungen; klimatische Einflüsse, wie hohe Temperaturunterschiede oder Niederschläge, führen zu einer allmählichen Zerstörung. Geologische Einflüsse, wie hoher Druck, Erosion oder Verschiebungen im Gestein, beeinträchtigen ebenfalls die Erhaltung von Fossilien.

Zur Bildung gut erhaltener Fossilien kann es also nur kommen, wenn bestimmte Bedingungen erfüllt sind:
— Die Tier- und Pflanzenreste müssen möglichst rasch nach dem Tod der Lebewesen in ein sauerstofffreies Medium eingeschlossen werden. Ein Beispiel dafür ist das Harz von Nadelbäumen, das wir heute als Bernstein kennen. Ein weiteres Beispiel ist der Schlamm am Grunde von Meeren, Lagunen oder Binnenseen.
— Das Einbettungsmedium muss relativ rasch erhärten, da es sonst durch Bewegungen zu einer Zerstörung des Fossils kommt.
— Die chemische Beschaffenheit des umgebenden Mediums darf nicht zu einer Zerstörung des Fossils führen.
— Das fossilführende Gestein darf im Laufe der Erdgeschichte nicht verwittern oder hohem Druck und hohen Temperaturen ausgesetzt worden sein. Beispielsweise findet man in den Gesteinen des Präkambriums, die älter als ca. 600 Mio. Jahre sind, kaum Fossilien.

Das Auffinden von Fossilien ist von Zufällen abhängig. Dazu gehört z. B. die Anlage von Steinbrüchen oder Bergwerken. Auch beim Neubau der Autobahn Stuttgart—Ulm wurden am Aichelberg zahlreiche Fossilien gefunden. Allerdings besteht die Gefahr, dass wichtige Fossilien bei derartigen Baumaßnahmen noch vor ihrer Entdeckung zerstört werden. Die Abbildung in der Randspalte zeigt schematisch die verschiedenen Mechanismen der Fossilisation und erklärt so, warum wir heute die unterschiedlichsten Typen von Fossilien finden können.

Aufgaben

① Warum war es für die meisten Menschen des 18. Jahrhunderts unvorstellbar, dass Reste mariner Lebewesen in Eisleben gefunden werden konnten?

② Vergleichen Sie die Vermutung von LEIBNIZ über die Bildung der von ihm beschriebenen Fossilien mit unseren heutigen Kenntnissen über den Mechanismus der Fossilisation.

③ Vom Urvogel Archaeopteryx vermutet man, dass er in Wäldern lebte. Alle Fossilien, die man bis heute von ihm gefunden hat, stammen jedoch aus Meeresablagerungen. Wie ist diese Tatsache zu erklären?

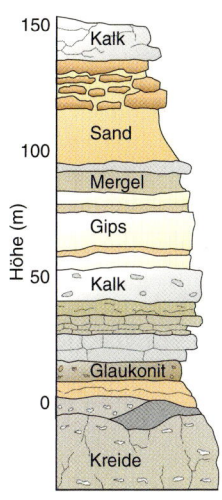

Schichtprofil

Methoden der Altersbestimmung

Die genaue wissenschaftliche Beschreibung eines Fossilfundes ermöglicht weitreichende Schlussfolgerungen über Körperbau, Lebensweise und Vorkommen eines Lebewesens. Ein Vergleich mit heute existierenden bzw. mit anderen ausgestorbenen Organismen führt zu einer systematischen Einordnung des Fossils. Dem Wissenschaftler stellen sich jedoch weitere Fragen: Hat diese Art überlebt oder ist sie ohne Nachkommen ausgestorben? Welche Beziehungen bestehen zu anderen, ähnlich gebauten Funden? Kann die Art mit anderen Fossilien in einen Stammbaum eingeordnet werden? Alle diese Fragen können nur beantwortet werden, wenn es u. a. gelingt, das Alter von Fossilien möglichst genau zu bestimmen.

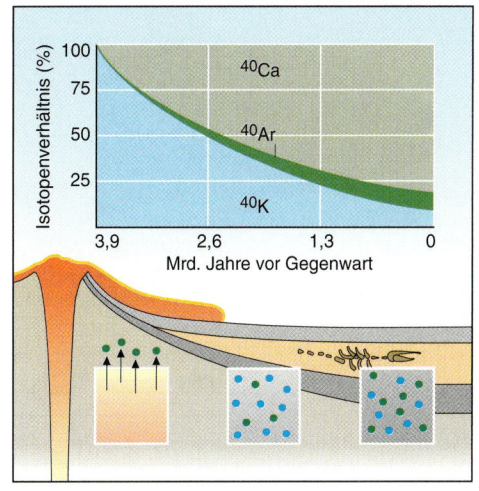

1 Absolute Altersbestimmung

Die *relative Altersbestimmung* beruht auf der Erforschung geologischer Phänomene. Man kann davon ausgehen, dass Sedimentgesteine um so älter sind, je tiefer sie in einer bestimmten Schichtabfolge liegen. Zur Ablagerung einer sehr dicken Schicht sind größere Zeiträume nötig als zur Ablagerung einer weniger mächtigen Schicht. Durch Vergleich mit heute ablaufenden Ablagerungsvorgängen kann geschätzt werden, wie alt eine bestimmte Schicht und damit auch das in ihr enthaltene Fossilmaterial ist.

Modernere Methoden der *absoluten Altersbestimmung* beruhen auf dem Zerfall radioaktiver Isotope. Um sie verstehen zu können, muss man sich Gesetzmäßigkeiten der Kernphysik vergegenwärtigen: Viele Elemente bestehen nicht aus einer bestimmten Atomsorte, sondern aus einem Gemisch verschiedener Isotope, die sich in der Zahl der Neutronen unterscheiden. Nur bei einem bestimmten Verhältnis der Protonen- zur Neutronenzahl ist ein Isotop stabil. Instabile Isotope zerfallen unter Abgabe radioaktiver Strahlung, bis ein neues, stabiles Atom entsteht. Die Geschwindigkeit, mit der dieser Zerfall erfolgt, hängt von der Art des zerfallenden Isotops ab. Die Zerfallsgeschwindigkeit kann durch die *Halbwertszeit* beschrieben werden. Darunter versteht man die Zeit, nach der nur noch die Hälfte der ursprünglich vorhandenen Atome existiert.

Die wichtigste Methode zur absoluten Datierung von Fossilien ist die *Kalium-Argon-Methode*. Sie beruht auf folgenden Voraussetzungen: Kaliumverbindungen enthalten neben dem häufigen Isotop Kalium-39 in winzigen Spuren das radioaktive Kalium-40, das unter Bildung von Argon-40 und Calcium-40 zerfällt. Der Zerfall erfolgt mit einer Halbwertszeit von 1,3 Mrd. Jahren. Die Altersbestimmung nach dieser Methode ist nur bei vulkanischen Gesteinen verwendbar: Beim Aufschmelzen des Gesteins, zum Beispiel bei einem Vulkanausbruch, entweicht bereits vorhandenes Argon. Kühlt die Lava ab und erstarrt, enthält sie kein Argon mehr. Enthält dieses Gestein Kaliumverbindungen, so zerfällt das chemisch gebundene Kalium unter Bildung von Argon, das aus dem erstarrten Vulkangestein nicht entweichen kann. Wird die Gesteinsprobe aufgeschmolzen, kann mit einem Massenspektrographen das Mengenverhältnis Argon zu Kalium ermittelt und daraus errechnet werden, wann das untersuchte Gestein erstarrte.

Aufgaben

① In der Literatur wird häufig die *Radiokarbonmethode* (Kohlenstoffuhr) als Methode zur Altersbestimmung von Fossilien beschrieben. Die Halbwertszeit des Zerfalls von Kohlenstoff-14 beträgt ca. 5700 Jahre. Der Anteil des ^{14}C am gesamten Kohlenstoff der Erdrinde ist außerordentlich gering. Warum ist die Radiokarbonmethode zur Datierung sehr alter Fossilfunde weniger geeignet als die Kalium-Argon-Methode?

② Die Kalium-Argon-Methode kann bei unkritischer Anwendung zu fehlerhaften Ergebnissen führen. Welche geologischen Vorgänge beeinträchtigen die Zuverlässigkeit dieser Methode?

Evolution

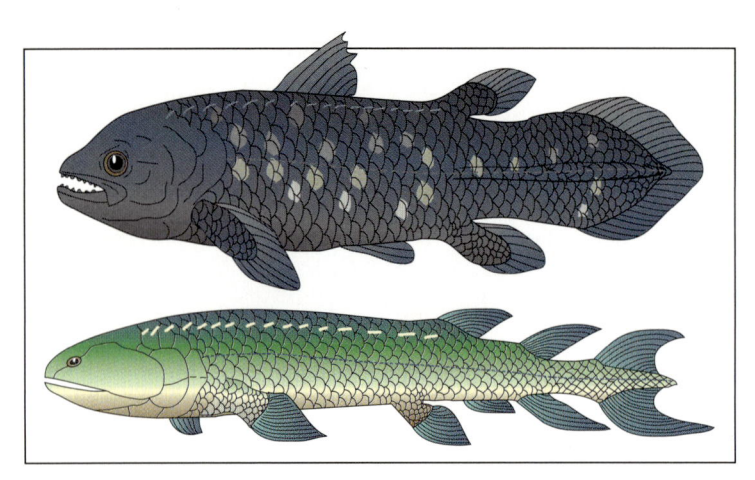

1 Latimeria chalumnae (oben) und Eusthenopteron (unten)

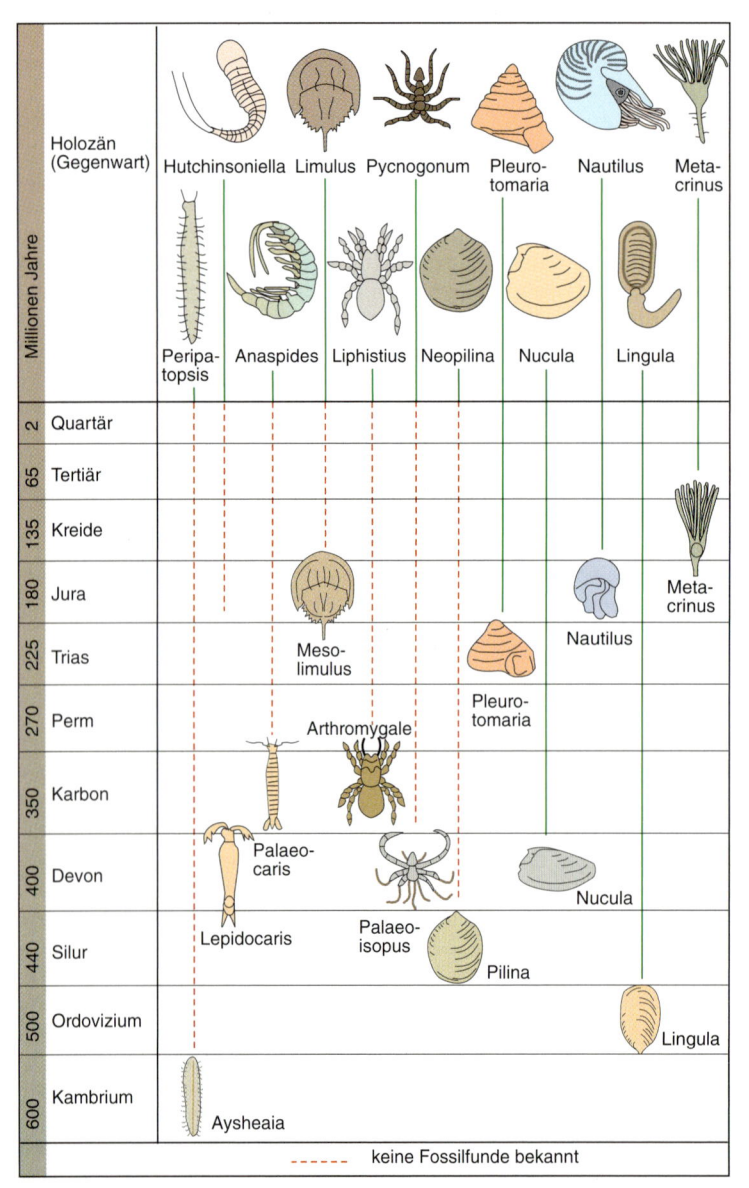

2 Lebende Fossilien und ihre fossil aufgefundenen Verwandten

Lebende Fossilien

Vor der Mündung des Chalumnaflusses in den Indischen Ozean wurde 1938 ein Fisch mit muskulösen, quastenförmigen Flossen, ein *Quastenflosser*, gefangen. Zu Ehren seiner Entdeckerin, Frau COURTENAY-LATIMER, gab man ihm den Namen *Latimeria chalumnae*. Diese Fische haben ein knöchernes Skelett in ihren Flossen, während andere Fische nur Flossenstrahlen aufweisen. Bekannt sind Quastenflosser aus dem Devon. Zu ihnen gehören z. B. der nur etwa 55 cm lange *Eusthenopteron*, der sich vermutlich mithilfe seiner knochigen Flossen an Land über kurze Entfernungen bewegen konnte. Bis zum Jahre 1938 war man der Meinung gewesen, die letzten Quastenflosser seien am Ende der Kreidezeit, also vor ca. 65 Mio. Jahren, ausgestorben. Um so größer war die Überraschung, mit Latimeria einen lebenden Quastenflosser zu entdecken.

Auch andere heute lebende Tier- oder Pflanzenarten unterscheiden sich von ihren nächsten Verwandten durch eine auffällige Anhäufung altertümlicher Merkmale, wie sie bei schon lange ausgestorbenen Vorfahren dieser Lebewesen auftraten. Solche rezenten Lebewesen mit zahlreichen urtümlichen Merkmalen nennt man *lebende Fossilien*.

Lebende Fossilien findet man nur in Lebensräumen, in denen sich über viele Millionen Jahre die Lebensbedingungen kaum geändert haben (Tiefsee, Urwälder) und in denen sie nicht der Konkurrenz „modernerer" Arten ausgesetzt waren (Australien, Neuseeland). Unter derartigen Bedingungen kam es zu einer über sehr lange Zeiten andauernden stabilisierenden Selektion. Dadurch blieben bei Pflanzen und Tieren altertümliche Baupläne weitgehend erhalten. Zu deutlichen Veränderungen der Arten kam es nur selten. Trotzdem sind lebende Fossilien mit ihren Vorfahren nicht völlig identisch, da auch sie einer Millionen Jahre dauernden Wirkung von Mutation und Selektion ausgesetzt waren. Beispielsweise ist Latimeria ein Lebewesen der Tiefsee und lebt vor allem in 70 bis 250 m Tiefe bei der Inselgruppe der Komoren. Eusthenopteron dagegen lebte in Süßwassertümpeln, die er in Trockenzeiten mithilfe seiner Flossen verlassen konnte. Ein Hohlorgan, das sich vom Darm ableitete, erfüllte bei ihm die Aufgabe der Atmung (Lunge). Bei Latimeria dagegen ist dieses Organ mit Fett gefüllt und dient nicht zur Atmung, sondern vor allem zur Regulierung des Auftriebs.

Brückentiere

Reptilien kann man durch eine Reihe charakteristischer Merkmale klar von anderen Klassen der Wirbeltiere abgrenzen: Sie sind *wechselwarm* und haben eine Haut mit einer mehrschichtigen Hornlage. Ihr Gebiss ist *homodont*, d. h. die Zähne sind gleichartig gestaltet. Die Herzkammern sind, außer bei Krokodilen, nicht vollständig getrennt. Ihre typische Fortbewegungsweise ist das vierbeinige Gehen. *Vögel* dagegen sind *gleichwarm*, sie haben Federn als Körperbedeckung. Sie haben kein Gebiss, sondern einen Hornschnabel, ihre Herzkammern sind stets vollständig getrennt. Ihre typische Fortbewegungsweise ist der Flug bzw. das zweibeinige Gehen. Einige Ähnlichkeiten im Körperbau, z. B. im Verlauf bestimmter Blutgefäße, ließen eine relativ enge Verwandtschaft zwischen Vögeln und Reptilien vermuten. Derartige indirekte Hinweise auf Verwandtschaftsbeziehungen sind jedoch für sich alleine noch kein Beweis für eine tatsächliche stammesgeschichtliche Verwandtschaft. Als sicher kann eine Verwandtschaftsbeziehung gelten, wenn genau bestimmbare und datierbare Fossilien heute getrennte Gruppen miteinander verbinden. Derartige Fossilien nennt man *Brückentiere*.

Das weltweit bekannteste Beispiel eines Brückentiers ist der Urvogel *Archaeopteryx lithographica*. Alle Funde stammen aus marinen Sedimenten des Oberen Jura in Franken. Sein Alter wird auf ca. 150 Mio. Jahre geschätzt. Er zeigt ein Mosaik von Vogel- und Reptilienmerkmalen. Möglicherweise war er nicht in der Lage, richtig zu fliegen, sondern nur zu einem einfachen Gleit- oder Flatterflug fähig. Vermutlich kletterte er auf Bäume und schützte sich so vor Feinden. Seine Flügel benutzte er, um im Gleitflug wieder auf den Boden zu fliegen, wo er auch seine Beute fing. Aus dem Gleitflug entwickelte sich allmählich der Flug der heutigen Vögel. Eine andere Hypothese zur Entstehung des Vogelflugs geht davon aus, dass die Lebensweise von Archaeopteryx der seiner vermutlichen Vorfahren ähnelte: Archaeopteryx verfolgte seine Beute im raschen Lauf und fing sie im Sprung. Aus diesen zunächst kurzen Sprüngen entstand allmählich der Flug.

Der jüngste Fund eines Archaeopteryx stammt aus dem Jahre 1992. Verglichen mit den anderen seit längerem bekannten Funden war dieser Archaeopteryx kleiner und hatte längere Beine. Möglicherweise handelt es sich um eine eigene Art. Sein Brustbein war verknöchert, wies aber keinen Kiel auf. Einer der Hinterfüße zeigt eine typische Greifhaltung.

Auf ca. 135 Mio. Jahre wird *Sinornis santensis* geschätzt, dessen Fossilien in China gefunden wurden. Seine Schwanzwirbelsäule ist deutlich kürzer als bei Archaeopteryx. Er weist ein sogenanntes *Pygostyl* auf, d. h. eine Ansatzstelle für die Steuerfedern des Schwanzes, die aus embryonalen Wirbelanlagen entstanden ist. Krallen finden sich bei Sinornis nur an 2 Fingern. Brust- und Schulterskelett ähneln dem heutiger Vögel. Beispielsweise ist ein starkes Brustbein als Ansatzstelle für die Flugmuskulatur vorhanden. Daneben finden sich bei Sinornis noch einige Merkmale, die an Archaeopteryx erinnern: Zähne, Bau der Flügel und des Beckens. Im Gegensatz zu Archaeopteryx stammen die Reste von Sinornis aus einem Binnensee. Jüngere Funde von Vorfahren der heutigen Vögel sind sehr selten. Auf ca. 125 Mio. Jahre schätzt man die Fossilien des *Iberomesornis romeralis* aus Spanien. Sie ähneln modernen Vögeln schon sehr stark. Ihr einziges urtümliches Merkmal sind die reptilienähnlichen Beckenknochen.

Aufgaben

① Der Entdecker des Sinornis beschreibt die Beziehung zwischen Sinornis und Archaeopteryx folgendermaßen: „Das Tier hat sich von dem am Boden lebenden Archaeopteryx zu einem Vogel entwickelt, der hauptsächlich auf Bäumen lebte und größere Strecken fliegen konnte."
  a) Welche Befunde lassen vermuten, dass Archaeopteryx überwiegend am Boden lebte?
  b) Welche Befunde rechtfertigen die Einordnung des Sinornis als Vogel? Kann man im Vergleich dazu Archaeopteryx als Vogel bezeichnen?
  c) Wie fundiert ist die Vermutung, Sinornis habe sich aus Archaeopteryx entwickelt?
  d) Wie könnte man begründen, dass Sinornis auf Bäumen lebte?
  e) Welche Merkmale des Körperbaus lassen vermuten, dass Sinornis größere Strecken fliegen konnte?

② Welche evolutiven Trends sind beim Vergleich der beschriebenen Tierarten zu erkennen? Welche Evolutionsfaktoren liegen ihnen zugrunde?

Entwicklung der Vögel

Vor Mio. Jahren	Merkmale
125 (Untere Kreide)	*Iberomesornis romeralis*: Federn; Brustbein mit Kiel; kurzer Schwanz mit Pygostyl (verwachsene Schwanzwirbel); saurierartiges Becken
135–140 (Untere Kreide)	*Sinornis santensis*: Brustbein mit Kiel; kurzer Schwanz mit Pygostyl; vogelartiger Klammerfuß; Zähne; Mittelhandknochen getrennt; Krallen an zwei Fingern; saurierartiges Becken
150–155 (Oberer Jura)	*Archaeopteryx lithographica*: Federn; Brustbein ohne Kiel; Zähne; Mittelhandknochen getrennt; Krallen an drei Fingern; langer Wirbelschwanz; saurierartiges Becken

Stammbäume — Ahnengalerien von Lebewesen

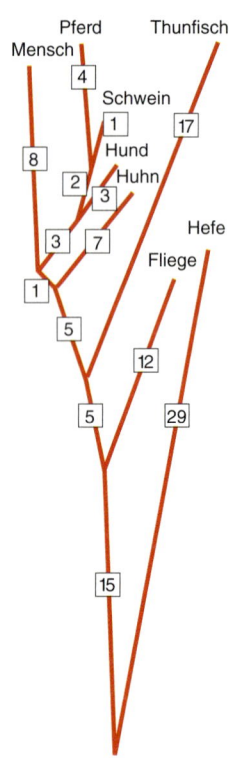

Stammbäume haben die Aufgabe, die stammesgeschichtliche Entwicklung heute lebender Tiere und Pflanzen aufzuzeigen. Da die Stammesgeschichte nicht der direkten Beobachtung zugänglich ist, können Stammbäume nur durch indirekte Hinweise aus den verschiedensten naturwissenschaftlichen Disziplinen konstruiert werden. Dabei kann eine Reihe von Problemen auftreten: Die Fossilüberlieferung ist oft lückenhaft, nur bei wenigen Beispielen, z. B. bei der Entwicklung der Pferde, können wir auf eine nahezu vollständige Reihe fossiler Belege zurückgreifen. Dies macht es notwendig, indirekte Belege heranzuziehen. Dazu gehören z. B. die vergleichende Untersuchung morphologischer, ethologischer und biochemischer Befunde.

In den letzten Jahren wurde die Bedeutung ökologischer Faktoren für die stammesgeschichtliche Entwicklung der Lebewesen immer deutlicher erkannt. Allerdings ist es oft sehr schwierig, die ökologischen Bedingungen in bestimmten Epochen der Erdgeschichte zu rekonstruieren. Gerade die für die Aufstellung von Stammbäumen so wichtigen Brückentiere sind oft nur in geringem Maße fossil überliefert, beispielsweise kennt man von Archaeopteryx nur 7 Skelettreste und eine fossile Feder. Die Einordnung von Funden in einen Stammbaum ist nur möglich, wenn die Funde exakt datiert werden können.

Durch moderne biochemische Methoden wurden allerdings in den letzten Jahren erhebliche Fortschritte erzielt: *Cytochrom c* ist als Enzym der *Endoxidation* (Atmungskette) in allen Lebewesen außer den Anaerobiern verbreitet. Es ermöglicht damit eine vergleichende Untersuchung aller Lebewesen. Das Cytochrom c ist eine Verbindung aus einer Hämgruppe und einem Protein. Die Sequenz der ca. 100 Aminosäuren des Proteinanteils ist bekannt. Für die Struktur und die zuverlässige Funktion des Cytochroms c sind nur ca. 30 Aminosäuren entscheidend, die bei allen Lebewesen gleich sind. Ca. 70 Aminosäuren können ausgetauscht werden, ohne dass es zu einem Funktionsverlust kommt.

Ordnet man die Cytochrome der verschiedensten Lebewesen nach dem Grad ihrer Ähnlichkeit an, so erhält man die Abbildung in der Randspalte. Sie zeigt, dass auch auf molekularer Ebene abgestufte Ähnlichkeiten zwischen verschiedenen Lebewesen existieren. Mit ihrer Hilfe lassen sich sogenannte *Dendrogramme* aufstellen. Sie zeigen eine erstaunliche Übereinstimmung mit Entwicklungsreihen, die mit völlig anderen Methoden erarbeitet wurden.

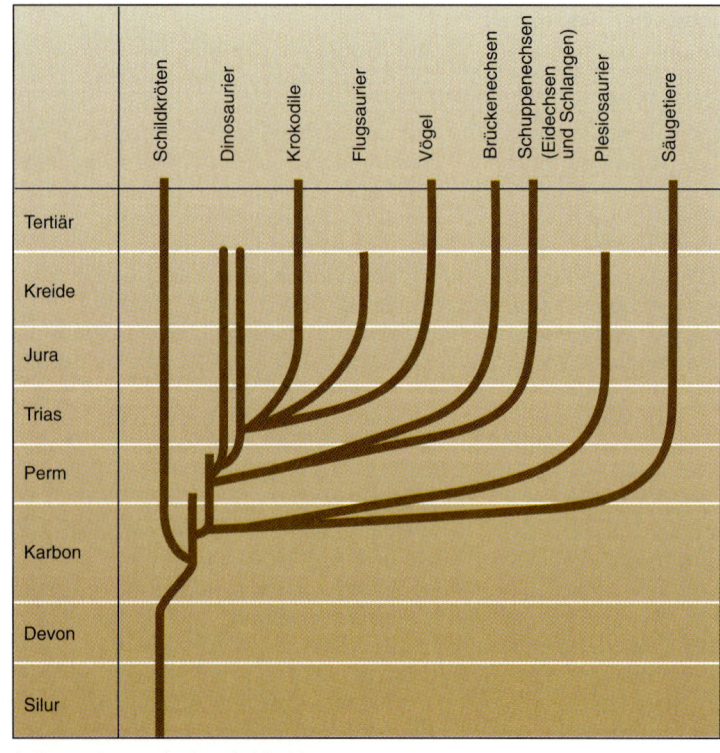

Dendrogramm (Stammbaum) aufgrund des Cytochromvergleichs

1 Stammbaum der Landwirbeltiere

Aufgaben

① Abb. 1 zeigt einen Ausschnitt aus dem Stammbaum der Wirbeltiere. Welche Schlussfolgerungen können Sie aus dem Bild über die Verwandtschaft von Eidechsen, Schlangen, Schildkröten, Krokodilen und Vögeln ziehen? Begründen Sie Ihre Meinung.

② Vergleichen Sie Übereinstimmungen und Unterschiede im Körperbau der genannten Tiergruppen. Erstellen Sie daraus dann einen Stammbaum, in dem diese Tiergruppen nach dem Grad ihrer Ähnlichkeit angeordnet sind.

③ Vergleichen Sie den von Ihnen aufgestellten Stammbaum mit dem in Abb. 1. Stellen Sie Gemeinsamkeiten und Unterschiede fest.

④ Erörtern Sie Gründe, auf denen die Unterschiede zwischen den beiden Stammbäumen beruhen könnten.

376 Evolution

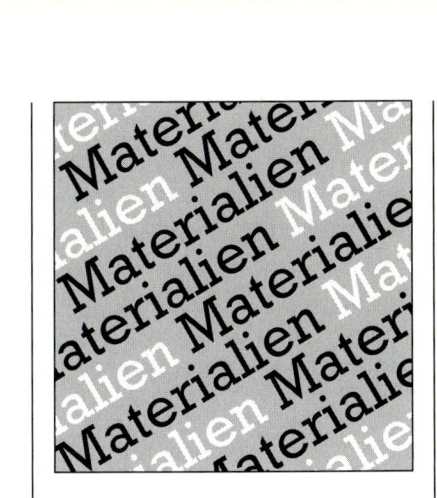

Stammbaum der Pferde

Die Entwicklungsgeschichte der Pferde ist durch umfangreiches Fossilmaterial gut belegt, sodass wir die Vorfahren der Pferde bis in eine Zeit vor ca. 50 Mio. Jahren zurückverfolgen können.

Ein kleines Lebewesen von nur etwa 30 cm Schulterhöhe gilt als ältester bekannter Vorläufer der heutigen Pferde: *Hyracotherium* oder *Eohippus*. Fossilien dieser Art wurden sowohl in Europa als auch in Nordamerika gefunden. Diese Tiere lebten vor ca. 58 bis 36 Mio. Jahren in Wäldern. Ihr Gebiss zeigt, dass sie sich von Laubblättern ernährten. Durch ihre geringe Körpergröße waren sie gut an das Leben in diesen Wäldern angepasst. Ihre Vorderbeine hatten 4, die Hinterbeine nur 3 Zehen. Auf dem Gebiet des heutigen Europas entstand aus Hyracotherium rasch eine Gruppe von mehreren verschiedenen Urpferdearten, die man als *Paläotherien* zusammenfasst. Sie starben vor ca. 35 Mio. Jahren aus.

Eohippus entwickelte sich weiter zu *Mesohippus*, der mit ca. 60 cm Schulterhöhe bereits deutlich größer war und dessen mittlere Zehen viel stärker entwickelt waren als die anderen Zehen. Mesohippus lebte bis vor ca. 25 Mio. Jahren.

Die einschneidenste Änderung in der Stammesgeschichte der Pferde wurde durch eine Klimaänderung verursacht: Das zunächst feuchtwarme Klima wurde kälter und trockener. Dadurch entstanden riesige Grasländer. *Merychippus* (vor ca. 25 – 13 Mio. Jahren) war der erste typische Grasfresser innerhalb der Pferde. Er hatte ein kräftiges Grasfressergebiss und war größer und schneller als seine waldlebenden Vorfahren. Merychippus war der Ausgangspunkt für die Entwicklung zahlreicher Pferdearten. *Hipparion* verbreitete sich beispielsweise über Amerika, Europa und Asien. Daneben existierten aber in den verbliebenen Wäldern noch Laubfresser, wie z. B. *Megahippus*. *Pliohippus* (vor ca. 13 – 2 Mio. Jahren) war der Ausgangspunkt zweier Entwicklungslinien, von denen sich allerdings nur eine weiterentwickelte zur Gattung *Equus* und damit zu den heutigen Pferden. Die Entwicklungslinie zu *Hippidion* starb aus.

Aufgaben

1. Stellen Sie die im Text beschriebene Entwicklung der Pferde mithilfe eines selbst entworfenen Stammbaumschemas dar. Vergleichen Sie Ihren Entwurf mit geeigneten Literaturangaben.
2. In der Evolution der Pferde zeigen sich mehrere Entwicklungstendenzen. Beschreiben Sie diese und versuchen Sie, diese Tendenzen zu erklären.
3. „In einem Zeitraum von etwa 30 Mio. Jahren hatte sich, außer einer allgemeinen Größenzunahme und Reduktion der Zehen auf drei, relativ wenig am Aussehen der Pferde geändert." Wie kann man erklären, dass über eine derart lange Zeit in der Evolution der Pferde kaum Änderungen festzustellen sind?

Die Grube Messel bei Darmstadt enthält Fossilien, deren Alter auf ca. 49 Mio. Jahre geschätzt wird. In ihr fand man hervorragend erhaltene Säugetier-Fossilien, u. a. auch die Reste zweier Arten von Urpferden (s. Abb.).

Aufgaben

1. Welche Art von Nahrung hat man vermutlich im Verdauungstrakt dieser Urpferde gefunden?
2. Haben sich die Messeler Urpferde zu der heutigen Gattung Equus weiterentwickelt? Begründen Sie Ihre Meinung.
3. „… Die Urpferdegattung Hyracotherium konnte in Europa in einem primitiveren Entwicklungsstadium und einem etwas tieferen biostratigraphischen Niveau auftreten als in Nordamerika. Innerhalb Europas scheinen die Einwanderer überdies früher aufzutauchen als im Norden. Dies ist mit dem Vorrücken eines warmen Klimagürtels im untersten Eozän zu erklären."
Welche Rückschlüsse auf die Evolution der früheren Pferde lässt dieses Zitat zu?

In der Stammesgeschichte der Pferde findet u. a. ein Übergang von der Aufnahme von Blättern zur Aufnahme von Gras als Hauptnahrung statt. Gräser enthalten größere Mengen an Kieselsäure als Laubblätter und sind dadurch härter. Zähne von Grasfressern unterliegen damit einer höheren Beanspruchung. Man beobachtet in der Stammesgeschichte der Pferde folgende Veränderungen der Zähne:

- Die Prämolaren ähneln immer mehr den Molaren.
- Die Zahnkronen werden höher.
- Die Falten der Zahnkronen prägen sich immer stärker aus.
- Zwischen die Falten aus sehr hartem Zahnschmelz schieben sich Flächen aus weichem Zahnzement. Dies führt zu einer stark unterschiedlichen Abnutzung der Zahnoberfläche.

Aufgabe

1. Versuchen Sie, die hier beschriebenen Veränderungen zu erklären.

Chemische Evolution und frühe biologische Evolution

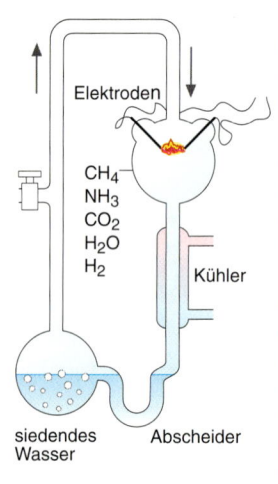

Die Entstehung des Lebens auf der Erde und die frühe Entwicklung der Lebewesen ist bis heute durch Beobachtungen und Experimente nur unzureichend erforscht. In geologischen Formationen, die älter als ca. 600 Mio. Jahre sind, gibt es kaum Fossilien, da die entsprechenden Gesteine im Laufe der Erdgeschichte hohem Druck und hohen Temperaturen ausgesetzt waren. Die damals existierenden urtümlichen Lebewesen waren noch sehr klein und wiesen kaum Hartteile wie Knochen oder Panzer auf. Die folgenden Aussagen beruhen demzufolge auf wenigen gesicherten Funden und auf Modellversuchen. Sie haben teilweise nur den Charakter von Hypothesen.

Die Erde wird heute auf ein Alter von 4,5 bis 5 Mrd. Jahre geschätzt. Ihre ursprüngliche Atmosphäre zeigte eine völlig andere chemische Zusammensetzung als die uns bekannte Luft: Die Uratmosphäre enthielt vermutlich Methan, Kohlenstoffmonooxid, Kohlenstoffdioxid, Stickstoff, Schwefelwasserstoff, Ammoniak, Wasserdampf, Wasserstoff und Cyanwasserstoff. Man spricht auch von einer *reduzierenden Gashülle*, da kein elementarer Sauerstoff vorhanden war und das Gasgemisch zum Teil reduzierend wirkende Stoffe enthielt.

Die mutmaßliche Zusammensetzung der Uratmosphäre war der Ausgangspunkt für Modellversuche des amerikanischen Studenten STANLEY MILLER aus dem Jahre 1953: In einem gegen die Umgebung dicht verschlossenen Versuchsaufbau simulierte er Einwirkungen, wie sie in der frühen Erdgeschichte vermutlich geherrscht haben, auf ein Gasgemisch aus Methan, Ammoniak und Wasserdampf. Die elektrischen Entladungen einer Funkenstrecke sollten Blitze simulieren. Erhitzen und anschließendes Abkühlen simulierten Temperaturschwankungen. Wurde das Reaktionsgemisch nach einigen Tagen untersucht, so konnte man darin neben anderen organischen Molekülen auch mehrere verschiedene Aminosäuren nachweisen. Durch gezielte Variation der Versuchsbedingungen gelang in vergleichbaren Apparaturen auch die Synthese von Kernbasen, ATP und Kohlenhydraten.

Diese Versuche legen die Vermutung nahe, dass durch ähnliche Reaktionen auch unter den Bedingungen der Uratmosphäre biologisch wichtige organische Moleküle entstehen konnten. Man spricht auch von *chemischer Evolution*. Diese organischen Verbindungen sammelten sich in den Urozeanen an; in kleinen Tümpeln können die organischen Moleküle eine höhere Konzentration erreicht haben. Man nennt dies eine *Ursuppe*. Organische Verbindungen können sich unter geeigneten Versuchsbedingungen zu Makromolekülen, wie einfachen Proteinen oder Polynukleotiden, zusammenlagern. Modellversuche zeigten, dass dabei bestimmte Mineralien katalytisch wirken können.

Der nächste Schritt in der Evolution war die Entstehung von komplexen Strukturen, die sich selbst vermehren konnten: Organische Makromoleküle können unter geeigneten Bedingungen aus einer wässrigen Lösung heraus winzige Tröpfchen bilden, sogenannte *Koazervate*. Diese sind allerdings noch nicht durch eine Membran von der Umgebung abgetrennt.

Aus proteinhaltigem Wasser können abgegrenzte komplexe Gebilde von 1–2 μm Größe entstehen, die man auch *Mikrosphären* nennt. Sie sind durch eine semipermeable Membran gegen die Umgebung abgegrenzt. Als *Protobionten* bezeichnet man die Vorläufer von Lebewesen. Sie enthielten neben katalytisch wirksamen Proteinen auch Makromoleküle, die Informationen speichern und verdoppeln konnten. Durch das Zusammenwirken beider Molekülarten entstanden die ersten lebenden Systeme, die in *Stromatolithen* Spuren hinterließen. Erste Vertreter richtiger Lebewesen waren *Prokaryoten*, also urtümliche Bakterien. Die bekanntesten

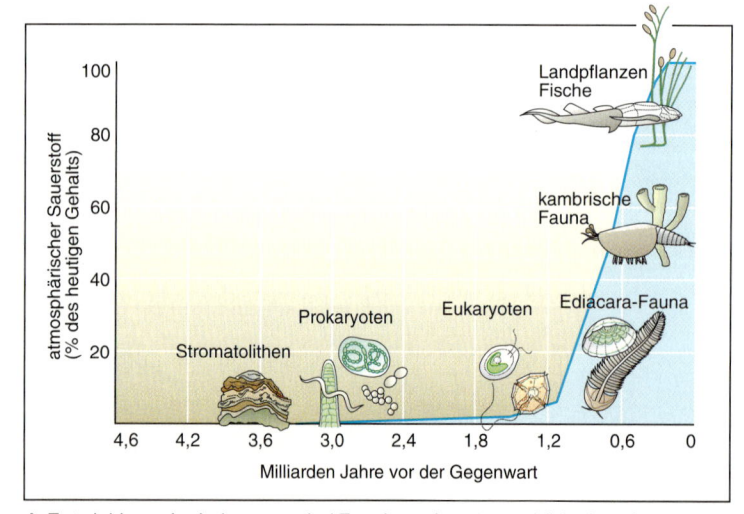

1 Entwicklung der Lebewesen bei Zunahme des atmosphärischen Sauerstoffs

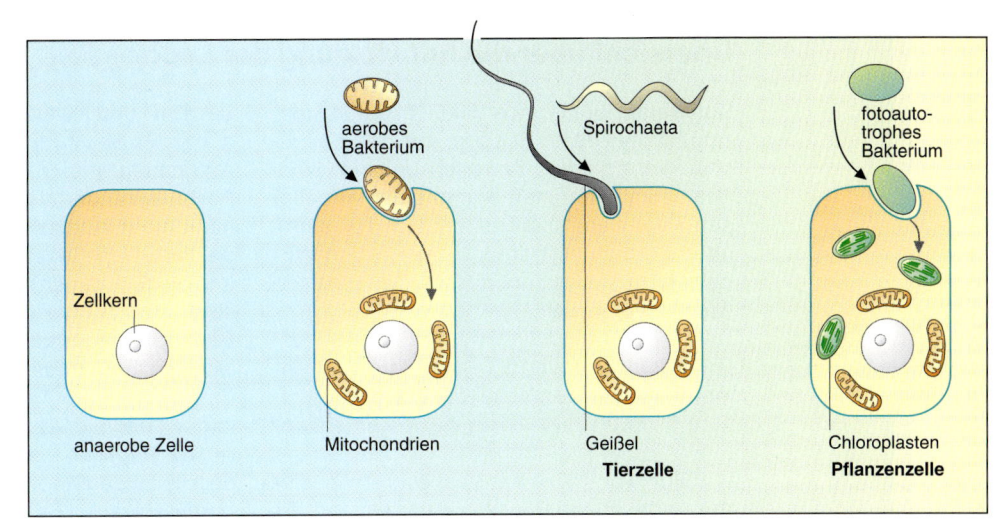

1 Endosymbiontenhypothese

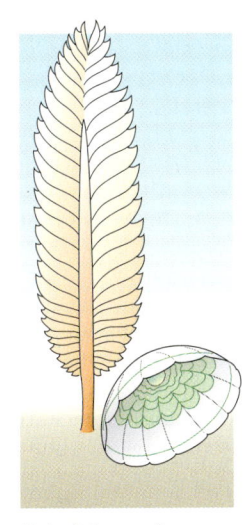

Beispiele aus der
Ediacara-Fauna

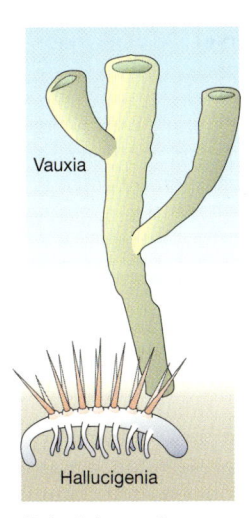

Vauxia

Hallucigenia

Beispiele aus der
Burgess-Fauna

Funde stammen aus Südafrika und weisen ein Alter von ca. 3,2 Mrd. Jahren auf. Neuere Funde aus Australien werden auf ein Alter von sogar 3,5 Mrd. Jahren geschätzt.

Die entscheidende Wende in der Geschichte des frühen Lebens brachte die Entstehung der *Fotosynthese*. Lebewesen ähnlich den heute noch existierenden *Cyanobakterien* konnten mithilfe der Energie des Sonnenlichts energiereiche Stoffe selbst herstellen. Dabei entstand auch Sauerstoff als „Abfallprodukt", der in die Atmosphäre abgegeben wurde. Für viele ursprünglich anaerobe Lebewesen bedeutete diese Entwicklung eine Katastrophe. Sie wurden durch Lebewesen mit dem viel effektiveren aeroben Stoffwechsel abgelöst. Anaerob lebende Bakterien existieren aber heute noch in Biotopen mit geringem Sauerstoffgehalt, wie z. B. in Faulschlamm.

Ein weiterer Schritt in der Entwicklung der Lebewesen war die Entstehung der eukaryotischen Zelle vor ca. 1,4 Mrd. Jahren, die im Gegensatz zu den Prokaryoten Zellkern, Plastiden und Mitochondrien aufweist. Chloroplasten und Mitochondrien verfügen über eine eigene DNA. Beide können sich selbstständig durch Teilung vermehren. Sie sind die einzigen Organellen, die durch zwei Membranen vom umgebenden Zellplasma abgegrenzt sind und über eigene Ribosomen verfügen. Diese unterscheiden sich deutlich von den Ribosomen des Zellplasmas, sind aber mit denen von Prokaryoten fast identisch. Diese Fakten sind die Basis der *Endosymbiontenhypothese*: Farblose Prokaryoten mit bestimmten Energiestoffwechselwegen wurden von Zellen aufgenommen. Sie entwickelten sich weiter zu den heutigen Mitochondrien. Bestimmte fotoautotrophe Bakterien wurden von Zellen aufgenommen und in deren Stoffwechsel integriert. Sie entwickelten sich weiter zu den heutigen *Chloroplasten*. Die Entstehung von Geißeln erklärt man durch Endosymbiose mit spiraligen Prokaryoten.

Vor 600 bis 700 Mio. Jahren existierte die sogenannte *Ediacara-Fauna*, die aus einfachen, vielzelligen Lebewesen bestand. Vor ca. 570 Mio. Jahren kam es zur Bildung zahlreicher Gruppen von Tieren. Der bekannteste Fundort ist der Mount Burgess in Kanada. In dieser *Burgess-Fauna* findet man Vertreter aller Stämme der Wirbellosen. Sie ist damit die Basis für die rasche Entwicklung der Lebewesen im Kambrium und den darauf folgenden geologischen Perioden.

Aufgaben

① Gibt man in eine Versuchsapparatur nach MILLER außer den erwähnten Stoffen auch elementaren Sauerstoff, so werden keine organischen Stoffe gebildet. Warum ist dies so?

② „Alle heute existierenden Lebewesen stammen von denselben Vorfahren ab." Begründen bzw. widerlegen Sie diese Aussage durch Beschreibung geeigneter Fakten.

③ Unter den heute herrschenden Lebensbedingungen könnte es nicht noch einmal zur Entstehung völlig neuer Lebensformen aus unbelebter Materie kommen. Nehmen Sie zu dieser Aussage Stellung.

Evolution

Übersicht über die Entwicklung der Lebewesen

Das **Kambrium** (vor ca. 600–500 Mio. Jahren) ist die älteste Epoche, aus der zahlreiche, gut erhaltene Fossilien bekannt sind. Alle heute bekannten Stämme der wirbellosen Tiere waren bereits mit zum Teil einfachen Formen vertreten. Insekten und Wirbeltiere existierten noch nicht. Das Festland war nicht besiedelt.

Im **Ordovizium** (vor 500–440 Mio. Jahren) lebten die *Panzerfische*, die ersten Wirbeltiere. Ihr Skelett war knorpelig, Kiefer fehlten.

Im **Silur** (vor 440–400 Mio. Jahren) besiedelten die ersten Pflanzen das Festland. Es handelte sich dabei noch um sehr einfach gebaute Nacktfarne, sogenannte *Psilophyten*. Sie entwickelten für das Leben an Land spezielle Anpassungen: Ein Verdunstungsschutz bewahrte die Pflanzen vor rascher Austrocknung. Spezielle Gewebe dienten zur Aufnahme und dem Transport von Wasser. Festigungsgewebe gaben den Pflanzen eine aufrechte Gestalt. Ihre Fortpflanzung erfolgte weitgehend unabhängig vom Wasser. In der gleichen Epoche folgten den Pflanzen mit *Tausendfüßern* und *Skorpionen* die ersten Tiere auf das Festland. Durch das damals vorherrschende warmfeuchte Klima fanden Pflanzen und Tiere auf dem Festland gute Lebensbedingungen vor.

Das **Devon** (vor 400–350 Mio. Jahren) zeigt nicht nur im Wasser, sondern auch auf dem Festland zahlreiche Pflanzen und Tiere: Die Psilophyten wurden durch verschiedene leistungsfähigere Pflanzengruppen, wie z. B. *Bärlappe* und *Farne*, ersetzt. Wirbeltieren war die Eroberung des Festlandes noch nicht gelungen. Allerdings lebte am Ende des Devons *Ichthyostega*, ein Brückentier, das zwischen Fischen und Amphibien steht. Ichthyostega musste einige Probleme meistern: Die Fortbewegung an Land erforderte einen erheblich höheren Kraft- und Energieaufwand, die Körperoberfläche musste einen wirksamen Verdunstungsschutz bilden und für die Atmung waren Lungen erforderlich.

Im **Karbon** (vor 350–270 Mio. Jahren) bilden *Farne*, *Schachtelhalme* und *Bärlappe* mit baumhohen Arten Wälder, deren Reste wir heute als *Steinkohle* kennen. Wirbeltiere waren auf dem Festland nun mit *Amphibien* vertreten, z. B. den *Dachschädlern*.

Das **Perm** (vor 270–225 Mio. Jahren) war eine Epoche mit starken Veränderungen in der Tier- und Pflanzenwelt: *Reptilien* traten auf (z. B. Seymouria) und verdrängten die Amphibien immer mehr. Sie sind bei der Fortpflanzung im Gegensatz zu Amphibien nicht mehr auf das Wasser angewiesen, da bei ihnen eine innere Besamung stattfindet und die Eier gegen Austrocknung geschützt sind. *Nacktsamer* lösten allmählich Farne, Bärlappe und Schachtelhalme ab. Das Klima war warm und trocken.

In der **Trias** (vor 225–180 Mio. Jahren) waren die Reptilien die dominierende Tiergruppe. Die zu den Reptilien gehörenden *Theriodontier* bildeten Brückenformen (z. B. Cynognathus) zu den späteren Säugetieren.

Der **Jura** (vor 180–135 Mio. Jahren) ist die Epoche der *Dinosaurier*. An Land, im Meer und in der Luft bildeten sie die vorherrschende Tiergruppe. *Archaeopteryx* und einfache Säugetiere lebten bereits.

In der **Kreide** (vor 135–65 Mio. Jahren) erlebten die Saurier ihre letzte Blütezeit. Vor ca. 65 Mio. Jahren starben alle Dinosaurier und zahlreiche andere Tiergruppen, wie z. B. die *Ammoniten*, aus. Man vermutet heute, dass es durch den Einschlag eines riesigen Meteoriten im Gebiet der mexikanischen Küste zu einer weltweiten Verschlechterung der Lebensbedingungen kam. Allerdings werden noch andere mögliche Ursachen des massenhaften Aussterbens vieler Lebewesen diskutiert.

Das **Tertiär** (vor 65–2 Mio. Jahren) ist die Epoche der *Säugetiere* und *Vögel*. Die Radiation der Säugetiere führte dabei relativ rasch zu der Bildung von ca. 30 verschiedenen Ordnungen.

Im **Quartär** (seit 2 Mio. Jahren) kam es immer wieder zu einem Wechsel von Eiszeiten und Warmzeiten. Mit dem *Homo habilis* erschien der erste Vertreter der Gattung Mensch.

Ichthyostega

Seymouria

Cynognathus

Beispiele von Brückentieren

Aufgabe

① Erste einfache Säugetiere lebten bereits zur Zeit der Dinosaurier. Erst nach deren Aussterben kam es zu einer raschen Radiation der Säugetiere. In welchen ökologischen Nischen könnten die Ursäugetiere das Erdmittelalter überdauert haben? Wie ist die Radiation der Säugetiere im Tertiär zu erklären?

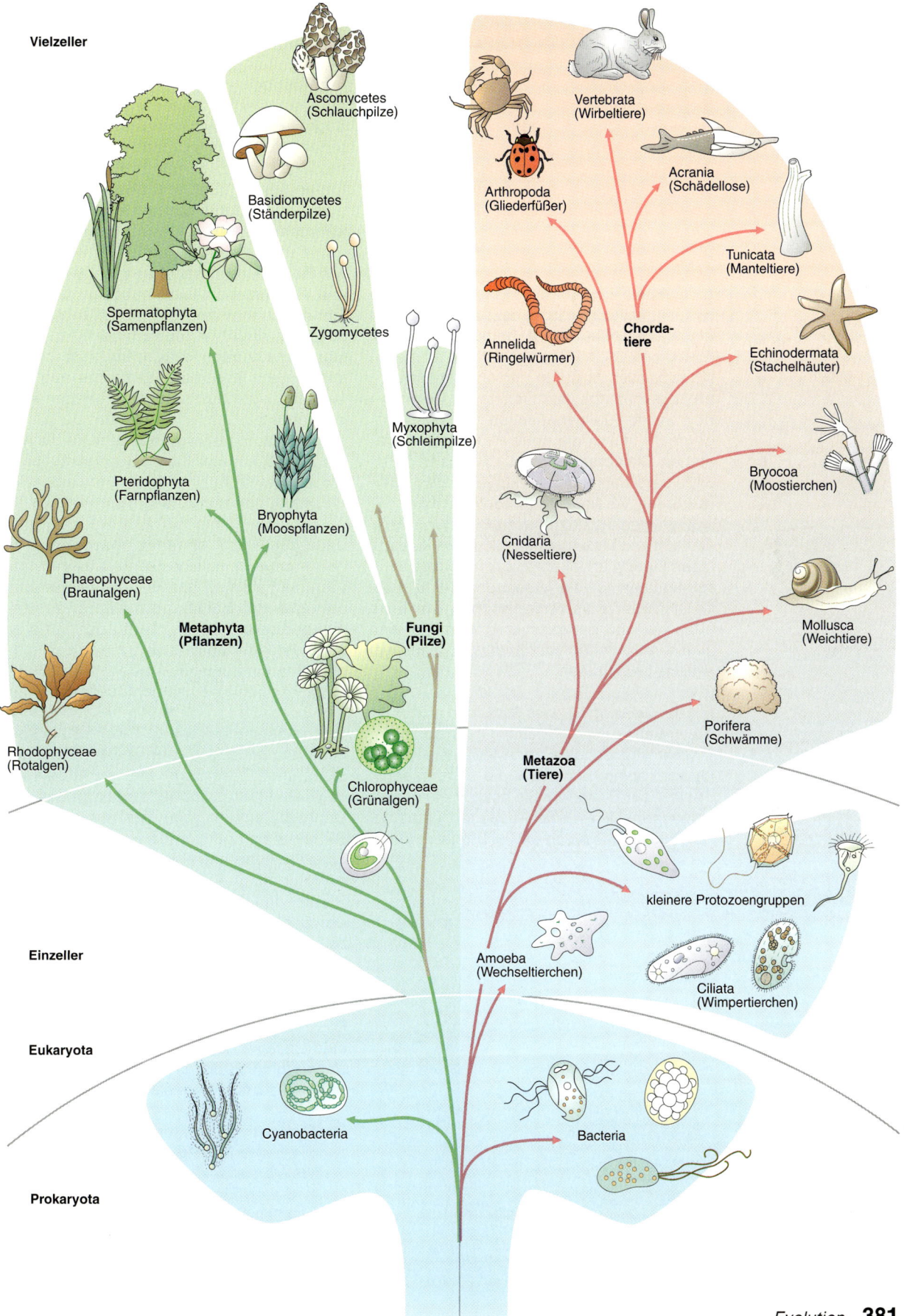

Evolution 381

Synthetische Theorie der Evolution

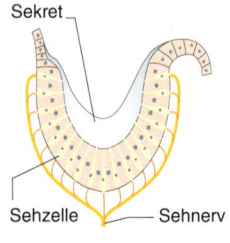

CHARLES DARWIN hat die Grundlagen zum Ursachenverständnis der Evolution geschaffen. Die wesentlichen Elemente seiner Theorie (Überproduktion von Nachkommen, Variabilität in erbfesten Merkmalen und Selektion) sind Stützen der modernen *Evolutionstheorie*. Zu ihrem Fundament gehört das von LYELL eingeführte Aktualitätsprinzip (s. Seite 345). Es besagt, dass die heute nachweisbaren Evolutionsfaktoren auch in der Vergangenheit wirkten. Dies ist gleichbedeutend mit der Vorstellung, dass Naturgesetze keinem zeitlichen Wandel unterliegen.

Mit evolutiven Abläufen sind untrennbar Vererbungsvorgänge verknüpft. Im 20. Jahrhundert wurden die genetischen Mechanismen entdeckt, durch die neue Phänomene entstehen. Die Vorstellungen LAMARCKS (s. Seite 347), dass während des Individuallebens eingetretene Veränderungen erblich sind, erwiesen sich als unzutreffend. Daher liefern Genetik und Molekulargenetik, deren Grundlagen DARWIN unbekannt waren, wichtige Informationen für die Ursachenanalyse. Das Verständnis für die Veränderlichkeit von Erbsubstanz und genetischer Information hat zu einem vertieften Verständnis für evolutive Abläufe beigetragen.

Mit der Erkenntnis, dass Evolution nicht nur durch Betrachtung einzelner Organismen erfassbar wird, sondern überwiegend in Populationen abläuft, entstand die *Synthetische Theorie* der Evolution. Sie bezieht die Populationsgenetik ein, die Aussagen über die Häufigkeit von Allelen und Merkmalen in einer Population und deren Veränderung ermöglicht. Die Synthetische Theorie bezieht auch Resultate weiterer biologischer Disziplinen ein, weil sich Evolutionsvorgänge nur selten auf einen einzelnen Faktor zurückführen lassen. Erst die Berücksichtigung mehrerer Faktoren führt zu schlüssigen Erklärungen.

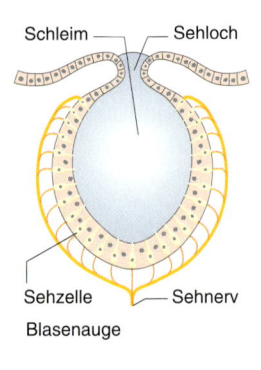

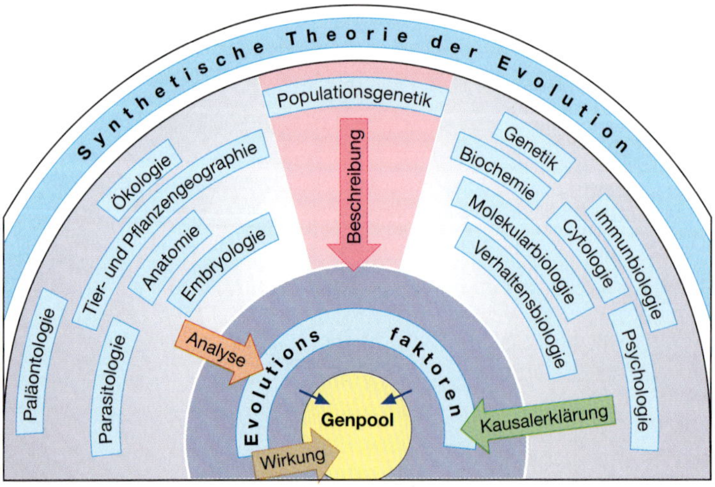

Am Beispiel der Entstehung eines komplexen Organs, dem Linsenauge wirbelloser Tiere, lässt sich dies zeigen: Bei einem Linsenauge wirken verschiedene Teile (u. a. Lichtsinneszellen, Nerven, Muskeln, Linse) zusammen. Sind diese Elemente nun alle zugleich oder nacheinander entstanden? Wie muss man sich seine Entwicklung vorstellen? Da keine fossilen Belege für die Augenentwicklung existieren, ist man auf anatomische und physiologische Vergleiche bei heute lebenden Organismen angewiesen.

Vermutlich waren erste Fotorezeptoren einzelne lichtempfindliche Zellen, die ihren Trägern die Fähigkeit des Hell-Dunkel-Sehens ermöglichten. Bereits bei mehreren zusammengelagerten Zellen führen geringfügige Veränderungen zu erheblichen Verbesserungen. Die Einstülpung ermöglicht die Richtungslokalisation einer Lichtquelle. Je tiefer die Einstülpung ist, desto besser ist die Richtungsempfindlichkeit. Solche Sinnesorgane *(Grubenaugen)* gibt es u. a. bei Schnecken. Beim *Blasenauge*, wie es z. B. bei Ringelwürmern und Kopffüßern auftritt, ist die Lichteinfallsöffnung zum Sehloch verringert. Sie wirkt als Lochblende und erzeugt eine optische Abbildung. Dieser Augentyp könnte evolutiv durch Aufeinanderzuwachsen der Ränder des Grubenauges entstanden sein. Der Schleim im Innern schützt die Sinneszellen vor Fremdkörpern und besitzt zugleich wegen seiner Lichtdurchlässigkeit optische Eigenschaften. Es ist möglich, dass aus dem Schleimpropf im Verlauf der Evolution durch viele kleine Veränderungen eine Linse hervorgegangen ist und so über Doppelfunktion und anschließenden Funktionswechsel eine Augenlinse entstanden ist.

Die Synthetische Theorie ist die moderne Synthese aus Einzeldisziplinen in dem weit verzweigten Wissenschaftsbereich der Biologie. Sie ermöglicht es, Evolution als ein vielgestaltiges Geflecht von Ursachen und Wirkungen zu erklären. Die Evolutionstheorie ermöglicht eine ganzheitliche Sicht zur Erklärung vieler biologischer Phänomene.

1 Zusammenwirken der Wissenschaftsgebiete

Offene Fragen — erweiterte theoretische Ansätze

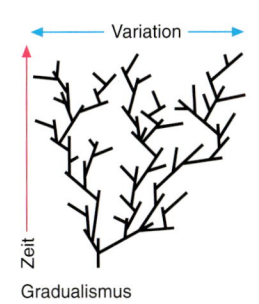

Gradualismus

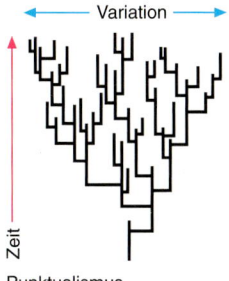

Punktualismus
Stammbaumstruktur

Nicht zu allen Fragen der Evolutionsforschung gibt es derzeit einheitliche Erklärungen. Dazu gehört die Frage nach der Geschwindigkeit und der Schrittweite der Evolution. Sind neue Lebensformen stets in kontinuierlichen Entwicklungsschritten über die Bildung von Rassen und Unterarten hervorgegangen? Dieser Vorgang, die *Mikroevolution*, ist an vielen Beispielen beobachtet worden und lässt sich teilweise auch experimentell untersuchen. Als *Makroevolution* werden dagegen Vorgänge bezeichnet, bei denen Lebewesen entstanden sind, die in neue große systematische Einheiten eingegliedert werden (Gattungen, Familien, Ordnungen, Klassen). Makroevolution bringt Organismen mit neuen Bauplänen hervor.

Die Synthetische Theorie erklärt Evolution durch kleine, mikroevolutive Schritte. Mit diesem Mechanismus ist auch Makroevolution vorstellbar und die Bildung neuer Organe erklärbar. Nach derzeitiger Ansicht gelten für Mikro- und Makroevolution gleiche Ursachen. Unterschiedliche Ansichten bestehen über den Ablauf des evolutionären Wandels. Sicher nahm die Evolutionsgeschwindigkeit zu, wenn eine Organismengruppe in einen neuen Lebensraum eindrang. Beispielsweise eröffnete der Übergang vom Wasser zum Land neue Entwicklungswege. Dies ist einerseits so vorstellbar, dass Veränderungen kontinuierlich in kleinen Schritten *(graduell)* verlaufen sind. Paläontologisch registrierte Evolutionssprünge sind kein Gegenbeweis für Gradualismus, weil nur ein Bruchteil einstiger Lebewesen fossil erhalten ist.

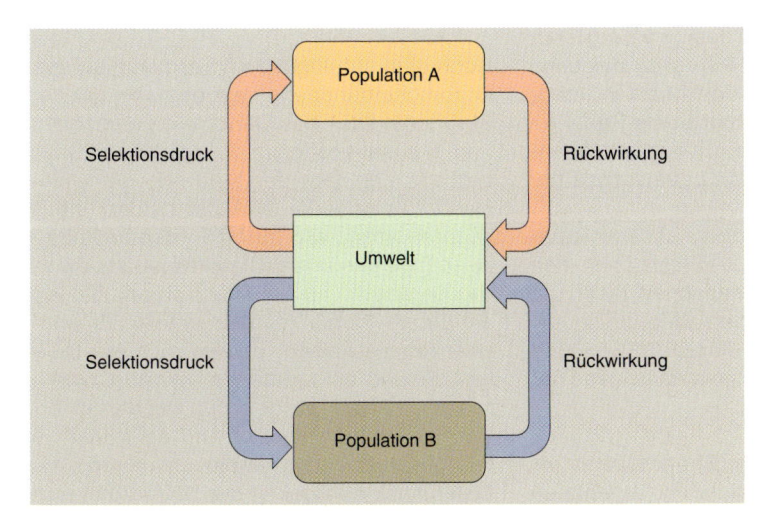

Andererseits ist die Vorstellung entwickelt, dass evolutionäre Veränderungen nur in kurzen Abschnitten des Gesamtgeschehens auftraten. Der Wandel erfolgte immer wieder schubweise *(punktuell)* in geographisch eng umgrenzten Gebieten und in kurzen Zeiträumen, gefolgt von langen Stagnationsphasen. Mit den vorliegenden Fossildaten kann zwischen *Gradualismus* und *Punktualismus* nicht entschieden werden. Die Methoden der Altersdatierung müssten dafür genauer sein.

Die Synthetische Theorie wird ständig weiterentwickelt und immer wieder durch neue Einsichten Erweiterungen erfahren. Betrachtet man den gesamten Evolutionsprozess von den chemischen Anfängen bis zu den heutigen Lebensformen, so sind in riesigen Zeiträumen hochkomplexe und hoch geordnete Strukturen aus einfachsten entstanden. Es gibt Zweifel, dass die Selektion als einziger ordnender Mechanismus das Hervorgebrachte bewirken konnte. Gesucht wird ein weiterer, naturwissenschaftlich fassbarer Faktor, der erklärt, wie Evolution über Populationsgrenzen hinweg beeinflusst wird.

Nach derzeitiger Erkenntnis sind die Lebewesen selbst ein solcher Faktor. Im Rahmen der Synthetischen Theorie scheinen sie der Selektion auf Gedeih und Verderb ausgesetzt. Eine entscheidende Beeinflussung des Selektionsdrucks, der auf eine Population einwirkt, durch die Organismen selbst wird wenig beachtet. Dies mag, auf kleine Zeiträume angewandt, eine brauchbare Näherung sein. Aber in großen Zeiträumen trifft dies nicht mehr zu. Welche Wirkung die Selektion hat, hängt auch von den Eigenschaften der Organismen ab. Lebewesen beeinflussen ihre Umwelt. Dass dies globale Auswirkungen hat, zeigt das Beispiel der Atmosphäre. Die heutige Gaszusammensetzung ist nachhaltig durch Lebewesen beeinflusst. Ohne die Fotosynthesetätigkeit der Cyanobakterien in der Erdgeschichte (s. Seite 379) gäbe es heute keinen Sauerstoff, der wiederum bestimmte Lebensformen begünstigt und andere schädigt. Es entstehen in großen räumlichen und zeitlichen Maßstäben Rückkopplungsprozesse mit der Ausbildung von Regelkreisen, die Populationen untereinander verkoppeln. So betrachtet, ist Evolution kein durch die Umwelt gesteuerter, sondern ein selbstgeregelter Prozess, bei dem Populationen miteinander verkoppelt sind und auf sich selbst rückwirken.

1 Populationen sind durch Regelkreise miteinander verkoppelt

Evolution **383**

4 Humanevolution

Primaten — von Menschen und Menschenaffen

Systematische Stellung des Menschen

Stamm: Wirbeltiere

Klasse: Säugetiere

Ordnung: Primates („Herrentiere")

Überfamilie: Hominoidea

Familie: Hominidae

Unterfamilie: Homininae

Gattung: Homo

Art: Homo sapiens

Jahrhundertelang galt der Mensch im europäischen Kulturkreis als Krone der Schöpfung. Die Aussage der Evolutionstheorie, dass der Mensch von tierischen Vorfahren abstamme, war daher zunächst umstritten. Untersucht man die stammesgeschichtliche Entwicklung des Menschen, muss man sich mit einigen grundlegenden Problemen befassen:
— Welche Beziehungen bestehen zwischen Menschen und Menschenaffen?
— Welche Faktoren führten zu der Entwicklung des heutigen Menschen?
— Kann man mit den bekannten Fossilfunden einen Stammbaum des Menschen und seiner Vorfahren rekonstruieren?

Als DARWIN seine Arbeiten veröffentlichte, stellte sich die Frage, ob der Mensch von affenähnlichen Vorfahren abstamme. Beantworten lässt sich diese Frage aus biologischer Sicht nur auf der Grundlage naturwissenschaftlicher Erkenntnisse:
— Durch Vergleich des heutigen Menschen mit Menschenaffen kann man feststellen, welche Gemeinsamkeiten und Unterschiede zwischen diesen auf den ersten Blick so ähnlichen Arten tatsächlich existieren. Abstufungen in den Ähnlichkeiten ermöglichen erste Hinweise auf mögliche verwandtschaftliche Beziehungen.
— Stammt der Mensch wirklich von affenähnlichen Vorfahren ab, so müssten Fossilien zu finden sein, die eine Entwicklungslinie von diesen Vorfahren zu uns heutigen Menschen aufzeigen. So suchte der niederländische Militärarzt EUGENE DUBOIS auf Java nach dem *„missing link"*, d. h. dem fehlenden Bindeglied zwischen Menschenaffen und Menschen. Er konnte im Jahr 1891 tatsächlich die Reste eines damals als *„Pithecanthropus"* (Affenmensch) bezeichneten Lebewesens finden.
— Der Vergleich zwischen unseren mutmaßlichen Vorfahren, den Menschenaffen und uns heutigen Menschen lässt bestimmte Entwicklungstendenzen erkennen. Die Ursachen dieser Entwicklung aufzuzeigen, ist eine weitere Aufgabe der Evolutionsforschung.

Pithecanthropus
Überholte Bezeichnung für in Java gefundene Urmenschen, heute als Homo erectus bezeichnet.

Primaten sind bereits im Erdmittelalter vor 70—80 Mio. Jahren entstanden. Urprimaten lebten auf Bäumen. Das Gehirn war noch relativ klein, die Schnauze lang wie bei Insektenfressern. Erstaunlich ist die Vielfalt innerhalb der Primaten hinsichtlich Körpergröße und Verbreitung. Sie besiedeln Amerika, Afrika und Asien. Ihre kleinsten Vertreter wiegen knapp 100 g, der männliche Gorilla dagegen wiegt bis zu 250 kg. Neben Fleisch- und Allesfressern gibt es auch reine Vegetarier. Verschiedenste Lebensräume können so erfolgreich besiedelt werden.

Allen Primaten gemeinsam ist eine hohe Intelligenz und ein differenziertes Sozialverhalten. Das Gehirn ist in Relation zur Körpergröße stets groß. Die Lebenserwartung ist hoch, die Fortpflanzungsrate dagegen gering und die Brutpflege intensiv. Hände und Füße sind als Greifwerkzeuge verwendbar. Finger und Zehen weisen Krallen oder Nägel auf. Die Augen sind meist nach vorne gerichtet, was ein gutes räumliches Sehen ermöglicht. Der Geruchssinn ist nur schwach entwickelt. Dieser Merkmalskomplex wird gedeutet als Angepasstheit an eine bestimmte Lebensweise: Primaten ernährten sich ursprünglich von Insekten und anderen Kleintieren. Die Beute wurde mit den Augen erkannt und mit den Greifhänden gefangen. Ihr Lebensraum waren die kleintierreichen tropischen und subtropischen Wälder.

Die Anwendung cytologischer und molekularbiologischer Methoden ergab weitere Erkenntnisse: Die Auswertung der *Karyogramme* von Menschen und Menschenaffen zeigt, dass Menschen 46 Chromosomen besitzen, Menschenaffen dagegen 48 Chromosomen.

Nach dem cytologischen Vergleich auf der Chromosomenebene liegt es nahe, auf der Ebene der DNA das Genom von Menschen und Menschenaffen zu vergleichen. Dazu bedient man sich der Methode der *DNA-Hybridisierung*: Die DNA der beiden untersuchten Arten wird durch Erwärmen in Einzelstränge gespalten. Die Einzelstränge werden gemischt und allmählich abgekühlt. Wo die Einzelstränge komplementäre DNA-Sequenzen aufweisen, paaren sich die Nukleotide und es entstehen Hybrid-Doppelstränge. Diese werden nun wiederum erwärmt. Sie trennen sich um so früher, je weniger Nukleotide sich paaren konnten. Als Maß für die Ähnlichkeit der DNA ergibt sich der $T_{50}H$-Wert, d. h. die Temperatur, bei der noch 50 % der Hybrid-Doppelstränge undissoziiert vorliegen. Die Tabelle zeigt die sogenannten Delta $T_{50}H$-Werte. Sie geben die Differenz zwischen der Schmelztemperatur der reinen DNA des Menschen und dem $T_{50}H$-Wert der jeweiligen Hybrid-DNA an. Je geringer diese Differenz ist, desto ähnlicher sind sich die entsprechenden DNA-Sorten.

Die beschriebenen und darüber hinaus noch viele andere Forschungsergebnisse geben uns heute eine relativ genaue Vorstellung von der systematischen Stellung des Menschen: Der Mensch gehört zum *Stamm* der Wirbeltiere. Mit vielen anderen Tierarten zusammen bildet er die *Klasse* der Säugetiere. Dazu zählen neben anderen Ordnungen auch die *Primaten*, die derzeit 185 lebende Arten umfassen. Die Überfamilie der *Hominoidea* umfasst zwei Familien, *Hominidae* und *Pongidae*, letztere mit nur einer derzeit lebenden Art, *Pongo pygmaeus* (Orang-Utan). Die Familie Hominidae besteht aus zwei Unterfamilien, *Homininae* und *Gorillinae*, mit derzeit nur zwei Gattungen: Gorilla und Schimpanse. Die afrikanischen Menschenaffen sind mit dem Menschen stammesgeschichtlich also näher verwandt als mit dem Orang.

Trotz dieser zahlreichen Forschungsergebnisse sind die genauen verwandtschaftlichen Beziehungen zwischen Menschen und Menschenaffen noch nicht sicher geklärt. Die Abbildung zeigt die heute gültige Vorstellung von der Stellung des Menschen. Zur Erstellung derartiger *Dendrogramme* setzt man voraus, dass eine bestimmte Mutterart sich in zwei Tochterarten aufspaltet, die ihrerseits Schwesterarten bilden. Ausgehend von lebenden Arten versucht man, ältere Stammarten zu rekonstruieren und deren Beziehungen zueinander in Form von Verzweigungen darzustellen. Diese Methode führt man solange fort, bis man die gemeinsame Stammform der Lebewesen gefunden hat.

Aufgaben

① „Primaten sind weniger durch spezielles Angepasstsein als durch eine große Anpassungsfähigkeit gekennzeichnet." Bestätigen oder widerlegen Sie diese Meinung.

② Der abgebildete Schädel des *Pithecanthropus* zeigt sowohl ursprüngliche als auch weiterentwickelte Merkmale, die denen heutiger Menschen ähneln. Stellen Sie in einer Übersicht derartige Merkmale zusammen.

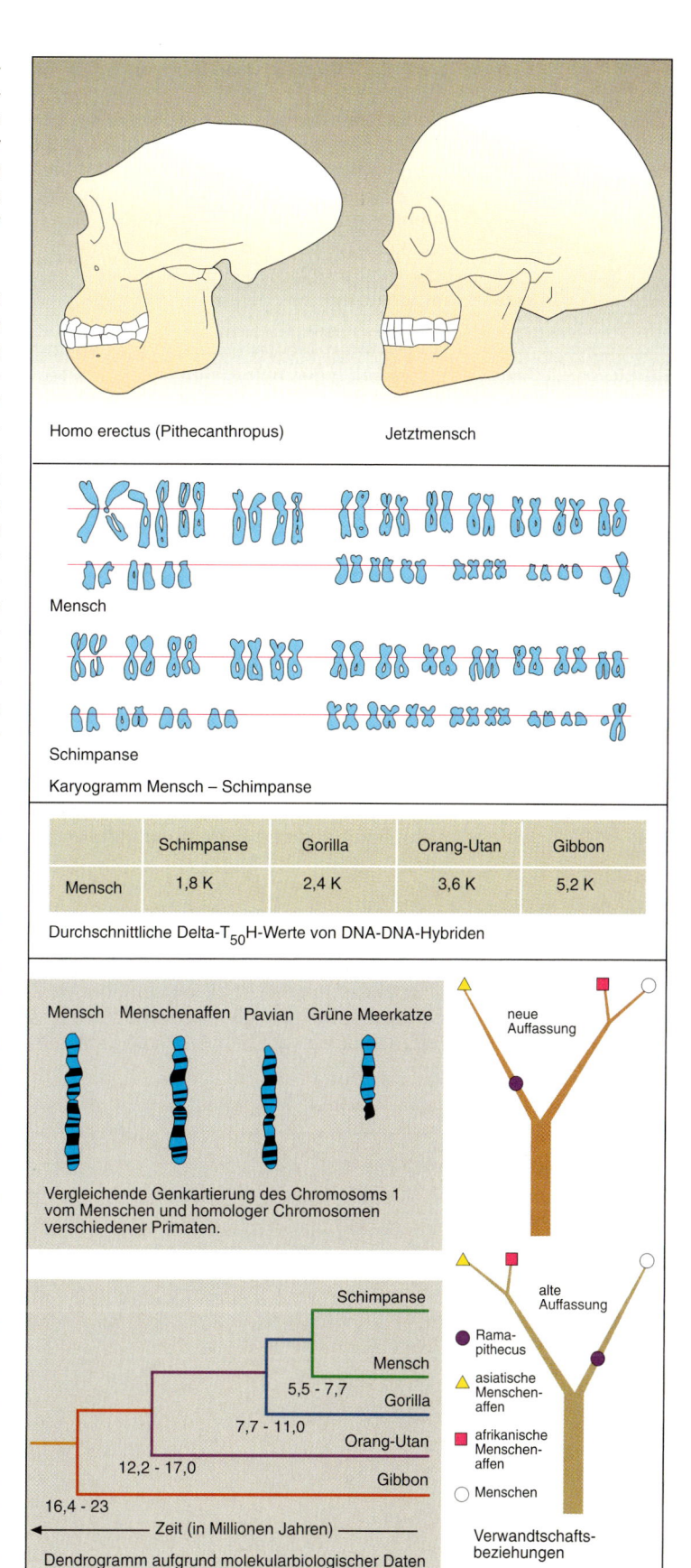

Homo erectus (Pithecanthropus)   Jetztmensch

Mensch

Schimpanse

Karyogramm Mensch – Schimpanse

	Schimpanse	Gorilla	Orang-Utan	Gibbon
Mensch	1,8 K	2,4 K	3,6 K	5,2 K

Durchschnittliche Delta-$T_{50}H$-Werte von DNA-DNA-Hybriden

Mensch   Menschenaffen   Pavian   Grüne Meerkatze

Vergleichende Genkartierung des Chromosoms 1 vom Menschen und homologer Chromosomen verschiedener Primaten.

neue Auffassung

alte Auffassung

● Ramapithecus
▲ asiatische Menschenaffen
■ afrikanische Menschenaffen
○ Menschen

Schimpanse
Mensch
5,5 – 7,7
Gorilla
7,7 – 11,0
Orang-Utan
12,2 – 17,0
Gibbon
16,4 – 23
← Zeit (in Millionen Jahren)

Dendrogramm aufgrund molekularbiologischer Daten

Verwandtschaftsbeziehungen

Der aufrechte Gang — ein entscheidender Fortschritt

Die Entstehung des *aufrechten Gangs* gehört im Tierreich zu den Ausnahmen. Unter den Primaten ist der Mensch die einzige rezente Art, die zu einem lange andauernden aufrechten Gang befähigt ist. Andere Primaten können nur über kurze Entfernungen und unter beträchtlichem Kraftaufwand aufrecht gehen.

Die Faktoren, die bei unseren Vorfahren zur Entwicklung des aufrechten Gangs führten, werden von Forschern unterschiedlich bewertet: Die aufgerichtete Körperhaltung ermöglichte eine weitaus bessere Übersicht in freiem Gelände. Zweibeiner konnten dadurch Raubtiere, Beute oder Nahrungspflanzen früher entdecken und besaßen somit gegenüber vierbeinigen Lebewesen entscheidende Selektionsvorteile. Die Hände wurden nicht mehr für die Fortbewegung benötigt. Sie waren damit frei für den Gebrauch und die Herstellung von Werkzeugen.

Die Hände konnten auch zum Transport von Nahrungsmitteln über größere Entfernungen eingesetzt werden. Dazu werden derzeit zwei Hypothesen diskutiert: Die Frau könnte als Sammlerin mit ihren Kindern Nahrung über große Entfernungen herangeschafft haben. Der Mann war überwiegend als Jäger unterwegs und beteiligte sich so an der Nahrungsbeschaffung für die Familie. Die andere Hypothese geht davon aus, dass die Frauen mit ihren Kindern weitgehend an einem bestimmten Ort blieben und die Männer die Nahrung für die Familie beschafften. Die Arbeitsteilung zwischen den Geschlechtern ist nur sinnvoll, wenn zwischen Männern und Frauen eine feste Paarbindung besteht. Den Frauen wäre es so möglich geworden, in relativ kurzer Zeit eine für Primaten hohe Zahl an Nachkommen großzuziehen.

Andere Forscher sehen die Entwicklung des aufrechten Gangs als Anpassung an Klimaänderungen: Das feuchte und warme Klima in Afrika änderte sich allmählich in Richtung eines kühleren und vor allem trockeneren Klimas. Mögliche Nahrungsquellen unserer Vorfahren waren nun über große Gebiete verstreut. Lange Fußmärsche waren also zur Nahrungsbeschaffung unumgänglich. Für diese Hypothese spricht, dass die zweibeinige Fortbewegungsweise bei geringem Tempo energetisch sehr günstig ist. Außerdem ist der Mensch so zu erstaunlichen Ausdauerleistungen fähig.

Mehrere Forscher vertreten heute die Meinung, dass unsere Vorfahren nicht Sammler und Jäger waren, wie man bisher angenommen hat, sondern sich überwiegend von Aas ernährten. Der aufrechte Gang hätte es ihnen ermöglicht, auch über große Entfernungen mit wandernden Tierherden mitzuhalten.

Wie auch immer die verschiedenen Faktoren, die zum aufrechten Gang führten, zu gewichten sind, er erforderte, verglichen mit der vierbeinigen Fortbewegungsweise unserer älteren Vorfahren, eine Reihe von Umgestaltungen im Körperbau: Schädel von Affen weisen eine deutliche Schnauze auf. Die Stirn ist fliehend, die Augen sind durch Überaugenwülste vor Verletzungen geschützt. Beim heutigen Menschen dagegen ist keine ausgeprägte Schnauze mehr erkennbar. Die Stirn ragt fast senkrecht nach oben. Die Augen liegen dadurch geschützt in tiefen Augenhöhlen, Überaugenwülste fehlen. An der Unterseite des Gehirnschädels findet sich eine fast kreisrunde Öffnung, das *Hinterhauptsloch*. Durch sie tritt das Rückenmark in den Gehirnschädel ein. Bei Affen liegt dieses Hinterhauptsloch sehr weit hinten, beim Menschen in der Mitte der Schädels. Dadurch befindet sich der Schädel bei aufrechter Fortbewegungsweise genau in der Körperachse und der Mensch benötigt keine so starke Nackenmuskulatur wie die Affen.

Ein Vergleich der Kiefer und der Zähne zeigt ebenfalls Unterschiede zwischen Affen und Menschen: Kiefer von Affen zeigen eine rechteckige Form, die des Menschen sind

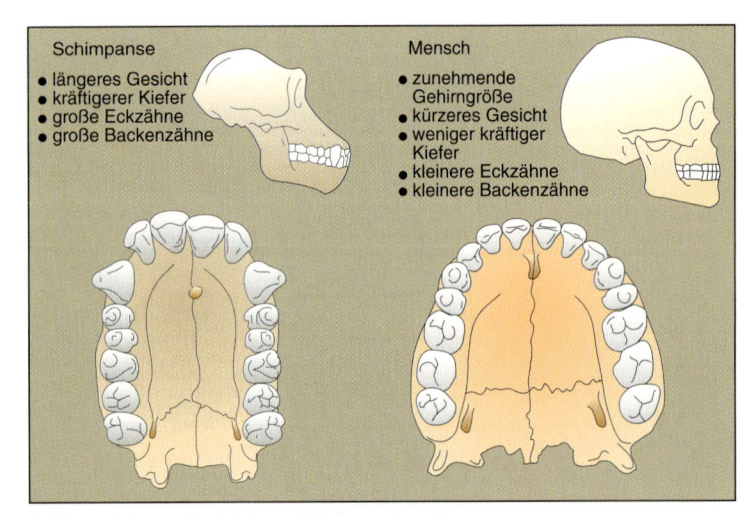

1 Vergleich von Schädel- und Kiefermerkmalen

Schimpanse
- längeres Gesicht
- kräftigerer Kiefer
- große Eckzähne
- große Backenzähne

Mensch
- zunehmende Gehirngröße
- kürzeres Gesicht
- weniger kräftiger Kiefer
- kleinere Eckzähne
- kleinere Backenzähne

parabelförmig. Der stark entwickelte Eckzahn der Affen mit einer gegenüberliegenden Zahnlücke ist beim Menschen nicht größer als die anderen Zähne.

Das Becken des Menschen zeigt einen schüsselförmigen Bau, es ist kurz und breit. Alle Knochen sind sehr dick. Das Becken kann so die Eingeweide stützen. Es trägt alleine die Last des Rumpfes, die beim aufrechten Gang nicht wie bei vierbeiniger Fortbewegungsweise zwischen Schulter- und Beckenknochen verteilt werden kann. Der Fuß des Menschen ist besonders an die zweibeinige Fortbewegungsweise angepasst. Er ist gewölbeförmig und kann so Erschütterungen gut abfangen. Dem aufrechten Gang dient ebenfalls die doppelt s-förmige Krümmung der Wirbelsäule.

Wie ein Vergleich zeigt, weist der Mensch ein relativ großes Gehirn auf. Zwar gibt es Tiere, deren Gehirn absolut größer ist, betrachtet man jedoch die Relation Gehirn zu Körpermasse, so findet man beim Menschen den höchsten Wert. Dies mag ein Hinweis auf die besondere geistige Leistungsfähigkeit des Menschen sein.

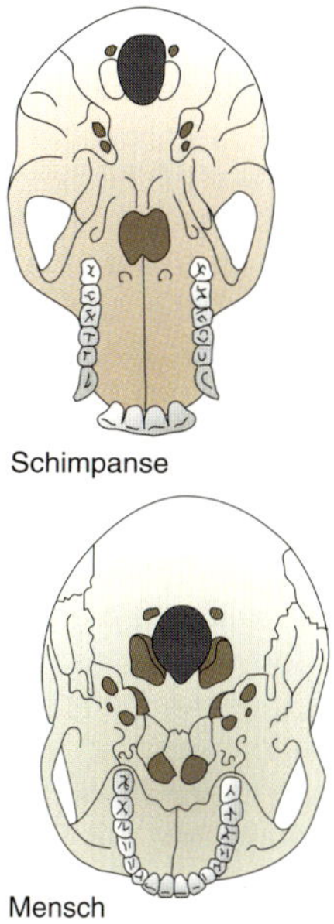

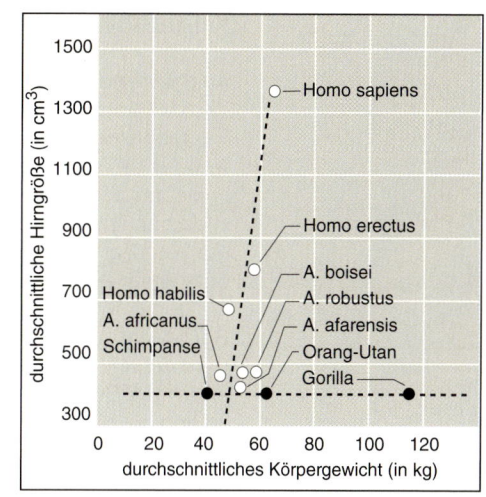

1 Hirngröße und Körpergewicht im Vergleich

Schimpanse

Mensch

Vergleich von Schädelunterseiten

Aufgaben

① „Der aufrechte Gang ist entstanden, um den Urmenschen den Gebrauch von Werkzeugen zu ermöglichen." Nehmen Sie zu dieser Aussage Stellung.

② Die vor ca. 4 Mio. Jahren lebenden Australopithecinen wiesen einen nahezu perfekten aufrechten Gang auf. Die ersten Werkzeuge wurden vor ca. 2,5 Mio. Jahren gefunden. Welche Schlussfolgerungen ziehen Sie aus diesen Tatsachen hinsichtlich der Faktoren, die zur Entwicklung des aufrechten Gangs führten?

③ Nach älteren Vorstellungen glaubte man, der aufrechte Gang, die vielseitig verwendbare Greifhand und das stark entwickelte Gehirn hätten sich im Sinne eines Synergismus wechselseitig gefördert. Der aufrechte Gang als Ausgangspunkt dieser Entwicklung wäre damit der entscheidende Schritt der Hominisation.
  a) Bei welchen Tieren außer den Primaten gibt es noch die zweibeinige Fortbewegungsweise?
  b) Wie könnte man erklären, dass diese Tiere sich nicht zu „Menschen" weiterentwickelt haben?

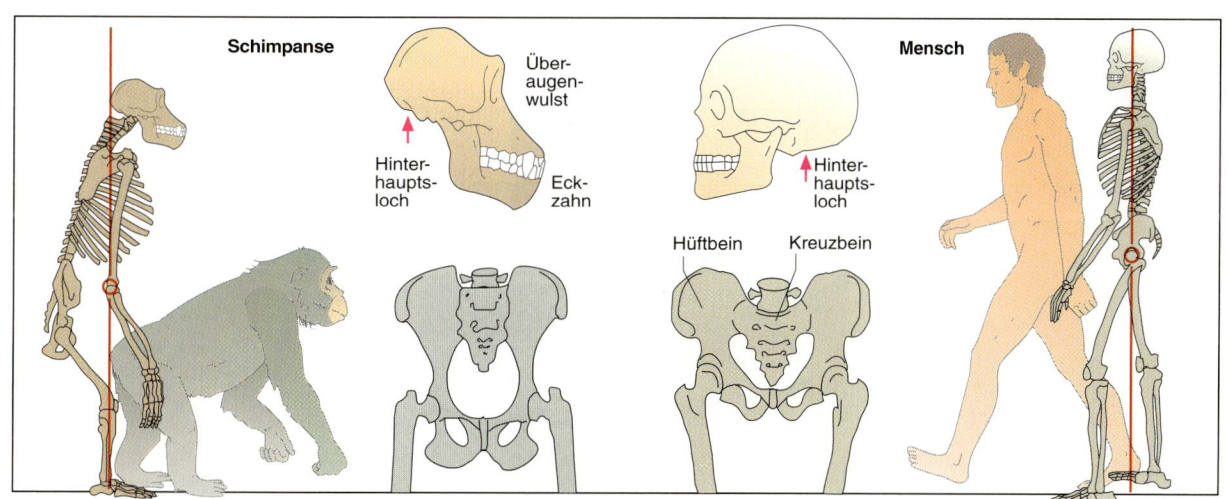

2 Vergleich von Skelettmerkmalen bei Schimpanse und Mensch

Evolution **387**

Klimaschwankungen — Motoren der Evolution des Menschen?

An der Wende von der Kreide zum Tertiär vor ca. 65. Mio. Jahren kam es zu tiefgreifenden Veränderungen in der Tier- und Pflanzenwelt. Neben vielen anderen Lebewesen starben auch die Saurier aus, die damals weltweit alle Lebensräume beherrschten. So wurde der Weg frei für die Evolution der Säugetiere und damit letztlich auch des Menschen.

Betrachtet man die Klimaverhältnisse während der letzten 65 Mio. Jahre, also der Zeit, in der die Evolution der Primaten ablief, so zeigen sich bemerkenswerte Veränderungen: Die Durchschnittstemperaturen waren meist relativ hoch. Vor einigen Mio. Jahren setzte eine Abkühlung ein, die jedoch nicht gleichmäßig verlief, sondern deutliche Temperaturschwankungen aufwies. Es fällt auf, dass die Entwicklung der Hominiden in dieser Periode der Klimaverschlechterung stattgefunden hat.

Großräumige Änderungen des Klimas können allgemein als ein Evolutionsfaktor gelten. Arten oder höhere systematische Gruppen, die sich den geänderten Lebensbedingungen nicht rasch genug anpassen konnten, starben aus und die von ihnen beanspruchten Ressourcen wurden von anderen Tier- und Pflanzengruppen genutzt.

Neben klimatischen Änderungen können jedoch auch geologische Ereignisse die Evolution entscheidend beeinflussen. *Breitnasenaffen* z. B. kommen ausschließlich in Amerika vor, man nennt sie deshalb auch *Neuweltaffen*. *Schmalnasenaffen* leben nur in Afrika und Asien, daher ihr Name *Altweltaffen*. Als die Landverbindung zwischen Afrika und Südamerika unterbrochen wurde, gab es bereits Primaten, die sich nun aufgrund der geographischen Isolation getrennt zu den Altwelt- bzw. Neuweltaffen weiterentwickelten. In Australien gab es vor der Zuwanderung des Menschen keine Primaten. Dieser geographischen Verbreitung liegen wahrscheinlich Veränderungen der Erdkruste zugrunde: Australien trennte sich von den anderen Kontinenten, bevor es zur Entwicklung der erfolgreichen Säugetiere mit Plazenta kam. Deshalb leben dort nur Beuteltiere und Fledermäuse.

Geologische Einflüsse bestimmen aber nicht nur die großräumige Verbreitung bestimmter Arten, sie beeinflussen auch das Klima und damit die Vegetation in einem bestimmten Gebiet. So führten geologische Veränderungen, durch die Ostafrika in den Regenschatten von Gebirgen geriet, dazu, dass der Osten Afrikas heute nicht mehr mit einem tropischen Regenwald bedeckt ist, sondern ein sehr vielgestaltiges Landschaftsbild zeigt. Die dadurch entstandenen Savannen scheinen für die Evolution des Menschen besonders wichtig gewesen zu sein.

1 Klimaschwankungen

2 Totenkopfäffchen (Neuweltaffe)

3 Javaneraffe (Altweltaffe)

Aufgaben

① Welche Selektionsfaktoren wirken in einem vielgestaltigen Lebensraum wie den ostafrikanischen Savannen?

② Inwiefern stellt ein rascher Wechsel von Eiszeiten und Warmzeiten einen sehr starken Selektionsdruck dar?

Die Australopithecinen

Zu der Gruppe der *Australopithecinen* gehören die ältesten *Hominiden*, die wir derzeit kennen. Alle ihre Fossilbelege stammen aus Afrika. Der älteste Fund wird auf 4,5 Mio. Jahre geschätzt, der jüngste auf ca. 1 Mio. Jahre. Die Fußspuren von *Laetoli* zeigen, dass Hominiden bereits vor 3,6 bis 3,7 Mio. Jahren aufrecht gingen. Die Spuren konnten über diesen langen Zeitraum so gut erhalten bleiben, weil die Hominiden offensichtlich unmittelbar nach einem Vulkanausbruch durch die feuchte Asche gegangen waren. Durch die hohen Temperaturen in dieser Gegend erhärtete die Asche schnell, weitere Ablagerungen bedeckten die Fußspuren.

Der Körper der Australopithecinen war schon an den aufrechten Gang angepasst, aber ihre Schädel zeigten noch eine Reihe ursprünglicher Merkmale. Typisch war ein ausgeprägter Geschlechtsdimorphismus. Die Weibchen waren knapp über einen Meter groß und nur ca. 30 kg schwer. Die Männchen waren bis zu 1,7 m groß und wogen ca. 65 kg. Das Gehirnvolumen lag bei ca. 400–500 ml. Die Schnauze war noch affenähnlich ausgeprägt. Eine kräftige Nackenmuskulatur hielt den Kopf im Gleichgewicht, das Hinterhauptsloch lag zentral. Neuere Untersuchungen der Extremitätenknochen zeigen, dass Australopithecinen noch gut an das Klettern in Bäumen angepasst waren.

Mehrere Arten werden heute unterschieden. Man fasst sie in zwei Gruppen zusammen:
a) Grazile Australopithecinen mit den beiden Arten *A. afarensis* und *A. africanus*.
b) Robuste Australopithecinen mit den drei Arten *A. robustus*, *A. boisei* und *A. crassidens*.

Ältester bekannter Vertreter der Australopithecinen ist *Australopithecus afarensis*. Er ist vermutlich bereits vor ca. 4 Mio. Jahren entstanden und wahrscheinlich der Vorfahre aller nachfolgenden Hominiden. Der berühmteste Fund eines *A. afarensis* ist „Lucy", das Skelett eines jungen weiblichen Australopithecinen, das ungewöhnlich gut erhalten ist und deshalb sehr genau rekonstruiert werden konnte.

Aufgabe

① Die Abbildung zeigt zwei Hypothesen zur Stellung der Australopithecinen in der Stammesgeschichte der Hominiden. Vergleichen Sie diese Hypothesen.

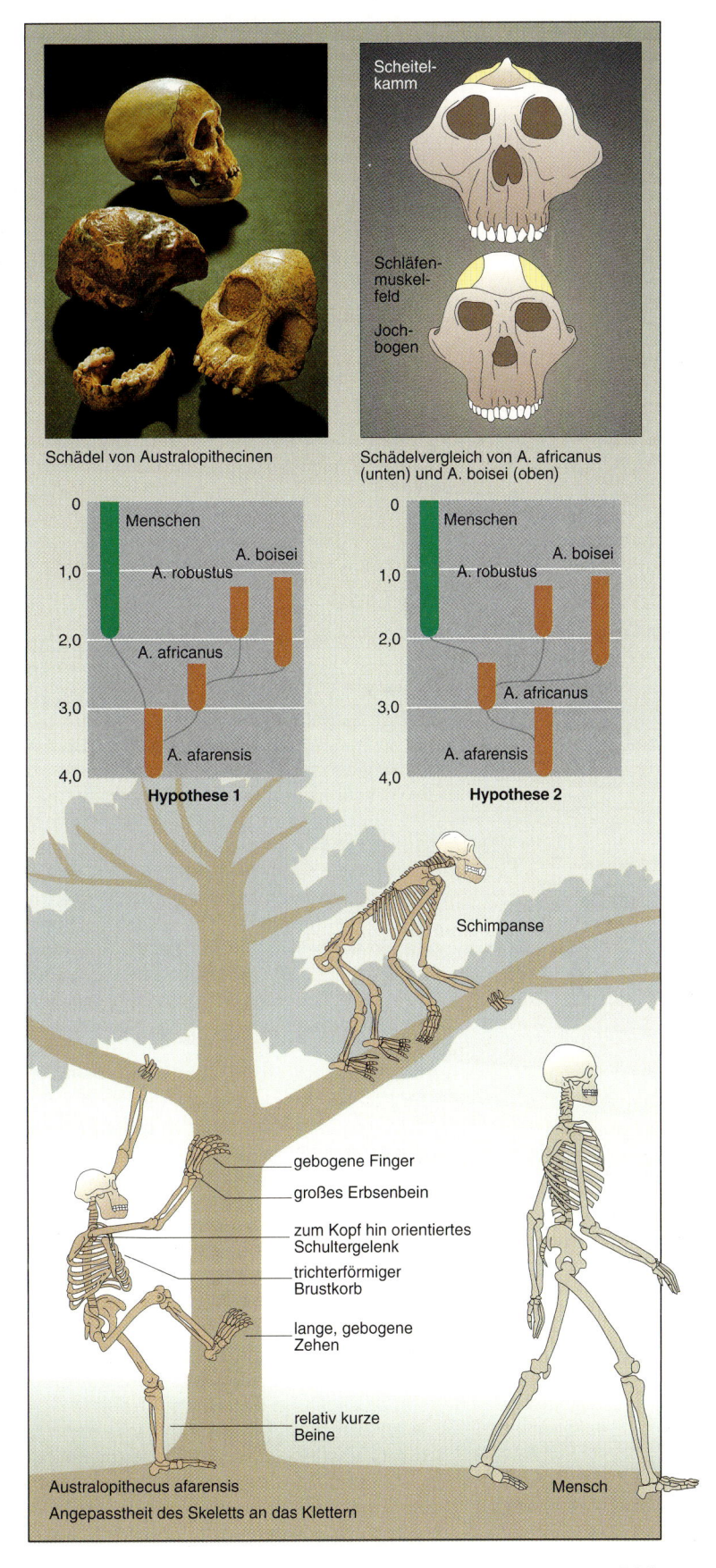

Schädel von Australopithecinen

Schädelvergleich von *A. africanus* (unten) und *A. boisei* (oben)

Hypothese 1

Hypothese 2

Australopithecus afarensis — Angepasstheit des Skeletts an das Klettern

Schimpanse

Mensch

- gebogene Finger
- großes Erbsenbein
- zum Kopf hin orientiertes Schultergelenk
- trichterförmiger Brustkorb
- lange, gebogene Zehen
- relativ kurze Beine

Evolution

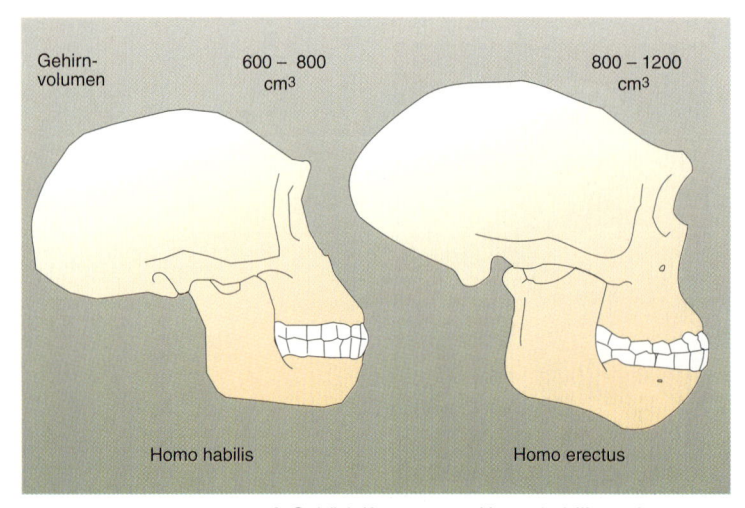

1 Schädelformen von Homo habilis und erectus

Homo — eine Gattung erobert die Erde

Der älteste bekannte Vertreter der Gattung *Homo*, zu der auch wir heutigen Menschen gehören, ist *Homo habilis*. Seinen Artnamen (*habilis* = befähigt) erhielt er, weil ihm die ersten Steinwerkzeuge, die man gefunden hat, zugeschrieben werden. Ungeklärt ist, ob die verschiedenen Arten von Australopithecinen bereits Werkzeuge aus Holz hatten, da dieses Material nicht fossil erhalten geblieben ist. Die Steinwerkzeuge des Homo habilis waren noch sehr einfach, man nennt sie *Olduvan-Industrie*. Die ältesten Reste des Homo habilis werden auf ca. 2,3 Mio. Jahre datiert. Sein Gehirnvolumen war mit 600 bis 800 ml bereits deutlich größer als das der Australopithecinen.

Abgelöst wurde Homo habilis durch *Homo erectus*, der vor ca. 1,8 Mio. Jahren bis vor ca. 130 000 Jahren lebte. Er ist der erste Hominide, der nicht nur in Afrika, sondern auch in Europa und Asien vorkam. Vor mehr als 1 Mio. Jahren wanderten erste Gruppen des Homo erectus aus dem nördlichen Afrika nach Asien und später nach Europa ein. Zu dieser Zeit war es zu einer deutlichen Klimaverschlechterung gekommen.

Verglichen mit Homo habilis zeigte Homo erectus außer seiner weiten Verbreitung noch eine weitere Neuerung: Er nutzte das Feuer. Dies ermöglichte ihm nicht nur die Abwehr von Tieren, er konnte so auch als erster Hominide kalte Klimazonen besiedeln. Manche Indizien sprechen dafür, dass er auch systematisch jagte und Werkzeuge herstellte. Sein Geschlechtsdimorphismus war weniger ausgeprägt als bei Australopithecinen oder bei Homo habilis. Die Männer waren ca. 1,8 m, Frauen ca. 1,55 m groß. Das Gehirnvolumen schwankte zwischen ca. 900 ml bei frühen Funden und ca. 1100 ml bei späteren Funden. Erstmals wurde also ein Gehirnvolumen erreicht, wie es auch Homo sapiens aufweist.

Die Kindheit von Homo erectus scheint wesentlich länger gedauert zu haben als bei den Australopithecinen. Daraus kann man schließen, dass bei ihm die Lernfähigkeit eine viel größere Rolle spielte. Ursprüngliche Merkmale waren die kräftigen Überaugenwülste und die fliehende Stirn. Ob sich Homo erectus bereits mithilfe einer Wortsprache verständigen konnte, ist umstritten (siehe Randspalte). Er lebte in Höhlen oder in einfachen Hütten. Die Jagd war für ihn eine wichtige Nahrungsquelle.

Ungeklärt ist bisher ein merkwürdiges Verhalten des Homo erectus: Bei mehreren Schädelfunden aus Asien und Afrika war das Hinterhauptsloch erweitert. Man kann dies als einen Hinweis auf Kannibalismus deuten. Auch geometrisch angeordnete Ritzungen auf Knochen, wie man sie an Funden aus Bilzingsleben festgestellt hat, sind in ihrer Bedeutung noch nicht geklärt.

Ein wichtiger europäischer Fund eines Homo erectus ist der *Heidelberger*, der in Mauer bei Heidelberg gefunden wurde. Die letzten Vertreter des Homo erectus wurden von den ersten Menschen der Art *Homo sapiens* abgelöst.

Moderner Mensch

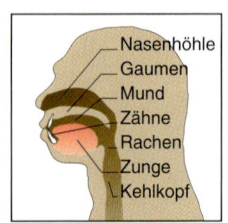

Homo erectus

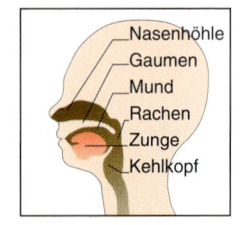

Heutiger Säugling

Entwicklungsstadien des Sprechapparates

2 Knochenfunde in Bilzingsleben (Thüringen)

Homo erectus — Verbreitung und Lebensweise

Die unten stehende Abbildung zeigt eine Karte mit den Fundstellen von Australopithecus und Homo erectus. Außerdem sind die Fundstellen hervorgehoben, an denen ausreichende Indizien für eine Nutzung des Feuers vorliegen. In der vorliegenden Tabelle ist das geschätzte Alter dieser Funde den Gehirnvolumina dieser Menschen zugeordnet.

Die rechts stehende Abbildung zeigt in der Übersicht die Klimaschwankungen in Asien und Europa während der Zeit von vor ca. 2,3 Mio. Jahren bis heute.

Aufgaben

1. Vergleichen Sie die geografische Verbreitung der Australopithecinen mit der des Homo erectus.
2. Stellen Sie mithilfe der gegebenen Daten fest, wo Homo erectus vermutlich entstanden ist.
3. Rekonstruieren Sie die Verbreitungswege des Homo erectus anhand des gegebenen Zahlenmaterials.
4. Vergleichen Sie Ihre Ergebnisse von Aufgabe 3 mit den Daten aus der Tabelle. Welche Rückschlüsse lässt dieser Vergleich zu?
5. Die in der rechten Abbildung dargestellten Klimaänderungen gelten als entscheidender Faktor für die Verbreitung des Homo erectus. Erläutern Sie diese Vermutung.

Das Gehirnvolumen variiert bei Homo erectus zwischen 850 ml und 1300 ml. Die Tabelle zeigt einige Beispiele von Funden des Homo erectus mit der Altersangabe und dem Wert für das Gehirnvolumen.

Aufgaben

1. Welchen Zusammenhang zwischen dem Alter der Funde und dem Gehirnvolumen erkennen Sie?
2. Welcher Selektionsdruck kann die Änderung der Gehirnvolumina beeinflusst haben?
3. Welchen Zusammenhang zwischen der Änderung der Gehirnvolumina und der Verbreitung des Homo erectus sehen Sie?

Die Funde aus der Höhle von Tautavel bei Perpignan stammen aus einer Zeit von vor 500 000 Jahren bis vor 145 000 Jahren. In der Höhle wurden Knochen von Höhlenlöwen, Bisons, Moschusochsen, Nashörnern und Hirschen gefunden. Nähere Untersuchungen der Knochen und Zähne zeigten, dass die Tiere vor allem im Winter starben. Die Reste von Moschusochsen und Hirschen stammten von relativ jungen Tieren, die Reste von Nashorn und Bison stammten dagegen von älteren Tieren. Neben Überresten von Tieren wurden auch zahlreiche winzige Splitter aus Quarz und Feuerstein sowie Fossilien von Hominiden gefunden.

Aufgaben

1. Rekonstruieren Sie mithilfe der gegebenen Fakten die Umweltbedingungen der Höhlenbewohner.
2. Welche Rückschlüsse auf die Ernährungs- und Lebensweise der Bewohner lassen die Funde zu?

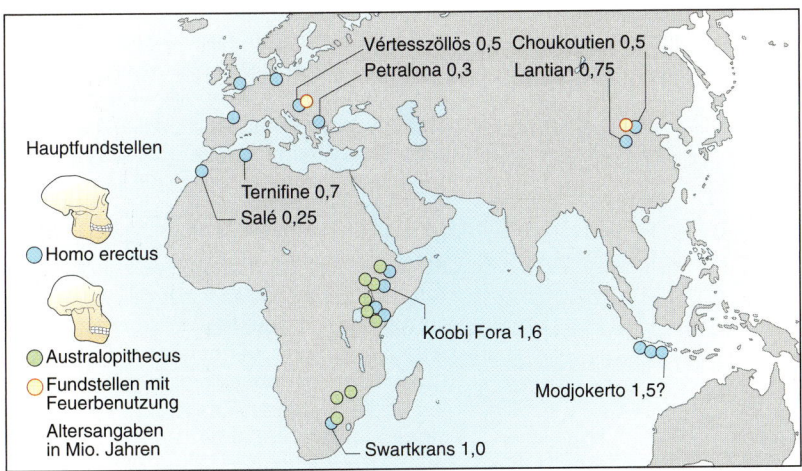

Art (Fundbezeichnung)	geschätztes Alter (Jahre)	Gehirnvolumen (cm³)
Homo erectus (ER 3733, Ostafrika)	ca. 1,7 Mio.	850
Homo erectus (WT 15 000, Ostafrika)	ca. 1,6 Mio.	900 - 1100
Homo erectus (Leakey, Ostafrika)	0,7 - 1 Mio.	1067
Homo erectus (Modjokerto, Java)	0,7 - 1 Mio.	ca. 900
Homo erectus (Choukoutien, China)	ca. 600 000	915 - 1225
Homo erectus (Vértesszöllös, Europa)	400 000 - ca. 350 000	ca. 1300

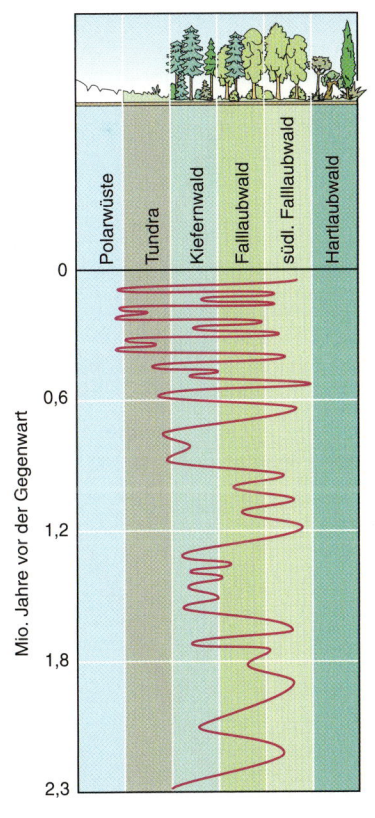

Homo sapiens

Der *Homo sapiens* zeigt gegenüber dem Homo erectus einige Weiterentwicklungen:
— Das Gehirnvolumen ist deutlich vergrößert auf durchschnittlich 1400 ml.
— Die Herstellung von Steinwerkzeugen wird perfektioniert.
— Begräbnisstätten weisen auf religiöse Vorstellungen hin und erste Kunstwerke entstehen.
— Eine differenzierte Wortsprache ermöglicht eine weitreichende Kommunikation und Arbeitsteilung innerhalb der Gruppe. Sie bildet die Grundlage für die Bildung von umfangreichen Traditionen.

Derzeit werden zwei Hypothesen zur Entstehung des anatomisch modernen Menschen kontrovers diskutiert: Das *Mehr-Regionen-Modell* geht von der Tatsache aus, dass bereits Homo erectus über Afrika, Asien und Europa verbreitet war. Nach diesem Modell entstand der Homo sapiens weltweit in parallel ablaufenden Entwicklungsvorgängen. Dies würde bedeuten, dass die heute lebenden Menschen verschiedener Gebiete sich schon seit sehr langer Zeit getrennt entwickelt hätten.

Das *Afrika-Modell* nimmt dagegen an, dass nur eine bestimmte Population des Homo erectus aus einem eng umgrenzten Gebiet in Afrika sich zu Homo sapiens weiterentwickelt hat. Vermutlich hat eine kleine Gruppe Jetztmenschen Afrika verlassen und ist als *Gründerpopulation* nach Asien eingewandert. Dies könnte vor ca. 100 000 Jahren erfolgt sein. Dieser Homo sapiens verbreitete sich danach weltweit. Wo er auf noch vorhandene Populationen des Homo erectus stieß, verdrängte er sie. Dies würde bedeuten, dass alle heute lebenden Menschen, verglichen mit dem Mehr-Regionen-Modell, eine viel längere gemeinsame Entwicklung durchlaufen hätten, sich also genetisch stärker ähneln müssten. Die Aufspaltung der Art Homo sapiens in die heute noch erkennbaren geografischen Gruppen hätte dann erst vor ca. 100 000 Jahren eingesetzt.

Die Abbildung zeigt in einer schematischen Zusammenfassung die heute gültigen Vorstellungen über die Stammesgeschichte des Menschen. Wegen des raschen Fortschritts der Wissenschaft auf dem Gebiet der Humanevolution kann diese Abbildung keinen gesicherten Stammbaum des Menschen zeigen, sondern sie gibt den derzeitigen Stand der wissenschaftlichen Diskussion wieder.

Stammbaum der Menschenaffen und des Menschen

392 *Evolution*

Neandertaler — Bruder, Urahn oder Vetter?

Der *Neandertaler* ist der erste fossile Mensch, von dem Skelettteile gefunden wurden. Seine Reste wurden bereits 1856 im Neandertal bei Düsseldorf entdeckt. Der Neandertaler und der heutige Mensch, den man in der Evolutionsbiologie auch als „anatomisch modernen Menschen" bezeichnet, zeigen Unterschiede in ihrem Körperbau. Neandertaler hatten eine flache Stirn, Überaugenwülste schützten die Augenhöhlen, die Kiefer standen etwas weiter vor, das Gehirnvolumen war durchschnittlich größer, ihre Knochen waren deutlich kräftiger. Sie waren durchschnittlich 1,65 m groß, unsere damals lebenden Vorfahren dagegen maßen etwa 1,75 m. Die großen Muskelansatzstellen lassen eine stark entwickelte Muskulatur vermuten. Ihre Extremitäten waren relativ kurz und strahlten so wenig Wärme ab.

Die Abbildung zeigt eine Karte mit dem Verbreitungsgebiet der Neandertaler. Diese lebten vor ca. 150 000 bis ca. 35 000 Jahren. Neandertaler benutzten Faustkeile und Schaber aus Feuerstein. Sie gingen perfekt aufrecht, betreuten kranke oder alte Gruppenangehörige und bestatteten ihre Toten.

Früher war man der Meinung, der anatomisch moderne Mensch habe bei seiner Ausbreitung nach Europa den Neandertaler rasch verdrängt, möglicherweise sogar ausgerottet. Neuere Untersuchungsergebnisse aus dem Karmel-Gebirge in Israel zeigen nun, dass diese Vorstellung eventuell doch noch einmal revidiert werden muss: In bestimmten Höhlen des Karmel-Gebirges wurden Überreste gefunden, die eindeutig Neandertalern zugeschrieben werden konnten, Funde in anderen Höhlen stammten sicher von anatomisch modernen Menschen. Ältere, relativ unsichere Methoden der Altersbestimmung legten die Vermutung nahe, die Neandertaler seien vor ca. 45 000 Jahren ausgestorben und von modernen Menschen abgelöst worden. Neue, zuverlässige Methoden der Altersbestimmung zeigen aber, dass in diesem Gebiet bereits vor 100 000 Jahren Neandertaler und anatomisch moderne Menschen gemeinsam lebten.

Sah man früher im Neandertaler einen primitiven Urmenschen, so hat sich heute unsere Vorstellung über ihn gewandelt. Dabei spielte sein Totenkult eine wichtige Rolle, weil nur ein Lebewesen, das an ein Weiterleben nach dem Tod glaubt, tote Artgenossen bestattet und ihnen Grabbeigaben mitgibt. Hat der Neandertaler seine Toten wirklich bestattet, müssen wir ihn also in seinen geistigen und seelischen Eigenschaften auf eine Stufe mit uns Jetztmenschen stellen. Für unser Bild vom Neandertaler ist somit von entscheidender Bedeutung, wie man seine Totenbestattungen sicher erkennen kann.

Bestattungen erkennt man an mehreren Kriterien: Die Leichen sind in einer bestimmten Körperhaltung bestattet, die zum Zeitpunkt des Todes nicht möglich war. Grabbeigaben sind vorhanden, die nicht ohne Mitwirken des Menschen zu dem Toten gelangen konnten. Bestimmte Farben wurden zum Schmücken der Leiche oder des Grabes verwendet. Der Tote wurde in ein speziell hergerichtetes Grab gelegt.

Aufgaben

① In einer Höhle im Irak wurden die Reste eines Neandertalers gefunden. Eine genauere Untersuchung der Fundstätte ergab, dass sich unter, auf und neben seinem Körper zahlreiche Blütenpollen befanden. Da der Bau der Blütenpollen artspezifisch ist und die harte Wand der Pollen sich sehr gut erhält, konnte man sogar noch die Pflanzenarten, von denen die Pollen stammen, ermitteln. Dabei zeigte sich, dass diese Arten dort auch heute noch vorkommen. Handelt es sich bei dieser Fundstelle um eine Grablegung? Begründen Sie Ihre Meinung.

② Eine neuere Hypothese zum Verschwinden der Neandertaler geht davon aus, dass diese nicht ausgestorben sind, sondern sich mit anatomisch modernen Menschen vermischt haben.
Welche Faktoren sprechen für, welche gegen diese Hypothese? Über welche weiteren Forschungsergebnisse müsste man verfügen, um diese Hypothesen bestätigen bzw. falsifizieren zu können.

③ Aus welchen Tatsachen könnte man schließen, dass Neandertaler und moderne Menschen friedlich nebeneinander lebten?

④ Verbreitungsgebiet und Körperbau des Neandertalers legen die Vermutung nahe, dass er an spezielle klimatische Gegebenheiten angepasst war.
Welche Klimabedingungen waren dies? Inwiefern könnte diese spezielle Anpassung zu seinem Aussterben beigetragen haben?

⑤ Welche Schlussfolgerungen hinsichtlich der geistigen und seelischen Eigenschaften des Neandertalers kann man aus den beschriebenen Fakten schließen?

⑥ Kann man anhand der heute bekannten Fakten klären, ob der Neandertaler unser Bruder, Urahn oder Vetter ist?

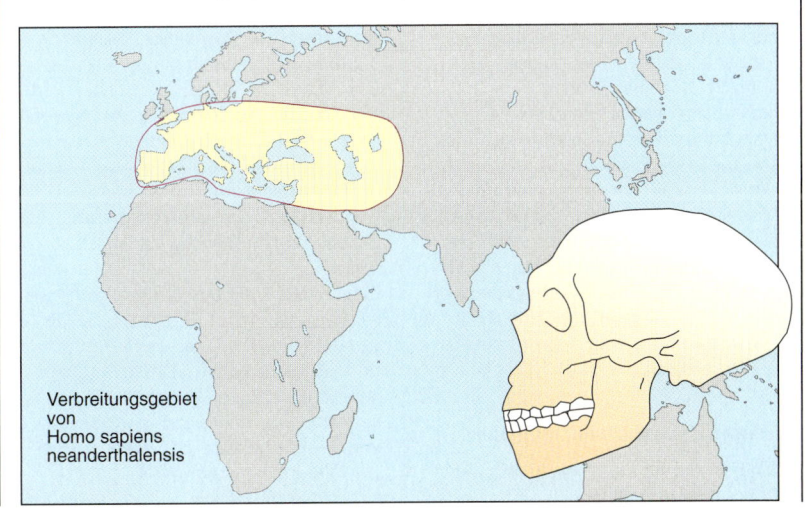

Verbreitungsgebiet von *Homo sapiens neanderthalensis*

Evolution

Verwandtschaft der Menschen

Gibt es Menschenrassen?

Alle heute lebenden Menschen gehören zur selben Art. Systematisch werden sie sogar in eine Unterart als *Homo sapiens sapiens* klassifiziert. Dennoch erscheinen uns Menschen aus verschiedenen geografischen Regionen sehr unterschiedlich. Daher hat man versucht, die Menschen nach auffälligen Merkmalen in sogenannte *Rassen* einzuordnen. Zunächst verwendete man sichtbare Merkmale wie Hautfarbe, Haarform und Merkmale des Gesichts. Später versuchte man die Einteilung nach Blutgruppenmerkmalen. Auf diese Weise gliederten einige Wissenschaftler die Menschheit in eine große Anzahl von Rassen; andere hielten aber nur die Einteilung in drei Großrassen *(Europide, Mongolide, Negride)* für angebracht. Bei vielen Untersuchungen stellte sich jedoch heraus, dass selbst diese Unterscheidung im Einzelfall schwierig ist. Es gibt kaum ein Merkmal, dessen Vorkommen auf eine einzige Bevölkerung beschränkt ist. Ein Beispiel: In Afrika, südlich der Sahara, haben fast alle ursprünglich dort lebenden Menschen krause Haare. Kraushaar kommt aber gelegentlich auch bei Nordeuropäern vor und ist nicht auf Afrikaner beschränkt. Die Populationen unterscheiden sich nicht absolut in Merkmalen, sondern nur in der Häufigkeit, mit der bestimmte Merkmale vorkommen. Am wichtigsten erscheint, dass die durchschnittlichen Unterschiede zwischen einzelnen Populationen und selbst zwischen den Großrassen geringer sind als die individuellen Unterschiede innerhalb der Population.

Neuere Untersuchungsmethoden

Die genetische Verschiedenheit der Populationen lässt sich über die Verteilung monogener Merkmale abschätzen. Dabei stellt sich heraus, dass 85% der Merkmale, in denen sich Menschen überhaupt unterscheiden können, innerhalb der Population variieren, weitere 8% sind Unterschiede, die zwischen benachbarten Populationen auftreten (z.B. zwischen zwei afrikanischen Stämmen) und nur die restlichen 7% beruhen auf der Herkunft aus verschiedenen geografischen Regionen. Sie beziehen sich fast ausschließlich auf Gene der Hautfarbe sowie der Haar- und Gesichtsform, also auf das, was als „Rasse" bezeichnet wird.

Für die genetischen Eigenschaften eines Menschen ist also die geographische Herkunft von geringer Bedeutung. Unabhängig davon interessiert den Biologen die Populationsgeschichte der Erde. Zur Erforschung ist man auf den Vergleich der geringen genetischen Unterschiede zwischen den Populationen angewiesen.

Der Rhesusfaktor tritt in verschiedenen Populationen mit unterschiedlicher Frequenz auf. In Europa sind mit 16—25% mehr Menschen rhesusnegativ als in Mittel- und Südafrika. Die Häufigkeit nimmt von Nord nach Süd und von West nach Ost ab. In Ostasien sowie bei den Ureinwohnern Australiens und Amerikas liegt die Häufigkeit weit unter 1%. Geht man davon aus, dass der Rhesusfaktor selektionsneutral ist, dann darf man annehmen, dass die Allelhäufigkeiten sich nach der Trennung einer ursprünglichen Population in Teilpopulationen durch Zufallswirkung *(Gendrift)* verändert haben. Die Frequenzunterschiede eines Allels in verschiedenen Populationen sind demnach auch ein Maß für die *genetische Distanz* zweier Populationen. Darunter versteht man den Anteil der genetischen Information, in dem sich die getrennten Populationen unterscheiden. Modellhaft nimmt man an, dass diese Distanz proportional zu der Zeit wächst, die seit der Trennung verstrichen ist. Derartige Distanzberechnungen sind für Populationen mit einer großen Anzahl von Genen gemacht worden. So erhält man Rohmaterial zur Erstellung von *Dendrogrammen*.

Eine zweite Methode bedient sich molekulargenetischer Erkenntnisse. Untersucht wurden Gene der Mitochondrien-DNA (mt-DNA). Diese Methode ist unabhängig von der zuvor beschriebenen, weil Mitochondrien nur von der Mutter vererbt werden, nicht vom Vater. Damit entfällt die genetische Rekombination. Die nachweisbaren mt-DNA-Unterschiede in verschiedenen Populationen sind auf Mutationen zurückzuführen. Auch hier nimmt man modellhaft an, dass die genetische Distanz, ausgedrückt in Basenpaarunterschieden, proportional zur Zeit seit der Trennung der Populationen ist. Absolute Zeitangaben liefert folgende Eichung: Die Nichtübereinstimmung der mt-DNA von Mensch und Schimpanse beträgt etwa 42%. Die Bewertung vieler Einzelfaktoren, wie z.B. der Altersbestimmung von Fossilien, liefert für den Zeitraum seit der Trennung der beiden Entwicklungslinien etwa 5 Millionen Jahre. Damit erhält man die mittlere Zeit für die Änderung eines Basenpaares.

Dendrogramm

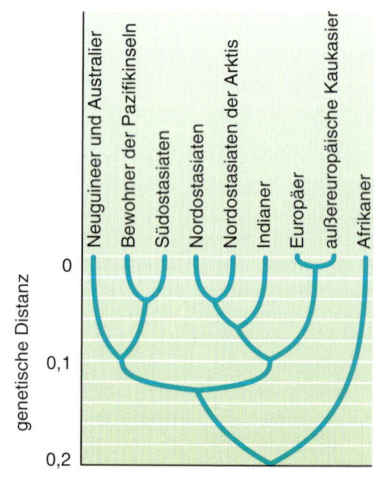

Mit diesen Methoden lässt sich das dargestellte Dendrogramm erstellen. Als wesentlichstes Merkmal zeigt es, dass die Urheimat des modernen Menschen sehr wahrscheinlich in Afrika liegt. Die genetische Distanz zwischen Afrikanern und den übrigen Menschen ist die größte. Auffällig ist, dass die Nordost- und Südostasiaten unterschiedlichen Zweigen zugeordnet sind. Die Nordostasiaten sind mit den Indianern und den Europäern näher verwandt als mit den Südostasiaten. Dadurch ist auch die noch weit verbreitete Einteilung der Menschen in die drei Großrassen hinfällig.

Hinsichtlich des zeitlichen Ablaufs liefert das Dendrogamm folgende Aussagen in Übereinstimmung mit bekannten paläontologischen Befunden: Afrikaner und Asiaten trennten sich vor etwa 100000 Jahren, Asiaten und Australier vor 50000 Jahren und vor etwa 40000 Jahren spaltete sich die Entwicklung zwischen Asiaten und Europäern.

Druck mit beweglichen Lettern, Johannes Gutenberg (um 1440)

Optische Telegrafen, (um 1800)

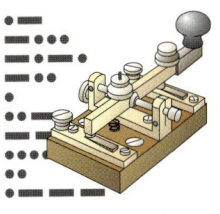

elektrischer Telegraf, Samuel Morse (1837)

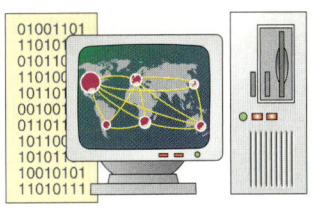

„Global Village", Internet (seit ca. 1990)

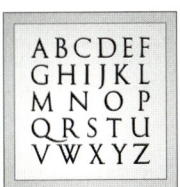

Römische Capitalis (ca. 100 v. Chr.)

Griechisches Alphabet (900 v. Chr.)

Phönikisches Alphabet (1300 v. Chr.)

Ägyptische Bilderschrift (ab 3000 v. Chr.)

Höhlenmalerei, Gravuren (ab ca. 20 000 v. Chr.)

Kulturelle Entwicklung

Kultur entsteht in der Auseinandersetzung des Menschen mit seiner Umwelt. Zu den Kulturgütern gehören Sprache, Religion, Ethik, Kunst, Recht, Staat, Geistes- und Naturwissenschaften sowie die Umsetzung von Erkenntnissen aus der Erforschung der Natur in der Technik. Die Entwicklung und Weitergabe von Kulturgütern ist ein Artmerkmal des Menschen, das man bei allen Völkern antrifft.

Die *kulturelle Entwicklung* vollzog sich im Vergleich zur biologischen Evolution des Homo sapiens sapiens in atemberaubendem Tempo. Innerhalb von etwa 10 000 Jahren entwickelten sich aus umherziehenden Gruppen von Jägern und Sammlerinnen Industriegesellschaften. Als Ursache hierfür kommen insbesondere drei biologische Merkmale des Menschen in Betracht:
— Ein stark entwickeltes *Großhirn*, das es ermöglicht, lebenslang zu lernen und kreativ zu sein.
— Die Fähigkeit des *Kehlkopfs*, differenzierte Laute zu bilden als Voraussetzung zur sprachlichen Kommunikation.
— Die *Greifhand* mit dem opponierbaren Daumen, die es erlaubt, Werkzeuge herzustellen und zu gebrauchen.

Der Geschwindigkeitsunterschied zwischen biologischer und kultureller Entwicklung ist gewaltig. Dies zeigt, dass unterschiedliche Mechanismen wirksam sind. Während die Evolution mit einem ungeheuren Aufwand an Material und Zeit vergleichsweise mühsam über Mutation und Selektion zufällig hin und wieder neue, für ihren Träger geeignetere Eigenschaften hervorbringt, können Menschen zielgerichtet für Erweiterung und Weitergabe ihres Wissens sorgen. Jede Generation schöpft aus dem Vorrat an Erfahrungen und Kenntnissen ihrer Vorfahren. Durch Übernahme von Wertvorstellungen sowie Verhaltensweisen und Techniken zur Beherrschung der Umweltbedingungen entstehen Traditionen. Dieser Informationsfluss wird durch die vergleichsweise lange Jugendzeit und die engen Beziehungen zwischen mehreren Generationen begünstigt. Je besser die Möglichkeiten zur Informationsspeicherung und -verbreitung wurden, um so schneller haben sich die Kenntnisse vermehrt und verbreitet. Als besonders einschneidende Ereignisse auf diesem Weg sind die Erfindung des Buchdrucks im 15. Jahrhundert und die Entwicklung der Mikroelektronik in neuester Zeit zu bewerten. Mithilfe solcher Medien werden Kenntnisse, die der Einzelne im Laufe seines Lebens erwirbt, unter Umgehung des genetischen Systems in nachfolgende Generationen eingebracht. So betrachtet, verläuft die kulturelle Entwicklung teilweise nach lamarckistischen Gesetzen. Die Folge ist, dass ein einschneidender kultureller Wandel innerhalb einer einzigen Generation auftreten kann.

Als Merkmale unterliegen auch Kulturgüter der Selektion. Im Gegensatz zur biologischen Evolution werden die Merkmale selbst und nicht ihre Träger, die Individuen, selektiert. Der Computer z. B. ersetzt heute in vielen Fällen die Schreibmaschine. Das liegt an den Vorteilen des Geräts, jedoch nicht daran, dass Computerbenutzer mehr Nachkommen hätten. Auf veränderte Selektionsbedingungen kann infolge der lebenslangen Lernfähigkeit des Menschen bereits innerhalb einer Generation reagiert werden.

Durch Technik und Medizin macht sich der Mensch teilweise von den natürlichen Selektionsbedingungen unabhängig. Oft werden ursprüngliche Verhältnisse ins Gegenteil verkehrt. Nicht die Umwelt bewirkt die Anpassung des Menschen, sondern mithilfe der Technik wird die Umwelt in kürzester Frist den Bedürfnissen des Menschen entsprechend verändert. Dies ist nicht immer zum Nutzen der Umwelt und hat, wenn auch oft zeitlich stark verzögert, negative Folgen für den Menschen selbst. In jedem Fall beeinflusst der Mensch mit Veränderungen seiner Lebensbedingungen die weitere Evolution seiner Art und die des Lebens auf der Erde.

Evolution 395

5 Das natürliche System der Lebewesen

Probleme der biologischen Systematik

Lebewesen treten uns in vielen Erscheinungsformen entgegen. Das Bedürfnis, sie zu ordnen und zu klassifizieren, reicht bis in die Anfänge der Naturbeobachtung zurück. Anfangs standen nur Kriterien wie Nutzen der Organismen und ihre Bedeutung für den Menschen im Vordergrund. ARISTOTELES hat ein erstes wissenschaftliches Ordnungsschema entwickelt. Er hat die ihm bekannten Tiere beispielsweise in „Bluttiere" und „Blutlose" eingeteilt. Weitere Untergliederungen nahm er nach Lebensraum (Wasser oder Land) und nach Art der Atmung (Lungen oder Kiemen) vor. Diese *typologische Systematik* war die erste, die Ordnungskriterien benutzte, die auf Eigenschaften und Merkmalen der Lebewesen selbst beruhen.

Diese Ordnungsprinzipien galten bis ins 18. Jahrhundert. Auch der schwedische Arzt CARL VON LINNÉ, der als Begründer der modernen Systematik gilt, hat sich darauf bezogen. Er hat z. B. eine praktikable Einteilung der Blütenpflanzen nach der Anzahl der Staubblätter vorgenommen. Eine solche Ordnung ist geeignet, um beispielsweise einen Bestimmungsschlüssel anzufertigen. Sie stellt aber ein *künstliches System* dar, da die Merkmale für die Eingruppierung willkürlich gewählt sind. Als *natürliches System* bezeichnet man dagegen ein Ordnungsschema, das von der abgestuften Ähnlichkeit der Lebewesen ausgeht und ihre phylogenetische Verwandtschaft widerspiegelt.

Grundlage für LINNÉS Ordnungssystem ist die *binäre Nomenklatur*. Das heißt, dass jede Organismenart durch einen zweiteiligen Namen benannt wird. Die Kreuzotter erhält beispielsweise den Namen *Vipera berus*, wobei der erste Begriff die Gattung bezeichnet, der zweite dient zur Unterscheidung von anderen Arten. Zur Namensgebung werden überwiegend lateinische und griechische Wortstämme benutzt. Diese Benennungen sind international einheitlich. Auf dieser Basis baut die begriffliche Hierarchie von Familien, Ordnungen, Klassen und Stämmen der Lebewesen auf. Der höchststehende Begriff ist der des Organismenreiches.

Entspricht aber die übliche Gliederung der Lebewesen in zwei Reiche, nämlich in Tier- und Pflanzenreich, der natürlichen Verwandtschaft? Vergleicht man zwei einzellige „Pflanzen", z. B. die Gallertblaualge (*Nostoc spec.* — ein Cyanobakterium) mit einem Augenflagellaten (*Euglena viridis*), so stellt man zwischen diesen beiden Organismen kaum eine andere Gemeinsamkeit fest, als die Fähigkeit, Fotosynthese zu betreiben. In anderen Stoffwechselleistungen, vor allem aber im Feinbau der Zellen, bestehen Unterschiede. Andererseits sind bei Euglena die Übereinstimmungen mit manchen Einzellern, die systematisch dem Tierreich zugeordnet werden, sehr groß. Einige Euglenaarten sind sogar in der Lage, bei fehlender Belichtung zu heterotropher Lebensweise überzugehen. Hier streiten sich Zoologen und Botaniker um die systematische Stellung.

Solche Widersprüche lassen sich nur dann vermeiden, wenn man die Einteilung in zwei Reiche aufgibt. Aber wie viele soll man wählen? Es gibt Systematiker, die bis zu 13 verschiedene Reiche annehmen. Auf den folgenden Seiten werden die Organismen in fünf Reiche eingeteilt. Ob diese Untergliederung „richtig" ist, lässt sich nicht sagen, sie spiegelt aber unser derzeitiges Wissen am besten wider.

Aufgabe

① Notieren Sie je eine Definition für Einzeller, Pilz, Pflanze und Tier. Vergleichen Sie diese mit den systematischen Abgrenzungen auf den folgenden Seiten und erklären Sie mögliche Unterschiede.

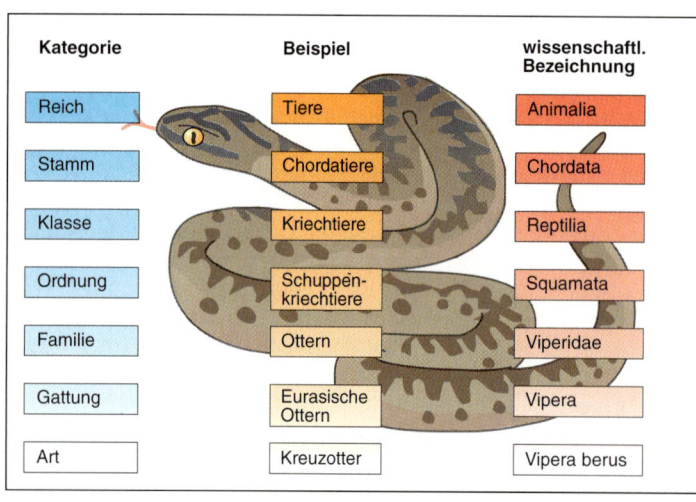

Kategorie	Beispiel	wissenschaftl. Bezeichnung
Reich	Tiere	Animalia
Stamm	Chordatiere	Chordata
Klasse	Kriechtiere	Reptilia
Ordnung	Schuppenkriechtiere	Squamata
Familie	Ottern	Viperidae
Gattung	Eurasische Ottern	Vipera
Art	Kreuzotter	Vipera berus

1 Systematische Einordnung am Beispiel der Kreuzotter

Phylogenetische Systematik

Die *phylogenetische Systematik* ist eine Teildisziplin der Biologie, die sich damit beschäftigt, das auf Ähnlichkeiten beruhende, natürliche System zu erstellen. Am Beispiel der vierfüßigen Wirbeltiere *(Tetrapoden)* lässt sich zeigen, wie man dabei vorgeht. Zunächst werden möglichst viele Merkmale erfasst, in denen sich die einzelnen Gruppen voneinander unterscheiden, denn gemeinsame Merkmale können nur als Abgrenzung nach außen gegen andere systematische Gruppen dienen. Die Merkmale sind zur systematischen Einordnung um so besser geeignet, je weniger sie durch Umwelteinflüsse überformt werden. Wichtig ist in diesem Zusammenhang auch, welches Merkmal *ursprünglich* bzw. im Laufe der Evolution neu entstanden, also *abgeleitet* ist. Wenn man z. B. das Alter der Fossilien mit vergleichbaren Merkmalsausprägungen sicher kennt, dann kann eine Entscheidung getroffen werden, was als ursprünglich anzusehen ist. Ist dieses nach heutigem Kenntnisstand nicht möglich, so ergeben sich Unsicherheiten und Kontroversen. So ist beispielsweise die exakte Einordnung der Schildkröten noch unklar.

Aufgrund eines Merkmalsrasters werden dann Schwestergruppen gebildet. So lassen sich den Amphibien, die keine Eihülle *(Amnion)* besitzen, die *Amnioten* (Reptilien, Vögel und Säuger) als Schwestergruppe gegenüberstellen. Das Raster zeigt auch, dass die Krokodile zu den Vögeln in sehr enger Beziehung stehen. Sie sind Schwestergruppen, da sie wahrscheinlich auf eine gemeinsame Stammform zurückgehen. Eine solche Verwandtschaftsgruppe wird als *monophyletisch* bezeichnet. Die phylogenetische Systematik versucht also, durch Bildung von monophyletischen Gruppen einen der natürlichen Verwandtschaft entsprechenden Stammbaum zu erstellen.

Fasst man dagegen Vögel und Säuger als gleichwarme Wirbeltiere zu einer Gruppe zusammen, so ergeben sich Widersprüche bei anderen Merkmalen. Die Fähigkeit, die Körpertemperatur zu regulieren, geht wohl auf eine konvergente Entwicklung bei den Ahnen von Vögeln und Säugern zurück. Eine solche Gruppe wird als *polyphyletisch* bezeichnet. Sie ist ungeeignet für die Erstellung des natürlichen Systems.

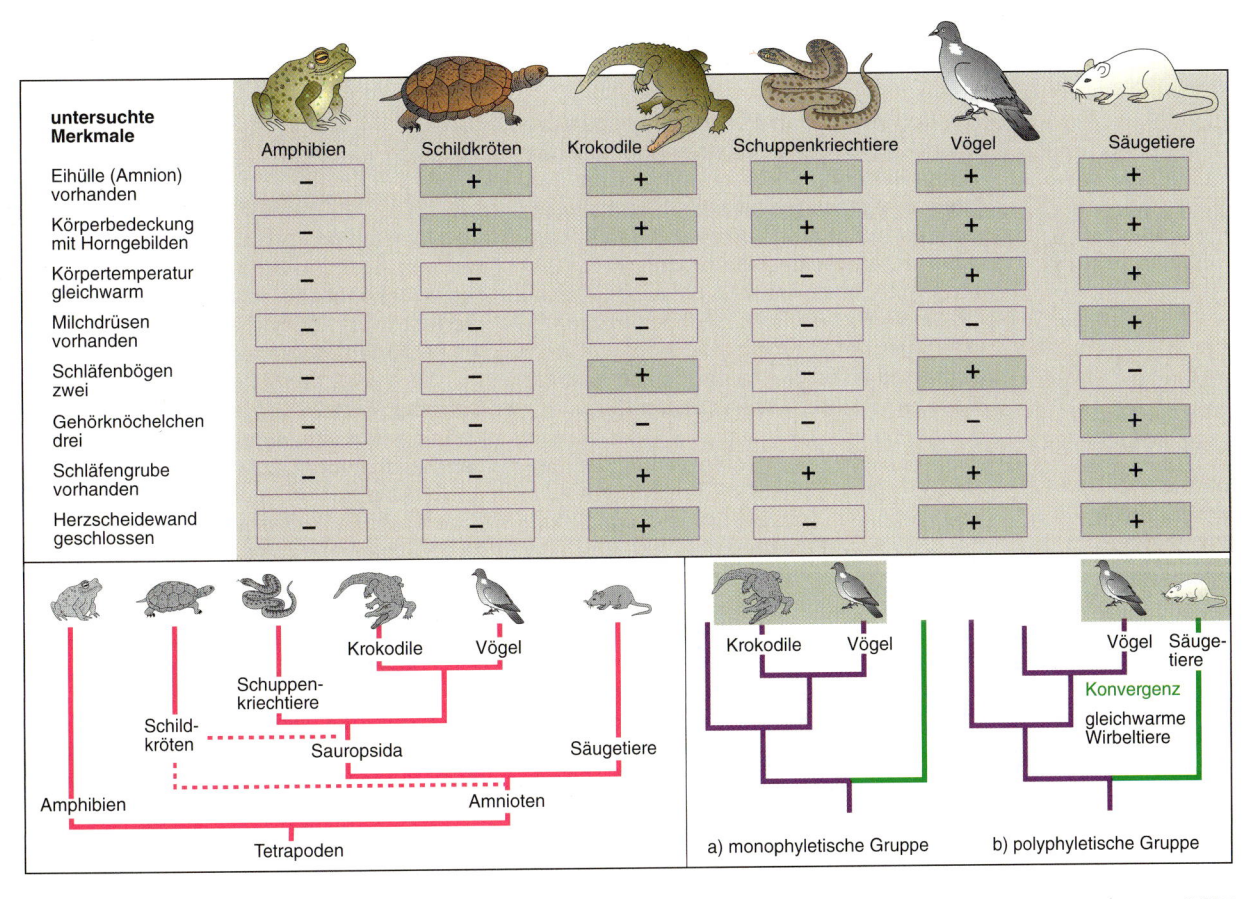

untersuchte Merkmale	Amphibien	Schildkröten	Krokodile	Schuppenkriechtiere	Vögel	Säugetiere
Eihülle (Amnion) vorhanden	−	+	+	+	+	+
Körperbedeckung mit Horngebilden	−	+	+	+	+	−
Körpertemperatur gleichwarm	−	−	−	−	+	+
Milchdrüsen vorhanden	−	−	−	−	−	+
Schläfenbögen zwei	−	−	+	−	+	−
Gehörknöchelchen drei	−	−	−	−	−	+
Schläfengrube vorhanden	−	−	+	+	+	+
Herzscheidewand geschlossen	−	−	+	−	+	+

a) monophyletische Gruppe

b) polyphyletische Gruppe — Konvergenz gleichwarme Wirbeltiere

Evolution

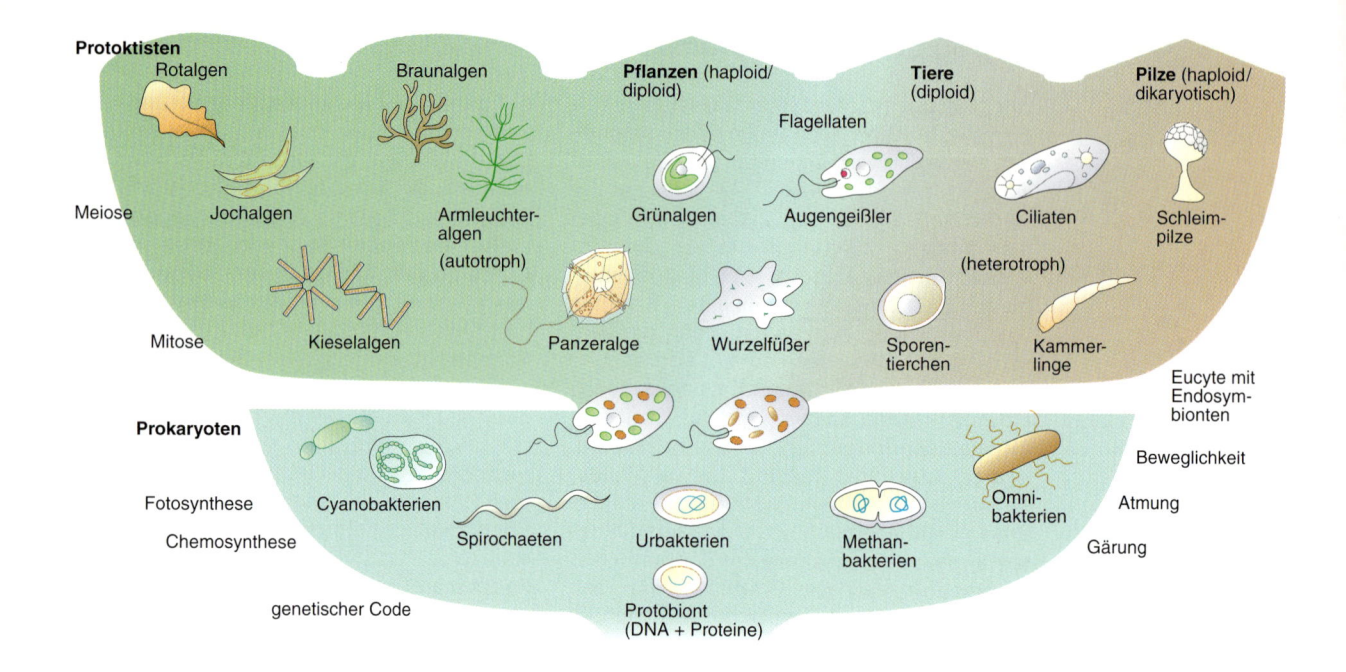

Die fünf Reiche der Lebewesen

Zellen kommen in zwei Organisationsformen vor, als kernlose Protocyte oder als Eucyte. Alle Lebewesen, die Zellen vom Typ der Protocyte besitzen, werden als *Prokaryoten* bezeichnet und als eigenes Reich von den *Eukaryoten* abgesetzt.

Bei den vielzelligen Eukaryoten haben drei Gruppen große Bedeutung erlangt, die man in den Reichen der *Pflanzen, Tiere* und *Pilze* zusammenfasst. Sie lassen sich anhand der Fortpflanzungsverhältnisse und des Körperbaus unterscheiden. Bezüglich ihrer Nahrungsaufnahme vertreten diese drei Reiche die ökologischen Prinzipien der *Produzenten* (pflanzliche Primärproduktion), der *Konsumenten* (tierische Partikelfresser) und der *Reduzenten* (Stoffabsorption der Pilze).

Zwischen den Prokaryoten und den drei anderen Reichen steht das Reich der *Protoktisten*. Hierzu gehören alle Eukaryoten, die weder Tiere noch Pflanzen oder Pilze sind, also alle kernhaltigen Einzeller und solche Vielzeller, die sich unmittelbar von ihnen ableiten lassen. Offenbar haben sich im Laufe der Evolution mehrfach vielzellige Organismen aus einzelligen Vorläufern entwickelt. Bei Schleimpilzen, Rot- und Grünalgen gibt es beispielsweise innerhalb eines Stammes einzellige und mehrzellige Vertreter. Die Bezeichnung „Einzeller" ist also ebenso wie der Begriff „Pflanze" ungeeignet, die natürliche Verwandtschaft zu beschreiben.

Protoktisten
griech. *protos* = frühester

griech. *ktistes* = Gründer

Das Reich der Prokaryoten

Die Prokaryoten sind alle einzellig und in der Regel kleiner als 10 µm. Nur selten bilden sie Kolonien, wenn Zellen nach der Spaltung in einer gemeinsamen Gallerthülle zusammenbleiben. Die Stoffwechselleistungen der Prokaryoten sind erstaunlich. Je nach Art sind sie z. B. in der Lage, ihre Energie durch Gärung, Atmung, Fotosynthese oder auch Chemosynthese zu gewinnen.

Den ältesten prokaryotischen Mikrofossilien wird ein Alter von 3,2 bis 3,8 Milliarden Jahren zugeschrieben. Im Vergleich dazu sind die Funde von Eucyten mit einem Alter von 1,4 Milliarden Jahren recht jung.

Stämme: *Urbakterien* (Archaebacteria) sind an Lebensbedingungen angepasst, wie sie vermutlich in der Urzeit der Erdentwicklung geherrscht haben. Methanbakterien leben anaerob im Faulschlamm. Säure- bzw. hitzebeständige Arten kommen in Gewässern mit hoher Salzkonzentration oder in heißen Quellen vor. Unter 55 °C sterben sie den Kältetod. Die *Cyanobakterien* (Blaualgen) betreiben Fotosynthese. Sie besitzen neben Chlorophyll a und Carotinoiden noch blaue und rote Farbstoffe. Die *echten Bakterien* (Omnibacteria) sind der umfang- und formenreichste Stamm. Dazu gehört neben den Erregern von Cholera und Typhus auch das bestuntersuchte Lebewesen der Welt, das Bakterium Escherichia coli.

Das Reich der Protoktisten

Protoktisten leben im Wasser oder in Körperflüssigkeiten. Ihre Stoffwechselleistungen sind nicht so groß wie die der Prokaryoten, aber auch unter ihnen gibt es heterotrophe und autotrophe, anaerob oder aerob lebende sowie parasitische Formen. Die Protoktisten sind möglicherweise eine polyphyletische Gruppe, da es denkbar ist, dass sich Eucyten ohne bzw. mit Chloroplasten unabhängig voneinander entwickelt haben.

Stämme: *Grünalgen* bilden die Hauptmasse der Phytoplanktonorganismen im Süßwasser. Sie sind sehr vielgestaltig und es ist kaum umstritten, dass in diesem Stamm die Vorläufer der Landpflanzen zu suchen sind. *Panzeralgen* stellen die Mehrzahl des marinen Phytoplanktons. Der Riesentang ist mit 50 m Länge eine der größten *Braunalgen*. Die zu den *Zooflagellaten* gehörenden Kragengeißler zeigen zahlreiche Gemeinsamkeiten zu den Kragengeißelzellen der Schwämme. Man vermutet in dieser Gruppe den Übergang zum Tierreich. Der Ursprung der Pilze dürfte bei den *Schleimpilzen* zu suchen sein. Es gibt etwa 20 weitere Stämme der Protoktisten.

Das Reich der Pilze

Ein Pilz besteht in der Regel aus einem Fadengeflecht *(Myzel),* das sich zu einem Sporen tragenden Fruchtkörper verdichten kann. Die Zellwände enthalten meistens Chitin. Geißeltragende Fortpflanzungszellen fehlen. Die Kerne der einzelnen Zellfäden *(Hyphen)* sind haploid. Wenn zwei verschiedene Pilzfäden verschmelzen, ohne dass es zur Vereinigung der Zellkerne kommt, entstehen dikaryotische Hyphen. Die bekanntesten **Stämme**, die *Schlauch-* und die *Ständerpilze*, unterscheiden sich in der Sporenbildung.

Die ältesten Pilzfossilien stammen aus dem Devon. Sie wurden in enger Beziehung zu Pflanzenresten gefunden. Es ist denkbar, dass der Übergang der Pflanzen zum Landleben durch eine Pilz-Pflanzen-Symbiose ermöglicht wurde, so ähnlich, wie sie in Gestalt der Mykorrhiza heute noch vorliegt.

Flechten sind „Doppellebewesen", bei denen ein Pilz mit seinen Hyphen einzellige Grünalgen oder Cyanobakterien umschließt und von deren Fotosyntheseprodukten lebt. Etwa 25 000 verschiedene Pilzarten haben sich in dieser Form ernährungsphysiologisch spezialisiert. Flechten werden im System nach dem jeweiligen Pilzpartner eingeordnet.

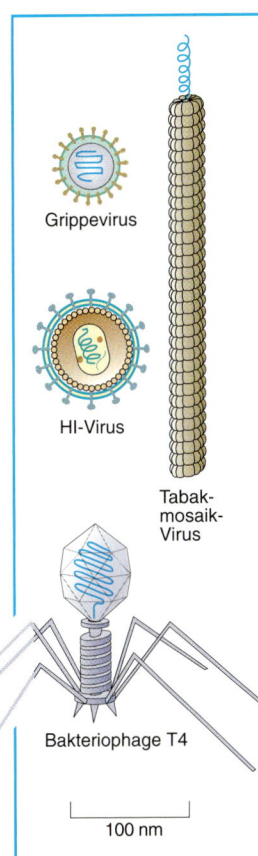

Viren

Alle Lebewesen der fünf Organismenreiche sind entweder einzellig oder aus vielen Zellen aufgebaut. Nicht so die *Viren*. Sie sind mit einer Größe zwischen 20 und 300 nm kleiner als Bakterien und bestehen nur aus einer Nukleinsäure, die von einer Proteinhülle umschlossen wird. Viren fehlt eine begrenzende Membran, sie besitzen keinen eigenen Stoffwechsel und sind in ihrer Vermehrung von einer Wirtszelle abhängig. Viren befallen Zellen aller Organismen bis hin zu den Bakterien *(Bakteriophagen)*. Beim Menschen treten sie häufig als Krankheitserreger auf und können Kinderlähmung, Masern, Grippe oder AIDS verursachen. Auch Pflanzenkrankheiten können von Viren hervorgerufen werden, z. B. vom *Tabakmosaikvirus*.

Viren lassen sich nach Baumerkmalen oder nach der Art ihrer Kernsäuren klassifizieren (DNA- bzw. RNA-Viren). Eine Einordnung in die Organismenreiche wird nicht vorgenommen. Wahrscheinlich sind die Beziehungen dieser Partikel zu ihren Wirtszellen enger als die Verwandtschaft zwischen den einzelnen Viren. Sie sind möglicherweise Plasmide, die sich verselbstständigt haben. Das würde bedeuten, dass Tabakmosaikvirus und Tabakpflanze oder aber Bakteriophage und Bakterium genetisch ähnlicher sind als diese beiden Viren untereinander.

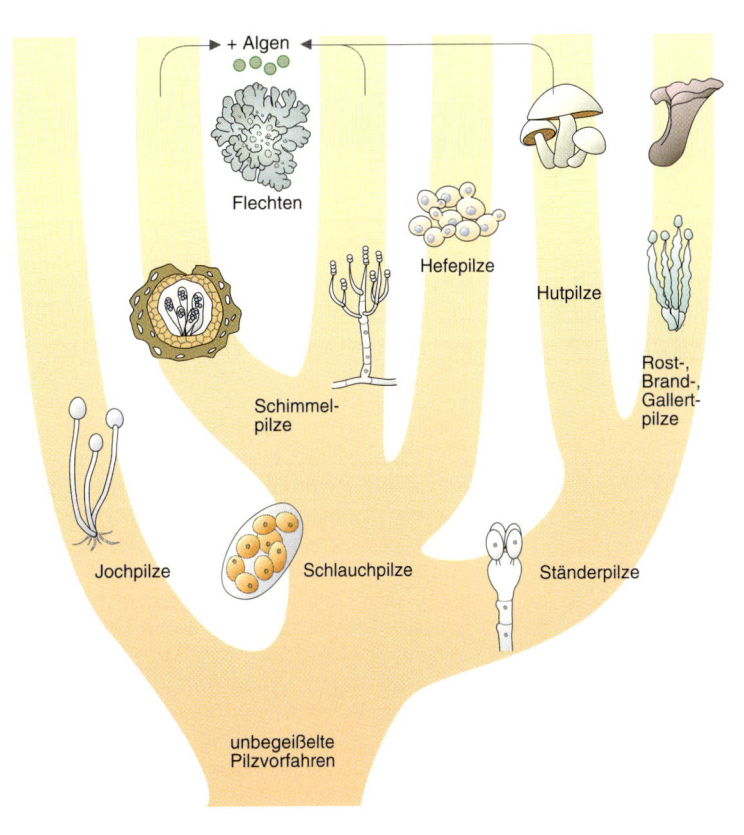

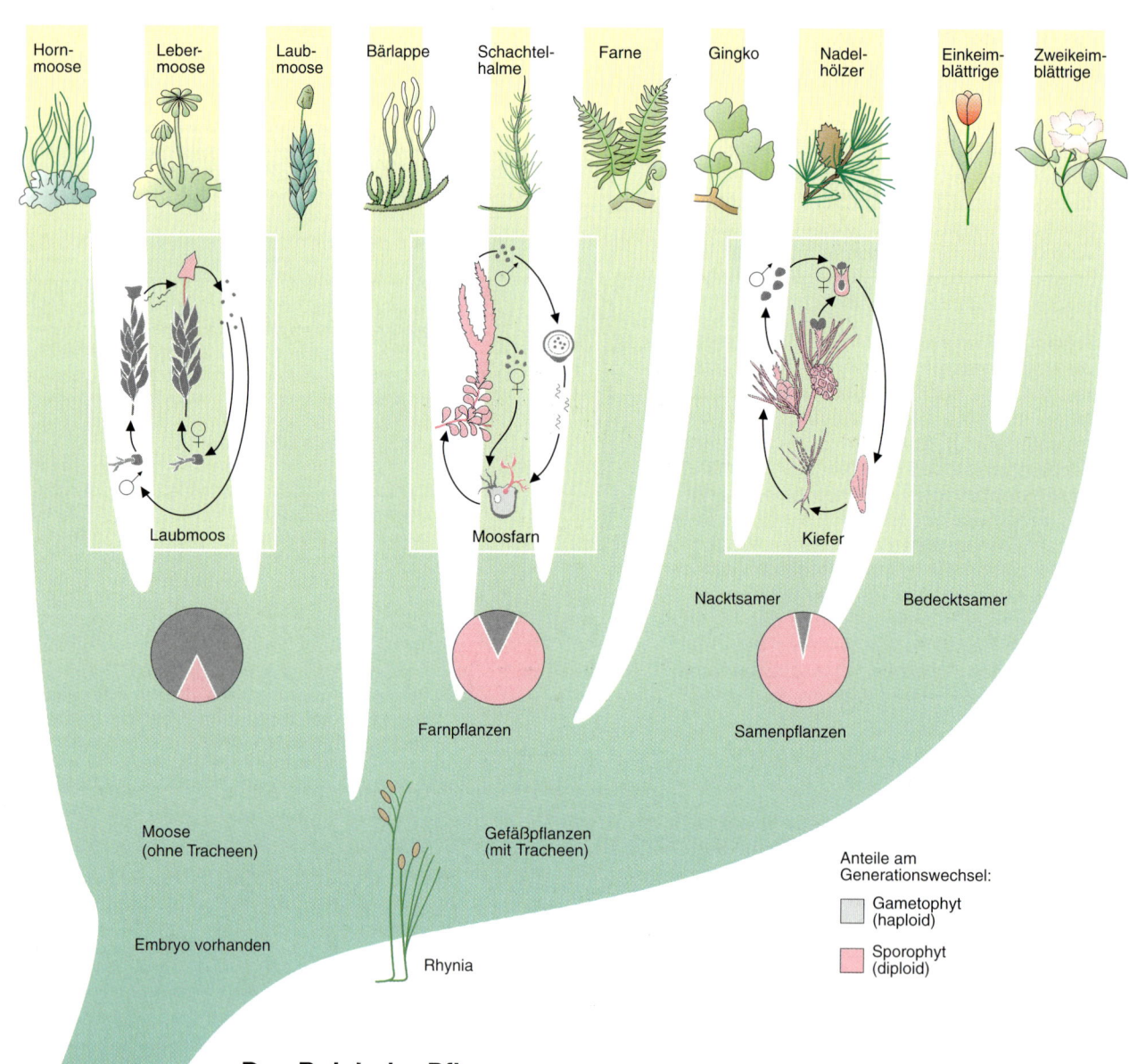

Das Reich der Pflanzen

Die Pflanzen stammen mit großer Sicherheit von grünalgenähnlichen Vorfahren ab. Ihr gemeinsames Merkmal ist der Besitz eines Embryos und — damit im Zusammenhang stehend — ein Generationswechsel zwischen einem haploiden Gametophyten und einem diploiden Sporophyten. Die einzelnen Strukturen tragen zwar unterschiedliche Bezeichnungen (Pollen, Embryosack, Spore, Vorkeim, usw.), sind aber weitgehend homolog. Sichere fossile Belege für Gefäßpflanzen (Tracheophyten) sind aus den Kieselschiefern des Devon bekannt. Es sind Pflanzen vom *Rhynia*-Typ. Die gefäßlosen Moose stellen wahrscheinlich eine ältere Seitenlinie dar, in der sie eine eigene Entwicklung durchlaufen haben.

Abteilung: Moose *(Bryophyta)*
Echte Wurzeln und Leitbündel fehlen. Das Moospflänzchen ist der Gametophyt, auf dem der Sporophyt als Sporenkapsel sitzt.

Abteilung: Farnpflanzen *(Pteridophyta)*
Leitbündel mit Tracheen sind vorhanden. Der Gametophyt ist klein, die eigentliche Pflanze wird vom Sporophyt gebildet.

Abteilung: Samenpflanzen *(Spermatophyta)*
Sie stellen die überwiegende Zahl der heute lebenden Pflanzen. Ihr Generationswechsel ist nicht sofort erkennbar, denn der Gametophyt ist extrem reduziert (Pollenschlauch bzw. Embryosack mit Eizelle). Die Verbreitung erfolgt durch Samen.

Rhynia
Gattung einfach gebauter Pflanzen, die zu den ältesten Besiedlern des Festlandes gehören

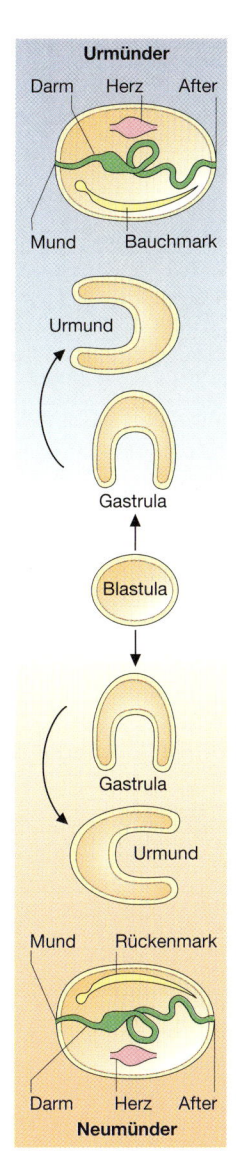

Das Reich der Tiere

In einer Systematik, die nach dem Fünf-Reiche-Konzept aufgebaut ist, versteht man unter „Tieren" vielzellige, heterotrophe, diploide Organismen, die aus der Verschmelzung einer Eizelle mit einer kleineren, männlichen Keimzelle hervorgehen. Die entstehende Zygote teilt sich mitotisch und entwickelt zunächst einen kompakten Zellkomplex *(Morula)*, aus dem dann eine Hohlkugel *(Blastula)* entsteht. Dieses Blastulastadium ist das Kennzeichen aller Tiere. Die Einzelheiten der weiteren Keimesentwicklung unterscheiden sich von Stamm zu Stamm recht deutlich. Innerhalb eines Tierstammes liegt aber eine einheitliche Embryonalentwicklung vor. Deshalb lassen sich Tiere eines Stammes durch ihre *Baupläne*, also durch Angabe von übereinstimmenden Baumerkmalen, charakterisieren (siehe folgende Doppelseite). Mehr als 30 Stämme werden unterschieden. Einige sind in der folgenden Auswahl zusammengestellt.

Stamm: Schwämme
Sie sind wasserlebende, festsitzende Tiere. Schwämme sind von einem wassergefüllten Kanalsystem mit Geißelkammern durchzogen. Diese Tiere besitzen nur wenige Gewebetypen, die noch keinen Zusammenschluss zu Organen zeigen. Außerdem ist die Körperform nicht festgelegt.

Stamm: Nesseltiere
Ihr Körper ist radiärsymmetrisch gebaut. Der innere Hohlraum besitzt nur eine Köperöffnung. Zwei Zellschichten, das Ektoderm und das Entoderm, sind durch eine Stützschicht getrennt. Muskel-, Drüsen- und Nervenzellen sind vorhanden. Einige Arten können sich durch Knospung vermehren, andere besitzen einen Wechsel von geschlechtlicher und ungeschlechtlicher Generation.

Alle Organismen der folgenden Stämme sind zweiseitig-symmetrisch *(Bilateraltiere)*.

Stamm: Plattwürmer
Diese Tiere besitzen drei Keimblätter, entwickeln aber keine echte Leibeshöhle *(Coelom)*. Ihr Kopf hat eine Mundöffnung, ein weiterer Darmausgang *(After)* fehlt. Es gibt sowohl parasitische Formen *(Bandwürmer)* als auch frei lebende Arten *(Strudelwürmer)*.

Stamm: Schlauchwürmer
Sie besitzen eine Leibeshöhle, die aber kein echtes Coelom ist, da sie nicht vom Mesoderm gebildet wird. Ein durchgehender Darm und ein einfaches Nervensystem aus zwei Strängen sind vorhanden. Die Fortbewegung erfolgt schlängelnd, denn Fadenwürmer besitzen nur Längsmuskeln. Die meisten Arten sind getrenntgeschlechtlich; viele sind Parasiten *(Spulwurm, Trichine)*.

Alle folgenden Stämme besitzen ein *Coelom*. Weichtiere, Ringelwürmer und Gliederfüßer sind *Urmünder*, Stachelhäuter und Chordatiere dagegen *Neumünder* (s. Randspalte).

Stamm: Weichtiere
Der weiche, gliedmaßenlose Körper ist in Kopf, Fuß, Eingeweidesack und Mantel gegliedert. Der Mantel ist eine Hautfalte, die den Körper umschließt und bei den meisten Arten eine harte, kalkhaltige Schale ausbildet. Der Blutkreislauf ist offen. (Klassen: *Schnecken, Muscheln* und *Kopffüßer*.)

Stamm: Ringelwürmer
Tiere mit äußerer und innerer Segmentierung, mit gegliedertem Bauchmark (Strickleiternervensystem) und geschlossenem Blutkreislauf. Der Hautmuskelschlauch besitzt Längs- und Ringmuskeln.

Stamm: Gliederfüßer
Der Körper und die Extremitäten sind deutlich gegliedert, das Außenskelett besteht aus Chitin. Der Blutkreislauf ist offen und das Bauchmark ist ein Strickleiternervensystem. *Krebse, Spinnentiere, Tausendfüßer* und *Insekten* gehören zu diesem Stamm.

Stamm: Stachelhäuter
Sie sind rein marine Tiere, deren Larven *bilateralsymmetrisch* sind. Ausgewachsene Tiere sind meist fünfstrahlig-radiär gebaut. Ihr Hautskelett besteht aus Kalk. Eine Besonderheit ist das Wassergefäßsystem, das der Fortbewegung dient. (Klassen: *Seeigel, Seesterne, Schlangensterne, Seewalzen* und festsitzende *Seelilien*.)

Stamm: Chordatiere
Alle Tiere dieses Stammes besitzen ein *Axialskelett* aus einem knorpeligen, dorsal gelegenen Stab, dessen Abschnitte zur Wirbelsäule verknöchern können. Weitere Merkmale sind das Rückenmark und Kiemenspalten, die zumindest während der Embryonalentwicklung vorhanden sind. Die *Manteltiere* und die *Schädellosen*, zu denen auch das Lanzettfischchen gehört, gelten als Vorläufer der *Wirbeltiere*, die die weitaus bekanntesten Klassen dieses Stammes stellen.

Aufgabe

① Beschreiben Sie die Unterschiede zwischen Ur- und Neumündern und geben Sie an, wie sich das auf den Bauplan auswirkt.

Evolution **401**

Das Reich der Tiere

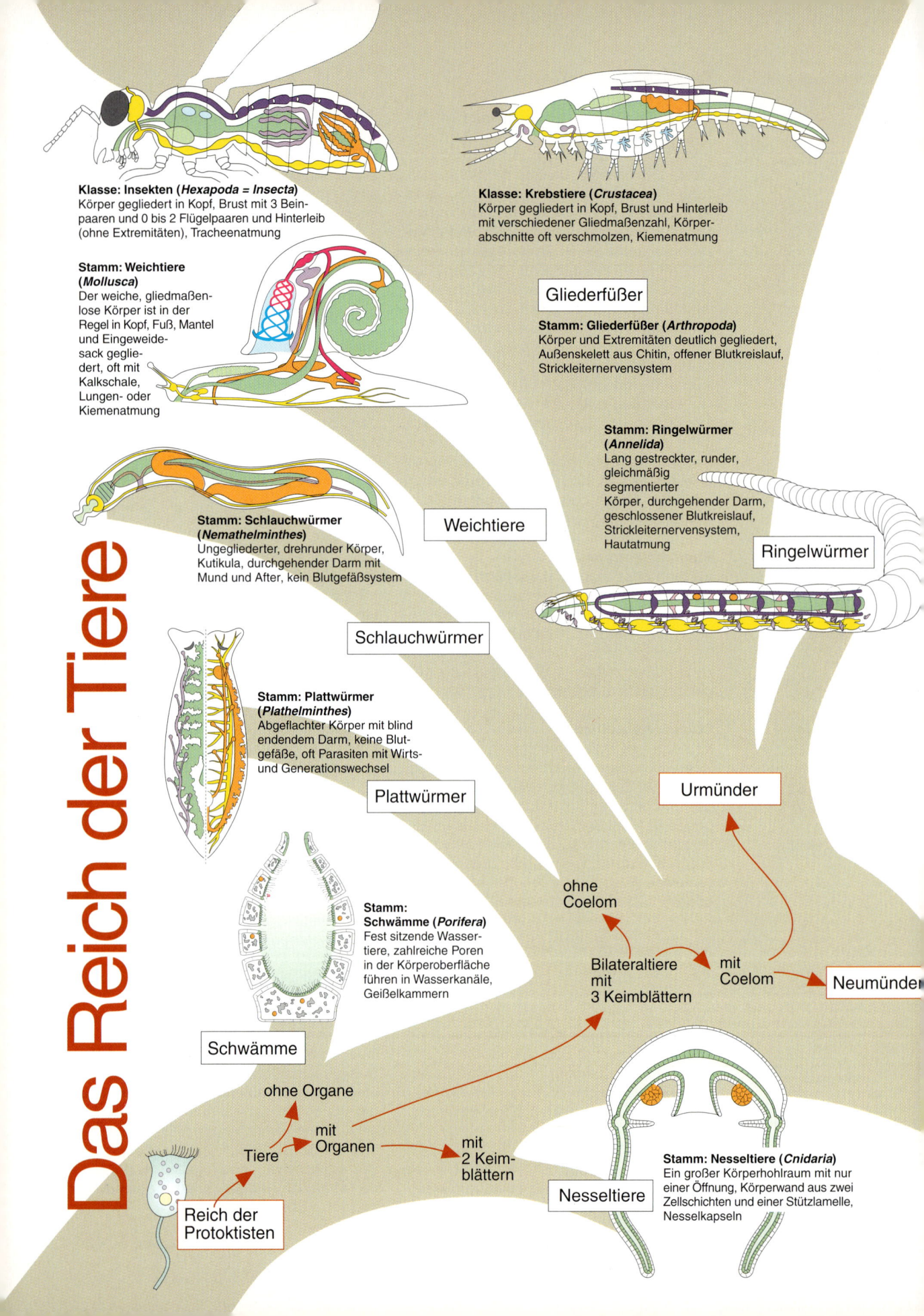

Klasse: Insekten (*Hexapoda = Insecta*)
Körper gegliedert in Kopf, Brust mit 3 Beinpaaren und 0 bis 2 Flügelpaaren und Hinterleib (ohne Extremitäten), Tracheenatmung

Klasse: Krebstiere (*Crustacea*)
Körper gegliedert in Kopf, Brust und Hinterleib mit verschiedener Gliedmaßenzahl, Körperabschnitte oft verschmolzen, Kiemenatmung

Stamm: Weichtiere (*Mollusca*)
Der weiche, gliedmaßenlose Körper ist in der Regel in Kopf, Fuß, Mantel und Eingeweidesack gegliedert, oft mit Kalkschale, Lungen- oder Kiemenatmung

Gliederfüßer

Stamm: Gliederfüßer (*Arthropoda*)
Körper und Extremitäten deutlich gegliedert, Außenskelett aus Chitin, offener Blutkreislauf, Strickleiternervensystem

Stamm: Ringelwürmer (*Annelida*)
Lang gestreckter, runder, gleichmäßig segmentierter Körper, durchgehender Darm, geschlossener Blutkreislauf, Strickleiternervensystem, Hautatmung

Stamm: Schlauchwürmer (*Nemathelminthes*)
Ungegliederter, drehrunder Körper, Kutikula, durchgehender Darm mit Mund und After, kein Blutgefäßsystem

Weichtiere

Ringelwürmer

Schlauchwürmer

Stamm: Plattwürmer (*Plathelminthes*)
Abgeflachter Körper mit blind endendem Darm, keine Blutgefäße, oft Parasiten mit Wirts- und Generationswechsel

Plattwürmer

Urmünder

Stamm: Schwämme (*Porifera*)
Fest sitzende Wassertiere, zahlreiche Poren in der Körperoberfläche führen in Wasserkanäle, Geißelkammern

ohne Coelom

Bilateraltiere mit 3 Keimblättern

mit Coelom → Neumünder

Schwämme

ohne Organe

Tiere → mit Organen → mit 2 Keimblättern

Stamm: Nesseltiere (*Cnidaria*)
Ein großer Körperhohlraum mit nur einer Öffnung, Körperwand aus zwei Zellschichten und einer Stützlamelle, Nesselkapseln

Nesseltiere

Reich der Protoktisten

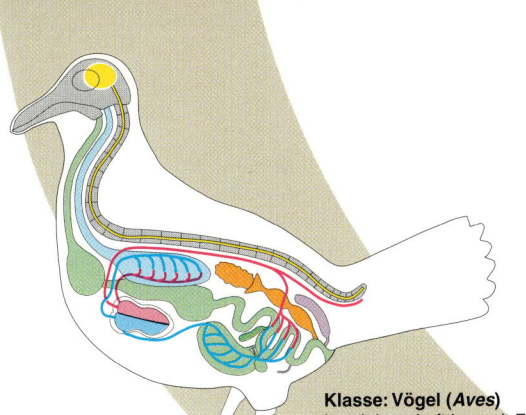

Klasse: Vögel (Aves)
Land- bzw. Lufttiere mit Federkleid, vorderes Gliedmaßenpaar zu Flügeln umgebildet, Hornschnabel, Lungenatmung

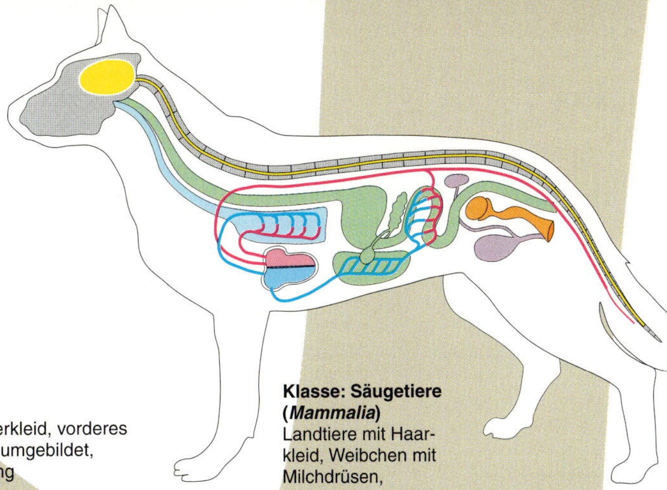

Klasse: Säugetiere (Mammalia)
Landtiere mit Haarkleid, Weibchen mit Milchdrüsen, Lungenatmung

Erläuterungen zu den Bauplänen

hellblau	Atmungssystem
gelb	Nervensystem
hellgrün	Verdauungssystem
lila	Ausscheidungssystem
orange	Geschlechtssystem
dunkelblau	sauerstoffarmes
violett	gemischtes } Blut
rot	sauerstoffreiches

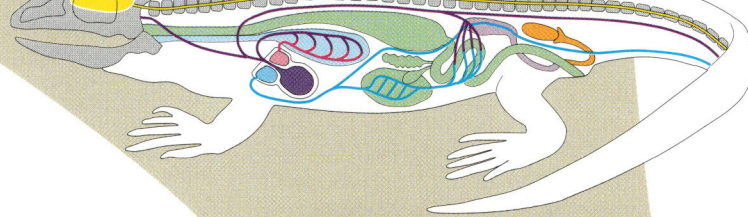

Klasse: Kriechtiere (Reptilia)
Landtiere mit trockener, schuppiger Haut, Lungenatmung

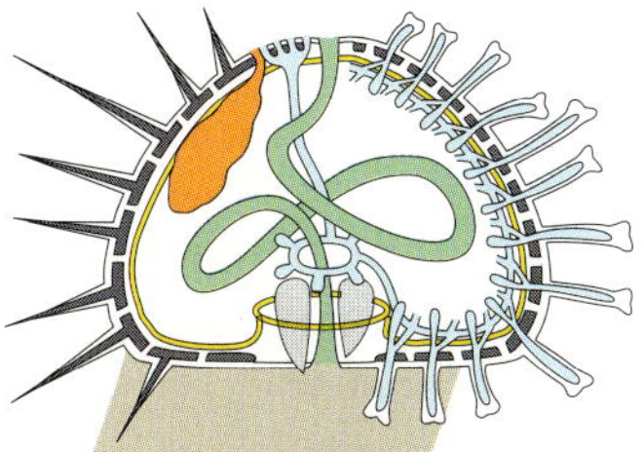

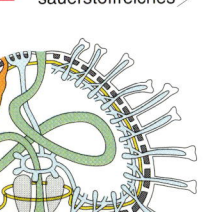

Stamm: Stachelhäuter (Echinodermata)
Radiärsymmetrische (oft fünfstrahlige) Meerestiere, Hautskelett aus Kalk, oft mit Stacheln, Wassergefäßsystem

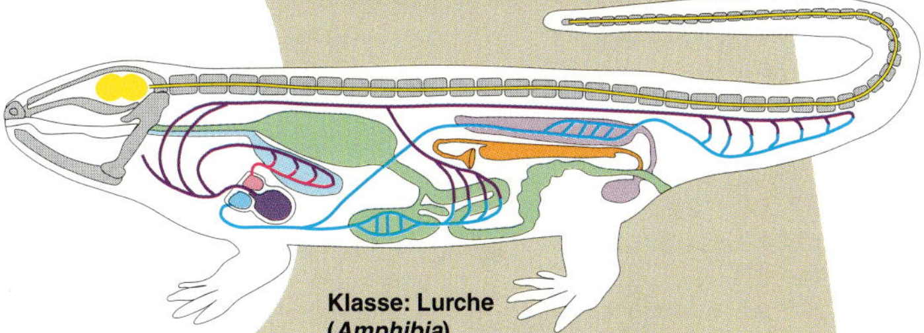

Stachelhäuter

Klasse: Lurche (Amphibia)
Süßwasser- und Landtiere mit nackter, schlüpfriger, drüsenreicher Haut, Hautatmung, bei erwachsenen Tieren Lungenatmung, bei Larven Kiemenatmung

Unterstamm Wirbeltiere

Unterstamm: Wirbeltiere (Vertebrata)
Körper gegliedert in Kopf, Rumpf und Schwanz, 2 Paar Extremitäten am Rumpf, knöcherne Wirbelsäule, Zentralnervensystem mit Gehirn und Rückenmark, Blutkreislauf geschlossen

Chordatiere

...ordatiere (Chordata)
...per mit einem zelligen ...tzstab (Chorda dorsalis)

Unterstamm Schädellose

Unterstamm: Schädellose (Acrania)
Kleine, fischähnliche Wassertiere, körperlange Chorda und Neuralrohr, Gehirn und Schädel fehlen, mit Kiemendarm

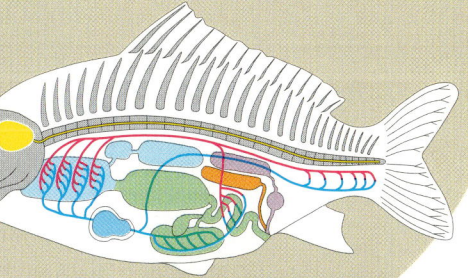

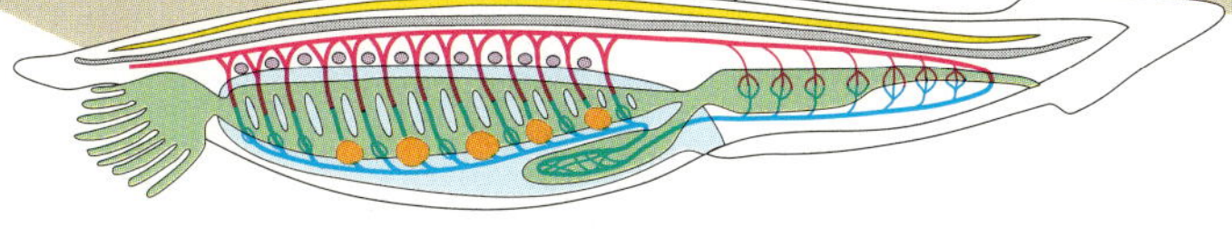

Klasse: Knochenfische (Osteichthyes)
Kiemenatmende Wassertiere mit schuppiger, schleimiger Haut, knöchernes Skelett

Register

AB0-System 121
Abhängigkeit, körperliche 236
Ableitung, extrazelluläre 212, 213
Abscisinsäure 200
Absorption 92
Absorptionsspektrum 92, 224
Abstammungslehre 343
Abstraktion 271
Abszisse 42
Abwasserbelastung 322
Abwasserklärung 323
Abwehrreaktion, unspezifische 163
Acetabularia mediterranea 182, 183
Acetabularia wettsteinii 182, 183
Acetaldehyd 27
Acetat 214
Aceton 27
Acetyldopamin 243
ADA 159
Adaptation 221, 257
Adenin 132
Adenosindiphosphat (ADP) 69, 70, 97
Adenosintriphosphat (ATP) 69, 70, 97
Adenylatcyclase 242
Aderhaut 218
Adrenalin 246, 247
Adsorption 135
aerob 80
Afferenzen 238
Afrika-Modell 392
After 401
Agenzien, mutagene 154
Agglutination 162
Aggregation 279
Aggressionsverhalten 288, 289
Agouti-Effekt 119
Agrobacterium tumefaciens 158
α-Helix 29
AIDS 170, 171
Akaziaart 362
Akkommodation 10, 223
Akrosom 188
Akrosomreaktion 188
Aktinfilament 78
Aktion, bedingte 268
Aktionspotential 210, 211, 213
Aktivierung 69
Aktivierungsenergie 42
Aktualitätsprinzip 343, 382
Akzeptor 71
ALBERS, JOSEF 232
Albinismus 122, 150
Albinofrosch 104

Albinokaulquappe 104
Aldehyd 27
Aldolase 99
Alge 309
Algenblüte 322
Alkaloid 362
Alkanale 27
Alkanole 27
Alkanone 27
Alkaptonurie 150
Alkohole 27
Alkylphosphat 215
Allantois 181, 191
Allel 119
Allel, dominantes 111
Allel, kodominantes 121
Allel, multiples 349
Allel, rezessives 111
Allelie, multiple 121
Allergie 151
Alles-oder-Nichts-Gesetz 210, 255
Allopurinol 48
Alpha-Tier 280
Altersbestimmung, absolute 373
Altersbestimmung, relative 373
Altersdiabetes 245
Altweltaffe 388
Alveole 59, 60
Alzheimerkrankheit 151
Amakrinen 219
Amboss 226
Ameise 309, 362
AMICI, GIOVANNI BATTISTA 11
Amine 27
Aminoacyl-t-RNA-Synthetase 143
Aminogruppe 27
Aminosäure, essentielle 28
Aminosäure-Akzeptorregion 143
Aminosäuresequenz 141
Ammonit 380
Amnesie, retrograde 272
Amniocentese 123
Amnion 397
Amnionhöhle 181, 191
Amnioten 397
Amöbe 18
Amphetamine 237
Amphibienentwicklung 180
Amphibium 380
Amsel 278
Amylase 42
Amylopektin 31
Amylose 31
anaerob 80
Anaerobier, fakultative 76
Anaerobier, obligate 76
Analyse 250
Anämie 122, 138
Anaphase 106, 109

Anatomie 367
ANAXAGORAS 103
Anhydrobiose 331
Annelida 402
Antagonist 238
Antheridien 196
Anthropomorphismus 250, 273
Antibabypille 187, 189
Anticodon-Schleife 143
Antigen 39, 363, 370
Antigen-Antikörper-Reaktion 370
Antihistaminika 169
Antihormon 159
Anti-Human-Serum 370
Antikörper 167, 168, 370
Antikörper, monoklonale (MAK) 168
Antikörperbildung 167
Antikörpertiter 166
antiparallel 133
Antipoden 194
Aorta 365
Aplysia 217, 234, 252
Apoenzym 43
Appellfunktion 283
Appetenz, bedingte 265
Appetenzverhalten 254
Äquationsteilung 108, 109
Äquivalent, kalorisches 57
Arbeitskorn 106
Arbeitsteilung 19
Archaebacteria 398
Archaeopteryx 380
Archaeopteryx lithographica 375
Archegonien 196
Area opaca 181
Area pellucida 181
ARISTOTELES 396
ARNON, DANIEL 94, 95
Art 342
Art, solitäre 279
Artbastard 252
Artbildung 358
Artenrückgang 338
Artenschutz 339
Arthropoda 402
Artkonstanz 342, 343, 346
Aschenanalyse 82
Assimilationsprozess 88
Assoziation 265
asymptotisch 304
Atavismen 368
Atemgase 64, 65
Atemzentrum 62
Atmosphäre 334
Atmung 64
Atmung, äußere 65
Atmungskette 72
Atmungsorgan 59
Atmungsorganellen 66
Atom, radioaktives 66

Atropin 215
Attrappe, übernormale 257
Attrappenversuch 251, 286
Aue 325
Auerhuhn 316
Auflösungsvermögen 10, 11
Auflösungsvermögen, räumliches 222
Auflösungsvermögen, zeitliches 222
Auge 218
Augenfleck, roter 18
Augenkammer, vordere 218
Augentierchen 18
Ausagieren 237
Ausdrucksfunktion 283
Ausgleichsstrom 211
Auslösemechanismus, angeborener (AAM) 255
Auslöser 255
Außensegment 220
Austauschwert 117
Austernfischer 257
Australopithecus afarensis 389
Australopithecus africanus 389
Australopithecus boisei 389
Australopithecus crassidens 389
Australopithecus robustus 389
Autoimmunerkrankung 168
Autökologie 296
Autoradiogramm 98
Autoradiographie 98
Autorität 288
Autosom 105, 126
Auxin 200
AVERY, OSWALD T. 130
Aves 403
Axialskelett 401
Axiom 343
Axon 206
Axonhügel 206
Azidothymidin (AZT) 171

BAER, KARL ERNST VON 369
BAERENDS, G. P. 261
Bahnung, räumliche 217
Bahnung, zeitliche 217
Bakterienchromosom 134
Bakterophage 134, 399
Bakterium 25, 134, 135
Bakterium, echtes 398
Bakterium, lysiertes 135
BALBIANI 117
Balken 228, 235
Balz 260
Balzverhalten 275
BANDURA 289
Bandwurm 401
Barbiturate 237
Bärlapp 380

BARR, MURRAY L. 124
Barr-Körperchen 124
Bärtierchen 331
Basaltemperatur 57
Base 133
Basenpaar, komplementäres 132
Basensequenz 133, 141
Basentriplett 141
Basilarmembran 226
Bauplan 401
Baustoffwechsel 56, 88
BEADLE 139
Bedeutung, prospektive 182
BEEVERS 67
Befruchtung 176, 177, 188
Begattung 174
Begriffsbildung, averbale 271
Begriffsbildung, verbale 271
Behaviorismus 273
BEHRING, EMIL VON 168
Beleg, genotypischer 370
Beleg, phänotypischer 370
Beleuchtungsstärke 90
Benzol 40
Beratung, genetische 123
Berleseapparat 313
BERNSTEIN 121
Berührungsrezeptor 227
Besamung 176, 177, 188
Besamung, künstliche 178
Besamungshemmer 189
Beschädigungskampf 276
Bestäubung 194
Bestrahlung, radioaktive 155
Betriebsstoffwechsel 56
Beutefangverhalten 254
Beuteorganismus 305
Bevölkerungswachstum 332, 333
Bewegungskoordination 254
Bewusstsein 234
Bezugsperson 291
β-Faltblattstruktur 29
Biene 129
Bienenragwurz 362
bilateralsymmetrisch 401
Bilateraltier 401
Bilateraltyp 179
Bild, stereoskopisches 231
Bild, virtuelles 11
Bildungsgewebe 15
Bindehaut 218
Bindungszentrum 43
Biochemie 370, 371
Bioindikator 313
Biokatalysator 42, 43
Biomasse 314, 319
Biomembran 38, 39
Biosensor 51
Biosphäre 294, 295
Biosphärenreservat 339
Biotop 294
Biotopschutz 339
Biozönose 294, 319
Birkenspanner 350
Birkhahn 278

Bizeps 216
Black Smoker 101
Blasenauge 382
Blastocoel 177, 180
Blastomere 177
Blastula 177, 401
Blatt 86
Blattquerschnitt 15, 86
Blattspross 197
Blaualge 398
Blickkontakt 291
Blindprobe 33
Blütenbildung, autonome 199
Blutgruppe 121, 163
Blutgruppenbestimmung 168
Blutzelle 16, 138
Blutzuckerbelastungstest 244
Blutzuckergehalt 244
Blutzuckerkrankheit 245
Blutzuckerregulation 244
Boden 336
Bodenanalyse 312
Bodenbesiedlung 312
Bodenprobe 312
Bohr-Effekt 63, 81
Bombykol 282
Böschung 320
Böschungswinkel 320
Botenstoff 240
Botulinustoxin 215
BOVERI 114
Branderpel 368
Braunalge 399
Breitnasenaffe 388
Brenztraubensäure 70
BRIDGES 117
BROCA, PAUL 229
BROGLIE, LOUIS 11
BROWN, LOUISE JOY 193
BROWN, ROBERT 11
Brown'sche Molekularbewegung 37
Brückentier 375, 380
Brustsuchen 290
Brutpflege 260, 284
Brutpflegeverhalten 261
Bruttoprimärproduktion 329
Bryophyta 400
BUFFON, GEORGES DE 345
Burgess-Fauna 307
BUTENANDT, ADOLF 243, 307

Caenorhabditis elegans 182
Calanoiden 367
Callima 363
CALVIN, MELVIN 98, 99
Calvinzyklus 99, 100
Carbonsäure 27
Carbonylgruppe 27
Carbonylverbindung 27
Carotinoid 23, 92
Carrier 41
Caspari'scher Streifen 84
Centriol 24

CHARGAFF, F. 132
CHASE, M. 135
chemoautotroph 100
Chemorezeptor 62
Chemosynthese 100, 101
Chiasma 116
Chiasmata 108, 109
Chlamydomonas 19
Chlor-Fluor-Kohlenwasserstoffe (CFKW) 316, 334
Chlorophyll 14, 23, 92, 93
Chloroplast 18, 23, 86, 94, 379
Cholera 166
Cholesterol 38
Cholin 214
Chorda 369
Chorda dorsalis 180
Chordatier 401, 403
Chorea Huntington 122, 123
Chorion 190
Chromatiden 104
Chromatingerüst 14
Chromotographie 92
Chromoplast 14
Chromosom 104, 105
Chromosomenabweichung, gonosomale 127
Chromosomenmutation 149, 153
Chromosomentheorie der Vererbung 114, 115
Chymotrypsin 42, 43
Cilien 18, 24
cinnabar 139
Clostridium botulinum 215
Cnidaria 402
Code, genetischer 141, 142
Code, redundanter 141
Code, universeller 141
Codesonne 141
Codierung 282
Codon 141
Coelom 401
Coenzym 68
Colchizin 24, 105
Coniin 215
Conium maculatum 215
CORRENS, CARL 112, 114
Cortisches Organ 226
Cosubstrat 68
COURTENAY-LATIMER 374
CRICK 132, 137
Cristae-Typ 23
Crossingover 116, 125, 349
Crustacea 402
CUÉNOT 119
Curare 215
CUVIER, GEORGES 346, 347
Cyanid 213
Cyanobakerium 25, 378, 398
Cytochrom 72, 376
Cytochrom-bf-Komplex 97
Cotokinin 200
Cytoplasma 13, 14, 16, 70, 84
Cytosin 132
Cytoskelett 24

Cytostatika 155
CZIHAK, C. 178

Dachschädler 380
Darstellungsfunktion 283
DARWIN, CHARLES 114, 128, 200, 274, 340, 344, 346, 347, 360, 384
Darwinfink 360
Daten, abiotische 320
Daten, biotische 321
Dauerstress 247
DDT-Anreicherung 337
Decarboxylase 76
Decarboxylierung, oxidative 71, 74
Deckgewebe 16
Deckmembran 226
Decodierung 282
Deduktion 75
Deletion 117, 126, 148, 149, 155
Denaturierung 29, 46
Dendrit 206
Dendrogramm 376
Deplasmolyse 34, 37
Depolarisation 210
DESCARTES, RENÉ 273
Desensibilisierung 169
Desoxyribonukleinsäure (DNA) 14, 23, 130–133
Desoxyribose 132
Destruent 294, 311, 319, 328
Determination 183, 184
Deuterostomier 177, 180
Devon 380
Diabetes 128, 156
Diabetes mellitus 245
Diabetiker 51
Diagnose, pränatale 123, 161
Diagnostik, genetische 159
Dichtefluktuation 305
Dichtegradientenzentrifugation 137
Dictyosom 22
Differenzialzentrifugation 21
Diffusion 35, 37, 60
Diffusion, erleichterte 41
Digitalis grandiflora 359
Ditigalis purpurea 359
dihybrid 113
Dinkel 153
Dinosaurier 380
Dipeptid 28, 144
Diphtherie 166, 168
Diplo-Y-Syndrom 127
diploid 104, 108
Dipol 26
Dipplococcus pneumoniae 130
Disaccharid 31
discodial 179
Dissimilation 54, 77
Dissimilationsprozess 88
Distickstoffmonooxid 335
DNA 14, 23, 130–133

Register **405**

DNA, isolierte 157
DNA-Hybridisierung 384
DNA-Polymerase 136
DNA-Replikation 136
DNA-Verdopplung 137
Doppelcrossingover 117
Doppelhelixmodell 132
Dottersack 191
DOWN, LANGDON 126
Down-Syndrom 126, 151
Dreifachbindung 27
Dreiphasen-Sandwespe 261
Dreipunktanalyse 117
DRIESCH, HANS 182
Drift 297
Drogen 236
Drogensuche, zwanghafte 236
Drohen 281
Drosophila 184, 349
Drosophila melanogaster 115, 139
Drosophila tetraptera 368
Druck, osmotischer 35
Drüsenzelle 16
DUBOIS, EUGENE 384
Düngemittel 337
Dunkeladaptation 221
Dunkelkeimer 198
Dünnschichtchromatographie 89
Duplikation 149
Durchhaltewettbewerb 276

Ecdyson 243
Echinococcose 309
Echinodermata 403
Echinoderme 176
Ediacara-Fauna 379
Edukt 42
EDWARDS, ROBERT 193
Effekt 205
Effektor 146, 205, 225
Effektor, hemmender 147
Efferenzen 238
Ei 179, 181
Eiablageverhalten 252
EIBL-EIBESFELDT, I. 286
Eigenreflex 204
Eilegehormon (ELH) 253
Ein-Gen-drei-Allel-Hypothese 121
Ein-Gen-ein-Enzym-Hypothese 138
Ein-Gen-ein-Polypeptid-Hypothese 138, 139
Einfachzucker 31
Einfluss, dichteabhängiger 304
Einnischung 302, 303, 331, 358, 360
Einschüchterer 277
Eintagsflügler 297
Einzeller 18, 19, 381
Einzelstrang 132
Eirollbewegung 257
Eiweiß 26, 28

Eizelle 19, 108, 109, 194
Ektoderm 17, 177, 191
Elektron 68
Elektronenabgabe 68
Elektronenaufnahme 68
Elektronenmikroskop (EM) 11, 20
Elektronentransport, zyklischer 96
Elektrophorese 30, 42
Elementarmembran 38
ELISA-Test 171
Eltern-Kind-Beziehung 290
Eltern-Kind-Bindung 291
Elterngeneration 111
Embryologie, vergleichende 369
embryonal 175
Embryonalentwicklung 181, 190, 191
Embryonalhüllenbildung 181
Embryosackzelle 194
Embryotransfer 192
EMDEN 70
EMERSON 96
Emerson-Effekt 96
Emission 335
Emmer 153
EMPEDOKLES 292
Empfänger 282
Empfängnisverhütung, hormonale 189
Emulsion 32
Endemit 342, 360
endergonisch 69
Endhandlung 254, 265
Endhirn 228, 229
Endigung, synaptische 220
Endknöpfchen 206, 214
Endocytose 41
Endomorphine 237
endoplasmatisches Retikulum (ER) 22, 79
Endosperm 194
Endosymbiontenhypothese 379
Endotoxin 307
Endoxidation 66, 72, 74, 376
Endplattenpotenzial 216
Energie 69
Energiefluss 324
Energiehaushalt 55—57
Energiekonsum 333
Energiespeicher 69
ENGELHARDT 79
ENGELMANN 92
Engramm 272
Ente 368
Entenmuschel 369
Enthalpie 69
Entoderm 17, 177, 191
Entropie 69
Entwässerungssystem, natürliches 325
Entwicklung, kulturelle 395
Entwicklungsphysiologie 184
Enzym 42—45

Enzym-Substrat-Komplex 43
Enzymaktivität 46—49
Eohippus 377
Epidermis 15, 86, 352
Epilepsie 235
Epithel 16
Epitop 162
Equus 377
Erbanlage 111
Erbgang 121
Erbgang, autosomal-dominanter 123
Erbgang, autosomal-rezessiver 123
Erbgang, dihybrider 113
Erbgang, dominant-rezessiver 111
Erbgang, dominanter 122
Erbgang, gonosomaler 124
Erbgang, intermediärer 112
Erbgang, X-chromosomal-rezessiver 125
Erbkoordination 254
Erdkröte 254
Erkundungsverhalten 265, 268
Erholungsfunktion 310
Erkenntnisgewinnung, naturwissenschaftliche 75
Ermüdung 257
Ernteschädling 306
Erregung 210
Erregungsleitung, saltatorische 212
Erstkonsument 311, 319
Erstverbraucher 311, 319
Erythroblastose fetalis 162
Erythrocyten 61
Erzeuger 294, 311, 319, 328
Escherichia coli 134, 353
essenziell 32, 82
Essigsäure, aktivierte 71
Ethanal 27
Ethanol 27
Ehtogramm 250, 251
Ethologie 250, 273
Ethylen 200
Etiolement 198
Eubacteria 398
Euchromatin 147
Eucyte 25
Eudorina 19
Euglena 18
Euglena viridis 396
Eukaryoten 25, 145
Euphorbia splendens 13
Europide 394
euryök 300
Eusthenopteron 374
Eutrophierung 322, 336
Evolution, biologische 378, 379
Evolution, chemische 378, 379
Evolution, kulturelle 287
Evolutionsfaktor 343
Evolutionsforschung 342
Evolutionsgedanke 346

Evolutionshypothese 343
Evolutionsprozess 357
Evolutionstheorie 343—346, 368, 369, 382
exergonisch 69
Exocytose 41
Exon 145
Experiment 250
Expressivität 121
Extinktion 264, 265
extrazellulär 208

Fadenwurm 252
Faktor VIII 125
Faktor, abiotischer 296—299, 310—312, 318, 319, 330, 352
Faktor, biotischer 295, 310, 311, 318, 319
Faktor, limitierender 301
Familienstammbaumanalyse 120
Farbensehen 223, 224
Farn 196, 197, 380, 400
Faserbündel 78
Feind 305
Feld, entspanntes 265
Feld, territoriales 278
Felsentaube 345
Fenster, ovales 226
Fermenter 157
Fernakkommodation 218
Ferricyanid 94
Festigungsgewebe 15
Fett 26, 33
Fettsäuren, gesättigte 32
Fettsäuren, ungesättigte 32
Fetus 191
Fetzenfisch 363
Feuchtigkeit 299
Filialgeneration 111
Fingerhut, Gelber 359
Fingerhut, Roter 359
Fingerprobe 312
Fisch 308
Fischegel, Gemeiner 308
Fitness 274, 351
Fitness, direkte 285
Fitness, indirekte 285
Fixierung, chemische 20
Fixierung, physikalische 20
Flächenschnitt 13
Flächenvergrößerung 10
Flagellaten 18
Flaschengarten 294
Flaschenhalseffekt 356
Flavin-Adenin-Dinucleotid (FAD) 71
Flechte 309, 399
Fleck, blinder 219
Fleck, gelber 218
Fliegenragwurz 362
Fließgeschwindigkeit 318, 320
Fließgewässer 320, 321, 324, 325
Florigen 199
fluid mosaic model 39

Fluor-Chlor-Kohlenwasserstoffe (FCKW) 334
Fluoreszenz 93
Flüssig-Szintillationsmessung 66
Flussregulierung 325
Folgephase 314
Follikelzelle 187
forma carbonaria 350
forma typica 350
Formaldehyd 20, 27
Forst 338
Fortpflanzung 103
Fortpflanzung, geschlechtliche 174, 175, 194, 195, 308
Fortpflanzung, vegetative 194, 195
Fortpflanzungszelle 19
Fossil 372
Fossil, lebendes 374
Fossilisation 372
Fotometer 92
Fotomorphose 198, 296
Fotoperiodismus 199
Fotorezeptor 18
Fotosynthese 86, 88−90, 94, 100, 379
Fotosynthese, apparente 90
Fotosynthese, reelle 90
Fotosyntheserate 90, 92
Fotosystem 96
Fraktion 21
Freilandbeobachtung 250
Freilanduntersuchung 312
Fremdbestäubung 110
FRISCH, KARL VON 273
Frischgewicht 82
Frischmasse 312
Frosch 180
Fruchtwasseruntersuchung 123
Frühsommermeningoencephalitis (FSME) 308
Frustrations-Aggressions-Theorie 288
Fuchs 308
Fuchsbandwurm 308, 309
Fühler 62
Fungi 381
Fungizid 306
Funktionseinheit 138
Funktionskarte 229
Funktionskreis 250
Furchung 176, 179
Furchung, äquale 179
Furchung, discoidale 181
Furchung, inäquale 179
Furchung, partielle 179
Furchung, superficielle 184
Furchung, total-äquale 177
Furchung, totale 179

GABA 237
Galaktosämie 151
Galaktose 151
Galapagosarchipel 342
Galapagosfink 360

GALTON, FRANCIS 208
GALVANI, LUIGI 208
Gametophyt 196
Gang, aufrechter 386
Ganglion 217
Ganglion, vegetatives 238
GARDENER 283
Gärung 76, 77
Gärung, alkoholische 76
Gashülle, reduzierende 378
Gastrula 177
Gastrulation 177
Geburtenrate 304
Gedächtnis 234, 272
Gedächtnis, primäres 272
Gedächtnis, sekundäres 272
Gedächtnis, sensorisches 272
Gedächtnis, tertiäres 272
Gedächtnisleistung 267
Gedächtniszelle 164
Gefälle 320
Gefäß 15
Gefrierätztechnik 20
Gegenspielerhemmung 216
Gehirn 228, 229, 231, 235, 239
Gehörknöchelchen 226
Gehorsam 288
Geißel 18, 24
Geißelsäckchen 18
Geißelträger 18
Gen 111
Gen, konstitutives 146
Gen, reguliertes 146
Genaktivität 198
Genaktivität, differenzielle 201
Gendrift 356, 394
Genduplikation 349
Generalisation 271
Generationswechsel (GW) 175, 196, 308
Geninduktion 146
Genkarte 117
Genkopplung 115, 125
Genmutation 153
Genomanalyse 161
Genommutation 153
Genotyp 111
Genotypfrequenz 354
Genpool 349, 354, 358
Genregulation 146, 147
Genrepression 146
Gentechnik 156−161
Gentherapie, somatische 159
Genwirkkette 151
Gerüstprotein, unlösliches 28
Gesamtfitness 285
Gesamtproteintest 50
Geschlechtsbestimmung, genotypische 124
Geschlechtschromosom 105
Geschlechtszelle 16
Geschmacksknospe 227
Geschmackspapille 227

Geschmacksporus 227
Geschmackssinn 227
Gesellschaft, geschlossene anonyme 279
Gesellschaft, geschlossene individualisierte 279
Gesellschaft, offene anonyme 279
Gesichtsfeld 13, 223
Gesichtsfeld, binokulares 219
Gesichtsfeld, monokulares 219
Gesichtsfeldausfall 219, 223, 231
Gestagene 189
Gewässerbreite 320
Gewässerökosystem 326, 327
Gewässertiefe 320
Gewebe 8
Gewebe, pflanzliches 15
Gewebe, tierisches 17
Gewebetransplantation 183
Gewöhnung 265
Gibberalla fujikuroi 200
Gibberelin 200
Gicht 48
Glanzfasan 282
Glaskörper 218
gleichwarm 54, 298, 375
Gleithang 318
Gliazelle 206
Gliederfüßer 401, 402
Globin 61
Glukagon 245
Glukose 31
Glukose-Carrier 51
Glukoseoxidase 50
Glutamat 272
Glycerin 27, 32
Glykogen 31, 80
Glykolipide 38
Glykolyse 70, 74
GOETHE, JOHANN WOLFGANG VON 120
GOLDENBOGEN 289
Golgi-Apparat 22
Golgi-Vesikel 22
Gonaden 186
Gonium 19
Gonosom 105, 124
GOODALL, JANE 270, 280
Gorillinae 385
Gradient 184
Gradualismus 383
Grand Rapids 198
Granastapel 94
Granulocyten 163
Granum 23
Grasfrosch 180, 359
Grauspecht 358
Greifhand 395
Grenzplasmolyse 37
Griffelbein 368
GRIFFITH, F. 130
grooming 281

Großhirn 228, 229, 395
Großkern 18
Grubenauge 382
Grünalge 399
Gründerpopulation 356, 392
Grundfarben 224
Grundfink, Großer 342
Grundgewebe 15
Grundregel, Biogenetische 346, 369
Grundumsatz 54, 57
Grünspecht 358
Gruppe, funktionelle 27
Gruppe, prosthetische 43
Gruppenterritorium 280
Guanin 132
GUDDERNATSCH 240
GURDON, JOHN 104
Güteklasse 321
Guthrie-Test 150

Haarwurzelrezeptor 227
Habituation 265
HAECKEL, ERNST 294, 346, 369
Hahnentritt 181
Halbmond, grauer 180
Halbwertszeit 373
Halobakterkolonie 340
Hammer 226
Hämocyanin 63
Hämoglobin 30, 61, 138
Hämolyse 162
Hämophilie A 125
Handeln nach Plan 271
Handlung am Ersatzobjekt 257
Handlungsbereitschaft 254−256, 268
Handlungskette 257
Haplochromis burtoni 289
haploid 108
HARDEN 45
HARDY, GEORGE 354
Hardy-Weinberg-Gleichgewicht 355
Hardy-Weinberg-Regel 355
HARLOW, H. 285
HARRISON, ROSS G. 183
Hartweizen 153
HASSENSTEIN, BERNHARD 269
Häufigkeit, relative 354
Hautatmung 59
Hautgewebe 15
Heckenbraunelle 284
Heidelberger 390
Heideschnecke 348
Heilserum 168
Helferzelle 164
Helicase 136
Heliconius 362
Helladaptation 221
Hemisphäre 228, 231
Hemmstoff 200
Hemmung, allosterische 48
Hemmung, irreversible 48, 49
Hemmung, kompetitive 48
Herbizid 306

Herrentiere 346
HERSHEY, A. D. 135
HERTWIG, OSKAR 176, 177
Hertz 226
Herzinfarkt 50
Heteroatom 27
Heterochromatin 147
heterozygot 111, 112
Heterozygotentest 123, 150
Heterozygotenvorteil 352
Heuschnupfen 169
Hexapoda 402
Hilfspigment 93
HILL, ROBERT 94
Hill-Reaktion 94
Hinterhirn 228, 229
Hipparion 377
Hippidion 377
Hippocampus 272
Hirnrinde 228
Hirnzelltransplantation 235
Histone 133
Hitzestarre 298
HIV-Test 171
HLA-Antigen 169
HOFER, B. 227
Höhenüberschätzung 232
Hohltaube 359
Holoenzym 43
HOLST, ERICH VON 258
Holunder, Roter 359
Holunder, Schwarzer 359
Holzbock 308
Holzteil 15
Hominiae 385
Hominidae 385
Hominiden 389
Hominoidea 385
Homo 346, 390
Homo erectus 390, 391
Homo habilis 380, 390
Homo sapiens 390. 391
Homo sapiens sapiens 394
homodont 375
Homogenisator 21
homoiosmotisch 298
homoiotherm 54, 298
Homologie 251, 286, 364, 365
Homöoboxgen 185
Homöodomäne 185
homozygot 111, 112, 118
HOOKE, ROBERT 11
Horizontalzelle 219
Hormon 240, 259
Hormon, follikelstimulierendes (FSH) 187
Hormon, luteinisierendes (LH) 187
Hormon-Protein-Komplex 242
Hormon-Rezeptor-Komplex 242
Hormonsystem 203
Hornhaut 218
Hornissenschwärmer 363
Hospitalismus 290
Hüllmembran 23

Hüllzelle 212
Hülsenfrüchtler 309
Human Choriogonadotropin (HCG) 189, 190
Human-Immunschwäche-Virus (HIV) 170, 171
Humangenetik 120
Hummelragwurz 362
HUNTINGTON 122
Hybride 110, 112
Hybridomzelle 168
Hydra 17, 239
Hydrolyse 43
Hydroniumion 26
hydrophil 27
hydrophob 27
Hydroxidion 26
Hydroxylgruppe 27
Hyperventilation 62
Hyphe 399
Hypophyse 186, 240
Hypophysenhinterlappenhormon 371
Hypothalamus 247
Hypothese 55, 75, 250
Hypothese, chemiosmotische 73
Hypoxanthin 48
Hyracotherium 377

Iberomesornis romerali 375
Ich-Begriff, averbaler 271
Ichthyostega 380
Idealpopulation 354
Identität, genetische 104, 128
Identität der genetischen Information 136
Imaginieren, aktives 237
Imago 297
Immission 335
Immunantwort, humorale 164
Immunantwort, zelluläre 165
Immunbiologie 103
Immunfluoreszenz 168
Immungenetik 167
Immunisierung, aktive 166
Immunisierung, passive 166
Immunität 166
Immunkomplex 162
Immunreaktion 162, 163
Immunsystem 155
Immuntoleranz, selektive 169
Immuntoxine 168
Imponieren 276
Imponiergehabe 280, 281
In-vitro-Fertilisation 192, 193
In-vitro-Toxizitätsprüfung 50
Indikatorpflanze 299
Indol-3-Essigsäure (IES) 200
Induktion 75, 146
Industriemelanismus 351
Initialphase 314
Injektion 135
Inkubationszeit 170
Innensegment 220
Insekt 239, 401, 402
Insektizid 306

Insemination 174
Insemination, heterologe 192
Insemination, homologe 192
Insertion 148
Instinkt-Lern-Verschränkung 262
Instinkthandlung 255, 260
Instinktverhalten 257
Insulin 156, 244, 370
Intelligenzquotient 128
Intensitätsdetektor 227
Interferenzkontrastverfahren 16
Interleukin 164
Intermembranraum 72
Interphase 106, 186
Interzellularen 14, 86
intrazellulär 208
Intron 145, 167
Invagination 177
Inversion 149
Ionenfalle 37
Ionenkanal 41
Ionenkanal, spannungsabhängiger 210
Ionenpumpe 209
Iris 218, 221, 225
Isolation 156, 358
Isolation, genetische 358
Isolation, geographische 358
Isolation, ökologische 359
Isolation, postzygotische 359
Isolation, präzygotische 359
Isolation, tageszeitliche 359
Isolationsexperiment 251
Isolationsmechanismus 359
Isolationsversuch 182
Istwert 62

JAKOBI 146
Jacob-Monod-Modell 185
Jagdfasan 282
Jäger 287
Jakobinertaube 345
JANSEN, JOHANN und ZACHARIAS 11
JANSSENS 116
Javaneraffe 388
Jugenddiabetes 156, 245
Jura 380

Kaktus 366
Kaktusgrundfink 342
Kalium-Argon-Methode 373
Kallus 200, 201
Kalorimeter 56
Kalorimetrie, direkte 56
Kalorimetrie, indirekte 56
Kambium 15
Kambrium 380
Kampfstrategie 276, 277
Kampfverhalten, innerartliches 276
Kampfverhalten, zwischenartliches 276
Kanalproteine 41
Känguru 347

Kannphase 262
Kappenplasmolyse 37
Karbon 380
KARLSON 243
Kartierung 229
Kartoffelkäfer 118
Karyogramm 105, 384
Karyoplasma 14
Karyotyp 105
karzinogen 152
Karzinom 152
Kaspar-Hauser-Tier 251
Katalase 44, 45
Katastrophentheorie 346
Katzenschreisyndrom 126, 149
Kea 347
Kehlkopf 395
Keim, monosomer 126
Keimbahnmutation 154
Keimbahntherapie 159
Keimblattbildung 176
Keimzelle 108, 113
Keimzelle, haploide 108
Kennzeichen, arttypisches 104
Keratin 30
Kernäquivalent 25, 134
Kernkörperchen 14
Kernphasenwechsel (KW) 196
Kernpore 21
Kernsäure 26
Kerntransplantation 182
Kernverschmelzung 176
Ketone 27
KHORANA, G. 142
Kiefernspinner 301
Kiemen 59
Killerzelle 165
Kindchenschema 291
Kinocilie 227
Kladogramm 385
Kläranlage, dreistufige 323
Klasse 385
Kleeblattstruktur 143
Kleefalter, Gelber 359
Kleinhirn 228
Kleinkern 18
Kleinpflanze 308
Klimaschwankung 388
Klimax 314
Klinefelter-Syndrom 127
Klon 164, 175
Knäkerpel 368
Kniehöcker 230
Knochenfisch 403
Knochenzelle 16
Knöllchen 309
Knöllchenbakterium 309
Knorpelzelle 16
! Ko 287
Koenzym 43
Koevolution 362
Kohle-Platin-Schicht 20
Kohlenhydrate 31, 33
Kohlenstoffdioxid 63, 64

Kohlenstoffisotop 66
Kohlenstoffkreislauf 315
Kohlenwasserstoffe, gesättigte 27
Kohlenwasserstoffe, ungesättigte 27
KOEHLER, OTTO 271
KÖHLER, WOLFGANG 270
Koleoptilie 200
Kommentkampf 276
Kommunikation 282
Kompartiment 22, 38, 40
Kompensationspunkt 90
komplementär 136
Kondensation 133
Konditionierung, klassische 264, 265
Konditionierung, operante 268, 269
Konduktor 125
Konfigurationsformel 31
Konfliktverhalten 257
Konformation 41
Konfusionseffekt 279
Konkavplasmolyse 37
Konkordanz 128
Konkurrenz 302, 331
Konkurrenz, innerartliche 302, 360
Konkurrenz, zwischenartliche 360
Konkurrenzausschlussprinzip 302
Konsument 294, 328, 298
Konsument höherer Ordnung 311
Kontraktion 204, 225
Kontrastierung 20
Kontrastwirkung 232
Kontrazeption, hormonale 189
Konvergenz 366
Konvexplasmolyse 37
Konzentrationsgradient 35, 83
Kopf 108
Kopffüßer 401
Kopplungsbruch 116
Kopulation 174
Koronargefäß 50
Körperkerntemperatur 54
Körperkreislauf 58
Körperzelle 111
Krallenfrosch 104
Krankheit, genetisch bedingte 122
Kreatin 80
Kreatinphosphat 80
Krebs 152, 155
KREBS, H. A. 71
Krebstier 401, 402
Krebszelle 51
Kreide 380
Kretinismus, erblicher 150
Kreuzotter 396
Kreuzung, dihybride 113
Kreuzung, monohybride 113

Kreuzung, reziproke 110
Kreuzungsexperiment 110, 252
Kreuzungsschema 111
Kreuzungsversuch 110
Kriechtier 403
Kriterium der Lage 365
Kriterium der spezifischen Qualität 365
Kriterium der Stetigkeit 365
Kropftaube 345
Kryofixierung 20
Küken 181
Kultur 286, 287, 395
Kulturwesen 287
Kurzfingrigkeit 122
Kurztagblüher 199
Kurzzeitgedächtnis 234, 272
Kutikula 86

Laboruntersuchung 312
Laborversuch 250
Labyrinthversuch 266
lac-Operon 146
Laich 180
Laktose 31, 146
LAMARCK, JEAN BAPTISTE DE 346, 347
Lampenbürstenchromosom 147
Landbau, biologisch-ökologischer 83
Landökosystem 326, 327
Landschaftsschutzgebiet 339
LANDSTEINER, KARL 121
Langerhans'sche Inseln 244
Längsteilung 18
Langtagblüher 199
Langzeitgedächtnis 234, 272
Laparoskop 192
Latimeria chalumnae 374
Latrodectes 215
Lebensgemeinschaft 294
Lebensraum 294
Leberzelle 16
Lecithin 32, 38
Lederhaut 218
Leerlaufhandlung 257
LEEUWENHOEK, ANTONIE VAN 11
LEIBNIZ 372
Leistungsstoffwechsel 54
Leitbündel 15, 84
Leitgewebe 15, 84
Leitungsbahn 84
Leitungsgeschwindigkeit 213
Leopardfrosch 359
Lerndisposition 262, 263
Lernen 234, 262, 266–271
Lernen durch Einsicht 270
Lernen durch Nachahmung 270
Lernen durch Tradition 270
Lernen, fakultatives 262
Lernen, obligatorisches 262, 263
Lernphase 262, 265

Lernprogramm 268
Lerntheorie 288
Lerntyp 267
Letalfaktor 122
Letalfaktor, rezessiver 119
Leuchtkäfer 359
Leukocyten 162, 163
Leukoplast 14
Librium 237
Licht 198, 199, 296, 297
Lichtkeimer 198
Lichtmikroskop 10, 11
Lichtsinneszelle 220
Lichtspektrum 92
Lichtverhältnisse 312
LIEBIG, JUSTUS VON 82, 83
Ligase 136, 156
Limulus 341
LINNÉ 346, 347, 396
Linse 218
Linsensystem, achromatisches 11
Lipiddoppelschicht 38
Lipide 26, 32, 33, 212
Liquor 228
Löffelente 303
LORENZ, KONRAD 256, 269, 273, 288, 291
LOTKA 305, 306
Lucy 389
Luft 334, 335
Luftsäcke 59
Luftschadstoffe 316
Lufttemperatur 320
Lugol'sche Lösung 13
Lunge 59
Lungenpfeifen 59
Lurch 403
LYELL, CHARLES 345
Lymphe 65
Lymphocyten 105, 163
Lymphsystem 164
LYON, MARY 124
Lyon-Hypothese 124
Lysosom 24, 242
Lysozym 135

Makroelement 83
Makroevolution 383
Malaria 352
MALTHUS, THOMAS ROBERT 345
Maltose 31
Mammalia 346, 403
Mandarinerpel 368
Mangelerscheinung 82
Mangelmutante 134, 139
Manteltier 401
MARFAN 122
Marfan-Syndrom 122, 123
Mark, verlängertes 228, 229
Marker, genetischer 157, 159
Massenwechsel 305
Matrix 23, 72
Maulesel 359
Maultier 359
Maulwurf 366

Maulwurfsgrille 366
Meduse 175
Meerwasserentsalzung 36
Megahippus 377
Mehr-Regionen-Modell 392
Meiose 108, 109
Melanismus 350
Membran 21, 22, 40
Membran, semipermeable 35
Membranaufbau 39
Membranzwischenraum 21
MENDEL, JOHANN GREGOR 103, 110–116, 135, 138, 252
mendelsche Regeln 111, 113
Menopause 187
Menschenrasse 394
Menstruation 187
Meristem 15
Merkmal, abgeleitetes 397
Merkmal, ethologisches 368
Merkmal, ursprüngliches 397
Merychippus 377
MESELSON, M. 377
Mesoderm 177, 180, 191
Mesodermplatte 181
Mesohippus 377
Mesosphäre 334
messenger-RNA (m-RNA) 140, 156
Messgröße 62
Metamorphose 177, 180, 243
Metaphase 109
Metaphyta 381
Metarhodopsin II 220
Metastase 152, 155
Metazoa 381
Methan 26, 335
Methanal 27
Methionin 144
Methionin-Enkephalin 237
MEYERHOF 70
Mikrobodies 24
Mikroelement 83
Mikroevolution 383
Mikrokokken 134
Mikropyle 194
Mikroskop 10, 11
Mikrosphäre 378
Mikrotubulus 24, 30, 106
Milbe 308
Milchsäuregärung 76, 80
MILGRAM, STANLEY 378, 379
MILLER, STANLEY 378, 379
Mimese 363
Mimikry 363
Mineralstoffgehalt 299
Mineralstoffhaushalt 82, 83
Mirabilis jalapa 112
mischerbig 111
missing link 384
Mistkäfer 308
MITCHELL 73
Mitochondrienmatrix 71
Mitochondrium 23, 66
Mitose 106, 107
Mittelhirn 228, 229
Mittellamelle 24

Register **409**

Mittellauf 318
Mittelstück 108
MN-System 121
Mobilisierungshormon 245
Modell 251, 295
Modell, hierarchisches 260
Modell, kybernetisches 256
Modell, mathematisches 276
Modell, psychohydraulisches 256
Modifikation 129, 296
Modifikation, umschlagende 129
Molekül 9
Molekularbiologie 370, 371
Molekulargenetik 151
Mollusca 402
Molluskeln 63
Monarchfalter 279
Mongolide 394
Monocyten 163
MONOD 146
Monogamie 284
monogen 120
Monokultur 316
monophyletisch 397
Monosaccharid 31
Monosomie 126
monosynaptisch 204, 205
Moos 10, 196, 197, 400
MORGAN, THOMAS HUNT 115—117, 135, 138
Morphine 236
Morphine, körpereigene 237
Morula 177, 190, 401
Mosaik, X-chromosomales 124
Mosaikei 17
Mosaikgrünalge 19
Mucosa 17
Mückenhafte 275
Mukoviszidose 122, 161, 357
Mundfeld 18
Munschleimhautzelle 16
Muschel 369, 401
Muskelbündel 78
Muskelfaser, langsame 81
Muskelfaser, schnelle 81
Muskelkontraktion 78, 79
Mutagene 154, 155
Mutante 115, 134
Mutation 115, 148—155, 349
Mutation, somatische 152, 154, 167
Mutation, spontane 154
Mutation, stumme 149
Mutationszüchtung 153
Mutterbindung 285
Myelin 212
Myelinscheide 212
Myelomzelle 168
Mykorrhiza 309
Myofibrille 787
Myoglobin 61
Myosinfilament 78
Myosinkopf 78
Myzel 399

Na^+-K^+-Ionenpumpe 209
Nachbild 223
Nachrichtenbedürfnis 282
Nacktsamer 380
NAD^+ 68
$NADP^+$ 68
Nagetier 308
Nahakkommodation 218
Nahrungsnetz 311, 319, 324, 326, 331
Nahrungspyramide 326, 337
Nahrungsvakuole 18
Nationalpark 339
natural selection 344
Naturpark 339
Naturschutz 338
Naturschutzgebiet 339
Naturwesen 287
Naupliuslarve 369
Neandertaler 393
Nebenzelle 87
Negride 394
Nektarien, extraflorale 362
Nemathelminthes 402
Neostigmin 215
Nerv 206
Nervenfaser 206
Nervenfaser, afferente 204
Nervenfaser, efferente 204
Nervennetz 239
Nervensystem 203, 205, 228, 239, 258
Nervensystem, vegetatives 238
Nervenzelle 16, 207
Nervenzelle, motorische 204
Nervenzelle, sensorische 204
Nervenzellmembran 208, 209
Nesseltier 401, 402
Nestbau 260
Nestflüchter 285
Nesthocker 285
Nettofluss 208
Nettoprimärproduktion 329
Netzhaut 219
Neukombination 113, 116
Neukombinationsregel 113
Neumünder 401, 402
Neumundtier 177
Neuralrohr 181
Neurit 206
Neuron 206, 213
Neurosekretion 240
Neurospora crassa 139
Neurulation 180
Neutralrottest 50
Neuweltaffe 388
Nidationshemmer 189
NIRENBERG, M. 142
Nische, ökologische 300, 301
Nisin 160
Nitrat 83
Nitrobakter 100
Nitrogenase 309
Nitrosamine 154
Nitrosomonas 100
Nomenklatur, binäre 346, 396

Nondisjunction 126
Nukleinsäure 26, 131
Nukleolus 14, 106
Nukleosom 133
Nukleotid 132
Nukleotidsequenz 133
Nukleus 11, 14

Oberboden 312
Oberflächenspannung 84
Oberlauf 318
Objektiv 10
Objektprägung 263
Ochsenfrosch 274
Octopus 63
Ohr 226
Ökologie 294
Ökosystem 295
Ökosystem, stabiles 316
Okular 10
Olduvan-Industrie 390
Oligopeptid 28
Ommochromsynthese 139
omnipotent 201
Ontogenese 369
Oocyte 184, 186
Oogenese 186
Oogonie 186
Operation 155
Operator 146
Operon 146
Opiat 236
Opiatrezeptormolekül 236
Opium 236
Opsin 220
Ordovizium 380
Organ 8
Organ, analoges 366
Organ, homologes 364, 365
Organ, rudimentäres 368
Organellen 9, 14
Organismus 8
Osmiumtetroxid 20
Osmoseregulation 298
Osmose 35, 37
Osmoseapparat 36
Osteichthyes 403
Östradiol 187
Östrus 174
Ovulation 186, 187
Ovulationshemmer 189
Oxidation 68
Oxidoreduktase 43
Ozon 335

Paar, homologes 104
Paarungsisolation, ethologische 359
Paarungsisolation, jahreszeitliche 359
Paarungsisolation, mechanische 359
Paarungssystem 284
Paarungszeit 254
Paläontologie 372
Paläotherien 377

Palisadengewebe 86
Palisadenwand 86
Panmixie 354
Pantoffeltierchen 18, 129
Panzeralge 399
Parabiose 308
Paralleltextur 24
Paramecium 18
Parasit 308, 309
Parasitismus 308
Parasitologie 369
Parasympathicus 238
Parenchym 15
Parentalgeneration 111
Partialdruck 60
Passionsblume 362
Paukenhöhle 226
PAWLOW, IWAN PETROWITSCH 264, 273
Pektin 24
penicillinresistent 353
Pepsin 47
Peptidbindung 28
Perforine 165
Perimeter 223
Perm 380
Permeabilität 209
Permeation 35
Peroxidase 43
Peroxide 151
Pestizid 306, 337
Pfaufasan 282
Pferd 368, 377
Pflanze 398, 400
Pflanze, euryöke 300
Pflanzenzelle 14
Pflanzenzucht 153
pH-Wert 44, 46, 299, 312
Phagenprotein 135
Phagenreifung 135
Phagocytose 41
Phänotyp 111, 118
Phänum 184
Pharmaka 236
Phase, sensible 263
Phasenkontrastverfahren 16
Phenylalanin 150
Phenylalaninhydroxylase 150
Phenylketonurie (PKU) 150
Pheromon 282, 307
Phloem 15, 84
Phosphoenolbrenztraubensäure 70
Phosphoglycerinsäure (PGS) 98
Phospholipide 32, 38
Phosphorsäure 132
Phosphorylierung, oxidative 72
Phyllopteryx 363
Phylogenese 369
Phytochrom 198, 199
Phytohormon 200
Phytokette 93
Pigmentschicht 218
Pigmentsystem, reversibles 198

Pille 189
Pilz 309, 398, 399
PINCUS, G. 189
Pincus-Pille 189
Pinocytose 41
Pisum sativum 110
Pithecanthropus 385
Plasmalemma 14
Plasmastrang 14
Plasmid 25, 157
Plasmin 50
Plasmodium 352
Plasmolyse 34, 37
Plasmolysetyp 37
Plastide 14
Plastochinon (Q) 97
Plastocyanin (PQ) 97
Plathelminthes 402
PLATON 215
Plattwurm 401, 402
Plazenta 190
Pluteuslarve 177
Pneumokokken 130
poikilohyd 299
poikilosmotisch 298
poikilotherm 54, 298
Pol, animaler 176
Pol, vegetativer 176
Polio 166
Polkern 194
Polkörperchen 108, 186
Pollenkeimung 197
Pollenschlauchkern, generativer 194
Polyandrie 284
Polyembryonie 175
Polygamie 284
polygen 120, 153
Polygenie, additive 118, 129
Polygenie, komplementäre 118
Polyglukose 80
Polygynie 284
Polynukleotid 132
Polypeptid 28
Polyphänie 122
polyphyletisch 397
polyploid 153
Polysaccharid 31
Polysom 22
Pongo pygmaeus 385
Population 300
Populationsgenetik 354
Populationswachstum 304, 306
Porifera 402
Porphirinring 93
Porphirinringsystem 61
postsynaptisch 214, 215
Potential, exzitatorisches postsynaptisches (EPSP) 215
Potential, inhibitorisches postsynaptisches (IPSP) 215
Potential, postsynaptisches (PSP) 214, 216

Potenz, ökologische 300
Potenz, prospektive 182
Prädisposition 347, 353
Präferenzbereich 301
Prägung 263, 291
Prägung, motorische 263
Prägung, sexuelle 263
Prägungskarussell 263
Prallhang 318
Präparat, kontrastarmes 13
Präparat, mikroskopisches 12, 13
Präparation 178, 207
Präparationstechnik 20
präsynaptisch 214, 215
Präzipitintest 370
PREMACK, ANN und DAVID 283
Primärelektronen 20
Primärproduktion 326
Primärstruktur 29
Primärwand 24
Primaten 346, 384, 385
Primitivknoten 181
Primitivrinne 181
Primitivstreifen 181
Prinzip der doppelten Quantifizierung 273
Prinzip der gegenseitigen Hemmung 260
Prinzip der kommunizierenden Röhren 320
Prinzip der koordinierten Zusammenwirkens 260
Produkt 42, 327
Produktion 314, 324
Produktivität 327
Produzent 294, 311, 319, 328, 398
Progesteron 57, 187, 189
Projektionskarte 229
Prokaryoten 25, 134, 145, 239, 378, 381, 398
Promiskuität 284
Promotor 139, 140, 146
Propanon 27
Prophase 106, 109
Protease 43
Proteinbiosynthese 143—145
Proteine 26, 28—30, 33, 370
Proteine, globuläre 30
Prothallium 196
Protobionten 378
Protocyte 25
Protoktisten 239, 398, 399, 402
Proton 68
Protoplast 14, 158, 201
Protoplastenkultur 201
Protostomier 177
Psammechinus miliaris 178
Pseudomonas aeruginosa 349
Psilophyten 380
Psychopharmaka 236
Pteridophyta 400
Ptyalin 43
Puff 147

Punktmutation 148, 150, 153, 349, 383
Pupille 218, 225
Pupillenreflex 225
Purine 151
Pygostyl 375

Quadrizeps 216
Quadrizepsdehnungsreflex 204, 225
Quadrizepsmuskel 204
Quantifizierung, doppelte 255
Quartärstruktur 30
Quastenflosser 374
Querbandenmuster 104, 117
Querschnitt 13
Quervernetzung 154
Quintettcode 142

Radialmuskel 225
Radiärtyp 179
Radiation, adaptive 360, 361
Radikale 155
Radioisotopenmethode 373
Radiokarbonmethode 373
Ragwurzart 362
Randeffekt 85—87
Rangordnung 280ß, 281
Rangstreben 281
Rasse, geographische 358
Rasterelektronenmikroskop (REM) 20
Rastermutation 148, 154
Reaktion 225, 256
Reaktion, anaphylaktische 169
Reaktion, bedingte 266
Reaktion, endergonische 97
Reaktion, lichtabhängige 94, 96, 98
Reaktion, lichtunabhängige 94
Reaktions-Geschwindigkeit-Temperatur-Regel (RGT-Regel) 46
Reaktionsraum 38, 40
Rearrangement 167
Recycling 328
Redoxpotential 68
Redoxreaktion 68
Redoxschema 96
Reduktion 68
Reduktionsteilung 108, 109
Reduzent 311, 319
Reflex 204, 205, 253
Reflex, bedingter 265
Reflex, unbedingter 264
Reflexbogen 204, 205, 225
Reflexkette 253
Reflexkreis 225
Reflextheorie 273
Refraktärzeit 210
Refraktärzustand 211
Regelgröße 62
Regelkreis 225
Regelkreisschema 62

Regelung 62, 225
Regeneration 201
Regulation 146
Regulationsei 182
Reifeteilung 108
Reifung 163, 262
Reiherente 303
reinerbig 111
Reinigungsstufe, biologische 323
Reinigungsstufe, chemische 323
Reinigungsstufe, mechanische 323
Reiz 205, 225, 256
Reiz, adäquater 227
Reiz, neutraler 264
Reiz, spezifischer 254
Reiz-Reaktions-Theorie 273
Reizsummation 257
Reizverstärkung, wechselseitige 257
Rekombination 157, 348
Rekombination gekoppelter Gene 125
Renaturierung 325
Reparatursystem 155
Replikation 136, 137
Replikationsmechanismus, disperser 137
Replikationsmechanismus, konservativer 137
Replikationsmechanismus, semikonservativer 136, 137
Repolarisation 210
Repression 146
Repressor 146
Reproduktionstechnologie 192, 193
Reptil 375, 380, 403
Resistenz 353
Resistenzmutante 134
Resorption 65
Respiratorischer Quotient (RQ) 57
Restriktionsenzym 156
Retina 218
Retinal, all-trans 220
Retinal, 11-cis 220
Retorten-Baby 193
REUTERSVÄRD, OSCAR 232
Reverse Transkriptase 156
Revier 278
Rezeptor 204, 218, 227
Rezeptorblocker, postsynaptischer 215
Rezeptormolekül 135
Rezeptorpotential 216
Rezeptorzelle 218
Reziprozitätsregel 111
Rhesusfaktor 162
Rhesusunverträglichkeit 163
Rhizom 194
Rhodopsin 220
Ribonukleinsäure (RNA) 22, 140

Register **411**

Ribosom 22, 134, 143, 144
ribosomale RNA (r-RNA) 140
Ribolosediphosphat (RudP) 98
Richtungsempfindlichkeit 227
Riesenchromosom 117, 147
Rindengranula 188
Ringeltaube 345, 359
Ringelwurm 239, 401, 402
Ringmuskel 225
Ritualisierung 282
RNA-Polymerase 140
Röhren 276
Röhrenwurm 101
Röntgenstrahlung 155
Rosenköpfchen 252
ROSS 289
Rosskastanie, Gemeine 359
Rosskastanie, Rote 359
Rot-Grün-Sehschwäche 125, 224
Rote Liste 338
Rothirsch 276, 277
Rückenmark 228
RÜCKERT 116
Rückkopplung 225
Rückkreuzung 112
Rudimente 368
RudP-Carboxylase 98
Ruhepotential 207, 208, 213
Ruhestoffwechsel 54
RUSKA, ERNST AUGUST 11
Russenkaninchen 129

Saaterbse 110
Saatweizen 153
Saccharide 31
Saccharomyces 76
Saccharose 31
Salz 26
Salzdrüse 298
Salzgehalt 298
Samenpflanze 309, 400
Sammler 287
Sammlungs-Trennungs-Gesellschaft 280
Sandwespe 261
Saprobiensystem 321
Satellitenmännchen 274
Sättigungskurve 49
Sauerklee 296
Sauerstoffbedarf, biochemischer (BSB) 320
Sauerstoffbindung 63
Sauerstoffgehalt 318
Sauerstoffkonzentration 62
Sauerstoffpartialdruck 60
Sauerstoffschuld 81
Sauerteig 77
Säugetier 380, 403
Saugkraft 36
Saugreflex 290
Säure, salpetrige 154
scarlet 139
Schachtelhalm 380
Schädel 386, 387
Schädellose 401, 403

Schadenssymptom 317
Schädlingsbekämpfung, biologische 306, 307
Schädlingsbekämpfung, chemische 306
Schädlingsbekämpfung, gentechnische 307
Schädlingsbekämpfung, integrierte 307
Schädlingsbekämpfung, mechanische 306
Schall 226
Schattenblatt 91
Scheibchen 220
Scheinwarntracht 363
Schicht, monomolekulare 38
Schichtung, vertikale 310
Schierling, Gefleckter 215
Schilddrüse 241
Schimpanse 280, 281
Schlafkrankheit 363
Schlämmanalyse 312
Schlangenstern 401
Schlauchpilz 399
Schlauchwurm 401, 402
SCHLEIDEN, JACOB MATTHIAS 11
Schleimpilz 399
Schließzelle 87
Schlüssel-Schloss-Prinzip 43
Schlüsselreiz 254, 255, 291
Schmalnasenaffe 388
Schmarotzer 308
Schmerzfaser 236
Schnecke 226, 401
Schneckengang 226
Schnürring 206, 212
Schrägbedampfung 20
Schutzfärbung 363
Schutzfunktion 310
Schwamm 401, 402
Schwammgewebe 86
Schwangerschaftsabbruch 161
SCHWANN, THEODOR 11
Schwanzfaden 108
Schwärmer 197
Schwellenreizstärke 221
Schwellenwert 255
Schwellenwertänderung 257
Schwermetallbelastung 322
Schwertschnabel 362
Schwestergruppe 397
Schwimmente 303
SCOTT 289
Sediment 21
Sedimentationskoeffizient 21
Seehase 252
Seeigel 178, 401
Seelilie 401
Seepocke 367
Seescheide 369
Seestern 401
Seewalze 401
Segment 184
Sehen 230—233
Sehen, photopisches 221

Sehen, räumliches 230, 232
Sehen, skotopisches 221
Sehrinde, primäre 230
Seitenfleckenleguan 356
Seitenlinienorgan 227
Sekundärelektronen 20
Sekundärproduktion 326
Sekundärstruktur 29
Sekundärwand 24
Selbstbestäubung 110
Selbsterkenntnis 271
Selbstreinigung, natürliche 322
Selektion 350, 351
Selektion, frequenzabhängige 277
Selektion, künstliche 345
Selektion, sexuelle 275
Selektion, stabilisierende 351
Selektion, transformierende 351
Selektionsdruck 351
Selektionsfaktor 352, 353
Selektionsfaktor, abiotischer 351
Selektionsfaktor, biotischer 352
Selektionstheorie 344, 346
Selektionsvorteil 353
selektiv permeabel 209
self-assembly 22
semipermeabel 209
Sender 282
Serumalbumin 371
Sexchromatin 124
Sexualdimorphismus 275
Sexualität 237
Sexualverhalten 274, 290
Shaping 268
Sichelzellanämie 122, 123, 138, 349, 352
Sichelzelle 138
Siebröhre 15
Siebteil 15
Signal, akustisches 283
Signal, chemisches 282
Signal, optisches 283
Silberschwert 361
Silur 380
Sinne 227
Sinnesnervenzelle 227
Sinneszelle 203, 218
Sinneszelle, primäre 227
Sinneszelle, sekundäre 227
Sinornis santensis 375
SKINNER, BURRHUS FREDERIC 269, 273
Skinnerbox 268
Sklerotisierung 243
Skorpion 380
SMITH, A. 113
Soforttyp 169
SOKRATES 215
Solarmobil 88
Sollwert 62
Soma 206
Sonagramm 251

Sondierer 277
Sonnenblatt 91
Sori 196
Sorte, reinerbige 110
Sozialstruktur 279
Sozialverhalten 275
Soziatät 279
Soziobiologie 273
Spalt, synaptischer 214
Spaltöffnung 86, 87
Spaltungsregel 111, 252
Spättyp 169
Spechtfink 340
SPEMANN 182
SPENCER, HERBERT 345
Spermatiden 186
Spermatogenese 186
Spermatogonie 186
Spermatophyta 400
Spermium 19, 109, 197
Spielen 265
Spieltheorie 276
Spindelapparat 106
Spindelfaser 225
Spinnentier 401
Spiraltyp 179
Spirillen 134
SPITZ, R.. 290
Spleißen 145, 167
Splitbrain 231, 235
Sporophyt 196
Sport 80, 81, 237
Sprachregion, motorische 229
Spreiten 105
Spritzwasserbereich 330
Spulwurm 401
Spurenelement 83
Stäbchen 219
Stäbchenadaptation 221
Stäbchenbakterium 134
Stabilität 295
Stachelhäuter 401, 403
STAHL, F. und M. 137
Stamm 385, 398, 399
Stammbaum 376, 377
Stammhirn 229
Stammzelle 184
Ständerpilz 399
Stängelquerschnitt 15
Staphylococcus 166
Staphylokokken 134
Stärke 42
Stärkenachweis 13
Starrezeit 254
Startcodon 141
Startpunkt 136
Stadionsdaten 320
Staubblatt 194
Steckling 197
Steigbügel 226
Steinkohle 380
Stellglied 62
Stempelblüte 194
stenök 300
STEPTOE, PATRICK 193
Sterberate 304

Stereocilie 226, 227
steril 194
STEWARD, F. C. 201
Stichling, Dreistacheliger 260
Stigmen 59
Stockerpel 368
Stoff, absetzbarer 320
Stoff, gelöster 320
Stoff, psychoaktiver 237
Stoffkreislauf 328
Stofftransport 40
Stomata 87
Stoppcodon 141
Störgröße 62
Störversuch 261
Strahlung, energiereiche 154
Strahlung, radioaktive 154, 155
Strahlung, ultraviolette 154
Strandschnecke, Rauhe 330
Strandschnecke, Spitze 330, 353
Strategie 274
Strategie, Evolutionsstabile (ESS) 277
Stratosphäre 334
Streptokinase 50
Streptokokken 134
Stress 246
Streuschicht 312
Streutextur 24
Strickleiternervensystem 239
Stroma 23, 94
Strömung 318
Strömungssinn 227
Strudelwurm 401
struggle for life 344, 345
Strukturformel 31
Strukturgen 146
Stückaustausch zwischen den Chromosomen 116
Submucosa 17
Substanz, graue 228
Substanz, weiße 228
Substrat 42, 49
Substrathemmung 49
Substratkonzentration 49
Substratspezifität 42, 43
Sucht 236
Sukzession 314
Summation, räumliche 217
Summation, zeitliche 217
Summenformel 31
superfiziell 179
Superovulation 192
Supressorzelle 164
survival of the fittest 344, 345
Süßwasserpolyp 17, 175
SUTTON 114
Symbiose 309
Symboldeutung 283
Sympathicus 238, 247
Synapse 204, 206, 214, 215
Synapse, erregende 215
Synapse, hemmende 215
Synapsengift 215
Syndrom 122

Synergiden 194
Synökologie 302
Synthese 250
System, künstliches 396
System, limbisches 235, 237
System, natürliches 396
System, offenes 295
System, rückgekoppeltes 256
Systema naturae 346
Systematik, biologische 396
Systematik, phylogenetische 397
Systematik, typologische 396
Szintillator 66

t-RNA 143
Tabakmosaikvirus 399
TALWAR, G. 189
Tanzsprache 283
Tarnmechanismus, molekularer 363
Tarnung 363
Tastscheibe 227
Tastsinn 227
TATUM 139
Taubstummensprache, amerikanische (ASL) 283
Tauchente 303
Taucherkrankheit 60
Täuschung, geometrisch-optische 232
Täuschung, optische 232, 233
Tausenfüßer 380, 401
Taxis 254
Technetium 51
Teerstoffe 154
Teilpopulation 358
Telophase 106, 109
Temperatur 46, 90, 298, 312
Temperaturmaximum 300
Temperaturminimum 300
Temperaturorgel 301
Temperaturtoleranzkurve 300
Terminationscodon 144
Terminologie 250
Tertiär 380
Tertiärstruktur 29, 43, 46
Tetrade 108, 109
Tetrapode 108, 109
Thalassämie 145
Theorie 75
Theorie, synthetische 382
Theriodontier 380
Thermosphäre 334
Thiobacillus 100
Thiotrix 100
Thrombose 122
Thylakoid 23, 25, 94
Thymin 132
Thymindimere 155
Thyminmolekül 154
Thynia-Typ 400
Thyrotropin-Releasing-Faktor (TRF) 240

Thyroxin 240
Thyroxin stimulierendes Hormon (TSH) 240
Tier 398, 401, 402
Tierzucht 153
TINBERGEN, NIKOLAAS 273
Tintenfisch, Gemeiner 363
Tochtergeneration 111
Toleranz, ökologische 300, 330
Toleranzbereich 300
Toleranzentwicklung 236
Tomographie 229
Tonoplast 14
Totalregeneration 201
Totenkopfäffchen 388
totipotent 184, 201
Toxin 166
Tracheen 59
Tracheolen 59
Tracheophyten 400
Trägernetz 20
Tragling, aktiver 285
Tragling, passiver 285
Training, autogenes 237
Transduktion 218
Transfer-RNA (t-RNA) 140
Transformation 130, 158
Transketolase 99
Transkription 140, 145, 146
Translation 144, 145
Translokation 149
Transmitter 214
Transmitter-Enzym-Hemmer 215
Transpiration 84 — 86
Transpiration, kutikuläre 87
Transpiration, stomatäre 87
Transpirationsrate 87
Transpirationssog 84
Transplantation 169
Transport, aktiver 41, 65
Transport, passiver 41
Transportprotein 41
Trauma 234
TREBST 95
Treibhauseffekt 334
Trias 380
Tricarbonsäurezyklus 66, 71, 74
Trichine 401
Trichocysten 18
Triebtheorie der Aggression 288
Trinkwassergewinnung 336
Triplettcode 142
Triplo-Y-Syndrom 127
Trisomie 21 126
Trochophoralarve 369
Trockenmasse 313
Trommelfell 226
Trophoplast 190
Trophosom 101
Troposphäre 334
Trypanosoma 363
Tryptophan 139
Tryptophan-Biosynthese 139

Tryptophan-Operon 147
TSCHERMAK, ERICH VON 114
TSUJIMOTO 95
Tuberkulose 166
Tubocurarin 215
Tubuli-Typ 23
Tubulin 24
Tumormarker 51
Tumorzelle 51
Tüpfel 14
Turgor 35, 87
Turner-Syndrom 127

Überproduktion 344
Übersprungbewegung 257
Ubichinon 72
Ufervegetation 320
Ultramikrotom 20
Ultrazentrifuge 137
Umkehrosmose 36
Umpolarisation 210
Umsteuerung 135
Umweltfaktor, abiotischer 295
Umweltkapazität, logistische 304
umweltlabil 128
umwelststabil 128
Unabhängigkeitsregel 113
uniform 111, 115
Uniformitätsregel 111, 252
Unterboden 312
Unterlauf 318
Untersuchung, anatomische 229
Unzertrennliche 252
Uracil 140
Urbakterium 398
Urdarm 177, 180
Urease 45
Urkeimzelle, diploide 108, 109
Urmund 177, 180
Urmünder 401, 402
Ursuppe 378
Urvertrauen 291

Vakuole 14, 37
Vakuole, pulsierende 18
Vakuolenmembran 34
Valinomycin 40
Valium 237
Vallisneria 13
Variabilität, modifikatorische 129
Variation 348
Varietät 344
VASARELY, VICTOR 233
Vegetationsaufnahme 312
Veränderlichkeit der Arten 342, 345
Verbindung, organische 26
Verbraucher 294, 328
Verdauungsenzym 47
Verdopplung der Erbinformation 106
Verdrängungshemmung 48
Vererbung 103

Vererbungstheorie 114
Verfahren, massenstatistisches 120
Vergeilung 198
Vergelter 277
Vergessen 265
Vergrößerung innerer Oberflächen 22
Vergrößerung, förderliche 11
Vergrößerung, leere 11
Verhalten 368
Verhalten, agonistisches 276
Verhalten, altruistisches 284
Verhalten, ambivalentes 257
Verhalten, neukombiniertes 270
Verhaltensforschung, vergleichende 273
Verhaltensökologie 273
Verknüpfung, gegensinnige 225
Verknüpfung, gleichsinnige 225
Vermehrung, ungeschlechtliche 18, 175, 194, 195, 308
vermilion 139
Vernalisation 199
Vernetzung 154
Versauerung 322
Versöhnung 281
Verstärkung, negative 268
Verstärkung, positive 268
Verstärkungsform 269
Vertebrata 403
Vesikel 22
Vielfachzucker 31
Vielzeller 19, 381
VIRCHOW, RUDOLPH 11
virulent 130
Virus 134, 135, 399
Vogel 380, 403
VOLTERRA 305, 306
Volvox 19
Vorfluter 323
Vorkeim 196, 197
vorprogrammiert 253
Vorsorgeuntersuchung 155
VRIES, HUGO DE 114

WAAL, F. DE 281
Wachstum, exponentielles 304
Wahlversuch 251
Wahrnehmung 231
Wald 312, 313, 316, 317
Waldbaum 308, 309
WALDEYER, WILHELM VON 104
Waldfrosch 359
Waldnutzung 310
Waldsterben 316
WALLACE, ALFRED RUSSEL 346
WARBURG 75
Warmblüter 308
Wärmebelastung 322
Wärmeregulation 29
Warntracht 363
Warnung 363
Wasser 336
Wasserfrosch 359
Wassergehalt 312, 313
Wasserhaushalt 82, 83
Wasserhülle 26
Wasserkapazität 313
Wasserkultur 82
Wasserstoffabgabe 68
Wasserstoffaufnahme 68
Wasserstoffbrückenbindung 26
Wasserstoffperoxid 50
Wassertemperatur 318, 320
Wassertransport 84
WATSON, JOHN BRADUS 132, 137, 273
wechselwarm 54, 298, 375
Wechselzahl 43
Weichtier 401, 402
Weidewirtschaft 338
WEINBERG, WILHELM 354
Wellenlänge 92
Wellensittich 119
Weltbild, geozentrisches 342
Weltbild, heliozentrisches 342
Werkzeuggebrauch 270
Wert, osmotischer 36
Wertbegriff, abstrakter 271
Wildeinkorn 153

Wildtypallel 115
WILSON, EDWARD O. 273
Wimpern 18
Wimpertier 18
Winkeltäuschung 232
Winterruhe 298
Winerschläfer 298
Winterstarre 298
Wirbeltier 401, 403
Wirbeltiergehirn 239
Wirkungsgesetz der Umweltfaktoren 301
Wirkungsspektrum der Fotosynthese 92
Wirkungsspezifität 42, 43
Wirtswechsel 308
Witwe, Schwarze 215
Wolfsmilch 366
Wortsprache 283, 287
Wurzeldruck 84

X-Chromosom 105, 124
Xanthinoxidase 48
Xylem 15, 84

Y-Chromosom 105, 124
YOUNG 45

Z-Scheibe 78
Zahlbegriff, averbaler 271
Zapfen 219
Zapfenadaptation 221
Zapfensystem 224
Zeatin 200
Zebrafink 250, 251, 259
Zecke 308
Zeckenborreliose 308
Zeigerart 321
Zeigerpflanze 299
Zellafter 18
Zellatmung 23, 65, 67, 74, 75
Zellbestandteile 21
Zellbiologie 9
Zelldifferenzierung 15
Zelle 8, 9
Zelle, tierische 16
Zellforschung 50, 51, 114
Zellhomogenat 21

Zellinhaltsstoffe 26, 27
Zellkern 14, 18, 21
Zellkolonie 19
Zellkultur 50
Zellmembran 16, 34, 134
Zellorganellen 22, 23
Zellplasma 14, 18
Zellpol 106
Zellskelett 30
Zellstruktur 24
Zellteilung 106
Zelltheorie 11
Zelltransplantation 182
Zellulose 14, 31
Zellulosenachweis 13
Zellwand 14, 24, 134
Zellwanddruck 35, 36
Zellzyklus 106
Zentralkoordination 253
Zentralkörperchen 24
Zentralnervensystem (ZNS) 204, 208
Zentrifugation 21
Zentromer 104, 108
Zentrosom 106
Zentrum, katalytisches 43
Zerfallsphase 314
Zersetzer 294, 319, 328
Zisterne 22
ZÖLLNER 232
Zonulafaser 218
Zooflagellaten 399
Zottenhaut 190
Zuckerkrankheit 51, 156
Zuckertest 50
Zuckmücke 331
Zustandsgleichung, osmotische 36
Zuwachsrate 304
Zweifachzucker 31
Zweitkonsument 311, 319
Zweitverbraucher 311, 319
Zwillingsforschung 120
Zwillingsuntersuchung 128
Zwischenhirn 228, 229
Zwischenwirt 308
Zygote 9, 15, 108
Zyklus, weiblicher 187

Bildnachweis

Fotos: 3.1 Okapia (Deschryver), Frankfurt — 3.2 Okapia (Aribert Jung) — 3.3 dpa (ZB, Wolfgang Thieme), Frankfurt — 8.1 Bonnier Alba (L. Nilsson), Stockholm — 10.1 Hans Reinhard, Heiligkreuzsteinach — 10.2 Ekkehard Schmale, Westerburg — 10.3 Okapia (Aribert Jung) — 11.K a und b Deutsches Museum, München — 15.1a FWU, Grünwald — 16.1a Okapia (Aribert Jung) — 16.1b und c, 16.2, 17.1a, 17.2a und b Johannes Lieder, Ludwigsburg — 18.1a Aribert Jung, Hilchenbach — 19.2, 4, 5, Rd. Joachim Wygasch, Paderborn — 21.1a und b, 22.1, 2 H. Wolburg, Tübingen — 22.3 P. Hofschneider, München — 22.Rd., 23.Rd. Carl Zeiss, Optisches Museum, Oberkochen — 23.1 H. Wolburg — 23.2 W. Wehrmeyer, Bonn — 23.3. K. Hausmann, FU Berlin — 24.1 Rita Triebskorn, Kirchheim — 24.2 A. Bardele, Tübingen — 24.4 J. Wehland (Zeiss Inf. Heft 33), aus „H. Kleinig/ P. Sitte, Zellbiologie", S. 140, Gustav Fischer Verlag, Stuttgart — 24.5 K. Hausmann — 24.6 Mühlethaler (aus „E. Strasburger, Lehrbuch der Botanik", S. 83, Gustav Fischer Verlag) — 24.7 Universität Freiburg Dr. Kleiwig, D. G. Robinson, Universität Göttingen — 30.2 W. W. Franke, aus „H. Kleinig/P. Sitte, Zellbiologie", S. 137, Gustav Fischer Verlag — 34.Rd. Hans-Dieter Frey, Rottenburg — 35.Rd. Ralph Grimmel, Stuttgart — 36.K Mauritius (Curtis), Stuttgart — 38.1-4 K. Hausmann — 38.5 W. Stockem, Bonn — 42.1 Okapia — 50.2 Boehringer Mannheim GmbH — 50.3 Bonnier Alba — 51.3 Andreas Bockisch, Universität Mainz — 52.1 Ralph Grimmel — 52.2 Hans Reinhard — 53.1 Manfred Kage, Lauterstein — 54.1 W. Schlosser, Fluterschen — 56.1 Jürgen Lichtenberger, Bielefeld — 60.1 Günter Kämpfe, Ulm — 60.K Okapia (B. Reif) — 61.Rd. Manfred Kage — 63.3 Okapia (Oxford Scientific Films, G. J. Bernard) — 66.1 Wolrad Vogell, Erkrath (aus „Unterricht Biologie", April 1978, Heft 20) — 78.1a und b Manfred Kage — 82.1 BASF AG, Limburgerhof — 83.K Sylvia Merschel, Donald R. Perry, Santa Monica, USA — 84.1 Okapia (W. Prinz) — 84.2 Okapia (C. Brown/ Science Source) — 86.1b Manfred Kage — 87.1 Prof. O. L. Lange, Universität Würzburg — 88.1 Dieter Schmidtke, Schorndorf — 88.2 Motor-Presse, Stuttgart — 91.1 Agri Media (hapo), Pinneberg — 99.1 Bettmann, New York, USA — 101.1 Universität Kiel, Geologisch-Paläontologisches Institut (Dr. Mühe), Kiel — 101.2 Prof. Thiel (R. R. Hessler, Scripps Institution of Oceanography, La Jolla, California — 102.1 Focus (C. Jeczawitz), Hamburg — 102.2 Johannes Lieder — 103.1 USIS, Bonn — 103.2 Deutsches Museum — 104.1 T. Laursen, Göteborg — 104.2a Focus (Science Photo Library) — 105.1 FWU — 105.K Georg Thieme Verlag, Stuttgart — 107.5 Dawid — 110.Rd. Deutsches Museum — 113.K Grant Heilman Photography, Lititz, USA — 115.Rd. Klaus Paysan, Stuttgart — 116.2a K. Hägele — 117.K Johannes Lieder — 118.2 Okapia (NAS/T. McHugh) — 118.Rd. Helmut Länge, Stuttgart — 119.2 Okapia (Hans Reinhard) — 122.1 K. Daumer, München — 122.3 Bert Leidmann, Nagold — 122.4 Focus (Jackie Lewin, Royal Free Hospital, Science Photo Library) — 123.Rd. Georg Thieme Verlag — 124.K Bruno Luckow, Stuttgart — 125.Rd. Focus (Science Photo Library, Adam Hart-Davis) — 126.1 Okapia (Elaine Rebman/NAS) — 128.1 Klaus Loth, Burbach — 129.1 Das Fotoarchiv (Dirk Eisermann), Essen — 129.2 Alfred Pasieka, Hilden — 129.4 Okapia (S. Camazine) — 129.5 Okapia (Hans Reinhard) — 130.Rd.1, 2 Bayer AG, Leverkusen — 134.1 Focus (Dr. Tony Brain, David Parker, Science Photo Library) — 134.2 Focus (CNRI, Science Photo Library) — 135.2, 3 H. Frank — 138.1a Manfred Kage — 138.1b Focus (Jackie Lewin, Royal Free Hospital, Science Photo Library) — 147.K.2 Lichtbildarchiv Keil, Neckargemünd — 147.K.3 Johannes Lieder — 154.3 Helga Lade (roebild, Röhrich), Frankfurt — 155.2 Okapia (C. H. Fox/ PR Science Source) — 157.1 Hoechst AG, Frankfurt — 158.Rd., 159.Rd. Bayer AG — 160.1 Focus (Susan Copen) — 160.2 dpa (Martina Hellmann) — 161.1 Hoechst AG — 162.1 Lichtbildarchiv Keil — 163.K Okapia (Manfred Kage) — 170.Rd. Focus (Dr. Steve Patterson, Science Photo Library) — 172.1 Toni Angermayer (H. Pfletschinger), Holzkirchen — 173.1 Okapia (D. Bromhall) — 175.Rd. Okapia (Roland Birke) — 188.2 Mosaik-Verlag (Lennart Nilsson), München — 190.1, 191.1 Bonnier Alba (Lennart Nilsson) — 191.3 Okapia (D. Bromhall) — 195.1 Hans Reinhard — 196.1a Helmut Länge — 196.2a Okapia (Greulich) — 202.1 Volker Steger (M. Raichle, St. Louis), Stuttgart — 202.2 Focus (Science Photo Library) — 203.1 Erich Klemme, Bonn — 203.2-4 Volker Steger (Max-Planck-Institut für Neurologie) — 207.1 Johannes Lieder — 207.3 Lichtbildarchiv Keil — 209.K Stefan Goreau, Estate of Fritz Goro, Chappaqua, USA — 215.K.1 Hans Reinhard — 215.K.2 Silvestris (Hans R. Heppner), Kastl — 219.1a Johannes Lieder — 231.3a und b Maximilian Montkowski — 232.1 a und b Sammlung Josef Albers Museum, Bottrop, © VG Bild-Kunst (1995) — 233.4 Vasarely, VG Bild-Kunst (1995) — 236.2 National Institute on Drug Abuse (Michael J. Kuhar), Baltimore, USA — 244.1. a und b Boehringer Mannheim GmbH — 248.1 Okapia (Hans Reinhard) — 248.2, 249.2 Toni Angermayer (Günter Ziesler) — 248.3, 249.3 Toni Angermayer (Hans Reinhard) — 249.1 Uwe Neumann, Stuttgart — 250.1, 252.2 Hans Reinhard — 261.2 Silvestris (Günter Roland) — 262.Rd. Ardea (B. Berron), London — 266.3 Karin Skogstad, München — 268.Rd. Okapia (Walter Dawn, NAS) — 270.1 Wildlife (P. Ryan), Hamburg — 270.2 Bruce Coleman, Uxbridge, GB — 271.1, 2 Jürgen Lethmate, Ibbenbüren — 271.7 FWU — 273.1, 2 dpa — 273.3 dpa (Goebel) — 278.2 Eckart Pott, Stuttgart — 279.1 Hans Reinhard — 279.Rd. Silvestris (Frank Lane) — 280.1 Okapia (NAS/T. McHugh) — 281.K Toni Angermayer (Günter Ziesler) — 284.1 Silvestris (Roger Wilmshurst) — 285.K Klett-Film — 285.Rd.2 Toni Angermayer (Tierpark Hellabrunn) — 285.Rd.3 Focus (Eve Arnold) — 286.1 Werkstattfotografie (Thomas Zörlein) — 286.Rd. Irenäus Eibl-Eibesfeldt, Seewiesen — 287.1 Forschungsstelle für Humanethologie, Irenäus Eibl-Eibesfeldt — 287.2 Mauritius (Macia) — 292.1 Okapia (Hans Reinhard) — 292.2 Mauritus (K. Walter Gruber) — 293.1 Silvestris (Harald Lange) — 293.2 Thomas Raubenheimer, Stuttgart — 293.3 Okapia (Bernd Kunz) — 294.K Inge Kronberg, Hohenwestedt — 295.1 Silvestris (Telegraph Colour Library) — 306.Rd. Hans Reinhard, Heiligkreuzsteinach — 308.1 Aribert Jung — 308.2 Okapia (F. Sauer) — 308.3 Silvestris (F. Hecker) — 309.2 Okapia (H. P. Oetelshofen) — 309.3 Ingrid Kottke, Eberhard-Karls-Universität, Tübingen — 309.4 Lichtbildarchiv Keil — 309.5 Toni Angermayer — 313.1 Uwe Lochstampfer, Langenhagen — 317.1 Horst Hooge, Herzberg-Pöhlde — 325.1 Burkhard Schäfer, Friedeburg — 325.2 Bildarchiv Sammer, Neuenkirchen — 331.2 Inge Kronberg — 337.1 Münchner Bilderdienst, Archiv Dr. J. Müller — 341.1 Bildarchiv Preussischer Kulturbesitz, Berlin — 341.3 Toni Angermayer (Günter Ziesler) — 341.2 Okapia (Root) — 342.1 Bruce Coleman (Hirsch) — 342.2 Bruce Coleman (Lanting) — 344.K Archiv für Kunst und Geschichte, Berlin — 346.1, 2, 4, 5 Deutsches Museum — 346.3 dpa — 347.1, 2 Hans Reinhard — 348.1 Toni Angermayer (H. Pfletschinger) — 350.2 Ulrich Kattmann, Bad Zwischenahn — 352.2a Norbert Cibis, Lippstadt — 352.2b H. Schubothe — 353.K Okapia (C. Raymond, PR Science Source) — 356.1 Silvestris (Frank Lane) — 358.1, 2 Toni Angermayer (Rudolf Schmidt) — 359.1a und b Hans Reinhard — 361.K Silvestris (Thomas Hagen) — 362.1 Toni Angermayer (Fritz Pölking) — 362.2 Eckart Pott — 362.3 Toni Angermayer (Günter Ziesler) — 363.1 Silvestris (Volkmar Brockhaus) — 363.3 Okapia (NAS, P. A. Zahl) — 366.1, 2 Eckart Pott — 366.3 Hans Reinhard — 366.4 Toni Angermayer (H. Pfletschinger) — 366.Rd. Roland Frank, Stuttgart — 367.3 Okapia (M. J. Walker, Science Source) — 367.4 Georg Quedens, Norddorf/Amrum — 369.1 Okapia (M. Varin) — 369.2 Okapia (Helmut Göthel) — 369.3 Okapia (F. S. Westmorland, Global Pic) — 372.Rd. Eckart Pott — 377.1 Naturmuseum Senckenberg, Frankfurt — 388.2, 3 Toni Angermayer (Günter Ziesler) — 389.1a Focus (Science Photo Library, John Reader) — 390.2 Dietrich Mania, Jena — 392.1a Okapia (Ulrich Zillmann) — 393.1 Naturmuseum Senckenberg

Titelbild: Focus (CNRI, Science Photo Library): Rasterelektronenmikroskopische Aufnahme von Lymphocyten im Cortex des Thymus

Grafiken: Prof. Jürgen Wirth, Fachhochschule Darmstadt, Fachbereich Gestaltung (Mitarbeit: Matthias Balonier); außer 120.1 Hartmut Klotzbücher, Fellbach und 161.2 Claus Kaiser, Stuttgart